U0258829

Modern Architecture
A Critical History

Kenneth Frampton

Fifth edition

1 有关巴黎的版画，展示了新建的凯旋门，这座建筑完成于 1836 年，由让·夏格仑设计。图片前景中的工人正在拆除 C.-N. 勒杜 1785—1789 年建造的星形广场的屏障（Barrière de l'Etoile）

现代建筑

一部批判的历史

[美] 肯尼斯·弗兰姆普敦（Kenneth Frampton）著
张钦楠　陈谋莘　施路远 等译

（第五版）

生活·讀書·新知 三联书店

图书在版编目（CIP）数据

现代建筑：一部批判的历史：第五版 /（美）肯尼斯 · 弗兰姆普敦著；张钦楠等译. —北京：生活 · 读书 · 新知三联书店，2025.1
ISBN 978-7-108-07787-5

Ⅰ. ①现… Ⅱ. ①肯… ②张… Ⅲ. ①建筑史－世界 Ⅳ. ① TU-091

中国国家版本馆 CIP 数据核字 (2024) 第 038921 号

Published by arrangement with Thames & Hudson Ltd, London,
Modern Architecture © 1980, 1985, 1992, 2007 and 2020 Thames & Hudson Ltd, London
Text by Kenneth Frampton
Copyediting by Sarah Yates
Art direction and series design: Kummer & Herrman
Layout: Kummer & Herrman
This simplified Chinese edition first published in China in 2025 by SDX Joint Publishing Company, Beijing
Simplified Chinese edition © 2025 SDX Joint Publishing Company

责任编辑 黄新萍 樊燕华
装帧设计 鲁明静
内文排版 许艳秋
责任校对 曹秋月 曹忠苓
责任印制 卢 岳
出版发行 生活 · 讀書 · 新知 三联书店
（北京市东城区美术馆东街 22 号 100010）
网 址 www.sdxjpc.com
图 字 01-2019-3508
经 销 新华书店
印 刷 天津裕同印刷有限公司
版 次 2025 年 1 月北京第 1 版
2025 年 1 月北京第 1 次印刷
开 本 787 毫米 × 1000 毫米 1/16 印张 47.25
字 数 700 千字 图 813 幅
印 数 0,001－4,000 册
定 价 178.00 元
（印装查询：01064002715；邮购查询：01084010542）

推荐序

著名建筑历史和评论家肯尼斯·弗兰姆普敦教授的《现代建筑：一部批判的历史》是我们留学的时候必读的经典建筑历史书，这是一部了解现代和当代建筑发展史的知识宝典。现在这部经典增加了一个关于中国的独立篇章。在这个不长的篇幅里，弗兰姆普敦给20世纪初以来的中国建筑发展勾勒了一幅速写，尤其是近二十年间出现的一些他关注到的建筑作品，这毋庸置疑是非常重要的一件事。

近二三十年来，中国在建造规模和数量上的贡献无疑居世界首位。在建筑与城市学的理论与知识贡献的角度上评价，并不是一件容易的事情，需要深入和广泛的研究梳理，以及时间的考验。弗兰姆普敦的这篇关于中国的文章，算是严谨审视这个庞大建筑生产体系的一个重要的起点。同时，这依然（且必然）是基于西方视角的建筑历史，也受限于他远隔重洋的观察。

跟中国一起被新增至这部历史巨著的章节，还包括印度、斯里兰卡、孟加拉国等其他发展中国家和地区。这些曾经被学术界忽视的地区的建筑发展状况，开始得到更多的关注。这种关注也的确很有必要，毕竟这些地区也是过去几十年中人类城市和建筑的集中发生之地，不仅在数量上，而且在学术上和理论上都产生了对建筑学有贡献的作品，值得被深入挖掘和梳理。

——李虎+黄文菁（OPEN建筑事务所创始合伙人）

三十年前，当我重归建筑学时，引领我起步的正是《现代建筑：一部批判的历史》。这是我第一次真正读过的建筑学理论著作，它向我展示了建筑学的社会意义和文化深度，使我对自己究竟该不该从文学创作向建筑设计转向的疑虑得以消除。我终于可以确认：我“半路回家”，将要真正从事的职业，是一个绝对值得投身其中的文化事业。而其中关于批判性地域主义的论述，为我当时正在开始的“艺术家工作室系列”奠定了理论基础——甚至成为某种行动指南。虽然视野尚未打开，手艺也极为生拙，我还不知道应该怎么去做，但通过这本书，我对不去做什么已经有了朦胧而坚定的意识。

谢谢你！肯尼斯·弗兰姆普敦先生。期待新版重焕青春！

——刘家琨（家琨建筑设计事务所主持建筑师）

自1980年首次出版以来，肯尼斯·弗兰姆普敦的《现代建筑：一部批判的历史》已经成为全球最具影响力的现代建筑史著作之一。它是任何渴望对现代建筑有深度了解的研究者、从业者或者是建筑爱好者的必读书。40多年以来，这本书的不断更新与扩展本身也成为历史的一部分，在保留了弗兰姆普敦一以贯之的渊博和深刻等思想特质以外，新版的《现代建筑：一部批判的历史》也敏锐地体现了当代建筑最新的发展趋势。最新的第五版可能带来了这本书最大幅度的更新，涵盖了从智利到巴基斯坦等数十个国家和地区的当代建筑讨论。其中有专门的一节讨论中国当代建筑，无疑会极大地提升中国读者的兴趣。作为当代最受人尊敬的历史学家之一，弗兰姆普敦以他最杰出的作品，扣问时代脉搏。无论是这本书还是他本人的学术生涯，都已经成为经典和传奇。

——青锋（清华大学建筑学院长聘副教授，建筑系副系主任）

弗兰姆普敦教授的《现代建筑：一部批判的历史》无疑是当今世界最具有学术权威性和思想独立性的一部现代建筑史教科书，同时，随着首版后的四次修编，它也成为一部与时俱进地揭示现代建筑运动本质、规律和使命的理论著作。

这部经典著作诞生的1980年，正是现代建筑处于危机之际，而作为社会变化的风向标的建筑，一跃成为所有文化门类的急先锋，引领了后现代主义时代的艺术新走向。从那一年起，威尼斯双年展拥抱了建筑，并明确隔年举办一次建筑展。在这样的大众舞台上，现代建筑不仅仅在内容上遭到否定，而且在趣味上被彻底颠覆。这个时候，首届威尼斯建筑双年展总策展人向在理论界已崭露头角的弗兰姆普敦发出了共同策展的邀请，弗兰姆普敦则因为与后现代主义者“三观不合”而断然拒绝了这个可以在学术圈里平步青云的机会。这本书的写作也可以算作言志。因没有顺应主流价值观，这部书的初版并不炙手可热。然而，随着一个个后现代理论明星的陨落，它的影响力却日益强盛，启迪了数代建筑师，对21世纪建筑学重新回归百年现代建筑的核心价值观，起到了不可估量的推动作用。这也使这部历史著作更有理论的价值和力量。

这个核心价值观就是：现代建筑既是现代性的产物，同时也对现代社会有批判性的能动作用。这种批判往往来自于远离中心的边缘，从早期的版本中最有理论创新的批判性地域主义概念，到第四、五版中把批判性地域主义延展到全球化的语境，弗兰姆普敦教授为抽象的批判性在实践中找到了不断增加的案例。这个扩容名单从量变到质变，也应当感谢1999年在北京召开的国际建协（UIA）第20届世界建筑师大会，中国同行与他共同编纂了一套书，涵盖了世界范围内1000个现代建筑精品案例。虽然这套书在国内外都没有产生很大的影响力，中国建筑设计的创意时代也还没有到来，但它帮助弗兰姆普敦打开了全球化的学术视野，突破了现代建筑只是以欧美为中心的叙事范式。近年来，弗兰姆普敦教授频频为中国新生代建筑师的作品集写序，中国建筑师也走进了这本书中。

本次新的中文版虽然是该书在国内的第三个译本，但对于读过以往中英文版本的读者而言，它依然可以被认为是一本新书。在卡尔维诺列举的14个“为什么读经典”的理由中，第一条是：“经典是那些你经常听人家说‘我正在重读……’而不是‘我正在读……’的书。”循环往复的现代建筑的批判性，是对复杂、矛盾、不确定的现代性的自主、自为和自律的思辨，它们作为精神、理念和方法，被凝聚在这本书浩瀚的案例描述中，等待着需要被启迪的读者。

——王辉（URBANUS都市实践建筑设计事务所创建合伙人　主持建筑师）

关于肯尼斯·弗兰姆普敦

20世纪80年代的时候，我变得不知道自己想做什么了。在我看来，丹下健三、黑川纪章他们代表的“新陈代谢派”建筑，不过是行将就木的工业化社会的遗物，对我来讲毫无魅力。以矶崎新为中心的后现代建筑也是，我完全理解不了为什么作为日本人非要去建造那种古希腊、古罗马建筑的复制品。话虽如此，当时的我对日本传统建筑也完全不感兴趣。觉得其腐朽陈旧，与当代社会所面临的课题毫无关系。

虽然我当时对任何设计潮流都感到索然无味，但却觉得若是去了纽约，仿佛就能邂逅些什么。我怀抱着这样模糊的、毫无依据的希望。像波士顿、普林斯顿这样的大学城令我感到窒息，然而如果是纽约，我仿佛就能从这座城市本身的能量中吸取些什么。

于是我毅然离开东京，从1985年的夏天开始在纽约的哥伦比亚大学学习。以此为契机，我此后的人生发生了巨大的改变。因为在哥伦比亚大学，我有幸修读了肯尼斯·弗兰姆普敦教授的课程。他的课程远比纽约这座城市的生机勃勃的能量还要更具冲击力。课上弗兰姆普敦教授向我们展示的“建筑的历史”，与我此前所学过的“建筑的历史”截然不同。它不再是过去的故事，而是活生生的存在于我面前的事物。它也不再是过去的“伟大的建筑师”所设计的产物，而是与我一样持续苦恼、迷茫的“同时代建筑师”“同时代的竞争对手”所设计的，仿佛昨天才建成的，水灵灵的生物。

不仅是过去的建筑在我眼中变得不一样了，弗兰姆普敦教授更教给我如何才能让自己与过去产生联结。

弗兰姆普敦教授告诉我，与过去产生联结，就等同于与场所产生联结。他说，过去发生的事件全部都是与场所结合在一起的。因为事件的发生，均受到特定场所带来的各种各样的制约。

然而，我们往往只关注作为“人”的建筑师。如果只关注人，就会忽略事件发生的场所。历史学家也有这样的弊病，会误以为是“人”创造了历史，仅靠人的力量就可以创造建筑。这样的错觉经常催生扭曲的人，扭曲的建筑师。催生出很多以为仅靠自己的力量、仅靠自己的能力就能创造建筑的、极度自私的建筑师。我在邂逅弗兰姆普敦教授之前，也是这样的历史观。

然而，他改变了我的看法。他使用丰富的实际案例，具体地向我们说明了场所是如何塑造建筑的。用于建筑的材料如何与场所产生联结，当地的工匠如何加工那些材料并完成建筑。通过他的解说，我们竟然如临其境般感受到了当时的场景以及当时人们的辛苦与智慧。

通过这样的体验，我不仅学会了看待建筑史的新视角，还明白了建筑是一件多么快乐的事。80年代统治建筑界的哲学性的晦涩讨论令我沮丧，就在我开始讨厌起建筑本身时，是他让我和建筑重新紧紧联结在了一起。因他的存在，我没有和建筑分道扬镳。

不仅如此，关于今后应该创造怎样的建筑，我也从他那里获得了灵感。也就是说，我从弗兰姆普敦教授充满能量的、紧凑密集的课程中，甚至学会了建筑设计的具体方法。

从纽约回国后我面对的是充满经济泡沫的日

本。建筑师的个人姓名被当作品牌一样受人追捧，引起一阵“建筑热潮”。而建筑的大前提——“场所”这一要素，却无人关心。想要将弗兰姆普敦教授教给我的东西付诸实践，泡沫时代的日本绝不是一个合适的环境。

然而，在某种意义上也可以说是幸运，我回国5年后的1991年，日本经济泡沫破灭，全国陷入了大萧条。我在东京的工作全部被取消了。我由此做了一个重大决定。决心去日本的乡村走一走。我想要更多地了解日本的乡村。弗兰姆普敦教授的教诲给了我动力。我想要在乡村这个场所，亲眼看看建筑是如何建造的。在这个场所里亲耳听听工匠们的故事，向他们学习各种本领。

在这次旅途中，我与许多场所产生了命运般的邂逅。从这些邂逅中，也获得了一些为魅力乡村设计几间小建筑的机会。得益于经济泡沫的破灭、得益于被称为“失去的90年代”的日本大萧条，我得以在实际的场所中，使用实际的物质材料将弗兰姆普敦教授的教诲付诸实践。

此外，更为幸运的是在那以后，我有机会能带弗兰姆普敦教授实际去到那些场所，请他看了一些我设计的小建筑。

在与教授一起的日本乡村之旅中，我既怀揣一种向老师提交报告般的紧张，同时又为能直接听到老师的讲评而兴奋到满面通红。

在那里，弗兰姆普敦教授向我抛出种种问题，并发现日本的乡村是如此丰富多彩的地方。日本人往往对乡村感到羞耻。很多日本人因这里是贫困、落后的场所而感到羞耻，尽量不让外国人看到这里。

然而我却相反，很想让弗兰姆普敦教授看看日本的乡村。因为我预想到，如果是弗兰姆普敦教授，他一定能理解蕴藏在这里的丰富多彩，理解这里被工匠们传承至今的技术。

如我所料，教授完全不觉得日本的乡村无聊。他精力充沛地走来走去，持续向我和工匠们抛出种种问题，他那独特的微笑一直挂在脸上。我折服于他源源不断的好奇心。而我自己也在这次旅途中，了解了许多此前不知道的有关日本乡村的事。

这次旅行是迄今为止我经历的种种旅途中最令人兴奋的一次。穿着苏格兰花呢夹克、操着英式口音妙语连珠的弗兰姆普敦教授，与日本建筑简直太投缘了。我的梦想是以这独特的邂逅为契机，将这邂逅进一步深化，由此改变世界建筑的发展趋势。这不仅有可能改变建筑设计的发展趋势，更有可能成为改变人类生活的契机。即，使人类生活与场所重新联结在一起。

——隈研吾（建筑家，东京大学特别教授、名誉教授）

（本文由北京第二外国语学院日语学院　副教授 彭雨新　翻译）

目 录

前　言

9　在物质层面，实际上已几乎听不到与商品用语对立的声音；当权力——已经有了无须为它疯狂的决策担责的屏障——相信它不再需要思考时，它确实也不再具备思考能力了。人类社会遭遇如此棘手的问题，实属不幸。[1]

我试图将现代建筑运动的演变扩展述说，提笔时却心陷矛盾和不安。放眼全球，尽管本专业领域的才智和专业技能日渐精益，任何以往时代都不能与之相比，但就整体现状而言，却是身陷未曾有过的政治瘫痪乱象，以至于人们得出难以自信的结论：人类不再具备为自身最佳利益行事的能力。从微观层面上看，科技分工使得我们有能力愈加深入洞悉大自然的奥秘，同时又沦落为成功的全球化资本主义的长期受害者；从宏观层面上看，我们受困于一场重构平衡的巨大斗争，而它却又不为我们所掌控。

本书第四版于2007年发行时，气候变化升级导致的僵局已经成为事实。如今，伴随世界范围内的民主危机，以及相继而来的民粹主义政治的歇斯底里反应，使这一僵局变得越来越明显。考虑到这已是新世纪的常态，我决定移除第四版中的倒数第二章，将其内容扩展为新增的第四部分“世界建筑与现代运动”。相应地，第四版的最后一章“全球化时代的建筑学”被独立出来，成为第五版的收尾篇，其中一些内容又被编收汇入第四部分。

我从1970年开始本书的写作，当时现代运动的概念在伦敦建筑圈内依然流行，尽管当时我并不知道“现代运动”（Moderne Bewegung）一词首次出现在奥托·瓦格纳（OttoWagner）的著作《现代建筑》（*Moderne Architektur*，1896）中，此后此词在其著作的各个版本重复出现，但1914年的最后一版，标题却被慎重地改为‘我们时代的建筑”。纵观很多关于现代建筑运动发展的记述，始终存在着一个分歧，有的作者倾向于将它归类为特定时代的产物，而另外一派包括作者本人，可能对此已心有建筑定式，更倾向于意大利建筑史学家莱昂纳多·贝内沃洛（Leonardo Benevolo）的论述。10　他于1960年出版的两卷本《现代建筑》在10年后以英文首次出版，第二卷的副标题即为“现代运动”。然而，从先驱者1927年古斯塔夫·阿道夫·普拉茨（Gustav Adolf Platz）的《现代建筑》到1941年西格弗雷德·吉迪昂（Sigfried Giedion）的《空间、时间与建筑》，再到1950年阿诺德·威提克（Arnold Whittick）的《20世纪欧洲建筑》，最后到1960年雷纳·班纳姆（Reyner Banham）的

《第一次机械时代的理论与设计》，我们注意到，他们都小心翼翼地避开建筑与现代性的关联，同样，在先锋派定义中，也没有提及现代运动。在本书的第五版中，我经常要回到现代建筑的概念，使用开放意义的"世界建筑"为题，来喻示世界各地明显的现代建筑起始。

"世界建筑"一词首先由中国建筑工业出版社于1999年使用，当时该出版社出版了一部雄心勃勃的巨著《20世纪世界建筑精品集锦》，汇集了20世纪全世界建成的1000项重要建筑，项目由十个地区委员会严格挑选。这部巨著分十卷出版，每个地域自成一卷。在千禧年前后，类似的出版物有路易斯·费尔南德斯－加利亚诺（Luis Fernández Galiano）编写的四卷本著作《地图集：2000年全球建筑》，由西班牙BBVA基金会于2007年发行。

在寄予厚望的本书新添第四部分中，我试图在"世界建筑"的标题下，综合以上两部著作，并采用路易斯·费尔南德斯－加利亚诺的大胆手法，将世界划分为四个跨洲地区，即欧洲、美洲、非洲与中东、亚洲与太平洋，编年维度覆盖整个20世纪，不仅包括世界各地现代运动的发端，也论及颇有价值的最新探索。即便有老调重弹之嫌，我依然认为有必要再次强调，现代运动曾与具有解放意义的现代项目相伴而生，德国哲学家和社会学家于根·哈贝马斯曾对现代项目所处的场景进行了界定，即某个特定时间和空间中不受政治意识形态影响的社会主义福利国家。

为纠正前期版本中欧洲或大西洋两岸中心论的偏颇，我努力扩充了本书涵盖的区域，虽然，实际内容做不到新版第四部分标题所示的那般周全。一方面因为书的体量受限，如果过重过厚，将不能满足它作为一本便利的参考书和教材的基本要求；另一方面又有碍于内容的巨细轻重，尽管作者用心良苦，但无论重点放在被忘却的20世纪20年代或30年代现代运动的开拓性论著上，还是20世纪后半期世界各地的各种社会政治和文化发展上，其实都无以企望综述当下现代建筑的广泛和复杂。

《现代建筑——一部批判的历史》的第一、二部分内容被基本原封未动地继续沿用，只是补充了两章论述——捷克和法国在两次世界大战之间的发展；同时，1932年之后俄罗斯的现代建筑以及东欧建筑均被整体上有意省略。对我如此这般的解释，须引证阿克斯·莫拉凡斯基（Akos Moravansky）所言，随着1989年苏联瓦解和柏林墙被推倒，自由资本主义市场那种固有的破坏平衡能力导致了所谓"莫斯科风格"的流行，它带着对俄罗斯新艺术的怀旧心理，与国际后现代主义的明智相结合，造就了叶利钦时代（1991—1999）的银行和大型商场建设的适宜形态。尽管东欧建筑师们的天才尝试在这里那里多有展现，但它至今还是难以被认定为一种地域文化成就的兴起。

尽管第五版中我的论述尽力涵盖了大部分非欧洲中心（或称后殖民）的世界，以求平衡，但第四部分中的欧洲仍然是作为单独的区域出现，这显然是遵循了费尔南德斯－加利亚诺的分类法，另外，欧洲部分又添加了应予重视的一些著名建筑师（尤其是斯堪的纳维亚人）的经典作品，在之前版本中他们被无缘无故地忽略了；与此同时，第五版还存在其他地区（特别是东南亚）难以平衡的缺憾，这包括泰国、越南、马来西亚以及新加坡的缺失。

由此引导出这样的问题：我们所说的建筑文

化究竟是什么？起初是如何理解它的？我们理应肯定建筑现代运动的存在，并继续存在——以明显的波浪形特征：它不经，也无须宣布即已产生，上升到成熟，随后必将衰退，它可能会在相同的地方再次出现，以不同的形式出现在另一个时代，如此循环。纵观现代建筑这段历史，我所做出的努力旨在揭示它的周期性特征，不仅是以欧洲为中心的运动开端，还包括全球当代建筑的表现。为此，我不时地强调，政治与社会经济的变化不仅对生成文化要素的存在周期有所影响，还会触及萌生的计划和环境形态的特征。

上述所云即已铺垫出我著述现代运动发展史的路径，当论及每个区域以及所包括的具体国家时，我都尽量采用统一的程序：首先简述现代运动整体状况，然后跳转到相同理念下在当代的表现形式。这种连续性的年代穿越、让人先惊后悟的笔法意味着我要比本书前几版添加更多的插图，因为仅靠文字难以传达当代建筑往往炳然迥异的特性，它们即使不是后现代主义的，其质感和微观特征也难以用文字表达。

撰写如此广泛领域，必须面临的挑战之一，是以一己的决定取舍特定项目，以及对这个准则的犹豫不决。尽管作者始终尽力保持某种程度的客观性，但具体到某一选择，仍难免主观，也许这就是我使用“一部批判的历史”的终极含义。实际上，将历史陈述与批判和理论融合，有助于证明对某些作品或主题的阔论是合情合理的，进而大可不必理会时间、空间、争议中的偏见等因素，甚至省略其他。当然，世上没有绝对的历史，正如E. H. 卡尔的《何为历史？》一书所表明的：每朝每代都有编史的传统，以此营造视野，使我们有望以有文化意义的方式前行。

具有讽刺意味的是，本书的第一版，出自一名致力于“未完成的现代工程”（哈贝马斯语）的建筑师，原本计划1980年出版，而那一年正逢在威尼斯举办第一届建筑双年展。那次展览由保罗·波尔托盖西策划，以庆祝后现代建筑拼贴设计的历史意义，展会有两个标题，分别是《禁令的终止》和《过去的呈现》。

12

本书后续几版，包括此次大幅扩容的第五版，始终以多种角度跟随着现代项目在自由主义建筑学意义上发展。然而，愈加明了的是，在逆反生态的新自由消费主义的纵容下，财富分配不均愈加严重，任何合理的土地利用形式的前景都极度受限，毋宁说是根本行不通，更不用说城市化了。留给建筑学批评实践的，主要是被设计成人造景观、整合城市遗迹的水平巨构，以应对当今普遍存在的整体环境的无场所性。

第一部分

文化的发展与先导的技术 1750—1939

2　苏夫洛，圣热内维埃夫教堂（现为万神庙），巴黎，1755—1790。交叉处的柱墩由龙德莱特在 1806 年加固

第1章

文化的变革：新古典主义建筑 1750—1900

14 巴洛克体系处于双重的交会点。它与理性化的园林和饰有植物题材的建筑立面形成鲜明的对照。人的统治和自然的支配显然还各自独立存在，但是它们相互影响、相互渗透以达到装饰和显赫的目的。另一方面，那种似乎不受人为影响的"英国式"花园则力图体现大自然的目的性，而由莫里斯（Morris）或亚当（Adam）设计的住宅室内则置现实的花园于不顾，而表现人的意志，把人类理性的存在完全孤立地置身于草木丛生的非理性领域中。巴洛克那种人和自然相互渗透的关系被隔离所替代，这种人和自然的距离正是形成怀古意念的前提。如今……这种意念是对务实的人们对待自然日益高涨的态度的一种补偿甚或是悔悟式的行动。尽管技术开发趋于向自然开战，住宅和园林却在图谋一种和解，一种局部的休战，引入一种不可能存在的和平的梦想。为了这个目的，人们始终怀恋着未被染指的自然环境的形象。[1]

——让·斯特鲁宾斯基（Jean Starobinski）
《自由的发明》，1964年

新古典主义建筑看来是从急剧改变着人和自然之间关系的两种不同而又有联系的进程中产生的。首先是人们驾驭自然的能力迅速增长，到17世纪中叶这种能力已远远超过了文艺复兴时期的技术范畴。其次是人们的思想意识发生了根本性的转变，社会的变化导致一种新的文化结构的诞生，反映了衰落贵族阶级和新兴资产阶级的生活方式。技术进步导致崭新的基础结构的产生和对生产力发展的开拓，而人们意识形态的变化则产生了新的知识范畴和质疑其自身存在的历史主义的反省思想。第一个进程以科学为基础，导致17—18世纪广泛出现的道路和运河工程，并建立了新的技术机构，如1747年成立的巴黎桥梁及道路工程学院。另一个进程则导致启蒙运动的人文主义学科的出现，其中包括现代社会学、美学、史学和考古学的先驱著作，如孟德斯鸠的《论法的精神》(1748)、鲍姆加登的《美学》(1750年)、伏尔泰的《路易十四的时代》(1751)和J. J. 温克尔曼的《古代艺术史》(1764)。

"旧政时期"（指1789年法国资产阶级革命前——译者注）过分矫饰的洛可可式室内装饰的建筑语言和世俗化的启蒙运动思想，促使18世纪的 15 建筑师们意识到了其所处时代的崛起和动荡性质，并通过对古代遗产的精细重估，从而探索一种真正的风格。他们的动机是遵循古人作品中曾经尊奉的原则，而不是简单地抄袭过去。由此引起的考古研究很快地导致了一场重要的争论：在四支地中海文化（埃及、伊特鲁里亚、希腊和罗马）中，究竟哪一支是他们应当探求的真正风格？

重新评价古代世界的首要成果之一是扩大了传统的活动范围，使之大大越出了古罗马帝国的疆界，这样就有利于研究维特鲁威（Vitruvius）所指出的形成罗马建筑的外围文化。18世纪前期古罗马城市赫库兰尼姆和庞贝遗址的发现及挖掘，鼓舞着人们很快把探查扩展到位于西西里和希腊的古希腊遗址。文艺复兴所依据的维特鲁威的教规——古典主义教义——如今可以与实际的废墟进行对照。18世纪五六十年代出版了一些测绘图，其中有朱利安-大卫·勒罗伊的《希腊最美丽的建筑遗址》（1758）、詹姆斯·斯图亚特和尼古拉斯·里维特的《雅典的古文物》（1762），和罗伯特·亚当及查尔斯-路易斯·克莱里索对位于斯普利特（Split）的戴克里先皇宫的实录（1764），这些著作都证明了当时考古研究的力度。勒罗伊把希腊建筑称作"真正风格"的源头，激起了意大利建筑师、雕刻家皮拉内西（Piranesi）沙文主义式的愤慨。

皮拉内西的《论罗马的宏伟性及其建筑》（1761）一书，矛头直指勒罗伊的论点，他认为不仅是伊特鲁里亚人在建筑上领先于希腊人，而且，连同他们的罗马后裔也把建筑艺术发展到更为高度精美的水平。唯一可以成为皮拉内西论据的是那些从罗马帝国蹂躏下幸存的为数很少的伊特鲁里亚建筑——陵墓、构筑物——它们以一种惊人的方式影响着皮拉内西余生的事业。他接二连三地用蚀刻画描绘了1757年由艾德蒙·伯克（Edmund Burke）所归纳为"崇高"的这一感觉的阴沉面，一种产生于对大尺度、远古和陈迹的宁静的恐怖感。这些特点以无限壮观的形象被皮拉内西充分地表现在自己的作品中。然而，这种恋旧的古典形象正如曼弗雷多·塔富里（Manfredo Tafuri）所评论的："是一种有争议的神话……残缺的片段、扭曲的象征，一种正在糟朽的'秩序'中的幻觉机体。"

从1765年的《论建筑》至1778年的《帕埃斯图姆蚀刻》（后一部著作在他去世后不久出版）之间，皮拉内西摒弃了建筑的真实性而任凭自己的想象力驰骋。在一个接一个的出版物中，皮拉内西沉溺于对历史形式的幻想运作，并将之最终体现在他1769年论室内装饰的狂热的折中主义著作中。他无视温克尔曼区别固有美和附加装饰的亲希腊特点。他的谵妄的创新吸引了与他同时代的建筑师。亚当兄弟仿希腊—罗马的室内设计主要得益于皮拉内西奔放的想象力。

在英国，洛可可从未被全盘接受。为了抵消巴洛克的过分充斥，最初的表现是伯林顿伯爵（Earl of Burlington）发起的帕拉迪奥主义，不过尼古拉斯·豪克斯莫尔（Nicholas Hawksmoor）在霍华德城堡的最后一批作品中也给人以某种相似的心灵净化的感觉。到18世纪50年代末，英国人已经孜孜不倦地追随罗马了。在1750—1765年间，新古典主义的主要倡议者，从亲罗马和伊特鲁里亚的皮拉内西到亲希腊的温克尔曼和勒罗伊，都在罗马定居，他们的影响力当时尚未展示出来。从英国赴罗马的有斯图亚特和年轻的乔治·丹斯（George Dance）。斯图亚特早在1758年就已运用希腊陶立克柱式。丹斯于1765年返回伦敦，不久就设计了纽盖特监狱。从外表上看，这是一幢皮拉内西式的建筑，其严格的结构组织可能主要借鉴于罗伯特·莫里斯（Robert Morris）的新帕拉迪奥式比例理论。英国新古典主义的最终发展首先见于丹斯的学生约翰·索恩（John Soane），他把取之于皮拉内西、亚当、丹斯乃至英国巴洛克的各

16

种影响进行综合，达到了卓越的水平。而希腊复兴的事业则由托马斯·霍普（Thomas Hope）开了个头，他出版于1807年的《家具和室内装饰》是拿破仑"帝国风格"在英国的翻版。查尔斯·帕西尔和皮埃尔–弗朗西斯–伦纳德·方丹接过接力棒，进入草创期。

在法国，与英国的情况远为不同，随着理论研究的进展，新古典主义脱颖而出。17世纪后期的文化相对性的意识，促成了克劳德·佩罗（Claude Perrault）对维特鲁威经古典理论的提炼所完善的比例关系提出质疑，对此佩罗提出了他自己的关于绝对美（positive beauty）和臆想美（arbitrary beauty）的理论。他把规范化和完美性赋予前者，而把适合特定的场合或性格的表现功能赋予后者。

对维特鲁威正统观念的挑战，在德·科尔德穆瓦神甫（Abbé de Cordemoy）编纂的《对各类建筑的新论文集》(1706)一书中得到了规范化。维特鲁威把建筑的属性归结为实用、坚固、美观，而科尔德穆瓦则代之以配置、分布、适度三原则。其中前两个原则涉及古典柱式的正确比例和它们的合理分布，而第三个原则提出了适宜性的概念，在此，科尔德穆瓦反对以实效和营利为目的、从经典建筑或名作中寻章摘句。因此，除了对"旧政时期"浮夸、公然的矫揉造作的巴洛克风格的批判外，科尔德穆瓦的《论文集》预示了雅克–弗朗索瓦·布隆代尔（Jacques–François Blondel）对运用恰当的表现方法和有区别的外观来适应不同建筑类型的社会特性的关注。当时的时代已经面临要表现远为复杂的社会的任务。

在坚持必须审慎地采用古典做法的同时，科尔德穆瓦还关注形式上的纯粹性。他反对巴洛克那种不规则的柱列、破口的山花和扭曲的柱子。装饰必须适度。科尔德穆瓦关于许多建筑物根本不需要装饰的论点比阿道夫·洛斯（Adolf Loos）的《装饰和罪恶》一书早了200年。他偏爱无柱的砖石建筑和矩形结构，他认为独立柱具有一种纯建筑的本质，这一点已经由哥特式大教堂及希腊神庙所证明。

洛吉耶神甫（Abbé Laugier）在他的论文《论建筑》(1753)中重新诠释了科尔德穆瓦的观点，提出了一种通用的"自然"建筑艺术，一种由四根树干支撑坡顶的质朴的"原始小屋"。与科尔德穆瓦一样，他主张将这种原始形式作为一种古典化哥特式结构的基础，在这里没有拱券、没有柱础，也没有任何其他形式上的呼应，在柱子之间尽可能全部装上玻璃。

这种半透明的建筑在1755年开始兴建的由雅克–日耳曼·苏夫洛（Jacques–Germain Soufflot）设计的巴黎圣热内维埃夫教堂［**图2**］中得以实现。苏夫洛是1750年首批访问帕埃斯图姆陶立克神庙的建筑师之一。他决定在这幢建筑中用古典的(不仅是罗马的)手法来重新塑造出哥特式建筑的轻巧、宽敞和均衡。为此他采用希腊十字形平面，中厅和耳堂由支撑在连续的室内列柱廊上的平穹和半圆拱体系组成。

布隆代尔在1743年创设了位于拉·阿尔普大街上的建筑学校。他把科尔德穆瓦的理论和苏夫洛的大空间作品结合在法兰西学院传统之中而成为所谓"梦幻一代"的宗师。这一代人的代表包括恩蒂纳–路易·布莱（Etienne–Louis Boullée）、雅各·贡杜安（Jacques Gondoin）、皮埃尔·帕特（Pierer Patte）、马里–约瑟夫·佩尔（Marie–Joseph Peyre）、让–巴蒂斯特·龙德莱特（Jean–Baptiste

Rondelet）等，以及也许是最富有想象力的克劳德·尼古拉斯·勒杜。布隆代尔在他的《建筑学讲义》(于1750—1770年间出版)中提出他对于构成、类型、特性的主要原则。他的理想的教堂设计出现在讲义的第二卷，与巴黎圣热内维埃夫教堂有亲缘关系，突出表现了一种典型的正立面，同时又把各个内在部分连接起来，使其成为一个连续的空间体系，这种体系的广垠景象给人以崇高的感觉。这个表现出朴实和宏伟的教堂设计影响了布隆代尔的许多学生的作品。其中最突出的要数布莱，他在1772年以后设计的作品都因过分庞大而无法实施。

除了遵循布隆代尔的教诲、体现创作的社会性以外，布莱还受勒·加缪·德·梅齐埃尔（Le Camus de Mézières）的《建筑的天才或此项艺术与我们感觉的类似性》(1780)一书的影响，试图通过宏伟来制造敬畏和肃穆的感觉。布莱发展了他的敬畏风格（genre terrible）。在这种风格中，广垠的景象与不加修饰的纪念碑形式的纯几何体结合起来，让人产生兴奋和渴求之感。与启蒙运动中的其他建筑师相比，布莱更沉湎于启示神灵存在的光线作用。在他的局部模仿圣热内维埃夫教堂的作品“大都市”（Métropole）中，日光下的薄雾使室内沉浸在朦胧之中就是明证。与此相似的使用光线效果的例子，是他所设计的伊萨克·牛顿纪念堂［**图3**］的巨大砖石球体，晚上利用悬挂的灯火来代表太阳，白天灯火熄灭后则由圆顶四周的孔洞造成一种天穹的错觉。

尽管布莱在政治上是个不折不扣的共和主义者，但他依然沉湎于构思一种供奉给上帝的具有无上权威的纪念碑。与勒杜不同，他对莫莱里（Morelly）或让－雅克·卢梭（Jean–Jacques Rousseau）的田园式的去中心乌托邦理想不感兴趣。尽管如此，他对革命后欧洲的影响是相当大的，这主要是通过他的学生让－尼古拉斯－路易·迪朗（Jean-Nicolas-Louis Durand）的活动得以体现。后者把他的越轨的想法还原为一种规范性和经济合理的建筑类型学，体现在其《在巴黎理工学院的演讲集，1802—1809》(后面简称《演讲集》)［**图4**］一书中。

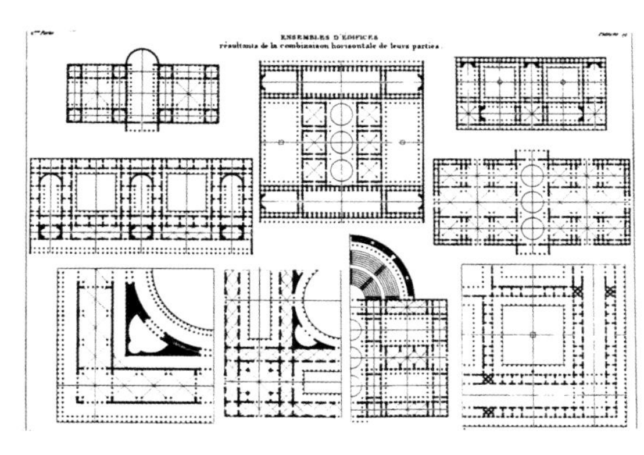

3　布莱，伊萨克·牛顿纪念堂方案，1785年左右。“夜间”剖面
4　迪朗，各种平面的可能排列组合。自《演讲集》，1802—1809

经过15年的动乱，拿破仑时代要求以尽可能低廉的成本建造体现适度宏伟的和权威的实用建筑物。迪朗当时是理工学院建筑学首席教师，他探索制定了一套通用的建筑方法学，以产生与拿

18

破仑法典相对应的建筑法规。运用这种法规可以把固定的平面类型和不同的立面以模块置换的方法来建造经济、适用的建筑。如此，布莱所醉心的宏伟的空想的体量，可以比较合理的造价来实施并体现适当的建筑特色。以迪朗对圣热内维埃夫教堂的分析为例，该建筑用了206根柱子，墙体的长度为612米。如果用他的做法对相应面积的圆形神庙只需要112根柱子和248米墙体——这是相当经济的，并且照他的看法，还可以给人们以更深刻的印象。

革命中断了勒杜的事业，在关押期间他又重新发展他的盐场规划设计，盐场是他在1773—1779年间在阿克－瑟南（Arc-et-Senans）为路易十六兴建的。他把这组半圆形的建筑群扩大为他的理想城市石灰镇（Chaux）［**图5**］的核心，并于1804年以"与艺术、风俗、法规结合考虑的建筑学"的标题出版。半圆形盐场本身（勒杜将它发展成城市的椭圆形中心）可以看成是工业建筑的一种初步尝试，它把生产单元和工人住宅有意识地结合在一起。在这组重农主义的建筑群里，每一部分均根据其不同的特点予以安排。在轴线上的制盐车间的高屋顶，很像农业建筑的屋顶，墙面饰有光滑的贴面方石，带有粗琢的装饰面，而位于中心的主管住宅却是低屋顶的，并有人字形山墙，整个外饰面都是粗琢的，且饰有古典的柱廊。在盐库和工人住宅的墙上到处都刻有各种形状的石化的"水柱"，这不仅象征企业赖以生存的盐液，也暗示了生产系统和劳动力在工艺流程中具有同等的地位。

在运用这种虚构的有限类型学来覆盖他的理想城市中的所有机构时，勒杜将建筑"外观"的概念加以延伸，使其与抽象形式一样具有社会意图的象征内涵。他一方面使用通用的标志来确立意义，例如用所谓的 *Pacifère*（束棒）表示法庭的公正与统一；或采用同构的方式，例如在 *Oikema* 妓院这个项目中，他设计了一个阳物的外形，其奇特的目的是，通过性的餍足来劝导人们遵守道德。

勒杜在1785—1789年间给巴黎设计的一些城关中所采用的随意并净化地重新组合古典残片的做法，与迪朗把各种被人接受的古典要素进行理性组合的方法有天壤之别。这些城关（barrières）和石灰镇的理想化机制一样，是同他们所处时代的文化格格不入的。1789年以后，随着这些城关的逐步瓦解，它们遭遇到了与其试图实施的既抽象又不得人心的海关疆界一样的命运。正如农民歌谣所唱的："围住巴黎的围墙使巴黎怨声不绝。"

革命以后，新古典主义的演变在很大程度上与适应资产阶级社会新机构的需求紧密相关，它代表了新兴共和国的崛起。最初在君主立宪政体下达成妥协的这些力量，不足以贬低新古典主义在形成资产阶级帝国的风格中所起的作用。巴黎的拿破仑"帝国风格"和柏林的弗雷德里克二世亲法的"文化民族"，其实是同一文化源流的两种不同表现形式罢了。前者对古代主题（不论是罗马的、希腊的还是埃及的）折中主义的运用很快就成为共和国时代的遗产——这种风格表现在首都城内十足的罗马式的装饰，以及戏剧性地显示拿破仑军功的室内处理；见之于帕西尔和方丹的里沃利大街（Rue de Rivoli）、演兵场凯旋门（Arcdu Carrousel）以及贡杜安在旺多姆广场上敬献给拿破仑军队的雄狮柱。而在德国，这种趋势首先见于卡尔·戈特哈德·朗汉斯（Carl Gotthard Langhans）的勃兰登堡门（作为柏林西大门，建于1793年）和弗雷德里克·吉利（Friedrich Gilly）在1797年设计建造的弗里德里希大帝纪念碑。勒杜的原始形式启发了吉利竭力去模仿严谨的陶立克风格。这是与德国文学上“狂飙突进运动”的“古朴”文风相对应的。吉利和他的同时代人弗雷德里克·魏因布伦纳（Friedrich Weinbrenner）一样，展现了一种斯巴达式的有高度道德观的乌尔文明（Ur-civilization），以此来歌颂理想化的普鲁士国家的信念。他引人注目的纪念建筑设想为一座建造在莱比锡广场上的“人造卫城”。这一圣地（temenos）应该是从波茨坦方向通过一座矮而宽的饰有双轮战车的凯旋门进入的。

吉利的同事和继任者，普鲁士建筑师卡尔·弗里德里克·申克尔（Karl Friedrich Schinkel）最初对哥特式的激情既不产生于柏林也不是在巴黎，而是来自他对意大利教堂的第一手经验。然而在1815年拿破仑战败以后，这种浪漫主义的嗜好被寻找表现普鲁士民族主义的凯旋的需要大大地冲淡了。政治上的理想主义和军功武威结合在一起，看来是导致古典主义再现的原因。不管出于哪种情况，这种风格使申克尔不仅与吉利而且也与迪朗结合，从而创作了他在柏林的力作：1816年的新警卫局、1821年的宫廷剧院和1830年的老博物馆［**图6**］。警卫局和宫廷剧院显示了申克尔成熟的风格，其中一栋用实墙的转角，而另一幢侧翼则用窗棂，但是迪朗影响最深的是博物馆的设计。它取材于《演讲集》中的博物馆原型平面，将其劈

5　勒杜，理想城市石灰镇，1804

6　申克尔，老博物馆，柏林，1828—1830

20

为两半——改动中保留了中间的穹顶、柱廊和内院，取消了侧翼(见图240，p.269)。尽管采用了宽台阶、柱廊和屋顶上象征普鲁士国家文化影响的鹰和狄俄斯库里(Dioscuri)的形象，申克尔摒弃了迪朗的类型学和表现方法，创立了一种非常精致和有力的空间组合，宽大的列柱围廊形成通向窄门廊的通道，门廊中有一座对称的入口楼梯和夹层(这种布置后来在密斯·凡·德·罗的设计中被重新采用)。

布隆代尔的新古典主义延续到19世纪中叶，体现在亨利·拉布鲁斯特(Henri Labrouste)的事业中。拉布鲁斯特曾在巴黎美术学院(这一学院在革命后继承了皇家建筑学院)学习。佩尔的学生安东尼－劳伦特－托马斯·沃杜瓦耶(Antoine-Laurent-Thomas Vaudoyer)也在此学习。拉布鲁斯

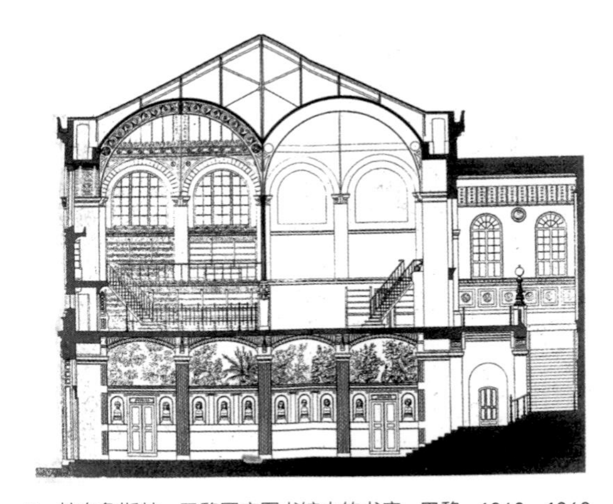

7　拉布鲁斯特，巴黎国家图书馆中的书库，巴黎，1860—1868

特在1824年获得罗马大奖，后来五年在法兰西学院，把大部分时间花在意大利，研究帕埃斯图姆（Paestum）的希腊神庙。受雅各布－伊格纳茨·希托夫（Jakob-Ignaz Hittorff）作品的启发，拉布鲁斯特是最早认为这些建筑原来具有鲜艳色彩的人之一。这一点和他坚持结构第一以及全部装饰均由建筑衍生而来的观点，使他在1830年成立自己的工作室后与当局发生了冲突。

1840年，拉布鲁斯特被任命为巴黎圣热内维埃夫图书馆的建筑师，该图书馆过去一直用来收藏1789年由法兰西国家接管的图书馆的藏书。拉布鲁斯特显然是以布莱1785年为马萨林宫设计的图书馆为基础，他的设计是一个周边以书库墙围成的垂直空间，支撑着一个铁柜架筒状穹顶，筒状穹顶又分成两半，并在空间中部由一列铁柱子支撑。

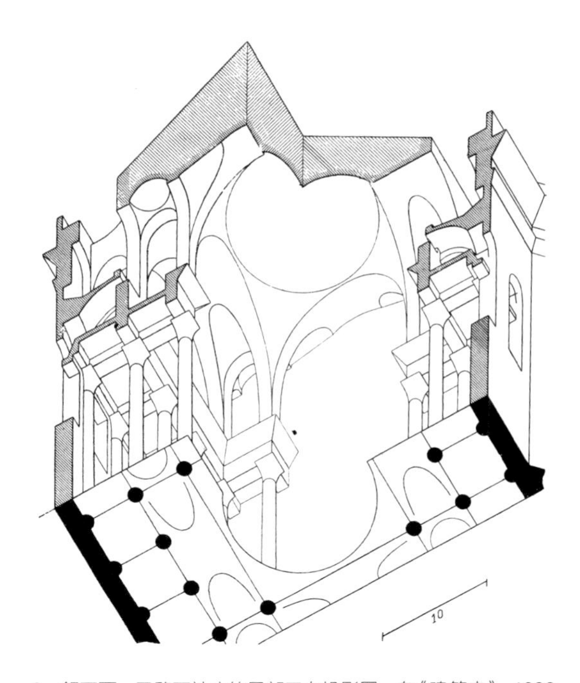

8　舒瓦西，巴黎万神庙的局部三向投影图，自《建筑史》，1899

这种结构理性主义（Structural Rationalism）在拉布鲁斯特1860—1868年设计的巴黎国家图书馆［**图7**］的大阅览室和书库中得到进一步的发展。这个建筑组合体插入马萨林宫的院子里，由一幢16根铸铁柱子支撑的玻璃和铁屋顶的阅览室以及一幢多层的铸铁书库组成。拉布鲁斯特最终摆脱了历史主义的影响，把书库设计成一个顶部采光的骨架，光线通过铁架从屋顶直抵底层。虽然这种处理方法承袭了1854年由西德尼·斯米尔克（Sydney Smirke）为罗伯特·斯米尔克（Robert Smirke）设计的新古典主义的大英博物馆庭院中的铸铁制阅览室和书库，但这种方法的精细形式所隐含的新美学原则直到20世纪的构成主义（Constructivist）作品中才得以真正实现。

19世纪中叶可以看出新古典主义遗产分别演变成两条紧密联系的发展线索：拉布鲁斯特的结构古典主义（Structural Classicism）和申克尔的浪漫古典主义（Romantic Classicism）。这两个“学派”同样都面临着19世纪各种新的机构蓬勃兴起的形势和创建新的建筑类型的任务。它们在表现建筑代表性特点的方式上有很大的不同：结构古典主义者强调结构，这是沿袭了科尔德穆瓦、洛吉耶和苏夫洛等人的路线，浪漫古典主义者着眼于形式本身的外貌特点，沿袭的是勒杜、布莱和吉利等人的路线。结构古典主义派所着眼的建筑类型大致是监狱、医院和火车站，体现在如埃米尔－雅各·吉尔伯特（Emile-Jacques Gilbert）和弗朗索瓦－亚历山大·迪奎斯内（François-Alexandre Duquesney，1852年巴黎东车站设计人）等的作品里；浪漫古典主义派则致力于使建筑本身更有表现力，如英国查尔斯·罗伯特·科克雷尔（Charles Robert Cockerell）设计的大学博物馆和图书馆，或更为壮观的由德国莱奥·冯·克伦泽（Leo von Klenze）设计的建筑——后者最突出的是1842年完工的高度浪漫主义的瓦尔哈拉宫（Walhalla，位于德国雷根斯堡）。

在理论方面，结构古典主义从1802年龙德莱特的《建造艺术论文集》开始，并终结于19世纪末工程师奥古斯特·舒瓦西（Auguste Choisy）的著作，尤其是他1899年的《建筑史》。舒瓦西认为：建筑的本质是结构，所有风格的变化仅仅是技术发展的合乎逻辑的结果。“对新艺术运动的炫示是完全违背历史的教诲的。历史上伟大的风格并非如此产生。伟大的艺术时代的建筑师总是从结构的启示中找到他最为真实的灵感。”舒瓦西在他的书中用各种轴视图像［**图8**］来揭示各种形式的本质，用以阐释他的结构决定论，他在单一图像中同时包括了平面、剖面和立面。正如雷纳·班纳姆指出的那样，这些客观如实的图解把它们所代表的建筑艺术还原为纯抽象图。正是这种图像，加上它们所综合的多方面信息，在世纪转换期吸引了建筑现代运动的先驱们。

舒瓦西阐述希腊和哥特式建筑历史的重点，是一种19世纪后期对希腊-哥特式观念的理性化。这种观念早在一个世纪前就由科尔德穆瓦系统地阐述过了。这种在18世纪把哥特式结构投入到古典主义章法的演变，与舒瓦西将陶立克柱式从木结构转变为石结构的阐释，是类似的。这种转变后来由舒瓦西的学生奥古斯特·佩雷（Auguste Perret）发展为现实。佩雷坚持模仿传统的木构架的样式来刻画钢筋混凝土结构的细部。

尽管舒瓦西本质上是一个结构理性主义者，但他仍然具有浪漫主义的敏感。他曾经这样描写雅典卫城：“希腊人绝不会脱离建筑场址以及它周围的其他建筑物去构思一幢建筑……每个建筑主题本身是对称的，但每一组都处理成一景，并且只依靠其体量来取得平衡。”

这种局部对称平衡的生动观念与巴黎美术学院的教育是不同的，与迪朗在理工学院的方法也是形同陌路。它对朱利安·加代（Julien Guadet）的影响也很微小，加代在他讲授的《建筑学要素及理论》(1902)课程中试图建立一种规范的方法，把各种最新的技术要素尽可能根据轴向布置的传统组合起来。通过加代在巴黎美术学院的讲授以及对他的学生奥古斯特·佩雷和托尼·加尼耶（Tony Garnier）的影响，古典“要素主义者”的构图原则被传给了20世纪的先驱建筑师。

第2章

领土的变革：城市的发展 1800—1909

23 由于超级通信工具的迅速发展，传统的交流方式在整个19世纪中被不断得到完善的崭新方式代替，这为人口的大规模迁徙创造了条件，并提供了与历史加速的节奏更紧密适应的信息。铁路、报纸和电报将逐渐成为提供信息、发挥重要作用的角色，而非仅仅是空间了。

——弗朗索瓦·肖埃（Françoise Choay）
《现代城市：19世纪的城市规划》，1969年[1]

在欧洲已有五百年历史的有限城市在一个世纪内完全改观了。这是由一系列前所未有的技术和社会经济发展相互影响而产生的结果，这些影响于18世纪后期在英国首先出现。从技术的观点看，其中突出的可能要算这样一些革新，1767年开始的亚伯拉罕·达尔比（Abraham Darby）的铸铁路轨的大量生产；1731年后得到广泛运用的杰斯罗·托尔（Jethro Tull）的谷物条播耕作机。达尔比的发明导致了1784年亨利·戈尔特（Henry Cort）的搅炼炉工艺的发展，简化了由生铁到熟铁的炼制过程；托尔的条播机是查尔斯·汤森德（Charles Townsend）的四熟轮作制的关键——这种"高效农业"的原则在18世纪末得到了普及。

生产的革新引起了连锁反应。在冶金方面，英国的铁产量在1750—1850年间增长了四倍（1850年年产量达200万吨）；在农业方面，1771年的围田法实施后，低效率的耕作制被四熟轮作制所代替。前者由对拿破仑的战争所促成，后者则是为了养活迅速增长的工业人口的需要。

与此同时，曾经在18世纪初期维持了农村经济的乡村纺织业发生了迅速的变化。首先是1764年詹姆斯·哈格里夫斯（James Haregreaves）的珍妮纺纱机大大地提高了个体生产的纺纱能力，接着是1784年埃德蒙·卡特赖特（Edmund Cartwright）的蒸汽动力织机首次用于工厂生产。蒸汽动力织机不仅使纺织成为大规模的工业生产，并且直接促成了多层防火厂房的出现。这就迫使传统的纺织业放弃原先占支配地位的农村基地，导致劳动力和工厂的集中。集中的地点首先是要有方便的水路交通，然后，由于蒸汽动力机的运用，要求接近煤矿。在1820年左右，已经有24000台动力机在运转，使英国的纺织城成为事实。

这个被西蒙·威尔（Simone Weil）称之为 *enracinement*（拔根）的翻天覆地过程由于蒸汽牵引在交通运输方面的运用进一步加速。理查德·特莱维奇克（Richard Trevithick）于1804年首次在铸 24

铁路轨上展示了机车。第一条从斯托克顿至达灵顿的公共铁路于1825年通车，接着是全新的交通设施的迅猛发展。到1860年英国铺轨已达1.6万公里左右。1865年以后出现的以蒸汽为动力的远程航海业把大量欧洲移民运往美洲、非洲和澳洲。移民提供了为发展殖民地经济和充实新世界城市所需要的人口，同时，传统欧洲的封闭城市在军事、政治和经济上的衰退，在1848年革命以后导致了壁垒的全面崩溃，并使先前的有限城市向已经欣欣向荣的郊区发展。

这些总的发展，以及由于改善营养标准和医疗水平而促成的死亡率的突然下降，造成了城市空前的集中。首先是在英国，随后在整个发展中世界也都有不同程度的增长。曼彻斯特的人口在一个世纪中增长了八倍，从1801年的7.5万人增至1901年的60万人。伦敦在同期增长6倍，从1801年的100万左右发展到世纪转换期的650万。巴黎也有相应的增长，它的起点稍小一点，从1801年的50万到1901年的300万。与纽约同期相比，这些6至8倍的增长还不算过分。根据1811年的"特派员规划"，纽约的规划呈方格网形，其人口从1801年的3.3万人发展到1850年的50万人，到1901年又激增到350万。芝加哥的增长率更是天文数字的，从1833年汤普森（Thompson）的方格网形规划时的300人到1850年发展到3万人左右(其中美国出生的不到半数)。到20世纪初，芝加哥已成为一个拥有200万人口的城市。

这种爆发性的增长速度使旧的邻里街坊沦为贫民窟，出现了许多粗制滥造的住宅，其主要目的是在市内交通设施短缺的情况下，提供一些尽量廉价的、距生产地点在步行距离内的庇护所。密集的发展不可避免地造成了采光、通风和公共

场所的不足，造成了卫生设施如公共厕所、洗衣房和垃圾站的短缺。由于排水系统的落后和年久失修，造成了粪便和垃圾堆积以及洪水泛滥，这种状态必然引起发病率的提高——首先是肺结核，然后是使当局更为惊恐的1830—1840年蔓延于英国和欧洲大陆的霍乱。

这些传染病促成了卫生工作的改革，并使一些控制稠密大都市的结构和管理的早期法规得以问世。1833年，伦敦当局指示由埃德温·查德威克（Edwin Chadwick）领导的穷人法委员会调查怀特恰普尔霍乱病暴发的原因，这就导致查德威克的《关于英国劳动居民卫生条件的调查》(1842年)，以及1844年针对大城镇和人口稠密地区状况的皇家委员会的建立，并进而产生了1848年的《公共健康法》。这部法规除了别的一些内容外，从法律上规定了地方当局对污水排放、垃圾堆集、供水道路、屠宰场检查以及尸体掩埋等应负的责任。奥斯曼（Haussmann）在1853—1870年改建巴黎期间也制定过类似的条款。

在英国，这些法规的结果是使社会对进一步提高工人阶级的住房需求有了模糊的认识，但最初对采取何种模式和手段，意见并不一致。尽管如此，受查德威克影响的改善工人条件协会于1844年在伦敦发起建造了第一批工人住宅，这批住宅由建筑师亨利·罗伯茨（Henry Roberts）设计。在这坚定的开端之后是1848—1850年的斯特里什恩街住宅，以及仍由罗伯茨设计的于1851年在伦敦万国博览会展出的典型的四单元二层工房。这种把公寓成对地围绕着一个公用楼梯堆叠起来的通用模式，影响了19世纪后来的工人住宅的规划。

美国资助的慈善性的皮包第信托公司和一些英国的慈善界以及当地政府在1864年后都试图提

高工人住宅的质量，但在1868年和1875年的《贫民窟清理法》和1890年的《工人住房法》颁布之前收效甚微。这些法律要求地方政府提供公共住房。1893年伦敦郡委员会(1890年成立)开始依法兴建工人住房。委员会下属的建筑师部门为这种住房的非学院化形象做了杰出的工作。他们运用本国的艺术和手工艺运动风格建造六层住宅街坊。其中典型的例子是于1897年兴建的米尔班克住宅区。

纵观整个19世纪，工业为解决自身的发展采取了许多形式，从“模范”工厂、铁路和工业城镇，到被设想用来作为未来开明国家原型的乌托邦公社。在那些对综合工业组合体最早表示兴趣的人中必须提到罗伯特·欧文(Robert Owen)，他于1815年在苏格兰创立的新拉纳克被设计成一个合作运动的先驱机制。还有泰特斯·索尔特爵士(Sir Titus Salt)于1850年在靠近布拉德福的约克郡创立的萨尔泰尔(Saltaire)，这是一座家长式的工厂城镇，完整地配置了传统的城市机构，如一座教堂、一个医务所、一所中学、一个公共浴室、一个救济院以及一处公园。

在规模上和思想的解放程度上，这些项目都不能与查尔斯·傅立叶(Charles Fourier)在他1829年出版的《新工业世界》中的激进设想相提并论。他的平等的、无约束的社会取决于理想公社或“法朗吉”(phalanxes)的建立，居住在“法伦斯特尔”(phalanstères)的人将按照傅立叶的“情感吸引力”的心理原则相互建立联系。由于“法伦斯特尔”被设计在广阔的农村，所以，其主要经济形式是农业，其次才是一些轻工业。傅立叶在他的早期著作中曾勾画出他的公社的具体特征：模仿凡尔赛的布置，中间为公共活动场所(餐厅、图书馆和冬季花园等)，侧翼布置成车间和旅舍(caravanseray)。他在1822年《论雇农协会》一文中指出：“法伦斯特尔”是一种微型的城镇，其街道有可免于露天的优点。他认为，如果逐步采用这种结构，最终将会取代小资产阶级穷酸相的独立式小住宅，这种住宅此刻已经填满了城镇间的空隙。

9　戈丹，法米利斯特尔，吉斯，1859—1870

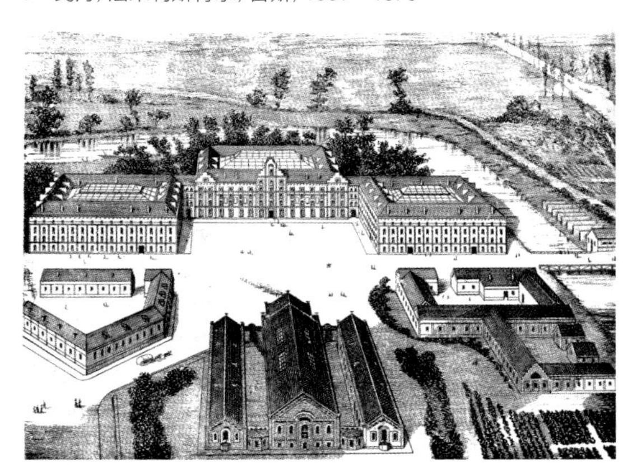

26

傅立叶的学生维克托·孔西代朗(Victor Considérant)在1838年的著作中把凡尔赛与蒸汽轮船的隐喻联系在一起，提出：究竟是在大洋中距各个口岸960公里处建造1800人的住处容易，还是让1800个优秀农民居住在香槟中心或布斯的土地上的一幢建筑里更简单一些？一个世纪以后，这种把公社和轮船的结合由勒·柯布西耶(Le Corbusier)重新提出，以他受傅立叶启示的自足的“人居单元”(即马赛公寓)于1952年在马赛得以实现。(见 p. 258)

傅立叶的持久影响在于他对工业生产和社会组织的尖锐抨击。尽管在欧洲和美洲做了许多建立“法伦斯特尔”的尝试，他的新工业世界仍然注定是一个不能实现的梦想。与其实践最相近的是“法米利斯特尔”(Familistère)[**图9**]，由工业家让－巴蒂斯特·安德烈·戈丹（Jean-Baptiste André Godin）于1859—1870年在他位于吉斯的工厂相邻处建造的项目，它由三个居住区、一座托儿所、一座幼儿园、一所剧院、几所学校、几个公共浴室以及一个洗衣房组成；每个居住区都围绕着一个顶部采光的中心内院，这个内院相当于“法伦斯特尔”中的高架内部街道。戈丹在他1870年的《社会答案》一书中吸取了傅立叶主义中许多激进的方面，以展示可以适应家庭居住的集合而不必凭借“情感吸引力”这种怪僻的理论。

除了适应劳动大众的需要外，18世纪的伦敦街道和广场网格在整个19世纪中得到了扩大，以满足城市中产阶级日益增长的需求。然而，由于对那种四面被街道和联列式住宅所围的点缀性的绿地的规模和风格感到不满，园艺师亨弗利·雷普顿（Humphry Repton）倡导了“英国公园运动”（English Park Movement），试图把农村的风景庄园引入城市。雷普顿与建筑师约翰·纳什（John Nash）在他们合作设计（1812—1827）的伦敦摄政公园（Regent's Park）中成功地实现了这一点。1815年拿破仑被击败后，建园计划在皇室的庇护下得到发展，他们把一片连续的起展览作用的建筑立面与现行的城市结构融合在一起，从北部的摄政公园的贵族式景致开始，延伸到南部圣·詹姆斯公园和卡尔顿府联排。

设置在不规则的景观中的新古典主义乡绅住宅［其形象取自卡帕比利蒂·布朗（Capability Brown）和乌福代尔·普莱斯（Uvedale Price）的如画般的作品］被纳什转换为围绕城市公园周边的联列式住宅带。这种模式首次由约瑟夫·帕克斯顿爵士（Sir Joseph Paxton）于1844年在利物浦市外的比肯海德公园全面系统地引用，弗雷德里克·劳·奥姆斯特德（Frederick Law Olmsted）设计的、于1857年开放的纽约中央公园就是受帕克斯顿影响的例子，即使从他所采取的车马交通与人行分开的做法也可看出帕克斯顿的影响。这种概念最后在由让·查尔斯·阿道夫·阿尔方（Jean Charles Adolphe Alphand）创建的巴黎风格的公园中得以完善，道路系统完全决定了公园的使用方式。阿尔方设计的公园对刚刚城市化了的公众产生了一种文明教化的作用。

纳什于1828年在圣·詹姆斯公园设计的、处于莫莱兄弟（Mollet brothers）1662年所做的方形盆地中的不规则湖面，可以被视为象征英国画意派（English Picturesque）在景观处理上对17世纪以来的法国笛卡尔式（Cartesian）风景概念的胜利。在这以前，法国人始终把绿化作为另一种建筑秩序，并把林荫大道布置成树的柱列。他们开始认识到雷普顿对景观的不规则处理具有一种浪漫主义吸引力，让人无法抵御。大革命以后，他们把贵族花园进行改造，纳入风景如画般的画意派范畴。

虽然受到画意派的影响，法国还是保持了理性的概念。这首先表现在由画家雅克－路易·大卫（Jacques-Louis David）领导下，于1793年成立的革命艺术家委员会所制定的艺术家规划中的*percements*（大规模地拆除、取直，以开辟全新的街道），然后是在1806年后由帕西尔和方丹设计的拿破仑时代有拱廊的里沃利大街（Rue de Rivoli）的建设。里沃利大街的建设不仅采用了纳什的摄政街建筑模式，而且也成为第二帝国时代巴黎布景式街道立面。艺术家规划还提出了林荫道（allée）的规划方针，后来成为拿破仑三世时代巴黎改建的主要措施。

拿破仑三世和乔治·奥斯曼男爵不仅给巴黎

［**图10**］，也给许多法国和中欧城市留下了不可磨灭的印记，整个中欧在19世纪下半叶都经历了奥斯曼式的调整。这些影响甚至体现在丹尼尔·伯纳姆（Daniel Burnham）1909年的芝加哥市网格式规划中。伯纳姆曾这样写道："奥斯曼在巴黎的业绩也是芝加哥必须完成的任务，以克服由人口迅速增长而注定要出现的不可忍受的状况。"

1853年，奥斯曼作为塞纳河地区新任行政长官，看到了在巴黎存在的供水受到污染、排水系统不足、可辟为公墓和公园的空地的匮乏、大片破旧肮脏的住房以及没有最低限度的交通设施等状况。其中前两项无疑关系到人们最重要的日常福利。由于塞纳河被用于饮用水的主要水源同时又是污水排放的渠道，巴黎在19世纪前50年内暴发了两次霍乱。与此同时，当时的道路系统已不能满足一个不断扩张的资本主义经济的行政中心的需要。在拿破仑三世短暂的独裁统治时期，奥斯曼解决这个复杂问题的根本办法就是*percement*。正如肖埃所指出的，他的主要目的是"形成统一，并把'巴黎团'的巨大的消费市场和生产基地改造成为有效的整体"。尽管在奥斯曼之前的1793年"艺术家规划"和更早的皮埃尔·帕特1765年规划中，已清晰地预示了巴黎轴线和焦点结构，然而正像肖埃指出的那样，奥斯曼的巴黎有一种显而易见的轴线实际位置的转移，把一个围绕传统的行政区组织起来的城市（如大卫制定的规划）转化为由"资本主义狂热"（fever of capitalism）所统一的大都会。

大部分来自巴黎理工学院的圣西门主义经济学家和专家治国论者，对拿破仑三世关于采用何种经济手段和系统目标来重建巴黎的观点产生了影响。他们强调高速和有效率的交通和通信联络系统的重要性。奥斯曼把巴黎改变成一个区域性的大都会，利用街道来切割划分现有的城市结构，

28

10　巴黎的规则化：由奥斯曼切割的街道以粗黑线表示

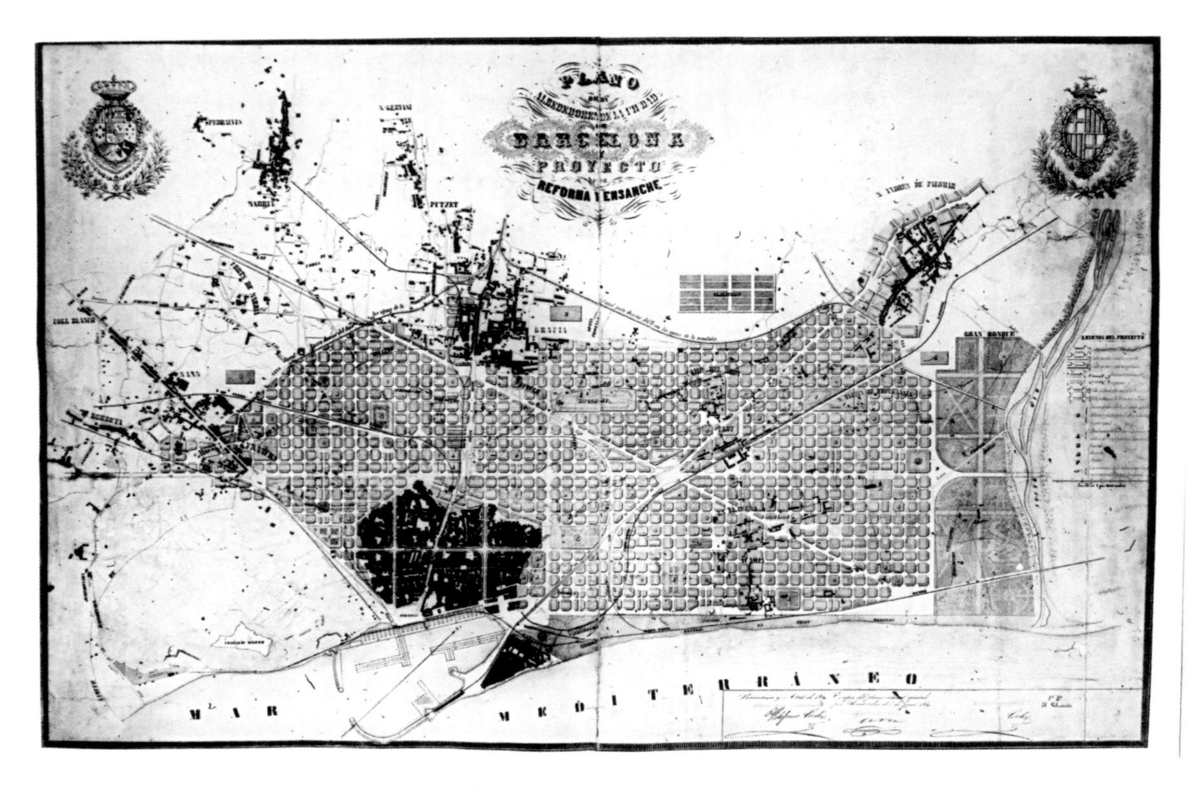

11　塞尔达，巴塞罗那扩建规划，1859。老城以深色表示

并越过传统的塞纳河障碍把对立的焦点和地区连接起来。奥斯曼极为重视使南北和东西方向的轴线更具有实质性，把西瓦斯托波尔大道的建设以及里沃利大街的往东延伸放在首位。这条联系南北方向铁路终点站的主十字形道路，由一个环形林荫道环绕，后者又与奥斯曼的主要交通分配转盘，即围绕着夏格仑（Chalgrin）的凯旋门而建的建筑群相连接。

在奥斯曼任期内，巴黎约新修了137公里长的林荫大道，这些道路比起它们所取代的536公里长的旧有道路要宽阔得多，而且植树成行，光照充足。由于街道的改建，出现了标准的居住平面布局方式和整齐的街景立面，同时也出现了标准的街道设施——诸如公厕、坐凳、避雨所、报亭、时钟、灯柱以及道路标记等。这些均由奥斯曼的工程师尤金·贝尔格朗（Eugène Belgrand）和阿尔方设计。整个系统根据需要配置大面积的公共开敞空间作为“通风”用，例如布洛涅和温森斯森林。此外，在扩大后的城市范围内，兴建或整修了新的公墓和许多小公园，如比尤特·肖蒙公园和蒙梭公园。最重要的是建立了足够的排水系统，并从杜依山谷向市内供应自来水。奥斯曼这个不关心政治的杰出执政官为了实现这样一个全面的规划，拒绝接受他所服务的政权的政治逻辑。他最终被处于矛盾心理的资产阶级断送，后者在他任期内支持了他的“有利可图的改进”，同时又

29 抵制他对他们财产所有权的干预。

早在第二帝国崩溃之前，“规则化”的原则已经在巴黎以外的其他地方，特别是在维也纳得到实施。维也纳于1858—1914年期间，在拆毁的城墙的基础上修建了一条展览性的林荫大道，后来逻辑性地成为一条浮华的环形路（Ringstrasse）。在这座“开放”城市的延伸部分的一条弯弯曲曲又分外宽阔的道路上，布置了孤立的纪念性建筑。这一点受到了建筑师卡米洛·西特（Camillo Sitte）的批评，他在1889年的《根据艺术原则规划城市》一书中，主张用拱廊等建筑围绕维也纳主环形路上的纪念性建筑。他的补救性关注的最佳的表达，见之于他对19世纪末期交通拥挤的“开放”城市和中世纪或文艺复兴时期宁静的市中心的批判性对比之中：

> 在中世纪及文艺复兴时期，公共广场经常是有实用意义的，……广场与周围的建筑物组成一个整体。今天它们至多只是用来停放车辆，广场与支配广场的建筑物没有关系。……简而言之，在这些场所的活动缺乏确切含义，而在古代，正是在靠近公共建筑的广场，其活动是最最频繁的。[2]

与此同时，西班牙工程师伊德芳索·塞尔达（Ildefonso Cerd）在巴塞罗那发展了城市规则化的区域含义。他发明了“都市化”（urbanización）这一术语。1859年塞尔达对巴塞罗那做了网格式的扩建规划［**图11**］。整个城市纵深约为22个街区，它们以海为界，并有两条斜交的道路在市内会合。由于工业和海外贸易的发展，到19世纪末，巴塞罗那这个具有美国尺度的格式规划已经被填充完毕。在1867年出版的《都市化的一般理论》一书中，塞尔达特别强调交通运输的重要性，尤其是利用蒸汽做动力的运输系统。他认为从各个方面看，运输都是科学的城市结构的出发点。受塞尔达影响，1902年，莱昂·若瑟利（Léon Jaussely）的巴塞罗那规划把这种对交通的侧重体现为最初的线性城市理念，也就是把不同的居住地段和交通地段组织成带。他的设计对苏联20世纪20年代线性城市的提出有某种影响。

到1891年，由于影响高层建筑的两个重要因素的确立，城市中心有可能进行集中开拓：这就是1853年乘客电梯的发明和1890年钢结构的完善。由于地下铁道（1863）、电车（1884）和轻轨铁路运输（1890）的问世，作为城市未来发展的“自然”后备的花园式郊区出现了。高层的市中心和低层的花园式郊区，这两种美国式城市发展形式相辅相成，在1871年芝加哥大火后建筑业的兴旺中明显地表现出来。

芝加哥周边的郊区化过程在1869年奥姆斯特德为河滨郊区做“画意”型规划设计时就已开始［**图12**］。这里一部分在19世纪中叶是公园式的公墓，另一部分属于早期东岸郊区，与芝加哥市中心有铁路相连。

1882年蒸汽缆车在芝加哥的出现，促使城市进一步发展。芝加哥南部首先受益。然而郊区的真正繁荣是19世纪90年代以后的事。当时，由于有轨电车的运用，郊区运输的范围扩大了，速度和频率也大大提高了。19世纪末至20世纪初，芝加哥“橡树园”（Oak Park）郊区就是这样建立起来的，它后来成为弗兰克·劳埃德·赖特（Frank Lloyd Wright）早期住宅的试验场。30 在1893—1897年间，环绕中心区修建了一条高架铁道。所有这些交通设施对芝加哥的发展都是至关重要的。对

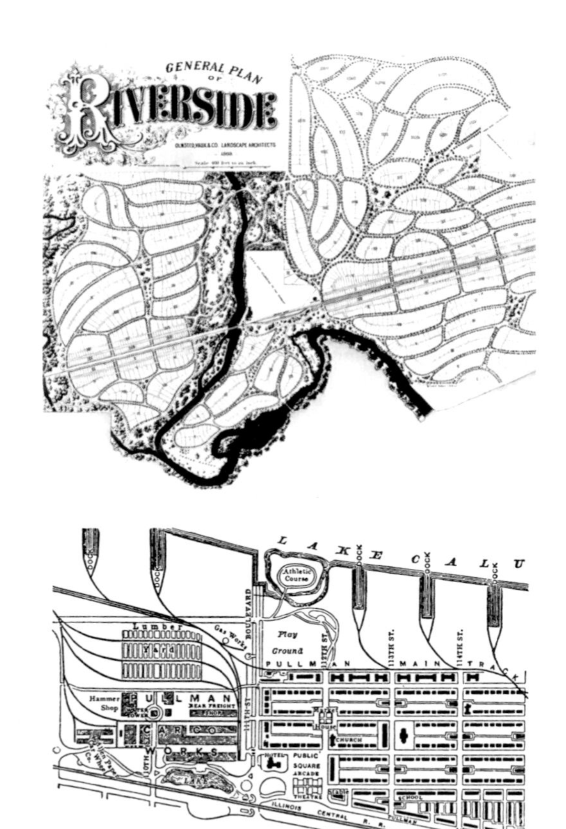

12　奥姆斯特德，河滨规划，芝加哥，1869

13　S.S. 贝曼，普尔曼工厂（图左侧）与城镇，芝加哥，1885年画

城市繁荣最重要的是铁路，它把第一批农业机械(主要是1831年发明的麦考密克机械收割机)带到大草原，并把平原上的粮食和家畜集中起来转运到1865年起在芝加哥南部开始兴建的粮仓和畜厩里。从1880年起，铁路运用古斯塔弗斯·斯威夫特(Gustavus Swift)的冷冻车厢进行物产的转运。贸易的相应增长也大大增加了以芝加哥为中心的客运量。就这样，在19世纪最后的10年中，无论是城市建设的方法，还是城市交通的方式，都发生了急剧的改变。这些变化，连同方格网的城市布局，使传统的城市迅速扩展成大都会区，连续的公共交通把分散的住宅区和集中的中心区连成一体。

大火后帮助过重建芝加哥的乔治·普尔曼(George Pullman)是一位最早看出长距离客运前途无量的清教徒企业家。他于1865年生产出普尔曼式卧车。1869年横跨大陆的铁路建成后，普尔曼的宫殿客车公司得以繁荣。在19世纪80年代初，普尔曼建立了位于芝加哥南部的他的理想工业镇［**图13**］。在这个聚居点中，工人住宅区和全套公共设施结合在一起，其中包括一个剧场、一座图书馆以及学校、公园和游乐场等，所有这些全都紧邻普尔曼工厂。这组整齐的建筑群远远超过了大约20年前由戈丹在吉斯所建的设施，在广度上以及构思的分明上也远远超过了1879年糖果商乔治·卡德伯里(George Cadbury)在伯明翰市布恩维尔区以及1888年肥皂制造商W. H. 列弗(W. H. Lever)在利物浦附近阳光港分别建造的“画意”式模范城镇。普尔曼家长式和权威式的严密性与萨尔泰尔或与埃森(Essen)的克虏伯(Krupp)在19世纪60年代后期为显示公司的方针而建立的工人住宅区十分相似。

规模小得多的有轨电车或火车交通是两种不同模式的欧洲花园城市的主要决定条件。一种是最初由其创始人阿图罗·索里亚·伊马塔(Arturo Soria y Mata)于19世纪80年代初提出的西班牙线性花园城市的轴向结构；另一种是英国同心圆式的由铁路环绕的花园城市，见之于埃比尼泽·霍华德(Ebenezer Howard)的《明天：一条通向真正改革的和平之路》(1898)一书。索里亚·伊马塔的线性城市是动态的、相互依存的，用他自己的话来说，其构成是：“一条单一的、宽度约为500米、长度可以根据需要确定的街道……（城市）的尽头可以是加的斯，也可以是圣彼得堡、北京或者布鲁塞尔。”而霍华德的静态的、被假定是独立的“Rurisville”（鲁里斯维尔）[**图14**]由有轨交通环绕，最佳规模定在3.2万—5.8万人。在这里，西班牙模式是一种地域性的、不定型的和欧洲大陆式的形式，而英国的模式则是自我遏制的、有限的和地方性的。按照索里亚·伊马塔的描述，他的“运动椎骨”除了交通运输以外，还包括适应19世纪城市所需要的主要服务设施——供水、煤气、供电以及下水道等——它能适应19世纪工业生产的分配需要。

与放射性规划的城市相反，线性城市将建筑物沿着已有的构成道路三角网的路侧进行布置，道路网把一系列传统的区域中心连接起来。霍华德的城市方案图解式地应用于卫星城镇，并建在广阔的农村，它是地域性的，而其城市形式本身也缺乏动态性。基于拉斯金（Ruskin）1871年的圣乔治公会的不成功模式，霍华德设想他的城市是一个在经济上自足的互助公社，可以从事满足自己需要的生产。这两种城市模式的最终区别在于它们对铁路运输的不同态度。霍华德的花园城市的目的是消除上下班的路程，铁路的存在仅仅是为了物而不是为了人；而线性城市则是为了便于人与人的交互。

然而，经过修正的英国式花园城市的运用，较之索里亚·伊马塔的马德里城市化公司所倡建的线性城市，得到更广泛的采纳。后者围绕马德

14　霍华德，“鲁里斯维尔”，花园城市的草图，取自其《明天》一书，1898

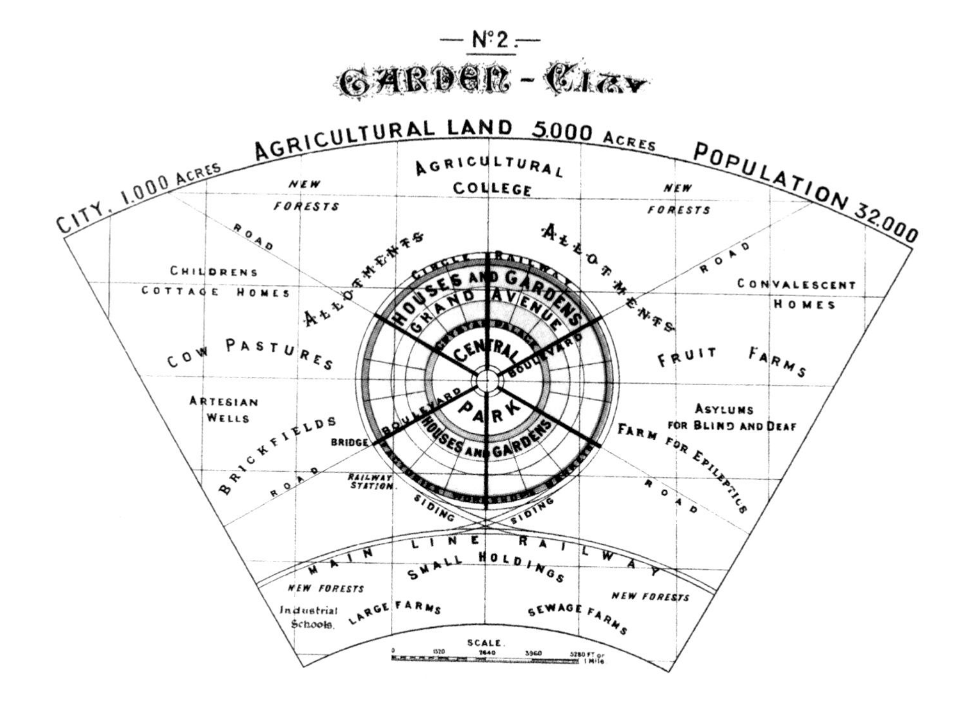

里建成的长“项链”的长度，仅有大约22公里，而原设计是55公里。这个仅有的例子的失败把线性城市宣判为理论性的而非实践性的未来，乃至从20世纪20年代后期苏联的线性城市，到1945年勒·柯布西耶的ASCORAL规划理论(以“三个人文主义的基地”为题首次出版)为止，始终只停留在这个水平上。

1903年开始在赫特德郡建造的莱奇沃思（Letchworth），第一个花园城市，是对霍华德原有图式的激进的重新阐释，开启了英国花园城市运动的新西特式（neo-Sittesque）阶段。莱奇沃思的规划师和工程师雷蒙德·昂温（Raymond Unwin）深受西特的影响，这一点可以在昂温1909年出版的影响很大的《城市规划实践》（*Town Planning in Practice*）一书中明显地看出来。昂温和他的同事巴里·帕克（Barry Parker）的“理想中的不规则城镇”概念(以中世纪德国纽伦堡和陶伯河上的罗滕堡为楷模)，显然影响着他们1907年所做的汉普斯特德花园郊区（Hampstead Garden Suburb）的“画意”式设计。虽然昂温极度蔑视所谓“法规”型建筑，然而和其他规划专家一样，他还是在规划上受到现代的卫生和交通标准的制约。因此，尽管这些先驱的花园城市以“经验主义”的成功而著称，后来由英国城市规划主流学派所造成的环境恶化，却至少部分地来自昂温在解决这个不能调和的矛盾上的失败，也就是试图调和官僚主义的控制与对中世纪的怀旧情绪的失败。20世纪那种形同“火车出轨”的布局，正是这个失败留下的一种影响深远的形式遗产。

第3章

技术的变革：结构工程学 1775—1939

33 铁是建筑史上首次出现的人造建筑材料。在19世纪，它的发展步伐不断加快。20年代末，机车经过试验证明只能在铁轨上使用，这个事实给铁的使用以决定性的推动。铁轨是最早的建造部件，也是大梁的先驱。铁未被用在居住建筑中，而被用来建造拱廊、展览大厅、火车站等人流集散的建筑。与此同时，玻璃在建筑中的应用范围扩大了，但作为建筑材料而大量使用的社会条件是在100年后才具备的。在西尔巴特（Scheerbart）的《玻璃建筑》（1914）一书中，它仍然在一种乌托邦的文脉中出现。[1]

——瓦尔特·本雅明（Walter Benjamin）
《巴黎——19世纪的首都》，1930年

经过詹姆斯·瓦特（James Watt）、亚伯拉罕·达尔比和约翰·威尔金森（John Wilkinson）三人各自的努力，蒸汽机和铁框架几乎同时产生了。约翰·威尔金森当时被称为“制铁大师”。1775年他所发明的圆筒镗床对1789年瓦特进一步完善他的蒸汽机起了十分重要的作用。他的制铁经验对于铁首次在结构中应用同样是十分重要的。1779年，他协助达尔比和他的建筑师 T. F. 普理查德（T. F. Pritchard）设计并建成了第一座铸铁桥，桥跨度为30.5米，建在科尔布鲁克代尔附近的塞文河上，这一成就引起人们极大的兴趣。1786年，英籍美国革命者汤姆·佩因（Tom Paine）设计了一座横跨舒基尔河的铸铁桥，作为美国革命的纪念碑。这座桥的部件是在英国制造的，1791年曾在当地展览。一年后，佩因被控犯叛国罪而被迫流亡法国。1796年由托马斯·威尔逊（Thomas Wilson）设计，在桑德兰建造了一座横跨韦尔河、长71米的铸铁桥。他采用了佩因的“拱尖石”安装方法。在此期间，托马斯·特尔福德（Thomas Telford）作为桥梁专家首次露面，在塞文河上建造了一座39.5米长的比尔德瓦斯桥，该桥只用了173吨铁，而科尔布鲁克代尔桥则用了378吨铁。

此后30年，特尔福德的成就证明他是一位举世无双的道路桥梁建造师，又是水运衰落时期的最后一位伟大的运河工程师。他与建筑师菲利普·哈德威克（Philip Hardwick）共同设计，并于1829年建在伦敦的圣凯瑟琳码头的一些铁框架砖围护墙的仓库，结束了他的开拓性事业。这些仓库是以18世纪最后10年在英国中部发展起来的多层防火厂房建筑体系为基础的。仓库的主体结构仿效1792年建在德比的由威廉·斯特拉特（William 34 Strutt）设计的六层棉纺厂，以及1796年建在什鲁斯伯里的由查尔斯·巴热(Charles Bage)设计的麻纺厂。尽管这两个厂的结构均采用了铸铁柱，由于工厂建筑急需完善防火体系，不到四年，在德比项目中采用的木梁已为T形铁梁所代替。这些工程中，梁承托薄砖拱并采用外部砖壳和限制结构侧向变形的熟铁拉杆，使整个体系刚度加强。这种拱的做法是18世纪法国鲁西永(Roussillon)或加泰罗尼亚拱的直接发展，并在1741年由皮埃尔·康坦特·德·伊夫里(Pierre Contant d'Ivry)首次将其作为防火结构用在维尔农(Vernon)的比兹城堡(Château Bizy)中。

熟铁加筋砖石结构曾用在13世纪法国巴黎的教堂中，最早在法国使用的工程是1667年佩罗设计的卢浮宫东立面，及1772年苏夫洛设计的圣吉纳维芙教堂的柱廊。这两个工程促进了铁筋混凝土的发展。1776年，苏夫洛计划为卢浮宫的某一部分做一熟铁桁架式屋顶，此举为维克托·路易(Victor Louis)的两项开创性工程铺平了道路，其中之一是1786年为法兰西剧院做的熟铁屋顶，另一项是1790年巴黎皇宫内的一个剧院。这是一个铁屋顶与防火空槽楼板结构，也是一种来源于鲁西永拱的体系。从被大火烧毁的巴黎布雷厅(Halle au Blé)可以看出火灾对城市的危害不断加大。1808年，建筑师弗朗索瓦-约瑟夫·贝朗杰(François-Joseph Bélanger)和工程师弗朗索瓦·布鲁内(François Brunet)合作设计了一个铁筋圆顶来替代被大火破坏的布雷厅屋顶。顺便提一下，这是建筑师和工程师之间明确分工的首例之一。与此同时，法国最早将铁应用在桥梁建造中的实例是塞纳河上优雅的艺术桥，建于1803年，由路易-亚历山大·德·塞萨(Louis-Alexandre de Cessart)设计。

1795年，法国创办了巴黎理工学校(Ecole Polytechnique)，其目的是致力于建立与拿破仑王朝的宏伟业绩相适应的技术优势。它强调应用技术的做法促进了建筑师和工程师之间日益发展的专业化分工。[这种专业分工在佩罗内(Perronet)创办的路桥工程学校已经制度化了。]因此，曾在苏夫洛死后督造圣吉纳维芙教堂的建筑师让-巴蒂斯特·龙德莱特开始记录苏夫洛、路易、布鲁内、德·塞萨和其他工程师的开创性成就。龙德莱特在他1802年的《建筑技艺论文集》中记录了各种"手段"，而巴黎理工学校的建筑学讲师让-尼古拉斯-路易·迪朗则在他1802—1809年的讲义提纲中列举了各种"目的"。迪朗的著作中提出了一种把古典形式作为模数制部件的体系，在这种体系下，人们可以按照一定的意图组合新的建筑类型，如拿破仑王朝的市场大厅、图书馆和兵营等。龙德莱特和迪朗先后整理出一套技术及设计理论，由此，理性古典主义不仅得以适应新的社会要求，还能适应新的技术发展。这个综合纲领影响了于1816年开始其建筑生涯的申克尔，他开始用精致的铁构件来作为柏林市的新古典主义装饰。

与此同时，铁的悬吊结构在技术上走上了独特的发展道路，它始于1801年美国人詹姆斯·芬莱(James Finlay)发明的劲性平板吊桥。这一成就被托马斯·波普(Thomas Pope)写入1811年出版的《桥梁建筑论文集》而广为传播。芬莱短暂而富于进取的一生的顶峰是他于1810年设计的一座跨距74.5米的铁索桥，该桥位于马萨诸塞州的新港(Newbury port)，横跨梅里麦克河(Merrimack River)。

正如波普所述，芬莱的成就很快对英国的悬链技术应用产生了影响。当时塞缪尔·布朗

（Samuel Brown）和托马斯·特尔福德正专心致力于这一技术的发展。1817年，布朗首创的熟铁扁链（wrought-iron flat bar links）获得专利。1820年，他用这一最新成就建造了一座跨越特威德河的115米跨距联盟桥。特尔福德和布朗曾短期合作，为朗科恩设计了一座索链桥，这次合作对特尔福德设计的177米跨距的梅奈海峡桥无疑是个促进。该桥经过八年艰巨工作，终于在1825年投入使用。英国的熟铁悬吊结构在位于布里斯托尔的跨长214米的克利夫顿桥（Clifton Bridge）上发展到了顶点。它于1829年由伊萨姆巴德·金顿·布鲁内尔（Isambard Kingdom Brunel）设计，但直到他死后的第五年，即1864年才告建成。由于制造可以受拉的熟铁链十分昂贵而危险，用拉丝缆索来代替熟铁链的想法随即产生，并于1816年首次用于怀特与哈泽德（White and Hazard）设计的位于宾夕法尼亚州的舒基尔瀑布上的步行桥，1825年又用在塞甘兄弟（Séguin brothers）建造的位于泰恩－图尔农的罗纳河上的缆索桥。塞甘兄弟的工程成了路桥工程学校的一个深入研究的主题，由路易－约瑟夫·维卡（Louis-Joseph Vicat）负责。1831年该项研究成果的发表宣告了悬索桥（suspension bridge）在法国进入了黄金时代。此后10年中，法国兴建了几百座类似结构的桥梁。维卡建议将来的悬吊部件均应用缆索而不是用铁筋制造，为此，他发明了一种现场编织缆索的方法。

后来，一位美国工程师约翰·奥古斯塔斯·罗布林（John Augustus Roebling）采用了一种类似的装置，并于1842年获得制造缆索的专利权。在此以前两年，他用这种材料作为悬索在匹兹堡阿勒

15　J.A. 与 W.A. 罗布林，布鲁克林桥，纽约，建造中，1877 年左右。正在编织缆索

16　罗伯特·斯蒂芬森与费尔贝恩，横跨梅奈海峡的不列颠尼亚管桥，1852

根尼河上建造了一座输水道。罗布林的缆索和维卡的一样，是螺旋形缠绕的，后来他自己一直使用这种缆索作为主要悬吊材料。他光辉一生的作品有1855年建造的横跨尼亚加拉大瀑布的跨长243.5米的高架铁路桥，及坐落在纽约的跨长487米的布鲁克林桥［**图15**］，在他死后由其子华盛顿·罗布林在1883年完成。

到1860年，英国铁路的基础建设实际上已告完成，从此英国结构工程进入萧条时期，一直延续到19世纪末。19世纪中期以后，特别突出的作品为数不多，其中有1852年由罗伯特·斯蒂芬森（Robert Stephenson）与威廉·费尔贝恩（William Fairbairn）建于梅奈海峡的不列颠尼亚管桥（Britannia Tubular Bridge）［**图16**］，及1859年布鲁内尔的索尔塔什高架桥（Saltash Viaduct）。这两座桥都用了熟铁板，也就是铆接热轧板。这一技术是经过伊顿·霍奇金森（Eton Hodgkinson）的研究和费尔贝恩的实验而取得重大进展的。1846年，斯蒂芬森采用霍奇金森和费尔贝恩发明的铆接铁板技术来发展他的板梁（plate girder），这种板梁体系在不列颠尼亚管桥中得到完全的呈现。该桥的结构是用两行独立的单轨箱式铁板隧道梁架在峡谷上，每行边跨长为70米，中间主跨长140米。斯蒂芬森本想用石塔来锚固附加的悬索部件，但实际上箱式隧道梁本身就足以单独荷载。索尔塔什高架桥的跨度也和上述相近，用的是横跨塔马河的单线路轨，用两个138.5米的弓式桁架支撑。桁架的空腹椭圆弦杆用铆接轧制铁板，椭圆弦杆轴长为4.9米 × 3.7米。弦杆与下悬的铁链悬索共同支撑着悬吊路面板的立杆。布鲁内尔这最后一项作品以其富于想象力的形象可与古斯塔夫·埃菲尔（Gustave Eiffel）30年后建于法国中央高原的宏伟的高架桥相媲美，而且它使用的板式空腹部件，是约翰·福勒（John Fowler）和本雅明·贝克（Benjamin Baker）在1890年建成的福思桥（Forth Bridge）所使用的213米悬臂梁的巨大管状铁框架的先驱。

铁路的发展起始于1825年由乔治·斯蒂芬森（George Stephenson）主持的从斯托克顿（Stockton）到达灵顿（Darlington）的试运行，在以后的25年中获得了飞速进展。在英国，不到20年间铁路就超过了3200公里，在北美，到1842年已铺设铁路4600公里。与此同时，作为铁路材料的铸铁和熟铁已逐渐进入大宗建材范畴，在此之前，它是唯一能用来建造工业生产所需的多层仓库防火构件的建筑材料。

1801年，布尔顿与瓦特在他们位于曼彻斯特的萨尔福特磨坊（Salford Mill）中使用了33厘米的铸铁梁，此后又一直努力增加铸铁与熟铁梁和轨的跨度能力（spanning capacity）。19世纪的头几十年中，"铁轨"的典型断面最终演化成标准的工字形梁。1789年，杰索普（Jessop）的铸铁轨为1820年伯肯肖（Birkenshaw）的熟铁T形轨所代替，后来又发展成第一条美国轨，于1831年在威尔士轧制，这是一种下宽上窄的工字形断面。这种形状逐渐为永久性铁路所采用，直到1854年跨度能力更大的重型轧制型材成功以后，才用到一般结构中。同时，工程师们想方设法用一般船用角铁和板材做成组合构件来增加材料的跨度能力。早在1839年，费尔贝恩就以制造和试验工字形组合梁而享有盛名。

19世纪中期，17.8厘米高的熟铁梁轧制成功，使得这些试图通过加强构件本身或用组合构件的方法来增加构件跨度的富有独创性的尝试相形见绌。费尔贝恩的《铸铁和熟铁在建筑方面的应用》(1854)一书介绍了改进的厂房建筑体系，即用40.6厘米高的轧制铁梁支撑铁皮薄拱，上面浇筑混凝土。用于稳定结构的熟铁拉杆被浇筑在混凝土楼板中，这一点考虑使费尔贝恩无意中接近了钢筋混凝土的原理。

类似的例子是建在希尔内斯(Sheerness)的海军造船厂的一座引人注目的四层铸铁及熟铁框架建筑。这座用波形铁做围护结构的船厂仓库由格林上校(Colonel Greene)设计，建于1860年，比朱尔·索尼耶(Jules Saulnier)在马恩河上的努瓦西尔的梅涅(Menier)巧克力工厂中所采用的全铁框架结构早12年，后者系统地运用了工字形断面铁材(柱用铸铁，梁用熟铁)。希尔内斯造船厂的结构预示了现代钢框架的标准截面和组装方法。

到19世纪中期，铸铁柱、熟铁梁和模数制的玻璃窗一起组成了市区商业中心——市场厅、交易所、拱廊街等——的快速预制和建造的标准配套技术。拱廊街是在巴黎发展的。1829年由方丹

17　帕克斯顿，水晶宫，伦敦，1851。构造部件

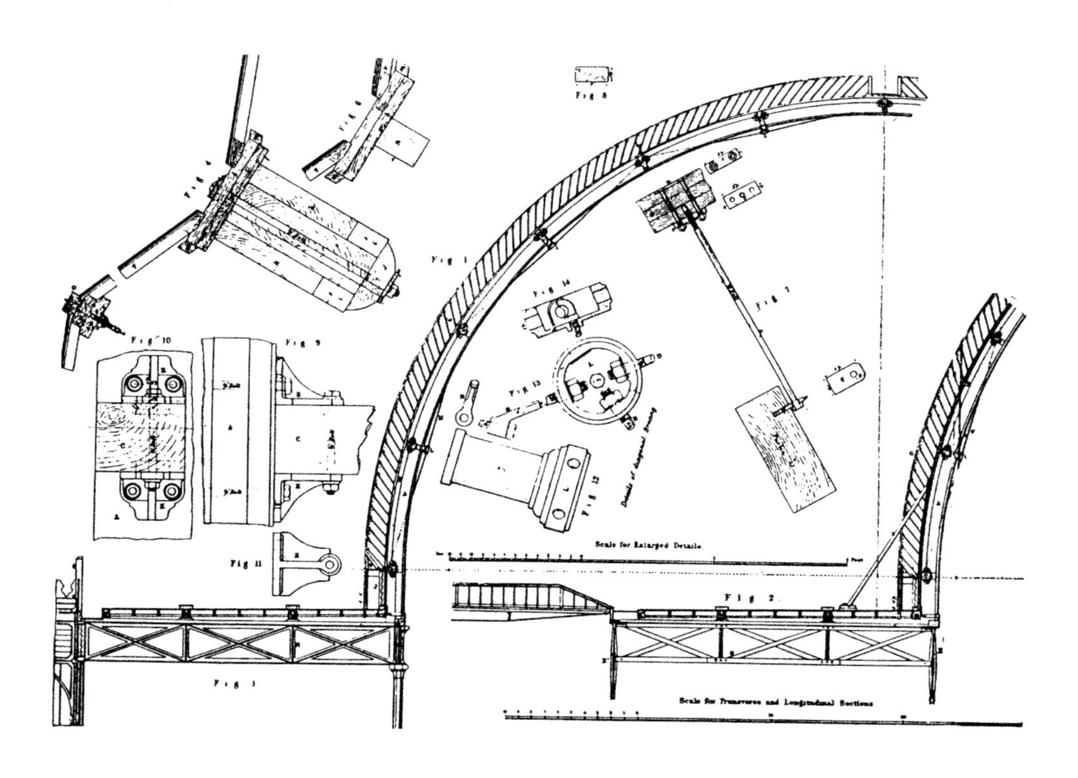

38 设计的建于巴黎皇宫内的奥尔良廊，是最早的圆筒形玻璃拱顶的拱廊街。这种铸铁系统的预制装配不但保证了一定的安装速度，而且使得长距离成套运送建筑组件变得可能。从19世纪中期起，工业化国家开始向全世界出口预制铸铁结构。

19世纪40年代，由于美国东海岸城市市区急剧扩张及商业的繁荣，詹姆斯·博加德斯（James Bogardus）和丹尼尔·巴吉尔（Daniel Badger）等人在纽约开设铸铁工厂，从事多层建筑铁制立面的制作。然而在19世纪50年代末之前，这种“配套包装”的装配结构仍依靠大型木梁支撑内部空间，铁材只是用于内柱和立面。博加德斯一生事业中最大的成就之一是1859年建在纽约的豪伍特大厦（Haughwout Building），它是由建筑师约翰·P.盖诺（John P. Gaynor）设计的。这是第一个使用客梯的建筑物，与1854年伊莱沙·格雷夫斯·奥蒂斯（Elisha Graves Otis）制造的电梯问世时间仅隔五年。

J. C. 劳登（J. C. Loudon）在他的《论暖房》（1817）一书中对全玻璃结构的环境特性进行了详尽的讨论，但在1845年废除对玻璃征收消费税以前，至少在英国，这种结构没有得到多少实际应用。理查德·特纳（Richard Turner）和德西默斯·伯顿（Decimus Burton）设计的、于1845—1848年建在伦敦邱园的棕榈屋是第一个采用当时刚刚能满足市场供应的平板玻璃的结构。此后，最早用玻璃做围护结构的永久性建筑是19世纪后半期修建的火车站，以特纳和约瑟夫·洛克（Joseph Locke）设计的于1849—1850年建造的利物浦莱姆街火车站（Lime Street Station）为开端。

火车站建筑的出现向公认的建筑准则提出了独特的挑战，因为在这类建筑中没有现成的形式来充分表现车站主楼和站台之间的协调关系。最早从建筑上解决这个问题的是1852年在巴黎由迪奎斯内设计的巴黎东车站。这些车站之所以受到关注，是因为它们是进入首都的新大门。工程师莱昂斯·雷诺（Léonce Reynaud）——1847年巴黎第一个北站的设计者——于1850年在他的《论建筑》一文中写到这一“表现”问题时说：

> 艺术不像工业那样有突飞猛进的发展，因此今天大多数铁路的服务建筑都或多或少地存在着有待改进之处。有些车站布置比较合理，但具有工业或临时建筑的特点，不像一个公共建筑。[2]

伦敦的圣潘克拉斯火车站（St Pancras Station）是最能说明这种难题的一个典型例子，它建于1863—1865年，74米跨度的大棚由威廉·亨利·巴尔罗（William Henry Barlow）和罗兰德·曼森·奥迪什（Rowland Mason Ordish）设计。它与建于1874年、由乔治·吉尔伯特·斯科特（George Gilbert Scott）设计的哥特复兴式的旅店兼车站主楼完全脱离开。1852年在伦敦由布鲁内尔设计的帕丁顿车站也有同样的问题。尽管建筑师马修·迪格比·怀亚特（Matthew Digby Wyatt）为此做了很大努力，但这个较为原始的车站建筑与拱形站台的关系仍不十分协调。

独立式展览厅的结构就不存在车站这类的问题，它较少涉及文脉问题，因而工程师处于主导地位。最明显的例子莫过于为1851年世界博览会所建的伦敦水晶宫（Crystal Palace），在这个工程中，园艺爱好者约瑟夫·帕克斯顿（Joseph Paxton）按照劳登提出的暖房建造原理发展了一套玻璃房的建造方法，放手地进行了设计。他在为查茨沃思（Chatsworth）的德文郡公爵建造的一系列玻璃 39

房子中发展了自己的建造法，因而当在最后一刻被委托设计水晶宫时，他能在八天之内建成一座巨大的三层矩形玻璃房，玻璃房的部件和他前一年在查茨沃思建造的大百合花房所用的部件基本一样。除了三个对称布置的入口门廊之外，其周围玻璃墙都是连续的。然而在建造过程中，为保留一组大树而对设计方案做了部分修改，那些对1851年世界博览会持反对立场的公众已别无文章可做，只能抓住树木保留问题不放。帕克斯顿很快发现，这个麻烦的问题可以通过采用一个有很高的曲面屋顶的中央袖廊（transept）来解决，其结果是产生了一种双向对称的形式。

水晶宫与其说是一个特殊形式，不如说它是从设计构思、制作、运输到最后建造和拆除的一个完整的建筑过程的整体体系。和相应的车站建筑一样，它是一组十分灵活的组装构件［**图17**］。整个建筑以2.44米为基本模数，可以组成从7.31米到21.95米的一系列跨度的结构。由于它的成批生产和系统组装，建造十分简单，总共只用了四个月的时间。正如康拉德·瓦赫斯曼（Konrad Wachsmann）在他《建筑的转折点》(1961)一书中所说："对它的生产条件进行研究后表明，为了便于运作，每一个部件重量均不能超过1吨，使用的玻璃应尽可能大，以取得最大的经济效益。"

水晶宫由网格构件组成，它产生了平行与斜交的透视线，随后消失在透明的光雾之中。水晶宫外包玻璃总面积近9.3万平方米，从而提出了一个前所未有的气候问题。设计人试图使其和劳登的曲线暖房一样，通过舒适的空气对流以及减少阳光产生的热量等措施来保持所期望的环境条件。尽管建筑物有较大的高度，并采用了条板地面及墙上的可调百叶来造成令人满意的通风条件，但是，积聚的太阳热量仍然是摆在面前的严重问题，这使负责结构细部处理的铁路工程师查尔斯·福克斯（Charles Fox）感到束手无策，最后只好在屋面上用帆布覆盖遮阳，然而，很难说这是这种体系的一个不可分割的部分。以后的许多国际参展人为躲开玻璃暖房的日晒，就用彩饰帷幔做成天篷来遮挡自己的展区。无疑，这种做法既是为了遮阳，同时也是为了掩盖这种建筑物的"客观存在"。

在1851年世界博览会成功和1862年又一次博览会以后，英国不想再举办世界博览会了，法国马上乘虚而入，在1855—1900年间，先后举办了五次规模较大的世界博览会。这些展出可被视为向英国工业产品和贸易统治地位挑战的一个国家宣言，这一点可以从每次博览会把机械馆的结构和内容作为展出重点看出来。为准备1867年巴黎世界博览会，年轻的古斯塔夫·埃菲尔和工程师让-巴蒂斯特·克兰茨（Jean-Baptiste Krantz）一起设计了自1851年以来所建造的最为壮观的展览馆建筑。这次合作不仅显示了埃菲尔的表现力，而且表明了他作为一个工程师的才能。在设计35米跨度的机械馆的细部时，他已能证实托马斯·扬（Thomas Young）于1807年提出的弹性模量的正确性，而在此以前，弹性模量只是确定在应力状态下材料弹性行为的纯理论公式。整个椭圆形展览馆——机械馆只是它的外环——本身就是皮埃尔·纪尧姆·弗雷德里克·勒普莱（Pierre Guillaume Frédéric Le Play）之被看作构思奇才的证明，他曾建议把这个建筑设计成同心圆式的环形展廊，展出机器、服装、家具、造型艺术及劳工史。

40

1867年以后，产品的大小和多样化，以及国际竞争所要求的展品的相互独立，要求展览建筑多馆化。到1889年的世界博览会，人们已不再试图将展品放在单一的、无所不包的建筑中。在19世纪的倒数第二个世界博览会中，最出色的两个建筑是法国工程师所作，一个是维克托·孔塔曼（Victor Contamin）与建筑师查尔斯·路易·斐迪南·杜特尔特（Charles Louis Ferdinand Dutert）所设计的跨度为107米的机械馆（Galerie des Machines）[图18]，另一个是埃菲尔与工程师努吉耶（Nouguier）、克什兰（Koechlin）和建筑师斯特芬·索维斯特（Stephen Sauvestre）共同设计的300米高的塔。孔塔曼设计的结构以19世纪80年代埃菲尔在设计铰接高架桥时完善的静力理论为基础，这是首次使用三铰拱的大跨度结构。孔塔曼的展棚不仅用来展览机器，而且本身就是一个“展出的机器”。它的内部有活动观览平台，沿高架轨道移动，经过中轴线两边的展览空间上空，使参观者对全部展品有一个迅速而全面的视野。

在19世纪后半叶，法国中央高原发现大量矿藏，因而有必要为其耗费巨资建造铁路网。在1869—1884年间，埃菲尔在该地设计的铁路高架桥成为方法和美学的范例，并最终成就了埃菲尔铁塔的设计。为这些高架桥，埃菲尔发展了船形基座和竖向为抛物线剖面的圆管铁塔，这些形式

18　杜特尔特与孔塔曼，巴黎博览会的机械馆，1889，图中显示了移动看台

表明他为解决水与风的互相动态作用所做的不懈努力。

为跨越更宽的河流，埃菲尔和他的助手们想出一种巧妙的高架桥支撑系统。这种系统产生于他们在1875年接受委托在葡萄牙杜罗河上修建一座高架铁路桥的任务。1870年以后，廉价钢材的应用使大跨度问题更容易解决。该桥设计决定用五跨横过河谷，每边两个短跨支撑在两个铁塔上，中间160米的更长的主跨则是一个双铰拱。其建造程序是先建造有铁塔支撑的边跨，然后从每一边的连续结构出发架起主跨。几年后，这种建造程序在加拉比特又一次被采用。桁架的延伸部分是在轨道平面上悬挑出去的，铰接拱在水面上分两部分同时建造。开始这两部分浮在水面上，然后顶升就位，在最后安装阶段用旁边铁塔顶端悬吊的缆索使桁架保持正确的坡度。1878年建成的杜罗高架桥（Douro Viaduct）的出色成就，使埃菲尔立即得到一个新的委托，即建造位于中央高原的特鲁耶尔河上的加拉比特高架桥（Garabit Viaduct）。

正如杜罗高架桥的建造为加拉比特桥提供了必要的经验，加拉比特桥的成功对埃菲尔铁塔的设计和构思也起了重要的作用。像水晶宫一样，铁塔的设计和建造遇到了相当大的压力，只是它的来势缓慢一些。铁塔于1885年春先作为一项设计而展出，到1887年夏，它还在地里，到1888年冬时已建到200米以上了。如同孔塔曼的机械馆，它也必须有一个能够迅速运送参观者的交通系统。这里，速度是首要的，因为除了安装在双曲线形塔腿中的斜向轨道的升降梯外，别无入口通路。升降梯从第一个平台垂直升到塔尖。升降梯的导轨在施工期间用于爬升吊车。这种经济的施工方法使人想起铰接高架桥的架设技术。就像水晶宫是铁路的副产品一样，铁塔实际上是一座高300米的高架桥的铁塔，其类型–形式来自对风、重力、水和材料抗力的综合考虑。当时它是一个不可思议的结构，只有穿越铁架登上铁塔才能得到切身的体验。1901年，飞行员阿尔伯特·桑托斯–杜蒙（Alberto Santos-Dumont）驾驶飞艇绕铁塔飞行，以歌颂塔与未来航空的紧密关系。毫不奇怪，在铁塔建成30年后，弗拉基米尔·塔特林（Vladimir Tatlin）于1919—1920年设计的第三国际纪念塔中，理所当然地把它视为新的社会和技术秩序的主要象征。

如果说制铁技术是由于开发矿藏资源而得到发展的，那么，混凝土，至少是水硬性水泥的发展则似乎起源于航海业。1774年，约翰·斯米顿（John Smeaton）用生石灰、黏土、砂、碎铁渣混合制成一种混凝土，用来建造他的埃迪斯通灯塔（Eddystone Lighthouse）的基础，在18世纪后四分之一期间，类似的混凝土配料在英国的桥梁、运河、港口工程中也被使用。尽管1824年约瑟夫·阿斯普丁（Joseph Aspdin）首创以波特兰水泥做人造石，另一些英国人也提出过用金属增强混凝土结构的计划，如一贯以创造性著称的劳登在1792年就提出过类似的做法，但早期英国在混凝土方面的领先地位却逐渐让位于法国。

42

1789年法国大革命带来的经济限制性措施，1800年前后由维卡合成的水硬性水泥，以及传统的夯土（pisé）技术结合起来为混凝土的发明创造了最佳条件。首先使用这种新材料的是弗朗索瓦·夸涅（François Coignet），他对里昂地区的夯土建筑技术十分熟悉。1861年他发明了一种用金属网增强混凝土的新技术，在此基础上建立了第

19 埃内比克，整体加强混凝土的节点，1892 年取得专利

一个专门建造铁筋混凝土结构的有限公司。夸涅在奥斯曼的指导下，用铁筋混凝土在巴黎建造了下水道及其他公用设施——其中包括建于1867年的一组出色的六层公寓建筑。尽管有这些委托任务，他仍然不能维持其专利权，公司于第二帝国垮台时宣告解散。

混凝土应用的另一位法国先驱是园艺师约瑟夫·莫尼耶（Joseph Monier），他于1850年制造混凝土花盆成功，1867年以后，他获得一组金属增强混凝土的专利，1880年他将部分专利权轻率地卖给了工程师舒斯特和瓦艾斯。1884年，弗莱泰格（Freytag）公司从莫尼耶那里得到了更多的专利权。其后不久，瓦艾斯和弗莱泰格创办了一个大型德国土木工程联合企业，瓦艾斯在 1887年发表了莫尼耶法的标准做法，从而加强了对莫尼耶体系的垄断地位。德国理论家纽曼（Neumann）和柯艾能（Koenen）发表了关于钢筋混凝土存在的不同应力的重要理论研究论文，从而巩固了德国在钢筋混凝土结构中的领先地位。

1870—1900年间，钢筋混凝土技术得到飞速发展，开拓性的工作在德国、美国、英国、法国同时进行。美国人威廉·E. 瓦尔德（William E. Ward）在建造他于哈德逊河畔的钢筋混凝土住宅时，首次将钢筋放在梁的中和轴以下，以充分运用钢的抗拉强度。这个结构的优势特性立即被撒迪厄斯·海厄特（Thaddeus Hyatt）和托马斯·里克茨（Thomas Rickets）在英国所做的混凝土梁试验证实，该试验结果发表于1877年。

尽管有这些国际性的发展，钢筋混凝土的系统开发是由自学成才的发明家、法国营造者弗朗索瓦·埃内比克（François Hennebique）实现的，他在1879年首次使用混凝土，随后进行了范围广泛和深入的个人研究，使自己独特的综合体系在1892年获得专利。在此之前，铁筋混凝土的最大问题是如何组成一个整体结合。费尔贝恩于1845年获得专利的钢和混凝土复合物在整体性上还差得很远，海厄特和里克茨的研究成果也有同样的问题。埃内比克采用可以弯曲并钩在一起的圆截面钢筋克服了这个难题。他的体系还包括弯起的受力钢筋及绑扎箍筋以抵抗局部应力。随着整体结合的完善［**图19**］，整体式框架结构出现了。1896年，埃内比克立即在图尔宽和里尔地区建造的三个纺纱厂中首次大规模地予以应用，结果马到成功，使埃内比克公司很快繁荣起来。他的合伙人路易·古斯塔夫·穆歇尔（Louis Gustave Mouchel）于1897年将这种体系带到英国，1901年在那里建造了第一座混凝土公路桥，在1908年的法英展览会上展出了一部极为壮观的钢筋混凝土独立螺旋梯。

埃内比克公司的巨大成功可追溯到1898年前后，它们定期出版杂志《钢筋混凝土》，其体系还在1900年巴黎博览会的折中主义结构中得到广泛应用。弗朗索瓦·夸涅的儿子用铁筋混凝土建造了水塔，尽管外立面用的不是钢筋混凝土材

43

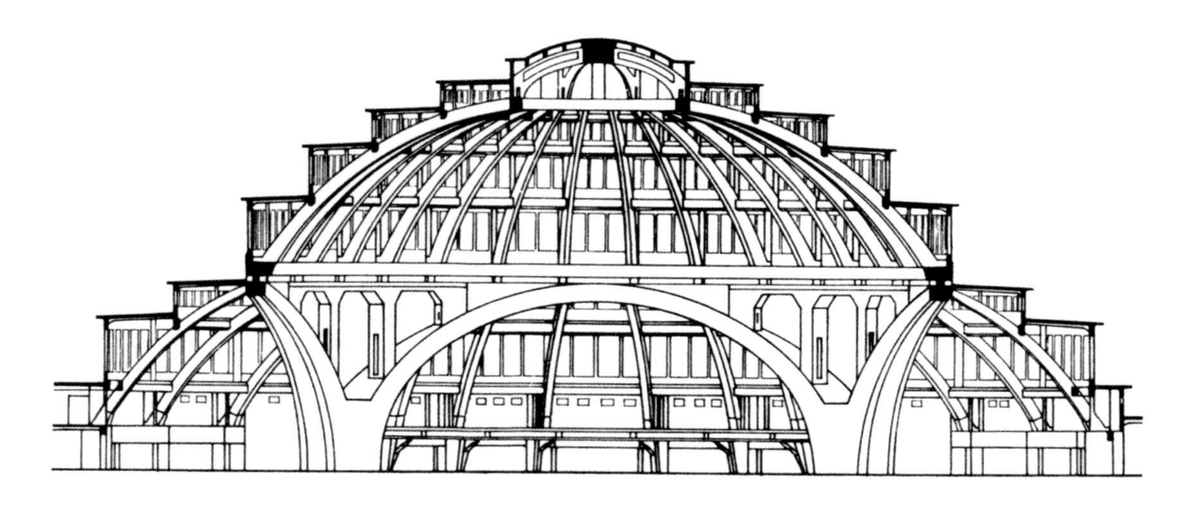

20　贝格，世纪大厅，布雷斯劳（弗罗茨瓦夫），1913

质。1900年的巴黎博览会使混凝土结构得到蓬勃发展。到1902年，即埃内比克公司成立10周年之际，它已成为一个大型国际康采恩。它作为总承包商，在欧洲建造了不计其数的混凝土工程。1904年，埃内比克在布拉雷纳市（Bourg-la-Reine）建造了他自己的钢筋混凝土别墅，带一个有屋顶的花园和宣礼塔。这座别墅的实墙采用现浇铁筋混凝土，将混凝土浇筑在两块预制混凝土板之间，使之形成一体。几乎是整片的玻璃立面戏剧性地从建筑的主要面悬挑出来。到了世纪之交，虽然距离埃内比克的专利权有效期还有几年，但他的体系的垄断地位已开始衰落。1902年，他的主要助手保罗·克里斯托夫（Paul Christophe）出版了《钢筋混凝土及其应用》一书，使这种体系得以普及。四年后，曾在路桥工程局进行混凝土研究的阿尔芒－加布里埃尔·孔西代尔（Armand-Gabriel Considéré）主持全国委员会制定了法国钢筋混凝土应用规范。

1890年，工程师科保罗·科坦琴（Paul Cottancin）的组合加筋砌体技术（ciment armé）体系获得专利权，这种体系靠砖与混凝土共同作用，用网状筋将砖砌体与混凝土联结成一体。其中，钢筋混凝土部件的主要功能是在受拉区维持结构的连续性。在受压区，砖自然起主导作用。这种体系对理性主义建筑师阿纳托尔·德·博多（Anatole de Baudot）很有吸引力。他是法国“结构主义”理论家尤金·维奥莱－勒－杜克（Eugène Viollet-le-Duc）的学生，热衷于以暴露结构作为建筑表现的唯一可行的基础。为此，他把整体式钢筋混凝土（béton armé）推荐给工程界，而将更为明确和富于表现力的组合——加筋砌体技术留给了建筑师。加筋砌体技术的表现力在德·博多设计的于1894年开工的巴黎圣让－德－蒙马特教堂（St-Jean-de-Montmartre）中得到最充分的显示。

44

德·博多在1910—1914年间设计的许多大型厅堂工程（grande salle）中使用了复杂的拱壳。他追随维奥莱－勒－杜克，十分关心大空间问题，把它作为每一种建筑文化必要的试金石。因此，以1900年博览会的一个大型工程为开端，他的大型厅堂系列可视为网状平板结构和预制折板壳体结构的先驱。后两种结构在半个世纪后由意大利工程师皮埃尔·路易吉·内尔维（Pier Luigi Nervi）完成，最典型的是1948年都灵展览馆和1953年罗马城外的伽蒂毛纺厂。

与德·博多网格形式的原理相反，马克斯·贝格（Max Berg）用大尺寸钢筋混凝土构件解决了大空间的问题，如他为1913年布雷斯劳展览会设计的、由康威兹（Konwiarz）与特劳耶（Trauer）负责建造的世纪大厅（Jahrhunderthalle）［**图20**］。在这个大型集中式建筑中，65米直径的圆穹顶混凝土肋从周边环梁伸出，后者由巨大的帆拱支撑。这个巨大的结构在外面被多层同心圆玻璃掩盖，结果是有机的平面和有活力的结构被新古典主义部件遮蔽而不能得到充分表现。

到1895年为止，北美由于依靠欧洲进口水泥而限制了钢筋混凝土工程的发展。但为时不久，谷物筒仓及平顶厂房的时代开始了。首先是在加拿大，有马克斯·托尔兹（Max Toltz）的钢筋混凝土筒仓结构，然后从1900年开始，有美国螺旋钢筋的发明者欧内斯特·L.兰索姆（Ernest L. Ransome）的工程。他1902年在宾夕法尼亚州格林斯堡建造了91米长的机械车间，从而成为美国整体式混凝土框架的先驱者。他首次将螺旋配筋圆柱的原理与孔西代尔理论结合起来应用。大体在同一时期，弗兰克·劳埃德·赖特开始设计钢筋混凝土建筑，即1901年设计但没有建造的乡村银行工程，以及1905年和1906年分别建成的芝加哥E–Z波利什工厂（E-Z Polish factory）和统一教堂（Unity Temple）。

同时，巴黎的佩雷兄弟（Perret Frères）开始设计并建造全混凝土结构，最初是1903年由奥古斯特·佩雷（Auguste Perret）设计的独创性的富兰克

21　特鲁科，菲亚特工厂，都灵，1915—1921

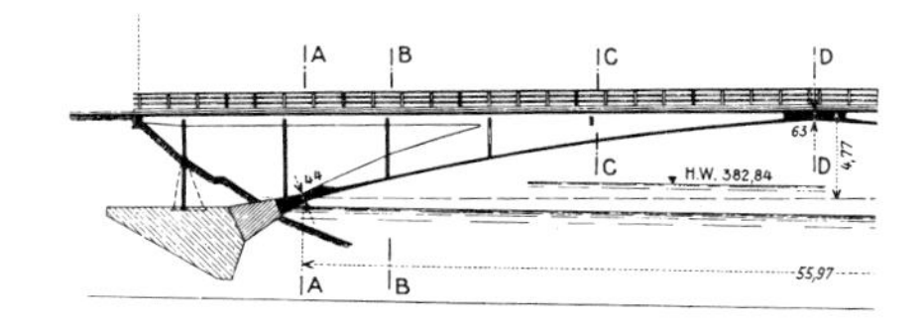

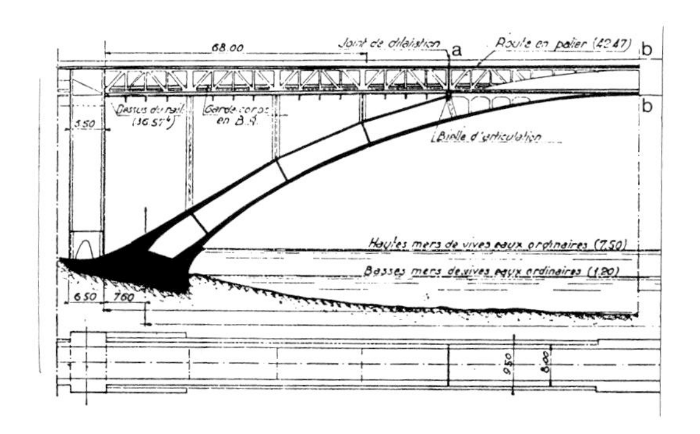

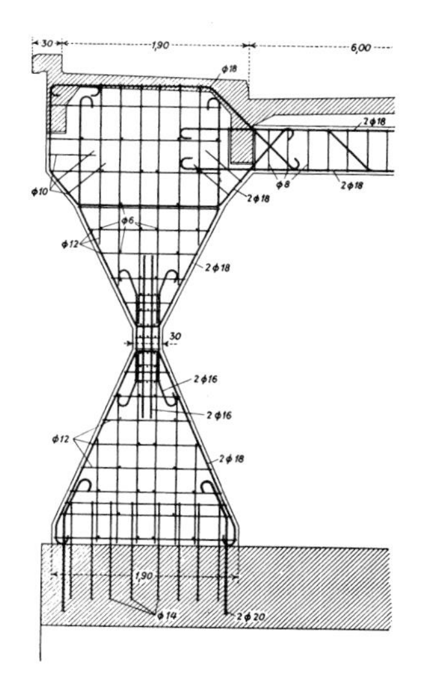

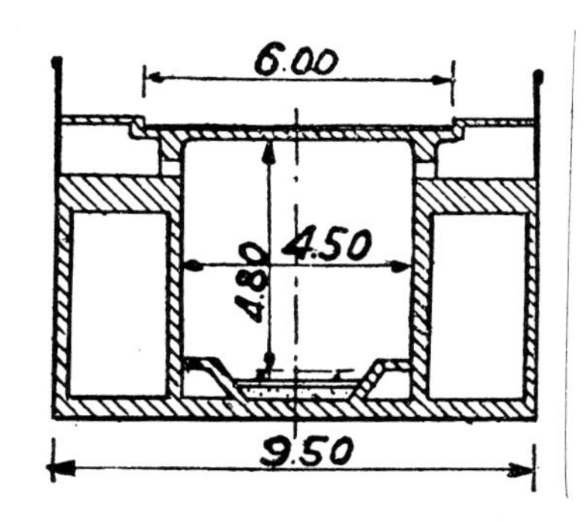

22　马亚尔，阿尔维桥，维塞，1936 年。桥的半截面（左上图）和切过拱腰的横截面加配筋（左下图）

23　弗雷西内特，普鲁加斯特尔桥，布列塔尼，1926—1929。一跨的半截面（右上图），以及顶端（b—b）的横截面（右下图），表示了下层的铁轨和上层的路面。在半截面中拱与轨道脱离的地方，加入一变形缝（a）

林路公寓和1913年香榭丽舍剧院。亨利·绍瓦热（Henri Sauvage）设计并在1912年完工的瓦文路后退式公寓中探索了这种整体材料的“可塑”表现力。至此，钢筋混凝土框架已成为一种规范化的技术，以后的发展主要着重于扩大它的推广规模和使它作为一种富于表现力的构件。它首次大规模的使用是1915年由马特·特鲁科（Matté Trucco）在都灵设计的占地40公顷的菲亚特工厂［**图21**］。它把钢筋混凝土作为建筑语言的主要表达因素，与勒·柯布西耶的“多米诺住宅”方案几乎是同时间的。前者明确证实混凝土平屋顶能经受移动的动力荷载——菲亚特工厂就有一条试验轨道在屋顶上；后者则把埃内比克体系看作一种独创的原型结构，如同洛吉耶所分析的原始屋一样，新建筑的发展都应当溯之于它。

从工程学的角度，这个时期，工程师罗伯特·马亚尔（Robert Maillart）和尤金·弗雷西内特（Eugène Freyssinet）的早期作品表现最为卓越。1905年前后，出色的瑞士工程师马亚尔在塔瓦纳斯建造的莱茵桥，创造了一种独具一格的桥梁形式，即空箱截面的三铰拱，桥的两边用三角形的孔洞来减少不必要的重量，并赋予整个桥的外形以一种轻巧而又富于表现力的特色。1912年，他在阿尔特多夫的一个五层仓库中实现了欧洲第一个无梁楼盖。他的无梁楼盖体系比美国工程师克劳德·阿伦·波特·特纳（Claude Allen Porter

Turner）早些时候发明的蘑菇式楼板结构更加先进。不同于马亚尔的“双向”体系，特纳的是“四向”体系，其钢筋要求通过所有柱头，以抵御对楼板的冲剪力，结果是无法在一个经济的高度内放下这些钢筋。实际上，特纳的体系是网状大配筋量的平梁加上大柱帽来抵抗剪力，而马亚尔的无梁“双向”体系更为轻型，产生的剪力要小得多，因而相应地减少了板和柱头的尺寸。

马亚尔在阿尔堡修建的阿勒河桥（Aare Bridge，1911）中成功地将桥面与支撑它的拱进行铰接，并用伸入拱腰的横向框架加强桥面的刚度。对于桥墩，他仍采用铰接的方法与桥的总体结构相连。在他设计的几乎所有的桥梁中，即便采用肋形条拱支撑，他也将桥面设计为箱形截面，使桥面本身尽可能自承重。他在自己设计的90米跨度的萨金纳托贝尔桥（Salginatobel Bridge，该桥于1930年建在阿尔卑斯山）中达到了事业的顶峰。不过，他在阿尔堡首次运用的结构形式在阿尔维桥（Arve Bridge）［**图22**］的建造中达到了近乎完美的表现，这座桥于1936年建在日内瓦附近的维塞（Vessey）。

1916—1924年间，法国工程师弗雷西内特在奥尔利建成了两个同样大小的飞船库，每个为62.5米高和300米长。这是在德·博多工程后首次尝试建造的一个各组装构件能自承重的整体结构。这些首创的预制折板结构影响了20世纪30年代后期由内尔维设计的一系列著名的飞机库。在奥尔利，弗雷西内特还为混凝土承包商利莫辛（Limousin）设计了一系列“弓弦”式钢筋混凝土仓库结构，包括一些采光薄壳屋顶的飞船库和厂房。这些工程中最突出的是两座大型钢筋混凝土弓弦桥，一座于1923年建在圣皮埃尔－杜－维弗里，另一座［**图23**］于1926—1929年建在普鲁加斯特尔（Plougastel），后者是总长975米的三跨桥，横跨布列塔尼的埃洛恩河口。

由于大型双曲线拱在养护时和承载后引起的高压应力及高拉应力，促使弗雷西内特在20世纪20年代中期开始试验在混凝土浇筑前人工张拉钢筋以产生预应力。几年之后，我们现在所知的预应力混凝土问世了。这是一种用于大跨度的非常经济的结构体系，其梁高比普通混凝土截面减少将近一半。1939年弗雷西内特首次获得其专利权。

第二部分

一部批判的历史

1836—1967

24 特拉尼，法肖大厦，科莫，1932—1936。一次示威性集会（见 p.234）

第1章

来自乌有乡的新闻：英国 1836—1924

48 当哥特复兴运动者面临这样一种现实，即他们成了一种不想拥有，也不可能拥有一种生活方式的社会的一部分时，他们的热情也就丧失殆尽。这是因为社会存在的经济需要，使人们的日常生活成为枯燥的机械活动，而哥特的建筑艺术却是活生生的，它产生于人们日常生活的和谐，与枯燥的机械活动是不可协调的。我们愚昧的希冀已经过去，代替它的是新知识带来的希望。历史使我们了解建筑的演变，现在又使我们了解社会的演变。对我们（即使对那些拒绝承认社会进步的人们也是一样）来说，十分清楚的是，……新的社会不再为噩梦所扰；它不像我们那样需要生产越来越多的市场商品去获利，而不管人们是否需要；它不像我们那样为生产而生活，而是为生活而生产。[1]

——威廉·莫里斯（William Morris）
《建筑之复兴》，1888年

在米尔顿（Milton）和布莱克（Blake）曾作过清教徒和启示录式的预言之后，苏格兰哲学家托马斯·卡莱尔（Thomas Carlyle）和英格兰建筑师 A. W. N. 皮金（A. W. N. Pugin）分别预见了19世纪后半期的精神和文化的不满。卡莱尔是无神论者，有意和19世纪30年代后期激进的宪章运动者结成联盟；而皮金则是天主教的皈依者，提倡返回中世纪的精神价值和建筑形式，他的著作《对比：14—15世纪宏伟大厦和现代同类建筑之比较》于1836年出版后，立即产生了广泛的影响。对19世纪英格兰建筑产生深刻影响的哥特复兴应归功于他。卡莱尔在许多方面是反对皮金的。1843年出版的他的《过去和现在》一书中，对没落的天主教教义做了含蓄的批判，代表了圣西门1825年新基督教模式的家长式社会主义分支。卡莱尔的激进思想在政治上和社会上是进步的，尽管他说到底是一位权力主义者，而皮金的改良主义则基本上是保守的，与右翼高教会派牛津运动（High Church Oxford Movement）有关，后者成立于1835年他转向天主教之前的两年。卡莱尔和皮金的共同点是他们都厌恶自己所处的拜物主义时代，并因此而影响了19世纪中叶那位预言文化将毁灭和再拯救的约翰·拉斯金（John Ruskin），后者1868年在其壮年时期就成为牛津大学第一任斯雷德艺术教授。

1846年拉斯金的《现代画家》第二册问世后即赢得了其学术上的追随者。直到1853年他的《威尼斯之石》出版，他才开始明确、广泛地发表对社会文化和经济问题的见解。该书中有一整章谈到工匠在艺术作品中的地位，首次提出了反对“劳 49

动分工”和“把操作者退化为机器”——此文后来由拉斯金经常执教的第一工人学院以小册子形式再版，并随亚当·斯密（Adam Smith）之后，将传统的工匠和大生产的机器劳动者加以比较。他写道：“事实上，不是劳动而是人分工了……由于分工，每个人只剩下了点滴零星的知识，这丁点智力总和还不足以制造一针一钉，而且在制造针尖钉帽时就被消耗殆尽。”这是他对装饰看法的引申，阐述于1849年发表的《建筑七灯》中，他写道：“关于装饰问题的正确提法，简而言之，就是人们是否乐于去做它。”由于这种激进思想，拉斯金从早期对美国圣公会的同情转向更接近卡莱尔的立场。1860年出版的他的政治经济学论文《直至终极》最终表明，他是一个不妥协的社会主义者。

通过皮金，他们对英格兰文化气候产生了影响。弗里德里希·奥弗贝克（Friedrich Overbeck）——皮金称他为最杰出的基督教画家——和德国的拿撒勒派成了受宪章运动影响的、短命的拉斐尔前派在道德上和艺术上的楷模。后者由但丁·加布里埃尔·罗塞蒂（Dante Gabriel Rossetti）和威廉·迈克尔·罗塞蒂（William Michael Rossetti）兄弟、霍尔曼·亨特（Holman Hunt）、约翰·埃弗里特·米莱斯（John Everett Millais）等人发起，于1848年成立。

1851年，拉斯金在精神上已成为拉斐尔前派的一员。该运动的目的是奠定一个以表现深刻思想情感见长的画派的基础，其理想是创立一种直接取法自然而不是照搬文艺复兴艺术教条的艺术。这种突出的反古典主义的浪漫主义观点在1850年拉斐尔前派杂志《源种》中广为流传。不过，兄弟会缺乏拿撒勒派那种修道士的严谨和自信，该派别和其杂志又过于独特，终于不能持久，拉斐尔前派作为一个团体的活动到1853年就不复存在了。

拉斐尔前派的第二阶段以技艺为方向，中心人物是威廉·莫里斯和爱德华·伯恩－琼斯（Edward Burne-Jones）。1853年，他们都还是牛津大学的本科生。在牛津，他们曾听过拉斯金的讲课并深受皮金的影响。1856年毕业后，他们和诗人兼画家但丁·加布里埃尔·罗塞蒂交往甚密，最终在1857年和他合作，为牛津辩论社大楼创作壁画。这是一次谨慎地模仿罗马基督教壁画的尝试。此时，伯恩－琼斯已决定成为一名画家，但莫里斯却是在被罗塞蒂劝了九个月之后，才离开他已签约的哥特复兴运动者、建筑师G. E.斯特里特（G. E. Street）事务所，来到伦敦。说来似乎不合逻辑，莫里斯的设计生涯却开始于1856年末他放弃建筑转而从事绘画的决定，并起始于他在伦敦为自己居室所做的陈设设计。这是他首次设计的“强烈中世纪式的、厚重的如同岩石的家具”。这些淳朴的作品无疑是受了拉斯金工艺思想影响的，是在菲利普·韦布（Philip Webb）的指导下设计的，莫里斯曾和他一起在斯特里特事务所共事过。可以说，1858年拉斐尔前派的家庭文化在莫里斯唯一的一幅绘画作品中得到具体体现。这是一幅他妻子珍妮·伯顿（Jane Burden）的肖像画。她穿着华丽，就像《桂妮薇儿王后》（*Queen Guinevere*）或《美丽的伊索德》（*La Belle Iseult*）中的人物一样。画中人物的室内环境是典型的拉斐尔前派风格。莫里斯后来完全放弃了绘画，转而致力于自己新居的室内布置。这座名为红屋（Red House）[**图25、26**]的住宅是菲利普·韦布于1859年在肯特郡的贝克斯利希思为他建造的，其风格除局部细节接近斯特里特的作品外，与威廉·巴特菲尔德（William Butterfield）1840年至

19世纪50年代哥特复兴运动的教区牧师住宅更为相像。

在红屋(以采用红砖而得名)的设计中，韦布确立了他的原则——对结构完整性的考虑，以及使建筑和周边环境与当地文化密切结合。这些原则很快在威廉·伊顿·内斯菲尔德(William Eden Nesfield)和理查德·诺曼·肖(Richard Norman Shaw)这些杰出同辈的作品中得到体现，韦布的事业也因此成名。他通过实际的设计、巧妙的场地布置、地方材料的应用以及对传统建造方法的尊重来实现他的目标。韦布和他的第一个业主、毕生的同事莫里斯一样，对工匠的技艺和人们赖以生存、建筑得以建造的土地有一种近乎神秘的尊敬。他甚至比莫里斯更竭力反对滥用装饰。据韦布的传记作者W. R. 莱瑟比(W. R. Lethaby)介绍，韦布曾抱怨说，一个过于精致的炉箅“不配烧圣洁之火”。内斯菲尔德和诺曼·肖将他的手法加以矫揉造作的曲解，使他们距离韦布的观点越来越远。这方面的例子是1866年诺曼·肖设计的位于苏塞克斯莱斯伍德的风景如画的“老英格兰”村居[图27]。

50

纵观整个丰富多彩的英格兰自由建筑运动，从A. H. 麦克默多(A. H. Mackmurdo)和C. R. 阿什比(C. R. Ashbee)的怪癖，到诺曼·肖、莱瑟比和C. F. A. 沃依齐(C. F. A. Voysey)精致的专业特性，都可以说是渊源于红屋。无论如何，这个作品对莫里斯以后的生涯是起了推动作用的。两年后，他组织了一个拉斐尔前派艺术家协会，其成员有韦布、罗塞蒂、伯恩–琼斯和福特·马多克斯·布朗(Ford Madox Brown)等，他们组成一个工作室，从事设计和承接从壁画到彩色玻璃、家具、刺绣、金属制品及木雕等的各项任务。此举之目的正如皮金于19世纪30年代和40年代为国会大厦设计大批家具一样，是为了创作整体性的艺术作品。这一点，在工作室的发起宗旨中做了十分谦虚而又清楚的阐明：“按照常规，通过这种合作，……我们的工作将比艺术家在单独工作时更有效率。”这个工作室的创立不仅受到由皮金制定的惯例的影响，同时还受到1845年由亨利·科尔(Henry Cole)以费利克斯·萨默利(Felix Summerly)之笔

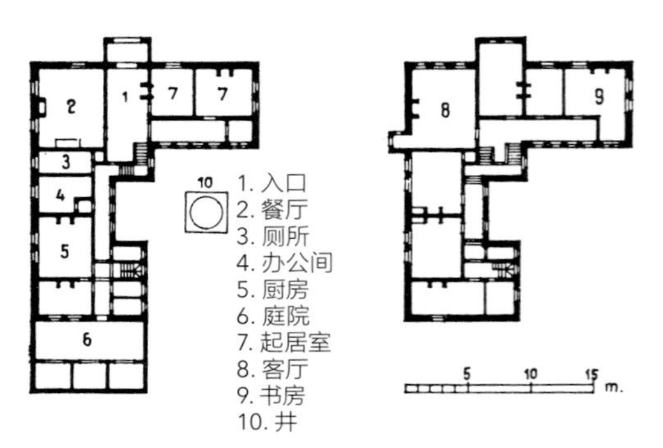

25、26　韦布，红屋，贝克斯利希思，肯特郡，1859。外观，一层和二层平面图

27　诺曼·肖，莱斯伍德，苏塞克斯，1866—1869

名所发起的艺术品制作组织的影响。总之，原本是自发出现的前拉斐尔工艺品，到目前开始呈现出一种公共的特点。工作室伦敦事务所出售的第一件工艺品理所当然是韦布设计的玻璃餐具。

工作室业务逐渐兴旺，莫里斯却于1864年被迫离开田园般的红屋，迁到伦敦定居。一年后，他把企业管理工作交给沃林顿·泰勒（Warrington Taylor），自己则全身心地投入图案设计和文学，以此消磨他的余生。首批莫里斯墙纸产生于那个时期，还有他和伯恩–琼斯共同设计的最早的彩色玻璃作品。莫里斯式样多种多样，既包括1856年欧文·琼斯（Owen Jones）在《装饰的基本原理》一书中介绍过的波斯装饰，又包括他在彩色玻璃作品中袭用的中世纪风格——这种产品在他一生中始终有着稳定但有限的需求。1867年，韦布为伦敦设计南肯辛顿博物馆（今维多利亚和艾伯特博物馆）时，莫里斯、马歇尔和福克纳公司（Morris, Marshall, Faulkner & Co.）因其中的绿色餐厅（Green Dining Room）或茶室而得到公认。这个餐厅完全由莫里斯和他的公司的工匠负责装修。

此后，韦布开始独自设计并承接大型民用建筑任务，最后完成的一个项目是建于苏塞克斯的东格林斯梯德附近的斯坦登大厦（1891—1894），其装修照例也是由莫里斯公司完成的。莫里斯后来日益专注于文学，狂热地试图消除所有源自拉丁语的词。19世纪70年代中期，他除了完成自己的多卷浪漫派诗集外，还翻译了大量中世纪北欧的传奇故事。那时，冰岛似乎是他理想主义精神最终神往的、欲意从19世纪工业化现实退隐的“乌有乡”。

在莫里斯的一生中，1875年是个分界线。原来的企业被解散并重新组成由他单独经营的莫里斯公司。在公司业务中，他增加了一些他和公司能够制作的工艺品。他自己学会了染色和地毯编织，并在1877年设立了伦敦产品陈列室，作为主要的销售商店。此后，莫里斯除了公司的管理工作和各种墙纸、窗帷、地毯的设计生产外，逐渐转向社会，而较少关心他的“诗意”和工艺。他以大张旗鼓地推进当时已精神失常的拉斯金的社会主义和文物保护事业为己任。1877年他写了第一本政治小册子，成立了古建筑保护协会，并挫败了乔治·吉尔伯特·斯科特爵士（Sir George Gilbert Scott）重建(确切地说是部分重建)位于格洛斯特郡（Gloucestershire）的图克斯伯里修道院的计划。

52

莫里斯在重组公司后的10年内，在自己的生活中对政治和设计等量齐观。据莫里斯的第一个传记作者麦凯尔介绍，在此期间，他完成了600多种纺织品设计。1883年，他开始阅读卡尔·马克思（Karl Marx）的著作，并与社会主义者艾里娜·马克思（Eleanor Marx）及爱德华·艾夫林（Edward Aveling）一起参加了由恩格斯领导的社会民主同盟。两年后，他离开社会民主同盟，成立社会主义者联盟，从设计转向以全副精力投身政治。他经常写作并出版有关社会主义、文化和社会的论文，直到1896年去世。最早面世的是1885年出版的傅立叶式的论文集，题为《我们怎样生活与我们应当怎样生活》；他最后的代表作是于1891年出版的著名乌托邦传奇《来自乌有乡的新闻》。

对莫里斯的后辈，对他的合伙人沃尔特·克兰（Walter Crane）以及拉斯金的门徒麦克默多，对诺曼·肖的主要学生莱瑟比、E. S. 普赖尔（E. S. Prior）及恩斯特·牛顿（Ernest Newton），甚至对诺曼·肖本人以及有关外界人士如阿什比、沃依齐来说，莫里斯的某种矛盾的立场是十分明显的。首先是他乌托邦的“乌有乡”幻想。他根据马克思主义者的预言，认为在这个理想土地里国家已经消亡，城乡差别已经消失。城市作为一种密集的有形实体不复存在，19世纪的伟大工程成就已被拆除：风和水再次成为唯一能源，水道和公路成了唯一的运输手段。那是一个没有金钱和私人财产的社会，没有罪和罚，没有监狱和国会，社会秩序的建立仅仅依靠公社结构内部以家庭为单位的自由组合，最后的将是这样一个社会：工作是在联合工厂、同业行会或制造联盟中来进行的，教育是免费的，劳动本身是非强迫的。

这种单纯的社会主义观点和莫里斯自己的生活经历及他隐伏的前后矛盾的思想形成了强烈的对比。一方面是他生意兴隆的公司，充分显示了自由经营的优越性，它的各种豪华商品是供中上层人士消费的；另一方面是他极端激进的社会主义观点及他原先的无政府主义倾向——一种对于更向往自由主义的他的追随者如阿什比等人所不能接受的革命社会主义；最后，对费边（Fabian）式的社会主义者和建筑师来说，莫里斯的理论和实践提出了花园城市的改良设想，作为以手工业行会和合作社为基础的聚居点的一种形式，不仅是为了工作，同时也是一种实现社会改造和重新教育的手段。这种形式和手段逐渐为部分公众所承认。与这种进步的(尽管不很稳定)广阔胸怀相对照，则是莫里斯本身设计中所反映出的潜在的病态性恐惧品质——更严重的——是他顽固拒绝

28　沃依齐，贝德福德花园，伦敦，1890

工作化方法及他对15世纪以后的一切建筑所持的暧昧态度(假如不说是敌意的话)。他不但谴责古典建筑，甚至连当代建筑作品也不例外：韦布的优秀设计唯独莫里斯没有公开承认。是否他认为韦布过于折中主义，抑或是在1879年到1891年间韦布的许多住宅中，古典和伊丽莎白时代的构件成为他不满的充分理由?

然而，当时的历史主义难以支持莫里斯的反古典主义路线。19世纪70年代初，老练的建筑师如诺曼·肖等人已经在城市文脉中运用安妮女王时期的风格，并使之经典化，这是他和韦布、内斯菲尔德等在英国和荷兰国内传统基础上发展而成的。在19世纪90年代初期完全转到新乔治风格(Neo-Georgian style)以前，诺曼·肖已在城市中为一种带有手法主义色彩的古典格式树立了受到尊重的先例，见之于1875—1877年位于切尔西的天鹅屋(Swan House)，以及建在乡村的自由、方便和富有画意的住宅，如1876—1878年的皮尔庞特(Pierrepoint)，建于萨里的弗莱恩夏姆(Frensham)。

53

老练精明的诺曼·肖还是接受了拉斯金在社会和文化方面的观念的影响。1877年，他开始为爱好艺术的房地产商人乔纳森·T. 卡尔(Jonathan T. Carr)设计位于伦敦西郊的第一组花园式郊区。这组红砖瓦顶风格的、供中上层人士居住的“花园村”，取名为贝德福德花园(Bedford Park)[**图28**]。1881年出版的《圣詹姆斯报》上有一首《贝德福德花园民谣》是这样赞颂它的：

> 这里绿树红砖墙……
> 配上个清秀面庞。
> 我要在此造花园，
> 风格须是安妮女王。
> 这里是一个“村落”
> 诺曼·肖帮忙。
> 人将在里边生活，
> 纯粹、正直而优雅。[2]

这种砖墙建筑风格甚至拓展到了教堂。由于缺少垂直向上的特点，这类教堂变得相当世俗。教堂结构虽采用了一点哥特复兴手法，却在屋顶上大胆设计了一个雷恩式(Wren-like)的灯塔。贝德福德花园中最早的住宅是1876年由受日本影响的建筑师E. W. 戈德温(E. W. Godwin)设计的。1877年诺曼·肖接手，在随后的10年里，有一批建筑师在他的指导下工作，最后一位是沃依齐，他于1890年在派拉德(Parade)建造了一座杰出的住宅。

1878年，诺曼·肖出版了他的《住舍和其他建筑设计图集》一书。此书影响甚大，介绍了大量不同规模的工人住宅设计，还包括自给自足的乡村公社内公共建筑的基本类型，如学校、礼堂、养老院、乡村医院等。第二年，第一座家长式的花园城市原型在伯明翰的布思维尔诞生了。它是由乔治·卡德伯里创建，拉尔夫·希顿(Ralph

Heaton）等人设计的。随后，在不到10年时间内，W. H. 列弗（W. H. Lever）以贝德福德花园为样板，于1888年建造了"阳光港"（Port Sunlight）。

19世纪末花园城市运动的兴起与工艺美术运动的发展密切相连。正如1898年埃比尼泽·霍华德所说，它的社会政策是把城市扩散和农村开拓与政府分权管理结合起来。充当合作运动的补充，它提倡这种城市应当通过工农业的综合平衡来获得税收收入。霍华德主张职业工会充当提供建房资金、土地集体所有、区域规划和适当改造的后盾。他把花园城市的最佳规模确定在容纳3.2万人口的范围内，用隔离绿化带限制其发展。每一座花园城市在地域内按卫星聚居点布置，并用铁路与城市中心相连。花园城市以这种形式来进行社会改造，不断改进工业无产阶级的生活和工作条件。1876年，霍华德从美国回来，加入了萧伯纳、西德尼与比阿特丽斯·韦布这些社会主义者的圈子。他们后来成了费边社会主义者，其最初反应是反对花园城市概念的。霍华德的立场是实际和改良的，遵循费边主义的精神而不是它的条文。1898年他出版了《明天：一条通向真正改革的和平之路》一书，书名正好表明了他的妥协立场。他致力于培育在社会控制下的自由企业，喜欢渐变的改造方式，不赞成革命行动。除了1871年拉斯金的圣乔治公会，霍华德还依靠截然不同的思想家来实现他的社会政治模式，包括无政府主义者彼得·克鲁泡特金和美国经济学家亨利·乔治等，后者在他1879年《进步和贫困》一书中提倡对所有地租取单一税。霍华德发展了他的城市图式，在这方面他是兼收并蓄的，其思想来源有1849年詹姆斯·西尔克·白金汉的理想城市维多利亚，还有1855年帕克斯顿的大维多利亚道路建议。

1904年开始建设的莱奇沃思花园城市（Letchworth Garden City）已很难说是霍华德最初设想的模式。铁道把城市分成两半，商业区是露天的，为图方便将工业区和居住区混合在一起。它的建筑师雷蒙德·昂温和巴里·帕克，除了有几篇软弱无力的论文类似诺曼·肖和韦布的风格外，几乎看不出一点霍华德的影响。1907年由昂温设计的汉普斯特德花园郊区（Hampstead Garden Suburb），假如不是和鲁琴斯（Lutyens）合作，同样会流于平淡的。

1882年，麦克默多遵循科尔和莫里斯的工艺美术运动传统，成立了世纪协会。再一次，它由一批将从事家用商品设计和生产的艺术家组成。麦克默多最初既是装帧艺术家，又是一位墙纸和家具的设计师。他和塞尔温·伊马热（Selwyn Image）合作，提出了许多创见，1882年组建了世纪协会设计小组，1884年又创办了《木马》杂志。在19世纪80年代初期，麦克默多的实用艺术具有一种独特的风格，预示了后来的新艺术运动，其直接来源是威廉·布莱克，在精神实质上不同于其建筑的优雅但简朴的风格。这一点可见之于他1883年建于恩菲尔德的有高度独创性的平顶住宅，以及1886年他设计的令人满意的世纪协会展台（Century Guild Exhibition Stand）。

1887年，阿什比仿照成功协会的模式，在伦敦东区建立了手工艺协会，把社会直接改造的目标列入自己的纲领。它成立的明确目的是有效地雇用和训练工匠和他们的学徒，否则他们将失业。通过阿什比于1904年在切尔西为自己建造的住宅，我们可以发现，比起麦克默多，他是一位头脑更为敏锐和精确的设计师。从他在汤因比厅（Toynbee Hall）项目中对研究生进行指导的经验来看，他更能投身于直接的社会活动，并把它作为社会改造的一种手段。尽管阿什比深受莫里斯和拉斯金的影响，但对他们厌恶机器的固执情绪和他们的革命社会主义却持有不同见解。和他的更为激进的前辈相反，阿什比自称是个建设性的社会主义者。世纪之交，他见了弗兰克·劳埃德·赖特之后，更加坚信由现代工业引起的文化危机可以通过合理使用机器得到解决。阿什比和霍华德一样是个妥协者，他提倡将现有的城市和机构去中心化，并支持把工艺美术运动与花园城市的设想进行结合。他还追随霍华德，对土地国有化持反对态度。阿什比深信工艺品的文化功能是使人类“个性化”。他对激进社会主义的还原主义情绪甚为恐惧。在晚年，他欢迎创立“人类中坚”基础上的第二国际。他倾向于有些过时的迪斯累利（Disraeli）式的社会改造，因此对英国帝国主义的特质过于乐观。阿什比缺乏强烈的经济现实感，他极为珍视的、于1906年在格洛斯特郡的奇平坎普敦（Chipping Campden）建立的手工艺协会在两年后便告垮台。

这种雄心勃勃的宏伟社会目标并不是麦克默多的个人主义门徒沃依齐所关心的，1885年，他以有力而质朴的风格而成名，使他的多数同辈望尘莫及。他的风格出自韦布重视传统方法和地方材料的原则，而不是诺曼·肖的创造性和空间组织的精湛技巧。在他于1885年设计但未建成的自宅中，他形成了自己风格的主要部分(尽管用了诺曼·肖的半木结构)：这就是带挑檐的石板瓦的屋顶、熟铁的檐沟牛腿、粗灰泥的墙面、穿插的水平带窗，间隔出现的倾斜壁柱和烟囱等，这些成为他后30年作品的特征。沃依齐的手法是试图直接恢复英国自耕农建筑的主要特点。但是他早期和麦克默多的合作使他的作品中出现了一种流畅的、十分精致的成分，见之于他1890年前后的墙纸和金属制品设计，在沃依齐其他简洁的室内设计中，这些细部构成了他的特色。沃依齐和莫里

29 沃依齐，布罗德莱斯住宅，坎布里亚，1898

斯不同，他为一种拘谨的观念所支配，而且几乎走向极端。他规定装饰织物或墙纸两者之一必须有图案，但不能两者都有。1899年建在哈特福德郡乔利伍德的自宅“果园”（The Orchard），就是他十分拘谨的室内风格的实例：用灯光照亮的格栅式栏杆、低挂镜线、贴面砖的壁炉、本色橡木家具和厚地毯。在沃依齐整个创作生涯中，这些室内部件几乎不加变化地多次重复使用。随着年龄增长，他的设计变得缺乏形象特征，他早期的家具趋向有机性，晚期作品则是古典式了。

1889—1910年间，沃依齐设计了约40座住宅，有一些超越了他自己风格中潜在的历史主义。其中有1890年位于贝德福德花园为J. W. 福斯特（J. W. Forster）建造的艺术家住宅、1896年位于吉尔福德的斯特吉斯住宅，以及位于温德米尔湖边的布罗德莱斯住宅（Broadleys）［**图29**］，这也是他最精致的作品，建成于1898年。该住宅的平面简洁明确，布局和造景雍容大度，空间组合和立面处理雄浑有力，他的其他作品都无法与之相比。沃依齐的这些作品和他本人的经历一样影响深远。建筑师查尔斯·伦尼·麦金托什（Charles Rennie Mackintosh）、C. H. 汤森德（C. H. Townsend），维也纳建筑师约瑟夫·马利亚·奥尔布里希（Joseph Maria Olbrich）和约瑟夫·霍夫曼（Joseph Hoffmann）都曾受到他作品的影响。

在沃依齐个人经历的第一阶段，英国的工艺美术运动已完全机制化了。最初，他在莱瑟比和诺曼·肖的事务所其他成员的鼓动下，于1884年成立了艺术工作者协会，随后，于1887年建立了以莫里斯的门徒沃尔特·克兰为主席的工艺美术展览协会。在第一次世界大战爆发之前，这个运动最后的25年和莱瑟比的一生紧密相连。他在当了

30 鲁琴斯，蒂普瓦尔拱门，皮卡第，1924

12年诺曼·肖的主要助手以后，于1895年成立了自己的事务所，并着手设计位于英格兰南部新森林中的大型府邸埃文·蒂勒尔（Avon Tyrrell）。五年后，他和乔治·弗兰姆普敦（George Frampton）一起就任位于伦敦的中央工艺美术学院（Central School of Arts and Crafts）首任院长。这样，他在工艺美术运动中的作用，除了他十分短暂的设计工作经历，主要得益于他在教学方面的非凡才干。1892年他的第一部著作《建筑、神秘主义和神话》出版，书中展示了过去人们是怎样普遍地通过宇宙和宗教范例来认识建筑的。他试图使自己的作品体现这种象征主义，而他的这些论述似乎对他最亲近的同事E. S. 普赖尔的作品也产生了影响，后者于1897年在埃克斯茅斯建造的被称为“谷仓”（The Barn）的著名的蝶形平面住宅，表现出一些显著的象征性特点［M. H. 贝利·司各特（M. H. Baillie Scott）也曾设计类似的蝶形平面形式的建筑项目，比如1902年的黄沙（Yellowsands），以及1908年的汉普斯特德田园式郊区（Hampstead

Garden Suburb）]。

莱瑟比执教以后，他的注意力从富有诗意的内容转向寻求一种形式演变的正确方法。1910年时，他反对自己1892年的观点，即认为，当社会整体缺失建筑时，是没法将魔法灌注到建筑中的。

对莱瑟比来说，他所隶属的传统似乎即将消逝。他处于“哥特复兴”社会主义者的长长队伍的队尾，在世纪之交转向了纯功能主义。1915年，当他帮助成立设计和工业协会时，他鼓励他的同事们向德国和德意志制造联盟寻找出路。

当1914年战争的第一次浪潮席卷欧洲时，以韦布、诺曼·肖和内斯菲尔德等为先导，埃德温·兰德瑟·鲁琴斯（Edwin Landseer Lutyens）和格特鲁德·杰基尔（Gertrude Jekyll）等通过精致的《乡村生活》杂志大肆渲染的梦境般的英国乡村住宅的黄金时期宣告结束。

其实这个时期早已结束。人们通过那些大型的新乔治风格住宅可以看出，正如罗伯特·弗尔诺·乔丹（Robert Furneaux Jordan）所说，这些住宅是为“一批靠南非战争起家后把宝剑投入黄金股票的风雅豪富们”建造的。尽管鲁琴斯在设计带有爱德华王朝时期情趣的新帕拉迪奥主义（Neo-Palladianism）风格中取得成功——他在世纪之交热衷于雷恩复兴（Wrenaissance）的手法，很难想象英国的工艺美术运动能够在第一次大规模工业化战争造成的社会文化创伤后继续生存。这一点可从利伯蒂公司（Liberty & Co.）的命运看到，1914—1918年大屠杀般的战争就像断头台一样分割了该公司的手工艺产品。大约在五年之内，曾经是富有创造力的、极其漂亮的新艺术运动的银器让位于庸俗的青花瓷、都德式家具和仿前拉斐尔式彩色玻璃的伪劣制品。即使在1924年由E. T. 霍尔（E. T. Hall）和E. S. 霍尔（E. S. Hall）设计的新营业场所，利伯蒂公司也只能选择这种败落的风格。这座半木结构的百货公司体现了被称为“股票经纪人的都德风格”。它和各种低劣变种一起，排列在连接伦敦和远郊区的作为城市生命线的新建道路的两侧。

在这个时期，当时已经在国内被非官方地授予“桂冠建筑师”地位的鲁琴斯发现，自己甚至不能负担他早期乡村住宅的费用。这些住宅带有由杰基尔设计的小巧而复杂的花园[例如他1899年设计的普赖尔式的蒂格波恩庭院（Tigbourne Court）]。

进入新世纪后，鲁琴斯对帕拉迪奥主义的兴趣首先巧妙地表现在他1905年设计的纳什多姆（Nashdom）住宅中，然后又庄严肃穆地表现在他1924年在蒂普瓦尔（Thiepval）为英国阵亡者设计的纪念拱门[**图30**]，和他1923—1931年的杰作——陈旧的纪念性的新德里总督府(见 p.242)之中。在这两座辉煌的新古典主义纪念性建筑中，鲁琴斯断然抛弃了他的工艺美术运动传统。我们很难想象还有什么能比这些建造在平坦的异国景观中的严肃庄重的纪念建筑更为远离莫里斯的乌托邦幻想的。现在，“乌有乡”已不再体现在莫里斯朴素的中世纪行会复兴中，而是存在于为纪念一代英烈而建的拱门，和对一个濒于消失的帝国的巴洛克式的追忆中。

58

第2章

阿德勒与沙利文：大礼堂与高层建筑 1886—1895

我要说，为了美学的利益，我们在若干年内应当完全避免装饰的使用，使我们的思想高度集中于那些造型完美且适度裸露的建筑上，为此，我们不得不接受一些违心的事物，并通过对比懂得：当一个人以自然的、善意的和完整的方式思索时，将会产生多么好的效果……然而，我们也学到：装饰是精神上的奢侈品，而不是必需品，因为我们发现了未经装饰的物象的巨大价值，也发现了它们的局限性。我们内心有一种浪漫主义，一种强烈的表现它的愿望。我们直觉地感到我们那些强劲有力的体育健儿式的简单形式将会从容不迫地穿上我们梦寐以求的衣着，我们的建筑将披上诗意和幻想的外装，半掩在经过精选的织布机和矿山产品之中，它们将以双倍的力量吸引着人们，就像一首以和谐的声音和美妙的旋律所谱成的乐曲一样。[1]

——路易斯·沙利文（Louis Sullivan）

《建筑的装饰》，1892年

亨利·霍布森·理查森（Henry Hobson Richardson）设计的新罗马式风格的马歇尔场批发商店（Marshall Field Wholesale Store）于1885年开工，在他去世后一年即1887年完工，这是芝加哥阿德勒与沙利文（Adler and Sullivan）建筑师合伙事务所取得重要成就的起点。在他作为助理设计师（1881年成为合伙设计师）于1879年参加丹克马尔·阿德勒（Dankmar Adler）事务所之前，路易斯·沙利文（Louis Sullivan）接受了多样的教育。他正式就读于两个有名的学院，每家都不到一年，先是1872年在麻省理工学院，然后是1874年在巴黎美术学院J.-A.-E.弗德勒穆尔（J.-A.-E. Vaudremer）的工作室。在两次求学之间，他在费城的弗兰克·弗内斯（Frank Furness）的事务所中工作了一年，后来证明这是对他事业起关键作用的一年，不仅由于他体会了弗内斯的"东方化"哥特式手法——他对装饰的态度产生了持久的影响，而且还由于他结识了年轻聪明的建筑师约翰·埃德尔曼（John Edelman），埃德尔曼在1875年后介绍沙利文进了芝加哥的建筑师事务所——先是威廉·勒·巴龙·詹尼（William Le Baron Jenney）的，后者在1892年的公道商店（Fair Store）大楼［**图32**］中开创性地运用了钢框架结构；然后又把他介绍给丹克马尔·阿德勒。埃德尔曼的不寻常的修养，包括他的无政府主义－社会主义观点（来自莫里斯和克鲁泡特金），对沙利文的理论观点的发展起到了重要的影响，这一点可见之于他1901年发表的《幼儿园闲谈》。

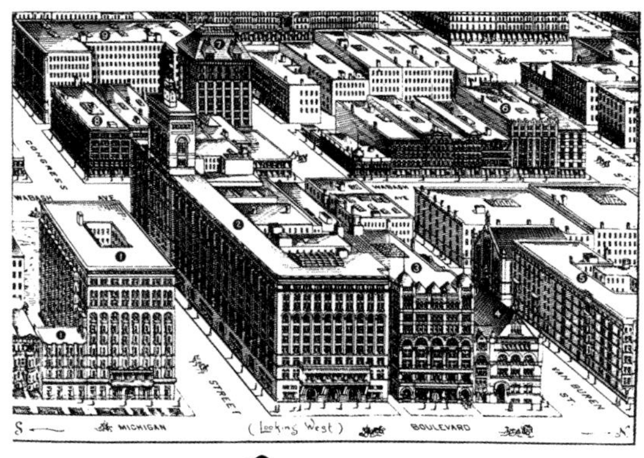

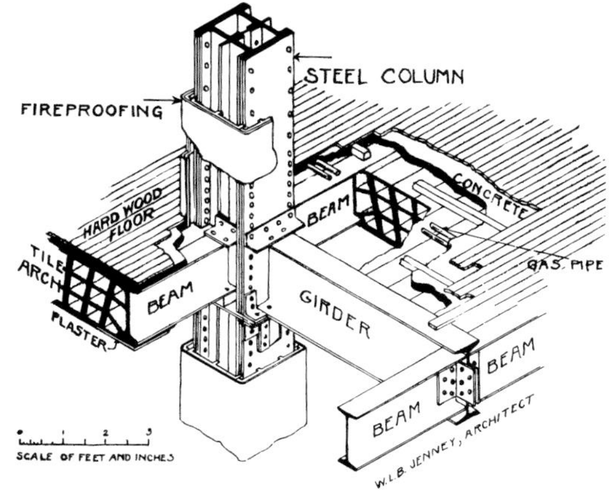

31　芝加哥，1898：从密歇根大道向西看。中间（第二幢）是大礼堂（见图 33）

32　詹尼，公道商店，芝加哥，1892。防火钢框架结构细部

在其早期事业中，阿德勒与沙利文关注的是满足正在蓬勃发展的芝加哥的迫切需要。当时，芝加哥在1871年遭遇大火破坏后，正在作为中西部的首都而重建。在19世纪70年代后期，当阿德勒还在建立自己的事务所时，沙利文正在为詹尼工作，并由此掌握了芝加哥建筑的技术经验。在他1926年发表的一篇论文《一个观点的自传》中，他写到了那些造就这种建筑方法的强大力量：

高层商业建筑的压力来自地价，地价的压力来自人口，人口的压力来自外界……但是一幢办公楼不可能在没有垂直运输手段的情况下，建造出超出走楼梯所允许的高度。因此，这些压力就转移到机械工程师头上，他们的创造性、想象力和孜孜不倦的努力产生了乘客电梯……然而，砌体建筑的特性又内在地限制了它的高度，因为人口的增加使越来越厚的墙体越来越多地吞噬了土地和楼板面积……芝加哥建造高楼的活动终于吸引了东部轧钢厂地方销售经理们的注意力，于是他们打发工程师去工作。这些工厂过去一直在为桥梁工程生产型钢，因而已具备了基础。需要的只是在销售方面有些基于工程想象力及技术知识的远见。这样，采用一种可以承载全部荷载的钢框架的念头就出现在芝加哥建筑师面前……戏法变过来了，青天白日下出现了新事物——芝加哥建筑师们欢迎这种新框架并开始运用它，而东部的建筑师们却吓得目瞪口呆，无所作为。[2]

正如沙利文所指出的，19世纪80年代的芝加哥建筑师们如果想要继续开业，除了掌握先进的建造模式外别无选择；虽然大火已暴露了铸铁的弱点，后来发展的防火钢框架——加上它能提供多层租赁面积的能力——使投资商们能以绝对最优效益把它们开发成闹市区。当时的评论家蒙哥马利·斯凯勒（Montgomery Schuyler）在1899年写道："电梯使办公建筑的高度增加一倍，钢结构又使它再增一倍。"

1886年以前，阿德勒与沙利文主要从事小型办公建筑、仓库和商店的设计，不时还接受一些住宅任务。这些早期建筑都不超过六层，除了表现结构框架外（无论是铁、砖或二者之结合），在创作中别无余地，而在正立面设计上，也只能在上中下三段法上做做文章而已。

这一切在1886年他们接受大礼堂（Auditorium

Building）［**图31、33**］设计任务后发生改变。大礼堂对芝加哥文化，不论是在工艺技术上还是设计构思上，都做出了全面的贡献。这一多功能组合体的基本布局是个范例。建筑师的任务是在芝加哥方格网的半个街坊中建造一幢大型歌剧院，两边各有11层高的建筑，部分用作办公，部分用作旅馆。建筑师对这个任务做出了独特的布局，包括把旅馆的厨房和餐厅设置在屋顶上，使煤烟不至于影响住户等。同时，音乐厅又为阿德勒的技术想象力提供了创作场所。他为了满足变容量的要求，采用了折叠式天花板和垂直幕帘，使听众座位数从音乐会的2500座扩大到集会的7000座。业主对阿德勒技术能力的信任反映在后者对大厅设计的描述中：

> 礼堂的建筑和装饰形式都绝非常规、不落俗套，并在很大程度上取决于需要达到的声学效果……用一系列同心的椭圆拱来影响声音从舞台口通过竖向和侧面向整个大厅的扩散。这些椭圆形表面的下端及面部都以浮雕装饰，白炽灯泡……和通风系统的入口都组成装饰的主要部分……我们非常注意采暖、降温和通风设施。新鲜空气从建筑顶上吸入，然后由一台直径为3米的风扇压入室内……它同时从空气中洗去了灰尘……管道系统把空气送到大厅、舞台、前厅、化妆室等各个区域。总的气流是从舞台向外，

33　阿德勒与沙利文，大礼堂建筑，芝加哥，1887—1889。切过舞台和礼堂的纵剖面

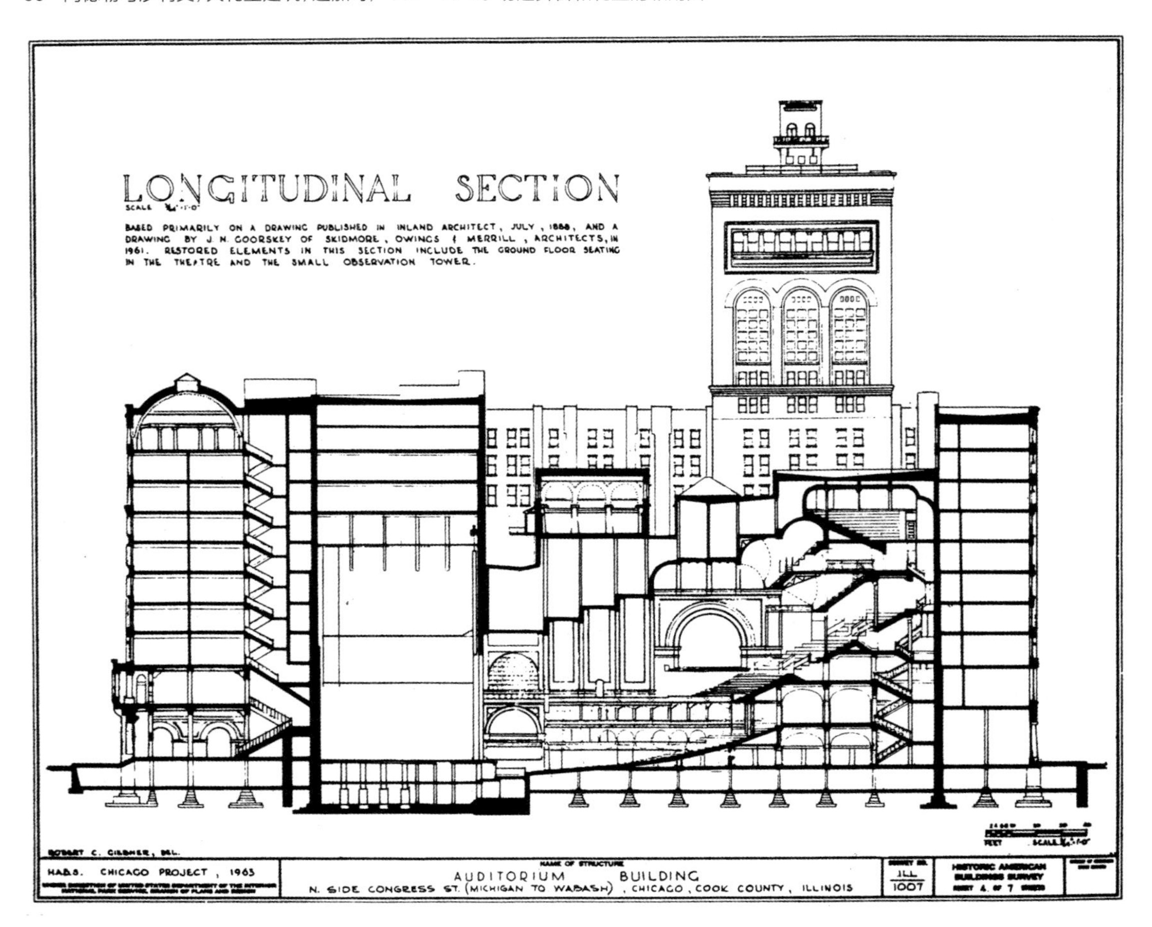

34 沙利文，格蒂墓，格蕾斯兰公墓，芝加哥，1890

从顶棚向下……从设置在座位过道踏步竖板的孔口把空气经过管道送往排风机。[3]

阿德勒可能是最后一批多面手建筑师兼工程师之一。他克服了重重困难，从大厅的空调到支撑吸音内衬的钢桁架，从设置复杂的旋转舞台到为歌剧院和旅馆提供前厅，等等。整个组合体设置在一个重型砌体加铁结构的房屋内，并机智地在底部铺设了道砟，以应对基础的差异沉降。

61

这幢11层高的建筑楼群是以理查森的马歇尔场批发商店的语法为基础，并打了些折扣实现的。理查森从里到外都采用粗琢石块，而沙利文则使礼堂的贴面材料有了变化，以调节它的巨大高度和重量，从第三层起就从粗琢石块改为光滑方石。然而，它最终的阴郁及简朴效果使阿德勒感到失望，他在1892年写道：

遗憾的是，由于企业初创，其投资政策要求严格体现简单化，加上理查森的马歇尔场批发商店给礼堂联合会主人们留下的深刻印象，再加上建筑师沉溺于高度装饰的效果……这一切加在一起，使建筑物的外部失去了它内部处理中落落大方的性格。[4]

然而，它的整体性格中存在某种强有力的、紧凑的和有节奏的特征。旅馆沿湖一面的阳台柱廊在塔楼的类似图式中重现。这种稍具东方性暗示的阳台，预示了沙利文1892年与他的助手弗兰克·劳埃德·赖特密切合作设计的芝加哥昌利住宅（Charnley House）中的显著土耳其特色。

在沙利文的早期风格中，理查森始终起了决定性的影响。在沙利文手中，理查森罗马式风格的精修细饰变成了一种近乎粗暴的、简单化的、几乎是新古典主义的手法。首先见之于1888年的沃克仓库，随后在1890年的杜里大厦中有所发展。他在1892年《建筑的装饰》中所称的“造型完美、适度裸露”的建筑肯定就指这几幢。从此以后，沙利文就依靠突起的线条和挑出的檐口来限定体量。他的窗户组合成延长的拱廊，他的光滑、与窗取齐的立面不时为一些严谨的装饰所点缀。1890年和1892年先后设计的格蒂墓（Getty tomb）[**图34**]和温赖特墓（Wainwright tomb），使这种手法更加固定化和精细化，后来又以更大的规模使用在1891年建于密苏里州圣路易斯市的温赖特大厦（Wainwright Building）中。就像维也纳建筑师奥托·瓦格纳（Otto Wagner）一样，沙利文四角方方的结构的严谨性与美化和点缀它们的装饰恰成对照。然而，与瓦格纳的流线形的装饰不同，沙利文的装饰处理中肯定带有伊斯兰色彩。他的装饰即使本身不是几何式的，也是闭合在几何形状之中的。通过这种求助于东方的美学甚至是象征性的内容，沙利文寻求调和西方文化中存在于知识与情感之间的分裂，后来他又把这两者与希腊及哥特风格联系起来。在大礼堂和温赖特大厦之间，沙利文装饰的性格摇摆于有机的自由和严格遵守几何轮廓的精确之间。1893年为芝加哥世界哥伦布博览会建造的交通馆，主要是几何式的；即使有自由的线条，也严格地装在几何方格之中。正如弗兰克·劳埃德·赖特在《天才与暴民统治》(1949)一书中所述，这种“结晶化”最后在沙利文1896年设计的纽约州布法罗市的担保大厦（Guaranty Building）中取得了确定的形式。

如果摩天楼仅指一幢很高的多层结构的话，沙利文或詹尼都不能被称为摩天楼的发明者，这是因为在沙利文的温赖特大厦之前，已经有了砖墙承重的高层建筑，尤其是伯纳姆与路特（Burnham and Root）设计的芝加哥16层的莫纳德诺克大厦（Monadnock Block，1889—1892）。然而，沙利文却应当享有为高层框架结构发展了一种适宜的建筑语言的荣誉。温赖特大厦就是这种语法的首项声明，其中在理查森的马歇尔场批发商店中就已经显示出来的对窗梁的压抑到这里达到了逻辑的结论。立面不再设置拱廊，而是用方格的短柱点缀，这些短柱以砖包围，窗梁缩进，并贴以陶砖，使它与窗融为一片。短柱从二层高的底座向上升起，突然收结于一个笨重和华丽的

35 阿德勒与沙利文，担保大厦，布法罗，1895

陶面挑檐。四年以后，沙利文把这种表现公式又进一步加工，用在他的第二项杰作——担保大厦［**图35**］之中。

担保大厦是沙利文登峰造极的作品，无疑也是他1896年所写的《从艺术上考虑的高层办公楼》中所勾画的原则的全面体现。在这幢13层楼的办公建筑中，沙利文创造了一种装饰结构，用他自己的话说："装饰一般都是切进切出的……然而，在完工之后，它应当令人感到好像是通过某一慈善家之手使它自然地从材料本性中生长出来的。"装饰性陶砖以不透明的花边把建筑外部围绕起来，这种主题甚至渗透到大厅的金属装饰中。只有底层的平板玻璃窗和大理石墙面才逃脱了这种即使不是疯狂的，也是激烈的处理手法。

沙利文像他的学生赖特一样，把自己视为新世界文化的独一缔造人。浸淫过惠特曼（Whitman）、达尔文（Darwin）和斯宾塞（Spencer）的思想，又受尼采（Nietzsche）哲学的启发，沙利文把建筑物视为某种永恒的生命力的发散。对沙利文来说，大自然通过结构和装饰显示出自己的艺术美。他的著名口号"形式追随功能"（form follows function）在担保大厦的凹进的檐口中得到了最极致的表达。在这里，装饰的"生命力"在窗间柱的表面上环绕着圆形气楼窗旋涡式地散开，隐喻性地反映了建筑物的机械系统。用沙利文自己的话说："它自我完成、旋转、上升、下降。"这种有机的隐喻通过他在无花果树的雕塑上添加长翅的种子，而得到了更富有基本意义的形式，这是他1924年逝世那年出版的有关建筑装饰的著作《以人的权力为哲学的建筑装饰体系》中的卷首插图。在这一形象下，他引用了尼采的一段话："种子是真实的事物，是个性的宝座。在它的精巧机制中，隐藏了走向权力的意念，它的功能就是寻求并最终发现自己在形式上最完善的表现。"

对沙利文和赖特来说，这种形式只能产生在一个繁荣和民主的美国。在这里，它将作为一种"能生存的艺术"出现，因为它是"属于人民，为了人民，为人民所创造"的。然而，沙利文这种自封的民主文化预言家的身份却在很大程度上被人们忽视了。他的那种过分理想化的平等主义文化思想被人民拒绝。他病态地坚持要创造一种可与亚述文明相媲美的新文明，特别是要在他的东方化建筑艺术中表现一种狂热与拘谨的共存，这些反而在人民群众心目中产生了迷惑和异化的感觉。当时的群众正生活在一次经济衰退之中，被剥夺了自己的生存实质，并处在一个新开发时代的边缘，他们宁愿选择进口的巴洛克风格中令人心安的分心事物——"白色的城市"。这种来自东海岸的代表帝国主义的力量象征，由丹尼尔·伯纳姆在1893年的世界哥伦布博览会中以具有诱惑力的方式表现出来。人民群众的拒绝使沙利文丧失了士气，尽管尚有余勇，他的力量开始衰退。他和温文有礼的合伙人阿德勒分手之后，又失去了对自己职业命运的控制，以致到世纪末时他已很少再有设计任务的委托。在仅有的几个项目中，应当得到承认的有：1907—1919年间建造的具有创造性的、奇异的、装饰繁华的中西银行大厦，最后（然而绝不是最差的）还有1899—1904年间建于芝加哥的比例宏伟、装饰富有活力、具有预示性的施莱辛格与迈耶商店［Schlesinger and Mayer department store，现名为卡森、皮里、司各特商店（Carson, Pirie, Scott）］。

第3章

弗兰克·劳埃德·赖特与草原的神话 1890—1916

早年，我从大礼堂厚实的石楼上向南眺望，芝加哥南郊炼钢转炉冒出的红光，犹如大师手中的一支笔，和天方夜谭中的篇章一般，在我心中引起了恐怖和浪漫的感情。[1]

——弗兰克·劳埃德·赖特

《材料的本性》，出自《建筑实录》，1928年10月

这些赖特写于19世纪90年代的话，是他在阿德勒与沙利文事务所工作的成长时期中的话，暗示了他早期事业中鼓舞着他的华丽幻想：工业技术通过艺术的转化。然而，这种转化将以什么形式出现，当时对赖特来说却是远非清楚的。和他的老师沙利文与理查森一样，他摇摆在古典秩序的权威和非对称形式的活力之间。理查森追随诺曼·肖的庄园与城市手法，对家庭生活环境采用非对称的布局，而在多数公共建筑中则保留了对称模式。然而，理查森的住宅设计始终保持一种统一的质感，只要可能，他总是试图将弗德勒穆尔的第二帝国手法中罗马式的严肃端庄，转化为适宜于新世界的风格。即使在他早期的木结构房屋中，木瓦立面仍然渗透出一种重量感。他后期的住宅作品，如1885年芝加哥的格莱斯纳住宅（Glessner House），木瓦让位于石材，非对称的构图中灌注了一种无可否认的纪念性。

沙利文和赖特似乎同样面临了纪念性主题这个问题。沙利文在19世纪90年代的格蒂墓和温赖特墓中已采用了纪念性的形式，但它们是否同样适用于活人居住的住宅呢？最初的答案似乎倾向于在城市中用古典式风格和石建筑，在农村中用哥特式风格和木瓦建筑。赖特在1890年以后几乎已经包揽了沙利文所有的住宅任务，他首先于1889年建在当时仍属于美国神话的草原地带——初生的芝加哥郊区橡树园——自己的住宅中显示了这种双重原则。然后，是1892年在芝加哥闹市区的东方化及意大利式的昌利住宅，是他与沙利文共同设计的。赖特的自宅，正如文森特·斯卡利（Vincent Scully）指出的，在剖面和平面布局上都取材于理查森式的金字塔形住宅，这种住宅样式正是当时布鲁斯·普莱斯（Bruce Price）在纽约州塔克西多公园（Tuxedo Park）建造的。

对沙利文和赖特来说，年轻的、平等主义的新世界文化不可能建立在理查森的罗马式风格基础之上，那种风格过于沉重、带着天主教的俗规。于是，他们转向一位凯尔特族同胞——欧文·琼斯，他的著作《装饰语法》首次出版于1856年。琼

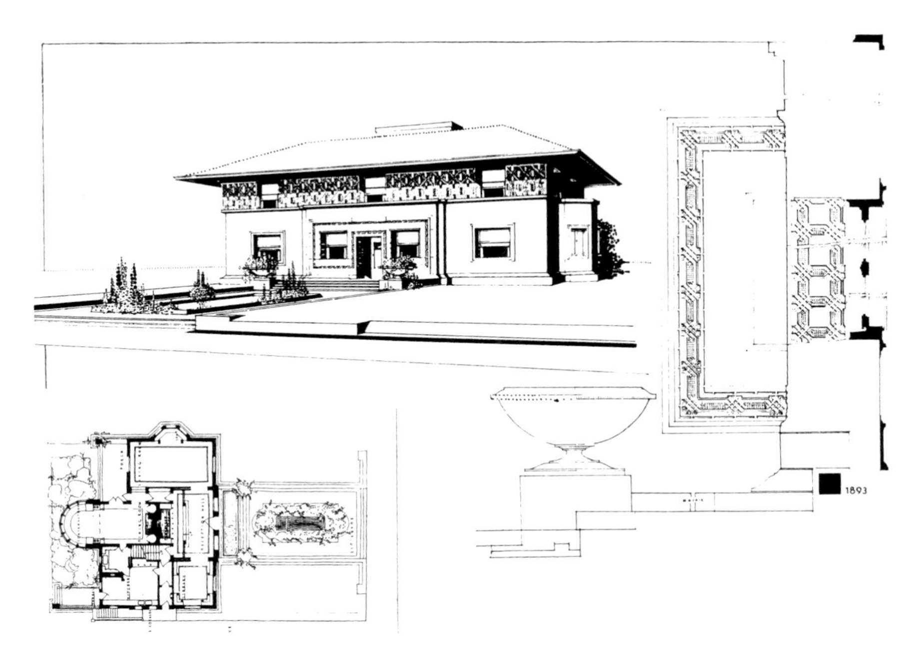

36　赖特，温斯洛住宅，福里斯特河，伊利诺伊州，1893。外观及场地平面

斯的装饰实例60%以上是华丽的，具有印度、中国、埃及、亚述或凯尔特等文化渊源，也正是在这些远离西方的渊源中，沙利文与赖特寻求一种能体现新世界的恰当风格。这不仅解释了沙利文作品中的伊斯兰主题，还解释了赖特1895年在橡树园工作室的顶上采用的“科幻小说式”的半圆形装饰图案：一幅画有一个躺着的阿拉伯人的壁画，他在一个蒸蒸日上的文明面前凝目沉思。

在赖特1893年建于伊利诺伊州福里斯特河（River Forest）的温斯洛住宅（Winslow House）［**图36**］中，他用提供两个不同侧面的方法，暂时做到了既达到均衡又有恰当形制的格式：沿街或“城市”立面是对称的，在轴线上设置入口，而花园或“农村”立面则是非对称的，在边上设置入口。这预示了赖特草原风格（Prairie Style）的规划策略，即在正立面的后部采用不规则的变形，以方便布置某些不好处理的组成部分，如服务房间等。

温斯洛住宅是一个过渡作品，这一点从它的混合形窗户设计中可以证实。这里的窗户一部分是窗框形的，另一部分是平开形的。正如格兰特·卡本特·曼逊（Grant Carpenter Manson）在1958年出版的《1910年前的弗兰克·劳埃德·赖特》一书中所述，“赖特开始放弃窗框形转向平开形，为他最终从点式窗转向条式窗做了准备”。虽然这里首次出现了典型的赖特式四坡屋顶，但用沙利文式的装饰带和线条造成活跃感的手法仍然表明了赖特的老师对他的持久影响。入口处立面的装饰显然取自沙利文19世纪90年代初期的陵墓设计，而前厅中的拱廊式火炉屏幕则是沙利文的席勒剧院（Schiller Theater）立面的不那么张扬的版本。

这种对火炉的早期强调，说明了另一项更为关键的影响，即日本建筑。赖特自己承认从1890年以来，肯定地说，从1893年芝加哥世界哥伦布博览会以来——在这个博览会上，日本政府用重现凤凰殿（Ho-o-den Temple）的形式建造本国的国家馆——就接受了这种影响。曼逊最恰当不过地描述了这种结构在赖特设计风格演变中所起的作用：

如果我们假设他与日本观念的接触可以被用来解释他事业中的某个转折点，使他的建筑风格转向它最终的、肯定无误的方向，那么，其中的许多阶段就成为理所当然而不是形而上学的了。例如，把 tokonama（凹龛）——日本室内设计中的一项永恒要素以及家庭观念和仪式的焦点，移植到其西方的对应物——火炉中来，并把火炉提高到灵魂学的高度；把火炉和烟囱砌体当作掩蔽物的一种坦率表露，并且强调它是处在一个流动性日益增加的内部空间中唯一被人们期望的坚实物体；室内空间以烟囱为起点向外扩张开放，直到外围的漂移性的玻璃面；顶上设大步挑出的屋檐来调节和控制允许入内的光线并防止风吹雨打；室内用暗示的方式而不是隔断的方式，来分割不同的单元，从而适应居住在内的人不断变化的使用需求；取消各种雕塑和清漆镶边，代之以平坦和不加油漆的木料——所有这些和更多的处理手法都可能来自凤凰殿的教诲，成为他迄今为止尚付之阙如或未经宣布的一些有益的改进。[2]

就算不考虑它的最终灵感源头是凹龛，在温斯洛住宅修建的时候，壁炉虽然也有中央采暖的功能，但与四年前赖特橡树园自宅中的壁炉相比，它更成为家庭中的一个仪式性的核心。不过，在1893年，赖特还没有定型，当时他还为密尔沃基图书馆（Milwaukee Library）设计了一个彻头彻尾古典式的立面。两年后，他在自己的住宅中以接近于前哥伦布时期的手法加添了一间工作室，曼逊称之为他的“弗罗贝尔风格”（Froebel style），指的是他的一种几何癖性，可能来源于弗罗贝尔玩具对他的影响。1895年左右，赖特做了两项令人惊奇的激进设计，即全部包在玻璃中的鲁克斯菲尔·普里什姆（Luxfer Prism）办公室和麦卡斐住宅（McAfee House），后者是对理查森1878年的温恩纪念图书馆构图的机智的再阐释。

在这个时期，赖特似乎特别急于在新风格上有所突破。他的公共建筑作品仍然部分是意大利式，部分是理查森式的，但是他的住宅设计已经具有一些固定的特性，包括缓坡屋顶，以不同的高度覆盖在拉长的、非对称的平面之上。这两种模式的代表作是他1895—1899年间在芝加哥建造的弗兰西斯科公寓（Francisco Terrace apartments）和海勒与赫塞住宅（Heller and Husser Houses）。

赖特又用了两年的时间把所有这些不同的影响融合为一种综合的住宅风格，用以表现他自己的草原神话。对此，他在1908年写道：“草原有自己的美，我们应当承认并加强这种自然美，这种安静的水平感。因此便有……挑出的屋檐、低矮的平台、向外延伸的墙，以及幽僻的私人花园，等等。”

草原风格（Prairie style）的最终出现与赖特的理论成熟同时发生，后者可见之于他1901年的著名演讲《机器的艺术和技艺》。这篇演讲首次发表于芝加哥简·亚当斯（Jane Addams）的赫尔宫（Hull House Settlement），地点选择非常恰当。他一开始就提到自己年轻时阅读维克多·雨果的《巴黎圣母院》(1831) 时所感到的失望，因为作家的结论是印刷术最终将取消建筑艺术。赖特对此提出反对意见，他认为机器可以明智地使用，使其符合自己的规律，成为抽象和纯粹的介质——在这些过程中，建筑艺术可以从工业化的浩劫中得到拯救。他要听众把芝加哥令人生畏的景观视为一台巨型机器，并且以这样一段话结束了演讲：“这就是艺术力量应当呼吸到的理想震颤！一个灵魂！”

从19世纪90年代初期开始，雕塑家理查德·博克（Richard Bock）成为这个“灵魂”的肖像师，也就是说，成为赖特草原风格的形象创作者。博克的早期作品以其自然象征主义而接近欧洲分离派风格（European Secession style），它加强了赖特作品中残余的沙利文风格。然而，在1900年以后，在赖特的影响下，博克的雕塑日益走向抽象，见之于他1902年为赖特的达纳住宅（Dana House）所创作的《缪斯》[**图37**]。这一雕像放在入口厅，被解释为将肉欲式机器文化的抽象元件一件件组合起来的艺术品。

赖特草原风格的最终结晶是他于1900年和1901年为《妇女家庭杂志》设计的住宅平面。至此，它的要素已经确立：包括在水平模式中的开放式底层平面、低坡屋顶和低矮的围护墙——这种低轮廓的建筑与场址有意识地结合，与之形成强烈对照的是垂直的烟囱和内部的一些双层体积。然而，赖特当时对建筑轮廓的处理尚有犹豫。他

37　博克，《缪斯》，用于赖特的达纳住宅，斯普林菲尔德，伊利诺伊州，1902

38　赖特，马丁住宅，布法罗，1904

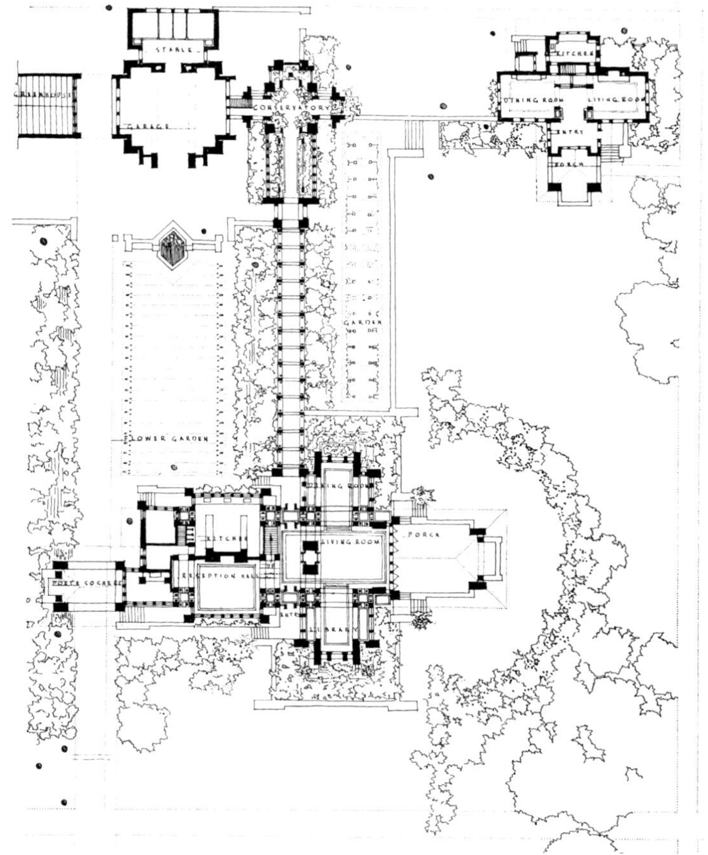

摇摆在自己1902年设计的赫特利住宅（Heurtley House）所具有的理查森式的厚实度，和两年前建于伊利诺伊州坎卡基的希考克斯住宅（Hickox House）的轻型日本式构架之间。

这种在整体性和关节性表现方式之间的分裂，在赖特开始为布法罗企业家家族——马丁家族工作时得到了解决。1904年他为拉尔金邮购公司主人达尔文·D. 马丁（Darwin D. Martin）建造的拉金大厦（The Larkin Building）和马丁住宅（Martin House）［**图38**］代表了赖特的成熟风格。接下来是他于1905年对日本的首次访问以及他第一幢混凝土建筑——1906年伊利诺伊州橡树园的统一教堂（Unity Temple）。在此，原来的以古典主义为基础又充满情欲感的风格已转化为赖特自己的风格，这种独特的风格不久即在1910年和1911年由柏林的瓦斯穆特（Wasmuth）发行的赖特作品图册介绍给了欧洲。

1904—1906年间的几项杰作：一幢住宅、一座教堂和一座办公楼，都显示了基本相同的建筑系统。马丁住宅是赖特首项以统一模数制为基础的十字形平面形式的创作。统一教堂和拉金大厦的主体空间都有支撑和空隙交替的方格网，但教堂以两条轴线形成中心，而办公楼只有一条。这两幢公共建筑都有一个单一的内部大空间，顶部采光，四边是走廊，由设置在四角的楼梯进入。［**图39、40**］教堂的各侧立面几乎相同，以象征“统一”，而拉金大厦的长短立面则做不同的处理。两者都属于同一建筑构图方式，但具有不同的纪念性，并且都创新性地运用了巧妙的环境控制系统。统一教堂中设置了嵌入式热风道，而拉金大厦则是第一座“空气调节”办公楼，因为它的空气既可冷却又可加热。

39　赖特，统一教堂，橡树园，伊利诺伊州，1904—1906

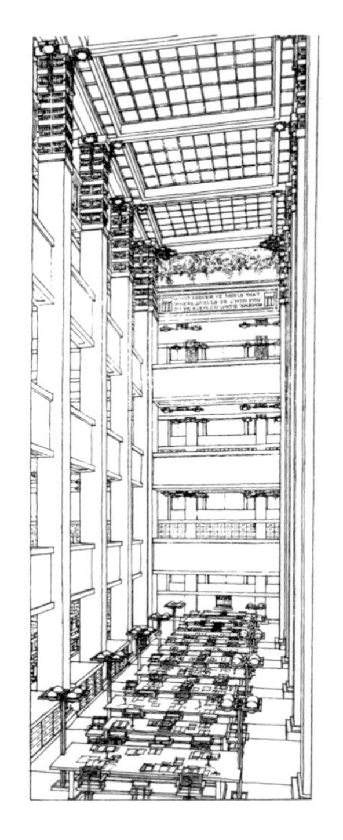

40　赖特，拉金大厦，布法罗，1904。玻璃覆盖的中央空间

在这些作品中，作为一名一神教派信徒的赖特，似乎在自己的生活理想中注入了一种普世的神圣感，从家庭火炉的神圣性扩大到工作及宗教集会场所的神圣性。他的目标和许多的欧洲同代人一样，想要实现一种能够容纳并影响整个社会的总体环境。这一点解释了他对火炉的着魔般的偏爱——他视之为道德和精神的中心，并在恰当位置加上铭文，这种做法也被推广到宗教信仰和

41 赖特，罗比住宅，芝加哥，1908—1909

工作等公共领域。这也部分地说明了赖特在完成拉金大厦办公楼的室内家具设计之后，却不被允许去重新设计电话机时的失望。他以同样的意图布置了建筑物的主入口，职工毕恭毕敬地走过一个水瀑布，上面是博克所雕刻的象征性的浮雕，配上了循循善诱的教导式的训词："诚实的劳工不需要主人，简单的正义不需要奴仆。"正是这种理想主义精神使赖特对拉金大厦在日常使用中所做的变更愤懑不已。他在评论大厦管理者时气愤地写道："他们毫不犹豫地去做无意义的变更……这不过是他们的许多工厂建筑中的一个而已。"尽管马丁对艺术经常提供资助，但显然他也无法限制自己办公楼中的组织和管理工作。住宅可以保持其全部纯粹性，但工作场所却始终必须听从生产指挥。

69

在这些丰收的年份中，赖特细心挑选组合了一个由技术人员和艺术家－手工艺者构成的工作室，进行他的"总体艺术"（Gesamtkunstwerk）设计。这个集体包括保罗·穆勒（Paul Mueller）、园林师威廉·米勒（Wilhelm Miller）、家具师乔治·尼德肯（George Niedecken）、马赛克设计师凯瑟琳·奥斯特塔格（Catherine Ostertag）、雕塑家理查德·博克和阿方索·亚内利（Alfonso Ianelli），还有天才的奥兰多·贾尼尼（Orlando Giannini），后者从1892年起就成为赖特在玻璃和纺织品方面的制造商。

到1905年，草原风格语法已牢固确立。然而，它的表现形式仍经常摇摆于两个极端之间：一端是漫步式的、非对称的和画意式的，如1908年的艾弗里·孔里住宅（Avery Coonley House）；另一端是紧凑的、方格网的、对称的和构图严谨的，如1908—1909年的罗比住宅（Robie House）［**图41**］。1905年在威斯康星州拉辛建造的哈代住宅（Hardy House）是赖特对称性临街住宅最完整的代表作。

建于1914年的米德韦花园（Midway Gardens）是赖特的设计组在芝加哥进行的最后一项集体创作。它和东京的帝国饭店（Imperial Hotel）一起，成为赖特早期创作中为把自己的理想确立为一种全球适用的表现方式的最后一次尝试。米德韦花园由机智过人的米勒在90天内建成。如赖特指出的，它是对"舞蹈热的社会响应"。它以德国的啤酒花园为基础，成为一种新的社会机制的体现，其形式是一系列踏步式的台阶，轴线的一端为一个管弦乐队池，另一端为一走廊式餐厅和冬季花园的组合群，两端以拱廊相连［**图42、43**］。从很多方面看，它是赖特对大众文化最令人信服的一次尝试，它提供了草原风格的全部修辞学，加上博克和亚内利设计的人像、塔尖和浮雕，以及贾尼尼提供的玻璃。

在室内由同心圆组成的大型浮雕和抽象壁画，使人想起赖特的各种想入非非的构思，包括用系在屋顶上的充气气球来点缀花园的做法。

赖特的草原“亚文化”在1916—1922年建于东京的帝国饭店中，以一种隐士风格出现，其平、剖面都取材于米德韦花园。那座芝加哥建筑群中的餐厅 / 冬季花园组合在这里以礼堂和大堂的形式重现，而两翼的拱廊则被变成两侧的客房。室内的壁画与浮雕也超出了米德韦花园的主题，饭店的走廊式入口使人想起米德韦花园中的咖啡厅平台。

由于离开了美国文脉，赖特试图用一种略带倾斜的城堡式的轮廓体现与当地砌筑传统的亲近性，并采用砖砌及大矢石（Oya stone）饰面。在室内，这种火山岩被展示成神似于前哥伦布式的外观，就像米德韦花园中的砌块工程一样。这种异国情调的暗示后来成为赖特20世纪20年代建造的好莱坞住宅的一种戏剧性程式。帝国饭店成为他新世界文化的化石。

事实上，帝国饭店的巧妙结构和其建筑本身，都受到同样的好评。它在1922年东京地震中奇迹般地留存下来，这要归功于它的工程师米勒。无论如何，这项赖特整个光辉生涯初期阶段中的最后一项作品受到了沙利文的赞扬，他在1924年逝世之前写道：“它今天屹立着，不受损伤，因为它创作时就有意识地屹立着。它不是强加在日本人头上的，而是对他们文化中最精美的要素所做的一项自由意志的贡献。”

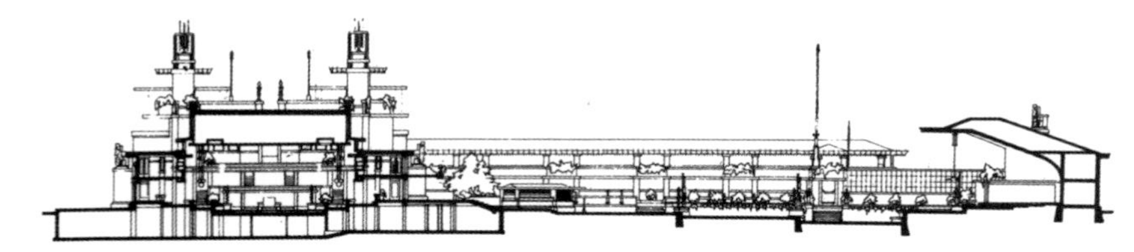

42，43　赖特，米德韦花园，芝加哥，1914。上图：纵剖面，表示餐厅（左）和音乐台（右）；下图：繁华时刻啤酒花园的总貌

第4章

结构理性主义与维奥莱-勒-杜克的影响：高迪、霍尔塔、吉马尔与贝尔拉赫 1880—1910

71

在建筑中，有两种做到忠实的必要途径：一是必须忠实于建设纲领；二是必须忠实于建造方法。忠于纲领，指的是必须精确和简单地满足由需要提出的条件。忠于建造方法，指的是必须按照材料的质量和性能去应用它们。……对称性和外观形式等纯艺术问题在这些主要原则面前只是次要的。[1]

——尤金·维奥莱－勒－杜克
《建筑论文集》，1863—1872年

对法国伟大的建筑理论家尤金·维奥莱－勒－杜克而言，这些由他在1853年于美术学院演讲中首次勾画的原则，明显地排斥了法国古典理性主义的建筑传统。他提倡回复到地域性建筑，以替代一种“抽象”的国际风格。他在《论文集》中的插图，表面上是阐明从他的结构理性主义原理中将产生出何种建筑，实际上在某些方面预示了新艺术运动。使拉斯金称羡的是，维奥莱－勒－杜克所提供的不仅仅是道义上的争论。他为了使建筑从理论上摆脱历史主义的折中性，不仅提供了模型，还提供了方法。这样，他的《论文集》就成为19世纪最后20年先锋派的启示，他的方法渗透到那些法国文化影响很强但古典主义传统较弱的欧洲国家。最后，他的思想甚至扩散到英国，影响了乔治·吉尔伯特·斯科特爵士、阿尔弗雷德·沃特豪斯（Alfred Waterhouse），甚至诺曼·肖等人。在法国之外，他的论文，尤其是它蕴含的文化民族主义，对加泰罗尼亚的安东尼·高迪、比利时的维克多·霍尔塔（Victor Horta）以及荷兰的亨德里克·彼得鲁斯·贝尔拉赫（Hendrik Petrus Berlage）等人的作品产生了最明显的影响。

维奥莱－勒－杜克、拉斯金和理查德·瓦格纳（Richard Wagner）的著作都是高迪所接受的文化背景的组成部分。除了这些地中海以外的影响之外，高迪的成就还来自两种互为对立的冲动，一是振兴当地建筑学的愿望，一是创造全新表现形式的动力。当然，如果没有他不同寻常的想象力，高迪很难说是独一无二的。这种对立潜伏在整个工艺美术运动中，也反映在爱尔兰凯尔特族的文艺复兴中，后者对19世纪90年代的格拉斯哥学院（Glasgow School）产生了强烈的影响。可与此相比的加泰罗尼亚复兴（Catalan Revival）早在19世纪60年代就在巴塞罗那兴起，当时，马德里宣布了它对加泰罗尼亚的主权，禁止使用加泰罗 72 尼亚语。复兴运动开始时，还局限于社会与政治改革，但不久就开始呼吁加泰罗尼亚的独立。尽管这种地位从未取得，自治的呼声在西班牙内战时期重又出现。19世纪后半期，教堂支持了加泰罗尼亚的主权和社会改革要求，使高迪得以解脱他在宗教信仰和政治倾向之间的任何冲突。

高迪和他的主顾——纺织厂主和船舶大王埃乌塞比奥·奎尔·巴奇加卢皮（Eusebio Güell Bacigalupi）是在加泰罗尼亚分治主义运动影响下走向成熟的。虽然这个运动有其保守性，但它仍然支持了各种社会改革纲领，这些纲领主要是加泰罗尼亚知识阶层的成果。高迪在1882年会晤奎尔之前，事实上已接受了社会主义观点。他从学校毕业以后马上与马泰洛工人合作社发生了关联，后者委托他设计一个工人区，其中包括住宅、一个社团和一个车间，但只有车间建成了，时间是1878年。

此后不久，高迪就开始为资产阶级服务，1878年建造了华丽的比森斯宅邸（Casa Vicens），采用了一种近似摩尔的风格。这幢宅邸和高迪的许多其他作品一样，证实了维奥莱－勒－杜克的影响，尤其是他的《俄国艺术》(1870) 一书的影响，该书把组成民族风格的要素都看成是结构理性主义原则的一部分。在比森斯宅邸中，高迪首次形成了他的风格的实质，它在结构原理上是哥特式的，但在灵感上则很大程度是地中海的，即使不是伊斯兰的。正如埃里·勒勃隆（Ary Leblond）在1910年写的，高迪寻求“一种充满了阳光，在结构上与加泰罗尼亚伟大的教堂相关联，在色彩上采用希腊和摩尔人所用的，在逻辑上属于西班牙，一种半海洋、半大陆、被泛神论的丰富多彩注入活力的哥特风格”。其结果是比森斯宅邸成为围绕一个暖房而规划的具有混杂风格的穆迪扎尔（Mudéjar）建筑。它的带状砖、釉瓦和装饰铁工比当时任何其他住宅都更充满了活力(可参看诺曼·肖1876年在萨里的弗莱恩夏姆建造的皮尔庞特)。然而，结构超越了华丽的建筑表现，在这里，高迪首次运用了传统的加泰罗尼亚拱或鲁西永拱，它的穹拱是由一层层砖悬挑做成的。这种穹拱后来成为他风格中的关键特征，在他1909年于巴塞罗那为圣家族教堂设计的薄壳结构中以最精巧的方式出现。

高迪事业的最初成就和他与同事弗朗西斯科·贝伦格尔（Francesc Berenguer）合作为乌塞比奥·奎尔设计的许多作品分不开。奎尔伯爵是一个进步分子，他在巴塞罗那的宅邸奎尔宫［**图45**］是高迪于1888年设计的，成为19世纪90年代知识分子的麦加。正如比森斯宅邸是围绕一个暖房建造的一样，奎尔宫围绕着一个音乐室、一个风琴楼厢和小礼堂建造。这一组合空间类似于典型的伊斯兰庭院形式，占有了整个宅邸的上部。

在奎尔热情崇拜的人物中，突出的有拉斯金和瓦格纳，而高迪也同样受到拉斯金理论和瓦格纳音乐、戏剧的影响。无论如何，拉斯金的声誉在世纪之交达到了高峰，他和瓦格纳非常一致地断言说，一名不是雕塑家或画家的建筑师“不过是一名大规模画框的制造者而已”；这句话显然对高迪有吸引力。

奎尔认为，社会改造在很大程度上要通过花园城市来实现，为此，1891年他委托高迪和贝伦格尔为他在圣科洛马·德塞维罗的纺织厂设计一座工人村，后取名为奎尔领地（Colonia Güell）。其后，在1900年，高迪又被委托设计一个中产阶层的郊区，称为奎尔公园（Park Güell）。它位于佩拉达山上，可俯览巴塞罗那。这个项目在1903—

44　高迪，圣家族教堂的三个建造阶段（由左至右，分别为1898、1915、1918年），巴塞罗那。最右图取自维奥莱－勒－杜克《俄国艺术》（1870）中规划的一座大教堂

1914年间建造，但最后建成时，周边并没有住宅。与此同时，贝伦格尔继续在奎尔领地进行了零星扩建，直至1908年高迪接替他完成了礼拜堂的设计。那时，高迪作为一名宗教建筑师的事业已经开始，他在1906年就从胡安·马托雷尔（Juan Martorell）手中接过了圣家族教堂［**图44**］的设计。

高迪的奎尔公园是他那迷人的想象力的体现。公园有着开阔的视野，唯一建成的建筑物有一个门房，一条大型踏梯通向有顶盖的市场以及高迪的自宅。不规则形市场起伏不已的拱顶由69根多立克柱支撑，其顶盖为一条连续的蛇形长凳所围绕，意在形成一个露天的竞技场或舞台。一条富有异域情调、贴了马赛克砖的小径，融汇在公园其他部分的自然主义的乱石构筑物之中。公园本身有许多蛇形小道，在必要的地方设置了拱形扶壁支撑，其形状犹如僵化的树干。

奎尔公园是高迪第一项试图通过起伏的轮廓来唤起他一生中所缅怀的形象——蒙特塞拉特（Montserrat，巴塞罗那附近的一座名山）的作品。据中古时代的传说，且瓦格纳在其歌剧《帕西法尔》曾加以颂扬的，圣杯被隐藏在蒙特萨瓦特城堡中，此地后来被认定就是蒙特塞拉特和供奉加泰罗尼亚守护圣徒的修道院。高迪在1866年开始为这家修道院工作，以后毕其一生，当地的锯齿山形始终像幽魂似的萦绕在他脑中。

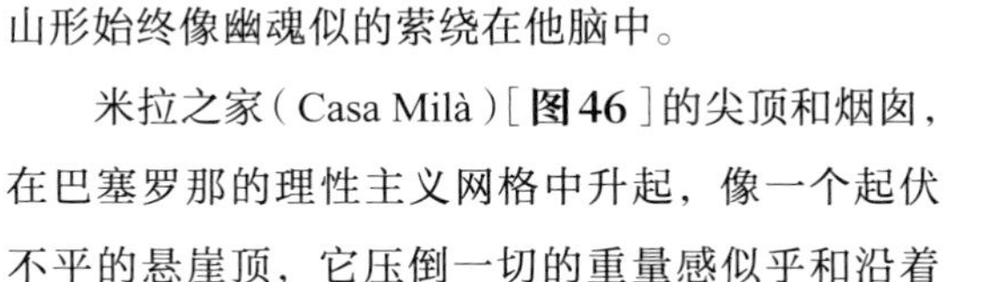

米拉之家（Casa Milà）［**图46**］的尖顶和烟囱，在巴塞罗那的理性主义网格中升起，像一个起伏不平的悬崖顶，它压倒一切的重量感似乎和沿着三个不规则庭院设置的自由精巧的组织有一种对立感。这种对立感在重型石体面层内部的钢结构中也平行地存在。和奎尔公园一样，结构的表述让位于某种原始力量的召唤。再没有比这种做法

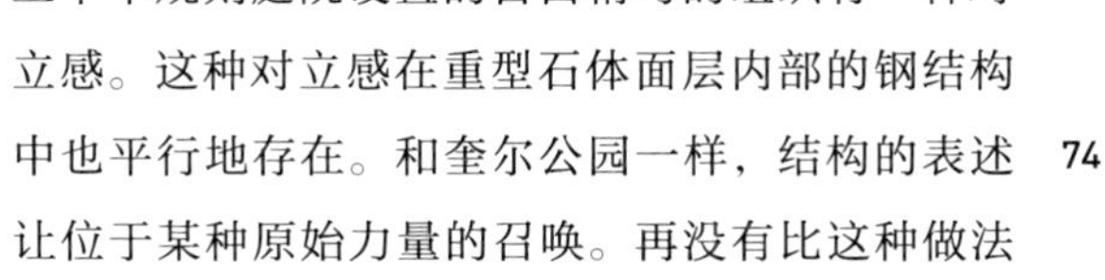

74

更远离维奥莱－勒－杜克的原则了，因为这里的结构和组合方式都不是明白表示的。相反，巨大的石块被费力地加工，造成了一种被时间腐蚀的岩面的感觉。在铁制阳台中也可看到类似的以宇宙为参考的意图。这种阳台是由高迪的工作室自己铸造的，看来犹如在暴风雨吹淋下的海藻的僵化条带。离开了维奥莱－勒－杜克的原则之后，高迪终于把他的原始材料转化为一系列强有力的形象，其情感力量使人想起瓦格纳的歌剧。现在回顾起来，米拉之家似乎已预示了即将出现在中欧的表现主义的某种气质。在1910年，它具有象征意味的庄严感使高迪不仅孤立于结构理性主义之外，而且还脱离了象征主义的较为轻松的侧面，即打着“在空间中告别”（farewells in space）旗号的象征主义，它是当时加泰罗尼亚“现代主义”总趋势中的一个组成部分。

世纪末，布鲁塞尔的状况在很多方面类似巴塞罗那。在这个弗拉芒的首都，工业财富的积聚伴随着一种对民族特性的执着关注，尽管比利时财富分布较为平均，而实际享有的独立也已减弱了民族主义的情绪，然而，比利时建筑师们在发展一种真正现代化而又民族化的风格上的急迫心情却丝毫不亚于加泰罗尼亚人。19世纪70年代的建筑先锋派指责学院派建筑师约瑟夫·普拉尔特（Joseph Poelaert），认为他设计的建成于1883年的新古典主义司法宫（Palais de Justice）在文化上是虚伪的，不仅因为它是皮拉内西式的，追求巨型感的，而且还由于它使人想起一个国际性的过去，因而不是弗拉芒的。对他们来说，一种新的“本地”建筑的模型可在当地16世纪的砖建筑传统中找到，通过它可以发挥维奥莱－勒－杜克的原则。

《论文集》出版后一年，新成立的比利时中央建筑协会就在自己的杂志《竞争》中强烈地提倡新的民族风格。1872年出版的一期中宣布：“我们的使命是创造自己的东西，创造出我们能给予新的名字的东西。我们的使命是发明一种风格。”E. 艾拉尔德（E. Allard）、《竞争》的主要理论家，后来写道：“我们首先必须尽力创造出比利时的艺术

45 高迪，奎尔宫，巴塞罗那，1888

46 高迪，米拉之家，巴塞罗那，1906—1910

47　霍尔塔，塔塞尔公馆，布鲁塞尔，1892

家……我们必须摆脱外来的影响……”整个19世纪70年代中，《竞争》始终宣传一种假设风格的原理，它比起高迪要更为约束在结构理性主义的范畴内。“只有真实的建筑才是美的”，“避免粉刷和油漆”，“建筑艺术正在走向堕落，走向真正的陈词滥调”。

尽管有这些鼓吹，一种令人信服的风格的实现还是需要时间的，一直到维克多·霍尔塔1892年在布鲁塞尔的塔塞尔公馆（Hôtel Tassel）［**图47**］的建成，才意味着这些鼓吹有了成果，它也标志着霍尔塔开始进入其事业的成熟阶段。霍尔塔在这幢正立面狭窄、三层高、传统联排式的城镇住宅中，超越了他早期事业的成就，成为在住宅建筑中首批大量使用铁工的建筑师之一。他把铁处理成一种有机的线条，蜿蜒地伸展在整个结构中，以推翻石材所体现的惰性。除了埃菲尔与孔塔曼的作品外（霍尔塔肯定在1889年的巴黎博览会上见到过），在霍尔塔特殊的“条带创作”风格的背后，最起影响的是同代人荷兰－印尼艺术家扬·托罗普（Jan Toorop）的图案设计。这种联系说明了比利时新艺术运动中绘画的地位。托罗普是二十人小组（Les XX）—— 一个很有影响力的后印象派团体——的成员，这个小组后来改组为自由美学沙龙，它在宣传英国工艺美术运动的目标和原则方面起了关键作用。

在塔塞尔公馆的开放式平面中，霍尔塔破除了18世纪巴黎旅馆的俗套。八角形的前厅从地面向上升起半层并通向花园，与此同时，它也横向地扩张为一个上部由铁结构覆盖的毗邻的前厅空间。这个空间的独立柱配上铁质的卷须，回应着整个建筑中其他铁工的类似的蛇形形状。从楼梯栏杆到灯具，同一美学手段居支配的地位，这是一种线性的活跃感，同时也回响在马赛克地坪、墙面装饰以及通向沙龙的彩色玻璃门上。尽管有这些花纹，建筑主体仍然采用洛可可风格的装饰，其作用是使那些更为华丽的要素与已被接受的路易十五的传统相配合。建筑外部体现了类似的均衡手法，室内的那些有延展性的要素得到了较为谨慎的表现。立面总的来说是古典式的，铁制凸窗上的石头突角暗示了内部金属结构的冲击力。

在以后的10年中，霍尔塔继续这种铁的张力感和石的重量感之间的对话，表现在一系列位于布鲁塞尔的城镇住宅中，其中包括他为化学家索尔维和工业家范·伊特凡尔德设计的住宅，以及他自己的位于美国街的住宅和工作室。这些项目 76

都建成于1900年之前，并且都是塔塞尔公馆语法的局部发展。然而，除了索尔维宅邸外，其余的都不如前者简洁、让人印象深刻。

1897—1900年间为比利时工人社会党建造的人民宫（The Maison du Peuple）［**图48**］，是霍尔塔事业中最有原创性的作品，也是他唯一的一项能够自由地遵循维奥莱－勒－杜克的原理达到其逻辑结论的作品。在这里，当地的乡土砖石风格被精彩地应用，创造出一种暴露其构造的建筑——砖被调节和成形，使它能容纳石，而石又被加工，使它能容纳铁和玻璃。在外部，这种构造是由一个复杂的方案要求的立面表现以及适应于在斜坡场地上凹形平面形式所构成的；在内部，它通过在所有主要空间——办公室、会议室、演讲厅和食堂——中裸露的钢框架，体现了一种戏剧性的有高度流动感的表现力。这种内外一致但又奇异的、非确定性的、“新哥特式”的石－铁－玻璃组合是霍尔塔影响最为深远的成就。这个建筑语法后来在1901年建于布鲁塞尔的创造百货大楼（Innovation department store）中显得更为确定，但这项最后的作品未能超越前者的水平。

48　霍尔塔，人民宫，布鲁塞尔，1897—1900。立面细部

在法国，从维奥莱－勒－杜克到埃克托尔·吉马尔（Hector Guimard）的传承，中间经历了埃克托尔的老师阿纳托尔·德·博多，他是维奥莱－勒－杜克和拉布鲁斯特的学生。1894 年，德 · 博多与工程师保罗 · 科坦琴合作设计了巴黎圣让－德－蒙马特教堂，这是一座加筋砖砌体和钢筋混凝土结构的建筑，并且肯定是当时结构理性派最深刻的作品。吉马尔早期在巴黎的作品显示了德 · 博多和维奥莱－勒－杜克的影响，特别是他的圣心学校（Ecole du Sacre Coeur）和位于埃克赛尔曼大街的卡尔波住宅（Maison Carpeaux），两者均建于1895年；前者是一幢小型学校建筑，它的上层楼板用 V 形支撑托柱，几乎直接取自《论文集》中的著名插图，而后者为一中产阶级的城镇住宅，它显示了在霍尔塔作品中我们见到的那种衰退中的古典主义倾向。

吉马尔在1898年给 L.-C. 布瓦洛（L.-C. Boileau）的一封信中，公开承认自己得益于维奥莱－勒－杜克。“从装饰角度而言，我的原理可能是新的，但它来自希腊人已经用过的手法……我只不过是应用了维奥莱－勒－杜克的理论，但并不迷恋中世纪”。然而，吉马尔所关心的是，实现这位法国理论家提出的本地风格，即要与用途、气候、民族精神及“科学与实践知识已取得的进步”相符合。1903年他写道：

为了做到真实，一种建筑风格必须是它所存在之处的土壤的产物，必须是它所处的时代的产物。中世纪和19世纪的原理，加上我自己的原则，应当能向我们提供一个法兰西复兴和新风格的基础。让比利时人、德国人和英国人去发展他们的民族风格吧。可以肯定，他们在这样做时会完成一种真正的、合理的和有用的工作。[2]

我们可以假定，和高迪、霍尔塔一样，吉马尔想的是如何按维奥莱 – 勒 – 杜克所提倡的那样，演变出一种民族风格的“组成要素”，不过，在世纪之交，吉马尔的风格至少存在三种形式：一是松散的、朴实的、多种介质混合的表现手法，如1899—1908年建造的一些农舍，其中典型的是于1900年设计的亨利埃特堡；二是精确组合的砖及戏剧性雕刻的石所形成的城市风格，例如1910年在巴黎莫扎特大街建造的他的自宅；三是在1899年以后不久他所创造的像蜘蛛一样将铁和玻璃织入建筑的手法，这种手法可以大面积使用，见之于他设计的巴黎地铁站（Paris Métro stations）。车站入口由可以互换的标准铁件组合，铸成含有自然主义元素的形式，做成用珐琅装饰的钢框架和玻璃框架。矛盾的是，比起德·博多的缜密，它们更接近于霍尔塔的曲线形表现；吉马尔甚至把这些

49 吉马尔，铁和玻璃的地铁入口，巴黎，1899—1904。侧面与正立面
50 吉马尔，洪堡特·德·罗曼斯音乐厅，巴黎，1901。剖面和立面的混合图

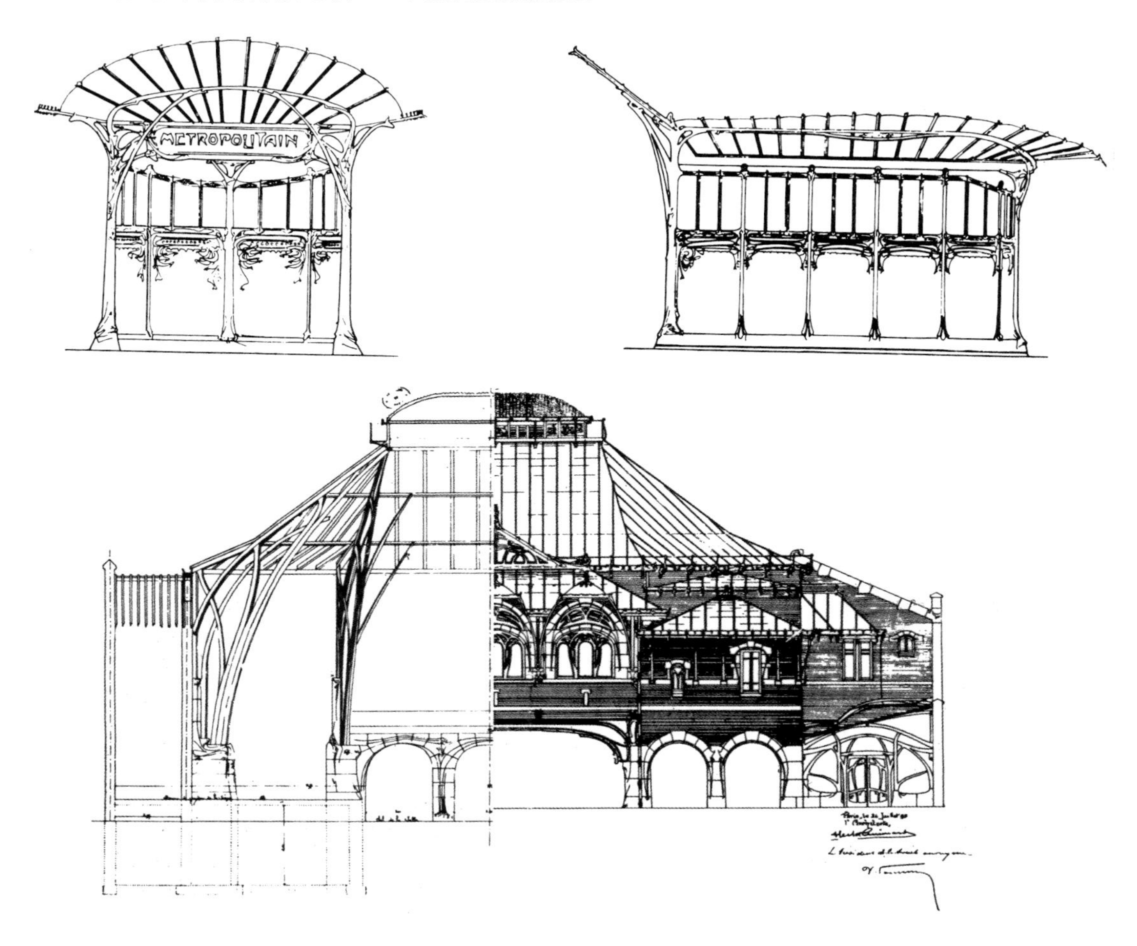

结构物中的文字书法和照明灯都做成弯曲的形状。在以后的四年中，这些好比是从一个奇特的地下世界自然冒出的东西，出现在巴黎街头的各个地方，吉马尔从而享有“地铁风格”［**图49**］创造者之盛名。

不幸的是，这种受之无愧的盛名遮盖了吉马尔毕生事业中的一项短命杰作，这就是他的洪堡特·德·罗曼斯音乐厅（Humbert de Romans concert）［**图50**］，1901年建于巴黎，1905年被拆除。和霍尔塔的人民宫一样，它肯定应视为结构理性主义的一项杰作。从费尔南·马扎德（Fernand Mazade）1902年的文章中，我们仍能想象出来自它内部的力量，但是，除了几张褪色的照片外，这幢建筑已荡然无存。

> 它的八根主要拱肋支托了一个高耸的穹顶，靠近底边开孔，嵌以浅黄色玻璃的凸窗，让充足的阳光洒入大厅。框架是钢的，但金属表面贴以桃心木……结果产生了有史以来一名法国建筑师所能设计的最为精巧的屋顶。[3]

在世纪之交的前后20年中，荷兰建筑师亨德里克·彼得鲁斯·贝尔拉赫默默地站在幕后，以一种始终如一的手法工作，鞠躬尽瘁，直至1934年逝世。与霍尔塔不同，贝尔拉赫不允许自己的原则向那些中产阶级新贵们的外来的异国嗜好妥协。在荷兰，中产阶级已经成为一个稳定的社会阶层。由于国家经常处于洪水威胁之下，社会合作已成为常态。荷兰在第一次世界大战中的中立态度使其未受到侵犯，贝尔拉赫也得以在这种稳定的环境中享受了50年不间断的创作实践。

19世纪70年代后期，贝尔拉赫毕业于苏黎世的联合高等技术学校。他受教于戈特弗里德·桑珀（Gottfried Semper）的直接追随者，从他们那儿接受了一种极为理性的和类型学的教育。1881年回到阿姆斯特丹时，他开始与P. J. H. 库依泼尔斯（P. J. H. Cuijpers）合作，后者比他大将近30岁，并且已是维奥莱–勒–杜克的追随者。按照结构理性主义的原理，库依泼尔斯希冀使自己的折中主义理性化，以期产生一种新的民族风格，这一努力最终体现在他1885年建于阿姆斯特丹的新佛兰德式的荷兰国立博物馆（Rijksmuseum）。这个项目对贝尔拉赫1883年的阿姆斯特丹交易所竞赛方案产生了强烈影响。这个他与特奥多鲁斯·桑德斯（Theodorus Sanders）合作设计的方案，采用了类似的塔楼和山墙等手法。

12年以后，尽管贝尔拉赫在竞赛中只赢得第四名，却得到了交易所的设计委托。他随即把设计改为一种拱砖语法。这种建筑语法首先用于1894年的格罗宁根的一栋别墅中，后来又用于翌年建于海牙的一幢办公楼。这些锯齿形的、新罗马式的砖结构，无疑受了美国理查森作品的影响，它们属于一种外露结构的建筑艺术，这一点在办公楼的砖拱楼梯组合中最为明显。尽管这些早期作品已经具有深奥的构思(它们在结构上的简洁性使人想起德·博多的缜密)，贝尔拉赫的个人风格在交易所的建造过程中成型。

在交易所最初方案之后的四种方案［**图51、52**］，代表了建筑师坚持不懈地寻求简洁化的不同阶段。在这一发展过程中，贝尔拉赫似乎受到各种理论观点的指导，有的来自维奥莱–勒–杜克，有的来自桑珀，也有的来自他的同事扬·赫瑟尔·德·赫罗特，后者是阿姆斯特丹数学美学学派的创始人。在1903年交易所开业之后，贝尔拉赫开始在一系列理论著作中综合了这些观点，首先是在他1905年的《建筑风格随想》，然后是1908

年的《建筑原理和演变》。正如雷纳·班纳姆指出的，这些论作中突出强调的原则是“空间的首要地位，墙作为形式创造者的重要性，以及系统比例的必要性”。贝尔拉赫对砖石砌体作用的观点，让我们了解到交易所提炼出最终形式的过程中的丰富内涵：“驾临一切的是，墙必须裸露地表达自己的光洁美，我们应当避免在上面附加任何东西，它们都会使人感到尴尬。”他又说：“大师的艺术手法是创造空间，而不是勾画立面。空间外围是由墙确定的，而空间是通过该墙的复杂性表现出来的。”

在对交易所设计的逐步精细化的过程中，贝尔拉赫在很大程度上保留了原来的平面布置，将交易厅的三个顶部采光的矩形空间置入四层高周边围墙的矩阵网格中，进一步的目标是简化图纸并使结构更趋简洁。最后逐渐减少山墙和石材装饰线。在一个阶段，方案似乎类似古斯塔夫·格尔（Gustav Gull）在苏黎世即将完工的瑞士国家博物馆，而到了工程决算阶段，在原本简化的形式基础上添加了来自德·赫罗特的斜向网格，从而确定了最终形态。此后的变化主要限于入口及它旁边塔楼的设计，它们在贝尔拉赫的构思中，是交易所，也是这座城市的主要代表要素。

交易所的承重砖结构是精确地按照结构理性主义的原理表达的。在内部，马赛克的檐壁和银丝灯罩不过是大型砖体积内的某些点缀而已，而大理石的座基、屋角石、梁托石、石帽等则标志了结构的转承和承重［图53］。这些经过加工的相同石块在某一场合下被突出，以使其承受钢桁架，在另一场合又用来作为拱顶节点。这样就使维奥莱－勒－杜克的气质和逻辑体现在整个组织结构中，19世纪的任何其他结构均无法与之相比。

这项杰出成就丰富了贝尔拉赫思想的哲学维度，超越了任何单一结构，它首先深入了城市的文脉中，其次延伸到了社会政体之中。他的理想城市社会模型在1910年发表的若干论文中得到阐述，尤其是在《艺术与社会》这篇文章中，它最清晰地揭示了贝尔拉赫的社会政治义务感的深度。尽管他的主要信念是社会主义，然而他又同意赫尔曼·穆特修斯（Hermann Muthesius）的观点，认为任何一种文化的总水平只能通过生产高质量的、精心设计的物品才能提高；另一方面他又深信城市文化的重要性，反对英国花园城市的非城市化倾向。

1901年，贝尔拉赫有机会把自己的城市理论付诸实践，当时阿姆斯特丹市政府委托他为城市

51、52　贝尔拉赫，交易所，阿姆斯特丹
上图：第二次设计草图，1896—1897；下图：建成后，1897—1903

53　贝尔拉赫，交易所，阿姆斯特丹，1897—1903。大厅
54　贝尔拉赫，阿姆斯特丹南区的修订发展规划，1915

南区做规划。贝尔拉赫把街道视为室外的房间，它是成排房屋的必然结果。这种对围墙观念的坚持来自中世纪的城市，在他的交易所设计中已经有所显示。他遵循阿尔方和德国规划师斯图本（Stübben）原理，使阿姆斯特丹南部街道空间的质量随其宽度和点缀物而变化。宽一点的街道设置花坛和树行，窄一点的街道则简单地植树和铺面。在主要道路的交叉口设置中心空间，这在某种程度上也是遵循了斯图本和卡米洛·西特的设计原则(见 p.29)。整个区域配置了现代化的电车交通系统。

1915年，贝尔拉赫彻底修改了他的规划，加入了奥斯曼式的大街[**图54**]，其中有两条交会于名为阿姆斯特兰的地段，于20世纪20年代初期配套完工。它们的建成无疑显示了贝尔拉赫对城市环境的持续关注，但最终使他与1928年成立的国际现代建筑会议(简称 CIAM)提出的反街道观点发生了冲突。然而，时至今日，他的城市建设观点的价值却比任何时候更为中肯。乔治·格拉西（Giorgio Grassi）对阿姆斯特兰如此评述道：

它仍然是阿姆斯特丹市郊的关键点。在这里，人们发现集体生活的概念得到了最清晰的表现。各种单一组成部分的公共价值融合成一个整体观念——由于它较少地涉及某些理性主义实验中所追求的最优居住密度之类的问题——抓住了住房的核心概念，充分表现了城市的价值。它不仅认可了住户对娱乐和休息的物质需要，还成全了他们对形成社区，并把这种行动视为生命的一个象征的愿望。[4]

第5章

查尔斯·伦尼·麦金托什与格拉斯哥学派 1896—1916

81 在烟雾弥漫的大工业城市格拉斯哥的一座朴素建筑的第三层楼，有一间异常洁白干净的画室。它的墙壁、顶棚和家具都像白缎子般的纯粹美丽。整个房间的调子都是白色和紫罗兰色。中间两块紫色大装饰板上部悬挂着穿古银色小球的长卷须。……地毯和加铅玻璃窗也是紫色的，人们还可以在两幅精心挑选挂出的图画的窄框上找到相同的颜色。……在画室的宁静里，在花木丛中，散放着梅特林克（Maeterlinck）的小说。两颗充满幻想的心灵，正处在狂热相爱的高峰，追求着更高创意的神圣境界。[1]

——E. B. 卡勒斯（E.B.Kalas）

《从泰晤士河到斯普里，工艺美术的发展》，1905年

1905年，查尔斯·伦尼·麦金托什（Charles Rennie Mackintosh）和他的妻子玛格丽特·麦克唐纳（Margaret Macdonald）已经获得了国际声誉。在英国，早在1896年，当他们与赫伯特·麦克奈尔（Herbert McNair）和玛格丽特的姐姐弗朗西斯·麦克唐纳（Frances Macdonald）作为“格拉斯哥四人”，把他们早期的作品拿到伦敦工艺美术展览会展出时，他们就已经成名了。这次由于他们作品的冲击性影响，《画室》杂志编辑格列森·怀特不顾来自沃尔特·克兰的官方反对，赞赏地把他们称为“Spook School”（鬼斧神工学派）。突如其来的成功，其实已有先兆：早在1895年他们还是学生时，其作品在比利时列日（Liège）展出。到1896年，随着麦金托什设计的新格拉斯哥美术学院的中选以及工程在下一年的展开，这种成功被进一步肯定了。

从1894年起，这四个人就已经在做陈设设计了，1897年《画室》杂志上格列森·怀特的文章中均有他们的插图。除此之外，他们四人还有平面美术作品，设计过凸纹金属装饰板、镜子、蜡烛台，麦克唐纳姐妹设计过钟表，麦克奈尔和麦金托什设计了碗柜和柜橱等。在所有这些工作中，四人已经形成了一种被怀特称为“近乎恶毒的异教”（quasi-malignant paganism）的风格，师承威廉·布莱克、奥布里·比亚兹莱（Aubrey Beardsley）和扬·托罗普图案设计中的线性风格，而其情感则部分是民族主义的，部分是象征主义的。作品取自古老的凯尔特花纹图案，也源于莫里斯·梅特林克（Maurice Maeterlinck）和但丁·加布里埃尔·罗塞蒂的神秘主义作品。

麦金托什的建筑也有别的不那么怪异的根源。他在哥特式复兴（Gothic Revival）主流中所受的教育，使他很自然地对建筑持有一种像对待手工艺般的亲近态度。像菲利普·韦布一样，他的建筑学先驱就是中世纪哥特复兴主义者，典型人物为威廉·巴特菲尔德（William Butterfield）和斯特里特。麦金托什的早期教会作品，如1897年他在格拉斯哥设计的苏格兰皇后十字架教堂（Queens Cross Church）就是很好的证明。然而，在他的世俗作品中，他想用更直接的方式来调和复旧的冲动，这些手法部分来自沃依齐，部分来自苏格兰巴隆式传统（Scottish Baronialtradition）［可参阅詹姆斯·麦克拉伦（James MacLaren）1892年的福廷格农舍（Fortingall cottages）］。他对这种手法的最初和最终声明都反映在格拉斯哥美术学院（Glasgow School of Art）的逐步实现中。

在麦金托什发展出独特和强大影响力的过程中，莱瑟比于1892年出版的《建筑、神秘主义和神话》成为他的重要理论来源，不仅因为它揭示了所有建筑象征主义的普遍形而上学基础，而且还因为它在属于彼岸世界的凯尔特神秘主义与更实用的、倾向于形式创造的工艺美术运动之间搭起了一座桥梁。关于后一点，麦金托什采取传统主义者拉斯金的立场，并争辩：现代的材料，比如铁和玻璃，“由于缺乏体量感而永远不可能取代石头”。

格拉斯哥美术学院并不缺乏体量感，它三个立面的墙都是用本地灰色花岗岩砌筑的，而第四个立面用的是粗面砖。尽管麦金托什声言看重石头，但还是在主立面的整个长度上采用了玻璃和铁来增加朝北画室的光线。同时，从技术的观点来说，麦金托什就像他的同时代美国人弗兰克·劳埃德·赖特一样，尽一切努力采用机智而先进的环境控制系统，比如迄今仍然有效运行的管道供热和通风系统，从一开始就在该学院的建造中使用了。

麦金托什追随哥特复兴传统，把这所学院的主楼设计得就像一个宽大的封套，画室集中堆叠在四个楼层里。主楼从主要立面看像是两层楼高，它的两侧、中间和背部都附带着一些次要用房（如图书馆和博物馆），结果形成一个E字形平面［**图55**］，主立面采用了偏心平衡设计，通过主入口和

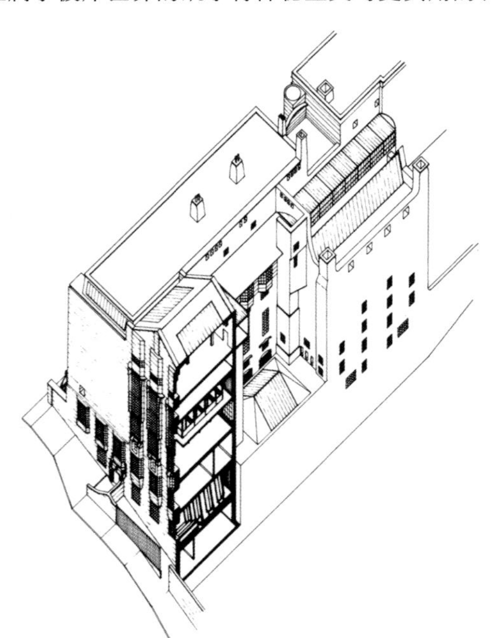

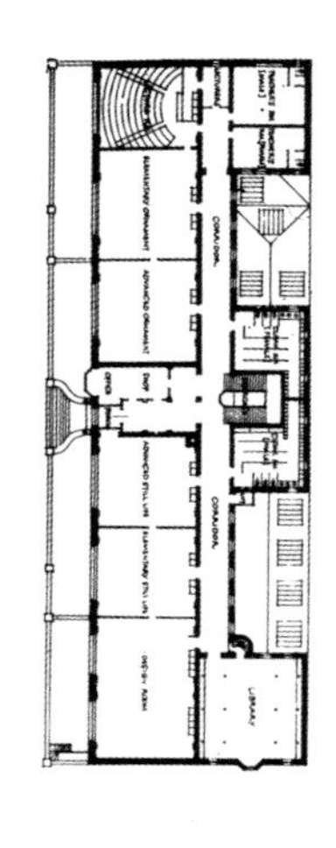

55　麦金托什，格拉斯哥美术学院，1896—1909。轴视图与底层平面图

56 麦金托什，格拉斯哥美术学院，图书馆，1905—1909

前院的栏杆微妙的错位，同时呈现出对称和不对称的效果。东西两侧的立面向后方陡峭倾斜，部分留空以展示工作室空间的深度。依靠尖顶饰、山墙、凸出的角楼和雕刻的窗户的帮助，这种内在的不对称给东立面赋予了一种强烈的哥特复兴的特色，西立面如果不是由于1906年麦金托什在第二阶段从根本上重新设计的话，与东立面也会是一样的。它的最后完成代表着麦金托什达到了他力量的最高峰。他的其他作品没有一个能够达到这样的威望和成就。它的三个垂直凸窗以及它们的格子式窗洞戏剧性地照亮并展示了图书馆［**图56**］及其紧邻上层的丰富内容。

美术学院两个阶段的建设是麦金托什从1896年到1909年风格发展的纪录。在第一阶段，沃依齐式的门厅、楼梯以及后一阶段明显地受了诺曼·肖影响的两倍高的图书馆之间的差别，充分反映了他在那个时期的发展。在短短几年的时间里，他使自己在1904年设计的格拉斯哥柳树茶室（Willow Tea Rooms）中第一次正式使用的迂回弯曲的建筑句法得到了完全的确立。与那些“白色的柳枝般的”内部设计相比，美术学院的图书馆是严肃的、几何图形的，全部采用了深色木制品。它的结构表现方式几乎是日本式样的。它应该被看成是介乎麦金托什新艺术时期与后来的现代的、几乎是装饰艺术派风格时期之间的一个过渡作品，后者成为他为W. J. 巴赛特–洛克（W. J. Bassett-Lowke）设计的最后作品中所体现的特征。

在简短而明亮的紫色和银色时期中所采用的以白色平面为背景的有机装饰手法，通常被看成是麦金托什风格的标志，并为卡拉斯在1905年所大肆颂扬，在世纪之交达到了成熟。这种风格在1900年麦金托什设计的格拉斯哥公寓中的家具和内饰中得到了充分发展。它在同年维也纳分离派建筑展览中的苏格兰部分，以及1902年在维也纳为弗里茨·瓦恩多菲儿（Fritz Wärndorfer）建造的音乐沙龙中又进一步得到精心发挥。无论在内部还是外部空间，作为一种充分综合的美学，它在瓦恩多菲儿音乐沙龙建成两年之后完成的柳树茶室中达到了顶峰。

在外部，柳树茶室有节制和带修饰条的白色立面，与麦金托什在世纪之交设计的沃依齐式的住宅，或是他在1899年和1903年在基尔马科姆和海伦斯堡［**图57**］完成的两幢准巴隆式的粗泥灰房屋的风格属于同一类型。正如罗伯特·麦克里德（Robert Macleod）所写："这些房屋是一种有意识的粗拙的表达，是一种反对纤巧的态度，这种态度的主要代表是威廉·巴特菲尔德和菲利普·韦布。"麦金托什把装饰和粗拙融合起来的意愿往往并不成功。当这些房屋与他1901年在达姆施塔特参与的、由亚历山大·科克（Alexander Koch）组织的有限范围竞赛中所设计的壮观、影响很大的"艺术爱好者之家"比较时，它们就多少显得混乱和犹豫不定了。

未实现的"艺术爱好者之家"和格拉斯哥美术学院是麦金托什对20世纪建筑主流界的基本贡献。在前者中，他创造了一项冲破了沃依齐传统模式的作品，展现了一种几乎是偏向立体派形式的可塑性。房屋的组织围绕着一些相互平衡的线轴，划分成两个较大的纵向体量，看来好像即将发生相对的滑移，从而导向一种紧张但又稳定的构图。其朴素无华的墙面上用比例精确的窗户及偶然出现的浮雕装饰，立刻使人感到它一定对约瑟夫·霍夫曼，特别是他1905年为布鲁塞尔设计的斯托克列特宫（Palais Stoclet）产生了强烈的影响。但无论如何，没有任何东西会远离贝利·司各特赢得设计奖的自由民乡村风格。

具有讽刺意味的是，麦金托什作为一名独立建筑师的事业，其起点与终点都是格拉斯哥美术学院。他建筑实践的有效年代是1897—1909年。1914年麦金托什夫妇从苏格兰移居到英格兰，这时，麦金托什突然因一些无法解释的原因对建筑师事业感到泄气，并转向绘画。然而，1916年，他又短期重操旧业，为W. J. 巴赛特－洛克在北汉普顿德恩门78号的小型联排住宅做了精彩的改建设计。它那丰富、抽象的内部可与同期任何欧洲大陆的作品媲美，其朴实的、几何形状的卧室家具，以及把两张床联系在一起的条状图案装饰，在当时都是超前的，它们预示了第一次世界大战之后被大陆先锋派们(风格派、装饰艺术派等)所采用的空间和造型手法。在战争期间，麦金托什为W. J. 巴赛特-洛克设计钟表、家具和招牌，即使是这种资助在1918年以后也取消了。

57　麦金托什，山屋，海伦斯堡，1902—1903

在苏格兰被拒绝又在英格兰被孤立，麦金托什既不能保持他早期生活的价值，也不能维持战前事业中的创造热情。他生命的最后十年每况愈下。1925年，W. J. 巴赛特－洛克委托德国建筑师彼得·贝伦斯（Peter Behrens）设计一幢新房屋，是对他的最后打击。对于一位正如P. 莫顿·尚德（P. Morton Shand）所说的"是自亚当以来名扬海外的第一位英国建筑师，并且是唯一能够成为欧洲大陆设计学派旗帜的人"来说，这是一种悲惨的命运。

第6章

神圣之泉：瓦格纳、奥尔布里希与霍夫曼 1886—1912

85

一系列显赫建筑——大学、博物馆、剧院和其中最豪华的歌剧院——显示了自由奥地利的造型理想。曾经局限于宫廷的文化流进了市集，大众均可享受。艺术不再只被用来显示贵族的富有高雅或教会的尊严荣耀，它已经成为文明公民的公有财富和装饰手段。环形大街上的精彩结构雄辩地证明：在奥地利，立宪政治和世俗文化已经代替了专制政治和宗教的地位……奥地利经济的发展为更多的家庭追求贵族生活方式提供了基础。许多富有的自由民或成功的官僚取得了像斯蒂夫特（Stifter）1857年写的小说《晚夏》中的冯 · 里萨男爵那样的显贵专权，他们在市区或郊区建造的“玫瑰住宅”，像陈列馆一般的别墅，成为活跃社会生活的中心。新贵们的沙龙及社交晚会不仅培育了优雅的礼节，而且还带有智慧的实质。英国早期的拉斐尔前派鼓舞了世纪末的奥地利新艺术运动［使用的名称是“分离派”（Secession）］。但无论是其仿中世纪的精神，还是强烈的社会改革冲动，都未能改变奥地利的习惯信条。总而言之，奥地利美学家既不像他们的法国思想伙伴那样脱离社会，也不像他们的英国伙伴那样置身于社会之中。他们缺乏前者的尖锐的反资产阶级精神，又没有后者的社会改良意愿。奥地利美学家不是脱离他们的阶级，而是与这个阶级一起脱离了一个挫折了他们的期望和拒绝了他们的价值观的社会，造成了一种既不脱离、又不投入的局面。因此，年轻奥地利的“美的庭园”是特权阶层的休闲地，是一个奇怪地悬挂在现实与乌托邦之间的庭园。它既表达了有美学素养人士的自豪快乐，也表达了社会碌碌无为的人们的自我怀疑。[1]

——卡尔 · 肖斯克（Carl Schorske）

庭园的改造：奥地利文学中的理想和社会》，1970年

正如卡尔 · 肖斯克告诉我们的，通过分离派杂志《神圣》的出版而出现的1898年所谓的“神圣之泉”，部分来源于阿达伯特 · 斯蒂夫特1857年的理想主义小说《晚夏》。奥托 · 瓦格纳1886年的第一座郊外别墅也许可以看作斯蒂夫特培育私人美学生活的理想场所——“玫瑰住宅”的实现。瓦格纳与斯蒂夫特笔下的里萨男爵有着同样的阶级出身，但是他并没有马上取得成功。他在一些有名的学院学习，首先在维也纳理工学院，然后在有声望的、申克尔传统的继承者柏林建筑学院，继而，他独立执业15年左右，才得到了第一项国家委托，即为国王1879年的银婚庆典做装饰设计。即使这项得到皇家承认的设计也没有给他带来更大的声望。所以，1886年，当他为自己在休特尔 86 多夫建造意大利式的“玫瑰住宅”时，他仍远未能在事业上有所建树。然而，四年以后，由于在维也纳为自己建造的一幢小巧而奢华的自用排屋，他不仅获得了艺术上的成功，而且获得了一些实在的收益。

瓦格纳作为教员的影响是从1894年继卡尔·冯·哈泽瑙尔（Karl von Hasenauer）在维也纳艺术学院的建筑系担任教授时开始的。1896年，在瓦格纳54岁的时候，他出版了第一部理论著作《现代建筑》，接着，1898年，又第一次出版了他的学生的作品，

题目是《瓦格纳学派的作品》。由于瓦格纳是在柏林受教于申克尔的主要弟子，他这时的建筑风格看来介于申克尔学派的理性主义与那些近代伟大建筑师戈特弗里德·桑珀和卡尔·冯·哈泽瑙尔的修辞性手法之间，后者在近四分之一世纪以来在环形路上建造了国家博物馆、城市剧院和新宫廷城堡。

瓦格纳受过的综合技术教育使他清楚地懂得他所处的时代的技术和社会现实。同时，他的浪漫主义想象力又激励了他更有才能的学生投入反学院派艺术的运动中。这个运动是由他与助手约瑟夫·马利亚·奥尔布里希、1895年以罗马奖毕业的他最优秀的学生约瑟夫·霍夫曼共同发起的。他们不仅受《画室》杂志宣传的格拉斯哥四人作品的影响，而且还受两名年轻的维也纳画家古斯塔夫·克里姆特（Gustav Klimt）和科洛曼·莫泽（Koloman Moser）的奇异幻想的吸引。在克里姆特领导下，奥尔布里希、霍夫曼和莫泽团结一致反对学院派，并且于1897年在瓦格纳的祝福下，成立了“维也纳分离派”。在以后的岁月里，瓦格纳在温采勒大街上建造的仿意大利式的马霍利卡住宅（Majolica House）中采用了抽象花纹的花饰陶器立面，宣告了他本人对分离派的意气相投。1899年，他正式成为分离派成员，由此震动了建筑界。

1898年，奥尔布里希建造了分离派大楼［**图58**］。这幢建筑物很明显的是按照分离运动主要领导人克里姆特的草图设计的。从克林姆特那里继承下来的是受损的墙壁、轴线性，尤其是象征阿波罗的月桂树图案。奥尔布里希将月桂树图案呈现为一个穿孔金属圆顶，悬挂在四个短柱之间，并放置在平面体块之上，这种严肃的造型使人联想到沃依齐和查尔斯·哈里森·汤森德（Charles Harrison Townsend）等英国建筑师的作品。可以与之相比的有生命力的象征符号出现在《神圣》的第一期封面上。这是一棵装饰性的灌木，其根部的主要部分被画成由主干直到地面以下均为爆裂的，这就是奥尔布里希的象征性出发点，即自觉地返回到无意识的沃土之中，从这一点出发，他从一直受到沃依齐和麦金托什的影响以及克里姆特的泛肉欲主义的影响中解脱，开始形成自己的风格。

这种演变主要发生在达姆施塔特，奥尔布里希受恩斯特·路德维希大公爵（Grand Duke Ernst Ludwig）的邀请，于1899年来到此地。这一年，又有六位艺术家被邀请，他们是：雕塑家路德维

58　奥尔布里希，分离派建筑，维也纳，1898

59 奥尔布里希，婚礼塔楼和展览建筑，达姆施塔特，1908
60 奥尔布里希，恩斯特·路德维希宅邸，达姆施塔特。“预兆”仪式，1901年5月

希·哈比希（Ludwig Habich）和鲁道夫·博塞特（Rudolf Bosselt），画家彼德·贝伦斯、保罗·布尔克（Paul Bürck）和汉斯·克里斯蒂安森（Hans Christiansen），以及建筑师帕特里西·乌贝尔（Patriz Huber）。两年以后，这个艺术家领地展出了他们的生活方式和“居所”，作为他们的总体艺术作品，题目是“一份德国艺术的记录”。展览于1901年5月在奥尔布里希为恩斯特·路德维希设计的宅邸台阶上以“Das Zeichen”（预兆）为名举行了神秘的开幕式。在这个仪式上，一位“不具名”的预言家从建筑的金色门廊走下来接受一个水晶般的模型，以作为一种基本材料转化为艺术的象征，正如碳能够转化出钻石的光彩一样。

这座恩斯特·路德维希公爵的宅邸［**图60**］建于1901年，它无疑是奥尔布里希在达姆施塔特九年居住期间最好的作品，里面包括八个工作室，每侧四个，布置在一个公共会议厅的两侧。这个公共会议厅实际上是该领地的核心，围绕着它逐步建起了一些各具特色的艺术家住宅。这座建筑具有瘦高、素净、水平开窗的立面，从后面挡住了北面光线，它富有装饰性的、凹入的圆形入口两侧树立着哈比希雕刻的巨大塑像。该建筑是奥尔布里希开创分离派建筑这个主题的终极纪念性表现。

从这个早期的杰作到他过早去世的1908年，也就是他的风格最后“古典化”的时刻之间，奥尔布里希一直在努力寻找一种独特的表现模式。在他生命的最后10年中，他创造了不寻常的有原创性的作品，并最终体现在他的含义深远、深思熟虑的婚礼塔楼上，这个塔楼还带有附属的展览建筑群［**图59**］，建成于达姆施塔特的马西登高地（Mathildenhöhe），是为参加1908年黑森州全国博览会而建。这个建在一座水库之上的马西登高地建筑群，带有金字塔般的构图，实际上是一顶“城市冠冕”，预示了1919年布鲁诺·陶特（Bruno Taut）“城市皇冠”的象征性中心。它被奥尔布里希设计成一个由一系列层叠的混凝土亭宇围绕的处于密集林叶丛中的山岭迷宫，树叶的颜色随着季节从绿色转变为黄褐色。它好像一座神秘的山峦在高地上升起，与对面规整的梧桐树林花园的伊甸式宁静形成了有意识的对比。

在奥尔布里希的一生中，彼得·贝伦斯是他的挑战者。贝伦斯原来是一名图案设计师和画家，1899年从慕尼黑分离派来到达姆施塔特。1901年，他通过自己住宅的建筑和家具，以建筑师和设计师的身份崭露头角。当他们作为总体艺术家在黑森州达姆施塔特市的建筑设计中进行竞争时，总是奥尔布里希，而不是贝伦斯做出了精彩的实物设计，但在达姆施塔特以外的建筑师事业中，贝伦斯却是更强大的形式创造者。最重要的，是他首先预示了他们两人最终将返回到潜古典主

61、62　霍夫曼，斯托克勒宫，布鲁塞尔，1905—1910

义（crypto-Classicism）。奥尔布里希的晚期作品，以及贝伦斯1908年在杜塞尔多夫完成的蒂茨（Tietz）百货商店和他为烟草制造商法因哈尔斯（Feinhals）设计的住宅也都具有这种特征。

1899年，约瑟夫·霍夫曼开始在维也纳的附属于奥地利美术与工业博物馆的应用美术学校任教(这所学校是按照桑珀的教育计划，在大约35年前成立的)。一年以后，他代替奥尔布里希成为维也纳郊外精英阶层的荷埃·瓦尔特（Hohe Warte）地区的设计师，1901—1905年在那儿建起了四座别墅。约瑟夫·霍夫曼已经成为继奥尔布里希之后分离派的首席建筑师。他在这个地区的第一个作品是为科洛曼·莫泽设计的，用的是英国自由建筑风格。然而，到1902年，霍夫曼已经开始转变到一种更平面形和古典的表达方式。这种方式主要基于奥托·瓦格纳1898年以后的作品，它处理形体和表面的方式远不同于英国中世纪自由民建筑的形式。

在1900年维也纳分离派展览会上，麦金托什的完成作品首次在奥地利展出。霍夫曼此时已经形成一种更精细的直线形的装饰风格。这是他从上一年在维也纳的“阿波罗”商店表现出来的关注曲线手法中开始解放出来的第一步。到1901年，他又被设计中的抽象形式的潜力吸引。他写道：“我对正方形本身以及使用黑白作为主要颜色特别感兴趣，因为这些清晰的要素还从来没有在以前的风格中出现过。”他与莫泽和其他分离派成员一起，沿着阿什比的手工艺协会的路线，致力于装饰和应用艺术物品的工艺生产。1902年，他为克林格（Klinger）于分离派建筑中展出的贝多芬雕像进行背景设计时，已经形成了他自己的抽象风格，其中某些轮廓线或比例用突出的小珠和小方块的组合加以强调。一年以后，即1903年，在弗里茨·瓦恩多菲儿的支持下，霍夫曼和莫泽的维也纳工作室开始设计、生产和销售高质量的民用工艺品。这个机构和它的产量到1933年被霍夫曼匆忙而不可思议地关闭停产时，已经有了世界性声誉。

最后一期《神圣》在1903年出版，随着这本杂志的停刊，分离派的高潮时期已经过去。1904年，霍夫曼和约瑟夫·奥古

63　瓦格纳，邮政储蓄银行，维也纳，1904。立面细部

64 瓦格纳，邮政储蓄银行，维也纳，1904。银行大厅

斯特·卢克斯（Josef August Lux）开始编辑出版一种新期刊，名叫《荷埃·瓦尔特》，取自那座花园郊区的名字。从一开始，它就投入了对“回归自然”的花园城市价值的宣传。以后，在不那么自由的岁月里，它变成奥地利国家社会主义运动的花园城市讲台。与霍夫曼不同，卢克斯早在1908年就很快地对这种民俗价值观中的沙文主义态度做出了反应，他为此而退出了编辑工作，以抗议它的“祖国风格”政策。

到1903年，霍夫曼已经更接近于他的老师瓦格纳的风格了，特别是在古典、严肃的普尔克斯多夫疗养院（Purkersdorf Sanatorium）的设计中。这幢建筑对勒·柯布西耶早期的发展也有影响。1905年霍夫曼开始了他的杰作——在布鲁塞尔的斯托克勒宫（Palais Stoclet）［**图61、62**］，1910年建成。正像佩雷设计的香榭丽舍剧院一样，它那还原的古典装饰对纯美学时期的象征主义美学观表示了含蓄的敬意。但是，与佩雷的剧院不同，斯托克勒宫［正如艾杜阿德·塞克勒（Eduard Sekler）所注意到的］基本上是非构筑性的：它的薄片白色大理石饰面与它的金属接缝有着维也纳工作室工艺品的所有风采和雅致，只是尺度放大了。关于它对结构与体量的有意识的否定，塞克勒写道：

> 这些接缝的金属带产生了一种强烈的线性感，但它与受力线没有任何关系。这种线性要素是维克多·霍尔塔的建筑设计手法。在斯托克勒建筑中，线条在纵向和横向边缘同等出现——它们在构造上是中和的。在那些有两条或

者更多的同向平行线条走到一起的转角，出现了使建筑物体积实体性被否定的效果，它给人的一种始终如一的感觉是：好像墙壁不是由重实物质建成，而是由大张薄片材料组成，并由金属带在接缝处结合以保护其边缘。[2]

91

那些由楼梯塔顶部引出的金属带，由四个男性人像支撑着分离派式的桂冠穹顶，使人模糊地想起瓦格纳风格中的缆索装饰线条。它们在沿转角下落时，通过接缝的连续性把整个建筑连成一体。

瓦格纳的风格成熟在1901年，即他完成他的维也纳城市铁路网工程的时候，当时他已60岁。在1902年完工的时代电报大楼和1906年完工的恺撒巴德水坝工程中，已经找不到一点他原来的意大利风格的痕迹了。两个工程都在它们优美的工程和精致的护面上与霍夫曼的非构筑风格相对应。但是，斯托克勒宫的非物质性在瓦格纳自己的杰作——1904年建在维也纳的帝国邮政储蓄银行大楼（Imperial Post Office Savings Bank）［**图63**］中似乎有所预示。与他的分离派学生不同，瓦格纳总是为现实建造，而非为遥远的、期望人类被美学拯救的象征主义乌托邦设计。因此，他在1910年的“大城区”规划中，根据邻里单位的层级，设计了一个合理规划和现实可行的大城市的未来。瓦格纳在他所有的公共设计中，都以很大的技术精确性来为一个在他看来将是无限期存在的官僚制国家服务。邮政储蓄银行大楼屋顶上设置了庄严的亭架，上面悬挂着桂冠形花环，两侧伴着手臂高举向天的带翅膀的胜利女神的雕像。整个大楼代表着奥匈帝国在其权力鼎盛时期的共和仁政。

与斯托克勒宫一样，邮政储蓄银行大楼像一个庞大的金属盒子；这种效果是用铝铆钉将由薄片磨光的、斯特金地区产的白色大理石固定到墙上造成的。它的玻璃雨篷框架、入口大门、扶手和栏杆，以及银行大厅中的金属陈设也都是铝的［**图64**］。大厅用陶瓷饰面，顶部采光，以悬吊式混凝土楼板为支撑，板上嵌有分散的玻璃透镜为地下室照明。这个大厅至今仍然保持着原来的式样。它不加修饰的、铆接的金属结构符合工业采光标准，并与周边的铝散热罩相呼应。正如斯坦福·安德森（Stanford Anderson）所注意到的：

这项工程学的建筑，其细部不是以19世纪展览厅或火车站那样以客观派的方式展现在我们面前的，在这里，工程学的建筑概念是通过外露的工业材料、结构和设备等自身体现的现代化象征向我们展示的。[3]

到1911年，分离派的“古典化”已经完成，尽管霍夫曼仍继续致力于推进一种恰如其分的“祖国风格”。他在那一年代表奥地利参加罗马国际艺术展并设计展馆，其中的反构筑性的古典风格，预示了墨索里尼“新罗马”的修辞式纪念性，同样具有预言意义的是贝伦斯在圣彼得堡设计的德国大使馆，其庄严风格也指向第三帝国官方建筑的修辞性。在这样一种气氛下，落在瓦格纳身上的使命，正如他当初创建这一学派一样，就是以1912年建在休特尔多夫的极其严肃但又比例雅致的第二幢别墅的有力行动，宣告分离派的结束。莫泽对这幢精心设计的住宅做了诗意的装饰。该建筑也受到瓦格纳学生们作品的影响，以及最近出版的赖特作品集的影响。瓦格纳在此度过了人生最后的六年。

第7章

安东尼奥·圣伊利亚与未来主义建筑 1909—1914

92

> 我和我的朋友曾经彻夜不眠。在清真寺的枝形吊灯的点点星火之下，我们的灵魂犹如被一颗激动的心脏所散发的光辉所照耀。接连几个小时，我们踏在华丽的东方地毯上，争论逻辑的边界；狂放的思潮弄脏了无数的纸张……在这含有敌意的群星面前，我们是孤独的，与我们为伴的只有那些在巨轮上恶魔般的火炉前汗流浃背的烧炉工，以及那些在以贪得无厌的速度飞奔向前的红热机车的肚腹中徘徊的黑色幽灵……当一辆闪耀着多彩灯光的电车疾驰而过时，隆隆的声音使我们惊跳起来。它的灯光就像是在一座披着节日盛装的村庄，在它的侧畔，泛滥的波河擦过堤岸，掠过山谷，急流入海。然后，寂静重又加深，我们只能听到古老运河的祈祷声和长满常青藤的宫殿的叽嘎声……突然，传来了汽车启动的声响……让我们走吧，我呼喊，让我们离开。神话和神秘的理想主义终于被打败。我们正处在一个人首马身的怪兽诞生的年代，我们将看到首批天使飞翔。我们必须把我们生命的大门敲响，考验它的门铰和螺栓。让我们走吧。这是地球历史上第一个黎明，太阳那无与伦比的红色宝剑，第一次砍开了千百年来的黑暗。[1]
>
> **——菲利波·托马索·马里内蒂**
> **（Filippo Tommaso Marinetti）**
> **“未来派”，巴黎《费加罗报》，1909年2月20日**

以夸张的词语，意大利未来主义向纯美学时期心满意足的资产阶级宣告了它反传统观念的原则。在新千年的序曲之后，随之而来的是对米兰郊外一次临时组织的汽车竞赛的叙述，这场竞赛以一次车祸而告终。正如雷纳·班纳姆所说，它具有一种“新信仰模拟洗礼的调子”。在一本自称是部分自传的文本中，马里内蒂谈到他的汽车翻进一家工厂壕沟的事件：

> 啊，美丽的、像母亲一样的工厂壕沟！我多么贪婪地品尝着你那散发着强烈气味的污泥，这使我想起了我的苏丹奶妈的黑色的乳房。当我从翻车中挣脱出来，衣衫破烂又湿透的时候，我感到火热的熨斗以甜美的欢乐穿透我的心房。于是，我们的脸上覆盖着美好的工厂泥巴，涂着铁渣、汗水和煤烟，我们伤痕累累，手臂用绷带悬吊着，但毫无惧色。我们向全世界活着的生灵宣告我们高尚的意图。[2]

93

接着而来的是《未来派宣言》的11条纲领，前面四条赞美鲁莽、活力和大胆的美德，断言机械速度将无比壮丽，并用现在已闻名于世的一段话宣称：一辆赛车比萨莫色雷斯带翅膀的胜利神像更美。第5到第9条继续把这种赛车的驾驶员理想化为与宇宙轨道结成一体，并且赞颂了其他许多品德，诸如爱国主义，并称颂战争。第10条呼吁毁灭各种学院机制。第11条详细列举了未来派建筑学的理想文脉：

我们要歌颂伟大的人群的骚动——工人、寻欢作乐者、叛乱者以及当革命席卷一座现代大城市时出现的斑驳陆离的色彩和音响。我们要歌唱那些由电灯照亮的兵工厂与船坞的午夜狂热；那些贪得无厌地吞食着喷着烟的长蛇般列车的火车站；那些扭曲的烟尘所形成的阴云下的工厂；那些在阳光下像刀剑一样闪光的桥梁；那些跳跃过江河的运动员大汉；那些追赶着地平线的探险轮船；那些用车轮飞驰过大地的胸膛，犹如装了钢管马具的骏马般的机车；那些从容不迫地飞翔着的飞机，它的螺旋桨像旗帜般地拍打着疾风，其声音犹如浩大人群的喝彩。[3]

除了受到民族主义诗人加布里埃尔·邓南遮（Gabriele D'Annunzio）"航空诗"的影响，以及对立体派艺术形象中的"同时性"深有感触之外，这段热情洋溢的文字对工业化的胜利，即对19世纪扩大到航空和电力领域的技术和社会现象予以直截了当的赞扬。面对意大利古典主义的过时的价值，这份宣言宣告了机械化的环境在文化中所占的首要地位，并且对意大利未来主义派和俄国构成主义派的建筑美学给予了同样的肯定。正如约舒亚·泰勒（Joshua Taylor）在1909年所指出的，与其说未来派是一种风格，不如说它是一种冲动，因此，尽管它直率地反对分离派及古典化的"后分离派"，未来派建筑可能采用的形式却不是当时就清晰的。归根结底，虽然未来派自己宣告它从根本上是反对文化的，但这种有争论的否定态度很难说会把建筑排除在外。

1910年，在美术家翁贝托·波丘尼（Umberto Boccioni）决定性影响之下，未来主义开始把它反文化的论战扩展到造型艺术领域。波丘尼这一年在绘画上提出了两篇未来派宣言，随后他在1912年4月发表了《未来派雕塑的技术宣言》，后者像大部分战前未来派著作一样，反映了一种发展了的建筑学理智。这样，波丘尼的公开评论，表面上讲的是他准备与之对抗的现代雕塑的"死胡同"，也同样适用于1904年以后分离派建筑师如约瑟夫·奥尔布里希和阿尔弗雷德·梅塞尔（Alfred Messel）的作品，前者指杜塞尔多夫市的蒂茨百货商店，后者指柏林市的韦特海姆商店。波丘尼写道："我们在日耳曼国家发现了一种对在柏林实现了工业化之后、在慕尼黑变得软弱无力的希腊化的哥特风格的荒唐的迷醉现象。"这表明，波丘尼把自己关心的范围延伸到与雕塑物直接有关的领域时，在内涵上已包括了建筑学在内。这一点，他在1913年第一次未来派雕塑展览的目录序言中，就作为一项反向的原则明确地表述出来："对自然主义形式的追求，使人们把雕塑(绘画也一样)从它的源泉以及它的最终目标——建筑中排除了。"

在他对非自然主义的关注中，波丘尼发展了一种造型美学，完全不同于1896年分离派的观点。在1913年上述的目录序言里，他还写道：

94

所有这些信念迫使我在雕塑中不是寻求纯粹的形式，而是寻求造型艺术的纯韵律；不是寻求躯体的构成，而是寻求躯体活动的构成。这样，我的理想不是一种金字塔形的建筑(静态的)，而是螺旋形的建筑(动态的)……而且，我们必须把物体的概念提升到一种整体造型的概念，这样，寻求由平面的相互渗透来达到物体和环境的完全融合。[4]

为了达到这种雕塑的同时性，波丘尼在1912年他的雕塑宣言中已经建议，雕塑家今后应拒绝裸体和其他类似题材，摒弃诸如大理石或青铜这样一些贵重材料的应用，而转向各种杂类的介质：“玻璃或赛璐珞的透明平面、金属条、金属丝、室内外的电灯等都能够表示一个新现实的平面、倾向、基调和半基调。”奇怪的是，这种把螺旋结构、非纪念性的杂类介质直接应用于环境的观念，对俄国后革命“立体未来派”构成主义（Cubo-Futurist Constructivism）的影响甚至大过了对未来派建筑发展的影响。

然而，波丘尼1912年的雕塑宣言和马里内蒂1914年的《几何学和机械学的光辉和数字的理智》，共同提出了一种未来派建筑可以设定的智识和美学框架。马里内蒂写道：“世界上再没有什么比一座嗡嗡作响的大型发电站更美丽的了。它支撑着整个山谷的水压，然而，它向广阔的景观提供的电力却集中在几块配有操纵杆和闪光整流器的控制板上。”这种机械光辉的原始形象恰好与年轻的意大利建筑师安东尼奥·圣伊利亚（Antonio Sant'Elia）同期的水电站设计一同出现。

在1912年之前，圣伊利亚还游离在未来派之外，且卷入意大利分离派运动中。雷蒙多·达隆科（Raimondo D'Aronco）为1902年都灵装饰艺术展览会设计的豪华展馆取得了巨大的成功之后，这种豪华风格（“Stile Floreale”）在全国注定要有一种广泛的，即使是短暂的流行。在此之后，达隆科在乌迪内地区继续追随奥尔布里希，而米兰“豪华风格”派的建筑师们则试图把取自瓦格纳学派的主题与他们对新巴洛克主义的嗜好结合起来。在米兰，这种冲动在朱塞佩·索马鲁加（Giuseppe Sommaruga）的作品中得到了最强有力的综合，他

65 索马鲁加，法卡诺尼陵墓，萨尔尼科，1907

对圣伊利亚的早期发展看来有特殊的影响。圣伊利亚的“动态建筑学”的许多特征在索马鲁加为德菲奥里营设计的旅馆中已经有所体现，而索马鲁加1907年在萨尔尼科建造的法卡诺尼陵墓（Faccanoni Mausoleum）[**图65**]，看来是圣伊利亚1912年设计的蒙扎（Monza）公墓[**图66**]的起点。

1905年，圣伊利亚17岁，就从科莫市的一所技术学校取得了建筑主营造师的文凭。这以后，他搬到米兰并开始工作，首先在维罗列西运河公司，然后为米兰市政府工作。1911年，他在布雷拉学院进修建筑学课程，同年他在科莫市以北为工业家罗密欧·隆加蒂（Romeo Longatti）设计了一座小别墅。1912年他回到米兰，参加中央火车站的设计竞赛，同年，他与朋友乌戈·内比亚（Ugo Nebbia）、马里奥·奇阿托尼（Mario Chiattone）和其他人组成了新趋势（Nuove Tendenze）小组。1914年，在这个小组的第一次展览会上，圣伊利亚展出了他为未来派所做的名为《新城市》的画；他在什么时候与马里内蒂和未来派圈子开始接触，

66 圣伊利亚，蒙扎公墓设计，1912

这一点一直没搞清楚，但当他在内比亚的帮助下写他的《宣言》，并将其作为1914年展览的序言时，他已经完全处在他们的影响之下。

这篇只有圣伊利亚签名的《宣言》——没有一处用“未来派”这个名词——为建筑学未来应当采用的严格形式做了最终的规定。这个文本最特别的部分，现在在类别上是反分离派的，它这样写道：

> 现代建筑的问题不是要重新安排它的线条，不是要找到一种新的装饰、新的门窗框，或用女像柱、大黄蜂、青蛙等来代替柱、壁柱和枕梁等，而是要吸取科学和技术的每一项成就，来把新的建筑结构提高到一个合理的水平……建立新的形式、新的线条和新的存在理由，完全取决于现代生活的特殊条件和我们的美学价值。[5]

然后，文章转向思考如何使新工业世界的宏大景观活跃起来，即使不是在文字上，至少也是在精神上。它引述了马里内蒂1912年在伦敦吕刻昂俱乐部对拉斯金和整个英国工艺美术运动所进行的激烈攻击。马里内蒂反对莫里斯“乌有乡”中的过时理论，主张：

> 世界范围的旅行、民主的精神和宗教的衰败使那些曾经用来表达皇室权力、神权政体和神秘主义的大型永久性的和装饰华丽的建筑变得完全无用……罢工的权利、法律面前人人平等、数字的权威、群氓的篡权、国际通信的速度、卫生和舒适的习惯等，都要求有宽敞且通风良好的公寓，绝对可靠的铁路、隧道、铁桥、大型高速的轮船、巨大的会议厅，以及为每天可快速洗澡而设计的卫生间……[6]

简而言之，他正确地认识到一个新的大规模和高度流动的社会正不可避免地到来，这是一个在圣伊利亚《宣言》中所细致描述的社会。他写道：

材料力学的计算、钢筋混凝土及铁的应用排除了从古典或传统的意义上理解的“建筑学”。现代结构材料和我们的科学概念绝对不会使它们适应于我们历史风格的教条……我们不会再感到我们是教堂和古代集会厅中的人了，我们已置身于豪华宾馆、铁路车站、大型道路、巨型港口、室内市场、闪光拱廊、重建新区和值得庆贺的贫民区的清除。我们必须发明和重新建设我们现代化的城市，使之成为一座巨大、繁荣的船坞，积极、多变、日新月异，到处生气勃勃。现代的建筑像巨大的机器，电梯再也不用像孤独的虫子一样躲藏在电梯井里，楼梯——现在已变得无用——必须废除，而电梯必须像玻璃和钢铁的长蛇一样在建筑正面成群起落。那些用水泥、钢铁和玻璃制造的房屋，没有雕刻和绘画装饰，只能靠线条和线角的内在美来表现其丰富。在呆板的简洁中，它们显得特别粗野，需要多大就多大，而不是仅仅服从于分区规范。这类房屋必然会出现在混乱无序的空间的边缘；街道也不再会像擦鞋的棕垫一样，只把自己铺在门槛之前，而会深入到几层以下的地层内，用金属人行道及高速运输线把大都市中频繁的交通和必要的转换连接成一体。[7]

这种描述决定了圣伊利亚1914年设计的梯度建筑（casa a gradinata）［**图67**］的形式，它的动态感和活力启发了亨利·绍瓦热1912年在巴黎瓦文路完成的后退式公寓（set-back apartment）街区。新趋势展览会的副标题是“2000年的米兰”，使人想起安东·莫瓦林（Antoine Moilin）1896年出版的《2000年的巴黎》，而马里内蒂通过他与巴黎诗人居斯塔夫·卡恩（Gustave Kahn）的接触可能已经了解到这部著作。

圣伊利亚名为“新城市”的草图与他的观念并不完全一致。《宣言》中反对所有纪念性的建筑，因此也反对一切静态和金字塔的形式，但圣伊利亚的草图则充满了这种纪念性的意象。现在回顾看来，他的高耸的、大体量的和经常对称的发电站以及海市蜃楼般升起在新城市布景式景观中的高楼大厦，与索马鲁加的法卡诺尼陵墓之间不过是一步之隔。在这个背景下，1933年在科莫湖岸修建一座纪念第一次世界大战阵亡者的纪念碑，以此来纪念圣伊利亚，此举既适合又具有讽刺意味。这座纪念碑的设计基于圣伊利亚的一幅草图，由朱塞佩·特拉尼完成。

《未来派宣言》的正式文本在1914年7月出版，看来其主要目的是公开承认圣伊利亚是一名未来派，它相当于《宣言》的一个新版，显然是由马里内蒂编辑的，但由圣伊利亚单独签名。除了在所有可能场合都插入了“未来派”这个词，以及在结束处提出了若干挑战性的提议，包括对任何永久性的矛盾性的反对，和诸如“我们的房屋将不能像我们现在那样耐久，每一代子孙都将只盖自己一代用的房屋”这样一些断言之外，这篇文章与原来的文本在内容上几乎没有任何变化。

至此，圣伊利亚已完全归属于未来主义。1915年，他与波丘尼、马里内蒂、皮亚蒂（Piatti）和鲁索洛（Russolo）签署了未来派前法西斯主义的政治宣言：《意大利的骄傲》。在这一年的7月，圣伊利亚与其他未来派成员应征加入了伦巴第志愿军摩托车营，并开始了军事生涯。1916年他在前线阵亡，波丘尼在此前两个月因车祸去世，这使新生的未来派戛然而止。有嘲讽意义的是，正是第一次工业化的战争夺去了它的主要人才。从这次对未来派的大屠杀中幸存下来的马里内蒂提醒自己的未来派伙伴，诸如巴拉（Balla）、卡拉（Carr）、塞维里尼（Severini）和鲁索洛，他们的责任是领导战后一代在法西斯国家的胜利中实现

67　圣伊利亚，新城市的梯度建筑，1914

意大利的民族主义理想。

当墨索里尼与梵蒂冈和解之时，衰退中的未来派出现了混乱，其典型表现无疑是马里内蒂于1931年发表的《神圣的未来派艺术宣言》，在其中，他呼吁教堂的烛光“必须用强有力的明亮的白色光和蓝色光的电灯泡来代替”，以及“为了表现地狱，未来派画家必须依靠有弹痕的战场的记忆”，“只有未来派艺术家才能给互相渗透的空间－时间以及天主教教义的超理性神秘赋予形式”。

这种荒唐的浮夸在最初的宣言中就有预示[它使人强烈地想起乔治·索雷尔（Georges Sorel）]，但这并不是未来派文化在1931年前后堕落的全部原因。1919年以后，接收马里内蒂、波丘尼和圣伊利亚早期激进现代主义的，是革命俄国的构成主义者，而不是意大利人。再过一段时间，意大利的理性主义运动才开始对“新城市”的形象做出反应，即便到那个时候，它也只是把现代价值和意大利建筑的古典传统结合起来。

第8章

阿道夫·洛斯与文化的危机 1896—1931

能让我把你领到一个山湖的岸边吗？这儿天空蔚蓝，湖水清绿，一切都显得格外的和平与宁静。山岭和云彩倒映在湖面上，还有房屋、农场、庭院和教堂。它们不像是人工的创造，而更像上帝作坊里的产品，就像山岭、树木、云彩和蓝天一样。所有这一切都洋溢着美丽和平静。

啊，这是什么？和谐中的一个错误音符，就像一条不受欢迎的小溪。在那些不是人造而是上帝创作的农舍之间出现了一座别墅。这是否是一位高超的建筑师的作品呢？我不知道，只知道那和平、宁静和美丽都不复存在了。

于是我要再问：为什么无论高超或蹩脚的建筑师都要侵犯湖泊呢？就像几乎所有城市居民一样，建筑师也没有文化。他们没有农民的保障，对于农民，这种文化是天赋的，而城市居民则是暴发户。

我所谓的文化，是指人的内在与外在的平衡，只有它才能保证合理的思想和行动。[1]

——阿道夫·洛斯（Adolf Loos）
《建筑学》，1910年

阿道夫·洛斯是一位石匠的儿子，1870年生于摩拉维亚的布尔诺市。在皇家与帝国技术学院接受技术教育，以及在德累斯顿理工学院继续进修以后，他在1893年赴美，名义上是去芝加哥参观美国世界博览会。虽然他在美国居住的三年里并没有以建筑师的身份找到工作，但他熟悉了芝加哥学派的先锋成就与路易斯·沙利文的理论著作，特别是沙利文的论文《建筑中的装饰》（1892年），这篇文章很明显地影响了16年后他发表的论文《装饰和罪恶》。

1896年，洛斯回到维也纳后就开始从事室内设计，并为自由派的《新自由报》撰稿，题目从服装到建筑，从举止到音乐，内容广泛。1908年，他发表了《装饰和罪恶》，在文章中，他陈述了自己与维也纳分离派艺术家争论的本质，早在1900年，他就以“反总体艺术”的寓言投入了这场争论，寓言名为《一个贫穷富人的故事》。在其中，洛斯描述了一个有钱商人的命运。这位商人委托了一位分离派建筑师为他设计“整体”住宅，不但包括家具陈设，还包括住户的服饰。

有一次，他正好在庆祝自己的生日。妻子和孩子们送给他很多礼物。他非常喜欢他们的选择，而且由衷地欣赏它们。但是不久，建筑师跑来纠正，并对所有疑难问题做出了决定。他走进房间，主人很愉快地和他打招呼，因为他今天很高兴。但建筑师并没有注意到主人的欢欣。他发

68　1911年，一位漫画家对洛斯的戈德曼和萨拉奇百货商店（1910—1911）立面设计的批评。画的说明是："一位现代人正漫步在大街上，思索着艺术的问题。忽然他惊奇地站住了。他发现了自己长期以来在探索的事物。"

99　现了一些异常的情况而脸色发青。"你穿的是什么拖鞋？"他痛苦地叫喊。主人看了一下他那双绣花拖鞋，松了一口气。他感到自己并没有过错，这双拖鞋是按照建筑师的原创设计制作的。所以，他用一种超然的口吻回答："可是，建筑师先生！你是否已经忘记了这是你自己的设计呀！""当然记得！"建筑师咆哮起来："但这是为卧室设计的！在这里，这两块令人不能容忍的颜色完全破坏了气氛。你难道不明白吗？"[2]

比利时艺术家亨利·凡·德·维尔德（Henry van de Velde）和约瑟夫·马利亚·奥尔布里希同是这篇讽刺小品中未点名的文化教官，因为前者为妻子设计了特殊的服装，使之与1895年建在乌克勒（Uccle）的自宅（见p.104）中的线条相统一。但是，奥尔布里希仍然是洛斯以后10年中反分离派的主要攻击对象，他甚至在《装饰和罪恶》中被指名为不合法装饰的鼻祖。"10年之后，奥尔布里希的作品会在哪儿呢？"洛斯写道："现代装饰既无祖宗，也无后代；既无过去，也无将来。它只是受到一些没有教养的人的欢迎。对于他们来说，我们这个时代真正的伟大不过是一本没打开的书，短期内就被抛弃。"

洛斯反对装饰的主要论据不仅在于它浪费了劳力和材料，而且在于它不可避免地意味着一种工艺奴役的惩罚形式，这种奴役状态只适用于那些无能攀临资产阶级最高文化成就的人们，只适用于那些只有在自发的装饰创造中才能找到美学享受的匠人们。洛斯用下面的词句来为自己喜欢的素雅的鞋袜装饰做辩护："我们在一天的忙碌之后去欣赏贝多芬的音乐或者去听歌剧《特里斯坦》。我的鞋匠就不能去。我也不可能剥夺他的欢乐，因为我没有任何可以取代的东西。但无论是谁，如果他听完《第九交响曲》后就坐下来设计一张墙纸，那他不是无赖就是颓废派。"

这种具有挑战性的伦理和美学声明不仅使洛斯孤立于分离派和他的保守的同时代人之外，而

69　由洛斯编辑的《另类》杂志的封面，维也纳，1903

Nr. 1　WIEN 1903　Preis 20 h

DAS ANDERE

EIN BLATT ZUR EINFUEHRUNG ABENDLAENDISCHER KULTUR IN OESTERREICH: GESCHRIEBEN VON ADOLF LOOS　I. JAHR

TAILORS AND OUTFITTERS
GOLDMAN & SALATSCH
K. U. K. HOF-LIEFERANTEN
K. BAYER. HOF-LIEFERANTEN
KAMMER-LIEFERANTEN
Sr. k. u. k. Hoheit des Herrn Erzherzog Josef etc. etc.
WIEN, I. GRABEN 20.

HALM & GOLDMANN
ANTIQUARIATS-BUCHHANDLUNG
für Wissenschaft, Kunst und Literatur
WIEN, I. BABENBERGERSTRASSE 5
Großes Lager von wertvollen Werken aus allen Wissenschaften.
Einrichtung von belletristischen und Volksbibliotheken.
Ankauf von ganzen Bibliotheken und einzelnen Werken aus allen Zweigen des Wissens.
Übernahme von Bücher- und Autographenauktionen unter kulantesten Bedingungen.

COXIN das neue Mittel zur Entwicklung photographischer Platten, Rollfilms
ohne DUNKELKAMMER
bei Tages- oder künstlichem Licht ist in allen einschlägigen Geschäften zu haben.
COXIN ist kein gefärbter Entwickler. — COXIN erfordert keinerlei neue Apparate und kann immer benutzt werden.
COXIN-EXPORTGESELLSCHAFT
Wien, VII 2, Breitegasse 3.

且孤立于他真正的继承者——那些后来的“纯粹派”，他们直到今天还未能充分理解他的见解的深刻性。1910年洛斯发表批判性文章《建筑学》时，他已经开始感觉到一种留存至今的现代困境的强大力量。洛斯认为，诚然，城市建筑师已经从定义上否定了其根源，脱离了他们遥远祖先的农村（或山区）乡土风格，但他们也不可能靠着声称自己是西方古典主义贵族文化的继承者来弥补这个缺失。他们来自城市资产阶级，也自然地为他们服务，而显然，资产阶级并不是贵族。对于这一点，洛斯在他1898年《波将金城》一文里对环形路的讽刺中已经表露无遗：

> 每当我漫步在环形路的时候，我总是感到，好像一个现代的波将金正在使人们相信自己已经被送到了一座贵族的城市。所有意大利文艺复兴时期在一座贵族宅邸中所能创造出的东西被搜刮一空，为的是魔术般地给普罗大众创造出一个崭新的维也纳，这是一个只有能拥有整座从地窖到烟囱应有尽有的宫殿的人才配居住的地方……维也纳的地主们很高兴拥有这样一座宅邸；而租户们也同样高兴能在其中居住。[3]

洛斯在《建筑学》中对这种困境给出了解答，他说，绝大部分现代建造任务是为房屋（building）而不是为建筑学（architecture）提供适当的载体，“只有很少数的建筑属于艺术，如陵墓和纪念碑。其他一切建筑，为一个目的服务的建筑，都应该从艺术的领域中排除出去”。

同时，洛斯认为，所有的文化都取决于它和过去的某种连续性；首先要有对一种典型化的一致理解。他不接受那种具有高度天赋的人能超越自己时代的历史局限的罗曼蒂克的看法。洛斯不赞成有意识的装饰设计，而喜欢朴实的衣着、无名的家具以及盎格鲁–撒克逊中产阶级的有效的下水道设计。在这些方面，他很自然地想到美国而不是英国。这样，他就比勒·柯布西耶更早提出“实物–类型”（*objet-type*）的观念，也就是指那些精致而符合规范的、以工艺为基础的工业社会生产的实物。为此，那些属于盎格鲁–撒克逊的产品，如衣着和个人用品等，都被作为广告出现在洛斯1903年出版的短命的杂志《另类》［**图69**］里，这份杂志有一个意味深长的副标题：“一本把西方文明介绍给奥地利的期刊”。

尽管洛斯有亲英倾向，但英国工艺美术运动的乡土风格［1904年赫尔曼·穆特修斯在《英国住宅》中有所记录］还是给他带来了一个问题：人们怎么区分理智与方便的建筑学和分离派的那些有意识的、以手工艺为基础的封闭式的幻想作品？对洛斯来说，最后一位有名望的西方建筑师是申克尔，这样，他就使自己陷入了一个困境，即怎样把盎格鲁–撒克逊的室内设计中自由自在的舒适感和古典形式的严谨性结合起来。

直到1910年，洛斯的实践活动主要限于对原有房屋的室内改造。他这个时期最佳的作品是世纪之交在维也纳设计的一批豪华商店，以及他于1907年设计的著名的坎尔恩特纳（Kärntner），或曰美国酒吧。这些为英国中心文明承担者们设计的作品在外观上用优雅、不张扬的材料，而内部风格则丰富多变，从1898年在格拉本为戈德曼和萨拉奇（Goldman & Salatsch）百货商店做的第一项室内设计［**图68**］中体现的日本风格，到坎尔恩特纳酒吧中的古典化俱乐部房间的精致风格，不一而足。

洛斯在住宅室内设计中的表现手法更趋折中，

这反映在他作品中的一种根本的分裂：一方面有一种舒适质朴的乡村风味，另一方面又有一种严肃的纪念性。他总是用磨光的石块或者木材来做间隔墙，一直做到墙裙或挂镜线的高度。在这以上，就留出空白，或是用石膏做成装饰，或用古典饰带压顶(在《装饰和罪恶》中，洛斯承认采用考古式装饰的折中主义的适宜性，同时又明确排除了现代装饰的发明)。在公共地区，天花板往往是无装饰的，而在私用区域，却用木或金属镶条的格子平顶。在其余地方，尤其是餐室，有时会用理查森式的木梁来增添情趣，这种木梁，正像1910年的斯坦纳住宅(Steiner House)[**图70、71**]一样，往往采用奇异的比例。地板，一般用镶木的石料铺成，而且经常用东方式地毯铺盖。壁炉及其周围常常是砖砌的，在质感上与玻璃器皿、镜子、灯具以及各种金属制品所产生的光质形成强烈对比。家具，总是尽可能做成固定式的，要不就由用户自行选择，但是在公共建筑中以及用移动式家具的情况下，洛斯总限于采用标准的索奈特(Thonet)曲木家具，比如在他1899年设计的多少有点瓦格纳风格的咖啡博物馆中那样。在他的关于废除家具的论文中，他写道：“一幢建筑物的墙是属于建筑师的，他可以任意进行统治。对墙如此，对于不能移动的家具也是如此。”对移动式家具，他写道：“熟铁床架、桌子、椅子、软垫以及便椅和茶几——所有这些都是我们的工匠按照现代观念(绝不是建筑师的观念)制作的，每一个人都可以按他自己的兴趣和爱好来购买。”这种彻底的“反总体艺术”的态度为洛斯对丰富多样的材料的热衷所补充，他用桑珀的腔调写道：“丰富多样的材料和优异的做工不应该仅仅被认为是弥补装饰的不足，而应该被认为它在丰富感上远远超过装饰。”

70、71　洛斯，斯坦纳住宅，维也纳，1910。下图:餐室

斯坦纳住宅开始了洛斯在以后一系列住宅中逐渐发展的“体积规划”(*Raumplan*)概念，这是一种内部组织的复杂体系，在洛斯晚年以错层住宅的设计方式达到了顶峰，如在维也纳建的默勒住宅(Moller House)以及在布拉格附近的穆勒住宅(Müller House)。在设计斯坦纳住宅的时候，洛斯的设计已经形成了一种高度抽象的外形特色——他的白色而没有装饰的棱柱体建筑，比所谓“国际风格”至少要早出现八年。1912年在维也纳设计的鲁菲尔住宅(Rufer House)中，他开始发展自己的“体积规划”概念，这幢住宅与他以后设计的建筑比较，门窗开口更加自由，完全依照内

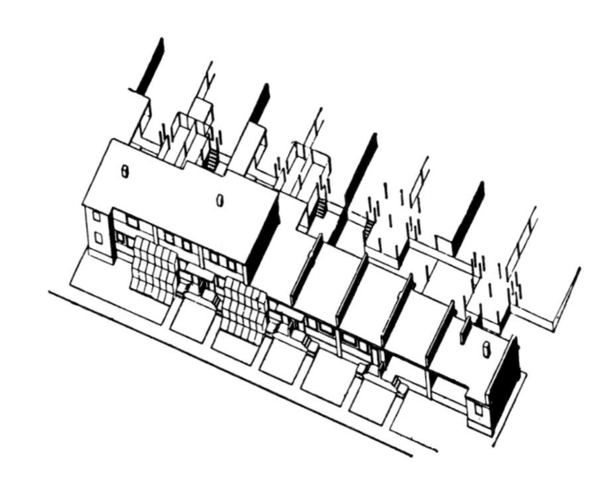

72　洛斯，霍伊堡住宅区，维也纳，1920。图中表示了温室和附属土地

部空间的自然位置设置——这是一种比风格派（De Stijl）的典型作品更早的立面对位手法。

洛斯的“体积规划”在其最后一批住宅建筑，如1928年的默勒住宅和1930年的穆勒住宅中达到了顶峰。就像在鲁菲尔住宅中的开放式阶梯厅中所预示的那样，这两项作品的主要楼层平面设计在各自的层次上都有所移位，这不仅产生了空间流动感，而且区别了不同的生活区域。穆特修斯在《英国建筑》中所记载的典型的、不规则的哥特复兴时期的平面设计，很明显地启发了洛斯对那种完全没有先例的“体积规划”概念的发展，但由于他对立方体古典主义正统形式的偏爱，他不能接受由“体积规划”所自然产生的画意式的体量组合。毫无疑问，这样就会出现对棱柱体所能提供的体积进行扭曲的处理方法，其结果好像是多种多样的原材料产生了一种剖面上的动态构图。

这种造型的企图与那种划分结构构件和非结构构件的建筑学基本上是不相容的。尽管洛斯在他的公共作品中努力保持这种划分，但在住宅设计中，他置于首位的是空间感觉，而不是显示建筑结构。维奥莱－勒－杜克的原则对他来说是任何时候都不能接受的，他有意识地使平面变形，为的是在建筑中移动时提供一种感觉上的意义，这种目的与勒·柯布西耶相同。几乎在他全部的住宅作品中，结构连接都被饰面覆盖，其目的或是遮掩未解决好的处理，或是提供恰如其分的装饰。

1920—1922年，洛斯在战后严峻的日子里担任维也纳住房局的首席建筑师，他把他还未得到充分发展的“体积规划”应用到百姓住房问题上，其结果是产生了大量出色的住房研究，其中他喜爱的立方体形式转变成了一种台阶式的联排剖面。1920年，他设计了一个漂亮而经济的房屋方案，这就是霍伊堡住宅区（Heuberg Estate）［**图72**］。台阶式房屋与温室以及菜地相结合，使住户能够生产自己需要的食物——这是一种在战后通货膨胀中典型的城镇活命战略，在20世纪20年代，这种做法成了许多德国住房建筑的普遍策略。

洛斯生涯中的一项悖论是，作为一名资产阶级建筑师和一位有鉴赏力的人，他最敏锐的大型工程却是在为非特权阶层的服务中产生的。1922年，洛斯由于失望而辞去住房建筑师的职务，随后，应达达派诗人特里斯坦·扎拉（Tristan Tzara）的邀请移居到巴黎，并在1926年为他设计了一幢房屋，这使他回复到上层资产阶级的国际圈子里。在巴黎，他成为当时以舞蹈家约瑟芬妮·贝克（Josephine Baker）为中心的时髦世界的一分子，并为她在1928年设计了一座相当华丽的别墅。除了扎拉以及他在巴黎的老主顾、世界著名的裁缝克尼泽（1909年，他曾为其在维也纳设计了一家商店）外，巴黎其他主顾们既没有资金，也没有足够的信任来让他设计一些大型工程。1928年，在去世的5年前，他回到维也纳，此时他的事业实际上

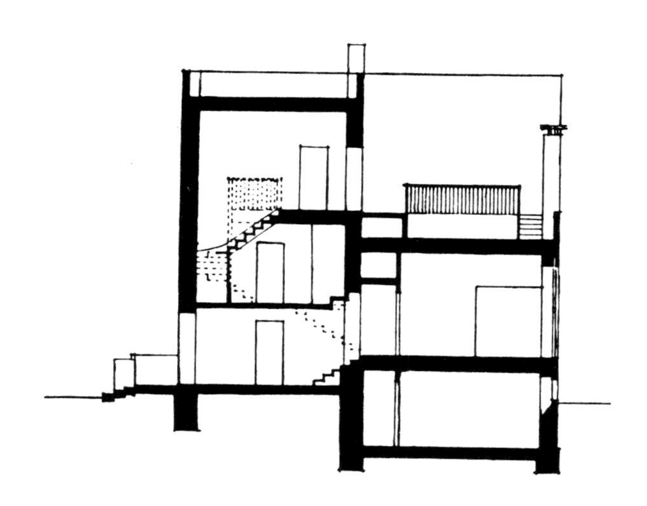

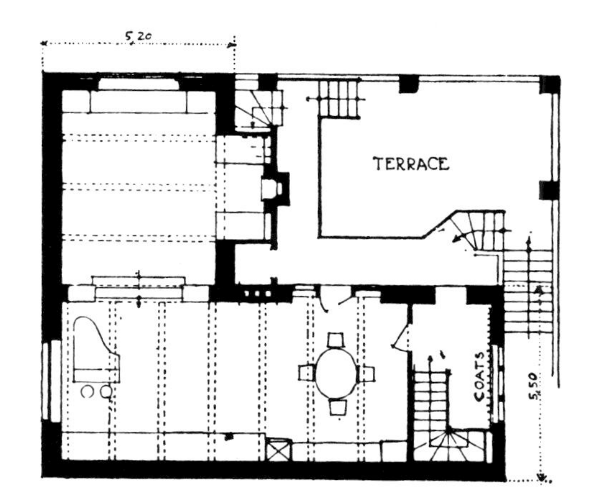

73、74　洛斯，为威尼斯利多设计的别墅方案，1923
上图：横剖面以及底层和二层平面
下图：模型

已经结束。

最后分析起来，洛斯作为一名先锋派的意义，不仅在于他作为一名现代文化评论家的超然洞察力，还在于他把"体积规划"概念作为一种超越资产阶级社会中充满矛盾的文化传统的建筑学方法。这种传统既已失去了乡土特色，又不能以古典主义文化取而代之。再也没有谁比战后巴黎的先锋派更有条件去接受这种过于敏锐的想法了，特别是《新精神》的编辑出版圈子，包括达达派诗人保罗·德尔梅（Paul Dermée）、纯粹派画家阿梅代·奥赞方（Amédée Ozenfant）和查尔斯－艾都阿德·让纳雷（Charles-Edouard Jeanneret，即勒·柯布西耶）等，后者在1920年重新出版了《装饰和罪恶》1913年的法译本。正像雷纳·班纳姆所观察到的，尽管纯粹派的根源在于巴黎文化的抽象古典化倾向，尽管有马塞尔·杜尚"现成"的鉴赏力和敏感性，但人们仍然很难有理由怀疑洛斯在形成纯粹派的类型学纲领中所起的决定性作用，也即在各种可以想象的规模上合成一种现代世界的"实物－类型"的冲动力。

最重要的是，应当把洛斯看成是提出自由平面问题的第一人，该问题最终由勒·柯布西耶在其充分发展阶段予以解决了。洛斯提出的类型学问题涉及如何把理论的规范性与不规则空间的适宜性结合起来。他的提议在1923年威尼斯利多（Lido）地区设计的一幢别墅［**图73、74**］中得到了最有抒情意味的说明；而这座建筑注定要成为勒·柯布西耶的典型纯粹派别墅的"类型－形式"，也就是1927年在加尔西（Garches）建造的别墅。

第9章

亨利·凡·德·维尔德与移情的抽象 1895—1914

我可以告诉你，总有一天，由凡·德·维尔德教授所装修的监狱牢房将被视为判决之加重。[1]

——阿道夫·洛斯《建筑学》，1931年

比利时设计师与理论家亨利·凡·德·维尔德在1894年31岁时，开始从事他所谓的建筑神圣道路（voiesacrée）之开辟。当时，在作为一名新印象派画家的10年之后，他发表了著名的论文《清除艺术之障碍》，刊于比利时尼采派杂志《新社会》上。这篇号召艺术重新为社会服务的论文，显然受到拉斐尔前派的影响。凡·德·维尔德可能是通过与先锋派组织二十人小组（Les XX）的联系而知晓其观点的。这个比利时的艺术家组织从1889年成立以来就与英国，尤其是与威廉·莫里斯的门徒沃尔特·克兰有紧密的联系。在克兰的影响下，二十人小组的关注点从美术转向了对整体环境的设计。在奥克塔夫·毛斯（Octave Maus）的领导下，二十人小组改名为自由美学沙龙，并在1894年首次展览上展出了比利时家具设计师古斯塔夫·塞吕里耶－博维（Gustave Serrurier–Bovy）的作品。塞吕里耶－博维为比利时带来了他19世纪80年代后半期在英国工艺美术运动中习得的敏感性。他在1894年展出了一套出色的不饰油彩的具有惊人雕塑感的家具，显示了杰出的品位，使人想起约二十年前由爱德华·戈德温及克里斯托夫·德莱瑟（Christopher Dresser）发展的那种盎格鲁－日本风格。

凡·德·维尔德作为一名建筑师及设计师的首次露面是在1895年，当时他为自己在布鲁塞尔附近乌克勒地区建造了一幢住宅。这幢住宅的设计无疑旨在显示各种艺术之最终综合，除了统筹考虑房屋与家具陈设(包括餐具)外，凡·德·维尔德还为他的妻子设计了飘逸垂顺的服装，试图使“总体艺术”作品达到完美状态。服装的垂坠、裁切及花饰［**图75**］都显示了凡·德·维尔德主要的词汇贡献，即富有能量的蛇形线条，这是他从塞吕里耶－博维处继承来的。它取材高更（Gauguin），成为一种表现手段，为工艺美术运动的形式遗产赋予了一种更有活力的形象。

对凡·德·维尔德来说，英国工艺美术运动的改良性要旨，受到了托尔斯泰（Tolstoy）与克鲁泡特金的更为无政府主义的，但同样是改良主义的观点的补充。他虽能认同拉斐尔前派对哥特风格以来各种建筑风格的强烈反感，但却不能接受他

75 凡·德·维尔德的妻子玛丽亚·塞特穿着他设计的服装。1898年左右

76 凡·德·维尔德的家具车间，布鲁塞尔，1897年左右。图右显示他正伏案检查图纸

77 凡·德·维尔德为梅耶–格莱夫设计的桌子，1896，墙上挂着费迪南·霍德勒的象征派油画《白天》，约1896年

们把当前的一切都中世纪化的有意识的努力。作为一名社会主义者，他更受到比利时社会党中年轻的战士的影响。他从19世纪80年代中期开始就与他们接触，其中有艾米尔·凡·德·维尔德（Emile Van der Velde）——由霍尔塔设计的人民宫的社会党业主，以及诗人–评论家艾米尔·范尔哈伦（Emile Verhaeren）。后者于1895年发表了自己对城市化的批判性研究论文《城市的触角》。凡·德·维尔德虽然与这些激进派往来，却仍然相信通过环境的设计实现社会之改良，也就是说，他仍然热忠于一种情感主义的信念，相信实体形式凌驾于纲领内容之上。对他来说，在整个工艺美术运动的传统中，独户住宅是首要的社会介质，通过它才能逐步改变社会之价值。他认为："丑恶不仅污浊了眼睛，还败坏了心灵。"在与丑恶的斗争中，凡·德·维尔德集中精力于家庭环境的所有方面的设计［图76、77］。他的性格和修养使他难以在城市的尺度上进行思考：他1906年为卡尔·恩斯特·奥斯特豪斯所规划的位于德国哈根地区的豪恩哈根花园区，显示出他缺乏把单个的住

房组合成更大、更重要的社会单元的能力。与威廉·莫里斯一样，他也无法弥合自己的社会主义观点与他的业主多半是上层中产阶级这一事实之间的矛盾。

从19世纪90年代中期开始，凡·德·维尔德深受维也纳艺术史家阿洛斯·里格尔（Alois Riegl）和慕尼黑心理学家西奥多·利普斯（Theodor Lipps）美学理论的影响。前者强调个人"艺术意志"（*Kunstwollen*，或"形式意志"）在创作中的首要地

位，后者则提出了用“移情”（*Einfühlung*）使创作自我“准神秘性”地伸入艺术对象中去。这些互为补充的思想在尼采1871年的题为《来自音乐精神的悲剧的诞生》中获得了更为具体的情境，其中尼采把阿波罗与狄奥尼索斯视为希腊文化中最基本的双重性格，前者在法律范围内追求典型及自由，后者则寻求超自足及泛神论的表现。这些松散联系的观点在凡·德·维尔德1896年以后的作品中有模糊的反映，并且在威廉·沃林格（Wilhelm Worringer）1908年出版的《抽象与移情》一书中有着某种程度的综合。凡·德·维尔德勤勉地研究了沃林格的文章，发现他自己的作品似乎是把沃林格文化模式的两个对立面——一方面是中枢心灵状态的“移情”表达冲动，另一方面是通过抽象达到超验性的倾向——组合在一个单体之中。

当凡·德·维尔德努力于创造一种移情及生机勃勃的形式文化之际，他仍然意识到各种建筑艺术走向抽象化的内在趋势。在这样一种思路中，他对哥特艺术的毕生尊敬可以被视为一种对建筑艺术的怀旧感情，在这种建筑艺术中，形式–力量的活力为崇高的整体结构抽象性所超越。这种力量的体现成为他自己美学思想的主要源泉，这从他于1895年为萨米尔·宾（Samuel Bing）在巴黎的新艺术之家（Maison de l' Art Nouveau）设计的名为“游艇风格”的成套家具，到他在1902年于魏玛提出的“结构线性装饰”（structurally linear ornament）原理中可见一斑。

凡·德·维尔德在“装饰物”（ornamentation）与“装饰”（ornament）之间维持了一种微妙的区分，他认为前者是外加的，与对象无关；而后者是由功能（即结构）所决定的，与对象结为一体。这种对功能性装饰的定义，和凡·德·维尔德赋予手势性“手工艺”线条的重要性是不可分的，他把这种线条视为人类创造中必要的人体痕迹。他在1902年写道：“线条承载了它的创作者的力量与能量。”对他来说，那种支配线条走向的“近乎情欲”的冲动应当被视为一种没有字母的文学。

凡·德·维尔德于1903年访问希腊及中东回来之后，这种纯粹主义的文化观点中强有力的反装饰倾向被进一步强化了。他深为迈锡尼及亚述形式的力量及纯粹性所折服。从此以后，他竭力回避分离派的姿态式幻想以及古典主义理性，企图创造一种“纯粹”的有机形式。在他看来，这种形式只能在文明摇篮或新石器时代人所创造的纪念碑式的、隐义的姿态中才能找到。以上这些观点无疑成为他1903—1906年间在开姆尼茨与哈根建造的一些住宅的“附属于土地”形式的起因。尽管这些作品具有奇异的古典巨石建筑的品性，但凡·德·维尔德1903年以后的所有创作中却都存在着一种不完全受到他对原始文物的感情所支配的古典主义痕迹。这一点在他1903—1915年间所设计的家用物品中最为显著。这些物品反映了他对古典的，尤其是对帕特农神殿的不可磨灭的品质之热情：

> 卫城上那些亭亭玉立的柱子，告诫我们它们并不存在，并不承受荷载，或者说，它们的空间布局是由一种全然不同于其表面原因的目的所决定的。尽管它们仍然被柱顶线所联系，它们还是雄辩地宣称这些围绕着帕特农的柱子并不存在，而是在其间置放了巨大的完美的花瓶，其中容纳了生命、空间、太阳、海洋、山岭、黑夜及群星。柱子的收分也变样了，使相互间的空间达到了一种十全十美的永恒的形式。[2]

凡·德·维尔德对阿波罗的青睐刚好发生在[107]他在魏玛的事业顶峰时期。从1901年以来，他就担任了萨克森–魏玛大公爵领地的手工业顾问，1904年他被任命为新创立的大公爵工艺美术学校教授。这项任命使他得以承担本校和已经存在的美术学院的许多新项目之设计，后者的核心在14年之后成为魏玛包豪斯。这些建筑于1908年落成启用之前，凡·德·维尔德继续在魏玛执教，并为一批艺徒们进行文化教育、举办艺术专题讲座。然而，这段在他来说是毕生事业鼎盛时期的时光，却为深刻的内心疑惑所笼罩，此时他开始怀疑艺术家是否应当具有决定对象形式的特权。1905年他写道："我以何种理由有权向世人强加一种纯属个人的嗜好或愿望呢？突然，我不再能看到我的理想与大千世界之间的纽带。"

继戈特弗里德·桑珀与彼得·贝伦斯之后，凡·德·维尔德一直在探索通过戏剧的作用来加强社会文化的纽带，把演员与观众之间的联系看成是社会及精神生活的最高形式。他直接受到布景师马克斯·莱因哈特（Max Reinhardt）与戈登·克雷格（Gordon Craig）的影响，致力于三方舞台的发展，并首先在1904年魏玛的杜蒙剧院中实现。1911年，他为巴黎香榭丽舍剧院的折中方案(1913年经奥古斯特·佩雷修改后建成)，以及其后1914年在科隆的制造联盟展览剧院（Werkbund Exhibition Theatre）［**图78**］中又回到了这个主题。高度表现性但短命的制造联盟展览剧院是他所有战前作品的精华。埃里克·门德尔松（Erich Mendelsohn）的评价是："唯有凡·德·维尔德，通过他的剧院，在真正地寻求新的形式。它的混凝土结构是按新艺术风格运用的，在构思及表现上强劲有力。"它喷薄而出的体量显示了凡·德·维尔德对形式的超绝控制，这种手法后来成为门德尔松1919年建于波茨坦的爱因斯坦塔（Einstein Tower）的轮廓典范。

制造联盟展览剧院深受赞赏，成为凡·德·维尔德"形式–力量"美学之最后一项作品。它把演员与观众、剧场与周围景观融为一体，犹如新石器时期的露天竞技场，表现了一种独特的"移情"式的表达。这种表达在凡·德·维尔德于第一次世界大战后自建的得体的、模数制的预制装配住宅中当然是看不到的。制造联盟用"良好形式"及工业垄断来改造世界的梦想，与具有社会意识的资产阶级五十年来通过赞助工艺美术运动以及新艺术运动的改良主义愿望一样，都是虚幻无望的，它们在第一次工业化战争中突然结束。人们不再幻想：当解决最低标准的住宅成为最紧迫的问题的时刻，通过艺术、工业设计及剧院就能改造一个社会。

78　凡·德·维尔德，制造联盟展览剧院，科隆，1914

第10章

托尼·加尼耶与工业城市 1899—1918

108

这座城市是假想的。我们可以假定吉尔河岸、圣艾蒂安、圣肖芒、夏斯与吉福等城镇与它的条件类似。本项研究的场址设在法国东南部，并采用了当地的地方材料进行建造。

建立这样一座城市的决定性因素须是靠近原材料产地，或附近有提供能源的某种自然力量，或便于交通运输。在本例中，决定城市位置的是具有动力资源的支流以及地区的矿藏，但距离稍远。支流用坝拦截，有一水电站向工厂及整个城市提供电力、照明及热能。主要的工厂设置在河流与其支流汇合的平原上。有一条铁路在工厂与城市之间穿过。城市设置在比工厂要高的台地上，而城市医院的位置更高。它们与城市一样，都位于朝南的台阶地上，防止冷风直袭。这些基本要素(工厂、城镇、医院)都互相分隔以便于各自的扩建……对个人的物质及精神需求进行调查的结果导致了创立若干有关道路使用、卫生等的规则，其假设是社会秩序的某种进步将使这些规则自动得以实现而无须借助于法律的执行。土地，以及水、面包、肉类、牛奶、药品等的分配乃至垃圾之重新利用等等，均由公共部门管理。[1]

——托尼·加尼耶

《一座工业城市》序言，1917年

很难想象还有比上述段落更为简练地剖析构成一座现代城市的基础及组织的基本经济及技术原理的论述了。这一提纲——加尼耶整个事业中唯一的理论论述——的清晰性，以其语调和内容反映了他的生涯和事业基本的激进特征。他于1869年生于里昂，在一个激进的工人区成长，直至1948年逝世时，他始终坚定不移地投身于社会主义事业。

加尼耶的教育及职业活动都与里昂这座城市不可分割。在他出生时，里昂已经成为19世纪法国最先进的工业中心，有发达的丝织业及冶金工业，从而滋长了激进的工团主义和社会主义思想。除了它处于罗纳—萨昂纳走廊的有利位置之外，里昂的发展还由于19世纪中期法国第一批主要铁路枢纽的建设而得到推动。到19世纪80年代，随着电车及地方铁路系统的电气化，里昂理所当然地成为技术和工业革新的一个主要中心。从1882年到世纪之交，摄影、电影、水力发电、汽车生产及航空都有了开端。这种技术背景的影响肯定在加尼耶1904年首次展出的工业城市方案中得到反映。

109

里昂文化的其他方面也构成了加尼耶城市规

划的特征，最显著的是主张振兴地方文化的法国地域主义运动，它的结果是接纳政治上的联邦主义和非集中化的政策。为此，加尼耶在他的工业城范围内包括了一座旧的中世纪城镇。他对这座城镇的重视反映在他把主要车站布置在这一地区中心的附近。

里昂的设市也很重要，即使在加尼耶年轻时代，它已经对城市化持开明的态度。在1853—1864年间，对城市街道进行了规格化的整治；1880年以后——作为清除贫民窟纲领的一部分——城市开始改进其供水及污水处理系统；1883年左右，它开始提供一系列福利设施，包括学校、住宅、浴堂、医院及屠宰场等。

加尼耶先于1886年在里昂，后于1889年在巴黎，进入了美术学院，他深受朱利安·加代的影响，后者自1894年起担任理论教授，不仅传授理性古典主义的原理，还讲建筑类型的纲领性分析及分类。加代1902年出版的《建筑学要素及理论》一书，是对迪朗1805年提出的对类型化建筑形式进行合理组合的方法的更新，正是这种共同的基本路径造就了加代两名最出色的学生——加尼耶与奥古斯特·佩雷的事业。然而，两人的道路各不相同，加尼耶在巴黎10年之后，于1899年荣获罗马奖，其后四年都在美第奇别墅的法国学院中度过；而佩雷则在仅仅接受正规教学三年后就离开了美术学院，为自己的父亲工作。因此，在工业城于1904年初次展出之时，佩雷已经通过在富兰克林路的开拓性的钢筋混凝土公寓住宅，树立了作为一名建筑师和建造商的声誉。

加尼耶于1892年成为罗马奖的候选人以来，就一直沉浸在巴黎日益激进的政治气氛中，其首领是让·胡亚雷斯，他于1893年成为社会党议员。巴黎政治舞台在1897年德雷福斯（Dreyfus）事件后喧腾一片，这一事件使埃米尔·左拉（Emile Zola）成为激进改革的热诚拥护者，由此出现了左拉的第一本空想社会主义小说《繁殖》，该书连载于1899年社会主义者的杂志《晨曦》上。鉴于加尼耶与左拉之友协会的长期关系，他肯定读过这些文献。不论如何，加尼耶在同年所设计的工业城草图似乎反映了左拉对一种新的社会经济制度的幻想，这种幻想在他的第二本空想社会主义小说《劳动》(1901)中得到进一步的发挥。

面对美第奇别墅中的种种反对意见，加尼耶在整个逗留期间继续进行他对城市方案的探索。为了规定的“学院进修证明”，他对罗马时期的山城图斯库卢姆（Tusculum）提出了一项具有想象性，同样也是史无前例的改造方案。图斯库卢姆及工业城方案的第一版同时于1904年在巴黎展出。这一年加尼耶衣锦荣归，返回里昂。在其后的35年中，他完全置身并服务于这座城市，大部分时间处于改革派市长爱德华·赫里奥特的领导之下。也就是在里昂，在加尼耶的公共事业开始的时刻，1908年，勒·柯布西耶与加尼耶首次见面。

加尼耶的3.5万人的工业城位于河岸的斜坡上，处于与里昂地区相似的山岭起伏地带，它不仅是一座与环境密切相关的中等规模的地区中心，而且还是一种城市组织，预示了1933年由CIAM雅典宪章提出的分区原则［**图79**］。总体来说，它是一座社会主义城市，不设围墙，没有私人地产，没有教堂或兵营，没有警察署或法院。这座城市所有的非建筑用地均为公共园地。在建筑区内，加尼耶最终确立了一种多样而又全面的住宅类型学，使其符合严格的采光、通风及绿化标准。这些规范及它们所生成的组合模式，受到一个宽度

110

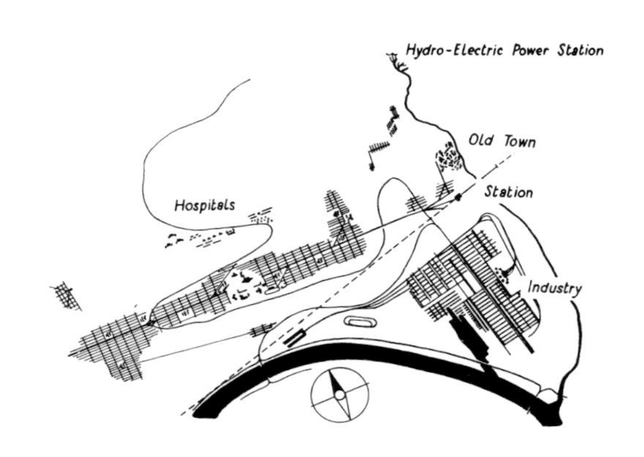

79 加尼耶，工业城方案，1904—1917。在医院下面是行政／文化中心，两侧为住宅

不等的、植树成行的街道分级体系的调节。由于平均楼层为两层，这种开放式布局产生了低密度的格局，于是加尼耶在1932年的版本中，又补充了一个密度较高的住宅区。在住宅区内，有不同等级的学校，其位置考虑了为不同地区服务，而技术及职业教育则位于住宅区及工业区之间。

最近有人证明，加尼耶不是独自得到自己的城市观点的。在罗马的法国学院与他共事的杰出的年轻“修士”之中，还有莱昂·若瑟利，后者于1903年提交的罗马奖参赛作品题为《在一个大型民主国家中的一个大城市广场》，它在布局、内容及气质等方面有许多地方与加尼耶城市［**图80**］的文化及行政中心相似，加尼耶的城市是作为一个“公众活动空间”处理的。在一组综合建筑群的主轴线边上，设置了一个博物馆、一个图书馆、一座剧院、一个体育场以及一个大型室内游泳池或水疗建筑［**图81**］。最后的一幢菱形建筑的主要组织原理是在周边设置钢筋混凝土柱廊，将一组工会会议室以及一个3000座的圆形中央会议大厅围起来，其一侧是个1000人的演讲厅，另一侧是两个500座并列的露天剧场。这些名义上是为民主目的而举行的多种活动，从议会辩论到代表大会，从委员会工作到电影放映，这种种集会都会在一个标有24个小时的理性主义形象的大钟，以及带有库尔贝（Courbet）式的浮雕并刻有引自左拉在《劳动》一书中的两段话的柱顶线的下面举行。文本的第一段话叙述了圣西门纲领中通过工业生产及通信达到国际和谐的理想，第二段话描述了一个空想社会主义国家中农业丰收后的礼仪式庆祝：

80 加尼耶，工业城：中心（菱形会议大楼）及住宅，1917

81 加尼耶，工业城，会议大楼的细部，1904—1917

这是一种适宜于和平时期的不间断的生产。铁轨，更多的铁轨，越过了所有的边界，使各国人民重新联合起来，形成单一的民众，生活在四通八达的道路所开拓的土地上。巨大的铁船不再是带来破坏与死亡的可恶的战船，而是交换各大洲的产品、团结与友谊之船，它十倍地增加了人类的生活财富，数量巨大，财富充盈。

人们决定在露天举行盛宴，在靠近城镇的地方，在广袤的田野里。那里，高高的玉米秸秆劲立，犹如一座大庙中匀称的柱列，在灿烂的阳光下显出一派金黄的颜色。这些玉米秆向地平线无限延伸，一束又一束，显示了土地不会穷竭的肥力。在这里，人们唱歌、舞蹈、嗅闻着成熟的玉米香。在这无边无际的肥沃土地上，最终取得和解的人们，用劳动获得了充足的面包和幸福。[2]

后一段话直接引述了加尼耶在1903年访问希腊时首先充分理解到的那种古典的田园生活及景观，他试图将其会议大楼看作古希腊集市广场的现代对应物，在草图中描绘了一些阴影般的、穿了比德迈（Biedermeier）式服装的人物，从而产生了一种适宜的古典氛围。他们的住房也同样是简朴的，没有挑檐与线脚，其中许多围绕中间庭院布置，并有庭院水池（impluvia）用以排水。简言之，尽管它采用了先进的建造方法，到处使用了钢筋混凝土结构，并在工业厂房中采用孔塔曼1889年的机械馆的大跨度钢结构，工业城仍然首先是一个具有地中海特色的社会主义田园牧歌之地。

尽管如此，加尼耶在罗马时受到了其他重要的法国城市主义者如莱昂·若瑟利和尤金·埃纳尔（Eugène Hénard）的影响。后者的第一批关于城市改造的文章发表于1903年，他的城市方案的独特贡献不仅在于其细节的探讨深度，还在于其设想的“现代性”。加尼耶的方案不仅规定了一座假想工业城的基本原则及布局方式，还在不同的层次上区分了城市类型学的具体要点，同时又给出了以钢或混凝土建造的结构模式。自从勒杜1804年

82 加尼耶，屠宰场，拉穆西，里昂，1917

的理想城市问世以来，尚未有过如此全面的探讨。《一座工业城市》直至1917年才出版，不过，1920年时作者对当代城市学的贡献已得到承认，勒·柯布西耶那年在纯粹派评论杂志《新精神》中发表了取自工业城画册的材料。

尽管工业城对勒·柯布西耶的城市主义思想产生过明显的影响，但总的作用是有限的。因为，除了加尼耶在里昂的个别工程项目之外，它的基本提议从未经过实践检验，也未广泛印行发表。这点不同于埃比尼泽·霍华德1898年的花园城市模型，后者在1903年的莱奇沃思花园城中被作为发展战略而得到体现，而加尼耶的工业城则很难称之为经过证实的模型。事实上，再没有比这两者更为对立的方案了：加尼耶的城市具有内在的扩张能力，并且由于它以重工业为基础，被赋予了某种程度的自治性；而霍华德的鲁里斯维尔则规模有限，经济上是依赖型的，以轻工业和小型农业为基础。加尼耶的工业城以及若瑟利1904年的巴塞罗那方案，对苏联建国头十年中形成的理论规划模型产生过影响；而霍华德的方案则导致第二次世界大战之后在英国到处出现的“花园城”社区的改良主义，最终产生了同样实用主义的新城镇纲领。

加尼耶的城市主义思想体现在他1920年发表的《里昂市的总规划》中，1906—1932年的屠宰场［**图82**］，1909—1930年的格朗·白兰契（大白）医院以及1924年设计、1935年建成的联邦广场。所有这些综合体本身都相当于一座微型城市，通过它提供的设施重新肯定了城市作为文明力量的主权——而这一使命是盎格鲁–撒克逊的花园城市无能为力的。

第11章

奥古斯特·佩雷：古典理性主义的演变 1899—1925

113

开始时，建筑只是木框架结构。为了避免火灾，人们用硬质材料建造房屋，但是，木框架的权威如此强大，以致人们模仿其所有细节，乃致一个钉头。[1]

——奥古斯特·佩雷
《一种建筑理论》，巴黎，1952年

1897年，奥古斯特·佩雷突然结束了他在巴黎美术学院前程似锦的事业，离开了他的学术导师朱利安·加代，去为他的父亲工作。此举固定了他与这个家传的承包商企业的关系，而在此之前，他只是部分时间在其中工作。其实他的作品早自1890年就已开始出现，但还是以他在离开巴黎美术学院后的一段时间内完成的那些最有意义，因为它们开创了他以后事业的舞台。在这些作品中，有两个项目颇为重要，一是1899年在圣马洛的一个赌场［**图83**］，另一项是1902年在巴黎瓦格拉姆大街的一座公寓。前者是一个属于当时因埃克托尔·吉马尔朴实的别墅而得以流行的“民族浪漫主义”风格的结构理性主义作品，后者则是一项由装饰石材筑成的八层高的路易十五时期加新艺术风格的创作。在两者之中，后者应被视为佩雷的基本出发点，因为它显示了他在自觉地向古典主义传统回归。这一回归甚至预示了几年之后，也即1907年的“结晶化”分离派风格，这种风格反映在贝伦斯、霍夫曼与奥尔布里希等人的作品中。

瓦格拉姆大街公寓建筑以一个带凸窗的进深挑出于人行道之上，并向上延伸至有柱廊的六层楼。这一凸出的石砌侧面精致地配上了雕有葡萄藤的装饰，由门槛起蜿蜒而上，到第六层柱廊的柱础下端怒放出花朵。醉心于象征主义的佩雷把这座砌体结构设计成能产生一种代表“美好年代”（Belle Epoque）的花卉形象。与此同时，为了避免违反巴黎的街道法规，他又小心翼翼地把配有雕饰的开口与两边古典主义的立面取齐。然而，这一切都违反了结构理性主义的教条，因为它明显不属于维奥莱－勒－杜克提倡的表述性结构的建筑艺术，也不同于佩雷在圣马洛的赌场中采用的自然表现手法及乡土建筑风格。

有两本书似乎对佩雷在1903年建造的富兰克林路公寓建筑中采用柱梁式混凝土结构产生了影响：奥古斯特·舒瓦西的巨著《建筑史》(1899)以及保罗·克里斯托夫论述钢筋混凝土体系的专著《钢筋混凝土及其应用》(1902)。前者把希腊的柱梁式结构奉为此类结构的古典先例，后者则对钢

83　佩雷，圣马洛赌场，1899

筋混凝土框架的制作及设计提供了定义性的技术方法。

舒瓦西当时是路桥工程学院的建筑学教授，他发展出了一种历史决定观，认为各种建筑风格

84　佩雷，富兰克林路公寓，巴黎，1903

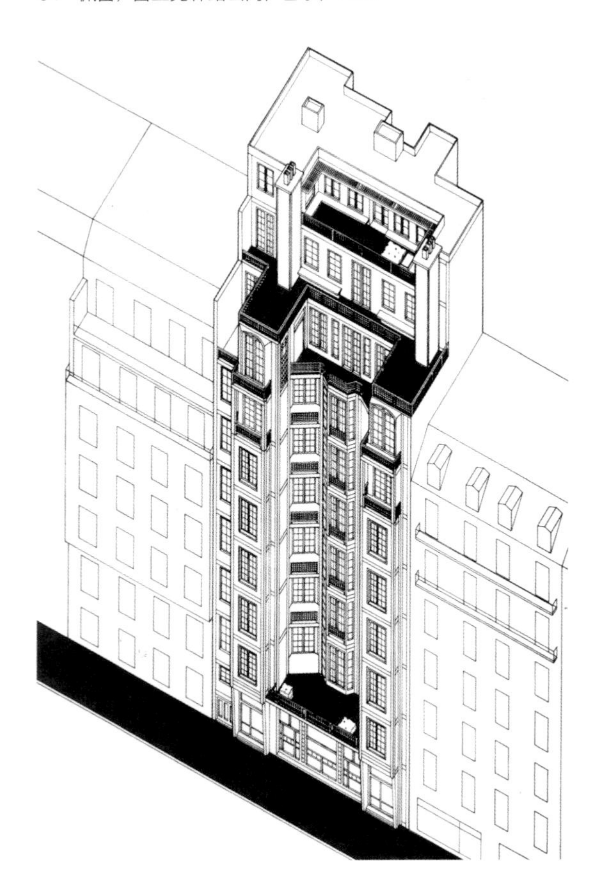

不是时髦的游戏，而是建筑技术发展的逻辑结果。他对这些技术决定的风格中最为倾倒的是(遵循维奥莱－勒－杜克的观点)希腊与哥特式，他对前者的论述使他成为古典理性主义最后一位有影响力的理论家。舒瓦西是一长列理性主义者的继承者，其中包括加代、拉布鲁斯特以至18世纪的理论家科尔德穆瓦与洛吉耶。与这一学派的多数支持者一样，舒瓦西并不认为希腊人把木结构形式移植为石砌结构中陶立克柱式的做法有何非理性之处。

佩雷对钢筋混凝土的初期应用与舒瓦西把哥特式形容为一种加填充物的肋结构的论述更为吻合。从构图上讲，富兰克林路公寓把一年前在瓦格拉姆大街公寓中的结构形式更浓缩化了。在两个项目中，沿街立面都分为五个开间，两端的开间都挑出于人行道，并向上升起五六层高，收分后以一“帽盖”式的楼层终结。在瓦格拉姆大街这一层用附加的柱廊渲染，而在富兰克林路则用两个开敞式凉廊框架强调其要素特征。然而，它们之间的相似性到此为止，因为瓦格拉姆公寓是整体及水平性的，而富兰克林路公寓则是铰接体及垂直性的[**图84**]，后者通过柱子的表达以及收分后屋盖的陡坡使这幢本来是正交性的结构具有某种哥特式的感觉，使人想起17世纪芒萨尔(Mansart)的某些建筑，它也是佩雷最接近于维奥莱－勒－杜克的细部处理的一项作品。事实上，它的空心的U形前立面，虽然使人想起哥特式的衰减手法，却是从实用出发的：通过在前部而不是后部配置法规要求的庭院，佩雷能取得更多的地板面积。以同样机智的手法，他用凸镜玻璃贴在建筑物后墙上，以免侵犯地役权。

1903年以后，佩雷与舒瓦西一样，把*charpente*或曰结构框架视为建筑形式的本质表现。富兰克

林路建筑的钢筋混凝土框架贴面使人想起木结构的柱梁体系——其余则或是窗户或是用陶瓷锦砖贴面的壁板。尽管锦砖贴面中棋盘格的向日葵图案使建筑物具有“美好年代”末期所特有的僵化的新艺术派特征，但建筑物结构本身及由此产生的开放平面，却指向了勒·柯布西耶后来提出的自由平面手法。

115 佩雷兄弟(包括奥古斯特与他的兄弟古斯塔夫)的企业对佩雷风格的发展起了决定性的作用。1905年，他们在蓬丢路上建造了一幢精彩绝伦的四层高的机械化折叠车库。随后在1912年，又建了一幢由保罗·加代(Paul Guadet，朱利安·加代之子)设计的住宅。两者都采用了钢筋混凝土，升起到阁楼层后用一挑檐封顶。这些建筑表现了理性的、柱梁式的佩雷“住宅风格”的不断精细过程。前者可被视为佩雷后期折中主义风格的先声，而后者则应视为典型的佩雷式立面处理，它的最终修正表达出现在第二次世界大战后勒哈弗尔港(Le Havre)的重建中。

佩雷兄弟的旷世佳作香榭丽舍剧院出现在1911—1913年，这是奥古斯特·佩雷与亨利·凡·德·维尔德不愉快的对立后产生的。凡·德·维尔德于1910年接受剧院主任G. 阿斯特吕克的委托，他不久就发现在这样狭窄的场地中只能采用钢筋混凝土结构，于是就雇了佩雷兄弟为承包商。这一决定是不幸的，因为佩雷对他设计中结构方案之可行性表示了异议，并提出了自己的方案。在六个月内，佩雷方案得胜，凡·德·维尔德的地位从合作建筑师降为建筑咨询师。

虽然香榭丽舍剧院的平面和立面都采用了凡·德·维尔德的设计，但它的实现却证实了佩雷在细节处理上的造诣以及佩雷兄弟公司的技术权威。项目要求有三个观众厅，分别容纳1250、500及150座，包括各种辅助设施如舞台、后台、前厅、衣帽间等，而场地仅37米宽、95米深。佩雷把他的圆形主厅[**图85**]悬挂在由八根柱子及四个弓形拱组成的周边支托之上，柱、拱都与一个从筏形基础升起的连续框架整体结合。框架的基本母体又机智地以悬臂及桁架式大梁加强，使需要的体积可以在场地容许的范围内放下。这种力学结构几乎没有外露，其背面及侧面均为砖墙填充的柱梁框架。主立面却是古典式的处理手法，用正规的石砌贴面，与内部前厅中丰富多样的柱列分隔几无关系。与此同时，从“美好年代”继承而来的象征主义文化仍有某种程度的表现——不论在内部或外部——例如，安东·布代尔(Antoine Bourdelle)的浮雕及雕带以及莫里斯·丹尼斯(Maurice Denis)的壁画。这种对神话古物的怀旧情绪还反映在佩雷自己设计的扶手、灯具及陈设中。

这个剧院于1913年投入使用，之后的10年中，

85 佩雷，香榭丽舍剧院，巴黎，1911—1913。大观众厅的剖面，浮雕为布代尔所作

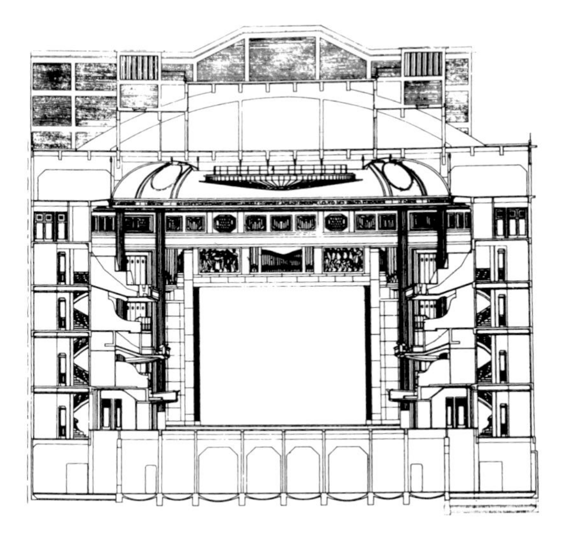

86　佩雷，装饰艺术博览会的剧院，巴黎，1925

佩雷兄弟承担了大批实用的钢筋混凝土结构工程，包括卡萨布兰卡的码头建筑以及巴黎近郊的许多车间。然后，在1922年，奥古斯特·佩雷出乎意料地得到了第一项教堂任务：雷恩西教堂（Notre-Dame du Raincy），于1924年完工。在这项工程中，在富兰克林路公寓首次采用钢筋混凝土将近20年之后，这种结构风格达到了完美形式。教堂的重要性不仅在于它的比例匀称、句法精细，还在于它采用的在非承重围护结构中外露的圆形柱子。在这里，舒瓦西的原理从里到外得到了贯彻，从它的空心预制壁墙到有凹槽的、向上逐渐收窄的柱子——每一个部件都还原到它最明白的结构实质。

在雷恩西教堂之后出现了佩雷早期事业中的高潮，这是两座临时性建筑：1924年建造的木宫（Palais de Bois）是一个画廊，用标准化的小木料组合，拆卸后又能重新使用；1925年装饰艺术博览会中的临时小型圆剧场［**图86**］。与雷恩西教堂一样，画廊是佩雷最具有表现性的结构之一；而采用轻型构造的临时剧场在设计上模仿重型的整体框架。实际上它的结构是以圆形木柱来支撑方格网的钢筋混凝土梁，后者用的是轻质烧结料。整个结构外表面用板条抹灰，并包以人造石块。这样，它肯定背离了理性主义原理所坚持的结构纯粹性。设计者对这种“诡计”的借口是：如果这一建筑是永久性的，他就会采用钢筋混凝土。

尽管缺乏纯粹性，装饰艺术剧场却是佩雷设计中最具有清晰性及诗意的作品。八根独立柱子支托一个吊顶圆形环梁，并通过机智的转换使它在四个斜角支持了一个方格形藻井式天窗，凌驾在十字形的剧场之上。内部结构的横向荷载被传递到一个周边梁上，由一系列等距布置在观众厅外沿的独立柱子支撑。但是，从外面来看，这种表现却显得笨拙，“冗余”的柱子使单调的外表更为明显。这种处理反映了当时佩雷对于创造一种“民族–古典”风格的关注，它大大地限制了他后期创作的发展。

除了建筑艺术的清晰性以及在自己的作品中所达到的杰出的精致性之外，佩雷作为理论家的重要性表现在他的思想的格言性和辩证性——表现在他对一系列两极对立所赋予的重视上，诸如秩序与无序、框架与填充、永久与临时、活动与非活动、理智与幻想。类似的对立在勒·柯布西耶作品的里里外外均可发现。然而，在1925年装饰艺术博览会上，这两个人物已经开始分道扬镳，这不仅表现在他们的展览结构中，还表现在理论观点上——再没有比佩雷的原则与勒·柯布西耶于1926年发表的《新建筑五要点》更相去甚远的观点了。

第12章

德意志制造联盟 1898—1927

117 英国是先驱者，它发现与其使自己国内的环境及生产现代化，不如把剩余投资放在国外更有盈利。这意味着20世纪工业主义的活力不是出现于英国，而是出现在一个新的工业国家，如德国。后者为了能渗入已经被老牌海军势力传统所把持的新的国外市场，系统地研究了竞争对手的产品，并通过类型学的选择及重新设计，推动了20世纪机器美学的形成。[1]

——C.M. 契普金（C.M.Chipkin）
《鲁琴斯与帝国主义》1，*RIBA* 杂志，1969年

随着普鲁士1849年对萨克逊起义——米哈伊尔·巴枯宁（Mikhail Bakunin）和理查德·瓦格纳都参加了这次起义——的镇压，建筑师暨自由派革命者戈特弗里德·桑珀逃出了德累斯顿，首先来到巴黎，两年以后，由于接受一项专门委托，又来到伦敦。当时正值1851年博览会之际，他在那里写出了自己的著名论文《科学、工业与艺术》，1852年以德文发表。在其中他探讨了工业化与成批生产对整个应用艺术及建筑的影响。在10年前，威廉·莫里斯和他的合作者已生产出了他们的第一批家用物品。桑珀把自己对工业文明的批判归结为一句话："我们有艺术家，但没有实在的艺术。"桑珀毫不含糊地反对拉斐尔前派回归到前工业时代的梦想，他认为：

科学在不停地丰富着自己和生活，不断利用新发现的有用材料及奇异的自然力量，利用新的方法和技巧，以及新的工具和机器。十分明显的是，发明已经不再像早期那样仅仅是为了解决需求和促进消费；相反地，需求和消费成了推销发明的手段。事物的秩序已经颠倒了。[2]

后来在同一论文中，他分析了新方法和材料对设计的影响：

最坚硬的斑岩和花岗岩都可以像黄油那样切割，像蜡那样抛光；象牙可以被软化并压制成型，生橡胶和马来橡胶可以经过高温硫化处理后做出以假乱真的木、金或石雕仿制品，并大大超越了被仿制的材料的自然质地。手段的多样化成为艺术必须与之斗争的第一项严重威胁。这一提法事实上是个悖论（实际上不存在手段的多样化，而是掌握能力的匮乏），然而，由于它正确地形容了我们的处境之荒谬，它还是有理的。[3]

他继而提出了问题：

118

> 因对材料的机器加工，因种种新发明而产生的各种代用品，因这一切而导致的材料贬值将向何处发展？由于同样原因而导致的劳动、绘画、美术及装修的贬值又将向何处发展？……时间或科学将如何使这种迄今为止混乱不堪的局面恢复到法制及秩序上来？我们将如何防止这种普遍的贬值蔓延到那些真实的、老式的手工领域，使人们能在其中找到比情绪、好古癖、粗枝大叶的外表、冥顽不化更多的东西？[4]

桑珀用这种富有战斗性及敏锐的方式提出了本世纪的首要主题，并涉及了一系列迄今为止还远未解决的文化问题。他的观点逐渐融入19世纪的德国文化理论中，这在很大程度上要归功于他的主要理论著作《工业及结构艺术或实用美学的风格》，出版于1860—1863年。

直至19世纪最后25年，在德国发生强有力的工业扩张之前，桑珀之社会政治因素影响风格的理论观点始终未被人们正确理解。1876年，在费城举办的百年博览会上，德国的工业及应用艺术产品被人们认为是逊于英美的。与桑珀在苏黎世联邦高等技术学校已共事10年的机械工程师弗朗茨·勒洛（Franz Reuleaux）1877年从费城报道，德国的产品“低廉丑陋”，“德国工业界应当摒弃那种仅仅靠价格来竞争的原则，转而通过智力及工人技巧之应用来改良产品，使其更接近于艺术”。

1870年德国统一，在之后的20年中，德国的工业既无时间又无理由去考虑这类批评。在俾斯麦的稳定领导之下，它关心的只是发展与扩张。在这种发展中，一个关键的因素是1883年由埃米尔·拉特瑙（Emil Rathenau）于柏林创建的通用电气公司（AEG）。这家电气公司在七年内成长为一个大型工业集团，产品众多，股份拓展至全球范围。

1890年俾斯麦辞职之后，德国的文化气候发生了巨大的变化。许多评论家认为在手工艺及工业领域中改进设计是实现未来繁荣之根本，而德国在既无廉价的原材料资源，又无现成的大路产品出口对象的条件下，只能用超出预期的高品质产品来夺取世界市场。这种观点在民族主义者及基督教社会民主党人弗里德利克·瑙曼（Friedrich Naumann）1904年的文章《机器时代的艺术》中得到进一步的发挥。他认为，与威廉·莫里斯的鲁德主义（Luddism，译注：强烈反对提高机械化和自动化程度的主张）相反，这种超等质量只能由一批既具有艺术修养、又能面向机器生产的人士以经济的方式实现。

在这种工业主义及泛德民族主义的推动下，普鲁士的官僚机构开始反对德国的庸俗主义，并转而支持那种具有“内在”德国文化色彩的、新兴的工艺美术复兴运动。为此，在1896年，赫尔曼·穆特修斯作为德国大使馆的代办被派驻伦敦，其任务是研究英国的建筑及设计。他在1904年回到德国，成为普鲁士贸易委员会的智囊团顾问，其专门任务是改革全国应用艺术的教育纲领。在这项官方改革之前的1898年，已有德累斯顿手工艺作坊的卡尔·施密特（Karl Schmidt）在德累斯顿建立了基金会。在1903年，整个运动由于指定彼得·贝伦斯担任杜塞尔多夫工艺美术学校校长而获得了巨大的活力。1904年，穆特修斯在《英国住宅》一书中宣传了一种地方手工业文化的理想模式。在他看来，诞生于英国工艺美术运动中的建筑及家具的重要性，在于它显示了优良的设计是工艺及经济的基础。

119

两年以后，1906年，作为在德累斯顿举办的德国工艺美术博览会的主任委员，穆特修斯与瑙曼、施密特站在一起，反对以德国应用艺术联盟为代表的一批保守及奉行保护主义的艺术家和手工艺者集团，他们严厉批评德国应用艺术界的现状，同时提倡采用成批生产的方法。次年，三人建立了德意志制造联盟（Deutsche Werkbund），其最初成员有12名独立的艺术家和12家手工艺企业。个人成员包括：彼得·贝伦斯、西奥多·菲舍尔、约瑟夫·霍夫曼、威廉·克莱斯（Wihelm Kreis）、迈克斯·拉欧格（Max Laeuger）、阿德尔贝特·尼迈耶（Adelbert Niemeyer）、J.M. 奥尔布里希、布鲁诺·保罗（Bruno Paul）、理查德·里默施密德（Richard Riemerschmid）、J.J. 夏佛格尔、保罗·舒尔茨-瑙姆堡（Paul Schultze-Naumburg）及弗里茨·舒马赫（Fritz Schumacher）。企业包括彼得·布鲁克曼父子公司、位于德累斯顿-赫勒劳与慕尼黑的德意志手工艺作坊、欧根·迪德里克什公司、克林斯波尔兄弟公司、卡尔斯鲁厄艺术家联盟出版社、珀艾什尔与特勒普特公司、萨尔勒克尔车间、慕尼黑艺术与手工艺统一工场、德累斯顿·特奥菲尔·穆勒德国家居用品工坊、维纳工场、威廉公司及哥特罗布·温德里希等。

联盟成员致力于改善手工艺教学，并建立了一个旨在实施共同目标的中心。人们可以从这一发起集团成员的多样性猜测到，这个联盟不可能全心全意地贯彻穆特修斯关于工业生产中标准化设计的理想。有意义的是，联盟选择举行成立仪式的地点是纽伦堡——正是瓦格纳关于行会的歌剧《名歌手》的故事发生地。

联盟后来的发展，特别是与工业有关的发展，与贝伦斯1907年被任命为AEG的建筑师和设计师是分不开的。贝伦斯在AEG发展了一种家装风格，其范围遍及绘图、产品设计乃至工业

87 贝伦斯，为AEG灯泡所做的广告，1910年前

厂房［**图87**］。他在这项富有挑战性的任务中运用了自己天赋的构图能力，加上他1899—1903年间在达姆施塔特作为一名早熟的青年风格派设计师时所取得的经验。他的达姆施塔特风格后来在布隆（Beuronic）几何比例学派的影响下有所转变，后者是荷兰建筑师 J. L. M. 劳威里克斯（J. L. M. Lauweriks）所实践的，贝伦斯1903年在杜塞尔多夫担任实用艺术学校校长时曾与他共事。

贝伦斯把自己的“移情”手法称为“Zarathustrastil”（查拉图斯特拉风格），它集中体现在他1902年为都灵装饰艺术博览会设计的前厅中。在这里，强劲的弯曲线条加上表现性弓状形体组合成一种能使人想起尼采的“形式意志”。在劳威里克斯的影响下，这种修辞手法又让位于一种不做架势的非构筑风格，它首次出现在贝伦斯1905年在奥尔登堡建造的展览馆中。1906年，这种新15世纪布隆

120

（Neo-Quattrocento-Beuronic）手法在贝伦斯于哈根（Hagen）设计的一座公墓中得到了进一步发挥，又在1908年为AEG在柏林造船博览会建造的展馆中做了调整，增添了新古典主义的色彩。

在加入AEG时，贝伦斯面临着工业权势的严峻事实，他不得不接受工业化作为德意志民族的必然命运，以此来取代他年轻时试图通过精心策划的神秘仪式来振兴德国的梦想；或者，用他自己的话来说，把工业化视为时代精神（*Zeitgeist*）与民众精神（*Volksgeist*）的复合主题，艺术家的使命就是要赋之以形式。因而，他在1909年为AEG建造的汽轮机厂（Turbine factory）就是一次将工业有意识地实体化，使其成为现代生活中一个必不可少的节奏［**图88、89**］。贝伦斯的汽轮机厂远非一幢直截了当的铁加玻璃的设计(如19世纪修建的许多铁路站台)，它是一件自觉的艺术作品，一座供奉工业权势的庙宇。贝伦斯一方面以悲观的无可奈何的情绪接受了科学和工业的兴起，另一方面又试图把工厂置于农村的习俗之下——使工厂生产恢复那种内在于农业中的共同目标感，这是一种感情，一种对最近才城市化了的半熟练的柏林工人来说的怀旧心绪。否则，何以解释汽轮机厂大厅中的多边山墙屋顶呢？又何以解释1910年AEG布鲁能大街建筑群的农庄式布局呢？贝伦斯在参加AEG时，已经修正了他在奥尔登堡采用的手法，保留了它的形式力量，但放弃了它的僵化的几何学。于是，汽轮机厂沿街立面的轻钢框架在其终端由若干内倾的转角收头，其表面经过粉饰处理后使人知其不能承重。这种用实体的转角处理轻型的柱梁结构的反构筑公式，几乎成为贝伦斯为AEG设计的工厂的普遍特征。即使在框架结构并无功能需要的情况下，如他于1912年设计的位于圣彼得堡的新古典主义的德国大使馆中，这种申克尔式（Schinkelesque）转角的强调仍然明显，只是稍微收敛而已。

1908年，贝伦斯在《什么是纪念性艺术？》一文中表露了自己基本上是保守派的本性，他把纪念性艺术定义为任何一个时代中统治权力集团的表现。在文章中，他反对桑珀关于环境形式取决于技术及物质条件的理论观点。他摈斥了桑珀赋予典型构筑元件——诸如古典建筑艺术中表现性的承重柱——的重要性。与此相反，贝伦斯深受阿洛斯·里格尔提出的“形式意志”的影响，这种精英理论主张通过少数天才人物起作用，贝伦斯将其作为天赐的“反构筑”原理。对里格尔而言，这种力量势必反抗本时代特定的技术倾向。与这种理论一致，贝伦斯对AEG产品设计的贡献属于风格而不是技术领域。

这种规范（Norm）与形式（Form）、典型（type）与个性（individuality）的分裂，不久就成为德意志制造联盟关注的主题，并且由于1914年在科隆举办的德意志制造联盟展览会期间召开的联盟大会上赫尔曼·穆特修斯所发表的演讲而引起冲突。穆特修斯深受瑙曼的影响，发表了10点纲领，集中提到了改进典型实物（*typical objects*，对应勒·柯布西耶的*objet-type*）的需要。在第1点和第2点中，他论辩道，建筑及工业设计只能通过典型化（*Typisierung*）的发展与改进才能取得意义；在第3—10点中，他论述了国家对高标准产品的需要，这样它们才能在世界市场上畅销。第9点讲到成批生产，原文是：“出口的一个先决条件是大型高效率企业的存在，这些企业的审美能力应是无懈可击的。由艺术家设计的特种单项物品将不能满足德国的要求。”

88　贝伦斯，AEG 工厂组合群，柏林，1912。左为高压厂，右为装配厂
89　贝伦斯，AEG 汽轮机厂，柏林，1905—1909

121　这种机会主义地强调为国际中产阶级设计文化物品的观点，立刻受到了亨利·凡·德·维尔德的挑战，后者提出了自己相反的观点，拒绝了“出口”艺术，宣称个体艺术家从事创作的自主性。在他看来(贝伦斯也如此)，只有里格尔提出的“形式意志”的自然过程才能逐步演进成一种文明的“规范”。尽管论争激烈，凡·德·维尔德仍获得了足够的支持者，其中包括像沃尔特·格罗皮乌斯（Walter Gropius）、卡尔·恩斯特·奥斯特豪斯等不同领域的人物，这使穆特修斯被迫收回了他的纲领。在他的10点纲领中，他阐明自己对“典型”的看法：“从个人主义走向创造典型是发展的天然路径”，他继续说，“这是今日制造业的道路，使产品……不断得到稳步改进”。他宣称：“从实质上说，建筑艺术趋向于典型。典型摒弃特殊性而建立秩序。”因此，对穆特修斯和他以前的桑珀而言，“典型”有两种含义：一是通过使用和生产逐步改善的产品实物（product object）；另一是构筑实物（tectonic object），它是建筑语言的基本单元中不 122 能再简化的建筑要素。

在青年风格派突然垮台之际，对这样一种语法的需要使参加1914年德意志制造联盟展会的大多数建筑师，包括穆特修斯、贝伦斯与霍夫曼在内，用一种重新阐释的新古典主义语言来表达自己。仅有的两个例外是：凡·德·维尔德的联盟剧院（Werkbund Theatre），该建筑贯穿了他的形式-力量美学，有一种犹如通神的气质；与凡·德·维尔德旗鼓相当的对手布鲁诺·陶特设计的玻璃馆（Glass Pavilion），它启发了贝伦斯于1902年设计的带有仪式性的神秘主义的都灵前厅。

1914年的博览会向广大公众介绍了联盟中新一代的艺术家，特别是沃尔特·格罗皮乌斯与阿道夫·迈耶（Adolf Meyer），他俩在1910年前都曾在贝伦斯事务所工作过。格罗皮乌斯在1910—1914年间的活动和贝伦斯在柏林的事业是一致的。1910年3月，他向AEG的埃米尔·拉特瑙提交了一份合理化生产住宅建筑的备忘录，以他1906年为雅尼科夫设计的工人住宅区为示范。这份备忘录写于格罗皮乌斯26岁那年，到今天仍然是对标准化住宅单元的预制、装配及分布的先决条件的最为透彻流畅的阐述。在1911年，刚合伙不久的格罗皮乌斯与迈耶接受了卡尔·本赛特（Karl Benscheidt）的委托，设计了位于莱茵河上阿尔费尔德的法古斯鞋楦厂。1913年，在德意志制造联盟的年鉴中刊载了格罗皮乌斯关于工业建筑的一篇文章，其中的插图是取自"新世界"工业乡土风格的粮仓及多层厂房。同年，他开始从事工业设计，包括一辆柴油机车的车身及内部布置，然后是一辆卧铺车的内部设计。最后，他和迈耶为1914年制造联盟展览会设计了一个示范工厂。

在法古斯鞋楦厂中，格罗皮乌斯与迈耶把贝伦斯汽轮机厂中的语法修改为一种更为开放的建筑美学。与贝伦斯所有的AEG大型项目一样，它保留了包容整个内部组织的转角，但用玻璃代替了贝伦斯千篇一律的砌体结构。在内倾的砖贴面之外竖立的玻璃壁板，给人以一种从屋顶上奇迹般地悬吊的感觉。这种"悬吊"效应加上透光的转角把汽轮机厂采用的构图颠倒了，垂直玻璃立面所具有的闪闪发光的平面效果又受到砖贴面框架的"古典式"收分的强化。尽管有这些改变，法古斯工厂因其反构筑性的玻璃面以及它对古典的怀旧情调，仍然是处于贝伦斯影响之下的。

这种特殊的手法表现在采用移情式的转角以及线脚作为构图手段，成为1924年格罗皮乌斯为德绍包豪斯所做的设计问世以前，他与迈耶设计的所有公共建筑的共同特征。肯定地说，这也是他们1914年为制造联盟展览会设计的示范工厂组合所采用的基本战略［**图90**］。在这里，玻璃外表面的有形体延伸成为一个连续性的薄膜，在建筑物的两端包围了螺旋形的楼梯。在发光的玻璃罩内竖立了一个砖砌的枢纽，其独立性又被两个设在终端的亭子强化，每座亭子都有一个效仿弗兰克·劳埃德·赖特风格的悬挑平屋顶。虽然有这种把玻璃和砌体的作用戏剧性地颠倒过来的手法，整个工厂的布局仍然是高度常规化的，不仅表现在它的轴线性，而且还在于它把"行政"及"生产"部分进行层次性及语法性的分隔。公共的、古典的、白领阶层的立面被放在前端，遮挡了后面的私密的、实用的、蓝领阶层的钢框架。这种二元化的手法，不论如何精心处理，都是贝伦斯所绝对不能接受的。

穆特修斯与凡·德·维尔德的分裂，明显地暴露了在1914年博览会时期联盟的许多作品中已存在的保守精神。虽然1913年及1914年的年鉴分别以"工业和商业中的艺术"和记录工业结构、活动仓库、船舶、飞机中的装潢设计"交通运输"为

90　格罗皮乌斯与 A. 迈耶，制造联盟展览会上的示范工厂（部分），科隆，1914。左为办公楼

专题，1915年的年鉴却采用了一个不祥的主题："战争年代的德国形式"，以怀旧的情绪连篇累牍地介绍了1914年博览会中那些主要属于新比德迈耶（neo-Biedermeier）风格的作品。在这里，人们很难预见到一场工业化的战争不久将毁灭一个进步的工业国的一切期望及成就。尽管联盟艺术家们受委托设计的战争墓地有着高超的质量，但也不能弥补这场悲剧。这些墓地的设计成了1916、1917年联盟年鉴的唯一主题。

战后，贝伦斯变得完全判若两人，因为当时的"民众精神"显然不同于以往了。因此，他放弃了自己僵硬的古典主义以及对为工业权势的权威性提供象征的关注，重新寻求一种能表现德国人民真正精神的建筑艺术。他通过布鲁诺·陶特在《晨曦》杂志中的专页，越过了自己过去的新浪漫主义的尼采风格，走向一种源于中世纪的形式。然而，他对里格尔"形式意志"的拯救力量的信念却毫不动摇。当 I. G. 法本（I. G. Farben）在1920年委托他设计公司位于法兰克福高地的新基地时，贝伦斯试图用一种砖石结构来重新阐述已经丧失了的中世纪民用建筑的语法。建筑物的中心处有一个神秘的公共仪式用的空间(使人想起他1902年的都灵前厅)，其形式为一多面体的五层大厅，采用踏步式的砖砌体，顶上是一结晶采光体。它提示了一种公众集合的戏剧性空间，这种空间在他青年时期就吸引了他，导向了一种文化象征（*Kultursymbol*），这种象征也同样强有力地出现在布鲁诺·陶特的"玻璃链"（Glass Chain，见第13章）成员的作品之中。这种冲动力还显示在他20世纪20年代设计的一些小型展览建筑之中，包括1922年为慕尼黑艺术展览会设计的有陡坡屋顶及斜纹夹花的砖砌体的教堂瓦工住所，以及1925年为巴黎装饰艺术博览会设计的赖特式的玻璃音乐厅。在此之后，贝伦斯的创作就接近于装饰艺术风格，而德意志制造联盟的前途则与新客观派（Neue Sachlichkeit）运动紧密结合，后者在联盟的赞助下，于1927 年在斯图加特开幕的国际住宅博览会(包括著名的维森示范住宅区)上发展至巅峰。

第13章

玻璃链：欧洲的建筑表现主义1910—1925

无论我们愿意与否，为把我们的文化提高到新的水平，我们将被迫改变我们的建筑。这一点只是在使人们从居住房间的封闭性中解放出来时才有可能。我们只有通过引入玻璃建筑的办法才能做到，因为玻璃建筑不仅允许阳光，还能让月光和星光进入室内，光线不仅穿过窗户，还最大限度地通过完全是由玻璃——彩色玻璃构成的墙体进入室内。[1]

——保罗·西尔巴特（Paul Scheerbart）
《玻璃建筑》，1914年

诗人保罗·西尔巴特借助玻璃来提高文化水平的观点，巩固了那种对非压制性审美的期望，这种审美于1909年随着新艺术家联盟在慕尼黑的建立初露端倪。作为原始表现主义艺术运动的新艺术家联盟由画家瓦西里·康定斯基（Wassily Kandinsky）领导，次年便得到两种无政府主义刊物——赫瓦什·瓦尔登（Herwarth Walden）的周刊《狂飙》及弗朗茨·普菲姆费尔特（Franz Pfemfert）的报纸《行为》——的支持。这些柏林媒体助长了一种反文化，与因德意志制造联盟的建立而创始的国家文化相对立。1907年，西尔巴特独自塑造了一种“科幻小说”式的乌托邦文化形象，对资产阶级改良主义和工业国文化持有同样敌视的态度。

在1914年科隆的制造联盟展览会上出现了内部的思想分裂，一方面是对典型化的集体接受，另一方面是对富有表现力的“形式意志”（*Kunstwollen*）的肯定。这种对立反映在贝伦斯新古典主义的节日大厅与凡·德·维尔德有机形式的剧场上，也同样见于格罗皮乌斯和迈耶的示范工厂与布鲁诺·陶特为玻璃工业设计的魔幻式展览馆［**图91**］的差别上。这种平行性说明分裂影响了不止一代的制造联盟设计师。贝伦斯与格罗皮乌斯倾向于古典的规范化模式，而凡·德·维尔德与陶特的建筑则是形式意志的自由表现。

上面引述的西尔巴特《玻璃建筑》中的格言式文本是献给陶特的，而陶特所设计的玻璃馆中则题上了西尔巴特的格言：“光需要晶体”“玻璃带来了新时代”“我们向砖石文化表示惋惜”“没有玻璃宫殿，生活将成为负担”“砖石房屋只能伤害我们”“彩色玻璃消除敌意”等。陶特的玻璃馆借助于这些词句向光致敬，它通过展览馆的多面玻璃小圆顶及墙体照亮了一个轴对称的用玻璃马赛克贴面的七层小室。按照陶特的意图，这幢水晶般的建筑物，继1913年他的莱比锡钢铁馆后，同样是照哥特式教堂的精神设计的。它实际上是一顶“城市皇冠”

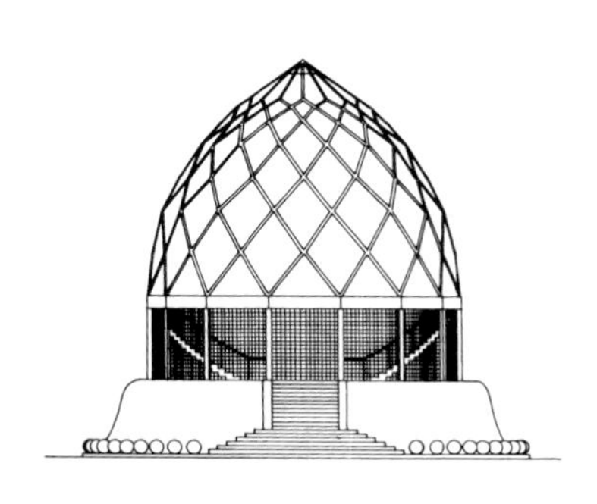

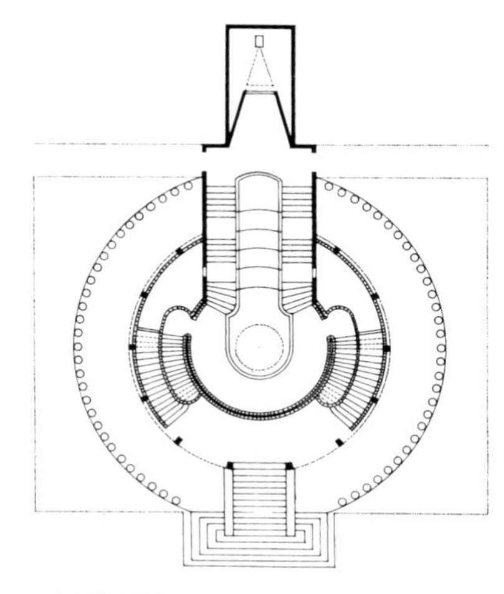

91　陶特，玻璃展览馆，制造联盟展览会，科隆，1914。立面与平面

125　（*Stadtkrone*）。陶特提议用金字塔形作为一切宗教建筑物的普遍范例，这种形式与它所激发的信仰成为社会重新建构中不可缺少的城市要素。

西尔巴特理论中有关社会文化的内涵在1918年由建筑师阿道夫·贝恩（Adolf Behne）引申如下：

> 玻璃建筑将会带来新的文化，这并不是诗人狂热的艺术想象，而是事实。新的社会福利组织、医院、发明或技术革新——所有这些绝不会带来一种新的文化，然而玻璃建筑却一定会……所以，当欧洲人担心玻璃建筑兴许会变得不大舒服的时候，他们是对的。它肯定会如此。不过这却不是玻璃建筑的最起码优点，因为，首先必须把欧洲人从他们的安逸中硬拉出来。[2]

1918年11月停战之后，陶特和贝恩着手组织艺术劳工委员会，后来与同时组成的更大一些的组织十一月集团（Novembergruppe）合并。陶特在1918年12月的《建筑大纲》中宣布了劳工委员会的基本目标——一种由人民群众的积极参与来创造的新的整体艺术。艺术劳工委员会1919年春天的声明重申了这个总原则："艺术与人民应当形成一个整体，艺术不再是少数人的奢侈品，而应当被广大群众享受和体验，其目的是建立一个在以伟大建筑为主要羽翼下的艺术联合。"艺术劳工委员会由贝恩、格罗皮乌斯及陶特领导，与桥梁派画家结盟，且包括了居住在柏林周围的大约50名艺术家、建筑师及赞助人，其中有艺术家格奥尔格·科尔比（Georg Kolbe）、格哈德·马尔克斯（Gerhard Marcks）、莱昂内尔·法宁格（Lyonel Feininger）、埃米尔·诺尔德（Emil Nolde）、赫曼·芬斯特林（Hermann Finsterlin）、马克斯·佩希施泰因（Max Pechstein）及卡尔·施密特－罗特洛夫（Karl Schmidt-Rottluff），建筑师奥托·巴特宁（Otto Bartning）、迈克斯·陶特（Max Taut）、贝纳·荷特格（Bernhard Hoetger）、阿道夫·迈耶及埃里克·门德尔松等。1919年4月，上述后五位建筑师主办了一个想象作品展览会，题为《不知名建筑师的展览》。格罗皮乌斯为该展览会写的前言实际上是同月发表的魏玛包豪斯纲领的草稿：

126

> 我们必须协同一致地要求、设想并创造新的建筑概念。画家们、雕塑家们，打破建筑周围的界线，成为共同的建造者和战友并走向艺术的最终目的：未来大教堂的创造，它将再次用一种形式包罗一切——建筑、雕塑及绘画。[3]

这个建立一种新的宗教建筑的呼吁，如同中世纪时期社会创造力的一体化，在1919年得到了贝恩的响应，表现在他发表的对小组民意测验的回答中，以《是的！柏林艺术苏维埃之声》为题：

> 对我来说，最重要的事情看来就是建造一幢理想的上帝之屋，它将不是教派性的，而是宗教性的……我们不能等待新的宗教性来驾驭我们，因为在我们等待它时，它也许正在等待着我们。[4]

1919年对斯巴达克同盟起义的镇压终止了艺术劳工委员会的公开活动，这个小组的能量被转到后来以“玻璃链”著称的一连串信件交往中，这便是布鲁诺·陶特的《乌托邦通讯》，它始于1919年11月，当时陶特建议：“我们每个人将在简短的时间内非正式地，并受精神驱使地……画下或写下那些他乐意与小组共享的思想。”这种通讯关系发展到14人，其中仅有半数的人创作过具有历史意义的作品。除陶特自称为“*Glas*”（玻璃）外，格罗皮乌斯自称“*Mass*”（体量），芬斯特林称“*Prometh*”（普罗米斯），布鲁诺·陶特的兄弟迈克斯则用自己的原名。这些核心成员得到了那些过去只与艺术劳工委员会有外缘关系的建筑师的补充，特别是汉斯与瓦西里·卢克哈特（Hans and Wassili Luckhardt）兄弟及汉斯·夏隆（Hans Scharoun）。《乌托邦通讯》除了为陶特的杂志《晨曦》提供素材外，还向外界报道该小组的各种态度。陶特和夏隆尤其强调下意识创作的重要性。1919年，夏隆写道：

> 我们必须如同我们的祖先一样，在随热血涌动而来的创造性浪潮上进行创作：如果我们随后能够显示出对自己创作的起因及特性的完全理解和掌握，我们就可以感到满足。[5]

然而，到1920年，玻璃链的团结局面开始瓦解了，这是由于汉斯·卢克哈特意识到自由的无意识的形式与理性的预制生产在某些方面是不能相容的。他写道：

> 与这种深刻的精神上的奋斗相反的倾向是自动化过程。泰勒体系的发明是这种进程的典型范例。拒不承认这种时代倾向将是完全错误的，因为这是历史的事实。此外，谁也不能证明它是与艺术对立的。[6]

卢克哈特的理性主义把辩论拉回到1914年使制造联盟分裂的课题，陶特坚持早在1919年由西尔巴特在《山区建筑》及《城市皇冠》等书中所表明的观点，并于1920年出版了他著名的《城市的瓦解》。他与俄国革命的社会主义规划师一样，主张把城市拆散及使城市化人口返回土地。他最讲实际的部分，是他试图制定以农业及手工业为基础的社区模式；他最富想象力的部分，是他为阿尔卑斯山区规划了一些玻璃庙宇建筑物。陶特最典型的克鲁泡特金式方案是一个圆形的、辐射状分割的农业居住点模型。在它的核心地区有三个互不干扰的居住区，每一区为一个市民阶层设置，分别是知识界、艺术家及儿童，每个居住区都围绕着菱形庭院形成组合。这三个组合沿着轴线被引至中心晶体般的“天堂之家”，社区的管理者在那里集会。这是陶特的无政府社会主义的一个悖论：他为这些社区设想的等级，甚至可以说是极权主义的社会机制包含了法西斯主义的种子，不久就在国家社会主义运动的“血和土”文化中找到了它的庸俗化版本。

1921年，陶特成为马格德堡的城市建筑师之后，便试图在第二年设计的城市展览厅中实现他那城市皇冠的设想。不过，在那些日子里，由《晨曦》杂志传播的运动正在失去其推动力。同在他之前的卢克哈特一样，陶特开始向魏玛共和国的严酷现实妥协，在这里，实用主义的社会需求只能为西尔巴特的玻璃天堂提供极少的领地。当陶特在1923年受政府委任，跟他弟弟一起进行低造价住宅方案设计时，这种现实就看得极为清楚了。

悖论在于，实现水晶般“城市皇冠”的完美构思的，不是陶特，而是汉斯·珀尔齐格（Hans Poelzig）。1919年，珀尔齐格在柏林为马克斯·莱因哈特设计了一个5000座的剧院［**图92**］，它闪闪发光的形式和空间比陶特战后的任何成果都要更接近西尔巴特的理论。瓦西里·卢克哈特这样描述它那幻境般的钟乳石状空间：

> 这个大圆顶的室内悬挂着无数种下垂物。圆顶的空心使固定其上的下垂物被赋予了一种柔和的曲线运动，尤其当光线投在那些微小尖端的反射面上时，就造成了一种分解于无限的印象。[7]

1911年，珀尔齐格作为建筑师在布雷斯劳开业后做了两项有新意的设计，它们预示了陶特及门德尔松两人后来的形式语言：一个是在波森的

92　珀尔齐格，大剧院，柏林，1919

93　门德尔松，爱因斯坦天文台，波茨坦，1917—1921。前、侧立面与半平面

水塔（如果有过城市皇冠形象的话，便是它），一个是在布雷斯劳的一座办公楼，它启发了门德尔松于1921年设计的《柏林人日报》大楼的建筑形式。此外，珀尔齐格于1912年在卢班又建造了一座具有高度表现力的砖墙砌筑的化工厂，它可与贝伦斯不久前为AEG设计时所创立的工业风格媲美。

战后，珀尔齐格在1919年对制造联盟的演讲中又回到对典型化问题的争论，他再一次有力地为形式意志的原则申辩。翌年，他宣布了与玻璃链艺术家的亲近关系。在他设计的萨尔茨堡音乐厅中，他把新发明的下垂物主题叠成雄伟的“城市皇冠”形象，就如他于1917年在伊斯坦布尔“友谊大厦”的设计中用拱形组合的方式形成了一个通天塔（ziggurat），室内是一个完全由下垂物构成的棱柱形洞穴。除了他1920年为保罗·维格纳（Paul Wegener）的电影《泥人哥连出世记》（*The Golem*）设计的布景外，为莱因哈特设计的大剧院是珀尔齐格最后一项完全属于表现主义的作品。到1925年，在他设计的柏林首都电影院中，他又转向了隐形古典主义的行列。

埃里克·门德尔松于1917—1921年间在波茨坦建造的爱因斯坦天文台［**图93**］中，实现了他自己关于城市皇冠的设想，这个设计兼备了凡·德·维尔德联盟剧院的雕塑形式，及布鲁诺·陶特设计的玻璃馆的整体轮廓，其出发点是1914年制造联盟展览会，可是它最终的轮廓线中，却呈现出与荷兰建筑师埃宾克（Eibink）和斯内尔布兰德（Snellebrand）茅草屋顶乡土风格的密切关系。他们两人与提奥·凡·威奇德维尔德（Theo van Wijdeveld）一起，以威奇德维尔德的杂志《转折》为中心，代表了荷兰表现派中最基本的一翼。所以，顺理成章的是，在天文台建成后不久，门德尔松便应威奇德维尔德之邀前往荷兰，亲眼考察《转折》小组的作品。在阿姆斯特丹，他访问了许多当时正在建造的表现主义派的住宅工程，它

94　门德尔松，帽子工厂，卢肯瓦尔德，1921—1923。上图：剖面；下图：从前到后的立面，以及在正面的建筑的后立面

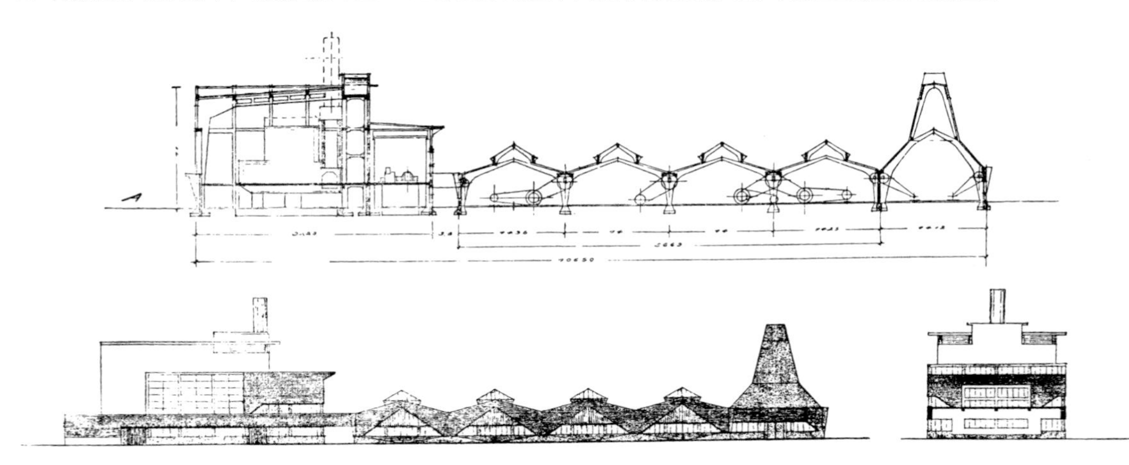

95　门德尔松，彼特斯多夫商店，布雷斯劳（弗罗茨瓦夫），1927

们是贝尔拉赫为阿姆斯特丹南部所做的规划的一部分，其中包括米歇尔·德·克勒克（Michel de Klerk）的艾根·哈德（1913—1919）及皮耶特·克拉默（Piet Kramer）的德·达格拉德（1918—1923）。他们采用手工成型的砖和挂瓦，与威奇德维尔德等更具有可塑性的、偏爱民间手法的乡土风格相

130

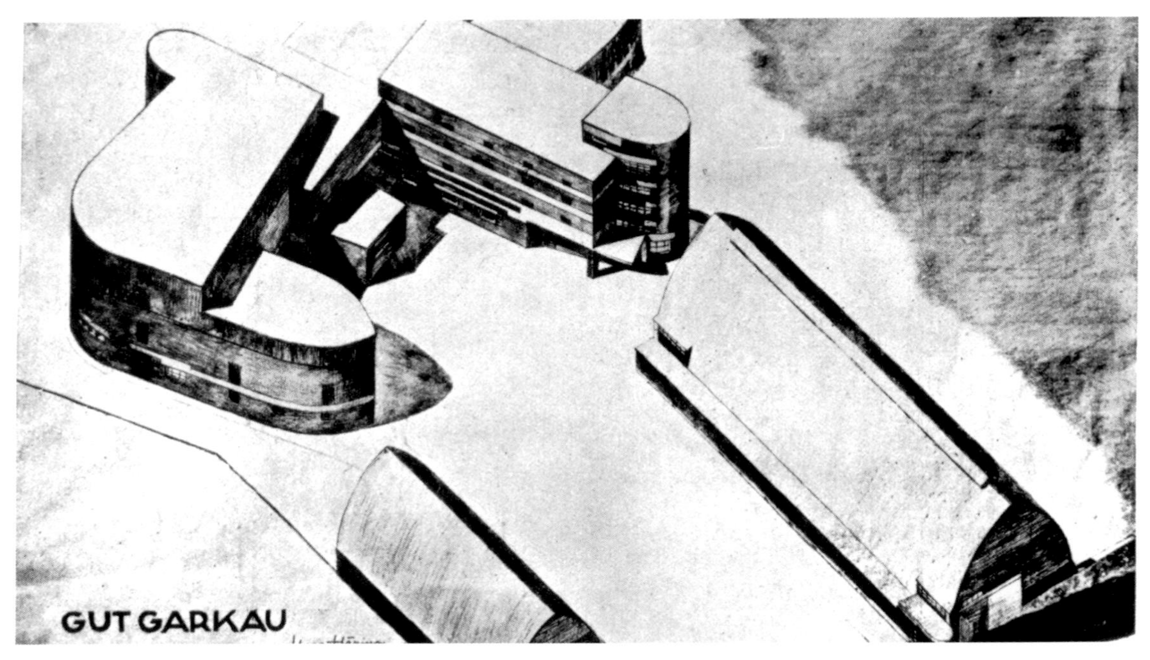

96　黑林，伽尔考农庄，1924。牲畜房（上左）及谷仓

比，他们更着重于结构的处理。除了与威奇德维尔德、德·克勒克与克拉默等阿姆斯特丹学派人士接触之外，门德尔松还接触了许多不同取向、不同流派的建筑师并受到他们的影响，如理性派的鹿特丹建筑师 J. J. P. 奥德（J. J. P. Oud）以及在希弗塞姆执业的赖特派建筑师 W. M. 杜多克（W. M. Dudok）等。门德尔松在给他妻子的一封信中解释了阿姆斯特丹学派和鹿特丹学派都没有得到他的完全赞同的原因：

分析型的鹿特丹派拒绝幻想，而幻想型的阿姆斯特丹派并不理解客观性。当然，基本要素是功能，然而没有敏感性的功能依然只是构筑物。我将比过去任何时候更强烈地坚持我的调和纲领……否则，鹿特丹派便要冷血般地追寻单纯结构的道路，而阿姆斯特丹派将被自己火一般的动力毁灭。功能加上活力是真正的挑战。[8]

正如该信所指：荷兰表现主义的更加结构化对于门德尔松的发展具有直接的冲击力。他在访问荷兰之后，从波茨坦天文台的可塑性转而注意材料所固有的结构表现力。他于1921—1923年间在卢肯瓦尔德建造的帽子工厂［**图94**］反映了这种影响。他以德·克勒克风格为模式的沥青坡顶屋面的染料车间及生产工棚，与取自杜多克早期作品中的光滑平屋顶电站形成了强烈对比。后者用砖及混凝土构成了层次型的“立体主义”表现。在这里，确定的布置原则——把戏剧性的高坡顶工业形式与水平型的行政性元素进行对比，在门德尔松于1925年设计的列宁格勒纺织厂中再次出现。然而，在这里又前进了一步，行政建筑的带状模式预示了他后来设计的城市百货商店，如1927—1931年期间在布雷斯劳、斯图加特、开姆尼茨及柏林所建造的几例［**图95**］。从此以后，如雷纳·班纳姆所观察到的，门德尔松采用几何形的简单单元的结构组合来表现整齐的轮廓线。

131

从胡戈·黑林（Hugo Häring）于1924年在吕贝克附近设计的杰作伽尔考农庄［**图96**］中，我们发现他以类似的表现手法，运用坡屋顶与大体量的构筑要素和圆角来形成对比。几年以前，黑林在柏林与比他年轻四岁的密斯·凡·德·罗共用一个写字间，事实证明两人之间有相互影响，特别值得注意的是：他们都参加了1921年著名的弗里德里克大街办公楼（Friedrichstrasse office building）的设计竞赛，并采用了相似的有机手法进行形式创作。然而，正如人们所预料的，是密斯而不是黑林，采用了完全由玻璃建造的结构。密斯对玻璃的反射性像西尔巴特一样着迷，这从他于1922年设计的一幢特别的玻璃大厦中也可以看出，其设计曾刊载在陶特的最后一期《晨曦》杂志上。

虽然黑林像门德尔松一样，深信功能是最为重要的，但他寻求超越纯粹功利的原始本性，从对每个项目纲领的更为深刻的理解中发展他的形式。他同夏隆一样，对体量的态度常是一种对生物形式的朴实的模拟。从这个角度看，人们可以从夏隆于1928年在布雷斯劳设计的家庭与工作展览馆中，看到黑林于1924年设计的阿尔布雷希兹王子花园住宅区规划的影响。尽管有很明显的表现主义倾向，黑林依然把形式的内在渊源，亦即他称为*Organwerk*（有机物）或“organism”（有机主义）的程序本性放在首位，与表面的表现力或*Gestaltwerk*（造型物）相对立。关于这种两重性，他是这样写的：

我们需要考察事物，并且允许它们去发现自己的形象。我们不可能从外部把一种形式强加在一粒谷物上……在自然界，“形象”是事物许多部分互相协调的结果，其方式是允许整体以及它的各部分都能最充分、最有效地生存……如果我们想要发现“真正的”有机形式而不是额外配置的形式，我们就要按照自然去行动。[9]

在1923年柏林分离派展览中，汉斯和瓦西里·卢克哈特兄弟与密斯及他的一些同代人一起，已开始展示更为功能化和更为客观的建筑式样，在后来几年中，这种发展导致了“十人社”（Zehnerring）的成立。到1925年，“十人社”改名为“圈社”（Der Ring），并由黑林任秘书。那时还没有出现不同立场的分裂，因为他们正在通力合作，以对抗柏林城市建筑师路德维希·霍夫曼（Ludwig Hoffmann）的极端保守政策。

然而，到1928年他们取得胜利之后，黑林对“有机”的关怀自然导致了他与勒·柯布西耶的冲突。作为“圈社”的秘书，黑林参与了CIAM在瑞士萨拉兹的成立大会。勒·柯布西耶公开主张功能主义建筑及纯几何形式，而黑林则徒劳地企图争取会议支持他的“有机”建筑观念。他的失败不仅突出了其手法的非规范化的和以“场所”为中心的性质，而且也意味着西尔巴特理想的最终消失。尽管如此，夏隆仍然得以把这种理想坚持到战后，表现在他于1954—1959年在柏林建造的罗密欧与朱丽叶公寓，以及1956—1963年建造的最后一件杰作——西柏林爱乐音乐厅。从此，“有机”手法的特异性几乎再没有多少施展的机会了。

第14章

包豪斯：一种思想的沿革 1919—1932

132

让我们建立一个崭新的行会，其中工匠和艺术家互不相轻，亦无等级隔阂。让我们共同创立新的未来大厦，它将融建筑、雕塑和绘画于一体，有朝一日它将从成百万工人手中矗立起来，犹如一个新信仰的水晶般的象征物伸向天国。[1]

——魏玛包豪斯宣言，1919年

包豪斯（Bauhaus）是德国在世纪之交为改革应用美术教育而进行的连续不断努力的结果，最初有卡尔·施密特于1898年建立的德累斯顿手工艺作坊(后改名为德意志手工艺作坊，并于1908年搬迁到花园城市赫勒劳)，接着于1903年汉斯·珀尔齐格与彼得·贝伦斯分别被委任为布雷斯劳及杜塞尔多夫应用美术学校的校长，最后于1906年在魏玛建立了由比利时建筑师凡·德·维尔德为校长的大公国工艺美术学校。

尽管凡·德·维尔德为美术系大楼及工艺美术学校做了大胆的结构设计，但在他任职期间，除了设立一期相当简单的为匠人开设的艺术研究班外，再没有多少作为。1915年，他作为一名外国人而被迫辞职后，向萨克森州政府提议由沃尔特·格罗皮乌斯或赫曼·奥布里斯特（Hermann Obrist）或奥古斯特·恩德尔（August Endell）继任。州政府与大公国美术学院院长弗里茨·麦肯森（Fritz Mackensen）在整个战争期间就纯艺术与应用艺术在教育界之地位所进行的旷日持久的争论中，格罗皮乌斯极力主张后者的相对自主。他提倡为设计师和工匠建立一种以讲习班为基础的设计教育，而麦肯森则坚持普鲁士理想主义路线，认为艺术家－工匠须在美术学院受训。直到1919年，这场思想冲突才在妥协中得以解决：格罗皮乌斯成为一座由美术学院和工艺美术学校组成的综合学校的校长。在包豪斯整个存在期间，这种安排始终使其在观念上处于分裂状态。

1919年包豪斯宣言的原则［**图97**］早在1918年底由布鲁诺·陶特发表的艺术劳工委员会的建筑纲领中就提到了。他声称一种新的文化统一体只有通过一种新的建造艺术才能达到，其中每一个独立的专业都对最后的形式起贡献作用。“在此，”他写道，“在手工艺、雕塑和绘画之间没有界限，一切归属于建筑艺术。”

这种“*Gesamtkunstwerk*”（整体艺术作品）的思想，首先由格罗皮乌斯在1919年4月为艺术劳工委员会组织的《不知名建筑师展览》所写的小册子中做了重新加工和详述，以后又出现在差不多同期发表的包豪斯宣言中。前者号召所有优秀的艺术家摒弃沙龙艺术，为建造一幢隐喻性的未来大教堂而返回到手工艺——“走进建筑里面，赋予它以仙人童话……用幻想来建造，而不必顾及技术上的困难”；后者号召包豪斯成员“建立一个崭新的、工匠和艺术家互不相轻，亦无等级隔阂的行会”。

即使 *Bauhaus* 一词，也是格罗皮乌斯劝说甚为勉强的政府采用的，将之作为这座新学院的正式称呼，其目的是要唤起人们对中世纪的手工艺行会（Bauhütte）或“石匠之家”的回忆。这种有意制造的含义，可以从1922年奥斯卡·施莱默（Oskar Schlemmer）的一封信中得到证实：

> 最初，包豪斯是建立在建造一座社会主义式大教堂的理想之上的，其工作坊则以建造教堂建筑的门房的方式设立。大教堂的概念现在已退居次位，随之而去的还有关于一种艺术特质的某种明确概念。如今，我们至多只能以住宅的术语设想它，并且只能是想想……面对经济萧条的局面，我们的任务是成为简朴风格的先锋，换句话说，要找到一个简单的形式以满足一切生活之必需，同时做到高雅和真实。[2]

97 法宁格，为包豪斯宣言所做的木刻，1919。Zukunftskathedrale（未来大教堂）也即社会主义大教堂

包豪斯成立的最初三年，瑞士画家兼教师约翰尼斯·伊滕（Johannes Itten）以其超凡的魅力成为主导力量。伊滕在1919年秋到任。在此三年前，他受弗朗茨·齐泽克（Franz Cizek）的影响，在维也纳就已创立了自己的艺术学校。在一个高度紧张的社会背景下，加上画家奥斯卡·科科施卡（Oskar Kokoschka）及建筑师阿道夫·洛斯的无政府主义反分离派活动，齐泽克制定了一整套独特的教学体系，其基础是通过对不同材料和质感的拼贴来刺激个人创造力。他的教学方法在充斥着进步教育理论的文化氛围中趋于成熟，这其中就包括福娄培尔（Froebel）及蒙台梭利（Montessori）的体系、由美国人约翰·杜威（John Dewey）发起并于1908年后由德国教育改革家格奥尔格·凯兴斯坦纳（Georg Kerschensteiner）广为传播的“从做中学”运动。伊滕在维也纳学校的教材以及他在包豪斯设置的预科（Vorkurs）教学课程都取自齐泽克，他又以其导师阿道夫·霍泽尔（Adolf Hölzel）的形式及色彩理论加以丰富。他的基础课程对所有的一年级学生来说是必修的，其目的是要释放

学生的个人创造力，并使每一个学生能评估他自己的特殊能力。

到1920年，应伊滕的要求，艺术家施莱默、保罗·克莱及格奥尔格·穆切（Georg Muche）加入了包豪斯。除了预科课程外，伊滕独自承担了四门手工艺课程的教学，而格哈德·马尔克斯及莱昂内尔·法宁格则分别教授陶瓷及印刷方面的非主体课程。伊滕的无政府主义态度在他1922年就国家为艺术家提供福利问题的公民投票所做的回应中可见一斑：

> 心灵处在任何组织之外。然而在它被组织起来的地方（宗教、教堂），它已远离其宗……国家**应当**注意不让一个公民饿死，但它**不应当支持艺术**。[3]

98 伊滕，穿的是他自己设计的拜火教服装，1921

1921年，在伊滕较长时间居住在苏黎世附近哈里堡的拜火教（Mazdaznan）中心时［**图98**］，他的这种甚为神秘的反权威态度得到了强化。那一年年中，他回到学校，试图让他的学生及同事穆切皈依这种现代版的严格的古老波斯宗教。这种宗教要求教徒过一种简朴的生活，定期斋戒，吃素食，但可以吃奶酪和大蒜。呼吸和放松练习保证了身心的健康，而身心健康则被认为是创造力的根源。对于这种指向内心的倾向，伊滕后来写道：

> 第一次世界大战造成的巨大损失和可怕事件，以及对斯宾格勒所著的《西方的没落》的仔细研究，我意识到我们的科学技术文明已经到了一个紧要关头。对我来说，单单是拥抱“回到手工艺”或者“艺术和技术手牵手”等口号是不够的。我研究了东方哲学，深入探索了波斯祆教以及印度瑜伽教的教导，并将它们与早期基督教教义进行比较。我得出这样一个结论：我们必须在内向的思想和实践与外向的科学研究及技术冒险之间取得平衡。我为自己、我的工作寻求某种建立新生活方式的基础。

格罗皮乌斯与伊滕之间日益深入的分歧由于魏玛出现的两个同样有个性的人物而加剧，他们是荷兰风格派艺术家提奥·凡·杜斯堡（Theo van Doesburg）和俄罗斯画家瓦西里·康定斯基。提奥·凡·杜斯堡于1921年冬加入包豪斯，康定斯基受伊滕鼓动于1922年加入包豪斯。前者提出开设一门理性的、反对个人主义的美学；后者教授带有情绪色彩的、最终归于神秘主义的艺术手法。虽然这两位天才没有发生直接冲突，凡·杜斯堡在学院外所做的风格派论战很快吸引了包豪斯的许多学生。他的教学法不仅对工作坊的生产起了直接影响，而且还直接向当初包豪斯纲领中的开放性观念提出了挑战。他的影响甚至可从格罗皮乌斯私人办公室的家具设计中反映出来，也反映在格罗皮乌斯与阿道夫·迈耶共同参加的1922年《芝加哥论坛报》大楼设计竞赛作品［**图99**］的非对称构图中。

1922年，在凡·杜斯堡宣布改宗九个月之后，紧张的社会经济形势迫使格罗皮乌斯修改最初纲领中的以手工艺为中心的倾向。在他给包豪斯的教师们的通报中，首次出现了对伊滕的攻击。在其中，他间接地批评了伊滕对世界的修士般的拒绝。这份通报实际上成为他的一篇文章《魏玛包豪斯的理论和组织》的底稿，该文在1923年魏玛首届包豪斯展览会期间发表，文中写道：

手工艺教学意味着准备为批量生产而设计。从最简单的工具和最不复杂的任务开始，他（包豪斯的学徒）将逐步掌握更为复杂的问题，并学会用机器生产，同时他自始至终地与整个生产过程保持联系。[4]

这段措辞严谨、就工艺设计及工业生产协同的陈述立即导致伊滕提出了辞职。他的教学职务很快由匈牙利艺术家、社会激进分子拉兹洛·莫霍利–纳吉（László Moholy-Nagy）接替。莫霍利–纳吉在1921年到达柏林时（从短命的匈牙利革命中来此避难），曾与俄国设计师艾尔·利西茨基（El Lissitzky）有过交往，后者是为准备1922年的俄国展览会而来到柏林的。这次会面使他鼓起勇气追求自己的构成主义倾向。从此他的绘画就具有至上主义（Suprematist）的要素，那些模块式的十字架和矩形立刻成为他著名的“电话”画的特征，这些画都作于搪瓷钢画板上。关于“电话”画，他这样写道：

99　格罗皮乌斯与阿道夫·迈耶，《芝加哥论坛报》大楼设计方案，1922

在1922年，我打电话给一个招牌工厂订购五张搪瓷画板。在我面前摆着一张该厂的颜色表，我随手在图表纸上勾画我的画。电话的另一端是工厂管理人员，他也有一张同样方格的纸，并且在正确的位置记录下我所指定的形状。[5]

这种程序艺术产品的惊人的演示似乎对格罗

皮乌斯产生了影响。翌年，他邀请莫霍利－纳吉来接管预科课程及金属工艺车间。在后者的指导下，莫霍利－纳吉的作品立即呈现出“构成要素主义”（Constructivist Elementarism）的倾向。由于成熟地考虑了所生产的成品的适用性，产品更为成熟。就在那时，莫霍利－纳吉在与约瑟夫·阿伯斯（Josef Albers）共同执教的预科课程中又加入了用各种各样的材料，包括木材、金属、电线和玻璃等做成平衡结构的练习，其目的已不再是为了演示通常用于浮雕中的材料与形式的对比感，而是显示自由的、非对称结构的静力学及美学特征。这些“习作”的缩影是他本人设计的“光－空间调剂器”（Light-Space Modulator），他从1922年到1930年一直从事于此。

莫霍利－纳吉的“构成要素主义”风格部分地取材于苏联呼捷玛斯（Vkhutemas，高等艺术与技术学院），又补充了凡·杜斯堡的风格派，以及后立体主义形式处理手法的影响，这一点可以从1922年以后处于施莱默指导下的雕塑车间的作品中反映出来。伊滕辞职之后，这种“要素主义”美学马上被作为一种特有风格被学校采纳，它的一个早期表现是无衬线字体排印，被赫伯特·拜尔（Herbert Bayer）和约斯特·施密特（Joost Schmidt）用于1923年的包豪斯展览会。

主要由包豪斯车间建造并装修的两幢示范住宅都具有这一转变时期的特点，它们显示出一些共性，但又截然不同。一幢是格罗皮乌斯及迈耶设计的佐默费尔德住宅（Sommerfeld House），于1922年在柏林达莱姆建成，另一幢是包豪斯“实验住宅”［**图100**］，由穆赫和迈耶为1923年包豪斯展览会而设计。第一幢设计成传统家乡风格（*Heimatstil*）的小木屋，用木雕及染色玻璃装修

100　穆切与 A. 迈耶，实验住宅，魏玛包豪斯展览会，1923

室内，从而创造了一种整体艺术作品。第二幢的构思为一个客观（sachlich）的、装修得体的实物，用最新的、省劳力的手段完成，成为一种居住机器（Wohnmaschine）。这种使用最简短路线的住宅绕着一个中庭布置，这个中庭并不是一个敞开的院子，而是用高窗采光的起居室，周围布置卧室及其他辅助空间。每一间周边房间配以风格简朴的设施，如裸露在外的金属暖气片、钢窗、钢门框、要素化的家具以及没有罩的管状灯等。尽管大部分部件是在包豪斯车间中手工制作的，阿道夫·迈耶在关于住宅的“包豪斯丛书”3（1923）中，仍然强调了其标准化的浴室和厨房设备以及采用全新材料和方法的结构处理。

同期的“包豪斯丛书”中有格罗皮乌斯撰写的

《住宅工业化》，它进一步阐发了包豪斯的观念变化。书中有一幅由卡尔·菲格尔（Karl Fieger）设计的圆形房屋插图，它提出的集中型轻质结构的概念启发了1927年巴克敏斯特·富勒的戴梅森住宅。此外，格罗皮乌斯发布了他自己的系列住宅单元（Serienhäuser），希望以此作为包豪斯居住区的原型建在魏玛郊外。这个系列住宅单元最终于1926年建在德绍的包豪斯，成了教师们的住宅。

1923年之后，包豪斯的态度变得十分"客观"，它与新客观运动发生了紧密的关系。这种紧密联系在德绍包豪斯本身的建筑物中已经有所反映了——尽管当时它们尚存在形式主义的组合手法——而且在1928年格罗皮乌斯辞职以后变得越发明显了。格罗皮乌斯任期的最后两年内有三项主要成果：因政治原因而被迫有序地从魏玛搬到德绍，建成德绍包豪斯［**图101、102**］以及最终出现一种可识别的包豪斯手法，它更加强调生产方法、材料特性及建设纲领的必要性。

家具车间在马塞尔·布劳耶（Marcel Breuer）的天才指导下，于1926年开始生产轻型钢管椅子和桌子，它们方便、易清扫并且很经济。这些家具与金属车间的灯具［**图103、104**］组合在一起，

137

101、102　格罗皮乌斯，包豪斯，德绍，1925—1926。
外形取风车形构图
连通行政及车间的跨桥（右图），1926年落成

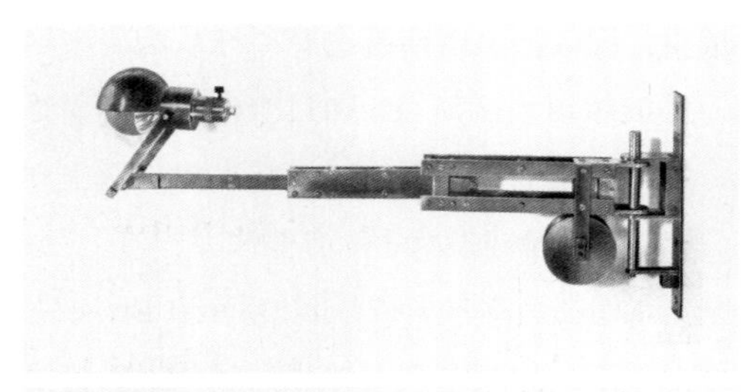

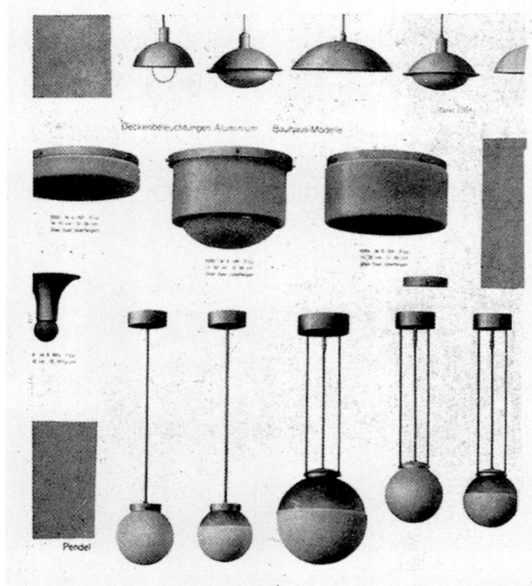

用于包豪斯新建筑物的室内[**图105**]。到1927年，这类包豪斯设计的工业产品生产达到了高潮，其中有布劳耶的家具、根泰·斯塔德勒–斯托尔兹(Gunta Stadler–Stölzl)及其同事们的有质感的织物，以及玛丽安·布兰特(Marianne Brandt)高雅的灯具及金属制品等。同年，包豪斯印刷工艺终于随着拜尔朴实无华的版面及无衬线活版印刷而日臻成熟，并且不久后因为它排除了大写字母而著称于世。1927年，在瑞士建筑师汉纳斯·迈耶(Hannes Meyer)的领导下成立了建筑系。在这段时间，一批由布劳耶设计的预制房屋反映出迈耶的影响。随迈耶同来的有他的富有才华的同事汉斯·威特韦尔(Hans Wittwer)，同迈耶一样，他也是巴塞尔(Basle)左翼ABC小组的成员。(见p.142)

早在1928年，格罗皮乌斯就向德绍市长提出了辞职，并指定迈耶做他的后继者。学校的相对成熟、对他本人不断的攻击以及他开业后业务的繁忙都使他确信已到了换人的时候了。这种变动剧烈地改变了包豪斯。令人奇怪的是，尽管德绍弥漫着越来越浓的保守气息，但这个变动却使得包豪斯变得更加“左倾”，甚至更接近了新客观派的立场。由于多种理由，莫霍利–纳吉、布劳耶及拜尔都以格罗皮乌斯为榜样，纷纷辞职。莫霍利–纳吉在他的辞呈中提出，他不喜欢迈耶对采用一种严格的设计方法表示立即支持的态度。

我不能继续承受这种专门化、纯客观的及高效的教学基础——无论是生产性的或者人文性的……在技术课程日渐增多的形势下，只有在我拥有一位技术专家作为助手的条件下我才能续任，但从经济上考虑，这是永远不可能的。

103 尤克尔(Jucker)，可调节的钢琴用灯，1923

104 包豪斯灯具，使用压制金属与半透明玻璃，在H.迈耶指导下成批生产

105 格罗皮乌斯，包豪斯，德绍，1925—1926。主厅内用布劳耶的家具

139

从格罗皮乌斯的明星教学班子的约束下解放出来后，迈耶能够将包豪斯的工作转向更具“社会责任”的设计教程。先是出现了简单的、可拆卸的，并不奢华的胶合板家具，然后是墙纸系列。更多的包豪斯设计付诸实施，但现在强调的是社会效果而不是美学因素。迈耶用四个主系组成包豪斯：建筑学系(后因争论而改称“房屋建筑系”)、广告系、金木生产系及纺织系。辅助的科学课程如工业组织及心理学在各系均被列入。建筑专业则将其重点着眼于平面布置的经济优化及采光、日照、热量得失及声学的精确计算方法。这个雄心勃勃的教学纲领需要增加教师，所以继威特韦尔被指定为技师之后，很快又添上了建筑师兼规划师路德维希·希伯赛默（Ludwig Hiberseimer）、工程师阿尔卡·鲁德尔特（Alcar Rudelt）以及由阿尔弗雷德·阿恩特（Alfred Arndt）、卡尔·菲格尔、爱德华·海伯格（Edvard Heiberg）和马特·斯塔姆（Mart Stam）组成的画室教学班子。

尽管迈耶小心翼翼地避免使包豪斯成为左翼政党的工具(如企图阻止在学校内形成学生共产主义小组)，一场无情的反对他的运动最终迫使市长要求他辞职。迈耶在给市长弗里兹·海塞的公开信中表达了他对局势的理解：

> 不必向您解释，从党派组织的角度来看，成立“德共德绍包豪斯小组”是不可能的；也无须向您保证，我的政治活动是文化性的而绝非党派性的……城市政治需要您让包豪斯取得驰名的成功，需要一个辉煌的包豪斯作为门面，当然包豪斯也要有一位有威望的校长。[6]

城市政治以及德国右翼反对派在这一事件中

106 山协（Yamawaki),《德绍包豪斯的结局》，拼贴画，1932

的要价更高。他们要包豪斯关闭并且要用“雅利安”的坡顶覆盖在包豪斯“客观”的立面之上。他们要使马克思主义受到谴责，把那些开明的流放人士和他们晦涩难懂的艺术品都驱逐出去——这些艺术品后来被指为衰落的象征。德绍市市长那些试图通过密斯·凡·德·罗的家长式的指导、以自由民主的名义来拯救包豪斯的努力，注定是徒劳的，最终是要失败的。包豪斯在德绍继续了不过两年多。1932年10月，它的残余被搬到柏林郊区的一个旧仓库中，然而到这时候，反对派的水闸已经打开，九个月以后，包豪斯终于彻底地关闭了［**图106**］。

第15章

新客观性：德国、荷兰与瑞士 1923—1933

新客观性（Neue Sachlichkeit）一词实际上是我在1924年杜撰的，而一年后的曼海姆展览会用了同一个名称。这个词事实上应当作为带有社会主义色彩的新现实主义的标签。这个字眼与当时的德国在经历了一段充满希望的，并以表现主义来表达的时期之后而陷入的一种逆来顺受和玩世不恭的处世态度相关。逆来顺受和玩世不恭是“新客观性”的消极一面；它的积极一面则表现在对直接接触的现实的热诚，它来源于一种全客观主义的、以物质为基础来对待事物，而不再添加思想意识的含义的愿望。这种健康的幻灭情绪在德国的建筑艺术中找到了最清晰的表现。[1]

——G.F. 哈特劳布（G.F.Hartlaub）
《致阿尔弗雷德·H. 小巴尔的信》，1929年7月

早在1924年之前，“客观”一词便一直在德国文化圈子内流行。当时，艺术评论家G.F. 哈特劳布偶然采用了“新客观性”一词，以识别战后反表现主义的一个画派。“客观性”一词用于建筑领域似乎首先出现在1897—1903年赫尔曼·穆特修斯为《装饰艺术》杂志所写的一系列文章中。这些文章把“客观性”的品质归诸英国的工艺美术运动，尤其是表现在手工业协会（如阿什比的作品）及早期花园郊区中。对穆特修斯来说，“客观性”意味着对产品设计所持的一种客观的、功能主义的而且是十分实在的态度，着眼于改革工业社会本身。海因里希·沃尔夫林（Heinrich Wölfflin）则赋予它不一样的内涵。他于1915年出版的《艺术史原理》一书中，对1800年的“直线式”视觉这样写道：“新的线条为新的客观服务。”由此可见，哈特劳布为他1925年在曼海姆举办的“魔幻现实主义”（Magical Realist）画家（这些艺术家自第一次世界大战以来就在描绘严峻的社会现实及本质）的展览会题名为“新客观”之前，“*Sachlichkeit*”便已被赋予“新”的意义。然而，据弗里兹·舒马伦巴赫（Fritz Schmalenbach）的观察：

实际上，该词的使用意图首先不在于形成新绘画的“客观性”，而是在这种客观性下面的更为普遍的某物，它用来表达一个时代的总的意识形态革命，一种思想和感受方面的全新的客观性（Sachlichkeit）。[2]

到20世纪30年代初，这种表现手法得以广泛传播，并且，正如哈特劳布所期望的那样，其内涵已经变成一种对社会本性的不带感情色彩的态

141

度。1926年，这个词先被用来指建筑中“新客观”的，并且显然是社会主义的态度。虽然如舒马伦巴赫所注意到的，这种转变并不出之于魔幻现实主义与新建筑共有的风格。在德国，1918年后首次出现的对对象、实物（Gegenstand）的争议直接来自俄国，它在“新客观”派建筑的发展中注入了一种特殊的社会政治含义。

1917年发生的俄国革命，以及第二年德国的军事失败，使俄国和德国都面临着怀有敌意的西方强权。苏联一边应付内战与外国干涉，一边又不得不与由经济封锁所带来的匮乏斗争。与此同时，德国则受到《凡尔赛条约》惩罚性的打击。1921年，苏联内战结束，国外压力的缓和使列宁宣布了新的经济政策，力图吸引外国资本与俄国结成企业伙伴。不久以后，德国批准了早年与苏联的一系列协商结果，在1922年签订了拉巴洛条约，决定重新建立两国的外交关系，两国承诺进行经济合作。随着1921年底苏德关系解冻，艾尔·利西茨基和伊利亚·爱伦堡（Ilya Ehrenburg）作为苏联非官方的文化使节来到柏林，其直接任务是筹办苏联先锋派艺术的正式展览。1922年5月，他们出版了第一期使用三种语言的艺术评论刊物《对象》（*Veshch/Gegenstand/Objet*），其封面上是两个富有意义的形象：一张铲雪车的照片以及至上主义的基本图标——一个黑方块和一个黑圆。[**图107**]《对象》杂志就成为客观（sachlich）的工程实物及“非客观”至上主义的世界。

1923年，艾尔·利西茨基更深地涉足于一些文化宣传工作，他与汉斯·里希特（Hans Richter）、维尔纳·格雷夫（Werner Graeff）一起编撰了柏林杂志 *G*（代表 *Gestaltung*，即“形式”）的第一期，阐述了他在同年为大柏林人艺术展览会建造

107　利西茨基，《对象》杂志封面，1922

的“普罗乌恩室”（Prounenraum）的设计思想。利西茨基发明了新词“普罗乌恩”（Proun，来自Pro-Unovis，即新艺术学校），用来指介乎建筑和绘画之间的新的艺术领域。普罗乌恩室是一个小小的矩形房间，从天棚蔓延到地板上的浮雕使其空间更分明生动。关于这个小室，利西茨基写道：

这个房间……是以基本的材料和形式来进行设计的……它的表面既有平铺在整片墙面上的（色彩），又有垂直于墙面的（木材）……我在这个房间内寻求的平衡必须是基本的，并且能够变更，使它不至于**为一部电话或一件标准家具受到干扰**。在这里，房间为人而存在，而不是人为房间存在。[3]

正如《对象》杂志封面所示，至上主义的抽象

与标准实物都被视为是和谐一致的。不同于赖特在拉金大厦的思想，利西茨基并不感到有必要去为电话机之类的人造产品重塑风格，虽然他早在1920年就拒绝过塔特林的产品主义小组所倡导的“反艺术”的功利主义。当时，他认识到凭经验建造的 *sachlich*——客观结构物既具有空间的美妙，又具有象征的意义。1920年设计的“列宁讲台”（Lenin Tribune）是他将工程学与至上主义巧妙结合的范例：其基本结构由一组倾斜的网格组成，顶部显要位置用蒙太奇手法陈列着列宁像，而讲坛及基座则处理成要素主义形式，被出其不意地悬在空中。这种把抽象的、非实物的要素与按经验建造的形式不协调地并置在一起的做法，早在20世纪30年代之前就已成为利西茨基作品的特色。虽然这种合成手法与“客观派”的观念并不严格一致，但他的手法已经成为一种具有国际及“客观”建筑风格的出发点。

1922年，23岁的荷兰建筑师马特·斯塔姆在柏林为迈克斯·陶特工作。在那里，当他独立参加克尼格斯堡的一幢办公楼的设计竞赛时，遇到了利西茨基。他们在柏林停留期间接触频繁。1923年，利西茨基为莫斯科做了一个“悬挂”式办公楼方案：云彩大厦，最后产生了两种截然不同的设计：一个是利西茨基独自设计的，另一个是与斯塔姆合作的。1923年年底，利西茨基得了肺结核，不得已搬到苏黎世，斯塔姆与他同行。第二年，他们在瑞士有了不少追随者。1925年，主要在利西茨基的怂恿下，他们组成了左翼 ABC 小组，中心设在巴塞尔。组内的瑞士成员包括苏黎世的埃米尔·罗斯（Emil Roth）和巴塞尔的汉斯·施密特（Hans Schmidt）、汉纳斯·迈耶及汉斯·威特韦尔。这些人士献身于按照科学原理设计的为社会所需要的建筑事业。

从1924年起，ABC 小组开始在《ABC：献给建筑》杂志中宣传他们的观点。该杂志由斯塔姆、施密特及利西茨基与洛斯合办。虽然他们不采用“新客观”一词，但他们的实践具有明显的新客观倾向。第一期有斯塔姆的文章《集合造型》及利西茨基开创性的论文《要素及发明》。利西茨基在文中简述其手法的双重性，即功能结构与抽象要素的合成法。第二期介绍 ABC 小组对规范标准所特有的关注，尤其是见之于保罗·阿尔泰利亚（Paul Artaria）论纸张尺寸标准化一文中。第二、三期是合刊，有一篇论述钢筋混凝土结构的文章，以1914—1915年间勒·柯布西耶的多米诺体系（‘Dom-Ino’ system）为例，文章采用的例证还包括密斯·凡·德·罗1922年的玻璃摩天楼方案、斯塔姆的克尼格斯堡建筑以及同时期的“可扩充住宅”设想等。该杂志对金属和木制窗框在重量和厚度方面进行了戏剧性的对照以后，强调了现代建造技术内在的经济性。不久之后，ABC 小组用“建筑 × 重量 = 纪念性”的等式概括了他们对重型建筑的厌恶感。

随着迈耶及威特韦尔于1926年发表的巴塞尔彼得斯学校方案［**图109**］，ABC 小组更加明确了其功能主义及反纪念性的纲领。迈耶的介绍表现了 ABC 小组对精确计算及与社会实际结合的关注，这两者都要通过轻质技术来达到。

设计思想就是用自然光照亮所有的房间……并且划出一个新地段作为城市的一部分。目前还看不出有需求的前景，以下是以旧房子为基础的一种妥协方案……

学校本身尽可能升出地面以上，腾升到有阳光和新鲜空气的地方。在底层的封闭空间内只有室内游泳池兼健身

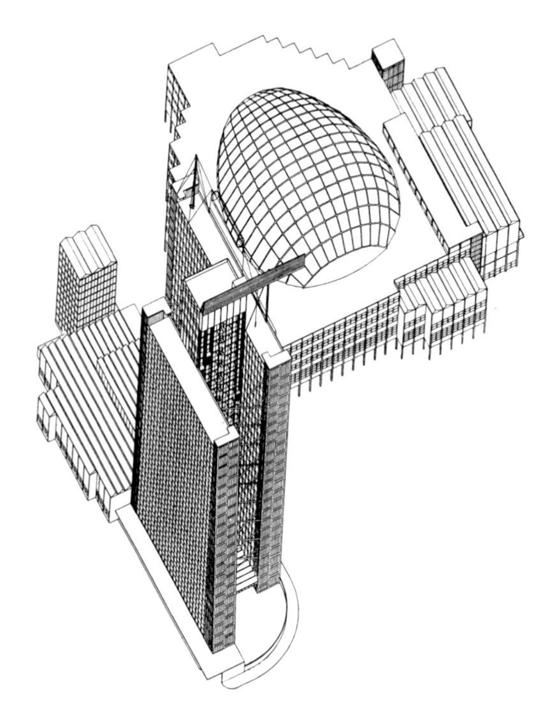

108　H. 迈耶与威特韦尔，国际联盟总部大厦方案，日内瓦，1926—1927（可与勒·柯布西耶的方案相比较，见 p.174）

143 房。游戏场地的剩余面积供公共交通及停车场用。另辟了两个室外空间（空中平台）来代替游戏场，并将大楼所有的平屋顶用作孩子们的游戏场所……这两个空中平台没有结构支撑，而是通过四根缆绳以建筑物的自重来平衡。[4]

这种钢框架的"构成主义"作品使人想起了苏联呼捷玛斯的空中餐厅方案，由斯塔姆在1924年 ABC 杂志上发表。彼得斯学校方案中像机器一样的装设——钢窗、铝门、橡胶地板及石棉水泥瓦的围护结构——预示了迈耶及威特韦尔1927年参加国际联盟大厦竞赛中所提出的方案［**图108**］。

迈耶和威特韦尔宣称他们的国际联盟大厦设计方案是一种科学的解决方案，值得检验。从结构上说，这种断言是有理的，他们采用一种标准模块以便于预制。就像帕克斯顿的水晶宫一样，任何局部的模数扩张或减少都可以实现，而无须改变建筑物的基本次序。会议楼层架于柱子之上，并由于在下面设置了停车场而显得十分合理。同时，迈耶经过精确的声学计算来确定礼堂轮廓线的做法，也可反映出他极为推崇的"客观性"。但是电梯井配上玻璃（按照俄国构成主义模式）以显示其在运转中的"机器美"的做法，不禁使人对设计者的"客观性"提出了疑问。此外，考虑到整个建筑不可否认的构图美以后，更多疑问产生了。虽然迈耶在报告中宣称"我们的建筑物绝无象征性"，并且坚持他们对场地的客观评价是不包含美学价值的，但他的报告中仍不免透露出某种象征性的意图：

如果国际联盟的意图是真诚的，就不可能把这样高尚的社会组织塞进传统建筑的紧身衣中。这里没有为疲倦的君主们设立带柱廊的接待室，而是为繁忙的人民代表们设立了卫生条件良好的工作室；没有为幕后外交家们设立暗廊，而是为诚实人士的公共会谈设立了开敞明亮的房间。[5]

迈耶的功能主义手法中潜在的象征性也表现在将会议大楼的使用者按照其停车位置进行分级，并且不声张地将他们从停车处导向礼堂内指定的位置的做法中。

ABC 以客观的手法和态度投身于建筑及生活，出之于它那只为集体需要服务的决心。斯塔姆在《集合造型》一文中写道：

对待生活的二元论——天与地、善与恶——也就是那 144

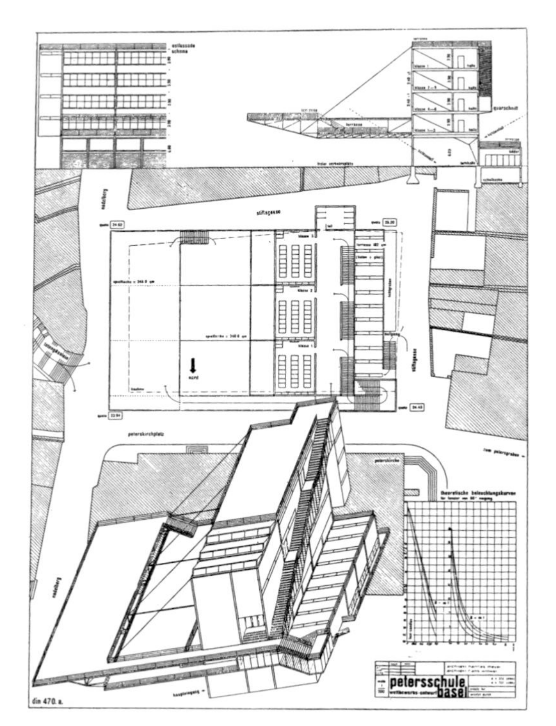

109　H. 迈耶与威特韦尔，彼得斯学校方案，巴塞尔，1926

种认为内在冲突永远存在的观点，把重点置于个人身上，并且将个人从社会中拉了出来……个人的孤立使他易受感情的控制。可是现代的世界观……把生命看作由单一力量延伸出来的个体。这就意味着，凡是专门的和个人的，都必须让位于全体成员适用的事物。[6]

迈耶在《作品》(1926)上发表了文章《新世界》，其中表达了同样的观点：

我们需要的标准化可以从圆顶硬礼帽、鬈发、探戈、爵士乐、合作社产品、德国标准尺寸等反映出来……工会、合作社、有限公司、企业、卡特尔、托拉斯以及国际联盟都是当今社会集团得以表现自己的形式，而无线电及轮转印刷机成了通信的媒介。合作支配了世界。社会支配

了个人。[7]

1925年，斯塔姆回到荷兰，在L.C. 凡·德·弗卢格特（L.C.van der Vlugt）那里工作，作为1929年建成的钢筋混凝土蘑菇柱结构的凡耐尔工厂（Van Nelle Factory）[**图110、111**]的项目负责人。如果说迈耶和威特韦尔为国际联盟所做的方案能被看作ABC小组的典型，那么凡耐尔烟草、茶叶和咖啡包装厂便可看作其技术和美学立场的体现。正如迈耶和威特韦尔的设计一样，该项目中的结构及运动系统被清晰地展示出来，当然，在包装过程中主要的运转工具不是电梯而是加玻璃罩的运送带，它在幕墙式的包装车间与运河仓库之间沿对角线方向往返。这种开放的、动态的表现手法的意义不会逃过像勒·柯布西耶那样敏锐的观察者的眼睛，他把它看作是对自己乌托邦社会主义信念的肯定，并于1931年写道：

进入工厂的道路是光滑的、平坦的，两侧配有棕色砖铺砌的人行道。它像舞厅地板一样干净光亮。这幢建筑物挺括的立面——明亮的玻璃及灰色的金属——升向……天空……到处是宁静。一切都对外敞开。这点对于在八层大楼里面工作的所有人而言，具有重大的意义……鹿特丹的凡耐尔烟草工厂是现时代的创造物，它把“无产阶级”一词中所有令人绝望的含义都抹掉了。这种由利己主义的贪财本能向集体行为的转移产生了极为愉悦的后果：在人类事业的每个阶段都有个体的参与。[8]

尽管斯塔姆是这项设计的主要参与者，但凡·德·弗卢格特的作用不能被低估，尤其是他后来没有斯塔姆的协助也设计了堪称“客观派”的作品——1933年在鹿特丹建造的最低生存限度

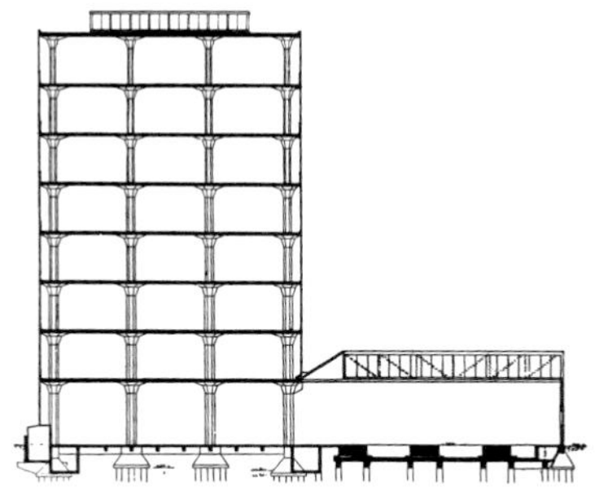

110、111　布林克曼与凡·德·弗卢格特（负责建筑师：斯塔姆），凡耐尔工厂，鹿特丹，1927—1929。混凝土蘑菇柱的横剖面及外观

（Existenzminimum）的伯格泊德尔公寓（Bergpolder flats）。然而，将客观性论战介绍给荷兰建筑界的功劳，仍然应当归于斯塔姆。到这时为止，J. J. P. 奥德已经建造了大量平屋顶的功能主义的工人住宅，其中最突出的是1925年建造的鹿特丹基夫霍克住宅区（Kiefhoek Estate）。在所有这些作品中，作为鹿特丹城市建筑师的J. J. P. 奥德始终遵循了贝尔拉赫把街道作为一个封闭的室外房间的传统城市观念。

斯塔姆对这一传统的反叛在他于1926年在阿姆斯特丹的罗金区的项目中得以充分体现。在该项目中，现有街道的延续性被一个连续升高的办公楼阻断，办公楼通过自动扶梯和空中铁路进行接入，地面则保留用于交通停车、展示和行人通行。这个挑衅且在经济上存疑的项目典型地展示了斯塔姆对颠覆传统城市格局的关注，它成为他所构想的“开放城市”概念的缩影。

斯塔姆极端的唯物主义使他孤立于1920年在鹿特丹成立的功能主义学派奥普博夫小组（Opbouw）之外。尽管这个小组致力于“新客观”，但像布林克曼、凡·德·弗卢格特及他们在工业界的顾主基斯·凡·德·莱乌（Kees van der Leeuw）等成员试图通过对普世“精神”价值的关注来超越“客观性”。这表现在1930年他们参加荷兰的神智学运动及他们在奥门（Ommen）为克里希那穆提及其追随者建造了一所小型静修室。

约翰尼斯·杜依克（Johannes Duiker）及贝纳德·比耶沃特（Bernard Bijvoet）的作品中具有类似的对精神力量的追求。他们于1924年在阿尔斯梅尔建造的板式住宅［**图112**］中摆脱了他俩初时追随的赖特风格。这幢不对称的单坡顶住宅开始了杜依克事业中的“客观性”时期。这个时期以两幢具有明显构成主义特征的钢筋混凝土和玻璃结构的设计作为结束：一幢是1928年在希弗塞姆的佐纳斯特拉尔疗养院（Zonnestraal Sanatorium）［**图113**］，另一幢是1930年在阿姆斯特丹的露天学校（Open Air School）［**图114**］。尽管杜依克接受了适应建筑计划需要而变化的必要性，体现在露天学校不对称布置的体育馆翼楼中，但他潜在的理想主义仍可以从其对对称布局的偏爱中表现出来。

仅在他生命的后期，他才舍弃自己独特的“蝴蝶式”构图，倾向于斯塔姆的更为系列化的、“非形式的”手法。这点体现于他1934年的阿姆斯特丹西尼阿克电影院（Cineac Cinema），及他死后由比耶沃特完成的建于1936年的希弗塞姆的古兰德旅馆（Gooiland Hotel）。

1928年，斯塔姆在为斯图加特1927年魏森霍夫住宅区设计了住宅之后，再次离开荷兰赴德国，这次是去法兰克福，他将跟随城市建筑师恩斯特·迈（Ernst May）从事海勒多夫住宅区的设计，这是恩斯特·迈的“新法兰克福”大型开发项目中的一个居住区项目。1928年下半年，在里特韦尔（Rietveld）及贝尔拉赫等人的陪同下，斯塔姆代表荷兰出席了在瑞士萨拉茨举行的CIAM成立大会。会后不久，阿姆斯特丹功能主义学派的“八人”小组与奥普博夫小组合并，从而使得荷兰新客观运动更加稳固了。这个被称为“奥普博夫八人”（De 8 en Opbouw）的组织，作为CIAM中的荷兰一翼一直很活跃，直到1943年。

新客观派在德国的出现与魏玛共和国的应急住宅计划是分不开的，该计划在1923年11月地产抵押马克（Rentenmark）币值稳定后启动。就在那年，联排住宅（*Zeilenbau*）的先驱奥托·哈斯勒（Otto Haesler）在汉诺威附近的切莱建成了意大利式花园住宅区（Siedlung Italienischer Garten）。它的平屋顶、彩色粉刷立面的现代派组合方式，在1925年被恩斯特·迈作为一种模式用于法兰克福的第一批住宅单元中。哈斯勒于1924年在切莱的第二项作品佐尔格花园住宅区（Siedlung Georgsgarten）中，将1919年西奥多·菲舍尔在慕尼黑Alte Heide的联排住宅模式发展为一种普遍的体系。这些住宅以最佳的日照及通风的距离

112 杜依克与比耶沃特，住宅，阿尔斯梅尔，1924

113 杜依克，佐纳斯特拉尔疗养院，希弗塞姆，1928。行政与医疗综合体，病房楼为辐射型的

114 杜依克，露天学校，阿姆斯特丹，1930

146

成排布置。这个模式是建立在海利根塔尔法则（Heiligenthal's rule）基础上的，即两排房屋的间隔不得少于它们高度的两倍——它成为新客观派的规范性公式，于1925—1933年间在德国建造的不计其数的住宅计划中一再得到应用。(见图119，p.149) 在这种以哈斯勒为样板的布置方案中，朝南及朝西的起居室都面向开阔的小区绿地。在佐尔格花园住宅区的设计中，哈斯勒在联排住宅的基础上增设了南北走向的朝南短翼，于是创造了一连串L形的绿化庭院，一直延伸出去与配额地毗连。这些配额地被分配到户，为种植食物之用（可与阿道夫·洛斯1926年在维也纳的霍伊堡住宅区进行比较）。哈斯勒在佐尔格花园项目中也发展出基本的公寓类型，他一生中设计了许多这种类型的住宅。他的典型公寓由起居室兼餐厅、一个小厨房、一个厕所及三至六个卧室组成，布置成三层，有一对楼梯上下。用独立的厨房代替传统的堂食厨房（*Wohnküche*），是成批住宅中很明显的变化，产生了关键性的社会影响，将家庭生活重心转移到朴实的布尔乔亚"沙龙"。1922年在拉特瑙建造的弗里德里克·埃伯特环路住宅区（Friedrich Ebert-Ring）中，哈斯勒又对他的典型公寓进行了改进，在标准的无电梯单元中引入了独立的浴室。

这两个早期住宅区均配备了诸如洗衣房、会议室、图书馆、运动场等公共设施，在佐尔格花园小区中则配置了一个幼儿园、一家咖啡馆及一间理发店。这些空间中零落的装修采用了标准的索奈特家具及无罩灯具，配上其细部被精心设计过的管道及电线。这些特征的综合成了新客观派典型的室内设计手法：利落、朴实，同时又高雅。这种特质也反映在外观设计中：简洁的表面、钢窗、有专利权的玻璃以及金属栏杆，这些合在一起构成了客观派的通用语法。

尽管涉及的17位建筑师国籍不同，思想意识有分歧——他们中光是来自德国的就有贝伦斯、德克尔（Döcker）、格罗皮乌斯、希伯赛默、雷丁（Rading）、夏隆、施耐克（Schneck）、密斯·凡·德·罗及陶特兄弟——这种客观派的表现模式在1927年斯图加特郊外的德意志制造联盟魏森霍夫住宅展中得到了普遍的运用。

哈斯勒在他本人后来的工作发展中，开始脱离把居住区作为一个共同整体的表现手法，而主张把联排住宅设计成独立自主、可无限重复的平屋顶单元。他在1929年为卡塞尔的罗森堡住宅区所做的初步规划就是这方面的典型，这也是此期内大多数其他新客观派设计的住宅的典型。

1925年，恩斯特·迈被委任为法兰克福的城市建筑师之后，那里的工人住宅区建设以空前的规模开始。然而，由于迈早期在慕尼黑受训于西奥多·菲舍尔，并在英国受训于雷蒙德·昂温，他的理性主义受到对传统的感情的制约。尽管哈斯勒在佐尔格花园创立了一种连续锯齿形的形式，并在罗森堡做了密集的端部开放的布置，迈［和布鲁诺·陶特及马丁·瓦格纳（Martin Wagner）设计柏林－布里兹住宅区时一样］则更关心按照普鲁士村落Anger的传统模式创立包容一切的城市空间。因此，他在法兰克福的第一项工作，是于1925年与C. H. 鲁德洛夫（C. H. Rudloff）一起设计的布鲁赫菲德街（Bruchfeldstrasse）住宅区［**图115**］，它由一组"Z字形"住宅围成一个大院落，中间包围了一个精致的社区风景花园。这种独特的布置从形式上使人想起由维克多·布儒瓦（Victor Bourgeois）于1922年为布鲁塞尔设计的现代城

115　恩斯特·迈与鲁德洛夫，布鲁赫菲德街住宅区，法兰克福，1925

116　G. 舒特－李霍茨基，法兰克福厨房，1926

（Cité Moderne），不过迈后来的设计手法趋于一般化，体现在1926年的新法兰克福总体规划，以及于1925—1930年间作为尼达谷地（Nidda Valley）综合体一部分而建造的罗默城、普朗海姆、威斯特豪森及霍恩布利克等居住区中。

在此期间，在迈指导下完成的住宅有1.5万个单元，超过了在法兰克福建造住宅总量之九成。如果没有迈在设计和施工两方面坚持高效率与经济性，这一惊人的数字是不可能达到的。这样一种由于建造费用的现实而不得不采用的客观手法，必然导致“最低生存”空间标准的形成，这也成了1929年CIAM法兰克福会议上争议的主题。与勒·柯布西耶“理想主义”的最大生存（existence-maximum）空间号召相反，迈的最低标准取决于广泛使用安排巧妙的贮藏室及折叠床，而最重要的是发挥超高效率的、实验室般的厨房——法兰克

148

福厨房（*Frankfurter Küche*）［**图116**］，它由建筑师G. 舒特－李霍茨基（G. Schütte-Lihotzky）所设计。逐步上涨的成本最后促使迈成了预制混凝土板结构应用的先锋。这种“迈系统”（May System）用于1927年开始的普朗海姆及霍恩布利克住宅区建设中。

沃尔特·格罗皮乌斯1926年的包豪斯综合楼及1928年的托腾（Törten）住宅区［**图117**］，代表了他转向新客观派原则的两个阶段。托腾的“铁路”式布置不仅反映了其单元的标准化，而且也反映了用行走式起重机进行预制装配的流程。然而德绍包豪斯依旧成为不对称要素的形式化集合。它那离心的风车形式使人想起风格派的规划手法，这种形式在由格罗皮乌斯和迈耶于1922年设计的《芝加哥论坛报》大楼方案中进行了首次尝试（见图99，p.135），并且于1924年埃朗根学院（Erlangen Academy）设计中换了一种方式，成为一种不对称的水平分布体量的方式。虽然德绍包豪斯中那种类似的美学表现必然要求有意识地压制其结构框架，但是，可以用对次要部件——如散热器、窗户、栏杆及灯具等——进行客观化（*sachlich*）的细节处理予以补偿。同样，这些大型交叉体量的最终表达，如果不求助于色彩变化或者立面上的浅层建模，是不可能实现的。这种立面处理使人想起格罗皮乌斯和迈耶1914年的制造联盟大厦中所用的现代性（modenature）新古典式的手法。

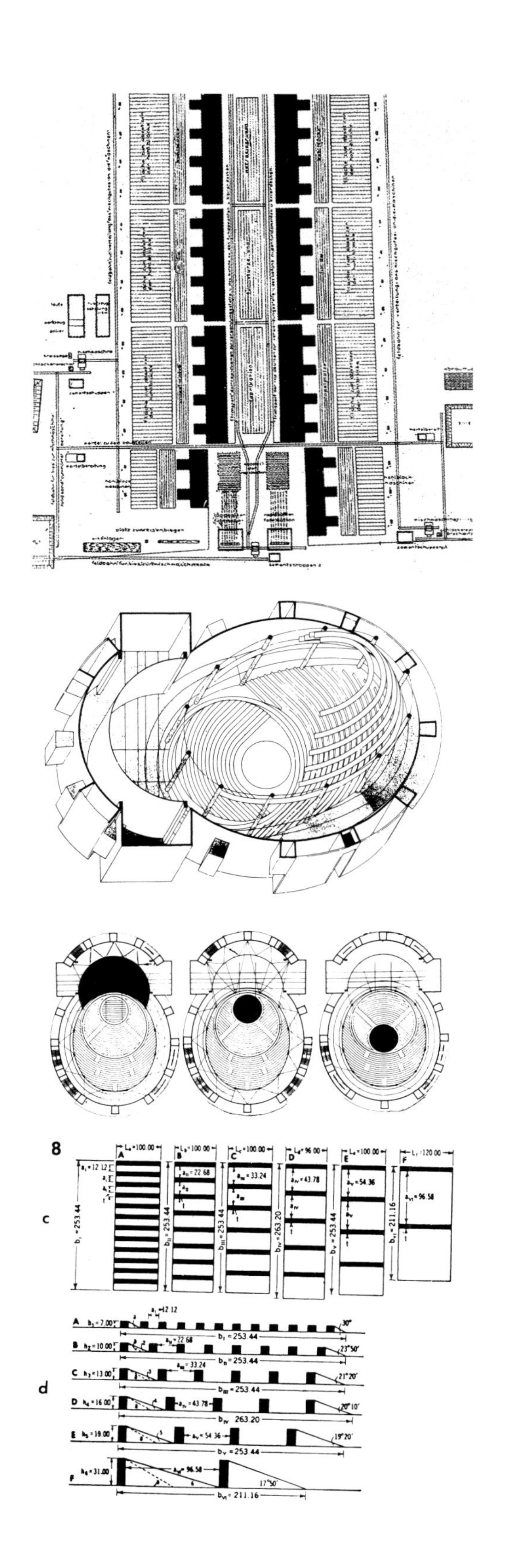

117　格罗皮乌斯，合理化住宅，德绍－托腾，1928。场地布置显然是按塔吊行走路程组织的

118　格罗皮乌斯，总体剧场方案，1927。俯瞰图，表示前台、裙台和台唇三种式样的可变平面

119　格罗皮乌斯，于1930年CIAM大会上提供的简图，表示用高层板式楼对提高密度和增加开放空间的作用

格罗皮乌斯最不含糊的新客观派作品是1927年的总体剧场方案，这是为柏林埃尔温·皮斯卡托（Erwin Piscator）的人民剧院而设计的。1924年，皮斯卡托仿照苏联革命派制作人弗塞福罗德·梅耶荷德（Vsevolod Meyerhold）于1920年在莫斯科创立十月剧院的模式，创办了无产阶级剧院。于是，格罗皮乌斯的“皮斯卡托剧场”设计在很大程度上是为了满足一种生物机械舞台的要求，为梅耶荷德及其无产阶级同伴所提出的“行动的剧场”提供空间。演员——杂技演员是这种剧场最理想的类型，他们在裙式舞台上表演一种马戏般的机械化节目。

格罗皮乌斯以其惊人的才能和善变的手法，向皮斯卡托提供了一个能够迅速变换成三种“古典”舞台形式中的任何一种的观众厅：即前台式、裙台式或台唇式［**图118**］。这种变换是如何操纵的，又会达到怎样的戏剧效果，格罗皮乌斯用自己的语言做了最佳描述。1934年，在罗马的一次会议上，他陈述道：

> 把舞台和部分乐池旋转180度，便使该建筑物整个变了样。以前的台口位置变为一个由一排排观众席围起来的中心演区！这甚至可在演出时进行……这种对观众的冲击，在演出过程中移动他们，出乎意料地更换舞台区，改变了现有的价值尺度，向观众显示了一种新的空间意识并使他们参与了演出。[9]

可变换观众厅还配备以周边式的舞台，在上面的演出能够包围观众。或者，环形表演区（Spielring）可用一道分隔背投式的天幕隔开，用电影映像来补充舞台演出。对舞台本身而言，同样设置了可拆卸的圆形布景。观众厅的适应性又因在中心表演区配置了可供杂技表演的设施而得到加强。这种空中舞台可以把格罗皮乌斯的蛋状空间改变成真正的三维“演出”空间，使观众或是从四面八方包围演出，或是被演出空间包围。最后，观众厅本身是个透明盒子，透过这个盒子，其基本结构都能被容易地看到，蛋状屋顶的开敞构架与椭圆环上的柱子节点巧妙地做到了协调配合（迈耶和威特韦尔的国际联盟观众厅也是如此设计的）。

与剧院的设计在时间上比较接近的，是由马塞尔·布劳耶及古斯塔夫·哈森普夫卢格（Gustav Hassenpflug）于1928年设计的哈塞霍斯特（Haselhorst）住宅区及埃尔伯菲尔德医院（Elberfield Hospital）和汉纳斯·迈耶于1930年在贝尔瑙建成的工会学校。布劳耶未建成的医院与迈耶在贝尔瑙的学校项目均是比较客观性的作品，因为每个设计都由重复元素组成不对称序列，这些元素以阶梯式的形式布置，“同时”满足了每个方案对朝向及地形的要求。疗养院的病房单元位于混凝土上层结构上，一层层后退，以提供台阶式的阳光平台，使每个病房都有一个阳台；而迈耶设计的学校大部分是由三层居住楼组成，在转角处以某种方式后退，以打破冗长的感觉。这两幢建筑物都处在平缓的坡地上，两者都是独立的，而它们的主要配件，如疗养院的手术室及X射线室，或者是学校中的讲堂及公共设施等，与它们只有功能上的关系。

自从1927年年底格罗皮乌斯从包豪斯辞职，他越来越多地参与了对住宅问题的研究［**图119**］。除了20世纪20年代后期在德绍、卡尔斯鲁厄及柏林设计并亲自督建的大量低造价住宅之外，他还在理论上关注住宅标准的提升及社区居民点中无

150

120 《新法兰克福》(1930年9月)杂志封面标题:“一名建筑师离开德国去苏联”。本期专刊名为“在苏联的德国建筑”

等级体系的住宅街区的发展。格罗皮乌斯于1929年为柏林所做的住宅区设计虽未实现，却意味深长地超过了他过去的作品，提供了更高的生活标准及更全面的社会服务。他于1931年设计的位于柏林附近万塞(Wannsee)的中产阶级高层住宅方案，第一次实现了带有一间餐厅及屋顶运动房(日光浴房)的独立社区设想。20世纪20年代后期，格罗皮乌斯的观点处于社会民主立场的左翼，这一点在1929年的短文《最低限度住宅的社会学基础》中表露得更清楚。在文中，他提出了著名的社会主义观点，即以国家干预来提供住房。

因为工艺学的实现受工业与财政的羁绊，也因为任何降低成本的措施首先要能为私人企业的盈利所利用，所以，在住宅建设中，只有在政府通过增加福利措施从而提高私人企业对住宅建造的兴趣之后，才可能提供较便宜多样的住宅。为了实现居民能够支付最低限度标准住宅的房租，就必须要求政府:(1)避免因为公寓面积过大而造成公共基金的浪费……为此要确定公寓面积的上限;(2)降低道路及公用设施的初始成本;(3)提供建造场所，并避免土地落入投机家手中;(4)尽可能地放宽对分区及建筑规范的限制。[10]

这些处方只是稍许超越了魏玛共和国官方的住宅政策，后者在1927—1931年间通过社会保险及财产税等收入，公开补贴了大约100万套住宅的设计及建造，相当于整个期间的约70%的新住宅。

然而，面临股票市场的崩溃，这样一个覆盖面广泛的福利国家体系是不能长久维持的。伴随着1929年的世界经济衰退、外贸量暴跌、贷款被收回，德国再次陷入经济及政治混乱，这造成了国家舆论向右摇摆。由于政局的转变，德国新客观派建筑师的命运也多少已成定局。对他们来说，除了移民别无出路，他们也这样做了，每个人按照自己的政治信仰这样做了[**图120**]。恩斯特·迈于1930年初赴苏联，带去了一个建筑师和规划师组，在乌拉尔山区的马格尼托哥尔斯克城从事一个炼钢厂和整个城市的规划。这一队人员中有弗雷德·福尔巴特(Fred Forbat)、古斯塔夫·哈森普夫卢格、汉斯·施密特、沃特·施瓦根沙伊特(Walter Schwagenscheidt)及马特·斯塔姆。与此同时，迈耶在莫斯科任教，其他人，如阿瑟·科恩(Arthur Korn)及布鲁诺·陶特等于20世纪30年代也先后去了那里。1933年纳粹党夺取政权后，新客观派中持比较中间态度的建筑师也不得已或退休或离开本国。格罗皮乌斯及布劳耶于1934年匆忙移往英国，后又辗转去了美国。

第16章

捷克斯洛伐克的现代建筑 1918—1938

直至最近，对20世纪艺术的历史陈述总是更多地侧重于艺术家和艺术运动的意图。举例来说，总是有一种对先锋派国际主义自我宣布的世界观的一种无批判的接受。这种世界观把历史视为一种以线性进展的均衡延续，这种观点否定地区个性。事实上，国际主义往往演变为中心主义，此时中心总是对它的边缘施加权威，而忽视它的贡献。有三个理由可以使两次世界大战间的捷克斯洛伐克成为一个研究案例。第一，它位于欧洲中心，它的文化传统包含着来自东欧、西欧、南欧以及北欧的贡献；第二，它是一个多民族的国家，其人口由若干民族构成，特别是捷克、斯洛伐克、日耳曼、匈牙利、鲁瑟尼以及犹太民族；第三，它是中欧唯一的民主国家，有利的政治与经济环境允许艺术家们在整个20世纪30年代中自由地发展自己的理念。[1]

——雅罗斯拉夫·安德尔
《捷克斯洛伐克1918—1938年的先锋派艺术导论》，1993

20世纪捷克先锋派艺术的两项最突出的方面是：德威特希尔（Devětsil）艺术家联盟提倡的“诗人主义”（poetism）以及左派政治运动所支持的构成主义，后者具有文化复杂性，介于讲德语的欧洲国家的新客观性与更具乌托邦冲动的俄罗斯构成主义（1918—1932年间由苏联先锋派建筑师所倡导）之间。善辩博学的卡雷尔·泰格（Karel Teige）是在德威特希尔与构成主义之间进行调和的捷克关键评论家。在20世纪20年代前半期，泰格提倡一种“绘画诗”（picture poem）的诗意拼贴艺术，即把图像、印刷图形、照片混合成一种动态的艺术和电影。从雅罗斯拉夫的话语中，我们可以知道另一位关键人物是兹德涅克·皮萨涅克（Zdeněk Pešanek），他提倡更为动态的艺术形式，把德威特希尔运动分裂为超现实主义和功能主义两派，功能主义又引向了建筑创作中的构成主义。构成主义路线得到了来自建筑俱乐部的奥德里希·斯塔里（Oldřich Starý）与奥德里希·泰尔（Oldřich Tyl）编辑的刊物《构成》（*Stavba*）的推动，并得到建筑师路德维克·吉塞拉（Ludvík Kysela）的大力支持。刊物的第二期在1923年出版，它发表了《构成主义宣言》，有斯塔里、吉塞拉、贝德里希·福厄斯坦（Bedrich Feuerstein）以及泰格（该刊物的执行编辑）的签字。与这一争议性的刊物平行的是选集《生活 II》（*Zivot II*）[**图121**]，它由建筑师雅罗米尔·克莱齐卡尔（Jaromír Krejcar）编辑。克莱齐卡尔融合了德威特希尔的情感性功能主义与

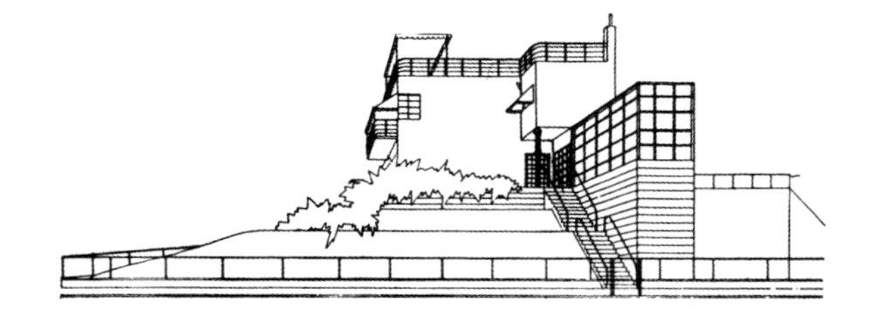

121 《生活 II》，1922
122 克莱齐卡尔，捷克国家馆，巴黎世博会，1937
123 克莱齐卡尔，为范库拉设计的别墅，兹布拉斯拉夫，布拉格附近，1923

《构成》的客观性功能主义，其拥护者包括吉塞拉、泰尔、冉·库拉（Jan Koula）、弗兰提塞克·里布拉（František Libra）以及约瑟夫·福克斯（Josef Fuchs）。在两者之间的调和，使克莱齐卡尔达到了自己的构成主义情感表达形式，见之于他为作家弗拉迪斯拉夫·范库拉（Vladislav Vančura）设计的位于布拉格附近的别墅［**图123**］。这栋别墅的构成主义设计在实施的时候略做了修改，它的高明之处，只有当你拿它与1924年的里特韦尔－施罗德住宅（Rietveld-Schröder House）的新造型主义以及柯布西耶的库克别墅（Maison Cook）的纯粹主义相比，才能充分体会。克莱齐卡尔在技术与构筑两方面的创作才能贯穿了其职业生涯，见之于他为1937年巴黎世博会设计的高技术钢结构的捷克国家馆［**图122**］。即便与阿尔瓦·阿尔托、勒·柯布西耶和坂仓准三（Junzo Sakakura）为该届世博会设计的重要的国家馆相比，它也是个性鲜明的。

20世纪20年代下半叶，克莱齐卡尔和吉塞拉二人在多层商业建筑设计中位于前列。前者的代表作是奥林匹克大厦与叶德诺塔商厦，后者则有林德特与巴塔百货商店（见 pp.285—286）——二者并立于布拉格市中心。林德特百货商店是吉塞拉1926年的作品，顶部采光的长廊贯穿整个楼区；1929年的巴塔百货商店则用了大片平板玻璃饰面，从地面直至吊顶。克莱齐卡尔设计的奥林匹克大厦的地下室设有电影院，而底层的那家精致的音乐咖啡馆就成为叶德诺塔商厦的特色。这种商业空间与文化设施的组合体现了布拉格布尔乔亚的都市风格。

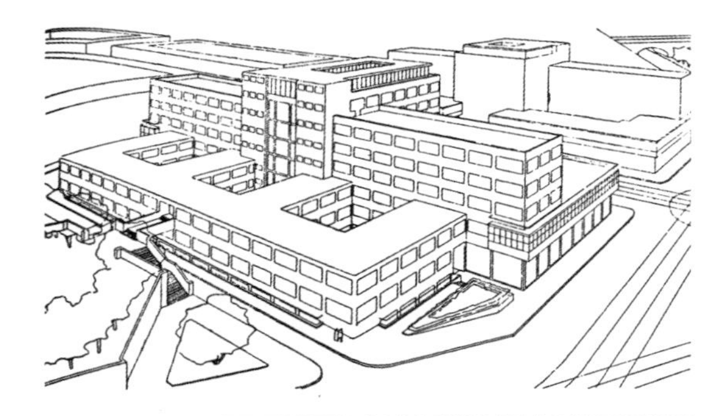

124、125　本斯与克里兹，电力局总部，布拉格，1926—1935。俯视图与主入口顶部采光的大厅

两次世界大战之间，捷克建筑先锋派的一个最令人注目的特点是他们产出的广泛性，除了其服务对象的广阔的社会层次之外，还在于其构思与技术能力。他们不仅能构思，还能构筑一个快速现代化的社会中各种公共机构的需求。例如约瑟夫·哈弗里塞克（Josef Havliček）与卡蕾尔·洪齐克（Karel Honzík）1933年的养老金研究院，阿道夫·本斯（Adolf Benš）与约瑟夫·克里兹（Josef Kříž）1935年的电力局总部（Electricity Board Headquarters）［**图124、125**］。这是一个带天井的办公室综合大楼，中间是顶部采光的七层高楼梯厅。大厅顶部为混凝板，开孔并嵌入圆柱形玻璃镜体，同一种技术也用于城市拱廊的钢筋混凝土壳体顶盖。这种失传的工艺是钢丝网水泥（ferro cement），捷克建筑师与工程师在两次世界大战期间将其运用至纯熟。运用这种做法的一个典型拱廊是奥德里希·泰尔的邦迪通道（Bondy Passage），两年前建于布拉格。

154

1928年，德意志制造联盟在斯图加特举办的魏森霍夫住宅展之后一年，在布尔诺建造了类似的样板住宅以做展示，并且在布拉格城外建造了类似的巴巴住宅区（Baba housing estate）。这个时期较为特别的是，荷兰建筑师马特·斯塔姆也在巴巴住宅区内设计了一栋住宅。然而，类似魏玛共和国那样的建立住房储备的冲动却由于1929年的世界性股市崩溃而削弱。这一文化与政治气候的基本变化由阿丽娜·库波瓦在1993年归纳如下：

> 在对建筑的社会功能的寻求中，其发展必然涉及对现代性的定义，欧洲先锋派的理论导致“最小住房“（minimal housing）的理想。泰格的思想是以阶级斗争的观念来认识现代性……这在1929年“左翼阵线”取代了德威特希尔之后变得明显。捷克的功能主义开始与住房问题紧密结合。“左翼阵线”在CIAM第三次大会上提出了对集合住宅的规划。

其作品能超越1929年以后发生的经济与意识形态危机的一位建筑师，是拉迪斯拉夫·扎克（Ladislav Žak），他是一位建筑师兼工业设计师，其1933年建成的哈因别墅（Hain Villa）［**图126**］

是为一位航空工程师设计的。正如弗拉迪密尔·斯拉皮塔（Vladimír Šlapeta）所言：建筑师扎克的作品不仅仅是工具性的经济产品，更是符合生理和心理需求的综合性设计。在斯拉皮塔看来，这种设计方法受到了洪齐克（Honzik）的生物科学理论的启发，与莫霍利－纳吉（Moholy-Nagy）的相关理论似乎很接近，后者又进一步发展了这种理论。哈因别墅的设计是将它限定在一个紧凑的棱柱体范围内，尽可能地符合人体工学，它将横向的双层玻璃窗与嵌入式通风格栅、一体式窗帘轨组合为一体。房屋端部有一悬挑的太阳浴平台，装有遮阳卷帘以挡避阳光，并保护私密。这栋建筑可以视为一种技术性的建筑语言（architecture parlante），屋顶上设有悬挑式的观景台，可以让工程师主人看到他设计的样机从布拉格鲁吉尼机场起飞。该机场是按阿道夫·本斯（Adolf Bens）在1932—1934年间的设计而建成的。同期在布尔诺的另一位高产的建筑师是波胡斯拉夫·福克斯（Bohuslav Fuchs），他最有名的设计是1928年位于市中心的正立面窄的阿维昂旅馆（Hotel Avion）。布尔诺的现代建筑与布拉格的旗鼓相当，1928年举办的布尔诺展览会就是一个明显的例子，展会的部分建筑就是由福克斯设计的。

布尔诺技术大学的教授、建筑师吉利·克洛哈（Jiří Kroha）在政治立场上比福克斯更加“左倾”，他秉承的是卡尔·泰格的马克思主义构成主义（Marxist-Constructivist）立场，这使得他在建筑院校中设立了一个严格的研究课程。这一时期，汉纳斯·迈耶与马特·斯塔姆频繁造访布尔诺，克洛哈1930年去苏联访问，捷克的进步人物与德国的左派以及苏联之间的接触特别频繁。所有这些活动都促成了1933年以克洛哈为领导人的捷克社会主义建筑师联盟的成立。在以后的年代中，克洛哈的激进政治立场使他公开表示对共产主义的同情，也因此被捕。虽然他于1937年被恢复教授职位，却在1938年再次被盖世太保逮捕，并在当年德国吞并捷克斯洛伐克后被送进集中营。

126 扎克，哈因别墅，布拉格，1933

第17章

风格派：新造型主义的形成与解体 1917—1931

156

1. 有一种旧的时代意识，同时也有一种新的。旧的针对个人。新的针对全球。个人与全球的冲突既反映在世界大战中，也反映在当今的艺术中。

2. 战争正在破坏旧世界和它所包含的一切，破坏各个领域中个人的优先权。

3. 新的艺术已经显示了新的时代意识的实质，这就是：在全球与个人之间达到均等的平衡。

4. 新的意识已具备条件，可以普遍实现，包括在日常生活中的实现。

5. 传统、教条以及个人(自然的)的优先权阻碍了它的实现。

6. 因之，新造型主义的创始人号召所有那些信仰艺术及文化改革的人们，起来摧毁那些阻碍发展的事物，就像在新的造型艺术中那样。通过排除自然形式的限制，他们已经消除了那些阻碍纯艺术表现的事物，后者是各种艺术观念的最终归宿。[1]

——取自风格派第一项宣言，1918年

荷兰风格派运动前后不到14年，它以三个人的作品为中心：画家皮特·蒙德里安（Piet Mondrian）、提奥·凡·杜斯堡和家具设计师暨建筑师杰里特·里特韦尔。在凡·杜斯堡领导下，1917年初创时的其他艺术家还有画家巴特·凡·德·勒克（Bart van der Leck），乔杰斯·范通格鲁（Georges Vantongerloo）和维尔莫什·胡扎尔（Vilmos Huszar），建筑师J. J. P. 奥德、罗伯特·范特霍夫和让·威尔斯（Jan Wils），诗人安东尼·科克（Anthony Kok）等——但不久这些人都以不同的方式脱离了运动的主流。然而，除凡·德·勒克与奥德之外，所有人都在杂志《风格派》1918年出版的第二期中发表的八点宣言上签了名。这是风格派的第一项宣言，号召在个体与普遍之间建立新的平衡，并且要从传统及个人崇拜的约束下解放艺术。他们都受到斯宾诺莎哲学思想的影响，并有荷兰卡尔文教派的背景，这个教派寻求一种通过强调千古不变的法则以超脱个人悲剧的文化。这种普适性和乌托邦式的期望可简要地用他们自己的一句格言来归纳：“自然的对象是人，人的对象是风格。”

到1918年，这一运动已经受到新柏拉图派，特别是受到数学家M. H. 舍恩马克斯（M. H. Schoenmaekers）哲学观点的影响，后者的主要著作《世界新形象》以及《塑性数学原理》先后在1915年及1916年出版。在舍恩马克斯的形而上学

157 世界观的基础上，还有贝尔拉赫和赖特的更为具体的态度和观点作为补充。赖特因1910年和1911年由瓦斯穆特出版的两卷作品集而闻名欧洲。贝尔拉赫则在社会文化批判方面更具影响力，风格派艺术家选用的“风格”两字就出自于他，而他可能又是从戈特弗里德·桑珀的批判性研究著作——1860年发表的《工业及结构艺术或应用美学的风格》——中获得灵感。

蒙德里安第一幅后立体主义构图主要是一些断裂的水平及垂直线，出现于他1914年7月从巴黎回到荷兰之际。在这段时间，他和凡·德·勒克在拉伦市几乎天天与舍恩马克斯来往。他从后者处得来了“新造型主义”一词——舍恩马克斯称之为新形象（nieuwe beelding），从舍恩马克斯那里，蒙德里安也获得了将调色板限于原色的想法。舍恩马克斯在《世界新形象》一书中写到了这种做法的普遍意义：“三个原色主要是黄、蓝、红。它们是唯一存在的颜色……黄是光线的运动（垂直的）……蓝是黄的对比色（水平的天空）……红是黄与蓝的交融。”在同一著作中，他还为把新造型主义表现局限于正交要素的做法提供了理由：“两个基本的、完全的对立面形成了我们的地球以及地球上的一切，这就是：沿地球绕太阳旋转途径的水平线的力量，以及从太阳中心发射出来的光线的垂直的、广阔的空间运动。”

尽管舍恩马克斯有过这些影响，但他对风格派美学观点的形成却没有直接的作用，这一工作是由凡·德·勒克和范通格鲁完成的，他们作为艺术家所持的独立立场使他们与凡·杜斯堡在运动早期就分裂了。然而，没有他们所做的贡献，风格派的美学特征能否在这么短的时间内以如此的清晰性形成，是值得怀疑的。这是很显然的。比如，凡·杜斯堡有名的抽象作品，1916年的《母牛》，就深受凡·德·勒克的影响；而范通格鲁1919年的雕塑《体量的交互》，则明显地预示了凡·杜斯堡与科尔·凡·伊斯特伦1923年住宅区方案中的体量。即使是疏离的蒙德里安，在《风格派》最后一期（1932）纪念凡·杜斯堡的专刊中，也承认自己受益于凡·德·勒克，他早在1917年就开始采用饱和原色。

1914—1916年间，蒙德里安在拉伦市与舍恩马克斯频繁往来。在此期间，他写出了自己的基本理论著作《绘画中的新造型主义》，发表于1917年《风格派》第一期上。战争年代强加于他的隐居及沉思生活把他带到了一个新的出发点。他的作品开始由一系列飘浮的、矩形的彩色平面的构图组成。他和凡·德·勒克此时都已达到了各自认为是一种全新和纯塑性的秩序，而比他们年轻得多的凡·杜斯堡则紧跟于后。当蒙德里安继续埋头于画面“狭窄空间”中的平面组合，见之于他1917年的《在白色底面上的彩色平面组合》，凡·德·勒克与凡·杜斯堡则通过在白色画面上蚀刻出许多彩色带条，创造了画面本身的一种线性结构。凡·杜斯堡的《母牛》即创作于此一时期，同期还有1918年的《俄国舞蹈的节奏》，这两项作品都受到凡·德·勒克的影响。

与风格派发生联系的首项建筑作品是由罗伯特·范特霍夫设计建成的。他在战前访问美国时见到了赖特的作品，然后于1916年在乌特勒支市郊建造了一座出色的、令人信服的赖特式别墅。除了这座开创性的钢筋混凝土住宅，以及一些稍显逊色的由威尔斯设计的赖特式建筑之外，在风 158 格派运动的早期，建筑设计的活动相对说来较为稀少。1918年被任命为鹿特丹市城市总建筑师的

28岁的奥德，从来就没有全心全意地归属于这个运动。他对1918年的宣言弃权，随后就小心翼翼地建立起自己的艺术独立性，他似乎在奥地利建筑师约瑟夫·霍夫曼的构图中发现了一种可以使自己脱离风格派的“结构性”旨趣的方式。唯一的例外是他1919年设计的普尔默伦德工厂（Purmerend factory），在这项设计中可以依稀地看到一些新造型主义要素被谨慎地应用在单调无味的体量组合之中。实际上，在1920年里特韦尔的创作出现之前，很少有新造型主义的建筑出现。里特韦尔于1915年求学于建筑师 P. J. 克拉尔哈默（P. J. Klaarhamer），后者虽与风格派没有联系，当时却与凡·德·勒克合作。

1917年，由里特韦尔设计的著名的红／蓝椅子问世。这一以传统折叠式床 – 椅为基础的单件家具，第一次把新造型主义美学延伸到三维空间。在它的形式中，凡·德·勒克的线条及平面被体现为空间内的表达及位移要素。除了它的表达性外，这张椅子的特色是除黑色的框架外完全采用原色，这种组合再加上灰与白色，就成为风格派运动的标准色。它的结构使里特韦尔得以显示一种完全脱离了赖特影响的开放性的构筑组织。它意指了一种 *Gesamtkunstwerk*（整体艺术作品），但是已经摆脱了19世纪的综合象征主义，亦即新艺术运动的生物模拟（biological analogies）手法。

在里特韦尔的同行中，即便有，也很少有人能预见到他在1918—1920年间设计的那些小家具——餐具柜［**图127**］、儿童车、手推车等，都是红／蓝椅的延续，即将矩形木条及平板用销子简单固定起来。然而，这些家具本身也无法预示里特韦尔于1920年在马尔森为哈托克博士（Dr. Hartog）设计的书房。在这一作品中，每件家具，包括悬挂灯具，似乎都被“要素化”了，其效果就像蒙德里安后期的绘画一样，成为空间内无数的坐标系列。

在很多方面，凡·杜斯堡本人就是风格派运动的化身，因为到1921年左右，风格派成员已发生重大变化。凡·德·勒克、范通格鲁、范特霍夫、奥德、威尔斯和科克等都相继脱离了风格派运动，而蒙德里安则在巴黎重新确立了独立艺术家的立场。荷兰人的叛离使凡·杜斯堡深信必须把风格派改宗到国外去。1922年吸收的新鲜血液反映了他面向国际的意图。在这一年吸收的新成员中，只有一名荷兰人：建筑师凡·伊斯特伦，其余都是俄国人和德国人，包括建筑师、画家和图案设计师艾尔·利西茨基和电影制片人汉斯·里希特。在里希特的邀请下，凡·杜斯堡于1920年首次访问了德国，也就是在这次访问之后，才有翌年格罗皮乌斯邀请他去包豪斯。凡·杜斯堡于1921年在魏玛的短暂停留，在包豪斯中引起了一场危机，

127　里特韦尔，餐具柜，1919

其影响已成传奇，他的观点当时对师生都产生了直接和显著的影响。在这种情况下，格罗皮乌斯也不能置身事外，他在1923年为自己的书房设计了一个吊灯，显示了与里特韦尔为哈托克设计的灯具的不容置疑的相似性。

风格派运动的第二阶段延伸至1925年，其中具有较大意义的是凡·杜斯堡与利西茨基的会晤。在这一会晤前的两年，利西茨基已经发展了他自己的要素主义表现形式，这是他和维捷布斯克的至上主义学派成员卡西米尔·马列维奇（Kasimir Malevich）合作发展的。虽然俄国与荷兰的要素主义各有其来源——前者来自至上主义，后者来自新造型主义——然而，它却使凡·杜斯堡发生了变化。1921年后，在利西茨基的普朗（Proun）式构图的影响下，他和凡·伊斯特伦开始用轴测投影图设计了一系列假设性的建筑构图，每一个构图都包括一簇不对称的、铰连的平面元件，悬吊在一个有体积的空间里。凡·杜斯堡邀请利西茨基加入风格派，并于1922年将利西茨基1920年创作的抽象－印刷体童话《两个方块的故事》发表在杂志上。有意义的是，杂志本身的形式也改变了，凡·杜斯堡用一种非对称的、要素主义的排版和一个“构成主义”的图标替代了原来由胡扎尔设计的正面构图及木刻的图式。

1923年，在莱昂斯·罗森堡的巴黎画廊举办的名为“现代的努力”（L' Effortmoderne）展览中，凡·杜斯堡与凡·伊斯特伦展出了自己的作品，并明确了新造型主义的建筑风格。该展览立即取得了成功，然后在巴黎的其他地方和南锡市又重新展出。除了前面已提到的轴测投影图外，还包括了为罗森堡设计的一栋住宅和另外两项有影响的作品：一个大学厅堂的室内设计，以及一个艺术家住宅的方案［**图128**］。

与此同时，在荷兰，胡扎尔与里特韦尔合作设计了一间小房间，作为1923年大柏林艺术展览会的一部分。胡扎尔做环境设计，里特韦尔设计家具，包括重要的柏林椅。同时，里特韦尔开始设计乌特勒支市的施罗德－施拉德住宅（Schröder-Schräder House）［**图129、130**］。这幢住宅位于一个19世纪晚期台地的边缘，在很多方面成为凡·杜斯堡《塑性建筑艺术的16要点》一文（发表于此建筑完成的时刻）的实物体现。建筑物实现了他的处方，具有“要素性、经济性、功能性、非纪念性、动态性、形式上的反立体性和色彩上的反装饰性”。主要起居空间布置在顶层，具有开放的“可变的平面”，尽管采用了传统砖木结构，却成为他所提倡的从承重墙的阻碍和穿孔式开口的限制中解放出来的动态建筑的典范。凡·杜斯堡的第11点读起来就像是对该建筑的描述：

> 新建筑应是反立方体的，也就是说，它不企图把不同的功能空间细胞冻结在一个封闭的立方体中。相反，它把功能空间单元（以及凸形平面、阳台体积等）从立方体的核心离心式地甩开。通过这种手法，高度、宽度、深度与时间（也即一个设想性的四维整体）就在开放空间中接近于一种全新的塑性表现。这样，建筑具有一种或多或少的飘浮感，反抗了自然界的重力作用。[2]

160

风格派运动的第三个阶段，也是最后阶段，在1925—1931年，它宣告了蒙德里安与凡·杜斯堡的戏剧性分裂，其起因是后者在1924年完成的一系列“反构图”的绘画中引入了对角线。此时，初期的团结已经消失，这是由于凡·杜斯堡不断任意地修改新造型主义的原则，同时又连续地挑起争论所造成的。从他与利西茨基的交往中，他开始把社会结构和技术看作是形式的主要决定因素，不论他是否仍然对风格派的普适性和谐理想抱有任何关切。到了20世纪20年代中期，凡·杜斯堡理解到，普遍性本身只能产生一种人为限制的文化，并且由于它对日常生活对象的淡漠，必然与风格派初期关注艺术与生活之统一(即使蒙德里安也表示拥护这一点)形成对立。对于这种矛盾，凡·杜斯堡似乎倾向于利西茨基的答案，即：应当让对象的环境尺度及地位来决定它按照某一抽象概念被操纵的程度。这样，社会上生产的家具和设备可以作为文化的既成事物而被接受，但是建造环境本身则可以而且应当符合更高秩序的需要。

凡·杜斯堡与凡·伊斯特伦在1924年发表的《走向集合构造》一文中提供了对这一立场的完美陈述，其中他们倾向于用一种更为客观及技术性的解决方案来实现建筑设计中的综合：

> 我们必须理解生活与艺术不再是分离的领域。这就是为什么把艺术视作脱离现实生活的一种幻想的观念必须消失。大写的“艺术”一词对我们不再具有意义。代替它的是我们要求按照一种以固定原理为基础的创作法则来建造我们的环境，这种法则符合经济、数学、技术、卫生等原则，它将导向一种新的、可塑的统一性。[3]

其后，在宣言的第7点，人们读到了后来成为凡·杜斯堡最后一项主要作品——1928年的奥贝特咖啡馆(Café L'Aubette)——所表现的精神实质：

> 我们已经确立了色彩在建筑中的真正地位，我们也宣布，没有建筑构造的绘画(亦即画室绘画)不再有存在的理由。[4]

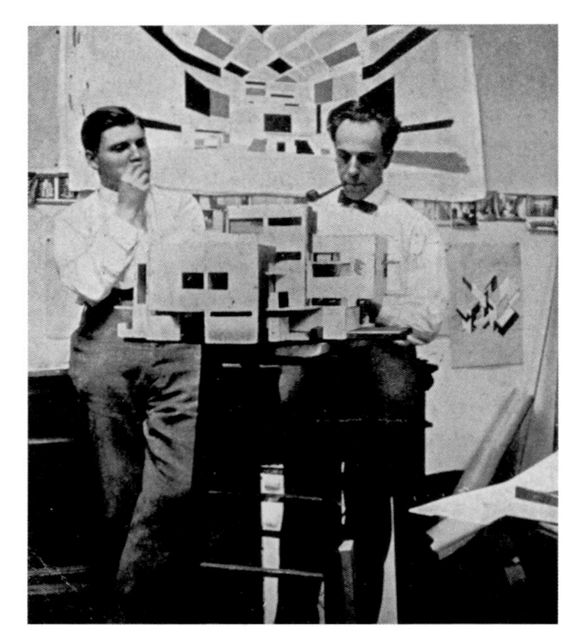

128　凡·伊斯特伦(左)与凡·杜斯堡为1923年巴黎的罗森堡展览进行准备，手中是他们设计的艺术家住宅模型

1925年以后，里特韦尔与凡·杜斯堡就很少来往。然而，他的作品却沿相似的方向发展，离开了施罗德住宅中的要素主义和他早期的正交型的家具，走向从应用技术而产生的更为“客观”的解决方案。里特韦尔转向这一方向的起点是，以曲面重新设计他的椅子的座位及靠背，不仅是因为这种形状更为舒服，还由于它具有更大的结构强度，这自然推动了胶合木技术的应用。这样，禁忌繁多的新造型主义美学一旦被放弃，下一步就是用一张胶合木板做出一把椅子。里特韦尔1927年建在乌特勒支的二层司机住房在很大程度上就是这种手法的产物，尽管——或者说由于——它采用了先进技术，使本来的风格派美学消失殆尽。裸露的钢架和混凝土壁板都不用原色而漆上黑色，壁板表面又再漆上白色方块的方格网。它远远地

背离了凡·杜斯堡在《塑性建筑艺术的16要点》一文中提出的反立方体空间的观念。它更多地取决于技术，而非走向普遍性形式的冲动。

1928年设计的位于斯特拉斯堡的奥贝特咖啡馆，在一个18世纪的外壳内包容了两个大的公共房间及辅助空间。这些房间是由凡·杜斯堡与汉斯·阿尔普（Hans Arp）及索菲·陶伯·阿尔普（Sophie Täuber Arp）合作设计的。虽然凡·杜斯堡控制了总的构思主题，但每个艺术家都可以自由设计自己的房间。除了阿尔普的壁画之外，所有房间都通过浅层抽象壁浮雕进行调节，色彩、照明和设备被融入每个构图中。事实上，凡·杜斯堡的方案［**图131**］是他1923年为一个大学厅堂所做的方案的再创作。在该方案中，他有意识地把一种斜角线的要素主义构图加在一个部分正交的空间的所有表面上。凡·杜斯堡在奥贝特的室内设计中，也同样用斜向通过整个内表面的超大对角线浮雕或曰"反构图"线条来对空间进行支配或扭曲。这

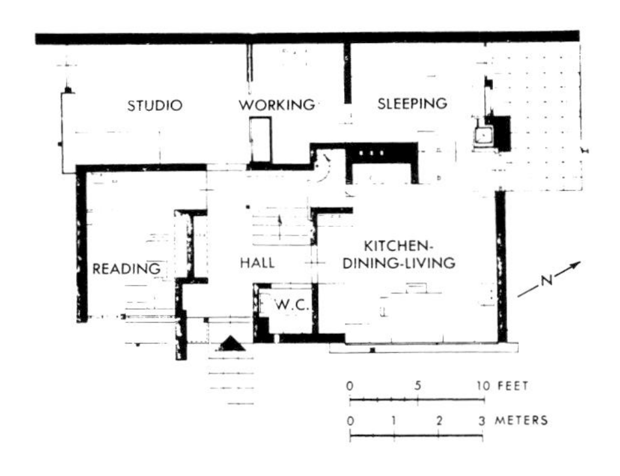

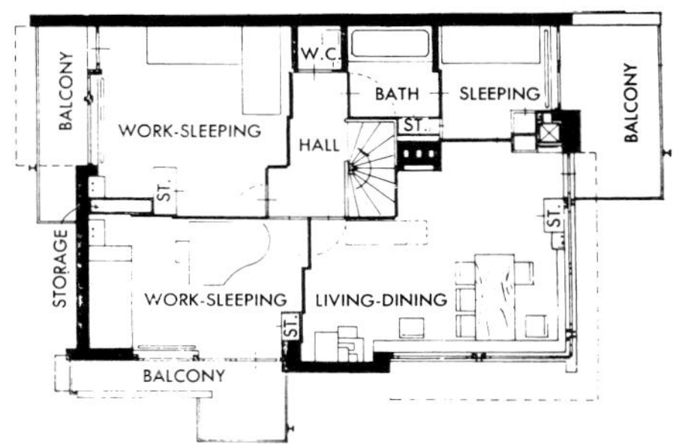

129、130 里特韦尔，施罗德－施拉德住宅，乌特勒支，1924。平面图和俯瞰图

131　凡·杜斯堡，奥贝特咖啡馆，斯特拉斯堡，1928—1929

种通过浮雕而实现的支离破碎感是利西茨基1923年“普朗”式房间设计法的延伸，其室内陈设全部摆脱了任何要素主义的影响，取而代之的是凡·杜斯堡设计的“标准”弯木椅子，并在其他地方采用了极端客观性的细节处理。整个钢扶手都是简单焊接的，主要的灯光来自从天棚悬吊而下的两根金属管内的灯泡。

1929年完工的奥贝特咖啡馆是新造型主义最后一项有意义的建筑作品，从此之后，凡是仍然归属于风格派的艺术家，包括凡·杜斯堡与里特韦尔在内，都日益接受了新客观派的影响，从而遵从国际社会主义的文化价值观。凡·杜斯堡于1929年建于默东（Meudon）附近的自宅，就几乎不能体现他1924年宣言中的16个要点。这个自宅不过是一个实用的画室，用粉刷了的钢筋混凝土砌块填充构造，表面看来类似于勒·柯布西耶在20世纪20年代早期所设计的那种艺术家的居所。对于窗户，凡·杜斯堡选用了法国工业生产的标准窗。对于家具，他自己设计了一种用钢骨制成的客观的（*sachlich*）椅子。到1930年左右，新造型主义的关于把各种艺术统一起来并超越艺术与生活的区分已被放弃，回归到它的抽象绘画的源头，回归到凡·杜斯堡在他默东画室的墙面上悬挂的“反构图”的艺术和谐（*art concert*）。然而，凡·杜斯堡对一种普遍性秩序的关注仍然存在，他在最后一篇引起争论的文章《具体艺术的表示》(1930)中写道：“如果表现手法从各种特殊性中解脱出来，它们就会与艺术的最终目的相一致，那就是：实现一种普适性的语言。”但是，这种手法如何在应用艺术——诸如家具与设备——中解脱出来，却没有交代清楚。一年以后，48岁的凡·杜斯堡病逝于瑞士达沃斯的一家疗养院中，与他一同消逝的是新造型主义的推动力量。在最初的风格派艺术家中，似乎只有蒙德里安还坚持这一运动对正交型及原色的严格原理，并且使它们成为他成熟时期作品的组成要素。通过这些要素，他试图继续体现一种不可能实现的乌托邦的和谐性。他在《塑性与纯造型艺术》(1937)中写道：“仅仅当生活之美还有缺陷时，艺术才是其替代品；一旦生活走向平衡，艺术就会相应地消失。”

第18章

勒·柯布西耶与新精神 1907—1931

163 你用石、木、混凝土建造房屋与宫殿，这就是建筑业。才智在发挥作用。突然之间，你触动了我的心弦，令我高兴，给我带来喜悦，于是我说："这真美啊！"这就是建筑学，艺术进来了。我的房屋是实用的，我感谢你，就像我感谢铁路工程师或电话局一样，但你并没有触动我的心弦。然而，假如墙体穿入云霄的方式使我感动，我理解了你的意图。不论你的情绪是温和的、粗暴的、迷人的或高贵的，你堆砌的石块都能告诉我。你把我固定在这一场所，我的目光扫描它。眼睛看到的东西表达了一种思想，一种不以言辞或声音表达的思想，而完全是透过相互间具有一定关系的形体来表达。这些形体在光线照射下能清晰地表露自己，它们之间的关系不一定涉及实用性或陈述性。这是一种在你头脑中进行的数学创造。这是建筑学的语言。通过对原料的应用以及从或多或少实用主义的条件出发，你确立了某些足以唤起我情感的关系，这就是建筑学。[1]

——勒·柯布西耶

《走向新建筑》，1923年

勒·柯布西耶在20世纪建筑学的发展中所起的绝对中心的作用，使我们有足够的理由对他早期的发展过程进行仔细的考察。从1905年他18岁时在拉绍德封（La Chauxde-Fonds）建造第一幢住宅开始，到1916年(翌年去了巴黎)的最后一批建筑为止，在这10年内，他处于极端多样而强烈的影响之下。只有在这一背景下，我们才能看到他的成就的基本意义。其中，我们要特别指出他的卡尔文教派家庭所接受的遥远的阿尔比派的影响，以及那种已几乎被人忘却的但始终潜在的摩尼教世界观，后者很可能是他的"辩证"思维习惯的根源，我指的是那种无所不在的对比手法——实与虚、亮与暗、阿波罗（Apollo）与美杜莎（Medusa）——它们渗透在他的建筑艺术中，他的多数理论著作中也都明显地表现了这种思维习惯。

勒·柯布西耶1887年出生于瑞士的一个钟表业城镇拉绍德封市，它位于汝拉地区，靠近法国边境。勒·柯布西耶少年时期最主要的印象之一必定就是这座高度合理的方格网化的工业城镇，这座城镇是在他出生前20年左右发生的一场大火以后重建的。在他少年时代的后期，查尔斯·爱德华·让纳雷（Charles Edouard Jeanneret，他当时的名字）在本地的工艺美术学校接受设计师－雕刻师的训练时，接受了工艺美术运动最后阶段的影响。他的第一幢住宅——1905年建造的法莱别墅——中的青年风格派手法就是他从其导师查尔 164

斯·勒普拉特尼尔（Charles L'Eplattenier）处学到的所有知识的结晶，后者为拉绍德封市的应用艺术学校高级班的负责人。勒普拉特尼尔的出发点是欧文·琼斯所著的《装饰语法》（1856）一书。这本书是装饰艺术的权威性纲要。勒普拉特尼尔的目标是为汝拉地区创建一所本地的应用艺术和建筑学校。他追随琼斯，教导学生们要从直接相处的自然环境中吸取装饰题材。在这方面，法莱别墅的乡土形式及装饰格调堪称典范：它的总体形式酷似汝拉地区的木石农舍，而它的装饰要素则取自本地区的花木禽兽。

尽管勒普拉特尼尔十分钦佩欧文·琼斯，但对于在布达佩斯受训的他而言，欧洲的文化中心仍然是维也纳，而他的一个愿望就是把自己的得意门生派到约瑟夫·霍夫曼处去实习。这样，1907年，勒·柯布西耶就被派往维也纳。他受到热情的款待，但是看来他拒绝了霍夫曼提供的工作以及当时已成经典的青年风格派似是而非的观点。肯定地说，他在维也纳的设计，以及后来于1909年建造于拉绍德封市的住宅，很少显露出霍夫曼的影响。他对于正处于衰落期的青年风格派的明显不满，在1907年冬与托尼·加尼耶会晤后变得更为强烈。当时，加尼耶正开始对自己1904年所做的工业城市方案做进一步深化，因此，勒·柯布西耶对空想社会主义的同情，以及他对建筑学中的类型学——不必说还有古典主义——的接受，肯定是从这次会晤开始的。他对此写道："这个人知道一种依赖于社会现象的新建筑行将诞生。他的规划显示了非凡的天才。这是法国百年来建筑学演变的结果。"

1907年这一年可以被视为勒·柯布西耶一生的转折点。在这一年中，他不仅会晤了加尼耶，还对托斯卡尼地区埃玛慈善院做了一次关键性的访问。在那里，他第一次体验到活生生的"公社"生活，这一点以后就成为他对空想社会主义观点进行重新阐释的社会－实体模型，这些观点他部分受之于勒普拉特尼尔，部分来自加尼耶。事后，他把慈善院描述为一种"实现了人类真正的理想：宁静、独居，但又与人天天来往"。

1908年，勒·柯布西耶在巴黎的奥古斯特·佩雷处工作，后者当时已经由于1904年在富兰克林路公寓建筑中使钢筋混凝土框架"家居"化而一举成名。勒·柯布西耶在巴黎度过的14个月使他对生活和工作产生了全新的观念。除了接受钢筋混凝土技术的基本训练之外，他在巴黎还得以了解法国古典文化知识，访问城内的博物馆、图书馆及演讲厅。与此同时，通过与佩雷的接触，他深信钢筋混凝土（béton armé）是未来的材料，这一点恰是勒普拉特尼尔非常反对的。除了它所具有的可塑性、整体性、耐久性及内在的经济性之外，佩雷认为钢筋混凝土框架是解决多年来存在于哥特式结构真实性以及古典形式中人文主义价值之间的冲突的一个手段。

所有这些不同的经验所产生的影响，可以在勒·柯布西耶于1909年回到拉绍德封市为母校所做的设计中进行衡量。这幢建筑显然是按钢筋混凝土构思的，由三层踏步式结构的画室组成，每个画室内包含一座花园，它们布置在一个由金字塔形玻璃屋顶覆盖的中央社交空间的周围。这种对加尔都西教派（Carthusian）细胞形式的自由采用，包括它的社交性的内涵，是勒·柯布西耶重新阐释一种既有的类型以适应全新类型的纲领的第一例。这种涉及空间处理及意识形态的类型改造，以后就成为他工作方法中不可缺少的一部分。

由于这种综合方法在定义上说是不纯粹的，他的作品也就不可避免地同时涉及几个不同的先例。尽管这一过程有时部分是不自觉的，其艺术流派却可以确定为继承了戈丹1856年的“法米利斯特尔”，也是对埃玛慈善院的新阐释。然而，埃玛慈善院深深地印刻在勒·柯布西耶的灵感中，成为需要无数次重新阐释的一种和谐形象：首先被他大规模地用于1922年“不动产别墅”（Immeuble-Villa）中，然后又不那么直接地用在他后来10年所做的设想性城市规划的住宅区设计中。

勒·柯布西耶于1910年去德国，名义上是为了深入了解、掌握钢筋混凝土技术，到达之后，又受拉绍德封艺术学校的委托，考察当地的装饰艺术。这一考察的结果记录在他写的一本书中，同时也使他得以接触德意志制造联盟的所有主要成员：首先是彼得·贝伦斯和海因里希·泰西诺（Heinrich Tessenow），这两位艺术家对他在拉绍德封的两项后期作品——老让纳雷别墅（Villa Jeanneret Père，1912）和斯卡拉电影院（Scala Cinema，1916）都产生了强烈的影响。除此之外，与联盟的接触还使他意识到现代产品工程的成就，包括船舶、汽车和飞机，这些都成了他引起争议的论文《有目无睹》的核心。他在贝伦斯事务所工作了五个月，在那里肯定遇到了密斯·凡·德·罗，然后在年终，他离开德国回到拉绍德封，勒普拉特尼尔给他提供了一个教师的职位。在回到瑞士之前，勒·柯布西耶在巴尔干半岛和小亚细亚做了一次广泛的旅行，从此以后，土耳其建筑艺术就对他的创作产生了潜移默化的决定性影响。这些都可以见之于他对这次旅行的诗意般的描述：《东方的旅行》(1913)。

1916年之前的五年，形成了勒·柯布西耶后来在巴黎的事业的基本方向。他与勒普拉特尼尔的最终分离，以及他同时对弗兰克·劳埃德·赖特的拒绝——其作品他可能是通过1910—1911年瓦斯穆特出版的作品集知晓的——使他得以对以钢筋混凝土进行合理化生产的可能性持开放态度。1913年，他在拉绍德封建立了自己的事务所，名义上就是要专门推广钢筋混凝土技术。

1915年，他和童年挚友、瑞士工程师迈克斯·杜布瓦（Max du Bois）合作，提出了两项贯穿于他20世纪20年代所有创作活动的观点：一是多米诺住宅（Maison Dom-Ino）成为他到1935年前所设计的多数住宅的结构基础，这是他对埃内比克框架的新阐释；二是“托柱城镇”（Villes Pilotis），这是一种建立在桩基上的城市，其中升高的道路这一概念来自尤金·埃纳尔1910年提出的“未来的马路”（Rue Future）。

1916年，勒·柯布西耶结束了他在拉绍德封的早期事业。在拉绍德封的最后一个项目是施沃布别墅（Villa Schwob）的建造，这幢建筑是他迄今为止所有经验的非凡综合。首先，它集中发挥了埃内比克体系的空间优势，使创作者可以在一个框架结构上添加取自霍夫曼、佩雷和泰西诺的各种风格要素。它甚至还有一个引起情欲的“后宫”，使建筑赢得了“土耳其宫殿”之别名。同时，这也是勒·柯布西耶首次把一幢住宅设计成一座皇宫。开间的时宽时窄，加上平面的对称组织，使施沃布别墅不可否认地具有帕拉迪奥结构的风格。在发表于1921年的《新精神》中，于连·卡隆（Julien Caron）写到了类似的古典主义内涵问题：

勒·柯布西耶必须解决一个微妙的问题，这对于创作纯建筑艺术的作品具有先决性的意义，它发生在一项用原

166

始几何形——圆与方块——组成的建筑实体设计中。除了在文艺复兴时期之外，这种建造房屋中的纯正几何学还很少有人试过。[2]

在这里，勒·柯布西耶首次运用了“调节线”（regulating lines）的做法，这是一种对建筑立面维持比例控制的古典手法，它表现在诸如用黄金比例设置窗口等。在其后的年代中，这种“住宅－皇宫”的主题以两种不同的尺度体现在勒·柯布西耶的作品中，各自具有相关而又独立的社会文化含义。一是独立的帕拉迪奥式的资产阶级个人别墅，以20世纪20年代后期的一些大型住宅为例；二是集合住宅，它的构思类似于一座巴洛克宫殿，通过它的“收分”式平面规划，使其体现出共同居住的理想内涵。

1916年10月，勒·柯布西耶移居巴黎，在那里开业后不久，他有幸通过奥古斯特·佩雷的介绍，结识了画家阿梅代·奥赞方。勒·柯布西耶与奥赞方共同提出了无所不包的纯粹主义（Purism）的机器美学。它以新柏拉图主义（Neo-Platonic）为基础，把它的范围拓展到所有造型表现形式，从沙龙绘画到产品设计及建筑学。它实际上不亚于一种综合的文化理论，致力于提倡对现有的所有艺术类别进行自觉的改善。因此，它既表现了勒·柯布西耶与奥赞方就绘画界中对立体主义无理歪曲的做法的反对(见他俩合写的有论辩意味的文章——1918年的《立体主义之后》)，也反映了他们对诸如索奈特对曲木家具或标准咖啡具设计中所体现的“渐进”式完善的赞同。这种美学观点形成于1920年两人合写的论文《纯粹主义》中，发表在《新精神》第四期。《新精神》是勒·柯布西耶、奥赞方与诗人保罗·德尔梅合作编辑至1925年的一份文艺刊物。勒·柯布西耶与奥赞方的合作最富有成果的时期无疑是在《走向新建筑》成书之时，在它1923年成书出版之前，曾以勒·柯布西耶－索尼尔（Le Corbusier-Saugnier）的笔名在《新精神》上发表过一部分内容。

这个文本——后来成书时是勒·柯布西耶一人之作——表达了后来经常围绕在他作品中的构思双重性：一方面，要通过以经验为基础的形式满足功能要求；另一方面，又要用抽象要素来触动感觉和培育智识。这种形式上的辩证观点，在“工程美学和建筑学”的标题下提出，所举的典型例子是当时最先进的工程结构：1884年埃菲尔的加拉比特高架桥，以及1915—1921年贾科莫·马特·特鲁科的菲亚特工厂。

工程美学的另一方面——产品设计——以船舶、汽车及飞机为代表，在“有目无睹”的标题下单列成章，其中第三节把读者带回到古典建筑的对立主题上，即表达清晰的雅典卫城，倒数第二章“建筑艺术，纯精神创造”中对雅典卫城提出了赞扬。勒·柯布西耶对帕特农神殿中工程精确度的钦佩，使他把它们比作用机器加工出来的产品。他写道：“所有这些可塑机器都是用大理石体现的，其严格的精确性我们只在机器的应用中才能见到，它给人的印象是裸露的、抛光的钢。”

他在巴黎的头五年中精力充沛，业余时间全部用于绘画及写作。白天，他作为阿福特维尔一家制砖及建材工厂的经理而谋生。到1922年，他放弃了这一职位，进入了他堂兄皮埃尔·让纳雷（Pierre Jeanneret）的事务所，在那里工作直至第二次世界大战爆发。勒·柯布西耶在这家事务所最早的成就之一，就是推进了他与杜布瓦在第一次世界大战初期提出的一些“构造”上的观

132、133　勒·柯布西耶，多米诺住宅，1915
下图："多米诺" 单元的结构；上图：可能组合的透视及平面

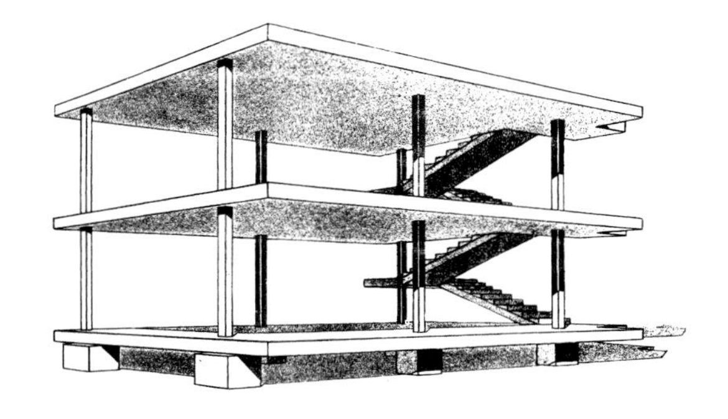

点，也就是多米诺住宅［**图132、133**］和 "托柱城镇"。

"多米诺" 的原型显然可在不同的层次上进行阐释。一方面，它仅仅是一种生产上的技术措施；另一方面，它游戏般地把 "多米诺" 用作商标名称，意指这是一幢像骨牌那样标准化的房屋。如果按字面进行这场游戏，那么平面上的独立柱子可视为单个的骨牌，而这些房屋的组合所显示的往复模式则类似于骨牌的排列阵式。在对称排列时，这些模式还具有某种特别的内涵，它或者类似于傅立叶的 "法伦斯特尔" 那种巴洛克式宫殿平面，也可能使人想起尤金·埃纳尔于1903年设计的雷当大道（Boulevard à Redans）。勒·柯布西耶在1920年提出了一种带凹凸缺口的街道模式，把 "法伦斯特尔" 的形象和自己创造的 "反走廊式街道" 的命题结合起来。与此同时，他又希望把 "骨牌" 视为一件设备，在形式及组合方式上类似某件典型的产品设计。勒·柯布西耶将这些要素视为对象－类型（objets-types），其形式随类型的需要而修正。他在《走向新建筑》中写道：

> 假如我们从自己的内心中排除对住宅的各种僵死的观念，并且从一种批判和客观的角度来看待这个问题，我们就会达到 "住房机器"（House Machine）这一概念，也就是成批生产的、健康的（在道德上也是如此）和美丽的住房，就像伴随着我们生存的生产工具和仪器一样美丽。[3]

战后，伏阿辛飞机公司企图用木制房屋的流水线生产来打入法国的住宅市场，这一点在《新精神》第二期中受到了勒·柯布西耶的热情赞扬。然而，与此同时，他发现这种产品只有在工厂条件

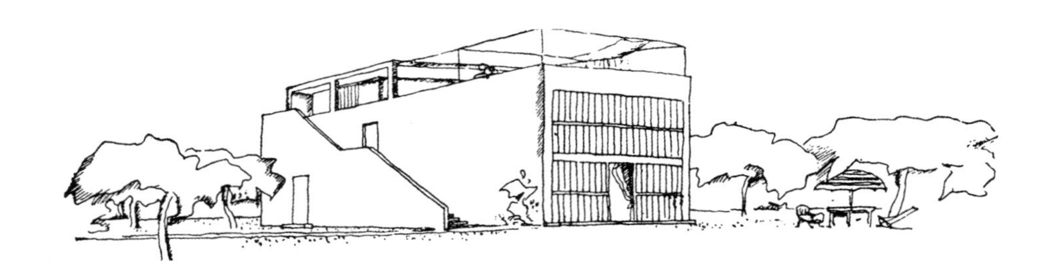

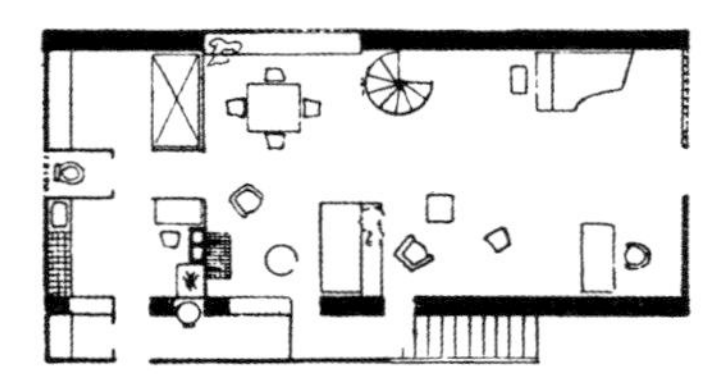

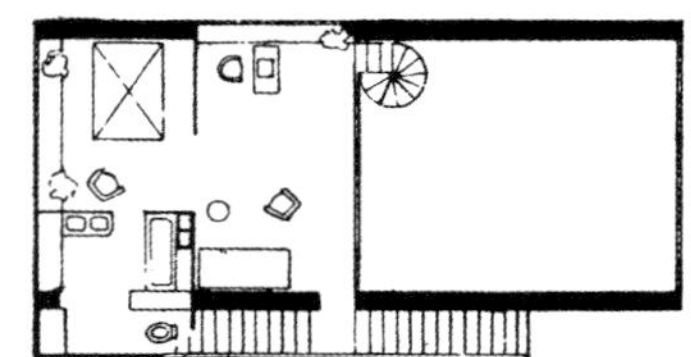

134　勒·柯布西耶，雪铁龙住宅，1920。透视，底层和二层平面

下通过高度熟练的技术才能实现，而这两者的结合在建筑业中是罕见的。他在多米诺住宅方案中承认了这种局限性，因而除了模板和钢筋加工外，其他作业均可由非熟练工人承担。早在1919年，他就对房屋构造采取了一种较为“拼贴主义”的手法，在他设计的莫努尔住宅中，他提议用波形石棉瓦作为混凝土筒形屋顶的永久性遮阳设施。

1922年，多米诺住宅与“托柱城镇”被发展成为雪铁龙住宅（Maison Citrohan）及“当代城市”（Ville Contemporaine），这两个项目都展出于当年的秋季沙龙，后者直接——至少是部分地——取自埃纳尔1910年“未来的马路”，而前者则利用埃内比克框架，并把它拉长为一端开放的长条形建筑，有点类似地中海地区传统的内室（megaron）形式。勒·柯布西耶先后为这种基本类型设计了两个方案，在这里，他首次做出了他的典型的双

135　格罗皮乌斯（左）、格罗皮乌斯夫人和勒·柯布西耶在巴黎一家咖啡馆

136　勒·柯布西耶，皮萨克住宅区，波尔多附近，1926，开幕日

层生活空间，包括中间的卧室夹层和顶部的儿童卧室。这种类型首创于1920年，除了取材于希腊乡土建筑外，还可能吸取了位于巴黎巴比伦大街上的一家工人咖啡馆的做法，他和堂兄每天在此午餐。这家小馆子的构图启发了他们对“雪铁龙住宅”剖面及基本布局的构思［**图134**］：“光源的简化；每端一个开间，两面横向承重墙；一个平屋顶；一个可以用作住房的真正方盒子。”

169

尽管架空支承在托柱（pilotis）上的雪铁龙住宅很接近于1926年由勒·柯布西耶最终制定的《新建筑五要点》的要求，然而，除了在郊区开发之外，它却很难被实际应用。不久以后，他于1926年在列日及皮萨克等地兴建的花园城市地产项目［**图136**］中采用了这类住宅方案。他在皮萨克地区为工业家亨利·福鲁格斯建造的130幢钢筋混凝土框架的房屋中，有一种采用较广的称作“摩天楼”的类型，实际上是雪铁龙住宅和他同时为奥廷考特设计的一种背靠背的单元的组合。然而，真正的雪铁龙住宅类型直到1927年他在斯图加特的魏森霍夫住宅展的作品中才得到实现。“雪铁龙”这个名字戏谑性地引用了一家著名汽车厂的商标名称，表示房子也可以像汽车一样地标准化。皮萨克工程表示了他首次有意识地把纯粹主义的色彩移位手法组合到建筑设计中去。当时他注意到：

> 皮萨克的场地是很干燥的。灰色的混凝土房屋将产生一种缺乏活力的、无法支撑的压缩体的感觉，而色彩则可以给我们带来空间。于是我们就确立了几个不变的要点。部分立面用燃烧过的赭色土涂刷，再让其他房屋的线条后退，涂以清晰的深蓝色，然后，再把若干部分做成浅绿色的立面，使它们与花园树木的绿叶混淆在一起。[4]

和他同时代的欧洲人，如格罗皮乌斯［**图135**］和密斯·凡·德·罗不同，勒·柯布西耶热衷于发展他在建筑设计中的城市内涵。为300万居民规划的“当代城市”就是他对1922年以前这方面创作的总结。他受到美国城市中棋盘式布置的摩天楼以及布鲁诺·陶特在《城市皇冠》（1919）一书中提出的“城市皇冠”形象的影响，把“当代城市”设计成一种由资本主义精英阶层进行管理和控制的城市，把为工人设置的花园城放在工厂的旁边，处于围绕城市由绿化带形成的“安全区”之外。

城市本身编织得像一张东方地毯，占地面积约为曼哈顿的四倍，其中心由10—12层的住宅建筑以及24幢60层的写字楼组成，整个地段为一风景如画的公园所包围，它就像传统的“缓冲地带”那样，维持了城市高级阶层与郊区无产阶级之间的阶层隔离。十字形的写字楼——称作笛卡儿式摩天楼——以其锯齿形的平面外形使人联想起踏步式的高棉或印度寺庙，其明显意图是用这种世俗的权力中心来替代传统城市的宗教结构。对这种形式赋予的权威性可以从城市方格网的比例关系中得到启示，它们在整个城市平面中占据了黄金地段，位于城市的两个广场之间。

以上这些都没有逃过共产党人报纸《人道报》的眼睛，它把整个方案视为反动的。他们认为勒·柯布西耶醉心于采用圣西门式的管理和控制方法，而这一点也为后者1925年出版的《明天的城市》所证实，这本书中最后一幅插画描绘了路易十四对荣军院的施工进行视察。勒·柯布西耶本人也对这一形象感到尴尬，他在骑马人下面加了一段说明，企图解释这不应被理解为他在支持法国的法西斯党——法兰西行动。

170

“当代城市”在其居住区的细部组织上也同

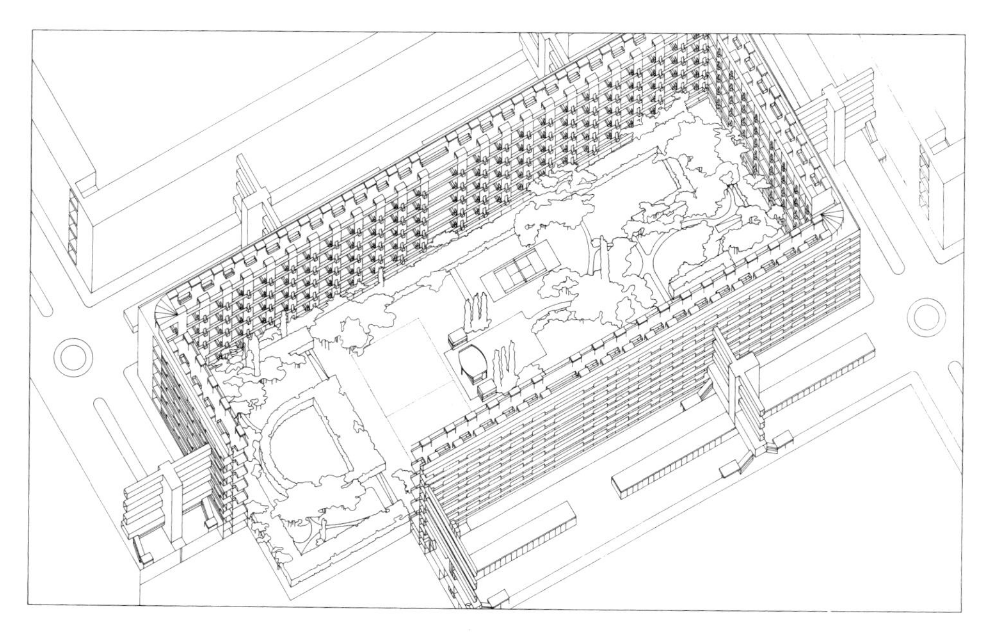

137　勒·柯布西耶与让纳雷，当代城市，1922。细胞式的周边建筑是由不动产别墅组成的

138　勒·柯布西耶与让纳雷，为巴黎提出的伏阿辛规划，1925 年。图中的手指向城市的新商业中心

139　勒·柯布西耶，新精神馆，装饰艺术博览会，巴黎，1925，用各种“对象－类型”及莱热与柯布西耶的纯粹主义绘画装饰

样具有意识形态的特征，它由两种建筑原型组成——周边式的［**图137**］以及带凹凸缺口的——各自代表一种不同的城市观念。前者属于那种由街道形成的“围墙”式城市，而后者则以一种无围墙的开放城市为前提，并且最终在他的“光辉城市”（Ville Radieuse）中完成，成为一种高密度的、整个升起在一座连续公园之上的城市。这种以反街道主义为内涵的思想，最终在勒·柯布西耶1929年为报纸《不可调和》所写的一篇论述街道的文章中得到了明白无误的表述。

按照勒·柯布西耶“有速度的城市才是能成功的城市”的企业家式的格言，开放城市除了提供阳光和绿化等“必不可少的欢乐”以外，还被认为有利于机车交通。这一点成为勒·柯布西耶1925年提出的“伏阿辛规划”（Plan Voisin）[**图138**]中夸张辞藻的一部分——本来曾有效地破坏了伟大城市的小汽车，现在却令人迷惑地成了它的救星。尽管做过各种财政上的支持，伏阿辛汽车／飞机卡特尔无疑会了解在巴黎的边上竖立这么多巨型十字形高楼在经济和政治上的不现实性。

“当代城市”的一项最重要而且最永久的贡献是它的不动产别墅（Immeuble Villa）单元，这是雪铁龙住宅的一种变形，是高层高密度居住建筑的一种普遍类型。这些单元叠合成六个双层，每两层有一个花园阳台，这种布置今天已被认为是高层居家生活中少数几个能为人接受的方案之一。在“当代城市”的所谓细胞式的周边建筑中，有阳台的双层叠合在地面层之上，而后者又是开敞的，设置在有边界的矩形绿地之中，配有公共使用的娱乐设施。这种在街坊内部及其周边增添公共空间，以及到处有意识地设置旅馆的做法，使这一方案介乎资产阶级的公寓建筑和社会主义的集合性居住建筑之间[见“法伦斯特尔”和博里埃（Borie）的“飞机场”（Aérodromes）]。不动产别墅的居住单元最终在1925年巴黎举办的装饰艺术博览会上的新精神展览馆中以样板间的形式展出。不幸的是，其后企图推销这类单元的尝试，不论是作为城市中的公寓还是郊区的自由式别墅，都没有取得成功。新精神展览馆是纯粹主义审美的浓缩物：它以机械性为许诺，以城市为内涵，因为它名义上是为成批生产和高密度组合而设计的。按照纯粹主义的“对象－类型”的原则，它的内部陈设包括英国俱乐部式的座椅、索奈特式的曲木家具、标准的巴黎铸铁制公园小品、纯粹主义的桌具、东方式地毯以及南美洲的瓷器。[**图139**]

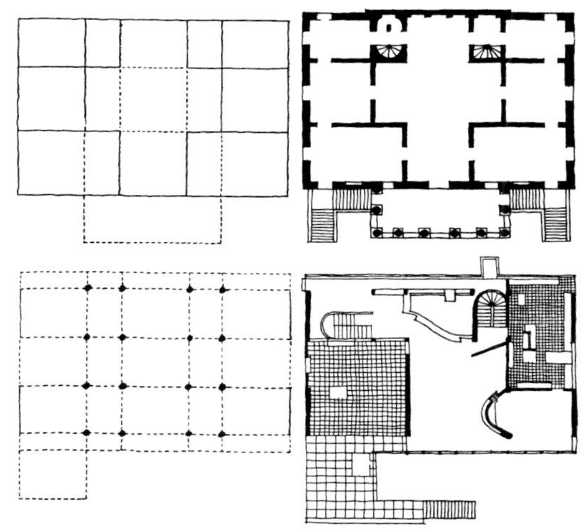

140　勒·柯布西耶与让纳雷，蒙奇别墅，加尔西，1927
141　帕拉迪奥的马尔康汤泰别墅，1560
与勒·柯布西耶的蒙奇别墅，加尔西，1927，以及它们的比例节奏

这样一种经过精心平衡的民间、手工艺和机制物件的组合，是从阿道夫·洛斯处摄取其精神，并在艺术部的支持下作为反抗装饰艺术运动的一种争论性的姿态出现的。

1925年，勒·柯布西耶又回到了资产阶级别墅这一主题。首先是在翌年完工的库克别墅，它成为1926年出版的《新建筑五要点》的一个示例；然后，又有迈耶别墅（Villa Meyer），它预示了1927年的加尔西别墅和1929年在普瓦西的萨伏依

172

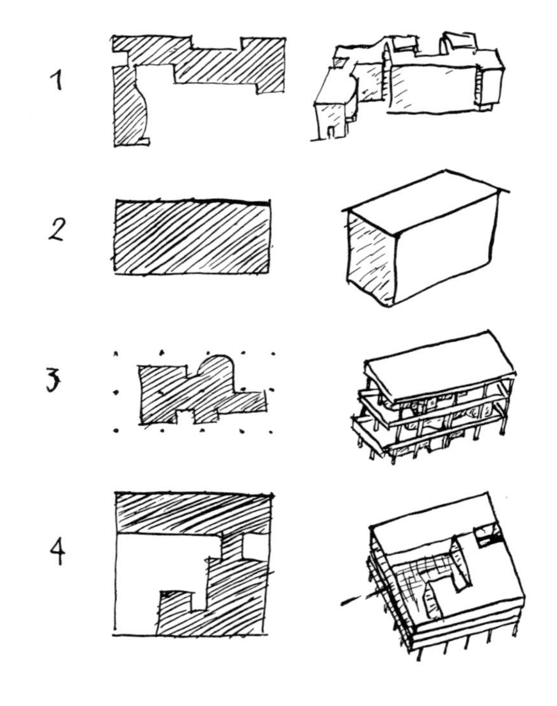

142 勒·柯布西耶与让纳雷，萨伏依别墅，普瓦西，1929—1931。二层的“空中花园”

143 勒·柯布西耶，《构图四则》，1929：（1）拉罗契别墅；（2）加尔西别墅；（3）斯图加特威森豪夫住宅；（4）萨伏依别墅

别墅的产生。

所有这些住宅的表现手法都取决于“五点”语法，即：(1)托柱（pilotis），把整个形体举出地面；(2)自由平面，把承重柱与分割空间的墙体脱离而实现；(3)自由立面，相当于垂直面上的自由平面；(4)水平条形推拉窗或长窗（fenêtreen longueur）；(5)屋顶花园，其意图是恢复被房屋占去的地面。

多米诺住宅中的埃内比克体系的潜在能力，加上雪铁龙住宅中的实体横墙，以同等效果决定了这些房屋的基本组成（parti），即自由设置的独立柱、水平条形窗的立面和悬挑的屋面板。多米诺住宅的结构分区(用AAB的节奏公式，即两个宽的开间加上一个窄的楼梯间)把施沃布别墅与加尔西别墅所暗示的帕拉迪奥主义明显地联系起来，这两幢住宅似乎都是按照科林·罗（Colin Rowe）指出的用帕拉迪奥经典的ABABA节奏组织的。帕拉迪奥1560年的马尔康汤泰别墅（Villa Malcontenta）与约350年后勒·柯布西耶的加尔西别墅［**图140、141**］在纵向上都采用了交替的双开间及单开间，产生了2:1:2:1:2的节奏。罗指出，在其他尺寸上也存在此类节奏。

在两者中都有六条横向的支撑线，交替地以单和双开间出现，但是平行支撑线的节奏略有变化，勒·柯布西耶使用了悬臂，在加尔西别墅是½：1½：1½：1½：½，而马尔康汤泰则为1½：2：2：1½。这样，柯布西耶就对中间的开间做了某些压缩，似乎把注意力转向外边的开间，并用悬臂的半开间加强；而帕拉迪奥则使中间的开间具有统治地位，然后过渡到门廊，成为注意力的焦点。在两者中，挑出部分，不论是平台还是门廊，进深都是1½个单位。[5]

罗继而对比马尔康汤泰别墅的集中性与加尔西别墅的离心度：

在加尔西，中心焦点不断被打破，任何集中点均被瓦解，而代之以周边分布的许多插曲。事实上，这种中心焦点的支离破碎变成了在沿平面的极端部位设置的一系列注意点。[6]

住户来到这里，是因为这里的粗犷的田野景色与农村生活相互呼应。他们可以从空中花园（jardinsuspendu）或条形窗的四个朝向居高临下地观察到整个区域，他们的家庭生活被安插在一个维吉尔式的梦境之中。[7]

除了罗和罗伯特·斯勒茨基（Robert Slutzky）所指出的在空间中用纯粹主义手法将正平面分层次，以及在文字上和现象上的透明性的运用外，加尔西别墅的意义还在于它解决了一个首先由洛斯提出的问题，即如何把艺术和手工艺平面设计中的舒适性及非正式性与严格的几何(即使不是新古典主义的)形状结合起来，以及如何把现代方便性所需的私密领域与建筑秩序的公共立面结合起来。正如勒·柯布西耶在1929年写的《构图四则》中所指出的：加尔西别墅能解决这个问题，它以一种洛斯所做不到的精致性，通过自由平面的发明所提供的移位来实现。复杂的内部布置所造成的所谓错位，通过自由立面的省略，从公共前沿中躲避了。

如果说应当把加尔西别墅与马尔康汤泰别墅联系起来进行研究，那么，又如罗所指出的，萨伏依别墅就应与帕拉迪奥的罗汤达别墅（Villa Rotonda）相比较。萨伏依别墅那几乎是正方形的平面以及它的椭圆形底层和中央斜道，可以被视为对罗汤达的集中化和双轴线的平面的复杂隐喻。然而，一切类似性到此为止。帕拉迪奥坚持中央性，而勒·柯布西耶则在自己制造的正方形中肯定了非对称性、旋转和周边分布等螺旋形特征。然而，在他于1930年出版的《论建筑学与城市主义的现况》一书中，却相当明确地指出了萨伏依别墅必须面临的古典主义：

萨伏依别墅是勒·柯布西耶1929年《构图四则》［**图143**］中的最后一项。第一项是拉罗契别墅(1923)，他在1929年把它作为哥特复兴的L形平面的纯粹主义版本——“一种最为方便、多彩和动态的类型”；第二项用一种理想的棱柱体表示；而第三及第四项(加尔西与萨伏依别墅)则成为调和头两项的两个可取方案，前者取决于对第一、二项的细微组合，而后者则用棱柱体包围了第一项。

1927年参加国际联盟日内瓦总部大厦(简称SdN)的国际竞赛，使勒·柯布西耶与皮埃尔·让纳雷完成了第一项大型公共建筑的设计［**图144**］。迄今为止，他们的注意力集中在住宅上，伴随而来的则是基本棱柱体的简洁性。现在，他们置身于作为一种建筑类型的“宫殿”式的必然复杂性之中。竞赛条件规定要有两幢建筑，一是秘书处，二是会议厅。这种纲领上的二元性把建筑师们引向一种要素主义的设计手法：首先是确定组成的“要素”，然后加以调度，以生成一组不同的布局方案。这种由布扎艺术大师朱利安·加代在世纪之交所采用的要素主义的延伸，是通过加代的学生加尼耶与佩雷传给勒·柯布西耶的。以后凡是对大型群体建筑，他都普遍采用此种手法，可见之于他1931年对苏维埃宫（Palace of the Soviets）［**图145**］设计的初步方案。他在八个布局方案之下加了一段注脚：“从本方案的各个阶段中可以看

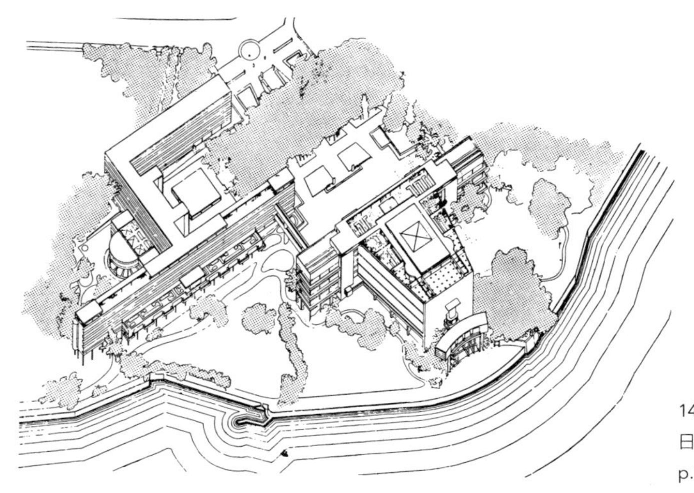

144　勒·柯布西耶与让纳雷，国际联盟总部大厦方案，日内瓦，1927（可与H.迈耶与威特韦尔的方案相比，见p.143）

到，被分别确立的各个器官一步步地就位，最后产生了综合的解决方案。”我们还在勒·柯布西耶1928年的《一幢住宅，一座宫殿》中，发现在SdN的另一方案下附加了相似的说明。在对称布局的方案(从运行角度看显然更为合理)下面写道：“采用相同构图要素的另一方案。”最终采用的非对称组织提示了存在于对称布局的流通逻辑以及古典主义对主建筑代表性立面采用轴线布局的偏爱之间的冲突。

勒·柯布西耶因SdN方案而达到了他早期事业的高峰，同时他也因此而面临一个危机时刻。他得到一片赞扬，但却(如果我们相信他自己的说法)由于没有按照规定的图纸格式提交方案而遭到否决。SdN标志了勒·柯布西耶的纯粹主义时期的终结，因为几乎恰好在这个时刻，他在绘画中引入了象征比喻性的要素以及他所称的“能触发诗意的实物”（objets à réaction poétique）。此后，他的绘画变得有机和充满比喻性，而他的建筑，至少是在公共建筑这一层次变得越来越走向对称性。现在回顾起来，国际联盟总部方案可被视作一个分水岭以及分割线，它不仅表现在他本人的作品中，还表现在他自己和他在国际现代运动的追随者之间，特别是他与那些政治倾向偏左的支持者之间。1927年国际联盟总部方案中的构成派倾向、自由飘浮的非对称性、技术创新、支撑在托柱上的秘书处(其平面使人想起利西茨基的云彩大厦)、机械化清洗系统、空气调节的会议厅(按声学原理设计了厅堂剖面、可调节的投光灯)等等，无一例外地得到了年轻人的热诚支持，不论其政治倾向如何。然而方案所具有的不可否认的纪念性——通过它的石砌贴面以及分层次的、由七扇门组成的入口系统(其意图是把各种等级的用户引向他们在大厅内各自的指定位置)的手法却产生了一种最终引起某种不信任的意识形态效果。

勒·柯布西耶为解决工程师美学和建筑艺术之间的矛盾，以及他为在实用中注入神话体系的努力，必然使他与20世纪20年代后期的功能主义-社会主义的设计师们发生冲突。他在1929年为日内瓦作为世界的一个思想中心而设计的世界城市（Mundaneum 或 Cité Mondiale），导致他在捷克的

175 崇拜者、左翼艺术家和评论家卡雷尔·泰格的尖锐反对。他的反对不在于这个城市的内容而在其形式，尤其是“世界博物馆”这一螺旋形的通天塔（ziggurat）。1927 年，泰格曾经在国际联盟方案竞赛的国际争论中公开支持勒·柯布西耶，并号召所有其他的捷克艺术家来支持他。现在，不到两年之后，他却如此凶猛地攻击他，以致勒·柯布西耶不得不做出回答。他为泰格的杂志《构成》写了一篇《为建筑辩护》的文章。泰格在他的攻击中引述了汉纳斯·迈耶1928年的文章《建筑》中的一段话：

世界上一切事物均为公式——功能 × 经济——的产物，因而都不是艺术的作品。所有艺术都是一种构图，不能适应某一特殊目的。所有生活都是功能，因而不是艺术。一个码头的构图可以使一只猫捧腹大笑。但是，一座城市的规划或一幢住宅的平面又是如何设计的呢？是竞赛还是功能？是艺术还是生活？[8]

勒·柯布西耶把这段引述放在他文章的开端，明白无误地说明他的还击既是对泰格，也同样是对迈耶的。然后他争辩说：

今天，新客观派的先锋人士中，有人已经扼杀了建筑艺术和艺术两个词，代之以建筑与生活……今天，机械化导致大生产，建筑艺术已经登上了战船，汉纳斯·迈耶先生，就像战争的行为、一支笔的形状或一台电话机那样。按照某种安排，建筑艺术是一种创作现象。谁决定这种安排，谁就决定了构图。[9]

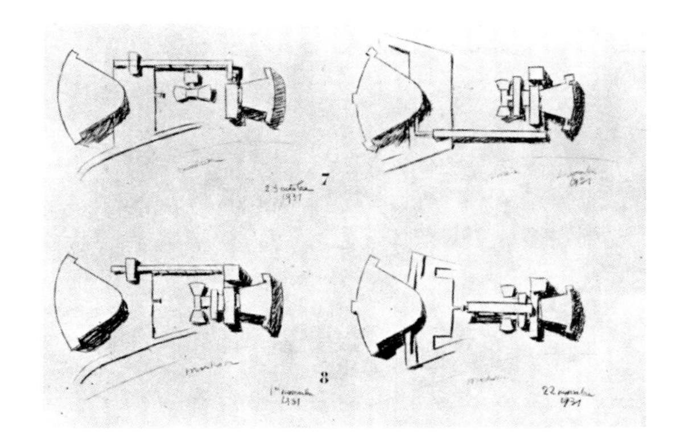

145　勒·柯布西耶与让纳雷，苏维埃宫方案，莫斯科，1931。用同样的要素组成四个方案

在泰格发起攻击的同年，勒·柯布西耶在《论文集》一书中承认“世界城市”不受德国建筑界左派的欢迎，但是他仍然没有看出有任何理由要修正自己的立场，并且坚持认为：

我设计的建筑都是严格功利性的——尤其是这座被人如此猛烈攻击的世界博物馆……“世界城市”的规划为真正属于机器的建筑带来了某种卓越，有的人希望不惜任何代价在其中发现某种考古学的灵感，但以我看来，这里的和谐性却来自其他方面，即对一个陈述得很清晰的问题的简单回答。[10]

尽管如此，他无法，也没有否认，“世界城市”的总体布局是由调节线轨迹（*tracés régulateurs*）决定的，就像他用以控制加尔西别墅立面的方式那样，不论作者如何将后者归功于纯粹主义机器美学的教义，它还是古典的，它归属于帕拉迪奥的平面类型，其结构也来源于此。

第19章

从装饰艺术到人民阵线：两次世界大战之间的法国建筑 1925—1945

176

> 装饰艺术是一个模糊及不正确的术语，我们通常用它来指所有的人类对象物。它们以一定的正确性反映显然客观存在的需求。我们肢体的延伸，与人性功能(标准功能)相适应。标准需求、标准功能，因而是标准实物、标准家具，人类的对象物是一个驯服的臣仆。一个好臣仆是小心谨慎的，总是退向一侧，让主人能自由活动。
>
> 装饰艺术是工具，美的工具。[1]
>
> **——勒．柯布西耶**
> **《今日的装饰艺术》，1925**

施加在奥古斯特·佩雷(Auguste Perret)设计的富兰克林路25号临街立面上的向日葵图案体现了新艺术(Art Nouveau)的结晶，它在1925年巴黎的装饰艺术与现代工业国际展之后演变为装饰艺术(Art Deco)运动。这个展览原计划在1915年举行，由于第一次世界大战的爆发而推延了十年。尽管佩雷并不反对装饰——尤其当这种装饰同时具有构筑作用时，例如在他设计的雷恩西圣母教堂(1924年建成)中。但是他毫不含糊地反对装饰艺术的意图。他在1925年接受玛丽·多尔莫的采访时清晰地表达了这点。他认为："装饰艺术应当禁止。我想知道谁把'艺术'与'装饰'这两个字拼在一起。如果是真正的艺术，就不需要有装饰。"

在1925年展览的展馆设计中，也明显表现了装饰艺术与建筑学的对立。从巴黎百货大楼送来的巨型珠宝盒来点缀亨利·绍瓦热的巴黎春天馆，到佩雷的装饰艺术展馆剧院(一座完全只为这次展览用的部分木作的临时建筑)的经典结构。在展览范围内可见三座明显现代的展馆：勒·柯布西耶纯粹主义的新精神馆，康斯坦丁·梅尔尼科夫(Konstantin Melnikov)代表苏联的构成主义展馆，以及罗布·马雷－斯蒂文斯(Rob Mallet-Stevens)的旅游馆。在这三项中，马雷－斯蒂文斯展示了立体主义的形式如何能产生一种动态雕塑的建筑。尽管事实上装饰艺术家(包括金属工冉·马特尔和乔尔·马特尔)参与了此馆的实现，整个建筑仍看来好像是出自一人之手。最后一项装饰手迹是由一群穿着索妮娅·德劳内(Sonia Delauney)设计的"西蒙泰尼"成衣系列的时装模特提供的，他们靠在马雷－斯蒂文斯和马特尔兄弟为荣军院设计的抽象混凝土树下拍摄[**图146**]。

177

马雷－斯蒂文斯两年前在耶尔(Hyères)为诺埃勒斯男爵设计了一座大型别墅，此后他就在上层资产阶级中树立了自己的建筑师声誉。他继而设计了一系列同样大型豪华的别墅，最终1932年在克洛亚（Croix）设计了一座非凡的贴砖房屋。与此同时，马雷－斯蒂文斯还将他的现代主义手法运用到了一些典型的20世纪项目，如1927年在巴黎马尔贝夫街建造了阿尔法－罗密欧车库。同年他在本市奥忒尔区完成了一组协调的4–5层立体主义城镇住宅，沿一条大街两边排列。这条大街后来就以他的名字命名［**图147**］。与柯布西耶的库克公寓和里特韦尔的施罗德住宅的各部分相互穿插不同，马雷－斯蒂文斯的设计是相对静止的。就如洛斯式的空间体量设计（Raumplan）一样，马雷－斯蒂文斯设计的住宅房间都是比较常规的，除了少量偶然出现的螺旋形楼梯、错层或双层空间外，他的作品很少有空间的相互交错。这或许解释了为什么1928年勒・柯布西耶提名马雷－斯蒂文斯接替他成为CIAM大会法国代表团成员时，西格弗雷德・吉迪昂（Sigfried Giedion）表示反对。

尽管比马雷－斯蒂文斯小20岁，安德烈・路尔卡特（André Lurçat）却几乎与他同时崭露头角。1926年，安德烈・路尔卡特32岁，他已经在巴黎索拉别墅区临近地段设计了一些艺术家公寓，可以俯瞰蒙苏里公园的古根布尔私宅（Maison Guggenbühl）也获得相当的关注。路尔卡特的天赋终于在1929年设计的位于科西嘉卡尔维的北南饭店（Hotel Nord–Sud）中充分显露。这是一座城堡式的二层建筑，内有八个独立公寓，每个都有自己的面向海洋的阳台，它们恰好组成一个岩石般的海岸线。建筑面海与面向陆地的立面显著不同，后者在竖向狭窗之间留出了大片的空白墙面，保持了建筑外形的连续性，使竖窗在长长的立面中生成了清晰的韵律。

路尔卡特早期职业生涯的一大成就，是设计

146　马雷－斯蒂文斯，抽象混凝土树，马特尔兄弟参与设计，1925年巴黎装饰艺术展。前景，模特帕勒特·帕克斯身穿索妮娅·德劳内设计的成衣

147　马雷－斯蒂文斯路，从街道一头拍摄

了卡尔・马克思学校（Karl Marx School）［**图148**］，该项目于1930年在设计竞赛中中标，原是为犹太城所建，后归市长保尔・瓦扬－古久里管理。路尔卡特在法国莱昂・布鲁姆短暂的人民阵线政权

178

中享有建筑权威的神秘地位，这部分要归功于这所激进现代学校的设计。它的构思就与19世纪的前辈设计完全对立。它不仅是一所学校，还被视为一个社区的社交中心。它包含一系列不寻常的项目，包括一个天文馆、一个水族馆以及一个体育馆，在其三层的长条建筑中有一系列通风、采光良好的教室。共产主义者瓦扬–古久里(勒·柯布西耶后来为他设计了一个纪念碑)把这所学校视为一个“社会容器”，并在它1933年的落成礼上举办了2万人参加的社会主义盛会。在整个20世纪30年代，法国共产党通过一系列照片和电影对这所学校进行了宣传。

1933年，面对法国媒体对现代建筑的攻击，路尔卡特在回应中发生了立场上的根本转变。这些攻击来自像卡密尔·曼克莱尔(资产阶级报纸《费加罗报》的艺术评论家)以及转向政治右派的瓦德马尔·乔治(Waldemar George)，他在1934年的论文《建筑创作，法国思维》中，提倡一种地域–民族主义的、初期法西斯主义的建筑。有意味的是，此种反动观点的爆发恰逢德国第三帝国的兴起以及斯大林主义对俄国先锋派的压制。1934年6月，作为对这些言论的回应，路尔卡特将其工作室重组为一个集体组织，并在革命作家与艺术家联合会(AEAR)的协助下访问了苏联。在这次访问中，法国作家、评论家莱昂·穆西纳克(Leon Moussinac)把路尔卡特介绍给了俄罗斯电影和戏剧界先锋派的主要人物，包括电影制作人员吉加·维尔托夫、普多夫金、谢尔盖爱森斯坦以及戏剧舞台“有机造型术”的提出者弗塞福罗德·梅耶荷德。尽管与这些人物关系密切，路尔卡特对现代建筑依旧持批判路线，包括对勒·柯布西耶，尽管柯布西耶对法国、瑞士的建筑师产生过深刻的影响，其1923年划时代的著作《走向新建筑》影响了路尔卡特的理念，见之于路尔卡特在1929年出版的图书《建筑学》，而且柯布西耶1926年提出的纯粹主义的《新建筑五要点》也显然影响了路尔卡特自己的风格。在对苏联建筑师联盟所做的报告中，路尔卡特谴责了勒·柯布西耶对阶级斗争的漠不关心以及对合理化的批量生产的强调，这种技术官僚的立场，与当时已经在苏联工作的德国马克思主义建筑师是一致的。尽管他对波里斯·约芬(Boris Iofan)1931年在苏维埃宫的最后设计竞赛中取得胜利的近似古典主义语法表示赞许，但路尔卡特仍继续在自己的作品中采用多种

148 路尔卡特，卡尔·马克思学校，犹太城，1931—1933。航拍图

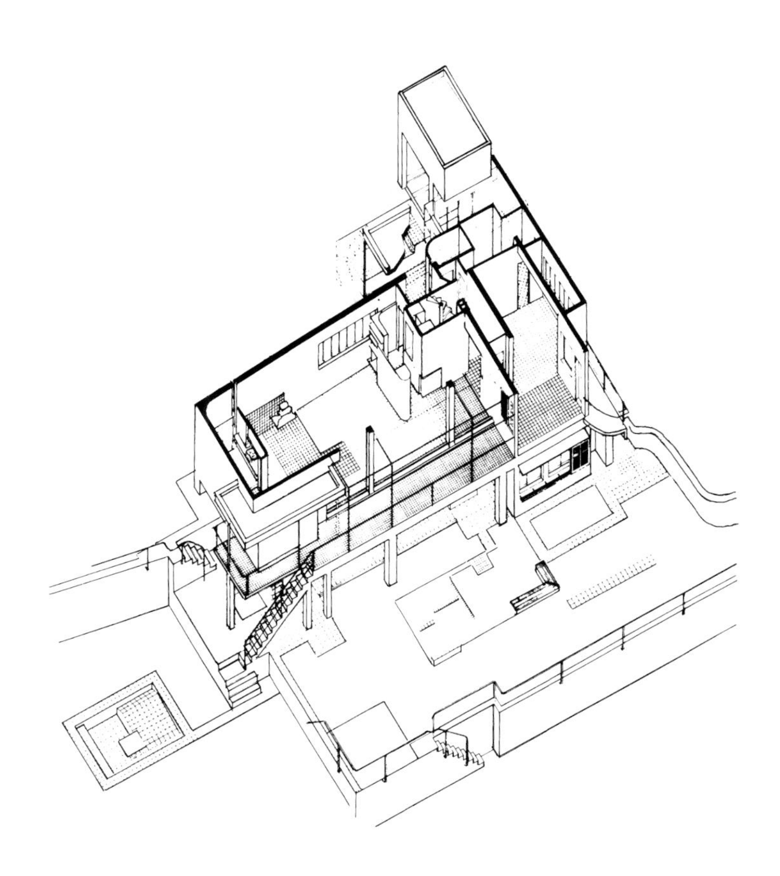

149 艾琳·格雷，度假屋 E-1027，马丁湾。1929，轴测图

形式的新纯粹主义（Neo-Purism）。1934年，路尔卡特对苏联进行第二次访问时所做的报告中，介绍了他设计的一个公共房屋（dom-Kommuna），可见其明显的新纯粹主义风格。同年，他未出版的文本《在构成主义之上的新古典主义》已经勾画出了他余生中将要面临的文化分裂。为此，在他为莫斯科医疗学校做的设计中，路尔卡特回归到一种古典主义理性秩序，与托尼·加尼耶的理念类似。路尔卡特毕生都赞赏这位建筑师。

在20世纪30年代的巴黎，相当数量的建筑师是外来的，其中较有名的是爱尔兰建筑师艾琳·格雷（Eileen Gray），让她备受关注的是她在南法马丁湾（Roquebrune-Cap-Martin）设计的度假屋 E-1027［**图149**］。她与罗马尼亚流亡建筑师让·巴多维奇（Jean Badovici）合作设计了该项目，后者从最初就鼓励格雷在成功的家具设计师事业之外开拓建筑学领域。巴多维奇于1923年成为杂志《生活建筑》的编辑，在他的主持之下，该杂志成为记录1923—1933年间欧洲现代运动的最重要的国际刊物。艾琳·格雷和巴多维奇二人间较为神秘的关系或可从他们设计的房屋名称中得到提示。E-1027，似乎让人联想到一架飞机的注册号码，但其实它还包含了二人的名字："E" 代表艾琳（Eileen），"10" 与 "2" 分别代表英文中第10个与第2个字母，即 J 与 B，也即代表 Jean 与 Badovici，其后的 "7" 则代表 Gray。

在E-1027中，格雷在20年代制作的漆器屏风和地毯，与镀铬钢管设施巧妙地融为一体。房子内部就是一场现代世界的浪漫主义漫游：格雷的Transat椅子指的是横跨大西洋（transatlantic）的轮船，她设计制作的Bibendum椅子，看起来很像米其林轮胎公司的吉祥物标志。与此同时，这栋房屋的设计试图适应地中海气候的波动变化。

180

E-1027之后，30年代早期的杰出作品来自两位波兰的移民建筑师，他们是让·金斯堡（Jean Ginsberg）与布鲁诺·埃尔库肯（Bruno Elkouken）。在随马雷－斯蒂文斯学习数年后，金斯堡在巴黎建筑界初试啼声之作，是于凡尔赛大道空余地块上嵌入的一栋8层公寓楼［**图150**］，这是与一位苏联青年移民建筑师贝特霍尔德·卢贝特金（Berthold Lubetkin）合作设计的。在柯布西耶“五点”的影响下，该设计中，最独创的是依照柯布西耶“长窗”设计的一种垂直推拉窗，其主要目的是使每个用户可以在盛夏打开前窗。埃尔库肯在1937年移居美国之前，在巴黎设计了四栋精致的公寓住房，其中最突出的是两栋画家工作室的双胞胎式组合，堆叠成七层，分别位于一家拥有500座的电影院的两侧，人们统称其为拉斯佩尔工作室（Studio Raspail），1933年建成于拉斯佩尔大道。

1927年国际联盟设计竞赛拉下帷幕，随后1928年国际现代建筑代表大会（CIAM）在瑞士萨拉兹成立，次年，在巴黎成立了现代艺术家联盟（UAM），由家具设计师雷尼·埃布斯特（Rene Herbst）领导。与CIAM相对统一的建筑阵线不同，UAM是由一群门类极其广泛的应用型艺术家组成，他们彼此几乎没有共同点，唯一的共性在于：反对装饰艺术运动和法国学院派古典主义。

181

150　金斯堡和卢贝特金，公寓楼，凡尔赛大道25号，巴黎，1931—1932，靠街立面

这一点从它创建人员的多样性可以看出来，除了埃布斯特外，初创会员还有皮埃尔·夏洛（Pierre Chareau）、约瑟夫·科萨基（Joseph Csaky）、索妮娅·德劳内、艾琳·格雷、弗朗西斯·茹尔丹（Francis Jourdain）、罗布·马雷－斯蒂文斯、夏洛特·佩里安（Charlotte Perriand）、让·普鲁韦（Jean Prouvé）以及让·普伊福尔卡（Jan Puiforcat）。马雷－斯蒂文斯是其中唯一受过建筑学专业训练的，其他则是画家、室内装饰师、铁工、家具设计师，他们的共同目标是削弱强大的装饰艺术家协会，以发展一种全新的室内空间概念，以及全然不同的物质文化。

在UAM于1934年发表其宣言之时，他们中更有创造力的成员已经脱离了联盟，特别是德劳内和格雷。也许UAM的最终美学路线是在现代世界增添金属与玻璃的使用，从这一立场看，夏洛1932年的水晶屋（Masion de Verre）［**图151**］应视作一项范例作品。该项目由荷兰建筑师贝纳德·比耶沃特与铁工路易·达尔贝（Louis Dalbert）共同实施，是典型的“去物质化的构成主义”（dematerialized Constructivism）。夏洛事业进展至此，他的工作几乎完全只是一个家具设计师及上层资产阶级室内设计师，这或许能部分解释该项目极端混杂的特性。夏洛的客户冉·达尔萨斯博士和他的妻子安妮原来的意图，是把场地上原有的18世纪三层联排住宅全部拆除，在原址建立一个新的居所，但是由于住在顶层的老太太拒绝搬迁，夏洛与比耶沃特别无他法，只能插入一个钢框架，把下面的两层拆掉，并在可利用的空间中建造一个三层的新居。为了有足够的阳光透入这样一个深空间，前厅和花园的立面全部使用半透明玻璃，面对前厅的玄关则是全玻璃的，住宅后面通往花园的不常使用的窗户或门，也都采用玻璃。透入的光线，产生了一种水下的感觉，由于二层卧室大量采用了黑漆的储物柜，增添了异国

182

151　夏洛，水晶屋，圣-纪尧姆街，巴黎，1932。轴测图

152　纳尔逊，为苏伊士运河公司建造的医院，伊斯迈利亚，1936。外科雨棚的轴测图

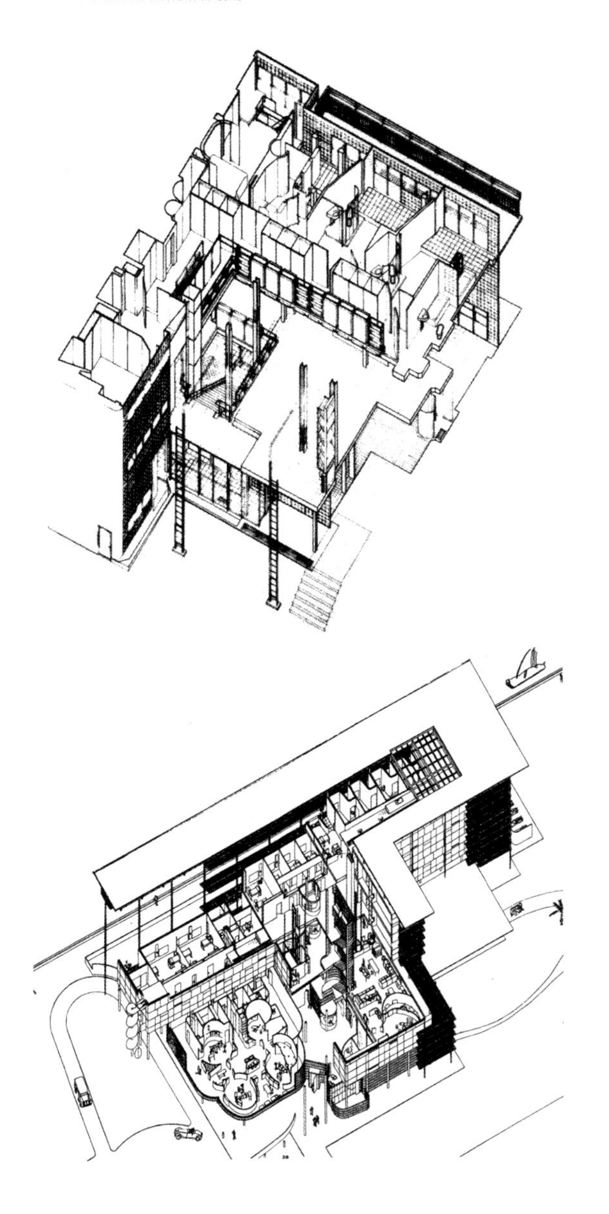

气息，卧室可以俯瞰位于一层(通高两层)的客厅。住宅两边半透明玻璃的表面是用细金属构架固定的，它们与客厅裸露的钢框架柱都刷了红色的标准氧漆，使室内明显地具有一种日本风格。至于散布在房子里的大量坐浴盆，则是一种无意识的揶揄，它提示这样一个事实：这所房子是一位权威的妇科专家的住所和诊所。同样具有讽刺意味的是，该建筑表面上是作为一个全工业化预制的样板，但实际上它大部分是用手工方式、精心地一件件组合起来的。

这栋房子受到勒・柯布西耶无所不在的影响，据说在它建造期间勒・柯布西耶真的去过工地现场。夏洛与比耶沃特把这栋建筑视为一具可变的“生活机器”（*machine àhabiter*），开拓空间自由组合的可能性，不仅靠隔断墙分割空间以及将裸露的钢框架作为独立支撑结构，而且通过操纵旋转门或铰接门，对房屋的其他空间可“开”可“闭，使内部各个空间互相联系，类似于E–1027采用的可调组件。在它于1932年建成后不久，德国的移民评论家尤里斯・朴塞纳(笔名尤里恩・勒帕奇)称赞这个设计的“诗性功能主义”，尽管它大量采用了活动的铁和玻璃元素。

不论是其外形还是室内布局，这都是一个令人感到困惑、颠倒常规的杰作，夏洛和比耶沃特后来都没有到访过它。比耶沃特1936年回到尼德兰后，在希尔弗瑟姆（Hilversum）建造了古伊兰德旅馆（Gooiland Hotel），其内部空间也具有可变性。这一时尚的上层资产阶级品味以及法国铁质玻璃的传统，这两个非常规组合可追溯到1889年维克多・孔塔曼的机械馆，其追随者在第二次世界大战之前寥寥无几，除了移民建筑师保罗・纳尔逊（Paul Nelson）。他在房子完工后不久造访了它，并深受启发，在1936年开发了两项有重要意义的项目：有些超现实主义的悬吊屋（Maison Suspendue）以及在埃及伊斯迈利亚的为苏伊士运河公司建造的医院雨棚和扩建方案，医院有四间完全用玻璃砖墙围合的封闭手术室［**图152**］。纳尔逊在圣洛的法裔美国人医院项目(1948—1956)中也部分重复了上述项目的一些做法。

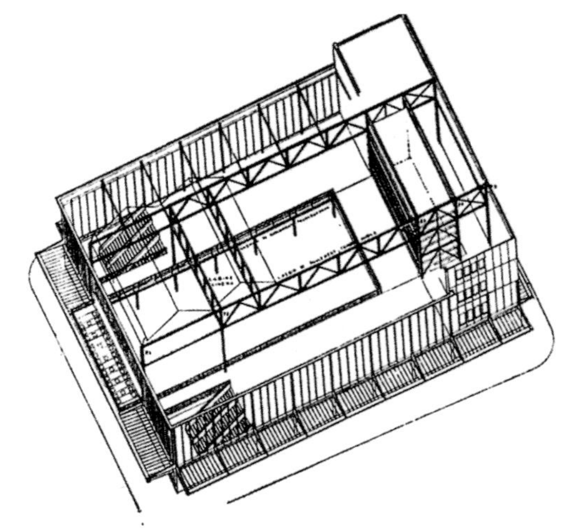

153、154　博杜安与洛兹、普鲁韦、波迪安斯基，人民之家，克利希，1939。市场上方的大厅，外围隔板墙打开（顶部）。移除顶棚后的轴测图

20世纪30年代的法国，除了勒・柯布西耶

155　鲁－斯皮茨，公寓楼，吉内梅街，巴黎，1925。一层平面图、一个典型的楼上以及临街立面平面图

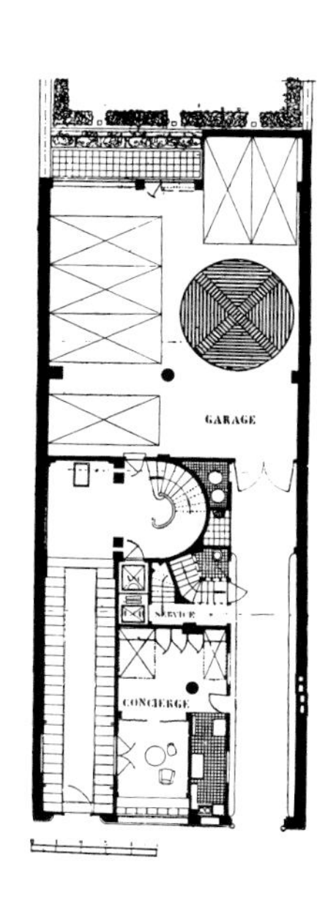

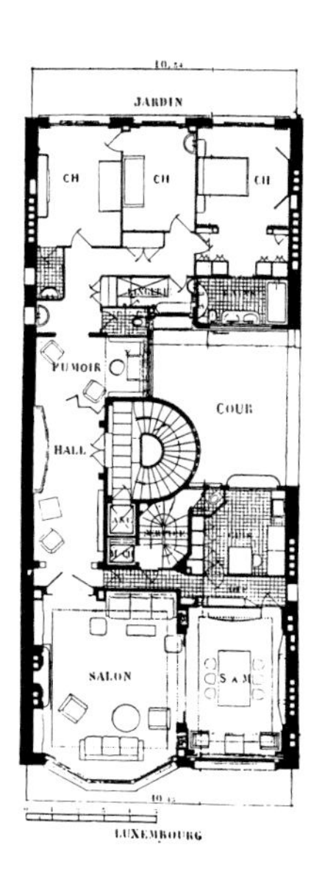

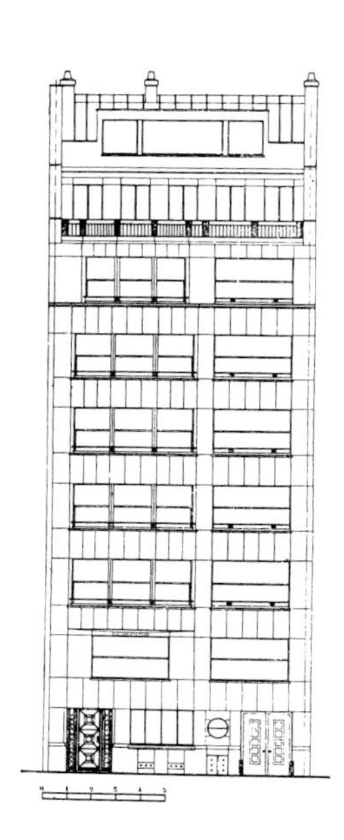

与皮埃尔·让纳雷的工作室，有三所风格迥异的事务所一直很活跃。首先是奥古斯特·佩雷的工作室。装饰艺术博览会剧院的项目完工之后，他设计了古典结构的巴黎国家公共博物馆（Musée National des Travaux Publics），施工从1936年开始，但直到1945年才竣工。其次，是较为现代的古典风格的建筑师米歇尔·鲁－斯皮茨（Michel Roux-Spitz），他是加尼耶的学生，1920年获得过罗马大奖，在罗马的美第奇别墅经过一段时间的必修课学习后，成立了自己的事务所。1925年在巴黎吉内梅街（Rue Guynemer）建造了一座设计精巧的公寓楼［**图155**］。鲁－斯皮茨特别擅长将现代化设施放置于紧凑的、带有古典形式的公寓楼中，例如设置了车的转盘的车库、巧妙的小型集成式厨房。他在巴黎其他地区也重复这种实践。在住宅设计中，鲁－斯皮茨和金斯堡一样，都偏爱套用勒·柯布西耶式的长窗，做成竖向的上下推拉窗。从1932年起，鲁－斯皮茨获得法国政府的直接委托，第一个项目就是凡尔赛的国立图书馆附属楼。

20世纪30年代法国第三个高产的事务所是尤金·博杜安（Eugène Beaudouin）和马塞尔·洛兹（Marcel Lods）的事务所，他们与设计师兼制造商让·普鲁韦和俄罗斯移民弗拉基米尔·波迪安斯基（Vladimir Bodiansky）合作，生产了一种预制的、轻质金属材料的活动房屋，与夏洛的水晶屋旗鼓相当，但却是完全为另一个社会阶层服务的。人民之家（Maison du Peuple）［**图153、154**］，这一杰出的成果于1939年建成于巴黎郊区克利希的工人阶级聚居区。该建筑不论是在平面上还是在剖面上，都是完全可变的。它设计的功能是白天作为商场，晚间改为一家700座的电影院或2000人的聚会厅。能将一个两层的商场改成电影院，靠的是七块金属板，平时并排垒放，用时由一桥式龙门架（overheard gantry）使它们下降就位，形成一个升起的地板。银幕空间可用轻金属、可推拉折叠的墙板系统进一步抬升。机器一样的建筑，

184

156 佩雷，勒哈弗尔重建，20 世纪 50 年代全景图，前景是福赫大道，后面的是约瑟夫教堂

从其字面概念延伸出来的是，它有一个铁质玻璃体的活动屋顶，盛夏时期，可以滑动打开，形成一个露天剧院。

同一时期，能与博杜安、洛兹的作品之精简相提并论的，莫过于奥古斯特·佩雷的建筑。从一开始，佩雷的结构古典主义就要求普遍使用单一的材料，也就是钢筋混凝土。正如莱昂纳多·贝内沃洛在1960年所言：

法国的传统……是基于经典规则与建筑实践之间的互相适应。佩雷深陷于这一传统之中，自然认定了混凝土构架……并要求构架显露在建筑之外……他可能相信自己发现了最适合于实现传统作品的结构系统，因为它的要素的一致性是实实在在的，不像由一些石块构成的古典秩序那样只是表面上的。[2]

这种意识一直贯穿于佩雷工作室。1945年以后，佩雷工作室被委托重建在战争中被完全炸毁的勒哈弗尔港，那时它仍然是法国的一个主要跨大西洋港口。这项任务，其实就是在废墟上重建整个城市［**图156**］，它以福赫大道（Avenue Foch）为中轴线，一端是维德尔酒店（Hotel de Ville），另一端是码头。结构采用了略显笨拙的方式，即现场浇筑的混凝土框架与预制混凝土窗及填充墙板的交替。毋庸赘言，这些窗户相当于佩雷所说的“门式窗”（la porte fenêtre）。佩雷的整个职业生涯，也即从20世纪伊始往后，这些窗户被视作人类存在的象征：被开放的传统法式窗户的全高双开门所框住。

第20章

密斯·凡·德·罗与事实的意义 1921—1933

185 于是我在思想上明确了，建筑学的任务不在于创造形式。我试图了解它的任务是什么。我向彼得·贝伦斯请教，他不能回答，因为他根本不问这个问题。其他人说："我们建造的东西就是建筑学。"但这种回答不能使我们满意……因为我们知道它实质上是个真理问题，我们于是试图发现真理究竟是何物。当我们从圣托马斯·阿奎那（St Thomas Aquinas）处发现了真理的定义时，我们欣喜若狂。他说："Adequatiointellectus et rei."用现代哲学者的语言来说："真理就是事实的意义。"

贝尔拉赫处事严谨，他不能接受任何虚假之物。他说过，凡是构造不清晰之物均不应建造。他自己就身体力行，并达到如此高超的程度，以致他在阿姆斯特丹的著名建筑——证券交易所——具有一种中世纪的特征但又不是中世纪的。他以中世纪人们的方式使用砖。通过他，我获得了清晰的构造这一概念，并视之为我们应当接受的基本原则之一。这一点知易行难，难就难在既要坚持这种基本构造，又要把它上升为一种结构。我要指出，在英语中你们把什么东西都称为结构，但在欧洲不同，我们把茅棚叫作茅棚而不是结构。对结构，我们有一种哲学观念，结构是一种从上到下乃至最微小的细节全部都服从于同一概念的整体。这就是我们所谓的结构。[1]

——密斯·凡·德·罗

彼得·卡特（Peter Carter）的引述自《建筑设计》，1961年第3期

上面的引述清楚地说明，路德维希·密斯——他后来又加上了母亲的姓：凡·德·罗——既受到荷兰建筑师贝尔拉赫的影响，又同样直接地继承于新古典主义的普鲁士学派。与他同时代的勒·柯布西耶不同，他并没有受到青年风格派的工艺美术气氛的熏陶。他14岁就进入了他父亲的石匠业，在职业学校受训，两年之后又在一家地方建造商处充当一名外粉刷的设计师。1905年他离开家乡亚琛去到柏林，在一名专门从事木结构设计的建筑师手下工作，然后又在家具设计师布鲁诺·保罗那里当了一段学徒，直到1907年，他短期尝试自己开业，设计了他的第一幢住宅，在其中采用了英国式的克制的手法，使人想起制造联盟建筑师赫尔曼·穆特修斯的作品。翌年，他加入了彼得·贝伦斯新建立的柏林事务所，这家事务所正在为AEG所建造的住房创造一种总体风格。

在贝伦斯事务所的三年中，密斯发现了申克尔学派的传统，后者除了对新古典主义的忠诚外，还献身于建筑艺术（Baukunst），不仅将其视为一种高雅技术的理想，而且还视为一种哲学概念。申克尔在柏林设计的砖贴面的建筑学院以及它的仓库式的细节处理，后来被密斯用来与贝尔拉赫在阿姆斯特丹设计的交易所的表述式构造相比，后者是他1912年访问荷兰时首次见到的。他在贝伦斯设计的圣彼得堡德国大使馆中充当短期驻工地的建筑师之后，就离开了其事务所，自己开业，设计了位于柏林泽伦道夫区的珀尔斯住宅，同年完工，这是密斯在第一次世界大战爆发前所设计的五幢新申克尔式的住宅中的第一幢。1912年，他继贝伦斯之后担任了克罗勒夫人（Mrs H. E. L. J. Kröller）的建筑师，后者要在海牙建造一个画廊和住宅，以收藏著名的克罗勒－穆勒（Kröller-Müller）藏画。整个方案用足尺的帆布及木材搭起，然后又未加解释地被放弃了。这一年他还设计了布莱式（Boulléelike）的俾斯麦纪念碑，这是他战前最后一项重要作品。

第一次世界大战使德国这一工业和军事帝国遭受了失败和瓦解，整个国家陷入一片经济和政治动乱之中。密斯和其他一些参加过战争的建筑师试图创造一种比申克尔传统的专制教条所允许的更为有机的建筑艺术。1919年，他开始指导激进的“十一月集团”的建筑组，这个集团以共和国革命的月份命名，并致力于在整个德国振兴艺术。这一联系使他得以接触艺术工作委员会的人物以及陶特的“玻璃链”（见第13章）。无疑，他1920年所做的第一项摩天楼方案是对保罗·西尔巴特1914年“玻璃建筑学”的反应。同样的多面晶体式的摩天楼主题也出现在他1921年参加弗里德里克大街竞赛的方案［**图157**］之中。这两个方案都在陶特的杂志《晨曦》第一期中得到发表，这也证实了他在战后与表现主义派的联系。密斯当时的意

157 密斯·凡·德·罗，柏林弗里德里克大街办公楼方案，1919—1921。最初方案

图是把玻璃做成一种复杂的反射面，它在阳光的照耀下不断发生变化。这一点在他的弗里德里克大街方案首次发表的描述中讲得很清楚：

在我为柏林弗里德里克车站附近的一座摩天楼所做的设计方案中，我采用了在我看来最适合于建筑物所在的三角形场址的棱柱体。我使玻璃墙各自形成一个小的角度，以避免一大片玻璃面的单调感。我在用实际的玻璃模型试验过程中发现，重要的是反射光的表演，而不是一般建筑物中的光亮与阴暗面的交替。

这些实验的结果反映在这里发表的第二方案中。粗一看来，平面上的曲线轮廓似乎是随便画出的。实际上，它是由三项因素确定的：足够的室内光线；从街上看过来的

建筑体量以及反射光的表演。我通过玻璃模型证明了光影计算对设计一幢全玻璃建筑无济于事。[2]

187

在这一文脉下对比密斯与胡戈·黑林两人的方案是颇有启发意义的。两个方案中，一个是三角形的、起伏式的、凸面的；而另一个则是三角形的、多面式的、凹面的。除此之外，这两个方案都同样是表现性的，这种偶合可能部分缘于黑林在20世纪20年代初期与密斯合用过一个工作室。

1923年，密斯·凡·德·罗参加了杂志 *G* 的第一期的工作，并由此开始了他的所谓“G”阶段。*G* 杂志的全称是《基本造型资料》，由汉斯·里希特、维尔纳·格雷夫（Werner Graeff）及利西茨基任编辑。密斯在前一年设计的玻璃摩天楼以及其半透明形体表面上的运动性反射，都已经在某种程度上预示了特定的“G 理性”，把构成主义的客观性与达达派的随机感组合在一起。然后，在 *G* 创刊号中，密斯提供的七层办公楼却另起炉灶，在这里，主要的表现材料不是玻璃而是混凝土，采用了一种从一个钢筋混凝土框架悬挑而出的混凝土“盘子”的形式。和弗兰克·劳埃德·赖特1904年的拉金大厦一样，这些“盘子”的垂直间距大到足以容纳标准的嵌入式档案柜，上面还有条形的玻璃天窗。通过这一方案，密斯宣称自己反对形式主义和美学投机，并且以一种决定性的黑格尔式的口气写道：“建筑学是用空间术语表述的时代意志。它活着，且常变常新。”与此同时，他还宣布：“办公建筑是一种体现组织性、明确性和经济性的……房屋。要求有明亮而宽敞的工作间，便于督察，除了企业之间的分隔外，别无其他分隔。要求以最小的消耗达到最大的效果，采用的材料是混凝土、铁与玻璃。”

尽管这种“皮与骨”建筑所提倡的客观性使人想起勒·柯布西耶的多米诺住宅方案，他的方案中仍然具有某种学院派传统的痕迹，表现在他把端部的开间加宽，以加强建筑物的转角。然而，这却是密斯对申克尔新古典主义原理的最后一次公开运用，直到10年后他在1933年的国家银行方案中才又重新采用了一种“新纪念性”的手法。

除了经常不断地夹杂新古典主义之外，密斯1923年以后的作品在不同程度上反映了三种主要的影响：(1) 贝尔拉赫的砖传统以及他的格言：“凡是构造不清晰之物均不应建造”；(2) 弗兰克·劳埃德·赖特1910年以前的作品，透过风格派的渗透传来——这种影响表现在密斯1923年设计的砖砌乡村住宅中所采用的把水平式轮廓的建筑物延伸入景观的做法；(3) 通过利西茨基作品阐释的卡西米尔·马列维奇的至上主义。虽然赖特的美学可以轻易地容纳在申克尔的建筑艺术传统——也就是欧洲砌体建筑的最高标准中，至上主义的影响却鼓励密斯发展其自由平面。密斯的建筑艺术理想在卡尔·李卜克内西和罗莎·罗森堡纪念碑（Karl Liebknecht and Rosa Luxemburg Monument，1926）以及沃尔夫住宅（Wolf House，1925—1927）——两幢建筑物都是砖建造——中得到体现，而他的自由平面则在1929年的巴塞罗那世界博览会中“全副武装”地出现［**图159**］。

尽管有这些不同而强烈的影响，密斯在放弃他的“十一月集团”时期的表现主义美学倾向方面仍然步履蹒跚。1927年柏林丝绸工业博览会是他与曾是一名服装设计师的莉莉·赖克（Lily Reich）合作设计的，其中仍然可以看到带有某种程度的苏联色彩感的敏感性。建筑中使用的黑、橙、红色的天鹅绒以及金、银、黑与柠檬黄色的丝绸无

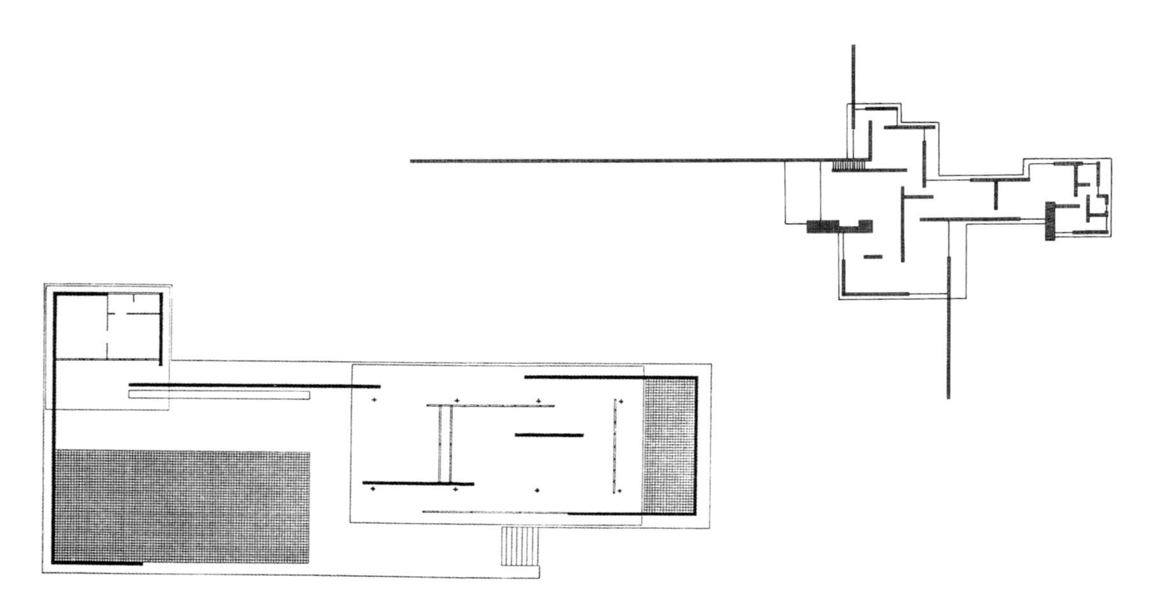

158 密斯·凡·德·罗，一乡村砖砌住宅的方案，1923
159 密斯·凡·德·罗，德国馆，巴塞罗那世界博览会，1929
160 密斯·凡·德·罗，德国馆，巴塞罗那世界博览会，1929

疑反映了她的嗜好，其后还见之于图根德哈特住宅（Tugendhat House）的客厅家具上所采用的青柠色牛皮套中。同年在斯图加特开幕的德意志制造联盟的魏森霍夫住宅展览会中，也仍然能发觉到一种潜在的表现主义。虽然密斯倾向于把其中每项设计委托都作为一个独立的客体，但他对这个展览会的最初规划仍然是使它成为一个连续的城市形式，就像一座中世纪的城市一般。它甚至还有一种“城市皇冠”的痕迹，一种类似陶特式的统一姿态，但最终不得不予以放弃。在最后的布局方案中，密斯把整个场地划成矩形方块，让联盟的建筑师各自设计其独立的“表演”房屋，他们中包括沃尔特·格罗皮乌斯和汉斯·夏隆。还有一批外国建筑师也参加了，包括勒·柯布西耶、维克多·布儒瓦、J. J. P. 奥德和马特·斯塔姆等。

威森豪夫住宅展览会最初是按1901年达姆施塔特博览会的精神，也就是要成为“德意志艺术文献”而考虑的。但它却成为在1932年被称为“国际风格”的那种白色的、棱柱体的、平屋面的建筑模式的首次国际性展示。密斯对这一博览会在风格和内容上的贡献，是一幢他设计的作为整个计划的中央核心的公寓建筑。这幢五层结构在总的方面类似于当时发展的标准的联排住宅（Zeilenbau），但是它与典型的成排板式住宅的不同处在于，它很容易容纳一系列不同形式和大小的公寓单元。对于他的方案，密斯于1927年写道：

161　密斯·凡·德·罗，图根德哈特住宅，布尔诺，1930

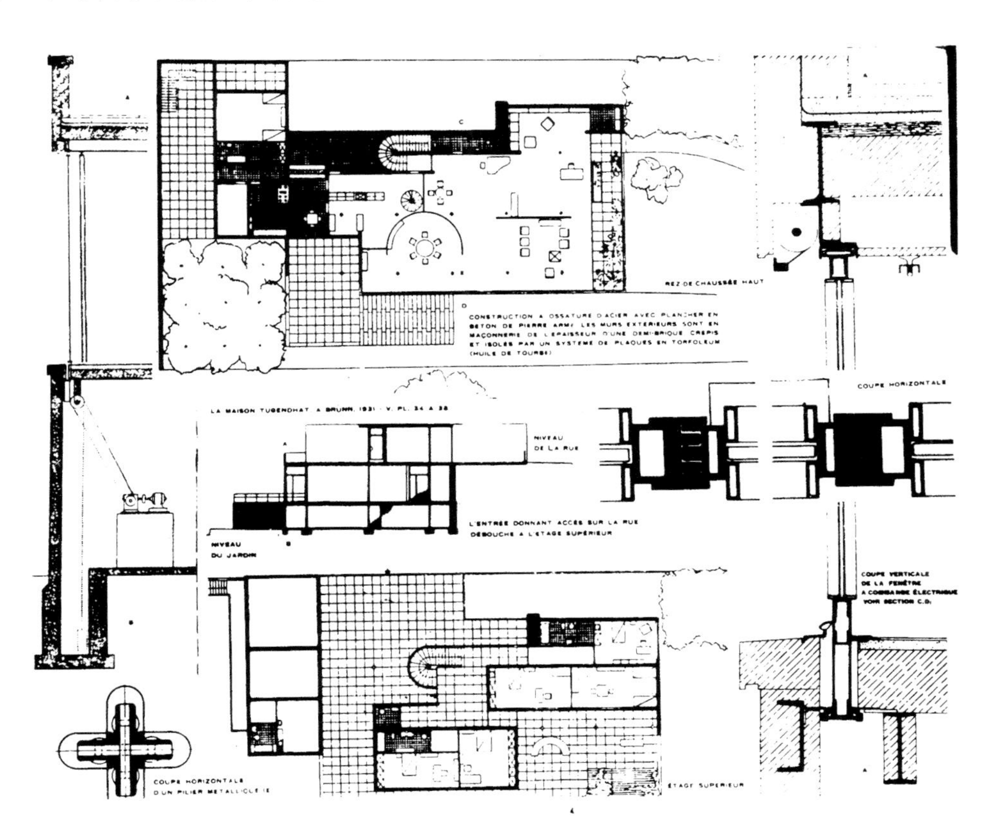

今天，经济因素使合理化及标准化在出租房屋中成为必不可少的因素。另一方面，我们需求的日益复杂化又要求具有灵活性。未来必须同时考虑这两方面。因此，框架结构就成为最适宜的体系。它使合理化的建造方法成为固定核心，那么其他的空间就可以用活动墙体分隔。我相信这样做就可以满足所有正常的需要。[3]

密斯早期事业的高峰出现在威森豪夫住宅展览会后他相继设计的三项作品中：1929年巴塞罗那世界博览会上的德国国家馆、1930年在捷克斯洛伐克布尔诺的图根德哈特住宅，以及1931年为柏林建筑博览会设计的示范住宅。所有这些作品都属于一种水平离心式的空间布局，用独立的平面及柱子来分隔和关联。虽然这种美学手法(在密斯于1922年和1923年的乡村住宅设计中已有预示)基本上是赖特式的，然而这种赖特式是经过G团体的理智性及风格派的玄学空间观念再阐释后的产物。正如阿尔弗雷德·巴尔（Alfred Barr）所指出的，密斯的砖砌乡村住宅的承重墙的风车型配置，很像凡·杜斯堡1917年《俄国舞蹈的节奏》中成簇的要素。

尽管在它以八根柱子组成正规方格网以及对传统材料的自由运用中存在着与古典主义的联系，然而巴塞罗那馆的构图却不可否认的是至上主义和要素主义的［见马列维奇1924年的《地球居民的未来行星》和他的间接学生伊凡·列昂尼多夫（Ivan Leonidov）的作品］。当时的照片显示了它的模棱两可和难以形容的空间及材料形式。从这些记录中，我们可以看到某些虚幻的表面感觉带来了体积中的某些移位，例如，通过绿色玻璃屏幕的运用，出现了主要边界平面的镜中对应物。这些覆盖了绿色抛光的蒂尼安大理石的平面又反射了固定玻璃用的镀铬垂直杆的主要特征。这种对组织及色彩的运用还可见之于用抛光的乌黑玛瑙制成的内部核心平面(相当于赖特设在中央的烟囱核心)，以及沿着有大反射面的池子的主平台设置的凝灰色长条墙之间形成的对照中。在这里，由于凝灰石边界墙的作用，微风吹来使水面发生的破折波纹歪曲了建筑物的镜面形象。与此相比，馆的内部空间，在柱子及窗间小柱的调节下，终结于一个封闭的庭院，其中又设置了一个以黑色玻璃衬面的反射池。在这面完美的镜子的上面和内部，竖立着格奥尔格·科尔比雕塑的《舞蹈者》的凝固形体和形象。尽管包含了所有这些精巧的美学对比手法，整个建筑物只是用八根独立的十字形柱组成的简单结构来支撑其平屋顶。结构的正规性和它的无光凝灰岩基底使人想起申克尔学派的传统，而密斯不久又将回归这个传统。

与1923年风格派的房间一样，巴塞罗那世界博览会也提供了一种经典家具，即所谓巴塞罗那座椅，这是密斯在1929—1930年间设计的五种新申克尔式家具中之一，其他四种是巴塞罗那凳和桌、图根德哈特的安乐椅和一个用按扣的皮榻。巴塞罗那椅以镀铬的焊接钢条为框架，覆以带按扣的牛皮套，被组合在馆的设计中，正如里特韦尔的红／蓝椅被组合在柏林博览会的展室中一样。

图根德哈特住宅（Tugendhat House）建于1930年，坐落在一个能俯览捷克斯洛伐克布尔诺市的陡坡地上，它把巴塞罗那博览会上展览馆的空间构思移植到家庭生活中来［**图161**］。同时，也可以把它视为一种把赖特的罗比住宅中分层次和分室的平面布置——其中服务部分放在主要起居空间之后——与申克尔意大利别墅中典型的外廊形式结合起来的尝试。不论如何，在这里，自由平面仅仅用于水平起居空间，它也受到镀铬的十字形柱子的调节。其长边向城市全景开放，短边则接向一个大面积玻璃的温室。可通过机械装置使长玻璃墙下落，把整个起居空间变成一座观景楼，而温室则成为整个象征性方案中的自然叶片——成为自然植被与室内的化石玛瑙之间的中间调解物。与此可比的是胶合木的小餐室，用黑檀木贴面，提醒人们这一空间是为维持生命服务的。同样，分割起居空间的直线性玛瑙平面通过它的表面意指了两边空间——起居室及书房——的“尘世性”。以上这些修辞仅仅采用于底层，楼上入口层的卧室则被简单地处理为封闭式的体积。

另一方面，在1931年柏林建筑博览会的住宅中，密斯却表明可以把自由平面的手法延伸到卧室中去，在以后的四年中，他通过一系列极为精致的庭院住宅发展这一手法，但遗憾的是这些建筑从未施工。

密斯·凡·德·罗的理想主义和他对德国浪漫古典主义的自然亲近感，很明显地使他远离新客观派的成批生产手法。这两者中的客观主义是显然不同的。对于新客观派，密斯在1930年继汉纳斯·迈耶后担任包豪斯校长时宣布了自己立场的非政治的(甚至可以说是反动的)本质。在《新时代》这篇他就位时写的论文中，他企图形成自己的多少有些模棱两可的立场。在回答迈耶“唯物主义”的论文《建筑》时，他写道：

新时代是一个事实：它存在，不论我们承认与否。但与其他任何时代相比，它既不更好，也不更坏。它纯粹是种依据，本身并无价值内容。因此，我既不尝试给它以定义，也无意阐明其基本结构。

让我们不要赋予机械化和标准化以它们所不相称的重要性。

让我们接受经济和社会条件变更的事实。所有这些都将盲目地、受命运支配地行动。只有一点是决定性的：我们在环境面前确立自己的方式。这就引发了精神的问题，重要的不是问“什么”，而是“如何”。我们生产什么产品以及使用什么工具等，都是一些并无精神价值的问题。从精神角度来看，建摩天楼还是低层建筑，用玻璃还是用钢，都无关紧要。

城市规划是集中好还是分散好，这是个实际问题，不是价值问题。然而，价值问题是决定性的。我们必须建立新的价值，确定最终目标，这样我们才能制定标准。

对于任何时代——包括新时代——正确而重要的是，给精神以存在的机会。[4]

这种对精神价值的新古典主义关注，似乎直接导致了密斯在1933年所做的国家银行方案中的理想化的纪念性。这一方案是在国家社会党掌握政权的那一年的竞赛中提出的。迄今为止，支持了他的非古典主义冲动——包括启发他自由平面手法的至上主义和要素主义——现在都让位于一种不动声色的纪念性，除了表皮的中立性外，其唯一的意图就是美化官僚权威。直至1939年他移居美国时，至上主义的理智性仍然被压制在他的作品中，突然又出现在芝加哥伊利诺伊理工学院（IIT）校园的首批草图方案中。

第21章

新集合性：苏联的艺术与建筑1918—1932

功能主义者在阐明其信条时所持的咄咄逼人的自信，不能掩盖其教条的空虚和实践的无力。遗留至今的这一时期的少数建筑即是明证。[1]

——贝特霍尔德·卢贝特金

《关于苏联建筑发展的笔记，1917—1932》，AAJ，1956年

192 在20世纪20年代后期，国际主义的简单而经典的观念发生了较大的变化，当时，立即发生世界革命的希望消退了，开始了更为自立式的“一国建设社会主义”的时期。与此同时，当初的那种生气勃勃、崇尚技术的浪漫主义观念也让位于一种比较清醒的认识，即在俄国，技术意味着从最原始的手段出发，把一个小农经济社会改造成为现代工业机体的艰苦的登山式的斗争。

由于未能理解这些变化的意义，并做出相应的自我调整，（建筑师）职业处于完全瘫痪的边缘，就像他们以前的形式主义者一样。

由于完全排斥了过去的建筑传统，他们解除了自己的武装，并进而逐渐丧失了对自己和本职业的社会目标的全部信心。那些对自己最为诚实的建筑师们从社会对工程师的崇拜以及对所有建筑传统的否定中得出了自己的结论，实际上放弃了自己的职业而成为建筑技术员、行政管理员或规划师。

一种超出可能的技术幻景与原始落后的建筑业现实之间的差距，使理想化的工艺不得不日益让位于在低层次上的普通技巧，这就使一些建筑师走向一种空洞、虚伪的美学主义，与他们开始时企图取而代之的形式主义者无甚区别，因为他们被迫去体现一种掺有水分的先进技术形式，而实际上却并无真正的介质去实现它。

俄国的泛斯拉夫文化运动是1861年解放农奴后开始出现的，它是一种广泛的热爱斯拉夫美术和手工艺的复兴运动。这一运动产生于19世纪70年代初期，铁路大王萨瓦·马蒙托夫（Savva Mamontov）在莫斯科郊外的阿布拉姆采夫庄园为民粹主义（Populist，或曰Narodniki）画家建立了一个休闲处。这些画家自称为“漫游者”，他们于1863年与彼得堡学院分裂，成为漂泊流浪的艺术家，把他们的“艺术”带给人民。

这一运动于1890年由坦尼舍娃公主（Princess Tenisheva）在斯摩棱斯克建立的乡村工业区中取得了更有应用性的形式，其目的在于复兴传统的斯拉夫手工艺。马蒙托夫派知识分子的成就包括从V. M. 瓦斯涅佐夫（V. M. Vasnetsov）设计的中世纪复兴主义（旧俄罗斯风格）的阿布拉姆采夫礼拜堂(1882)，到列昂尼德·帕斯特尔纳克(Leonid Pasternak)为里姆斯基－柯萨科夫(Rimsky-Korsakov)的歌剧《雪姑娘》(1883)首次演出所做的布景设计；而坦尼舍娃工业区的规模则要小得多，它包括一些简单、轻型、带格子墙的住宅、家具、家用器具的设计，其基本形式取材于传统的木结构，多数装饰元件取自农民手工艺品，如称为lubok(卢勃克)的传统木刻叙事艺术。阿布拉姆采夫圈子中的大众－表现主义绘画是走向20世纪初期激进的俄国艺术的第一步，后者包括阿列克谢·克鲁霍尼赫(Alexei Kruchonykh)的达达派zaum(缰绳)诗和麦秋辛(Matyushin)的无调性音乐；而坦尼舍娃的手工艺作品则预示了革命以后Proletkult(普罗文化运动)的构成主义木刻和油印印刷艺术。

193

与艺术界泛斯拉夫运动的富有朝气的活力相比，俄国的建筑，尽管在1870年以后大量出现，在风格上却始终分裂为(尤其是在莫斯科)圣彼得堡建筑的古典标准和逐步出现的民族浪漫主义运动。后者以K. A. 桑(K. A. Thon)1838年新拜占庭式的克里姆林宫为开端，在19世纪的最后10年中产生了一批称为新俄罗斯派的设计师，包括瓦斯涅佐夫、A. V. 休谢夫(A. V. Shchusev)、V. F. 沃尔科特(V. F. Walcot)，特别是F. O. 舍赫捷利(F. O. Shekhtel)，他1900年的拉雅布欣斯基大厦可与奥古斯特·恩德尔的最佳作品相媲美。他们和新艺术运动关系密切，并取材于沃依齐、汤森德和理查森等人的作品，其表现特征有：休谢夫高度折中主义和最终缓冲(retardataire)式的喀山车站(Kazan Station，1913年开工)以及瓦斯涅佐夫精美的特列季亚科夫画廊(1900—1905)，后者尽管也是折中主义的，却仍可与奥尔布里希的恩斯特·路德维希住宅(1901)相媲美。所有这些在很大程度上依赖于工程学领域的发展，特别是工程师V. A. 朱可夫(V. A. Zhukov)的工作，他先是在1889—1893年为A. N. 波梅兰采夫(A. N. Pomerantsev)的莫斯科新贸易行设计了玻璃屋顶，后来又于1926年为莫斯科的轻型无线电塔设计了一种截顶锥体结构。

对革命后的建筑具有更重要意义的是，在经济学家亚历山大·马林诺夫斯基[Alexander Malinovsky，1895年改名"波格丹诺夫"(Bogdanov)，意即"天赐者"]的"科学"文化理论的启发下所发生的从亲斯拉夫运动向本土文化力量的转变。波格丹诺夫在1903年革命的危机时刻脱离了社会民主党而投向布尔什维克，他在1906年建立了"无产阶级文化运动组织"，简称普罗文化。这一运动致力于通过科学、工业和艺术的新统一重新产生一种文化。对波格丹诺夫来说，一种超科学的组织形态学(tectology)可以为这种新的集合性提供一种自然手段，既能提升传统文化，又能使它自己的物质产品达到一种更高级的统一秩序。正如詹姆斯·比林顿(James Billington)所述：

> 波格丹诺夫以圣西门而不是马克思的方式争辩说，没有一种积极的新的宗教信仰，就不可能解决过去存在的破坏性冲突，而以前由宗教信仰所产生的中央寺庙在社会中所起的统一作用，现在必须由无产阶级的活生生的庙宇以及一种实用的、面向社会的、"经验一元论"的哲学所代替。[2]

波格丹诺夫1913年出版了他的有关组织形态学的第一部著作《通用组织科学》，同年，彼得堡演出了克鲁霍尼赫的未来主义戏剧《战胜太阳》，音乐由麦秋辛创作，服装及道具由卡西米尔·马列维奇设计。马列维奇为这部启示性戏剧所设计的帐幕首次展示了黑方块的母题，其后成为至上主义的实体符号。

在第一次世界大战前夕，俄国先锋派文化已经形成两支不同但彼此相关的流派。第一支以非功利主义的综合艺术形式为代表，许诺把日常生活转换成为克鲁霍尼赫和马列维奇诗篇中的新千年未来。第二支由波格丹诺夫提出，属于一种后民粹主义的假设，试图从公共生活及生产的物质及文化现实中形成一种新的文化统一。1917年10月以后，苏维埃新政权的建立趋向于使这两种立场——“启示式”与“综合式”——走向冲突，导致了各种社会主义文化的杂交形式的出现，比如利西茨基把马列维奇的“启示性”和高度抽象的艺术采用于他自成风格的、以功利主义为目标的至上主义－要素主义。

194

1920年，Inkhuk（艺术文化学院）和呼捷玛斯（即高等艺术和技术学院）在莫斯科建立，成为艺术、建筑学和设计的综合教育机构。这两个机构都成为公开辩论的讲坛，其中有像马列维奇和瓦西里·康定斯基这样的神秘唯心主义者和佩夫斯纳兄弟（brothers Pevsner）等客观主义艺术家，与所谓的产品主义者伏拉迪米尔·塔特林、亚历山大·罗琴科（Alexander Rodchenko）及阿列克谢·加恩（Alexei Gan）等互相对擂。在1920年，反对纯艺术立场的最有力的挑战来自瑙姆·加博（Naum Gabo），即佩夫斯纳，他在后来对塔特林批判的反应是：

162　宣传鼓动队火车，1919

我向他们出示了一张埃菲尔铁塔的照片说：你们以为是崭新的东西早已有人做过了。要么建造功能性的住宅、桥梁，再不就是创造纯艺术，或者两者都来，但不要把两者混淆起来。这样一种艺术将不是纯粹的构成艺术，而不过是对机器的模仿而已。

尽管有这种修辞性的劝说逻辑，加博和康定斯基等唯心主义者仍然不得不离开俄国，而马列维奇则成功地置身于维捷布斯克，并在1919年之后不久建立了他的至上主义学派Unovis（新艺术学校）。这一机构将对利西茨基后来的发展产生一种肯定的影响，使他终止表现主义的图画，开始他作为至上主义设计师的生涯。

与此同时，革命所产生的通信需要，促使一种专门的无产阶级文化的自发出现，向文化形式注入了活力，否则这些文化形式还将继续脱离时代的实际条件，以及一个基本上处于住房不足、营养不良、文盲众多的人口的实际需要。图像艺术在传布革命信息方面起了突出的作用，其形式是大规模的街道画，装点在 Agit-Prop（宣传鼓动队）火车［**图162**］及船艇上。这些都是由普罗文化运动中的艺术家们设计的。革命后不久由当局制定的“大型宣传计划”，意在把所有可得之表面都覆以鼓舞人心的标语及激励性的图像。当时普罗文化运动的中心任务是通过戏剧、电影和图画扩散官方的信息，其形式无例外地都是游牧式和可拆卸式的。所有这些都应当便于运输和生产。除了从事宣传以外，一些产品主义艺术家如塔特林和罗琴科等还设计了一些轻型的、可拆装的家具和结实的工人服装。塔特林设计了一种炉灶，据称可以用最少量的燃料产出最大量的热能。这种无所不在的“游牧”冲动反映在20世纪20年代后期欧洲建筑师设计的轻型家具中，包括由密斯、勒·柯布西耶、马特·斯塔姆、汉纳斯·迈耶和马塞尔·布劳耶等设计的即使实际上不可拆卸，但在构思上也是可以“敲散”的椅子。布劳耶尤其如此，他1926年著名的瓦西里椅（Wassily chair）与同年苏联呼捷玛斯设计的一种帆布加管子的椅子几乎雷同。现在已从新发现的莫霍利－纳吉与罗琴科之间的通信之中证明，1923年以后，包豪斯直接受到呼捷玛斯的影响。

195

163　塔特林，第三国际纪念塔模型，1919—1920。塔特林站在前面，手里拿着烟斗

20世纪20年代初期，普罗文化通过戏剧，尤其是尼古拉·厄弗雷诺夫（Nikolai Evreinov）的“日常生活的戏剧化”获得了它的最综合的表达，尼古拉·厄弗雷诺夫甚至在每年重演攻打冬宫的场面中运用了文身形式。在较为平常的场合，他们组织街道游行，其中一些代表革命或其资产阶级敌人的构成主义的肖像，总是成为群众游行时被注意的焦点。V. 梅耶荷德在“十月剧院”的宣言中提出了同样引起争论的设想，他企图把宣传鼓动队的街头活动转化成为鼓动性舞台的要素。梅耶荷德1920年的十月党人宣言规定了一个剧团应当由下列要素和原理组成：(1) 使用自始至终照明的圆形舞台，使听众与演员打成一片；(2) 反自然主义的机械化生产模式，其中演员－杂技运动员成了梅耶荷德“生物－机械舞台”中的理想类型——这种舞台形式与马戏团之间有明显的类似性；(3) 排斥一切幻想，取消一切象征手法，这些都仍然是资产阶级剧团的通病，特别表现在斯坦尼斯拉夫斯基的莫斯科艺术剧院中。埃尔温·皮斯卡托于1924年创立柏林无产阶级剧院时也宣布了类似的

主张。

列宁逐渐开始怀疑(即使不是害怕)波格丹诺夫的激进观点，即认为可以有三条独立的通向社会主义的道路——经济的、政治的和文化的。然而，尽管官方在1920年对波格丹诺夫采取了否定的态度，后来又把普罗文化运动纳入教育人民委员会的领导下，这种宣传鼓动队文化的热情依然存在，尤其是在梅耶荷德的剧团中，它也继续出现在为数众多的、由产品主义艺术家们如G. 克鲁杰斯(G. Klutsis)和罗琴科等设计的报摊、讲台和其他教育信息结构中，这些项目成为形成一种非专业的社会主义建筑风格的首批尝试。而利西茨基于1920年设计的“列宁讲台”(见p.142)采用了他所称的Proun形式——取自Pro-Unovis(为新艺术学派)——指的是一种史无前例的创作领域，介乎绘画与建筑之间，用以作为以上的另一选择，尽管有意识地做成“不可实现的”。

在这种先锋作品中，最为显赫的是塔特林于1919—1920年设计的400米高的第三国际纪念塔[**图163**]，它是两股互相交错的格架式螺旋体，其中悬吊了四个大型透明体，各自以不同的周速旋转，为一年、一月、一日、一小时一次，分别贡献给立法、行政、情报和电影部门。在一个层次上，塔特林的作品是苏维埃国家宪法和功能的纪念物；在另一层次上，它意在成为产品主义/构成主义创作纲领的范例，它把各种“知识素材”(如色彩、线条、点、面)和“物质素材”(如铁、玻璃、木等)视作同等主题的要素。从这一角度看，人们很难把这座塔视为纯功利的实物。但是，尽管1920年的《产品主义集团纲领》中提出了反艺术和反宗教的口号，这座塔本身仍然是对新社会秩序和谐性的一种纪念性隐喻，它首次展出在一幅写有“工程师创造新形式”标语的大旗上。它在形式和材料中所体现的千年盛世的象征主义，可以用一段当代发表的、据称是引述了塔特林的原话的文字来描述：

> 正如振荡次数和波长的乘积是声音的空间度量，铁和玻璃之间的比例是材料节奏的度量。通过这些重要基本材料的结合，表达了一种紧凑而壮丽的简单性，同时也表达了一种关系，因为这两种材料都生之于火，形成了现代艺术的要素。[3]

通过对螺旋主题的运用，塔特林以一系列逐次缩小的柏拉图式的实体层层包围的手法，以及对铁、玻璃和机械化运动的修辞性展示来体现千禧年，预示了俄国先锋派建筑的两种不同的倾向。第一种发生在呼捷玛斯内部形成的一个流派，体现在尼可拉·A. 拉多夫斯基(Nikolai A. Ladovsky)所讲授的一、二年级课程中。这个结构主义或形式主义流派试图产生一种建立在人类认知法则基础之上的全新的造型语法。第二种倾向是在1925年显现的，这是一个在建筑师莫依赛·金兹堡(Moisei Ginzburg)领导下的更为唯物主义的和纲领性的流派。

1921年，拉多夫斯基主张在呼捷玛斯中建立一个研究所，系统地研究形式的认知问题。在他的指导下，呼捷玛斯做出的基本设计始终包括对纯粹形式表面的某种节奏性描绘，或者对动态形式按数学累进法则生长或缩小进行研究。这些呼捷玛斯的练习，总是有一些几何体积的渐变，在大小和位置上增大、升高或缩小、降落。有时，这种研究结果被推荐成为实际建筑的设计，例如在1923年左右由辛姆比尔彻夫(Simbirchev)设计

164 辛姆比尔彻夫，拉多夫斯基在呼捷玛斯的工作室，一个悬挂餐厅的设计方案，1922—1923 年
165 梅尔尼科夫，苏哈莱夫市场，莫斯科，1924—1925

的悬挂餐厅［**图164**］。这个项目的全透明性及豪华入口系统反映了产品主义富有表现力的功利主义。这样一种异想天开的结构显然超离了当时苏联工程学的能力，而它那不计其数的层数变化又限制了它作为餐厅的功能。

拉多夫斯基所谓的“理性主义”从来就不是纲领性的。正如卢贝特金所指出的，他最终追求的是拉路斯（Larousse）式的普遍性。就像18世纪后期的新古典主义艺术家那样，他喜爱运用圆球、方块之类的几何体，并假设它们与某些特定的心理状态相联系。1923年，拉多夫斯基试图通过Asnova（新建筑师联合会）宣扬他的观点。这是一个以呼捷玛斯为中心的职业团体，它在1925年左右影响最大，当时利西茨基和建筑师康斯坦丁·梅尔尼科夫（Konstantin Melnikov）都与它有联系。和他1924年设计的木制装卸式市场摊台［**图165**］一样，梅尔尼科夫为1925年巴黎装饰艺术博览会设计的苏联馆［**图166**］，集迄今为止苏联建筑中最进步的因素之大成。他创造性地使用了搭接的短木柱与木板，使人想起大草原上的传统乡土风格，也使人想起1923年全俄农业和手工业展览会上的一些展馆建筑，其中包括由艺术家A. A. 艾克斯特（A. A. Exter）、格拉特柯夫（Gladkov）和斯特恩堡（Stenberg）等所设计的《消息报》报亭，以及梅尔尼科夫自己设计的马霍尔卡展馆。梅尔尼科夫馆的基本构思反映了拉多夫斯基学派的节奏性形式主义。它的矩形场地被一架楼梯斜线切分为两个相等三角形而变得生动活泼。这架楼梯在开敞的木结构空间中升降起落，形成了一系列交叉平面，并提供了通向顶层结构的入口。这种交叉式屋盖形式不久后在俄国先锋派中被视为“几何累进”（geometrically progressive）式的手段，与塔特林塔的对数螺旋体同样流行。罗琴科在梅尔尼科夫这种动态木结构中加上了自己为理想工人俱乐部所做的室内设计，采用了典型的轻质产品主义家具，其中包括一组红黑对比的弈棋组合，由一桌二椅组成。

Asnova集团所寻求的不仅是要实现一种更为科学的美学，还要创制出一些新的建筑形式，以满足和表现社会主义新国家的条件。因之，他们特别关注工人俱乐部和娱乐设施的设计，使它们能起到新型的“社会容器”的作用。这种创造新形式的动力也推动了利西茨基把美国摩天楼改组成社会主义的形式，他1924年的云彩大厦方案，其构思是作为一个高耸的卫城入口，开向围绕莫斯科中心的环形大道。这项作品，不管何等奇异，意在成为对资本主义摩天楼及古典城门的批判性的对比物。

梅尔尼科夫早期产品主义的作品都建造于内战后列宁为吸引外国资本与苏联合资、宣布了新经济政策（NEP，1921年3月启动）后的经济相对稳定的时期。1924年1月列宁的逝世，不仅使NEP时期的文化告一段落，而且还向苏共提出了为其陵墓寻找一种合适的风格之问题。尽管产品主义的手法在巴黎装饰艺术博览会上被视为足以代表苏维埃社会主义共和国联盟，然而要用在第一个社会主义创始人的陵墓上则太不现实。同样，新古典主义加上理想主义内涵也是不适宜的。这种不确定性在某种程度上反映在休谢夫院士的列宁墓设计方案中。第一个方案是一个临时性的木结构，尽管是对称的，却接近于产品主义美学。第二个方案是永久性的石结构，企图重现中亚细亚突厥陵墓的形式。

随着列宁的逝世，革命英雄主义时期结束了。到那时，通过内战中对白军的来之不易的胜利、对喀琅施塔得叛变的镇压，以及在NEP时期建立的无产阶级国家内的国家资本主义，革命已给自己的历史下了最后的定义。列宁的个人魅力消失之后，党内继承人的斗争、工农业现代化、扫盲运动、每日为住房和食品的斗争、全国电气化，还有那无时不在的在工业城市无产阶级和分散小农经济之间建立真正联系的需要等等，在这一切之上，是每年必须从不顺从和边缘化的农村吸取足够的食物以供城市人口需要的斗争，前者曾顽固地对新经济政策所提供的引诱性的措施进行过抵制。

从建筑角度看，最长期存在的显然是住房问题。从第一次世界大战开始以来，没有建造过住宅，战前存在的旧房的破败程度也可从1924年党的第13次代表大会的文件中看出，当时，住房问题被认为是“工人物质生活中最重要的问题”。面临弥补这一匮乏的任务，年轻一代建筑师中的部分成员感到自己不能再沉溺于当时仍处在拉多夫斯基影响下的呼捷玛斯那种对形式主义的关注了。

这种反应产生了一个新的组织，即OSA（当代建筑师联合会），在金兹堡的领导下，其最初成员包括M. 巴尔希（M. Barshch）、A. 布罗夫（A.

166　梅尔尼科夫，苏联馆，装饰艺术博览会，巴黎，1925。底层（下）、二层平面（中）与立面（上）

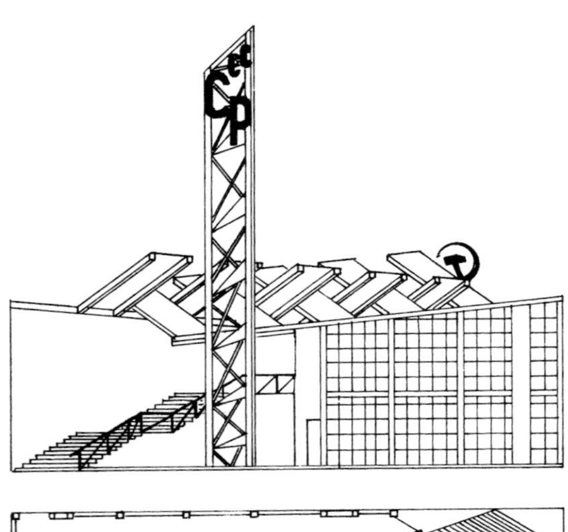

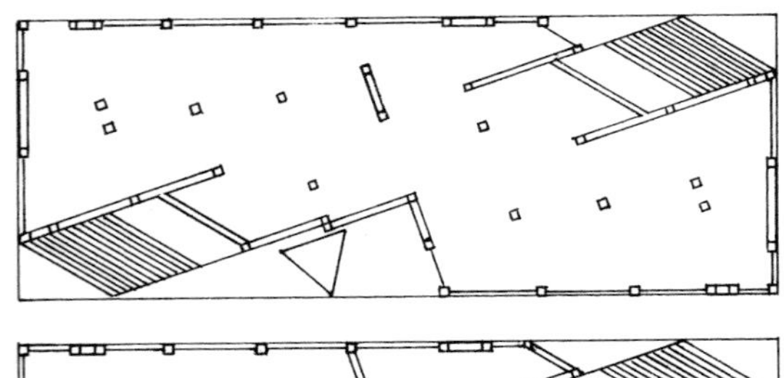

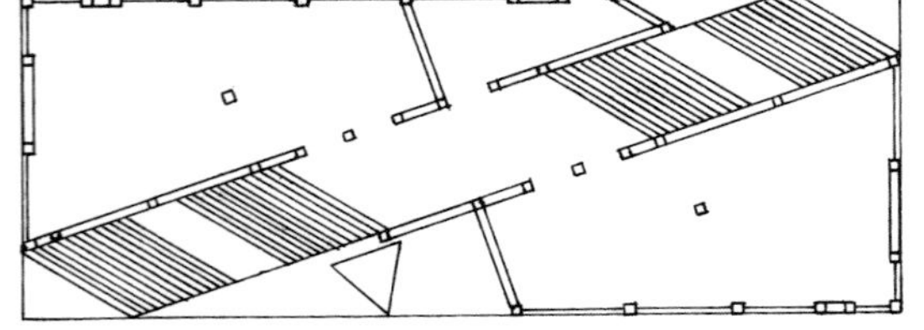

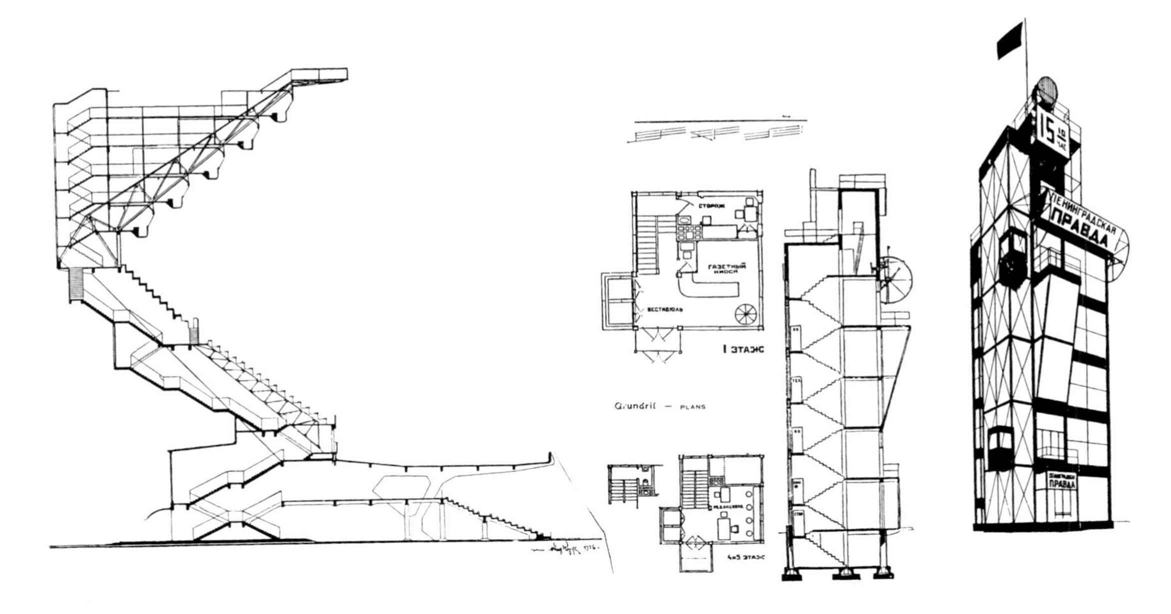

167　20 世纪 20 年代构成主义的典型作品：柯尔舍夫（Korschev）的斯巴达吉达亚大体育场，莫斯科，1926（左：看台剖面）与维斯宁兄弟的《真理报》大厦，莫斯科，1923（右：平面、剖面与外观）

Burov）、L. 科玛罗娃（L. Komarova）、Y. 科恩菲尔德（Y. Kornfeld）、M. 奥基托维奇（M. Okhitovich）、A. 帕斯特尔纳克（A. Pasternak）、G. 韦格曼（G. Vegman）、V. 弗拉迪米洛夫（V. Vladimirov）和维斯宁兄弟［**图 167**］。OSA 成立后不久，就从相关领域中吸收会员，包括社会学及工程学等方面。OSA 面向建设纲领的倾向与普罗文化运动的产品主义以及拉多夫斯基的认知美学恰好相反，从一开始，它就试图改变建筑师的工作模式，从传统的服务业主的工匠型人员转变为一种新的职业人员，首先是一名社会学家，其次是一名政治家，第三是一名技术人员。

1926 年，OSA 开始在《当代建筑》杂志中宣传自己的观点。这份杂志致力于向建筑师的实践中注入科学的方法。在第四期中，OSA 对平屋面构造进行了国际性调查，其中包括向陶特、贝伦斯、奥德、勒·柯布西耶等人询问对平屋面的技术可行性和优越性的看法。OSA 还为自己确定了这样的任务，即要为一个正在破土而出的社会主义社会提出必要的建设纲领和典型形式。它既对自己也对诸如能源分配及人口布局等更为广泛的问题表示关注。它最关心的是公共住宅以及建立适当的社会单元的问题，其次是分配过程，即各种形式的运输问题。

在前者的探索中，它在 1927 年的《当代建筑》中进行了第二次调查，主题是新的公共住房（或称 domkommuna——公社住宅）的适宜形式。收到的答复被用来作为一次友好竞赛的基础，目的在于发展和改进新的住宅原型，其路线多少类似于傅立叶的法伦斯特尔［**图 168**］。参加的方案多数采

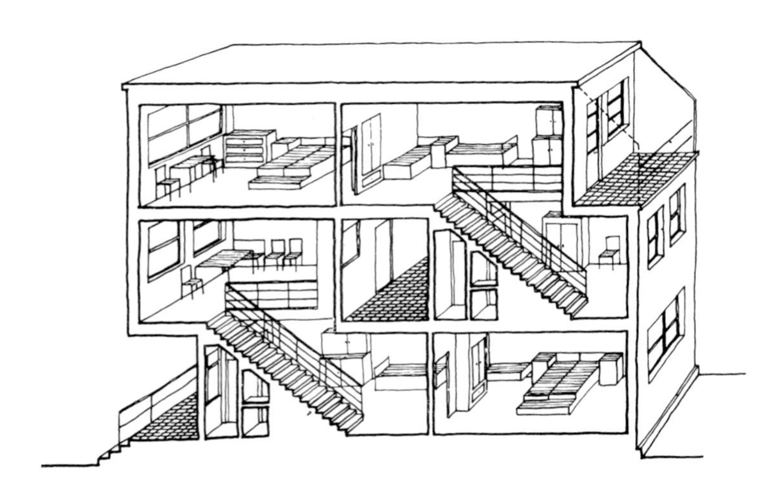
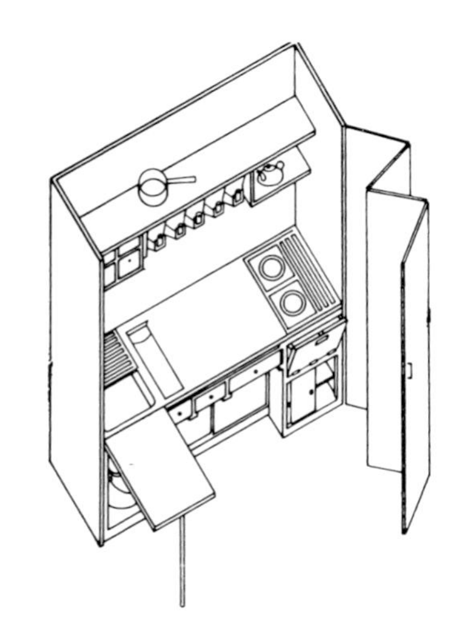

168 奥尔（Ol）、伊凡诺夫（Ivanov）与列文斯基（Lavinsky），有中央走廊的交叉跃层公寓，OSA竞赛，1927
169 苏联经济委员会下属建筑委员会，带隐蔽隔断的紧凑式厨房单元，1928

用室内双向服务走廊以及上下两层交叉的跃层公寓，并赋予其象征及功能的双重意义。这种交叉式剖面在1932年后被勒·柯布西耶用在他"光辉城市"（Ville Radieuse）中典型的跃层住宅设计之中。

所有这些活动促使政府建立了一个住宅标准化的研究组织，由金兹堡担任负责人［**图169**］。这个组织的创作导致了一系列结构单元（Stroikem）的开发，其中之一被金兹堡采用于1929年在莫斯科建造的"那康姆芬"（Narkomfin）公寓街坊中。它的室内街道或楼板系统可直接通向附设建筑，其中包括一个食堂、一个健身房、一个图书馆、一个托儿所及一座屋顶花园。金兹堡十分清楚这样一种内涵集合性不可能孤立地通过建筑形式强加于居民身上。他当时写道：

> 我们不再能强迫某一特定建筑的居民去过集体生活，而过去我们曾这样试过，结果通常是否定性的。我们应当在一系列不同的面积中为逐渐、自然地转向公共使用提供可能。为此，我们试图把相邻的单元互相分隔，为此我们也发现必须把厨房的灶具壁柜等设计成最小尺寸的标准部件。它们可以随时从公寓中拆走，以便过渡到食堂生活。我们认为绝对必需的是纳入某些特性，以便促进这种向更高级的社会生活方式的过渡，促进而不是强制。[4]

在前一年，OSA的注意力转向另一种社会容器，即工人俱乐部的设计。安纳托尔·柯普（Anatole Kopp）写道：

> 1928年在俱乐部建筑设计中出现了一种变化。现有的俱乐部，即使是最现代的，如梅尔尼科夫和戈洛索夫（Golosov）的设计，虽有种种创新，也仍然受到了尖锐的批评，因为它们以舞台为中心，并且与职业剧团相联系。[5]

金兹堡的门徒伊凡·列昂尼多夫的反应是设计一种完全不同类型的俱乐部，它更着重于教育机制及体育设施。1928年，他提出了一系列的设计方案，其实都是他一年前在位于莫斯科郊外列宁山（Lenin Hills）场址设计的杰出的列宁学院的翻版。他为这所高等学院所做的设计是两项主要采用玻璃面的形式：一是矩形的图书馆塔楼，另一是站在一个支点之上的圆球形演讲厅。整个悬吊的、飘浮的组合体用缆索稳定，它与城市之间用架空单轨交通线连接。列昂尼多夫这种把俱乐部设计成至上主义巨型结构的科幻小说式的构思——这种幻想肯定受到马列维奇作品的影响——在1930年他的文化宫方案［**图170**］中达到了顶峰。这个方案中的玻璃演讲厅、天文馆、实验室及冬季花园都布置在一个矩形方格网上，极少考虑传统的景观。它的那些硬性规定的、形而上学的表面，用繁茂的植物丛和透明的棱体进行缓释，后者的内部暴露无遗，却不是由功能决定的。它的可操纵的并可系上飞艇的旗杆所以被包括在整个构图中，显然是为了显示出这种轻型结构工艺同样可以被采用在附属于大地的结构和建筑中。这种组合空间结构预示了20世纪中叶康拉德·瓦赫斯曼和巴克敏斯特·富勒等设计师的作品。

201

在这些建筑群内，列昂尼多夫设想了连续不断的各种活动，包括教育、娱乐、体育、科学表演、政治集会、电影、植物展览、展示、飞行、滑翔、赛车及军事演习，等等。这种乌托邦式的幻想使他受到支持斯大林的团体Vopra（全俄无产阶级建筑师联合会）的批评，后者谴责了这种方案的虚无的唯心主义。

1932年4月发布的指示（Ukase）使党在建筑设计中的路线得到巩固，并最终压制了苏联先锋派建筑师中的极端分散性。此前，OSA对更大规模——在区域规划层次的——“社会凝聚”问题发生了兴趣。当时它作为一门应用科学还处于婴儿阶段。对OSA的主要规划理论家奥基托维奇而言，苏联的电气化计划是规划各种形式的基础结构模型。他的战略是沿电力线和道路系统实现国家的非城市化，这意味着对当时主张城市化的主要理论家L.沙布索维奇（L. Sabsovich）提出的建立公社住宅（dom-kommuna）及超级公社（kombinats）方案的批判。奥基托维奇在1930年写道：

170　列昂尼多夫，文化宫方案，取自SA杂志封面，1930。从左到右为“体育文化段”“展示文化段”及“大众活动段”

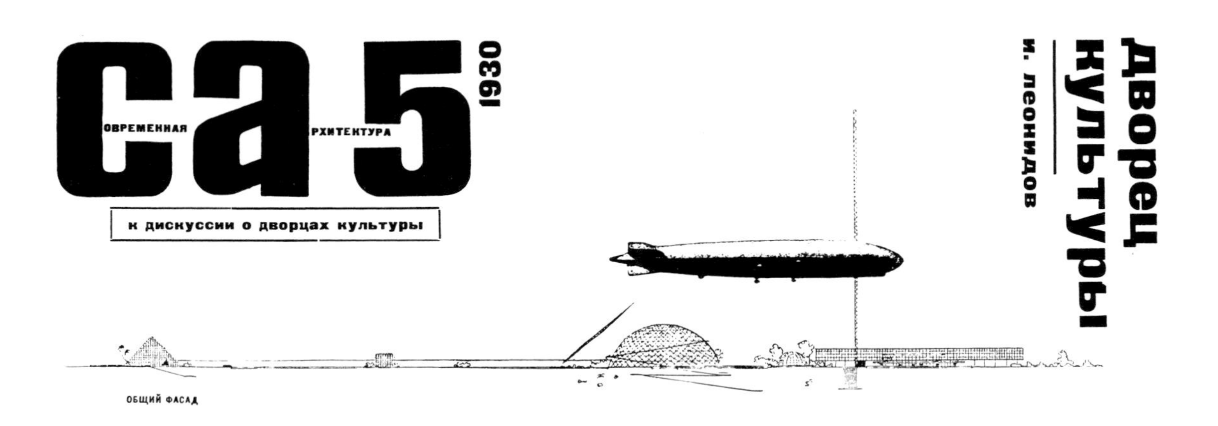

我们现在已经到达了一个对所谓“公社”的失望时期，因为它剥夺了工人的生活空间，而代之以走廊和供暖通道。这种伪公社只让工人在家里睡觉，剥夺了他的起居空间及个人方便(请看在澡堂、衣帽间及食堂前面的排队)，已经开始引起了群众性的骚动。[6]

事实上，超集合性的公社不久就威信扫地，不仅因为它不被社会所接受，而且也由于它的巨大规模要求采用高级工艺和稀缺资源。有一段时间，奥基托维奇和 N. A. 米柳丁（N. A. Milyutin）的非城市化方案在官方得到了一些赞赏。然而，接受一项理论性的政策要比制定一种可在全国推行的、经济的土地使用模式要容易得多。在 OSA 尚存在的期间，它对如何最佳地实现此方案是有分歧的。他们最后按照索里亚·伊马塔的线性城市方案，提出了一种带状聚居区。尽管这一方案富有想象力，其具体形态却往往是随意制定的。典型的有巴尔希和金兹堡为莫斯科扩建制定的绿城方案(1930 年发表)。这一甚为奇异的方案采用了一条由架空的“单身”单元组成的曲柄状连续脊椎形带条，除了提供居住面积外，显然也是一种象征着城市的存在的构想。在脊椎带的两侧，每隔 500 米设置公共设施。这些建筑物两边设有运动场和游泳池，它们位于设在中央脊椎带两旁的连续公园之中，这些绿化带的宽度不定，其外沿受到出入整个系统的来回单车道的限制。金兹堡的总体战略是用这些交通动脉使莫斯科现有的人口逐步疏散，这样，使老的首都逐步疏散，渐渐地回复到过去的半乡村式的田园，其中一些重要的纪念性建筑物将予以保留，作为对旧文化的回忆。

在线性城市方案中，最抽象的、而在理论上最一致的是米柳丁提出的原理，他在 1930 年就提出了一种由六条平行条(或区)组成的连续城市。这六个区的排列顺序为:(1)铁路区;(2)工业区，除了生产部分外，还包括教学和科研;(3)绿化区，内设公路;(4)居住区，又分为公社机构、住宅和儿童区，包括学校和幼儿园;(5)公园区，包括体育设施;(6)农业区。

这种布局包含了一种特定的政治和经济意图。工业和农业工人将统一在同一居住区内，工农业生产中的剩余物资将直接流入铁路或绿化区内的仓库，在该地暂时存放，然后在全国进行再分配。根据同一“生物学”模型，居住区内的固体垃圾将直接流入农业区，并被处理成养料。根据 1848 年《共产党宣言》的原理，中等和技术教育将在工作场所进行，以保证理论与实践的结合。米柳丁在论述这种生物学方案时写道:

不能偏离这六个区的次序，否则就会打乱整个规划，还将使每个单元的发展和扩大变得不再可能，并产生不卫生的生活条件，从而取消了线性系统在生产方面所具有的重要优越性。[7]

1929 年元月，苏联政府宣布了将在东乌拉尔地区建造马格尼托哥尔斯克城以开采铁矿的意图，米柳丁和其他 OSA 建筑师如金兹堡和列昂尼多夫都为新城市提出了方案性的建议[**图171**]。这些程度不同的抽象方案都被当局所拒绝，他们委托了德国建筑师恩斯特·迈和他的法兰克福小组来进行新城的正式规划。苏联先锋派建筑师之间的无休止的论战，在“城市主义”和“非城市主义”之间的复杂的论证及反论证，最终使苏联当局绕过了这些分歧，邀请了魏玛共和国的更为实用和有经验的左翼建筑师，运用他们的规范化的规划

203 及生产方法（包括他们的分区布局及合理化建造方法）来实现第一个五年计划的建设任务。

为适应一个处在包围之中的社会主义国家的需要及资源条件，在进行大规模的建设规划及提供居住建筑类型方面，OSA 表现出他们在提出足够具体的方案上的无能，加上在斯大林领导下出现的国家禁令及控制的总倾向，这一切造成了苏联“现代”建筑的衰落。虽然列宁提出过无产阶级文化应当建立在“人类在资本主义社会压迫下创造出来的全部合乎规律的知识发展”这一基础之上，然而他1920年10月对 Proletkult 运动的压制则是沿着另一方向所走出的第一步。这肯定是控制由革命释放出来的巨大创造力量的第一次尝试。列宁的 NEP 纲领显然是第二步，因为它给参与性共产主义（participatory Communism）的范围设置了限制。更重要的是，NEP 经济妥协似乎伴随着重新召唤和起用来自资产阶级时代的“政治上不可靠的”专家，如休谢夫等。有嘲讽意味的是，他竟被委任设计列宁墓。尽管有效，这种在国家监督下与资产阶级专业人员的合作涉及了一种深刻的妥协，不仅损害了革命的原则，还阻碍了一种集合性文化的发展。另一方面，当时的历史环境使大多数人民群众不能采纳社会主义知识分子提出的生活方式。加上先锋派建筑师们又没有能力对他们的想象方案提出足够现实的技术措施，也使他们在当局面前失去了威信。最后，他们的建立国际社会主义文化的号召也显然背离了苏联1925年以后的政策，当时，斯大林已宣布了“在一个国家建设社会主义”的决定。斯大林对国际主义精英不感兴趣，这一点，为安纳托莱·卢那察尔斯基（Anatole Lunacharsky）1932年的民族主义和大众主义的文化口号所正式证实。他著名的“人民支柱”的提法，使苏联建筑走上了一种即将出现的历史主义的退化形式。

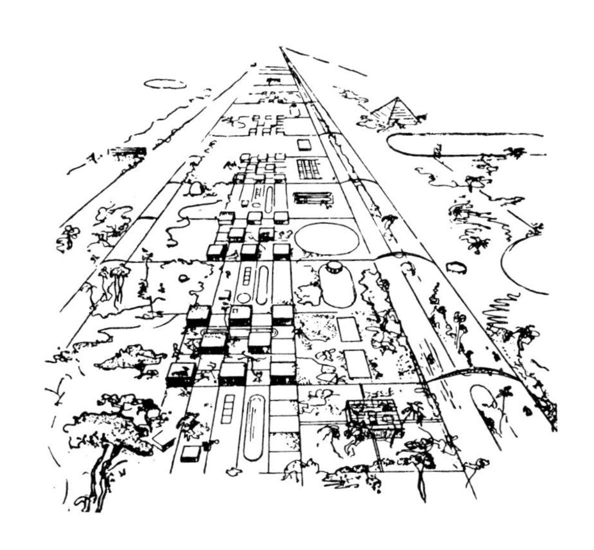

171　列昂尼多夫，马格尼托哥尔斯克城方案，1930。一条32公里长的道路连接了工厂与农业公社

第22章

勒·柯布西耶与光辉城市 1928—1946

204

社会机器已大大脱节，它摇摆于一种有历史意义的改善和一场大灾难之间；每个人的原始本能都要保证自己有个掩蔽物，而今日社会之各级工人却不再享有适合自己生活需要的住房，艺术家和知识分子也是如此。现今社会动荡的根子就在于建筑：不是建筑，就是革命。[1]

——勒·柯布西耶

《走向新建筑》，1923年

1927年的国际联盟竞赛之后，工程师美学与建筑学看来日益成为勒·柯布西耶自己思想中的一对分裂而不能综合的对立物。到1928年，这种分裂最明显地表现在Cité Mondiale（世界城市）无可否认的纪念性，和他同时与夏洛特·佩里安合作设计的轻型钢管家具等精巧制品——靠背、可以起落的安乐椅、大舒适椅、长凳、“飞行管”式桌子、转椅等等——之间，后述的这些产品在1929年秋季沙龙中展出。这种不同的手法在他的纯粹主义美学理论中已预示了某种合理化的解释，当时他争议说，人和物之间的关系越密切，物就越是需要能够反映人的形体轮廓，也就是说，越应当接近相当于工程师美学的人体工程学——相反地，两者的关系越疏远，物就越是走向抽象，也就是说：走向建筑学。

就建筑而言，这种以亲近性和用途来决定形式的做法变得复杂化了，这是因为大规模生产的出现，以及由此产生的对创作单一纪念碑和利用合理化生产的潜力使一般性住宅得以普及这两者加以区别之需要。这种区别似乎促使勒·柯布西耶放弃他的街坊建筑，也即“不动产别墅”，转而采用一种更适宜于成批生产的建造形式，也就是他的 *à redent*（凹凸缺口式）“光辉城市”街区，后者是作为一条连续生产线上的“即时”房屋而设计的。以尤金·埃纳尔1903年的雷当大道（Boulevard à Redans，redan一词意为城堡凸出的部分）为基础，勒·柯布西耶的redent形式是一种联排建筑，其正面正规地交替着，从街道外沿后退或与其取齐。

这两种居住单元在组织方式上的不同与其外部形式之差别具有同等意义。“不动产别墅”（如其名称所提示的）定性地规定了房屋要有“空中花园”作为一个独立单元；而“光辉城市”的房屋类型则更以经济为准则，转向系列生产的定量标准。“不

205

动产别墅”包括一个宽敞的花园平台和双层生活空间，并且不论家庭大小都规定了固定的尺寸，而“光辉城市”（以下简称“VR”）［**图172**］单元则是

一种规模可变的、灵活的单层公寓，比双层剖面在空间上更为经济。VR 单元把空间中每一存在的平方厘米都优化使用了，隔墙也减薄到隔声允许的极限。出于同一目的，服务核心即厨房和厕所，也减到最小。除此之外，每套公寓都可以通过撤除活动隔断从夜间使用改为白天生活。活动隔断闭合时，把睡眠空间分割了，而打开时就与起居室连成一片，可供儿童游戏。通过这些设施，VR 公寓的设计成为和火车中卧铺车厢一样的人体工程学高效产品。事实上，勒·柯布西耶在设计中的许多方面都采用了与车厢同一的空间标准。加上空调装置和密封立面，它显然意在提供一种机器时代文明的规范化设备。VR 建筑接近于产品设计、离开了传统意义的建筑学，与“世界城市”的格调更是大相径庭。

这种从自我封闭的周边式街坊转向连续型成排住宅，从资产阶级“别墅”标准转向工业化规范，很可能是对 CIAM 左翼提出的技术至上的挑战的反应——勒·柯布西耶大概是在1928年 CIAM 的成立大会上首次结识这些德国和捷克的新客观派建筑师们的(见第15章)。1929年在法兰克福 CIAM 的第一次工作会议上，这些“唯物主义”的设计师们又一次向勒·柯布西耶提出了挑战。这次会议的主题是最小存在空间(Existenzminimum)，目的是要确定最低标准居住单元的最优准则。勒·柯布西耶驳斥了恩斯特·迈和汉纳斯·迈耶等的还原主义主张，雄辩地宣布了他的最大住房(maison maximum)的空间标准，这恰好是对他前一年与让纳雷共同设计的经济型轿车——最大轿车(voiture maximum)[**图173**]在字面上嘲讽式的使用。然而，事实证明他们是正确的，因为他们的“最大轿车”成了第二次世界大战之后在欧洲大量生产的节约型汽车的原型。

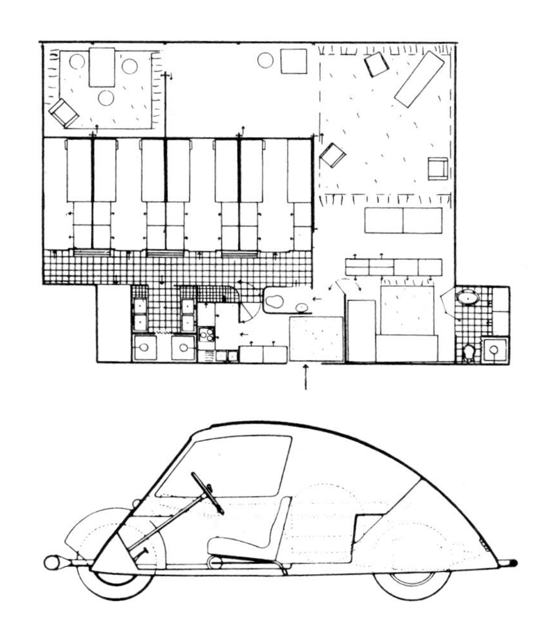

172　勒·柯布西耶与让纳雷，光辉城市，1931。一套五居室的单元
173　勒·柯布西耶与让纳雷，最大轿车，1928

与新客观派的交锋以及在1928—1930年间对苏联所做的三次访问，使勒·柯布西耶与国际左派建立了紧密的联系，不久就导致了一名西方的保守派评论家亚历山大·德·森格尔(Alexandre de Senger)指责他是布尔什维克主义的特洛伊木马。然而，对勒·柯布西耶后来的发展更为重要的是，他与苏联1927年的 OSA 定型住宅(采用交叉式双层单元)以及后来与 N. A. 米柳丁的“线性工业城市”构思的接触。这两项观念不久都出现在他自己的作品中，即1932年的“交叉”式跃层剖面和1935年的“线性工业城市”。他在20世纪40年代中期对它们又做了重新改组，前者成为人居单元的典范剖面，而后者则成为他的区域规划著作《三种人

206

类聚居点》中的核心：工业城（Cité Industrielle）。作为回报，他试图向苏联引入玻璃幕墙，作为他1929年设计并建造于莫斯科的消费合作社中央委员会大厦的一部分，技术上虽然是“进步”的，但最终却造成了麻烦。这种双层玻璃墙体（茹拉地区的标准产品，已在施沃布别墅中采用过），无法抵御苏联冬季的严寒气候。即使如此，它还是作为一项技术要素被包括在他对莫斯科的一项问卷调查做出的回复里，回复题为《对莫斯科的回答》，“光辉城市”的构想似乎就是专门为它提出的。

20世纪20年代勒·柯布西耶的城市原型发生的变化，包括从1922年层级型的“当代城市”变为1930年无阶级的“光辉城市”，意味着勒·柯布西耶对机器时代城市的观念的转变；最重要的是他离开了集中式的城市模型，而转向一种理论上无限制的观念，这种城市的秩序犹如米柳丁的线性城市，它的原理来自把整个城市区分为若干平行带［**图174**］。在“光辉城市”中，这些带的用途分别为：(1) 用于教育的卫星城；(2) 商务区；(3) 交通区，包括有轨客运和空中交通；(4) 旅馆与使馆区；(5) 居住区；(6) 绿化区；(7) 轻工业区；(8) 仓库和铁路货运区；(9) 重工业区。令人迷惑的是，这一模型中仍然注入了某种人文主义的、人体学的隐喻。这一点可以从他这一时期的一些解释性的草图中看到：由14座十字形摩天楼组成的孤立的“头颅”，凌驾于文化中心的“心脏”之上，而又位于分成两半的居住区——“肺叶”之间。除了以上这些生物学隐喻之外，线性模型得到了严格的遵守，这样就允许这些“层次”性不强的区域可以各自独立地发展。

“光辉城市”把“当代城市”的开放原则导向其逻辑的结论，横切整个城市的剖面图表示了所有结构物——包括汽车库及入口道路——都升起在地面之上。由于把一切都支撑在托柱（pilotis）上，地表面就变成了一个连续型的公园，行人可以自由散步。VR街坊的典型横剖面和它的外围 pan-verre（玻璃幕墙罩）对于提供“阳光”“空间”“绿地”等“必不可少的欢乐”都是至关重要的，绿地不仅由公园保证，还通过连绵延续的 redent（带凹凸缺口的）屋顶花园而实现。

1929年，在最终确定其“光辉城市”规划之前，勒·柯布西耶访问了南美，由两位最早的飞行家让·默尔莫兹和安东尼·德·圣－埃克苏佩里驾驶飞机，使他体验了一次从空中考察热带景观的激

174　勒·柯布西耶与让纳雷，光辉城市，1931。平面表示以平行带进行分区，从办公（上）经住宅（中）到工业

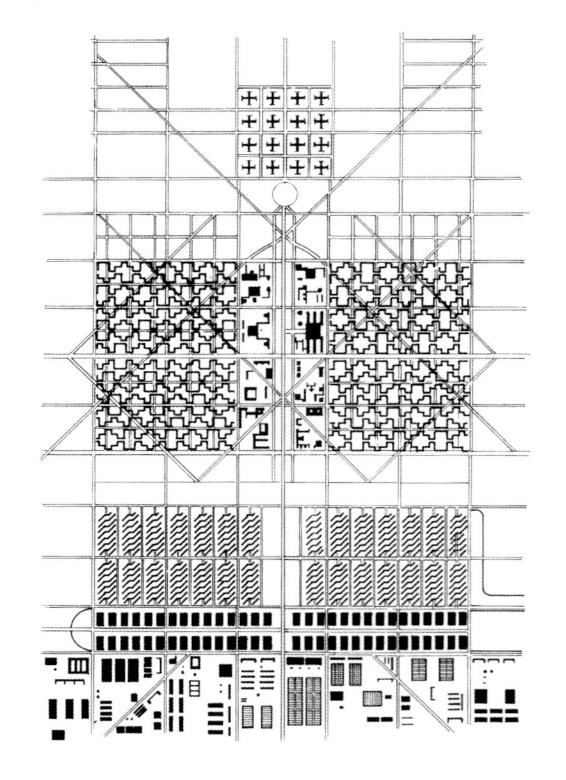

175　勒·柯布西耶与让纳雷，阿尔及尔市的“奥勃斯规划”，1930

176　勒·柯布西耶，里约热内卢的飞檐式延伸方案，1930

动人心的经历。从这样一个制高点看去，里约热内卢给他以一座自然的线性城市的印象，它像一条飞檐式（corniche）窄带展伸，一边是海，另一边是陡峭的火山岩。这种城市地貌似乎自然地向他提示了一座高架桥城市的概念，于是勒·柯布西耶随即勾画了里约城的延伸方案，它采用了一条海岸公路的形式，长约6公里，离地面100米高，在路面之下堆积了15层高的用作居住建筑的“人造场地”［**图176**］。从剖面图上看到整个巨型结构升起在原有城市的平均屋面高度以上。

这种受启发的方案，直接导向他1930—1933年间发展的阿尔及尔市的规划。第一个规划方案是一条汽车公路的巨型结构，沿其总长度设置一条同样壮观的飞檐，取了个代码，叫“奥勃斯”（Obus，法语意为“炮弹”，这里又一次借用了一个军事术语），这是因为它的沿着海湾伸展的凹面犹如一个蚌壳的形状［**图175**］。房屋在路面以下有6层，路面以上有12层，“高架桥城市”的概念生动地体现出来。各层间隔为5米，每层都是一块“人造场地”，每个单独用户可以在其间“随心所欲”地建造双层单元。这种既提供了公共的、多样化的基础结构，又考虑了个人可以调整的设计，注定要在第二次世界大战之后的那些无政府主义的建筑先锋派中得到相当程度的采纳［例如，在约纳·弗里德曼（Yona Friedman）与尼古拉斯·哈布拉肯（Nicolaas Habraken）提出的城市基础结构中］。

为里约热内卢和阿尔及尔等城市所创作的这类令人“性欲亢奋”的规划构思，似乎与勒·柯布西耶1926年以后在绘画表现结构中出现的某种转变有关。当时，他离开了纯粹主义的抽象性而转向一些感官的、比喻性的构图，他称之为 objets à reaction poétique（引发诗意反应的对象物）。他这一时期的绘画中首次出现了女性形体，并赋之以肉感的、浓墨重彩的处理，正如他自己说的，和德拉克洛瓦一样，他在阿尔及尔的集市上重新发现了女性美的本质。

勒·柯布西耶1930年的阿尔及尔规划是他最后一项壮观的城市方案。就像高迪的奎尔公园中的感官性一样，他的狂热在这里挥洒成为一曲对地中海自然美的热情颂歌。从此以后，他的城市规划就变得较为实用，而他的城市建筑类型也逐渐减弱了形式上的观念性。十字形的坐标式摩天楼被代之以Y形的办公楼，以便在建筑物的整个表面上取得更有利的阳光分布。与此类似，他的VR型“缺口式”街坊在“奥勃斯”规划中被变形为一种阿拉伯形式后完全消失。后一项修正来自他于1935年为北非尼莫尔镇和捷克斯洛伐克兹林镇所做的规划［**图177**］，他开始以独立板式建筑作为基本住宅形式(与1952年的人居单元相似)。尼莫尔镇和兹林镇这两个规划都处在陡坡场地上，因而显然适宜于独立板式建筑。但是这种随着场地落差而适当采用的棋盘式布局，不久就成为一种不顾地形而到处滥用的公式。作为勒·柯布西耶对高密度住房的典型答案，在随后的许多城市建设中被机械地抄袭，带来了灾难性的后果。战后许多“大型组合”（grands ensembles）中出现的环境异化在很大程度上是受到这种模型的影响。

除了向“人居单元”的板式建筑的形成提供了文脉之外，兹林规划的意义还在于它在一个特定的场址上机智地采用了米柳丁的线性城市方案。这个规划是为拔佳鞋厂设计的，它把老城和位于山谷中的兹林制造中心与位于高地的公司机场连接起来，它的公路和铁路与山谷纵向平行，一边是新工业区，另一边是公司建的住房。这样，兹林就成为勒·柯布西耶首次按照苏联模型形成的线性城市。后来，他把这种类型指定为三种生产单元（Etablissements humains，即人类聚居点）之一，其他两种分别是传统放射型规划城市和“农业合作型”。

1944年出版的《三种人类聚居点》中提出的论点，在很大程度上是对德国地理学家瓦尔特·克里斯塔勒（Walter Kristaller）和西班牙线性城市理

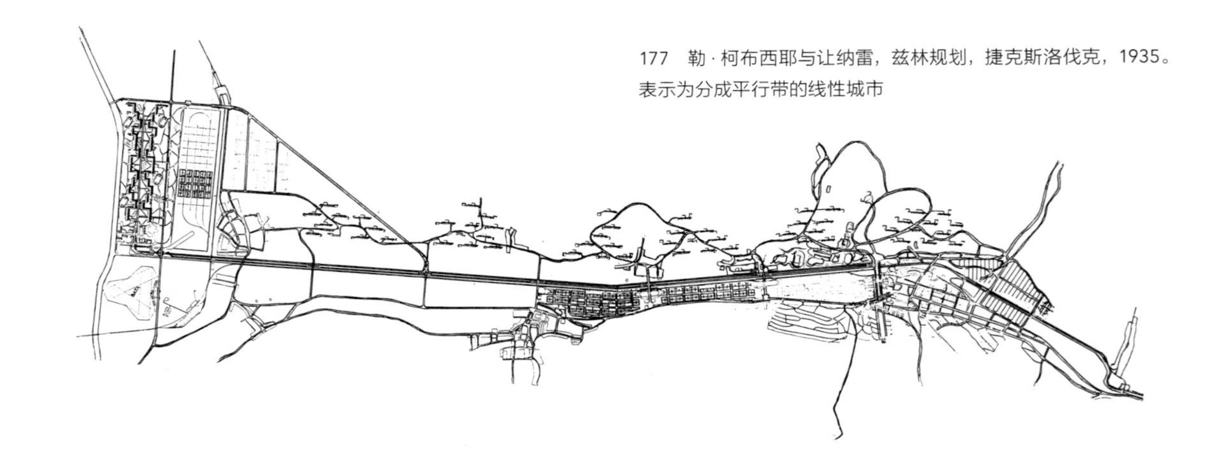

177　勒·柯布西耶与让纳雷，兹林规划，捷克斯洛伐克，1935。表示为分成平行带的线性城市

论家阿图罗·索里亚·伊马塔提出的区域规划原理的再阐释。勒·柯布西耶从克里斯塔勒的城市发展法则中产生了自己的区域模型，后者认为在其他因素相同时，德国的城市聚居点总是发生在三角或六角形网格的交点上。勒·柯布西耶采用了索里亚·伊马塔的线性郊区观念，对克里斯塔勒的分析仅仅做了一点补充，即提议现有的放射型同心圆城市之间的所有连接均应发展为线性工业聚居点。他继而证明网格的中间空隙可以发展为农业合作社。对于这种综合性的区域规划方法，需要发展一种更大规模的新类型学。兹林镇正是这种“线性工业城市”的雏形，而他于1933年为工团主义农村工作者诺贝尔特·贝扎尔德（Norbert Bezard）设计的“放射型农庄”和“放射型村镇”，可以成为新的农业合作社的组成因素。

178 勒·柯布西耶，莫利托门公寓，巴黎，1933

勒·柯布西耶认为，用《三种人类聚居点》就可以使城乡都城市化。他企图以此来解决20世纪20年代后期使苏联城市规划师发生尖锐分裂的冲突：当时一派是反城市主义者，主张把现有人口重新分布在整个苏联领土上；另一派是城市主义者，提倡维护现有城镇，再创立新的城市中心。

尽管“光辉城市”从未实现，它对战后欧洲和其他地区的城市发展中形成的模型却产生了广泛的影响。除了无数个住宅区方案外，有两个新首都的城市组织显然取材于“光辉城市”中所包含的各种观点，这就是勒·柯布西耶自己所做的1950年的昌迪加尔总体规划，以及卢西奥·科斯塔（Lúcio Costa）1957年的巴西利亚规划。勒·柯布西耶基本上接受了美国规划师阿尔贝特·迈耶（Albert Meyer）同年为昌迪加尔提出的花园城市布局，这一点充分说明他实际上已经放弃了创造一个有显著形式的有限城市的观念，而把自己的一般性手法转向促进一种区域规模的动态发展模型。尽管他对迈耶的规划做了多处修正，然而他的“理想城市”在这里被压缩到仅限于政府中心，即1950年的昌迪加尔首府。这种现实主义的战略在他1946年为圣迪耶（St-Dié）所做的规划中已有预示。从此以后，就像文艺复兴时期的大师们一样，他已经准备用一些具有纪念性尺度的代表性元件来弥补不可实现的整体。

在20世纪30年代的前半期，这种潜在的纪念性化倾向并没有减弱勒·柯布西耶对为机器时代文明做准备的兴趣。他继续不断地向工业家们呼吁，到处提醒人们他有能力设计大规模的“对象－类型”，也即他认为是武装新时代的基本要素。这也正是他在1932—1933年的四项主要建筑中体现的。这些建筑是：日内瓦的克拉尔蒂公寓（Maison

Clarté)、巴黎大学城的瑞士小屋(Pavilion Suisse)、救世军大厦(Salvation Army Building)和他自己的莫利托门公寓(Porte Molitor apartments)[**图178**],后三者均建于巴黎。这些建筑都采用了模数制的、玻璃加钢(pan-verre)立面,意在显示机器时代的美学。它代替了他于20世纪20年代用于别墅中的混凝土框架及粉刷的砌块墙体。令人不解的是,这种对工程师美学的崇拜却出现在勒·柯布西耶开始丧失他对机器时代必然胜利的信心的时刻。1933年过后不久,他就开始反对"住人机器"(machine àhabiter)的合理化生产,虽然我们不能肯定这究竟是由于对现代技术本身感到失望,还是由于面临了一个由经济衰退和政治反动而四分五裂的世界。罗伯特·费希曼(Robert Fishman)最近指出,他对泰勒式成批生产的诺言始终抱模棱两可的态度:

> 勒·柯布西耶30年代对权威的追求,反映了他对工业化的根深蒂固的模棱两可的态度。他的社会观念和他的建筑都建立在工业社会具有一种内在力量,一种能产生真正的、令人欢乐的秩序的信念之上。然而,在这一信念的背后,他却担心文明会被歪曲,并被失去控制的工业化毁灭。他在拉绍德封的青年时代,曾亲眼看到德国生产的丑恶的、成批制造的计时器几乎扫除了瑞士的手工制表业。这一教训始终未被忘却。[2]

不论最终原因为何,原始的技术要素开始以更大的频率和表现自由度出现在他1930年以后的作品中。首先是于1930年在智利设计的坡屋顶、木石的伊拉苏住宅(Maison Errazuriz)[**图179**],然后是于1931年在土伦附近为芒德罗夫人(Madame Mandrot)建造的乱石墙别墅,最后是1935和1937年分别设计的两项杰出作品:一是在巴黎郊区建造的一座用混凝土筒拱的周末住宅;另一是1937年为巴黎国际博览会建造的轻质帆布的新时代展览馆。前者的屋顶不仅使人回忆起他1919年的莫诺尔住宅,更主要的是提示了地中海地区的传统筒拱式结构;而后者则不仅使人想起游牧民族的帐篷,还像他在《走向新建筑》一书中用来说明"调节线"的插图示例中的荒原上的希伯来庙宇。通过这一系列作品,他的表现重心从抽象形式转向了构造本身。正如勒·柯布西耶对自己周末住宅所指出的:"这样一幢住宅的规划设计需要特别的细心,因为构造要素是唯一的建筑艺术手段。"尽管其中夹有考古及乡土的参照,两项作品仍然利用了先进的工艺:周末住宅引人注目地采用了钢筋混凝土、胶合板及透镜玻璃;而展览馆则是钢丝悬索的惊人显示,使人想起了当时只存在于航空结构领域中的连接方式。最后,这两项作品都是对一个不那么教条式的未来的老练隐喻,在这个未来世界中,人们可以把原始的和现代的技术按照自己的需要和资源条件自由地混合(见第27章)。

在1931年元月号的工团主义杂志《规划》——由菲利普·拉穆尔(Philippe Lamour)、于贝尔·拉加代勒(Hubert Lagardelle)、弗朗索瓦·皮尔富(François Pierrefeu)和皮埃尔·温特(Pierre Winter)等编辑——发表的勒·柯布西耶论文中,首次明确地形成了一种按照社会政治条件最佳分配资源的一般性方法。1931年12月,他在一篇题为《决策》的论文中确定了他的城市观念得以实现的政治先决条件。他提议城市土地应当为国家所征收,这就为保守派提供了足够的武器,因为他们早已把他圈定为一个伪装的布尔什维克了;同

179　勒·柯布西耶与让纳雷，伊拉苏住宅，智利，1930

211 时，他提出的国家应当通过法令禁止生产无用的消费品的要求，肯定使那些右翼技术官僚感到不安，若非如此，他们一定会把他当作他们利益的一名毫不含糊的代表者。

1932年，勒·柯布西耶与拉穆尔分裂，成为地域主义和工团主义运动委员会的成员，并担任了它的杂志《序曲》(由于贝尔·拉加代勒主编)的通讯编辑。作为索雷尔的被保护人，拉加代勒与意大利法西斯运动的左翼有密切联系，因而是个谨慎的亲法西斯派。1933年《光辉城市》出版以前曾连载于《规划》，因而处于工团主义的官方标记下；在1932年之后，又载于《序曲》杂志中。勒·柯布西耶无疑接受过茹拉地区强有力的工团主义传统的影响，和其他工团主义同事一样，他摇摆于圣西门权威性的空想社会主义和傅立叶著作中潜在的无政府社会主义倾向之间。在《光辉城市》中，勒·柯布西耶沿袭了工团主义的路线，提倡一种通过 métiers (职业行会或工会)实现的直接政府体系，然而，和他的那些编辑同僚一样，他自己对这种行会统治如何得以实现，却只有一些非常模糊的概念。

20世纪30年代的法国工团主义表面接受，但行动上不断推迟以总罢工作为夺取政权的唯一手段的做法，实际上是主张改良而不是革命，主张国家政权的合理化而不是取而代之。他们虽然是亲工业派的、进步的，但却对前工业的和谐性具有怀旧的情绪；他们虽然是反资本主义的，但又是建立技术精英统治的鼓吹者；他们反对布尔什维克国家的极权性，却同时又提倡技术官僚统治的权威。他们在国际主义与和平主义方面较为一致和热诚，并且反对军火生产和自由放任的消费。为此目的，勒·柯布西耶于1938年写了他最引起

180　勒·柯布西耶，《大炮？军火？谢谢！住宅……S.V.P.》的封面，1938

争论的一本书，其标题是带有嘲讽意义的预言性的，即《大炮？军火？谢谢！住宅……S.V.P.》［**图180**］。尽管有这些激进的话语，工团主义仍然不能建立群众基础。一个福利国家的供应与高品位大众文化的可能性之间的隔阂，并没有逃脱勒·柯布西耶的注意，他以自己典型的超脱态度贬斥了鲁阿·鲁契尔（Lois Loucheur）于1929年提供的“准大众主义”的住宅，其号称为工人阶级设计了最低限度的住宅。

第23章

弗兰克·劳埃德·赖特与消失中的城市 1929—1963

213 据报界消息，亨利·福特发出一条指令：所有已婚的工人和雇员在业余时间都必须在自己的花园里按照他专门雇用的专家们的具体指示种植蔬菜，其意图在于通过这种手段做到大部分自给。为此，将分配给他们以需要的花园土地。亨利·福特云：自助乃战胜经济衰退之唯一手段；任何拒绝种植花园的人将被解雇。[1]

——《居住地》，1931年第10期

赖特事业中第二个重要阶段，以他1929年在俄克拉荷马州塔尔萨的最后一幢混凝土砌块住宅的完工为开端，与此同时，他在洛杉矶设计的伊丽莎白·诺贝尔公寓中，对钢筋混凝土的悬挑能力的极限进行了探索。这幢公寓的水晶式美学在他1924年为芝加哥设计的全国人寿保险公司大厦中已有预示，后者闪闪发光的钢和玻璃立面是他把表面粗糙的混凝土砌块美学变为玻璃的一种直接翻译。

亨利·福特成批生产小汽车的经济性以及大衰退的冲击，似乎把赖特从他的艾多拉多黄金梦境中惊醒，同时也使他摆脱了他在南加利福尼亚州青翠山谷中的一种放错位置的美学：为富翁们建造的玛雅式住宅的“瞬时文化”。他受到欧洲新客观派所扮演的角色的影响，也被诱导使建筑艺术在重新组成美国社会秩序中充当一名新角色。

自从他的演讲《机器的美术和工艺》(1901)发表以来，赖特已承认机器注定将要带来文明本质的大变化。直至1916年，他最初的反应是使机器适应于一种高级手工艺文化的创造，也就是说，把它用在他的草原风格的直接形成过程中。尽管对赖特来说，“机器”的表现形式似乎总是包括对悬臂的某种修辞性的运用(1909年的罗比住宅即其典型例子)，他仍然坚持传统材料和方法的最终权威性。虽然在1908年的艾弗里·孔里住宅和1914年的米德韦花园中已有预示，他到20世纪20年代才考虑用成批生产的人造材料来组合整个结构，例如他在为加利福尼亚州设计的许多住宅中采用的混凝土砌块，以及他为整体现浇混凝土结构所设计的模数制幕墙系统。

在经济的压力下，他认识到传统材料和构造的局限性，于是被迫放弃了草原风格那种附属于大地的语法，转而通过钢筋混凝土与玻璃的奇异结合而创造出一种菱形多面体建筑，其玻璃外围被支撑在浮动平面的核心结构之上，给人以一种 214 完全失重的幻觉。就像他以前的西尔巴特一样，

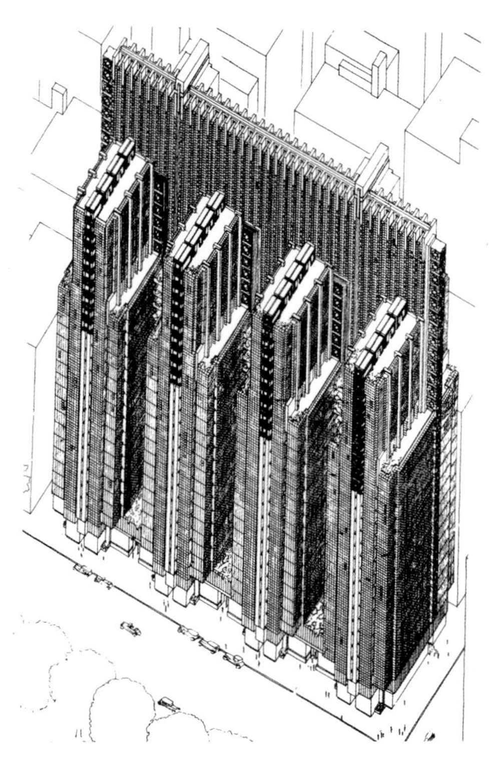

他突如其来地为玻璃的表现质量所征服，认为这种水晶式的透明性配之以无柱平面的自由性是最为适宜的。作为砌体建筑的大师，赖特首次把玻璃誉为卓绝无比的现代材料，他于1930年在普林斯顿大学科恩讲座上的题为《工业中的风格》的演讲中宣称：

> 玻璃现在具有完美的可见度，它相当于薄层的、结晶的空气，把气流阻挡于室内或室外。玻璃表面也可以任意调节，使视觉能穿透到任何需要的深度，直至完美的境地。传统从未给我们留下使这种材料成为一种实现完美的可见度的手段的任何指令，因之，水晶般的玻璃还没有能像在诗歌中那样，进入建筑艺术的领域。任何其他材料所具有的色彩与质感，在永久性面前都要贬值。古代建筑师用阴影作为自己的“画刷”。让现代建筑师用光线，散射的光线、反射的光线、为光线而光线、阴影的伴随等等，来进行创作吧。是机器使玻璃取得新机会成为现代的手段。[2]

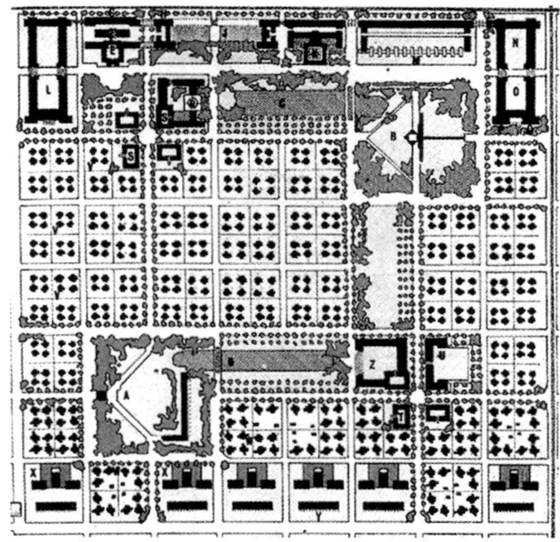

1928年，赖特创造了Usonia（尤索尼亚）这一词语，来表示一种将自发地出现在美国的平均主义文化。他的意图似乎不仅限于提倡一种根深蒂固的个人主义，还包括实现一种新的、分散的文明形式，这种形式最近在小汽车大量普及的条件下成为可能。汽车作为“民主”的唯一驱动方式，成为赖特反城市模型的，也就是他的广亩城市（Broadacre City）构思方案的机器救护神（deus ex machina）。在这种模型中，19世纪城市的集中性被重新分布在一个地区性农业的方格网格上（这种

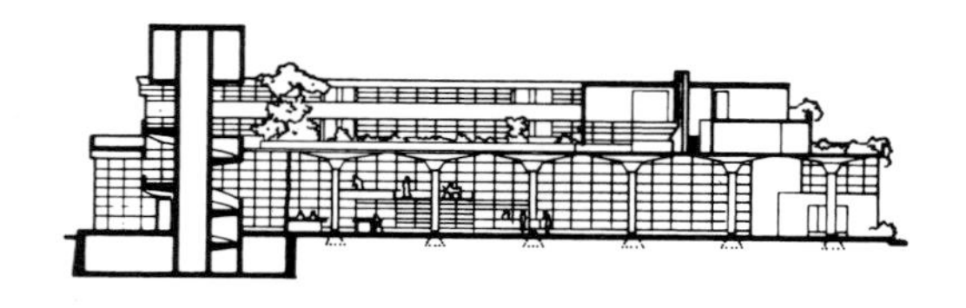

181　赖特，全国人寿保险公司大厦，芝加哥，1924

182　赖特，典型地段的分割规划，芝加哥，1913

183　赖特，《首都报》大厦方案，塞勒姆，俄勒冈州，1931。剖面

构思在他1913年参加芝加哥城市俱乐部的竞赛方案中已有预示，当时他把芝加哥外沿分割成许多小区[**图182**])。在科恩讲座的最后一篇演讲中，他公开反对传统城市。演讲一开始他就说："难道城市就永远是社会疾病的一种形式，并且最终都要落到同一下场吗？"广亩城市比任何其他激进的城市主义形式都更接近于1848年《共产党宣言》的中心思想，即"通过把人口平均分布在土地上，逐步消除城乡差别"。这是我们所处世纪的反讽之一。

然而，赖特为这种尤索尼亚新文化设计的首批建筑项目，包括1931年的圣马克公寓塔楼和《首都报》大厦[**图183**]，在格调上都是城市的而不是农村的。最终实现的是俄克拉荷马州巴托斯维尔市的普莱斯塔楼(Price Tower，1952—1955)和威斯康星州拉辛市的约翰逊制蜡公司办公楼(1936—1939)，以上两项均是钢筋混凝土悬臂系统覆以晶体薄膜。在象征性的层次上，它们体现了赖特从1904年的马丁住宅和拉金大厦以来的作品中十分明显的一种基本的两极性——即按照自然的过程建造住宅，和以神圣观念建造工作场所这样的原教旨主义的综合。这种两极化在赖特的尤索尼亚时期中又在两项无与伦比的精彩作品中光辉地再现：1936年宾夕法尼亚州熊跑的考夫曼周末别墅，它更为人所知的名字是"流水别墅"(Falling Water)和同年的约翰逊制蜡公司办公楼。

对赖特来说，"有机"一词(他在1908年首次把这个词用于建筑学)的意思是把混凝土悬臂设计成自然、树状的形式。这种构思似乎来自路易斯·沙利文的生机主义隐喻"种胚"(seed germ)，但在这里已被引申到整个结构而不仅是装饰。在他去世前不久，赖特写到古根海姆博物馆前厅中的外阴形水池时说："这幢大厦的细部处理中典型

184　赖特，约翰逊制蜡公司办公楼，拉辛，威斯康星州，1936—1939。室内

的象征图形，是个塞满了许多圆球单元的卵形种子豆荚。"

在约翰逊制蜡公司办公楼中，这种有机隐喻表现在长而细的蘑菇状的柱子逐步向基础方向圆锥形地收缩，它们成为9米高的开放平面式的空调办公空间[**图184**]的主要支撑。这些柱子在屋顶处扩散为宽阔的圆形混凝土睡莲叶，在它们之间"交织"了一层有机玻璃管。这些水平式的顶光源巧妙地支撑在柱子上。柱子(其内部的空心成为雨水排出管，其铰接柱基支撑在青铜柱靴内)联合起来形成了赖特技术想象力的一曲颂歌。这就是"尤索尼亚"的表现命运，这是一首用奇迹般技巧写成的诗篇，它出之于对传统构件进行大胆的颠倒。这样，在人们期待是实体的地方(屋顶)出现了光，而在人们期待有光的地方(墙体)却出现了实体。对于这种颠倒，赖特写道：

216

玻璃管像墙体砖一样地组合，构成了所有的照明表面。光线从过去通常设置挑檐的地方进入。在内部，箱形结构的感觉完全消失。支撑玻璃肋条的墙体是硬质红砖和卡索塔(Kasota)红砂岩。整个结构是钢筋混凝土的，用

冷拉钢丝网作为配筋。[3]

这种混凝土的蘑菇结构，使赖特首次得以发展出一种曲线轮廓和主要是圆形的语汇，当采用硬质的、尺寸精确的材料并且用半透明灯管照耀时，能赋予整个结构以一种经久不衰的现代流线型的霞辉。同时，这种科幻小说型的气氛使约翰逊制蜡公司办公楼成为一种独立的、修道院式的工作场所，正如亨利－罗素·希区柯克（Henry-Russell Hitchcock）所写："它像是从一个水族馆底下抬头看到的天空的一种幻景。"和拉金大厦一样，赖特在这里创造了一种隐士的环境，与外界在实体上隔绝，并被室内陈设中采用的专门办公设施的形状和色彩加强。

约翰逊制蜡公司办公楼重新阐释了神圣工作场所，而流水别墅则体现了赖特在生活场所中融入自然的理想。在这里，钢筋混凝土又一次成为出发点，但这次，悬臂的姿态被夸张到疯狂的地步，与约翰逊制蜡公司办公楼中蘑菇结构的宁静感恰成对照。流水别墅从它所锚固的自然岩石挑出，像自然漂浮的平台安息在一个小瀑布之上［**图185**］。这幢建筑是一天之内设计出来的，这种戏剧性的结构姿态是赖特最终的浪漫主义宣言。他不再受到草原风格延伸地面线的限制。这幢房屋的平台就像许多奇迹般悬挂在空间的不同高度的平面组合体，安置在一座郁郁葱葱的山谷的树丛之上。它用各个平台上的钢筋混凝土小立柱把结构维系在陡坡上，其实际效果使所有照相记录都黯然失色。它和景观的融合是彻底的，因为，尽管它广泛使用了水平窗，自然光仍然从每个角落渗透进来。它的内部使人想起一种装饰了的洞穴，而不是传统意义的房屋。粗糙的石墙、铺砌的地坪都意在使场地具有某种原始色彩，这一点又被起居室的楼梯加强，它除了把人带向与溪流表面更亲近的交流之外，别无其他功能。赖特长久以来对技术所抱的模棱两可的态度，在这幢建筑中达到了高峰。虽然混凝土使这个设计成为可能，他仍然把它视作一种不合法的材料，一种本身"没有多少质量"的"集合物"。他的初始意图是把流水别墅的混凝土表面贴上金叶，这种陈旧的姿态后来在业主的明智的劝说下被放弃了，他最后同意用杏色油漆来修饰其表面。

从此以后，除了他的几幢特别实际的"尤索尼亚"住宅之外，赖特继续发展一种奇特的科幻小说建筑艺术，从他后期作品的华丽风格来看，好像是为某种外星人使用的。这种自觉的华丽手法在1957年委托、1963年他去世四年后完工的加利福尼亚州马林县法院（Marin County Courthouse）中流落到极端庸俗的境地。赖特在1928年的文章中已承认了自己这种抗拒不了的对怪诞的嗜好："事实是尤索尼亚需要浪漫与情感。比起探索这一事实来说，探索中的失败并不重要。"

赖特的尤索尼亚图景，在他20世纪30年代中期的古根海姆博物馆（纽约，1943）［**图186**］中达到了完美境地。这个博物馆的结构构思及其组成可追溯到他1925年为戈登·斯特朗天文馆（Gordon Strong Planetarium）所做的草图——这是一项卓绝的科幻小说式的方案，一种半宗教式地满足"崇拜自然"的香客的"通天塔"。在古根海姆，他不过是把天文馆逐步缩小的螺旋体从里翻外、又上下颠倒，使过去的汽车斜道变成了一个内部的螺旋形画廊。赖特后来把这种延伸的空间螺旋体称为"不中断的波浪"。古根海姆博物馆应当被视为赖特后期事业的高峰，因为它把流水别墅的结构与

185　赖特，流水别墅，熊跑，宾夕法尼亚州，1936
186　赖特，所罗门·R. 古根海姆博物馆的初步方案，纽约，1943

空间原理和约翰逊制蜡公司办公楼的顶部照明容器组合起来。他所宣称的博物馆更应当像一座位于公园中的庙宇，而不是像世俗性的商业建筑或住宅的说法，可视为对这些项目起源的一个嘲讽式参照。

在完成了自己对广亩城市的研究之后，赖特在他1932年出版的第一本关于城市规划的《消失中的城市》(第一稿的名称是《工业革命逃之夭夭》)的书中宣称，未来城市应当是无所不在又无所在的，“这将是一种与古代城市或任何现代城市差异巨大的城市，以致我们可能根本不会意识到它已经作为城市而存在着”。在另一处他写道：“美国不需要有人帮助建造广亩城市。它将自己建造自己，并且完全是随意的。”赖特既不寻求也未找到对这 218

187　赖特，广亩城市方案，1934—1958

一命题的内在矛盾的解决方案。一方面，他认为人们应当自觉地建立一种本质上是反城市的、分散占地的新体系；另一方面，他又宣称不需要如此，因为一切将会自发实现！

在他的历史决定主义中，赖特把机器视为建筑师们别无选择而不得不与之妥协的介质。但是，老的矛盾依然存在，又如何能在不受践踏的条件下做到这一点呢？对赖特来说，这是他长期事业中始终孜孜不倦的文化探索。因此，在《活生生的城市》(1958) 中，他写道："与我们的'打了就跑'的文化毫无关系的技术发明奇迹，虽有各种使用不当之处，但仍然是本土文化必须学会对付的一支新力量。"他认为蒸汽动力和铁路很快就要被淘汰，而欢迎(与当时苏联的反城市派一样) 电气作为一种无声动力，以及汽车作为无限运动的提供者的来临。他认为将会改变西方文明整个基础的新力量是：(1) 电气化，通信距离之消灭以及人类居所的恒久照明；(2) 机械驱动，由于飞机和汽车的发明使人际交流无限扩大，以及 (3) 有机建筑，尽管它总是逃脱了精确定义，但对赖特来说，它的最终意义似乎在于：在采用钢筋混凝土结构时，要按照潜在的自然原则，经济地创建建造形式和空间。在另一个场合，赖特把必然要形成广亩城市的资源规定为汽车、无线电、电话、电报，以及最重要的——标准化的机械车间生产。

对赖特而言，尤索尼亚文化与广亩城市是两

个不可分割的概念，前者提供了一系列存在于建筑物后面的原动力，这些建筑物成为后者的实体。219 流水别墅和约翰逊制蜡公司办公楼无疑都将在广亩城市中各得其所。然而，赖特所指的尤索尼亚通常更为谦逊：即为方便、经济和舒适而设计的温暖、开放平面的小型住宅。尤索尼亚住宅的心脏是“时间和运动”的厨房，这是一个闭合的工作空间，与起居室脱离而自由布置。正如亨利·罗素·希区柯克指出的：这是对美国家庭规划的一个重要贡献。对现代室内设计具有同等重要意义的，是赖特当时引进的一种连续的、沿墙设置的座位，它最大限度地利用小型住宅的空间。虽然独户的尤索尼亚住宅被用作广亩城市中的住房，它们也通过赖特1932—1960年间设计与建造的许多郊区住宅而实际使用，其中包括著名的四户合住的阳峰住宅（Suntop Homes），它于1939年建于费城郊外，被做成一种风车式的布局。

到目前为止，赖特为理想城市所设计过的最重要的建筑类型却根本不是住宅，而是于1932年设计的沃特·戴维森示范农庄（Walter Davidson Model Farm）。该农庄的设计意图是方便于住宅与土地的经济管理。它对广亩城市的总体经济至关重要，因为在那里，每个人出生时就为他保留了一亩地，到他成年时划给他使用，而他的食物也要靠这亩地来供应。

除了若干偶然进入的社会观点，诸如单一税制或社会借贷——这两项都是在大衰退期间备受欢迎的补救措施——之外，广亩城市首先是一种更新了的小型乡村工业经济，它最早由彼得·克鲁泡特金在他1898年的《工厂、农田与车间》一书中提倡。在重提这一方案时，至少有一项为赖特（如同亨利·福特）所顽固拒绝承认的令人尴尬的矛盾，就是个体的半农业经济不一定能够在一个工业化社会中保证其自身的生存，也未见得能为这个社会取得成批生产的好处，因为成批生产，尽管有自动化，仍然需要有劳动力和资源的某种程度的集中。即使是克鲁泡特金，也承认这种集中在重工业生产过程中的必要性。在赖特的城市设想中，小农经济者将有部分时间驾驶福特牌T型旧车去农业工厂工作，这意味着，一个流动的、以血汗为资本的劳动大军将成为广亩经济取得成功的关键因素。

迈耶·夏皮罗当时就指出：赖特，尽管他对地租及利润的不断攻击，以及他对城市解体的预言，却无法面对广亩构思中最为根本的权力问题。正如当时已很活跃的巴克敏斯特·富勒一样，赖特无法使自己承认建筑设计与规划不可避免地要和阶级斗争发生关系。夏皮罗在1938年正确地归纳了赖特的乌托邦主义，他写道：

> 赖特基本上忽视了决定人们得以自由和像样地生活的经济条件。当他提出工人们按照自己的经济能力一步步地建起自己的工厂预制的住房——先是厨房和厕所，再随着自己在工厂中挣到的钱的多少，建造其他的房间时，他已经预见到这些新的封建聚居点的贫困。他对财产关系和国家政权的漠不关心，他对这个双栖劳动的田园式的世界中私人工业和旧福特牌汽车的认可，都暴露了他的保守性格。早在拿破仑三世的专制统治下，部分由老牌乌托邦主义者所启示的国有农场已经成为官方解决失业问题的答案。民主的赖特尽可以攻击地租、利润和利息，但除了偶尔提到单一税制之外，他根本回避了阶级和权力的问题。[4]

第24章

阿尔瓦·阿尔托与北欧传统：民族浪漫主义与多立克理性 1895—1957

220 卡累利建筑首要的、有意义的特征是其统一性。在欧洲几乎不存在类似的范例。它是木材居统治地位的一种纯粹森林地带聚居点的建筑，无论作为材料还是作为连接方式，几乎百分之百使用木材。从笨重的梁架系统组成的屋盖到可移动的建筑部件都是木制的，且绝大部分是裸露的表面，不失去质感的油漆粉饰。此外，按木材的典型尺度，尽可能取自然的比例。一个衰败的卡累利人村舍在外观上与希腊遗址有些类似，材料的统一性是其最突出的特性，虽然在希腊遗址中大理石替代了木头……卡累利建筑的另一个显著特征是由其历史进程和建造方法所形成的样本。我们且不去深入探讨种族方面的细节，但可以断定，内部构造体系是在有规律地对环境的适应中形成的。卡累利住宅是一种从一个独立的普通的小室，或一个不完善的雏形建筑作为人和牲畜的遮蔽所开始的，然后，用形象化的语言说，它一年年地发展。这种"扩展的卡累利住宅"与生物细胞的构成有几分可比性。它总是存在着组成更大、更多的复合建筑的可能。

这种明显的可生长性及适应能力最明显地反映了卡累利建筑的一项主要建筑学原理，即它的屋面坡度是不固定的。[1]

——阿尔瓦·阿尔托
《卡累利建筑》，1941年

在对芬兰东部乡土村舍的这段深刻论述中，阿尔托几乎是偶然地找到了19世纪后半叶的两个最显著的建筑模式：浪漫古典主义和哥特复兴主义。尽管阿尔托关于屋面坡度变化的村舍形式的论述与皮金对中世纪风格复兴的有创见性的处方很为接近，他把衰败的卡累利村舍比喻为用木代石的希腊遗址的描绘也反映了奥古斯特·舒瓦西的关于帕特农神庙檐壁间墙面（metope）只不过是木建筑的遗存形式的理论。这段话除了使我们了解到阿尔托自己的古典主义意识和他对远非原始的乡土风格的兴趣外，还向我们介绍了北欧建筑传统风格的两个主题：源自1895年的民族浪漫形式和1910年前后出现的斯堪的纳维亚的多立克理性。如果不对这些主题做明晰的说明，就几乎不能理解阿尔托长期而卓越的事业。因为，尽管他从来没有委身于两者中的任何一种，他一生的工作却反映出他获益于民族浪漫主义的手法及多立克形式的严谨性。221

这些模式的起源是重要的，其中一种显然源自哥特复兴，借鉴了H. H. 理查森的美国木瓦建筑风格，另一则出自申克尔的浪漫古典主义。1817年以J. A. 埃伦斯特伦（J. A. Ehrenström）的正交

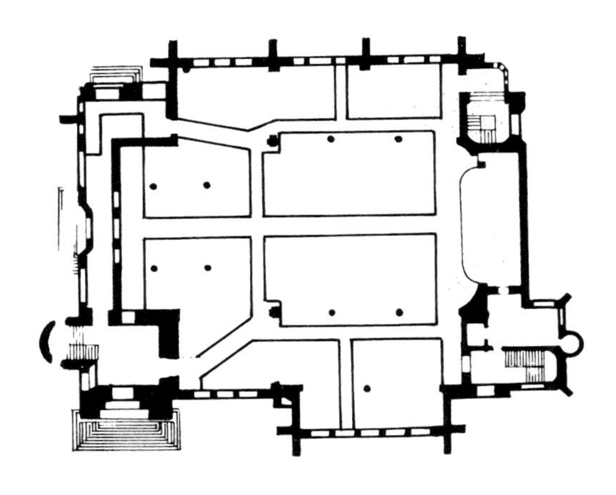

188　松克，坦佩雷大教堂，1902。底层平面中表示“木舍”般的角落

网格为基础建立起来的芬兰首都赫尔辛基，特别容易受浪漫古典风格的影响，因为它是围绕着一群典型的古典建筑核心——参议院、大学及大教堂——而布置的，这些建筑都是1818年以后由申克尔的忠实学生卡尔·路德维希·恩格尔（Carl Ludwig Engel）设计的。阿尔托受民族浪漫主义运动影响至深，所以如果不先对这个运动的起源及目的进行考察，就不能理解他后来的事业。

起初，民族浪漫主义在瑞典和在芬兰一样流行，特别表现在建筑师古斯塔夫·费迪南·博贝格（Gustaf Ferdinand Boberg）的设计中，他于1890年设计的耶弗勒消防站中，把理查森的作品介绍到斯堪的纳维亚来。然而，总的看来，瑞典建筑师在把新浪漫主义的手法转化为一种令人信服的民族风格方面是不成功的。在这一点上，丹麦更甚于瑞典，在那里，马丁·尼罗普（Martin Nyrop）于1892年设计的新中世纪式的哥本哈根市政厅受到普遍的赞赏，但这个作品具有一种自鸣得意的、植根于高度折中主义的但不甚成功的历史主义形式，而总体上并未受理查森优秀作品中的信念与完美性的触动。事实上，瑞典和丹麦只是在民族文化运动行将结束的时刻才真正实现了一种民族复兴的手法，特别是在拉格纳·奥斯伯格（Ragnar Östberg）堡垒式的斯德哥尔摩市政厅（1909—1923），以及P. V. 詹森－克林特（P. V. Jansen–Klint）的准表现主义的哥本哈根格伦特维教堂（1913年设计，直到1921—1926年才建成）等项目中。

到1895年，民族浪漫主义在芬兰已经成为一支举足轻重的力量，当时，一批艺术家已经进入意识形态和艺术上的成熟时期，如作曲家让·西贝柳斯（Jean Sibelius）、画家阿克塞利·加利安－卡莱拉（Akseli Gallén-Kallela）和建筑师埃利尔·萨里宁（Eliel Saarinen）、赫尔曼·耶塞柳斯（Herman Gesellius）、阿马斯·林德格伦（Armas Lindgren）以及与他们保持一定距离的拉尔斯·松克（Lars Sonck）。支持着他们创作的精神支柱是芬兰的民间史诗《卡累瓦拉》（*Kalevala*），该诗是19世纪初由埃利亚斯·伦罗特（Elias Lönnroth）收集和整理的。

在芬兰，民族浪漫主义背后的驱动力，至少部分地是寻找一种能替代浪漫古典主义的民族风格的需要，后者是赫尔辛基的帝国模式，是在俄罗斯的卵翼下产生的。芬兰之所以很快接受理查森的一套语法的另一个原因，是基于开发当地蕴藏丰富的花岗石的需要。这一点反映在19世纪90年代初期，他们曾派遣一个考察团到阿伯丁去考察苏格兰在建筑中运用这种石材的技术。使用花岗石的第一位民族浪漫主义建筑师是松克，他于1895年在图尔库建造的新哥特风格的圣·米歇尔教堂中用精雕细琢的花岗石柱廊和陈设，使建筑更加富丽堂皇，从而与其他光秃秃的很少装饰的建筑内部形成对比。这个带有精细饰刻内部的建筑，与10年后奥托·瓦格纳设计的维也纳斯坦霍夫教堂有一些相似的地方，这大概是由于松克这一代人曾在芬兰综合工艺学校里接受过技术权威及受古典主义传统浸淫的卡尔·古斯塔夫·尼斯特罗姆（Carl Gustav Nyström）的指导的缘故。尼斯特罗姆除了首创花岗石建筑之外，在1890年设计的国家档案馆建筑中已经使自己成为瓦格纳式的“技术权威”了。其后，他成为一名结构理性主义者，1906年在卡尔·路德维希·恩格尔设计的大学图书馆的后半部增建了一个典型的钢和混凝土的书库。

松克的主要建筑作品——坦佩雷大教堂（Tampere Cathedral，1902）［图188］和赫尔辛基电话大楼（1905）——显然受到理查森作品的影响。正如阿斯科·萨洛科皮（Asko Salokorpi）所指出的，后者的砖混体系建筑十分类似于芬兰中世纪的传统。这种理查森手法很快就被埃利尔·萨里宁和阿马斯·林德格伦所接受，他们将其运用于1900年巴黎博览会上具有东方色彩的、罗马式风格的芬兰馆中，此种风格的室内版本运用在浪漫色彩很浓的赫维特拉斯克别墅（Villa Hvitträsk）［图190］中，后者是他们在1902年与耶塞柳斯合作设计的。然而，别墅的内部却较少具有理查森作品的风格，而在许多方面是对加利安－卡莱拉于1893年设计的建在鲁奥维西的木造艺术家工作室［图189］的再创造。除了这幢建筑所表现出的生机勃勃的芬兰木构建筑的乡土特点外，别墅的室内装饰重复了加利安－卡莱拉对复兴芬兰－乌格里格（Finno-Ugric）已失传的文化形式与形象的激活尝试。两年后，1904年，萨里宁、耶塞柳斯和林德格伦的田园诗人“行会”——他们不仅共同工作还住在一起，预示了赖特的模式——突然结束。此事发生在独立行动的萨里宁参加并赢得了赫尔辛基车站的设计竞赛之后，该设计的建筑创新反映了诸如霍夫曼1905年设计的布鲁塞尔的斯托克勒宫，和奥尔布里希1907年在达姆施塔特设计的婚礼塔楼等建筑中的已成熟的青年风格。萨里宁不是唯一的探索晚期青年风格派样式的芬兰人：奥尼·塔尔强尼（Onni Tarjanne）的瓦格纳派风格不仅可与之相提并论，而且在许多方面还超越了他，特别是他于1903年设计的塔卡哈尔朱疗养院（Takaharju Sanatorium）表现了这一点（标志塔尔强尼天赋的是他在五年前就已设计了的赫尔辛基具有民族浪漫主义的且带有理查森风格的芬兰国家剧院）。芬兰青年风格派的绝唱是以塞里

189 阿克塞利·加利安－卡莱拉，艺术家工作室，鲁奥维西，1893。底层平面与立面

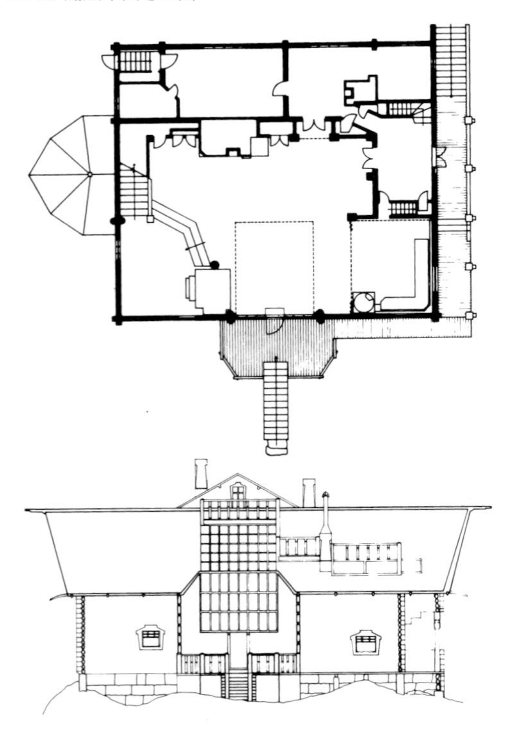

190　萨里宁、林德格伦与耶塞柳斯，赫维特拉斯克别墅，赫尔辛基附近，1902

姆·A. 林德奎斯特（Selim A. Lindquist）的极细腻的霍夫曼风格的作品，见之于他1908年设计的赫尔辛基苏维拉蒂动力站（Suvilhati Power Station）和1910年设计的恩西别墅（Villa Ensi）。

很自然，由于芬兰有长期作为帝国殖民地（先是瑞典后是俄国）的历史，浪漫古典主义在斯堪的纳维亚的复活——即所谓多立克理性——是从丹麦开始的。它是在诸如维尔汉姆·万谢尔（Vilheim Wansher）、保罗·梅伯斯（Paul Mebes）等一些作家的影响下产生的，万谢尔的第一部新古典主义的作品出现在1907年，而德国人保罗·梅伯斯的《1800年左右》则于1908年出版。这些人［包括其他如H. 坎普曼（H. Kampmann）和E. 汤普森（E. Thompson）等］对一种非历史主义的、古朴的多立克理性的兴趣，是建立在既不是古典的也不是乡土的原始构筑要素之上的。他们引起了人们对浪漫古典主义的丹麦学派，如戈特里布·宾德斯博尔（Gottlieb Bindesbøll，1800—1856）和克里斯蒂安·弗雷德里克·汉森（Christian Frederick Hansen，1756—1845）作品的注意。这种多立克理性风格成熟于1910年，在卡尔斯贝格酿酒厂公开要求在汉森设计的朝日教堂上加一个塔尖之后。建筑师卡尔·彼得森（Carl Petersen）对这种傲慢无礼的态度的回应是组织了一次汉森的绘画展。翌年，一个画家小组又委托彼得森设计法博格艺术博物馆，该作品一般被看作是浪漫古典复兴的第一幢建筑。

这个运动进入瑞典需要一定的时间。这种影响在卡尔·韦斯特曼（Carl Westman）1915年所设计的部分是民族浪漫主义、部分是古典主义的斯德哥尔摩法院中初见端倪，继之出现的有伊瓦尔·滕布姆（Ivar Tengbom）的新古典主义的斯德哥尔摩音乐厅（1920—1926）和居纳尔·阿斯普伦德（Gunnar Asplund）设计的斯德哥尔摩公共图书馆（1920—1928），在芬兰，最后以J. S. 西伦（J. S. Sirén）的芬兰议会大厦（1926—1931）为标志而达到了顶点，并在此之后走向衰落。在瑞典，浪漫古典主义的复兴远非客观（sachlich）和规范的，例如在奥斯伯格的民族浪漫式的不对称平面布局及肖像中。这是一种克制的和综合的表现形式，它总是试图去体现地形和地方特征。这种对失真变形的冲动在阿斯普伦德心中是相当根深蒂固的，他在克拉拉学校（Klara School）曾受到奥斯伯格

191　阿斯普伦德，斯德哥尔摩公共图书馆，1920—1928
192　阿尔托，维普里图书馆方案，1927

和滕布姆的影响，他在自己的实践中时而寻找可以超越“风格之争”的路子，将乡土的和古典的形式融会到一种原始的和更真实的表现形式之中。这种尝试的第一次机会来自斯德哥尔摩城南公墓的林地小教堂（Woodland Chapel，1918—1920），这是他于1915年与西古德·莱韦伦茨（Sigurd Lewerentz）合作的一项设计竞赛方案。这幢小的独立单元结构的建筑物在设计上基本采用古典形式，将具有清新轮廓的木瓦屋面架于一个托斯卡柱廊之上，它实际上源于阿斯普伦德在里斯隆德的一个庭院中偶然看到的一幢“原始小屋”。在他短暂的“功能主义”时期（从1928年持续到1933年）之前，阿斯普伦德的工作似乎已经受到法国新古典主义派、约瑟夫·霍夫曼和——更重要的——宾德斯博尔等种种不同流派和不同时代的人的影响，特别是后者于1848年在哥本哈根所设计的托瓦尔森博物馆（Thorvaldsen Museum），它向阿斯普伦德提供了一些埃及风格和新古典主义的主题，这些在他20世纪20年代的作品中反复出现，首先表现在1915年哥德堡的卡尔·约翰学校（Carl Johan School），继而见之于1921年斯德哥尔摩的斯堪迪亚电影院，最后体现在1928年完成的斯德哥尔摩公共图书馆［**图191**］中。

在阿尔瓦·阿尔托早期的实践中，尽管有他的导师乌斯科·尼斯特罗姆（Usko Nyström）的瓦格纳学派的影响，但真正起媒介作用的是阿斯普伦德。1922年，当阿尔托开始自己的设计实践时，像他之前的阿斯普伦德那样，他似乎是沿着多方向在探索。他为坦佩雷工业博览会设计的四幢建筑明显地表现出文化发展的不同层次。他在后来的实践中所表现出的多样性修辞中，也没有像这些作品那样在表现力上对比分明。例如，“古典主义”的工业馆是参照奥托·瓦格纳1899年设计的卡尔斯广场车站的手法、用模数制壁板建成的；而他的芬兰手工技艺展览馆则用了具有“乡土特点”的茅草顶亭子。

阿尔托在于韦斯屈莱的早期实践发生在1923—1927年间，其作品是丰富多样的，包括工人住宅和一个工人俱乐部（均建于1924年）、数量惊人的新建教堂和教堂翻修，以及1927年建于赛依纳乔基和于韦斯屈莱的两幢民用警卫屋。所有这些作品都是受到阿斯普伦德的影响，以一种不确定的多立克风格完成的，这种风格部分地综合了当地木构建筑的语汇，同时又取材于霍夫曼设计中线条的简洁性和申克尔的意大利模式。1927年，阿尔托在他的维依尼卡教堂和维普里图书馆（Viipuri Library）竞赛方案［**图192**］中果敢地走向浪漫古典主义，后者于1935年修改后的形式明显地受阿斯普伦德的影响，有许多直接取自斯德哥尔摩公共图书馆的细部处理，包括具有皇家尺度（scala regia）的轴线、新古典主义的平面、反构筑性的立面和腰线，以及巨大的埃及风格的门等，这些都显然来自阿斯普伦德，并间接地从宾德斯博尔处取得语汇。直到1928年中选的派米奥疗养院（Paimio Sanatorium）竞赛方案，才牢固地奠定了他第一个成熟时期(1927—1934)的基本上是功能主义的风格。

除了阿斯普伦德之外，在阿尔托的早期发展中，另一位起媒介作用的人物显然是略微年长的芬兰建筑师埃里克·布吕格曼（Erik Bryggman）。阿尔瓦和妻子艾诺（Aino）于1927年底移居芬兰南部日见兴旺的城市图尔库后，曾与他短期合作。阿尔瓦·阿尔托很快就以其1928年建于图尔库的阿斯普伦德式西南农业生产合作社大楼，超过了布吕格曼的简化古典主义的手法，后者见之于1925年设计的中庭公寓（Atrium Apartments）。在合作社大楼的电影院的色彩设计中，深蓝色的观众厅与灰色和粉红色的丝绒罩面相平衡，这显然是取自阿斯普伦德做的斯堪迪亚电影院，外檐下面的腰线也是如此。阿尔托与布吕格曼合作的第一个成果是为瓦萨镇做的办公楼，继之是1929年为庆祝图尔库市建立700周年做的展览会。像阿斯普伦德1928年为斯德哥尔摩博览会所做的建筑草图一样，这里设有轻巧的悬臂桁架、悬空的顶部标志和"刺激性"的图案，这项设计委托使布吕格曼和阿尔托开始追随苏联Agit-Prop（宣传鼓动队）的建筑修辞。

225 1928年，阿尔托在构成主义影响下设计了图尔库的《图伦－萨诺马特报》大楼(它使人联想到维斯宁兄弟1923年的《真理报》大楼设计)之后，他已通过参加有关现代建筑和结构问题的国际会议而声誉日隆。在1928年巴黎举行的钢筋混凝土会议上，阿尔托遇见了荷兰构成主义建筑师约翰尼斯·杜依克(见p.145)，后者设计的钢筋混凝土的佐纳斯特拉尔疗养院成为阿尔托于1929年元月提供的派米奥疗养院设计竞赛方案的出发点。自那时起，阿尔托决定性地受到荷兰和苏联构成主义的双重影响，特别是受杜依克作品和N. A. 拉多夫斯基的Asnova（新建筑师联合会）和ARU（城市建筑师协会）小组城市设计的影响。ARU在不同时期提出的连续的、几何图形的设计方案，如拉多夫斯基1926年为莫斯科所做的柯斯蒂诺街区（Kostino Quarter）设计，明显地成为阿尔托在派米奥设计中的入口路线处理和连续的景观构成的源泉。派米奥不仅反映了ARU的城市处理手法，又因其充满了构成主义引述而标志着阿尔托在细

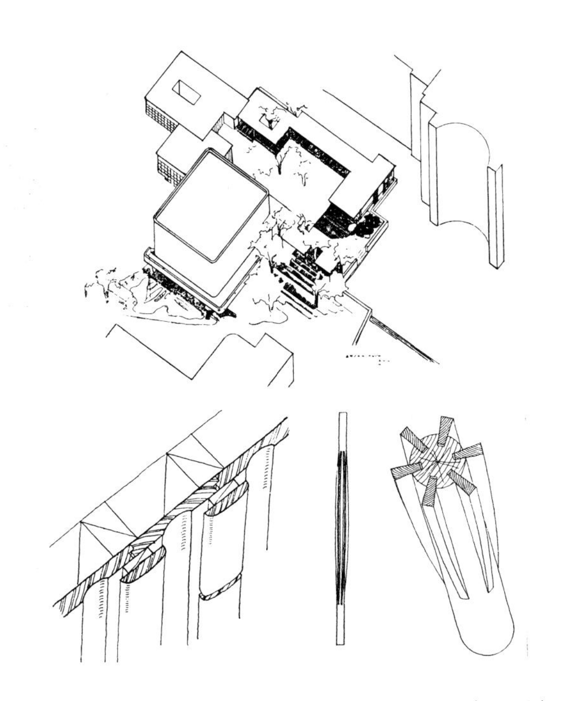

193 阿尔托，芬兰馆，世界博览会，巴黎，1937。细部（左至右）表示木板墙、凉亭的加强柱和有伸出加强翅的柱

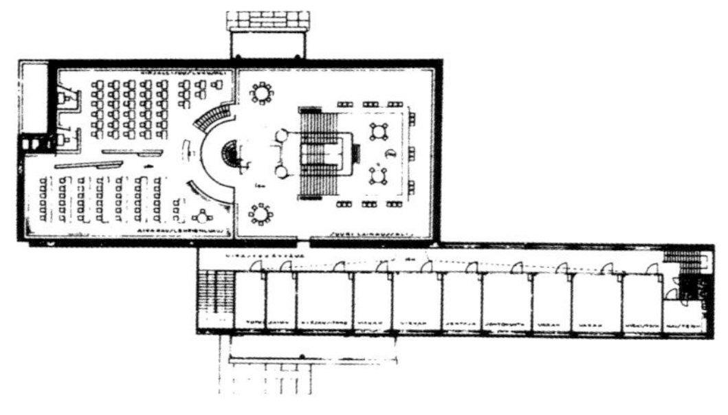

194　阿尔托，维普里图书馆，1927—1935。出纳室，阅览室在上层
195　阿尔托，维普里图书馆，1927—1935。首层平面

部处理上的一个转折点。

这一时期，阿尔托虽然与国际上的一些争论保持距离，却与德国新客观派建筑师们在1929年召开的CIAM法兰克福会议上关于“最低限度生存空间”所采取的纯经济立场惊人地接近。这种关心反映在他1930年为芬兰工艺美术协会设计的公寓和1932年为北欧建筑会议所做的典型的最小限度住宅样板房。

同期，阿尔托遇到了哈里和梅丽娅·古利克森（Harry and Mairea Gullichsen），使他投入到工业生产的实践中。古利克森夫人，一位阿尔斯特洛姆大木材、造纸与纤维素生产企业的继承人，曾在一家赫尔辛基商店中看到阿尔托早期设计的家具，于是邀请他设计一系列供批量生产的家具。此事直接导致了1935年阿尔特克家具公司（Artek Furniture Company，批量生产阿尔托设计的家具）和苏尼拉纸浆厂的建立，以及1935—1939年间科特卡地区工人住宅的设计和施工。幸运的是，阿尔托的家具非常适用于批量生产。他早在1926年为于韦斯屈莱警卫屋制作一种叠置椅时，就开始设计胶合板家具，在取得成功后，他又为派米奥制作了一种胶合木的扶手椅，其原型最终于1933年作为典型设计投入生产。有意义的是，阿尔托在设计中采用了奥托·科尔霍宁（Otto Korhonen）于20世纪20年代后期生产的弯曲胶合板座椅的技术。

阿尔托受到芬兰木材工业的惠顾——阿尔斯特洛姆和恩索－古特扎伊特等大企业成为他后来终生的主顾——导致他对木材价值的重新评估，并使其成为超过混凝土的首选的表现材料。由此，他似乎渐渐地回到芬兰民族浪漫主义运动的高度重视表面质感的建筑手法，并回复到萨里宁、加利安－卡莱拉、松克等作品的特征。首个脱离国际构成主义的标志是1936年于赫尔辛基蒙基尼耶密建造的他的私人住宅。这幢略不规则的呈L形的建筑，是一个由粉刷石墙、企口板和清水砖墙的大拼贴。继而出现的是他1937年为巴黎世界博览会设计的曾获奖的芬兰馆［**图193**］，这是一幢木结构，饶有意义地名为“木材正在前进”。它成为一种木结构的修辞性表现，其各种承重构件表现了木材的特殊性质。主厅的条木板壁和周围展厅的木骨架结构都成为显示不同连接技术的大展示。尽管有这些机智的构造，芬兰馆的重要性主要还在于它形成了阿尔托后来事业中的场址规划原则，即任何一个给定的建筑总是分解成两个不

同的元素，并把中间的空间作为人的显现场所（梅丽娅别墅、赛纳特萨洛市政厅等，见后）。他在作品选集中描述了这个厅：

> 最困难的建筑处理问题之一是使建筑环境适宜人的尺度。在现代建筑中，结构框架与建筑体量的合理性有处于支配地位的危险，从而常常在场地的剩余部分存在一种建筑的真空。假如把这种真空用装饰性的庭院填充就大有好处，它将使人的有机运动成功地融合在场地的形成中，以增加人与建筑的密切联系。在巴黎的芬兰馆，这一问题幸而由此得到圆满解决。[2]

在阿尔托后来的实践中，他认为从钢筋混凝土的表现转向木和天然材料，对于他建筑创作的发展是至关重要的。他把他的胶合板家具看成是一种靠直觉的、间接而更具有批判性的设计途径的例证，从而比通常的线性逻辑更能反映和折射环境。他于1946年在苏黎世举办的一次他的家具展览会时写道：

> 为了达到建筑的实用目的并得到可行的建筑美学形式，一个人不能总是从纯理性的和技术的观点来考虑问题——或者可以说从来不是。人类的想象力必须有自由展开的余地。这通常是我从木构设计的实验中所得出的结论。有时，在某些情况下完全是游戏式的而不具备任何实际功能的形式，在10年之后却会导致实用。……我以不加切削的木柱创造的有机形式的初次尝试，在几乎经过10年时间后，导向了一种考虑木材纹理走向的三角形解决办法。家具形式中的垂直部分只是建筑柱子的小妹妹。[3]

这种有机的设计手法已经体现在维普里图书馆和派米奥疗养院的细部设计中，这些20世纪20年代后期的杰作虽然是用钢筋混凝土建造的，但仍然为阿尔托提供了机会使功能主义的观念得以延伸，以满足包括人们生理与心理的全部需求（比较诺伊特拉的“生物学”手法）。阿尔托终生关注空间的总氛围及通过运用热、光和声的反应性渗透去调节空间氛围的方法，在这些作品中第一次得以完全的实现。在派米奥双人病房的细心布置中不仅考虑了环境控制，还考虑了易识别性和私密性，如避免光和热直射病人头部，天棚的色彩考虑减少炫目，洗手盆设计用起来无噪声等。与此类似，维普里图书馆的主要阅览室在所有时间全部为间接采光——白天通过漏斗状的屋顶采光，晚上利用可以从对面墙反射的聚光灯照明。阿尔托同样细心地关注图书馆的声学性能，使阅览室与交通噪声隔绝，并且在矩形讲演厅的全长上使用波浪形的反射板。总之，阿尔托在图书馆和疗养院所采用的“自由规划”原则确定了他的建筑设计的有机手法，这种手法尽管有其内在的自由，但在形式上很少有过失控的场合。他对用自然途径改善环境和塑造场所内在本性的关注，使得他的作品在20世纪20年代后期的功能主义到20世纪50年代早期更具表现主义这一时期内呈现出少有的连续性。关于他反对机械论的态度，他于1960年写道：

> 使建筑更富人情味意味着更好的建筑，同时，也意味一种比单纯技术产品更为广泛的功能主义。这一目标仅仅能够通过建筑手法来实现——即借助创造和组合不同的技术因素，使它们能为人类提供最和谐的生活方式。[4]

1938年，阿尔托完成了他战前的杰作——梅丽娅别墅（Villa Mairea）[**图196—198**]，即在努尔玛库为梅丽娅·古利克森设计的夏季别墅。这幢L

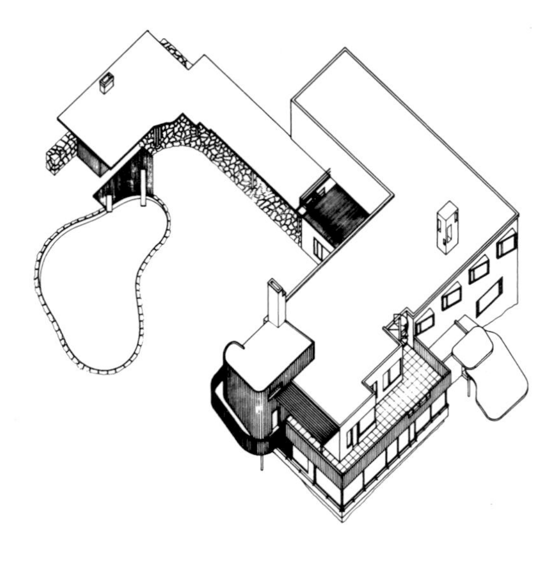

196　梅丽娅别墅，努尔玛库，1938—1939

形建筑的最初方案明显地采用了民族浪漫主义的处理手法：主起居厅的平面直接取材于1893年加利安－卡莱拉的鲁奥维西的艺术家工作室。这两个作品都有一个凸出的、有粉刷的雕塑型的壁炉和一个带踏步的起居平台，连接到后面的夹层楼梯。如同他的蒙基尼耶密住宅一样，梅丽娅别墅用了清水砖墙、抹灰墙和木板壁的混合。

这幢别墅超过了艾诺和阿尔瓦·阿尔托战前的任何一个作品，成了他们把20世纪理性构成主义与民族浪漫主义所提倡的传统联系起来的构思纽带。它的主要空间——餐室和起居室，与一个有顶盖的花园毗连，后者位于树林中一片圆形空地中。这幢别墅的“地质纹理状”的形体和不规整周边形状的桑拿池，形成了人工与自然形式之间的隐喻对比，这个双重性原则贯穿于整个作品之中。因而，古利克森夫人的船状画室的“头”，与桑拿池的“尾”相对立，公用房间的木壁板与私密区的白色粉刷又形成强烈对比。整个住宅中充满了类似各种复杂形式的混合运用：一个例子是入口雨篷的“转喻”，它的竹屏风的不规则节律成为树林中松树不规则间距的回响——这种手法在室内楼梯的栏杆上又重现，然后按次序相继出现的画室、入口雨篷和瀑布下的水潭的同一平面形式的重复，使人想起典型的芬兰湖泊弯曲的周边形状。首层地面的修饰也处理成内景，当人们从壁炉走到起居室和琴房时，地面从地砖变为木地板又变为粗糙的铺路石，意味着情调及地位的微妙变化。最后，结构本身也象征性地参照了过去的作品：像在赫维特拉斯克别墅那样，桑拿池代表了民族文化——它通过一片向外延伸的毛石墙与主要的建筑相连，这是一个传统的用草皮覆盖的木板结构，并按照芬兰乡土木结构的教条建造，与住宅本身的高超的构筑恰恰相反。

在1939年纽约世界博览会展厅的华丽修辞，以及1947年在美国麻省理工学院设计的多少有些犹豫不定的贝克宿舍之后，阿尔托的作品中曾一度出现表现上的不确定性。直到1949年，他的第二阶段实践通过他设计的赛纳特萨洛市政厅（Säynätsalo Town Hall）［**图199**］才取得了确定的形式。梅丽娅别墅的建筑表达取决于木护墙，但在赛纳特萨洛，建筑形式的节拍取决于窗子排列所形成的空间节奏和砖砌体微妙的模式化。然而，所有这些差别却出自相同的基本概念，即将建筑分为围绕着天井布置的两部分。这些元素在梅丽娅别墅是L形住宅和瀑布下的水潭，而在赛纳特萨洛则是一个U形的行政办公建筑和一个独立式图书馆，这两种形式包围了一个高于街道面的庭院。这种两分法，在阿尔托赫尔辛基全国养老金学会大楼中再次采用，它好像出自卡累利传统的村舍和村庄组合，对此他于1941年左右曾做过阐述。这些构图上的两重性的另一个源泉可能是阿尔托个人对建筑创作过程的独到观点，对此，他曾于1947年在《鲑鱼和山川》一文中加以叙述：

我要补充一点，即建筑和它的细部与生物学有联系。它们好像大鲑鱼或大鳟鱼。它们不是在出生时就成熟的，它们甚至不是在其正常生存的海洋或水体里出生的，而是在距离它们得以正常生长的环境数百英里之外的地方。那儿没有大江，只有小川，只有山间闪烁的水体……像人的精神生活和直觉远离人们的日常生活一样，它远离了正常的环境。既然鱼卵发育成熟需要时间，我们的思想世界的发展和结晶也需要时间。建筑学甚至比其他任何一种创造性劳动更需要这种时间。[5]

所有这些建筑似乎都象征了建筑创作的两重性，其中构成主体的L形或U形的“鱼”与相邻的独立形式的“卵”形成对照。在梅丽娅别墅和赛纳特萨洛市政厅，“鱼”的头部似乎容纳了最受崇敬的公共部分——住宅中的工作室和市政厅的会议室。

229 这种层次上的差别又因材料和结构的改变而加强。在赛纳特萨洛，通向“世俗”的入口通道所用的铺路和台阶让位于楼上“神圣”的会议厅的架空木地板。这个地位的改变为会议室上的屋顶桁架精心处理的细部所肯定，很明显是参照了中世纪的做法。类似的象征内容转换也表现在“卵”的元素中：在梅丽娅别墅中，“卵”是瀑布下的水潭——躯体再生的介质，而在赛纳特萨洛市政厅，它是图书馆，即知识营养库。更进一步，在中庭的细部设计中，特别是在赛纳特萨洛和养老金学会大楼中，反映了类似的神秘倾向。在这两个例子中，穿过“卫城”的路径被处理得像一种“仪仗队通过仪式”，在建筑群的一边是过度文明化的城市性，另一边则是地方的乡土特色。每个例子中，

197、198 阿尔托，梅丽娅别墅，努尔玛库，1938—1939。起居厅和室外

199 阿尔托，赛纳特萨洛市政厅，1949—1952

200 阿尔托，全国养老金学会大楼，赫尔辛基，1952—1956。南立面的中部

空间都因水的存在而变得丰富，再次暗示生命与再生的进程。

全国养老金学会大楼［**图200**］于1948年进行设计竞赛，建造于1952—1956年间。它确立了阿尔托在战后时期建筑大师的地位。像过去25年间他的任何一个作品一样，这个巨大的官僚主义建筑群，按他自己的话说，表现了“一种对生活更敏感的结构”的建筑。这种构思清楚地表现于由最微小的细部设计造成的亲切和方便之中，从前厅座椅到观众衣架，从吊灯到嵌入式暖气片，特别突出地表现在天棚采光的大厅下面那些横向排列、尺度恰当的会客桌。这个用黑色和白色大理石铺砌的大厅为该建筑的其余部分定下了崇高的“基调”。而后的每一个空间按色彩编码以显示其地位之不同——主要入口用白色和深蓝色的壁砖，职员休息室用咖啡色、白色和灰褐色，如此等等。

阿尔托为普通百姓服务的意志重新表现在他把“中庭”构思移植到1955年为柏林“汉斯区国际建筑展览会”设计的多层住宅［**图201**］中。这个巧妙的设计是第二次世界大战后出现的最重要的公寓住宅类型之一。勒·柯布西耶著名的“人居单元”（在全世界低造价住宅设计中被相当广泛地仿效）作为家庭居住，与阿尔托的设计相比显然要略逊一筹。阿尔托的公寓类型住宅的主要长处是，它可以在一个小单元里满足独户家庭的特定要求。它的U形组织中用两侧的起居室与餐室夹住一个宽敞的中庭平台，而整个单元由两侧的私用空间诸如卧室和卫生间所环抱。这些住宅单元在建筑中的配置安排也是很好的，它们“成簇”地布置在自然采光的楼梯厅周围，使阿尔托能够避免在一幢高层结构中堆垒了无数“千篇一律”的公寓单元的感觉。

230

阿尔托终生为满足社会和心理准则所做的努力使其成功地有别于20世纪20年代的较为教条的功能主义建筑师，后者在他初露头角时已甚有建树。尽管他早期曾响应过俄国构成主义的动态形式，他仍然总是把注意力放在创造有利于人类福利的环境。即使是他最功能主义的作品，如1928

年所做的图伦－萨诺马特办公楼，也反映出他对四季光线的敏感，使他能不断地丰富结构，以免它显得过于死板和单调。

这样一种始终如一的有机处理手法，使得阿尔托从构思观点上接近布鲁诺·陶特的“玻璃链”的精神，尤其是接近于汉斯·夏隆和胡戈·黑林的作品。因此，他可以被看作属于北欧的表现主义“集团”。这些建筑师关心的是赋予建筑以生命的活力而不是去抑制它，这意味着打破规则的矩形网格的潜在统治，或者反映场址或设计纲领的个别特性要求。1960年，莱昂纳多·贝内沃洛从这一观点出发，很有力地概述了阿尔托所取得的成就，他写道：

在早期的现代建筑中，恒见的直角主要用于一种一般化的构图过程，把所有元素组合在一个“先验”的几何关系之中，它意味着所有的矛盾能够以线、面和体积取得均衡的形式从几何图形上得到解决。斜角的运用（如派米奥）指出了一种相反过程的解决方法，它使形式更具个性和精确性，它允许出现不平衡和内部应力，利用各种元素及周围环境的某种外在的一致性去取得平衡。这样的建筑失去了教条式的严谨性，但增加了亲切感、丰富感和情感，并最终扩展其活动范围，因为个性化的过程是建立在运用已经得到公认的普遍性的基础之上的，并且以它为前提。[6]

在最佳的状态下，这是一种考虑周到和反应敏锐的建筑模式，它继承了把古典主义和乡土特色——也就是个性与规范——融合在一起的北欧基本传统。从奥斯伯格于1909年的博内尔别墅，到1976年阿尔托在逝世前四年左右在赫尔辛基完成的芬兰音乐厅，这种模式经历了50年不间断的发展历程。

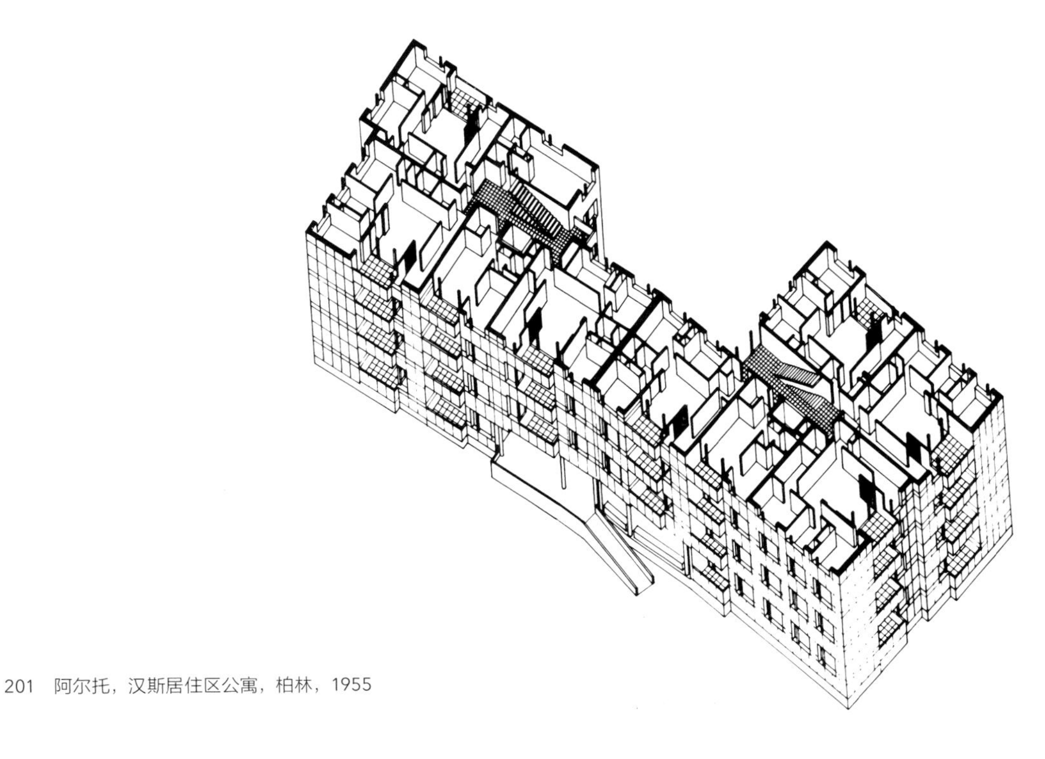

201　阿尔托，汉斯居住区公寓，柏林，1955

第25章

朱塞佩·特拉尼 与意大利理性主义 1926—1943

我们不再感到我们自己是大教堂或早年自由民公会大厅中的人，而是大饭店、火车站、大道、巨港、风雨市场、闪光拱廊、更新改造区和拆除了贫民区后的人。[1]

——安东尼奥·圣伊里亚
《宣言》（为《新城市》所写的文本），1914年

我们的过去和现在不是互相排斥的。我们不希望忽视传统的遗产，正是传统改变了自身，它所展现出来的新特征只有少数人能够理解。[2]

——七人小组
"纪要"，《意大利评论》，1926年12月

第一次世界大战之后，古典的和烦琐的表现手法在意大利抬头——首先表现在绘画方面，出现了由乔治·德·基里科（Giorgio de Chirico）领导的高度形而上学的造型价值（Valori Plastici）运动，继而在建筑上出现了由建筑师乔瓦尼·穆齐奥（Giovanni Muzio）发起的古典主义的新世纪派（Novecento）——它们和战前未来派的论战一样，成为意大利理性主义建筑发展的共同出发点。

理性主义建筑师的"七人小组"成员从米兰综合技术学校毕业之后，在《意大利评论》中首次亮相，他们是：建筑师塞巴斯蒂亚诺·拉科（Sebastiano Larco）、圭多·弗莱特（Guido Frette）、卡洛·恩里科·拉瓦（Carlo Enrico Rava）、阿达尔贝托·利贝拉（Adalberto Libera）、路易吉·菲吉尼（Luigi Figini）、吉诺·波利尼（Gino Pollini）和朱塞佩·特拉尼（Guiseppe Terragni）。他们都想把意大利古典建筑的民族主义价值与机器时代的结构逻辑性进行新的更具理性的综合。在1926年的"纪要"中，他们致力于在新世纪派的神秘语言和未来派留传的工业形式的动态语汇之间探索折中的道路——前者以穆齐奥设计的1923年建于米兰的卡布鲁塔公寓区（Ca' Brutta apartment block）为有影响的实例。这个小组对于德意志制造联盟和苏联构成主义建筑师的作品也表示了某种支持。可是，尽管他们对机器时代具有热情，他们对重新解释传统比之于现代性 per se（本身）更为重视。因此，在1926年，他们批判地评论了未来学派：

早期先锋派的标志是一种故作姿态的冲动力和一种虚荣、有害的激愤，好和坏的成分兼而有之，当今青年的标志则是对清晰性和智慧的渴望……必须明白……我们不能企图割断传统……新建筑、真正的建筑应当是把逻辑与理

性紧密联系在一起的结果。[3]

尽管有这份忠诚于传统的宣言，理性派建筑师的早期作品，特别是朱塞佩·特拉尼的作品，却显示了对基于工业主题的构图的偏爱。特拉尼为一个瓦斯厂和一座钢管厂所做的设计于1927年在第三届蒙扎双年展（Monza Biennale）上展出，用勒·柯布西耶1923年出版的《走向新建筑》这本对理性派发生了巨大影响的书中所用的术语来说，它显得更侧重于工程美学而不是建筑学。对这种影响的一个初步而天真的反应，无疑是1926年建于科莫的彼得罗·林格利（Pietro Lingeri）的船屋，它隐喻了海洋工程的某些特点，显示出对于勒·柯布西耶作品的某些简单化的崇拜。

特拉尼更多地受穆齐奥的影响，他在科莫以新公社公寓的完成开创了自己的事业。这幢对称的五层楼公寓的结构以"跨大西洋大厦"闻名，表现了理性主义建筑师对体量修辞性位移的典型关注。按照古典规范，建筑的转角应当加强，然而，它们却被戏剧性地切掉，以便暴露出玻璃筒体，这些筒体的顶部却配置了大重量的顶盖，并与第四层的阳台挑出部分和第三层的重型体量在构图上组合起来。很明显，这种做法不是纯粹主义，而是属于苏联的构成主义，其中戈洛索夫于1928年建于莫斯科的祖耶夫俱乐部的最初方案是最明显的先例。

意大利理性主义运动作为一个正式的实体，曾以意大利理性建筑运动（MIAR）的名称短期存在。它建立于1930年，也即在罗马巴尔迪画廊举办"七人小组"第三次展览会之前的一年。这个实体因为很快就受到文化界保守势力的破坏而寿终正寝。相对来说，虽然理性主义建筑作品的早期

202　皮亚琴蒂尼与工作组，罗马大学，1932。评议会大楼，落成日

表现尚能使较保守的专家们保持平静，但这次展览中同时散发了一份题为《关于建筑学向墨索里尼的报告》的挑衅性小册子，它是由艺术批评家彼得罗·马利亚·巴尔迪（Pietro Maria Bardi）写的。他声称，理性主义建筑是法西斯革命原则唯一正确的表现。同期MIAR小组的一个宣言也提出了同样是机会主义的主张："我们的运动除了在现行严峻的气候中为(法西斯)革命服务之外，没有别的道德目标。我们呼吁墨索里尼允许我们达到这一目标。"

墨索里尼为展览会开幕式剪彩，然而他的信任在全国建筑师联合会的敌对反应下却无能为力；该联合会处于古典主义建筑师马尔切洛·皮亚琴蒂尼（Marcello Piacentini）的影响之下。展览会开幕后的三个星期，全国建筑师联合会就推翻了它以前对这些作品的支持，公开声明理性主义建筑与法西斯主义的修辞要求毫无相容之处。这样，就得依靠皮亚琴蒂尼去协调新世纪派的形而上学传统主义和理性派的先锋主义了，为此他提出了高度折中色彩的Stile Littorio (海岸风格)作为党的"正统"的手法。这种手法首次形成于他1932年设

计的建于布雷西亚的革命塔楼，最终于1932年在米兰司法宫中确定下来。

皮亚琴蒂尼的地位由于法西斯主义现代建筑师联盟（FRAM）的建立而得到加强，这一组织避免对新世纪派或理性主义派建筑师做任何绝对化的谴责，并且对海岸风格中残余的古典主义给予支持。1932年，皮亚琴蒂尼在新罗马大学［**图202**］成立时强加给与其合作的九位建筑师的指导思想是，把简单要素的重复作为正统的法西斯手法的基础。这种异常统一的风格几乎无一例外地采用四层砖或石砌建筑，顶上是一简单的檐口，只通过矩形洞口的调节作为表达手段。在细部处理中允许某种程度的不规则性和不对称性，其典型表现主要局限于入口处，采用柱廊、浮雕和刻有文字的腰线形成古典形式。虽然“七人小组”中没有人从事该大学的设计，但是皮亚琴蒂尼小组所做的三幢建筑却在一定程度上显示出接近理性主义的手法：它们是吉奥·蓬蒂（Gio Ponti）的数学楼、乔瓦尼·米凯卢奇（Giovanni Michelucci）的矿物楼和特别值得一提的朱塞佩·帕加诺（Giuseppe Pagano）雅致的贴面砖的物理楼。

1932年左右，在发展一种适宜的民族风格问题的论战中，帕加诺已经做出了自己的贡献，他于1930年就着手与都灵的艺术批评家和设计师爱德华多·佩尔西科（Edoardo Persico）合作编辑了《美宅》杂志。他们力图通过评论去说服新世纪派中的那些举棋不定的成员，使他们放弃皮亚琴蒂尼的海岸风格，转而支持特拉尼的理性主义。1934年，佩尔西科陈述了理性主义者的困境：“今天，艺术家必须对付意大利生活中最棘手的问题：既要保持对特定思想意识的信仰能力，又要有与‘反现代’的多数相抗衡的意志。”

1932年，特拉尼创作了意大利理性主义运动的代表作——科莫的法肖大厦（Casa del Fascio，现称为人民大厦）。其平面为一完整的正方形，其高度为其宽度（33米）的一半。这种半立方体建立了严格理性几何学的基础［**图203**］。在这个半立方体内，不仅暴露出梁柱结构的逻辑性，同时也显示了其分层立面模式的“理性”编码。该建筑的每一边（除了强调主要楼梯的东南立面外）的窗户排列和外墙分层都被巧妙地处理，以表示内部中庭的存在。对于这幢建筑的早期研究表明，像特拉尼的其他作品一样（诸如他1936年设计的圣伊利亚学校），建筑的平面最初是围绕着一个开敞的庭院布置的，采用了传统的宫廷建筑模式。在而后的设计中，这个庭院（cortile）变成了一个双层的中央会议厅，通过混凝土屋面的玻璃顶采光，四周环绕着长廊、办公室和会议室。像密斯·凡·德·罗1929年设计的巴塞罗那展览馆那样，整个建筑的纪念性身份是通过砖石基础上的低立面取得的，特拉尼称它为抬高层（pianorialzato）。该建筑最初的政治目的是通过把入口门厅与广场分隔开的玻璃门，以一种原义的语汇表现出来的。当这些门依靠一个电动装置同步开启时，庭院与室外广场就连成一片，从而允许大量的人流从街道向室内不间断地流动（见图24，p.47）。在主会议室室内设计中可看到同样的政治含义，见之于马里奥·拉迪切（Mario Radice）所做的照相蒙太奇的浮雕［**图204**］，以及纪念法西斯运动降临的神龛。当然，这项作品中还存在着超越这些意识形态的关注，如形而上学空间效果的创造——即把建筑物处理成一个连续的螺旋空间体，没有任何特定的方向，如上下、左右，等等。这样，玻璃的镜面作用被用于入口前厅天棚的衬面上，产生了一种无限量的梁柱结构的虚幻感。而实际上它只是以不同的用途出现于各种空间中；同时，这个作品被巧妙地置于一个历史名城的中心，它的表面整个用博蒂契诺大理石覆盖，并用玻璃砖的装饰来表示其崇高地位。这些手段组合起来，创缔了一个构筑性的、细心处理的、富有纪念性的作品。

这种法西斯主义理想的象征化绝不是独一无二的。理性主义者以后又提出了其他一些修辞夸张的手法来讨好法西斯运动，但终于在20世纪40年代中期感到绝望。其中应该提到的是1932年为庆祝进军罗马10周年在罗马建造的法西斯革命展览建筑。这座由利贝拉与德·伦齐（De Renzi）设计的临时建筑特别使人想起列昂尼多夫的作品，除其他配套部件外，它包括特拉尼设计的1922年纪念堂，它的富于运动感的浮雕墙面综合了造型的、图形的和摄影的元素，使人想起利西茨基1930年设计的位于德累斯顿的苏维埃国际卫生展馆。

20世纪30年代中叶，理性主义建筑实际上包括从特拉尼具有高智慧水平的作品，到短命的柯马斯科小组（Comasco group）所设计的平淡无奇的国际风格，如1933年第五届米兰三年展上的艺术家住宅。作为这个八人设计小组的成员之一，特拉尼的参与似乎对设计成果的品位没起多少作用，而且，在人们把菲吉尼和波利尼的早期作品——如他们1930年为米兰三年展设计的电气化住宅——与1933年的下一个三年展艺术家住宅相比，就可以看出后者在力度上的失落。实际上，到第五届三年展时，意大利理性主义已经与庸俗的现代主义，或是与保守的历史主义妥协了。

1934年，佩尔西科和马赛洛·尼佐利（Marcello Nizzoli）为米兰的意大利航空展览会设计了著名的“金质奖章堂”［**图205**］，其中设置了一个高出地面的、精致的白木桁架迷宫，悬挂了一大片图案和照片，给人一种飘浮在空间的感觉，并且随着厅堂的进深伸出或后退。这种悬挂结构为博览建筑设计建立了一个新的标准，影响很大，到“二战”后仍被采用。此时，除了佩尔西科和尼佐利的此类不多见的杰作外，意大利理性主义已经开始走下坡路，这十分明显地表现在佩尔西科自己后来的作品中。在两年的时间里，佩尔西科的设计从活泼而精细的风格变成较为冷漠的、反

203　特拉尼，法肖大厦，科莫，1932—1936。立面的比例系统和平面

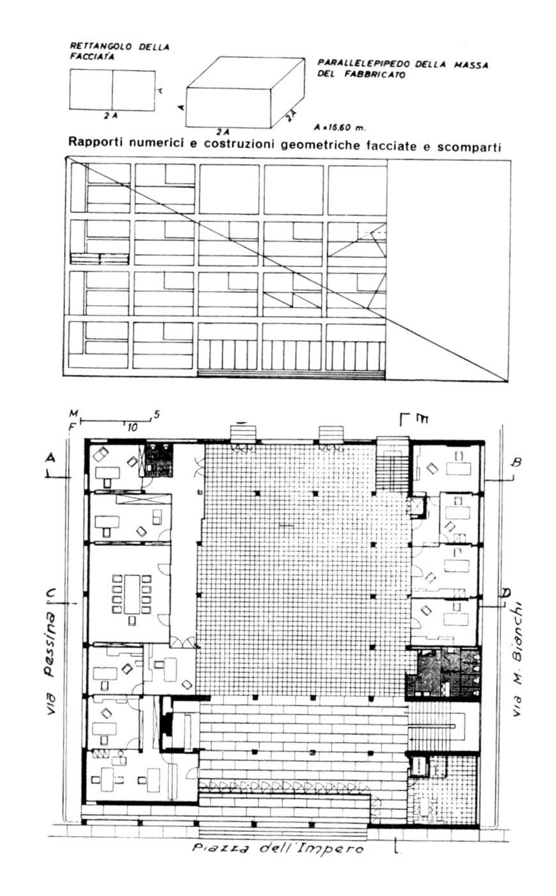

构筑性的纪念风格，见之于他与尼佐利、帕兰蒂（Palanti）和丰塔纳（Fontana）合作设计的1936年米兰三年展的荣誉沙龙（Salone d' Onore）。特拉尼只有在与彼特罗·林格利和切萨雷·卡塔内奥（Cesare Cattaneo）的合作中，由于对构思、结构和符号形式的关注，尚能保持一些理性主义手法的智力强度。

236

1936年，佩尔西科过早地去世之后，理性主义者在政治和文化方面遇到了更大的困难。总是接近官方的帕加诺，在与皮亚琴蒂尼合作的罗马世界博览会（EUR' 42）设计中做了妥协。该工程于1942年建于罗马郊外，像列托里亚、萨博迪亚、卡博尼亚和庞蒂尼亚(建于庞汀沼泽地)等法西斯新城一样，EUR' 42的永久性建筑物，如博物馆、纪念馆和宫殿等被墨索里尼指定为第三罗马的核心。即使帕加诺的智慧也无法阻止这种浓厚的意识形态使建筑沦落成为最平庸的新古典主义形式的杂烩。由圭里尼（Guerrini）、拉帕杜拉（La Padula）和罗马诺（Romano）设计的意大利文化宫，只不过是造型价值运动的最终堕落的表现而已。可以想象，这种空洞的、立方体加拱券的形式很难取悦于人，即便是德·基里科本人也很难满意。按照1931年墨索里尼的使罗马奥斯曼化的计划(即从古代废墟边上成批清除中世纪城市遗迹)的精神，皮亚琴蒂尼的EUR' 42规划，像理性主义等建筑流派一样，被夹在一种试图创造现代文明的后未来派的冲动与通过求助于罗马帝国的光辉来使这一文明合法化的需要之间。这样，EUR' 42这一建筑群的主轴线就转向了第勒尼亚海岸，并且在一座纪念碑上刻下了这样的预言："第三罗马帝国将沿着圣河(台伯河)越过山丘到达海滨。"对于这项理性主义者置身其中的浮士德式的事业，莱昂纳多·贝内沃洛写道：

204　特拉尼，法肖大厦，科莫，1932—1936。主会议室。端部墙上由拉迪切设计的板面有一幅墨索里尼的像

205　佩尔西科与尼佐利，金质奖章堂，米兰第一届航空展览会，1934

帕加诺试图达成的妥协是站不住脚的：通过“理想的联系”回溯到罗马时代，建筑师们将只能得到一个结果，这就是新古典的适从主义；在布拉西尼（Brasini）的应用考古学与福西尼（Foschini）有分寸的简单化之间，在年轻的罗马人牵强附会的优雅和年轻的米兰人精心计算的节奏之间所存在的格调差别，在设计中似乎至关重要，到建成后却全然消失了。这种在德国、苏联和法国已经发生过的情况在这里也重演：这是 internationale des pompiers（消防员国际）。[4]

20世纪30年代中期笼罩着意大利的保守的建筑与政治气候，部分地为一名圣西门式的人物——阿德里亚诺·奥利韦蒂（Adriano Olivetti）——的雄心大志所弥补，他于1932年继承了其父著名的商业机械公司的经理职务。在1934年，阿德里亚诺开始显示出他对于用现代设计对工业事业做出贡献的关注，连续委托菲吉尼和波利尼在伊夫雷亚为奥利韦蒂企业设计整个系列的建筑，首先是1935年落成的行政中心，其后是1939—1942年的工人住宅和公共设施。1937年，他又把委托扩大到区域规划，召集菲吉尼、波利尼和BBPR（班菲、贝尔基奥索、皮里苏蒂与罗赫尔斯）为奥斯塔山谷拟定一个规划。

与此同时，一系列密切相关的设计不断从特拉尼工作室产生，包括他参加的1937年的利托里亚住宅（Casa Littoria）设计竞赛和1938年EUR’42会议厅建筑（EUR Congress Building），二者均是与卡塔内奥和林格利合作设计的。同期内，特拉尼创作出他一生中最形而上学的作品——但丁大厦（Danteum）［**图206**］。这是一幢在1938年设计的为墨索里尼所修建的穿越罗马古城帝国大道的纪念性装饰建筑。它包括安排得像迷宫一般的逐渐稀疏的矩形空间，象征了《神曲》中的地狱、炼狱和天堂等阶段，并且在许多方面是对EUR’42建筑的组成部分的抽象化。

特拉尼对“透明”建筑的沉醉——这是未来派把街道伸入建筑内的纲领的升华——首次在他的法肖大厦中出现，而后，作为一个持久的趋向贯

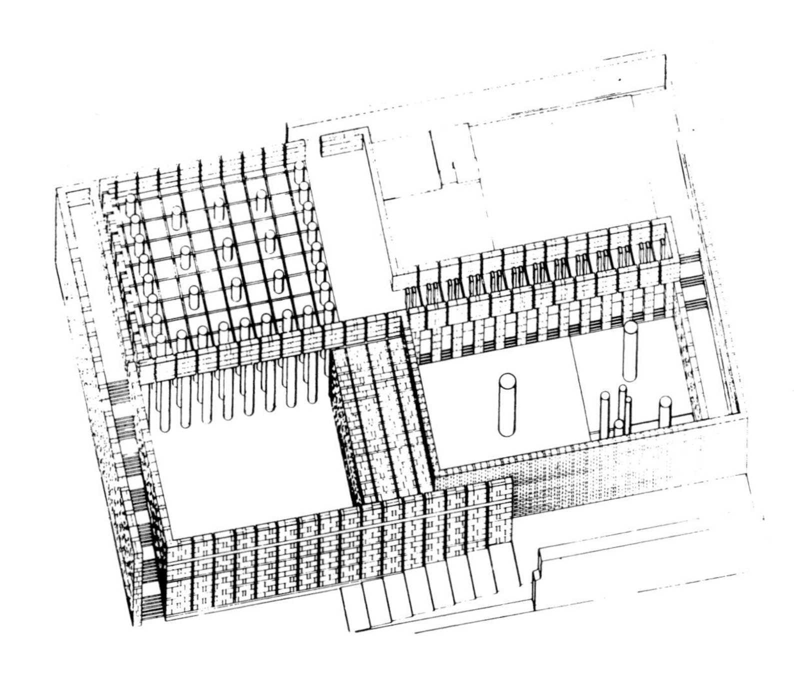

206　特拉尼，但丁大厦，罗马，1938

穿于他全部的公共建筑作品之中，见之于从1934年建于艾契尔山口的萨尔法蒂纪念碑到EUR'42会议厅的最终设计。除了在但丁大厦中的“天堂”部分采用了33根玻璃柱和玻璃天棚而达到了极端的透明性之外，特拉尼还通过两种基本手法实现了一种构思上的透明性，这两种手法被巧妙地融合在1936—1937年设计的米兰七层公寓，即鲁斯蒂奇公寓（Casa Rustici）之中。这些手法就是：(1)双重性的运用，遵照他1931年在科莫设计的战争纪念碑的形式，通常包括两个相互平行的直线形物体及其缝隙空间；(2)正面互相平行的直线所形成的空隙或物体，像从某一给定的视点逐步后退的图像平面，例如，鲁斯蒂奇公寓中的架空露台和天桥等，或者利托里亚公寓的玻璃板式楼，其后缩空间层用于地面层的服务设施和会议厅，等等。

238

这种交替地用与不用的平行空间所构成的正立面处理手法，在EUR'42方案中以不对称旋转的方式，和在特拉尼的晚期作品中以一种精简的形式出现，如1940年在科莫完成的四层的朱利亚尼·弗里杰里奥公寓（Giuliani Frigerio Apartments）。像在法肖大厦中一样，该设计的意图似乎是要强调主、次立面的直角排列以改变棱柱体的方位。类似的旋转“立方体”构图曾经在特拉尼早期的别墅作品中出现过。同样的建筑形式为卡塔内奥在他于1938年建于切尔诺比奥的公寓中采用。

这一系列工程中的最后一项(特拉尼没有参与)是科莫的法西斯联合工会大厦（Trades Union Building）［**图207**］。该建筑于1938—1943年建在紧邻法肖大厦的一块场地上，它是由特拉尼的得意门生卡塔内奥与林格利、奥古斯托·玛尼亚尼（Augusto Magnagni）、L. 奥里戈尼（L. Origoni）和马里奥·特拉尼（Mario Terragni）等合作设计的。这幢直角相交的梁柱结构在一个方向组成帕拉迪奥式ABABABABA的网格，在另一个方向则组成规则的但在中部用切分节奏的模数制网格，在许多方面它最集中地体现了科莫理性主义者所倡导的构图与类型学主题，以致人们甚至可以断言这幢建筑是意大利趋势派（Italian Tendenza）在近十年中创作的所谓“自主建筑”——见乔治·格拉西于1974年与蒙尼斯特里奥里、康蒂和瓜佐尼合作设计的基耶蒂学生宿舍——的启示者。这幢联合工会大厦包括两个为庭院分隔开的五层板式建筑，庭院中架空设置了一个两层的附属建筑，包括一个入口台座、一个秘书处和一个500座讲堂。

239

这幢建筑于1943年落成，与特拉尼和卡塔内奥两人过早的并至今仍带有点神秘色彩的去世时间一致。虽然他们的过世使该建筑运动骤然中断，然而他们的作品却证明他们努力实现一个组织合理和在文化上无阶级的社会理想。事实上，这个理想在他们的建筑——而不是在社会——的透明逻辑中得到了体现。对此，西尔维亚·达内西（Sylvia Danesi）于1977年这样描述了这两个人：

二者都怀有一种对中产阶级的指导作用及其作为社会支点而在行政功能上的组织能力的完全信赖。他们未能感觉到一场危机正在席卷自己的一代。他们认为他们也归属的这个阶级有能力完成社会其他阶层托付的任务。他们未能理解地方工业中产阶级正在逐渐地失去地盘，让位于在1929年大危机（银行国有化、产业风险保险的建立等等）基础上形成的新国家资产阶级这支强大的力量，这一阶级至今仍在支配着我们：这是一个与大资本财团的利益十分融洽并与极权统治泰然相处的阶级。[5]

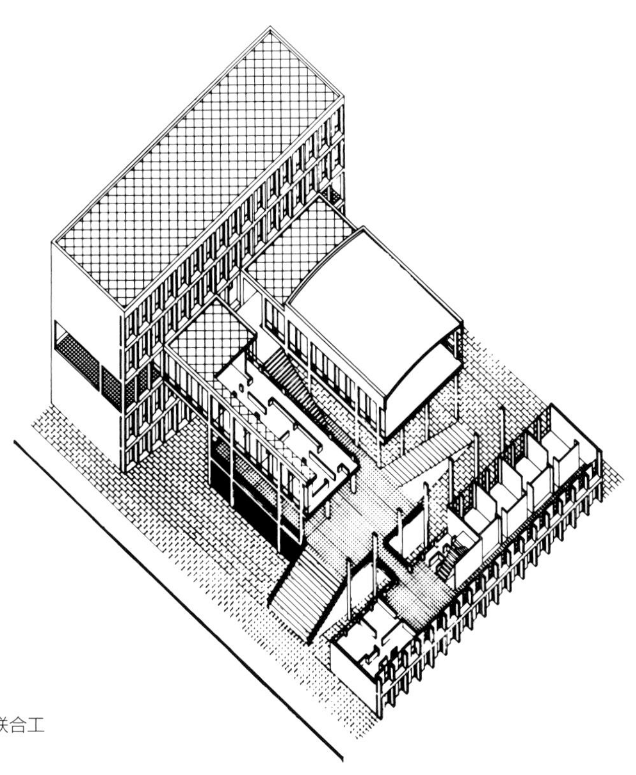

207　卡塔内奥、林格利、玛尼亚尼、奥里戈尼与特拉尼，联合工会大厦，科莫，1938—1943。剖面的轴测图

第26章

建筑与国家：意识形态及其表现 1914—1943

道路出现了转弯，并不知不觉地上了坡。转瞬之间，右边地平线上升起了一群塔楼和穹顶，在阳光照射下显出粉红和奶油的颜色，在蓝天的衬托下手舞足蹈，新鲜的犹如一杯牛奶，伟大的犹如古罗马城。近在眼前，出现了一条白色的拱。

汽车离开了主干道，擦过了巨大纪念碑的低矮的红色基座，突然停止。旅行者呼出了一口气。在他眼前，缓慢地上坡，是一条视野无际的碎石路，就像透过一副缩小镜，可以看到在其尽端屹立在一片绿树顶上的是闪闪发光的政府宝座：第八个德里。高地上有四个广场——圆穹、塔楼、圆穹、塔楼、圆穹、塔楼，红色的、粉红的、奶油的、刷白的、金色的，都在朝阳下闪烁。[1]

——罗伯特·拜伦（Robert Byron）

"新德里"，《建筑评论》，1931年

把各种形式还原为抽象的现代主义倾向，在代表国家权力和意识形态方面是一种不能令人满意的手法。这种肖像意义上的不足，在很大程度上说明了历史主义在20世纪后半期的复兴。这一点要归功于亨利-罗素·希区柯克，因为作为一名历史学家，他早已感到有必要承认传统痕迹的顽强性。然而，他在1929年创造的、意在指出先锋派作品中某种保守倾向的语汇"新传统"（The New Tradition），却未能经得起时间的考验。他赋予这种传统的属性和历史都过于笼统，以致未能获得普遍的接受。但是无论如何，处理这一表述(或缺乏表述)的问题的需要却与日俱增，丝毫未能减退，同时，从最广义的角度来讲，社会现实主义的文化窘境也不再能被排除在我们的批判研究范围之外。总的说来，"新传统"这一词汇可以视为抽象形式在交流功能上失败的证明。面临这一局面，正如希区柯克在1958年指出的，"历史学家们必须试图对斯德哥尔摩市政厅或伍尔沃思大厦（Woolworth Building）之类的事物做出某种解释"。

在现代运动主流之外的新传统，渊源是1900—1914年间的一种自觉的"现代化"历史风格。首先，国家机构的一般风格——也就是19世纪晚期经常摇摆于新哥特式与新巴洛克式之间的公共建筑模式——开始失去其确切的定义。尤其是在英、德两国，它堕落为一种折中主义的夸张，显示了一种在体现令人信服的建筑表现中的无能。与此同时，欧洲古典主义的主流——美术学院派（Beaux-Arts），也在1900年巴黎博览会上走进了pompier（消防员）式的死胡同。例如，大展览宫尽管闪烁发光，但修辞夸张，显然不足以表述一个先进的工业化社会的进步意识，还有什么比大展览宫封闭的豪华石筑物内部的铁和玻璃室内装修更能象征一种压制性呢？随后，人们企图用取材于新艺术派（Art Nouveau）的弯曲蜿蜒的花饰主题，来使这种对石材形式千篇一律的嗜好重新获得活力，其结果是一些同样悲惨的案例，体现了一种带有浓厚象征主义色彩的僵化的古典主义，如布瓦洛的令勒·柯布西耶嗤之以鼻的巴黎路特西亚酒店（Hôtel Lutetia，1911）。

另一方面，在本质上反权力机构的盎格鲁－撒克逊的自由风格，或其在欧洲大陆上思想更为开放的继承者——即众所周知的新艺术派——至此也堕落为一种非常僵化的表现形式。尤其甚者，如亨利·凡·德·维尔德于1908年所理解的，正是这种总体艺术作品概念产生了一种把作品中的社会文化意义私人化的不幸后果。不论是拉斐尔前派回复到农业手工业经济的神话，还是新艺术派的城市华丽主义，都不能用来代表议会民主，或一个开放进步的社会意识形态的追求。即便是彼得·贝伦斯——1910年前后，他正在构思一种专门代表卡特尔垄断集团，即使不是现代工业国家（马克斯·韦伯称为Machtstaat的强力国家）的新规范风格——到了1914年制造联盟展览会的时候，他的创造力也开始丧失，并退回到他的联盟节日厅（Werkbund Festhalle）那充其量不过是新古典主义的安全壳中去。

拉格纳·奥斯伯格在1909—1923年建造的斯德哥尔摩市政厅的设计中，独特地采用了英国自由风格的原理来表述一个公共机构，从造型的角度说，它是成功的，但是这种独特的成就是因为它代表了一个传统的商业港，而不是一个工业国家。从这一点来说，它暗示了第三帝国的建筑政策，其中为了特殊的意识形态目的保留了某些传统风格。

第一次世界大战前夕出现了新传统的一些所谓“历史主义”的代表性的建筑作品，但就其总体构思而言，它们并不是由历史决定的。例如，卡斯·吉尔伯特（Cass Gilbert）于1913年设计的纽约伍尔沃思大厦的哥特式细部处理与它的强硬的组织及华丽的轮廓相比，只能说是偶然性的，后者预示了战后弗兰克·劳埃德·赖特与雷蒙·胡德（Raymond Hood）在摩天楼设计中的发展。

在欧洲，新传统的开创是更为自觉的，其标志是有些作品与当时已被接受的新巴洛克式的公共建筑风格自发地决裂，以神似而不是形似的手法回复到古罗马的庄重和清晰中——其典型例子为1913—1927年保罗·博纳茨（Paul Bonatz）的斯图加特火车站，以及埃德温·鲁琴斯于1912年受委托设计但直至1931年才最后成型的新德里。

乔治五世关于在当地一个土王宫或群众庆祝活动场地为自己的荣誉建立首都新德里的文告，至多不过是一个虚张声势的意识形态上的姿态，用以掩饰英国人在1911年把他们的印度首都从加尔各答移至德里的纯粹的私利目的。显然，英国人希望通过恢复莫卧儿王朝的豪华壮观——以王权的名义建在帝国心脏之处——来显示他们仍然能继续执行一项既欢迎土人统治又维持其殖民经济的矛盾政策。然而，由于国王进城时只是骑马而不是骑象，帝国之赫赫声誉丧失殆尽。为达到一种开明的妥协而采取的外交努力使传统规范变得面目全非，结果是国王在进入德里的大门时几乎无人理睬。新德里的建筑是这种脆弱的意识形态的实体化，这一点从1913—1918年的旷日持久的、为达到一种令人满意和信服的英－印风格所

208　鲁琴斯，总督府，新德里，1923—1931

242 做的努力中可以看出。重要的是，必须使鲁琴斯本人信服——当然，他最终断定，莫卧儿的法特普尔·锡克里（Fatehpur Sikri）古城是唯一可以被有效地纳入到人文主义传统中，并呈现出本土建筑风格的建筑。这种人文主义就是古典主义，是世纪之交在英国本土的建筑文化中匆忙地被重新肯定的，首先见之于诺曼·肖和鲁琴斯的作品，然后在更成熟的理论水平上，出现于乔弗里·斯科特（Geoffrey Scott）于1914年出版的《人文主义建筑学》一书中。

既要肯定人文主义标准，又要吸收消化一种强有力的华丽文化的需要，使鲁琴斯达到了一种前所未有的抽象的精确性和平衡度的高超水平。这一水平只有他在第一次世界大战后设计的建于伦敦、揭幕于1920年的烈士纪念塔（Cenotaph），和1924年为纪念索姆河战役中阵亡及失踪者而设计建造的蒂普瓦尔纪念拱门（见图30，p.56）能与之媲美。在新德里的总督府（建于1923—1931年）［**图208**］中，鲁琴斯超越了他曾设计过的乡村住宅中的那种最终变得疲软无力的历史主义，而是像赖特一样，提出了创造一种“边疆”文化的可能性，一种自称永不日落的人造帝国的文化。具有嘲讽意义的是，尽管他们建造了在本国历史上最具有纪念性的建筑群新德里，历史却只允许英国再统治15年。仅仅是总督府——虽然其室内装修几乎是家庭式的——就占有和凡尔赛宫一般大小的土地面积。

和凡尔赛宫一样，新德里在1912年的建成开创了一个新的建筑时期，其中建筑艺术又一次被利用于国家的事业——首先，用来代表那些在第一次世界大战的灾难中作为独立民主政权而出现的新国家；然后，用来纪念在1917—1933年以各种形式出现的“革命新千年”——先在苏联，接着是1922年的法西斯意大利，最终是第三帝国。更一般地讲，它被用来代表1929年股票市场灾难前后的垄断资本集团的复兴和显赫命运。

在这一时期中，官方建筑所提出的意识形态使命，以及从事设计的多数建筑师的古典主义（即使还不是美术学院派的）背景，使其整个发展隔绝于现代运动进步的期望之外，而在多数场合下，这种隔绝似乎是有意识的愿望。西伦（Sirén）为这个新独立的国家设计的于1926—1931年建在赫尔辛基的芬兰议会大厦［**图209**］，确立了新传统的

209　西伦，芬兰议会大厦，赫尔辛基，1926—1931。主层平面

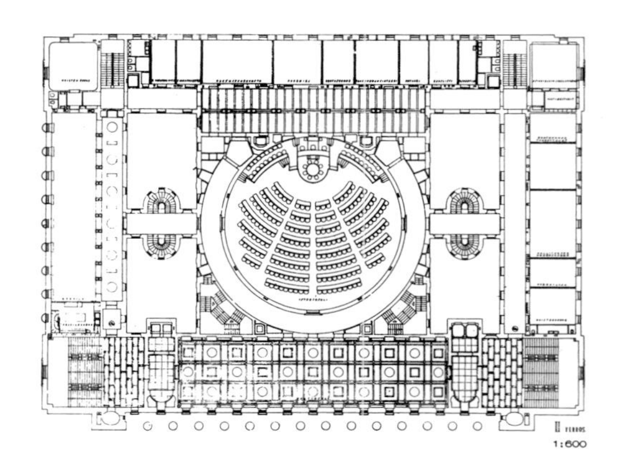

新－新古典主义标准（neo-Neo-Classical norm）。议会大厦精彩绝伦的平面布局直接取材于斯堪的纳维亚的新古典主义复兴，与1920—1928年阿斯普伦德的斯德哥尔摩公共图书馆有密切关系。然而，与阿斯普伦德相比，西伦的作品几乎是戏剧性的。他的浅设的周围柱列只不过是一座紧密组织的大厦表面的布景式的浮雕而已，对它那严格成比例的体型并无更多的影响。

现代运动和新传统之间的这种对立，到1927年国际联盟设计竞赛时完全公开化了。当时的评委会由美术学院派院士和新艺术派元老组成，包括了有约翰·伯内特（John Burnet）、查尔斯·勒马莱斯奎尔（Charles Lemaresquier）、卡洛斯·加托（Carlos Gato）等成员的一个阵营，和霍夫曼、维克多·霍尔塔和亨德里克·贝尔拉赫等组成的另一阵营。他们选出了27个方案，代表了这一时期的三种趋势。九项是美术学院派的，八项属于现代运动，其中包括赫赫有名的勒·柯布西耶和汉纳斯·迈耶的方案（分别见图108、114，p.174、p.143）；十项属新传统，包括路易－希波莱特·布瓦洛、保罗·博纳茨和马尔切洛·皮亚琴蒂尼的方案。最后，三名进入预选的美术学院派参赛者与代表新传统的朱塞佩·瓦戈（Giuseppe Vago）被委托进行最终设计，其方案与苏联社会主义的现实主义那种简化了的古典主义惊人地相似。

苏联1931—1938

现代运动与新传统之间的斗争在1931年苏维埃宫的设计竞赛中重演，这是苏联对国际联盟建筑竞赛的一次有意识的回应。这次竞赛对苏联建筑起了决定性的影响，因为它不仅从世界各地吸引来许多方案，包括勒·柯布西耶、佩雷、格罗皮乌斯、珀尔齐格与卢贝特金等人的，而且还在苏联内部刺激了大量的活动，不仅涉及许多个体建筑师，而且还从一些主要流派取得了竞赛方案，包括Asnova、OSA与Vopra等。

勒·柯布西耶的方案（见p.174）是他整个事业中最具构成主义特性的作品，这一点见之于礼堂所采用的暴露屋盖结构以及它的外表面的全透明性。虽有这些还原性要素的存在，方案中的象征主义却是显而易见的，如图书馆建筑尽端的讲台，它俯视着体积更大的礼堂演讲厅后部的国家（res publica）高台。其他方案中很少有像这样按照各组成部分的功能赋予其象征意义的手法。在这里，人们见到的作品在组织与形式上与四年前格罗皮乌斯为皮斯卡托设计的剧场同样具有教化色彩。但是，评委会认为勒·柯布西耶的方案“沉溺于对机器主义与美学化的过于夸张的迷信之中”。

许多苏联方案也是如此，它们往往只是一些技术修辞的大型练习，用来隐喻新的工业化社会主义国家。在这次竞赛中具有嘲讽意义的是，1932年4月为党中央正式采纳的社会现实主义的纪念性路线却未能在多数左翼流派，如普罗文化小组（Proletkult group）或全俄无产阶级建筑师协会的方案中体现，相反，这种社会现实主义风格却出现于波里斯·约芬入选的临时性方案中。其构成主义的礼堂被表现为一个半圆形的终端建筑，并限定于矩形的、古典式的庭院。在这一庭院的正中升起了一个立柱，上面是一座工人的塑像。这个塑像看来是有意识地参照了自由女神像，它举起的手臂放出了革命（不是自由的）的灯光。在1933年后，由约芬和院士格尔弗雷克（Gelfreikh）及V. 苏科（V. Shchuko）合作的方案越来越走向修

210　约芬，苏维埃宫方案，莫斯科，1934

辞化。到1934年，原方案中的两个礼堂被吸收在一个由列柱及尖顶雕塑组成的“婚礼蛋糕”之中，顶部是一个巨大的列宁像，顶高450米，向宇宙伸出了自己的巨手。三年后，虽然总的形式依旧，体量却减小了，列柱被重新组合成装饰艺术派的壁柱。

244

1932年以后，像A.V.休谢夫(他具有折中主义及民族浪漫主义风格的莫斯科喀山车站于1913年开工)这样的院士，在革命前就建立了声誉，以后的一个时期又销声匿迹了，这时又开始建造起一个接一个的“伪新古典主义”(pseudo-Neo-Classical)纪念碑。苏科于1938年设计的列宁国家图书馆是这种杂交风格的典型，它包括非对称体型、简化的壁柱以及无关紧要的古典传说的雕像等。在苏联，新传统的出现有几种因素：首先是Vopra对构成主义派知识分子提出了具有教条主义色彩、不容置疑的挑战，它提出只有无产阶级才能创造一种无产阶级文化；其次是那些恢复名誉的院士派，他们是当时建设计划在技术上不可缺少的人物，而他们对构成主义始终不予同情；最后是党的立场，它意识到人民群众没能接受现代建筑的抽象美学。1932年制定的党的社会现实主

211　全球展览会的海报，罗马（EUR），1942。表现了利贝拉的一个设计方案，拱从场址伸向未来

义路线在意识形态上的绝对适宜性，促使安纳托莱·卢那察尔斯基在次年发表了其观点。在这份为社会现实主义的过于详尽的辩护词中，他一方面承认希腊文化的遥远性，另一方面又坚持"这一文明与艺术的摇篮"仍然可以充当苏联建筑的模型。这种国家文化成为其后40年中始终一贯的政策，对它所取得的成就，也许再没有比贝特霍尔德·卢贝特金于1956年的评价更为公正。他写道：

尽管披上了来自杂货商的花饰服装，点缀了一些戏剧性的标注，再包上取自一个纪念碑石工样本的毫不相关的纸页，然而，某些(即使不是全部的)苏联建筑却仍然能够通过严格构思的布局、气派地使用开放空间以及令人屏息的尺度形成一批壮丽的、井井有条的组合群。对一个生活在画意式碎片（picturesque fragmentation）及"混杂发展"时代的西方建筑师来说，它们产生了一种令人难以忘怀的冲击。[2]

法西斯意大利　1931—1942

从墨索里尼1922年10月向罗马进军起，到1931年以政府为后台的建筑师联盟撤销了它对新成立的意大利理性建筑运动（MIAR）的支持，转而聚集在马尔切洛·皮亚琴蒂尼的领导之下，以便把敌对的流派协调组成一个单一意识形态的组织——意大利现代建筑师联盟——为止，现代主义和传统的类似冲突也出现在意大利法西斯运动的建筑思想之中。

战后的法西斯思想意识来自战前未来主义运动的两个不同方面：它对重新改组社会的革命性关注，以及它对战争的迷信和对机器的崇拜。两个方面都可以被有效地纳入法西斯的修辞学，但是战争及其后遗症产生了巨大的灾难——即使对未来主义亦是毁灭性的。而"机器文化"的概念，不但在民众中，而且也在知识分子中，又突然遇到了很多的怀疑。

事实上，反对未来主义的文化反应在未来主义本身尚未充分出现之前就形成了。先是有本尼德托·克罗齐（Benedetto Croce）于1908—1917年的《精神的哲学》，其中他坚持艺术纯属形式的领域；然后有乔治·德·基里科的油画《时间之谜》(1912)，它描绘了一幅在日落时的拱形柱列——这种令人难忘的玄学形象似乎直接预示了意大利新传统的形式与情结。

在德·基里科与新世纪运动(Novecento movement)玄学派油画家以及那些虽承认现代性但不受其诱惑的人们的影响之下，米兰的建筑先锋队在乔瓦尼·穆齐奥的领导下开始重新阐释地中海的古典形式，以此作为对未来主义的机器崇拜的有意识的对照。这一运动的开篇之作——穆齐奥的卡布鲁塔公寓(1923年建于米兰莫斯科路上)，既是意大利理性主义派作品的起始点，又对皮亚琴蒂尼的海岸风格产生了影响，后者在他指导下于1932年开始设计的罗马大学中出现。穆齐奥于1931年写的对古典主义传统的辩护，表示了他意识到新传统的全球性超越了他自己风格中的皮拉内西表象。他把新世纪运动描绘为一种反未来主义的信念。他争辩说，过去的古典主义手法始终是适用的，并进而问道："通过那些虽有些踌躇，但已被广泛传播的征兆，难道我们不正在期待着一种在欧洲已广为人知的，即将来临的运动吗?"

212　德·基里科，《时间之谜》，1912

213　圭里尼、拉帕杜拉与罗马诺，意大利文明宫，EUR，1942

现代性与传统之间的冲突在意大利表现为一种特别微妙的形式，因为年轻的理性派和穆齐奥及皮亚琴蒂尼一样，也致力于对古典传统的重新阐释。但是MIAR的手法是极端知识分子化的，他们的严肃作品缺乏一种使人一目了然的肖像学(iconography)。法西斯政权发现未来主义不可能代表一种民族主义的意识，于是就在1931年转而支持一种简单化但却容易模仿的古典风格，最典型的是出现于1942年的倒霉的EUR［**图211**］。这是对一个新首都的一厢情愿的愿望，它位于"永久的城市"的外围，和新德里一样地具有乌托邦的色彩和保守性。它要求一种与社会现实完全脱离的纪念性。德·基里科的《时间之谜》［**图212**］几乎被原封不动地移植到意大利文明宫［**图213**］，这是一座六层高的菱形建筑，填满了终结于场址主轴的拱券。

第三帝国 1929—1941

意大利对古典传统的两种阐释——理性主义与历史主义——的斗争在德国并不存在。在这里，随着国家社会党于1933年元月攫取政权，现代运动的理性主义路线立即消逝。现代建筑被否定为世界主义的和堕落的，只有高效率的工业生产和工厂福利需要一种功能主义手法时才例外，但是，对希特勒的“社会革命”应采用何种风格这一问题，却不能像意大利或苏联那样，通过公开的冲突归结于某种放之四海而皆准的单一风格。第三帝国微妙的意识形态政策排除了这种单一的解决方法。

247

在试图向公众把国家社会主义表现为体现德国命运的英雄的同时，纳粹党还希望能满足公众对提供心理安全的构筑的希望，并对一个已经遭受工业化战争、通货膨胀和政治骚乱之苦，使传统社会分崩离析的世界提供某种补偿。这种初始阶段中的风格二重性，以一种颠倒的形式反映了曾经渗透在现代运动历史中的意识形态分歧——皮金曾在19世纪30年代把这种分裂看作存在于工业生产中功利主义的、普适性的标准（在新古典主义形式中得到神化），和基本上是属于基督教的、回复到农业手工业经济的价值观之间的对立。对于前者，纳粹党只需转向表达黑格尔哲学和申克尔建筑中的极权国家的开明普鲁士文化即可；而对于后者，他们可以回复到德国有关民众（Volk）的神话，也就是普鲁士爱国者F. L. 雅恩（F. L. Jahn）在1806年首先提出的反西方迷信。

国家社会党对雅恩的哲学的更新见于理查德·沃特·达雷（Richard Walter Darré）1929年出版的《农民作为北欧种族的生命起源》，其中首次提出了一种“血和土壤”的文化，鼓吹回复到土地

214 “透过欢乐的力量”运动海报，1936。大众牌汽车是雷依发起的运动的一个组成部分

215 林普尔，海恩克尔工人住宅（上）与工厂，奥拉宁堡，1936

去。达雷开始时是一名农艺师，后来却扮演了发展国家社会主义的反城市的、种族主义的思想意识的重要角色，虽然他的观点从未被纳粹的精英阶层全部接受，但仍然成为1933年以后在纳粹党赞助下建造的本土风格（Heimatstil）建筑或乡土住宅背后的理论基础。

在第三帝国内部，冲突的意识形态既然不能通过两极化的风格充分表现，就必然要产生其他模式。偏远的纳粹政治学校——奥尔登斯布尔根——被建成为一种类似中世纪的城堡形式，而罗伯特·雷依（Robert Ley）的“透过欢乐的力量”运动（Strength Through Joy）［**图214**］所建造的各种娱乐设施则要求有一种自己的逃避主义环境。对用于轻松娱乐的剧院、船舶和其他各种建筑，其室内装修无例外地采用一种大众化的、类似洛可可的装饰手法。这种风格上的分裂往往导致在同一项目的不同部分中以完全不同的手法进行处理，例如在赫伯特·林普尔（Herbert Rimpl）1936年设计的位于奥拉宁堡（Oranienburg）的海恩克尔工厂（Heinkel factory）［**图215**］中，其表现手法既有行政大楼的新古典主义柱廊，又有工人住宅的本土风格以及厂房本身的功能主义。

国家资助的住宅从魏玛共和国的立方形平屋顶突然转变为第三帝国的坡屋顶形式，这一点得到了建筑师保罗·舒尔茨－瑙姆堡的热情支持，尽管他自己手法一贯严谨，却长期以来一直反对功能主义建筑风格。舒尔茨－瑙姆堡早在20世纪20年代中期就抵制现代生活中的国际主义和机械主义的倾向，成为与海因里希·泰西诺共同创作一种刷白的、坡屋顶的本土风格的合作者。他的反理性主义的修辞学来自后期工艺美术运动对简单的、从属于大地的有机形式的关注，这种关注也为泰西诺、黑林和夏隆等人所采纳。然而，对舒尔茨－瑙姆堡而言，形式问题有着政治含义。为了反对魏玛共和国新客观派的建筑，他采取了右翼的（即使说还不是种族主义的）态度，这种态度可以很快被纳入纳粹党的反动思想意识之中。1930年，在舒尔茨－瑙姆堡最终参加阿尔弗雷德·罗森堡（Alfred Rosenberg）的文化战线——“为德意志文化战斗联盟”时，达雷已经通过他对工业城市化及农民经济的毁灭进行的抨击，清理了对现代文化发动总攻击的战场。对他来说，农业聚居点不仅是爱国主义的强大据点，而且是纯粹的北欧种族的理想生活环境。

舒尔茨－瑙姆堡在他1932年为战斗联盟写的《艺术问题上的斗争》一书中采取了类似的立场，他谴责那些丧失了家乡土地观念的大城市中的游牧民族。在另一处，他几乎引述了达雷的话，赞扬深深地扎根于土壤中的坡屋顶的德国住宅，将其与失去根底的人们的平屋顶建筑相对照。早在1926年他就发表了这种观点。他写道，平屋顶“一看便知是别种文化的产儿”——把斯图加特的魏森霍夫住宅展览会的照片与一个阿拉伯村庄讽刺性地组合成蒙太奇，并加上贝都因人与骆驼的做法，可能就是受到这一评语的启发。舒尔茨－瑙姆堡的种族歧视偏见在他的《艺术与种族》（1928）一书中暴露无遗，其中他企图证明德国文化的“堕落”有生物学的根源。在他第二本理论著作《德国住宅的面孔》（1929）中，他写道：

（德国的住宅）给人一种从土壤中生长出来的感觉，如同其自然产品一样，它就像一棵深深地扎根在土中并与土壤形成联合体的树一样。就是这种感觉使我理解了家庭（Heimat），理解了血和土（Erden）的联系。对某一类人来说，这就是他们生存的条件和存在的意义。[3]

不论它如何适用于成批建造的住宅，一种“血与土”的本土风格很难代表千年帝国的神话，为此，纳粹党利用了吉利（Gilly）、朗汉斯（Langhans）与申克尔的古典主义遗产。保罗·路德维希·特罗斯特（Paul Ludwig Troost）与阿尔贝特·施佩尔（Albert Speer）相继成为1933年至20世纪40年代希特勒的私人建筑师，他们有效地把一种简化了的申克尔式传统版本确立为国家的代表风格。从特罗斯特把慕尼黑打扮成“党的首都”，到施佩尔在纳粹党鼎盛时期的布景式作品——供1937年纽伦堡集会用的齐柏林广场体育场，以及翌年建成的柏林新总理府，占统治地位的都是这种斯巴达式的古典主义。

249

比较从特罗斯特的托斯坎（Tuscan）柱式的僵硬版本，到施佩尔对光滑或刻槽方柱的偏爱这一转变过程，以千周年的纪念名义对申克尔对称美的有意识削弱还只能算是个微小的演变。只有当这些巨大的布景式作品被用于群众的大型集会时才产生了对浪漫古典主义的净化，并以极端的精确度实现。为了体现豪华壮丽的风格，施佩尔自

216　克莱斯，一座战争纪念塔的方案，库特诺，1942

217　世界博览会，巴黎，1937。施佩尔表现的第三帝国（远左）与约芬的苏联馆（远右）遥遥相对

己首先在他自称的“冰制大教堂”中专门为1935年柏林举行的滕珀尔霍夫（Tempelhof）集会设计了由旗杆和探照灯组成的假柱。在戈培尔的指示下，这种露天剧场成了灌输纳粹意识的场地，不仅在此地，而且还遍布整个帝国——“作为艺术作品的国家”第一次可以输入到无线电和电影这些群众宣传介质中去。莱尼·里芬施塔尔（Leni Riefenstahl）关于1934年纽伦堡集会的纪录片《意志的胜利》，第一次使施佩尔的临时布景式建筑成为电影宣传的一种服务手段。为此，施佩尔对纽伦堡的广场的设计同时受建筑准则和电影角度所左右。这种利用电影的建筑设计，与施佩尔坚持使用承重砖石结构以保证齐柏林广场体育场将来能够成为一个伟大的废墟的想法截然相反。这种独特的“废墟法则”不允许采用任何金属配件，这是对启蒙运动的一种怀旧性的参照(例如，他想的是皮拉内西的帕埃斯图姆雕刻)；同样，威廉·克莱斯坚持以新古典主义表达德国土地的精神，即民众对家庭（Heimat）的崇拜也出之于此。

国家社会主义者关于新传统的看法不可能摆脱“公众空间”沦为群众性狂欢的场所的命运，它使所有现实关系都服从于电影的幻象，或在露天圆场（Thingplätze）上举行的戏剧性仪式。露天圆场于1934年以后建造，用以举行自然崇拜仪式或日耳曼式庆祝典礼。浪漫古典主义的语言被剥夺了它的启蒙性的形象和信仰，从而沦为布景术。值得注意的例外，是维尔纳·马尔希（Werner March）1936年的奥林匹克体育场和博纳茨同期的高速公路桥。新传统已堕落为无意义的好大喜功，它终结于克莱斯设计的构思杰出的、布莱式的亡灵城堡（Totenburgen）[**图216**]，这种“死亡堡垒”在1941年以后普遍地——只要时间许可——建造于东欧各地，使废墟的遗迹得以永久化。

美国现代主义风格　1923—1932

在20世纪30年代，简化了的古典主义风格成为新传统中占统治地位的一种情趣，只要当权者希望把自己表达为一种积极和进步的形象时，它就会出现。正如施佩尔观察到的，1937年巴黎世界博览会上的苏联馆所使用的类似古典主义的语法，几乎与施佩尔为博览会设计的德国馆的手法雷同[**图217**]。施佩尔发现，这种纪念性的新古典主义情趣不仅限于极权国家，也可见于巴黎，如J. C. 东代尔（J. C. Dondel）的现代美术馆（Muséed' Art Moderne）及奥古斯特·佩雷的公共工程博物馆（Musée des Travaux Publics）中，两者都建于1937年。它还出现在美国，并逐步从美术学院派的新古典主义演变成为自1893年的世界哥伦布博览会到第一次世界大战期间美国的“官方”风格。从华盛顿的新古典主义风格，诸如亨利·培根（Henry Bacon）于1917年设计的林肯纪念堂（Lincoln Memorial），人们可以看到当时联邦政府还过于保守，不能成为新传统的主顾；而各所大学在世纪转换之后还或多或少地致力于抄袭哥特式风格，因此唯一能资助一种较有探险性的折中主义的主顾似乎是铁路企业家。这一点可见之于第一次世界大战前10年内建造的折中的浪漫主义的纽约车站——沃伦与韦特莫尔（Warren and Wetmore）的中央火车站（Grand Central Station，1903—1913），麦金、米德与怀特（McKim，Mead and White）的宾夕法尼亚州车站(1906—1910)以及菲海默与瓦格纳（Feilheimer & Wagner）1929年的现代式的辛辛那提联合车站。

现代式表现的另一主顾当然是高层写字楼的开发商，从1913年卡斯·吉尔伯特的伍尔沃思大厦开始，凡是摩天楼，都倾向于采用哥特式风格。这种倾向经过1922年《芝加哥论坛报》总部设计竞赛变得更为明显。又一次，国际竞赛的获奖设计似乎已经决定了一种主导风格的形成，埃利尔·萨里宁的第二名获奖作品对雷蒙·胡德随后的职业生涯产生了重要的影响，与胡德和豪威尔（Hood and Howell）自己的获奖设计一样重要。这一点可见之于胡德对“摩天楼风格”的发展——从他1924年的黑色与金色的美国散热器大楼（American Radiator Building），到1930年为纽约洛克菲勒中心所做的早期草图。正如雅克·格雷勃尔（Jacques Greber）在1920年指出的，“简化的哥特式”使建筑师可以“用一些显著的肋条来解决大量窗户的问题，并突出建筑物的垂直性，加强塔楼给人的深刻印象”。

在美国，装饰艺术派或现代主义风格的综合，其根源既来自现代运动的主流，又来自世纪转换期的历史主义，更重要的，它与德国表现主义［珀尔齐格、霍杰尔（Höger）等］有紧密关系，见之于麦肯齐、沃里斯、格梅林与沃克（McKenzie, Voorhees, Gmelin and Walker）事务所的纽约作品，从他们最早设计于1923年的巴克雷－维西大厦，到1928年的西部联盟大厦。然而，这种高度综合的风格不可能归属于某个单一来源，它的需要似乎自发地产生于一种对民主与资本主义在新世界获胜的庆贺。从美国的角度来说，第一次世界大战令人满意地结束了；美国已经成为一个债主国，20世纪20年代的繁荣也即将来临。用什么样的风格来表现这种对“进步”的热诚呢？肯定不能用日薄西山的欧洲强国的历史主义风格，也不可能采用新欧洲的先锋派模式。它的来源，正如福里斯特·F. 李塞尔（Forrest F. Lisle）在1933年评论芝加哥的进步世纪博览会时所说的，必须更为开放、更为折中。

1925年的巴黎博览会、弗兰克·劳埃德·赖特、立体主义、机器道德、玛雅形式、普埃布洛模式、杜多克、维也纳分离派、现代室内装修、分区规范的收分（set back）——这些大量的又相互很少联系的根源，都可见之于美国现代风格之中。它开始向人们提示了一种周边为包容式（perimeter）的松散、宽广、内涵和不那么强烈也不那么挑剔的、因而是民主的现代运动，在此地此时，它

218　范艾伦，克莱斯勒大厦，纽约，1928—1930。夹在RCA维克多（现在是通用电气）大厦（克罗斯与克罗斯设计）及沃尔多夫－阿斯托里亚酒店（舒尔茨与维弗尔设计）之间，后二者建于1930—1931

219　莱因哈特与霍夫迈斯特，科比特·哈里森与麦克默里，胡德与富尤，洛克菲勒中心，纽约，主要建于1932—1939年。中间最高楼为RCA大厦，下右为无线电城音乐厅。在RCA大厦与第五大街（底）之间为下沉式花园和普罗米修斯雕塑，两个带屋顶花园的较低建筑夹住一条有喷泉的步行道

与冲刺式（thrust）的无个性、还原、外在和更为理想主义和道德主义的欧洲先锋派截然相反。[4]

现代主义风格后面隐藏着的某些意图可从它的使用方式中推测。除了家庭室内设计等外，它主要用于写字楼、市内公寓建筑、旅馆、银行、百货商店和现代宣传介质，如报业、出版业、电信业等世俗性的领域［**图218**］。它完全是一种城市风格，而现代建筑师的郊区作品，如埃利－雅克·卡恩（Ely-Jacques Kahn）和雷蒙·胡德的私人住宅和乡村俱乐部等，通常采用英国自由风格的某些变种，并偶尔以殖民时期的柱廊加以调和。事实上，和极权国家中“党的路线”所规定的差不多，这里也存在着一种风格适宜性：写字楼是一种风格，郊区别墅是另一种，大学校园则又是一种，后者多数逃不脱拉尔夫·亚当斯·克拉姆（Ralph Adams Cram）的中世纪手法。

然而，现代主义风格与时代的思想及历史结构相结合的精确方式，最完美地表现在纽约洛克菲勒中心这一案例中。起初，它不过是大歌剧院所希望的在一块新地方建造一座新厅堂的房地产开发项目。它正好是在大衰退中期作为一项风险投机而完成的，歌剧院被令人瞩目地取消了，而代之以正在蓬勃发展的通信企业——美国无线电公司和它的子公司NBC及RKO作为它的主要赞助商。因此，代替原来由B. W. 莫里斯（B. W. Morris）1928年设计的、坐落在“美丽城市”广场前面的装饰艺术派风格的歌剧院，是一座在意识形态和建筑艺术上经过重新阐释的无线电城——一个“城中之城”。洛克菲勒中心的管理者十分清  楚在大衰退中期搞这样巨大的开发所存在的经济威胁，因而必须旗帜鲜明地以为公共福利做贡献的形象出现。为此，他们怂恿主要的主顾们委托杂耍戏和无线电界的要人和经理人罗克西（Roxy，即S. L. 罗塔菲尔——S. L. Rothafel）与建筑师合作，建造了有6200个座位的无线电城音乐厅，可以向公众提供电影加杂耍表演的混合节目，以及名为中央剧院的3500座的豪华电影院。这座迎合大众口味的无线电城——在经济危机时期建造的幻想与消遣之城（罗克西的口号是：“访问无线电城一次，赛过去乡村度假一个月”）——在1936年又进一步强化了其大众娱乐性，当时地下广场的商店亏损，就代之以一个露天溜冰场，两边配上餐馆。

应该归功于胡德的是，作为三家事务所——

莱因哈特与霍夫迈斯特（Reinhard & Hofmeister），科比特·哈里森与麦克默里（Corbett Harrison & Macmurray）以及胡德与富尤（Hood & Fouilhoux）——的首席设计师，他不仅有能力控制总体结构及细节，还能控制相当一部分的建设纲领。例如，是他第一个建议设置屋顶花园。在他的监督下，洛克菲勒中心［**图219**］最终扩大为八个街区和14幢建筑，其代表核心是70层的RCA板式建筑和广场以及无线电城音乐厅——都在18个月内建成，赶在1932年年终开幕。

罗克西策划的火箭队舞蹈表演加一场电影的公式，就其文化性质而言，与整个中心的艺术纲领一样具有临时及过渡的特性。在这里，一个艺术品紧接另一个，不论是雕塑还是壁画，其主题材料都是光、声、无线电、电视、航空，总体代表了进步，最终是两个竖立在整个组织中轴上的主要立体布景。这就是保罗·曼希普（Paul Manship）的镀金的普罗米修斯像，四周是十二宫图，俯视着地下广场；以及迭戈·里韦拉（Diego Rivera）的设在RCA建筑入口大厅的命运不佳的壁画：《人在十字路口》，在它那表达明确的革命

220 费里斯，“商务中心”，1927，载录于《明日之大城市》（1929）

图像中甚至还包括了列宁的形象，其结果是把他的主顾置于一种很难应对的公共境地，出于政治考虑，他们别无他法，只能把这幅画拿走。这种在新政时期由一名垄断资本家有意识地委托一名共产党艺术家创作一件象征性作品的极端矛盾的姿态，在半世纪后的今天看来，和休·费里斯（Hugh Ferriss）在1929年出版的《明日之大城市》［**图220**］中所预言的曼哈顿将转变为无尽无际的摩天祭坛的幻象一样，显得遥远和虚假。这本书记录了当时已经建成或正在建设中的摩天楼，预见到了洛克菲勒中心的范例，它是一种科幻小说式的、布景式的、戏剧性的塔楼幻景：一个出自对娱乐的需求、考虑到地价及1916年纽约市分区规范中收分规定的新巴比伦。

新的纪念性：1943年

除了苏联之外，罗斯福的新政和第二次世界大战使新传统突然结束，但在此之前，像J.J.P.奥德这样的建筑师已经受到了它的影响（例如1938年建于海牙的壳牌石油公司大厦）。战后西方的总体思想氛围对任何纪念性都是敌对的。国际联盟声誉扫地，英国允许印度独立，那些把新传统用作国策工具的政权已被视为邪门歪道。更有甚者，那些不那么永久的、更为廉价、更为灵活以及更有渗透性的意识形态代表模式，不久就被人们发现比建筑艺术要有效得多。正如第三帝国在宣传中利用了无线电和电影，以及大衰退时期RCA和好莱坞成批生产的大众化产品所预示的那样，第二次世界大战以后的政府越来越注意宣传介质的内容和影响，其程度远超过建造形式。于是，前者日益变得夸张与强烈，而后者则越来越抽象，

并缺少图像内容。1956年以后在第六街以西扩建的洛克菲勒中心，包括时代公司、埃克森公司和麦格劳尔－希尔出版公司等建筑的高度抽象的特征证实了这种以简化繁的进程。

1939年发生的现代主义新传统的销蚀，其理由并不都是意识形态的。至少还有一点就是，在建造像威廉·范艾伦（William van Alen）的纽约克莱斯勒大厦（Chrysler Building，1930）这样杰出的结构所需要的高度熟练的工匠手艺，在战争中已消失殆尽。此外，从希区柯克与约翰逊1932年的"现代建筑"展览之后到1945年新政达到高峰的这一时期内，美国企业界拥抱现代运动的热情与日俱增。建筑中的功能主义路线实际上已成为主流，见之于莱斯卡兹（Lescaze）、诺伊特拉（Neutra）、鲍曼兄弟（Bowman brothers）等的作品。

具有嘲讽意义的是，在新传统死亡、现代运动获胜的时刻，在运动的核心力量中却出现了一种赞成纪念性的反作用力。在吉迪昂1938—1939年在哈佛大学的诺顿（Charles Eliot Norton）讲座（后于1941年以《空间、时间与建筑》为书名出版）后仅仅五年，就出现了他与费尔南德·莱热（Fernand Léger）和何塞·路易·塞特（José Luis Sert）合写的有争议的《纪念性九要点》，其中最重要的几条是：

(1)纪念物是人造的里程碑，人们创造它们作为自己思想、目标和行动的象征，使它们超越自己的时代，而成为传给后者的遗产。因之，它们成为过去和未来之间的纽带。

(2)纪念物是人类最高文化需求的表现，它们必须能满足人把自己的集合力量转化为象征物的永久需要。最有生命力的纪念物是那些最能表现这种集合力量——人民——的感受与思想的产品。

(4)近几百年来，纪念性业已贬值。这并不是说我们缺乏能够达到上述目的的正式的纪念物或建筑实例，而是说近期的纪念物都已成为空洞的壳体，只有少数例外。它们根本代表不了现代精神和共同的感情。

(6)新的一步就在眼前。战后许多国家出现的经济结构的变化，将给它们同时带来城市社团生活的组织化，迄今为止，这一点实际上被人们忽视了。

(7)人民要求有能够代表他们的社会和社团生活的建筑，而不仅是提供功能上的满足。[5]

这份表述立场的论文——注定将成为1952年CIAM VIII的主题——提出了一种对表现问题的非常挑剔的态度，在今天同样有效。首先它承认，不论是新传统的纪念性，抑或是现代运动的功能主义，都不能代表人民的集体愿望。其次，它包含了这样的意思——虽未明确指出——只有在"郡县"或市一级的层次上，一种真正的集合性才能恰当地表现其价值观和历史延续性，而大型集权化或实行威权统治的国家不可能真正代表人民的希望和愿望。从1943年以后，表现问题——也是建筑意义中的基本问题——多次重新出现，却不断受到压制和否定，再不然就是采取逃避主义态度，退缩到消费者经济的广告和宣传介质所自称是自发性和大众化的意义中去。照曼弗雷多·塔富里于1973年《建筑学与乌托邦、设计及资本主义发展》中的说法："建筑实践已沦入沉默，甚至是名誉扫地，仅仅是因为它被剥夺了在一个它应当有资格发言的主题上——社会的命运——的权利。不幸的是，那些本来可以使这种特殊的有意义的形式重新活跃起来的政治机制，却和建筑文化一样脆弱无力。"

第27章

勒·柯布西耶与乡土风格的纪念性化 1930—1960

这幢由当地承包商建造的结构物，采用钢筋混凝土楼板和石砌的清水承重墙。尽管它用的是普通的砌体结构，但我们平时用在住宅建筑中的一些通常的构思都在这里重新出现。也就是说，把支撑楼板的承重墙和填充的玻璃隔断完全予以区别。

整个构图原则是由景观决定的。这幢住宅矗立在小山岬上，俯览土伦市后面的平原，背靠着壮丽的山脉。场地提供了开阔的景观视野，这种出人意料的自然景色因为主要房间用墙隔开而被阻挡，所以只有经过一扇通向阳台的门后，它才能豁然出现在你的面前。从一座通向地面的小楼梯向下，就可以看到一座由里普西兹（Lipschitz）创作的大型石像矗立地上，它终端的 palmette（棕榈树枝）被衬托在山岭上空的蓝色天空之前。[1]

——勒·柯布西耶
《全集，1929—1934》，1935年

早在20世纪20年代后期，勒·柯布西耶和皮埃尔·让纳雷就使他们设计的住宅建筑与自然环境发生强有力的联系，但在此之前，他们还从来没有在纪念性的尺度上考虑过这种联系。当他们于1931年为海伦·德·芒德罗设计土伦市郊外的假日住宅，以及1930年为智利某一远郊场址设计伊苏拉住宅时，他们开始构思把自己的作品延伸到尺度巨大的景观中去。这种转向地形敏感性的微妙变化与他们似乎是自发性地接受“乡土”结构作为表现模式的做法形成对照。虽然他们过去也用过承重横墙，但从来没有探索过利用粗石砌体的表现品质。

这种与纯粹主义美学教条的决裂出现在勒·柯布西耶一生中的构思转折点，也就是说，他开始放弃那个机器时代的文明必然会产生良好结果的信念。从此以后，由于他对工业现实的失望以及他日益受到的来自画家费尔南德·莱热的野性主义影响，他的风格开始同时走向两个相反的方向。一方面，至少是在住宅设计中，他回复到乡土的语言；另一方面，正如他1929年为保罗·奥特莱特的“世界城市”所做的方案，他拥抱了古典主义的纪念性的富丽堂皇。

然而，如果我们把这种分裂视为“建筑物”与“建筑学”之间在表现模式上的简单区别，就未免是把当时的实践过分简单化了。因为，尽管存在着“内心的疑虑”，勒·柯布西耶不仅没有完全抛弃机器美学（我们可以从1930年—1933年间他的幕墙结构作品中看出），而且他的一些作品如德·贝斯特居小屋(de Beistegui Penthouse)中还出人意料地表露了他想象力中超现实主义的一面。这一梦境般的习作——使人想起阿道夫·洛斯1926年设计的特里斯坦·扎拉住宅的室内装修——以不止一个层次表现了它的"美学"分裂症。它一方面强调在家庭生活层次上使实物具有奇异性(日光浴室中的草地看来像是一张有生命的地毯),另一方面又引起了某种似乎不可能发生的城市(地形)联想,例如在日光浴室中的假火炉与凯旋门之间存在某种同构的类似性,并把火炉设置在外界墙的人造地平线上。这种超现实主义的敏感性在勒·柯布西耶回复到乡土风格的整个时期,从1931年的德·芒德罗住宅到20世纪50年代中期的朗香教堂,都潜伏在他的作品中。

在朗香之前的许多"乡土"作品中,场址的偏远本身成为建筑模式的合理根据。一个极端的案例是在波尔多附近马特斯的非常廉价的住宅(1935),它施工所依据的图纸是在建筑师根本没去现场的情况下做出的。勒·柯布西耶写道:

> 因不可对施工进行现场监督而不得不雇用当地一家小承包商,这一现实对平面构思也起了作用。整个住宅分为三个相继而又截然分开的阶段:
>
> (a)一次完成砌筑工程;
>
> (b)一次完成木作工程;
>
> (c)细木工,包括门、窗、百叶、壁柜等,都按照一个标准和一个统一的构造原理设计,分别组合,多样贴面,包括玻璃、胶合板及石棉水泥。[2]

这种以有限资源为根据的论点同样可在伊苏拉住宅和德·芒德罗住宅适用,但很难适用于1935年在巴黎市郊建造的周末住宅中。在这里,

221 勒·柯布西耶与让纳雷,周末住宅,巴黎,1935

乡土风格因其材料的表现力以及它比纯粹主义风格的抽象性和还原性更为丰富的能力而被有意识地采用。勒·柯布西耶写道：

设计这样一幢住宅需要特别小心，因为唯一的建筑手段就是构造要素。建筑主题围绕一个典型开间确立，其影响一直扩展到花园里的小亭。在这里，人们可以看到裸露的石筑墙，外表面是自然的，内表面是刷白的，木墙和木天棚，一座用粗砖砌筑的烟囱，瓷砖地面，加上内华达玻璃砖砌筑的墙和一张西波利诺大理石的桌子。[3]

257

一句话，和在土伦与马特斯一样，人们体验到一种表现主义的杂烩。从此以后，把各种对比性强的材料叠合起来的手法成为勒·柯布西耶风格中的一个基本方面，不仅是作为表现主义的“调色板”，还涉及建筑物的意义。

这种向自然材料和原始方法的转移，其后果远远超过了单纯的技术或表面风格的变化。首先，它意味着放弃了20世纪20年代后期的别墅中所采用的古典主义式的围护结构，转而倾向于以一种单一的建筑要素作为表现力量的建筑艺术，不论这一要素是由横墙支撑的单坡屋面或筒拱式的正厅。前者出现于1940年为安置难民而设计的穆龙亭住舍的夯土墙和稻草顶(在马特斯住宅中已有预示)，而后者则于1942年在北非契尔恰尔（Cherchell）设计的周末住宅和农庄建筑中成为基本结构模块。勒·柯布西耶在第二次世界大战之后特别关注地中海地区的建筑，以乡土风格取代古典形式，这一点在契尔恰尔工程以后的一系列作品中可以得到证实，它们包括1949年在马丁角设计的洛克与罗伯的台阶式住宅［**图222**］，和1955年完工的位于艾哈迈达巴德的萨拉拜依住宅（Sarabhai House），以及巴黎的亚沃尔住宅（Maisons Jaoul）［**图223**］。

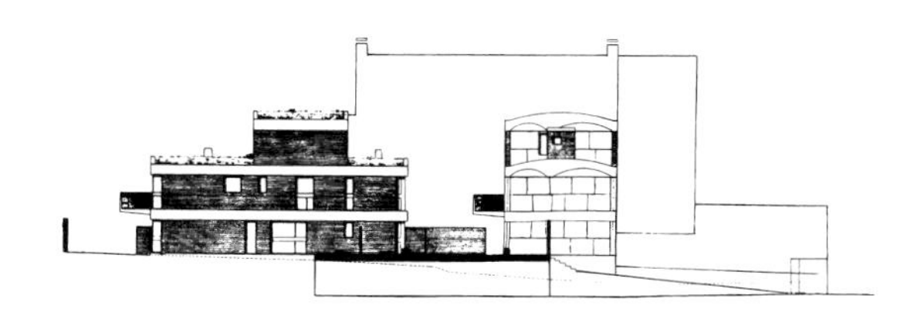

222 勒·柯布西耶，洛克与罗伯住宅方案，马丁角，1949。周末住宅作为一种住宅原型的再阐释
223 勒·柯布西耶，亚沃尔住宅，巴黎，1955。东北立面

正如斯特林后来阐明的那样：亚沃尔住宅是对那些一直被某种神话所滋养的情感的一种对抗，这个神话就是：现代建筑应当把自己表达为光滑的、机器制作的平表面，安置在一个结构表露的框架之内。使人迷惑的是，这幢建筑是“由阿尔及利亚工人用梯子、锤子和钉子建造起来的”，而且除了玻璃之外别无其他人造材料。对斯特林来说，这种几乎是中世纪的工艺技术水平已足以把这项作品归于“为艺术而艺术”的类型，是现代运动中理性主义传统的对立物。然而，勒·柯布西耶的这种“反理性”却超越了对加泰罗尼亚筒顶、裸露砖墙、加上直接从木模捣出的混凝土等技术的不

合时宜但却有效的运用。混凝土的喷水头、横隔墙中的窄开口以及横向开间(后者用胶合板隔墙填充)等组合在一起，给人以一种对外在世界持自觉的敌视态度的印象。在这里，典型的窗已不再是可以看到里面的长条窗，而是一种带有窗格和板面的供人观赏的插入物。斯特林写道："眼睛对表面涂饰的每一部分都感到有兴趣，与加尔西的住宅不同，在那里，眼睛从观察建筑轮廓和平面形状的硬性的、无组织的表面中得到休憩。"亚沃尔住宅不用纯粹主义的形式，而提供了一种与20世纪20年代后期的乌托邦的幻象迥然不同的触觉现实；正如雷纳·班纳姆所指出的，这是一种实用主义，它准备拥抱城市郊区所具有的各种矛盾和混乱。

亚沃尔住宅的设计是对地中海乡土风格的一种纪念性的再阐释，其效果既来自它的内在庄严性，也来自它的尺度。这种超现实主义的语法很难适用于1947—1952年间建于马赛的18层高的"人居单元"［**图224**］，后者放弃了战前轻型、机制式的工艺技术，但也同样属于一种粗野主义(也即野性主义)的构造方法。关于这一点，最明显的表现是：它主要的混凝土上层结构是在粗制的木模中进行浇捣的，柯布西耶以一种存在主义的理由为根据，几乎是有意识地采用了一种显示其建造过程的手法。

除了它的粗混凝土外观外，"人居单元"的内部组织要比战前典型的、"光辉城市"的建筑复杂得多。"光辉城市"的板式建筑是一连续的水平形体，隐居在玻璃表面之后，而"人居单元"则通过对从建筑主体挑出的混凝土遮阳阳台与雨篷的利用来揭示它的细胞式结构。这些 brise-soleil(遮阳板)和它们的侧墙突出了横越整个进深的双层单元的体积——这里把 megaron (内室)做成独立的单元悬挂在混凝土框架之内，就像一个货架上放的瓶子一样。每两层设置一条室内"街道"，向这些

224　勒·柯布西耶，"人居单元"，马赛，1947—1952

225　勒·柯布西耶，"人居单元"，马赛，1947—1952。屋顶上的儿童戏水池

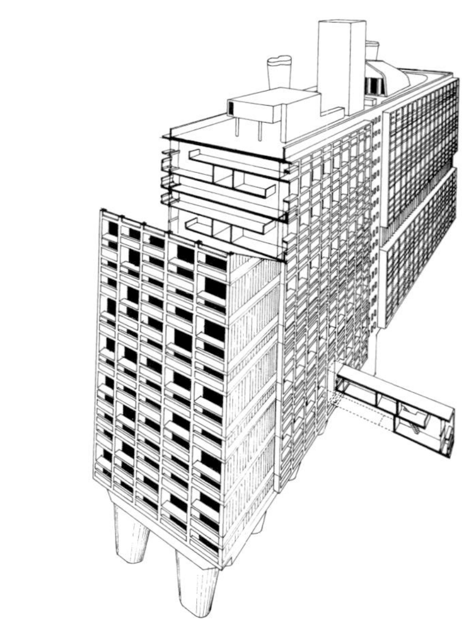

交叉单元提供水平入口。

这种细胞形态自动地表现了一种私人住房的集合(见洛克与罗伯住宅)，而购物廊和屋顶公用设施则用来确定和代表公共领域。表现这一大型整体物的荣誉地位的手法是在地面层用精心设计的变形柱支撑建筑物的下腹。这些托柱(pilotis)尺寸完全符合勒·柯布西耶的模数人(Modulor)，意味着一种新的"古典"柱式的发明。337个居住单元用一个购物廊、一个旅馆、一个屋顶层、一个田径跑道、一个戏水池、一个幼儿园和一个健身房联合起来，使"人居单元"犹如20年代苏联公社街坊的"社会容器"。这种社区服务的总体组合使人想起19世纪傅立叶的法伦斯特尔模型，不仅规模相当，而且在它孤立于周围环境这一点上也类似。正如法伦斯特尔的目的是使普通人进入宏大的领地中，"人居单元"的作者则企图把建筑艺术的尊严归还给最简单的私人住宅。

朗香的香客教堂开始设计于1950年，拉·图勒特的多明我会修道院[**图226**]于1960年建在里昂郊外的埃伏，它们代表在整个20世纪50年代中受到柯布西耶关注的两种主要建筑类型——神圣建筑及隐居建筑。修道院有效地综合了这两种类型，使他回忆起在1907年访问埃玛慈善院时令人深切感动的那种"独居与共享"的典范。拉·图勒特的设计只是简单地重申了这种双重主题的理想模型，即"公共"的教堂和"私人"的隐居地。建筑物离开地面而不是随地形做成台阶，在教堂的垂直形体与回廊的水平层次之间形成了对立，这些都通过地形的跌落而得到了戏剧性的展现。科林·罗写道：

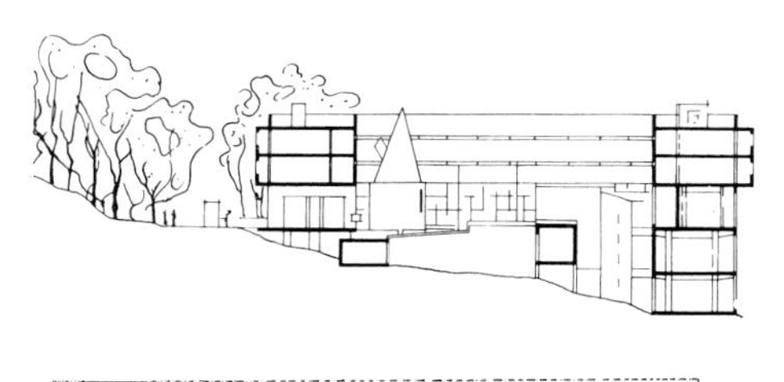

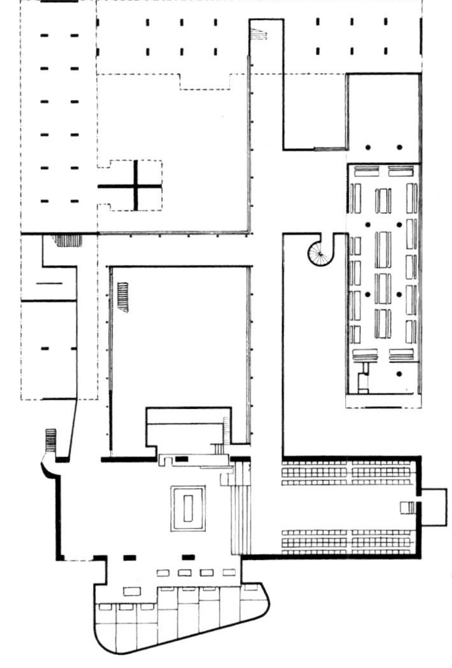

226　勒·柯布西耶，拉·图勒特修道院，里昂附近，1957—1960。剖面与二层平面

> 在拉·图勒特那里，场地既是一切，又什么都不是。它的特征是陡然的起坡和各种随机交遇的落差。它完全不具备人们心目中一幢完美的多明我会宗教建筑所应有的地方条件。恰恰相反，在这里，建筑与景观就像一场辩论中的两名对手，清楚而独立，既驳斥又阐明了对方的意义。[4]

再没有比这项设计与朗香教堂的建筑同其场地间所形成的协调大相径庭的实例了，后者的甲壳虫整体形式——壳体屋顶与巨大的滴水口、侧边礼拜堂与神坛——都经过精确地调音，使它与

227　勒·柯布西耶与让纳雷，新时代馆，世界博览会，巴黎，1937

228　勒·柯布西耶，朗香教堂，贝尔福附近，1950—1955

周围起伏地形的景观的“视觉声学”相和谐。朗香把勒·柯布西耶带回到20世纪30年代，不仅回到芒德罗住宅的那种与场地的融合，也回到为1937年巴黎世博会设计的新时代馆（Pavilion des Temps Nouveaux）［**图227、228**］的基本形式。尽管令人难以相信，这种钢缆悬索结构却成为朗香的基本原型，同时，它又受到曾经在《走向新建筑》中复原的、在野外荒地中重建的希伯来庙宇的影响。这一隐喻的又一种移植手法是：统宰朗香的混凝土壳体屋顶，这是1937年新时代馆用帆布及钢索制成的悬链式屋顶剖面的回应。这种剖面在昌迪加尔首府及后期其他作品中的再现，说明勒·柯布西耶试图把这种形式确立为20世纪神圣性的代表符号，相当于文艺复兴时期的圆穹。

260

超越以上就难以做任何分析——朗香像马耳他的坟墓，又像伊斯基亚岛（Ischian）的乡土建筑，它的半圆筒形的侧边礼拜堂，通过形似修道士头巾的圆球形顶部采光区的面向太阳的轨迹，使人想起这个基督教教堂所在地曾是一个太阳神殿的旧址。它建造在一个隐蔽的钢筋混凝土框架周围，所采用的乡土风格是模拟的，没有用纪念性的术语来进行再阐释［**图230**］。就像在加尔西别墅中一样，粗面的砌体填充墙用“压力喷浆”进行表面处理，这里所寻求的表面装饰不再是纯粹主义的机器精确性，而是地中海地区民居建筑中的那种点画式的刷白表面纹理。

勒·柯布西耶对在建筑与它的场址之间建立起雕塑性共鸣的关注始于1923年，当时他这样形容雅典卫城和它的山门：它们已经到达如此完美的程度，以至于“不能再取走一物，也不能再添加一物，而只有那些织体紧密、激烈的要素在发出清晰而悲壮的铜号声”。这种热情洋溢的描述表达了他对濒于破裂的统一性的感受，并在他一生中成为一个恒常的主题，不断地重现在他的作品中，直至他事业的终点。这既是朗香“视觉声学”的基础原理，也是在“人居单元”屋顶上出现的缩小的火山形式的理由。

在1951年设计的印度旁遮普邦新行政首府昌迪加尔中，他采用了更接近于笛卡尔坐标的手法［**图229**］。这里的场地是平坦的，各种纪念性建筑的位置均由一比例方格网决定。勒·柯布西耶在他1929年的“世界城市”和1945年的圣迪耶中心已经在城市规模上采用了这种“调节线”的做法。他对这座首府的描述很清楚地表明，尽管涉及的距离很大，他仍然深信那些精细的处理是能被人感受到的。“首府公园的构图，尽管尺度很大，仍然在其整体和各细节部分被调节到厘米级的精度之内。这就是‘比例设计’的手段、力量和目的。” 261 当年埃德温·鲁琴斯爵士在设计新德里时也采用了类似的模数设计法，他曾写道：“这是三十多年前鲁琴斯以极端的细心、高度的天才、巨大的成功建造的，评论家尽可以夸夸其谈，但这样一项努力所取得的成就令人尊敬。”

昌迪加尔没有直接引用西方古典主义的传统语汇来达到纪念性的目的，它的三幢纪念建筑的惊人轮廓首先是对当地严峻气候条件的直接反应。鲁琴斯仅仅采用了莫卧儿王朝建筑的一些次要性的要素，与之相反，勒·柯布西耶则把法特普尔·锡克里的传统阳伞（parasol）构思用来作为纪念性的规范措施，但随不同的结构而异。他把这种壳体形式用作“序曲”（如议会大厦的入口雨篷）、“常数”（高等法院的筒顶）或“主宰”（州长官邸的顶伞），从而为每一机构提示了它的特征及地位。这种精心设计的壳体形式取材于本地区的牲畜及景观［**图231**］，其明显意图是要代表一种现代印度的认同性，以解除它与殖民地历史的任何联系。

与此同时，首府的巨大尺度剥夺了它作为“城市心脏”的公共属性。1952年在霍德斯东召开的CIAM VIII大会上，塞特提出，城市心脏取决于“行走的距离和人的视角”。在这个首府的范围内，从秘书处走到高等法院要20分钟，人的存在在这里是抽象的（又一次回想起德·基里科）。勒·柯布西耶的新古典主义遗产表现在他唤出了一个敬畏风格（*genre terrible*）景观：“三权”（高等法院、议会和秘书处）的代表性建筑［**图232**］不是像雅典卫城那样由场地形状确定，而是由抽象的视线决定——视线延伸过广阔的地面，逐步

229 勒·柯布西耶与让纳雷、德鲁与弗莱，昌迪加尔，1951—1965。图中表示首府的木制模型（从左到右）：秘书处、议会大厦、总督府及高等法院

230 勒·柯布西耶，朗香教堂，贝尔福附近，1950—1955

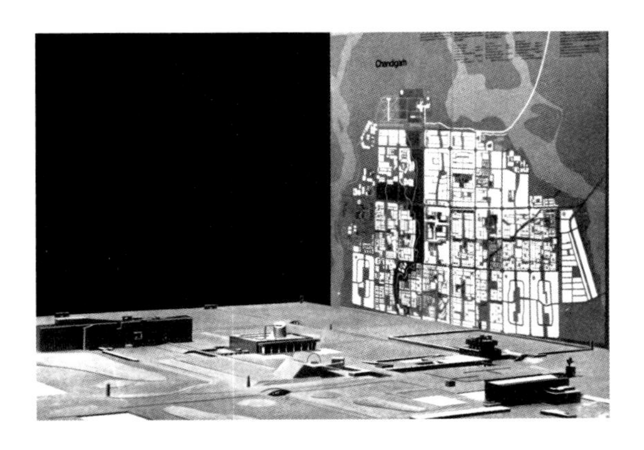

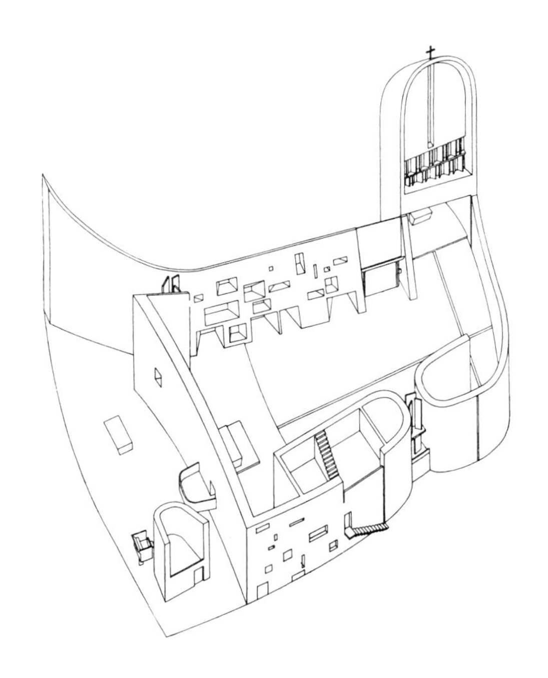

消失于地平线上的山岭中。

262

昌迪加尔市本身的规划是抽象的，冯·穆斯（von Moos）指出，它的实施不应脱离印度在独立时的政治愿望。昌迪加尔是新印度的象征，是现代工业国家的缩影，因之，在勒·柯布西耶和皮埃尔·让纳雷、简·德鲁（Jane Drew）与马克斯韦尔·弗莱（Maxwell Fry）等合作，把原来的规划以多少是正交性的道路网络进行合理化修改之前，它已经按照美国规划师阿尔贝特·迈耶画意式的汽车文化的郊区模式进行了布局。西方启蒙运动的危机，它在培育现有文化或在维持自己的古典形式意义中所表现的无能为力，它的除了不断进行技术发明和经济成长之外别无其他目标的状态，都集中表现在昌迪加尔的悲剧中——这是一幢为小汽车设计的城市，却建造于一个许多人连自行车也买不起的国家中。

231　勒·柯布西耶，昌迪加尔，约 1951 年。牛与乡土建筑形式的草图，以及秘书处的剖面

232　勒·柯布西耶与让纳雷、德鲁与弗莱，昌迪加尔首府，1957—1965。秘书处（左）与议会大厦

第28章

密斯·凡·德·罗与技术的纪念性化 1933—1967

263 在建筑设计师中，唯有一人是年轻人也能捍卫的，这就是密斯·凡·德·罗。密斯从不过问政治，并且坚定地反对功能主义立场。没有人能指责密斯的住宅看来像是工厂。有两个因素使密斯被人们接受为新建筑师。首先，他受到保守派的尊重，即使“为德意志文化斗争联盟”也不反对他。其次，他在国家银行新楼的设计竞赛中取胜。评委都是一些老一辈的建筑师和银行界代表。假如(可能是个很长的“假如”)密斯能够建造此楼，他的地位将得以稳固。国家银行有一项好的现代设计将满足人们对纪念性的新需要，而更有甚者，它将向德国知识界和全世界证明，新德国并不是一心一意要毁灭近年来正在蓬勃发展的现代艺术。[1]

——菲利普·约翰逊
“第三帝国之建筑”，《号角与猎犬》，1933年

密斯·凡·德·罗1933年参加国家银行方案设计竞赛[**图233**]，这是他创作中的一个转折点，即从非正式的非对称性转向对称的纪念性。这种转向纪念性的行动，最后终结于一种高度理性化的建造方法的发展，在20世纪50年代为美国建筑工业和大企业顾主广泛接受。国家银行方案以不止一条途径暗示了这一未来的发展方向，因为它不仅确立了一种对对称性的偏爱，而且还出现了某些脱离他早期创作中那种动态空间效应的构筑手法。与此同时，业主是一国际性机构，这类机构以后成为密斯在美国时期的服务对象。

国家银行方案也不是简单地回复到申克尔，除了密斯20世纪20年代初期的作品之外，申克尔始终对密斯有一种潜在的影响。国家银行方案更多的是回复到密斯1923年首先发表于*G*杂志的混凝土写字楼的构筑。这两个方案的着重点都在于一种客观的、逻辑性构思的，以及严格的建筑施工技术的表现。在1926年，密斯用黑格尔的语言宣称建筑是“被翻译到空间的时代意志”，他认为由历史条件决定的技术就是这种意志。这一点是不言而喻的，只是需要用精神来做某些修正而已。他的后期作品中内在的纪念性即来自这种修正。对密斯来说，技术就是现代人的文化表现，而国家银行则应当被视作他第一项技术纪念性化(monumentalization)的作品。它的仓库般的外形以及它的中性的、很少做修改或处理的幕墙均出于此。

1933年至20世纪50年代初期，密斯的作品摇摆于非对称与对称、现成的技术与技术作为纪念

233　密斯·凡·德·罗，国家银行方案，柏林，1933
234　密斯·凡·德·罗，伊利诺伊理工学院校园初步方案，芝加哥，1939
235　密斯·凡·德·罗，矿物与金属研究楼，IIT，芝加哥，1942

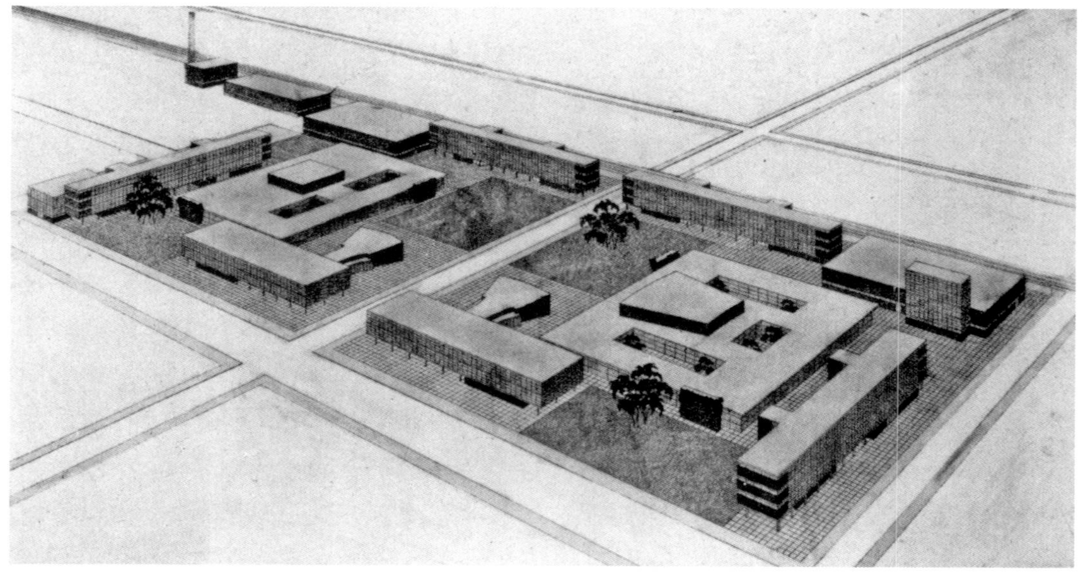

性的形式之间。这种表现方式的变化不仅发生在不同的建筑中，甚至还出现在一幢建筑之中。他于1950年在伊利诺伊理工学院的演讲中总结了自己对技术所赋予的压倒一切的文化意义，他说：

265

技术植根于过去，主宰着现在，展望于未来。它是一种真正的历史运动——是形成和代表它们时代的伟大运动。

可以与它相比的只是：古典时代人作为一个人的发现、罗马的权力意志以及中世纪的宗教运动。

技术远远超过一种方法，它本身就是一个世界。作为一种方法，它在几乎所有方面都是超绝的。然而，仅仅当它回复到自己，成为巨大的工程结构物时，技术才显示了自己的真正的本性……当技术得到真正的体现时，它就升华为建筑学。当然，建筑学取决于事实；但它的真实的活动范围却是在意义的领域中。[2]

20世纪30年代中期以后，密斯致力于调和两个对立的体系：一个是浪漫古典主义的遗产，当它被翻译为钢框架时，指向建筑的非物质化，指向把建造形式变为悬挂在透明空间中的移动平面——这是至上主义的形象；另一个是从古代世界继承来的权威性的梁柱建筑，包括屋顶、梁、柱、墙等永恒的部件。密斯夹在“空间”与“结构”之间，不断地探索一种可以同时表现透明性及躯体性的方法。这种二分法最突出地表现在他对玻璃的态度上。他使用玻璃的方法是让它在光线下

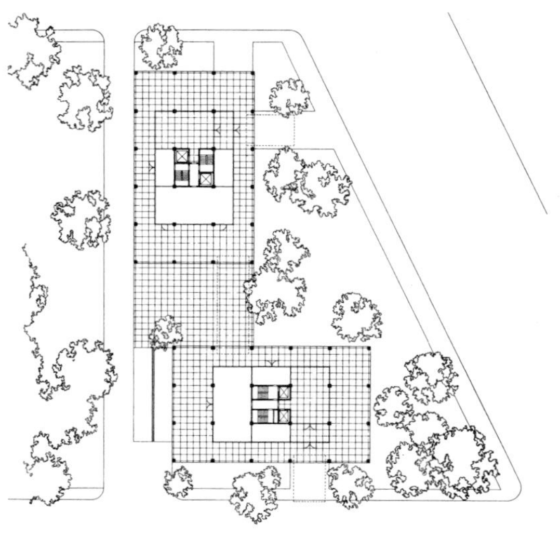

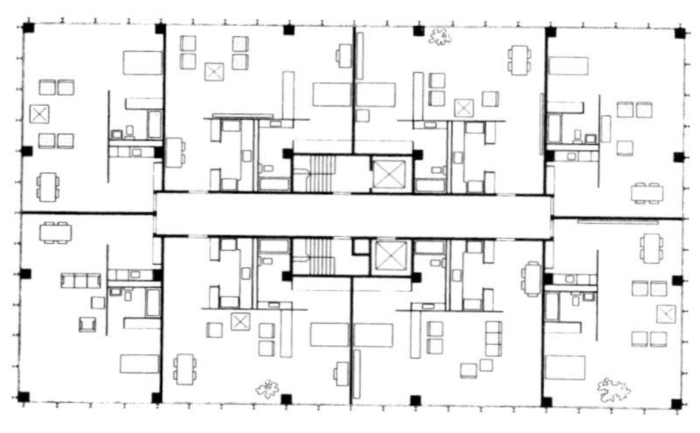

236　密斯·凡·德·罗，湖滨大道 860 号，芝加哥，1948—1951。塔楼底层和标准层平面

237　密斯·凡·德·罗，湖滨大道 860 号，芝加哥，1948—1951

266 从一个反射表面变为纯透明性的表面消失：也就是说，一方面要显得“无物存在”，另一方面，又显得需要支撑。

这方面，在他到美国两年后的1939年做于芝加哥的伊利诺伊理工学院（IIT）的校园初步方案［**图234**］，给人感觉与巴塞罗那馆的某些部分同样明显地属于至上主义。就像国家银行方案一样，整个规划布置在一对称的中轴线上。所有的结构物都是四层高的纯菱体，以坐标纸般的幕墙为表面，由于对天空景观的反射而显得生动。除了采用新古典主义派坚持的用砖墙面来加强转角的视觉效果这一手法之外，其他效应都很接近于伊凡·列昂尼多夫的至上主义美学，尤其是他1930年的文化公园项目。

在这个时刻，密斯似乎正在为处理柱、墙的一般关系而苦恼，尤其是在墙主要由玻璃组成的场合。IIT 第一方案的含蓄性答案（也在国家银行项目中出现）是把柱退缩在玻璃面之后，但到1940年的最终方案时，柱已被组合在墙体之中。这一发展首现于校园中第一幢建筑。在以后每项成功的结构中，柱系统与玻璃墙面的结合就越来越理想化和具有纪念性。

这种不断的理想化是由于密斯以美国的标准工字梁来代替他20世纪30年代初期一般采用的十

字形断面柱。巴塞罗那馆与图根德哈特住宅的非对称风车式平面要求有一种无方向性的柱子形式，类似于密斯于1931年在柏林建筑博览会的住宅中用的点支撑。与此相反，从国家银行开始，他倾向于单轴对称，从而采用了以工字梁的方向性轴来表达立面。他在IIT的作品的发展：从矿物与金属研究楼［图235］和图书馆(1942)，到校友纪念厅(1945)，都走向工字梁柱的理想化，最终终结于校友纪念厅的型钢混凝土的方形柱。

图书馆和校友纪念厅使密斯踏上了他晚期创作中的建筑类型学和结构语法学的门槛。与此同时，在IIT图书馆中，他首次设计了一项作品，在其中，纪念性是由其巨大的尺寸决定的——从此以后，芝加哥的建筑设计实践就追求巨大性［见斯基德摩尔－欧因斯－梅里尔事务所（SOM）的主要设计师及C. F. 墨菲（C. F. Murphy）的近期作品］。在这里，密斯大胆地提出了宽20米的结构净跨度，用5.5米×3.7米的玻璃墙板，做成单面尺寸为91米×61米的三层高的单一体量，中间设有一层高的书架、一个中心庭院和一个悬吊夹层。图书馆预示了密斯后来的单层净跨类型(首次在他1946年的免下车餐厅中形成)；而校友纪念厅则预示了他典型的多层板式建筑，其中玻璃面窗间柱和外墙结构组合在一起，形成了一个有条不紊的立面体系。IIT图书馆和免下车餐厅又导向了密斯1953年的曼海姆剧院（Mannheim Theatre）——这是一座精彩绝伦的工艺技术纪念碑，有一大型平屋顶，尺寸为162米×81米，悬挂在7榀钢桁架上——而校友纪念厅的细部处理则形成了不久后密斯用于湖滨大道860号的语言。

湖滨大道公寓［图236、237］是1948—1951年间施工的，它吸取了密斯1927年在魏森霍夫住宅展上展出的公寓中所采用的做法，把厨房、浴室及入口厅围绕着两部电梯集中布置在每层厚楼板的中部。在这一布局中，人们通过包括厨浴在内的服务区进入连续的、设置在周边的生活空间。它可以用不同的单元大小和类型进行分割。最初用于校友纪念厅中墙／柱的连接方式，在这里被发展成为一种模数化的立面，用一种接近于至上主义的手法把两幢建筑用风车式的布局并置在一起。对此，彼得·卡特（Peter Carter）写道：

> 结构框架和玻璃填充墙在建筑中融为一体，各自失去了自己的一部分特征，而确立了一种新的建筑实体。窗间柱成为这种转变的媒介。柱和窗间柱的尺寸决定了窗的宽度。(在每一结构开间内)两扇中间窗比靠近柱的窗要宽一些。这种变化产生了一种胀缩交替的视觉节奏，即柱—窄窗—宽窗，然后倒过来：宽窗—窄窗—柱，以此类推，产生了一种奇特的、巧妙的丰富性。在这一基础上，又加上了钢的不透明性，以及由整体窗间柱的闪光效果所产生的玻璃反射性的交替。[3]

简而言之，在这里更甚于密斯其他任何作品，墙——按照桑珀的处方——被描述成一种编织物；这种结构与窗的精彩结合，与承重墙一样地起到了限制空间延伸的作用。

正如科林·罗指出的，这种空间限制使密斯致力于创造一种无阻碍的、净跨的、单层的单一体积。从IIT图书馆开始，这种密斯式的另一通用类型就吸引了他。作为一种原型形式，它本身就是公共性的，然而也不限于使用在公共建筑中。在居住建筑方面，它首次体现在1946年为艾迪什·法恩斯沃思医生（Dr Edith Farnsworth）所设计的住宅［图238］中，这幢住宅位于伊利诺伊州普

238　密斯·凡·德·罗，法恩斯沃思住宅，福克斯河，普拉诺，伊利诺伊，1946—1950

拉诺区，四年后建成。在这里，一幢23米×9米单一体积的住宅夹在地板和屋面板之间，整个地离开地面1.5米，托在间距为6.7米的外部工字柱上。形成的箱体用平板玻璃包围，成为密斯的名句 *beinahe nichts*（almost nothing，几乎无物）的颂歌。

一种显然源自于至上主义的非对称性，被申克尔派（Schinkelschüler）传统的对称性很好地中和了。于是，入口平台滑过整幢住宅的基底而支撑在六根柱子上，而整个菱形体积则以八根柱子为支撑——在这两个结构单元的叠合中就出现了非对称性。尽管尺度不大，这种把住宅托举起来的做法却赋予了它以纪念性建筑的特质。平台、踏步、阳台和地板都用凝灰石贴面。露出的钢结构在铲平焊缝之后喷白。用米色的山东绸（shantung silk）做窗帘。毫不奇怪，这幢住宅的不寻常的造价使密斯与法恩斯沃思医生之间的关系产生了破裂。现在它已成为一个博物馆和国家历史性地标，尽管装修得体，但长期闲置，就像一座精心维护但已被人们所遗忘的日本神社。

在公共建筑层面上，密斯的单跨体积在IIT的克朗厅（Crown Hall，建于1952—1956年）［**图239**］得到最为“经典”的体现，并在1953年为芝加哥设计的会议厅中得到最有纪念性的表现。前者使密斯脱离了他在美国的早期创作中的至上主义（1939—1950年间），后者则仍然可视为他最后一项至上主义声明。这幢未施工的建筑有18米高，用大理石做墙板，格子式支撑的钢框架结构离地面6米高，用巨型净跨为220米的空间结构为屋盖。

269 克朗厅与曼海姆剧院设计时间大致相同，它果断地回到了申克尔传统，尤其是申克尔的柏林老博物馆（Altes Museum）[**图240**]。这是一幢长久以来为密斯所欣赏的作品。在密斯20世纪60年代后期的所有作品——从1963年的墨西哥巴卡迪大厦到1965年芝加哥大学社会服务管理学院，这种申克尔派的典型形式明显地成为一种组织规范。无须赘言，在这样一种简单规范中，设计纲要不总是能得到满足的。于是，在社会服务管理系馆中，中央图书馆被移到后面，以便把老博物馆的柱廊入口及圆厅直接移植过来，而克朗厅却只能勉强反映一下这类组成要素，并且不得不牺牲设计纲要的某些条件。

科林·罗曾认为，建筑设计中国际风格的整个演变过程都受到向心式和离心式空间观念分歧的深刻影响，前者来自帕拉迪奥主义，而后者则最终出于赖特对英国自由风格延伸的反纪念性。这种分歧，罗宣称，可见之于克朗厅（有意义的是，它恰好是IIT的建筑学院），在这里，67米×37米的单跨玻璃盒子未能明确无误地揭示其集中式构图的性质。正如罗所写的：

239 密斯·凡·德·罗，克朗厅，IIT，芝加哥，1952—1956

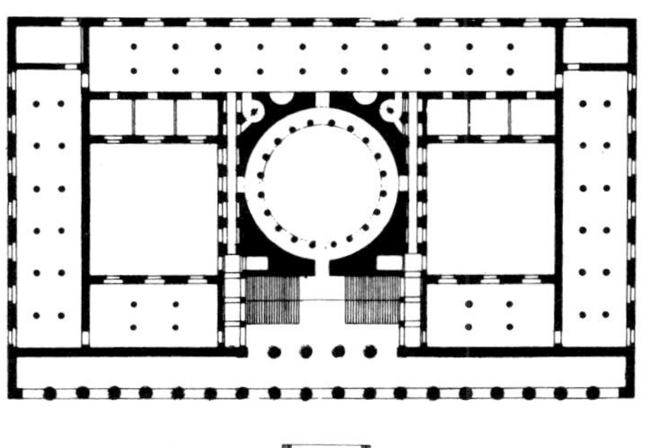

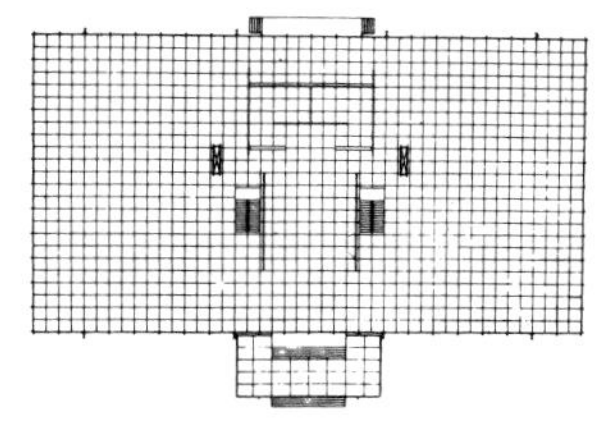

240 （上）申克尔的老博物馆，柏林，1823—1830。（下）密斯·凡·德·罗的克朗厅，芝加哥，1952—1956

> 与帕拉迪奥典型构图法相似，克朗厅是对称的，并且还可能有一个按数学规律调节的体积。但是，它又不同于帕拉迪奥构图，因为它不是一个有层次的、其中心主题用垂直的金字塔顶或穹顶的形式表达的组织。不同于罗汤达别墅，但类似于20年代的许多构图手法，克朗厅没有提供有效的中央区域，以使一名观察者能站在那里就理解全局……一旦进入其内，人们没有感受到一种空间高潮，而只有一个位于中央的，但不是非常突出的、孤立存在的实体内核，它周围的空间与外墙窗户横向地伸展。此外，屋盖的平板产生了某种向外的拉力，结果，虽有入口前厅的集中活动，整个空间仍然属于20年代的回转周边式组织，虽然是被大大地简化了的，但不属于真正帕拉迪奥或古典式平面中那种占支配地位的中央化的构图。[4]

密斯的对与纪念性不相容的设计纲领要求的 270

典型性抑制，最明显地表现在克朗厅中，在这里，工业设计系被打发到地下室，使其名副其实而又象征性地位于建筑系的光辉之下。然而，尽管有这种先验（a priori）唯心主义的支配，密斯却从不追求豪华，相对来说，他的结构是不昂贵的，尤其在居住与办公的综合大楼中采用重复的小格间单元时更是如此。

密斯的手法向那些追求公众意识的业主提供了一种完美无瑕的权力与威望的形象。在1951年湖滨大道860号（业主是开发商赫伯特·格林沃尔德）完工之后，他越来越多地开始为房地产商及企业机构服务，其最终的“突破”是1958年他受菲立斯·兰姆伯特（Phyllis Lambert）办事处之托，设计了39层高的纽约西格拉姆大厦（Seagram Building）［**图241**］。在这幢青铜与褐色玻璃的写字楼中，密斯又一次采用了桑珀式的把窗与结构交织在一起的手法。然而，这次与湖滨大道公寓不同，他创作了一个正面轴向构图，使建筑面向一个花岗岩铺砌的广场，其板式建筑从红线退后27米，使它成为位于公园大道另一边的1917年由麦金、米德与怀特设计的手球俱乐部的补充物。部分业主的让步使密斯得以实现他在曼哈顿的独一无二的纪念碑，在其豪华感上讲，可与他长期以来唯一欣赏的一幢纽约建筑——乔治·华盛顿桥（George Washington Bridge）——相匹敌。

作为从1939—1959年间IIT建筑系的主任，密斯有充分的机会在最广义的意义上来发展一种

241　密斯·凡·德·罗与约翰逊，西格拉姆大厦，纽约，1958

建筑学派，并且培育了一种简单而又有逻辑性的建筑文化，它既可容纳建筑艺术（Baukunst）的精致，又向最佳利用工业技术的原理开放。不幸的是，他没有能以相同的力量把申克尔派的理性转移过来，而后者已成为他的第二本性。尽管他的学派的巨大力量在于原理的清晰性，但近年的事实说明，密斯的追随者在很大程度上未能掌握他理性中的精妙之处，也就是他对建筑轮廓所赋予的精确比例的那种感受，而唯独是这一点，才保证了他对形式的精准控制。

第29章

新政的晦蚀：巴克敏斯特·富勒、菲利普·约翰逊与路易·卡恩 1934—1964

271

像卡恩那样的人物，在一个集体作业已日益为人们所接受的世界上却显露了突出的个人主义，在一个消费经济的世界中却致力于建立永恒的事物，这样的人物发现自己在某种意义上超越了时代的机遇，他们的个性也正是从这种立场上得到了巩固。卡恩的个性给人以一幅能把各种共存的对立要素娴熟地融合在一起的图像。他的形式的稳定性和对称性从事实上说明他是古典主义的，但他对中世纪的怀旧感情又说明他是浪漫主义的。他热心地采用最先进的技术手段，然而又不排斥在阿德勒住宅中采用石柱。他在分布上超越了功能主义的计划方案，然而在许多场合下他却采用了功能主义的美学。他对体积感有一种理性主义的崇拜，然而他的建筑中的薄外壳和全透明性又否定了它。他熟练地掌握了有机主义的基本构思，但是又不赞成它那令人不安的形态。[1]

——恩佐·弗拉泰利（Enzo Fratelli）
《十二宫8》，1960年

20世纪30年代欧洲的经济和政治危机以及罗斯福新政的社会条款为美国带来了一批难民知识分子以及广泛的社会福利及改革纲领。现代美术馆和哈佛大学在这一移民过程中所发生的文化聚集起了主要作用，而联邦政府则为罗斯福1934年的住房法案及第二次世界大战结束之间建设的大量福利工程提供了基础设施。新政时期最赫赫有名的规划和定居项目是田纳西河谷管理局（Tennessee Valley Authority，简称TVA）以及克拉伦斯·斯坦因（Clarence Stein）的“绿带新城”（Greenbelt New Towns），后者是1936年后在联邦移民局的赞助下实施的。不像在田纳西河谷中建造的那些出色的水坝［**图242**］、门式吊、滑道等，斯坦因的绿带居住区在建筑设计上水准平平。从这一角度看，倒是农村安全局在同一时期资助建造的一批工人村效果更佳，其中典型的有1937年依韦尔农·德·马尔斯（Vernon de Mars）的设计而建于亚利桑那州钱德勒的土坯农庄社区。类似政府机构资助建设的另外一些居住区也达到了同等有效及良好的住房标准，其中包括1940年按沃尔特·格罗皮乌斯和马塞尔·布劳耶的设计而建造的宾夕法尼亚州的新肯辛顿村，以及1943年由理查德·诺伊特拉设计的位于洛杉矶市圣皮德洛区的查纳尔高地（Chanel Heights）。在同类资助下建造的一项不知何故其貌不扬的工程是1944年由乔治·豪（George Howe）、奥斯卡·斯托诺罗夫（Oscar Stonorov）和路易·卡恩设计的、位于宾夕法尼

272

亚州柯特斯维尔的卡弗院住宅区（Carver Court Housing）。更令人惊奇的是，早在1935—1937年间，卡恩已经在新泽西州哈茨镇的泽西田园项目中显示了自己的才华，当时他还为阿尔弗雷德·卡斯特纳（Alfred Kastner）工作。

不论其艺术水平高低，所有这些工程都表明了美国的“新客观性”的存在。与它在欧洲相应的运动比较，它不那么自觉，也较少争议。这是因为在这里不存在意识形态偏见的基础。不管如何，这一“运动”必须对公众是否接受具有更多的敏感性，因之它通过采用地方材料和适应地形及气候条件而直接产生了反纪念性（antimonumentality）。

在新政时期，美国建筑先锋派中有一位独一无二又爱好争论的人物，他就是理查德·巴克敏斯特·富勒（Richard Buckminster Fuller）。他早在1927年就采取了一种明显无误的“客观”——即使说不是构成主义的——态度，当时他设计了独立的戴梅森住宅（Dymaxion House）的第一方案，这个名称是新创造的，意指“动态加效率”（dynamism plus efficiency）。富勒就像瑞士的ABC集团中的极端派一样对任何文脉特性均置之不顾，把他的房子设计成一种系列生产的原型［**图243**］。它的

242　田纳西河谷管理局建筑师与工程师，诺里斯坝，1933—1937

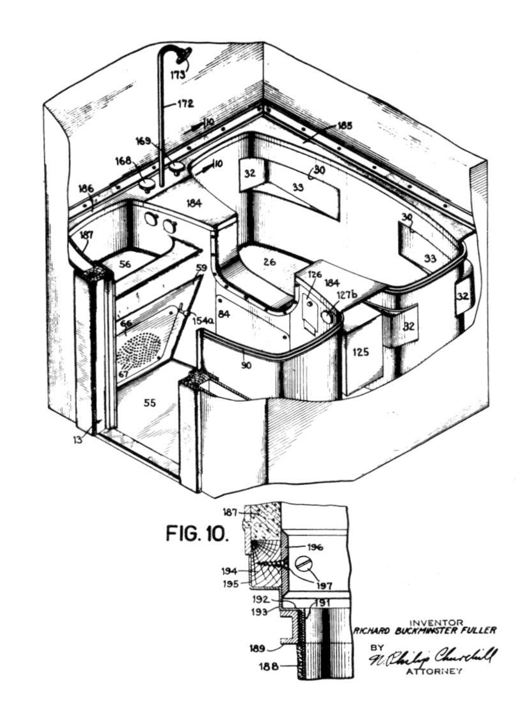

243　富勒，预制浴室，1938—1940 年专利

平面是六边形的，夹在两个空心甲板之间，悬挂在一中心桅杆上，犹如一个三角测量站或车轮。和富勒1933年提出的更为怪异的戴梅森小汽车一样，它被作为唯一必然的解决方案而提出。富勒在修辞学上从来是左右逢源，在1932年5月他编辑的杂志《掩蔽物》(*Shelter*)中，形容这种轻型金属房屋为美国摩天楼和东方宝塔的综合。在一根空心八角桅杆中，他机智地配置了所有必需的服务设施。这是一系列中央化结构中的第一号，最终在富勒设计的简单得多的大地圆穹上达到顶点——这是他于1959年在伊利诺伊州的卡本代尔自费建造的房屋。这位先锋派个人主义者粗放的、还原主义的伦理观，可以从他20世纪50年代中期在耶鲁大学执教时按照“牧场之家”的曲调谱写的一首打油诗中看到：

273

逛呀逛回我圆穹之家，
过去这里是乔治王和哥特派，
现在只有化学键来保护
我的金发内当家，
还有那抽水马桶可真气派。

这样一种功利主义而又自满自足的态度，与富勒于1932年很严肃地提出的把空旷的摩天写字楼(由于大萧条而无人租用)改造成为临时居住建筑的方案大相径庭。富勒当时预言，到年底将有90%的城市居民既付不起税又买不起食品。这一点最能说明他与当时存在于欧洲的新客观派和结构研究所成员——包括西蒙·布赖内斯(Simon Breines)、亨利·丘吉尔(Henry Churchill)、西奥多·拉森(Theodore Larsen)和克努兹·伦贝里-霍姆(Knud Lönberg-Holm)等人之间在关怀主题上的亲近性，这些人都是富勒于1932年短期担任《掩蔽物》编辑时的伙伴。

看来，1945年是新政时期社会奉献精神与早期对纪念性的冲动的一个分水岭，后者可能部分出自于美国寻求世界大国地位的需要，部分来自第二次世界大战结束后出现的文化渴求。1945年出版的两本书相当精确地确定了当时的思想气候：一是由伊丽莎白·莫克(Elizabeth Mock)编辑的《建造在美国，1932—1944》，它是和纽约现代美术馆的一次展览(其中一半以上的图片属于新政时期的作品)同时出笼的；另一是保罗·扎克尔(Paul Zucker)编辑的《新建筑与城市规划》，它收录了同年举行的一次学术会议的论文。这一学术会议讨论的是对纪念性表现日益增长的需要。这一主题在西格弗雷德·吉迪昂1944年的论文《一种新的纪

244、245　约翰逊，玻璃住宅，新卡南，康涅狄格州，1949

念性的需要》中得到了最全面的论述。卡恩在同一次会上也说：

纪念性是神秘的。它不可能有意识地创造出来。在具有纪念性的作品中，不一定要用最精致的材料或最先进的技术，就像不一定要用最好的墨水来写英国大宪章一样。[2]

这个主题于1950年又重新出现在耶鲁大学建筑学报《瞭望》(*Perspecta*)的第一期中。这个学报是由乔治·豪创办的。在这一期中，亨利·霍普·里德(Henry Hope Reed)认为新政对富裕文化是一大打击，在大萧条时期出现的许多条款有效地压抑了纪念性的任何能力：

肯定地说，新政被证明是这十年中艺术界的最大主顾，但不是为了豪华和仪式，也不是为了国家威望或民主光彩。政府不过是向饥饿的艺术家们伸出了一双慈善之手，而不是作为一名追求气派的"挥霍"的主顾。于是，毫不奇怪的是，建筑师和城市规划师们已经能够接纳来自大洋彼岸的信息，提倡一种摒弃"浪费"的、仅仅容纳功能，并把房子称为住人机器的新风格——这是适应于技术至上时代的一个名词。[3]

里德的结论是创造纪念性的工具已经消失。不久事实就证明他错了，因为美国很快就进入了一个史无前例的纪念碑建造时期。1944年扎克尔在学术会议中的一些提示在几年后就得到了证实。1949年，菲利普·约翰逊在康涅狄格州新卡南建造了他那虽小但富有纪念性的玻璃住宅(Glass House)[**图244、245**]。他虽然受密斯·凡·德·罗于1945年法恩斯沃思住宅所做的草图启发，却有意识地脱离了密斯对表现结构逻辑的关注。玻璃住宅预示了约翰逊后来把密斯语法应用于装饰目的的做法，这一点也在他1950年对该住宅的描述中做了提示：

这幢住宅的许多细节取材于密斯的作品，尤其是转角处理和柱与窗框的关系。立面上采用标准型钢，以产生一种强劲有力而又富有装饰性的立面效果，这是密斯芝加哥作品中的典型手法。也许，假如在我们的建筑中确实需要"装饰"的话，它将来自于对这类结构构件存货的调度……(下一步是否将是手法主义呢？)[4]

约翰逊通过建筑表层处理来模糊结构的决心在以后的10年中成为他作品的特征。这种手法在1954年纽约的切斯特港犹太教堂中第一次接近纪念性的边缘，然后在1963年完工的纽约林肯中心的纽约州剧院，以及纽黑文耶鲁大学的克莱因实验塔楼中得到了最充分的发展。

哈佛大学的设计研究生院(Graduate School of Design，1963年以后处于格罗皮乌斯领导之下)帮助强化了新政时期的反历史主义和"客观"的功能主义态度，然而，耶鲁大学的建筑学院(1950年以后处于乔治·豪领导之下)却在美国战后纪念性建筑的发展上起着重要的作用。豪自己的专业生涯与格罗皮乌斯一样丰富多彩——从他在费城所做的乡村住宅中的保守主义，到他1929年在与威廉·莱斯卡兹(William Lescaze)的短期合作中的先锋派功能主义。豪不仅通过创办《瞭望》而提倡纪念性，还在耶鲁大学于20世纪50年代初期开始的扩建计划中为施展他的影响而选择建筑师。于是，正当里德的文章在1950年的《瞭望》上发表之际，路易·卡恩被选为耶鲁美术馆的设计师。

1954年美术馆的完工使卡恩得以把美国战后

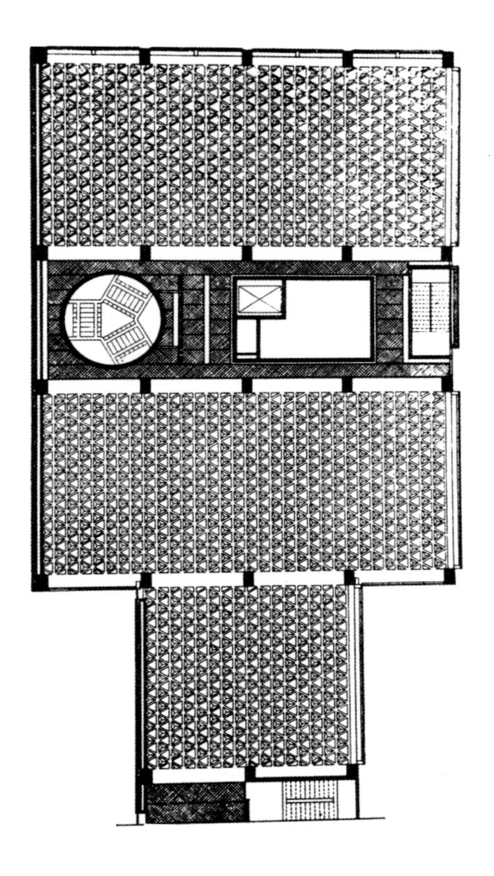

246　卡恩，耶鲁大学美术馆，纽黑文，康涅狄格州，1950—1954。带反射天棚方格的底层平面图

247　卡恩，耶鲁大学美术馆，纽黑文，康涅狄格州，1950—1954

的纪念性建筑确立为一支当之无愧的文化力量。他所做的建筑与20世纪50年代盛行于美国官方建筑设计中的那种庸俗性修辞实在不可相提并论。1957年在新德里建造的由爱德华·杜瑞尔·斯通（Edward Durrell Stone）设计的美国大使馆肯定是这一时期典型的“帝国主义”纪念碑，它的装饰水平以及矫揉造作的纪念性所体现的官方情调，仅有埃洛·萨里宁（Eero Saarinen）1960年在伦敦完工的远为卓越的美国大使馆才能超过。

耶鲁大学美术馆［**图246、247**］和约翰逊的玻璃住宅一样，都基于对后密斯美学的一种巧妙的移植。然而，密斯给结构框架的直接表现以优先权，而卡恩与约翰逊则掩蔽这一框架，至少是在外立面，而把纪念性的重点放在一些被人们视为“次要”的部件，如墙、楼板、天棚等之上。与此类似，密斯总是喜欢强调构图的轴线性，而卡恩与约翰逊则通过隐藏框架而掩饰作品中内在的对称秩序。为此，卡恩利用砖的明显的非透明性，而约翰逊则依赖玻璃的反射性——他挖掘玻璃的先天能力，让玻璃与墙表面取齐，使它成为一个连续薄膜，看来好像与支撑的金属框架属于同一金属物质和形式秩序。然而，这两项作品的共同点还是超过了它们的表面“隐匿”状态。在两者中，正交的主体都因一个容纳主要服务元件的圆筒体而变得活跃：在美术馆是主入口楼梯，在玻璃住宅则是火炉和浴室。虽然玻璃住宅的图式——矩形中的圆——也是卡恩的美术馆的基本组成，但是卡恩（而不是约翰逊）却继续发展这种把圆筒作为“服务者”（servant），而把矩形作为“被服务者”（served）的概念，形成了一般建筑理论中的辩证逻辑。

约翰逊和卡恩的这些早期作品创造了一种后密斯空间：这是一种“几乎无物”的非对称性建筑，它不再依赖于把结构作为框架来表露，而是把表面当作最终手段来调度，以揭示光、空间及支撑。这样，卡恩的美术馆空间既决定于组成它楼板的混凝土四面体的空间框架，也决定于把它的内部体积分成为四个基本段的按方格网设置的矩形柱。

从20世纪50年代初期起，先是约翰逊，而后是卡恩，都日益关注于使过去的一些形式系统重新活跃起来。约翰逊自己的“历史主义”——见之于其玻璃住宅的新古典主义色彩——直接来自对后期的密斯以及密斯之后对申克尔的浪漫古典主义的理解。但卡恩何时开始对过去表示关注尚难肯定。他在费城受过保罗·克雷（Paul Cret）的美术学院派的培训，但紧接着于20世纪30年代后期和20世纪40年代又接触了像巴克敏斯特·富勒和弗里德里克·基斯勒（Frederick Kiesler）等人的激进主义，然后在新政时期过去之后又回复到遥远的历史传统。这表现于他对通过重型结构形式而创造有层次的秩序的关注。肯定地说，卡恩的整个手法在1954年特伦顿的犹太社区中心的设计中发生了变化，这项设计是他从罗马美国学院休假回来后用了大约两年时间做的。

到20世纪50年代中期，参照点更趋复杂。当时，约翰逊的注意力已经从申克尔转到约翰·索恩，同时关注着由奥斯卡·尼迈耶（Oscar Niemeyer）在巴西利亚所发起的完全独立的巴洛克尝试；而卡恩则开始关怀起建筑总体性的概念，它的最终的历史参照点证明是伊斯兰的，而不是西方的。

在卡恩这一事业转折点上，他面临了巴克敏斯特·富勒作品和影响中的一个悖论。因为，尽管富勒的贡献被他自己和追随者说成是当代唯一真实的功能主义手法，然而他的网格结构体系通过其通用的几何形状，在形式上和生活中其实引发了一种固有的神秘性。从卡恩后来的事业发展中可以看到，富勒思想的这一侧面对他有强烈的影响，而这一点在他与安·廷（Ann Tyng，她是富勒路线的热情追随者）的合作期间更是如此。在他于1952—1957年间与廷合作为费城设计多层三角网组成的市政厅的各种方案［**图248**］时，正是他受富勒影响最深的时期。这种大地型的摩天楼（用四面体混凝土楼板稳定）的基本构思——“抵抗风力的垂直桁架”——使卡恩得以回复到一种肯定会得到维奥莱－勒－杜克赞赏的建筑意图。这一

248　卡恩与廷，费城市政厅方案，1952—1957。模型

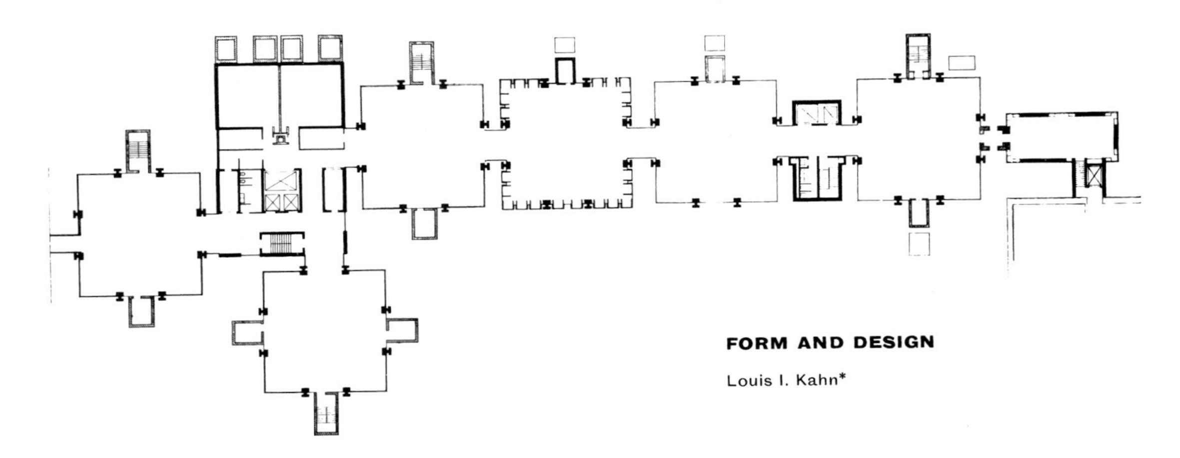

249　卡恩，A.N. 理查兹实验楼，宾夕法尼亚州大学，费城，1957—1964。三层平面

点可以从他自我剖析设计意图的最为清晰的一段话中看出：

在哥特时代，建筑师用实心石建造房屋。现在，我们可以用空心石。结构构件所确定的空间与构件本身同等重要。这些空间的尺度小至绝热板中的空隙，大到使空气、光和热得以流动的空隙，再大则到人们可以走动和居住的空间。人们在一个结构物的设计中积极表现空隙的愿望可见之于对发展空间框架的越来越大的兴趣和成果。人们实验的形式来自对自然的更深刻的认识和对秩序的更经常的探索。在这种意指的秩序中，那种把结构掩藏起来的习惯是没有地位的。这种习惯推迟了一种艺术的发展。我相信，建筑和一切艺术一样，艺术家们本能地要留出标志来表示某物是如何做成的。那种认为我们今日之建筑需要装饰的感觉部分出自于我们把节点和部件的拼接掩盖起来的倾向。结构的设计应考虑能容纳房间和空间的机械需要……如果我们训练自己用建造的顺序来制图，即从下而上，并且在浇捣混凝土或装配构件时，在需设置节点处停下用铅笔做一记号，装饰就从我们的这种喜好表现自己的方法中出现了。结果是，我们将无法容忍在轻质吸音材料上糊纸，或是把弯弯曲曲的管道埋藏起来。那种欲表现事物如何做成的愿望将渗透到整个建筑界：建筑师、工程师、建造商和绘图员。[5]

这段精彩的论述基本上勾画了卡恩以后事业的基本主题，从实体与空心在构思上置换的概念（见他在谈到空心石的部分），到他把机械系统与结构组合外露的想法，以至于提出的通过揭露建造过程使普遍秩序原理（他称之为“建筑希望自己成为何物”）得到显示的重要推论。

这些原理的综合发展，从耶鲁大学美术馆到1957—1964年为宾夕法尼亚大学建造的理查兹实验楼（Richards Laboratories）[**图249**]，构成卡恩大器晚成的第一阶段。在这两项作品中，卡恩使用的方法和表现模式，是使建设纲领的经验性细节对整体形式不发生或很少发生影响。事实上，具体的功能反而必须——和过去一样——服从于形式，但条件是，形式本身必须首先是在对总任务的深刻理解中创造出来的。以理查兹实验楼为例，卡恩方法的有争议性方面恰好就在这个主题

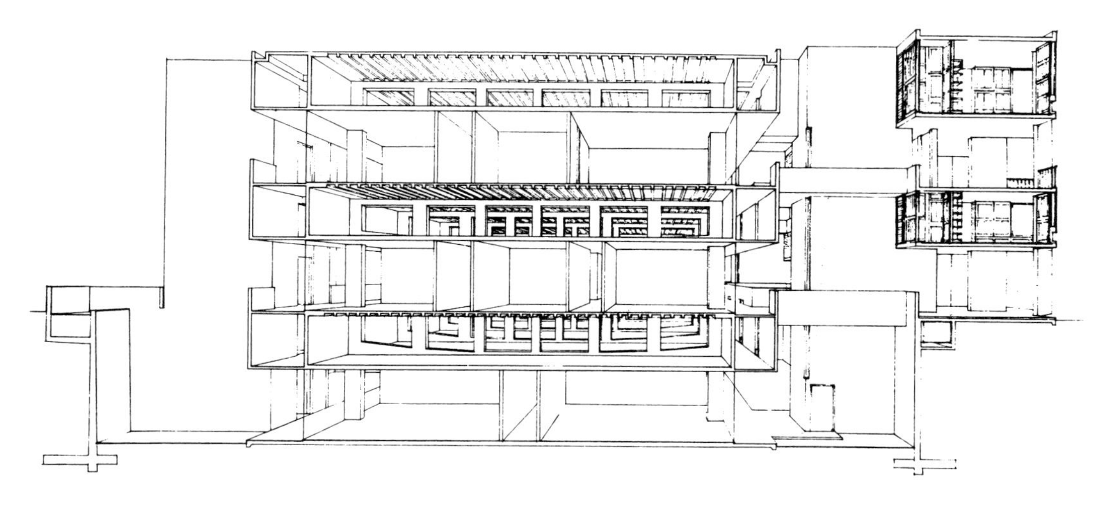

250 卡恩，索尔克研究中心，拉贺亚，加州，1959—1965。实验室的剖面

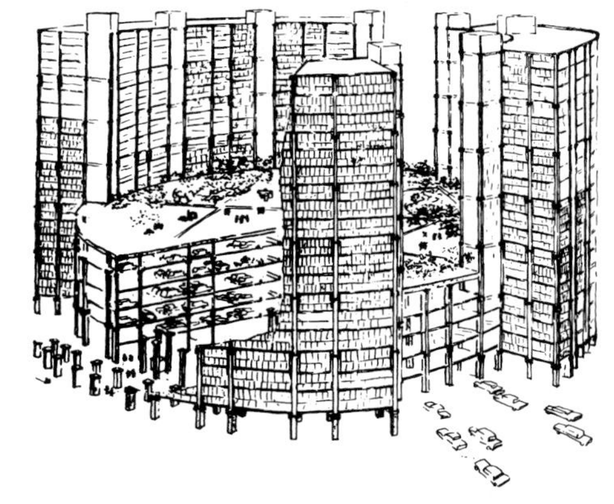

251 卡恩，为费城所做的“船坞”方案，1956。它包括一个多层停车库，四周由高层公寓及写字楼包围

上，即它所采用的整体形式从类型学而言是否有理。随后在使用这一建筑中遇到的种种困难说明它不是。我们在这里面临的是一种美国式的使工作场所理想化——使过程空间纪念性化——的冲动，这种意图既出现在理查兹实验楼，也发生在约翰逊的克莱因塔楼。并不奇怪，所有这些先例又总是回归到赖特，先是他在1904年设计的拉金大厦，继而是他在1936—1939年建于拉辛的约翰逊制蜡公司办公楼。至少可说是带有某种嘲讽意义的事实是，在1953年的《瞭望2》中，卡恩和约翰逊对赖特在制蜡公司办公楼中后加的部分(即1946年建造的实验塔)的有效性展开了争论。卡恩对这幢塔楼在建设纲领中所处的社会地位毫不关心，他说：

279

它涉及从心理学角度进行建筑设计的全部复杂性。它能工作，只是因为它是在这种动机下设计的。它满足人们的愿望和需要。因之，这幢塔楼应当为心理满足而工作。[6]

约翰逊的看法则更偏重于美学方面，他以更加浮夸的语气宣布自己对功能问题的不在乎：

对一个人来说，想建一幢美丽的房子，但却只能建一幢实验楼，确实是一个可怕的问题。赖特把它放进一个塔，它无法使用。其实它也无须使用。赖特在知道里面要放什么之前早就构思好了它的形状。我宣称，建筑师就是由此起步的，从构思开始。[7]

对卡恩来说，“构思”（concept）正是建筑设计的起点，这一点应当成为对他的成就和他延续至今的影响的衡量尺度，尽管有时他表现了足够的灵活性，允许最初的“Form”（“形式”，这是卡恩对“类型”所使用的术语）根据纲领的需要做某些修正。对他来说，建筑始终是一项精神活动，因之，他的最佳作品始终是一些宗教性的或地位极为崇高的建筑。在后来的许多委托中，他都对建设纲领附加上高度精神性的内涵，其中莫过于他为乔纳斯·索尔克（Jonas Salk）博士设计的于1959—1965年间建在加州拉贺亚的研究中心［**图250**］。在这个实例中，他把整个建筑群分隔为工作、会议和生活三段，这样就似乎使他从把实验空间还原为一种理想形式的强制性需要中解脱出来。索尔克实验室的最终方案使他接受了一种答案，其中服务部分与密斯·凡·德·罗的任何写字楼设计一样，受到“压制”或掩蔽。卡恩在每一个实验室下设置了一个服务层——这个空间今天已被人充分利用——从而提供了比在费城的实验室一般所能提供的更为灵活的空间。未能施工的索尔克会议楼群体部分也为卡恩提供了第一个机会，做一幢“房屋中的房屋”以发展他的反炫光构思。这种想法是他于1959年在为卢旺达美国领事馆所做的草图中首次出现的构思。这种未能在拉贺亚实现的构思，后来成为他为东巴基斯坦（现在是孟加拉）达卡设计的国民议会大厦（1965—1974年建造）的主题。

卡恩对一种面向社会的简单的功能主义的拒绝，使他对城市形式采取了平行的手法。这种转向又一次反映在他自己的发展中，见之于他将“光辉城市”用到费城中心的做法，反映在他于1939—1948年所谓的合理城市研究中，及他在成熟阶段提出的有必要来区分“高架旱桥”式的建筑和符合人体尺度的建筑的观点。这一点最戏剧性地表现在他1956年为费城中心市区所做的规划中，其中他企图把1762年皮拉内西的罗马形式用来为现代城市服务。尽管这一提案富有理性的诗意，并且在他精巧地重新布置的交通模式（例如他把高速公路称为“河流”，把有红绿灯控制的街道称为“运河”）中显露了机智，但他的中心市区规划提案在涉及人行道与车行道之间的精确关系时却令人迷惑地感到不确定。卡恩完全了解汽车与城市之间的深刻矛盾，以及在消费者主义、郊区购物中心与城市内芯的衰落之间的可悲联系（这种联系来自战后联邦公路津贴和退伍军人法案中抵押条款的综合影响），但是他也没能比其他建筑师更有办法去构思一种在人的尺度和车的尺度之间的令人满意的互换。他于1956年提出的皮拉内西式的“船坞”方案［**图251**］，包括一个六层高圆筒储仓式的车库（可停1500辆车），周围是18层高的建筑，和其他在这个时期提出的一些巨型结构方案一样，都缺乏必要的因素来建立一个人的尺度的基础。卡恩的深刻的历史主义的局限性最尖锐地反映在他把费城中心市区规划比之于卡尔卡桑尼（Carcassonne，法国南部的一个城镇，在公元1世纪就建有罗马城堡。——译者注）。肯定地说，他的观点，即在一座城市中建立一定的活动秩序，保证其不为汽车所毁掉，不过是一种乌托邦的希望而已。

第三部分

关键的转型

1925—1990

252　福斯特事务所，威利斯 – 法布尔与杜马斯大楼（详见 pp.337—338），伊普斯维奇，1974

第1章

国际风格：主题及各种变体 1925—1965

282 体量、静态实体感，这些迄今为止建筑艺术中的首要品质已经消失殆尽。取而代之的是体积，或者更确切地说，是由平面表层所圈定的体积的效应。首要的建筑象征也不再是密实的砖块，而是开放的盒子。说实在的，大多数建筑物从现实和效果来说都仅仅是由平面包围的体积。由于框架结构仅受到一层保护幕墙的围圈，建筑师们就很难逃避这种表面的、体积的效应，除非他离经叛道，求助于传统设计的体量感，这样才有可能取得相反的效果。[1]

——亨利·罗素·希区柯克与菲利普·约翰逊
《国际风格》，1932年(纽约现代美术馆，展览目录)

从许多方面来说，国际风格不过是一个方便的词语，用来指一种在第二次世界大战前后，在整个发达国家范围内得到推广的立体主义模式的建筑艺术。它那表面的均一性是欺骗人的，因为它那剥离了装饰后的由平面组成的外形，为了适应不同的气候及文化条件，总要发生精巧的变化。与18世纪末期流行于西方世界的新古典主义风格不同，国际风格从来没有真正成为全球性的。然而它意指了一种全球性的手法，一般地说，它偏爱轻型技术、现代合成材料和标准模数制的部件，以利于制作和装配。作为普遍原则，它倾向于自由式平面(据说它具有灵活性)，因此喜欢用框架来代替砌体结构。当特定的客观条件——不论是气候的、文化的或经济的——并不支持采用先进的轻型工艺时，这种先入为主的手法就成为形式主义了。在勒·柯布西耶20世纪20年代末期所设计的理想别墅中就预示了这种形式主义，它们被打扮成洁白的、均一的、像是用机器制造出来的外形，而实际上却是混凝土砌块外加粉饰，固定在钢筋混凝土框架之上。

1927年由奥地利移民建筑师理查德·诺伊特拉为菲利普·洛弗尔博士所设计的建于洛杉矶的康健住宅[**图253**]堪称国际风格的楷模。它的建筑形式直接表达了一个钢结构的框架，围之以轻质复合的外罩。建筑物竖立于一座峭壁的边缘，可以收览一片富有浪漫色彩的半野生的公园景色。戏剧性的悬挑楼板的非对称构图使人联想起赖特20世纪20年代设计的西海岸碉堡式住宅。这种形式上的相似性揭示了后来被人们所认定的国际风格均一性的渊薮。

似若偶然，这所住房的开放式平面恰好是对洛弗尔豪迈个性的一个恰当的写照，并且可以代表他那种自由体操般的生活方式。正如戴维·格 283

勃哈特（David Gebhard）在研究诺伊特拉的同胞及早期伙伴鲁道夫·辛德勒（Rudolph Schindler）［**图255**］——他在一年前为洛弗尔设计了位于纽波特海滩的住宅［**图254**］——时指出的：可以认为，洛弗尔本人体现了国际风格所具有的那种体育性和进取性等属性。

> 洛弗尔博士是南加利福尼亚州的典型产物，他的业绩未见得能在别的地方出现。他通过在《洛杉矶时报》上撰写的专栏文章，以及“洛弗尔博士体育运动中心”所施展的影响远远超越了人体健康的范围。他是，也希望被人视为一名进步人士，无论是在体育界，还是在教育界、建筑界。[2]

洛弗尔的思想意识及其在“康健住宅”设计中的直接表达，对诺伊特拉此后的事业起了决定性的影响。从此，每当他所承揽的设计任务要求对住户身心健康有直接的贡献时，他总能淋漓尽致地发挥他的才能。诺伊特拉的作品和论文的中心主题总是围绕着精心设计的环境对人的精神系统的健康所能产生的有益作用这一点。尽管这种他称为“生物现实主义”的观点（也就是使建筑形式与人体健康之间挂钩的论说）缺乏足够的证据，然而，人们也难以否定他在整个设计手法中所体现的异乎寻常的敏感性以及超越功能需要的态度。诺伊特拉在《从设计中寻求生存》（1954）一书中阐述了自己的生物学角度的关怀，这是与希区柯克及约翰逊赋予国际风格的那种纯形式主义的动机大相径庭的。在书中他写道：

> 迫切需要的是，在设计我们的物理环境时，我们应当自觉地在最广义的含义下提出寻求生存这个根本问题。任何使人的自然机体受到损害或施加过分压力的设计均应废

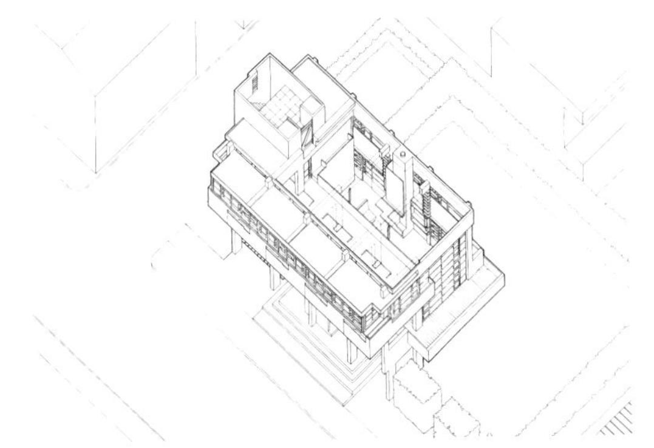

253　诺伊特拉，洛弗尔康健住宅，格里菲思公园，洛杉矶，1927
254　辛德勒，洛弗尔海滩住宅，纽波特海滩，加州，1925—1926
255　鲁道夫·辛德勒（右）、理查德和迪奥娜·诺伊特拉以及他们的儿子，在辛德勒的国王路住宅（1921—1922年建），洛杉矶，1928

除或做出修改，使其符合我们的神经系统的需要，并推而广之，使其符合我们总体生理功能的需要。[3]

可见，辛德勒和诺伊特拉——两人均在赖特的指导下经历了他们在美国的实习阶段——最关心的不是抽象的形式，而是对日照和光线的调节，以及在建筑物及其周围用细腻的手法布置植物作为屏障。这种对外界环境持享乐主义态度的精巧表达莫过于辛德勒1929年所设计的洛杉矶萨克斯公寓（Sachs Apartments）和诺伊特拉的第二项杰作：位于加州棕榈泉的考夫曼沙漠住宅（Kaufmann Desert House）[**图256**]。

阿尔弗雷德·罗斯（Alfred Roth）于20世纪30年代起在苏黎世执业。对他来说，国际风格最重要的试金石在于对建筑形式采取一种敏感而又严格教条式的创作手法。他在1940年出版的精选集《新建筑》中试图证明：只有在不让先进技术

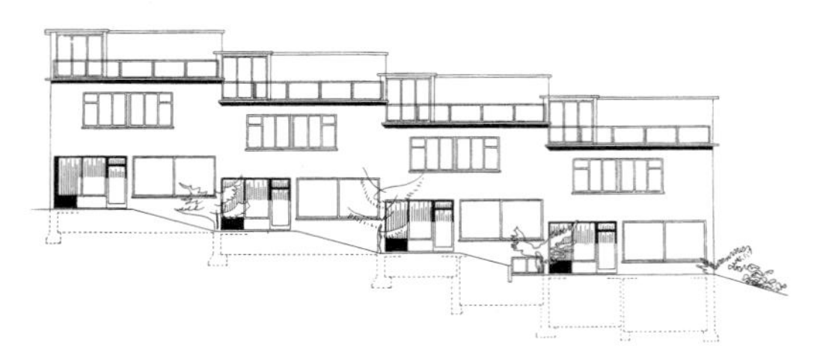

257　海菲里、胡巴克、施泰格尔、莫泽、阿尔泰利亚以及施密特等，纽布尔住宅区，苏黎世，1932。场地平面（从底向顶下坡）和踏步式立面

或自由平面成为目标本身的条件下，新客观主义才有可能创作出最佳的作品。与那些哗众取宠的空间及技术方案相反，罗斯更珍视的是对建筑纲领的精心思考以及在细部处理上对环境影响的关怀。因而，他的精选集给予传统技术（如承重墙体建筑）和先进体系（如木、钢框架结构）以同等的篇幅。后者包括诺伊特拉于1934年设计的直率而又秀丽的洛杉矶露天学校，而前者则包括韦尔农·德·马尔斯于1939年建于新墨西哥州的二

256　诺伊特拉，考夫曼沙漠住宅，棕榈泉，加州，1946—1947

层土坯联排房，以及由罗斯的同胞马克斯·海菲里（Max Haefeli）、卡尔·胡巴克（Carl Hubacher）、鲁道夫·施泰格尔（Rudolf Steiger）、维尔纳·莫泽（Werner Moser）、保罗·阿尔泰利亚以及汉斯·施密特等设计的苏黎世纽布尔住宅区（Neubühl Siedlung）［**图257**］。这一住宅区的设计师多数属于ABC集团，他们的设计遵循了该集团所提倡的非修辞性(反纪念性)的社会及技术准则，又使新客观派僵硬的Zeilenbau(成排建造)手法加以人性化，其方法不仅在于对成排房屋沿山坡做踏步式的处理，还对景观做了精细的处理。

罗斯选入精选集的作品包括一些较为克制而又精彩的项目，如维尔纳·莫泽于1935年设计的苏黎世巴德－阿仑穆斯游泳馆，或罗斯本人于1936年为西格弗雷德·吉迪昂建造的苏黎世多尔德泰尔（Doldertal）公寓(由马塞尔·布劳耶和他的表亲埃米尔·罗斯设计)。这样，《新建筑》宣布了瑞士现代建筑运动臻于成熟。尽管他选录的项目明显地偏向CIAM成员的作品，但整个精选集与《国际风格》一样是世界性的，包括了捷克斯洛伐克、英国、芬兰、法国、荷兰、意大利和瑞典的许多作品，等于是承认“新建筑”(用罗斯的语言)在20世纪30年代后期已在这些国家确立。法国的代表作有两项，一是由博杜和洛兹设计的位于巴黎郊区叙雷纳的佩雷式露天学校，一是由勒·柯布西耶在马特斯设计建造的类似粗野主义的、由碎石墙和木屋盖组成的住宅(1935年)。荷兰的代表作包括奥普博夫小组(CIAM的荷兰分支)的作品，最突出的是布林克曼、凡·德·弗卢格特、凡·梯仁（Van Tijen）以及马斯坎特（Maaskant）等的设计。英国仅有一项，即由工程师欧文·威廉姆斯（Owen Williams）设计的于1932年建在比斯顿的著名的布茨制药厂（Boots Pharmaceutical Plant）［**图258**］。威廉斯在整个精选集中是个局外人，因为他既非286建筑师，又不是CIAM成员。然而，他用钢筋混凝土和玻璃建成的厂房建筑可与布林克曼与凡·德·弗卢格特于

258　威廉姆斯，布茨制药厂，比斯顿，1932

259　吉塞拉，巴塔商店，布拉格，1929

260 卢贝特金与特克顿，海波因特 1，海格特，伦敦，1935

1929年建在鹿特丹郊外的凡耐尔包装厂相媲美。威廉斯大胆地采用了柱网为9.75米 ×11 米的巨型蘑菇式柱子，给这座四层楼高的工业建筑赋予了一种具有高度精确性和能量感的雕塑形体（这种产生于侧立面的楼板水平上的使玻璃幕墙有45°斜角缩进的雕塑感，其实纯属偶然，因为建筑物预定要向这个方向扩建）。

在所有述及国际风格的文献中都缺乏足够材料介绍的一个国家是捷克斯洛伐克。详述该国功能主义运动的史书至今仍付之阙如。罗斯的选集中选录了 J. 哈弗里塞克和 K. 洪齐克设计的布拉格保险公司办公楼（1934）。《国际风格》展出了奥托·艾斯勒（Otto Eisler）于1926年的“双屋”（double-house）以及波胡斯拉夫·福克斯1929年的“形式主义”的展览厅，两者均建于布尔诺。此外，他们还展示了路德维克·吉塞拉设计的位于布拉格的八层高的巴塔商店（1929）［**图259**］，它全部采用板式玻璃作为围护结构。但是，希区柯克和约翰逊却没有收录像雅罗米尔·克莱齐卡尔这样的杰出人才的作品，虽然我们应当承认他最出色的作品——1937年巴黎世博会的捷克国家馆（见图122，p.153）——当时尚未问世。或许最严重的遗漏，是没有提及评论家卡雷尔·泰格所起的媒介作用，而他所领导的德威特希尔集团是捷克斯洛伐克左翼功能主义运动的推动力量。

如同美国之国际风格首先被来自维也纳和瑞士的移民所采用，在英国也是这样。它的开端也出现在外来人的作品之中。首先是彼得·贝伦斯于1926年为 W. J. 巴赛特 – 洛克设计的位于北汉普顿的住宅新街（New Ways），然后是阿米亚斯·康奈尔（Amyas Connell）于1930年设计的位于阿默舍姆的高地（High and Over）住宅，户主是考古学家贝尔纳·阿什莫尔（Bernard Ashmole）。康奈尔20世纪20年代后期从新西兰移居于此，不久就创立了康奈尔、沃德与卢卡斯事务所（Connell，Ward and Lucas）。当时在移居英国的外来人中最有影响的是苏联建筑师贝特霍尔德·卢贝特金，他对英国现代建筑发展所起的影响一直没有得到适当的评价。卢贝特金在巴黎赢得了最初的光辉声誉，然后在1932年创立了特克顿（Tecton）事务所，这是英国建筑业中少有的以逻辑原理组织起来的机构。即使以当代的标准来衡量，他于1935年设计的伦敦海格特区（Highgate）的楼房住宅——海波因特1（Highpoint 1）［**图260**］——至今仍不失为一项杰作。它的内部布置以及它在一片别别扭扭的场地上的总体布局成为形式和功能处理上的一个成功样板。尽管他们后来为伦敦和惠普斯纳德的动物园所做的设计也很成功，但卢贝特金和他的特克顿事务所——成员包括奇蒂（Chitty）、德雷克（Drake）、达格代尔（Dugdale）、哈丁（Harding）和拉斯顿（Lasdun）等——再也没有达到过这样高的水平。他们于1938年设计的海波因特2（Highpoint 2）住宅群已经显出一种明显矫饰主义的倾向。人们可以自行猜测：作为一名具有无政府社会主义色彩的建筑师，卢贝特金在多大程度上接受了苏联的社会现实主义。可以肯定的是，他在20世纪50年代写的一系列有关苏联建筑的论文中表达了对这一方向的支持。海波因特1和2之间表达方式的变化在当时就受到注意，其后发生的争论成为20世纪50年代意识形态争端的基础。这场争论的中心议题是：建筑艺术中形式观念的地位以及它在建造形式中的最终意义。对此，安东尼·柯克斯（Anthony Cox）于1938年评述海波因特2时做了剖析：

海波因特1像是脚尖着地、两翼舒展，而海波因特2则摆出菩萨静坐的样子。看来，特克顿事务所自己首先会承认这种效果是有意识造成的。人们有这样的感觉：在这里，房间被赋予某种形式（这与房间具有形式完全是两码事），就好像在这两组建筑相隔的三年内，对于建筑艺术应具有何种形式的问题已经形成了一种僵硬的结论。重要的问题不在于你个人是否喜欢这种形式上的结论，而在于你是否认为这样一种僵硬的结论是必要的……产生我们理解为现代建筑的理论观点是属于功能主义的，对这一点已毋庸置疑。对形式主义者来说，功能主义是一个粗俗的名称，因为它包括了一些没有人敢为之辩护的非人性观念；但如果广义地解释，这个词却阐明了这个运动所依赖的一种工作方法。……我想要说明的是，特克顿的近期作品显示了一种对这种观点的偏离，不仅是外观上的偏离，而且意味着对目标的偏离。这种修正已经超越了合乎常规的限度，它把形式价值置于使用价值之上，从而标志着观念作为一种推动力量而重新出现。[4]

在创造一种能普遍被人接受的现代建筑这种需要的支配之下，特克顿事务所于1938年以后的作品看来像是一种自觉的努力，企图把巴洛克时期的语法修辞传统与立体主义严格的句法构成捏合在一起。特克顿对新柯布西耶手法主义风格的有批判的接受，可见之于他们于1938年设计的伦敦芬斯贝利卫生中心，它使卢贝特金在战后英国取得了不断上升的地位，以至于1945年以后的10年中，卢贝特金和他的同事们有效地掌握了话语权。由莱斯利·马丁（Leslie Martin）、罗伯特·马修（Robert Matthew）与彼得·莫罗（Peter Moro）等组成的一个小组于1950年设计的皇家节日大厅，显然要归功于卢贝特金。林德赛·德雷克和丹尼斯·拉斯顿等一批年轻的特克顿原成员于1953年在伦敦帕丁顿建造的毕肖普桥头住宅（Bishop's Bridge housing）发展了卢贝特金的立面主义（façadism），热衷于对现实做粗糙的粉饰，在立面上采用间隙的浮雕细工和装饰柱。

MARS（现代建筑研究组）是CIAM的英国分支，创立于1932年，由来自加拿大的移民威尔斯·科茨（Wells Coates）创办，他作为MARS代表参与以“功能城市”为主题的CIAM1933年大会。虽然MARS至少在初期还能拥有足够的核心成员以吸引英国建筑界的先锋派人士——包括康奈尔、沃德、卢卡斯、卢贝特金、E. 马克斯韦尔·弗莱和历史学家、批评家P. 莫顿·尚德——然而它的主要成就，除了1938年在伯灵顿拱廊（Burlington Galleries）举办的“新建筑”展览之外，就是在德国建筑师阿瑟·科恩和维也纳移民费利克斯·萨穆埃利（Felix Samuely）指导下于20世纪40年代早期编制的精彩的、高度乌托邦式的伦敦市规划。MARS天真烂漫地憧憬于未来，用科茨的话说，这个未来“必须是经过规划的，而不是对过去的修修补补”；然而，与特克顿不同，它却无能为实现这个未来提供一种真正进步的方法。卢贝特金可

261　塞特，西班牙馆，世界博览会，巴黎，1937。图中展示的是毕加索的《格尔尼卡》

能是第一个意识到这种缺陷的人，他于1936年末遗弃了MARS，而与左翼的ATO（建筑师与技师组织）联合，后者直至20世纪50年代初期一直专心致力于解决工人阶级的住房问题。

1930年以后在西班牙发生了同样有争议的运动，其领导者是有社会主义信仰的建筑师何塞·路易·塞特和加西亚·梅尔卡达尔（Garcia Mercadal）。这个运动在1929年以加泰罗尼亚的文化运动开始，以后发展到全国，成为CIAM的西班牙分支，简称为GATEPAC（即推动当代建筑进步的西班牙建筑师和工程技术人员组织），其成员包括西克斯特·伊勒斯卡斯（Sixte Yllescas）、格尔马·罗德里格斯·阿里亚斯（Germa Rodríguez Arias）和约瑟普·托雷斯·克拉维（Josep Torres Clave）等重要人物。在西班牙内战之前八年左右的时间里，这些人物提供了三项主要的理论研究成果——其中包括于1933年与勒·柯布西耶合作的巴塞罗那地区马西亚规划（Maciá Plan）。这项杰出的规划方案采用了低层住宅（不超过二层），而人口密度达到每公顷1000人。GATEPAC的第二项重要成果是七层高的集合住房（Casa-Bloc），包括跨层单元、图书馆、托儿所、幼儿园和一个游泳池——其"类型－形式"显然取材于勒·柯布西耶"当代城市"的有凹凸缺口（redent）模式。

西班牙现代运动的最后一项有意义的行动是在第二共和国面临失败的阴影下诞生的，它就是塞特为1937年巴黎世界博览会设计的西班牙馆[**图261**]。这个馆首次展出了毕加索的《格尔尼卡》，以纪念当年年初法西斯对这个巴斯克城镇狂轰滥炸中牺牲的人们。这幅画是共和国政府委托的，作为对格尔尼卡死亡者的纪念，也是对世界各国出卖西班牙共和运动的一种谴责。

在希区柯克与约翰逊1932年的展出后，国际风格越出欧美的范围，开始出现在南非、南美和日本等遥远的地区。南非的开拓运动自1929年延续到1942年，它属于一种特殊的情况，因为勒·柯布西耶直接参与了此事。他把自己的第一部《全集》的第二版献给了雷克斯·马丁森和他的特兰斯瓦尔（Transvaal）集团。在1936年写的献词开篇中，他说：

> 翻阅您的《南非建筑实录》总令人激动不已，因为人们发现在远远越过赤道森林的非洲地区竟然会产生如此具有生命力的事物，更重要的是，人们在这里看到了青年的信仰，对建筑艺术的探索，以及为达到某种宇宙观的热诚愿望。[5]

在那个时候，勒·柯布西耶与特兰斯瓦尔集

团之间已经建立了一种紧密的联系。勒·柯布西耶为《南非建筑实录》撰写了专稿，而马丁森与诺曼·汉森（Norman Hanson）等人则在约翰内斯堡以异常精细的后柯布西耶风格建造房屋。但是，到1942年这个集团成为CIAM的南非分支时，马丁森已经去世，而汉森则已开始怀疑勒·柯布西耶的规划思想的社会及经济可行性，认为他那种简单化的城市主义纯属某种真空中的抽象物。

289

在巴西，现代建筑起源于卢西奥·科斯塔与格列戈利·沃尔查夫契克（Gregori Warchavchik）20世纪20年代中期所建立的伙伴关系，后者是苏联移民建筑师，他在罗马进修时受到未来主义的影响，在巴西建造了第一批立体主义的住宅。在1930年由格图里奥·瓦加斯（Getúlio Vargas）领导的革命成功以后，科斯塔被任命为里约热内卢艺术学校的校长，从此现代建筑在巴西作为国家政策而受到欢迎。1936年，勒·柯布西耶作为在里约热内卢市建造的教育与卫生部大楼的设计顾问来到巴西，对南美发生了直接的影响。在与科斯塔和他领导的设计小组共同工作之后，勒·柯布西耶似乎倾向于采用16层的板式方案，与他最早的草图大不相同。然而，最后确定的竖立在托柱上的方案却成为把许多柯布西耶氏典型要素第一次纪念性地应用在一起的一个实例，其中包括屋顶花园、遮阳设施及大面积玻璃等。巴西的柯布西耶青年追随者们马上把这些纯粹主义的要素改造成为富有地方特色的高度感官性的表现形式，其造型的多样化使人想起18世纪的巴西巴洛克风格。运用这种修辞方式的佼佼者是奥斯卡·尼迈耶，他和科斯塔、阿方索·雷迪（Affonso Reidy）、豪尔赫·莫雷拉（Jorge Moreira）等人共同参与了教育与卫生部大楼的设计。尼迈耶与科斯塔和保罗·莱斯特·维纳（Paul Lester Wiener）为1939年纽约世

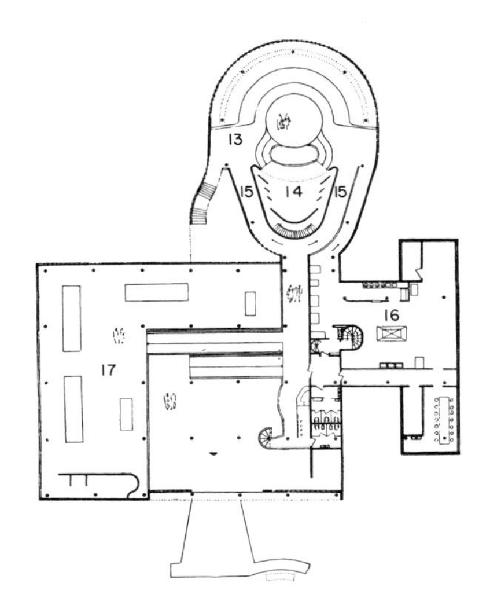

262　尼迈耶，赌场，潘普尔哈，贝洛·奥里宗特市，米纳斯·吉拉斯州，巴西，1942。二层平面
263　尼迈耶、科斯塔与维纳，巴西馆，世界博览会，纽约，1939

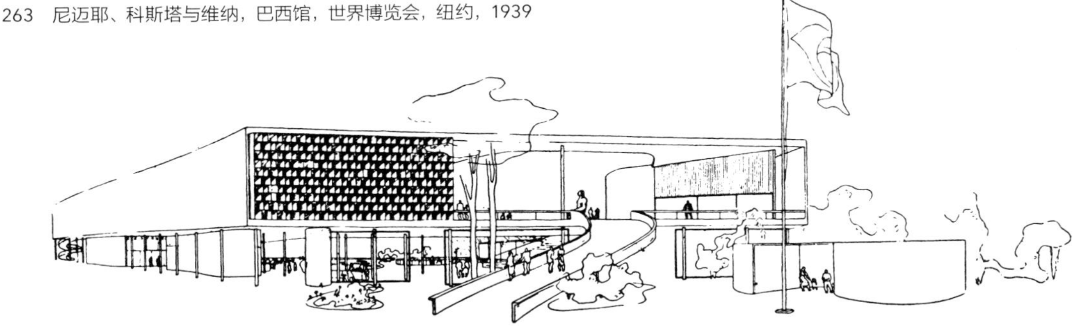

界博览会设计的巴西馆[**图263**]采用了自由式平面，使巴西的运动获得了世界公认，并确立了他本人的声誉。尼迈耶把勒·柯布西耶对自由式平面的观点提高到一个新的水平，体现了流动性和相互渗透性。最初的规划围绕一个富有巴西动植物特点的花园式庭院布置，形成了一个包括兰花和毒蛇在内的微型亚马逊景观，这种造型构思使人想起里约热内卢的热带风光。花园布置是画家罗伯托·布勒·马克斯（Roberto Burle Marx）的创作，他的园林设计在1936年以后成为巴西运动中的一支种子力量。布勒·马克斯运用纯粹主义者的与等高线结合（mariage de contour）的观点来组织他的“天上乐园”，其中多处用他自己取自丛林经过嫁植的新植物品种来表达和点缀。布勒·马克斯的园林设计产生了一种新的民族风格，它在很大程度上是以巴西本土的植物为基础的。

尼迈耶的天才在1942年他35岁时达到了高峰。当年，他完成了自己的第一项杰作：位于潘普尔哈（Pampulha）的赌场[**图262**]。在这里，尼迈耶重新解释了勒·柯布西耶关于漫步建筑（promenade architecturale）的观念，创造了一个具有出色平衡和活跃感的空间组织。这是一个各方面都善于叙述的建筑，从两层高的迎宾前厅经过闪闪发光的坡道通向上层的游艺厅；椭圆形的走廊通向餐厅，又经过一个别致的后台入口进入舞厅。总之，这是一种不言自明的漫步（promenade），把建筑空间表达为一项精心设计的游戏结构，这种游戏与它所服务的社会阶层的习俗同样复杂多变。餐厅复杂的入口通道相互交叉犹如迷宫，不仅提供了多条途径，而且也建立了主顾、演员和服务人员等各种“角色”之间的阶级关系。它的总的处理手法是强烈的和享乐主义的：使建筑物具有一种既严峻又富有戏剧性的气氛，这种情绪对比是通过在立面上贴有凝灰石及花岗岩的饰面，以及在内部用粉红色玻璃、缎子及传统的色彩明亮的葡萄牙面砖等装饰而产生的奇异感实现的。由于禁止赌博令的下达，这个建筑现在用作美术馆。尼迈耶非常了解在这种不发达的社会中工作的局限性，他在1950年写道：

> 建筑艺术必须表达某一时代中占统治地位的技术和社会力量的精神，但是，如果这种力量本身是不平衡的，就会发生冲突，这种冲突对于作品的内容和整体都将产生不利的影响。只有记住这一点，才能理解本选集中各项设计作品的本质。我十分期望能处在这样一个地位，使我能提供一些更现实的成果；也就是说，提供这样一种作品，它们不仅反映了精致和舒适，而且也反映了建筑师和整个社会之间所具有的积极意义的配合。[6]

当时的具有改良主义思想的总统朱塞利诺·库比契克（Juscelino Kubitschek）正是这样一个寻求“配合”的人物，尼迈耶从1942年起就为他工作，但尽管如此，他们所寻求的平衡仍然是渺茫的。唯一的成就是雷迪于1948—1954年设计的建在里约城郊的佩德里古霍（Pedregulho）建筑群，它包括公寓住宅、一座小学、一座健身房、一个游泳池，综合而成为一个典范的邻里区。而在1955年以后库比契克任总统期间，为整个社会服务的建筑却出奇地稀少。

20世纪50年代中期由科斯塔规划的巴西利亚（Brasilia）[**图264**]把巴西建筑的进步发展带到了一个危机点。这场危机注定要引起一场反对现代建筑运动的全球性运动，并渗透在整个项目中，不仅是在单一建筑的层次，而且反映在整个规划

264 尼迈耶与科斯塔，巴西利亚，1956—1963。沿东西轴线向上看到夹在各部大楼之间的三权广场。右边是大教堂

的尺度上。这种概念上的分裂症已经发生在1951年的昌迪加尔，发生在勒·柯布西耶设计的孤立的纪念性的政府中心与城市其他部分之间。它又重复出现在巴西利亚，而这里的整体规划在基本构思上还不及前者那么系统化。通过最终分析，昌迪加尔至少还对历史悠久的殖民地时期的方格网表面敷衍了一番；而巴西利亚尽管采用了正交的超级街区（supercuadras）的模式，但在整体上却采用了一种十字交叉的形式：看来，欧洲人文主义的神话原则，通过勒·柯布西耶晚期作品的重新阐释，决定了巴西利亚的结构，从而产生了不幸的 291 后果，至少从进入困难这一角度来看是如此。在建成以后，巴西利亚出现了两个城市：一个是政府机器和大企业所在的纪念碑式的城市，它的官僚们通过空中交通与里约来往；另一个是“贫民区”，或称 favela（棚户区），它的居民为“光辉”的高层城市提供服务。即使在它本身的范围内，巴西利亚与勒·柯布西耶1933年的“光辉城市”一样，是一个分裂的城市，按照阶级构成分割为不同的区域。然而，除了由于这种布局所强制发生的明显的社会不平等之外，巴西利亚在其表现水平上也产生了形式主义和压抑性的效果。在这方面，可以认为勒·柯布西耶在昌迪加尔的发展预示了尼迈耶创作事业中的一个转折点，因为显然，在昌迪加尔的首张草图问世之后，尼迈耶的作品变得越来越简单化和纪念性了。

虽然尼迈耶再无可能回到他的潘普尔哈赌场那种在形式上的细腻多样，但是，部分地由于他和布勒·马克斯的继续协作，从1942年的潘普尔哈赌场到1953—1954年建于加维亚的奇异的“有机”住宅，他对自由形体的掌握能力和抒情性的熟练表达方面不断地提高，后者是一幢他为自己建造的、远眺里约城的住宅。然而，就在这个转折时刻，尼迈耶却脱离了他那种流动性平面所依据的非正式的功能性，而集中于创造纯粹形式，也就是说，向新古典主义靠拢了。这种脱离产生于他1955年为卡拉卡斯一所现代美术馆所作的设计，其中他提出了戏剧性地采用倒金字塔的方案，并且把这些金字塔竖立在一个悬崖边缘。不论正放抑或颠倒，采用金字塔的做法似乎标志着向古典绝对的回归。他在巴西利亚的作品用的也是同一手法，与科斯塔的方格网相配合，产生了一种令人敬畏的霞辉，在无情的大自然面前竖立了一种毫不妥协的形体；因为，在有序的巴西利亚首都区后面，越过边沿设置的人工湖，就是一片无边无际的大森林了。巴西利亚直接搬用了昌迪加尔的释义，它的三权广场位于东西主轴的尽端，用于容纳行政、立法和司法三权，在内容上(即使不在形式上)恰与昌迪加尔的秘书处大楼、高等法院和议会大厦相平行。在两地，首都行政区都恰好位于“光辉城市”最初方案中为行政机构规定的“首脑”的部位。在巴西利亚，尼迈耶用双板式的秘书处大厦代表这一“首脑”，就像一个“射击瞄准器”一样，规定了分割参议院的凸面穹顶与众议院的凹面碗状体之间的轴线。

与大约二十年前在教育与卫生部大楼北立面明智地采用可调节的遮阳板(brise-soleil)相反，巴西利亚幕墙却没有设置任何遮阳设施，而只是配置了吸热玻璃。这种对气候环境的漠不关心似乎来自一种用柏拉图式的形象来代表政府机构的愿望，使它与各部办公楼所采用的配有玻璃窗和重复板式的房屋形成强烈对照。马克斯·比尔(Max Bill)似乎最清晰地看到在现代巴西建筑的早期繁华中蕴藏了这种衰败的形式主义的种子。他用坚决的语句谴责了尼迈耶于1954年为圣保罗市设计的工业宫：

> 这里，在圣保罗的街道上，我看到一幢建筑正在兴建，它的托柱结构被夸张到人们难以置信的程度。在这里我见到了一些令人震惊的事物：现代建筑沦落了，反社会的浪费遍地皆是，对用户及对业主的责任感的匮乏……，厚托柱，薄托柱，各种奇形怪状、没有任何结构节奏感或理智性的托柱，无所不在……简直无法解释这种野蛮性竟会发生在一个存在着CIAM分支的国家里，会发生在一个曾经举行过现代建筑国际会议的国家里，存在于一个出版了杂志《聚居点》(*Habitat*)的国家里，存在于一个每两年举办一次建筑博览会的国家里。这样的作品是从一种缺乏廉耻感以及对人类需要的责任感的精神中产生出来的，这是一种追求装饰的精神，它与使建筑艺术具有活力的精神背道而驰，而建筑艺术则是建筑物的艺术，与其他艺术相比，具有更大的社会性。[7]

日本在接受西方影响50年之后，已经完全做好了吸收国际风格的准备，这种风格出现于1923年，也就是安东宁·雷蒙德(Antonin Raymond)在东京为自己建造的第一幢钢筋混凝土住宅[**图265**]的落成之日。这又是一个由移民以最完备的形式引进风格的例子。雷蒙德是一名曾经周游各国的捷克裔美国人，他在1919年底来到东京，充当弗兰克·劳埃德·赖特设计的帝国饭店的驻现场建筑师。就像诺伊特拉和辛德勒在美国那样，新风格出自一位出生于中欧，在欧洲受正规教育，然后又受训于赖特的能手。有意义的是，不论是诺伊特拉、辛德勒或雷蒙德，在他们离开赖特之后的几年内，都摆脱了赖特风格的影响。

雷蒙德的住宅在若干方面值得注意。它属于首批用钢筋混凝土框架，但在细部处理上又使人

265　雷蒙德，建筑师之家，灵南板，日本，1923

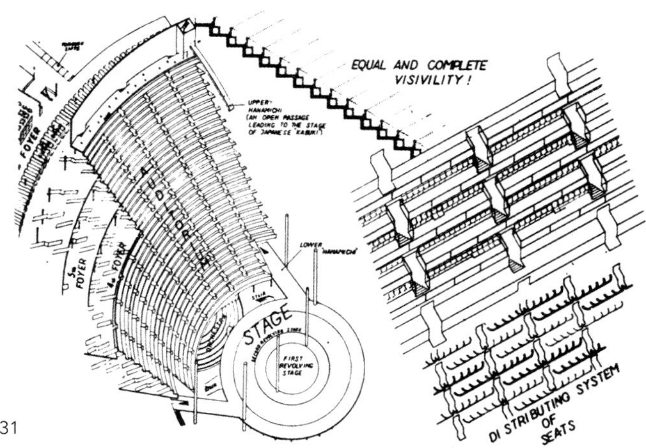

266　川喜多练七郎，哈尔科夫剧院方案，1931

想起日本传统的木结构的例子。这种手法在第二次世界大战后成为日本建筑构筑的试金石。按国际风格的标准，它的内部也是超前的，因为雷蒙德最早采用钢管悬挑家具，甚至比马特·斯塔姆和马塞尔·布劳耶的先锋派椅子更早。住宅本身用金属窗和钢管花格作为细部。与此同时，雷蒙德试图在其形式中注入一些直接取自乡土建筑的要素，如用滴水绳（roperain leaders）替代西方建筑中的下水管。此外，窗上雨篷的轮廓则使人想起赖特1905年的统一教堂。

293

尽管有赖特在美国对日本文化“再加工”中的昔日光彩，以及保罗·穆勒对钢筋混凝土技术的巧妙运用，东京的帝国饭店却仍然无法向人们提示它那种端重的建筑风格何以能对日本传统的轻结构提供明智的新阐释。与平安时期贵族“神道”建筑相比，它更接近于那些16至17世纪孤立的城堡；与路易斯·沙利文1924年发表的意见相反，它远远脱离了本土文化的建筑主流。然而，它在东京1923年的大地震中能屹立不倒这一事实，却为它的抗震结构昂贵费用的合理性提供了事后论证，这一点在公共建筑中更是如此。这种对整体性钢筋混凝土结构优越性的“证明”，使雷蒙德得以在他20世纪20年代后期的主要作品中充分利用最新的混凝土技术，这包括他于1926年设计的旭日石油公司办公楼，以及于1930年建在首都外围豪华的、高度手法主义的东京高尔夫球俱乐部。这时，雷蒙德的风格似乎转而投靠了奥古斯特·佩雷，显然他意识到在赖特的作品中很难找到裸露混凝土的合适的语法结构。

1933—1935年为赤星及福市设计的住宅，使雷蒙德和他的妻子娜奥米·珀内森（Noemi Pernessin）在他们为新兴暴发户企业家的服务中达到了早期创作的高峰。他们二人共同决定从建筑本身到内部装修陈设等的所有设计。在这几年中，他们为赤星的家族建筑了一系列的住宅，其中，他们力图把自己设计的颇有风味的家具与传统的榻榻米地板的严肃性以及与屏风（shoji）式拉门的不协调表面之间建立一种松散的联系。这种独特的欧亚风格在雷蒙德为福市家族1935年建于热海湾的住宅及浴室中似乎达到了顶峰，在这里他们用来重新阐释传统形式的手法使他们最终摆脱了赖特和佩雷的影响。

267 丹下健三，国家奥林匹克体育馆，东京，1964。较小的篮球馆和大型游泳馆的空中形象以及游泳馆内部

到1926年，在日本分离派小组（Japanese Secession Group）的周围开始形成了一个相对独立的日本运动。这个集团的早期成员中包括有山田守（Mamoru Yamada），他于1926年设计了东京的中央电话局大楼，还有吉田铁郎（Tetsuro Yoshida），他在1931年设计了东京邮政总局大楼。与此同时，属于更年轻的一代，如前川国男（Kunio Mayekawa）和吉村顺三（Junzo Yoshimura）等，已开始在雷蒙德手下工作或在国外留学，其中有一些日本人在20世纪20年代后期甚至来到了包豪斯学习，还有一些，如前川和阪仓准三则在勒·柯布西耶手下工作。阪仓甚至还以一项具有国际意义的作品结束了他的欧洲经历，这就是1937年巴黎世界博览会上的日本馆。在这里，他用现代的术语——即使不是勒·柯布西耶式的——对日本传统茶室做了再阐释。阪仓的开放空间式的规划加上结构的清晰性以及内外空间之间的斜道连接，都包含了一种“神似”日本传统建筑的空间秩序。

吉田五十八（Isoya Yoshida）的居住建筑显出更有克制的对传统的阐释，与这种保守主义对立的，有像川喜多练七郎（Rentchitchiro Kavakita）等人的大胆构思，后者1931年参加苏联哈尔科夫剧院的竞赛方案［**图266**］时比当时人们能够接受的现代主义走得还要远，也就是说，这个方案与常规的构成主义手法的距离和它与日本传统手法之间同等遥远。它关心的主要是机械运动的刺激性以及大规模结构创新的修辞学。这项创作预示了丹下健三（Kenzo Tange）在战后创作中的异乎寻常的大胆性，并最终体现在为1964年东京运动会设计的两个奥林匹克体育馆［**图267**］中。虽然丹下对运动感不甚关心，但是这两座馆的椭圆和圆形体积却用悬链形的屋顶悬挂在椭圆形混凝土梁构成的帆杆式的“角”上，这些梁同时还支撑了钉耙式的座位。

丹下在早已闻名的1955年建造的广岛和平纪念馆——为纪念第一颗原子弹爆炸中心而建——问世之前，曾是前川的一名助手。他以一系列政府工程开始了自己的事业，起先是比较图解式的清水及东京的县及都厅舍(1952—1954)，最后是香川县厅舍(1955—1958)［**图268**］以及仓敷市政厅(1957—1960)。东京市政厅细腻而又有意识地用混凝土来仿效平安时期木结构技术，而香川县厅舍则通过将清晰的空间组织、取材于平安时期的多种构思手法和从国际风格中小心吸取的那些被人接受的词语融为一体的创作途径，达到了一种几乎是古典主义的平衡感。这一作品，由于它的历史主义以及混合参考了佛教及神社的原型，确立了丹下作为第二次世界大战之后日本主要建筑师的地位。尽管二人都植根于勒·柯布西耶的作品，然而，在20世纪50年代后期，再没有比尼迈耶在巴西利亚三权广场中所体现的简单化的古典主义与丹下在香川县厅舍中对于细部的超乎寻常的表述这两者之间在风格上的更为迥然不同的实例了。丹下敏锐地意识到日本工业的迅猛发展所释放的能量，以及它的传统在这种社会“解放”力量面前的矛盾角色，这一点可以从他在香川县厅舍完工时所做的敏锐而乐观的分析中看到：

直至最近，日本长期处于极权国家的统治之下，而人民群众作为一个整体所具有的文化能量——这一能量可以使他们创造出许多新的形式——受到了限制和压抑，在德川幕府时期尤其如此。当时的政府竭力无情地制止任何社会改革。只有在我们的时代，我所说的这种能量才开始释放。迄今，它还是在一种混乱的媒介中活动，需要进行大量的工作才能实现真正的秩序，然而我们可以肯定，这种能量可以在使日本传统变换为某种新颖而富有创造力的过程中发挥重大的作用。[8]

出生在20世纪初的老一辈人物，如前川国男

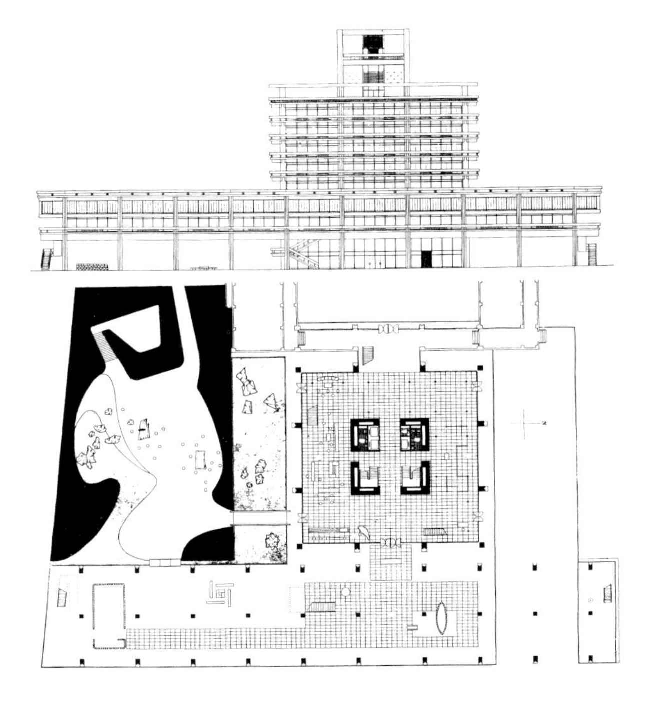

268　丹下健三，香川县厅舍，高松，日本，1955—1958。立面和场地平面

和阪仓准三，继续做出有意义的，然而不是那么戏剧性的贡献。前川的理论著作向20世纪建筑学总的发展方向以及它与西方社会的工具主义的必然联系提出了有效的挑战。阪仓的镰仓现代美术馆(1951)与前川的东京春海公寓(1957)［**图269**］都属于一种混交的作品，反映了某种文化的依赖性：前者是一种横向跨越各种文化的新古典主义，而后者则取材于勒·柯布西耶的马赛人居单元。丹下在20世纪50年代后期开始倡导一种庞大的居住用的巨型建筑，特别是于1959年提出的波士顿湾方案以及1961年的东京湾方案，使他最终丧失了人的尺度感和场所感；与之相反，前川则在一幢巨型的抗震结构中勇敢地试图在它的多层住房中体现出一种半西方、半日本的生活方式。但是，春海公寓，以及它所企图容纳的那种组合式的生活方式，至多只取得了有限的成功。对此，前川在1965年发表的一篇题为《对建筑艺术中文明的一些感想》中得出了一种清醒的结论：

269　前川国男，春海公寓，东京，1957

现代建筑是，而且也应当是建立在现代科学技术及工程学的坚实基础上。然而，为何它却往往会显出某种非人性的倾向呢？我认为，主要原因之一是它并不总是为了满足人的需要而被创造的，相反，是为了一些别的理由，例如为了利润等等。有时，在现代国家强有力的官僚主义制度机械的操纵下，人们企图把建筑艺术硬塞在某种预算的框框之内，而这种预算却从不虑及人的需要。另一种可能是在科学技术及工程学本身内部也包含了某些非人性的因素。当人们企图理解某一现象时，科学就对它进行分析，把它肢解为几个尽可能简单化的要素。例如，在结构工程学中，当人们试图理解某一现象时就采用了简单化和抽象化的方法。问题是，这种方法的使用是否会导致脱离人类现实……现代建筑应当牢记自己的基本原理，它的首要原则就是要建立一种人性的建筑学。尽管科学和工程学是人脑的产物，但是由它们建起的现代建筑和现代城市却趋向于非人性的。使现代建筑原理被混淆，使它的使命被歪曲的，是当今调节人类活动的伦理体系以及隐藏在这种伦理体系背后的价值体系。这种伦理及价值准则是推动现代文明，同时又在消除人的尊严并成为对人权宣言的一种嘲笑的力量。这一悲剧所导致的结论并不简单。我们必须回溯到西方文明的起源，从而探求能产生伦理革命的力量是否存在于西方文明的宝库中。否则，我们就和汤因比一样，要在东方或日本的文明中去寻找它。[9]

通过这种悖论式的提议，即传统的日本文化在本质上有可能作为一种弥补西方技术专政淫威的力量而生存下去的观点，使国际风格的时代不仅在日本，而且在世界其他地方走向其决定性的终结。

第2章

新粗野主义与福利国家的建筑：英国 1949—1959

297　1950年1月，我和我所尊敬的同事本特·埃德曼（Bengt Edman）与列纳特·霍尔姆（Lennart Holm）合伙开业。这些建筑师当时正从事于乌普萨拉一幢住宅的设计。看了他们的图纸，我用一种稍带戏谑的口吻将之称为“新粗野主义”（用了瑞典话）。来年夏天，在与一些英国朋友，包括麦可·文特里斯（Michael Ventris）、奥立弗·柯克斯（Oliver Cox）、格雷姆·山克兰（Graeme Shankland）等人的一次联欢会上，我又开玩笑地用了这一术语。当我去年在伦敦拜访这些朋友时，他们告诉我已经把这一称呼带回了英国，结果它像野火似的传播开来，而且令人惊讶的是，居然有一批年轻的英国建筑师正式采纳了它。[1]

——汉斯·阿斯普伦德

《给埃里克·德·马莱的信》，《建筑评论》1956年8月

第二次世界大战以后，英国不论在物质资源还是文化环境方面，都没有能力做出任何纪念性的表达。恰恰相反，战后的趋势朝着另一个方向发展，因为在英国，建筑艺术和其他领域一样，正处在抛弃帝国特征的最后阶段。1945年印度的独立开启了帝国的崩溃，而艾德礼（Attlee）工党政府的社会福利措施部分地缓和了大衰退时期使国家陷于尖锐分裂状态的阶级矛盾。战后，英国颁布了两项重要的议会法案：1944年的教育法（把离校年龄提高到15岁）以及1946年的新城镇法。它们使战后的重建获得了第一项推动力。这两项立法成为一项庞大的政府建设纲领的有效工具，结果是在10年内建造了2500所学校，并确定了要以莱奇沃思花园城市为楷模，建造10个人口在20000–69000的新城镇。

赫特福德郡城市委员会在C.H.阿斯林（C.H.Aslin）的领导下成为一个早熟的权力机构，它开拓性地建造了成批的预制装配的学校建筑。除此之外，英国大量的学校或是由各市政府中平庸的建筑师们以“减弱”了的新乔治风格设计，或采用了所谓的“当代风格”，多数是模仿瑞典这样一个老牌福利国家中的官方建筑艺术。此类风格的语法结构——当时被认为相当“流行”，足以体现英国的社会改革精神——包括采用缓坡屋顶、砖墙、垂直木板组成的窗间墙、矩形的白漆或无漆的木窗框等。这种所谓“人民性细部处理”（people’s detailing）再加上某些地方色彩，就成为伦敦市政议会中一些左翼建筑师们所公认的官方词汇，并且在《建筑评论》的两位活跃的编辑J.M.理查兹（J.M.Richards）和尼古劳斯·佩夫斯纳

270 艾莉森与彼得·史密森，中学，亨斯坦顿，诺福克，1949—1954

（Nikolaus Pevsner）的影响下被广泛接受。他们起初宣扬严格的现代主义，从20世纪50年代初期起，又提倡对建筑形式的创作不要抱过于死板的态度，后者在1955年度的莱思（Reith）讲座上做了题为“英国艺术的英国性”的演讲，公开肯定英国文化的本质是一种多色彩的非正式性。《建筑评论》的一篇社论中甚至用了“新人文主义”这一名词来宣扬这种对现代运动的人性化的解释。

1951年的不列颠博览会模仿苏联构成派的英雄主义图像学，为这种不严格要求的文化政策提供了一种进步的和现代的维度。两项最有力的象征性作品是菲利普·鲍威尔（Philip Powell）和约翰·伊达尔戈·莫亚（John Hidalgo Moya）的“天空”（Skylon），以及拉尔夫·塔布斯（Ralph Tubbs）的“发现圆穹”（Dome of Discovery），它们的结构语法提供不了什么有实质意义的内容，仅仅是显示了一种声称不久即将提供每日的“面包”的生活而已。倒不是说这次展览毫无内容可言，而是说它慷慨大方地容纳了多种表达形式。

虽然埃德曼（Edman）和霍尔姆（Holm）的作品启发了“新粗野主义”这一称呼的发明，但它所内含的激进反应却是在英国而不是在瑞典形成的。不列颠博览会上的广采博撷式的大众主义被艾莉森和彼得·史密森（Alison and Peter Smithson）所断然拒绝。他们二人是粗野主义气质的最早倡导者，在他们的同路人和同事中有许多是战后出现的一代人，其中包括艾伦·科尔克霍恩（Alan Colquhoun）、威廉·豪威尔（William Howell）、科林·圣约翰·威尔逊（Colin St John Wilson）和彼得·卡特，这些人于20世纪50年代初都在LCC的建筑部门工作，却不愿意接受“瑞典路线”。对此，雷纳·班纳姆写道：

年轻一代的否定态度可以最恰当地用詹姆斯·斯特林的一句话来概括：“让我们面对事实：威廉·莫里斯是一个瑞典人！”我们不必纠缠于这句话是否符合历史真实，重要的是它代表了一种全盘拒绝各种形式的社会福利的感情。人们通常用“威廉·莫里斯复兴”或“人民性细部处理”或其他词语来讽刺那种企图恢复小拱肩窗等19世纪砖砌筑技术的做法，而这种做法有时被堂而皇之地用“新人文主义”这样的称号美化，实际上，它不过是由《建筑评论》发明的用于形容瑞典逃避现代建筑的手法的名称——新经验主义——的再加工而已。[2]

粗野主义明显地拥抱了帕拉迪奥的建筑手法，它对《建筑评论》称之为“新人文主义”的反应是肯定旧人文主义，而后者在战前的现代运动中始终是潜在的。鲁道夫·威特科尔（Rudolf Wittkower）于1949年出版的《人文主义时期的建筑原理》一书令人意外地引起了新生一代对帕拉迪奥的方法和目标的兴趣。从另一方面，粗野主义者对“人民性细部处理”之挑战的反应是直接参照大众文化的社会学及人类学的根源，并直截了当地拒绝了瑞典经验主义中所表现的那种小资产阶级自尊心。这种从人类学出发的美学主义［它与画家让·迪比费（Jean Dubuffet）反艺术的野性主义美术密切相关］使史密森夫妇在20世纪50年代初期与具有杰出个性的摄影家奈杰尔·亨德森（Nigel Henderson）及雕塑家爱德华多·保洛齐（Eduardo Paolozzi）发生了接触，粗野派的存在主义特征在很大程度上来自后两人的影响。

1951—1954年对于这种感性的建筑艺术的形成是个关键时刻。当时，史密森夫妇正忙于实现他们从1949年就开始为诺福克地区亨斯坦顿设计的两所帕拉迪奥兼密斯式（Palladiancum-Miesian）的学校［**图270**］。这所学校在五年后建成，取得早期成功之后，他们又继之以一批很有创新气息的竞赛方案。正如班纳姆所指出的：这批方案只能被视为一种开创完全“不同”的建筑艺术的尝试。确实，在这一时期他们所做的方案中，从1951年的考文垂教堂到1952年伦敦金巷住宅区，以及翌年所做的同样杰出的谢菲尔德大学的扩建设计［**图271**］中，原来已经不多的帕拉迪奥主义又经过重大的修饰。以亲缘关系而论，这些方案是“构成主义”的，虽然现在回顾起来，它们的有克制性的结构语法更像是日本而不是苏联的流派。这些方案之未能实现对英国的建筑文化而言是个损失，这一点可从取而代之的那些绝对庸俗的结构物中得出结论。

粗野派的原创性理智——超越了帕拉迪奥主义的内涵要素——中所隐伏的气质，最早在1953年伦敦当代美术学院举办的“与生活及艺术平行”展览中受到了公众的注意。这次展出中包括了由亨德森、保洛齐和史密森夫妇所搜集并注释的照片。它们取自新闻照片以及一些幽晦的人类学、考古学及动物学素材。有许多照片提供了暴力场面以及被歪曲了的反美学观感的人体。所有照片都具有粗糙的质地，这一点显然被搜集者视为优点。这次展出肯定具有存在主义的色彩，它坚持

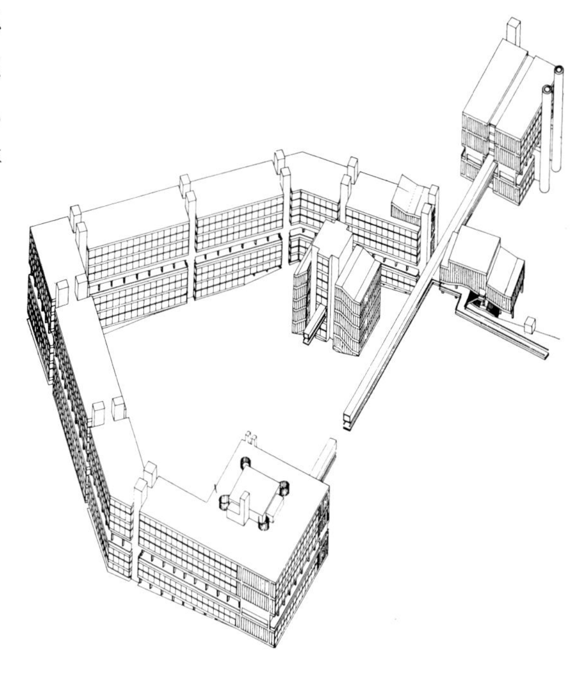

271 艾莉森与彼得·史密森，谢菲尔德大学扩建，1953

要把世界视作一片被战争、腐败、疾病所摧残的荒芜景色——在尘埃的表层之下，人们仍能发现生命的痕迹，但这种生命却是显微细胞的，在废墟内搏动。亨德森写到自己这一时期的作品时说："我对被抛弃的东西、被诅咒的碎片、被随意遗弃的生活，但还微微剩有一丝活力的事物最感到高兴，这其中存在着一种嘲讽，然而它至少构成了一个艺术家活动中的部分象征。"

这就是20世纪50年代粗野派的潜伏动力，这一点对于参观过1956年由ICA独立集团在怀特教堂美术馆举办的"这就是明天"[负责人：劳伦斯·阿洛韦（Lawrence Alloway）]展览的人来说是不可能被忽略的。在这次展览中，史密森夫妇又一次与亨德森和保洛齐合作设计了一个象征性的神庙（temenos）——这是一所隐喻式的棚子，处于一个同样隐喻式的后院中。它是对洛吉耶神甫于1753年所画的一张位于贝斯纳尔绿地后院中的"原始小屋"的嘲讽式的再阐释。对此，班纳姆写道：

> 人们不禁会有这样的感觉：这个特殊的花园棚子堆满了发锈的自行车轮、打扁的喇叭以及其他各种家庭垃圾，是从一场核屠杀后的废墟中挖掘出来的，并且竟然是欧洲场地规划传统手法的一部分，可追溯到古代希腊甚至更为遥远的时期。[3]

然而，这一姿态却不全然是回顾性的，因为在这个看似随意却含有隐喻的棚子中，遥远的过去与最近的未来融合在一起了。于是，这一展示的庭院中就不仅堆放了一个旧轮圈和一架玩具飞机，而且还有一台电视机。简而言之，在一个腐朽的、破烂的(被炸毁的)城市结构中，已经预见到一种流动性消费者主义的"富裕"，并作为一种能够体现新工业社会生活实质的乡土风格而受到欢迎。理查德·汉密尔顿（Richard Hamilton）为此展览作了一幅嘲讽性的拼贴画，名为《是什么使今日之家庭如此不同而又如此引人入胜》，不仅吸取了波普文化，而且还集中了粗野派理性的家庭形象。1956年，史密森夫妇为《每日邮报》举办的"理想家庭"展览所创作的"未来住宅"（House of the Future），显然就是为汉密尔顿那类肌肉发达的"拳师靶子"型的自然人与他的体态丰美的伴侣所设置的理想居所。

史密森夫妇处于对老式的工人阶级团结精神的同情与消费者主义前景的诱惑这一对矛盾中，陷入一种假想的大众主义内在的模棱两可之中。在整个20世纪50年代的后半期，他们脱离了原来对无产阶级生活方式的同情而转向中产阶级的理想，这种理想的吸引力来自明显的消费者主义和小汽车的大众化。同时，他们对这种新发现的"流动性"对传统城市结构和密度的潜在破坏能力却并非熟视无睹。在1956年所做的伦敦道路研究中，他们试图用高架的快速公路作为城市中一种新配件来解决这一难题，同时在家庭这一层次，他们继续把在摇摇欲坠的廉租房屋中的镀铬消费品或塑料贴面的内装饰作为象征他们调和性风格的最终解放的标记。

直到20世纪50年代中期，忠实于材料始终是粗野主义建筑学中的一项基本信念，它最初表现在偏执地对机械及结构元件采用表现主义的表达方式，就如史密森夫妇在亨斯坦顿学校中所做的那样。其后，在他们1952年设计的小型Soho住宅中，又以一种更为规范化然而又是反美学的手法重新肯定这种表达方式。这一四层的方盒子建筑设计采用了砖，把混凝土檩条露出，内部不做粉刷装饰。它从19世纪后期的许多英国乡土风格的仓库建筑中吸取素材，比勒·柯布西耶在巴黎同等粗野式的先锋项目亚沃尔住宅设计的出现还早一年，并预示了其后由詹姆斯·斯特林、威廉·豪威尔以及史密森夫妇自己设计的一系列村镇插建房屋（infill housing）的出现。这些设计于1953年CIAM在普罗旺斯召开的大会上展出。

20世纪50年代中期可以明显地看到粗野主义的基础已经超越了史密森夫妇、亨德森和保洛齐等人那种隐士式的冥思苦索。1955年左右，豪威尔和斯特林成为粗野派队伍中的成员，虽然斯特林此后一直否认自己是其中一分子。尽管他于1953年所做的谢菲尔德大学的竞赛方案确实是“特克顿式”（Tectonesque）的，然而他在同一年设计的住宅方案却又回到了19世纪实用的砖砌体美学中，这项作品采用新造型主义的交锁型广场的构图，避离了史密森夫妇Soho住宅的粗野派反美学的霞辉。同时，在LCC内部，像科尔克霍恩、卡特、豪威尔、约翰·基利克（John Killick）等建筑师已开始建造一批勒·柯布西耶式的住宅区，这股浪潮的高点就是1958年建于罗汉姆普敦的东阿尔顿庄园，它成为对“光辉城市”的一种戏仿。

虽然密斯的IIT校园对史密森夫妇最早一批建筑设计发生过初始的影响，粗野派后来的发展却在很大程度上取材于勒·柯布西耶的后期作品。他在1948年的洛克与罗伯住宅方案中复兴地中海乡土风格的做法启发了粗野派的感知，使史密森夫妇在热衷于追随密斯之后又转向对勒·柯布西耶清水混凝土（béton brut）手法进行细致的再加工，正如他们于1959年所写的：“密斯伟大，但柯布传神。”与此相似，斯特林1955年访问亚沃尔住宅时所体验到的初次震动之大，使他不久就以巨大的

272　斯特林与高恩，汉姆公地住宅，里士满，萨里，1955—1958

热诚来追随这个范例。亚沃尔住宅的语法与斯特林1955年的汉姆公地住宅（Ham Common housing）［图272］之间的密切联系是很难否定的，尽管二者的横向承重墙体被用于完全不同的建筑目的。

英国粗野主义美学最终的综合——把相互矛盾的“形式主义”和“大众主义”两个方面融合在来自19世纪工业结构的玻璃和砖的“乡土风格”中——发生在斯特林和他的合伙人詹姆斯·高恩（James Gowan）于1959年为剑桥塞尔温学院（Selwyn College）所做的学生宿舍方案，以及为莱斯特大学工程系所做的大楼中。我们在此还必须提到已故的爱德华·雷诺兹（Edward Reynolds）的作品，他在学生时代就做的那些结构表现性（即使说不是表现主义的）设计，对粗野主义的发展产生了决定性的影响，尤其是表现在豪威尔与基利克于1958年所做的剑桥丘吉尔学院竞赛方案，以及斯特林翌年所做的莱斯特大学的设计方案之中。

302

斯特林与高恩的塞尔温学院方案［图273］不仅引入了他们早期风格中透明的可塑性，而且还首次提出了后来成为其典型的组织形式：“前”“后”主题对比的手法。这一主题取自“光辉城市”中板

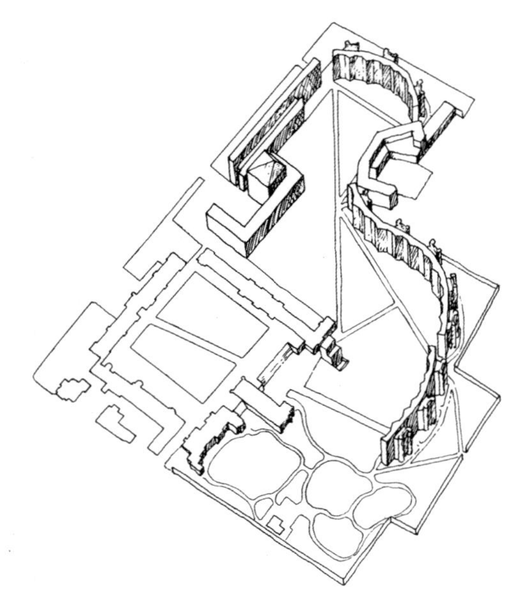

273　斯特林与高恩，塞尔温学院方案，剑桥，1959

式大楼的实体与玻璃面对比的表现手法。看来，雷诺兹于1958年所做的仓库方案［图274］又对莱斯特大学工程系大楼［图275］的形式产生了至关重要的影响。在这一作品中，斯特林与高恩最终创造出他们独特的表现方式，以前是勒·柯布西耶瑞士学生宿舍中的板式元素，在这里（通过雷诺兹的仓库方案）转变为一个采用透明天花板的水平式实验室块体，而勒·柯布西耶式的独立入口塔楼以一个垂直建筑群再现，包括扁平的实验室、报告厅和办公室。莱斯特大楼吸收了早期粗野主义立场中基本的相互对立的因素，把现代运动中规范化的形式与取材于斯特林故乡利物浦的工商建筑——例如彼得·埃利斯（Peter Ellis）的开拓性作品——的本土风格要素组合在一起。20世纪20年代后期，纯粹主义范例所遗留下来的就只是一些轮船上的细部处理了，如甲板栏杆、爬梯和通风罩，这一点可见之于《走向新建筑》中颇有争议的插图。此外，莱斯特教学楼成为折中主义的一项杰作，它把多种要素巧妙地叠合起来的做法不仅使人想起了特尔福德和布鲁内尔等人的作品，还使人想起了威廉·巴特菲尔德1849年在伦敦玛格丽特街上的全圣教堂（All Saints'Church）。人们可能会问，除了哥特式复兴之外，还有什么别的手法能更成功地把纯粹主义的形式要素与赖特1936—1939年的约翰逊制蜡公司中的浪漫主义形象组合起来，同时还加上取材于卡恩1958年的理查兹实验楼中暴露式斜方格体楼板的那些粗野派结构构件？

莱斯特大学在其他都是正交的几何体上强加了一个45°的方格，而斯特林于1964年设计的剑桥大学历史系大楼［图276］则把斜线作为平面设计的主要组织轴线。同时，历史系大楼延伸了塞尔温与莱斯特的砖加玻璃的语法结构，直至玻璃的结晶体开始压倒砖的控制枢纽。尽管如此，它还是展示了成双的电梯和楼梯塔楼，不仅使人回忆起卡恩（在理查兹实验楼中）用“服务”（servant）元件表示入口的做法，而且也是斯特林住宅风格中所意指的类型性手段。这种手段在斯特林1966年

274　雷诺兹，一座送货仓库的方案，布里斯托尔，1958

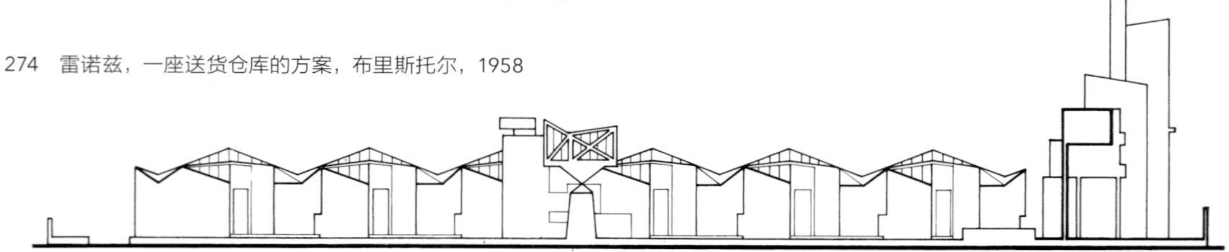

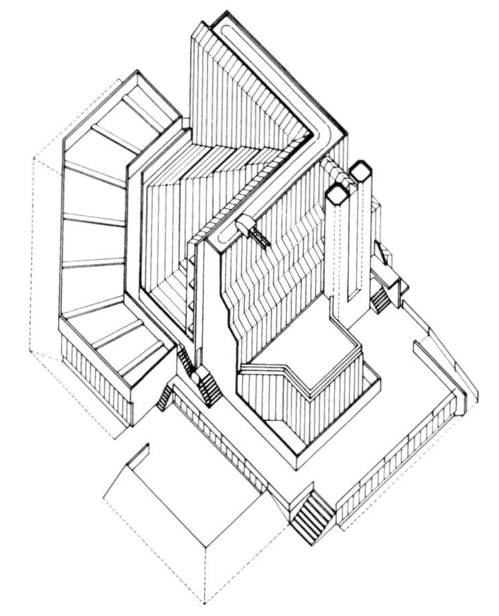

275　斯特林与高恩，工程系大楼，莱斯特大学，1959
276　斯特林，历史系大楼，剑桥大学，1964

为牛津大学皇后学院设计的弗洛里住宅楼（Florey Residential Building）中——即他在砖和玻璃系列作品中的最后而且是最不成功的一个设计——又重复出现。这一系列作品——塞尔温、莱斯特、历史系以及弗洛里——一个紧接一个，组成现代大学建筑的产品类型目录。这种类型学的倾向，包括把各种建筑学要素拆散又重新组合的喜好，部分反映了经验要求，部分出于一种对现代运动中已经被人们接受的形式加以“解构”的决心，并形成了这些粗野主义的近期“纪念碑”，它们远远超过了对场所属性的任何关注。

尽管建筑纲领中提出的要求都毫无例外地得到了满足，迄今为止，斯特林的意义在于他的风格中那种咄咄逼人的气势，在于他形式中那种光辉的建筑艺术性，而不在于对“场所”属性的坚持不懈的精细加工，可是后者却是决定生活质量的必然要素。虽然他十分敬佩阿尔托，但斯特林的成就却与阿尔托作品（如赛纳特萨洛市政厅）中所具有的包容性气氛以及谦逊感大相径庭。看来，他的语法想象力所赋予他掌握形式的本领最后否定了他的批判性的“创造场所”的潜力，后者是他在20世纪50年代中期设计的村镇插入式住宅中所一度坚持的。曼弗雷多·塔富里对斯特林的后期作品作了如下的评论：

> 对于注定要使用他的建筑的公众来说，他们被悬挂在一个空中囹圄里，这一空间模棱两可地摇摆在形式的空洞与“功能的陈述”之间……这是一种把建筑当作自主的机器的观念表现，最初出现于剑桥大学历史系馆，后来又明白无误地出现在西门子公司的方案中。斯特林最为不可接受的行动是抛弃了一个神圣的领域，其中包含了现代传统的语义世界。一个对斯特林形式机器的自主表达方式既不接受又不排斥的观察者将被迫地进入一个摇摆的旅程，其摇摆性正好相当于建筑师通过自己的语言要素所执着耍弄的游戏程度。[4]

第3章

意识形态的变迁：CIAM、第十小组、批判与反批判 1928—1968

304 1. 现代建筑学的观念包括建筑现象与总的经济制度之间的联系。

2. “经济效益”的观念并不意味提供最大商业利润的生产，而是要求最低工作努力的生产。

3. 追求最大经济效益是总经济处于贫困状态下不可避免的结果。

4. 最有效的生产方法来自合理化和标准化。合理化及标准化直接作用于现代建筑学（构思）及建筑工业（实施）的工作方法。

5. 合理化及标准化的作用有三个方面：

（a）它要求建筑构思能导致工地及工厂工作方法的简化；

（b）对建筑企业，它意味着熟练工人的减少，导致在高度熟练的技术人员指导下雇用较少的专业化劳工；

（c）它期望买主（就是为自己居住而购置房产的主顾）调整自己的要求以适应新的社会生活条件。这样一种调整表现在削减一些没有真实根据的个人需要，而使目前受到限制的大多数人的需要得到最大程度的满足。[1]

——拉萨拉兹宣言

《国际现代建筑会议》（CIAM），1928年

1928年的CIAM宣言由24名建筑师签署，他们分别代表法国(6)、瑞士(6)、德国(3)、荷兰(3)、意大利(2)、西班牙(2)、奥地利(1)及比利时(1)。这份宣言强调“建筑”而不是“建筑学”，把前者称为“与人类生活的演变和发展紧密相连的人的基本活动”。CIAM公开肯定建筑学不可避免地受制于政治与经济问题，它不但不能脱离工业化世界的现实，而且，它的质量高低并不取决于工匠的技艺，而在于普遍地采用合理化的生产方法。尽管四年以后希区柯克和约翰逊将为一种取决于技术的建筑风格的流行而辩护，但当时，CIAM强调的是计划经济和工业化的必要性，同时还否定把效益视为获取最大利润的手段这种概念。相反，它提倡尺寸规格化以及采用有效的生产方法作为建筑业合理化的第一步。于是，唯美主义者把规律性作为一种他们偏爱的形式，而对CIAM来说，它不过是增加住宅生产以及替代手工艺时期的操作方法的先决条件而已。拉萨拉兹宣言对城镇规划持有同等激进的态度，它宣布：

城市化不可能受到先入为主的美学主义的约束：它 305 的实质是一种功能秩序……由土地买卖、投机、继承权等造成的土地划分中的混乱必须废除，代之以一种集合的、有条不紊的土地政策。这种土地的再分配是实施任何

城镇规划不可缺少的基本前提，它应当包括地主与社区之间从共同利益的工程中获得土地自然增值（unearned increment）的公正分配。[2]

1928年拉萨拉兹宣言和1956年在杜布洛夫尼克召开的CIAM最后一次会议之间，CIAM经历了三个发展阶段。第一阶段从1928到1933年，包括1929年的法兰克福会议和1930年的布鲁塞尔会议，这一阶段在很多方面是极为教条主义的。这两次会议处于那些多数具有社会主义思想倾向的德语国家的"新客观"派的统治之下。法兰克福会议的主题是"最低生存限度的住宅"，旨在研究最低居住标准的问题。其后的布鲁塞尔会议（第三届CIAM）的主题是合理建筑方法，探讨为最有效地利用土地和材料而确定建筑物的最佳高度及间距。第二届CIAM在法兰克福市总建筑师恩斯特·迈的倡议下设立了一个名为CIRPAC（当代建筑学问题国际研究委员会）的工作机构，其主要任务是为今后的大会提出主题。

CIAM的第二阶段从1933到1947年，它处于勒·柯布西耶个性的影响之下。他有意识地把重点转到城镇规划。从城市主义角度看，1933年的第四届CIAM无疑是综合性最强的一次会议，因为它对34个欧洲城镇进行了比较分析，从此产生了雅典宪章（Athens Charter）的条款。但由于某种未经解释的原因，这个宪章却推迟了10年才公开发表。雷纳·班纳姆在1963年以较为批判的措词对这届大会的成就做了评论：

第四届CIAM——主题为"功能城市"——于1933年7月至8月先后在S.S.帕特立斯号航船上和雅典举行，在马赛闭幕。这是以后一系列"浪漫主义"会议的开始。它在一派秀丽景色的背景下召开，远离了工业欧洲的现实，而且，它又是第一次在勒·柯布西耶和法国人，而不是那些僵硬的德国现实主义者的统治下召开的大会。这次地中海的航行显然是在欧洲不断恶化的形势中的一次令人欣慰的解脱。在这个短促的休闲期内，代表们制造了一份CIAM成立以来最为奥林匹克式的、最富于修辞性的，而最终说来也最具有破坏性的文件：雅典宪章。宪章的111项条款部分包括对城镇现况的叙述，另一部分包括对改变这种现况的建议，分别组合在5个标题之下，即居住、娱乐、工作、交通及古建筑。

它的基调仍然是教条主义的，但与法兰克福及布鲁塞尔的报告相比，它又比较一般化，而较少涉及一些当前的实际问题。这种一般化有其优点，因为它提供的视野比较开阔，要求把城市与其周围区域联系起来考虑，然而，雅典宪章这种说服性的一般化所赋予它的普遍适用性外貌，却隐藏了一种非常狭隘的对建筑学与城镇规划的概念，它使CIAM毫不含糊地与下列一些观点结合在一起，即：（a）城市规划中死板的功能分区，在各功能区之间用绿化带分隔；（b）单一类型的城市住宅，用宪章的原话表示就是，凡有需要容纳高度密集的人口时，就应设置"高层大间距的公寓住宅街坊"。在30年之后，我们认为这种观点不过是表达了一种美学上的偏爱，但在当时它却具有摩西训诫般的威力，而且在实际上使其他类型住房形式的研究陷于瘫痪。

306 尽管雅典宪章所通过的一致性结论阻碍了对其他住房模式的进一步研究，但事实是，在它的基调中我们可以察觉一种明显的变化。早期运动中那些激进的政治要求已被放弃，虽然功能主义仍然是普遍信念，但宪章的条文读来却更像一种"新资本主义"的回答体式的教义，其教诲在观念上的"理性主义"并不亚于它在实际上的非现实性。

这种理想主义的态度其实早在战前1937年于巴黎举行的第五届大会上已经形成。那次大会的主题是“居住与休闲”。在那次会上，CIAM已准备不仅承认历史建筑的作用，同时也承认城市所在地区对建筑的影响。

在CIAM的第三阶段也是最后的阶段中，开明的唯心主义完全战胜了早期的唯物主义。1947年在英国布里奇沃特举行的第六届CIAM会议上，CIAM试图超越“功能城市”的抽象的贫乏性，他们肯定：“CIAM的目标是为创造一种能满足人的情感及物质需要的实体环境而工作。”在负责为1951年于英国霍德斯顿举行的第八届CIAM的题目“核心”进行准备的英国MARS组主持下，这一主题进一步得到了发展。MARS选择了“城市的心脏”这一主题，使大会不得不面临一个由西格弗雷德·吉迪昂、何塞·路易·塞特和费尔南德·莱热于1943年宣言中提出的一个题目。他们在宣言中写道：“人们要求建筑物能代表一种可以满足更多功能需要的社会及社区生活，要求能够满足他们对纪念性、欢乐、骄傲和兴奋等的期望。”

对吉迪昂和卡米洛·西特来说，“公众出现的空间”必然受制于它四周公共建筑的纪念性的对比形式，反之亦然。然而，尽管他们现在对场所的具体品质表示了关怀，老一代的CIAM卫士们却显得没有能力对战后城市处境的复杂性做出现实的评价，其结果是年轻一代的成员越来越感到失望与不安。

决定性的分裂发生于1953年在普罗旺斯地区的艾克斯举行的第九届CIAM会议上。年轻的一代以史密森夫妇及阿尔多·凡·艾克（Aldo van Eyck）为首，向雅典宪章的四项功能分类(居住、工作、娱乐与交通)提出了挑战。史密森夫妇、凡·艾克、雅科布·巴克马（Jacob Bakema）、乔治·坎迪利斯（Georges Candilis）、沙德拉赫·伍兹（Shadrach Woods）、约翰·沃尔克（John Voelcker）以及威廉和吉尔·豪威尔（William and Jill Howell）等人并没有提出另一套抽象的概念，而是探索了城市生长的结构原理以及在意义上比家庭细胞更高一个层次的单元。他们对老一代卫士们——勒·柯布西耶、凡·伊斯特伦、塞特、厄内斯托·罗杰斯（Ernesto Rogers）、阿尔弗雷德·罗特、前川国男和格罗皮乌斯等人的以“理想主义”修正了的功能主义表示不满，这一点反映在他们对第八届CIAM报告所持的批判意见中。他们提出了一种更为复杂的模式来替代对城市核心区的简单化模型。在他们看来，这种模式更适应于人们对认同性的需要。他们写道：

> 人可以认同自家的火炉，但却难以认同他家所在的城镇。“归属感”是人的一种基本的情感需要，它所联系的范围属于最简单的层次。从“归属性”——认同感——出发，人们可取得富有成果的邻里感意识。贫民区内狭短的街道常常能够获得认同，而宽阔的改建方案却往往遭到失败。

在这段异常尖锐的文字中，他们不仅抛弃了老一代卫士们的西特式（Sittesque）多愁善感，而且也抛弃了“功能城市”的理性主义。他们的批判运动旨在寻求实体形式与社会－心理需要之间更为精确的关系，这一点成为1956年在杜布洛夫尼克召开的第十届CIAM——CIAM的最后一次大会——的主题。这个小组后来被称为“第十小组”（Team X），主要负责筹备该会。CIAM的正式垮台以及第十小组的继位，是在1959年于奥特洛由凡·德·维尔德设计的博物馆的豪华背景中举行的另一次会议上确定的，老一代的大师们都参加了这次会议。但是在实质上，CIAM的悼词却早在勒·柯布西耶给杜布洛夫尼克大会的信中已经写成。他写道：

> 现在40岁左右、出生于1916年前后的战争与革命年代中的人们，以及那些现在25岁左右、出生于1930年前后的人们正面临新的战争，并处于一场深刻的经济、社会和政治危机，他们处在当今时代的中心，成为唯一能够体会到实际问题，深刻地意识到自己的奋斗目标、实施手段以及形势的迫切感的人。他们懂得这一切，而前一代的人则不懂，他们已经退出，他们不再处于形势的直接冲击之下。[3]

20世纪50年代中期，伦敦的特殊文化气候受到巴黎存在主义的影响，它不仅对英国粗野主义思潮的形成起了决定性的作用，而且也推动了与其密切相关的由第十小组提出的论战。在这一方面，我们必须提到摄影家奈杰尔·亨德森，他拍摄的伦敦街道生活的照片由史密森夫妇拿来在普罗旺斯地区的艾克斯展览。亨德森对生活的理解方式对史密森夫妇的理性起了关键的影响。这种理性最终与勒·柯布西耶的CIAM方格坐标的洁净如白纸（*tabula rasa*）的含义发生了冲突，而柯氏的观点迟至1952年还在广泛传播。在相当程度上，史密森夫妇的观点来自亨德森对伦敦贝什纳尔绿地的照片——其忠实地记录了伦敦东城的现实社会生活的实物面貌。从1950年起，史密森夫妇就经常访问亨德森在贝什纳尔绿地的家，并且从他们对这一地区的街道生活（现在已被福利国家的高层住宅所替代）的亲身体验中首次产生了"认同"与"联系"等概念。于是，尽管建造"（符合）市镇法（的）街道"（Bye-Law Street）的想法受到他们自己的理性的歪曲，但还是成了他们1952年提出的金巷住宅区方案构思的核心。

从表面上看，"金巷"与勒·柯布西耶的Ilot Insalubre（不洁之岛）项目（1937）很相似，但非常明显的是，它却是对"光辉城市"以及把城市分为居住、工作、娱乐和交通四个功能区的一项批判。史密森夫妇以更接近现象学概念的分类法，即房屋、街道、区域和城市，来与上述的功能分区对抗，但是，随着尺度的增大，他们所用的这些术语的含义也愈加模糊。在"金巷"方案中，他们所指的房屋显然是家庭单元，街道则是一种架空的、宽敞的单侧通道系统，而区域和城市则可以令人理解并现实地被视为处于有形界面的范围以外的可变领域。

然而，即使他们始终反对战前"功能城市"概念中的决定论，史密森夫妇在"金巷"方案中仍然摆脱不了与CIAM类似的理性化过程。他们在"金巷"方案中把"庭院"作为街道的附属面积，但是其"空中房屋"显然不可能拥有像"市镇法街道"所配置的街旁后院，而架空街道本身在脱离地面以后，也不可能适应社交生活。更其甚者，它的单侧性只能突出道路的直线性而不能产生一种场所感。而"市镇法街道"的双侧却都有生活感，这一点使它具有社会活力（史密森夫妇最初的草图也表明了这点），但是"金巷"的本性——小场址中的高密度——以及史密森夫妇自己对功能主义规范的接受排除了能维持这样一种生活的可能。

308

从他们提出的这种作为原型答案的住房模式中，人们必然会认为他们并未意识到这些矛盾的存在：他们继续不厌其烦地反复展出其"金巷"方案，无休止地在大城市地区内展出，就好像它是

277　艾莉森与彼得·史密森，“金巷”住宅系统，用于考文垂中心（左为教区的教堂及大教堂废墟）
278　林恩与艾弗·史密斯，公园山，谢菲尔德，1961

对勒·柯布西耶“光辉城市”的一种具有明显批判性的替代方案。尽管它那种随意的、“扭枝”般的分布方式无疑是在反对那种全面拆除的做法，并且是对小块开发的赞同，但他们那种把“金巷”模式做成一种幻觉式的等轴投影图并加以拼贴，使之屹立在考文垂废墟之上的做法，却使作者们重新陷入CIAM中间道路的两难困境。把它强加在被炸毁的考文垂废墟［**图277**］上时，“金巷”所显示出的反对现有城市的延续性的程度丝毫不亚于勒·柯布西耶1925年在“伏阿辛规划”中对待巴黎的奥斯曼式的态度。等轴投影图把古老街道模式与新作品之间的“边缘条件”描绘成一连串的不可避免的冲突。1961年，“金巷”构思方案在杰克·林恩（Jack Lynn）及艾弗·史密斯（Ivor Smith）设计的谢菲尔德公园山（Park Hill）住宅区［**图278**］中得以实现后，立即使人看到除了其周边形式外(这种手法早在1919年即由布林克曼在鹿特丹的斯潘根地区使用过，对此史密森夫妇是很清楚的)，这种空中平台和地面街道之间没有任何延续性的可能。

正当第十小组致力于实现多层次的城市之际——实际上是勒·柯布西耶取自埃纳尔1910年提出的设想方案，史密森夫妇意识到了它的局限性，因此他们提供了对自己早期创作的最具有批判性的草图，也就是一张说明生活在六层以上的人们已失去了与地面的任何接触的图画。虽然史密森夫妇当初是想用这张图来说明巨型结构这一途径的合理性，但他们之承认树的高度作为一种经验的极限，对他们后来在20世纪60年代中普遍采纳以“低层高密度”作为家庭住宅开发的政策起了作用。这种批判意识在史密森夫妇于20世纪50年代中期设计的村镇插入式建筑，包括“封闭式”及“折叠式”的住宅等，以及他们在1954年的多恩宣言（Doom Manifesto）中根据生态原则而提出的“人类集居点应当组合在景观之中，而不是作为一项孤立的事物置身其间”中得到了加强。

贝什纳尔绿地所提出的社会－文化挑战对巴

克马没起多少作用，尽管他在20世纪40年代初期就发表了反功能主义的声明。他是第十小组中唯一的一名其实践很少偏离新客观派的场地规划原理的成员，这种原理表现为两头开放的、等高的、以最佳距离间隔的联排式住宅。巴克马经常参考的例子显然是1934年阿姆斯特丹南区规划，以及荷兰功能主义者如默克尔巴赫（Merkelbach）、卡斯滕（Karsten）及斯塔姆的战前作品。即便如此，在奥普博夫小组对潘德莱赫（Pendrecht，1949—1951）及亚历山大·波尔达（Alexander Polder，1953—1956）的研究（巴克马均参与）中，已经可以看到一种脱离等高街坊及单一朝向的僵硬原则而转向更为调和的布局的趋向，其中还包括“万字符”形状，由公共设施、游泳池、学校等团簇在“邻里”四周。

由巴克马和J.M.斯托克拉（J.M.Stokla）合作设计，并向1959年奥特洛大会提交的肯纳默兰方案，正如在丹下健三质问它的起源时巴克马所承认的那样，是以上研究工作的终结。这一点说明了当时存在的混乱现象，即丹下与巴克马都坚持以勒·柯布西耶的理性主义为出发点，而肯纳默兰方案却显然来源于由恩斯特·迈及阿瑟·科恩等德国规划师首先发展起来的抽象“邻里”概念。直至20世纪60年代初期，巴克马仍在提倡一种极

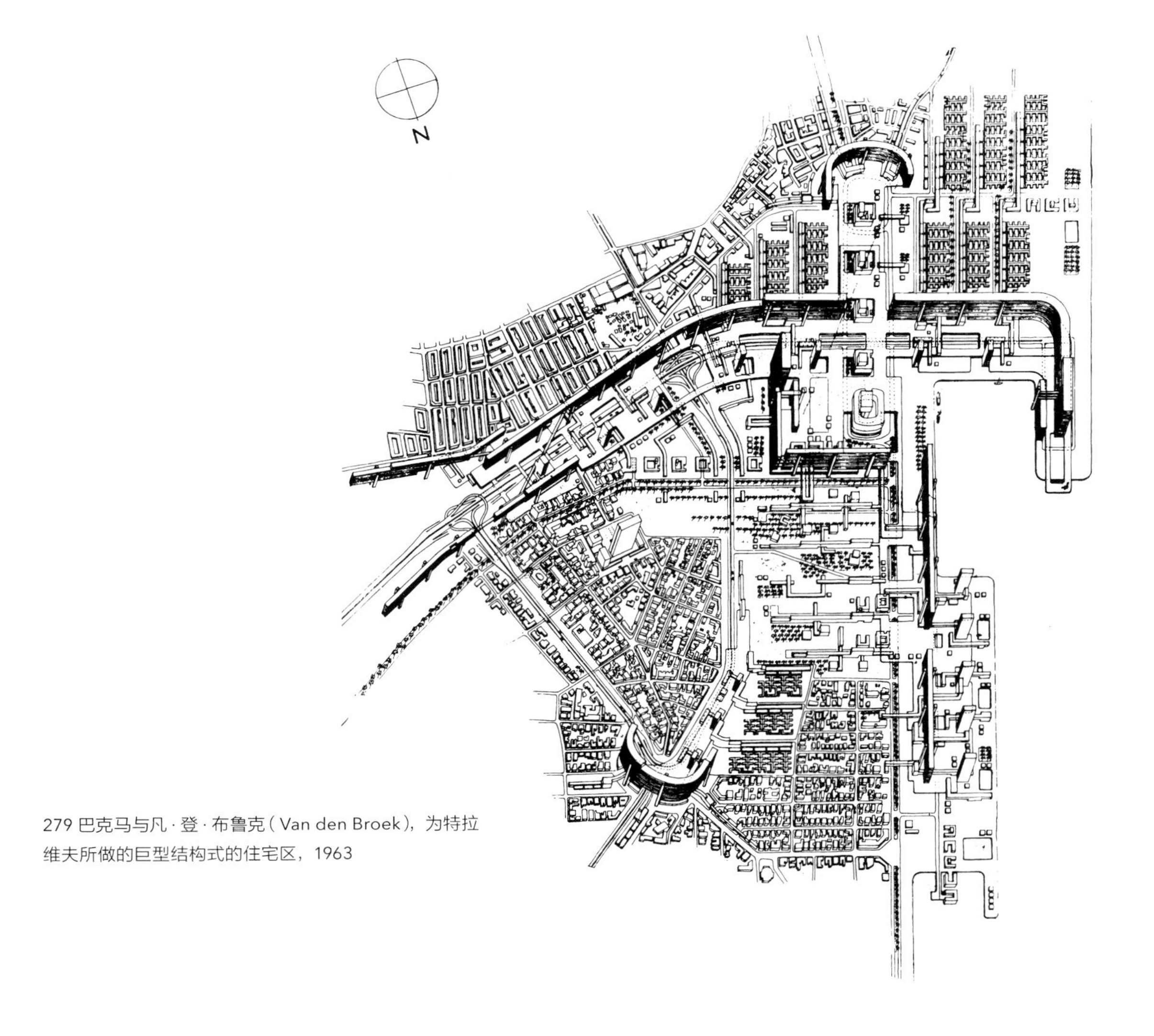

279 巴克马与凡·登·布鲁克（Van den Broek），为特拉维夫所做的巨型结构式的住宅区，1963

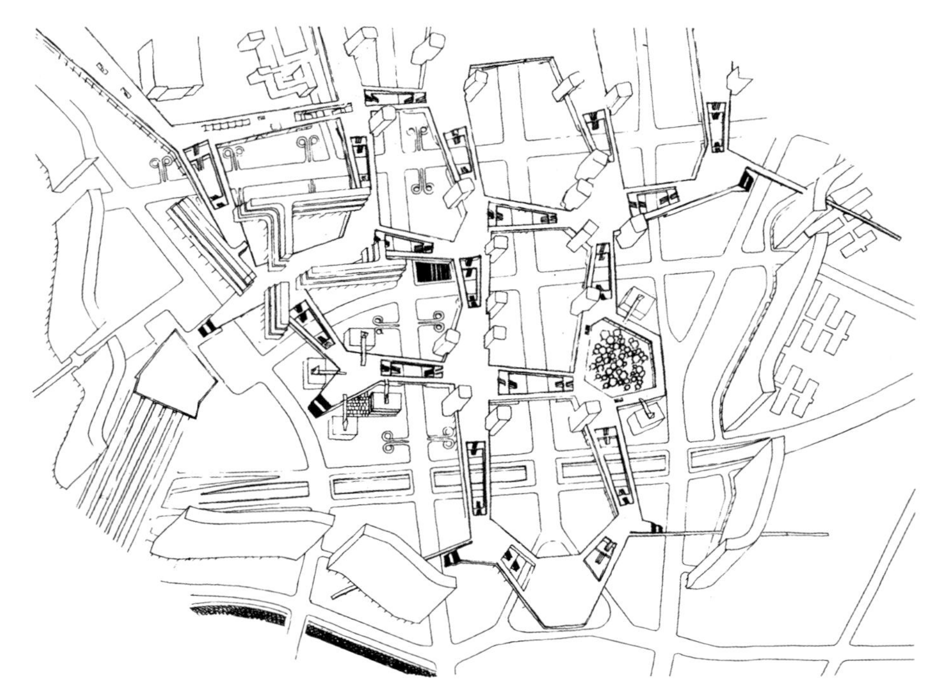

280、281　艾莉森与彼得·史密森和西格蒙德，柏林大市区方案，1958。上图为步行网的南段，表示在老街方格网上的公路，下图为通向商店和屋面层的自动楼梯

端层次化的邻里规划形式，与科恩1942年编制的MARS伦敦规划相似。

在1963年的特拉维夫方案［图279］之前，巴克马实际上并没有真正处于勒·柯布西耶影响之下，而在特拉维夫方案中，他采用了柯氏1931年为阿尔及尔所作的巨型结构式的奥勃斯街坊(见图167)的方法，作为为城市的分散形式建立秩序的手段。令人奇怪的是，这种连续的超级街坊并没有把巴克马从他的决定论倾向中解放出来。因为虽然在这里虚构的邻里单元不再受到过去那样的重视，但它的结构功能却被巨型形式所代替。后者或是横越地形，如在1962年为波鸿大学(Bochum University)所作的竞赛方案那样；或是与穿越城市的一条快速公路干线相平行，如在特拉维夫那样。

第十小组令人迷惑的一件事是，当巴克马提出以巨型建筑作为大都会景观在心理上的“适配物”时，史密森夫妇却开始怀疑起此类结构的可行性。他们在路易·卡恩的城市主义观念影响下提出的“开放城市”理论，是他们于1958年首次访问美国后宣布的。同年，他们与彼得·西格蒙德(Peter Sigmond)合作提出了柏林大市区的竞赛方案［**图280、281**］。在这个方案(很奇怪地酷似夏隆的方案)中，他们提出了永久"废墟"城市的观念——"废墟"指的是20世纪中加速了的运动和变化无法与现存的城市结构模式相关联。

311

巴克马和史密森都关注于"城市适配"(urban fix)这一概念，包括在汽车王国的"无尽空间"(space endlessness)中通过建筑学建立一种场所感。史密森夫妇在放弃提倡巨型结构之后，转而主张设立无汽车交通的地方性孤岛。这种孤岛可以是他们设计的柏林大市区方案中的架空平台，也可以是他们于1962年梅林广场方案中的申克尔式的游行广场(Paradeplatzen)。不管采用何种方式，巴克马与史密森夫妇在这一时期所关注的是如何使公众的流动性得到解放，并企图以某种适宜的建筑形式来促使其成功。

为此而采取的诸多决策中，史密森夫妇所提供的方案似乎更为可行，因而使他们所作的大市区及梅林广场方案得以部分实现——前者体现在他们于1965年设计的伦敦《经济学家》办公楼的建筑群，后者则反映在1969年的伦敦罗宾汉花园住宅中。然而，这些项目却出现了缺乏生气的状况，说明史密森夫妇未能妥善解决他们这种"地堡"(landcastle)式的城市效果，这突出地表现在罗宾汉花园住宅上，它和"功能城市"的塔楼一样孤立于周围的城市文脉之外。

阿尔多·凡·艾克迥然不同的途径直接反映了第十小组在本质上的多元性。他毕生致力于建立一种适合20世纪后半期的"场所形式"(place form)。从一开始，凡·艾克就研究那些被第十小组多数的成员宁愿弃之不顾的问题。当第十小组还以一种天真烂漫的乐观主义态度保持其初期的活力时，凡·艾克却为一种近乎悲观主义的批判的冲动所推动。看来，第十小组中再没有一个成员打算要对现代建筑运动的异化抽象性从根本上进行声讨了，这也许是因为他们不像凡·艾克那样具有"人类学"的经验。从20世纪40年代初期起，凡·艾克就专注于研究"原始"文化，以及此类文化所无一例外地显示出来的建筑形式的永恒性。因之，当他参加第十小组时，他已经发展了一种独特的观点。他在1959年奥特洛大会上发表的声明中宣布了他对人的永恒性的关怀，这与第十小组主流思想的距离几乎与CIAM的同样遥远：

> 人的本质基本上总是并且到处是同一的。它具有同一的精神官能，尽管这种官能因文化或社会背景的差异，或因其所归属的生活方式的不同而用法不一。现代派建筑师喋喋不休地申述我们时代的不同，以至于他们自己也失去了与同一的，以及那些始终是基本上同一的事物的接触。[4]

凡·艾克对过渡性，以及对扩大"门槛"以便在那些普世的成对现象诸如"室内与室外""房屋与城市"之间达成某种象征性调和的关注，在他20世纪50年代后期的作品中最为明显，尤其是在他设计的当时接近完工的阿姆斯特丹儿童之家中。在这座学校的设计中，凡·艾克通过一系列相互连接、全部统一在一个连续的屋盖之下的圆穹"家庭"单元，阐明了他的"迷宫式的清晰性"(labyrinthine clarity，详见p.335)这一概念。

然而，到1966年前后，一度使人热情奋发的因素却变成了令人失望的事物。经过了五年城市的迅猛发展之后，凡·艾克有了足够的证据断定：迄今为止已证明，建筑师职业，或者从整体讲，一个西方人，已无能发展一种足以应付大众社会的城市现实的美学或战略。凡·艾克声明："我们

312

对这巨大的多样性一无所知，无能为力，不论是建筑师、规划师还是其他任何人。”在其他场合，凡·艾克把这种困境解释为是乡土风格的丧失所造成的文化空白。在这一时期的许多著作中，他指出了现代建筑在消灭风格和场所中所起的作用。为此他说：战后的荷兰规划除产生了所谓的“功能城市”那种有组织的、无法居住的、无可辨认的“无场所”外，简直没有提供任何东西。他怀疑如果没有乡土文化的介入，建筑师们是否还有能力来满足社会多元化的要求，这一点导致了他对社会本身真实性的怀疑。1966年他问道：“如果社会没有形式——建筑师们又何以能创造出它的对应形式呢？”

到1963年前后，第十小组已经跨过了成果丰硕的交流和合作的阶段，这种转变从史密森夫妇在1962年出版的《十小组入门》一书中可以直观地看到。从此以后，第十小组成为一个有名无实的组织，因为当初希望借此对CIAM进行建设性批判的目的已达到了。就批判性再阐释而言，事实上也没有多少工作可做了——只有两位曾站在一边的人除外，一位是美国的沙德拉赫·伍兹；还有一位是意大利的吉安卡洛·德·卡洛（Giancarlo de Carlo）。

282　坎迪利斯、约西奇和伍兹（Candilis，Josic and Woods），法兰克福－罗默堡方案，1963年。模型（设计师：伍兹与希德海姆）

伍兹1963年所做的法兰克福－罗默堡（Frankfurt-Römerberg）的竞赛方案［**图282**］是一个新的起点，这是他对凡·艾克所号召的“迷宫式的清晰性”的一种直接反应，因为在法兰克福方案中所提出的是一座“微型的城市”。伍兹与曼弗雷德·希德海姆（Manfred Schiedhelm）共同提出了在“二战”中被破坏的中世纪市中心区内建成一个由商店、公共空间、办公及居住建筑等组成的同样迷宫式的组合体，整个建筑群配有一个双层地下室，供服务设施及停车用。如果说法兰克福方案是一个城市“事件”的话，那么它的构思也与史密森夫妇或巴克马的语汇不同，因为在提供一种正交的对应形式（counterform）以对抗城市的中世纪的形式（form）时，它还包括了一个设置自动楼梯的三维“阁楼”系统，它的许多空隙可以根据需要来使用。尽管这种构思早在1958年约纳·弗里德曼的《活动建筑学》一书所描述的基础结构中已出现过，但这一点却并无损于伍兹的成就。

虽然法兰克福－罗默堡只是一个方案，但它无疑是伍兹一生事业中最大的成就，并且也可能是第十小组所发展的原型中最重要的一个。它与现存的城市文脉密切相关，并且拒绝了“功能主义”及“开放式”城市模型的逃避主义，试图把小汽车放在其应有的位置，同时又继承了城市文化的传统。

这个法兰克福方案于1973年在柏林的自由大学［**图283、284**］中实现，但却丧失了其大部分的说服力，这在很大程度上是由于缺乏一个城市文脉。柏林－达勒姆没有那种在其构思中考虑到的城市文化，这只有在建法兰克福时才能得到反映。固然，一所大学也可以作为城市的一个微缩

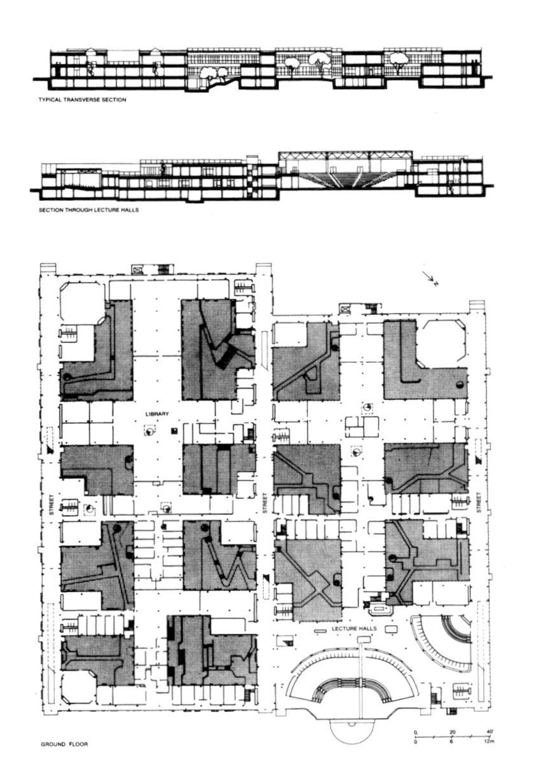

283　伍兹与希德海姆，自由大学，柏林－达勒姆，1963—1973。第一期的剖面与底层平面

结构而发生作用，但它却不能产生城市本身所具有的生动活泼的多样性。此外，当法兰克福的空间灵活性被移到柏林时，却变成一种技巧上的灵活性——这一点体现在让·普鲁韦用考登10型钢钉在模数制立面上的富有“诗意”、但并不实用的细部处理中。

313

1964年，伍兹的法兰克福方案中所蕴含的意识形态在德·卡洛为乌尔比诺大学所作的规划中得到体现。这一规划是在详尽的地形研究的基础上产生的。它对古建筑保存及修复的关注远远超过对新建设的开发。通过德·卡洛的乌尔比诺，第十小组终于达到了与“光辉城市”那种和正交坐标投影方案完全相反的命题。德·卡洛对尽可能重新使用现有房屋的关注，已经被近期的住房问题研究者肯定为一项政策。他们已经结论性地证明：虽然新建住房通常可以达到较高的密度，但是需要有50年的时间才能补偿在拆迁和建房上花费的时间所产生的统计上的“住房损失”。

此类考虑的最终结果是使第十小组陷入了一个他们长期以来一直坚决回避的领域：政治，这在1968年米兰三年展上体现得最为明显——伍兹为表示对激进派学生的同情，帮助他们拆掉了自己的作品。而仅仅一年之前，他写道：

> 我们等待着什么？收听用最新式武器进行新的武装进攻的新闻，这些新闻通过空气传送到我们的新颖的半导体收音机中来，而这些收音机却放在我们越来越粗俗的住房中？我们的武器越来越高级，但我们的住房却越来越粗俗，这难道是有史以来最富裕的文明所提供的资金平衡表吗？[5]

德·卡洛在1968年提出了同一主题，在题为《使建筑学合法化》一文中，他对现代建筑意识形态的发展做了归纳性的总结，其中他评述了1928年的CIAM宣言：

> 今天，在大会后的40年，我们发现这些提案已经变成了房屋、街坊和郊区，甚至是整座的城市，它成为先是对穷人、然后是对那些不那么穷的人的凌辱的明显证明，成为对巧取豪夺的经济投机和骇人听闻的政治无能的文化辩护。然而，这许多在法兰克福会议上被冷漠地弃之一边的“为什么”，现在仍在不断地浮出表面。与此同时，我们有权利问：“为什么”住房要越便宜越好，而不能更贵一些？“为什么”要把它压缩到最小的面积、最薄的厚度、最少的材料，而不是更宽敞，更有保障，更隔音，更舒适，装备更完善，更有利于提高私密性、通信、交流及个人的创

284　伍兹与希德海姆，自由大学，柏林－达勒姆，1963—1973。由普鲁韦设计的细部处理采用考登钢制的围护系统

造力？事实上，用现有资源的匮乏来回答这些问题是不会使人满意的，因为我们知道在战争上、在制造导弹和反导弹系统上、在登月计划上、在研究如何脱离游击队藏身的树林的树叶以及如何瓦解从贫民区出来的示威群众的队伍上、在暗地交易上、在发明种种人造物品上花了多少钱。[6]

对德·卡洛而言，1968年的学生运动不仅是建筑教学危机的一个必然的结果，而且也反映了在建筑实践与理论方面的更为深刻且意义深远的功能上的失调——后者往往是为掩盖那个渗透在整个社会中的权势与剥削的网络而服务的。德·卡洛引用第八届CIAM会议的纪要为例，指出它对"城市中心"感情用事的评议，很大程度上是形成一种使传统的城市核心遭到践踏的观念形态的原因（这一嘲讽性的过程——即使不是愤世嫉俗的——在10年后达到了顶峰）。正如德·卡洛指出的，这种倾向的新闻报道式的喧哗至今还在一些西方社会的评论家身上存在，他们把城市的更新用来作为迁移穷人的借口。

在20世纪60年代中期，除了凡·艾克、伍兹与德·卡洛，这一点被第十小组的多数成员所忽视，似乎他们宁愿无视我们的城市传统在投机的名义下遭到毁灭。在这个关键环节上，第十小组的预言能力瘫痪了。在难以应付的状况下，他们的创造能量衰减了。吊诡的是，他们的作品能持续到现在的原因，不在于其建筑艺术的视觉形象，而在于他们文化批判的启示性力量。

第4章

场所、生产与布景术：1962年以来的国际理论及实践

315 空间，Raum, Rum，这些词的含义可用它们古老的意义来说明。Raum 指的是一块清理过的、允许自由集居或居住的场所。空间指的是被腾出空地方的某物，也就是说，在一定的界限（希腊人称为 peras）范围内，已经经过清理或已经取得自由的某物。界限并不是某件事物终止的地点，而是像希腊人所理解的那样，它是指某事物开始其存在的起点。这就是为什么会产生 horismos（地平线）亦即边界这一概念的原因。空间实质上是指为其腾出了位置的事物，为之而引入其界限的事物。已经腾出了位置的事物总是已被许可的，因而是与外界连接的，是通过处于某一位置的、用桥梁之类的东西集合起来的。由此可见，空间从位置取得其存在，而不是从空间本身。[1]

——马丁·海德格尔
《建筑、住房及思想》，1954年

凡是叙述建筑学近期发展的著作，无不提到这一学科在20世纪60年代中期以来所扮演的模棱两可的角色——所谓模棱两可指的不仅是它在公开宣称要为公众利益服务时，却往往不加批判地帮助了一种最佳工艺学的统治领域的扩大，而且也指的是它的许多有才干的成员已经放弃了传统的实践，或是转向社会活动，或是沉溺于把建筑学设想为一种纯艺术形式。就后一点来说，人们不能不把它视为一种受压抑的创造力的回归，就像乌托邦理想的自我“内向爆炸”一样。当然，过去也有建筑师做过此类的设想，但是，除了皮拉内西的古典主义和晚近一些出现的布鲁诺·陶特的“玻璃链”式的幻想之外，还很少有人把自己的想象力延伸到如此不可企及的地步。在第一次世界大战的创伤前后，启蒙运动的积极理想还有能力支持某种信念。在此之前，在19世纪初期，即使是布莱的最宏伟的设想都有建成的可能，并有足够的资源可资使用，而勒杜则既是一个梦想家又是一个建筑家。勒杜如此，勒·柯布西耶亦然，只要授予他足够的权力，他的那些大型城市的设想无疑均可得到实现。1972年由山崎实（Minoru Yamasaki）设计的位于纽约的双塔型筒形框架结构，即412米高的世界贸易中心，或1971年由斯基德摩尔－欧因斯－梅里尔事务所的布鲁斯·格雷厄姆（Bruce Graham）及法兹勒·汗（Fazlur Khan）设计的位于芝加哥的比前者还高出30米的西尔斯大厦（Sears Tower），都证明了即使是赖特1956年所设计的1600米高的摩天大楼也并非一定不能实现。但是这些巨型建筑对一般实践来说实 316

属例外，正如曼弗雷多·塔富里指出的：先锋派到了后期，其目的或是通过宣传工具为自己辩护，或是用一些孤立的、创造性的驱魔怪物作为祭坛来弥补自己的罪过。后者究竟在何种程度上属于一种具有颠覆性的伎俩[建筑电讯派(Archigram)称之为“向系统中注入的噪声”]，或一种带有批判含义的、夸张的隐喻，当然要取决于其中所涉及观念的复杂程度或整个事业的意图。

英国的建筑电讯派在1961年首次出版的《建筑电讯派》杂志之前，就开始设想一些新未来主义的形象。显然，他们的态度与美国设计师巴克敏斯特·富勒以及他在英国的辩护士约翰·麦克黑尔(John McHale)和雷纳·班纳姆的技术至上主义的意识形态密切相关。1960年左右，在麦克黑尔的提示下，班纳姆在他的《第一机器时代的理论与设计》一书的最后一章中，已经把富勒册封为未来的救世骑士。阿基格拉姆派后来所投身其中的一种“高技术”、轻质、基础结构式的途径(相当于富勒作品中内含的，并明显地表现在约纳·弗里德曼1958年所著的《活动建筑学》中的那种非确定性)把他们悖论式地带入了科幻小说的嘲讽形式中去，而不是提出一些真正非确定性的，或者是社会可以付诸实现并加以利用的答案。这一点把他们与英国其他有名的富勒派区别开来。塞德里克·普赖斯(Cedric Price)1961年的“游戏宫”和1964年的“瓷器思想传送带”只是一种不能实现的，至少在理论上是非确定的，但又可以满足大众娱乐需要，并可以为更高级的教育提供一种可以触及的体系。

除了具有某种潜伏的性欲主义外(在米歇尔·韦布[Michael Webb]1962年的“罪恶中心”[Sin Centre，**图285**]中可明显地见到一种对生物功能主义的戏仿)，建筑电讯派对空间时代形象物

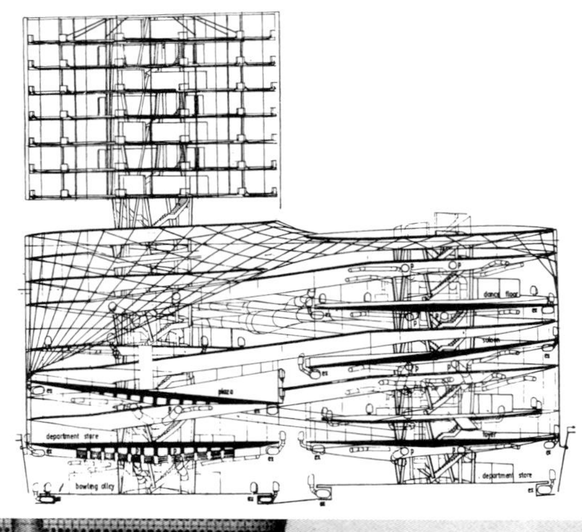

285 韦布，“罪恶中心”方案，1962

286 海隆，“行走的城市”方案，1964

的诱人的吸引力更有兴趣。他们在富勒之后，更致力于实现 Armageddon（世界末日）式的生存工艺学，而无意于生产过程；更醉心于一些超绝的技巧而漠视当前的任务。朗·海隆（Ron Herron）1964年的“行走的城市”［图286］在其表面的嘲讽之外，显然是在设想一个在核战争后的废墟中行走的怪物；就像霍华德·休斯（Howard Hughes）的“格罗马探险者”一样，它们使人想起某种噩梦中的拯救者在一场最终的灾难之后救出人类及文物。这些“巨大海兽”可以与富勒1962年提出的在整个曼哈顿中心区用一个大壳罩起来［图287］的建议相提并论。他的这种城市规模的铁肺是用来作为一种大地防尘罩——并且无疑地还可扩大一倍，作为发生率极低的核弹误射带来的散落物的保护罩。与此相比，建筑电讯派则认为没有多大必要去关心他们的那些巨型结构物［以彼得·库克（Peter Cook）1964年的“插入式城市”为典型代表］的社会及生态后果。同样，丹尼斯·克朗普顿（Dennis Crompton）、米歇尔·韦布、沃伦·乔克（Warren Chalk）及戴维·格林（David Greene）等醉心于悬挂式的空间时代弹丸，他们并不感到有任何义务需要说明为什么人们应当选择生活在这些昂贵的、技术超绝的，却又是粗鄙的、拥挤不堪的硬件之中，就像班纳姆在他的那配有高精度收录机及其他设施的唯我主义的、可膨胀的气泡中做出一副自我陶醉的姿态一样（也许是对第29章引用的富勒那首嘲讽诗“逛呀逛回我圆穹之家”中的那种庸俗气质表示效忠），他们所提出的空间标准都远远低于那些他们所蔑视的战前功能派所确定的最低生存限度。

如果有什么事情将注定使建筑学退回到“某些昆虫及哺乳动物的活动水平”的话——引用贝特

287　富勒，覆盖曼哈顿市中心的大地穹（从河到河，第64街到第22街），1962

霍尔德·卢贝特金于1956年对苏联构成主义建筑师的还原主义的批评（其目标是金兹堡的当代建筑师联合会，也即OSA），那么可以肯定地说，这就是建筑电讯派所设想的住宅细胞。它们以富勒1927年的戴梅森住宅，或10年后提出的戴梅森浴室（见 p.272）为楷模，力图做成一些“成套自治包”（autonomous packages），主要供个人或一对配偶之用。虽然这种对无子女的家庭单元的关注可能是对资产阶级家庭内涵的一种批判，然而建筑电讯派的最终立场却很难说是批判性的，这一点在彼得·库克的《建筑学：活动与规划》（1967）的一段文字中最为明显：

> 往往在建筑师的任务书中包括要调查某一场地的“可能性”；换句话说，要发挥建筑学的创新构思，以便从一小块土地上获取最大的利润。在过去，这样做会被看作对艺术家天才的不道德的利用。现在，它已成为整个环境及建筑生产过程高级化的一个组成部分，而财务问题也成为设计创作中的一个要素。[2]

建筑电讯派的作品与日本的新陈代谢派

288　菊竹清训，“海上城市”方案，1958
289　黑川纪章，中银胶囊塔，东京，1971

（Japanese Metabolists）惊人地相近，后者从20世纪50年代后期开始，为了应对日本人口密度过高的压力提出了一种能够不断生长和适应的“插入式”巨型结构，就像在黑川纪章（Noriaki Kurokawa）作品中表现的那样，其中居住细胞被还原成为预制容器，并可连上螺旋形的摩天大楼；或者，像在菊竹清训（Kiyonori Kikutake）的方案［**图288**］中，它们像帽贝（limpet）虫般地附着于在海面漂浮的大圆筒的内外壁上。菊竹的浮动城市确实是新陈代谢运动中最富有诗意的幻想。然而，尽管用来采掘能源的海上钻井及其工作辅件如雨后春笋般地发展起来，菊竹的海上城市在日常生活中甚至比建筑电讯派的巨型结构更遥不可及。现已证明，在提倡修辞学的先锋派运动中，多数的新陈代谢派成员已转向较为常规的实践。除了菊竹1958年的“天宅”以及黑川1971年建于东京银座的供单身住户使用的中银胶囊塔［**图289**］（参见黑川1962年的“弹丸”式公寓方案），没有几个新陈代谢派的构思得以实现。这种狂热的未来主义有别于槙文彦（Fumihiko Maki）、尾高正时（Masato Otaka）等温和派所提倡的那种理智的、加法式的城市方案，居特·尼奇克（Günther Nitschke）1966年在评价新陈代谢运动时这样说：

如果真实的建筑物变得越来越重、越硬，在规模上越来越庞大；如果建筑学被视为表达权力的手段——无论是个人的，或某种自称不是为统治集团服务的庸俗机构的权力，那么，什么灵活性或“善变”结构之类的说法都不过是一些无稽之谈。这些结构［指1966年涩谷明（Akira Shibuya）的新陈代谢城市］与传统的日本结构或是瓦赫斯曼、富勒或日本的荣久庵宪司（Ekuan）等提出的现代方法相比，只能被看作一些不适时宜之物，过时了一千年，至少可以说，在理论和实践上，它们都不是现代建筑的一种进步。[3]

日本新陈代谢派的衰落以1970年大阪博览会明显体现出的意识形态的空虚为起点。从此以

290　矶崎新，群马美术馆，群马县，高崎市，1974

后，日本建筑批判的领导权就从那些老一辈的新陈代谢派转移到所谓的新浪潮派（New Wave），其创作主要因两位中间代建筑师——矶崎新（Arata Isozaki）和筱原一男（Kazuo Shinohara）——的作品而被人知晓。筱原的作品几乎都是居住类的；而矶崎新的名声则来自两个方面，一是作为一名批判型的知识分子，二是作为一位公共建筑设计师。他的独立事业开始于1966年建成于北九州的福冈相互银行（Fukuoka Sogo Bank）大分县分行，这项成功的作品导致一系列重要的公共建筑的诞生，包括1974年群马县高崎市的县美术馆［**图290**］。

319

1968年，矶崎新获得了国际声誉，当时他在第14届米兰三年展上举办了一个名为“电的迷宫”（Electric Labyrinth）的个人展。它的构思是用多媒体的手段表现广岛灾难的启示性意义，其感人的力量来自其支点可以随意移动的屏幕和背后投影等，这使矶崎新在欧洲先锋派中确立了自己的地位。米兰三年展使他接触了建筑电讯派和汉斯·霍莱因（Hans Hollein），此后他的作品就在某些方面显示出他们的影响。在为丹下健三设计的1970年大阪博览会节日广场上的机器人中，他从建筑电讯派那里吸取了他们的“高科技”活力；而从霍莱因那里，他吸取了用各种高级手工艺品和嘲讽式的艺术形象与材料相混合的设计手法，后者首先见之于1968—1971年建在北九州的福冈相互银行本店。除了热衷于精巧的室内装修外，他和路易·卡恩一样，也受勒杜建筑话语（architecture parlante）的启示。他从勒杜的象征式新柏拉图几何形状出发，在20世纪70年代早期设计的一系列银行分行中追求于一种方格布局的高科技建筑，并在群马美术馆这一登峰杰作（magnum opus）中达到顶峰。通过这些幻影式的、闪烁发光的建筑，矶崎新试图为日本传统的“暗空间”（space of darkness）的消失给予补偿。这是一种光线暗淡、退缩的家居空间。谷崎润一郎（Junichiro Tanizaki）在他的《赞美阴影》(1933)一文中首先对其消失表示了哀悼。矶崎新认同谷崎对日本传统建筑中光线暗淡的室内空间的评价，但是他又不能接受后者在这种文化怀旧中的保守含义。他试图对这种传统的幻影式空间提供现代的对应物。这一点在他的长住家庭银行（Nagamsami Home Bank，1971）的设计中达到了顶峰，他写道：

本建筑几乎没有形式，它只是一块灰色的领土。多层次的方格网引导着人的视线，但却没有集中在任何具体事物上。在首次接触中，这种模糊的灰色领域似乎是无法破解和完全奇异的。多层次的格架把视觉分散在整个空间中，就像有一个中央投射器把各种意象散布在整个地域上。它把所有可能建立严格秩序的单个空间都吸收了。它把它们隐藏起来，在这一隐藏过程完成的时刻，余下的就只是灰色的领域了。[4]

320

从20世纪70年代初期以来，矶崎新的作品经常在用立方体叠合起来的非构筑性的方块组合(灰空间，如群马美术馆和福冈市秀巧社大厦［1974—1975］)与构筑性的筒拱系列结构(如大分县附近的富士县乡村俱乐部［1972—1974］及北九州市中央图书馆)之间摇摆不定，后种范式的最近版本是1984年完工的洛杉矶当代美术馆，这可能是他后期的最佳作品之一。

与新陈代谢派不同，矶崎新与筱原以及其他日本新浪潮派成员所接受的事实是：在今日，人们已很难期望在单一的建筑和城市肌理之间建立起有意义的联系。这种批判态度表现在由安藤忠雄(Tadao Ando)、藤井博已(Hiromi Fujii)、原广司(Hiroshi Hara)、长谷川逸子(Itsuko Hasegawa)和伊东丰雄(Toyo Ito)等建筑师所设计的极端形式化的、内向的住房上，以及矶崎新和筱原设计的类似的内向型建筑物中(见 p.501)。

伊东在同等程度上受矶崎新和筱原的影响，他可被视为日本新浪潮派总体思路的一个缩影，也就是说，他的作品既是高度美学型的，在意识形态上又是批判型的。与矶崎新和筱原一样，他对巨型城市持一种宿命论的态度，把它视为无理性的环境呓语。与那种“无场所感的城市领域”(Non-Place Urban Realm，见 p.322)不同，他把文化意义存在的唯一可能性寄托在封闭式的、诗意的领域中。他迄今为止最大的都市作品是1978年建造的名古屋 PMT 大厦，这是一座极薄的插入式结构物，其密封的、主要靠顶部采光的形式，具有一种苦修的斯多葛式的美。这里有贵族式的对应形式(矶崎新)，而不是那种带着恩赐面具的大众主义(文图里)。这一点在伊东1978年的论文《建筑中的拼贴和浮表性》中可明白看到：

一个日本城市中的表面丰富感并不在于建筑的历史积累，而是来自一种对已失去的建筑的怀念。这种过去的建筑正在不加区别地与现在的浮表肖像混杂在一起。在这种对怀旧的满足感的无止境的欲求后面存在着一种没有任何实质的空虚。我在自己的建筑中希望得到的不是另一个怀旧性的实物，而宁愿是某种肤浅的表达，用来揭露隐藏在其下面的空虚的本质。[5]

正如前述，除了在美国西部建造大地圆穹罩的防核尘文化之外，富勒意识形态的影响范围主要是在日本和(尤其是在)英国。在那里，“戴梅森”的发展可以从塞德里克・普赖斯和彼得・库克的首批空间框架和穹体追溯到福斯特事务所(Foster Associates)更近期的作品。

这一运动的典型范例是1977年建于巴黎的蓬皮杜中心［**图291、292**］，这是由理查德・罗杰斯(Richard Rogers)与伦佐・皮亚诺(Renzo Piano)这一短命的英－意合伙事务所设计的。显然，这座建筑是建筑电讯派的工艺及基础结构修辞学的体现，虽然这种手法的整体效果将通过日常使用而逐步明朗化，但迄今为止，已经可以看出它取得了某些矛盾性的成就。首先，它在公众中取得了巨大的成功——无论是在感官上或其他方面均是如此。其次，它是先进技术威力的光辉的杰作，它的外形就像一座以先进工艺装备起来的石油加工厂。然而，它的诞生却好像极少考虑到任务书中所提出的特殊要求——存放艺术珍品及图书。它代表了一种走向极端的、体现非确定性与最大灵活性的设计手法。它不仅需要在其骨架体积内部再建造另一幢“建筑”，以此来提供艺术展览所需的墙面及外围，而且，为了保证最大程度的灵活性而普遍采用了50米跨度的桁架，这看来是过分了。从这幢建筑一开始投入使用起，就已经很明显地看出这项措施实无必要。这是一个提供了过少墙面和过多灵活性的案例。此外，对城市文脉漠不关心的，并且也没有能力代表一个文化机构所应享有的地位的建筑尺度，却与它的创作意识是一致的，因为这些方面的关怀在英国戴梅森派（Dymaxion school）中是不存在的。这件作品的一个无意识的反讽似乎来自从它的自动楼梯道的玻璃罩表面上反射出的城市的光辉形象。这些楼梯道现在已难以适应每天两万名的访问者——有些不是为了它所提供的文化设施而来，而只是来看看建筑和景观。

同样一种非确定的手法被用于英国新城镇——米尔顿·凯恩斯（Milton Keynes）的设计［**图293**］之中。这个城镇是以某种不规则的街道网为基础的，然而它的构思却显然是把当今的洛杉矶移植到白金汉郡的农村景观上。它的空旷无物的不规则网格是随地形而构成的，这又是一个把不确定性推向荒谬程度的练习。尽管它有密斯式商业中心的新古典主义，但几乎看不到它有多少能显示出本城镇个性的能力。除了表示它的法定界线的图标指示外，人们很难意识到自己已经到达此地，而对偶然的来访者来说，米尔顿·凯恩斯不过是由若干个在设计水平上参差不齐的住宅区的随机拼合而已。尽管赖特在严格正交的“广亩城市”中把城市结构无情地分散了，但人们仍然可以通过它的正交形的边界看到场所的清晰界定，

291、292　皮亚诺与罗杰斯，蓬皮杜中心，巴黎，1972—1977

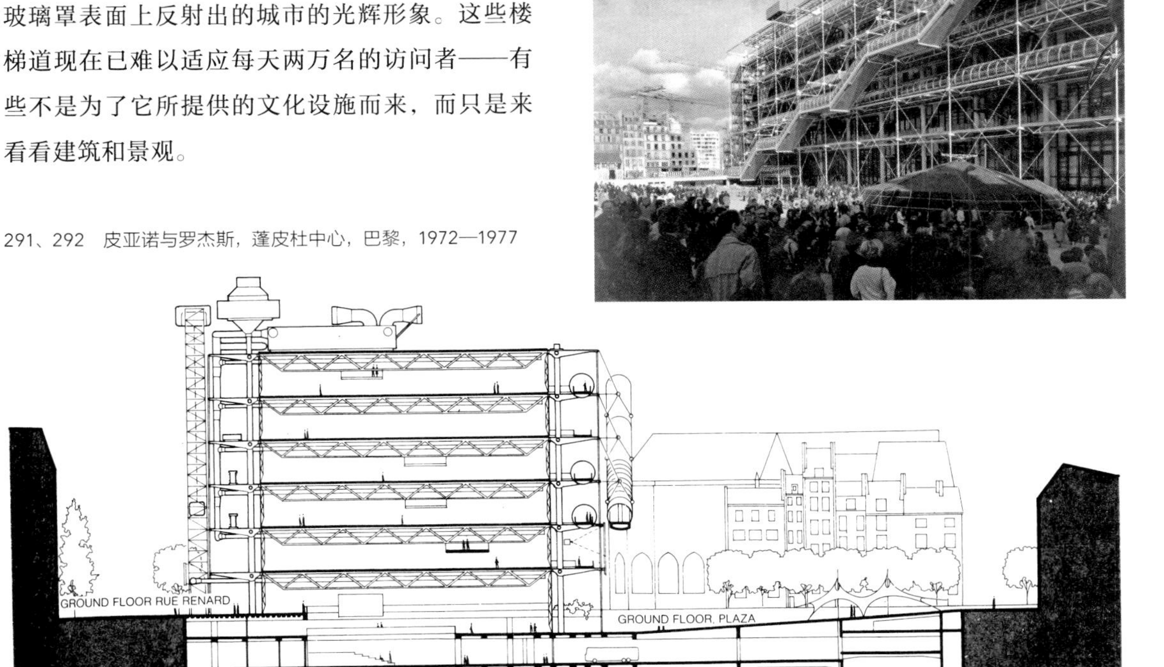

293　路埃林－戴维斯·威克斯·福里斯特－沃克和波尔事务所，米尔顿·凯恩斯新镇规划，布克斯，1972。有计划的道路网加在景观之上。居住区（浅色）与工作区（深色）不规则地混合

而在这里，毋庸赘言，即使有所谓的边界存在，也不具有任何清晰可见的秩序。这一点并不令人奇怪，因为这个城镇的结构是受到梅尔文·韦伯（Melvin Webber）规划理论的影响，他的口号“无场所感的城市领域”看来已被本规划的官方建筑师路埃林－戴维斯·威克斯·福里斯特－沃克和波尔（Llewelyn-Davies Weeks Forestier-Walker and Bor）奉为信条。韦伯的这一口号来自克里斯塔勒－洛赫（Losch）所提出的中心场所位置原理——在当时和现在，这一原理是创立最佳市场条件的最动态的模式——这一事实很难不受到城市当局或建筑师的注意。这种按照消费者社会假想利益而制定的开放式规划模型，其被选择肯定是有意识的。

设置在德国乌尔姆市的高等设计学校（HfG）［**图294**］是由瑞士建筑师马克斯·比尔创建的，其意图是将其作为包豪斯的继承者。这里采用了一种严格地对待设计及工艺的态度，从而使它在成立后的10年内始终面临着为消费者社会进行设计时所遇到的各种基本矛盾。在比尔1956年辞去校长职务之后，HfG转向某种形态的“运筹学”，试图通过它产生一种诱发性的设计方法，在这种方法中，客观对象的形式要通过对它的生产和使用进行精确分析而确定。不幸的是，这种方法很快就堕落成为一种“方法学迷信”，方法论的“纯粹主义者”毫不例外地宁肯放弃答案，也不情愿接受一种不是按人类工程学原理确定的设计。以赫伯特·奥尔（Herbert Ohl）的工业化建筑体系为例，它过分强调对工业化构件的设计，而排除了对具体建筑任务的综合分析。为了建造形式的合理化生产而致力于生产一些虽则简单但是经过深思熟虑的原型构件，然而真正的需要却往往被忽视了。在20世纪60年代中期，教师中较具批判态度的，如托马斯·马尔多纳多（Toms Maldonado）、克劳德·施耐特（Claude Schnaidt）、古依·邦西埃普（Gui Bonsiepe）等，均已认识到这种把制品设计理想化的做法走入了死胡同，它以科学方法及功能美学为名，轻率地忽视了在新资产阶级社会中内含的基本矛盾。就建筑学而言，没有比施耐特在他的论文《建筑学与政治义务》(1967) 中更强有力的表达了，他写道：

> 和威廉·莫里斯一样，现代建筑的开拓者在他们年轻

的时候认为：建筑学是“属于人民，为了人民”的艺术。他们不愿意迎合少数特权阶层的嗜好，而是希望能满足社区的要求。他们要建造与人的需要相匹配的住宅，以建立一个光辉的城市……但是，他们那种超脱于资产阶级商业利益之上的理论却被后者不失时机地用来为自己赚取金钱的目的服务。效用很快地变成营利性的同义词。反学院派的形式成为统治阶级的新装饰。理性的住房被转变为最低限度的住房，“光辉城市”变成了城市聚合物，线条的简朴性变成了形式的贫乏。工会、合作社及社会主义市政府的建筑师们被征集来为威士忌酒厂老板、洗涤剂制造商、银行家和梵蒂冈服务。现代建筑，尽管它的愿望是创造新的生活环境、为人类解放做出贡献，却被改造成为使人类居住条件恶化的巨大企业。[6]

在同一篇论文的后部，施耐特对20世纪60年代“另类的”先锋派的成就进行了批判：

他们的哲学观点是：通过现代化技术手段，即使是最大胆的建筑设计与城市规划的构思也能够实现，这就是他们追求那些类似宇宙飞船、集装箱、文化系统、精炼厂或人工岛的形式的背景所在。

这些未来主义建筑师在把科技推向其符合逻辑的结论方面可能有所贡献，但其结果往往是使他们走向技术崇拜。精炼厂和航天舱可能成为技术及形式上的完美模型，然而一旦它们变成了某种崇拜的对象，它们所提供的教诲将完全违背其初衷。这种对科技潜力的无限信任与对人类前途的令人惊奇的不真诚态度同时存在……这些形象对许多建筑师来说起了安慰作用：科技支持如此丰富，对未来

294　比尔，高等设计学校（HfG），乌尔姆市，1953—1955。从左到右表示了车间、图书馆、行政楼、学生宿舍。远处为乌尔姆大教堂

295　超级工作室，从 A 到 B 的旅行，1969。“将来没有理由再设置道路与广场”

的信心如此坚定，他们当然感到心安理得，而自己逃避社会及政治责任这一点也得到了合理的解释。[7]

虽然人们可以怀疑其有效性，但20世纪60年代的建筑先锋派终究没有完全抛弃自己的社会责任感。许多因素决定了他们的倾向具有肯定的政治性，并使他们对先进工艺所持的态度带有一定的批判性。在他们之中，要特别提到意大利的超级工作室（Superstudio），在这一方面是最富有诗意的流派。他们受“国际情境主义者”（International Situationist）康斯坦特·纽文豪斯（Constant Nieuwenhuys）的“单一城市规划”（unitary town planning）观点的影响，后者在1960年设计的新巴比伦中提出了一种适应人的“荒唐”倾向的经常变化的城市结构。在阿道夫·纳塔利尼（Adolfo Natalini）的领导下，超级工作室从1966年开始创作一系列作品，它们程度不同地介于以“延续性纪念碑”形式的城市沉默记号为一端，与描绘一个消费者商品消灭后世界的系列图景为另一端之间。他们的作品中既有贴面玻璃的坚实巨石，又有科幻小说中的景观描写(其中大自然变得特别仁慈)，其实质是反建筑学的乌托邦王国。在1969年，他们写道：

在跨越了生产过剩所造成的灾难之后，一个国家可能会平静地诞生，这将是一个既无物质产品又无垃圾废物的世界，这将是这样一个区域：在其中，思想就是能源和原料，同时也是最终产品，一种唯一供消费用的无形实物。[8]

在1972年，他们又写道：

我们为继续生存所需要的实物将仅仅是旗帜、护符、记号，或是做简单操作的简单用具。于是，一方面，将继续有用具存在……另一方面，有像纪念碑或纪念章之类的象征性实物……如果我们要变成游牧民族，这些实物可以随身携带；如果我们要定居某地，它们就将是重型且固定的。[9]

超级工作室提出了一种静默的、反未来主义的及工艺上乐观主义的乌托邦，超越了所谓性能原理的规则。对于后者，哲学家赫伯特·马尔库塞（Herbert Marcuse）将之称为用工具及消费者商品来定义生活，用他在《爱欲与文明》(1962)一书中的话来说：

生活水平可用其他准则来衡量：对人类基本需要的普遍满足，摆脱负罪和恐怖感——既是内在的，又是外在的，既是本能的，又是理性的……在这种情况下，具有本能性能量的量子将被引向必要的劳动……这些量子是如此之微小，以致大面积的压抑性约束及调整在没有外力的支持下而垮塌。[10]

重要的是超级工作室选择以一种几乎是隐身的建筑艺术［**图295**］，即使是看得见的，也是完全无用的或自动破灭的，如他们用为尼亚加拉瀑布所设计的镜面玻璃坝来代表这样一个无压抑的世界。为此，他们用布莱式的不可穿透的质体作为处理"延续性纪念碑"矛盾的方式。然而它不过是一种玄学的形象，与马列维奇的至上主义的纪念碑以及克里斯托（Christo）的"包裹起来"的建筑具有同样的流逝性和神秘性，后者是一名艺术家，他于1968年把伯恩的艺术厅"包裹"之后，继而要把西方世界多数的公共纪念性建筑都包裹起来，使它们归属于"静默"。

在20世纪60年代早期，人们越发意识到，在一般实践中，建筑师的价值观与用户的需要及习俗之间严重失调，这就导致了一系列旨在用各种反乌托邦的方式来克服这种设计师与日常社会分离的改良主义活动。这些流派不仅对当代建筑中抽象语法的不可理解性提出了挑战，而且用许多方法试图使建筑师能为通常被置之不顾的社会穷苦阶层服务。N.J. 哈布拉肯（N.J.Habraken）在他的著作《支撑：群众住房的更替方案》(1972) 中首先涉及了能满足用户可变需要的住房问题；而约翰·特纳（John Turner）及威廉·曼金（William Mangin）于1963年就开始报道了他们为当时已在南美洲大城镇周围出现的自发性"强居"区（squatter）提供的咨询经验。曼金当时描述的情景在南美大陆其他城市中也是典型的：

在秘鲁，惊人的人口增长，加上社会、政治、经济及文化果实集中在首都利马这一事实，造成了近期人口从农村向利马的加速移动。可以毫不夸张地说，在利马的200万人口中至少有100万是出生在本市之外的。移民数量的剧增以及后来其中许多人在"无援助下自助"（unaided self-help）地重新定居在"强居"区——barriadas——的戏剧性后果，在国内外引起了相当的重视，并首次使许多秘鲁人意识到情况的严重。这个城市在过去可能以同一方式增长过，但近期移入的规模及明显程度使它显得像是一种新的现象。这些移民几乎来自全国所有地区、所有社会阶层及种族类别。[11]

这样大规模移居所造成的问题，当然是超越了作为独立学科的建筑设计的范围，甚至也超越了人们通常理解的地产业及建筑业的范围。尽管如此，问题的巨大、明显以及以一种更有效的方式帮助这些"强居"者建房的迫切需要（在多数场

296　德·卡洛，马蒂奥蒂村，泰尔尼，1974—1977

合下还要提供上下水等基础设施)，造成了一种普遍的气氛，使1940年前新客观派提出的推平贫民区、大规模建造新房的公式首次受到了挑战。哈布拉肯认为整个解决问题的途径需要重新研究，不仅第三世界如此，在工业化经济国家中，由于面临用户日益不满的情绪，也是如此。

为了解决这个问题，要建立一种既能适应发达国家又能满足发展中国家的更替模式。然而这种想法未能实现。“用户参与”(很难确切定义，更难付诸实现)这副万能良药只是使我们尖锐地意识到问题的艰巨性，并且认识到也许它只能在零散的基础上用对特定条件采用适度反应的方式才能有效应付的这一事实。尽管如此，“建议性规划”(advocacy planning)这一20世纪60年代的激进派遗产却保存到了今天，虽然其效果因地因事而迥然不同，在有的地方，它成为对无权阶层政治操纵的工具，有的地方也取得了成就，如最近由吉安卡洛·德·卡洛设计的位于罗马外围泰尔尼地区的部分低层住宅[**图296**]，它是根据与地方劳工会广泛讨论的结果而编写的计划任务书设计的。无疑，整个项目提供了少有的质量良好及丰富多样的住宅建筑，尽管对于用户的愿望是否得到正确的阐释，至今尚有争论。

就改变新客观派的实践问题来说，哈布拉肯与他设置在艾恩德霍芬(Eindhoven)的建筑学研究基金会(SAR)尽其技术才能，试图使约纳·弗里德曼提出的开放性基础结构的途径以及“活动建筑学”的许诺达到合乎逻辑的结果。为此，他们创议了一种低层、多层的“支撑结构”，其平面布局除了固定出入口、厨房、浴室等区域之外都是不确定的，可由用户在限定的体积内随心所欲地布置。令人遗憾的是：哈布拉肯企图用类似汽车工业的生产线所制造的工业化、模数制的构件来装备此类空间母体，并且要求这些构件的技术高超性及结构误差达到迄今为止即使在苏联这样成批生产预制房屋的国家中也未能实现的水平。此外，和弗里德曼一样，他忽视了这一事实，即他的这种体系所内含的“自由度”一旦落到垄断资本家的手中就自动地消失了。住房究竟还没有真正地成为一个消费项目。所幸的是，SAR的构思并不全然地取决于其工艺的成败，而哈布拉肯已经开辟了一条研究途径，虽然还有待于深入的探讨。一项显然受哈布拉肯思想影响的相当出色的工作，是1971年建在慕尼黑根特街的“可伸长”的联排住宅区，设计师是奥托·斯泰德尔(Otto Steidle)以及多丽思和拉尔夫·图特(Doris and Ralph Thut)。

大众主义

20世纪60年代中期，随着建筑师意识到当代建筑的简化规范导致城市环境贫瘠化，洛斯对城市化引发文化认同感丧失的认识重新受到关注。究竟这种贫瘠化是如何发生的——它在多大程度上是由笛卡尔式的理性造成的，或是由无情的经济剥削制度造成的——是一个复杂而关键的问题。不可否认的是，现代运动的洁净如白纸(*tabula rasa*)的还原主义，对城市文化的整体破坏起了突出的作用；于是，后现代主义的批判重点放在了尊重城市文脉上。这种反乌托邦的“文脉主义”(contextualist)先是在60年代科林·罗对城市形式的新西特式(neo-Sittesque，这是他在康奈尔大学中所教授的以及在《拼贴城市》一书中所提出的观点)态度，后来又在罗伯特·文图里(Robert Venturi)1966年的《建筑学的复杂性与矛盾》一书中出现。文图里写道：

327 建筑秩序中那些下等酒吧要素的主要合法依据就是它本身的存在。我们建筑师可以悲叹，可以漠视，甚至可以试图取消它们，但是它们不会消失。或者说，它们在很长一段时间内不会消失，因为建筑师们没有可替代它们的力量(也不知道应当用什么来替代它们)，也因为这些普通的要素适应了现行的多样化以及交互的需求。庸俗和紊乱的老调仍然将是我们新建筑的文脉，而我们的新建筑也将成为它们的有意义的文脉。我承认我的视野很狭窄，但是这种建筑师们所看不起的狭窄视野，却和建筑师们想使之荣耀却无能实现的幻想式视野同等重要。短期的、把老与新结合起来的计划，必须与长远的计划共存。建筑师应当既是改良的，又是革命的。作为一项艺术，它必须承认现有的和应有的、直接的和臆测的。[12]

随着1972年由文图里、丹尼斯·斯科特-布朗(Denise Scott-Brown)和史蒂夫·艾泽努尔(Steve Izenour)写的《向拉斯维加斯学习》的出版，文图里对于面向日常实践(秩序与无序之间的对抗)的文化现实的敏锐而理智的评价，已经从对俗艳风格的接受，转变为对其的颂扬，从对主干道的温和评价("还行")到将广告牌林立的街道解读为启蒙时代的变形乌托邦，犹如科幻般的场景置于沙漠之中。

这种修辞学要我们把自助停车场视作凡尔赛宫的绿毯(tapis vert)，把拉斯维加斯的恺撒宫视作哈德良别墅的现代版本，实属最纯正形式的意识形态。文图里与斯科特-布朗将这种意识形态作为使我们宽恕拉斯维加斯粗劣滥调的途径，作为掩饰我们自身环境的残酷性的模范面具。虽然他们保持的批判距离允许他们把典型的赌场描绘为一个诱人的和有控制的无情景观——他们强调了室内的双向镜、其中无边无际的黑暗以及令人迷失方向的无时间性——他们仍小心翼翼地避免自己涉及其价值。然而，这并不妨碍他们把它定位为城市形式重构的一个模型：

在城镇之外处于条形大道与莫哈维沙漠之间的过渡带是一个堆满了生锈的啤酒罐的区域。而在城镇内部，这种过渡带也同样残酷无情地袭来。赌场的正面面对公路，与其保持敏感的关系；但未加整修的背面却面向当地环境，暴露了残余的形式和机电设备的空间及服务面积。[13]

从鲁琴斯到文图里，这些建筑师所面临的处境是，当他们试图机智地超越这种他们被请来进行改造的环境时，他们似乎沦落到完全承认现状的地步，此时，对"丑恶和庸常"的崇拜与市场经济造成的环境后果无所区别。在字里行间，作者们被迫承认在一个完全受无情的经济利益驱动的社会中建筑设计是多余无用的。这是一个除了寻常街上的那些巨型霓虹灯之外，再没有任何更有意义的代表物的社会。在分析的结尾，他们被迫承认，纪念性的丧失不可能以"装饰了的棚子"之类的诡辩术来弥补：

拉斯维加斯的赌场是一个大型的低矮空间。它是那种为节省投资和空调费用而降低层高的所有公共空间的原型。今天，跨度问题容易解决，体积是由机械和经济限额所决定的高度来控制的。然而，只有3米高的火车站、餐厅、商业拱廊同样反映了我们对纪念性的态度的改变……328 我们已经将宾州车站的纪念性空间用一个凸出地面的地铁车站来代替，而大中车站之所以得以保留，主要是因为它被转变为一个富丽堂皇的广告介质。[14]

297 雅恩，西南银行，休斯敦，1982

文图里决心把拉斯维加斯描述成是大众喜好的真实流露，但马尔多纳多在他1970年的《设计、自然与革命》一书中则论辩说，现实恰好相反，拉斯维加斯是一种虚伪的传播介质的终结，它是"半个多世纪以来的一种城市环境，它在假面具后面靠受人操纵的暴力而存在，表面上自由、充满嬉笑，实际上却剥夺了人的创新意志"。

尽管如此，文图里这一派的大众主义立场并非是孤立的。相反，他们在学术界和职业界均获得了支持。历史学家/评论家文森特·斯卡最初给文图里的《复杂性与矛盾》一书写了一篇赞赏性的序言，继而又以他自己的有争议性的《木瓦风格的再生》(1974)一书继续支持文图里的主张；支持者还有建筑师如查尔斯·穆尔（Charles Moore）和罗伯特·斯特恩（Robert Stern）等，他们尽管对形式的操纵持更多样化、随意的立场，但也对美国式的气球框架（balloon-frame）本质上无构造性特点持开放的态度。

至少在盎格鲁–撒克逊圈子里，最终结果是刺激了一种对建筑中现代主义表现的所有形式不加区别的反对，产生了一种被评论家查尔斯·詹克斯（Charles Jencks）迅速认同为"后现代主义"的境况。在他的《后现代建筑语言》(1977)一书中，詹克斯实际上把后现代主义定性为一种具有瞬时沟通能力（immediate communicability）的大众主义和多元化的艺术。在这本书第一版的末尾，他把高迪"前现代"的巴特洛府邸(1906年)颂扬为范例性的作品，因为它能直接通达大众，能破解和认同它所体现的加泰隆分裂主义的肖像学(詹克斯这里指的是标枪式的塔楼和雕龙后背形屋顶，它代表了加泰隆英雄圣乔治最终战胜了马德里的"龙")。然而，民族神话是不可能在一夜之间被发明的，严峻的事实是：许多所谓大众主义的作品所能传递的不过是某种令人满足的亲近性，或者是对郊区庸俗建筑的荒谬性提出的嘲讽意见而已。在更多的情况下，后现代主义的建筑师沉醉于利用私人住宅作为发挥自己的怪癖的机会，见之于斯坦利·泰格曼(Stanley Tigerman)在20世纪70年代中期设计的热狗与雏菊屋。

每年都能看到美国的大众主义在其折中型的模仿中似乎越来越走向分散：有带欺骗性装饰艺术的，如文图里设计的康州格林尼奇的布兰特住宅(1971)；有斯特恩设计的与前者紧密相关的位于纽约州阿尔蒙克的埃尔曼住宅(1975)；也有自封为“大众机械主义”(实质上是新装饰艺术)的由赫尔穆特·雅恩(Helmut Jahn)设计的典型水晶摩天楼[**图297**]：高层、幕墙结构，处理得像一台巨型沃利策电子管风琴。这些以及其他大众主义漫无边际的发挥，意味着那种“傻瓜型的和普通的”(文图里的词语)简约纯粹已被抛之脑后，就像文图里1970年在科德角设计的简洁优雅的特路贝克与威斯洛基住宅一样。

用布景术手法来模拟古典和乡土建筑的轮廓，

298　盖里，盖里住宅，圣莫尼卡，加州，1979

从而把结构的构筑还原为纯粹的模仿，使大众主义产生了一种破坏社会持续发展其建造形式的文化意义能力的趋势。对整个领域来说，其后果是一种带诱惑性及决定性的转向，导致了——用詹克斯对穆尔与特恩布尔为加州大学圣克鲁兹分校设计的克莱斯格学院(1974)所做的措辞得体但又模棱两可的评语——“华而不实地感人肺腑”。穆尔本人后来也公开承认了那种促使他采用此类布景术手法的玩世不恭的最终动机。

与穆尔疲软的折中主义相反(他在1964—1966年完成其位于加州索诺马县的海滨建筑群之后，就放弃了自己的构造纯粹性)，弗兰克·盖里(Frank Gehry)的居住建筑设计，尤其是他于1979年在圣莫尼卡为自己建造的解构的“反房屋”(antihouse，参照马塞尔·杜尚的“反油画”)[**图298**]，在美国大众主义建筑自得其乐的腐朽中引入了一项真正具有颠覆性的要素。然而，他的这种具有创造性的抵抗却被将美国大众主义不加批判地吸收于欧洲主流中这一趋势所抵消了，这种文化转移是由保罗·波尔托盖西(Paolo Portoghesi)实现的。他在1980年威尼斯双年展上的建筑展览部分采用了带诱惑性的双标题:《过去的呈现》与《禁令的终止》。有意义的是，波尔托盖西在(双年展的)“仓库”中展出的“最新一条街”(见图315，p.342)中的足尺立面正是由意大利电影业的布景师竖立的。唯一例外的是莱昂·克里尔(Léon Krier)的设计，出于对自己偏爱的海因里希·泰西诺(见后者1910年所著的《手工业与小城镇》)的“道义”尊重，他坚持采用真材实料。

理性主义

与大众主义的纲领背道而驰的——至少是在起点——莫过于意大利的新理性主义运动，即所谓趋势派（Tendenza），他们试图从大城市中无所不在的消费者主义的力量下拯救建筑与城市。

299 罗西，加拉拉特西区公寓群，米兰，1969—1973

300 罗西，摩代纳公墓方案，1971年。空中俯瞰

这种对建筑的“界限”的回归是以两部具有罕见创新精神的著作为开端的，这就是阿尔多·罗西（Aldo Rossi）1966年的《城市中的建筑学》以及乔治·格拉西1967年的《建筑学的逻辑结构》。前者强调了随着时间的推移，那些已确立的建筑类型在确定城市形式的形态结构中的作用；后者则试图为建筑学形成某种必要的组合法则——格拉西自己通过高度克制的表现手法达到了这种内在的逻辑性。两人都坚持必须满足人们的日常需要，但同时又拒绝了“形式追随功能”——人类工程学——的原理，而肯定了建筑秩序的相对自治性。罗西很清楚在受利害关系左右的理性中存在着一种吸收并歪曲各种重要文化姿态的趋势，因此他把自己的著作建立在那些能使人回想起启蒙运动但又超越了它的，虽是理性却又是任性的规范的历史性构筑要素上，这就是18世纪后半期由皮拉内西、勒杜、布莱和勒屈（Lequeu）等人提出的纯形式。他的思想中最为奥深(即使说不是最为隐晦)的方面是他对“圆形监狱”的未做声明的关注[见米歇尔·福柯（Michel Foucault）1975年的《规训与惩罚》]，和皮金1843年在《对比》一书中一样，他把学校、医院和监狱都包括在“圆形监狱”这个范畴之内。罗西似乎多次执意地回复到这些法制性的(甚至是准惩戒性的)机构，因为对他来说，它们和纪念碑及公墓一样，构成了唯一能体现出建筑学本质价值（*per se*）的项目。罗西追随洛斯在1910年所写的《建筑学》这篇论文中首先提出的主题思想，认识到最现代的建设项目不能成为建筑艺术的适宜载体，对他来说，这意味着要求助于一种从最广义的乡土风格中吸取语言对象和要素的所谓“类此建筑学”。为此目的，他设计的作为1973年建于米兰郊外的由卡洛·艾莫尼诺

（Carlo Aymonino）规划设计的住宅区一部分的加拉拉特西区公寓群［**图299**］，就成为他试图使人想起米兰传统的出租住房建筑的一个机会。同样，他在1973年设计的的里雅斯特（Trieste）市政厅就采用了修道院的形式，它既是对19世纪地方建筑传统表示的敬意，也是对现代官僚机构本性的嘲讽。与莱诺·克里尔一样，他也走上了同一途径，试图回避现代性的两头怪兽，一是实证主义逻辑，另一是对进步的盲目信仰，其方法是回复到19世纪后半期的建筑类型和构造形式。对于他设计的加拉拉特西区公寓群，他写道：

在我为米兰市加拉拉特西区设计的公寓群(1969—1973)中，存在着一种与回廊类型的工程之间的类似关系，这与我在米兰传统的出租住房的建筑中经常体验到的一种相关感觉有关，这些回廊象征了一种沉浸于日常生活细节、家庭内部的亲密以及多种多样个人关系的生活方式。然而，它的另一方面却是由法比奥·莱因哈特（Fabio Reinhart）向我指出的，那时，我们正乘车疾驰过圣贝纳迪诺公路，我们从提契诺山谷去苏黎世时总要取道于此。莱因哈特向我指出了侧边开敞的隧道系统中的重复要素及其内在的模式，这使我理解到……其实我早就意识到这种特殊结构的存在……而不一定是有意识地把它体现在自己的建筑作品中。[15]

这种类比手法，像罗西自己所说的，悬浮于“存货及记忆”之间，渗透在他所有的作品中，从1962年为库内奥设计的类似于煤仓的抵抗运动纪念碑，到1971年设计的摩代纳公墓［**图300**］，它不仅参考了传统的存骨所，而且通过联想，使人想起工厂和隆巴多地区的传统农庄。

其他对趋势派做出贡献的意大利建筑师有维

301　赖希林与莱因哈特，托尼尼住宅，托里切拉，1974

托里奥·格雷戈蒂（Vittorio Gregotti）——其著作《建筑学的领域》(1966)有广泛的影响，以及恩佐·邦凡蒂（Enzo Bonfanti）——他与马西莫·斯科拉里（Massimo Scolari）于20世纪60年代后半期共同编辑了理性主义的杂志《反空间》。最后还得提到曼弗雷多·塔富里——他的著作对运动起了主要影响，和佛朗哥·普里尼（Franco Purini）与劳拉·瑟米斯（Laura Thermes），他们的理论研究探讨了新理性主义语法的潜在范围。令人迷惑的是，趋势派在意大利实现的项目很少，虽然它对意大利的城市规划和城市中心的历史保护有重要影响，其经典案例是切尔韦拉蒂（Cervellati）与斯卡纳里尼（Scannarini）对波伦亚的分析研究，它在整个20世纪70年代都影响了该城市的发展。

在意大利之外，趋势派最有影响的无疑是在

302 奇里亚尼，努瓦西 2 公寓群的细部，马恩拉瓦莱，1980

瑞士的提契诺，在这里，一个充满活力的“理性主义”流派从20世纪60年代初就开始发展。虽然布鲁诺·赖希林（Bruno Reichlin）与法比奥·莱因哈特紧随罗西的风格（见他们在托里切拉的托尼尼住宅［**图301**］），提契诺学派还包括了一些受到更广泛的理性主义影响的建筑师，典型的例子是奥雷利奥·加莱蒂（Aurelio Galfetti）位于贝林佐纳的柯布西耶风格的罗塔林提住宅（1961），它比趋势派作为一个有影响的流派的出现还要早近十年。此外，还应当看到提契诺建筑师与战前意大利理性主义运动的联系，特别是阿尔贝托·萨尔托利斯（Alberto Sartoris）和里诺·塔米（Rino Tami）。（见p.360）

在20世纪60年代后期，新理性主义在欧洲大陆已有广泛的追随者。在法国，它的影响可见于H. E. 奇里亚尼（H. E. Ciriani）在巴黎附近马恩拉瓦莱的努瓦西2公寓群（Noisy 2 apartment complex）［**图302**］。在德国，新理性主义的主要表现可见于马蒂亚斯·翁格尔斯（Mathias Ungers）、于尔根·扎瓦德（Jürgen Sawade）和J. P. 克莱休斯（J. P. Kleihues）等的类型学作品。这方面的近期作品有翁格尔斯的梅塞厅扩建（1983）和他的建筑博物馆（1984），二者均在法兰克福。在柏林，理性主义作品的范例肯定要包括克莱休斯的位于韦定区的威尼塔广场周边式住宅街区（1978）［**图303**］，以及他在新科林设计的大型医院（1984）。

在德国的发展中，特别有意义的是翁格尔斯于1975年从美国回来后对城市形式所采取的一种修正型的新理性主义姿态。他当时的理论是：我们在未来往往会遇到大城市有计划地缩小，而不是扩张或更新，他的主张带来了某种紧迫感。翁格尔斯提出一种碎片式的城市战略，包括在某一特定的文脉中按照特定任务的地形和机制约束的限制来确定其发展形式。这种做法可见之于他1976年的柏林旅馆设计，或是他1978年提出的位于希尔德斯海姆市中心的一幢多功能建筑的方案。在柏林旅馆的设计中，他在历史悠久的吕措广场破败的城市景观边上设计了一个独立的“微型城

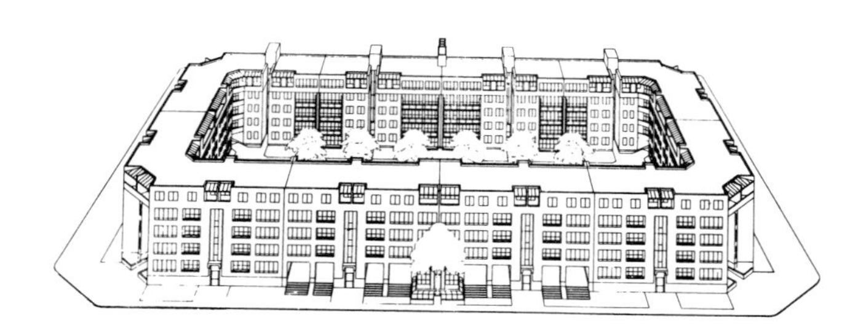

303　克莱休斯，柏林韦定区威尼塔广场周边式住宅街区，1978

市”；在希尔德斯海姆，他试图对人们已习以为常的中世纪市场交易厅的类型进行理性化和再阐释。[**图304**]但迄今为止，他的文脉化构思唯一得以实现的是1982年建成的柏林席勒街的周边式住宅区。

翁格尔斯曾是一位较重要的新理性主义理论家和教师，最早就学于柏林的技术大学，然后在美国的康奈尔大学，并且担任了八年(1967—1974)的建筑系主任。他把类型学转换原理应用在教学和实践中的锲而不舍的努力给他的教学方法带来了说服力。他在1982年对这种转换观念做了全面的阐述：

333

当建筑学被视为一种连续的过程，其中命题与反命题辩证地综合成一体或成为一种过程，其中历史与对历史的预期紧密交缠、过去与对未来的展望同等重要，于是转换过程就不仅是设计的工具，而是成为设计本身的目的。与此同时，人们有可能参照每一单独建筑场地的特定现实——也就是所谓地方精灵(genius loci)——去发掘该场所的诗意并予以表现。这样就能最佳地运用这一场地的优点。

转换的原理在自然、生命和艺术各个领域中都活跃。它把各种分散的要素按照生成导则(Gestaltungsprinzip)组织成一个规划良好的整体。于是转换原理——可以从特里尔镇规划的历史转换作为案例来掌握——把一个给定的稳定组织转变为混沌，而最终随着机遇定律又转变为一种新的秩序。一种有多类差异而良好规划的组织会随着时间的转移沉没于机遇性及自发性之中，但最终又产生一种与原来确实不同和相反的组织：一种符合当前和实用性需求的组织。[16]

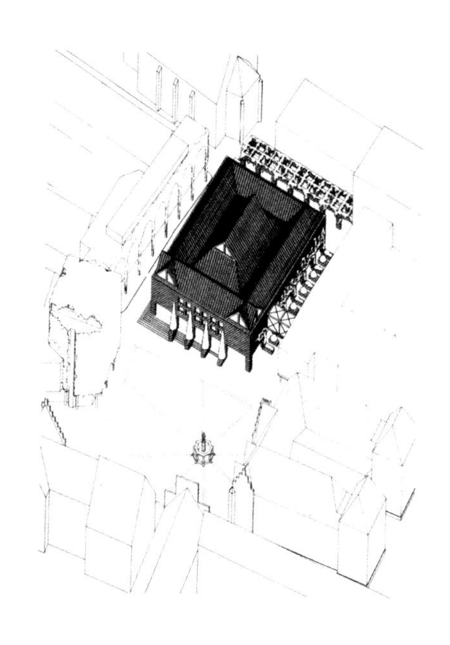

304 翁格尔斯，为希尔德斯海姆市场交易厅所做的“城市回廊”方案，1980

这种把建筑学建立在类型转换的辩证法基础上的观念对卢森堡建筑师罗伯特·克里尔(Robert Krier)有重大的影响。克里尔在翁格尔斯的科隆事务所作为助手工作过若干年。尽管翁格尔斯对类型和技术(包括工业技术)的自由交换及生成持开放的态度，罗伯特·克里尔却对构筑和城市形式的生成只采用一种手工作业的途径，而他的兄弟莱诺更是如此，后者在1976年写道：

罗伯特·克里尔和我想要用我们的方案提出的争论点是：城市形态与规划师的分区之间的对抗。我们要恢复城市空间的精确形式，以反对分区规划所制造的荒地。城市空间的设计：车及人流、线及焦点等是一种方法，它一方面应当是一般性的，足以容纳灵活性及变化；另一方面则应当是精确性的，足以在城市内部创立空间及建筑的延续性……我们试图在自己的方案中重新建立建筑物与公共领域、实体与空隙、建筑有机体及它在周围所必然创建的空间之间的辩证关系……我们为较大的城市部分所使用的建筑语言是既简单又含混的。在埃希特纳赫市(1970)[**图305**]的城市、

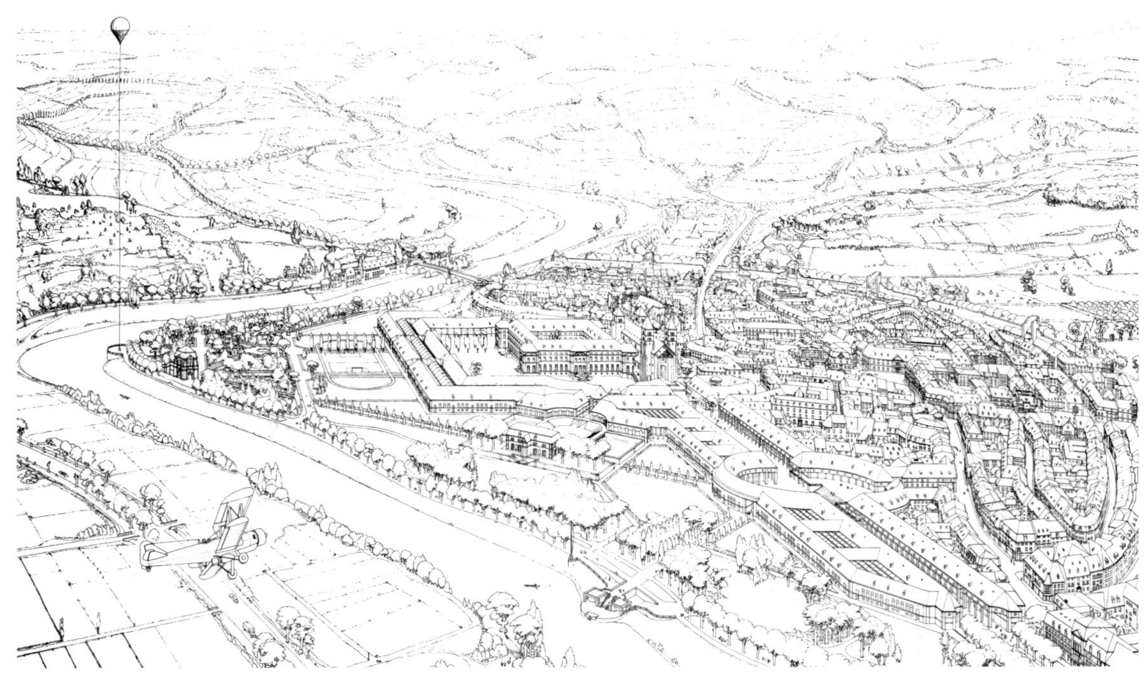

305　L. 克里尔，埃希特纳赫方案，卢森堡，1970。连续的坡屋顶（图中至右下）容纳了商店、公寓及一所学校

教堂及附属建筑的战后重建中，我们就采用了上述手法。

结构主义

克里尔兄弟的“功能遵循形式”的信条、反对技术至上的态度，以及他们对场所文化重要性的坚持，都在荷兰建筑师赫尔曼·赫兹伯格（Herman Hertzberger）的思想和作品中找到了共鸣。赫兹伯格是一位从各方面来看都远离趋势派的精神气质的建筑师。对赫兹伯格的思想及实践最具影响的是阿尔多·凡·艾克，后者对把现代建筑视为与启蒙运动不可分离的一部分这一点始终持批判的态度。1962年，凡·艾克对欧洲中心主义进行了一次最尖锐的攻击，提示了帝国主义文化的破产：

西方文明习惯于自封为这样一种文明，它的教义前提是：凡是不类同于它的都是一种偏差，都是不开化的、原始的，或者最多是一种可在安全距离外提供感官兴趣的事物。[17]

五年之后，在他自编的杂志《论坛》中，凡·艾克提出了许多后来又被克里尔兄弟提出的论点，其中包括对进步这一概念所抱的某种怀疑态度：

在我看来，过去、现在与未来一定是作为一种连续体而活动于人的内心深处。如若不然，我们所创造的事物就不会具有时间的深度和联想的前景……毕竟，人们几万年来都是在使自己的实体适应于这个世界。而在此期内，他的天赋既未增加亦未减少。显然，如果我们不能纵览过去，也就不可能把这样巨大的环境经验组合起来……当今

306　赫兹伯格，中央保险大厦，阿珀尔多伦，荷兰，1974

的建筑师们病态地效忠于变化，把它视为一种或是被人们阻碍，或是被追随，或至多是只能赶上时代的事物。我敢断言，这就是他们想切断过去与未来的原因，其结果是使现在成为一种失去了时间尺度的在感情上不可企及的东西。我既不赞成对过去抱有一种伤感和怀旧的态度，同样，我也不喜欢对未来怀有一种感情用事的技术至上的心情。两者对时间均以一种静态的、时钟式的观念(在这一点上怀旧主义与技术至上是共同的)为基础；因之，还是让我们改为从过去出发，从而发现人的始终不变的状态。[18]

荷兰的结构主义者试图用来克服功能派的还原主义弱点的基础观点就是凡·艾克所说的“迷宫式的清晰性”。这一概念后来为他的学生们充分发挥。1963年，赫兹伯格对他们所共有的“多价空间”(polyvalent space)概念是这样说的：

我们所追求的是使个人得以解释集体模式成为可能的某些原型，来替代集体对个人生活模式的解释，换句话说，我们应当用一种特殊的方式把房子建造得相像，这样可以使每个人能在其中引入他个人对集体模式的解释……因为我们不可能(自古以来都是这样)造成一种能恰好适应每个个人的个别环境，我们就必须为个人的解释创造一种可能性，其方法是使我们创造的事物真正成为可以被解释的。[19]

这一教义成为赫兹伯格其他作品的出发点，最后终结于1974年建于阿珀尔多伦的中央保险大厦[**图306**]，其设计是以一种“城市中的城市”的形式出现。它的钢筋混凝土框架和混凝土砌块结构组织在一簇不规则工作平台的周围，而这些平台却设置在一个正规正交的花格呢一般的方格网中，每个方格由地板、柱、照明槽及服务管道组成。这些7.5米见方的平台用不同高度的顶部采光的通廊空间相分割，从而使自然光线可以渗入最底层的公共空间。悬挑的平台提供了活动空间网络，通过重新安排包括桌、椅、灯具、柜、沙发及咖啡机等各种模数制的元件就可以调整为个人或小组的工作站。按照赫兹伯格的观点，这种煤仓式的迷宫使人想起赖特1904年的拉金大厦——有意识未建成，以鼓励其直接用户“自发”地调整和装饰自己的空间。赫兹伯格对机械地提供灵活性——如哈布拉肯和弗里德曼的高超的基础结构型的方案——是反感的，这一点从他所创造的能使工作空间以明显的自发性和容易度被人接收和调整而得到证实。尽管人们对于赫兹伯格把中央保险大厦中的空间调度与索绪尔语言学中对langue（语言）和parole（言语）的区分在修辞学上进行对照的做法表示怀疑，然而他的这种手法在一个泰勒制(通过流水线、科学化管理提高效率的制度。——译者注)的时代，无疑有利于克服建筑

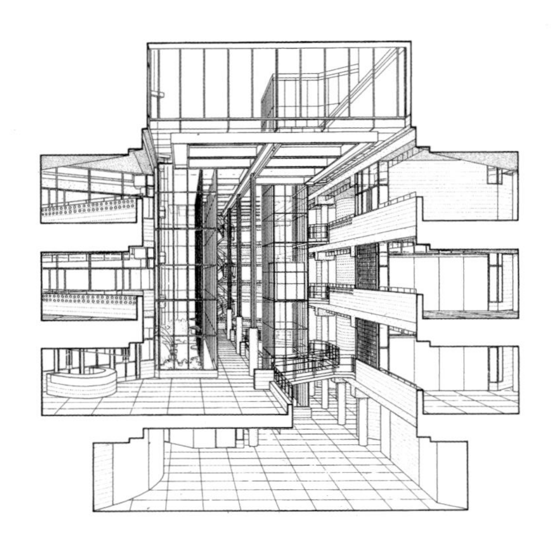

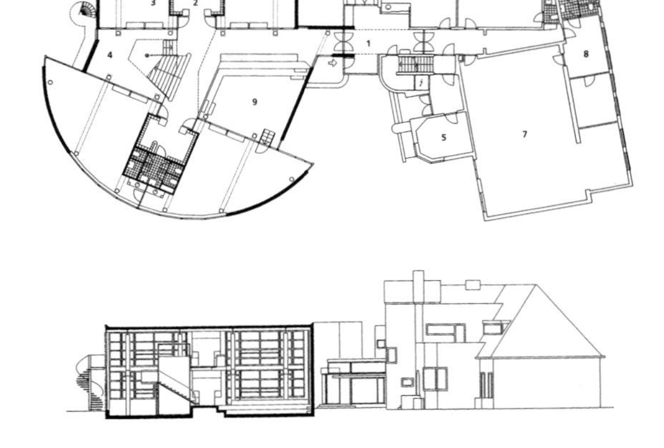

307　赫兹伯格，社会福利与就业部大楼，海牙，1990。横剖面透视
308、309　赫兹伯格，学校扩建，埃登胡特，1989。平面和剖面

表达中长期存在的难以理解的弊病。

趋势派的建筑师们对赫兹伯格的下列论点肯定会表示同意。他认为把住宅单元严格地划分为起居、餐室、厨房、盥洗室及卧室等功能组织的做法本身就是一种专制；他提倡应当回到前工业时代中那种相互连接的房间的模式，以便在空间与活动之间建立一种更为松散的配合(见赫兹伯格1971年建于代尔夫特的迪亚贡实验住宅)。但同时他们也无疑会直截了当地拒绝他的“casbah”(喀士巴集市)的观念，特别是这种观念在中央保险大厦中所表达的方式，因为他们认为这种内向型的形式不可能在城市的尺度上提供有代表性的公共空间。中央保险大厦确实是与它的城市文脉漠不相关的。这种伊斯兰式的bazaar(集市)或patio(院落)式的建筑类型内在地决定了它不会提供任何突出表示入口的层次地位的建筑要素，这一点也为中央保险大厦所证实，公司不得不树立许多标志向来客指示入口地点。

20世纪70年代中期以来，赫兹伯格对他的结构主义范式做了修正，不仅是那种迷宫式内向性模式——它在1990年海牙的社会福利与就业部大楼[**图307**]内变成了同样复杂但空间丰富的变体，而且表现在体量形式方面——见之于他近期为柏林设计或建成的项目，如1984年设计的埃斯普拉纳德电影中心(未建)，以及1986年设计的林登街住宅(建成)，二者均统一采用了圆形或半圆形的周边形式。与此类似，他把在阿姆斯特丹的阿波罗学校作为原型，通过圆形周边演变为同在阿姆斯特丹的阿姆邦普莱恩学校(1986)，然后又通过更自由地用曲线和倾斜型教室翼进行埃登胡特学校的扩建(1989)[**图308、309**]。对最后一项与杜依克的设计似有联系的作品，约瑟夫·布赫(Joseph Buch)写道：

教室向中央混合空间的可见度由于使用更多的玻璃面而改进了。代替单一的重型砌体楼梯，混合采用了混凝土的踏步基座以及通向上层的轻型金属楼梯。和几所阿姆斯特丹的学校一样，室外楼梯用细部模型细心地设计成与屋顶焊接的雕塑物，有点像贝尔拉赫的斯密德工厂。赫兹伯格设计的像船只上细部的金属楼梯反映了现代主义建筑师对远洋航轮的神往，不仅是由于其功能性，还由于船只设计布局所要求的空间丰富性和复杂性。确实这里提供了丰富而复杂的空间体验——特别是在这样小的一栋建筑中。赫兹伯格的近期作品在结构主义的坚实基础之上又不断地补充了一种叙事感。[20]

311　斯基德摩尔、欧因斯和梅里尔，海军陆战队炮兵学校，大湖区，伊利诺伊州，1954

337 产品主义

没有比福斯特事务所于1974年设计的位于伊普斯维奇的威利斯－法布尔与杜马斯三层玻璃墙的大楼［**图310**］与中央保险大厦差异更大的建筑了。在这里，全部强调都放在生产的精致上，以体现马克斯·比尔一度定义的产品形式（Produktform）。有意思的是，诺曼·福斯特自己就引述了一些产品形式作为其作品的先例，包括帕克斯顿的水晶宫、查尔斯与雷·艾姆斯（Charles and Ray Eames）于加州圣莫尼卡的用“现成材料”的自住宅(1949)、SOM在伊利诺伊州大湖区的海军陆战队炮兵学校(1954)［**图311**］，以及比尔的洛桑展览馆(1963)等案例。沿着这条路线，福斯特一反文图里的大众主义，把威利斯－法布尔设计为一幢精彩绝伦的“不加装饰的棚子”，除了多面的、蛇形的幕墙(见图252，p.281)之外，它的形式中唯一的差异就在于底层的游泳池和屋顶平台的餐厅。

310　福斯特事务所，威利斯－法布尔与杜马斯大楼，伊普斯维奇

如果说中央保险大厦是一幢杂交性的建筑——部分取材于19世纪的拱廊(见波梅兰采夫于1893年在莫斯科建造的新贸易行)，又部分地取材于中东的喀士巴集市——那么，威利斯－法布尔则以中央自动扶梯介乎20世纪的写字塔楼和19世纪的百货大楼之间。正如G.C.阿尔甘(G.C.Argan)所提出的，建筑类型体现了某些在其诞生时所固

有的内在价值，并在随后的变迁中得以延续。就这两幢建筑的文化意义而言，我们可以恰如其分地断言，它们作为信息交流的第三产业却被放置在——至少是部分地——消费类型的空间之中，如集市和百货商店。在这个背景下，中央保险大厦可以被视为试图通过迷宫式办公景观的"人类学"使用（"anthropological" occupation）来克服官僚主义的劳动分工；就像传统的喀士巴那样，赫兹伯格的碎片式的办公景观（Bürolandschaft）鼓励了一种行为模式，即可在工作与休闲之间摇摆。在威利斯－法布尔中，我们见到的办公景观则是边沁（Bentham）于1791年设计的圆形监狱（Panopticon）的自然继承者，它是一个充满秩序与控制感的开放平面全景，通过若干中央福利设施，如职工餐厅与游泳池得到某些调节。但由于这些设施也处于公司的控制之下，它的圆形监狱范围看上去是彻底的。

338

二者之间的对照也延伸至由它们的细部处理所产生的氛围。中央保险大厦全部采用裸露的混凝土砌块作为隔断，其意图是制造一种"无序"的空间配置；而威利斯－法布尔则通过完美无缺的纯净面层与内部产生一种平等和富裕的社会企业形象。威利斯－法布尔的起伏式幕墙使人想到密斯1920年的玻璃摩天楼方案，尽管实际采用的技术是把无框玻璃板从屋顶悬挂下来，就像项链一般，用防水的人造橡胶接缝。这一技术可以与美国简约主义建筑师的成就相媲美，后者在埃洛·萨里宁的领导下于20世纪70年代获得盛誉，其中包括凯文·罗奇（Kevin Roche，1968年的纽约福特基金会大楼和1973年的纽约联合国广场酒店）、古纳·伯尔克兹（Gunnar Birkerts，1967年的明尼阿波利斯联邦储备银行）、西萨·佩里（Cesar Pelli，1971年的洛杉矶太平洋设计中心和1972年的圣伯纳迪诺市政厅）、富有天才但未被足够赏识的安东尼·拉姆斯登（Anthony Lumsden，其最精彩的作品多数未能建成，如1973年的洛杉矶贝弗利威尔夏尔酒店）。

威利斯－法布尔体现了密斯·凡·德·罗的"几乎无物"，同时又剥去了其古典主义。它通过镜面玻璃的采用，不仅符合现有城市环境对尺度及肌理所提出的文脉要求——在本例中，是通过简单反射的手法做到的——而且还对现代主义的困境，即完全丧失了任何可通达、可接受、可"收悉"的语言能力做出了回应。所不同的是，威利斯－法布尔提供了一系列经常在变化的动态美学的感受，包括在阴天的非透明性及闪烁性、在阳光下的反射性以及在夜间的透明性。然而，矛盾的是，它和荷兰的同类项目一样，缺乏一种自然的语法变化，结果是它的入口和中央保险大厦的入口一样难以察觉。

从最纯粹的意义上说，作为一种"现代主义"的立场，产品主义与那种主张真正的现代建筑不过是一种高雅的工程，或者说是一件大型工业设计产品的观点几乎无法区分。我曾经指出，这种观点在现代运动的历史中屡见不鲜，其中重要的有法国艺术家兼工程师让·普鲁韦的先锋派作品，包括早在1935年就用于巴黎罗兰·加罗斯航空俱乐部的玻璃幕墙以及由他设计并与工程师弗拉基米尔·波迪安斯基、建筑师马塞尔·洛兹和尤金·博杜安等合作进行设计的位于巴黎克利希的可变的人民之家（建成于1939年）。

产品主义者中有一翼刻板地接受了密斯的原话（迷信于"几乎无物"），致力于可膨胀的充气结构，如村田丰（Yukata Murata）1970年为大阪博览会设计的富士馆；或用缆索悬吊的帐篷结构，其带头人是德国建筑师兼工程师弗雷·奥托（Frei Otto）。尽管奥托最早的帐篷结构出现在20世纪50年代中期，他在1963年为汉堡国际园艺展览会以及1967年为蒙特利尔世界博览会设计的大型帐篷［**图312**］使他声名大振。可理解的是此类方式在很大程度上限于临时结构，其中迄今最大的是奥托1972年为慕尼黑奥运会设计的体育馆屋顶。

产品主义的基本教义可概括如下：首先，只要是可行的，就用一个不加装饰、内部尽可能开放与灵活的简易房来容纳建筑的“任务”（以第二次世界大战后的办公景观——开放写字间为模型）。其次，这一体积的适应性要通过提供一整套均一的和综合的服务网络——动力、照明、供暖、通风——来维持［见塞德里克·普赖斯“匿名的良好服务”（Well-serviced anonymity）概念］。第三，结构和服务设施都必须像建筑那样要给予表达与表现，通常是采用卡恩的享有盛名的区分“被服务”与“服务”空间的做法。后一教义如同专利般地显示在理查德·罗杰斯的一些大型作品上，如蓬皮杜中心以及更近期的伦敦劳埃德总部大楼（1976年设计，八年后建成）。在福斯特设计的位于诺威奇郊外东英吉利亚大学的塞恩斯伯里视觉艺术中心（1978）中采用了观念基本类同但手法更为谨慎（最后的效果是服务性更强）的表现。在这里，服务空间被精确地放置在一个33米跨度的钢管支撑框架内（参见卡恩1965年在拉贺亚的索尔克研究中心，见图250，p.279）。产品主义的第四也是最重要的教规是“无障碍”地表现生产本身，也就是说，所有的组成部件都要表现为产品形式。但是这一硬性法则在美国简约主义者的作品中却很少被遵守（他们对构造的暴露兴趣不大），尽管美国和英国的产品主义者都追求一种光滑的、包罗万象的“消费主义”外观。正如安德鲁·佩卡姆（Andrew Peckham）对塞恩斯伯里中心所观察的：“（福斯特）说服我们的能力不在于建筑的传统语言，而是用现代材料世界——工业生产与可消费的装修——的语言。”

直至最近，产品主义手法的少数几个基本变量之一是以外观还是以结构作为主要表达方式的程度，这种方式可以用来区分福斯特与罗杰斯在其实践中所采取的修辞态度，前者最终倾向于外观，而后者则把主要的表现任务落在结构上。然而，福斯特事务所后来改变了手法，在其近期作品中越来越转向结构的外在表现，最显著的是他在威尔特郡斯温登的雷诺中心（建成于1983年）以

312　奥托，世界博览会德国馆，蒙特利尔，1967

313　福斯特事务所，汇丰银行总部大楼，香港，1979—1984

及香港的汇丰银行总部大楼［**图313**］。比起建筑电讯派或巴克敏斯特·富勒设想的更具幻想色彩的结构，这座分层悬挂的摩天楼（三个16.2米进深的板块分别升高到28、35和41层），更容易让人把它与卡纳维拉尔角导弹发射台结构相比——不

是因其总体大小，而是由于其巨大的分节组件规模，特别是其双层高的巨型外露钢管桁架，跨度达38.4米，所有的楼板都悬吊在其上。这些楼板组合成套：底部七层，然后六层，再五层，最后四层到了顶部。福斯特自己的话最雄辩地描述了这一决定其建筑形式的现实与技术浪漫主义的奇异混合物：

在一个狭小的场地快速而安静地进行施工的困难，可以通过一种把机智的手工家庭作业以及取材于航天和其他先进工业的技艺的组合来克服。例如，沉箱施工最快的方法是用手工挖掘——这是来自当地的技术同时也是无噪音的。同样，在该领地最有效的结构是毛竹脚手架上的蜘蛛网，它在所有的工地上都能见到。然而，在掌握了本建筑可以引进的硬件，并理解了重量与性能之间的真实关系的基础上，我们的设计在很大程度上受到传统建筑工业以外的影响，它们有的来自协和式飞机的设计组，有的是从事于把坦克开过活动式桥梁的军事机构，也有特地从美国来的飞机制造分包商。[21]

福斯特的那种用重复性结构单元与建筑整体形象相互补充的设计手法在近年达到了登峰造极的地步，见之于雷诺中心和1986年为法兰克福设计的体育场，后者的屋顶用一个70米宽的浅拱形钢管网格结构，双层屋顶结构所形成的六角形空

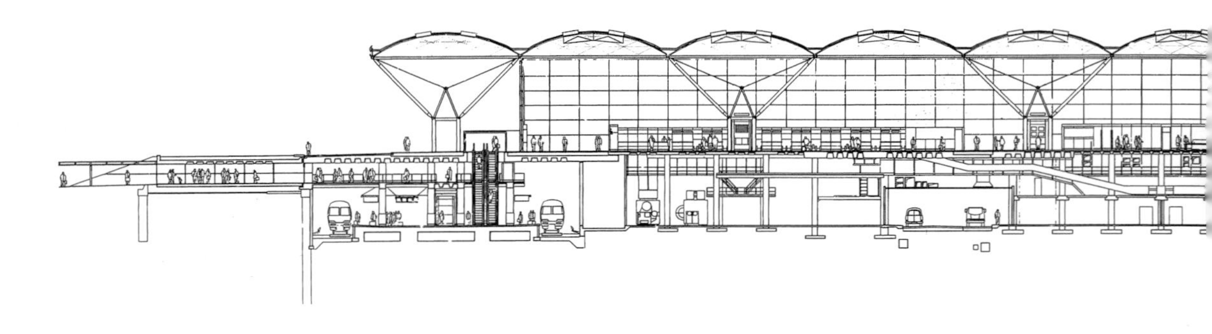

格为阳光的透入以及通风照明设施提供了足够的表面面积和中间体积。金属屋顶的横推力被传递到设置在一系列现场浇筑的混凝土肋条顶上的铰接点上，这些混凝土肋条是与作为座位用的逐级后退的土工踏步同时整体施工的。

于1991年完工的位于斯坦斯泰德的伦敦第三机场［**图314**］也是屋顶结构与土工的类似表达。单一体积的候机楼设置在容纳行李提取设施及铁路主线连接的地下空间之上。候机楼是方形的，四周用玻璃包裹，屋顶是22个浅穹顶的精巧组合，用低隔断分为离港和到港部分，在主建筑内平行设置。它以19世纪火车站为模型，用一切努力让旅客能自由行动并能在视觉上看到运载工具——在此处就是飞机。虽然在长度方向留有扩建余地，与道路和跑道连接的两个正面却被设计为固定面，这样在扩建后本楼的主要形象保持不变，通达候机楼的条件保持稳定。在本项目以及其他高科技作品中，福斯特事务所都得到了奥夫·阿勒普（Ove Arup）事务所的卓越的工程技术支持。

后现代主义

1980年威尼斯双年展的建筑部分——“过去的存在”（The Presence of the Past），以多种方式宣布了后现代主义在全球性层次上的涌现。［**图315**］虽然我们无法以特定的风格及意识形态特征来定义它，然而它倾向于宣布自己仅仅在形式方面——不必说是表面的——寻求合法性，而不是在构造、组织或社会文化等方面上（对第十小组的修正派来说，后者仍然是中心的议题），把它作为一种操作模式（modusoperandi）从占20世纪四分之三时间的建筑生产中分离了出来。即使有波尔托盖西在双年展上提出的主题，实际上在这一时期的主要的纪念性建筑中，“过去”已经是一个存在。

毋庸赘言，前一代最杰出的美国建筑师密斯·凡·德·罗与路易·卡恩仍然致力于历史遗产的解构以及按照本时代的技术能力来重新组合其教义和构成。他们的作品仍然表现自己的时代，虽然某些要素和构造模型明显地（甚至是引起争议地）取材于历史先例。密斯·凡·德·罗在柏林的新国家美术馆（1961年委托设计，1965—1968年建成）和卡恩在得克萨斯州沃斯堡的金贝尔艺术博物馆（1967—1972）都说明了这点。前者与申克尔和19世纪铁与玻璃（ferro-vitreous）工程学联系，而后者则取材于地中海的筒拱和钢筋混凝土的构筑。342当然，在两人后期的作品中很少能看到那种千年

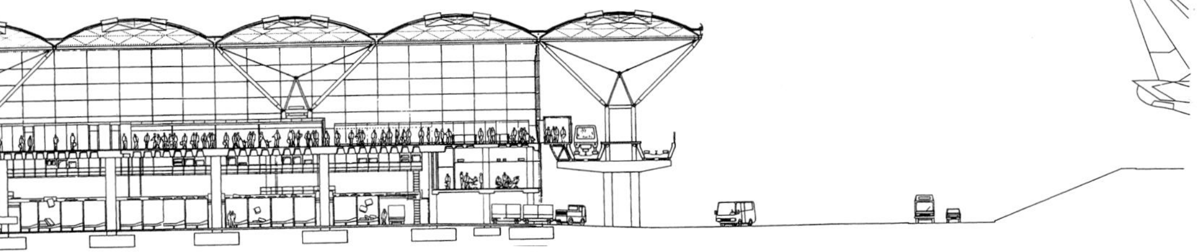

314　福斯特事务所，斯坦斯泰德机场候机楼，1991。南北剖面。道路连接在左，跑道连接在右

乌托邦思想（Millennialistic utopianism），相反，焦点集中在构筑构造的不可还原性以及它与光线的超级交互，使它们成为两项跨历史的建筑；而卡恩的作品则又呈现出一种宇宙的、玄妙的神秘主义形式。密斯与卡恩都会把后现代主义的兴起视为文化的衰落，实际上我们已通晓卡恩在看到文图里为费城双年展的“条”（strip）所做的方案时对他所做的格言式训斥：“色彩不是建筑学。”

在这方面，我们可以声称：在历史上大师级的建筑师中，没有谁比密斯和卡恩更受其直系弟子和继承人的误解了。密斯显然对自己在1950—1975年形成的美国企业建筑规范模式的成功感到满意。密斯模式在战后世界中的一部分开发领域中成为标准[见亚瑟·德雷克斯勒（Arthur Drexler）的《商务与政府建筑》，纽约现代艺术博物馆，1959]，但是他和卡恩却发现自己作品的潜在品质只是在欧洲才得到更好的领会。于是，尽管斯基德摩尔–欧因斯–梅里尔事务所统治了芝加哥学派，并以热情和大胆的精神去追随密斯，但是像迈伦·戈德史密斯（Myron Goldsmith）的美国联合航空公司(伊利诺伊州，德斯普兰斯，1962)、吉恩·萨默斯（Gene Summers）的麦考米克广场(芝加哥，1971年)、亚瑟·塔库奇(竹内，Arthur Takeuchi）的温德尔·史密斯小学(芝加哥，1973)等均未能达到一个新的起点，其理由可能是他们未能充分领会密斯作品后面隐藏着的浪漫古典主义及至上主义。同样，尽管卡恩有一批费城学派的弟子：穆尔、文图里、弗里兰（Vreeland）、裘戈拉（Giurgola）等，但他最终却只能在意大利的新理性主义和荷兰的结构主义中找到有意义的继承。

315　1980年威尼斯双年展中“最新一条街”的部分。从右到左是霍莱因、克莱休斯、莱诺·克里尔与文图里、劳赫（Rauch）与斯科特·布朗设计的立面

近期现代主义（Late Modernism）在美国的式微以及同时发生的对于根·哈贝马斯称作“未完成的现代项目”的“众口一词”的拒绝——这些项目曾被狂热地组合在美国过去一个世纪以来所发展的神话和现实中——最明显的莫过于当时对弗兰克·劳埃德·赖特的否定，尤其是在考虑到将赖特作为20世纪无可争议的最丰产的建筑师的情况下更是如此。重要的是，除了在古董艺术市场上，赖特始终被美国的后现代主义者所忽视，虽然查尔斯·詹克斯在他的《无限空间的国王们》(1983)一书中曾以赖特来肯定迈克尔·格雷夫斯（Michael Graves）。这种健忘的原因不难寻找，因为赖特在现代主义者中是少数几个(阿尔托是另一个)其作品不能以还原性或不可通达性而被忽略的建筑师。人们可以作为反证的是赖特建造的200座尤索尼亚(美国式)住宅，他把它们作为一种使平庸的郊区成为文化领域的尝试。

要阐明在建筑学及其他文化领域出现的后现

代主义的基本特性甚为困难。从一个角度来说，它被认为是人们对社会现代化压力的一个反作用，也是对当代生活完全受制于科学－工业组合的一种逃避。虽然启蒙运动当初的乌托邦式的解放意愿现在可能已经在更有效和令人安心的现实主义形式的名义下被放弃，但我们仍然没有证据说现代社会可以拒绝现代化带来的基本“利益”。正如哈贝马斯于1980年被授予西奥多・阿多诺奖时的演讲中所提示的：应该对分裂和失望以及大众明显的对新事物的反感负责的，是现代化的发展和其贪婪性，而不是先锋派文化。最终，即使是最坚定的新保守主义者也承认，很难真正抵抗现代化的无情发展。

316　格雷夫斯，波特兰大厦，波特兰，俄勒冈州，1979—1982

如果说有一种一般性的原理可以用来描述后现代建筑特征的话，那就是它对建筑风格的有意识的毁坏，以及它对建筑形式的“吞噬”，就好像无论是传统价值还是其他任何价值，都无法长期抵抗生产／消费循环的倾向，最终将所有公共机构都简化为某种形式的消费主义并瓦解每一项传统品质。今天的劳动分工以及“垄断”经济的必然趋势是要把建筑实践还原为一种大型包装，而至少有一名后现代建筑师，赫尔穆特・雅恩，坦率地承认，他就是以这种方式看待自己的角色。在其最先决的条件下，后现代主义把建筑学简化为一种由建造商／开发商安排的“打包交易”状态，在这种状态下，开发商决定作品的骨架和基本实体，而建筑师的作用只是贡献一个有适当诱惑力的面具。这正是今日美国城市中心发展的主导境况。在这里，高层塔楼或是被它们的全玻璃和反射性的外套还原为“沉默”，或是穿上了此种或彼种廉价的历史性装饰。事实上，雅恩的大众机械主义可视为上述两种战略的综合：不论是用真石材做成非物质化的历史主义，从而像菲利普・约翰逊的纽约 AT & T（美国电话电报公司）总部大楼（1978—1984）那样悬挂在重加强的钢框架上，还是稍有节制地采用钢架悬挂装饰性的玻璃幕墙，再或是像迈克尔・格雷夫斯在俄勒冈州波特兰市的波特兰大厦（1979—1982）［**图316**］中那样，将涂了漆的混凝土“布告牌”放大成一个大型“废墟”的图像，或是一座理想花园中的闹剧布景，其结果都是一样的：它们都是文图里所言“装饰了的棚子”的大众主义模式。无论如何，以上几种形象的推动力都是布景术的，而不是构筑性的，于是不仅存在着内部实质与外部形式的完全分裂，而且形式本身也否定了它的构造起源或耗损了它的可感知性。在后现代建筑中，古典的和乡土的“引用”倾向于不协调地互相渗透，它们很快地瓦解并与其他更抽象的，通常是立体主义的形式混合在一起，建筑师对这些形式的态度与他对那些随心所欲引用的历史典故一样毫无尊重。

317 斯特林，国家美术馆，斯图加特，1980—1983

迈克尔·格雷夫斯在这整个发展中是一个标志性的人物。他所采用的后立体主义拼贴(不论是油漆的还是建造的)的方法与实质在1975年左右发生了急剧的变化。当时他受到莱诺·克里尔新古典主义“沉思”的影响，并且和克里尔一样，在自己的作品中抹掉了所有现代主义的语法(可将克里尔1974年的皇家明特广场方案与1978年小人国式的圣康坦－昂－伊夫林学校做一比较，在此他的删订已经到达了它的逻辑性的结局)。同样，格雷夫斯也从他1976年仍然是“现代主义”的克鲁克斯住宅设计，转变为他于1977年为位于明尼苏达和北达科他州分界线两侧的孪生镇所做的法戈－摩尔海德文化中心的新古典主义“闹剧”方案。从此以后，他的作品中“倒置”的勒杜图式占了优势，加上从克里尔、霍夫曼、吉利、申克尔、立体主义甚至还有装饰艺术那儿取来的插曲式的碎片。

格雷夫斯当时最大的作品——波特兰大厦，把他推向后现代热潮的中心。在这栋公共建筑中，最引起争论的是立面随意油漆的外貌。首先，业主强烈反对的主要是方形穿孔窗过小，因为俄勒冈的天空经常是灰色的，结果窗子被悄悄地加大了些。建成后，人们又从建筑构筑的角度来批评那些看似巨大的窗户，因为它们大部分是深色镀膜的玻璃，欺骗性地覆盖在实心混凝土墙上。对它提出的最后也是最严重挑战的，在于它对场地的令人惊讶的漠视态度。与它两侧的美院派风格的市政厅和县法院不同，它未理会南面的公园(除了设置一个服务入口)，同时，尽管在底层设置了拱廊，但它对临近的街道提供了一个令人不解的不友好面孔。

此后，格雷夫斯获得的委托似乎更适合于他的幻想式手法，这点可见之于他设计的位于加州圣胡安·卡皮斯特拉诺的市民规模的小型公共图书馆(1983)，以及它那地区性的变形的西班牙式屋顶。然而，在此他开始给人以一种感觉，即他的惊人的天赋可能更接近于奥尔布里希，而不是赖特；与其说他是建筑师，不如说，他是一位 objets d'art（艺术品）的设计师。正如彼得·艾森曼（Peter Eisenman）所说，对后期的格雷夫斯，“例如说，一栋房屋不再被构思为一栋房屋(一个社会或意识形态的整体)或一个物件(就其本身而言)，而是一个物件所上的油漆”。

除了格雷夫斯，还有许多迄今为止在晚近的现代主义中占有一席之地的人物——不仅有詹姆斯·斯特林、菲利普·约翰逊和汉斯·霍莱因，还有更近期转向后现代立场的，如罗马尔多·裘戈拉、莫赛·萨夫迪（Moshe Safdie）和凯文·罗奇等。在每一例中，他们都不同程度地、自觉地拥抱了“非物质化”历史主义的话语，并几乎随心所欲地与现代主义片断相混合。在多数情况下的结果是非确定性的、看来是无意义的“不谐和音”，在其中建筑师丢失了自己的材料。这种后来发生的“作者的消失”版本显见于斯特林的作品，特别是在他在斯图加特的国家美术馆[**图317**]中。尽管它是斯特林晚期最杰出的公共建筑——出现于20世纪70年代后半期连续为德国设计的三个“新古典主义”博物馆之后，它也是一个奇怪地混合各种元素且充满冲突的设计。钢筋混凝土框架、精心设计的细部、精装修的方石，国家美术馆远非布景式的，但在整体表达上仍是无构造性的。比起在斯特林早期事业中产生影响的先锋的构成主义教义，它更接近于霍夫曼与阿斯普伦德，特别是后者在斯德哥尔摩的“林地公墓”火葬场(1939)。但是，斯特林与阿斯普伦德的区别也同样重要，特别是斯特林用自己的“古典－大众主义”来替代阿斯普伦德的开明市民观念——他对一种平均主义的市民特征的感受。我在这里指的是，斯特林毫无疑问是取自现代博物馆的信念，即认为在今天，博物馆不仅是一个教育机构，同时也是一个消遣和娱乐的场所，后者说明了国家美术馆中总的纪念性被某些构成主义的叙事——如戏剧性起伏的幕墙、尺寸过大的栏杆、轻型钢管所制成的象征性小品等一整套色彩鲜艳、形同玩具以吸引路人的设计——所中和的原因。

斯特林的其他几个作品也肯定了此种手法，包括哈佛大学的福格博物馆以及伦敦的泰特美术馆的扩建。就泰特而言，好像是构筑文化的传统在我们面前以建筑渲染的方式被重新发现为时髦的消费品了。

另一种“消失”的方式是完全取消了建筑物本身，把它埋在地里，这样它就马上成为内向的室内空间，而不是公共价值的见证。霍莱因设计的位于门兴格拉德巴赫的国家博物馆(1983)和裘戈拉设计的位于堪培拉的澳大利亚国会大厦(1988年建成)只是此种手法的两个例子。

霍莱因看来是后现代主义建筑师中唯一一位将工艺美学与揭露性批判结合起来的人物。这种卓越才能毫不含糊地显示在他于1980年威尼斯双年展的“反立面”（anti-façade）中，在这里，他围绕着典型柱的主题表现了从“现实”到“幻想”以及从“艺术”到“自然”的变化(见图315，p.342)。事实上在三年前霍莱因就获得了更多展示其机智和高质量工艺的机会，当时他在德黑兰博物馆(1977)策划了一个精美的陶瓷展览。在很多方面，这项委托高度展现了他的隐喻性风格，这一点也显示在他1976—1978年位于维也纳的以色列和奥地利的旅行社办事处项目［**图318**］中。正如弗里德里希·阿赫莱特纳（Friedrich Achleitner）在他的论文《维也纳的立场》(1981)中所提示的：霍莱因在室内设计中达到了最佳状态。阿赫莱特纳对霍莱因与维也纳文化价值的关系做了精彩的分析，值得我们在这里长篇引述：

要对霍莱因说句公道话，我们就不能忽略维也纳的现实，这里有一个非常古老的传统和高度发展的情感，就是把建筑物作为一种反现实或替代性现实来对待。我们可以回到巴洛克甚至更早的时代，人们偏爱的是音乐和建筑这些媒介的模棱两可性（它产生于哈布斯堡王朝对文学的压制政策），超过对明显现实的表现，因为反映了集体和个人的心态。哈布斯堡王朝的葬礼行列与仪式预示了贵族与上层布尔乔亚世界在第一次世界大战前的伤逝，并反映在维也纳分离派内部的美学水准中。维也纳拥有一种使现实得到美学提升的传统，一种长期存在的人为的距离。这种蒙太奇、拼贴、异化、引人注目的提示和令人叹服的引述技巧并非只在语言之中得到培育。

看来，汉斯·霍莱因不仅是体现了这种传统，而且从极端的视角来看，他的作品对维也纳人来说，是一种对无变化状况的不受欢迎的肯定。他有办法使这一背景再次显现。或许，旅行社办事处应当不同于简单地满足提供信息和旅行票据之类需求的视觉处理？使许多人感到困惑的是：这种对主题的处理并没有以时尚的还原手法去说明其内容，而相反却涉及了主题的所有方面。这里不只是提供信息和旅行文件，还涉及幻想、期望、梦幻，甚至还有关于旅行目的的一些老生常谈。顾客进入了一个参照和幻觉

318　霍莱因，旅行社办事处，奥佩恩林，维也纳，1976—1978

的世界，其中没有一个物件只是它自己。大厅本身不是一个旅行社的会客室，而是个火车站，或至少是它的联想。这些幻想具有不同程度的直觉性：从粗俗易识的航空公司［阿德勒（Adler）］和航运的柜台公司［雷林（Reling）］，到剧院售票处（移动布景——学生得自己去猜测其原因），以及对埃及、希腊、印度的微妙提示。幻想与导向、信息与学习交融在一起，而钱币就流入了一部劳斯莱斯汽车的散热器格栅中——仿佛是对顾客的一次眨眼。[22]

与这种多层次现实的抵抗性游戏相反的，莫过于建筑工作室（Taller de Arquitectura）采用预制钢筋混凝土结构的新社会现实主义（Neo-Social-Realist）巨型古典主义建筑。面对里卡多·博菲尔（Ricardo Bofill）在一些法国新城中所做的大型公共房屋工程——包括在圣康坦－昂－伊夫林的“湖边回廊”（1974—1980）和在马恩拉瓦莱那戏剧化的阿布拉哈斯周边型住宅街区（1979—1983），人们难以设想在西方执业者中还有与国家权力享有如此紧密关系，或能够在此层次上与权力认同的人物。毋庸赘言，这种认同以及它势所必然的世俗成功，并没能使这种把集体住宅“囚禁”在庸俗的古典主义框架中的做法合法化。它的技术成就与雅恩的大众机械主义并驾齐驱，这显然也意味着它完全否定了趋势派对纪念性建筑价值的重视，因为尽管它不是首次给大众住宅赋予纪念性形式［见卡尔·埃恩（Karl Ehn）1927年在维也纳的卡尔·马克思大院和勒·柯布西耶1952年的马赛人居单元］，但在环形路——洛斯笔下的波将金城——时代以后，还没有一个住宅单元集合像它那样进行布景式渲染的。博菲尔的这些“社会容器”中很少有公共住宅所必需的设施——托儿所、会议室、洗衣房和游泳池等，从社会和建筑两个角度而言，这正是我们处于一个保守时期的征候。同样说明问题的是，粗放性的标准公寓被有意识地塞在虚假的额枋和空心的柱子内。阳台因为不符合已假设的规则而被取消，这些可能跻身上层的住户只能满足于一种居住在一座皇宫的幻想中。

新先锋主义

尽管阿尔多·罗西在美国享有追随者，新理性主义在美国建筑的演变中却没有产生多大的影响。这要部分地归因于它缺乏与美国城市的相关性，这些城市并不享有与其欧洲对手同样的形态学与类型学的传统文脉。趋势派关于“纪念物的延续性”的主题在一个城市文脉本身如此不稳定的社会中难有说服力。不过，在20世纪60年代后半期美国却发展了一种与欧洲战前先锋派同样严密的理论和艺术产出。这种努力体现在“纽约五人”（New York Five）的作品上，“纽约五人”是以彼得·艾森曼为首的一个以纽约为基地的松散组织。这一班子中两位成员——艾森曼与约翰·海杜克（John Hejduk）——的作品是以战前先锋派美学实践为基础的，分别以朱塞佩·特拉尼和西奥·凡·杜斯堡为楷模，其余三位，迈克尔·格雷夫斯、查尔斯·格瓦思米（Charles Gwathmey）、理查德·迈耶（Richard Meier），则以勒·柯布西耶的纯粹主义时期实践为出发点。“纽约五人”投身于一种自主建筑学的观念，远离他们在新客观派中所见到的还原性功能主义。这一点最明显地表现在艾森曼的住宅VI，也就是1972年建于康涅狄格州西康威尔的弗兰克住宅，以及海杜克设计的某些有争议的项目——他的菱形住宅（Diamond House series，1963—1967），尤其是他的墙宅（Wall

348

319　理查德·迈耶，哈依博物馆，亚特兰大，1980—1983

House）中。尽管海杜克后来放弃了他早期的形式主义，转而将其精力投在一系列神话式背景中（如1981年柏林假面舞会的设计），而格雷夫斯则把他早期的新纯粹主义抛之脑后，转向更具装饰性的后现代主义手法（例如他于1991年在佛罗里达州奥兰多的迪士尼酒店）。格瓦思米与迈耶则依然忠实于其纯粹主义之根，特别是迈耶，其哈依博物馆（High Museum，1980—1983）［**图319**］和应用艺术馆（Applied Art Museum，法兰克福，1979—1984）为他树立了同代人中最具有公众意识的建筑师的声誉。事实上，从此以后，他成为国际闻名的建筑师，在诸如洛杉矶、巴黎和巴塞罗那等多个城市承担了重大公共的项目设计。

“纽约五人”并不是20世纪60年代后期唯一一批把自己的作品置于20世纪先锋派的美学及意识形态之上的建筑师。他们在纽约扮演的角色在伦敦得到了OMA（Office for Metropolitan Architecture，即大都会建筑事务所）［**图320**］的回响，后者成员包括雷姆·库哈斯（Rem Koolhaas）、艾利亚与佐埃·曾克利斯（Elia and Zoe Zenghelis）和马德隆·弗里森多普（Madelon Vriesendorp）等。与海杜克在早期作品中同等程度折中地受到新造型主义和后期密斯的启发一样，库哈斯和曾克利斯的城市项目以伊凡·列昂尼多夫的至上主义为根据，同时又以罗兰·巴特（Roland Barthes）所谓的“差异的重复”（répétition différente）的方式转向超现实主义。

除了通过教育培育了后来出现的新至上主义的一代人，包括建筑构造组（Arquitectonica）的劳林达·斯皮尔（Laurinda Spear，斯皮尔住宅，迈阿密，1979）和扎哈·哈迪德（Zaha Hadid，香港顶峰竞赛方案，1983）之外，OMA在20世纪80年代早期还做了一批主要公共项目的设计，包括在希腊的岛屿安提帕洛斯设计的别墅区和在柏林柯赫街的一个住宅区。

在此期间，艾森曼已经为威尼斯的卡纳莱其奥区提出了他的激进方案（1978），其中他避免与现有城市肌理发生关系，而选择了给城市添加一个随意确定的方格网，它有意取材于勒·柯布西耶1964年设计但未建的威尼斯医院方案。他在方格网的交点与卡纳莱其奥区内开放空间相叠合的地方以一定的间隔放置了他以前所设计的XIa型住宅的不同尺度的版本。这种用不同尺度的反人

320　库哈斯（OMA），渡轮码头方案，齐布鲁格，1990。模型

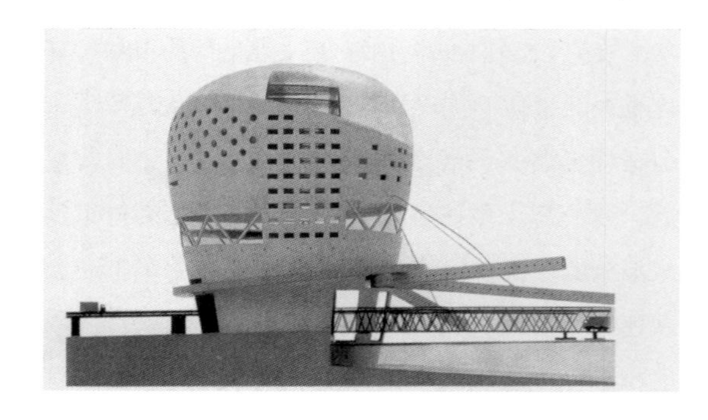

321 艾森曼，威克斯纳视觉艺术中心，哥伦布市，俄亥俄州，1983—1989。从空中可看到把新建筑插入原有校园的纹理

文游戏，艾森曼后来称为“定尺度”（Scaling），其用意是否定任何被公认为恰当的人体尺度和公共维度的既定概念。通过这个独特的启示录式的作品，艾森曼引入了一种类似于达达主义的操作模式，他本人从此始终置身其中。也就是说，他的形式总是或多或少地来源于不同方格网、轴线、尺度和等高线的叠合，完全置实际文脉于不顾：这表现在他的柏林弗里德里克大街住宅(1982—1986)和位于俄亥俄州哥伦布的威克斯纳视觉艺术中心(1983—1989)［**图321**］。

1983年对于新先锋主义来说是决定性的年份。是年，雷姆·库哈斯与以美国为基地的瑞士建筑师伯纳德·屈米（Bernard Tschumi），为把巴黎拉维莱特公园（Parc de la Villette）建造为21世纪城市公园原型而公开进行最后一轮的设计竞赛。这个竞赛的重要性在于它使建筑学中的“解构主义”涌现出来。屈米于1984年获奖的设计的基本构成（parti）来自两个基本范式：瓦西里·康定斯基在《包豪斯图册(第9集)》中提供的“点、线与面”的教诲，以及苏联先锋派电影制作人库莱索夫（Kuleshov）开创的非线性剪辑技术所产生的支离破碎的空间叙事态度。屈米不同程度地取材于多个方面，如苏联构成主义，甚至还有在罗伯托·布勒·马克斯与奥斯卡·尼迈耶早期景观中可见到的与等高线结合（mariage de contour）。他热衷于一种反古典的建筑，那些以规则性间距布置在公园中的红色构成主义的“疯狂物”（follies）产生了意想不到的结构与用途［**图322**］。他用一系列菱体、筒体、坡道、楼梯、挑檐等变化在结构内容上产生某种限度的基本差异，使每个“疯狂物”都有别于其他。这种纲领和形式间的匹配与非匹配现象，在屈米于1990年为法国国家图书馆（Bibliothèque de France）所做的竞赛方案中以将跑道不协调地插入主空间的方式重新出现。

在20世纪80年代，还有其他建筑师采用了相似的解构主义战略，从弗兰克·盖里于1978年在

350

洛杉矶建造的自住宅开始，继之以一批建于20世纪80年代后期的作品，包括艾森曼为法兰克福设计的生物中心方案、OMA设计并建成于柏林查理检查站的公寓建筑、丹尼尔·里贝斯金（Daniel Libeskind）为柏林设计的启示录性质的“城市边缘”方案，以及库哈斯于1987年在海牙完成的舞蹈剧院等。马克·威格利（Mark Wigley）1988年为纽约现代艺术博物馆的展览目录写了一篇题为《解构主义建筑》的小文：

322　屈米，拉维莱特公园，1984年设计

> 形式在自我扭曲，然而这种内在的扭曲并没有破坏形式。奇怪的是，形式依旧保持完整。这是一种分裂、错位、变形、偏离和扭曲的建筑，但不是破坏、剥离、腐朽、解体和瓦解的。它使结构错位但没有破坏它。
>
> 最终使人不安的恰恰是形式不仅经受了其折磨，而且反而显得更强大了。或许形式正是如此产生的。人们无法判断何者为先：形式或它的扭曲体，主体或寄生虫……没有一种外科手术能让形式解脱，没有可能确定从何切入。要想消除寄生虫，也就杀死了宿主。它们构成了一个共生整体。[23]

这种富于批判性的敏锐以及与作品相伴的理论论述是属于精英阶层和脱离大众的，它反映了一个没有宗旨的先锋派的自我异化。正如荷兰评论家艾里·格拉夫兰德（Arie Graafland）所说的：构成主义意欲进行一种综合——为新社会创造新建筑；但解构主义的反主题却至少有一部分是出于认识到全球性现代化正在把所谓的技术至上的秩序推出理性限度之外。这种处境在解构主义的创始人、哲学家雅克·德里达（Jacques Derrida）的思想中得到反映。他与艾森曼和屈米曾在拉维莱特公园合作设计了一个小花园。德里达对启蒙运动的理想主义遗产不再抱有幻想。和建筑学一样，他陷入了实际需求和诗意理性的矛盾，因而他似乎期望采取一种可疑的、介乎海德格尔的存在主义批判以及一种（与语言无法简化的模糊性松散相关的）社会实用主义的形式之间的中间立场。

第 5 章

批判性地域主义：现代建筑与文化认同

351

> 普世化现象虽然是人类的一种进步，但同时也构成一种微妙的破坏，不仅对传统文化如此——这种文化未见得是错误得无可救药，而且破坏了我暂且称之为伟大文明和伟大文化的创造核心，也就是我们用以作为阐释生命的基础核心，我将其称为人类的道义和神话核心。冲突由此产生。我们的感觉是，这种单一的世界文明同时将以牺牲我们过去伟大文明的文化源泉为代价而产生一种侵蚀和磨损作用。这种威胁与其他令人不安的影响被表达于一种展现在我们眼前的、恰恰与我前面所称为基础文化相反的平庸文明。我们在世界各地都能看到同一部蹩脚电影，同样的自动售货机，同类的塑料或铝质灾难，同样的被宣传所扭曲的语言，等等。看来似乎人类在成批地（en masse）趋向一种基本的消费者文化时，也成批地被阻挡在同一低级水平上。于是我们就面临着一个正在从欠发达状态升起的民族所面临的问题：为了走上现代化的道路，是否必须废除那些成为本民族之所以存在（raison d'être）的古老文化的过去？……这就产生了一个悖论：一方面，它（该民族）应当扎根在过去的土壤中，锻造一种民族精神，并且在殖民主义习性面前重新展现这种精神和文化的复兴；然而，另一方面，为了参与现代文明，它必须接受科学的、技术的和政治的理性，而它们又往往要求简单和纯粹地放弃整个文化的过去。事实是：每种文化都无法抵御和消解现代文明的冲击。这就是悖论所在：如何成为现代的而又回归源头？如何复兴一个古老与昏睡的文明，而又参与普世的文明？
>
> 没人能告诉我们，我们的文明在真正遇到各种不同的文明时除了征服和统治以外，有无其他途径。但是我们必须承认：这种相遇从来没有在真正对话的基础上进行过。这就是为何我们现在处于一种休止或中间休息的状态，在这种状态下我们无法实施单一真理的教条主义，又无力战胜我们已陷入其中的怀疑论。我们处在一条隧道中，一头是教条主义的黄昏，另一头是真正对话的拂晓。[1]
>
> **——保罗·里克尔（Paul Ricoeur）**
> **《普世文明与民族文化》，1961年**

“批判性地域主义”（Critical Regionalism）这一术语并不是指那种在气候、文化、神话和工艺的综合反应下产生的乡土建筑，而是用来识别那些近期的地域性学派，他们的主要目的是反映和服务于那些他们所置身其中的有限机体。在促使 352 此类地域主义得以兴起的诸多因素中，不仅有它所处地域的某种程度的繁荣，还有一种反对中心主义的共识——一种至少是寻求某种形式的文化、经济和政治独立的愿望。

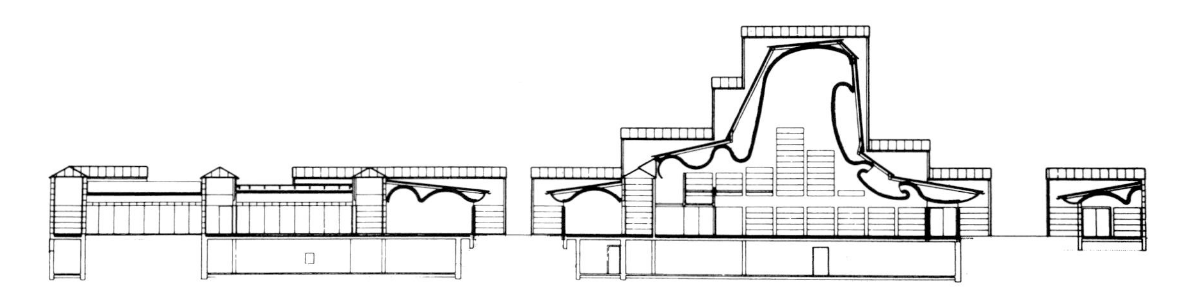

323 伍重，巴格斯瓦德教堂，哥本哈根郊外，1976。纵向剖面

一个地方或民族文化的概念是个悖论式命题，不仅因为当前明显存在着固有文化与普世文明之间的对立，也由于所有文化，不论是古老的还是现代的，其内在发展似乎都依赖于与其他文化的交融。里克尔在前面的引文中似乎在提示：地域和民族文化在今天(更甚于昔)必须最终成为“世界文化”的地方性折射。并非偶然的是，这个悖论式命题的兴起是在全球文明正在日益变本加厉地瓦解各种形式的、传统的、以农业为基础的、原地生成的文化的时刻。从批判理论的角度看(见前言)，我们应当把地域文化看作一种不是给定的、相对固定的事物，而恰好相反，是必须自我培植的。里克尔建议，未来是否能维持任何类型的真实的文化，就取决于我们有无能力生成一种有活力的地域文化的形式，同时又在文化和文明两个层次上吸收外来影响。

这样一种同化和再阐释的过程似乎明显地见之于丹麦建筑师约翰·伍重(Jørn Utzon)的作品中，特别是他于1976年在哥本哈根郊外完成的巴格斯瓦德教堂(Bagsvaerd Church)[图323]，其中标准尺寸的预制混凝土填充砌块以一种特别的表现方式与覆盖主要公共领域的现场浇筑的钢筋混凝土薄壳拱顶相结合。尽管最初看来，这种模数组合与现场浇筑的结合似乎不过是把我们已掌握的混凝土工艺的全部技术恰如其分地综合起来而已，然而我们却可以把这些技术的组合归结于一些截然相反的价值观。

在一个层次上，我们可以声称预制的模数组合不仅符合普世文明的价值，而且“代表”了它的规范化应用能力；而现浇薄壳拱顶则是一种使用于单一场址的“单一”结构创造。用里克尔的观点来说，人们可以认为：两者之一肯定了普世文明的规范，而另一种则宣布了特殊文化的价值。同样，我们还可以把这些不同的混凝土构造形式视为规范化技术的理性与象征性结构的非理性相对立的背景。

然而，当我们越过最经济的模数制外部围护体(不管它是混凝土板，还是屋顶用的专利玻璃)观察那远非最佳的跨越在中堂上空的现浇框架和壳顶时，另一种对话出现了。这种拱顶与钢桁架相比是一种较不经济的结构模式，是由于其象征作用而被有意识地采用的。拱在西方文化中象征着神圣，但是在这里所采用的高构筑剖面形体却很难说是西方的。事实上，这种形体剖面被用于神圣语境的唯一先例是在东方——见之于中国的宝塔顶。这一点伍重在他1962年所写的重要论文

353

《平台与高台：一名丹麦建筑师的观念》中提到过。

比起用西方的混凝土工艺来重新阐释东方木作形式的刚愎自用，这种体现在折板式拱顶中的微妙而矛盾的提示意义深远，因为虽然在中堂上空的主拱顶以其尺度和顶部采光提示了一个宗教空间的存在，然而它的表现手法却排斥了单纯地以东方或西方的角度去阅读其构成形式的可能。同类的西／东方的相互渗透还发生在木制窗户以及板条隔断中，它们既使人想起北欧乡土的横木教堂，又似乎取材于中国和日本的格子细作。在这种解构重组的程序后面的意图似乎是：首先，通过重组东方的基本特质来振兴某些已式微的西方形式；其次，用这些形式来表达机制的世俗化。很显然，这可能是一种表现一个世俗时代的教堂的更恰当的方式，而传统教堂的图示法则容易蜕化为陈词滥调。

在巴格斯瓦德教堂的设计中，这种用东方轮廓结合西方要素的做法还不是其因时因地的变化手法的全部。伍重还赋予教堂以一座谷仓的形式，通过采取农家式的隐喻使一座神圣机构得到公共性的表达。但这种潜在的把宗教与农业联系起来的隐喻，随着时间的过去也会发生一定的变化。当四周的树苗长成后，教堂就会显示出适宜自己的边界。这种自然的希腊神庙区（temenos）一旦被树丛确定，人们就会把这栋建筑理解为神庙而非谷仓。

354

明确的反中心的地域主义（anticentrist regionalism）的范例是加泰罗尼亚人的民族主义

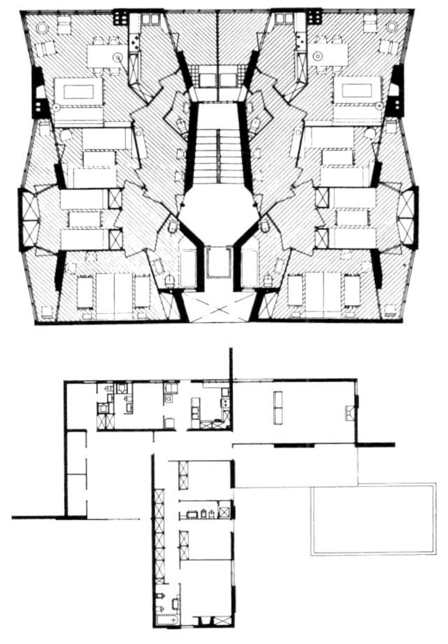

324、325　科德尔奇，ISM 公寓，巴塞罗那，1951。外观及标准层平面（右中）

326　科德尔奇，卡塔苏斯住宅，西特吉斯，1956。一层平面（右下）

运动，它随着1952年R组（Grup R）的建立而兴起。以J. M. 索斯特斯（J. M. Sostres）和O. 博伊加斯（O. Bohigas）为首的R组，一开始就发现自己处于一个复杂的文化环境中。一方面，它有义务复兴GATEPAC（战前CIAM的西班牙翼）的理性主义的和反法西斯的价值观和传统；另一方面，它又明了要唤起一种能为广大公众所接受的现实的地域主义的政治责任。这种双重纲领首先在博伊加斯发表于1951年的论文《一种巴塞罗那建筑的可能性》中公开宣布。构成这种非均态地域主义（Regionalism）的多样化文化冲动，倾向于肯定现代地域文化无可避免的杂交性。首先是从“Modernismo”（现代主义）时期就出现的加泰隆砖的传统；然后是诺伊特拉和新造型主义的影响——后者无可怀疑是受布鲁诺·泽维（Bruno Zevi）于1953年出版的《新造型主义建筑的诗学》的激励。其后是意大利建筑师伊格纳齐奥·加尔代拉（Ignazio Gardella）新现实主义的影响。他在意大利亚历山德里亚的波萨利诺住宅（Casa Borsalino，1951—1953）中采用了传统的百叶、窄窗和宽挑檐。我们还需要加上英国新粗野主义的影响，特别是对麦凯、博伊加斯与马托雷尔事务所（Mackay, Bohigas and Martorell）而言（见之于他们1973年在巴塞罗那的拉·波纳诺瓦公寓区）。

直到最近时期，巴塞罗那建筑师J.A. 科德尔奇（J. A. Coderch）的事业一直是典型的地域主义的，这是因为他总是摇摆于两种不同风格之间——最先形成于1951年的巴塞罗那民族公寓区的八层高的ISM公寓楼（和波萨利诺住宅一样，它也用全高百叶和薄挑檐的“传统”表达）［**图324、325**］中地中海式的现代砖造乡土风格，和1956年设计于西特吉斯（Sitges）的卡塔苏斯住宅（Casa Catasus）［**图326**］的先锋主义的新造型派及密斯式构图。

更新近的加泰隆地域主义的表现，可明显地见之于里卡多·博菲尔和建筑工作室的作品中。虽然博菲尔1964年的尼加拉瓜巷公寓似乎接近于科德尔奇对砖造乡土风格的再阐释，而20世纪60年代后期，建筑工作室则明显地采取了整体艺术作品（Gesamtkunstwerk）的手法。他们1967年建于卡尔普的哈纳杜建筑群（Xanadu complex）沉浸在一种庸俗的浪漫主义中；巴塞罗那圣茹斯特·德斯文区的砖饰面瓦尔登7公寓（1970—1975）的英雄主义和招摇夸张，表明他们对堡垒形象的执迷到了无以复加的地步。它12层高的内部空旷的、光线暗淡的住室，微型的阳台以及现在已开始剥落的外墙砖等，标志着一个初始是批判性的冲动，后来又蜕化为很上镜头的布景术。总的来说，尽管瓦尔登7是顺带地表示了对高迪的敬意，却更表现了一种诱惑大众的倾向。它是一种极美妙（par excellence）的建筑自恋症，它的形式修辞致力于打造最新的款式以及博菲尔本人那种喜好夸张的个性的神秘气氛。但就近地观察，就会使瓦尔登7的地中海式享乐主义乌托邦的伪装瓦解，特别是其屋顶景观在使用中未能展示一种本来存在的诱人环境（参见勒·柯布西耶的马赛人居单元）。

没有比葡萄牙大师阿尔瓦罗·西扎·比埃拉（Álvaro Siza Vieira）更远离博菲尔之意图的了。他的事业开始于马托西纽斯的昆塔·达·孔西科游泳池（1958—1965），它完全不属于照相布景的类型。这一点可见之于已发表的一些碎片式的、不完整的和难以捉摸的设计图像以及他在1979年的一段叙述：

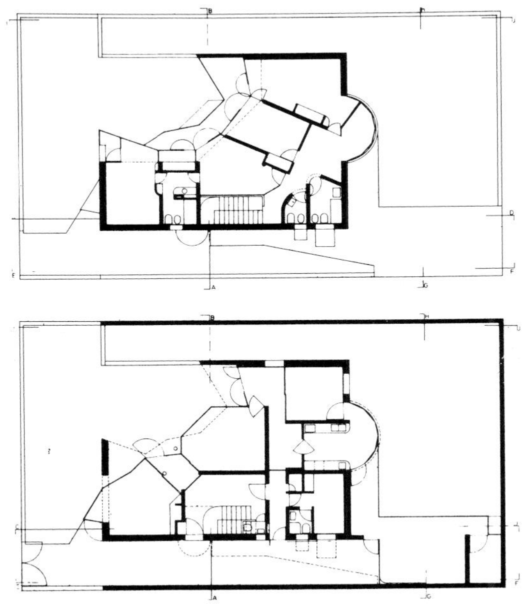

327—329　西扎，贝勒斯住宅，波沃·德·瓦尔齐姆，外观。1973—1977。上层平面图（中）和底层平面图（下）

我的多数作品没有发表，有些创作也只是部分地实现，其余的被改得面目全非，甚至被完全破坏。这是可以预料的。一项目标深远的构筑方案……一项试图超越被动的、物质化的设计，都拒绝被还原为同一现实，而是一一地分析其各个方面，其结果是任何设计都不可能以固定的形象为基础，不可能追随某种线性的演变……每项设计都必须用最苛刻的眼光，在各种阴影下准确地捕捉某一瞬间正在翩翩飞翔的意象。你对现实的飞翔本性认识得越是深刻，你做出的设计也越是清晰……这也许是为什么只有边际性的作品（一所安静的住宅，一座遥远的度假建筑）才能保持其原来设计的原因。但总有些东西被保留了下来。在我们内心，这里或那里总留有一些碎片，也许是人工培育的，它们在空间和人们的心中留下了印迹，融合在一个全盘转变的过程之中。[2]

这种对一个流动状态的但又特殊的现实的超敏感性，使西扎的作品比巴塞罗那学派更有层次、更稳固。他以阿尔托为自己的出发点，把他的建筑奠基在每一特殊地形轮廓和地方肌理的精细质感之中。为此，他的作品都紧密地反映了波尔图地区的城市、土地和海景。另一重要因素是他对地方材料、手工艺品和当地阳光的微妙特征的偏爱；但是这种偏爱并没有使他放弃理性形式和现代技术而感情用事。正如阿尔托的赛纳特萨洛市政厅那样，西扎的所有建筑都是精心地放置在其场地的地形之中。很明显，他的手法是触觉性和构筑性的，而不是视觉性和图案性的。这点可见之于他1973—1977年在波沃·德·瓦尔齐姆的贝勒斯住宅（Beires House）[**图327—329**]，以及1973—1977年在波尔图的布卡居民协会住宅中。即使是他的一些小型城市建筑——其中最佳的也许是位于奥利韦拉·德·阿泽梅伊斯的品托银行分行——也都是按地形而结构的。

以纽约为基地的奥地利建筑师雷蒙德·亚伯拉罕（Raimund Abraham）的作品似乎也具有类似的关注。这位建筑师总是强调场所的创造和建筑形式的地形特征。他的三墙住宅（The House with Three Walls，1972）和花墙住宅（House with Flower

330　亚伯拉罕，南弗里德里克大街项目的设计方案，柏林，1981。该图展示的是半个场地的细部

356 Walls，1973）是他20世纪70年代早期的典型作品，其特点是以不可避免的建筑的物质性来引发出一种梦幻的意象。这种对构筑形式的关注及其改变地球表面的能力被沿袭到他近期为柏林国际建筑展览（IBA）所做的设计中，尤其体现在他1981年的南弗里德里克规划（South Friedrichstadt）［**图330**］上。

类似的触觉性也见之于墨西哥元老辈的建筑师路易斯·巴拉甘（Luis Barragán）的作品中，他最精致的住宅设计(其中许多建在墨西哥城郊的皮德里哥)都具有一种地形的形式。他既是建筑师也是景观设计师，总是在寻求一种感官的和附着于土地的建筑，一种由围护结构、石柱、喷泉和水渠组成的建筑，一种安置在火山岩和青葱植被之间的建筑，一种间接参照墨西哥农庄（estancia）的建筑。巴拉甘对神话和扎根文化的起源的感情从他对自己在青年时代梦幻村庄（pueblo）的回忆中可见一斑：

我童年最早的回忆是我家在麻扎米特拉（Mazamitla）村附近所拥有的一所农场。这是一个与山丘相连的村庄，有瓦屋顶和可以让行人躲避当地常有的暴雨的大挑檐。即使是土的颜色也是有意义的，它是红色的。在这个村庄里，分水系统是用粗原木制成的、用树杈支撑在屋顶以上5米高的窄水槽。水槽跨越整个村庄，到达各家的内院，流进那里石砌的池塘中。内院有马厩和鸡、牛棚。在外面的街道上有系马的铁环。当然，那条顶上已长满青苔的水渠到处滴漏，给村庄赋予了一种神话的氛围。不，没有照片留下。所有这些都只是留在我的记忆中。[3]

这种记忆肯定受到巴拉甘终生涉及的伊斯兰建筑事业的影响。同样的感觉和关注也见之于他对现代世界侵犯隐私的反对，以及他对战后文明对自然的侵蚀的批评：

357

日常生活变得太公开了。收音机、电视机、电话都侵犯了隐私。因此，花园应当是封闭的，不能暴露在外界的视线下……建筑师正在忘却人类对半光线的需要，这是一种存在于卧室和起居室内的能产生某种宁静感的光线。现在许多建筑中的——住房与办公一样——玻璃可以减少一半，这样才能使光的质地保证人们可以以一种专心致志的方式去生活和工作。

在机器时代之前，即使在城市的中心，自然都是人的可靠的伴侣……现在，情况被倒置了。人们见不到自然，即使走到城外也见不到。包裹在自己闪闪发光的汽车之中，他的精神已经带上了汽车世界的烙印，以致他即使处身自然之中，也仍然是一外来体。一块广告牌就足以将自然的声音窒息。自然变成了碎片的自然，人也变成了碎片的人。[4]

从他于1947年设计的位于墨西哥城塔库巴亚的第一栋有内庭院的自宅和工作室起，他就离开了国际风格的语言。然而，他的作品仍然致力于创造具有我们时代特征的抽象形式。巴拉甘对于将大型的、不可思议的平面插入景观的爱好，可能最强烈地体现在他为两个居住区设计的花园上，这两个区住房分别是拉斯·阿波里阿达斯(1958—1961)和洛斯·克鲁布斯(1961—1964)，以及他在1957年与马蒂亚斯·格里茨(Mathias Goeritz)合作设计的高速公路纪念碑——卫星城塔楼(Satellite City Towers)[**图331**]中。

331　巴拉甘与格里茨，卫星城塔楼，墨西哥城，1957

地域主义当然也在美洲其他地方存在：20世纪40年代巴西的奥斯卡·尼迈耶和阿方索·雷迪的早期作品；阿根廷阿曼西奥·威廉姆斯(Amancio Williams)的作品，特别是他于1943—1945年在马

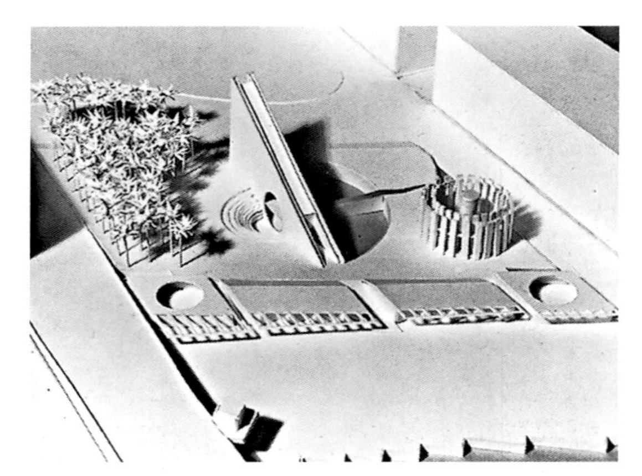

332　沃尔夫，劳德戴尔堡河边广场模型，1982

尔·德·普拉塔设计的桥式住宅[图333]；还有较近期由克洛林多·泰斯塔（Clorindo Testa）设计的位于布宜诺斯艾利斯的伦敦及南美银行(1959)；在委内瑞拉则有卡洛斯·劳尔·比亚努埃瓦（Carlos Raúl Villanueva）设计的于1945—1960年建造的城市大学；在美国西海岸，首先是20世纪20年代后期在洛杉矶的诺伊特拉、辛德勒、K.韦伯（K. Weber）和吉尔（Gill），然后是由威廉·沃斯特（William Wurster）创建的海湾学派，和哈韦尔·汉密尔顿·哈里斯（Harwell Hamilton Harris）在南加州的作品。没有比哈里斯更强有力地表达过批判性地域主义思想的了，这体现在他1954年在俄勒冈州尤金召开的美国建筑师学会西北地区委员会会议上所做的报告《地域主义和民族主义》中。在这个报告中，他首次提出了对限制性和开放性地域主义的恰当区分：

> 与限制性地域主义相反的是另一种地域主义：开放性的地域主义。这是一个地域的表示，即特别是要保持与时代涌现的思想合拍。我们把这种表示称为“地域性”，是因为它还没有在其他地方涌现。这种地域精神比寻常更为觉醒，更为开放。这种表示的价值在于它对外界世界的意义。为了在建筑学中表现这种地域主义，需要有一批——甚至一大批——建筑同时出现。只有这样才能使这种表现足够普通，足够多样，足够有力，以致它们能够捕捉人们的想象力，并提供一种长时间的友好气氛，使一个新的设计流派得到发展。
>
> 旧金山是为梅贝克（Maybeck）创造的。帕萨迪那是为格林兄弟（Greene and Greene）创造的。二者无论是谁都不可能在另一个地点、另一个时间达到他们已达到的成就。二者都采用了地方材料，但并不是因为这些材料才使他们的作品出色。
>
> 一个地域可以开发思路，一个地域可以容纳思路。二者都需要有想象力和智慧。在(20世纪) 20年代后期及30年代的加州，现代欧洲理念遭遇到一种正在发展的地域主义。另一方面，在新英格兰，欧洲现代主义却遭遇到一种僵硬和限制性的地域主义，它首先抵制，然后是投降。新英格兰全盘接受了欧洲现代主义，这是因为它们自己的地域主义已经还原为一大堆限制。[5]

尽管表面上有表达的自由，但今天在北美已很难再有这种开放性的地域主义了。在当前高度个性化的表达方式大量扩散的情况下(作品通常是傲慢的和放纵的，但不是批判的)，只有少数公司表现出对美国扎根文化的深入探索。近期一个非典型的北美“地域性”作品的例子是安德鲁·贝蒂

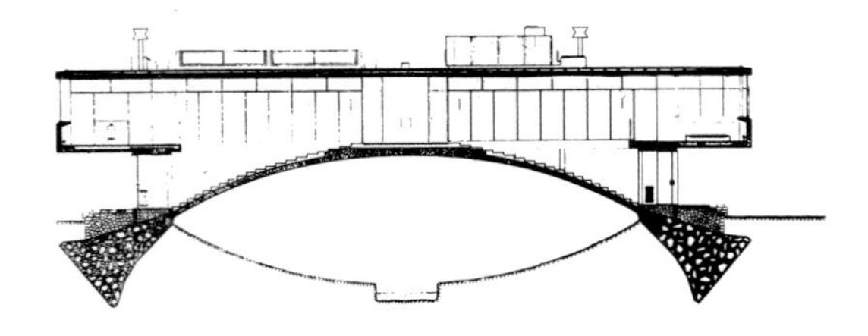

333　威廉姆斯，桥式住宅，马尔·德·普拉塔，1943—1945

（Andrew Batey）和马克·迈克（Mark Mack）为加州纳帕山谷设计的经精心选址的住宅；再就是建筑师哈里·沃尔夫（Harry Wolf）那些主要局限于北卡罗来纳州的作品。沃尔夫对场所创造的隐喻性手法不无争议地表现在他1982年为劳德戴尔堡河边广场（Fort Lauderdale Riverfront Plaza）做的竞赛方案［**图332**］中。他的描述表示，他的意图是通过光线的投入把城市的历史纳入场地中。

359

> 对太阳的崇拜以及用阳光来测量时间的做法可追溯到人类最早的有文字记录的历史。对劳德戴尔堡有意义的是，如果你沿纬度26度绕地球一周，你就会发现劳德戴尔堡与古老的底比斯［埃及太阳神拉（sun god，Ra）的皇位所在］在同一条线上。再向东，就有印度的贾依普尔，在这里，在劳德戴尔堡奠基前110年，就建造了世界上最大的日晷。
>
> 有了这些概念，我们就寻求一种象征，以代表劳德戴尔堡的过去、现在和将来……为此，广场被一巨型日晷切割，其指针正好沿南北轴线把场地分为两半。双叶片的指针从南26° 5′升起，恰好等于劳德戴尔堡的纬度。
>
> 劳德戴尔堡所有重要的历史事件都镌刻在日晷的叶片上。经过对太阳角度的仔细计算，阳光恰好穿过两扇叶片之间，在日晷的阴影边投下了光辉的圆圈。这束光线照亮了作为历史记录者的一个恰当的历史标记。[6]

在欧洲，建筑师吉诺·瓦莱（Gino Valle）的作品可被视为地域性的，因为他的事业集中在乌迪诺市（Udine）。除了对这个城市的关怀外，瓦莱在1954—1956年于苏特里奥设计的夸格拉住宅（Casa Quaglia）［**图334**］中，对隆巴迪农村的乡土风格做了战后最早的新阐释。

可以理解的是，在欧洲，残存的城邦精神

334　瓦莱，夸格拉住宅，苏特里奥，1954—1956

335　斯卡帕，奎里尼·斯坦帕利亚美术馆（Querini Stampalia Gallery），威尼斯，1961—1963

336　施内布利，卡斯蒂奥利住宅，意大利坎皮奥内，1960

仍然存在，在第二次世界大战后，地域主义的冲动自发地涌现，使一些重要的建筑师得以为自己出生的城市文化做出贡献，其中属于战后一代致力于地域性表达的有：苏黎世的恩斯特·吉塞尔（Ernst Gisel）、哥本哈根的约翰·伍重、米兰的维托里奥·格雷戈蒂、奥斯陆的斯维尔·费恩（Sverre Fehn）、雅典的艾瑞斯·康斯坦丁尼迪斯（Aris Konstantinidis），以及最后但同样重要的，威尼斯的卡洛·斯卡帕（Carlo Scarpa）[**图335**]。

瑞士以复杂交叉的语言边界和世界主义的传统，始终存在强烈的地域性倾向。各州对文化采纳不同的容纳或排斥的原则，但总是鼓励一些极端密集的表达形式；各州偏向地方文化，而联邦则鼓励外来观念的进入和综合。多夫·施内布利（Dolf Schnebli）于1960年在意大利－瑞士边境的意大利坎皮奥内建造的新柯布西耶式的拱形别墅[**图336**]，可视为提契诺建筑对商业化现代主义的抵制。这种抵制在瑞士其他地方也能见到，例如奥雷利奥·加莱蒂在贝林佐纳设计的同样是柯布西耶风格的罗塔林提住宅，还有第五工作室于1960年在伯尔尼郊外设计的哈伦住宅，其中也采用了柯布西耶的清水混凝土。

当今的提契诺地域主义最初起源于那些战前瑞士的意大利理性主义拥护者，特别是意大利的阿尔贝托·萨尔托利斯和提契诺的里诺·塔米。萨尔托利斯的主要作品在瓦莱（Valais），最值得注意的是在卢尔蒂（Lourtier）的一座教堂(1932)，以及两栋与葡萄培植相关的小型混凝土框架住宅(1934—1939年建造)，其中最知名的是位于赛永的莫朗－巴斯德住宅（Morand-Pasteur，1935）。对于理性主义和农村建筑之间的相容性，萨尔托利斯写道："农村建筑，因其实质上的地域性特征而与今日的理性主义完全相容。事实上，它在实践中所体现的所有功能准则都是现代建筑赖以存在的基础。"萨尔托利斯主要是一名辩论家，在整个第二次世界大战期间及其后都坚持了理性主义的教规；而塔米则主要是一名建造者，他在卢加诺（Lugano）设计的州图书馆被20世纪60年代的提契诺建筑师奉为理性主义的范例。

提契诺在20世纪50年代中期的实践，除了加莱蒂的作品外，与其说是拥护战前的意大利理性主义，不如说是以弗兰克·劳埃德·赖特的作品为中心的。蒂塔·卡洛尼（Tita Carloni）对这一时期是这样写的："我们天真地把自己的目标定为'有机'的提契诺，其中现代文化的价值与地方传统自然地交织在一起。"对于20世纪70年代前期提契诺的新理性主义，他写道：

> 老的赖特图式已被取代，由国家给予"大任务"（big commissions）的时代已经结束，我们必须完全重新开始，住宅、学校、小型教育设施的修复和竞赛方案等都提供了进行调查研究与批判地评价建筑内容和形式的机会。与此同时，意大利的文化冲突、政治义务以及与我们当地的知识分子，特别是与维尔吉里奥·吉拉尔多尼（Virgilio Gilardoni）的对抗，意味着历史课本出现在我们的书桌上，向我们提出了挑战，要我们重新评估现代主义的整个演变过程，尤其是20世纪20年代至20世纪30年代的。[7]

正如卡洛尼指出的，地方文化的力量在于它能够把本地域的艺术和批判潜力加以浓缩，同时又对外来影响进行综合和再阐释。卡洛尼的主要学生马里奥·博塔（Mario Botta）的作品在这方面是典型的，它们集中于与特定场所直接相关的问题，同时又吸收了来自外界的方法与途径。他正式地受教于斯卡帕，又有幸在卡恩和勒·柯布西耶的手下短期工作过——那时正好是在他们为威尼斯的公共工程探索方案的时候。明显地受二者的影响，博塔继而把意大利新理性主义的方法学据为己有，同时又通过斯卡帕而保持了一种能不断丰富其形式的手艺。最突出的例子是1979年他在利格里尼亚诺的一栋农舍改造中，在火炉周围采用了抛光粉刷（intonaco lucido）。

博塔作品中的另外两个特征可以被视作批判性的：一方面，他始终关注着他所谓的“建造场所”；另一方面，他的信念是，历史城市的消失可以通过“微型城市”来补偿。因此，博塔在下莫比奥（Morbio Inferiore）设计的学校可以被阐释为一个微型城市领域——作为与它最临近的大城市奇阿索（Chiasso）中公共生活明显缺失的一种文化补偿，博塔还把提契诺景观文化的主要参照提升到类型学的高度，见之于他在里瓦·圣·维塔莱（Riva San Vitale）的住宅［**图337**］，它参照了传统的塔楼式夏季住宅或曾经在本地很普及的“rocoli”房。

除了这些参照外，博塔的住宅还是景观的标记——其范围和边界的指示器。例如，在利格里尼亚诺的住宅就是村庄结束、农田开始的界线：它的主要开口（一个大型的“切出来”的孔洞）背向农田、面向村庄。博塔的住宅又经常被处理为地堡／观景楼，窗口总是开向精心选择的景观视野，同时又避开了提契诺1960年以来的贪得无厌的郊区开发。他不采用在场地中建立台阶的做法，而是像维托里奥·格雷戈蒂于1966年在《建筑领域》中所提倡的那样来“建造场地”。它们自称为初始形式，以大地和天空为背景，然而，它们与当地部分农业特征的调和直接来自对其形式与装修进行的模拟，也就是说，来自它们结构中的光面混凝土砌块和谷仓式的壳体，后者取材于传统的农业结构。

337　博塔，住宅，里瓦·圣·维塔莱，1972—1973

尽管他创造了这种既现代又传统的居家式感受，博塔最具有批判性的成就还是在于他设计的公共建筑，特别是与路易吉·斯诺齐（Luigi Snozzi）共同设计的两项大型工程的方案。两者都是“旱桥”式建筑，参考了卡恩在1968年为威尼斯议会厅的方案以及罗西为加拉拉特西所做的首轮方案。1971年博塔与斯诺齐为佩鲁齐管理中心所设计的方案是一个“城中之城”，这一设计的更广泛的意义在于，它具有可用于世界上各种巨型结构的潜在能力。假如这个方案得以实现，这个设计为“旱桥”的中心，应当可以在城市地区立足而不损害历史城市，也不混同于周围郊区混乱的开发。他们于1978年设计的苏黎世火车站方案［**图338**］，也达到了相应的清晰度及适宜性，一条多层的桥梁式通道不仅可以作为商店、办公区、餐厅和停车场，还可以成为一座新的总部大楼，把一些原来的功能保留在现有的车站内。

安藤忠雄，日本最具地域意识的建筑师之一，以大阪而不是东京为基地绝非偶然。他的理论著

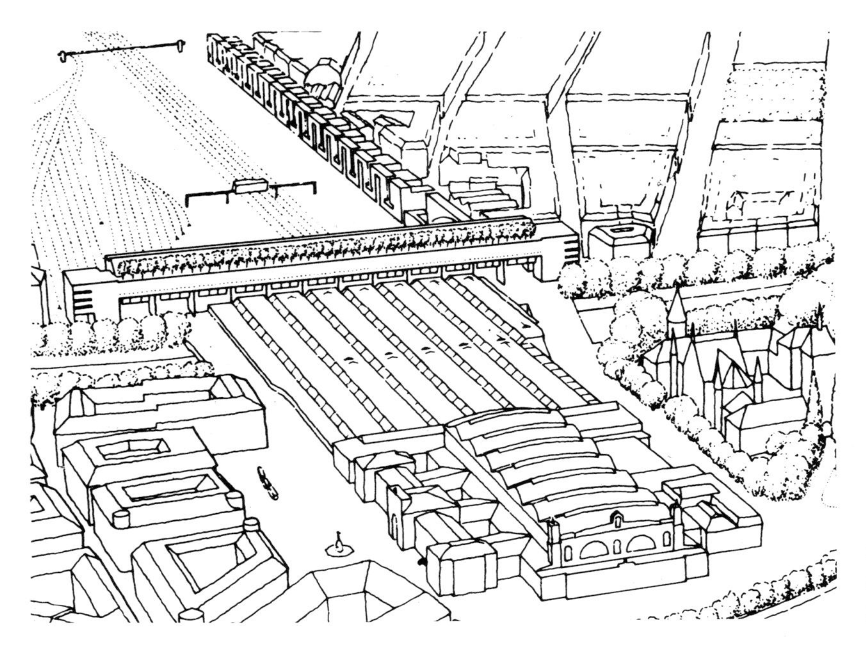

338 博塔与斯诺齐，苏黎世火车站改造方案，1978。原来的车站（画面底部）与跨铁路的桥

作比他同代的建筑师更清晰地形成了一套接近于批判性地域主义的教规。特别明显的是他所认知的存在于普世文明和扎根文化的个性之间的张力。他在题为《从自我封闭的现代建筑走向普世性》一文中写道：

我生长在日本，在日本干我的建筑设计工作。我想，可以说我所选择的方法是把开放的、普世的现代主义所发展的语汇和技术，应用到一个有个性的生活方式及地域差别的封闭领域中去。对我来说，运用一种开放的、国际的现代主义语汇来试图表达某一种族的情感、习惯、美学意识、特色文化以及社会传统是困难的。[8]

所谓“封闭的现代建筑”，是指安藤试图实在地创造有墙的孤岛，它使人们还可以恢复和维持他原先与自然和文化的亲密性的某些痕迹。因此，他写道：

第二次世界大战以后日本走上了经济快速发展的道路，人民的价值观改变了。老的、基本上是封建的家庭体系瓦解了。各种社会变化，诸如信息和工作场所集中在城市，导致市中心人口过多，农渔业村镇的人口过少(世界其他地方也是如此)。过于密集的城市和郊区人口，使得保持原来最典型的日本居住建筑特征——诸如与自然的亲密联系以及向自然世界的开放等——变得不再可能。我所说的封闭的现代建筑，就是回复到日本住宅在现代化过程中已经丧失了的住宅与自然的统一。[9]

在他设计的通常是设置在密集的城市肌理中的小型庭院式住宅内，安藤使用混凝土的方式是为了强调它表面的整洁和均匀性，而不是其重量，因为对他来说，“混凝土是使‘阳光创造表面’的最适宜材料…… (在这里)墙变为抽象的、虚无的，并接近于空间的最终极限。它们的现实性消失了，只有它们所包围的空间才有真实感”。

尽管卡恩和勒·柯布西耶的理论著作都强调了光线的极端重要性，但安藤把从光线产生清澈空间的悖论看作特别符合日本的性格，也就是通过这一点，他才给自我封闭的现代性观念赋予了更宽广的意义：

在日常的功利性事务中，此类空间很少为人们所知，然而它却能唤起人们对自己藏在内心最深处的形式的回忆，并激励新的发现，这就是我在所谓封闭现代建筑中要实现的目标。此类建筑可能因其所在的地域而异，这些地域有它们自己的根，并让其以不同的方式成长。虽然它是封闭的，我却坚信，作为一种方法学，它在面向普世性时是开放的。[10]

安藤想的是要发展一种建筑学，使作品的可触摸性超越对几何秩序的最初认知。由他所设计的形式在阳光下具有揭示性的品质，细部的精确性和密度至关重要。他对1981年建造的小筱邸（Koshino House）[**图339、340**]的描述如下：

光线的表现形式是随时间变化的。我相信木和混凝土这些可以触及的形式并非建筑材料的终结，而且还要包括对我们感官起吸引作用的光与风……要表现认同性，细部成为最重要的因素……对我来说，细部这一因素完成了建筑的构图，同时，它也是建筑形象的发生器。

在题为《方格网与小径》(《希腊建筑》，1981）一文中，当论述到希腊建筑师迪米特里斯与苏珊娜·安东那卡基斯（Susana Antonakakis）的批判性地域主义时，阿列克谢·佐尼斯（Alex Tzonis）与里安·勒费弗尔（Liane Lefaivre）揭示了申克尔学派对雅典建筑和希腊的国家建设所起的难以言明的影响：

在希腊，以新古典形式出现的历史地域主义在福利国家和现代建筑来临之前已经受到抵制。这是由19世纪末期爆发的一场危机造成的。这里的历史地域主义的生长

339、340　安藤，小筱邸，大阪，1981。外观及一层平面

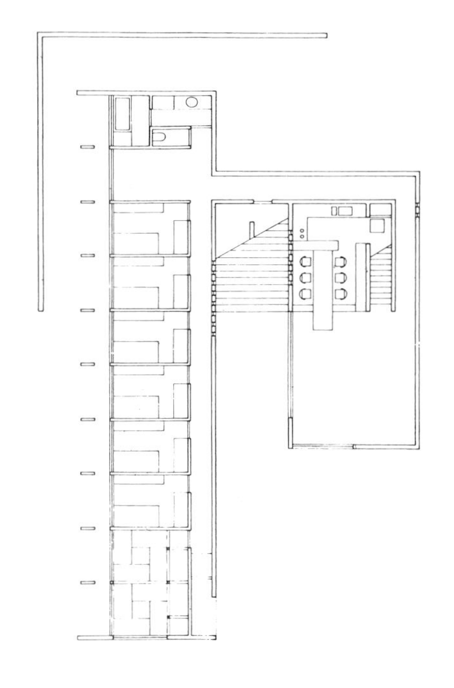

341　皮基奥尼斯，菲洛帕普山公园路的铺面，1957

不仅源自一次解放战争，还出自致力于摆脱农民世界和农村“落后性”的城市的精英层，及对于城镇统治农村的利益需要，因此，以书本而不是以经验为基础的历史地域主义就以其特殊的吸引力及纪念性唤起了疏远和孤独的精英层。历史地域主义既团结了人群，又分裂了人群。[11]

随着19世纪希腊民族主义新古典风格的扩散，出现了20世纪20年代的乡土历史主义到20世纪30年代的坚定的现代主义［见之于斯塔莫·帕帕达基（Stamo Papadaki）和J.G.德斯波托朴洛斯（J.G.Despotopoulos）等建筑师的作品］等多种回应。正如佐尼斯所指出的，随着艾利斯·康斯坦丁尼迪斯最早作品的出现(1938年的埃路西斯住宅及1940年的吉菲西亚花园展览)，在希腊也涌现了一种自觉的地域性现代主义，这条路线在20世纪50年代在康斯坦丁尼迪斯的各种低造价住宅方案，以及他于1956至1966年间为齐尼亚全国旅游组织设计的一批酒店中继续得到发展。在康斯坦丁尼迪斯的所有公共建筑设计中，都有一种存在于梁柱式钢筋混凝土框架结构的普世理性与用作填充的当地石材和砌块的本土触觉性之间的矛盾。在1957年由迪米特里斯·皮基奥尼斯（Dimitris Pikionis）设计的位于雅典卫城附近的菲洛帕普山（Philopappou Hill）公园和步行道［**图341**］，则渗透了一种较少模糊性的地域主义精神。在这一古老的景观中，佐尼斯指出：

皮基奥尼斯创造了一个摆脱技术展览主义和构图欺骗性(于20世纪50年代的主流建筑中已习以为常)的建筑作品，这是一个几乎去物质化的全裸实物，一个“为本场合制造的场所”，它沿着山丘展开，可以在此独自沉思、亲密互语、小型集聚或大型集会……为了把这些壁龛、过道、场合交织在一起，皮基奥尼斯从民居的生活空间中认同了某些组成部分，但是在这里，与地域的连接并不是从温柔的感情出发的，他以完全不同的态度，以冷静的、经验式的方法研究了具体事件的外表，就像一名考古学家所做的记录那样。它们的选择与位置也不是为了搅起肤浅的情感，而是作为日常感受所使用的平台，以当代建筑为文脉，提供那些日常生活中所没有的事物。在这里，对当地的调查成为实现具体与真实事物以及使建筑再次人文化的条件。[12]

佐尼斯把安东那卡基斯事务所（Antonakakis partnership）的作品看成皮基奥尼斯的沿地形蜿蜒的途径与康斯坦丁尼迪斯的普世性方格网的组合。这种辩证的对立似乎再一次反映了里克尔所说的文化与文明的矛盾。也许没有比他们于1975年在雅典设计的贝纳基街公寓（Benaki Street apartments）［**图342、343**］更直接地表达出此种双重性的实例了。它采用一种多层次的结构，并把希腊岛屿乡土建筑中的迷宫式路径插入支撑的混凝土结构的正规方格中。

如同在上一章中所出现的分类的大量重叠一样，批判性地域主义并不是一种风格，而更属于一种倾向于某些特征的类别，这些特征并非都存在于所有已列举的例子中。这些特征——或更恰当地说——态度，或许可以用下列叙述做出最佳的总结。

（1）批判性地域主义应当被理解为一种边际性的实践，尽管它对现代化持有批判态度，但仍然拒绝放弃现代建筑遗产的解放和进步的方面。与此同时，批判性地域主义的碎片式和边际性的本性，又使它得以与早期现代主义的规范性优化和天真的乌托邦思想保持距离。与从奥斯曼到勒·柯布西耶的路线不同，它更倾向于小型的而不是大型的规划。

（2）在这方面，批判性地域主义自我表现为一种自觉地设置了边界的建筑学，与其说它把建筑强调为独立的实物，不如说它强调的是使建造在场地上的结构物能建立起一种领域感。这种“场所–形式”意味着建筑师必须把自己作品的实物界限同时理解为一种时间极限——这一界限标志着当下的建造活动的终止。

（3）批判性地域主义倾向于把建筑体现为一种构筑现实，而不是把建造环境还原为一系列杂乱无章的布景式片断。

（4）可以说，批判性地域主义的地域性表现是：它总是强调某些与场地相关的特殊因素，从地形因素开始。它把地形视为一种结构物配置其中的三维母体。继而，它注重将当地的光线变幻性地照耀在结构物上。它把光线视为揭示其作品的容量和构筑价值的主要介质。与此相辅的是对气候条件的表达和反应。批判性地域主义反对“普世文明”充分利用空调的做法，它倾向于把所有的开口处理为微妙的过渡区域，使其有能力对场地、气候和光线做出反应。

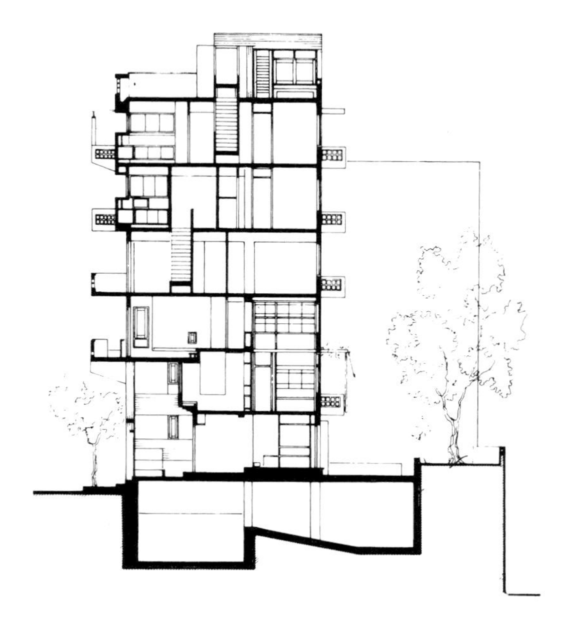

342、343　安东那卡基斯，贝纳基街公寓，雅典，1975。横剖面与外观

（5）批判性地域主义对触觉的强调与视觉相当。它认识到人们对环境的体验不限于视觉。它对其他的认知功能同等敏感，诸如不同的照明水平，对周围冷、热、潮湿和空气流动的感受，由不同体积内不同材料所散发的各种香味和音响，甚至不同地板装修所产生的不同感觉，人体不自觉地在姿势、步伐等方面做出的调整，等等。它反对在一个媒体统治的时代中以信息替代经验的倾向。

366

（6）尽管它反对那种对地方乡土感情用事的模仿，批判性地域主义有时仍然会插入一些对乡土因素的再阐释，作为区隔于整体的插曲。此外，它还偶尔从外来的资源中吸取此类因素。换句话说，它试图培育一种当代的、面向场所的文化，但又(不论是在形式参照上还是在技术的层次上)不变得过于封闭。因此，它倾向于悖论式地创造一种以地域为基础的“世界文化”，并几乎把它作为完成当代实践的一种恰当形式的前提。

（7）批判性地域主义倾向于在那些以某种方式逃避了普世文明优化冲击的文化间隙中获得繁荣。它的出现说明：目前那种被一致认可的文化中心理念，即由从属的、被统治的附属品包围着的主导性的文化模式，只是一种不充分的模型，不能用来对现代建筑现况进行评价。

第四部分

世界建筑与现代运动

BBPR，维拉斯加塔楼，米兰，1956—1958

在世纪转换期有两个出版物试图在世界范围内评价现代建筑文化的整体影响。第一个是十卷本的《20世纪世界建筑精品集锦》。它把世界分为十个“洲级”的区域，由10个区域委员会各提名100项本地区有代表性的建筑，对整个20世纪提名1000个项目。

第二个出版物带有类似(但不全相同)的目的，即路易斯・费尔南德斯－加利亚诺2007年在马德里出版的《地图：2000年全球建筑》，它也把世界分为10个“洲级”区域，但具体的分级有所不同。加利亚诺三年后又把这一研究扩大为四个独立卷本，取名为《地图：21世纪的建筑》(*Atlas: Architecture of the 21st Century*)。他把建筑文化令人迷惑地分成四个“巨型区域”，每个又分成10个分区，每个分区的插图作品由一位评论员选择，并负责撰写综合性的评论文章。

任何单一作者做出的这样的批判性评论必然是主观的。它提出的总的问题是：以何种准则来选择某一具体项目而排除看来具有可比性的其他项目。有人反对把建筑作为大型艺术品的还原美学。与此同时，某时某地有可能产生特别丰富的建筑文化，而在别时别地又可能始终顽固地无产出又失调。

这种情况的产生在很大程度上是由于赞助人的缺席。建筑是一项昂贵的物质文化，在很大程度上依赖于某时某地社会的开发程度。在这方面必须承认社会的欠开发或过度开发的影响。在前一种情况，开发社会所需的条件处于匮乏状态；在后一情况，过度开发、步伐过快，以致不能有足够的创造性思维以维持应有的批判水平。

另一因全球化而出现的异常条件是今天有许多建筑师在其本土之外执业。除了职业本身所具有的流动性之外，就是所谓“明星建筑师”的作用，他们必须以自己的世界性成就作为广告。我们不得不面临某一地区必须有一个外来建筑师设计的作品作为本地区建筑文化必要部分这一事实。

尽管接下来的第四部分中多数项目发生在近50年内，我还是要延伸到此前两代人的时间。就欧洲和美国而言，从第二次世界大战之后开始；就中国而言，从1949年以后。第四部分因此更有理由作为一面织锦来阅读。它是一幅由必然的分离和碎片特质组成的图画。

一种具有建筑学品位的文化是一种较为难以形容的形象。它有时是由单一特别有天才的个人所推动的，这个人在整个历史时期产生极度重要的影响；或者是由一个流派、一个学术机构、一种共享的建筑风气，或者一个集体性的实践组合在某一时段内集中的呈现所推动。但这些影响力由于赞助人或社会风尚及经济命运的变更而逐渐结束。于是，人们会发现“地域主义”这一更加深刻的脉络，它本身已是一种批判性的创造，同时在某种意义上又是脆弱的、富有独特的诗意的。这正是我在第四部分的这段全球历史中试图识别的瞬息文化。达不到这一水准的作品不被纳入。

第1章　美洲

导言

369　北美大陆的建筑一直受到来自欧洲的强烈影响，其中影响力最强的当数久负盛名的巴黎高等美术学院。在19世纪后半叶，这所学校对北美本土建筑师群体的形成至关重要，像理查德·莫里斯·亨特（Richard Morris Hunt）这样的先驱人物，就是第一位就读该校的美国人。紧随其后的是亨利·霍布森·理查森，以及路易斯·沙利文。每当弗兰克·劳埃德·赖特深情地提及沙利文时，都会称他为“亲爱的大师”（Lieber Meister），这证明日耳曼文化对美国，尤其是对芝加哥学派有一定的影响力。在19世纪和20世纪之交，芝加哥市三分之一的人口是德裔，许多人说德语，德语剧院和报纸自然被推崇，最为明显的一例莫过于瓦格纳歌剧于1889年在阿德勒和沙利文礼堂大楼演出的盛况。来自条顿人的影响在20世纪连绵不断，也因一批批才华横溢的德国建筑师的到来而广为传播，1933年之后一些建筑师纷纷逃离第三帝国，他们的到来对美国现代建筑的发展起到了决定性的作用。尽管如此，巴黎高等美术学院的影响力仍然不减，也是在世纪之交，一批活跃的法国建筑师们被许多美国一流大学聘为教授。“一战”之后，最早抵达美国讲德语的现代主义者是奥地利人鲁道夫·辛德勒和理查德·诺伊特拉，他俩分别于1914年和1923年去了美国中西部为赖特工作，之后又在洛杉矶建立了自己的事务所。密斯·凡·德·罗于1937年抵达芝加哥，担任装甲学院（后来成为伊利诺伊理工学院，IIT）校董一职。第二批颇具影响力的德国人，有来自包豪斯的流亡者沃尔特·格罗皮乌斯和马塞尔·布劳耶，在柏林前规划师马丁·瓦格纳的加盟下，三人共同建立了哈佛大学设计研究生院（GSD）。之后不久，瑞士－德国建筑历史学家西格弗雷德·吉迪昂又随之而来，他在哈佛大学的诺顿讲座于1939年举行，讲稿以《空间、时间与建筑》为题于1941年出版，其后，现代主义运动中所发生的一系列历史事件，无不深受其影响。

本章节主要着眼于补充先前版本中未提及的美国现代运动的各个方面，例如，加泰罗尼亚裔移民何塞·路易·塞特所扮演的角色，特别是他在哈佛大学城市设计专业的学科建立方面的成就。同样做出显著独创性贡献的是杰出的芬兰建筑师埃利尔·萨里宁，他于1922年参加了《芝加哥论坛报》总部大楼的设计竞赛，在赢得第二名之后　370　去了美国。萨里宁的设计，创建了后退式的高层建筑模式，呈现出典型装饰艺术风格的摩天大楼。

前四版本尚欠缺：伊利诺伊理工学院的密斯·凡·德·罗和哈佛的格罗皮乌斯对美国建筑教育的重大影响，特别是在“美式和平”（Pax Americana）的前二十年期间（1945—1965），即美国维持世界和平的那段平稳期。他们的影响，体现在技术先进且作风谨慎的SOM事务所（Skidmore, Owings & Merrill），以及“二战”后格罗皮乌斯在哈佛大学设计研究生院培养出的门生约翰·约翰森（John Johansen）、爱德华·拉拉比·巴恩斯（Edward Larrabee Barnes）、乌尔里希·弗兰岑（Ulrich Franzen）和保罗·鲁道夫（Paul Rudolph）的创作实践中。他们以各自的特色设计创造出如新纪念碑般的名作。就美国而言，之前各个版本中最令人遗憾的缺漏无疑是鲁道夫，尤其是他的非凡杰作——于1963年建成、坐落在康涅狄格州纽黑文的耶鲁大学艺术与建筑大楼（Art & Architecture Building）。

在本书前几版中，美国的现代建筑被凸显为主角，北部邻国加拿大却少被提及。正如理查德·英格索尔（Richard Ingersoll）指出的，那个时代的加拿大建筑师和美国同行一样，同样都接受专业的古典式训练。他们形成的风格既有英式也有法式，明显的例子是约翰·莱尔（John Lyle）设计的1930年完工的多伦多联合车站（Union Station），车站内有如纪念碑一般排列的多立克式柱廊。那时，加拿大受过严格古典式训练的建筑师首推魁北克省的建筑师欧内斯特·科尔米尔（Ernest Cormier）。他的作品，位于渥太华的宏伟的加拿大最高法院大楼（Supreme Court of Canada），具有纪念碑一般的孟莎式屋顶（mansard roofs），却是在他隐匿的现代主义的蒙特利尔大学建成五年后的1944年才竣工。科尔米尔作品的早期装饰艺术风格，意味着加拿大的现代建筑运动直到第二次世界大战之后许久才全面兴起，最为明显的实例是1962年亚瑟·埃里克森（Arthur Erickson）设计的西蒙·弗雷泽大学（Simon Fraser University）校园，它坐落在温哥华郊外的高地上。1967年加拿大举办世博会后，现代建筑在加拿大才普遍兴起。世博会的园址位于蒙特利尔圣劳伦斯河中一个岛上，这年恰好是美国最后一次积极认真地参加世博会，R. 巴克敏斯特·富勒设计的巨型球体的美国展馆表达了这份认真。伴随科技之旅而来的，是同样激进的莫赛·萨夫迪多层住房计划（称为67型住宅），试图证明在不同居住密度的郊区，多层住宅也能提供惬意的市郊生活，但是该计划对加拿大政府而言代价是巨大的。

“二战”前后，欧洲以至美国都将南美洲视为现代建筑运动的试验场，这个视角在以下两个展览中可以看出，纽约现代艺术博物馆1943年举办的“巴西建筑”展，以及12年后的亨利－罗素·希区柯克策划的“1945年以来的拉丁美洲建筑展”。自20世纪50年代以来，巴西在现代建筑运动史中一直占据着特殊地位，本书的第一版中，卢西奥·科斯塔和奥斯卡·尼迈耶的作品被特别强调，尤其是他们的作品——1939年纽约世博会的巴西馆和里约热内卢的教育与卫生部大楼。

巴西是我分析其他拉丁美洲国家，包括阿根廷、智利、哥伦比亚、墨西哥、秘鲁、乌拉圭和委内瑞拉现代建筑运动的样板。可以见到的是，现代主义运动在每个国家启动只是时间略有不同，初创作品不尽相同，包括从1927年格列戈利·沃尔查夫契克在圣保罗的自用住宅，到1939年卡洛斯·劳尔·比亚努埃瓦的大哥伦比亚学校（Gran

Colombia School）——这所学校位于加拉加斯市郊，是比亚努埃瓦从巴黎高等美术学院学成回国后，创作出的具有明显现代风格的作品。对于此版本中提到的八个拉丁美洲国家，我不能只限于评介建筑现代化进程，还要介绍当权者在某个特定时期采取的意识形态路线时建筑方式的演变。例如，当格图里奥·瓦加斯于1930年上台成为巴西总统时，他立即委任卢西奥·科斯塔前往葡萄牙，其天真的想法是：以葡萄牙本土风格为根，为巴西衍生出一种地道的民族风格。

值得注意的是，在政治局势动荡的拉丁美洲，历届政府都有可能推行重大的社会经济变革，不论这些改革是由左派还是右派实施。其中最典型的是墨西哥的拉萨罗·卡德纳斯（Lázaro Cárdenas）总统执政的左翼政府。他将土地重新分配给没有土地的佃农，并于1938年没收了在墨西哥油田投资的国际石油公司。这一行动得到了美国总统富兰克林·罗斯福的支持，因为时值美国新政鼎盛阶段，这些计划、公共工程和改革项目旨在刺激大萧条后的经济复苏。正是在这样的政治气候下，墨西哥在全国各地大举兴建乡村学校。

类似的情况同样发生在秘鲁，费尔南多·贝朗德·特里1963—1968年担任总统期间，他的政府支持普雷维低成本住房实验项目。在智利萨尔瓦多·阿连德总统的短暂任期内(1970—1973)，亦有类似情况发生，政府试图采用俄罗斯的预制装配式建筑方法大规模建造住房。

美国

除了1910年由沃斯穆特出版的弗兰克·劳埃德·赖特作品集引发世界范围影响外，美国现代主义运动的社会进步意识，首先是由欧洲移民在美国呈现的。最早去美国的是1914年的维也纳建筑师鲁道夫·辛德勒和1924年的理查德·诺伊特拉，他们目的明确，都是去赖特那里工作。另一个重要角色是芬兰建筑师埃利尔·萨里宁。他在1922年《芝加哥论坛报》大楼国际竞赛中获得第二名，随即移民美国。该多层建筑采用抽象竖向设计，正迎合了20世纪20年代开始风靡的摩天大楼装饰艺术风格。萨里宁抵美后不久，便与报业大亨乔治·布斯（George Booth）会面。布斯委托他设计和指导密歇根州的克兰布鲁克艺术学院，该学院主要致力于应用艺术的教学，被认为是一个乌托邦式的教育社区。1922年，年轻的瑞士建筑师威廉·莱斯卡兹也到了美国，与费城建筑师乔治·豪建立合伙人关系。1936年他们共同设计了标志性的15层楼的费城储蓄基金协会银行大楼（PSFS Bank Building）[**图345**]，在接下来的30年中，它是费城唯一的高层建筑。步这些欧洲先驱者之后尘，又来了一波顶尖的德国建筑师，他们在1933年纳粹夺取德国政权后，按各自的意识形态倾向，分别移民到了苏联或美国。第一位应邀赴美的是密斯·凡·德·罗，他于1937年担任芝加哥装甲学院建筑系主任，院名很快被更改为伊利诺伊理工学院（IIT）。密斯之后是1938年到来的拉兹洛·莫霍利–纳吉，在芝加哥他创建了新包豪斯（New Bauhaus）。

密斯对美国战后建筑的影响程度实在难以估量，特别是对SOM事务所1945年之后的实践。即使是埃洛·萨里宁（Eero Saarinen）这类推崇个人主义和折中派的建筑师、又是其父埃利尔·萨里宁的门生，亦不免受到密斯作品的影响，这从他1949—1955年为底特律通用汽车设计的总部项目可以看到。迈伦·戈德史密斯是SOM芝加哥办公室中唯一能够独立于密斯的杰出天才，他们同在伊利诺伊理工学院任教，其1962年亚利桑那州的基茨峰天文台（Kitts Peak Observatory）是工程领域的杰出作品，原创性可与之相比的，是法兹勒·汗于1981年设计的沙特阿拉伯吉达的哈吉航站楼（Hajj Terminal），同样是SOM芝加哥办公室的作品。

沃尔特·格罗皮乌斯和他的包豪斯同事马塞尔·布劳耶抵达美国后，共同创造出乡土现代主

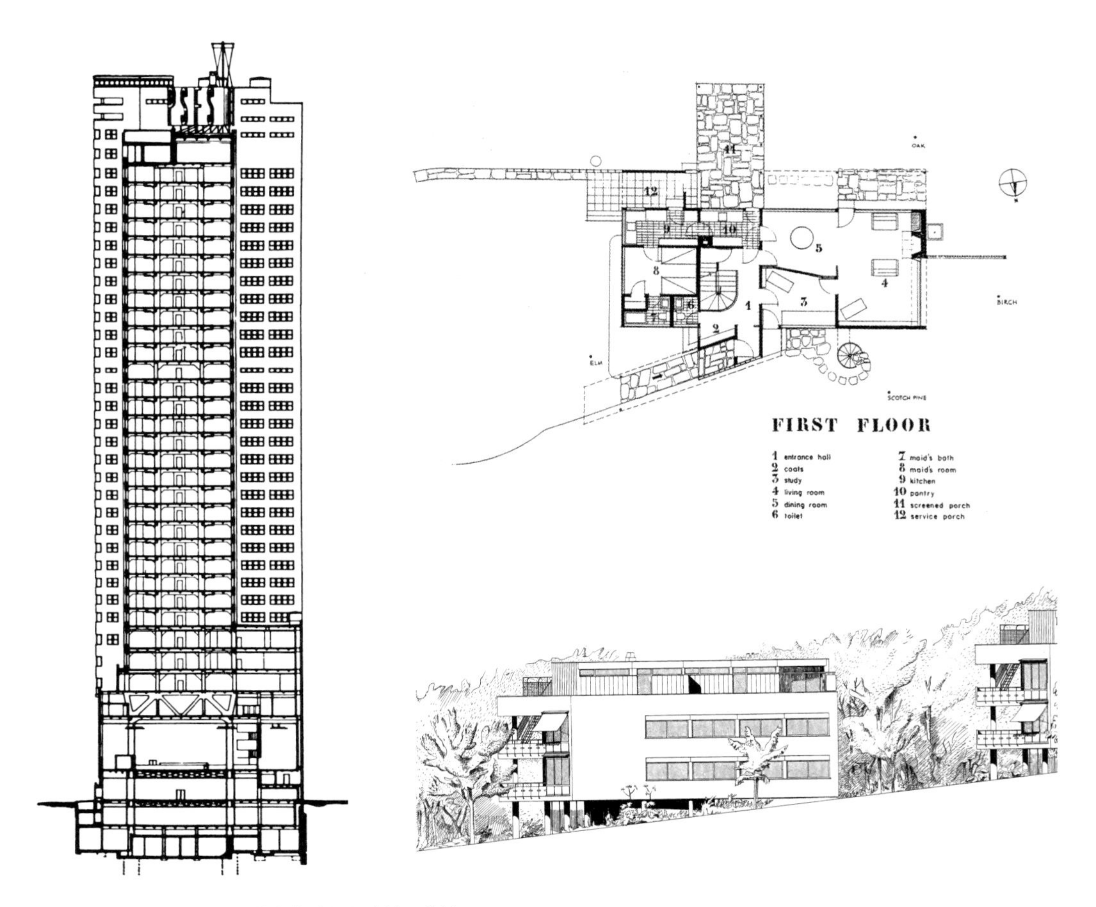

345 豪和莱斯卡兹，储蓄基金协会银行大楼，费城，1936

346 格罗皮乌斯，格罗皮乌斯住宅，林肯市，马萨诸塞州，1938，地面层平面图

347 布劳耶与阿尔弗雷德·罗斯、埃米尔·罗斯，多尔德泰尔公寓，苏黎世，1936

义风格，在坚持白色、平顶模式的同时，融入更具质感的材料选项，保持木扣板结合干挂石材墙体形式不变。亨利·罗素·希区柯克在他的文章《马塞尔·布劳耶与美国传统》中介绍到了这种混合做法，并见诸1938年在哈佛大学新成立的设计研究生院举办的同名展。1936年，布劳耶在移居美国前一年，与英国建筑师F.R.S.约克（F.R.S. Yorke）一起在英格兰布里斯托尔举办的皇家农业展览会甘恩馆（Gane Pavilion）项目设计中首次大胆使用这种石墙。而他最早尝试使用一种柔性构造方式是同年与阿尔弗雷德·罗斯和埃米尔·罗斯联手设计的苏黎世多尔德泰尔公寓［**图347**］。1938年，布劳耶和格罗皮乌斯在马萨诸塞州林肯市设计的三座住宅中（Gropius House）［**图346**］，结合使用了富有质感的传统材料，这三幢住宅他俩各自占据一座，第三座是建给历史学家詹姆斯·福特（James Ford）的，其著作《美国现代住宅》（*The Modern House in America*, 1944）是美国现代主义运

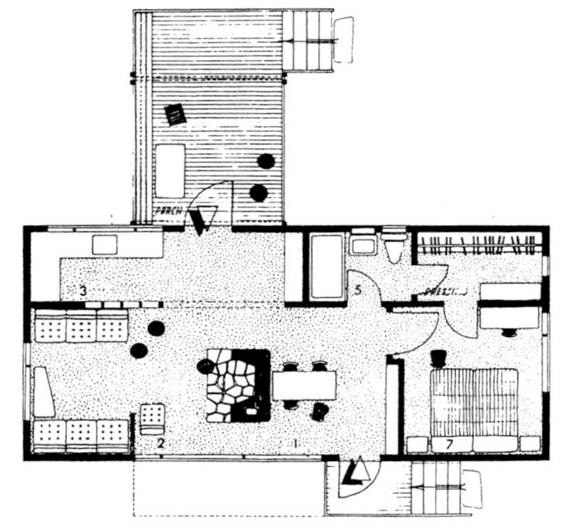

348, 349　格罗皮乌斯和布劳耶，张伯伦别墅，韦兰市，马萨诸塞州，1941，外观和地面层平面图

动的早期文献。

应格罗皮乌斯的邀请，西格弗雷德·吉迪昂于1939年在哈佛荣登诺顿讲座，他颇具影响力的著作，1941年出版的《空间、时间与建筑》一书的主要内容都来自这次讲演。同年，格罗皮乌斯和布劳耶于马萨诸塞州韦兰市建造了张伯伦别墅（Chamberlain Cottage）[**图348、349**]。红杉木板外墙围合成的室内开放空间中，以一个临空独立的毛石砌筑的烟囱为中心划分出生活和用餐区域。布劳耶在后来的居住空间实践中不断重复这种样式，在接下来的20年里共建造了50所此类住宅。

374

西班牙内战（1936—1939）导致何塞·路易·塞特于1939年流亡到美国，1941年他发表了具有争议性的文章《我们的城市能生存吗?》，实际上，这也是国际现代建筑会议（CIAM）成立后最初十年的总结。塞特被哈佛大学设计研究生院聘为教授后，在城市设计方面的探索，使其成为一门全新的学科，这成为他后来在拉丁美洲许多新城市设计方面与保罗·莱斯特·维纳业务合作的基础。塞特在其职业生涯的后期，接连设计了一个又一个民用建筑项目，从霍利奥克中心（Holyoke Center，1958）到皮博迪阶梯式宿舍（Peabody Terrace dormitories，1962）以及1968年的科学中心（Science Center），项目的业主都是哈佛大学。塞特于1966年又为波士顿大学创建了微型城市的模式，10年后，他在纽约罗斯福岛多层公寓（Roosevelt Island apartments）的设计中展示出他作为住宅建筑师的精湛技巧。

自1937年格罗皮乌斯担任建筑系主任之后，哈佛大学设计研究生院培养出战后一代美国顶尖建筑师，包括艾略特·诺耶斯（Eliot Noyes）、保罗·鲁道夫、菲利普·约翰逊、爱德华·拉拉比·巴恩斯、乌尔里希·弗兰岑、贝聿铭和约翰·约翰森。这批建筑师不仅跟随布劳耶构想出了战后的美国中产阶级现代住宅，而且还参与创建了所谓的“新纪念碑式建筑”，表现在他们设计的许多美国大使馆中：埃洛·萨里宁1960年在伦敦，约翰·约翰森1964年在都柏林，爱德华·杜雷尔·斯通1959年在新德里，以及沃尔特·格罗皮乌斯与TAC事务所联手设计的1961年雅典的大使馆。同样具有纪念意义的是，保罗·鲁道夫1963年为耶鲁大学设计的艺术与建筑学院（School of Art and Architecture）[**图350**]，透过凿毛混凝土来展示

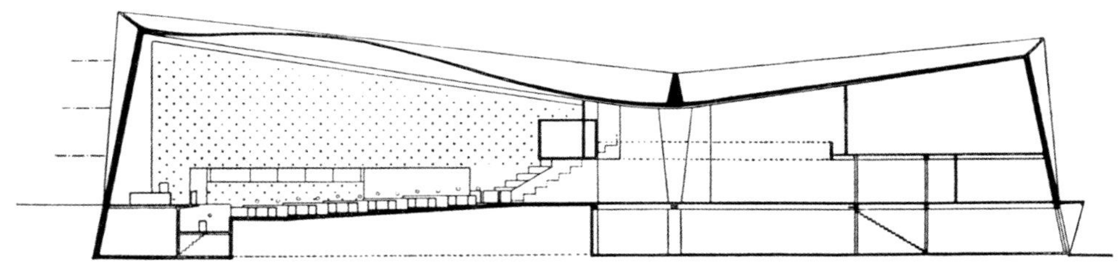

350　鲁道夫，耶鲁大学艺术与建筑学院，纽黑文，康涅狄格州，1963
351　布劳耶、泽弗斯和内尔维，联合国教科文组织大楼，巴黎，1954

其早期粗野主义的表现力，与之对比鲜明的是路易·卡恩贴面砖的耶鲁大学美术馆，它是早了十年建成。布劳耶自己的“新纪念碑式建筑”概念的工程实践，是始于1954年的巴黎联合国教科文组织大楼（UNESCO Building）[图351]，这座采用折板结构的钢筋混凝土大楼，由布劳耶协同伯纳德·泽弗斯（Bernard Zehrfuss）和意大利工程师皮埃尔·路易吉·内尔维共同设计完成。该作品是布劳耶采用同样的折板结构的许多具有纪念意义建筑的原型。位于马斯基根的圣弗朗西斯·德·萨尔斯教堂（St Francis de Salles Church，1966）和位于明尼苏达州科维尔的圣约翰修道院（St John's Abbey，1968），都堪称布劳耶的代表作。

理查德·迈耶毕业后曾为布劳耶短暂工作过，

352　阿尔托，贝克宿舍楼，MIT，剑桥，马萨诸塞州，1949

375 他将布劳耶的中产阶级住宅结合1929年勒·柯布西耶位于普瓦西的萨伏依别墅，衍生出一种纯粹主义样式。这种混合体不仅构成了他早期职业生涯的立体主义住宅雏形，也构建出他风格成熟期的公共建筑的起点：亚特兰大高等艺术博物馆（High Museum，1983）、法兰克福实用艺术博物馆（Applied Art Museum，1984）、海牙市政厅（Hague City Hall，1995）、盖蒂中心（Getty Center，被誉为一片起伏绿地上的微型城市，于1997年落成于洛杉矶布伦特伍德市）。迈耶在其后期职业生涯中表现出相当水准的城市设计能力，最为著名的是他为欧洲各种工业企业设计的大型城市项目，包括巴黎布洛涅·比扬古的雷诺园区（Renault campus）以及慕尼黑的西门子园区。与塞特的城市设计所不同的是，他这些民用项目都未能实现。不过，从20世纪末开始，迈耶为美国联邦政府成功地完 376 成了一系列法院的设计，分别是在纽约的伊斯利普（1993）、亚利桑那州的菲尼克斯（1994）和加利福尼亚州的圣地亚哥（2002）。

与20世纪30年代的德国移民建筑师不同，勒·柯布西耶和阿尔瓦·阿尔托在美国仅各自完成了一座建筑，即前者的哈佛大学木工艺术中心（Carpenter Art Center，1963），以及后者建在查尔斯河畔的、壮观而有机的砖墙面贝克宿舍楼（Baker House dormitory）[**图352**]，于1949年完工，至今仍是麻省理工学院（MIT）校园内最具代表性的现代建筑。

20世纪下半叶，美国乡土现代主义有许多表现形式，作品种类繁多，例如爱德华·拉拉比·巴恩斯极简主义风格的木瓦顶的干草山学校（Haystack Mountain School），1961年建于缅因州的迪尔艾塞尔；以及查尔斯·穆尔的木扣板的海边农舍，这是他与比尔·特恩布尔和唐林·林登（Donlyn Lyndon）共同设计的，1965年建造在加利福尼亚北部海岸。但这两个建筑均未达到费伊·琼斯（Fay Jones）1980年建在阿肯色州奥扎克山上的全木索恩克朗教堂（Thorncrown Chapel）的构造的复杂程度。这座纪念碑般的建筑，以及1979年加利福尼亚州圣莫尼卡“由内而外解构”的盖里住宅（Gehry House），代表了两种截然不同的富有表现力的木材建筑模式，两者均已脱离了以阿尔瓦·阿尔托和汉斯·夏隆为代表的欧洲有机建筑传统。

路易·卡恩是一位无与伦比的美国建筑师，在20世纪下半叶一直保持自己的创作独立性，尤其是这个建构杰作：1972年在得克萨斯州沃思堡建造的金贝尔艺术博物馆。博物馆坐落在以汽车交通为主的广阔的城市中心地带，面向风景如画的公园，如今已被伦佐·皮亚诺富有艺术感的加建物所遮蔽。最初的金贝尔艺术博物馆的独特之处在于，路易·卡恩根据其杰出的工程师奥古斯特·科门丹特(August Komendant)的计算，使用了钢筋混凝土圆拱顶。

尽管大部分东海岸的建筑师很大程度上还没有领悟到现代建筑已超越了风格审美，但南加州的辛德勒和诺伊特拉的开创性作品，证明了他们有能力构筑一种适合于当地气候，充满社会自由、改良主义生活方式的让人充分享受的环境。这种特质一直延续到战后，约翰·恩坦扎(John Entenza)在加利福尼亚州的"实验住宅"就证明了这一点，他在《艺术与建筑》杂志(1945—1949)中将这些项目作为阐发某种生活方式的实例。杂志还推介了诸如查尔斯和雷·伊姆斯(Charles and Ray Eames)的实验住宅8号[**图354**]这样的开创性作品。这是一幢预制钢框架的住宅和工作室，由标准工业组件组装而成。实验住宅主要由格里高利·艾因(Gregory Ain)、拉斐尔·索里亚诺(Raphael Soriano)、R.戴维森(R. Davidson)、H.哈里斯和克雷格·埃尔伍德(Craig Ellwood)等人设计。作为该杂志的编辑，恩坦扎尽可能地捍卫战后似乎可以无穷无尽建造的模数化、工业化预制住宅，这包括格罗皮乌斯和康拉德·瓦赫斯曼的以一米为模数的时运不济的通用面板系统住宅体系，该体系[**图353**]于1942年获得专利。在许多方面，实验住宅都是赖特的尤索尼亚的崭新版本，即将美国自然形成的郊区转变为理想的以汽车为主导的居住点，这也接近路德维希·希伯赛默在《1949年的新区域模式》一书中提出的低层、高密

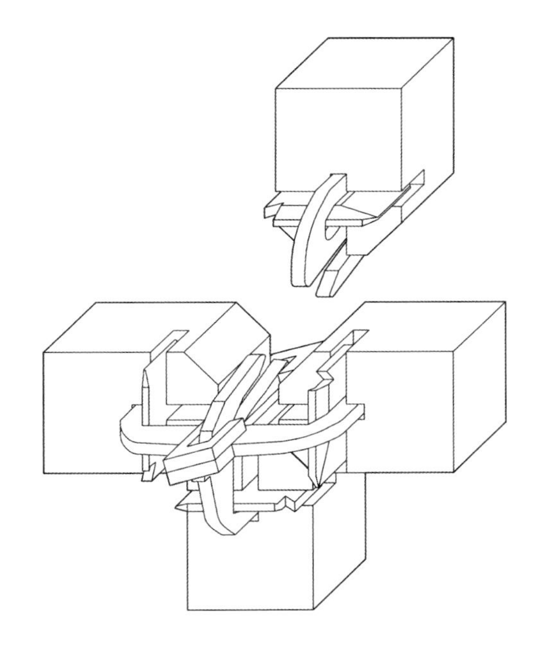

353 格罗皮乌斯和瓦赫斯曼，通用板材系统住宅，1942

354 查尔斯和雷·伊姆斯，实验住宅8号，洛杉矶，加州，1949

度绿色城市的想法。在东海岸，除了克拉伦斯·斯坦因和赖特的“绿带新城”（1924—1950）在罗斯福新政时代得以完善，另一种郊区居住模式设想，也由塞尔吉·切马耶夫（Serge Chermayeff）和克里斯托弗·亚历山大（Christopher Alexander）在1963年的著作《社区和私密性》中提出。

尽管著名的“纽约五人”——理查德·迈耶、彼得·艾森曼、迈克尔·格雷夫斯、查尔斯·格瓦思米和约翰·海杜克——已在20世纪60年代下半期采用新先锋主义的抽象手法，但美国强调材料表现力的草根传统上溯到19世纪90年代的“木墙板风格”，又在20世纪80年代重新以“材料文化”的形式出现。东海岸的下一代现代主义者都追随这种风尚，尤其是斯蒂芬·霍尔（Steven Holl）、纽约的托德·威廉姆斯（Tod Williams）和比利·钱（Billie Tsien）。霍尔表示，他最初接受这种风尚是源于他对意大利新理性主义者建筑师阿尔多·罗西的钦佩。1988年，他修正了这一立场，转而支持一种乡土现代主义，这在他首件建成的作品玛莎葡萄园的伯克维兹度假屋（Berkowitz House）[**图355**]中得以体现。此作品的灵感来自当地文学作品，即赫尔曼·梅尔维尔（Herman Melville）的《白鲸》，霍尔认为房屋的形象能够与小说内容相关联，一则度假屋的位置邻海，二则故事中的美洲印第安人曾将鲸鱼骨架改造成住宅。这座长长的单层建筑在一个端部以两层结束，暗示有舵手室，体现出航海的隐喻。它虽然不难被联想到一艘被毁的大船，但外露的截面为0.15米×0.1米的龙骨结构也同时让人联想起“原始小屋”的构架。伯克维兹度假屋从多方面传达出霍尔惯用的启示法，即将象征的范式引入设计程序。

类似的设计手法，霍尔用在了艾奥瓦大学的艺术与艺术史学院项目（1999—2006）[**图358**]中，除了少有的简洁，这次用的原型是毕加索1912年的金属雕塑作品《吉他》。霍尔和他的合伙人克里斯·麦克沃伊将这件立体派雕塑锈蚀的形态转化为一组风化钢材制成的多面平面，用于建筑物内外连接。此外，槽型玻璃被广泛用于采光并呈现出更大的室内空间。20世纪80年代中期以降，霍尔整个职业生涯中，都可以看到他对材料表面的

355　霍尔，伯克维兹度假屋，玛莎葡萄园，马萨诸塞州，1988

356、357 威廉姆斯和钱，斯克里普斯神经科学研究所，圣地亚哥，加州，1995

358 霍尔，西部艺术大楼，艾奥瓦大学，艾奥瓦市，艾奥瓦州，2006。艺术与艺术史学院非同一般的组合

对比处理和动感造型的兼顾，例如他在堪萨斯城的纳尔逊－阿特金斯艺术博物馆（Nelson-Atkins Museum of Art），建筑物全部都覆盖了槽型玻璃。尽管现代主义运动的社会进步面在霍尔的作品中比较含蓄，但其作品的规模和细节处理的密集度都有明显的变化，例如，1991年在日本大阪建造的所谓的“虚空间／连续空间”住宅，在中国完成的大型城市工程，其中最重要的是北京的当代万国城和深圳的万科中心，两者都建成于2009年。

379

托德·威廉姆斯和比利·钱的工程同样重视材料文化，他们认为建筑材料的质感可以作为促进建筑形象强化的内在手段。这一特点在他们1992年为夏洛茨维尔的弗吉尼亚大学建成的新学院宿舍中得以显示。这个项目是七栋三至四层的砖墙

359　阿－萨义德、伯内特和乔伊，阿曼吉里度假村，大峡谷，犹他州，2009

宿舍大楼，顺着斜坡层层下跌，到达底部是有倾斜天窗的砖墙餐厅。三年后，他们在加州圣地亚哥拉霍亚的斯克里普斯神经科学研究所（Scripps Neuroscience Institute）［**图356、357**］继续沿用这种梯台形式，并运用更加有机的组合，工程使用清水混凝土，部分立面用风沙石。

20世纪的前25年，出现在西海岸地区的现代主义在美国其他地方继续发展，在不同程度上反映出气候和景观的地区差异。例如，在得克萨斯州圣安东尼奥市的奥尼尔·福特（O'Neil Ford）和阿肯色州的费伊·琼斯等人的作品中，这种倾向显而易见，他们首选大量用砖，其次用木材。这些特色被下一代继续发展，特别是大卫·莱克（David Lake）和特德·弗拉托（Ted Flato），他们都曾为福特和安托尼·普雷多克（Antoine Predock）工作过。普雷多克以1972年拉卢兹（La Luz）的低层高密度住宅方案而闻名，这个项目以土坯建造，结合现场的坡地地形布局，可以俯瞰位于新墨西哥州阿尔伯克基附近的格兰德河。1990年，莱克和弗拉托在圣达菲建造的第一栋住宅也采用了土坯，但随后他们拓宽了材料选项，将砖石与钢架结合使用，如1994年在圣安东尼奥市的霍尔特总部（Holt Headquarters）。同为一代人，用相似的材料，威廉·布鲁德尔（William Bruder）于1995年在亚利桑那州的凤凰城实现了他的凤凰城中央图书馆（Phoenix Central Library）项目，当时文德尔·伯内特（Wendell Burnette）和里克·乔伊（Rick Joy）是他的助手。同年，伯内特在凤凰城郊区为自己建造了一座精美的预制混凝土住宅，而四年后，乔伊则用土坯在图森建造了自己的工作室（Joy studio）。两人后来与马万·阿－萨义德（Marwan Al-Sayed）合作，于2009年设计了犹他州大峡谷的阿曼吉里度假村（Amangiri Resort）［**图359**］，有34间客房的单层温泉度假酒店，位于一

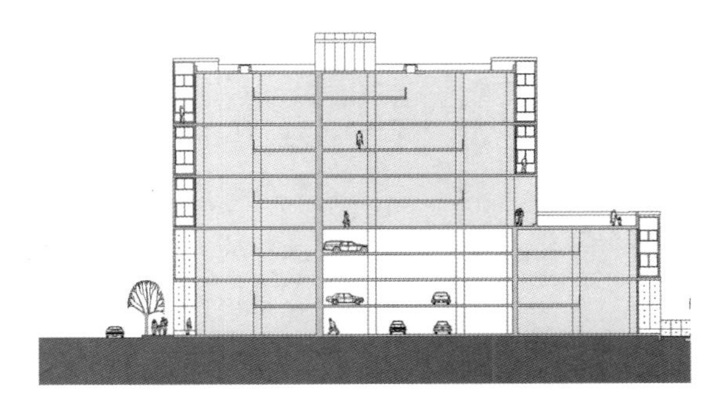

360　沃尔夫，NCNB银行总部，坦帕市，佛罗里达州，1989
361、362　塞托维茨，定制艺术家阁楼，旧金山市，加州，2002，剖面（右上）和外观（右下）

381　个位置绝佳的悬崖之下。

北美实用主义传统的一个恒定的优势，在于倾向于发明新的类型。这不仅通过技术创新，如轻型框架、电梯、防火钢结构以及汽车大规模生产和使用，同时也通过工作和生活方式的改变，如泰勒化生产（Taylorized production）—— 在19世纪后期发展起来的工厂管理系统，通过专门的重复性作业来提升效率——还通过服务业的兴盛和郊区生活方式的发展，以及出现免下车的购物中心。与此同时，北美建筑师陆续设计出了前所未有的建筑类型，比如1904年赖特在纽约布法罗的拉金大厦项目中创造的现代办公空间，就是路易·卡恩对“服务”和“被服务”空间进行类别区分的通用类型。这一开创性思路在一定程度上促进了建筑类型的创新，比如哈里·沃尔夫的圆柱形25层塔楼［**图360**］，在佛罗里达州坦帕市平淡的高层天际线中脱颖而出，令人耳目一新；还或者斯坦利·塞托维茨（Stanley Saitowitz）设计的位于旧金山市芳草地街区（Yerba Buena）的定制艺术家阁楼［**图361、362**］，于2002年完工，成为旧金山市区的新型“社交容器”。

加拿大

20世纪60年代中期，一种新的建筑形态在加拿大出现，根据地区气候和工程规模，这类新的形态在全国各地呈现出不同的形式。此时，一种几乎没有先例的现代形式开始出现在三大城市：东部的蒙特利尔、中部偏西的多伦多和最西部的温哥华。

现代环境文化，最早体现在魁北克装饰艺术建筑师 – 工程师欧内斯特·科尔米尔的作品中，即建于1928—1955年的蒙特利尔大学。“二战”以后，现代建筑再次出现在蒙特利尔市中心的两个大型开发项目中：贝聿铭的办公和购物中心维莱玛丽广场（Place Ville Marie，1958）；依照雷·阿弗莱克（Ray Affleck）的设计于1964年建造的被称为博纳旺蒂尔广场（Place Bonaventure）的商品超市和屋顶酒店，建筑外饰面是细条形凿毛混凝土。1967年世博会终于让蒙特利尔脱颖而出，此项国家赞助的国际性展览在圣劳伦斯河中游的一个小岛上举行。本次展览会的两件不朽作品成了主角，第一件是巴克敏斯特·富勒的美国馆，它采用形状独特的巨型网架球体。这是最后一次得到美国政府全力支持的世博会国家馆。另一件突出的作品，是莫赛·萨夫迪设计成四面几何形体的多层实验住宅综合体，被称为67型住宅（Habitat’ 67）［**图363**］。富勒的作品中，单轨车穿过网球体，好似悬浮在无限的空间中，唤起了太空中的失重感。它无疑表达了美国的科技优越感。而由加拿大政府资助的萨夫迪67型住宅，则创造性地展示了阶梯状层层叠叠的复式公寓，每个单元都含有屋顶露台，从而为居住在郊区高密度住宅区的居民提供优异的居住条件。

10多年之后，蒙特利尔又出现了一位更了不起的建筑师，即罗马尼亚移民丹·汉加努（Dan Hanganu），他因1980年在靠近市中心的努斯岛（Nuns’ Island）的德加塞街建造的一座精美的两层楼砖饰面露台住宅而崭露头角。汉加努后来又为市中心地区增添了两座杰出的多层建筑：1996年的魁北克大学蒙特利尔分校（UQAM）设计学院和1992年在老城区竣工的卡利埃尔考古与历史博物馆［**图364**］。

多伦多从1958年多伦多市政厅国际设计竞赛开始迈入现代化。芬兰建筑师维尔乔·雷维尔（Viljo Revell）赢得了这次比赛，其作品在随后的10年里实现。该建筑由两个不对称的、不同高度的曲面高层板楼环抱一个扁圆穹顶的会议厅，项

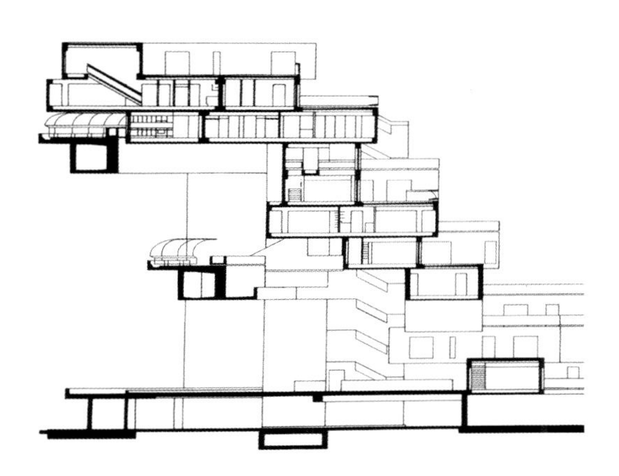

363 萨夫迪，67 型住宅，蒙特利尔，1967，剖面图
364 汉加努，卡利埃尔考古与历史博物馆，蒙特利尔，1992

目整体置于高出现状道路路面标高许多的平台上。首次转向加拿大建筑本地化的是多伦多的罗恩·托姆（Ron Thom）的作品，他于1963年在城市的建筑物稠密区建造了一座半粗野主义、半后哥特复兴风格的梅西学院（Massey College）。随后于1965年，同样的粗野主义风格的斯卡布罗学院（Scarborough College）[图**366**]在城市中心外的一处田园风光的场地上用混凝土建造而成，该建筑由澳大利亚建筑师约翰·安德鲁斯（John Andrews）设计。

在西海岸，战后涌现的加拿大现代建筑第一人是亚瑟·埃里克森，他的西蒙·弗雷泽大学（1962—1972）[图**365**]被设计为一个景观式的巨型建筑，置于温哥华附近一座平缓的小山坡上。随后，埃里克森又完成了另外两项巨型建筑作品：为艾伯塔省莱斯布里奇大学（University of Lethbridge，1972）设计的类似桥梁形的建筑，以及他在1986年完成的罗布森广场（Robson Square complex），它成为温哥华市中心的制高点。最后一个项目，是占据了三个城市街区的连续建构组合，包括一个法院、市政办公室和一个阶梯式屋顶景观，最高处是一个装饰感十足的水池和多组瀑布。瀑布随着一层层的台阶即阶梯式坡道缓缓流向已建的美术馆前路面的一个角落。这些花园和水景是由景观设计师科妮莉亚·奥伯兰德（Cornelia Oberlander）设计的。埃里克森在职业生涯中经常与她合作。

在加拿大的发展过程中，来自美国的移民建筑师巴顿·迈尔斯（Barton Myers）独特的创新作品产生过深远的影响，他与杰克·戴蒙德（Jack Diamond）和理查德·威尔金（Richard Willkin）一起，为位于埃德蒙顿的艾伯塔大学（University of Alberta）设计了宿舍楼。这就是1973年的住房联盟大楼（HUB）[**图367**]，项目中央是292米长、自动温控、顶部透光的展览长廊，学生的房间位于两侧的独立五层楼内，地面层配备有各种社交

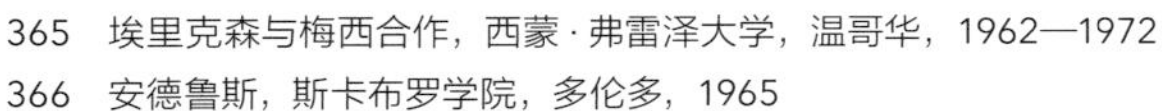

365　埃里克森与梅西合作，西蒙·弗雷泽大学，温哥华，1962—1972
366　安德鲁斯，斯卡布罗学院，多伦多，1965

和服务设施。这种创新类型在1977年由迈尔斯设计、建于多伦多近郊的一座“重技派”的轻钢框架结构的沃尔夫住宅项目中也有体现，这是由迈尔斯设计建造的三座钢架住宅中的第二座，第一座和最后一座都是自用。迈尔斯最后一次民用钢结构实践，是1999年在蒙特西托（Montecito）的托罗峡谷建造的住宅兼工作室（Myers' house），是为他在南加州退休而设计的。在迈尔斯回到美国，并于1984年在洛杉矶设立了办公室之后10年才建成。这一独特的有纪念意义的作品似乎参考了亚洲传统式的开敞式休闲亭。

约翰和帕特里夏·帕特考（John and Patricia Patkau）一直是加拿大建筑新生代中的杰出实践者，他们值得关注的职业生涯于温哥华开始，1991年为弗雷泽山谷的一支印第安乐队在阿加西斯（Agassiz）建造了海鸟岛学校（Seabird Island School）。这所学校的弓形造型、木板墙和木复合板屋顶在某种程度上被认为是地形隐喻，有意与邻近山脉的轮廓相协调。它深深的屋檐罩着朝南的门廊，伸至倾斜的木排架，这是有意暗示太平洋西北部土著沿海村庄的晾鱼架。帕特里夏·帕特考曾说过：

> 我们的许多建筑都有带顶的门廊，用于各种用途：挡阳光、遮雨或提供安全感。大多数屋顶边缘低垂，有一些则利用屋顶采光。大部分屋盖下的空间都在阴影之下，到了边缘渐渐明亮，有如室内外的间隔。

草莓谷学校（Strawberry Vale School）［**图369**］于1996年在不列颠哥伦比亚省维多利亚市建成，成双成对的教室都通向被夹在中央的共享平台，建筑前面是当地苔藓覆盖的岩石微缩景观。事实

367　迈尔斯、戴蒙德和威尔金，住房联盟大楼，艾伯塔大学，加拿大，1973，剖立面

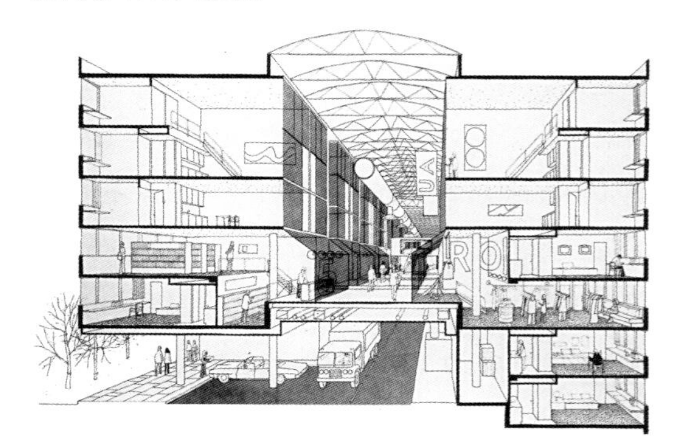

368 帕特考建筑师事务所，格伦伊格尔斯社区中心，西温哥华，2003

369 帕特考建筑师事务所，草莓谷学校，不列颠哥伦比亚省维多利亚市，1996。活动区面向苔藓覆盖的岩石微缩景观

证明，这样的“中间区域”与学校的其他外围设施同等重要。

与帕特考建筑师事务所在20世纪最后十年设计的其他“塔式”结构相比，西温哥华的格伦伊格尔斯社区中心（Gleneagles Community Centre）[**图368**]，除支撑屋顶的层压木桁架外，更依赖于整组结构部件的相互作用，从而形成了内在可持续的环境要素共生组合。有关这点，他们写道：

> 该结构体系由现浇混凝土楼板、隔热双层墙、倾斜入位的混凝土端墙和重型木屋顶组成。这种结构同时是建筑内部气候控制系统的重要组成部分：它作为一个巨大的蓄热体和巨大的吸收、储存和释放能量的静态热泵，无论外部环境如何，均能营造出极其稳定的室内气候。通过混凝土表面交替充当冷热发射器或吸收器，地面和墙壁的冷或热辐射始终保持设定的温度。该系统的热能由水交换热泵通过相邻的停车场地下的地源热泵提供。由于不利用空气来调节室内气候，因此打开门窗不会影响到冷热系统的运行。[1]

到目前为止，实施这种做法的最重要的公共建筑，是2005年设计的蒙特利尔魁北克大图书馆[**图370**]，据说这是法语地区最大的公共图书馆。它建于蒙特利尔的拉丁区，除图书馆外，还包括一个礼堂、一个展览空间、商店、一个餐厅/咖啡厅和一系列供书商使用的小摊位，这些摊位设在主体建筑后面的一条人行道旁边。从城市地铁可以直接到达这座长长的建筑，地铁出口处设有一个升降电梯和一个悬索楼梯直接通至上面的图书馆。这座建筑的外墙是当地制造的挤压条纹玻璃板，建筑的许多地方被处理成结构中的结构，例如图书馆的开放书架被依次置于木百叶箱体中，而木百叶箱体外又是防风挡雨的大玻璃罩。

帕特考建筑师事务所2016年的两件作品可充分说明它在不断创新。第一件是奥丹艺术博物馆（Audain Art Museum），它被设计成一座廊桥式的

370　帕特考建筑师事务所，魁北克大图书馆，蒙特利尔，2005

坡屋顶展廊，横跨不列颠哥伦比亚省惠斯勒市的菲茨西蒙斯河溪的洪泛区；第二件是紧邻200年历史的约克堡（Fort York）国家历史遗址的游客中心，它毗连多伦多市中心的高架高速公路，与一段有纪念意义的高速公路平行，建筑用斜面考尔登钢板覆盖，里面有接待区、咖啡厅、展示空间和半地下区域的"时光隧道"，可作城堡历史的视频演示。

21世纪安大略省最重要的建筑师事务所之一，是布里吉特·希姆（Brigitte Shim）与霍华德·萨特克里夫（Howard Sutcliffe）于1994年在多伦多开设的事务所。与帕特考建筑师事务所一样，他们敏锐地意识到，其项目都位于广阔的北部地区，会受到恶劣气候的影响。希姆这样描述了他们的工程经历：

> 在加拿大，我们脚下是一块面积巨大、人口稀少的土地。无论是住在农村还是城市，加拿大神话般的景观都会与我们的生活为伍。……我们的大部分项目都位于加拿大地界的最边缘，这里被描述成一条环绕在哈德逊湾周边的古老变质岩石项链。[2]

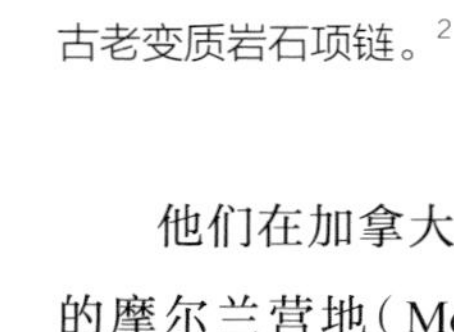

他们在加拿大地盾区的第一件作品是2002年的摩尔兰营地（Moorelands Camp）餐厅，餐厅采用大型木棚屋的形式，建在哈利伯顿的卡瓦加马湖上，是为一处建造已久的夏令营地所设计，以满足城市青年的需要。为此，餐厅安装了上悬大百叶门，使大厅能够在野营节结束时完全关闭。希姆－萨特克里夫事务所采用同样的模数化木结构的做法，在他们所在的哈里森岛营地（Harrison Island Camp）［图371］建造了自用的度假屋。这座建于2010年位于安大略省的乔治亚湾的房屋，由大型隔热的结构板组成，这些隔热板用驳船运到满是岩石的现场，然后组装到位。

到目前为止，他们最复杂的民用工程是2009年在多伦多唐谷的峡谷边缘建造的所谓的积分学之家（Integral House）［图372］。这是为数学家和音乐家詹姆斯·斯图尔特（James Stewart）量身定制的豪华单身住宅，环绕一个可容纳大约150名观众的半公共演出空间，可以俯瞰市中心一个树木繁茂的峡谷，作品一定程度上受到了弗兰克·劳埃德·赖特和阿尔瓦·阿尔托作品的影响；它的有机曲线形式意指积分，积分学是数学的一个分支，这所房子的名字由此得来。建筑外观的一个重要特征是木质遮阳板，它的造型与峡谷中的丛林相呼应。

约翰·麦克明恩（John McMinn）和马可·波罗（Marco Polo）在其杰出研究《北纬41°至66°：2006年加拿大可持续建筑的区域响应》中，将加拿大沿大西洋地区的潮湿气候描述为"因同时受南部墨西哥湾暖流以及北部拉布拉多海流的影响(带来了春季冰山寒流)，海洋温度大幅变化，气候变化

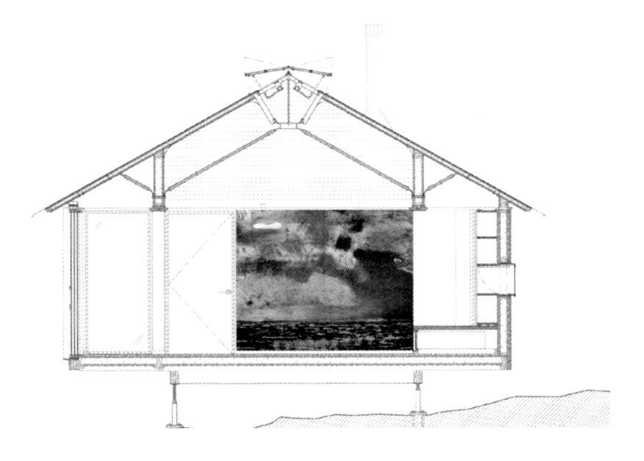

371　希姆－萨特克里夫事务所，哈里森岛营地，乔治亚湾，安大略省，2010，剖面
372　希姆－萨特克里夫事务所，积分学之家，唐谷，多伦多，2010

无常”。没有人能比布赖恩·麦凯－莱昂斯（Brian MacKay-Lyons）更有创造性地应对这种气候的波动和严酷了，他在1983年准备重新诠释当地的本土风格，当时他在新斯科舍省哈利法克斯附近的上金斯堡（Upper Kingsburg）的肖巴克（Shobac）购买了一片0.6公顷的沿海农地，并有意回归到他的阿卡迪亚传统。5年后，他成立了麦凯－莱昂斯甜苹果建筑师事务所。在接下来的20年里，他们从事的民用建筑项目是木架构和木扣板的“悬索住宅II”（Messenger House II），完成于2003年，位于一个冰川圆丘之上（椭圆形小丘），可以俯瞰肖巴克农场。迄今为止，按照此法在新斯科舍省海岸设计和建造了大约300栋木结构住宅，即沿着房屋长向排列、屋顶一坡到底的长条形住宅，到带有横向单坡（transverse monopitched roofs）屋顶的住宅，例如1996年在布列顿角的一个空地上建造的丹尼尔森小屋（Danielson Cottage）。麦凯－莱昂斯的设计受到赖特的尤索尼亚式住宅的一些启发，同时，还受惠于另一位美国大师路易·卡恩对“服务”和“被服务”空间的著名定义。典型的麦凯－莱昂斯住宅中有一“服务者”模块整体贯穿，在多数情况下，这堵“厚墙”不仅支撑着建筑，还容纳一系列不同的服务功能，如楼梯、卫生间、淋浴、储藏设施、小厨房和浴室。麦凯－莱昂斯的典型平面和长向坡屋顶的特色集中体现在其1995年在新斯科舍省西彭南特建造的霍华德住宅（Howard House）［**图373**］，表达了加拿大的大西洋海岸形象。

373　麦凯－莱昂斯甜苹果建筑师事务所，霍华德住宅，西彭南特，新斯科舍省，1995

墨西哥

巴黎高等美术学院在墨西哥发挥的主导作用一直延续到20世纪30年代，以下两个项目可以作为证例，一个是阿达莫·博亚里（Adamo Boari）1934年具有纪念性的美术宫，另一个是卡洛斯·奥布雷贡·桑塔西利亚（Carlos Obregón Santacilia）1938年的革命纪念碑。而墨西哥的现代主义运动始于1925年，以何塞·维拉格兰·加西亚（José Villagrán García）设计的建于墨西哥城的卫生研究所（Institute of Hygiene）为标志。这座显露出现浇混凝土特色的两层对称建筑，带有韵律的间隔方窗和挑檐平屋顶，让人想起20世纪初托尼·加尼耶在里昂的作品，但与1929年在塞维利亚举行的伊比利亚－美洲博览会（Ibero-American Exhibition）上登场的墨西哥馆完全相异。这座由曼努埃尔·阿马比利斯（Manuel Amabilis）设计的展馆，运用了阿兹特克雕塑的造型和装饰元素，明显是对前西班牙文化的挑衅，自然没有得到展览当局的青睐，被降级移到展区的偏僻角落。然而，墨西哥本土文化随着墨西哥壁画运动（Mexican Muralist movement）的兴起而势头日盛，壁画运动一直繁荣到20世纪中叶，胡安·奥戈尔曼（Juan O'Gorman）在1951年为墨西哥国立自治大学（UNAM）图书馆［**图374**］设计的前哥伦布时期图像的马赛克壁画足以证明这点。

奥戈尔曼师从何塞·维拉格兰·加西亚，1925年毕业于墨西哥国立自治大学，于1929年开始独立职业生涯，后为父亲塞西尔·奥戈尔曼设计了一个小型工作室，这使他很快就接到了艺术家弗里达·卡洛和迭戈·里维拉的委托，在毗邻地段设计了两个相连的工作室［**图376、377**］。这三座建筑都是运用勒·柯布西耶纯粹主义手法的实践，1922年勒·柯布西耶为画家阿梅代·奥赞方设计的巴黎画室就采用了这种手法。奥戈尔曼对纯粹主义设计语境的补充是极具活力的色彩应用，并通过极其生动的对比来区分不同工作室的立体轮廓。

奥戈尔曼被勒·柯布西耶在《走向新建筑》（1923）中提出的论述所折服，他认为后革命时期社会的首要任务是大规模建造住房和学校，以满足工人阶级的需要。20世纪30年代上半期，在里维拉的建议下，奥戈尔曼自行设计和建造学校［**图375**］，这些学校恰似在钢筋混凝土框架结构中做简洁的功能主义的尝试。然而，到了20世纪40年代初，奥戈尔曼对现代主义运动的幻想彻底破灭了，这不仅因为他受房地产开发商的伤害，也

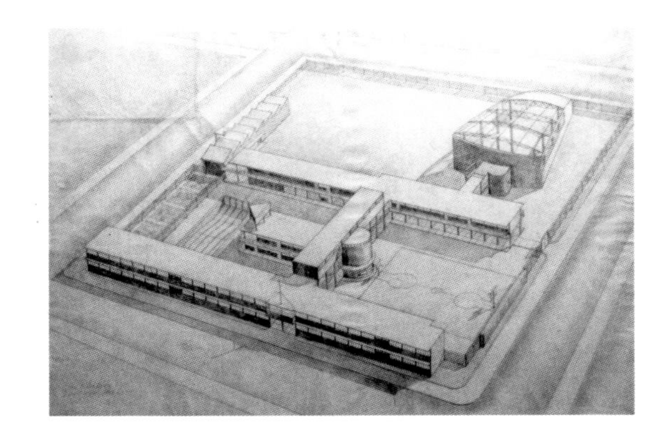

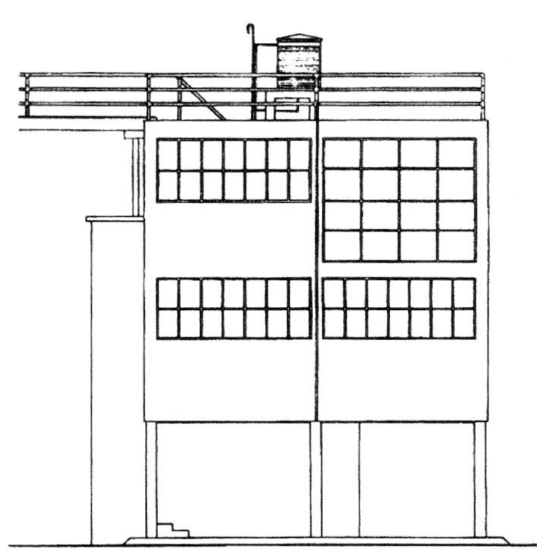

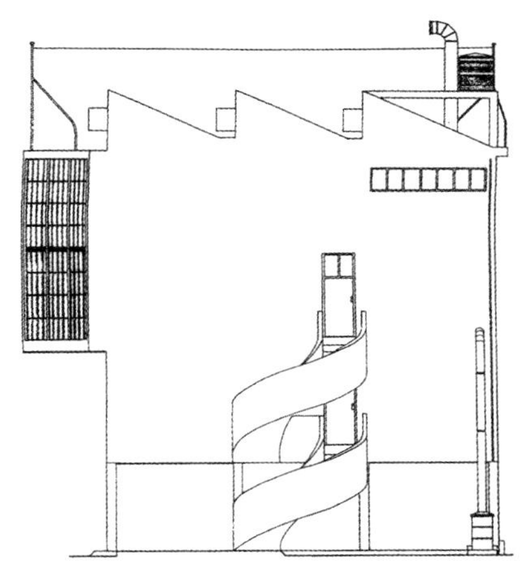

374　奥戈尔曼，墨西哥国立自治大学图书馆，墨西哥城，1951

375　奥戈尔曼，初中学校项目，1932

376　奥戈尔曼，弗里达·卡洛住宅－工作室，墨西哥城，1929，立面图

377　奥戈尔曼，迭戈·里维拉住宅－工作室，墨西哥城，1929，立面图

因为其简朴的抽象特征与墨西哥工人阶级具象的审美观背道而驰。这种局面导致他完全放弃了建筑，转而全身心投入壁画，并越来越专注于民俗象征主义，最明显的例证是，他于1948年在墨西哥城埃尔佩德里加尔附近按自己的意图建造了质朴的穴居式自用住宅。这个作品的形式和迭戈·里维拉1957年在阿纳华卡里（Anahuacalli）为自己建造的神秘的工作室一样，反映了其观念上的倒退。然而，维拉格兰·加西亚对奥戈尔曼和里维拉奉行的近代民粹主义丝毫没有兴趣，他继续在医疗设施的设计上奉行理性主义原则，最初是1929年参照加尼耶的风格建造的结核病医院，接着是1937年的心脏病医院和1942年的儿童医院，所有这些项目都建在墨西哥城。

389

瑞士－德国建筑师汉纳斯·迈耶和德国建筑师马克斯·塞托（Max Cetto）是20世纪30年代末作为政治难民来到墨西哥的最重要的设计师。迈耶于1938年抵达墨西哥，他的政治声望立即得到了拉扎罗·卡德纳斯左翼政府的青睐，随即被任命为国家城市规划院院长；而不大关心政治的塞托最终与路易斯·巴拉甘合作，共同设计公寓楼，这也是巴拉甘在墨西哥城职业生涯的开始。这次合伙促成了他们随后在埃尔佩德里加尔街区的设计合作，这里至今仍被认为是不适宜居住的

390

378　塞托，马克斯·塞托别墅，埃尔佩德里加尔，墨西哥城，1948

火山地带。塞托于1948年建造了自己的住宅[**图378**]，将不规则的碎石墙体与外露的钢筋混凝土框架巧妙地结合在一起。

出生于德国的马蒂亚斯·格里茨1949年来到墨西哥，1953年凭借其论战文章《感性建筑》在墨西哥建筑舞台上崭露头角。在这篇文章中，他批评被普遍认可的将造型艺术与建筑相结合的观念，正如他反对现代主义运动中的还原功能主义。他赞成艺术家直接介入建筑设计过程，例如他在1957年与巴拉甘合作，为埃尔佩德里加尔街区设计的入口大门和喷泉。他随后与巴拉甘继续合作设计了五彩卫星城塔楼。在马里奥·帕尼（Mario Pani）为墨西哥城郊区做的规划中，这些建筑被视作地标（**见图331**）。这些经历又促成了格里茨与里卡多·勒戈雷塔（Ricardo Legorreta）的合作：先是1964年在墨西哥州首府托卢卡他为勒戈雷塔的奥托梅克斯工厂[**图379**]建造的两座冷却塔，其后是他为勒戈雷塔的卡米诺皇家酒店设计的门庭和喷泉，于1968年在墨西哥城竣工。

费利克斯·坎德拉（Félix Candela）是一名1935年毕业的建筑师，是西班牙内战（1936—1939）时期移居墨西哥的25万西班牙人之一。西班牙工程师爱德华多·托罗贾（Eduardo Torroja）的开创性作品令坎德拉着迷，尤其是1935年建造在马德里竞技场（hippodrome）看台上的悬挑式混凝土薄壳天棚，展示了托罗贾高超的专业技艺。坎德拉自己对这种类型建筑的首个诠释，是1951年为墨西哥国立自治大学的宇宙射线实验室建造的小型壳体。1950—1971年，坎德拉在墨西哥设计并建成了100多个钢筋混凝土薄壳结构，但作为一名工程师，坎德拉仍然没有得到足够的重视，尽管著名作家卡洛斯·富恩特斯将坎德拉采用混凝土薄壳的著名的圣母奇迹勋章教堂[**图380**]视为伊比利亚－美洲巴洛克传统的延续，该教堂1955年建成于纳瓦特（Navarte）。在坎德拉职业生涯的巅峰时期，他作为一名工程师与多位著名的墨西哥建筑师合作，包括与佩德罗·拉米雷斯·瓦兹奎兹（Pedro Ramírez Vázquez）一起设计了1957年始

379　勒戈雷塔和格里茨，奥托梅克斯工厂，托卢卡，1964

391 建的科约坎市场（Coyoacán market）。坎德拉独自设计的优雅的结构中有1956年的埃尔纳伊兹仓库（Hernáiz warehouse），它由方形双曲面伞形屋顶组成，屋顶呈高低错落状，使屋顶之间的高侧窗有阳光进入。悬挑屋顶由一根独立混凝土柱子支撑，它几乎与阿根廷建筑师阿曼西奥·威廉姆斯在同一时间建造的混凝土蘑菇雨篷完全相同。

"二战"结束时，随着社会的政治基调从激进的左派转向中立，墨西哥进入了高度工业化的时期。在这个关键时刻脱颖而出的最多产的建筑师是马里奥·帕尼。在他转向现代主义运动之前，曾被委托设计两所著名的学术机构，他用早期装饰风格设计和实现了一所围绕露天剧院建造的音乐学院(1946)和一所国立师范学院(1945)，两所学院都建在墨西哥城。帕尼真正作为现代风格建筑师的创作生涯始于1946年，他与建筑师恩里克·德尔·莫勒尔（Enrique del Moral）合作规划设计了墨西哥国立自治大学校园。帕尼在墨西哥城的第一个主要住宅开发项目是阿勒曼住宅综合体（Aleman housing complex）［图381］，于1950年竣工，其中一组"之"字形13层楼可容纳1000套公寓以及一所学校、幼儿园、公共空间和体育设施。帕尼在 392 20世纪60年代中期更上一层楼，在墨西哥城建造了一个规模更大、建有11000套公寓的诺诺阿尔

380　坎德拉，圣母奇迹勋章教堂，纳瓦特，1955

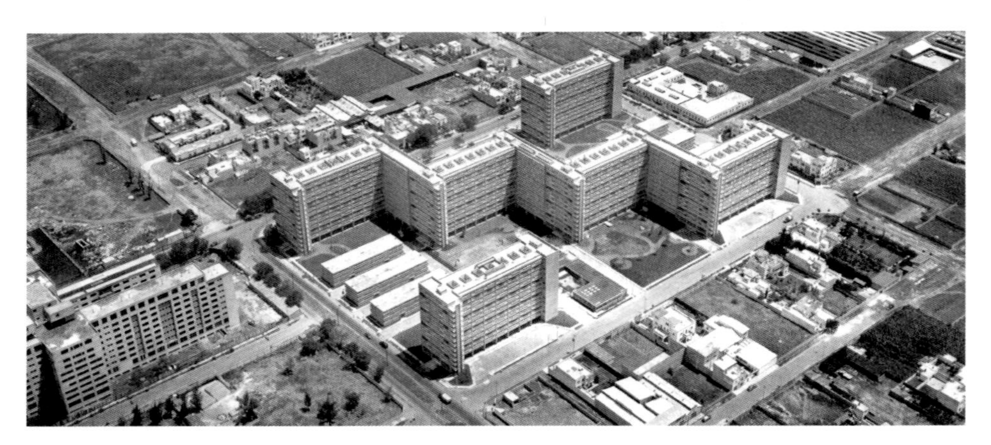

381　帕尼，鸟瞰阿勒曼住宅综合体，墨西哥城，1950

科－特拉特洛尔科开发项目（Nonoalco-Tlatelolco development），以迎接1968年的奥运会。

另一位对当时墨西哥建筑发展产生重大影响的建筑师是佩德罗·拉米雷斯·瓦兹奎兹，他于1964年在墨西哥城著名的查普特佩克公园内设计了两座重要的博物馆——国家人类学博物馆和现代艺术馆。瓦兹奎兹曾是轻钢框架系统的设计者之一，该系统被认为具备有效的抗震性能，用来在全国农村学校的建设中推广，20世纪60年代使用当地材料和劳动力就建造了约35000个单位。经历轻钢框架结构的时期后，接下来的10年里，我们看到了明显的粗野主义影响的建筑出现，例如特奥多罗·冈萨雷斯·德莱昂（Teodoro González de León）和亚伯拉罕·扎布卢多夫斯基（Abraham Zabludovsky）在查普特佩克公园建造的两座重要公共建筑：1976年的墨西哥学院和1981年的鲁菲诺·塔马约博物馆（Museo Rufino Tamayo）。2009年在瓜纳华托（Guanajuato）十建筑师事务所（TEN Arquitectos）设计建造的国家基因体实验室（National Laboratory of Genomics）［**图382**］，采用更具装饰性的钢筋混凝土建造方法，即浇筑混凝土用的木模板的图形正好与建筑的长方形外形相契合。

在20世纪后半叶的墨西哥建筑中，出现了高度精练的极简主义迹象，如金塔纳住宅（Quintana House，1956）［**图383**］、杰索大厦（Jaysour Building，1964）与银行和商业学校（Escuela Bancaria y Comercial，1989），这三个作品都是由才华横溢但尚未被广泛认可的奥古斯托·阿尔瓦雷斯（Augusto Álvarez）设计的。在墨西哥极简主义传统中，更靠后的实例是米尔帕阿尔塔的圣巴勃罗·奥兹托特佩克市场（San Pablo Oztotepec Market），在2003年按照毛里西奥·罗查（Mauricio Rocha）的设计建造。

382　十建筑师事务所，国家基因体实验室，瓜纳华托，2009

383　阿尔瓦雷斯，金塔纳住宅，佩德雷加尔花园，1956

393　阿尔贝托·卡拉赫（Alberto Kalach）设计的墨西哥城的瓦斯康塞洛斯图书馆（Vasconcelos Library）[**图384**]是21世纪头十年最引人注目的作品之一。于2008年建成，在古斯塔沃·利普考（Gustavo Lipkau）、胡安·帕洛马尔（Juan Palomar）和托纳蒂乌·马丁内斯（Tonatiuh Martínez）的辅助下，实现了计划周到的(程序一般精准的)创新和精致的细部，这趟科技之旅使图书馆成为一个机械迷宫，完全可与1972年巴黎蓬皮杜中心的高科技表现力相媲美，后者也被视为犹如一台巨型机器的文化设施。这座图书馆宏伟的规模也让人想起18世纪法国建筑师恩蒂纳－路易·布莱的巨大建筑体量，不过由于它大面积采用玻璃屋顶采光、半通透的地板和通长百叶玻璃窗，呈现的效果反而很轻盈。图书馆内与之相配套的，是一排排悬吊的钢制书架和楼梯，以出其不意的方式垂下，在视觉上打断了主轴的空间延续性。尽管入口上方有宽大的悬挑式混凝土天篷，但这里几乎没有以往这类机构常有的民用建筑风格，相反，300米的长廊上面是书架组成的阶梯式天篷，仿佛一座令人不安的巴别塔。幸好，这个“巨无霸”周围树木繁茂，窗外遍布美丽的景观，从而缓和了它的重技感。

384　卡拉赫，瓦斯康塞洛斯图书馆，墨西哥城，2008

巴西

394

20世纪20年代末，俄罗斯移民建筑师格列戈利·沃尔查夫契克在保利斯塔建筑学派（Paulista School）的发展中起到十分重要的作用。1929年他为自己设计了一座对称的立方体别墅［**图385**］，光面外墙不做任何装饰，周围是一座仙人掌花园，这座花园算得上巴西最早的仙人掌花园之一，由沃尔查夫契克的妻子、自学成才的环境建筑师米娜·克拉宾（Mina Klabin）设计。奥斯卡·尼迈耶和卢西奥·科斯塔在20世纪20年代末都与沃尔查夫契克共事过，尼迈耶是他的助手，科斯塔是他的合伙人，直到他28岁被任命为里约热内卢美术学院（Escola de Belas Artes）的负责人。

卢西奥·科斯塔职业生涯中有意思的，是他既奉行现代主义，又参与历史遗迹保护。后来他于1948年首次参与了对葡萄牙本土风格的研究，当时巴西政府派他前往葡萄牙"母国"研究用地类型的演化。在1950年华盛顿特区举办的葡萄牙－巴西会议（Luso-Brazilian Congress）上，他做了初步研究成果的报告，他认为巴西东南部的米纳斯吉拉斯州的主流建筑应被视为早期葡萄牙巴洛克风格的殖民地翻版。1953年他第二次访问葡萄牙，不仅证实了他最初的看法，而且促使萨拉萨尔政府对葡萄牙本土特色进行审视，以寻求真实而又兼容的现代葡萄牙民族风格。波尔图建筑学院院长卡洛斯·拉莫斯（Carlos Ramos）深度参与了这项由国家资助的关于葡萄牙本土风格的研究。

如前所述，巴西首先向世界展示的是1939年纽约世博会上建造的巴西馆(见 p.289，图263)，一栋由科斯塔和尼迈耶设计的巴洛克式现代建筑。展馆内巧妙组织的水景花园备受赞誉，设计师是罗伯托·布勒·马克斯，他曾于1938年负责设计里约热内卢教育与卫生部大楼的屋顶花园。设计这座大楼的年轻建筑师团队由科斯塔领导，画家坎迪多·波蒂纳里（Candido Portinari）用蓝色和白色

385　沃尔查夫契克，玛丽安娜别墅，圣保罗，1929

386　科斯塔，教育与卫生部大楼，里约热内卢，1938

395 传统葡萄牙瓷砖制作的壁画［**图386**］使这座建筑增色不少。这是尼迈耶首次运用抒情手法的演绎，在1942—1944年间，进一步用于贝洛奥里藏特郊区潘普尔哈周围的许多建筑，包括他在伸入人工湖中心的一块高地上建造的赌场(见p.289，图262)。将里约热内卢从柔性动感装饰风格转向圣保罗现代传统的决定性作品，是阿方索·爱德华多·雷迪的现代艺术博物馆［**图388**］，1953年建于里约热内卢，位于布勒·马克斯的弗拉明戈公园中部。作品采用单一钢筋混凝土门式刚架，沿整个博物馆长向重复排列，主楼层固定在地面四角的点式支架上，上面的两个展览层则是由门式刚架上的缆索悬挂。该建筑的建构表现特征对保利斯塔建筑学派产生了深远的影响。首先是对若昂·巴蒂斯塔·维拉诺瓦·阿蒂加斯(João Batista Vilanova Artigas)的影响，他大胆的结构方法亦对后来的建筑师影响深远；然后是对他的年轻同事保罗·门德斯·达罗查(Paulo Mendes da Rocha)的影响，随后又影响到下一代建筑师的领军人物安吉洛·布奇(Angelo Bucci)。达罗查对雷迪的钢筋混凝土门式刚架系统最直接的演绎，是保利斯塔诺体育场［**图387**］，它以钢筋混凝土叶片墙支撑屋顶，于1958年在圣保罗建成。阿蒂加斯也借鉴了雷迪的方法，将钢性构架、钢筋混凝土门式刚架置于地面支点上，从1967年建成的由他设计的独特的建筑学院——圣保罗大学建筑与城市学院(FAU-USP)［**图389**］可以看到。该建筑由高出地面两层的巨型钢筋混凝土箱体构成，置于14根锥形混凝土立柱之上。这座建筑的独特之处，是具有纪念碑特性的顶部采光的集会大厅。阿蒂加斯将其视为大学的政治中心。

阿蒂加斯和门德斯·达罗查有着共同的社会政治信条，也因此，1964年美国支持的军政府夺取巴西政权后，他们被建筑学院解雇。是年，军 396

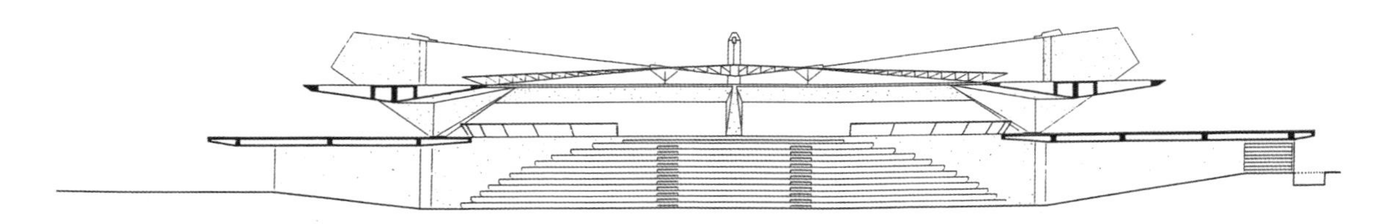

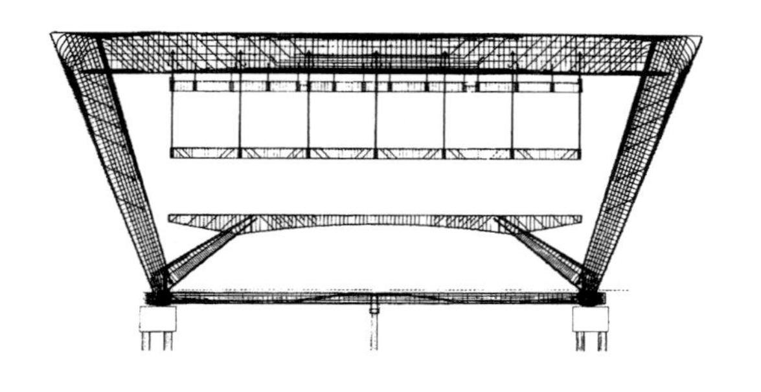

387 达罗查，保利斯塔诺体育场，圣保罗，1958，剖面图
388 雷迪，现代艺术博物馆，里约热内卢，1953，剖面图

政府开启了21年的军事统治。政治动荡也导致尼迈耶的流亡，归因于他一生坚持共产主义目标（见 p.290）。20世纪50年代，巴西现代运动里约派卓越而得体的抒情风格在尼迈耶被迫流亡后不复存在，甚至在他的作品中也无影无踪。由此，1965年在圣保罗建成的住宅塔楼科潘大厦（Copan Building），其宏伟壮观的外形让步于拱式形式主义，这也成了尼迈耶职业生涯后半段的主要特点。

在军事统治时期，门德斯·达罗查仍继续工作。1973年，他在戈尼亚建造了巨型的塞拉·杜拉达体育场（Serra Dourada stadium），又于80年代完成了一些规模小但很有特点的公寓楼。在达罗查的作品中，或许1998年在圣保罗建造的普帕坦波公共快捷服务中心（Poupatempo Public Service Centre）[**图390、391**]最能清楚地表达他对民众利益的关切。这座300米长的建筑可以通过地铁和汽车到达，设计成高架桥的样式，它继承了尼迈耶和雷迪的作品中所体现出的巴西钢筋混凝土史诗般的传统。公共快捷服务中心的独特之处在于其悬挑式混凝土平台面由大跨度的底座独立支撑，优雅的建筑上层超级钢结构悬挂在立柱上，屋顶由轻质焊接钢板覆盖。这是典型的达罗查结构的经济考虑，即这种优美的超级钢结构悬盖在高架桥的反梁之上，省去了遮阳的需要。

对于门德斯·达罗查来说，展示工程形式是使它具有对城市重要性的前提，正如我们在1988年建于圣保罗的巴西雕塑博物馆跨越裙房的60米

389 阿蒂加斯和卡斯卡尔迪（Cascaldi），圣保罗大学建筑与城市学院（FAU-USP），1967

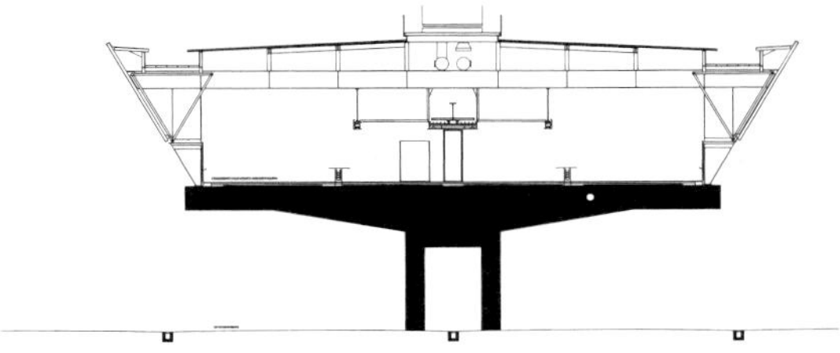

390、391　达罗查，普帕坦波公共快捷服务中心，圣保罗，1998。在高层覆盖着钢板屋顶的混凝土平台上，正面图和剖面图

在38米长的三角钢梁上，钢梁由钢柱支撑。对于达罗查来说，作品的社会文化潜质与形象的大方得体及空间组织的社会需要密不可分，因此对他来说，正如我们在他1960年在圣保罗布塔塔建造的自用宅［**图392、393**］中所看到的，即使一所住宅都可以被赋予公共特征。

出自圣保罗大学建筑与城市学院（FAU-USP）的新一代巴西建筑师是安吉洛·布奇，他在MMBB建筑师事务所的合作制项目中作为领头设计师开始其职业生涯［**图396、397**］。MMBB建筑师事务所与达罗查合作，完成了许多大型城市

399

柱廊中所看到的那样。达罗查作品的另一特色，是他偏爱在区域范围内设计水景，例如他1988年建议将蒙得维的亚湾改造成完美广场的方案。作为法国申办2012年奥运会的一部分，他在2008年为巴黎规划的体育大道也有同样的规模。这个大都会的公共区域项目，在周围都是汽车的混乱的包围中脱颖而出。达罗查的"族长之弧"（Arc of the Aprior）［**图394**］）悬挑在圣保罗市中心一地下通道上方，其庄重的比例构成了纪念性形象：这是一个平面尺寸为19米×23米的焊接钢翼，悬挂

397

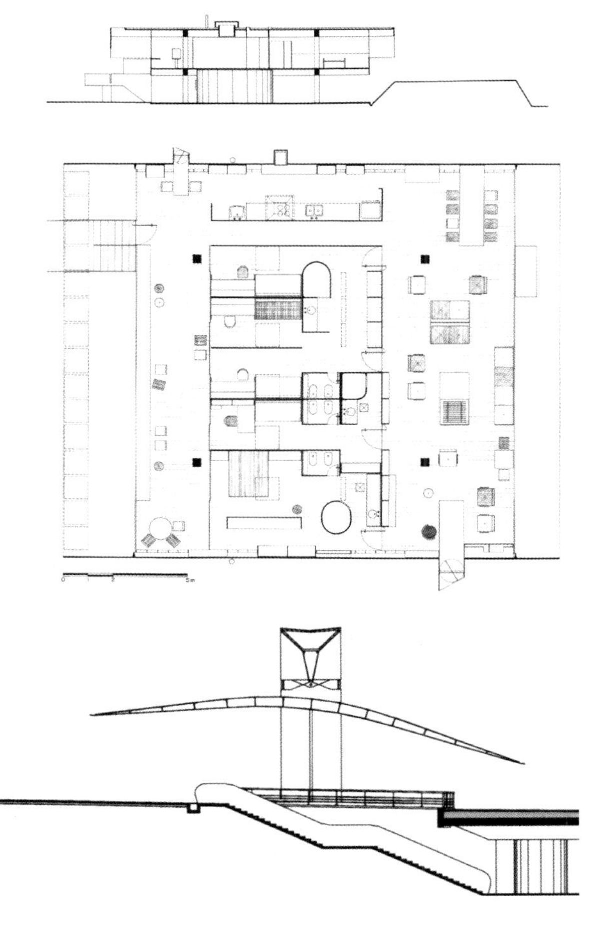

392、393　达罗查，布塔塔住宅，圣保罗，1960。剖面图（右上）和平面图（右中）
394　达罗查，"族长之弧"（右下），圣保罗，2002

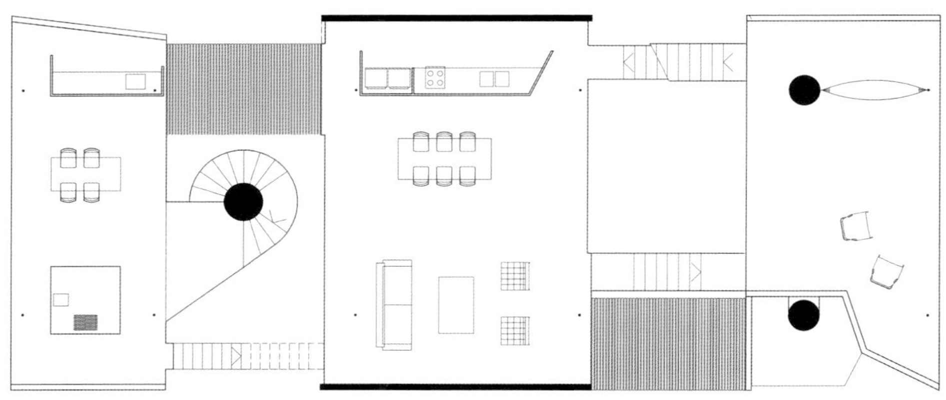

工程，包括2001年在圣保罗多姆佩德罗公园完成的同名公交汽车站（Dom Pedro II）。到目前为止，MMBB完成的最令人印象深刻的住宅项目，是2002年极为优雅的赛拉村别墅（Aldeia da Serra House）［**图395**］，它与达罗查的其他工程一样，钢筋混凝土结构与焊接钢板过道和楼梯结合，部分房间可以从别墅上方由过道连接的地面层进入，也可以通过别墅地下层的停车场进入。

意大利移民建筑师利纳·博巴迪（Lina Bo Bardi）的作品也彰显出保利斯塔建筑学派使用钢筋混凝土的大胆风格，她凭借自己的圣保罗现代艺术博物馆（MASP）在巴西建筑舞台上崭露头角，经过10年的建设，博物馆于1968年在保利斯塔大道上落成。这座75米跨度的桥梁结构包括两层画廊，悬挂在两根巨型的钢筋混凝土梁下，与地下的办公室和其他空间完美地组成博物馆主体，桥梁形画廊下方是一个公共广场，广场上有一座设计大胆的观景平台，可以俯瞰公园和一条高速公路干道。

博巴迪曾经在意大利受过法西斯主义的伤害，于“二战”结束时移居巴西。巴西军政府掌权后，她就搬到了东北部巴伊亚州的萨尔瓦多。在那里，她融入了巴西大草原上幸存的非洲文化，使她1977年返回圣保罗以后很长一段时间内，设计变得更加多彩。返回圣保罗后，博巴迪接受了人生中的第二个主要委托，将废弃的工业区改造成社区中心和体育设施［**图398**］。这座所谓的SESC庞贝工厂的改造项目不仅要修复和改造废弃的工厂建筑，还要加建两座钢筋混凝土塔楼，用斜楼梯和水平过道相连接。这些纪念碑式的加建体是用粗糙的木模板浇筑出来的，即所谓勒·柯布西耶的粗野混凝土。四分之一个世纪后，这个粗野主义的杰作对葡萄牙建筑师阿尔瓦罗·西扎2001年设计的位于巴西阿雷格里港的伊比利亚卡马戈博物馆（Camargo Museum）也产生了影响。博巴迪设计的SESC塔楼混凝土墙上点缀的不规则窗口，在西扎设计的博物馆的外部混凝土坡道中也能找到微妙的相似之处，这些坡道先从建筑主体中伸出，然后又折返到建筑主体中去。

若·达·伽玛·菲尔盖拉斯·利马［João da Gama Filgueiras Lima，人们都称他为“勒莱”（Lelé），作品见图400］1955年从里约热内卢国家建筑学院毕业，开始了他在巴西利亚工程项目中奥斯卡·尼迈耶的助理生涯（见pp.290–291）。1970年，军政府决定在巴伊亚建立一个新的行政中心，并聘请了卢西奥·科斯塔对城市北部起伏的丘陵地带做总体规划。由于工期紧，科斯塔希望勒莱建一个预制混凝土工厂，以便在很短时间内实现这个行政中心的建设。这段经历使勒莱成为预制混凝土建筑领域经验最丰富的大师之一，他于20世纪80年代末在巴西北部地区设计和建造了一系列的医院。阿德里安·弗提（Adrian Forty）和伊丽莎白·安德烈奥利（Elisabetta Andreoli）对勒莱的成就有如下记录：

> 这些预制构件易于运输和搬动，以较轻的金属元件相连接，可轻易组装成各种形式，既降低了建筑成本，又缩短了建造时间，同时提供了符合功能性、舒适性和娱乐性要求的环境……为避免使用昂贵的机械空调系统，他设计了一种天然冷却的交换系统，新鲜空气通过地下长廊循环，空气在这里被加热后，就会通过管道送到屋顶上的弯

400

395　MMBB建筑师事务所和布奇/SPBR建筑师事务所，赛拉村别墅，圣保罗，2001

396、397　布奇，乌巴图巴住宅，圣保罗，2009。平面图及模型

398 博巴迪，SESC 庞贝工厂休闲中心，圣保罗，1987

曲出风口排到室外。

如果除巴西利亚以外，不再介绍巴西其他主要城市取得的成就，即豪尔赫·威尔海姆（Jorge Wilheim）1965年提出的扩建巴拉那州首府库里蒂巴（Curitiba）的总体规划，就无法完成对巴西现代主义运动的评价。该规划旨在建立一个经济可行的城市公共交通系统［**图401**］，铰接式公共汽车是该系统的基础，每辆车有100个座位，行驶在公交专用车道上。乘客可从地面抬升的管状候车平台直接步入公交车，从而提升了每一站站台旅客上下车的效率。售票在候车通道中完成，使得公交车能够快速地进出站。这套系统毗邻交通廊道地区，可以容纳高密度人流量，在许多层面上产生了更好的经济效益和社会效益。人们接受政府引导，把垃圾从贫民窟运到收集点，换取食物或公交车票。如果没有军方的支持，贾米·勒纳市长领导下的这种福利国家城市规划方案不会成功。正如路易斯·卡兰扎（Luis Carranza）和费尔南多·路易斯·拉拉（Fernando Luiz Lara）所指出的："在1985年巴西重归民主化之后，这种创新政策在一般民主程序下的适用度，一直是热点话题和深度政治化的激烈辩论主题。"[1]在哥伦比亚，时任市长的恩里克·佩尼亚洛萨出于政治诉求制定出雄心勃勃的计划，于1997年在首都波哥大引入类似的城市高速公交系统，在他的管理下，该市还建成了298公里长的自行车道，并在现有基础上增建了约92.9万平方米的公园面积。在巴西，近似荒谬的方式受益于1964年军事政变的，是塞韦里亚诺·波尔图（Severiano Porto）的职业生涯。波尔图受雇于国家并接受指派去亚马逊河流域为贫困人口建造住宅，使其成为军事统治条例下的免税区，以刺激当地经济。由此，波尔图还为亚马逊大学设计了几座建筑，建造了一座地面标高以下10米、拥有4万个座位的下沉式足球场。

399 赫里尼诺 + 费罗尼建筑师事务所，州立维拉诺瓦学校，圣保罗，2005
400 勒莱，马卡帕前哨（莎拉·马卡帕医院），马卡帕，2001—2005
401 威尔海姆，高速大规模交通巴士专线系统，库里蒂巴，巴拉那州

Saída
Entrada
CIRCULAR SUL
BR016

哥伦比亚

402

哥伦比亚第一所建筑学院于1935年在波哥大国立大学成立，教师多半是移民建筑师，即意大利的布鲁诺·维奥利（Bruno Violi）和维森特·纳西（Vicente Nasi），来自奥地利的城市规划师卡尔·布鲁内尔（Karl Brunner）和来自德国的利奥波多·罗瑟（Leopoldo Rother）——后两位在校的重点是城市设计。在勒·柯布西耶于1947年为首都做规划方案之前，布鲁内尔已于1933年开始在哥伦比亚率先进行城市规划，做出了许多著名城市的扩建规划设计，包括巴兰基拉（Barranquilla）、卡利（Cali）、麦德林（Medellín）以及首都波哥大。罗瑟负责国立大学校园的总体规划（1937—1945）和一些教学楼的设计，包括他与维奥利一起设计的工程学院（1945）。

1927年出生于巴黎的罗盖里奥·萨尔莫纳（Rogelio Salmona）为法籍西班牙裔，于1948年离开波哥大国立大学，进了勒·柯布西耶在巴黎的工作室。在那里，他成为勒·柯布西耶战后职业生涯中特别高产时期的学徒，参与了从40年代末的马赛公寓，一直到在印度承担建筑师的全面工作。在学徒生涯收尾阶段，萨尔莫纳的工作是亚沃尔住宅（1952—1957）的设计、施工图制作和现场监督，这段经历影响了他的余生。

1957年回到哥伦比亚后，萨尔莫纳对勒·柯布西耶的形式主义不再迷恋，这促成了他与哥伦比亚著名建筑师费尔南多·马丁内斯·萨纳布里亚（Fernando Martínez Sanabria）合作，在波哥大北部的一处层层跌落的坡地上设计了四幢住宅（1962—1963）。这些阿尔托式（Aaltoesque）的砖砌住宅用低矮的砖墙相互连接，预示了萨尔莫纳在砖结构方面的成熟。随后他又于1960—1963年在波哥大与吉列尔莫·贝尔姆德斯（Guillermo Bermúdez）合作设计了一组三层高的埃尔·波罗（El Polo）集合

402　萨尔莫纳，基督教住房基金会项目，圣克里斯托巴尔，波哥大，1966

住宅。1966年，他与赫尔南·维克（Hernán Vieco）共同设计完成的基督教住房基金会项目(Fundación Cristiana de la Vivienda)［**图402**］在波哥大圣克里斯托巴尔建成，坐落在平坦的场地上，两幢公寓互成一定角度，山墙是大片清水砖墙面，这些倾斜的结构让人联想起前哥伦布时期建筑的金字塔式外形。

403

萨尔莫纳的下一个重要作品是与路易斯·爱德华多·托雷斯（Luis Eduardo Torres）合作设计和建成的公共居屋，即花园公寓（Residencias El Parque，1965—1970)［**图403、404**］。这三座塔楼可以俯瞰波哥大的斗牛场，楼高从20层到33层不等，构成了一个扇形布置的螺旋状公寓楼组合，与汉斯·夏隆1962年在斯图加特建造的中高层罗密欧与朱丽叶公寓的风格相呼应。萨尔莫纳作品的独特之处在于整体上的多层面的复杂性，不仅体现在公寓平面上，随着平面以螺旋状形式上升，尺寸逐渐减小，直至每座塔楼的顶部，而且在砖砌结构的细部，每一个局部都是立体几何训练，因为一层接着一层的墙面弧度不同，每块砖也要变化角度。尽管地理位置优越，但因为该计划是为了提供社会住房，所以每套公寓的实际建筑面积相对较小。1982年，位于波哥大北部由萨尔莫纳设计的松林公寓（Alto de los Pinos apartments）与之类似但更为简单，公寓在公共花园的两侧呈阶梯状排列，花园也以阶梯形式按着自然坡度向

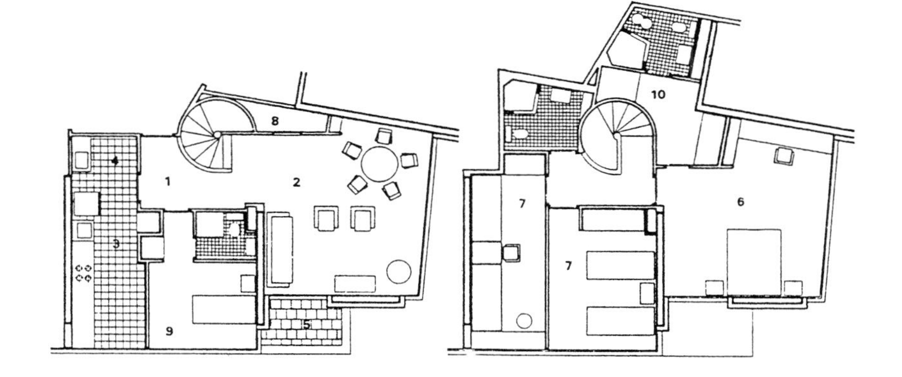

403、404　萨尔莫纳，花园公寓，波哥大，1965—1970，单元平面和鸟瞰图

405　萨尔莫纳，贵宾别墅，卡塔赫纳，1980—1982

下延伸，建筑以场地上原生的松树命名。

20世纪80年代初，萨尔莫纳的职业生涯从居住建筑转向一系列公共建筑设计，大多是文化机构、大学院校和博物馆。大约在这个时候，他接受了他职业生涯中最负盛名的委托，即总统国宾馆，也被称为贵宾别墅（Casa de Huespedes，1980—1982）［**图405**］。别墅建在一个伸向卡塔赫纳湾的半岛上，紧邻这个殖民城市的一个城堡。它由砖和当地珊瑚石混合建造而成，为总统和他的贵宾提供了一个简朴庄重、配套齐全、与世隔绝的休养场所。该作品最富有诗意的一面，是它传达出来的被嵌入热带景观中的前哥伦布时期的废墟氛围，由萨尔莫纳与他的妻子、景观设计师玛丽亚·埃尔维拉·玛德里尼安（María Elvira Madriñan）共同设计。

在完成国宾馆之后，萨尔莫纳参与了波哥大坎德拉里亚区的一个社会项目。这项市区重建项目以九个周边街区为基础，其中只有四个街区已建成。每个街区都围合成一个庭院，庭院的拐角处搭接另一庭院，这样人们就可以从一个庭院斜穿到另一个庭院。这种相对开放的流通形式，是萨尔莫纳终生反对封闭社区的一个证明。

20世纪80年代的哥伦比亚天才建筑师都同样认可公共领域的重要性，其中奥斯卡·梅萨（Oscar Mesa）的工作最应被肯定。这位建筑师深受路易·卡恩作品的影响。1986年他在麦德林的大都会剧院［**图406**］足以说明这一点。同样值得一提的是劳雷亚诺·福雷罗·奥乔亚（Laureano Forero Ochoa）1987年在麦德林市设计建造的拥有1500套住宅的拉莫塔住宅区（La Mota housing complex）［**图407**］，这是一个理性的粗野主义风格住宅楼，楼高三到四层，每个单元组织得十分巧妙。

尽管哥伦比亚的政治纷争不断，但一个又一个政府在波哥大市继续推行进步政策。首先是海梅·卡斯特罗·卡斯特罗，他担任市长后改组了波哥大的行政和财政机构，使之符合1991年该国的新宪法。卡斯特罗之后是安塔纳斯·莫库斯和恩里克·佩尼阿洛萨，他们于1995—2003年任市长，佩尼阿洛萨大大扩展了该市的“星火计划”（spark system），提供了公共图书馆，并仿效巴西库里蒂巴市的开发方案，引进了千禧年快速公交系统。

405

毒品集团引发的暴力时代之后，在麦德林市推行了同样进步的政策，这始于塞尔吉奥·法贾尔多（2005—2007年担任市长），他委托设计了许多公共项目，包括所谓的四体育场（Four Sports Arena）［图408］。这座建筑由吉安卡洛·马扎蒂（Giancarlo Mazzanti）和菲利普·梅萨（Felipe Mesa）设计，于2009年建在市中心，该建筑部分开放区域——由焊接钢管、钢网架组成的轻型折板结构覆盖。

406 奥斯卡·梅萨，大都会剧院，麦德林，1986

407 福雷罗·奥乔亚，拉莫塔住宅区，麦德林，1987。平面图

408 马扎蒂和菲利普·梅萨，四体育场，麦德林，1987

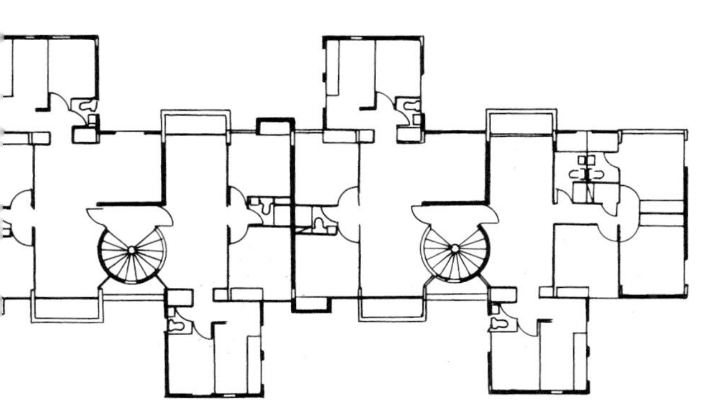

委内瑞拉

406 卡洛斯·劳尔·比亚努埃瓦是20世纪下半叶在委内瑞拉执业的最具国际知名度的现代主义建筑师。比亚努埃瓦祖籍委内瑞拉，1900年出生于伦敦的一个外交家庭，在巴黎高等美术学院接受教育。1929年在公共工程部见习期满后，回到加拉加斯。1935年他开始自己执业并接受委托设计位于加拉加斯的美术馆。随后，又于1939年在圣特蕾莎市设计了一所哥伦比亚装饰艺术学校［**图410**］。1942年，比亚努埃瓦赢得了在加拉加斯新兴中心区的一个名为宁静住宅（El Silencio）的廉价多层住房计划的竞赛。这个杂乱地区的项目是一个混杂风格的作品，正面是柔和的西班牙殖民地风格，背面则是一片层叠的钢筋混凝土露台。1957年，他接受委托在市郊设计了两个大型的低成本高层住宅，这是在起伏的地面上不同高度的独立板楼，其中最具意义的是与何塞·曼努埃尔·米贾雷斯（José Manuel Mijares）合作设计的1月23日庄园(23 de Enero estate)，用以纪念1958年政变日。

代表比亚努埃瓦最高水平的作品是建于市郊的加拉加斯大学城，其总体规划于1944年首次制定。规划中一条蜿蜒的人行道连通各个学院。随后，他又设计了全部主要的教学楼，包括奥拉麦格纳大礼堂（Aula Magna）［**图411**］，室内悬挂着著名美国艺术家亚历山大·考尔德（Alexander Calder）设计定制的一组巨大的彩色活动雕塑——富于装饰感的声学装置。带钢筋混凝土挑檐的人行道曲折穿过校园［**图412**］，其间点缀着异域风情的花园，沿途更有国际现代主义先锋派杰出艺术家的作品点缀增色，如亨利·劳伦斯（Henri Laurens）、费尔南德·莱热、让·阿尔普（Jean

409 多明戈斯，西蒙玻利瓦尔中心，加拉加斯，1949—1957，立面图

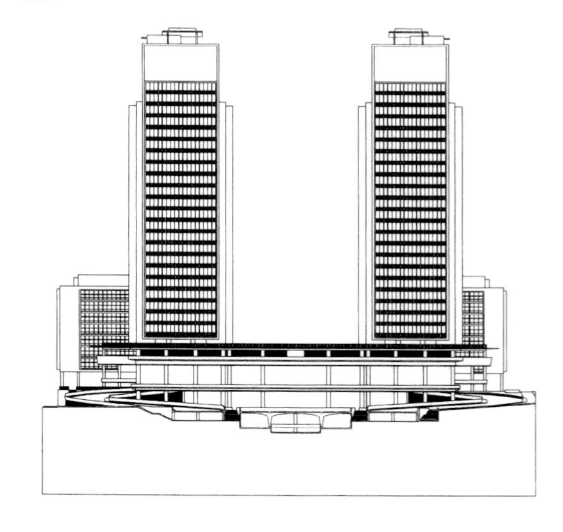

410　比亚努埃瓦，大哥伦比亚学校，加拉加斯，1939

Arp）、维克托·瓦萨雷利（Victor Vasarely）和安托万·佩夫斯纳（Antoine Pevsner）创作的立体雕塑和墙面浮雕。

比亚努埃瓦毕生致力于抽象艺术，他为蒙特利尔1967年世博会设计的委内瑞拉馆（Venezuelan Pavilion）中表现得甚为明显。407它由三个穿插连接的两层高立方体组成，立方体由焊接钢板制作，每个立方体涂上委内瑞拉国旗的几种颜色——黄色、蓝色或红色。立方体的设计是为了展示当代委内瑞拉文化。第一个立方体内展示了一部四屏纪录片，讲述委内瑞拉的历史。第二个则展示了委内瑞拉艺术家赫苏斯·拉斐尔·索托（Jesús Rafael Soto）设计的“雨林”雕塑。这是一个悬挂在天花板上的由塑料缆索组成的迷宫，参观者必须沿着它才能到达第三个也是最后一个立方体，这个立方体里有一个音乐酒吧，音乐家们在那里演奏委内瑞拉民间音乐。

20世纪50年代在加拉加斯工作的另一位重要建筑师是西普里亚诺·多明戈斯（Cipriano Domínguez），他设计了位于西蒙玻利瓦尔中心（Centro Simón Bolívar）［**图409**］具有纪念意义的双塔，位于法国规划师莫里斯·罗蒂瓦尔（Maurice Rotival）1939年设计的城市轴线的顶端。一位同样杰出的建筑师也在这座城市留下了自己的印记，他就是托马斯·何塞·萨纳布里亚，他设计了洪堡酒店（Hotel Humboldt，1956），酒店坐落于加拉加斯与大海相隔的阿尔维拉山脉的顶部，通过缆车与城市中心相连。非常感性的赫苏斯·滕雷罗·德

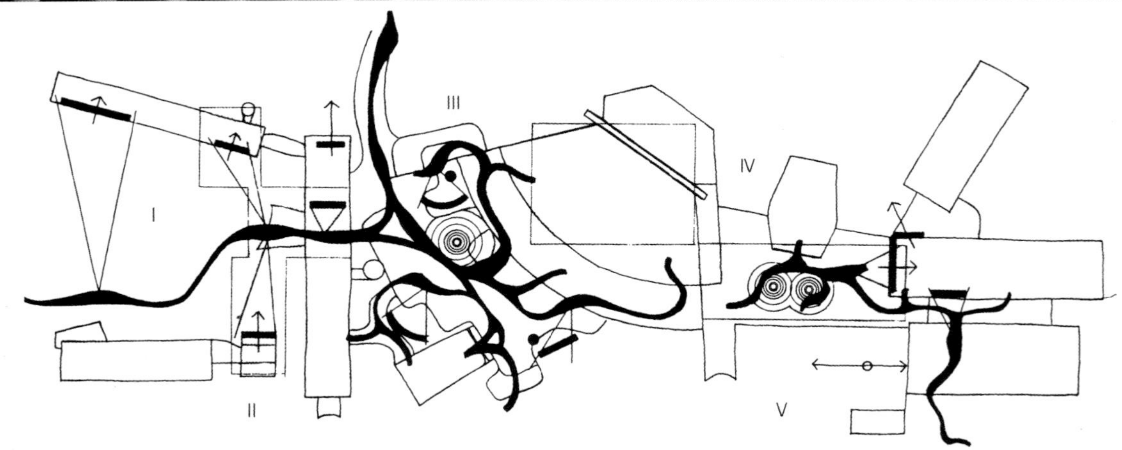

411　考尔德，奥拉麦格纳大礼堂中的声场艺术装置，加拉加斯大学城，1944
412　比亚努埃瓦，加拉加斯大学城，1944。带天篷的人行道平面图

格维茨（Jesús Tenreiro Degwitz）是首位闻名于首都以外的委内瑞拉建筑师，他所设计的CVG电力公司总部（CVG electric company）［**图413**］，于1968年建在瓜亚纳（Guayana）这个新兴城市。这件杰出的作品采用类似金字塔的外形，由薄砖板嵌入精致的钢网架组成。这些面板起到了为台阶状的办公室楼层遮阳的作用。德格维茨以特有的感伤情绪写道：

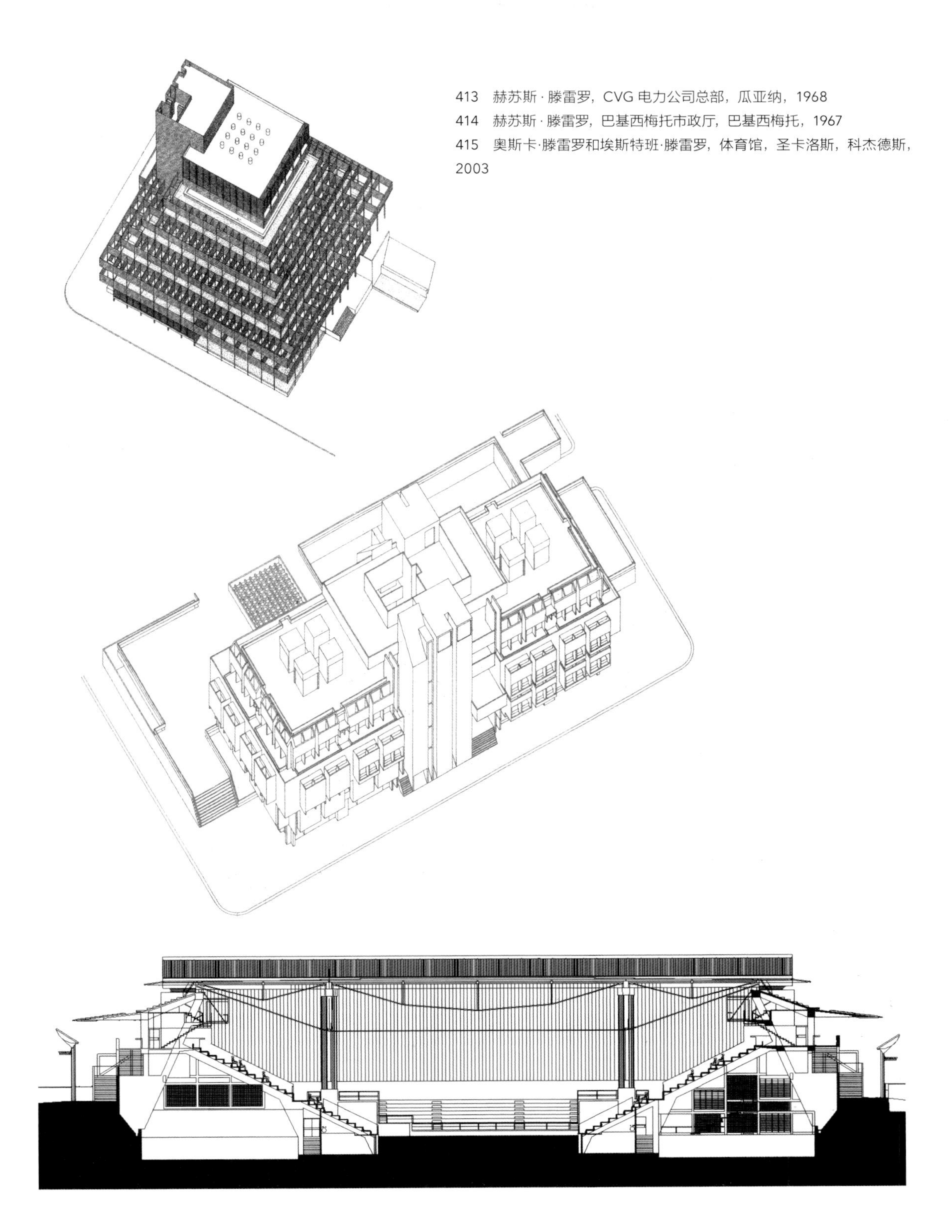

413 赫苏斯·滕雷罗，CVG 电力公司总部，瓜亚纳，1968

414 赫苏斯·滕雷罗，巴基西梅托市政厅，巴基西梅托，1967

415 奥斯卡·滕雷罗和埃斯特班·滕雷罗，体育馆，圣卡洛斯，科杰德斯，2003

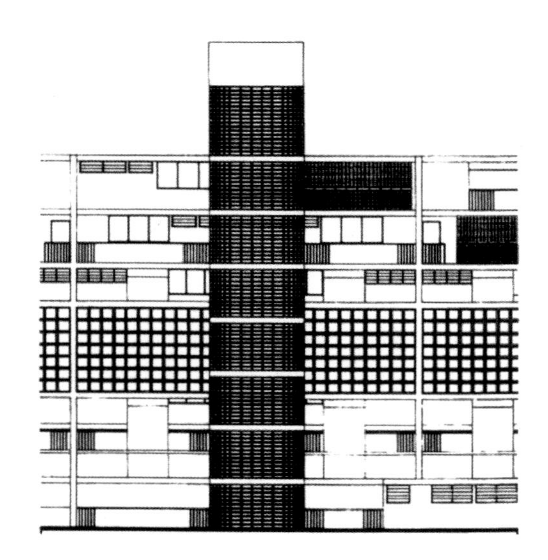

416　阿尔科克，贝洛蒙特住宅，加拉加斯，1965。立面细部

> 现场是瓜亚纳城的最高点，贫瘠而荒芜，周边没有一点建筑。城市规划没有对高度或体积设置限制。CVG 的建筑师们想要建设类似地标一样的东西，金字塔作为人类生活在艰难的热带气候中的一种自然形式出现了……阶梯式金字塔通过立面上的连续阳台和与阴影中的花园进行内外空间的互动，几乎所有内部工作区域都能看到这种美丽景象。它是上维斯塔区未来中心的第一座建筑，也是新城市的中心，因此它具备想象中美丽大都市的奠基石特征——一个从未出现过的城市。[1]

408

德格维茨在建筑上成熟的巅峰之作是1967年的巴基西梅托（Barquisimeto）的市政厅［**图414**］。也许这项工程最引人注目的方面是现浇混凝土墙的几何合理性，让人联想起路易・卡恩的作品中建筑形式的节奏感。

410

奥斯卡・滕雷罗（Oscar Tenreiro）是赫苏斯・滕雷罗・德格维茨的兄弟，他的作品中则有一种完全不同的建构和空间感。其典型代表作是2003年为圣卡洛斯（San Carlos）体育城建设的一个多用途体育馆［**图415**］。这种巧妙的型钢混凝土结构是奥斯卡・滕雷罗与他的儿子——结构工程师埃斯特班・滕雷罗（Esteban Tenreiro）合作设计的。

这一代的另一位委内瑞拉建筑师沃尔特・詹姆斯・阿尔科克（Walter James Alcock）是一位多产的建筑师，他虽然出生在加拉加斯，但在英国度过了成长期，在剑桥大学取得了化学硕士学位。1953年回到委内瑞拉后，他在加拉加斯中央大学获得了建筑学硕士学位，不久就开始与亚历山大・皮特里（Alexander Pietri）和罗伯托・布勒・马克思合作，开发加拉加斯的东花园（Parque del Este）。1959年，阿尔科克与何塞・米格尔・加利亚（José Miguel Galia）建立了合伙关系，共同为委内瑞拉的各个省会城市设计了公园，包括圣菲利佩（San Felipe）和乌拉奇奇（Urachiche）。1962年，阿尔科克开设了自己的事务所。他在建筑类型上取得的突破性进展，是1965年在贝洛蒙特（Bello Monte）建造的住房［**图416**］，房子可以俯瞰加拉加斯山谷，是一座六层楼高的砖墙面钢筋混凝土结构公寓楼，入口门廊正对着巨大的挡土墙。这个造型的灵感来自勒・柯布西耶1930年为阿尔及尔设计的奥勃斯计划（Plan Obus）和阿方索・雷迪1951年在里约热内卢建造的佩德里古霍住宅建筑群。阿尔科克的民用工程中的一个重要特色是廊道的使用，可在他1972年与曼努埃尔・富恩特斯（Manuel Fuentes）合作设计的巴基西梅托的吉拉哈拉酒店（Hotel Jirahara）中看出。

阿根廷

411 阿根廷的现代主义运动始于1929年，不仅是因为这一年勒·柯布西耶来到布宜诺斯艾利斯开始他的拉丁美洲演讲，而且因为这个时期已经有一些阿根廷现代主义者涉足钢筋混凝土建筑，特别是亚历杭德罗·维拉索罗（Alejandro Virasoro）和阿尔贝托·普雷比希（Alberto Prebisch）。这尤为明显地体现在普雷比希1936年的罗曼内利之家（Casa Romanelli），其特色在1923年《走向新建筑》一书倒数第二章中已有描述。它几乎是勒·柯布西耶所称批量生产房屋的一个复制品。

移民到阿根廷的第一位杰出的现代建筑师是加泰罗尼亚人安东尼奥·博内特（Antonio Bonet）。在巴塞罗那为何塞·路易·塞特和约瑟普·托雷斯·克拉维（Josep Torres Clavé）工作过之后，博内特在1936年西班牙内战爆发后去了巴黎，除了协助塞特设计1937年巴黎世博会的西班牙共和国馆外，还曾在勒·柯布西耶事务所工作。1938年，他在相识于事务所的两个阿根廷年轻人胡安·库尔陈（Juan Kurchan）和豪尔赫·法拉利·哈多伊（Jorge Ferrari Hardoy）的陪伴下移居布宜诺斯艾利斯，并合伙建立了BKF事务所，一年内在布宜诺斯艾利斯市中心建造了一个小型多用途工作室。后来，工作室成为南方三人组（Grupo Austral），该组合受勒·柯布西耶1937年新时代馆的土地改革计划的启示，一直专注于农村住房的设计。BKF还从事家具设计，包括其著名的挂椅（Sling Chair），以帆布和钢管骨架制成，设计源自传统意大利的黎波里纳（Tripolina）营地折叠椅。20世纪40年代，博内特在普拉塔河口的蓬塔巴列纳沙丘上设计了许多度假屋。他对拱顶空间的偏爱，运用到了1947年为自己建造的柏令吉里住宅（Berlingieri House）［**图417、418**］中，其薄壳穹顶是由年轻的乌拉圭工程师伊拉迪奥·迪斯特（Eladio Dieste）设计的。博内特将作品融入沙丘景观的感觉在1947年的索拉纳马尔湖畔三层高的酒店中表达得尤为明显。

年轻的建筑师克洛林多·泰斯塔曾在BKF事务所担任助理，他设计的钢筋混凝土杰作伦敦及南美银行［**图419、420**］，是与知名的SEPRA事务所合作的，它对于现代传统的延续意义重大。1966年，该银行大楼在布宜诺斯艾利斯市中心狭窄的场地上建成。除了作为一家大银行的总部，这座建筑还让人联想到微缩城市的概念，银行内部交易区有些像周边熙熙攘攘的街道。多层银行

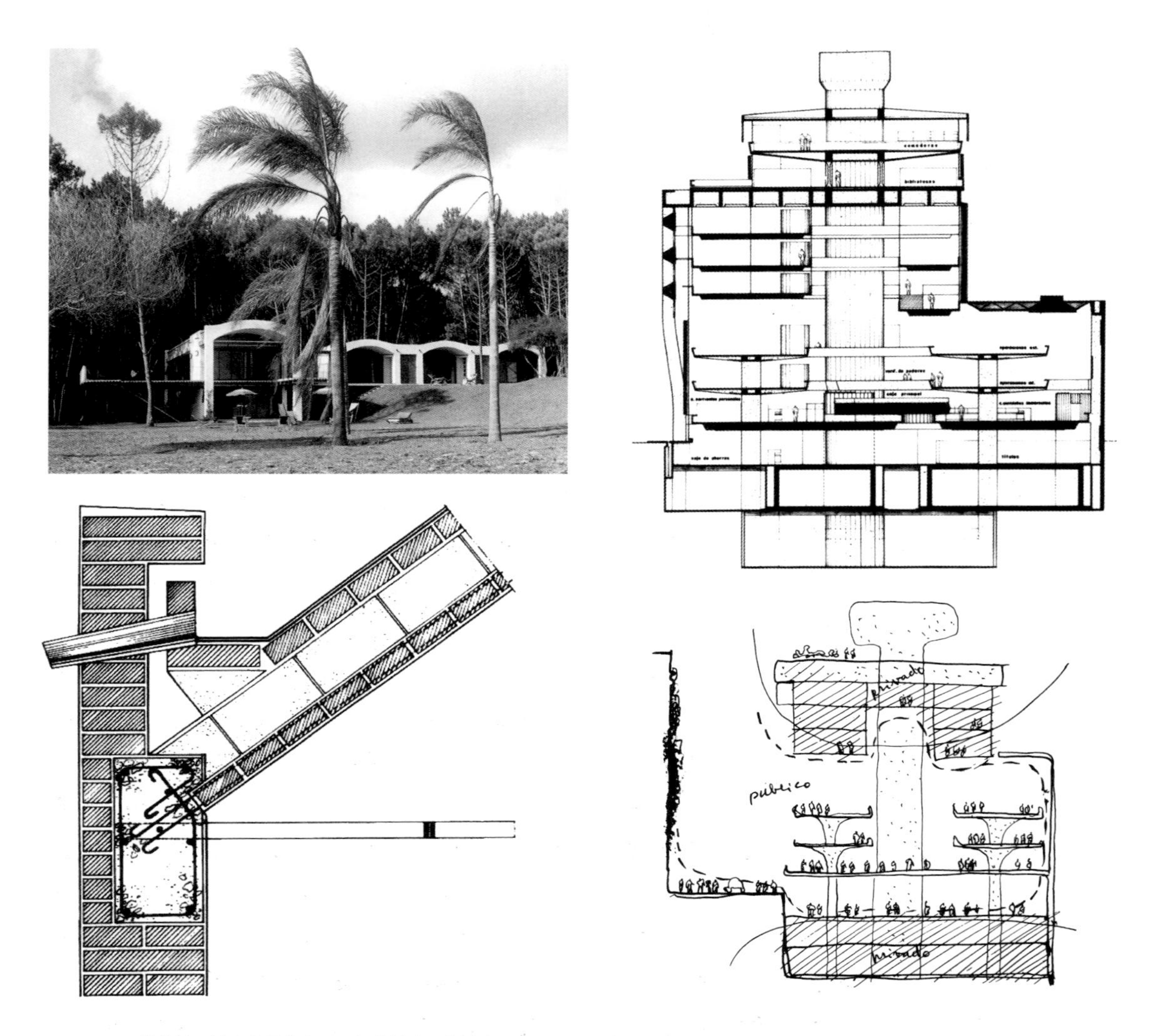

417、418　博内特，柏令吉里住宅，马尔多纳多，乌拉圭，1947。外观（左上），拱与墙体连接节点（左下）
419、420　泰斯塔，伦敦及南美银行，布宜诺斯艾利斯，1966。剖面（右上）及剖面草图（右下）

大厅的独立悬浮的混凝土楼面从立面结构退后，由下降到地下室的圆柱悬挑支撑，或由大厅的结构顶板上悬挂缆索承重。在泰斯塔既作为建筑师又作为艺术家的一生中，除了布宜诺斯艾利斯的国家图书馆外，没有哪件作品可以与伦敦南美洲银行这项杰作相提并论。国家图书馆是他在1962年与弗朗西斯科·布尔里奇（Francisco Bullrich）和艾丽西亚·卡扎尼加（Alicia Cazzaniga）合作设计的，直到1992年才完工。

泰斯塔第一次崭露头角是在1955年，与其他三位建筑师一起设计的圣罗萨德拉潘帕（Santa Rosa de la Pampa）市民中心获得大奖。通往这座柯布西耶式建筑的有盖走廊是用悬挑钢筋混凝土伞建造的，与1953年阿曼西奥·威廉姆斯在设计科伦特斯医院的遮蔽结构所提出的大胆建议相仿。类似的混凝土伞出现在图库曼大学（University of Tucumán）一个被中止的巨型结构项目中，这个项目是由霍拉西奥·卡米诺斯（Horacio Caminos）领导的一个建筑师团队设计的。

阿曼西奥·威廉姆斯是一位极具创新精神的设计师，学成了工程学和建筑学之后，于1945年开始了他的职业生涯，为他的父亲、作曲家阿尔贝托·威廉姆斯（Alberto Williams）设计了一座桥式住宅。他未建造的工程和他已建造的工程一样超出常规并异常精彩，这包括他设计的悬浮在海中靠近布宜诺斯艾利斯的机场，以及一座28层的

421 MSGSSV 建筑师事务所，里奥哈连体住宅，布宜诺斯艾利斯，1973

422 MSGSSV 建筑师事务所，里特罗分行，银行城，1969。立面与剖面

423 MSGSSV 建筑师事务所，奥克斯住宅，拉卢希拉，布宜诺斯艾利斯，1979

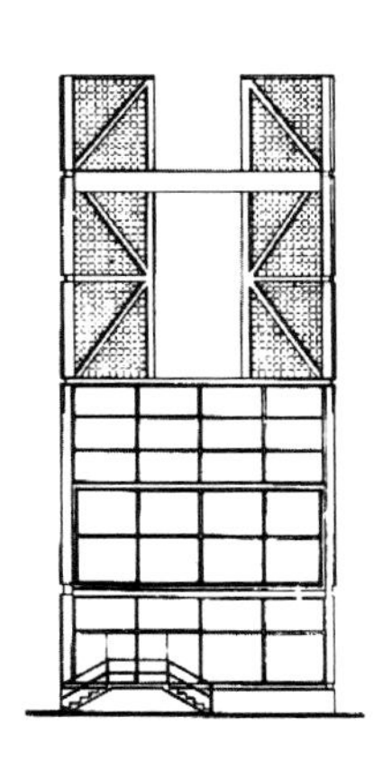

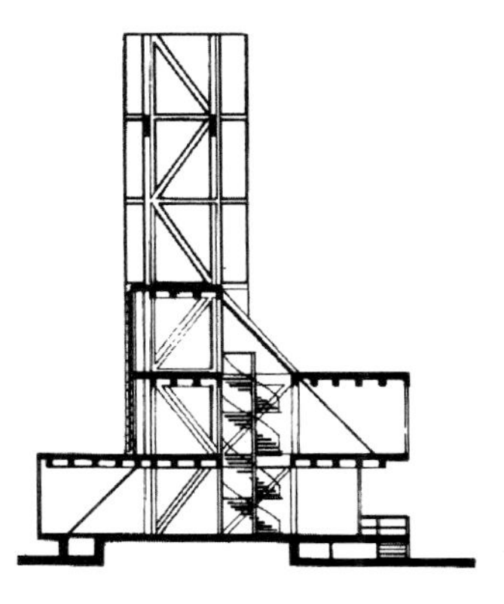

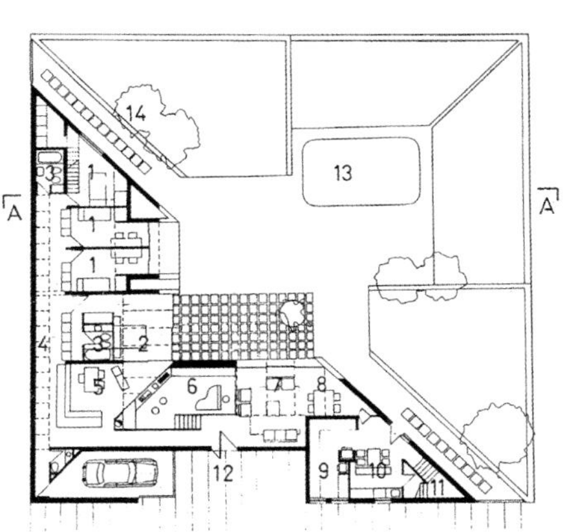

424 威廉姆斯，悬挂办公大楼项目，布宜诺斯艾利斯，1946

高层建筑［**图424**］，全部楼层悬挂在建筑顶部的巨型空腹桁架上。这个项目似乎成了诺曼·福斯特于1986完成的香港汇丰银行（HSBS）总部的参照物。

414 泰斯塔精湛的银行大楼不仅像巴西保利斯塔学派的建筑一样充满活力，而且似乎对阿根廷的MSGSSV建筑师事务所（Manteola, Sánchez Gómez, Santos, Solsona and Viñoly）的实践也产生了深远的影响。这个事务所为银行城（Banco Ciudad Casa Matriz）［**图422**］设计了一系列引人注目的建筑，始于1969年的银行总部，它可以被看作是泰斯塔的纪念碑式的银行空间范式与斯特林、高恩1959年设计的莱斯特大学工程系大楼的结构理论。这种将动态空间效果与大胆的结构表现相结合的能力在两个出色的住宅区中重现，这两个住宅区都在公开竞赛中获胜。第一个住宅区［**图421**］是1973年在布宜诺斯艾利斯的里奥哈地区建造的，由10座18层高的塔楼组成，通过缆索与钢架支撑的空中廊道与其他塔楼相连，而第二个住宅区是为阿根廷铝业公司位于巴塔哥尼亚大西洋海岸的易受强风侵袭的马德林港（Puerto Madryn）建造的。这是一个低层、高密度的梯台式组群，沿着场地的坡度层层跌落并与主导风向错开布置。MSGSSV建筑师事务所在鼎盛时期取得的成就中，必须包括1979年设计巧妙优雅、庭院绿草覆盖的奥克斯住宅［**图423**］；以及1978年作为一个小公园的组成部分的四座彩色电视工作室。

20世纪50年代至70年代的阿根廷现代建筑与任何其他拉美国家的建筑一样举足轻重，其中典型作品有：布宜诺斯艾利斯的圣马丁文化中心（San Martín Cultural Centre），该中心在1953—1970年间按照马里奥·罗伯托·阿尔瓦雷斯事务所（Mario Roberto Alvarez and Associates）的设计建造。这座建筑占据了城市中的一整个街区，包括一个礼堂、一个电影院和一个画廊，公共门厅的彩色壁画和立体雕塑使其增色不少。奇怪的是，这家事务所在布宜诺斯艾利斯建造的同类型建筑只有两座，另一座是12层楼高的索米萨（SOMISA）转角大楼，为内外裸露的钢框架结构。

为阿根廷现代建筑的开创时期画上圆满句号的，应属1962年泰斯塔与弗朗西斯科·布尔里奇和艾丽西亚·卡扎尼加合作设计的位于布宜诺斯艾利斯的国家图书馆，它那顶部承重的悬挑钢筋混凝土结构富有戏剧性。由于无休止的政治和经济动荡，这项工程花了大约30年才完成。

乌拉圭

415 乌拉圭的现代建筑传统，部分起源于南方学校（Escuela del Sur）。这所学校于1934年由见多识广的乌拉圭建筑师兼艺术家华金·托雷斯-加西亚（Joaquín Torres-García）在蒙得维的亚建立，他首次将南美洲的地图画成上下颠倒，作为新兴的拉丁美洲的标识［**图425**］。这个神秘的图形后来被阿尔贝托·克鲁斯（Alberto Cruz）和戈多弗雷多·伊奥米（Godofredo Iommi）采用，作为他们1948年在智利维尼亚德尔马（Viña del Mar）建立的新设计学院的核心标识。

20世纪30年代早期乌拉圭现代建筑的崛起，有两位人物起到了重要作用：一位是胡利奥·维拉马乔（Julio Vilamajó），他设计的蒙得维的亚工程学院于1938年竣工；另一位是毛里西奥·克雷沃托（Mauricio Cravotto），他于1933年在同一个城市为自己建造了一座新纯粹主义的别墅。克雷沃托也是一位活跃的理论家，与利奥波多·阿尔图西奥（Leopoldo Artucio）一起定期为《建筑杂志》（*Arquitectura*）撰稿，该杂志于1914年创刊，并于1922—1931年间由乌拉圭建筑师协会每月定期出版。

20世纪下半叶最有天赋的乌拉圭建筑师之一是马里奥·帕伊瑟·雷耶斯（Mario Payssé Reyes），他最重要的作品是1956年在蒙得维的亚的自用住宅［**图427**］，以及同年在托莱多建成的蒙得维的亚大教区神学院教堂［**图426**］。帕伊瑟·雷耶斯深受托雷斯-加西亚的影响，这可以从后者工作

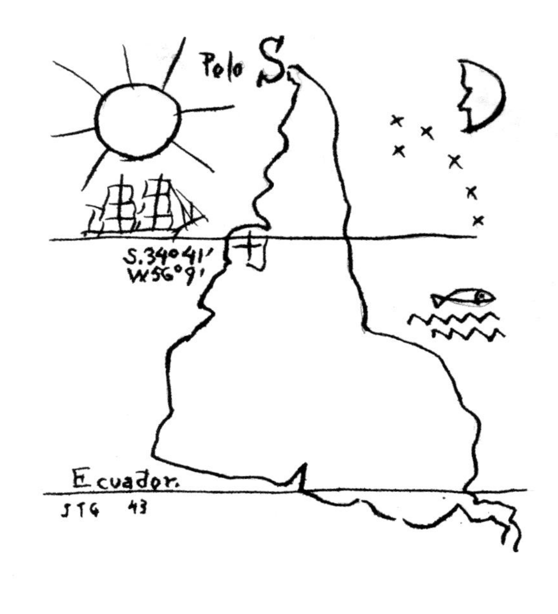

425 托雷斯-加西亚，倒置的南美洲地图，1944

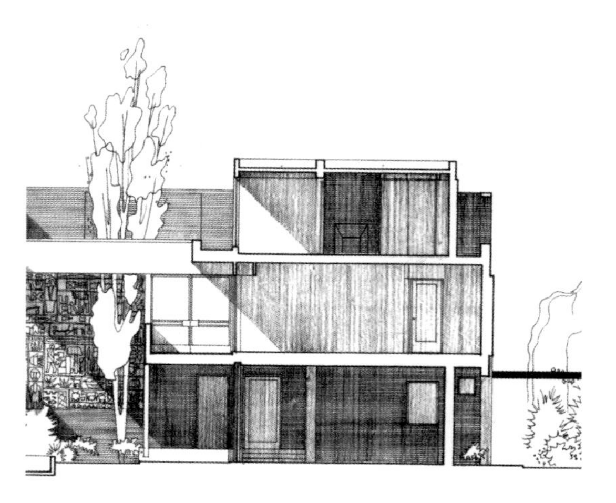

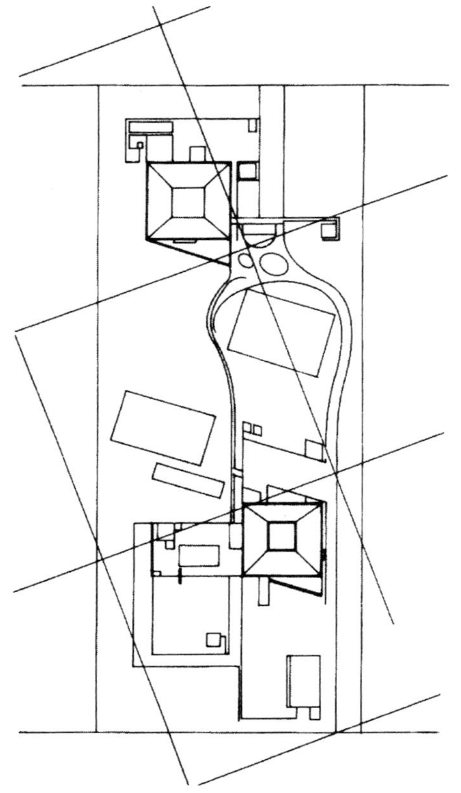

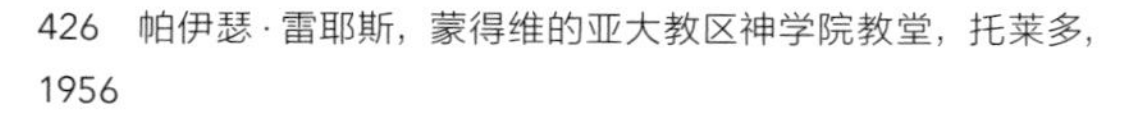

426　帕伊瑟·雷耶斯，蒙得维的亚大教区神学院教堂，托莱多，1956

427　帕伊瑟·雷耶斯，私宅，蒙得维的亚，1956。剖面

428　帕伊瑟·雷耶斯，乌拉圭大使馆，巴西利亚，巴西，1976。平面总图

室设计的、被分别用于住宅和教堂的标志性水泥浅浮雕看出。除了这一引人注目的装饰元素，这个极其精致的罗马巴西利卡式的教堂还采用了混凝土薄壳屋顶和钢筋混凝土框架结构。帕伊瑟·雷耶斯的后期作品，即1976年的乌拉圭驻巴西利亚大使馆（Uruguayan Embassy in Brasília）［**图428**］和1978年在布宜诺斯艾利斯的乌拉圭总理府（Uruguayan Chancellery），同样规范地采用了现浇钢筋混凝土结构。

尼尔森·巴亚多（Nelson Bayardo）是蒙得维的亚一位资深建筑师，他于1960年为蒙得维的亚北部公墓设计了一座钢筋混凝土的灵塔（Columbarium）。这个作品是由八个混凝土翼连接四堵略高于地面的混凝土灵塔壁龛组成，它对巴西建筑师若昂·维拉诺瓦·阿蒂加斯的作品有决定性的影响，尤其是由阿蒂加斯1968年在圣保罗大学校园建造的建筑学院。巴亚多设计的灵塔内部再次使用混凝土制成的抽象浮雕，作品带着托雷斯-加西亚的神采。

416

与其他一些拉丁美洲国家相同，乌拉圭崛起的中产阶级似乎接受了现代主义，认为这是一

429、430　加西亚·帕尔多，路标公寓楼，蒙得维的亚，1957。外观和标准层平面图（右下）

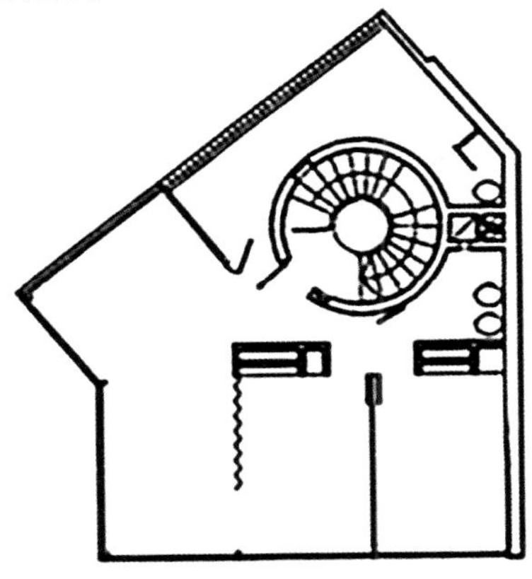

种中产阶级的共同语言，他们愿意投资并认同它。由此，他们成了世俗的客户，更愿意采用有社会进步意义的国际风格的建构语言作为新的范式。这就解释了在蒙得维的亚典型的小高层现代建筑的盛行，比如路易斯·加西亚·帕尔多（Luis García Pardo）1957年设计的小型的路标公寓楼（El Pilar apartment）[**图429、430**]。在这里，一个服务于九层楼的螺旋楼梯和圆形电梯占据了大部分使用面积，为每层的一套两居室服务——这是一个过于讲究的现代愚蠢做法。同样讲究的还有拉斐尔·洛伦特·埃斯库德罗（Rafael Lorente Escudero）1952年的贝罗大厦（Edificio Berro），尽管这是一栋三层公寓楼，但每层楼有四套公寓成对布置，显然是更合理的安排。遗憾的是，乌拉圭现代主义运动的一个令人难以置信的例子，是由拉米罗·巴斯坎斯（Ramiro Bascans）、托马斯·斯普雷奇曼（Thomas Sprechmann）、赫克托·维奇列卡（Héctor Vigliecca）和阿图罗·维拉米尔（Arturo Villaamil）设计的被称为阿蒂加斯大道（Bulevar Artigas）的大型合作住宅综合体，它远远比不上同一时期阿根廷的马德林港住宅楼(由 MSGSSV 设计)，后者风格成熟、结构严谨。

乌拉圭建筑的一个重要的建构和表现手法是砖拱顶（bóveda tabicada vault），它是通过加泰罗尼亚移民建筑师安东尼奥·博内特介绍到拉丁美洲的，博内特要求刚毕业的乌拉圭工程师埃拉迪奥·迪斯特为他1947年修建的柏令吉里住宅设计这样的拱顶。像何塞·路易·塞特和勒·柯布西耶一样，博内特也通过安东尼·高迪的作品熟知砖拱顶。对他而言，由于迪斯特在蒙得维的亚工程学院接受过图解静力学培训，他熟知按照这种方法设计和计算的加筋砖壳结构的潜力。这一认知促使他设计了砖砌的双曲壳，其形状与西班牙移民工程师费利克斯·坎德拉在墨西哥建造的钢筋混凝土壳体结构相类似。而后者又受到了杰出的西班牙工程师爱德华多·托罗贾的强烈影响，托

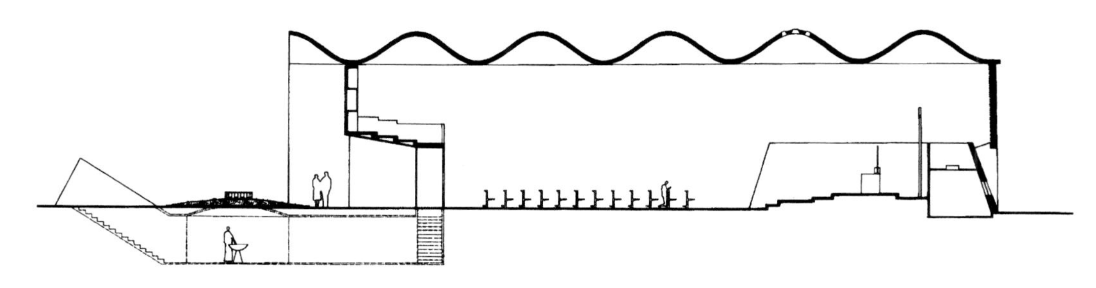

431、432 迪斯特，工人基督教堂，亚特兰提达，1960。室内（左页图）及剖面

罗贾的杰作是1941年的马德里竞技场。这两位榜样促进迪斯特设计了大跨度的双曲砖拱仓库和工厂，尤为重要的是1960年在亚特兰提达建造了有动感的纪念碑式的工人基督教堂（Church of Christ the Worker）[**图431、432**]。迪斯特将连续的侧墙和屋顶做成波浪形的加固砖拱，在这座教堂中创造了一体空间，使牧师更接近会众。这预示着罗马天主教会在1963年第二次梵蒂冈会议之后的礼拜形式上的变化，该会议有效地促请牧师面向会众而不是圣坛。

迪斯特真正值得关注之处，是他在早期职业生涯中就因许多民用结构而知名，这不仅表现在亚特兰提达的教堂，还有在杜拉兹诺（Durazno）的圣佩德罗教堂（Church of San Pedro，1974）。然而，他作为建筑大师的声誉最终来自他设计的众多工业建筑结构[**图433**]，即一系列加筋砖拱和双曲砖拱，从1972年巴西阿雷格里港的一个市场大厅开始，到1974年萨尔托（Salto）的一个公共汽车总站，以及建于1976—1994年位于蒙得维的亚和胡安尼克（Juanicó）的仓库，还有1979年在里约热内卢为巴西铁路修建的检修工棚。1968年，迪斯特为自己建造了一座极有特色的住宅，也是采用他在大型结构工程中使用的砖和钢筋混凝土技术。他职业生涯后期最重要作品之一是圣胡安·德阿维拉教区中心，于1998年建在西班牙的阿尔卡拉·德赫那勒斯（Alcalá de Henares），教区中心两边的双曲墙面比拱顶屋面更具动感。

1987年迪斯特出版了一本介绍自己作品的书，表明了他在建筑界的地位。书分三个部分：一是已建工程的照片和图纸；二是砖拱设计及计算的详细介绍；三是一份政治宣言，他认为从经济、生态和有利于人类生存的角度看，像乌拉圭这样的不发达国家应该用砖建造房屋，而不是用更先进、更昂贵的钢和钢筋混凝土。

433 迪斯特，两种典型的壳体结构：(a) 堂博斯科学校体育馆，蒙得维的亚，1983—1984；(b) 公共汽车总站，萨尔托，1973—1974

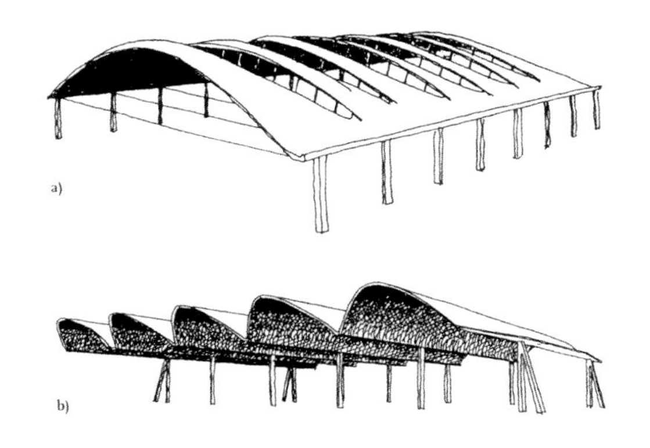

秘鲁

与许多其他拉丁美洲国家一样，秘鲁在1910年之前没有现代建筑文化，当时一位波兰移民建筑师里卡多·德贾沙·马拉乔夫斯基（Ricardo de Jaxa Malachowski）——他曾在巴黎高等美术学院受训——应邀在国立工程大学设立建筑系。秘鲁社会的现代化是一个相对缓慢的进程。“二战”结束后，一个中间偏左翼的政府在何塞·布斯塔曼特·里韦罗的领导下开始掌权。1948年，曼努埃尔·奥德里亚将军领导的右翼军事政变，使布斯塔曼特总统时期的自由主义政策戛然而止，后来是胡安·维拉斯科·阿尔瓦拉多（1968—1975年任总统）领导的左翼军政府最终促成了秘鲁的土地改革。

1936年，费尔南多·贝隆德·特里（Fernando Belaúnde Terry）回到秘鲁，他一家人从1924年起就因政治原因被迫流亡。在法国上高中后，他于1930年随家人移居美国，开始学习建筑，先是在迈阿密大学，然后在得克萨斯大学奥斯汀分校学习。1937年他回到秘鲁，创办《秘鲁建筑》杂志，专注于解决国内面临的住房和城市问题。这一出版物与两个重要机构同时建立，即秘鲁建筑协会和秘鲁城市研究所。1944年贝隆德·特里加入民族民主阵线，开始了他的政治生涯。1956年，他成立了人民行动党。该党的主要宗旨是恢复印加的社区和合作传统，从而占据了传统右翼寡头政治和激进左翼之间的中间地带。1945年，当贝隆德首次当选秘鲁国会议员时，他将扩大国家在社会住房建设中的作用引入了立法，最终成立了国家住房公司（CNV），该公司的第一个完工项目是建造1200套公寓，即邻里单位3（UV3）。这些住宅是由年轻建筑师组成的团队设计的，包括阿尔弗雷多·达默特（Alfredo Dammert）、卡洛斯·莫拉莱斯（Carlos Morales）、曼努埃尔·瓦莱加（Manuel Valega）、路易斯·多里奇（Luis Dorich）、尤金尼奥·蒙塔涅（Eugenio Montagne）和胡安·贝尼特斯（Juan Benites）。这项工作最终被纳入了贝隆德的利马计划。国家住房公司在军政府的各个时期继续发挥作用，建成了一些邻里单位，尽管公司名称经常在变。除了致力于提供低成本住房外，贝隆德还参与了国家工程大学建筑系的升级改造，这是他按照包豪斯的思路构思的。由此他选用了一支有革新思想的教师队伍，其中包括秘鲁教师以及欧洲移民人才。20世纪50年代，贝隆德邀请沃尔特·格罗皮乌斯和何塞·路易·塞特到学校讲课。

1960年，英国建筑师彼得·兰德（Peter Land）

434　菊竹清训、黑川纪章和槇文彦，普雷维项目住宅，利马，1969—1974

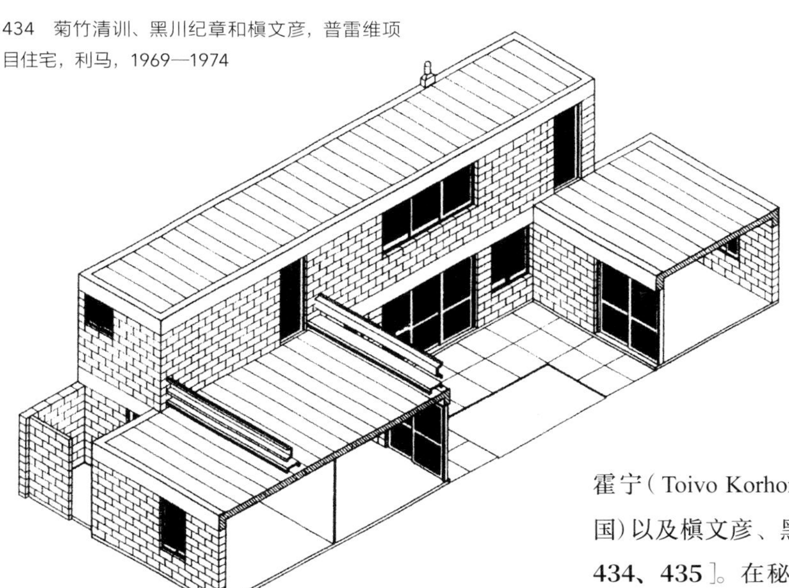

来到利马，担任由秘鲁政府和美洲国家组织（OAS）赞助的一个美洲国家之间、多学科的城市和区域规划研究生课程的专业主任，为期两年。这一方案的成功实现，使贝隆德备受鼓舞并在校内设立了由兰德领导的城市规划部。1966年，贝隆德采取了进一步的主动措施，邀请兰德组织了名为普雷维实验住宅项目（PREVI：Proyecto Experimentalde Vivienda）的国际化低层高密度住宅展。兰德按照1927年在斯图加特举行的魏森霍夫住宅区展览的思路策划了这个展览。在联合国的赞助下，普雷维（PREVI）项目有世界各地建筑师的参与，包括詹姆斯·斯特林（James Stirling，英国）、格曼·桑珀（Germán Samper，哥伦比亚）、坎迪利斯、约西奇和伍兹（Candilis, Josic & Woods，法国）、奥斯卡·汉森（Oskar Hansen，波兰）、因格斯 / 瓦斯奎兹（Inguez/Vasquez，西班牙）、阿尔多·凡·艾克（荷兰）、第五工作室（瑞士）、查尔斯·科雷亚（Charles Correa，印度）、托伊沃·科霍宁（Toivo Korhonen，芬兰）、赫伯特·奥尔（德国）以及槇文彦、黑川纪章和菊竹清训（日本）［**图434、435**］。在秘鲁建筑师中，一些最优秀的设计是由何塞·加西亚·布莱斯（José García Bryce）、弗雷德里克·库珀·略萨（Frederick Cooper Llosa）、安东尼奥·格拉尼亚·阿库尼亚（Antonio Graña Acuña）和尤金尼奥·尼古里尼·伊格莱西亚斯（Eugenio Nicolini Iglesias）组成的团队完成的。后

435　德奥佐诺和德卡斯特罗，普雷维住宅项目，利马，1969—1974

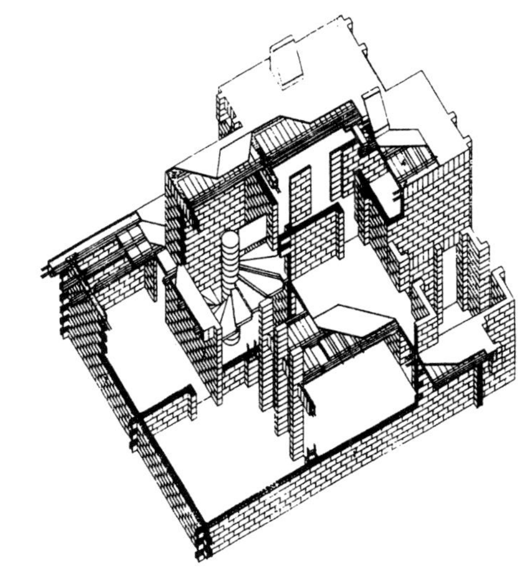

436　克萨达、科雷亚、格里尼安和阿古托，帕洛米诺住宅区，利马，1964

437　马祖雷、纳什和贝隆德，四层联排式住宅楼，卡亚俄市，1974

来他们对医疗建筑的拥有设计做出了重大贡献，特别是他们从1978—1985年在库斯科市（Cusco）中心设计和建造的拥有500张病床的医院。在此之前，这项工作在可持续性和对当地环境的适应性方面都做得不错。建筑师们为了减少能耗，在限高四层楼的建筑综合体中尽量减少电梯的使用，并在建筑造型中频繁使用天井来最大限度地提供自然通风。此外，四层楼的形式也与城市的低层建筑相协调，通过将传统的当地面砖用于屋顶，增强了建筑的协调感。

438　巴克雷和克劳斯，依奎斯住宅，卡涅特，2003

439、440　巴克雷和克劳斯，皮乌拉大学校园，皮乌拉市，2018。上层讲堂平面，鸟瞰图（下图）

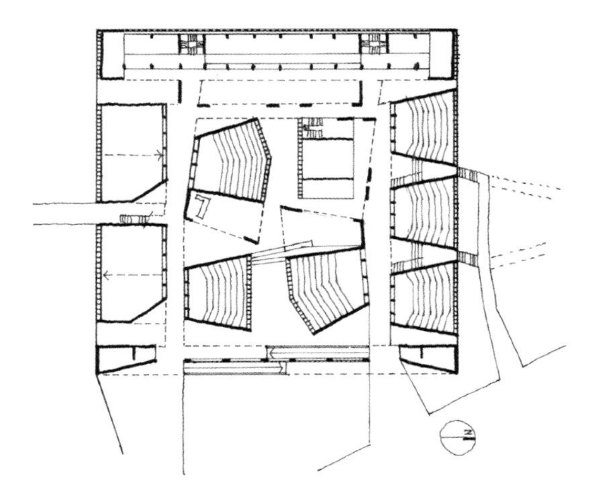

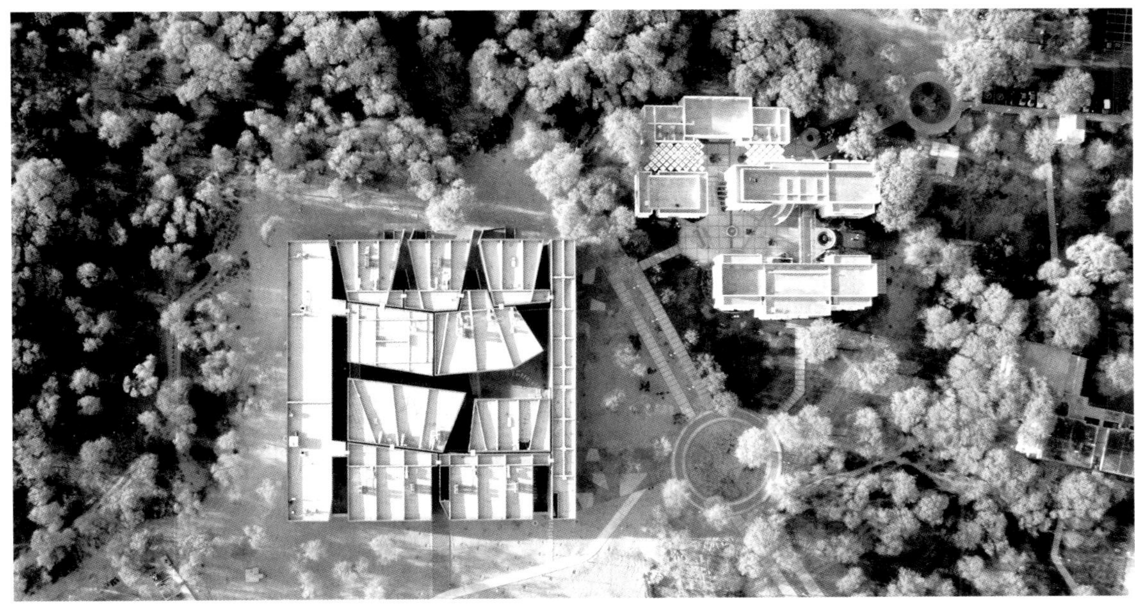

除了普雷维实验住宅项目之外，20世纪60年代和70年代利马建造了大量的住房，例如建筑师路易斯·米罗·克萨达（Luis Miró Quesada）、圣地亚哥·阿古托（Santiago Agurto）、费尔南多·科雷亚（Fernando Correa）和费尔南多·桑切斯·格里尼安（Fernando Sánchez Griñan）设计的四层帕洛米诺住宅区（Palomino housing complex，1964）［**图436**］。同样引人注目的是1974年在卡亚俄市（Callao）的一个四层联排式住宅楼［**图437**］，用混凝土建造，由米格尔·罗德里戈·马祖雷（Miguel Rodrigo Mazuré）与埃米利奥·索耶尔·纳什（Emilio Soyer Nash）和米格尔·克鲁查加·贝隆德（Miguel Cruchaga Belaúnde）设计 。

2000年以来，秘鲁有两个可以产生高质量作品的成熟设计事务所，其中一个的合伙人是桑德拉·巴克雷（Sandra Barclay）和让·皮埃尔·克劳斯（Jean Pierre Crousse），他们合作开始于2003年在卡涅特（Cañete）的一块可以俯视埃斯康迪达海滩的陡峭场地上建造的依奎斯住宅（Casa Equis）［**图438**］。受墨西哥建筑师路易斯·巴拉甘的影响，建筑师沿着秘鲁海岸建造了一系列豪华度假屋，依奎斯住宅是其中的第一栋。这些度假屋通过阶梯式的露台和海景视野，体现出一种尺度感和空间带入感，这是对前哥伦布安第斯传统的一种有意识的传达。此后，这些建筑师又在皮乌拉大学校园（UDEP campus）大量地实践这种清水混凝土风格［**图439、440**］，该校区于2018年在靠近皮乌拉市（Piura）干燥炎热的角豆树林中建成，距离利马以北约1000公里。这里有一个70米×70米的筏式建筑，由6个讲堂和5个附属学术设施组成，所有这些建筑都是同一高度，由树荫斑驳交叉通风的曲折步道进入，部分步道还盖有混凝土雨棚。这个校园建筑预示着秘鲁的未来，因为它是一个公共基金资助的项目，目的是服务于来自农村的低收入家庭学生。

秘鲁第二个优秀而多产的事务所是奥斯卡·博拉西诺（Oscar Borasino）和鲁什·阿尔瓦拉多（Ruth Alvarado）建筑师事务所。它以缩写OB+RA而闻名，这是巧妙地将他俩名字的首字母组合成西班牙语中的“作品”（obra）一词。最近10年里，他们承接各种各样的项目，为这些项目做出的精细解决方案总能达到非常高的水平。这一能力无疑体现在他们迄今为止最重要的民用工程中，即2004年在利马建成的四层高的国际劳工组织（International Labour Organization）区域总部大楼［**图441**］。这座建筑有两个不同风格的立面：一个是带有水平带型窗的庄重的石材饰面的临街立面，另一个是可以俯瞰花园的轻快的钢框架幕墙背立面。值得注意的是这个事务所的多样性的表现形式，从1998年阿尔瓦拉多设计建造的清水混凝土七层公寓布拉斯大厦（Edificio Blas）［**图442**］的城市风格，到2010年博拉西诺设计的位于莫雷的考古综合体单层游客中心的乡村风格——游客中心的重点是一个庭院，融入库斯科地方特色砖瓦屋顶的背景中。OB+RA作品的特质还在于：他们也能与城市设计师一样，将圣伊西德罗的一个小型的三角形垃圾填埋场，改造成优美的三维景观［**图443**］。

441 OB+RA，国际劳工组织区域总部大楼，利马，2004

442 阿尔瓦拉多（OB+RA），布拉斯大厦，利马，1998

443 OB+RA，小径花园，利马，2006

智利

智利动荡的政治历史与经济的变幻常常密不可分，尤其是1900年之后，新的冶炼技术催生了充满活力的铜加工业。这反过来又导致在争论不息的智利政治中涌现出工人阶级这一有争议的团体，与传统的地主阶级和城市中产阶级并驾齐驱。这种不稳定的混合经常导致自由主义者与保守主义者之间的频繁对抗，有时政治僵局会被军事干预打破。尽管存在这种左右之间的斗争，智利还是逐步实施了鼓励建设社会革新住房的措施，正如阿根廷评论家豪尔赫·弗朗西斯科·利尔努尔（Jorge Francisco Liernur）所解释的那样：

> 自1906年通过《工人住房法》以来，智利增加了政府支持的住房，成为美洲最活跃的国家之一。在20世纪50年代和60年代建立的机构，如公共住房基金、房建公司，特别是房建部，其作用至关重要。就地开发政策诞生于爱德华多·弗雷担任总统期间，在美国支持的进步联盟的经济援助下鼓励自建住房。[1]

与拉丁美洲其他地方一样，现代主义运动是通过勒·柯布西耶无处不在的影响力而传入智利的，他对新建筑的激进构想最早出现在1923年的《走向新建筑》一书中。此后，正如费尔南多·佩雷斯·奥亚尔松（Fernando Pérez Oyarzún）所观察到的那样，智利建筑师们在欧洲很活跃，他们在那里第一个工程是胡安·马丁内斯（Juan Martínez）为1929年在塞维利亚举行的伊比利亚－美洲博览会设计的智利馆。与此同时，罗伯托·达维拉·卡森（Roberto Dávila Carson）在维也纳美术学院学习，随后进入勒·柯布西耶在巴黎的工作室工作。在那里，他参与了1930年为阿尔及尔制定的奥勃斯规划，并于1936年返回智利，设计并建造了俯瞰维尼亚德尔马港口的柯布西耶式的卡普公爵餐厅（Cap Ducal Restaurant）［**图444**］。同年，智利人民阵线出现，1938年佩德罗·阿吉雷·塞尔达当选总统，巩固了这一政局。但在后来的一年里，智利遭受了一场强烈的地震，地震摧毁了奇兰市，造成三万人死亡，这场灾难对推动国家保障性住房计划产生了深远的影响。

1949年，圣地亚哥天主教大学的建筑学学生在老师阿尔贝托·克鲁兹（Alberto Cruz）的鼓励下，反抗学校的传统课程。在试图调整课程时，克鲁兹于20世纪50年代初去了欧洲，在那里他遇到了瑞士建筑师兼设计师马克斯·比尔和阿根廷混凝土

444 卡森，卡普公爵餐厅，维尼亚德尔马，1936

427

画家托马斯·马尔多纳多。1952年，应瓦尔帕拉伊索天主教大学的邀请，克鲁兹与阿根廷诗人戈多弗雷多·伊奥米、建筑师阿图罗·贝埃扎（Arturo Baeza）和詹姆·贝拉尔塔（Jaime Bellalta）以及画家弗朗西斯科·门德斯（Francisco Méndez）在维尼亚德尔马建立了一所新的建筑学院，并在那里的卡斯蒂略山区（Cerro Castillo）共同生活和工作。这所建筑学院经历了两个发展阶段，初期是从1952—1970年，确定了专业方向。这一阶段始于克鲁兹本人的主要作品，首先是他1953年在圣地

445 克鲁兹，小鸟教堂（左下），迈普，圣地亚哥，1953
446 瓦尔帕拉伊索建筑学院，佛罗里达教堂（右下），圣地亚哥，1960—1965。平面

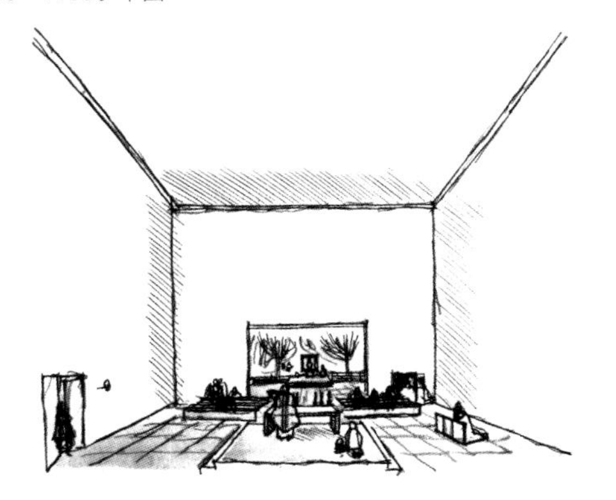

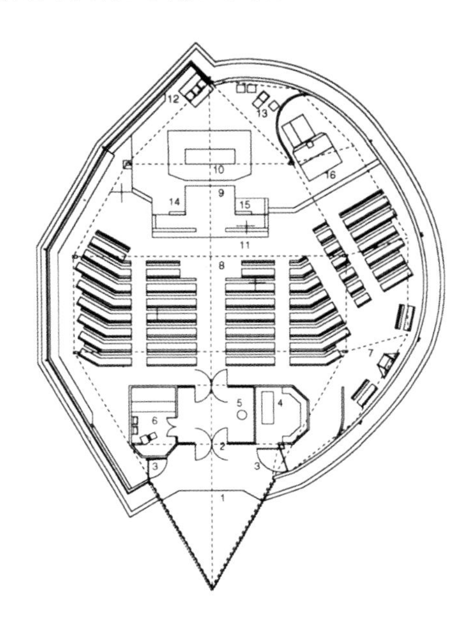

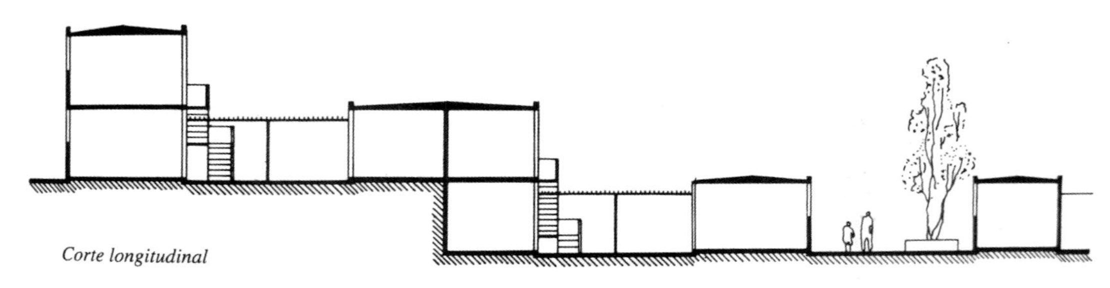

447　佩雷兹·德阿尔茨和詹姆·贝萨，萨拉德尔卡门住宅，安托法加斯塔，1959。剖面

亚哥迈普（Maipú）设计的飞鸟教堂（Los Pajaritos Chapel）［**图445**］，接着是他1954年对维尼亚德尔马湖附近阿丘帕拉斯海岸线进行的城市化研究。针对前者，他提出一种新的礼拜空间形式，对后者则提议建立一项将海岸地形和海洋联系起来的基础设施。1956年在弗朗西斯科·门德斯的领导下，该建筑学院集体参加了一所新海军学院的设计竞赛，从中可以反映出他们的设计激情。不寻常的建筑曲面，符合空气动力学设计的多层板式大楼（medium-rise slab blocks），以此转移和阻断风力，同时，又能与起伏的海岸景观融为一体。

最早于1959年出现在智利的低层、高密度住宅开发，即由马里奥·佩雷兹·德阿尔茨（Mario Pérez de Arce）和詹姆·贝萨（Jaime Besa）设计的萨拉德尔卡门住宅（Salar del Carmen housing）［**图447**］，建于安托法加斯塔（Antofagasta）郊区，即阿塔卡马沙漠与太平洋的交接处。该方案由CORVI（住房公司）赞助建造，CORVI是一个在奥古斯托·皮诺切特独裁统治时期（1973—1990）的政府住房组织。萨拉德尔卡门住宅区由低成本的

448　克鲁兹与瓦尔帕拉伊索建筑学院，黎明和黄昏宫，里托克，昆特罗。1982

两层住宅楼组成，这些房屋建在原盐矿上方的梯台地貌上。每栋住宅的起居空间布置在一个庭院周围，可以沿着一个室外双跑楼梯上到高露天庭院的卧室楼面。可惜的是，由于土壤呈碱性，无法种植遮荫树木。尽管如此，层叠的露台形式却给人以历史悠久的城市感，这在大众住宅中很少见到。

智利历史上经常出现地震、海啸等灾害，最明显的莫过于1960年该国南部瓦尔迪维亚市遭到的破坏，康塞普西翁和蒙特港也同时大面积受灾。这场特殊灾难带来的另一个结果是建筑学院接受委托，设计了六座新教堂，其中圣地亚哥的佛罗里达教堂（Church of La Florida，1960—1965）［**图446**］最具独创性。

1965年，受乌拉圭－加泰罗尼亚艺术家华金・托雷斯－加西亚首次绘制的南美洲倒置地图的启发，戈多弗雷多・伊奥米组织了他第一次穿越南美大陆的游学，从最南部的蓬塔阿雷纳斯（Punta Arenas）到北部玻利维亚的圣克鲁兹－德拉塞拉（Santa Cruz de la Sierra）。伊奥米神秘地将南十字星座叠加到大陆地图上，指出圣克鲁兹－德拉塞拉应视为该大陆的首都。由于切・格瓦拉

449　德・格罗特，《水星日报》总部大楼，圣地亚哥山谷，1967。剖面

450　德・格罗特，富恩扎利达住宅，圣地亚哥，1984

451　杜哈特、德・格罗特、戈伊库利亚和桑特利斯，CEPAL大楼，圣地亚哥，1960

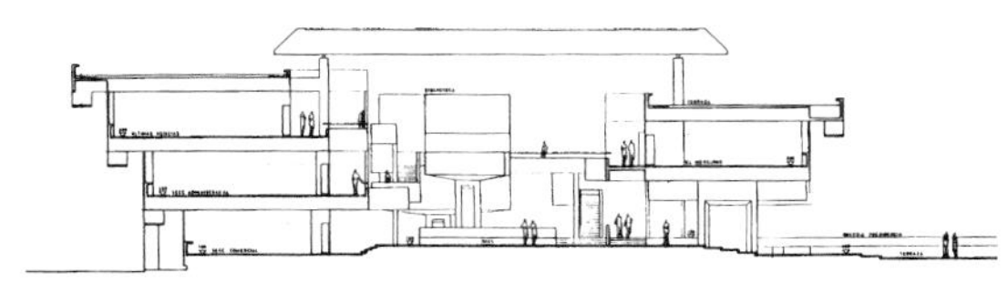

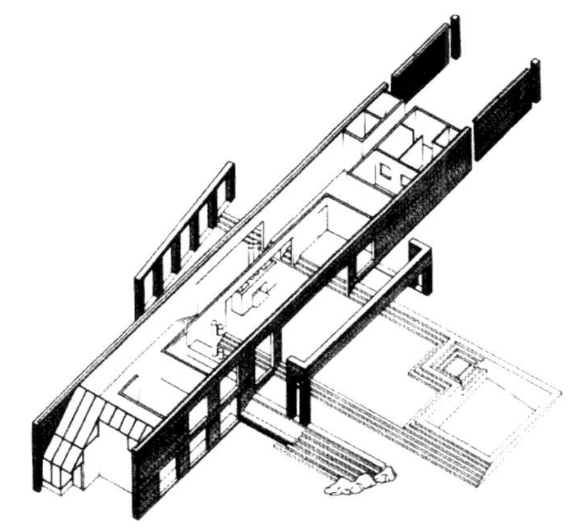

游击活动，伊奥米的第一次“穿越”被迫缩短，这也是克鲁兹决定将自己的建筑学院搬到渔村里托克（Ritoque）的原因之一。随着沙丘范围扩大，瓦尔帕拉伊索学院宣布他们成为所谓的“开放城市”。后来，他们将零散的木扣板结构组装起来，以作为工作室和学院之用，由于海风推动沙丘移动，这些建筑必须可以重建。一组带有神秘色彩的纪念碑建在高地上俯瞰着“开放城市”，它们分别是：一个纪念碑，由艺术家克劳迪奥·吉罗拉（Claudio Girola）设计的一组抽象混凝土雕塑组成；一座墓地（1976），由胡安·伊格纳西奥·拜克斯（Juan Ignacio Baixas）、胡安·珀塞尔（Juan Purcell）和豪尔赫·桑切斯（Jorge Sánchez）设计；建于1982年的“黎明和黄昏宫”（Palace of Dawn and Dusk）［**图448**］，包括了一个由低矮砖墙组成的“迷宫”。“开放城市”既是实验学校，也是一个公社，尽管它后来专注于工业设计，但在很大程度上还被认为是一个诗意的项目，远离任何更宏大的现代化目标。这样一种方法旨在创造一种新的主题，使之与历史现实保持相对疏离。1984年后，为使学生熟悉南美大陆的壮丽景色而设计的游学，成为基础设计课程的一个关键部分，这些“穿越”使人们意识到拉丁美洲富有潜力之所在。

1960年，受过法国教育的智利建筑师埃米利奥·杜哈特（Emilio Duhart）在克里斯蒂安·德·格罗特（Christian de Groote）、罗伯托·戈伊库利亚（Roberto Goycoolea）和奥斯卡·桑特利斯（Oscar Santelices）的协作下，赢得了著名的拉美经济委员会CEPAL大楼的设计竞赛［**图451**］，从而在圣地亚哥确立了自己的地位。受勒·柯布西耶的拉·图勒特修道院和印度昌迪加尔市的议会大楼的影响，CEPAL大楼是由立于独立柱上的办公室

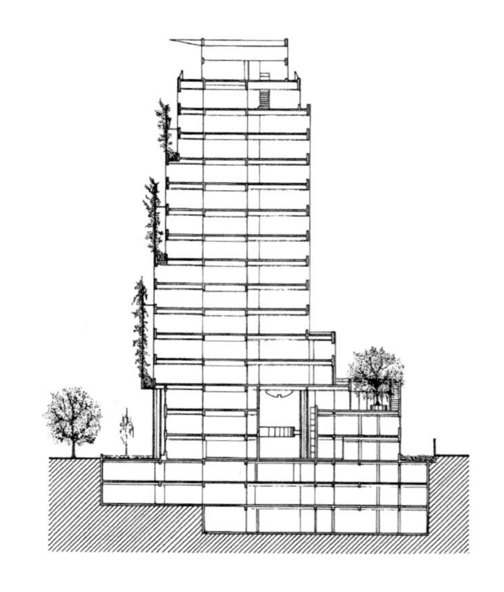

452　布朗和惠多布罗，财团大楼，圣地亚哥，1990。剖面

围合成的矩形建筑，一个圆锥形的会议大厅位于庭院中央。1965年，曾在美国伊利诺伊理工大学接受过培训的德·格罗特从一系列工业项目委托开始了自己的实践，设计了智利主要报纸《水星日报》位于圣地亚哥山谷的总部大楼［**图449**］。除了编辑部和印刷厂外，这座建筑综合体在后来20年内不断发展，最后还增加了大量的辅助设施，如图书馆、展览空间和各种体育设施。在职业生涯后期，德·格罗特主要致力于为精英人群设计和建造豪华住宅。受墨西哥建筑师路易斯·巴拉甘作品的启发，德·格罗特的住宅总是围绕一个单一的中轴布置，这始于他1984年经典的富恩扎利达住宅（Fuenzalida House）［**图450**］。这座两层楼的住宅建在圣地亚哥北部的坡地上，由两道平行的砖墙组成，中间插入横向的起居空间并延展到两侧露台。受到路易·卡恩的“服务”和“被服务”空间划分定义的影响，德·格罗特于1988年在扎帕拉（Zapallar）建造的伊莱奥多罗·马特（Eliodoro Matte）住宅呈现出更为分散、阶梯式的水平布局。

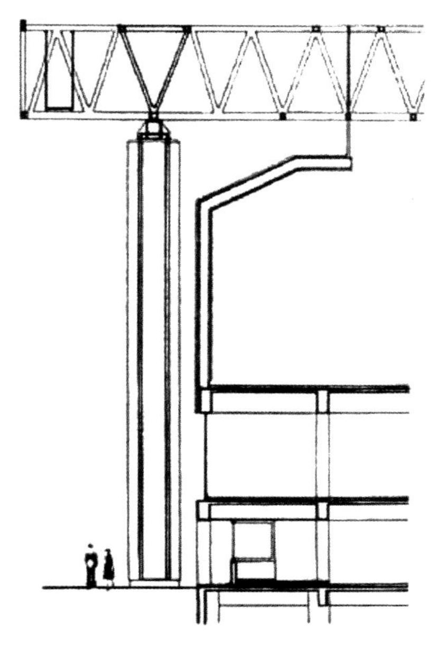

453 梅迪纳等，联合国贸发会议中心大楼，圣地亚哥，1972。剖面

恩里克·布朗（Enrique Browne）比德·格罗特年轻10岁，他的声誉源自他对可持续设计的贡献，这不仅表现在生态方面，更表现在文化方面。这种对可持续设计的关切于他早期在圣地亚哥拉斯孔德斯建造的一栋房子里已经十分明显了，这是一栋单层砖木结构的赖特式别墅，上面爬满了藤蔓。同样的形式被用在1990年更大规模的财团大楼（Consorcio Building）［**图452**］上，它是恩里克·布朗与博尔贾·惠多布罗（Borja Huidobro）合作设计的，建在圣地亚哥市中心的边缘。这座建筑为双层幕墙，上面覆盖着爬蔓植被。

1972年，在联合国贸易和发展会议（UNCTAD）召开之际，在圣地亚哥市中心的主干道拉阿拉米达街修建了考尔登钢框架的联合国贸发会议中心（UNCTAD complex）［**图453**］。由何塞·梅迪纳（José Medina）领导的一个建筑师团队设计。这座极为重要的建筑见证了民主选举的左翼萨尔瓦多·阿连德（Salvador Allende，1970—1973在位）政府的短暂生命。会议中心由两个相互连接的楼体组成，一座22层的办公大楼和一座4层的会议大楼，拥有一个可容纳2300个座位的会议厅和分别可容纳600人和200人的两个餐厅，以及设在低层的会议代表办公室和公共服务设施。这座会议大厦被设计成一个灵活的空间，悬挂在一个包罗万象的全方位台面空间桁架下，桁架固定在大跨度的混凝土柱的铰支点上。项目从一开始就计划在会议结束时将这一结构转变为一个社区中心，最终得以实现。随着1973年奥古斯托·皮诺切特的政变，该座建筑群的社会主义内涵被彻底消除，改作了独裁权力中心，政府传统的拉莫内达（La Moneda）宫殿在政变中被摧毁。1990年智利恢复民主制度后，这栋建筑变成了国防部，从而见证了智利政治史的变化。

马蒂亚斯·克洛茨（Mathias Klotz）属于后阿连德时代的智利建筑师，他的实践在很大程度上专注于为精英人群设计度假屋，开始于1991年在汤戈伊（Tongoy）的普拉亚格兰德建造的朴实的样板房。后来的10年里，克洛茨设计建造的豪华住宅中最为优雅的作品之一是1998年的鲁特尔住宅（Reuterr House）［**图454**］，位于坎塔瓜（Cantagua）

432

454 克洛茨，鲁特尔住宅，坎塔瓜，1998

455　拉拉尼亚加，圣地亚哥天主教大学圣华金校区小教堂，圣地亚哥，1997

一处通向海边的环境优美的场地。它很像巴西MMBB事务所的作品，进入这所房子，须经由上层一个轻型钢通道。除了流动的空间组织，这所房子的可塑品质来自不同形式的墙裙之间的戏剧性般的相互影响，从水平木扣板到金属瓦楞板、木百叶、钢窗和轻钢栏杆。克洛茨一生除完成民用建筑作品外，还建造了一些新理性主义的公共建筑，包括建于2000年的圣地亚哥的阿尔塔米拉学校（Altamira School）、分别从2006年和2012年开始修建的迭戈·波塔莱斯大学（Diego Portales University）的经济系大楼和图书馆。

特奥多罗·费尔南德斯·拉拉尼亚加（Teodoro Fernández Larrañaga）是智利杰出建筑师和稍早一代的景观设计师，他1972年从圣地亚哥天主教大学建筑系毕业后，在军事政变后离开智利，并前往马德里。拉拉尼亚加一直留在西班牙，直到1980年回到圣地亚哥，进了马里奥·佩雷兹·德阿尔茨的设计事务所并工作了9年。20世纪90年代初，他开始在母校开设建筑和景观设计课程。拉拉尼亚加还成功地参加了一系列市区重要建筑和公园的设计竞赛。最后，他在1997年开设了自己的设计事务所，并与塞西莉亚·普加（Cecilia Puga）和斯米尔扬·拉迪克（Smiljan Radic）合作设计了位于蓬提斐卡尔天主教大学（Pontifical Catholic University）洛康塔多校区图书馆的一个半地下加建部分［**图457**］。除了偶尔的民用工程和景观设计外，费尔南德斯·拉拉尼亚加还接受了一系列大学委托，首先是1997年为圣地亚哥天主教大学圣华金校区设计的一座优雅的小教堂［**图455**］。千禧年之后，他又为同一个校园建造了新的传播系教学楼和图书馆。这位建筑师的非凡之处可从他作品中构造和拓扑形式之间的辩证关系来加以

456 德尔索尔，雷莫塔酒店，纳塔莱斯港，2008
457 拉拉尼亚加、拉迪克、普加，洛康塔多校区图书馆加建部分，圣地亚哥，1997
458 奥瓦莱，阿道夫·伊巴涅斯大学研究生中心，圣地亚哥，2007

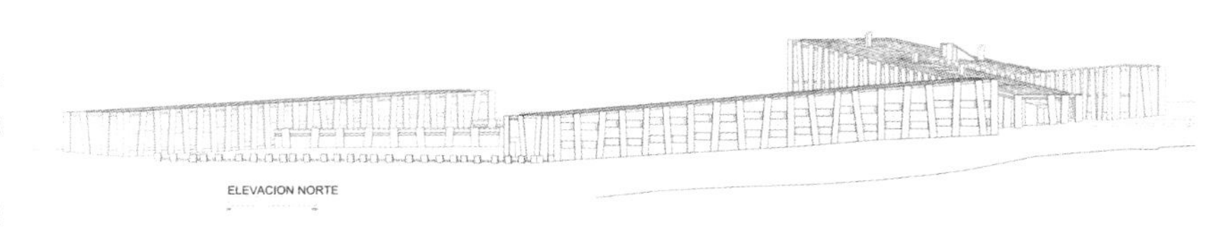

评判。

智利出现了一种怪异而精致的后现代主义，即由何塞·克鲁兹·奥瓦莱（José Cruz Ovalle）和格曼·德尔索尔（German del Sol）为1992年塞维利亚博览会设计的智利馆。这座建筑的构筑形式，是用木材衬里，铜材覆面，设计用来放入一座85吨重的人造南极冰山，实现一个看起来完全不可能的展出。评论家豪尔赫·弗朗西斯科·利尔努尔将其与1988年全国范围内的竞选活动联系在一起——那场竞选活动投票让皮诺切特退出了总统宝座，即使不是完全失去了权力。此后，两位

434 建筑师分别开发了各自的拓扑地形学方法，德尔索尔于2007年设计了一条斜坡木堤，将维拉里卡国家公园温泉群内的一排洗浴小屋连接起来。随后，他于2008年又在纳塔莱斯港（Puerto Natales）

建造了一座名为雷莫塔的酒店（Hotel Remota）[**图456**]，酒店的“挡土墙”采用了不规则的木

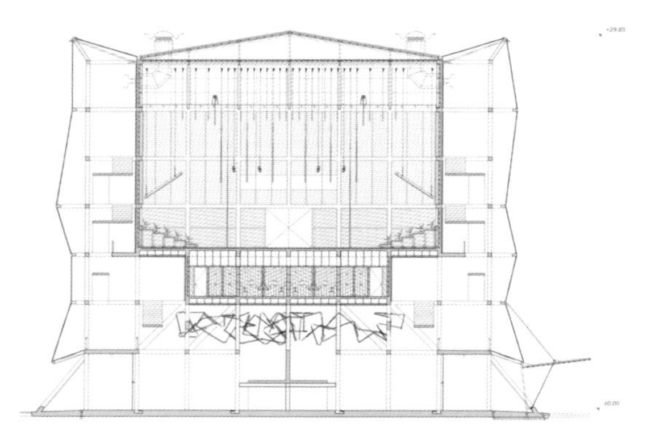

459　拉迪克，皮特小屋，帕普多，智利，2005

460　拉迪克，比奥比奥区域剧院，康塞普西翁，智利，2017。横剖面

架。几乎在同一时期，奥瓦莱完成了位于佩尼亚洛伦（Peñalolén）的阿道夫·伊巴涅斯大学（Adolfo Ibáñez University）的研究生中心［**图458**］，将该中心奇巧地置于圣地亚哥郊外的安第斯山麓。室内布满肠道般的多个坡道、通向蜿蜒曲折的不易数清的演讲厅和办公室。

斯米尔扬·拉迪克是他这一代最有才华的智利建筑师之一，这可以从2004年在塔尔卡（Talca）建造的覆铜的科布雷住宅（Cobre House）以及2005年在智利昆塔地区的帕普多（Papudo）建成的具有纪念意义的皮特小屋（Casa Pite）［**图459**］得到见证。后者无疑是迄今为止他职业生涯中最雅致的民用建筑，这部作品因其妻子马塞拉·科雷亚（Marcela Correa）精心布置的雕塑作品而变得更加丰富，沿着屋顶延伸出的平台看上去如同海岸线前面的小广场。拉迪克后来的重要作品之一是在圣地亚哥以南大约500公里的康塞普西翁附近建造的音乐场所［**图460**］。它由两个音乐厅组成，分别有1200个和250个座位，置于由边长为3.9米的立方体模块组成的混凝土框架上。它2017年开始修建，表面有一层合成的半透明膜，这让它多少带些梦幻感。

第2章　非洲与中东

导言

435 只要论及非洲与中东的现代建筑的发展，就不能不对乌多·库特曼（Udo Kulterman）表示感激之情。他的开创性著作《非洲的新建筑》（*New Architecture in Africa*）一书于1963年首次出版，书中提到非洲大陆由于地形、气候、植被、地方传统的不同而产生的特别多样化的特征。他还指出非洲的建筑主要出自欧洲建筑师之手，杰出的尼日利亚建筑师奥卢沃勒·奥卢穆伊瓦（Oluwole Olumuyiwa）是一个特例，他在1960年设计的拉各斯文化中心非常优雅、手法老到。就像拉丁美洲，非洲是一个欧洲中心主义的构成体，没有充分表述一个巨大而多样的大陆的种族和地缘政治的复杂特征，在今天的后殖民时代更是如此——许多自称的民主国家至今未能实现一个较为平等公正的社会。本章按照惯例，采取南、东、西、北划分非洲。这片大陆始终无意于在建筑中培育一种现代意识，尽管实际上其现代化进程一直都在持续。所有这些或许可以解释何以存在这种特别的且无关联的特点。不像我对拉丁美洲的处理，对非洲现代建筑的评价，甚至不能像在南美洲一样从国家独立时算起的国家建筑文化入手做全景式收集。从这个角度来说，有些较为令人信服的建筑作品出现在一些较小的国家，如布基纳法索、几内亚与塞内加尔，就显得意义重大，它们构成了西非建筑的样貌。由弗朗西斯·凯雷（Francis Kéré）为布基纳法索设计的精彩的学校建筑，由当地人建造，不仅用自制的手工砖砌筑，而且用手工焊接的钢屋架支撑瓦楞铁金属屋顶。除此之外，在西非还有一些同样引人注意的作品，是由外国（令人惊奇地包括芬兰）建筑师设计的。

第二次世界大战期间来到东非的第三帝国的德国难民中，有来自法兰克福的杰出城市建筑师恩斯特·迈，他在肯尼亚和乌干达培育现代建筑中起了重要作用。此外，墨索里尼的殖民野心也影响了东非的建筑，特别是在埃塞俄比亚和厄立特里亚。在这方面，值得强调的是荷兰外事服务局后期在东非扮演了特别有创意的角色，特别是由埃塞俄比亚的克劳斯·昂·卡恩（Claus en Kaan）和莫桑比克的建筑设计组（De Architectengroep）建造的外交建筑群。

应当承认：现代建筑文化可能更深地扎根于南北非洲大陆，而不是东西非洲。这在很大程度 436 上得益于英国、荷兰和法国殖民者建立的社会文化机构。更有甚者，阿特拉斯山以外的北非被撒哈拉沙漠与非洲其他部分隔开，很早就深受地中海文化的影响。不过，埃及是个例外，它自古以来受尼罗河的影响甚于海洋。几个世纪以来，伊斯兰对北非建筑的形成起了主导作用，一直向南延伸到马里（Mali）的廷巴克图（Timbuktu）的三大清真寺。

本书第四篇的各章节中，中东部分的内容可能是最不充分的。因为从奥斯曼帝国在1917年解体之后，该地区发生了这么多事件，很难在一篇短小的文章中涵盖现代化的全部影响。在中东首位毫不犹豫地拥抱现代项目的人物肯定是军人－政治家穆斯塔法·基马尔·阿塔图克（Mustafa Kemal Atatürk）。他缔造了现代土耳其，首先是在奥斯曼帝国崩溃后抵制英、法等国肢解本国的企图，然后是在1923年把国家建成一个世俗共和国，再就是采用拉丁字母来书写本国语言。随之而来的是在短期内实现妇女解放、接受西方服装、发展工业以及用新的民族主义取代过时的对跨国伊斯兰的忠诚。

此外，中东是世界上一个特别复杂和动荡的区域，它的环境很难发展出现代建筑文化。中东第一个现代文化冲击是1897年兴起的犹太复国运动，以及随后犹太人向巴勒斯坦地区的移居，特别是1909年犹太人的城市特拉维夫的建立以及1917年的《贝尔福宣言》——它宣布了英国政府对犹太人在巴勒斯坦建立“犹太人民族之家”的支持。这导致20世纪前半期在建立犹太农业定居点时犹太复国主义与社会主义充满了矛盾的联合。在这一地区出现的现代建筑是在两次世界大战之间建造的犹太人居住区。之后，发生了英国从巴勒斯坦撤退以及随之而来的与阿拉伯国家联盟的冲突以及1948年以色列宣布独立。显然，在巴勒斯坦建国之前，德国－犹太建筑师在巴勒斯坦发展现代建筑中充当了主要角色。

我对沙特阿拉伯、伊拉克以及海湾国家的陈述没有将不断困扰这一地区国家的意识形态和宗教信仰分歧考虑进去，除了20世纪50年代由贾迈勒·阿卜杜勒·纳赛尔提出的泛阿拉伯主义。25年以后，它在1979年伊朗的鲁霍拉·霍梅尼领导的宗教激进主义中得到回响。对于这些基本的政治更迭，我只是一笔掠过。我的陈述也不强调“全球潮流”，即在前所未见的石油财富的引导下在阿拉伯半岛几乎一夜之间涌现的幻影般的城市：阿布扎比、迪拜、多哈，其中充满了由一大批国际明星建筑师设计的壮观、浮华、准东方式的公共建筑。

南非

1910年南非联盟（The Union of South Africa）成立，正值英荷之间延绵多年的布尔战争结束之时。这也是赫伯特·贝克（Herbert Baker）雄伟的联合大厦（Union Building）得以在比勒陀利亚仅用一年（1909—1910）的时间建成的原因。贝克在此项目中成功运用了美术学院派风格，项目的原型是他在开普敦一个同样壮观的场地上建造的西塞·罗德斯纪念碑。此类纪念性建筑物的风格在10年后（1918）詹姆斯·所罗门（James Solomon）的开普敦大学校园项目中又再次出现。

现代运动在非洲大陆最早表现在南非建筑师雷克斯·马丁森（Rex Martienssen）的作品中，他领导的特兰士瓦尔建筑师团队通过勒·柯布西耶的《作品集（1910—1929）》的介绍而获得国际关注。马丁森作为建筑师的杰出才能见之于他技艺精湛的柯布西耶式的斯特恩住宅（Stern House）［**图461**］，1933年建成于约翰内斯堡。这栋建筑以明确的现代性表现，与一些其他拥有同样才华的建筑师的作品相比毫不逊色。在威特沃特斯兰德大学求学的这批建筑师中，约翰·法斯勒（John Fassler）成为马丁森设计比特豪斯住宅（Peterhouse Flats）时的合伙人，该项目1938年建成于约翰内斯堡。此前，1936年在同一城市有诺曼·汉森现代主义的热点住宅（Hotpoint House）。这一代人还影响了战后其他南非建筑师，诸如加布里埃尔·法干（Gabriel Fagan）以及阿黛尔·诺德·桑德斯（Adele Naudé Santos），后者动态塑性现代风格的最好实例是她设计的低层、高密度的罗文巷住宅（Rowan Lane housing）［**图462、463**］，1972年建于开普敦。

在后种族隔离时期的南非，没有比乔·诺埃罗（Jo Noero）与海因里希·沃尔夫（Heinrich Wolff）的事务所更关注在南非处处存在的赤贫状态的了，他们为争取一种社会能接受的建筑而持续努力，以协调国家资助的公共机构和他们所处的贫民窟地区之间的差距。在这方面，他们的著名成

461　马丁森，斯特恩住宅，约翰内斯堡，1933

462、463　诺德·桑德斯，罗文巷住宅，开普敦，1972。入口前厅，四列住宅的轴视图

果之一是反种族隔离斗争博物馆（Museam of the Struggle Against Apartheid），即“红址建筑”（Red Location Building）［图464］，2005年建于伊丽莎白港。它的锯齿形屋顶隐喻曾是该城市的经济支柱的汽车工业。这里也恰好曾是第一个黑人居住区。建筑物不寻常的名称源于贫民区锈蚀的瓦楞铁屋顶，实际上和英国在布尔战争期间建造的第一个集中营的屋顶完全一样。很多著名的反种族隔离运动领导人出身于此，包括纳尔逊·曼德拉和戈文·姆贝基（Govan Mbeki），因而“红址建筑”也保存有他们以及同样热心于此项运动的人物的档案。虽然该建筑于2006年荣获英国皇家建筑师学会（RIBA）的卢贝特金奖（Lubetkin Prize），但它在2013年被迫关闭，使其纪念性意义消失。这是当地民众每天举行抗议所致，他们无法接受这种展示形象的建筑的奢侈花费，而自己却仍居住在简陋的房子中。

海因里希·沃尔夫后来开了自己的事务所，他把类似的锯齿形屋顶外观用于两所中学的设计中，即2003年在雅丽莎镇（Khayelitsha）的乌萨萨佐学校（Usasazo School）及2007年在杜农镇（Du Noou）的因克文奎兹学校（Inkwenkwezi School）［**图465**］。二者均是由西开普省政府建造，旨在将普通教育与职业培训结合起来，使学生一毕业就能谋生。因克文奎兹学校的平面图呈弯曲状，不仅是为了有围合的游戏场地，也是为了打破教室长走廊不可避免的单调感。就像“红址建筑”一样，锯齿形屋顶赋予学校一种雕塑感，使它作为一项公共建筑有别于周围的贫民区。从非洲纺织物中提取的色谱的颜色丰富了建筑。这项朴实无华的作品有一个轻质的钢结构，用瓦楞铁皮覆盖，用混凝土砌块做填充墙。由于采用这种特别又较为便宜的构筑模式，这个作品在社会上被大多数公众接受。从2010年起沃尔夫与他的妻子伊泽·沃尔夫合作，承接任务的范围扩大到私人住宅，例如2011年的菲利普海湾住宅，这个作品使人联想到法干与潘绰·古埃迪斯（Pancho Guedes）设计的民用工程。此外，他们还继续在公共建筑中使用其标志性的锯齿形屋顶，如2017年在西开普省建造的切里·博萨学校（Cheré Botha School）。

一种同样吸引人但更接近本地建筑的屋顶形式，出现在马普贡布维国家公园（Mapungubwe National Park）由彼得·里奇（Peter Rich）设计的展览中心（Interpretation Center），公园接近南非、博茨瓦纳、津巴布韦的交界处，是一个1933年首次开掘的世界遗产地，它保存有一个古代贸易集散点，并陈列有本地动植物标本。这个中心是一个半地下工程，用折叠拱顶覆盖，用手工砖砌筑，并使用了当地所产的彩色石块而更显丰富。

464　诺埃罗、沃尔夫建筑师事务所，红址建筑，伊丽莎白港，2005

465　沃尔夫建筑师事务所，因克文奎兹学校，开普敦，2007

西非

在1957—1966年的十年间，非洲有32个国家获得独立。西非的加纳是第一个独立的，时间是1957年。克瓦米·恩克鲁玛在人民党社会主义大会的选举中获胜，他试图将奉行传统生活方式的加纳改造为一个拥有现代技术的社会主义国家。这一宏图当时立刻得到了英国建筑师马克斯韦尔·弗莱与简·德鲁的响应，他们曾与勒·柯布西耶在昌迪加尔合作过。积极响应的还有另外两个以伦敦为基地的事务所：一个是德雷克与拉斯顿事务所（Drake and Lasdun），他们将设计位于加纳首都阿克拉的国家博物馆；另一个是詹姆士·库比特（James Cubit）事务所，他们设计的库马西工程学校（Schoolof Engineering in Kumasi）的实验室，是这个时期最为成熟的作品之一。从20世纪60年代中期以来，新独立的非洲国家开始建造一大批大规模的公共建筑，从会议中心到贸易展览设施、旅游度假地以及大学校园等。

近期崛起的一个重要西非建筑师是在德国接受过培训的迪埃贝多·弗朗西斯·凯雷（Diébédo Francis Kéré）。他出生于布基纳法索，在柏林工业大学学习。凯雷首次进入公众视野的作品是2001年设计的位于布基纳法索的甘多（Gando）一个单层、拥有三个教室的小学［**图466**］。它用手工压制砖砌筑，瓦楞铁屋顶固定在手工焊接的钢屋架上，项目由当地社区建造。建筑师和当地民众感到意义重大的是，它在2004年荣获阿卡汗建筑奖（Aga Khan Prize）。随后，砖石结构加轻质遮阳屋顶的做法在布基纳法索及西非其他地方得到了普及，可见于千禧年在瓦加杜古建造的、由里卡多·瓦努齐依（Ricardo Vannucci）设计的妇女健康中心。同时，由于在甘多建造的小学的成功，凯雷的项目激增，包括一连串的福利设施工程，如学校、图书馆、门诊楼以及教师宿舍等，它们分布于布基纳法索、马里、莫桑比克以及肯尼亚等地。

在西非类似妥帖、有艺术感的项目中也有外国建筑师的身影，特别是由芬兰建筑师设计的一些小项目，如一栋单层别墅［**图467—469**］、一所家禽养殖学校［**图470—471**］，二者都由赫尔辛基的海克宁与科莫宁事务所（Heikkinen and

466　凯雷，小学，甘多，布基纳法索，2001

467、468、469　海克宁与科莫宁事务所，艾拉别墅（对页中），几内亚，1995。剖面与平面（对页左下），室内细部（对页右下）

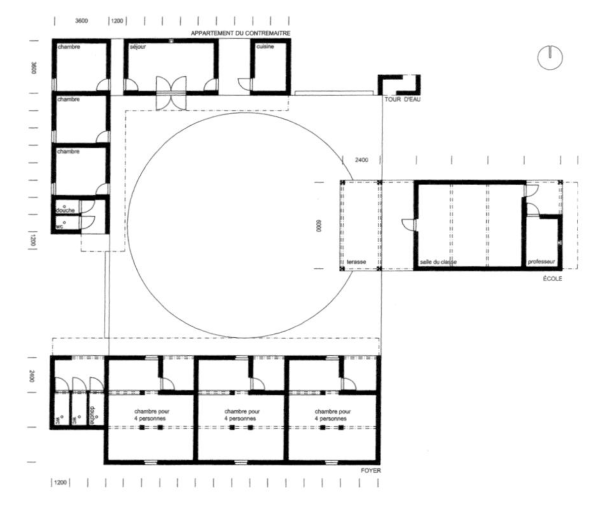

470、471 海克宁与科莫宁事务所，家禽养殖学校，几内亚，1999，外观与平面图

Komonnen）设计，业主是芬兰的艾拉·基弗卡斯，别墅供业主来几内亚时使用，学校则是为了纪念她的朋友：本地出生的农艺家阿尔法·迪亚洛（Alpha Diallo），他长期居住在芬兰，致力于将芬兰的民族史诗《卡累瓦拉》（*Kalevala*）翻译成他的母语富拉语（Fula）。迪亚洛深信，提高几内亚生活水准的唯一方法就是提高大众的蛋白质摄入量。他坚持认为家禽养殖是实现这个目标最快、最便宜的措施。因此基弗卡斯委托事务所设计一所家禽养殖学校。它有一个方形庭院和一个中央演讲厅。同样简单而有效的途径是建造妇女中心（Women Centre）[**图472—474**]，它于2001年建造于塞内加尔的吕菲斯克，由芬兰新兴的建筑师事务所霍尔门、路透与桑德曼（Hollmén，Reuter and Sandman）设计建造。和家禽养殖学校一样，这个单层的庭院用混凝土砌块建造，建筑通体刷上鲜亮的红漆使其更为生动。

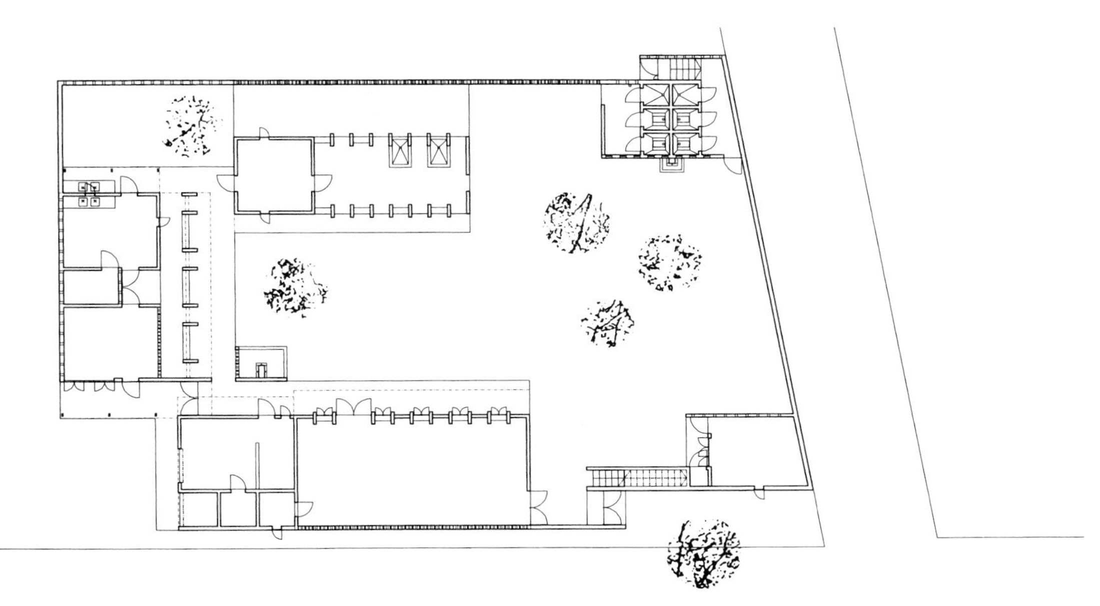

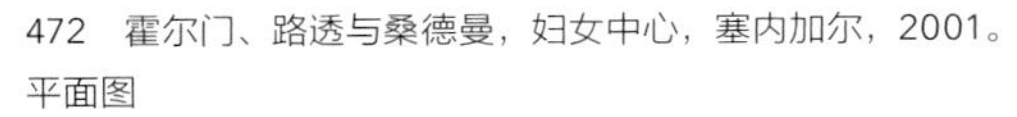

472　霍尔门、路透与桑德曼，妇女中心，塞内加尔，2001。平面图

473　霍尔门、路透与桑德曼，妇女中心，塞内加尔，2001

474　霍尔门、路透与桑德曼，妇女中心，塞内加尔，2001

北非

由于法国对北非的投资强劲，从19世纪下半叶开始，阿尔及利亚与摩洛哥已进入现代化。随着时间的推移，阿尔及利亚成为法国最繁荣的殖民地，容纳了大批“黑脚”（pied-noirs），即多年来从法兰西共和国移居到阿尔及利亚的人。这一过程不断延续到1962年阿尔及利亚宣布独立，不过此时“黑脚”的人数仅占全国人口的十分之一。

法国对摩洛哥的殖民始于1911年，但直到1933年法国才占领整个国家。在这两个北非殖民地始终存在从阿特拉斯山向两个滨海城市的移民，这两个滨海城市分别是阿尔及尔与卡萨布兰卡。随着时间的推移，这两个城市中原来的旧城区（Kasbah）和阿拉伯人聚居区（Medina）已经被贫民窟或棚户区取代，它们自发地产生，并试图容纳不断增长的移民人口。

到1907年，卡萨布兰卡这一港口城市已经发展成一个繁荣的城镇，促成了亨利·普洛斯特（Henri Prost）1914年及1917年的城市规划，并与最早提出的低层、高密度、带露台的、专为阿拉伯人设计的住宅方案相一致。直至20世纪50年代现代运动才来到卡萨布兰卡，其形式是专为新兴布尔乔亚设计的豪华公寓及别墅。这种豪华开发行为遭到米歇尔·埃柯夏德（Michel écochard）的反对。他是1947年CIAM的卡萨布兰卡开发计划的起草者。伴随这个开发计划的是非洲建筑工作室（ATBAT-Afrique），这是一个多学科组织，由工程师弗拉基米尔·波迪安斯基创立。目的是实现勒·柯布西耶1952年的马赛人居单元（见pp.258—259）。沙德拉赫·伍兹与乔治·坎迪利斯作为当年参与马赛人居单元的成员，这次又参与了波迪安斯基在卡萨布兰卡的工作。他们为阿拉伯居民设计了示范性的多层庭院式住宅，特别是1951—1953年建造的塞米拉米斯住宅（Semiramis）［**图475**］以及尼德·达贝尔公寓楼（Nid d'Abelle）。这些设计构成了波迪安斯基所谓的“为最大多数人建造的住宅”，并在第十小组于1953年在普罗旺斯的艾克斯（Aix-eu-Provence）开会时展出。同一时期活跃于摩洛哥的还有瑞士建筑师冉·亨奇（Jean Hentsch）与安德烈·斯杜德（André Studer），他们于1955年在斯蒂·奥什马尼（Sidi Othmane）为本地居民设计了一幢精巧的六层叠拼式庭院住宅楼［**图476**］。有点讽刺意味的是，伍兹与坎迪利斯为非洲建筑工作室设计的多层样板住宅坐落在由埃柯夏德设计的被称为卡里雷斯（Carrières

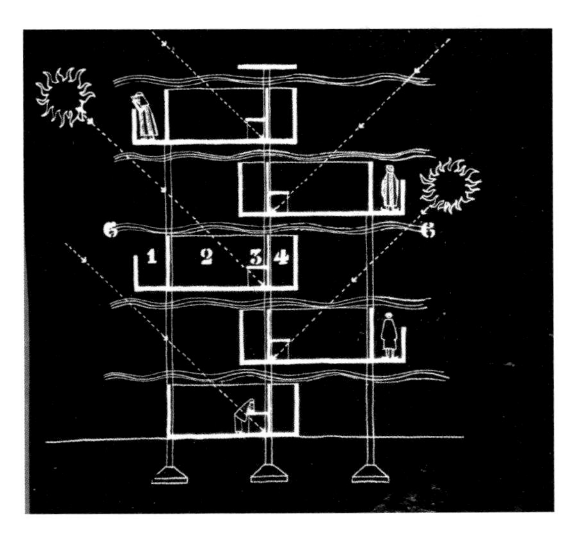

475 坎迪利斯、伍兹与波迪安斯基，塞米拉米斯住宅，卡萨布兰卡，1953。剖面
476 亨奇与斯杜德，斯蒂·奥什马尼住宅楼，1955

Centrales）的一片毯式单层住宅中间，卡里雷斯住宅区被看作一个为不断增长的棚户区居民提供永久的、有良好组织和服务的定居点的解决方案。

非洲建筑工作室在摩洛哥的工作与在阿尔及尔的是平行的，但规模更大，土地利用方式更加规范，其中最重要的项目被称为“法国气候”（Climat de France）。它建于1957年，由6000个单元组成，设计师是法国建筑师费尔南德·普永（Fernand Pouillon），他曾与奥古斯特·佩雷一起学习。这是一个多层公寓组，建在一个陡坡地块上，其中心是一个6—7层的周边式街区，被称为“200列柱”，街区内部空间的四周均有三层高的柱廊。这个空间是按照传统的公共开放空间“迈旦”（maidan）进行构想的，其尺寸为233米×33米，这是普永作为一名住宅建筑师的巅峰之作。此后，阿尔及尔建筑师罗兰·西蒙内（Roland Simounet）则采取更为现代的手法，于20世纪60年代早期在阿尔及尔郊区实现了两项低层、高密度的住宅方案。

445

21世纪伊始，北非建了许多大学校园，其中两所位于摩洛哥，由桑德·埃尔·卡巴吉（Saad El Kabbaj）、德利斯·克塔尼（Driss Kettani）以及穆罕默德·阿米尼·西阿纳（Mohamed Amine Siana）的事务所设计。第一所是2010年在塔鲁丹特的伊本·佐尔大学（Ibn Zohr University）［**图478**］，第二所是2011年的盖勒敏技术学校（Guelmim School of Technology）［**图477**］。后者因高品质被授予2016年阿卡汗建筑奖。这个紧凑的三层校园位于撒哈拉沙漠边缘的摩洛哥南部，靠近大西洋，这样的地理位置有助于中和沙漠气候。其内部空间组织可实现最大化通风。外部的现浇混凝土结构用赭红色水泥饰面，与中央布满天然植被的绿色通道形成宜人的对比。整个建筑综合体沿着一列

477　卡巴吉、克塔尼和西阿纳，盖勒敏技术学校，摩洛哥，2011
478　卡巴吉、克塔尼和西阿纳，伊本·佐尔大学校园，摩洛哥，2010

庭园和林荫步道布置，并用遮阳花架打破大体量立方体造型的单调。

也许这个时期北非建成的最重要的纪念性公共建筑要数2001年建成的亚历山大图书馆（The Bibliotheca Alexandrina）[**图479**]。它紧靠埃及的亚历山大港，由国际竞赛中获胜的挪威的斯诺海塔事务所（Snøhetta）设计。这个作品最令人印象深刻的是2万平方米的台阶式顶部采光的阅览室，直径160米，高23米，具有可容纳3000名读者的书桌空间。

446

梅塞德斯·弗雷（Mercedes Volait）在她2006

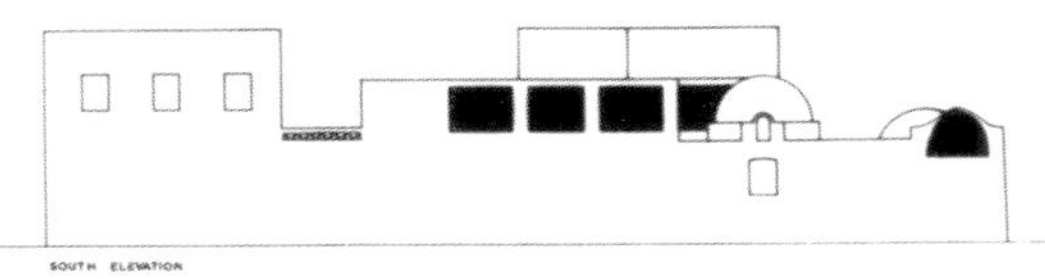

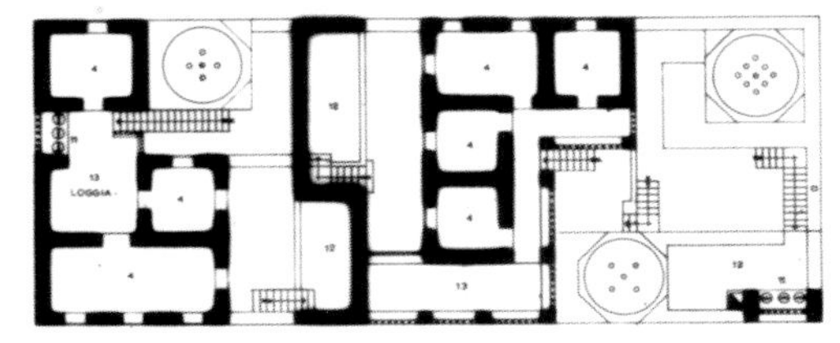

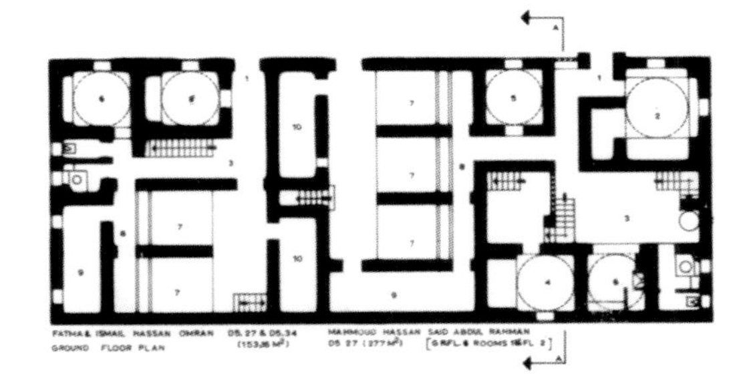

479 斯诺海塔事务所，亚历山大图书馆，埃及，2001
480 法代，新古尔纳村，埃及，1947。立面和平面

年所写的发人深省的文章《折中和归化的埃及现代性》中明确表示：“埃及的现代化和北非其他地方一样，很大程度上是由法国主导的，第一个明显的例子就是费迪南·德·雷赛布（Ferdinand de Lesseps）于1859—1869年开凿苏伊士运河。随之而来的是从1870年起将开罗进行奥斯曼化的改造。法国对建筑的影响可以从穆斯塔法·法赫米（Mustafâ Fahmi）的职业生涯中看出，他于1912年毕业于巴黎的法国公共工程学院，曾在国际建筑师联盟（Réunions Internationales des Architectes，RIA）中扮演了非常重要的角色。这个组织后来发展为国际建筑师协会（Union Internationale des Architectes，UIA），也即由《今日建筑》的编辑皮埃尔·瓦戈（Pierre Vago）和安德烈·布洛赫（André Bloch）于1932年建立的组织，其目的是取代CIAM在国际舞台上的主导地位。对建筑风格产生更大影响的是1925年在巴黎举办的国际装饰艺术与现代工艺博览会。在这次博览会上，罗布·马勒–斯蒂文斯的装饰艺术风格和奥古斯特·佩雷的古典理性主义同时受到关注。这两位建筑师极大地影响了战争期间埃及上层阶级的建筑风格。我们可以从佩雷在赫里奥波里斯郊区设计的开罗花园和一些豪华别墅看出来，包括1926年在亚历山大港的亚维农别墅（Aghion villa）以及1935年在开罗的伊利亚斯·阿瓦德别墅（Elias Awad villa）。然而，正如弗雷所指出的：现代运动在埃及首次真正出现是在有了萨义德·柯拉言（Said Korayem）这样的人物之后。萨义德·柯拉言就读于瑞士苏黎世联邦理工学院，师从瑞士建筑大师奥托·萨维斯堡（Ottc Salvisberg），毕业后又为他工作了几年。1939年柯拉言创办了宣传现代建筑的第一份阿拉伯语期刊。这份杂志简单地取名为《建筑》，它的出版正好是埃及自由精神达到高潮的时候，由苏伊士运河公司和赫里奥波里斯绿洲公司在20世纪20年代早期建造的补贴住房即是这种自由精神的预兆。采取类似路线，密赛尔纺织集团（Misr Textile Group）从40年代开始在马尔哈拉·阿

尔－库布拉（Mahalla al-Kubra）建造大型公司城（company towns），由阿里·拉比布·加布尔（Ali Labib Gabr）设计。这些开发项目除住宅外，还包括餐馆、市场、福利中心、电影院及体育设施等。到1950年，这类为员工建造住房的公司城在埃及已超过20个。毋庸赘言，这些公司城无助于埃及大部分农村人口生活条件的改善，只有1939年在社会事务部的支持下建造示范村之后，农村条件才有了改善。

除了萨义德·柯拉言最好的作品，如1950年在开罗市区建造的乌佐尼安大厦（Ouzounian Building），以及阿里·拉比布·加布尔几乎同时设计的密赛尔纺织集团总部，埃及的现代运动似乎有一个特别反复多变的历史，尤其是1952年自由军官发动军事政变推翻了法鲁克国王的君主制度之后。《建筑》杂志经常发布勒·柯布西耶和弗兰克·劳埃德·赖特的作品，加上发表住房和规划方面的综合性文章，由此引起新上台的军政府的怀疑，受到不断的审查，以致在1956年最终被封。当时的总统贾迈勒·阿卜杜勒·纳赛尔于1956年宣布收回苏伊士运河，此举立即遭到英、法的军事干预。纳赛尔的反殖民表态或许也可从他支持康拉德·希尔顿酒店（Conrad Hilton's Hotel）的建设中看出，酒店于1957年建在开罗市中心尼罗河岸边一个很好的地点，采用了新法老风格的庸俗装修。

除了这些带有偏见的行为，埃及的现代化进程还不断遭到零散的抵制。这一点从杰出的埃及建筑师哈桑·法代（Hassan Fathy）的职业生涯一直持反现代姿态即可证明。他于1926年毕业后成为建筑师，在1937年以前他都以城市建筑师及教师的身份工作，其间他设计了他的第一座土坯砖住宅。10年后，1946年他接受埃及文物局的委托，承担了新古尔纳村（New Gourna）［**图480**］的设计。他采用当地工匠制的传统土坯砖建造砖拱顶及砖穹顶。新村建设的目的是将住在文物区的居民迁出，使游客可以进入考古区现场而不受居民干扰。尽管此举是为激发当地居民的自豪感，使周围农村得以复兴，但古尔纳的居民拒绝搬入新居，结果两年后新古尔纳村也遭遗弃。

随着1952年旧王朝被推翻及1956年苏伊士运河的国有化，法代日渐感觉遭到世俗的、社会主义的、不结盟的泛阿拉伯政府的排斥，于是他移居希腊，参与康斯坦丁诺斯·多西亚迪斯（Constantinos Doxiadis）的城市和区域规划学研究，在那里他还试图调和对乡土建筑的偏好与大型国际事务所的理性化设计之间的矛盾，尽管探索无效。1962年他回到埃及时已被认作一名国际文化使者，1976年成为1980年首届阿卡汗建筑奖的指导委员。随着时间的推移，法代的研究跨越了传统阿拉伯建筑，而倾向于一种到处可见的通用型乡土建筑，就像1986年他著作的书名《自然能源与乡土建筑》所呈现的。

东非

449

东非包括12个独立国家和3个岛国，即毛里求斯、科摩罗以及塞舌尔。这些国家都是在20世纪60年代早期独立的，它们都按照不同冷战派别的不同意识形态站队。坦桑尼亚与赞比亚追求民主理念；肯尼亚、马拉维与乌干达成为右翼独裁国家；而埃塞俄比亚与莫桑比克则自称社会主义国家。

东非现代建筑的第一个实例是由德国流亡建筑师恩斯特·迈设计的建筑物。他在20世纪30年代逃离第三帝国，先去苏联，继而到非洲。50年代前半期他在非洲设计了两项主要工程：1952年在坦桑尼亚莫希（Moshi）的一座文化中心和1956年建成的位于肯尼亚蒙巴萨的大洋洲酒店（Oceanic Hotel）［**图482**］。酒店朝海的一面呈曲折状，文化中心则围绕传统庭园建造。

东非后殖民时期的主要建筑作品有：肯尼亚内罗毕的肯雅塔国际会议中心（Kengatta International Conference Centre，1969—1973）；赞比亚卢萨卡的赞比亚大学（University of Zambia，1966—1973）；象牙海岸的所谓“非洲里维埃拉（度假胜地）”（African Riviera，1970—1973），这个项目最初规划可容纳12万人，但人数最多时只有5000人，后被完全废弃。多数此类雄心勃勃的大型项目在1973年的世界性石油危机中陷入同样结局。

莫桑比克最激进的创造性人物之一是葡非建筑师潘卓·古埃迪斯。他意识到在现代运动理想与非洲生活的严峻现实之间存在巨大差距，他试图将自己追求的形式取向与乡土元素结合［**图481**］。尽管他与莫桑比克的超现实画家马兰阿加塔瓦·恩文雅（Malangatana Ngwenya）关系密切，在后殖民时代内战中左翼的胜利却逼使古埃迪斯离开这个国家，他的余生就一直在南非金山大学（Witwatersrand University）建筑系执教。无论如何，在莫桑比克，整个60年代葡萄牙现代派建筑师始终特别积极，这是由于葡萄牙的领袖安东尼奥·萨拉扎尔在他的统治末期对殖民地做了重大投

481　古埃迪斯，三长颈鹿屋，莫桑比克，1953

资。一些理性主义遗产在莫桑比克仍能得到共鸣，尤其是在本地建筑师何塞·福尔雅兹（José Forjaz）的作品中，他创造出特别的强力焊接钢管结构，可见于2004年建在辛佩托（Zimpeto）的国际关系学院（Institute of International Relations）[**图483**]。

在非洲独立后建造的许多使馆建筑中，建在亚的斯亚贝巴的荷兰使馆[**图484**]相当出色。这是2005年由比亚尼·马斯腾布洛克（Bjarne Mastenbroek）和迪克·凡·加姆伦（Dick van Gameren）设计的。项目位于森林中的一个院子，唯一传统的元素体现在现存入口处。项目由若干雇员和大使的住所组成，加上一座两层的大而长的地堡式建筑，内有办公室和各种接待空间。结构是现浇混凝土，饰以与周围土地同样颜色的涂料面层。这一独特的地貌形式连接了一条内部行车道，有一纪念性的楼梯上到镶入了小型水沟的屋顶瞭望台。在雨季洪水泛滥时，它会形成一幅反映四周更大区域情况的微缩景象。

482　迈，大洋洲酒店，蒙巴萨，肯尼亚，1956
483　福尔雅兹，国际关系学院，辛佩托，莫桑比克，2004
484　马斯腾布洛克与凡·加姆伦，荷兰使馆，埃塞俄比亚，2005

土耳其

451

第一次世界大战结束时，土耳其作为德国同盟国战败，导致奥斯曼帝国的最后瓦解，随之而来的是法、英两国对伊斯坦布尔的占领，以及希腊的全面入侵。军事天才穆斯塔发·凯末尔——后被称为“阿塔图尔克”——在土耳其的独立之战中显示他的才能，最终使得伊斯坦布尔解放并彻底击退希腊的入侵，并于1923年宣布土耳其成为一个世俗共和国。

德国与土耳其的亲密关系部分源自普鲁士对土耳其军队现代化的影响。其结果之一是一批德国建筑师来到土耳其，卡尔·洛克尔（Carl Lörcher）就是首批德国建筑师的一员。1924年他发表了在阿纳托利亚的安卡拉建立新的行政中心的规划。随后赫曼·詹森（Hermann Jansen）编制了一份1928—1932年把安卡拉开发成为一个花园城市的总体规则［**图486**］。在德国城市建筑师之后，是奥地利高素质的建筑师恩斯特·埃格里（Ernst Egli）和克莱门斯·霍尔兹迈斯特（Clemens Holzmeister），后者在1937年的准入竞赛中获胜，得以设计安卡拉的国民议会楼，项目历经坎坷，直到1961年才建成。此后又来了多位德国建筑师，包括著名的建筑师布鲁诺·陶特，他在日本待了三年，1935年来到安卡拉，便立即被政府聘用来设计和实现他那精致的纪念碑式的安卡拉大学人文系大楼，项目于1937年他去世前一年建成。这幢大楼肯定对后来的伊斯坦布尔大学的科学与文学系大楼［**图485**］产生了影响，该项目是由舍达德·哈吉·埃尔登（Sedad Hakki Eldem）与埃明·奥纳特（Emin Onat）于1924年设计的，但直到1948年才建成。伊斯坦布尔大学的建筑具有新古典主义风格，采用土耳其式缓坡屋顶，深度挑檐，既现代又传统。

尽管埃尔登与奥纳特的建筑杂糅了本土特色，但阿塔图尔克在其全盛时期是维护现代运动早期功能纯粹性的毫不犹豫的赞助人，这一点可从他最喜爱的建筑师赛伊非·阿尔坎（Seyfi Arkan）的作品中看出。1935年阿尔坎为宗古尔达克工业城提出柴伦堡（Zeilenbau）工人住宅方案，还为精英人士设计了一栋又一栋的豪华住所，包括阿塔图尔克本人位于伊斯坦布尔附近海域的佛洛丽亚的度假别墅。正如这一时期的其他国家一样，阿塔图尔克的土耳其现代化计划包括国家对体育和运动员的支持以及对安卡拉周边贫瘠和干枯的土地进行灌溉等。这就首先要建造体育馆，其次是在安卡拉附近修建库布克水坝(1930—1936)。

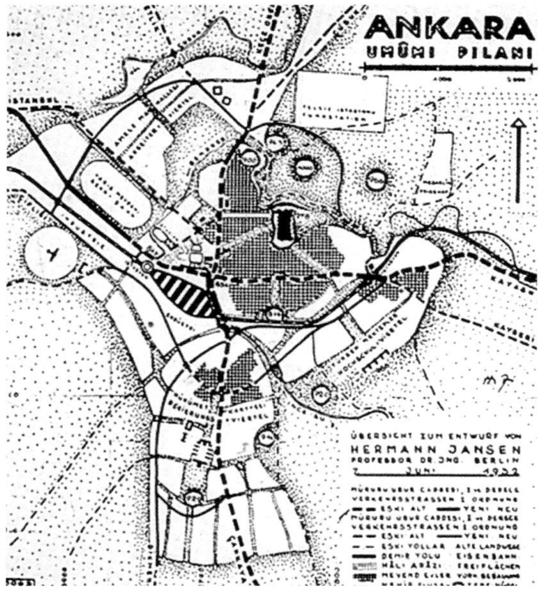

485　埃尔登与奥纳特，伊斯坦布尔大学科学与文学系大楼，1924—1948

486　詹森，安卡拉开发总体规划，1932。

1938年，阿塔图尔克突然去世，不久另一位享有盛誉的德国建筑师保罗·博纳茨来到了土耳其。1942年，他作为阿塔图尔克陵墓设计方案竞赛的评委首次访问土耳其。该竞赛由埃明·奥纳特与阿赫美特·奥汉·阿尔达（Ahmet Orhan Arda）赢得。1943年博纳茨又来到土耳其并参加第三帝国建筑展的开幕式活动。德国参与土耳其建筑业随着第二次世界大战结束德国战败而终止。接着是泛美运动（Pax Americana）的开始。10年后，伊斯坦布尔的希尔顿酒店建成，酒店可以俯视博斯普鲁斯海峡，它是由SOM事务所的戈登·本沙夫特（Gordon Bunshaft）与舍达德·哈吉·埃尔登合作设计的。正如苏哈·奥兹坎指出的：“在这里，埃尔登的地域主义表现限于入口雨篷、多功能厅及各种装饰部件。这个建筑成了一种在土耳其各地以不同规模复制的

452

487　埃尔登，社会保障大厦，伊斯坦布尔，1963—1968
488　阿娄拉特，维西姆·波德鲁姆公寓，波德鲁姆，2010

模型。”

尽管勒·柯布西耶钟情土耳其的乡土风格，可见于他所写的1912年《去东方旅行》一书，但似乎他对20世纪土耳其建筑发展的影响不大。埃尔登在1978年一次阿卡汗奖研讨会上的讲话提供了部分解释：

人们可能会问，为何要审视过去，为何不直接向前看？回答是：伊斯兰进入未来的唯一途径就是通过过去。伊斯兰最伟大的成就在过去；此后我们仅须数数时间而已。遗憾的是我们首先得进入我们的过去并在那里找到灵感。只有这样我们才能探入新的场地。我们的第一需求是一个坚实的基础。

在1980年第一次威尼斯双年展上，即便策展人保罗·波尔托盖西是坚定的后现代派，埃尔登依然认为现代运动正处于危机中。他主张唯一的前进路径就是通过一种正如他本人所实施的地域主义，有人曾称之为“乡土现代主义”。1931年勒·柯布西耶为智利设计的伊苏拉住宅已转向了这一方向。谈到公共建筑时，埃尔登主张取他在凯末尔时期设计的第一栋楼的风格，一种佩雷式新纪念性风格，即1934—1937年在安卡拉建造的国家专卖总局大楼。有意思的是，30年后埃尔登又在他于1968年建在伊斯坦布尔泽伊雷克区的社会保障大厦［**图487**］的出色设计中再次求助于佩雷的结构理性主义。

埃尔登的这个大师级作品与21世纪最享盛名的土耳其建筑师埃姆勒·阿娄拉特（Emre Arolat）的最早作品之间相隔近40年。阿娄拉特富于创造性的实践总体胜过埃尔登的成就，他是全球化时期的土耳其领先建筑师之一，2009年因设计位于埃迪尔内的伊佩吉奥纺织厂（Ipekyol Textile Factory）而荣获阿卡汗奖，其声誉得到更广泛的认可。人们发现，埃尔登的构造感也可在阿娄拉特设计的乡土现代主义的豪华公寓维西姆·波德鲁姆公寓［**图488**］中有所显现。

黎巴嫩

1943年，此前一直受法国控制的黎巴嫩最终赢得独立。而法国的文化影响仍持续到50年代，这一点从其首都贝鲁特无处不在的米歇尔·埃柯夏德的作品就可看出。他与阿明·比兹里（Amin Bizri）合作设计了一系列柯布西耶式建筑，多数是学校，其中最著名的是法兰西新教学院（Collège Protestant Français）。1955年他又设计了一座柯布西耶式办公楼，这是他与乔治·雷耶斯（George Rayes）与提奥·坎南（Theo Kannan）合作设计的。1962—1968年，法国建筑师安德烈·沃根斯基（André Wogenscky）与黎巴嫩的毛里斯·兴德（Maurice Hindeh）事务所合作设计了贝鲁特的国防部大楼。

1975—1990年，黎巴嫩遭受了一场教派内战的破坏，完全遏制了各种文化形式的发展。随之而来的是令人不安的暂停，而两个项目使黎巴嫩建筑得以重振：2008年哈辛姆·萨尔吉斯（Hashim Sarkis）为提尔（Tyre）的渔民设计的住宅［**图489**］和2010年纳比尔·高兰（Nabil Gholam）在法克拉（Faqra）设计的假日组团。后者用承重石墙配上木材顶盖，这一做法经高兰进一步优化，用在了2003年建于拉比埃（Rabieh）的一幢三层别墅［**图490**］中。这种在建筑物下部用当地的重型石结构，上部用现代轻型木结构的对比手法，在高兰为贝鲁特的历史老区设计的石材饰面建筑中再现。而他在有海景的高层豪华建筑中则采用了高技的窗洞组合幕墙做法。

2010年，建筑师马克拉姆·埃尔－卡迪（Makram El-Kadi）与齐阿德·加马勒丁（Ziad Jamaleddine）受具有国家背景的索里戴尔（Solidaire）开发公司的委托，在贝鲁特市区一大片场地上设计了一所临时性的展廊，其目的是激活这片等待开发的废弃场地。任务要求把画廊放进一个现有钢结构的飞机库内，他们选择用来围挡室外场地的是带切分节奏、阳极化处理、抛光的铝质屏障，能映照出

489　萨尔吉斯，为提尔的渔民设计的住宅，提尔，2008

490 高兰，拉比埃，D 住宅，2003

491 L.E.FT 建筑师事务所，贝鲁特展览中心，贝鲁特，2010

周围的环境，外观被设计成像一排直立的飞机。[**图491**]此项设计需要和黎巴嫩一位著名的景观建筑师弗拉基米尔·祖洛维奇（Vladimir Djurovic）合作，他是画廊正北的一座竹园的设计者。

2014年扎哈·哈迪德设计的伊萨姆·费尔斯研究所（Issam Fares Institute）[**图492**]，像一顶位于贝鲁特美国大学校园上部的皇冠，是一座令人印象深刻且富于雕塑感的五层大楼，它墙面倾斜、采用清水混凝土，悬架在场地之上，以方便行人穿行并保护了现有的树木。这个项目的结构荣获2016年阿卡汗建筑奖，被认为是哈迪德创作生涯中最具雕塑感的作品之一。

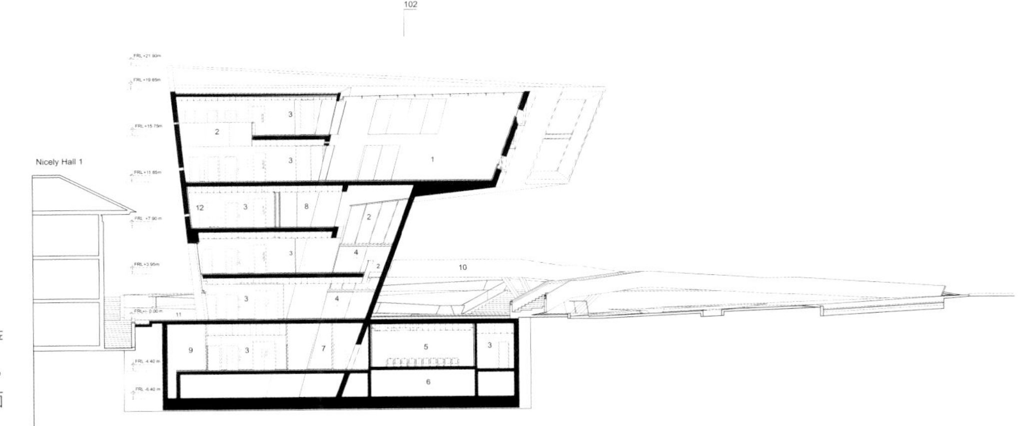

492 哈迪德，伊萨姆·费尔斯研究所，贝鲁特，2014。剖面

以色列／巴勒斯坦

456

巴勒斯坦在英国占领和治理之前是由奥斯曼帝国统治的。1918—1948年英国托管期间，巴勒斯坦是中东首个现代运动的白色建筑的地区之一，特别是被称作“白色城市”的特拉维夫。这个城市大多是四层不设电梯的公寓房，它们多数是在三四十年代由德国－犹太难民建筑师设计，采用所谓的“国际风格”。1933年纳粹在德国上台后，移民到巴勒斯坦的有才华的建筑师大量增加，其中就有阿里·夏隆（Arieh Sharon），他在包豪斯时是汉纳斯·迈耶的学生，1930年在德国贝尔瑙的全德工会联合会（ADGB）联邦学校的设计项目中曾为其工作。夏隆抵达巴勒斯坦后，马上投入工人住宅的设计和开发。这些住宅类似于齐埃夫·勒克特（Ze’ev Rechter）1933年在特拉维夫建成的五层中产阶级公寓项目恩格尔公寓（Engel）［**图494**］。夏隆与勒克特都是特拉维夫彻格集团（Tel Aviv Chug Group）成员，他们追求一种能够把犹太复国主义和社会主义的价值观结合起来的严谨的现代建筑。1948年以色列建国后，这一代人在特拉维夫完成了一批重要的公共建筑，其中最令人瞩目的是勒克特1951年的曼恩音乐厅（Mann Auditorium）以及1957年的赫丽娜·鲁宾斯坦画廊（Helena Rubinstein Gallery）。这两个项目加上奥斯卡·考夫曼（Oscar Kaufmann）1937年哈比马剧院（Habima Theatre）形成特拉维夫新的文化中心。多夫·卡尔米（Dov Karmi）也属于这一代建筑师，他设计了以色列总工会（Histadrut）行政总部大楼，总工会是以色列最强大的工会组织。1948年以后移民到以色列的人口大量增加，5年内从65万增加到近500万，这意味着下一代建筑师大部分都将投入廉价住宅的设计中。

对巴勒斯坦产生最深刻的文化影响的是德国－犹太建筑师埃里克·门德尔松，他的最佳作品是1936年建在耶路撒冷城市中心的肖肯图书馆（Schocken Library），以及1939年建成于斯科普斯山（Mount Scopus）的哈达萨医院（Hadassah hospital）［**图493**］。门德尔松在这一地区的作品还有耶路撒冷的一家银行、在海法的一所医院以及科学家和政治家哈伊姆·魏茨曼（Chaim Weizmann）在里霍沃特（Rehovot）的一幢住宅，哈伊姆·魏茨曼后来成为以色列第一任总统。门德尔松于1941年移居美国，在此之前他还在里霍沃特设计了魏茨曼学院（Weizmann Institute）。

粗野主义在1959年随多夫·卡尔米之子拉姆·卡尔米（Ram Karmi）来到以色列。拉姆·卡尔米受

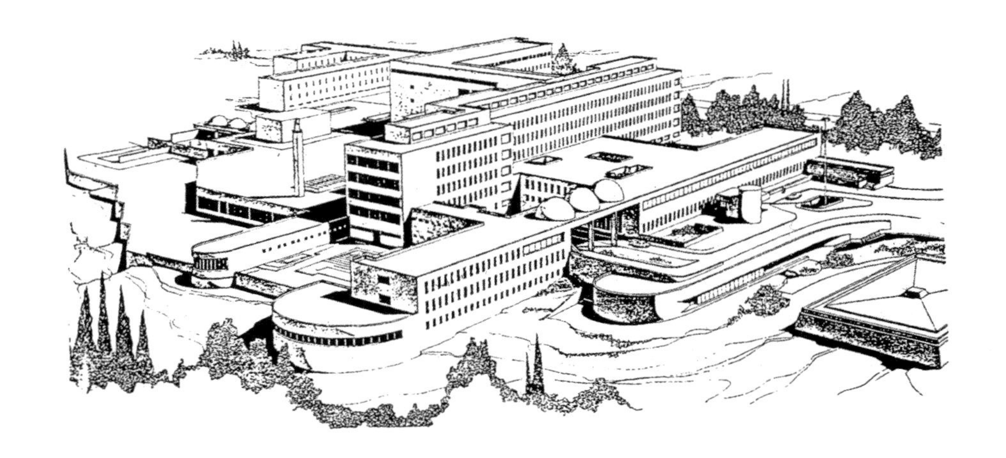

493　门德尔松，哈达萨医院，斯科普斯山，耶路撒冷，1939
494　齐埃夫·勒克特，恩格尔公寓，特拉维夫，1933

训于伦敦的建筑联盟学院（AA），早期生涯在特拉维夫做了两项有影响力的作品：1956年建在罗斯柴尔德大道的ZIM船运公司办公楼及建在城郊的ORT学校。由于国内人口持续增加，拉姆·卡尔米不断忙于住宅设计。六日战争（1967年6月5日—10日）以后，卡米尔采取了更具纪念性和民族性的表现手法。这在耶路撒冷的以色列高等法院（Israeli Supreme Court）项目中有所显现，这栋建筑多少带点后现代风格，从1992年开始施工，是拉姆·卡尔米与其妹埃达·卡尔米–梅拉米德（Ada Karmi-Melamede）合作设计的。

在以色列的移民建筑师中，最有才华的一位是捷克的阿尔弗雷德·纽曼（Alfred Neumann）。在20世纪20年代他曾在维也纳师从彼得·贝伦斯，先在阿尔及尔，后在巴黎工作。共产党在捷克取得政权后，他于1949年移居以色列。年轻的以色列建筑师兹维·海克尔（Zvi Hecker）与艾达尔·沙龙（Eldar Sharon）于1956年赢得了巴特亚姆（Bat Yam）市政厅的设计竞赛后，他们邀请曾在以色列理工学院当过他们老师的纽曼参与项目的设计深化阶段。纽曼对设计方案做了成功的修改，在原有的设计上叠加了一个长度为262厘米的正四面体模块单元，该模块方案来自纽曼的受专利保护的比例系统。这样，三层楼的市政厅每一层的正方形平面都比下一层挑

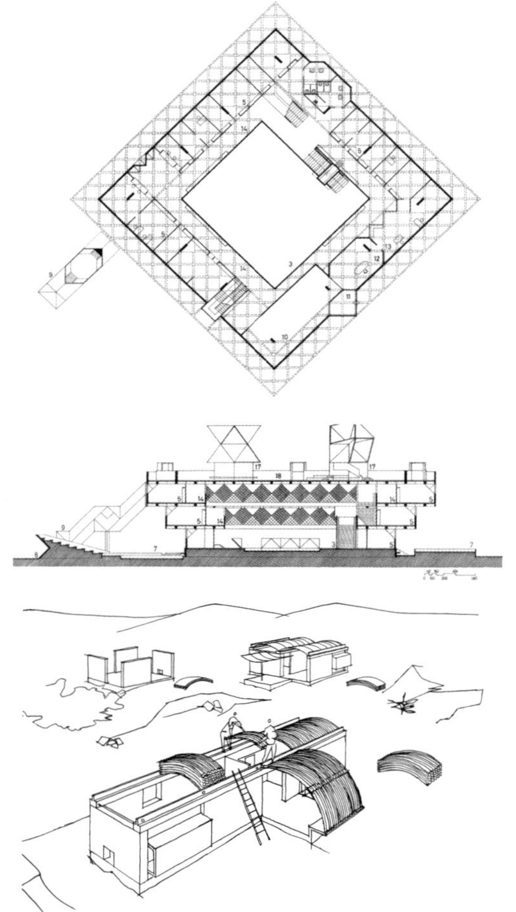

495　纽曼，巴特亚姆市政厅，1963
496　纽曼，巴特亚姆市政厅，1963。平面和剖面
497　纽曼，低价住房，1963

出一圈，形成一个倒置的金字塔，外形是一个向外的阶梯，内部看则是向内的阶梯，形成一个三层高的内部庭园，设置在屋顶的多面体“风罩”为大楼提供采光和通风。部分现浇、部分预制混凝土结构的外露部位间隔地涂以蓝、金、红。项目从1959年建至1963年，最初的意图是作为一个更大的矩形广场中央的标志性建筑，可惜在城市发展中未能最终实现。纽曼在巴特亚姆市政厅项目中实施的“空间填充几何”（space-packing geometry）[**图495、496**]几乎贯穿于他后来的建筑事业中，1962年他为以色列艾因拉法（Ein Rafa）的阿拉伯村设计的单层、狭面宽的住宅则是例外。20世纪60年代以色列住房部赞助支持这种小型住宅计划，在全国范围内改善巴勒斯坦人的居住条件，今天看来是令人难以置信的。这种住宅[**图497**]在全国40个村镇得到推广。纽曼还提出了一个标准住宅方案，即采用石砌承重横隔墙，并用瓦楞铁皮作为墙体间的拱形屋顶的永久性模板。这种方案的经济性在于，住户可以通过自己的劳动降低整体建筑造价。

就像巴特亚姆市政厅，艾因拉法被视为一个能超越阿拉伯与犹太人历史分歧之地。与此同时，纽曼对四面几何体的着迷在以色列并不那么被接受，后来由于在理工学院机械系大楼设计上的争议，他对这个国家开始感到失望，逐渐往返于以色列和加拿大，并在魁北克的拉瓦尔大学建筑学院担任客座教授，68岁时在那里过世。

在接下来的50年里，一项宛如一个“小型城市”的工程，即用于艺术展览的以色列博物馆（Israel Museum）[**图498**]即将在耶路撒冷建成。该项目由阿尔弗雷德·曼斯菲尔德（Alfred Mansfeld）和多拉·嘉德（Dora Gad）设计，建在老城外的一条连续的山脊上。建筑由6米×6米的展廊模块组成，在此

459

498　曼斯菲尔德与嘉德，以色列博物馆，1959—1992

后的几十年中扩大了10倍，从1959年的4500平方米扩大到千禧年的4.5万平方米。它被构想为最大的“矩阵建筑”，每一个石材镶面的展廊模块至少有两个相邻的墙面开有窗户。它完美的细部处理体现了一种独特的斯堪的纳维亚特色。

1967年的六日战争大大增加了巴勒斯坦的以

499　海克尔与塞加尔，帕尔玛赫历史博物馆，特拉维夫，1993—1998

色列控制区面积，其结果之一是，1920—1960年犹太移民潮时期这个国家盛行的相互矛盾的犹太复国主义／社会主义的精神特质突然过时。随之而来是所谓西岸的“公民占领”，以色列变成一个占领的政权和一个分裂的国家。由此，以色列建筑师变得过于关注地区乡土建筑，结果是这个国家曾普遍接受的建筑品位被放弃，变成一种后现代风格大杂烩。1993—1998年在拉玛特·阿维夫（Ramat Aviv）由拉菲·塞加尔（Rafi Segal）和兹维·海克尔设计的帕尔玛赫历史博物馆（Palmach Museum of History）［**图499**］是这一命运的最佳体现。它看似表现了这个国家非凡的军事力量，然而却唤起了萦绕在以色列这块土地上的深深的悲剧性道德困境——建筑物巨大的体量与精心设计的砖和混凝土粗糙的细部处理之间产生的互相抗衡、抵消之态。

伊拉克

和中东其他地区一样，伊拉克的现代建筑是由欧洲建筑师引进的。首先是勒·柯布西耶，1956年他为巴格达设计了一个体育馆。然后是何塞·路易·塞特设计了巴格达的美国大使馆［**图500**］，为使内部空间免受强烈日晒，他把拱形及折板屋顶置于各个主体结构之上，这种热带建筑手法造就了这处环境优美的外交绿洲。

1967年，伊拉克本地的现代建筑出现了折中风格，亦即里法·查迪尔吉（Rifat Chadirji）设计并建成于巴格达的烟草专卖公司大楼（Tobacco Monopoly Building）［**图501**］，精心砖砌的圆形竖井置于立体结构一旁，为钢筋混凝土的建筑外形增添了一丝生气。它还采用了现代版的传统马什鲁比耶（mashrabiya）手法(凸出于建筑物主体的带木格栅的窗户)。尽管查迪尔吉精巧、谨慎地将传统手法转换为现代建筑语言，但巴格达最值得称道的建筑还得是由丹麦建筑师迪辛与维特林（Dissing and Weitling）设计的建于20世纪80年代的伊拉克中央银行。

500　塞特，美国大使馆，巴格达，1960
501　查迪尔吉，烟草专卖公司大楼，巴格达，1967

沙特阿拉伯

461 1918年奥斯曼帝国的解体导致阿拉伯半岛逐渐分解为若干领土大小不同的主权国家，包括沙特阿拉伯和较小的海湾国家，也即后来的科威特、卡塔尔、阿曼、巴林、也门以及阿拉伯联合酋长国。对此，没人能比哈桑·乌定·汗（Hassan Uddin Khan）能更简明地概述石油开采对这一地区的冲击，他写道：

在沙特阿拉伯这个阿拉伯半岛最大的国家，表达阿拉伯或伊斯兰特征的建筑思想被认为是十分重要的，是建筑事务的中心。石油开采使沙特阿拉伯极为富有，因而有条件在20世纪70年代以来通过一个个五年计划进行旧居住区的重建和新区的建设。这些年前所未有的建设规模吸引了世界各地的建筑师和营造商。起初，现代国际式样流行，因为它新颖、光鲜、先进。但现代化很快做出了调整，外国的和阿拉伯的建筑师均接受了这个地区的建筑传统。在国内建筑中试图通过采用纳迪吉（Nadji）建筑传统风格（如锯齿墙和窄而深的窗洞）来反映民族认同感和民族自豪感。[1]

这个新的石油财富的象征是沙特阿拉伯的首都利雅得，它在1940年还只是一个拥有25000人口的小镇，到20世纪末已经成长为一个有300万人口的国际大都市。在这个新兴首都出现的第一个高质量作品是1980年赢得设计竞赛的著名丹麦建筑师海宁·拉森（Henning Larsen）设计的沙特阿拉伯新外交部大楼。这一堡垒状、几乎无窗的、石材贴面的大楼占据了城市一整个街区。另一个更像堡垒的，甚至模拟战堡的是阿尔－金地广场（Al-Kindi Plaza），1986年作为利雅得一个新的使馆区由阿里·舒瓦比阿斯（Ali Shuaibias）设计建成。这是一个城市巨型建构，巨构的中心是一个容纳七千人的清真寺。接着还有同样风格的司法宫和清真寺（Justice Palace and Mosque）[**图502**]，由约旦建筑师拉森姆·巴德兰（Rasem Badran）设计，建成于1992年。这一连续跨越多个街区的巨型建构虽然采用了钢筋混凝土结构，但全部外墙均用当地产的黄色石材砌筑，这种手法使人想到城堡式的纳迪吉传统风格。与阿尔－金地广场一样，这种开发模式被称为"微型城市"，它包括一个公共广场和一个可容纳17000名朝圣者的巨型清真寺。

这个时期在沙特阿拉伯有两项较为杰出的建筑是由美国的SOM公司设计的。一项是建在吉

502　巴德兰，司法宫和清真寺，利雅得，1985—1992
503　汗（SOM），哈吉航站楼，吉达，1974—1981

504　莫日亚玛与特西玛，对瓦迪·哈尼发的修复，利雅得。2005 年以后

达的27层高的国家商业银行，1983年由戈登·本沙夫特设计。另一项是1981年的哈吉航站楼［**图503**］，由SOM公司芝加哥分部的工程师法兹勒·汗设计。航站楼位于麦加以西70公里，吉达西北60公里，以容纳每年去麦加朝圣的100万人为标准进行设计，这个数字又由于1970年引入宽体客机实现了指数级增长。目前航站楼由两组大型帐篷组成，每组有五个“模块”，每个模块有21个带特氟龙涂层的玻璃纤维布面帐篷。每个帐篷有45平方米，从地面以上20米可升到33米。这些优美的白色圆锥体帐篷由45米高的圆柱形钢吊架用钢缆悬吊。这种织物能反射75%的阳光辐射，在室外平均温度超过37.8摄氏度时依然能将篷内温度保持在29.4摄氏度。

21世纪早期沙特阿拉伯最有意义的工程是2005年对瓦迪·哈尼发（Wadi Hanifa）的修复［**图504**］。这是一个靠近利雅得的山谷，由于长期倾倒大量垃圾和工业废料而毒化。加拿大的莫日亚玛与特西玛事务所（Practice of Moriyama and Teshima）与工程师布洛·哈泼德（Buro Happold）合作，通过建一系列拦河坝、池塘、氧气泵、水底培养基层(用于最低水位时)，对这片干河床进行了生物修复，最后他们在129平方公里范围内种植了4500棵棕榈树以及35000棵遮荫树，把这个地区变成精心培育的公园系统，以造福于城市。

伊朗

464 现代运动在伊朗最早出现于 1935 年。在法国学习后回到伊朗的亚美尼亚建筑师瓦尔坦·阿凡尼西恩（Vartan Avanessian）赢得德黑兰孤儿学校（Orphan School）的设计竞赛，该项目被建成一种半装饰艺术派、半现代的对称结构，用精细的砖工包裹，装有水平钢窗。然而，25 年之后德黑兰才出现一个相对现代的作品，即 1959 年按照丹麦建筑师约翰·伍重的设计建造的梅里银行（Bank Melli）[**图 505**]，这里伍重首次使用折板屋顶，使下面的银行大厅得到天然采光和自然通风。具有同样构造效果的是通向银行大厅的宽大而豪华的台阶，接待台的石材地面嵌着精致的几何图案，赋予建筑一种特别的地方色彩。

令人奇怪的是，直到 1953 年美国中情局（CIA）策划的政变推翻了穆罕默德·摩萨台的民选社会主义政府，这样的现代性才在伊朗普及开来。美国主导的此种典型的冷战干预的结果，是指定了一名巴列维王朝的成员成为新伊朗国王，这个举动加快了在君主政府支持下的现代化进程。20 年后，在 1973 年精心策划的波斯帝国成立 2500 年庆祝活动中，两位年轻学者建筑师纳德尔·阿尔达兰（Nader Ardalan）和拉莱·巴赫蒂亚尔（Laleh Bakhtiar）出版了他们对伊斯兰建筑苏菲（Sufi）传统的总结一书，书名为《整体的意识》（*The Sense of Unity*）。本书的重点是伊斯兰传统体现在宇宙观与几何学上的和谐统一，该书成为许多现代中东建筑师的灵感源泉，包括天赋异禀的伊朗建筑师卡姆兰·迪巴（Kamran Diba），他同时是一位景观建筑

505　伍重，梅里银行，德黑兰，1950。平面和剖面模型

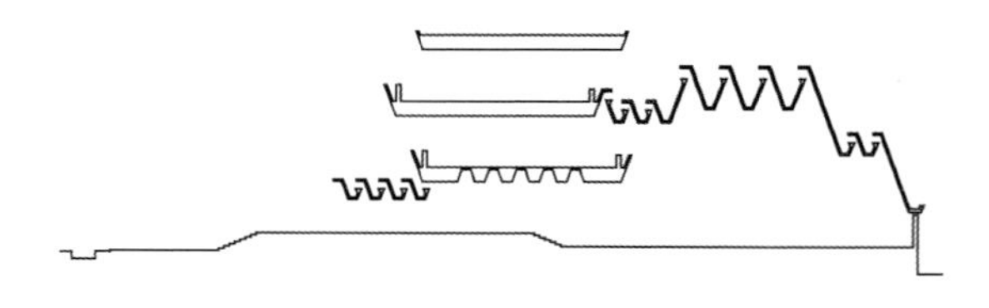

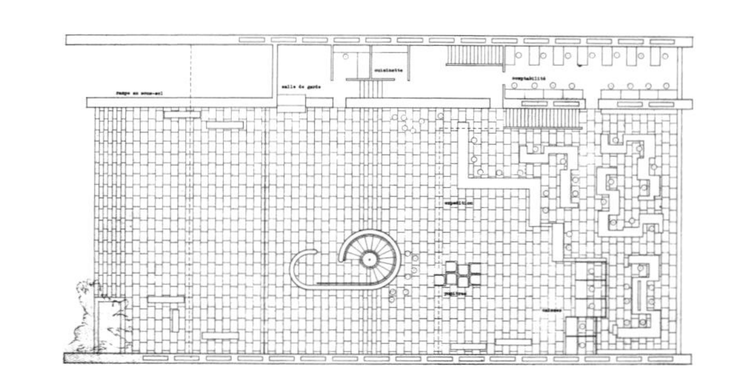

506 迪巴与阿尔达兰，当代艺术博物馆，德黑兰，1967

465 师。此时在国家的支持下，德黑兰当代艺术博物馆［图 506］建立（1967）。项目由迪巴和阿尔达兰合作设计。受何塞·路易·塞特的影响，迪巴把博物馆的展廊组织成有层次的拼接，采用混凝土薄壳天窗采光，混合与天窗剖面相同的单独采光塔，后者象征着中东传统的“捕风塔”。

由于迪巴和巴列维王朝的渊源——他是伊朗王后法拉赫·巴列维（Farah Pahlavi）的堂兄弟——1979 年伊朗革命后，迪巴被迫离开伊朗，不过，1974—1980年建于伊朗胡齐斯坦省的舒斯塔尔新城（Shushtar New Town）第一期工程［图 507］，迪巴还是担任了设计和监理的角色。舒斯塔尔新城是为一家当地甘蔗加工厂工人修建的公司城，除了公共建筑外，住宅街区皆为低层、高密度的设计。这些两层住宅楼用本地生产的砖砌筑而成，覆有用钢格栅支撑的砖拱顶，每栋住宅楼都配有屋顶露台，供居民盛夏时露天睡觉。公司城内的方格网道路供学校和商店使用，汽车不能进入。小城中心是一个 100 米 ×100 米的广场。尽管这个公司城没有最终建完，但与 20 世纪下半叶的其他公司城相比，它在许多方面都是最成功的，特别是它把一种理性的建造模式与传统的生活方式结合了起来。

近来伊朗建筑师的实践似乎仅限于设计中产阶级公寓楼，例如 2010 年阿尔什事务所（Arsh Design Group）设计的德黑兰“美元II公寓”（Dollar II）。这个项目用通长水平木条扣板，遮住百叶帘后的窗口。大体在同一时期，在马哈拉特（Mahallat）建了一个同样表现材料特性的公寓街区［图 508］。它由拉明·梅迪扎得（Ramin Mehdizadeh）设计，采用回收的废石料和垂直木条板组合饰面。除了这些零星的成就，过去40年来这个国家基本上没有能力建造有影响力的建筑。正如阿卡汗建筑奖总监法罗·德拉夏尼（Farrokh Derakhshani）所写：

从20世纪80 年代中期以来，世界建筑实践已经不

507　迪巴，舒斯塔尔新城，胡齐斯坦省，1974—1980
508　梅迪扎得，公寓建筑，马哈拉特，2010

知不觉变成跨越国界的了，愈来愈多的建筑项目是非本土建筑师所发展和实施的。当然也有例外，外国公司不来伊朗，这里的专业人士都是本地的。这样的结果是缺乏交流，而当权者也没能提供一种替代方案，造成多数建筑专业的学生和建筑师只能抄袭他们在网上看到的作品，而未能真正理解他们抄袭的这些项目的前因后果，于是伊朗的大部分新建项目都是出自平庸建筑师对外国模式的不良抄袭。[1]

466

海湾国家

467 在海湾国家中，科威特更愿接受斯堪的纳维亚设计师提供最好的设计，北欧著名的事务所被委任的项目一个接一个。第一个项目是 1969 年由 VBB 工程公司的丹麦 – 瑞典建筑师玛林・布雍（Malene Bjørn）设计的科威特塔（Kuwait Towers）[**图 509**]。接着是 1972 年约翰・伍重赢得科威特国民议会大厦（Kuwait National Assembly）的国际竞赛。这一骄人的业绩之后，芬兰建筑师雷玛和拉伊里・皮耶迪莱（Reima and Raili Pietilä）被委托扩建科威特城内的塞伊夫皇宫（Seif Palace），用以容纳内阁各部门，同时又为创建一种新伊斯兰建筑而探索可行策略。

实际上这三项委托需要处理的问题大致相同。比如说 1976 年由 VBB 完成的科威特塔，它是三个不同高度的塔的组合，坐落于伸向科威特湾的一个海岬，似在回应布鲁诺・陶特 1919 年对山地建筑（Alpinearchitektur）的乌托邦幻觉。三座塔中的两座装有不同直径的圆球，其中两个最高的球体内部布置了餐厅与观景台，第二高的塔上的单个圆球只做储水之用。第三座塔没有圆球而装有向另两座塔提供夜间照明的设施。这组塔成为科威特独特的象征，犹如埃菲尔铁塔之于巴黎。

伍重的科威特国民议会大厦[**图 510、511**]从工程和建筑的角度看都是杰出的。两个礼仪大厅和大会堂的预制混凝土屋顶都是独创的后张拉、折板式悬索结构。它们与伍重设计的悉尼歌剧院的预制混凝土屋顶一样，在施工时难以就位。本工程的其他部分基本上属于两层毯式建筑，按一定间隙插

509 玛林・布雍（VBB），科威特塔，科威特，1969

510　伍重，科威特国民议会大厦（左图），科威特，1982
511　伍重，建设中的科威特国民议会大厦（右图），科威特，1982

468

入庭院。这种形式与迷宫一样的前工业化阿拉伯城市普遍采用的顶部采光、间歇性插入的形式隐约呼应。1990—1991 年伊拉克入侵科威特时这个结构遭到破坏，现已修复并重新装修。

20 世纪后半叶中东最特别的建筑综合体就是卡塔尔大学（Qatar University）[**图 512**]。它位于多哈市北 10 公里，由事务所设在巴黎的埃及建筑师卡马尔·埃尔 – 卡夫拉维（Kamal El-Kafrawi）赢得竞赛后设计建造。这个几何形体统一、两层的毯式建筑是与奥夫·阿勒普事务所合作设计的，采用重复的预制混凝土构件建造。其构造单元有两种形式：边长为8.4米的八角形以及边长为 3.5 米的正方形。两者有时互连，再与两个正方形拼合成一个更大的单元。每个八角形平面的顶部都是一个立方体带百叶洞口的捕风器。这种建筑体系的速度和效能使得第一期工程在五年内完成。八角形的底层是网格结构，上层则在捕风器以下用倾斜面板覆盖每个房间。这些部件的正面均开向庭院，并用木百叶屏遮挡。

诺曼·福斯特设计的阿布扎比的马斯达市（Masdar City）是一个具有综合用途的低层、高密度开发区，现有的道路及铁路等基础设施可将其与首都和国际机场相连。在市内，除步行外所有出行均采用快速交通系统，以石油为燃料的车辆将被禁止使用。这个沙漠中密集居住的方格网城市周边是光伏电场地以及可灌溉的种植区，从而使马斯达市在能源上可以做到自足。马斯达市占地 600公顷，理论上可容纳 9 万人口，设计思路基于阿拉伯定居点历史悠久的设计传统，即紧凑的城市肌理，狭窄的街道形成的间隙空间可以防止日晒。

512　埃尔 – 卡夫拉维，卡塔尔大学，多哈，卡塔尔，1980—1985

第3章 亚洲与太平洋

导言

469 中国建筑工业出版社2000年出版的《20世纪世界建筑精品集锦：1900—1999》中，亚洲部分在这套十卷本中占了三本，从这一点就可以对这个地域的广阔有充分的认知。

本章涵盖的领域始于1947年印度宣布独立后发展的南亚现代建筑，这一地区涵盖了大量印度教人口，也涉及穆斯林占优势的东巴基斯坦（后成为孟加拉国）和西巴基斯坦（今巴基斯坦）。印度的现代建筑得益于它极具魅力的第一任总理贾瓦哈拉尔·尼赫鲁的大力提倡。他接受过美国的精英教育，1912年回到印度，成为印度国民大会左翼的领袖。此后，尼赫鲁始终致力于把印度发展成一个世俗的、多种信仰的、独立的民族国家。他的远见卓识使他成为现代建筑的保护人，他也被视为印度现代化方案的身体力行者。他所感兴趣的现代建筑不仅要能适应季风气候条件，还要能体现古印度与莫卧儿传统的丰富的文化遗产。因此，他对勒·柯布西耶规划设计的旁遮普省新省会昌迪加尔给予了毫不含糊的支持，并对印度新生代建筑师予以资助。他们的杰出代表是：阿奇特·坎文德（Achyut Kanvinde）、查尔斯·科雷亚、巴克里希纳·多西（Balkrishna Doshi）以及拉吉·里瓦尔（Raj Rewal）。在他们之后，还有同样富有才华的后尼赫鲁时代的代表：比乔伊·贾恩（Bijoy Jain）、桑杰·摩赫（Sanjay Mohe）与拉胡尔·梅赫罗特拉（Rahul Mehrotra）。

南亚次大陆国家巴基斯坦、孟加拉国及斯里兰卡的发展有所不同，部分原因是缺少一个像尼赫鲁一样具有相当权力与现代视野的人。

然而，应该承认，孟加拉国建筑大师穆扎鲁尔·伊斯兰姆（Muzharul Islam）同样具有出色的领导能力。他不仅是一名睿智的建筑师，而且给下一代孟加拉国建筑师提供了主要的灵感源泉，如卡舍夫·乔杜里（Kashef Chowdhury）、玛丽娜·塔巴苏姆（Marina Tabassum）以及拉菲齐·阿扎姆（Rafiq Azam）等。同样，20世纪50年代涌现的锡兰主要建筑师米奈特·德·席尔瓦（Minette de Silva）与乔弗里·巴瓦（Geoffrey Bawa），对锡兰建筑文化及特性做出了重大贡献，锡兰在1972年宣布独立并改名为斯里兰卡。

类似的现代建筑文化来到中国为时较晚。部分原因是“二战”及国共战争造成的发展不足，直到1949年共产党取得胜利。尽管建筑师兼学者梁思成在30年代后期及40年代对调查和记录传统中国建筑做了开创性的努力，并极力劝阻中国建筑不要追随苏联的社会现实主义，但这些努力都付诸流水。

中国现代建筑开始于20世纪80年代向西方开放的政策。从此，西方企业大量涌入中国，大型壮观的建筑在中国一个接一个地出现。中国追求迅速的、大规模的城镇化，造成了环境的不可持续。这种政策后来急剧改变，现在已将注意力转向中国农村的复苏，以及恢复并合理扩展传统居民点和村镇。其结果是涌现了一批新一代的中国建筑师，他们在国家偏远地区设计和建造了感性而得体的作品，从而使他们走到了行业的前列。

在东南亚，一个概括性的现代建筑文化尚未出现。对于这一地区多数国家而言，甚至包括新加坡这样的福利国家，培育一种成熟的建筑文化被证明是难以企及的。其部分原因是战争破坏了地区的原生态。新加坡建筑大师威廉·林（William Lim）写道：

> 第二次世界大战后的几十年内，东南亚国家在殖民势力离开后相继独立，有的如马来西亚和菲律宾，相对和平地实现了独立，其他地区则是在经过苦难和暴力的斗争之后才实现独立。越南、老挝、柬埔寨成为冷战不幸的牺牲品。这些国家将要经历本世纪的大骚乱和意识形态分裂。它们被卷入极端血腥的战争，社会遭到破坏。[1]

这一痛苦经历，加之大部分东南亚国家自古以来就生活在水上，使得它们特别难以发展并维持一种真正的有生命力的现代建筑文化。

在这种语境下，日本就显得非常突出。它在半个世纪内从封建社会转变为一个现代化的、准工业化的民族国家，在1905年的日俄战争中一举歼灭俄罗斯的帝国舰队，为其成为一股东亚殖民势力铺平了道路。“二战”后日本的重建使其在现代建筑发展中扮演了领先的角色，本书第三部分对日本建筑有所涉及。本章重点介绍了两名不同时代的建筑师，分别是槇文彦和比他年轻很多的隈研吾。前者的作品具有活力、精致。后者被认为开创了把日本传统技艺融入建筑的特别方式。

朝鲜一直是中国文明传播到日本的一个中转站。1910年它成为第一个被日本并吞的亚洲国家。半个世纪后，1950—1953年，在苏联影响下的朝鲜与和美国结盟的韩国之间发生了一场残酷的战争。这场战争以不稳定的和平终结，沿着北纬38度线划出了一条非军事隔离区，将朝鲜半岛隔离开来。

亚太地区一章以两个独立国家结束。在19世纪前半叶它们代表大英帝国最遥远的边界，即澳大利亚与新西兰。前者在大片荒芜的土地上做的最有意义的建筑行为就是1912年建成的澳大利亚首都堪培拉，由美国建筑师马里昂·马霍尼（Marion Mahony）与沃特·伯利·格里芬（Walter Burley Griffin）设计。这时的建筑师为澳大利亚提供的是1917年的前现代建筑理念，一般意义上的现代主义文化要到20世纪50年代才形成，体现在本土建筑师的作品中，包括彼特·穆勒(Reter

Muller)、肯·伍里(Ken Wooley)、罗宾·博伊德(Robin Boyd)和哈里·赛德勒(Harry Seidler)。类似的滞后效应也发生于新西兰，严格意义上的现代建筑始于奥地利流亡建筑师恩斯特·普利希克(Ernst Plischke)1940年的作品。

印度

今日印度面临一种日渐明显的现象，即大量庙宇中古老习俗的重现，以及全国各地区正在兴建各类公共机构的建筑。许多宗教建筑靠海外印度人提供的资金得以生存、维持，它们往往把民族主义置于核心地位，模糊了宗教、政治和虚假的或错位的怀旧情绪之间的界限。此外，随着全球化的发展，社区（特别是被边缘化的社区）日益关注其身份、本体及自治权利。这些现象质疑了这个民族国家的根本基础以及他们久经考验的能力，即从广阔世界吸取影响来构建、丰富其身份认同并使其绵延不绝。[1]

——拉胡尔·梅赫罗特拉

《印度1900年以来的建筑》，2011年

我们可把印度现代建筑的起点放到阿奇特·坎文德从哈佛大学毕业回到德里时。他是由印度第一任总理贾瓦哈拉尔·尼赫鲁派去向马塞尔·布劳耶以及沃尔特·格罗皮乌斯学习的，后于1955年在新德里开办了自己的事务所。1960年前后随着坎普尔（Kanpur）的印度理工学院（Indian Institute of Technology）设计项目［**图513**］的开展，事务所开始扩充。这个学院的设计可视为两者的综合：勒·柯布西耶1950年的昌迪加尔总体规划以及路易·卡恩具有深远意义的“服务”与“被服务”空间的砖结构（首次体现在其1961年在费城完成的理查兹实验楼）。此后，坎文德的“卡恩式路线”在一批由印度政府委托的巨型工程中得到发展，包括1970—1973年在古吉拉邦特梅赫萨那县建成的国家乳制品厂、1978—1982年在孟买的尼赫鲁科学中心和1986—1990年新德里的全国科学中心。所有这些项目按不同尺度在功能及表现形式上区分“服务”与“被服务”元素，坎文德给予“服务”单元一种颇有特色的带角楼的样式，使人联想起莫卧儿时期建筑中的象轿——一种置于大象背上的座椅，比如阿格拉古堡（Agra Fort）和阿克巴大帝在16世纪建造的理想城市法特普尔·锡克里。

从20世纪60年代后期开始，新德里建筑师拉吉·里瓦尔在公共建筑项目中，发展出了一种新粗野主义形式，即用砖做填充墙的钢筋混凝土

513　坎文德，印度理工学院，坎普尔，1968。剖面

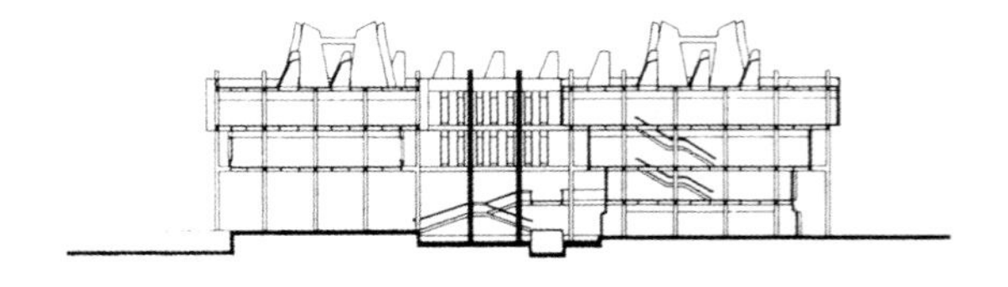

框架。尽管他在这一领域有出色的成绩，但他对现代印度传统做出的最重要的贡献却是作为一名住宅建筑师，特别是作为低层、高密度住宅方案的设计者。他在这一领域堪称榜样，所完成的作品与第五工作室1960年在瑞士的哈伦住宅区、罗兰·雷纳的普切诺住宅地产(位于奥地利林茨附近，建成于60年代)同样闻名。里瓦尔最先引起关注的住宅方案有谢赫沙莱住宅区（Sheikh Sarai housing，1970—1982)、扎基尔·胡赛因住宅区（Zakir Hussain housing，1979—1984）以及建于新德里的权威之作亚运村（Asian Games Village housing，1980—1982)［**图514、515**］。通过这些作品，里瓦尔在低层高密度住宅模式上注入了更多的城市内涵。在亚运村，他在14公顷的场地上设计了500个住宅单元，建有狭窄而曲折、阴影中的步行街，配以合理布置的庭园。里瓦尔更借用拉贾斯坦村（Rajasthani Villages）的乡土建筑语言，在亚运村配置了跨越式单元门廊通道，作为邻里间转换的标志。

1958年从麻省理工学院毕业的查尔斯·科雷

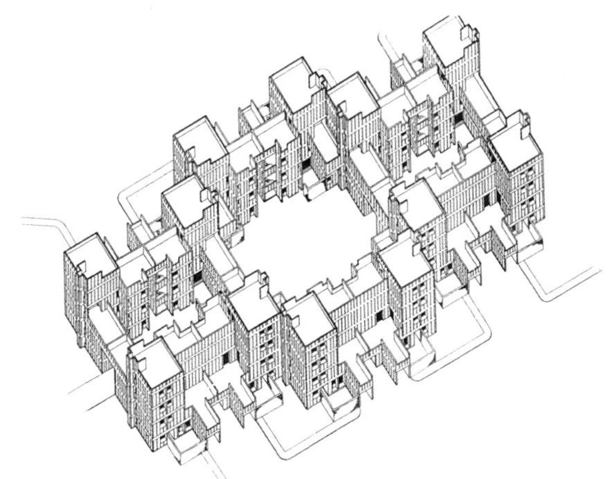

514 里瓦尔，亚运村，新德里，1980—1982
515 里瓦尔，亚运村，新德里，1980—1982

亚回到印度，在孟买建立了自己的事务所。尽管他一直敬重勒·柯布西耶，但就像坎文德和里瓦 474 尔一样，他把路易·卡恩作为自己创作的起点。这一点可见于他的首项重要委托：甘地纪念馆(1958—1963)[**图517**]。它的灵感源自路易·卡恩1959年建在美国新泽西州的特伦顿浴室（Trenton Bath House complex）。接下来的整个60年代，科雷亚对印度住宅的贡献涵盖独立的中产阶级住宅以及经济实惠的低层高密度住宅。他在低造价、低层住宅实践中的唯一例外是1983年建于孟买昆拜拉山的干城章嘉（Kanchanjunga），有27层楼[**图516**]。这座独特的塔楼有32套大型豪华公寓单元，复式成对布置，每层四个单元，叠拼设计，每户都有往上或往下的楼梯，在塔楼转角处有两层高的露台。

与上述建筑师属同代人的巴克里希纳·多西在50年代早期就服务于勒·柯布西耶的巴黎工作室。先是做昌迪加尔的规划，后参加勒·柯布西耶在艾哈迈达巴德做的三栋房屋设计，1955年，多西回印度后负责工程监理。7年后，多西开了自己的事务所，设计了艾哈迈达巴德的印度学研究所（Institute of Indology），研究所建成于1962年。1981年的桑加什工作室（Sangath studio compound） 475

516 科雷亚，干城章嘉塔楼，孟买，1983
517 科雷亚，甘地纪念馆，艾哈迈达巴德，1963
518 多西，阿冉亚住宅区，印多尔，1986

［**图519**］是多西最终超越他作为勒・柯布西耶学徒身份的作品。这个工作室有11个半圆形混凝土薄壳拱顶，部分拱顶互相搭扣，多西的瓦许杜・希尔帕工作室（Vastu Shilpa office）就在其中。多西为印度穷人提供低层住房最为成功的尝试，是1986年在中央邦的印多尔建造的两层楼的阿冉亚

476

519　多西，桑加什工作室，艾哈迈达巴德，1981
520　多西，阿冉亚住宅区，印多尔，1986。剖面
521　摩赫，印度管理学院 NSR-GIV 中心，班加罗尔，2003
522　梅赫罗特拉，塔特社会科学学院农村校园，图尔贾普尔，2004
523　梅赫罗特拉，塔特社会科学学院农村校园，图尔贾普尔，2004。剖面

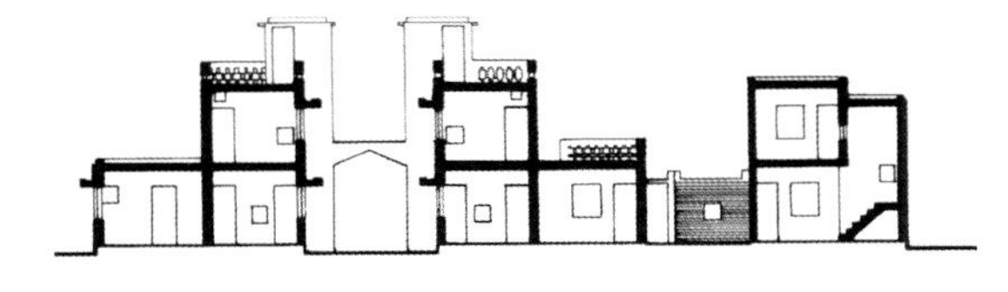

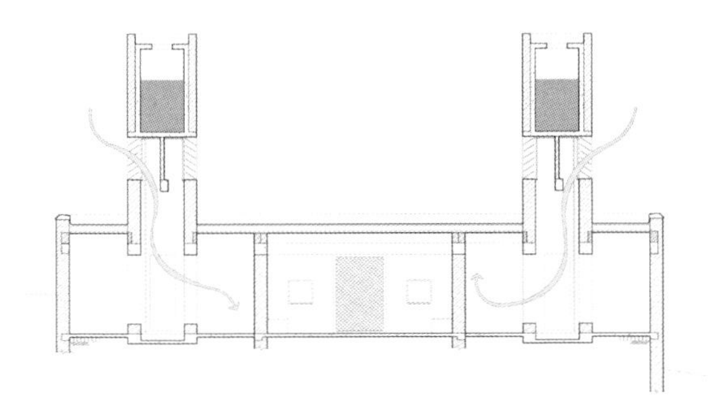

（Aranya）住宅区［**图518、520**］。在这个稠密的二层楼群里，每一栋住宅都用混凝土砌块建造，用水泥饰面并漆成红色，并安装了两项基本设施，一个马桶和一个厨房洗池，两者都连接基础设施：供水及下水系统。

拉胡尔·梅赫罗特拉也许是后尼赫鲁时代最重要的印度建筑师。他必须直面印度从一个开明但不发达的福利国家向一个新型自由的、数字化经济的、各地发展迅速但不均衡的国家转型。随着这种技术、经济的变化，涌现出了一种特别精致、成熟的印度现代建筑，可见于桑杰·摩赫2003年在班加罗尔的印度管理学院NSR-GIV中心［**图521**］和梅赫罗特拉同一时期在马哈拉施特拉邦（Maharashtra）图尔贾普尔的塔特社会科学学院（Tata Institute of Social Science，TISS）［**图522、523**］。这两项工程都与各自所在的环境景观精心配合，要么采用错落的单坡屋顶，要么采用富有节奏感的捕风塔形式。这些工程的砖石结构也在表达其特色上起到重要作用：班加罗尔的研究中心用了混凝土砌块，图尔贾普尔的大学校园使用了当地的石材。

梅赫罗特拉后来的三项工程进一步表明了他的社会建构视野的多样性和精细性：位于斋蒲尔附近琥珀宫（Amber Palace）的干燥平原上的所谓“大象村”（Hathigaon）［**图524**］项目，该项目正在建设中；2012年建在海德拉巴德（Hyderabad）郊外的六层独立式的KMC办公楼［**图525、526**］；2003年建在古努尔（Coonoor）的一个巨大的悬挑金属顶建筑，建筑物坐落在可俯视一片茶园的突出岩石上。

“大象村”是一个用来容纳100头大象以及它们的饲养员和家属的低层居住区，由两层住宅大院组成，成了一个较大的住宅群，每栋住宅毗连一个象舍。整个建筑用当地的毛石砌筑。项目的一个关键生态特点是可收集雨水，用于给大象沐浴和降温，同时也能给当地干燥的场地灌溉，并满足社区用水，包括动物的大量饮用水。庭院住

524　梅赫罗特拉，大象村，斋蒲尔，2010
525　梅赫罗特拉，KMC办公楼，海德拉巴德，2012
526　梅赫罗特拉，KMC办公楼，海德拉巴德，2012

527 帕多拉，西夫神庙，瓦德什瓦尔，浦那附近，2010，剖面
528 梅赫罗特拉，里拉瓦提·拉尔巴图书馆，CEPT，艾哈迈达巴德，2017
529 梅赫罗特拉，里拉瓦提·拉尔巴图书馆，CEPT，艾哈迈达巴德，2017

宅的平屋顶加一层轻质瓦楞铁顶遮阳，这种双层屋顶可用来存放草料，它不但增加了一个隔热层，而且方便了草料存放，大象也可以用象鼻自行取用。

梅赫罗特拉采用高科技幕墙的KMC办公楼四周被同样高科技的绿色缓冲带环绕，使建筑免受太阳直晒。这个绿色缓冲带实际上是一个多功能的温室，多种植物种植在悬挂的铝质棚架里，均为无土栽培。温室里的自动喷雾装置可以浇灌植物，这种人工微气候调节方式还可以给房屋降温。园林工人被雇来照看植物，他们的出现使得不同层级的员工在同一个环境中工作，不仅让建筑有了生气，还在一定程度上缓和了印度依然流行的种姓和阶级矛盾。

梅赫罗特拉在2011年出版的综述性调查报告《印度1990年以来的建筑》(*Architecture in India since 1990*)恰当地以一个石筑庙宇［**图527**］作为结束，该项目是2010年由萨米普·帕多拉建筑师

479

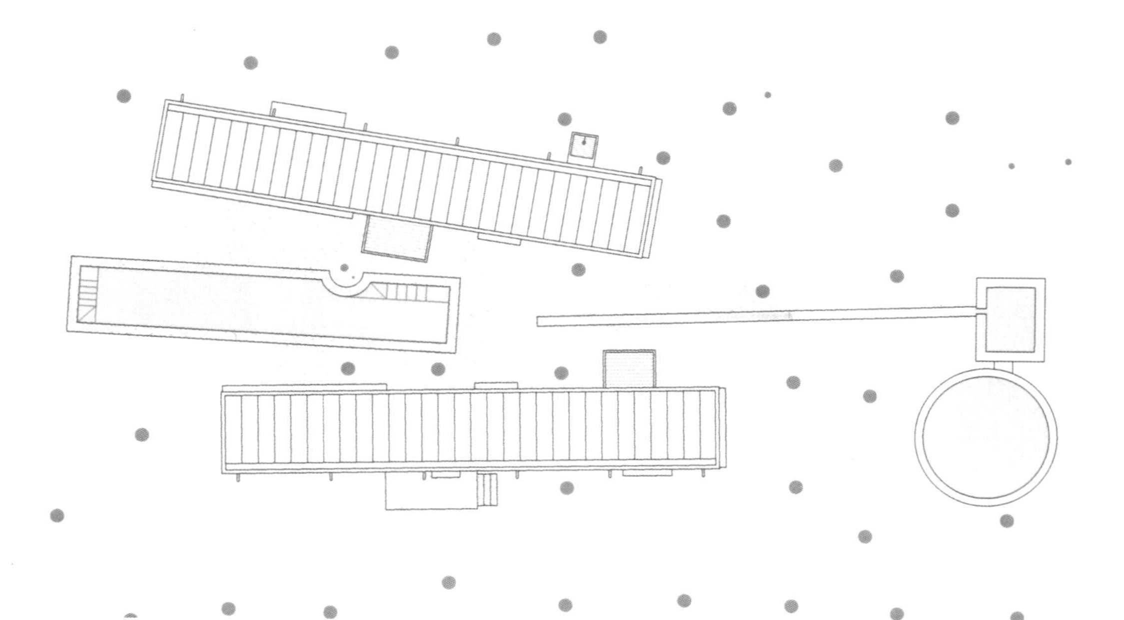

530　孟买工作室，帕米利亚住宅，南达贡，2007，场地平面
531　孟买工作室，帕米利亚住宅，南达贡，2007

事务所（Sameep Padora Architects）设计的，建于浦那（Pune）郊外的瓦德什瓦尔村，主要使用本村劳工，采用精细加工的当地石料建造。建筑师在决定这座圣祠的规模和等级上起了关键作用，对神职人员进入圣祠最神圣部位的正交木柱廊进行了细部处理。庙宇正面的台阶休息区也使公共绿地变成了一块神圣的空间。

20世纪90年代后期涌现的另一位重要天才人物是比乔伊·贾恩。他和他的事务所孟买工作室（Studio Mumbai）对设计与施工采用了一种独特的“手工”（hands-on）做法，这就回到了威廉·莫里斯的理想，即跨越那种把建筑师从工匠中分离出来的劳动分工方式。比乔伊·贾恩在美国接受培训成为一名建筑师，有一段时间在洛杉矶的理查德·迈耶的模型室工作，回到印度后，他逐渐成为一位现代建造大师。在这个角色中，他不仅是一名设计师，而且还是多才多艺的拉贾斯坦木匠团队的协调人。这些木匠能制作传统木构件，包括门窗和各种精细木柜，同时也能制作精细的钢和陶瓷构件。通过这种特别的综合途径，孟买工作室不仅展示了前面提到的各种手艺，而且同样擅长瓦工和精细石工的活儿，需要时，还可加上油漆和彩色塑料。正如彼得·威尔逊（Peter Wilson）所写：

> 孟买事务所的所在地实际上不是一栋建筑，而是一个用脚手架搭起的铁皮屋顶下的工作室——一棵棕榈树若无其事地穿过它的中心。屋顶下面挂着电扇和日光灯（彻夜工作并不稀奇，每周七天连续生产）。在季风季节，屋顶下多了一层塑料布篷，下面是生产平台，三面敞开，后面是背景墙，像仓库一样摆放着各种材料：包好待运的椅子，五颜六色、像是为印度圣日准备的颜料烧瓶，一盘手工制作的黄铜开关，原木、深色未切割的木板，瓷盆，等等。孟买工作室是一站式商店，他们什么都能提供，直至整个项目，只要有需要也可以供应世界范围……许多工匠是传统拉贾斯坦木匠。他们坐在夯实的土地上，脚趾间夹着一块木料，加工一个精细的鸠尾榫节点……他们很少用图纸。详图常在工地与负责施工的工匠交流中生成。比乔伊·贾恩不仅发笔记本电脑给木匠，也给电工和事务所其他合作者……建筑师的职能是选择——这是对我们较为熟悉一套体系（即创意、描述、实施）的一种出人意料的颠覆。[2]

与此同时，人们应当承认，像他们之前的莫里斯，孟买工作室的产品所服务的大都是精英，他们在马哈拉施特拉邦建造了一批精致的豪华住宅，特别是分别于2005年和2007年建造的塔拉公寓和帕米利亚住宅（Palmyria Houses）［**图530、531**］。塔拉公寓是比较传统的大尺度的缓坡屋顶结构，周围有地下水罐和茂密的植被。而帕米利亚住宅区由两个长条形优雅布置的平屋顶木构别墅组成。它的侧面覆以木百叶，以使室内的不同区域都能被附近海滩和海面刮来的凉爽微风吹拂。

巴基斯坦

1947年英国离开后，印度有幸受到尼赫鲁的现代化和民主理想的启示，现代建筑注定要在其中扮演影响深远的角色。然而巴基斯坦的现代化却因为军政府的存在而一直潜伏着，直到21世纪初，军政府依然执政。在印巴分治10年后的1958年，巴基斯坦的军政府首领阿尤布·汗（Ayub Khan）决定把首都从卡拉奇迁到拉瓦尔品第，并将在其附近建一个全新的城市伊斯兰堡，由位于雅典的一个国际规划顾问组织多西亚迪斯事务所（Doxiadis Associates）编制了一个道路网的规划。一些外国建筑师应邀参与伊斯兰堡的设计，其中最受关注的是美国建筑师爱德华·杜雷尔·斯通。他在规划方案的中心位置设计的金字塔型总统府邸，是他一生中最成功的大型作品。总统官邸占据了主广场的主轴位置，议会与外交部各占横轴的两端。在这项工程中，斯通劝说阿尤布·汗避免任何莫卧儿建筑的元素，与之类似的阐释也使得土耳其建筑师维达尔·达洛卡伊（Vedat Dalokay）的设计方案在1970年伊斯兰堡的沙阿·费萨尔清真寺（Shah Faisal national mosque）［**图532**］国际设计竞赛中中标。这个极为精致、高度抽象的作品用四片倾斜的混凝土屋面板覆盖清真寺的宏大空间，并配有四座同样抽象的宣礼塔。

在1965年拉合尔的西巴基斯坦工程技术大学建筑系成立之前，巴基斯坦的建筑师大部分都在国外培训，不是在英国就是在美国。哈比布·费达·阿里（Habib Fida Ali）与雅丝米恩·拉里（Yasmeen Lari）就是这批建筑师中的两位。费达·阿里早期最好的作品之一是位于卡拉奇的布尔玛–壳牌石油公司总部大楼［**图533**］，他于1973年在设计竞赛中获胜，随后经过细致的深化和设计，直到1978年才完成该项目。雅丝米恩·拉里避免了费达·阿里早期作品的戏剧性特点，不过她的建筑同样有很好的细部，可见于70年代她所建的住宅，包括在卡拉奇的海军准将哈克的住宅和她自己的住宅。也许她迄今为止最感性的作品是位于拉合尔的安古里·巴格住宅（Anguri Bagh housing），除了面层以下的混凝土主体结构，全部用砖饰面，非常神似拉吉·里瓦尔在新德里的亚运村住宅。

有四位建筑师在巴基斯坦现代建筑的早期发展中起了关键作用，他们是：本地培养的纳亚尔·阿

532 达洛卡伊，沙阿·费萨尔清真寺，伊斯兰堡，1970—1986
533 费达·阿里，巴基斯坦布尔玛–壳牌石油公司总部大楼，卡拉奇，1973—1978

里·达达（Nayyar Ali Dada），他的事业开始于设计和建造位于拉合尔的国家艺术学院的萨吉·阿里会堂（Shakir Ali Auditorium）；美国人威廉·佩里（William Perry），他设计了细节精致的卡拉奇工商管理学院；无处不在的法国建筑师米歇尔·埃柯夏德，他设计了新柯布西耶式的卡拉奇大学；最后是美国帕耶特事务所（Payette Associates），他们设计了在卡拉奇的拥有700个床位的阿卡汗大学医院，20世纪70年代中期开始施工，1985年建成，它的治疗中心和医学院后来又有所扩建。

481

孟加拉国

孟加拉国独立后一代的主要建筑师是穆扎鲁尔·伊斯兰姆。他在1971年解放战争后，在设计一种适应孟加拉国强季风气候的现代建筑［**图534**］中扮演了主要角色。伊斯兰姆的一生从未间断过以建筑顾问的身份为政府服务，也因此路易·卡恩最终被指定为孟加拉国国民议会大厦（Sher-e-Bangla Nagar）［**图535**］的建筑师。项目于1963年在达卡完工。通过契塔纳研究组（Chetana research group），伊斯兰姆将建筑语言与19世纪孟加拉文艺复兴的文化志趣结合起来，这方面的代表人物是出生于孟加拉国的作家、艺术家泰戈尔。此外，伊斯兰姆还添加了一种符合他所处时代的左翼批判的情感。

继承这一遗产的当代孟加拉国建筑师有卡舍夫·马布波·乔杜里与玛丽娜·塔巴苏姆，他们以赢得1997年独立纪念碑和解放战争博物馆的设计竞赛，而开始了他们的合作生涯。这项工程经历了多次延期，最后按他们的设计于2013年在首都达卡的苏拉瓦迪纪念公园（Suhrawardy Udyan）建成。千禧年后，这对夫妻伙伴结束合作，之后，乔杜里设计完成了两项出色的作品：2005年位于吉大港的仓得贡清真寺（Chandgaon Mosque）和被称为友谊中心（Friendship Centre）的培训设施［**图536、537**］，建在达卡以北约250公里处的盖伊班达（Gaibandha）的洪泛区平原上。清真寺建在稻田中，是单层混凝土结构，由两个矩形空间组成，分别是露天的前院和带穹顶的祈祷厅。而友谊中心则是由草屋顶和承重砖墙建成的多个平房，间以穿插庭院和集水池，看起来像个迷宫。在孟加拉国三角洲，水既是宝贵的资源又是一种威胁。因此，除了防洪措施——围绕在这个建筑群周围的防洪堤——还必须精心设计包含总水管、生活饮用水和化粪池的供水系统，以保证在季风季节洪水不会与污水混合。

塔巴苏姆设计的拜特·乌尔·鲁夫清真寺（Bait Ur Rouf Mosque）［**图538、539**］于2013年在达卡

534 伊斯兰姆，建筑师住宅，达卡，1969。剖面

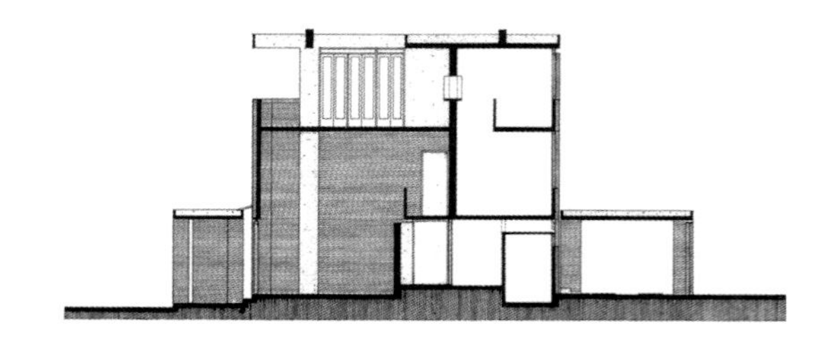

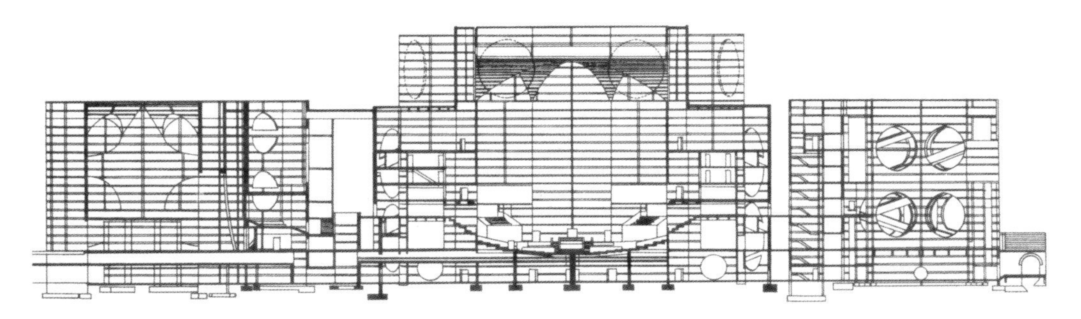

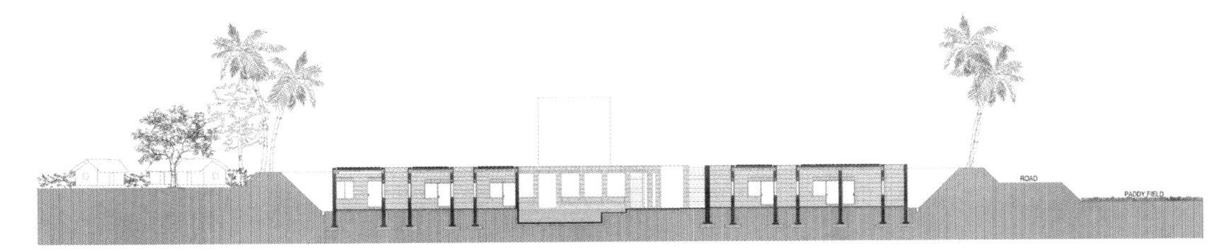

535　卡恩，国民议会大厦，纳加尔，达卡，1963

536　乔杜里，友谊中心，盖伊班达，2011

537　乔杜里，友谊中心，盖伊班达，2011。剖面以北的法伊达巴德·乌塔拉（Faidabad Uttara）建成，采用路易·卡恩式的内在几何关系以及用承重砖砌体。这是一座正方形的小型清真寺，边长22.8米，高7.6米，建在了另一个方向不同的正方形之内，使祈祷厅得以朝向麦加方向。祈祷厅本身是以砖墙做围护体的钢筋混凝土结构，周围是一个两层的砖砌填隙式漫步廊。阳光从边上经过这廊道及开了许多小孔的屋顶进入祈祷厅。几乎同时，塔巴苏姆在杰索尔（Jessore）的生态度假区有一组小型汽车旅馆式的带茅草顶的亭阁，建在一组夯土平台上。这个旅游设施在各方面都体现了它所处的洪泛平原的文化。

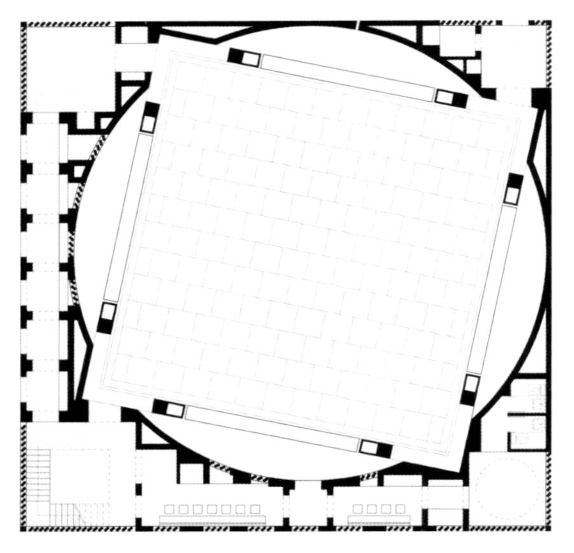

建筑师兼画家拉菲齐·阿扎姆是与乔杜里、塔巴苏姆同代的杰出的孟加拉国建筑师。1986年扩建他童年时期在达卡的住宅，是他职业生涯的开始，而当时他还是个学生。这是一座传统的庭院式砖砌住宅，需要重新布置和扩充，以适应一个成员增加的家庭。他在新结构的首层从生活区

538　塔巴苏姆，拜特·乌尔·鲁夫清真寺，达卡，2013。平面
539　塔巴苏姆，拜特·乌尔·鲁夫清真寺，达卡，2013

540　阿扎姆，孟加拉国大使馆，伊斯兰堡，2015。渲染

伸出一个新的平台部分达到这一目的。就像乔杜里一样，阿扎姆对孟加拉国开阔的洪泛平原有着特殊感情，他在富于激情的水彩画中表达了三角洲经常性的季节变化。随着他对自己家居所做的改造以及经过一段实习期，他的早期实践完成了一系列5—6层路易·卡恩式的公寓建筑，有精致排砖的垂直砖柱、悬挑的角窗以及每幢公寓塔楼的冠顶上挑出的屋檐。他又把这种模式用在若干独户“塔式”住宅设计中。在安藤忠雄和路易·卡恩的影响下，阿扎姆趋于成熟并成为一个有相当水平、擅长做纪念性建筑的建筑师和景观师，表现于2012年在诺阿卡利市（Noakhali）波特基尔（Botkhil）的一个家庭墓地，及2015年在巴基斯坦伊斯兰堡的一个令人赞叹的项目：孟加拉国大使馆（Bangladeshi Chancery）［**图540**］。

斯里兰卡

斯里兰卡以前被称为锡兰。天才建筑师乔弗里·巴瓦生于斯里兰卡，受教于英国，是“乡土现代主义”（Vernacular modernism）的倡导者。他首次进入公众视野是因其1969年设计的木框架坡屋顶的本托塔海滩酒店（Bentota Beach Hotel）。在他极具个性的地域风格的演进中，受到两位极具潜力人物的影响：一是斯里兰卡建筑师米奈特·德·席尔瓦，她就读于伦敦建筑联盟学院（Architectural Association School），1948年成为RIBA（英国皇家建筑师协会）首位亚洲女会员；二是丹麦流亡建筑师乌尔里克·普勒斯纳（Ulrik Plesner），他在20世纪60年代前半期与巴瓦一起工作。巴瓦的景观设计和建筑设计同样受人尊敬，他从1948年起开始了卢努甘卡（Lunuganga）庄园的设计建造工作，这是耗去他大半余生的景观杰作。

在巴瓦的设计下，斯里兰卡国会大厦（Sri Lankan Parliament complex）［**图541**］的豪华热带风具有了深远的意义，它于1982年建在斯里贾亚瓦德纳普拉（Sri Jayawardenepura）的人工湖中央的一个小岛上。他还接受政府委托，在玛塔拉（Matara）规划建造新的大学，从1980年连续开发到1988年。位于丹不勒的绿色植被覆盖外露框架的坎达拉玛酒店（Kandalama Hotel）是他后期最重要的作品之一，该项目完成时已是他人生暮年，它不仅体现了使他成名的“热带奢侈品”（tropical luxus）的风格，也是一个生态杰作，酒店被伪装成一个行将被山顶茂密的热带雨林所吞没的“准废墟”（quasi-ruin）。

斯里兰卡新近的地域性杰作是建在科伦坡的英国高级官员公署（British High Commission）［**图542**］。它是由工作室设在爱丁堡的建筑师理查德·墨菲（Richard Murphy）设计的。该项工程不仅仅是对气候做出的被动反应，而且是对周围环境做出的敏感回应，采用了当地的卡路噶尔石材（Kalugal stone）、本地赤陶瓦以及椰树木条板等。同样具地域特点的是围绕着水榭和喷泉池的矩阵规划，它有利于建筑物的自然通风。主入口门廊上的玻璃天窗使得建筑物的自然通风、散热得以加强，玻璃天窗作为散热烟囱，把热风从办公室排出去。

541　巴瓦，斯里兰卡国会大厦，科伦坡，1982
542　墨菲，英国高级官员公署，科伦坡，2008

遵循乔弗里・巴瓦始创的独特的地方性现代传统的正在上升的斯里兰卡青年一代建筑师有：锡兰特·魏兰达维（Hirande Welandawe）、查纳·达斯瓦特（Channa Daswatte）、阿米拉·德·梅（Amila de Mei）、帕林达・坎南噶拉（Palinda Kannangara）等，其中最为重要的也许就是“建筑团队”（Team Architrave）事务所。“建筑团队”于2017年设计并建成的优美的钢框架六层办公楼，位于科伦坡的闹市区，是一个深受欢迎的现实主义的“绿洲”。

中国

488 在60年代，第十小组与建筑电讯学派是城市主义最后真正的“运动”，是组织城市生活新思维新概念的权威信念。此后很长一个时期，我们对传统城市的认识有了巨大进步，灵活应变和即兴成为常态，一种塑性城市主义得到了发展，创造一种没有城市性的城市环境的能力逐渐提升。与此同时，亚洲处于一种无节制建造的状态，其规模是前所未见的。一股现代化的涡流正在冲击着亚洲的方方面面，同时创造着一个又一个全新的城市实体。一方面是似乎有理的、通用的信条的缺失，另一方面是一种前所未有的生产强度，造成一种特有的扭曲环境：城市处于巅峰时刻，却越发无法让人理解。

结果产生了一种理论性的、批判性的和操作上的僵局，迫使学术界和实践界处于要么信心十足要么漠不关心的状态。事实上，整个学科都没有足够的术语来讨论该领域中最切近、最关键的现象，也没有一个概念框架，可以用以准确描述、诠释和理解这些力量。这个领域被弃置于无法描述的“事件”之中，或是置于用以缅怀城市的虚构的田园诗般的创作中。除了混乱和欢庆，别无他物。[1]

——雷姆·库哈斯

《城市项目1：大跃进》，2001年

1912年中华民国建立，直到1949年，中国经历了日本侵华战争、内战，这一连串发生在中国的战乱显然无益于现代建筑的培育。因此人们可以理解在20世纪中国官方建筑中两次出现新古典主义纪念性建筑的倾向，第一次是1929年由吕彦直设计的、在南京为民国缔造者孙中山建造的陵墓，第二次是1959年为庆祝共产党革命胜利十周年在北京建造的十大建筑。后者体现了毛泽东对苏联社会现实主义的推崇。当时中国建筑中缺少其他创造性的表达。而试图在中国推行一种适宜的现代建筑文化的一位人物是在美国接受教育的学者建筑师梁思成。

首批在中华人民共和国获得建设项目的外国建筑师之一是美籍华人贝聿铭。1982年他在北京郊区建造了香山饭店。一年以后，美国的一家设计事务所艾勒比·贝克特（Ellerbe Becket）在历 489 史悠久的长城边上建了一幢多层酒店。又一个十年以后，中国新的开放政策从上海开始，国家经济达到了井喷式增长，上海市政府选择了原来是农业地区的浦东，将其改造为新的商业中心。这个决定致使短期内各式摩天大楼大量涌现，其中有1998年由SOM公司设计的88层塔状的金茂大厦，随后是2007年由纽约KPF设计事务所（Kohn Pederson Fox）设计的大胆、科幻而壮观的492米高的上海环球金融中心。此时，改革开放政策已全面展开，西方的建筑师事务所一个接一个地在中国承揽项目。其中有法国建筑师保罗·安德鲁（Paul Andreu），他接受委托设计了享有盛名的中国国家大剧院，其位置靠近连接着北京紫禁城与天安门的中轴线。国家大剧院建成于2002年，一个跨度为144米的钛合金椭圆形穹顶下容纳了三个独立的演出空间：一个2416座的歌剧院、一个2017座的音乐厅以及一个1040座的话剧院。这幢豪华建筑坐落在一个大型的水池中央，只能坐车通过一条地下通道抵达。它是此后十年中由外国建筑师设计的知名巨型建构的典型，这些巨型建筑中还包括2007年由诺曼·福斯特设计的北京首都国际机场，其拥有富有动感的V型设计以及符合空气动力学特征的布局。这个时期中国发展之迅速可见于下列事实：在21世纪初的十年内，中国消耗了全世界54%的混凝土以及36%的钢。此种狂热的生产之下，建筑工地昼夜运转，大量建筑被破坏和拆除，城市和乡村莫不如此。据天津大学的研究数据，在2000—2010年间，中国村镇数量从370万个跌至260万个，在农村地区每天消失300个村落。

2000—2002年间，一批中国乃至亚洲建筑师应邀在首都附近场地设计示范性住宅。这个展示性住宅项目由房地产开发商张欣与潘石屹开发，取名“长城脚下的公社”。张永和就是参与设计和建造的建筑师之一，他用土坯墙和木构架建成的二分宅（Split House）[**图543**]是其中最具独创性和优雅的作品之一。同一项目中，日本建筑师隈研吾设计的长城脚下的公社–竹屋（Bamboo House）[**图544**]是仅有的具有同等水平建筑表现力的设计。同一时期，在结构清晰性和用材丰富性上都值得称道的是马清运2002年在蓝田县玉山镇建造的名为“父亲的宅”（又名“玉山石柴”）[**图545**]的建筑。它极具原创性而且返璞归真，二层钢筋混凝土框架结构，用砖石填充，通高木百叶窗，外墙用本村河床中采集的光滑鹅卵石筑成。

490

香港是能在多方面提供发展一种新现代建筑的沃土，这不仅仅见之于在香港出生并成立自己事务所的严迅奇（Rocco Yim），他的作品遍布中国内地和香港，还见之于乔舒亚·博肖维尔（Joshua Bolchover）和林君翰在香港大学成立的集研究与设计于一体的协作性事务所“城村架构”（Rural Urban Framework，RUF）。迄今为止，该机构产生了两项杰作：2011年在湖南省保靖县的昂洞卫生院改造和2012年在陕西省石家村的“四季住宅”。昂洞卫生院的改造主要是用一个连续的

543　张永和，二分宅，北京，2002。底层平面

544　隈研吾，长城脚下的公社－竹屋，北京，2002

混凝土坡道把整个建筑串联起来，在五层楼房没电梯情况下也能方便通达。在石家村二层高的四合院建筑中，像医院一样用多孔砖砌筑围合，阶梯状多功能的平屋顶，既可用作农产品晾晒，也可收集雨水。

台湾建筑师王维仁的事务所设在香港，他面临极为密集的城市环境，尤其是要在异常拥堵的城市地块上建造学院校园，例如2005年在屯门的香港岭南大学，或2008年的香港理工大学。在这两个实例中，他都面临着这样的空间要求：把模块化单元拼成塔状外形，并用错位的开窗手法赋予整体形式以动感。类似的外墙和结构手法也可见于王维仁2014年为香港中文大学设计和建造的深圳学校的12层学生宿舍楼。他对有地形条件要求的项目也有积极回应，例如2002年在台湾台北市的白沙湾海滩访客中心［**图546**］，错位的单坡屋顶上覆以草皮，将其融入周围的景观中。再如2012年在杭州西溪湿地的艺术村，受到12世纪中国传统的山水画启示，一组组2—3层的画家工作室装有大景观窗，透过这样的画框，徐徐展开一幅连续的湿地景色画卷。

王澍和陆文宇创立的业余建筑工作室面对中

国千年一遇的与建筑繁荣相伴而生的环境破坏时采取了同样的地形学对策。他们力图在工程中恢复一些传统的中国建筑文化。2008年由他们设计建于宁波市鄞州区的宁波历史博物馆即是实例[**图547**]。博物馆构思成一座由护城河包围的中世纪堡垒。24米高的混凝土外墙用传统的砖瓦、陶片做饰面，形成灰、红、褐色的马赛克表面；这些砖瓦和陶片都是从工地现场周围废弃的民居中收集而来的，与混凝土墙一起整体浇筑。

取得这项成就后，业余建筑工作室设计和建造了其规模超过他们这一代建筑师所承担过的最大单项工程——中国美术学院象山校区。这是一个位于杭州近郊从2008年开始逐个连续建造各院系的校区。校园位于象山一个平缓的山坡上。受中国传统画卷的启示，校园设计成一连串建筑延绵展开的形式，单体建筑大胆采用波浪式屋顶，悬挂于建筑两侧的设计精巧的外挂楼梯可通达屋顶。除了这种布景式景观的冲击力，设计中最富意味的建筑，王澍认为是作为整个校园社交中心的会议中心和宾馆。这组建筑令人印象深刻之处在于连续折叠的木屋顶，一组由数不清的木

545　马清运，父亲的宅，蓝田，西安，2002

546　王维仁，白沙湾海滩访客中心，台北，2002

桁架组成的空间结构依次并列，并用缆索横向固定。这个漂浮式屋顶由钢框架承托，框架置于就地取来的黄红两色土夯实筑成的横墙上，间隔一定距离用钢筋混凝土框架加固。除了它的乡土含义，这种大型出挑屋顶似乎受到遥远的卡洛·斯卡帕的古堡博物馆(Castelvecchio Museum，1965年建在意大利北部维罗纳)的启发。据建筑师的说法，另一个使其获得灵感的意大利作品，是1760年乔瓦尼·巴蒂斯塔·皮拉内西的蚀刻版画系列“想象监狱”。这一影响体现在建筑内部互相交织的横向楼梯上，它们盘旋而上到达洞穴般的屋顶平台，或直达屋顶顶部。

492

业余建筑工作室另一个引人注目的作品是正在进行中的文村改建[**图549、550**]，它位于距杭州车程1.5小时处。项目开始于2013年，对原址上的一长排松散分布的立方体住宅以及沿河零散的民居进行就地改造。这些住宅现在还在按照王澍和陆文宇的设计进行修缮或重建。特别之处，是这些住宅的修缮和重建是用一种差异性重复的

方式处理，新结构保留了村庄原来的线性形式的连续性和节奏感。

王澍对肆意破坏中国传统城市与建筑文化的反对立场，获得了新一代中国建筑师的支持，他们选择在相对偏远的农村社区探索另一种现代性，正如建筑师李翔宁所写：

从村镇到城市，从文化建筑到居住建筑，从20年的破坏性建设中醒来，中国当代建筑实践期待巩固一种新的建筑传统。这是一种悉心借用而不是刻板地、直接地、肤浅地搬用传统建造文化的做法。这是现代西方建筑达到顶点后的一种文化复兴，而不是一种保守的、主观主义的建造；这是一种多样解答的并存，而不是对主流经验的简单复制。或早或迟，这些独立建筑师的独立创作将产生一种类似针灸的效应：个别的案例将使得中国的建筑业，甚至是广大的公众，用一种批判和创新的眼光来认识自己的传统。

到目前为止，在中国实现的最为激进的一项城市作品是刘家琨于2016年在成都建成的西村大院［**图548**］。这是一个长237米、宽178米的6层高的四方形街区，三边都有公共和商业用房，第

547　王澍，宁波历史博物馆，鄞州，2008

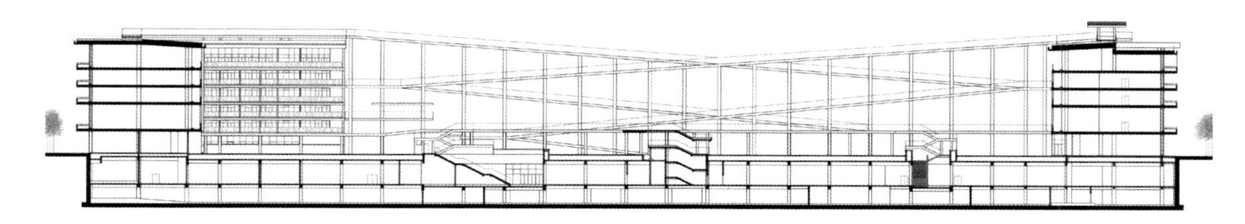

548　刘家琨，西村大院，成都，2016。剖面

四边，交叉的露天自行车坡道将整个建筑的6层连接起来。这个多层综合体由于精心布置景观植被而丰富多彩，绿化带也被用作各种体育设施如篮球、网球等场地的隔离带，这些体育设施占据了大院的所有内部空地。这些游戏空间由楼梯和高架通道彼此连接。回顾历史，这项工程可视作21世纪苏联工人俱乐部和集体住房的社会理想的再现，工人俱乐部和集体住房在19世纪20年代被视作一个新的制度形式、能够为苏联提供一种社会凝聚力的观念。

493

这个项目被视作一种批判性的策略，它在无处不在的资本市场与社会主义特质之间进行了调和。在《人山人海——日常生活的欢庆》的标题下，家琨写道：

城市野蛮生长，历史记忆被抹除，公共空间被蚕食，地方精神萎缩，传统生活方式迅速消失，建筑传统沦为符号，日常休闲被消费异化为固定模式……空间的等级制度设定使对延续地方精神来说至关重要的日常生活空间等而下之，生活的创造力似乎只有在犄角旮旯里才能杂乱生长。能不能使资本的掠夺习性进化为共享多赢？能不能把被割裂漠视的日常生活内容集聚起来获得能量？能不能把被动寻求保护的公共空间变为主动的优势输出？能不能使传统文化基因在当代城市中得以延续？能不能使市井场面变为艺术呈现？这是我们面临的挑战。

实际上，西村大院是一个无法定义的集零售、创新空间和酒店住宿为一体的综合体，像电影院或健身馆这样的公共设施被置于地下室，再下一层用于停车。同时，这个项目有意采用原生态材料，从现浇清水钢筋混凝土框架到配筋砌块屋面板。屋面上种草以抵御“热岛”效应。

最近另一项类型学相关的创新，是由OPEN建筑师事务所李虎和黄文菁设计的有城市街区规模的田园学校，即于2014年建成于北京的北京四中房山校区［**图551、552**］。它最激进之处，是一半可使用的场地由起伏的覆盖草皮的混凝土屋顶，形成一道人造景观，从而创建了花园学校的定位。学校主体是一组四层教室楼的连续的有机集合体，悬跨于草皮覆盖的容纳三层公共设施的地下空间之上，公共设施包括餐厅、讲演厅、体育馆、篮球场、厨房、储藏室及汽车和自行车的停车场。它的可持续措施包括雨水收集、地热以及教室楼区可用于农业栽种的绿色屋顶。

中国近期建筑中，一些较具感性和创造性的实例可见于住宅建筑，特别是一些运用中国传统元素、将住宅与水景结合的低层住宅区。例如RMJM事务所设计的、于2006年建于苏州郊区的

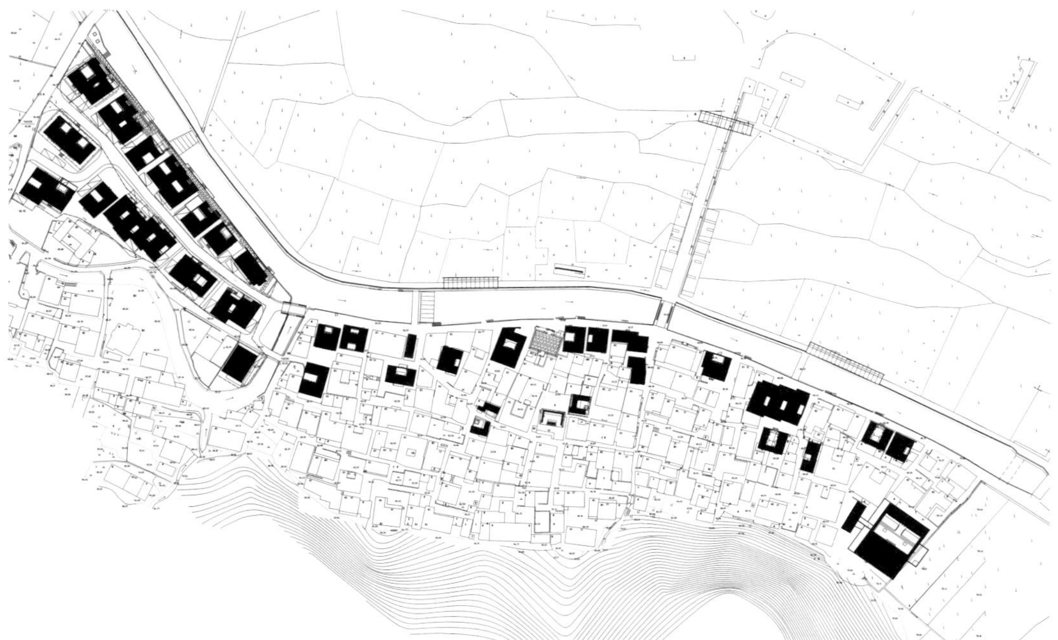

549　王澍，文村，浙江，2013

550　王澍，文村，浙江，2013。总平面

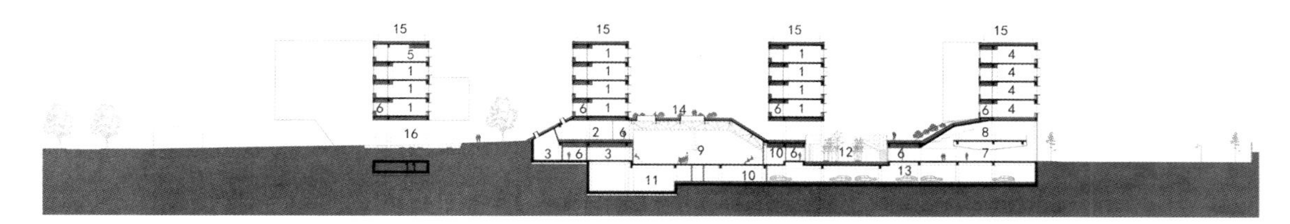

551 OPEN，田园学校，北京，2017
552 OPEN，田园学校，北京，2017
553 RMJM，东方花园，上海，2005

依云小镇，以及他们在2005年为上海附近著名的历史名镇朱家角设计的东方花园[**图553**]，由2—3层楼高的住宅组成，间以水道、步行小巷及停车区。但此类居住区绝非当今中产阶级房屋建造的唯一模式。另一实例是2003年由马清运的MADA事务所在上海郊区设计的20层板式住宅区。还有一种更为传统的形式，例如2008年由刘晓都、孟岩所在的都市实践事务所（URBANUS）设计的位于广州的土楼公舍，受福建传统的圆形堡垒式客家民居“土楼”的启发，它的287套二居室单元实际上是古老农舍的中产阶级现代化版本，此项目入围了2010年阿卡汗建筑奖。

495

2008年四川省汶川地震动员了几乎全中国的建筑师，其中有台湾建筑师谢英俊领导的乡村建筑工作室，他们用一种高效的预制轻钢框架结构几乎一夜间建起了200万个住宅单元。这种抗震结构随后由当地人民采用当地材料如夯土、砖石及竹板而得到进一步发展。

同样值得关注的是一些新兴的中国事务所似乎吸收了20世纪30年代欧洲构成主义的建筑手法。例如2009年由山水秀建筑事务所（Scenic Architecture）设计的连云港连岛上的大沙湾海滨浴场[**图554**]。它由三块钢筋混凝土Y形平面板

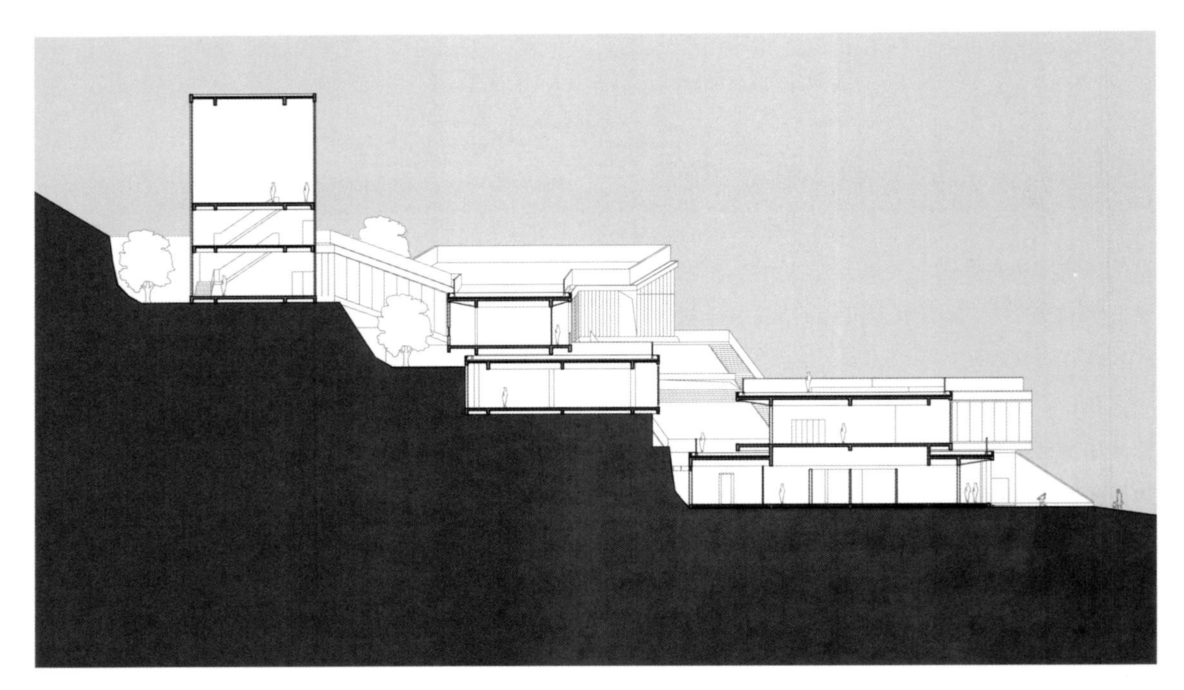

554 山水秀建筑事务所，大沙湾海滨浴场，连岛，2009

496 体组成，上下板体局部叠合，逐渐向海滩处下降，形成一组连续的梭形体。其顶层布置了17个客房的酒店，二层有一个餐厅及俱乐部设施。这个项目的空间创意，在于一系列的木材甲板瀑布似的向海面垂下。

由董功领导的直向建筑（Vector Architects）的近期作品也是运用欧洲现代运动的语言进行强有力和感性的再创作的实例，他们在2015年的北京杂合院改造项目中，对传统的胡同杂合院的修复值得关注且令人印象深刻。项目中，一座双坡瓦屋顶的住房被改成一个画廊。它的露天庭园中有两个轻型木亭，一个用作小型咖啡馆，另一个为多功能用途。2015年，他们在北戴河的海滩边建了一座“理性主义”的清水混凝土海边图书馆［**图557**］。第二年还有两项作品，原来的现浇钢筋混凝土的“理性主义”语言已被摒弃和修正，变为与地形学语言相结合，第一项是苏州非物质文化遗产博物馆［**图555、556**］，第二项是重庆桃园居社区中心（2015），在这个社区中心，景观随地点变化而变化。对后一个项目，他们如此描写：

社区中心的公共性质吸引了各类人群，包括常住居民……他们有不同的行为模式，如散步、聚集、阅读、训练、锻炼、健康咨询等，人们要为每项活动设定空间，同

555 直向建筑，苏州非物质文化遗产博物馆，苏州，2016。剖面
556 直向建筑，苏州非物质文化遗产博物馆，苏州，2016
557 直向建筑，海边图书馆，秦皇岛，2015
558 DnA 建筑师事务所，红糖厂，2016

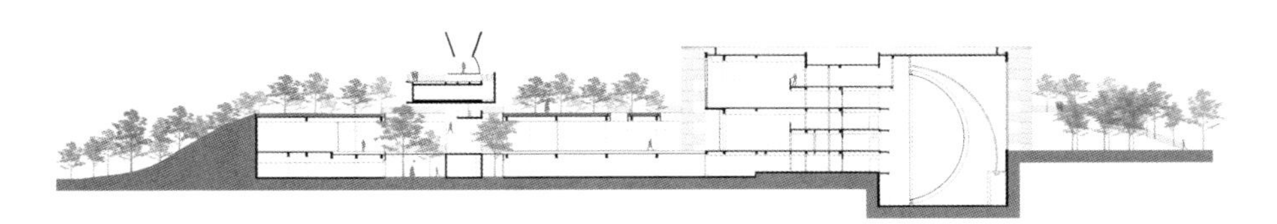

559　俞孔坚，沈阳建筑大学的稻田校园，沈阳，2004

时在开放的流动空间内互动。

标准营造事务所（ZAO）的张轲同样致力于胡同的恢复和再使用及边远地区文化复兴，可见于他在西藏的众多作品。开始于2008年的两项工程为其典型代表：西藏南迦巴瓦接待站和雅鲁藏布江小码头［**图560、561**］。后者是他在这一地区的典型作品，与其他地方一样，该项目有三个特点：（1）将作品融入景观的地形敏感性；（2）使用钢筋混凝土作为基层结构；（3）采用本地材料及本地工艺，即现场采集并由本地工匠砌筑的毛石填充墙。

在近期所有投身于恢复中国传统或其他环境文化的人物中，知名中国景观建筑师俞孔坚也许是最直率、最有影响力的人。他广博的地形学方法中最引人关注的方面，也许就是他对生态基础设施重要性的强调，这里说的生态基础设施不仅指交通，而且是更接近中国悠久的作物轮作和防洪等农业传统的东西。他认为这比中国古老的园艺和山水画传统更重要。由此，他提出了“海绵城市”的战略，以抑制全国城市地下水位继续下降——目前是每年1.5—2.0米。他的海绵城市原理是收集雨水并导向湿地进行过滤。这个方法的典型实例是浙江台州的永宁公园。这个城市和中国许多其他城市一样，正在承受工业化和城市化

498

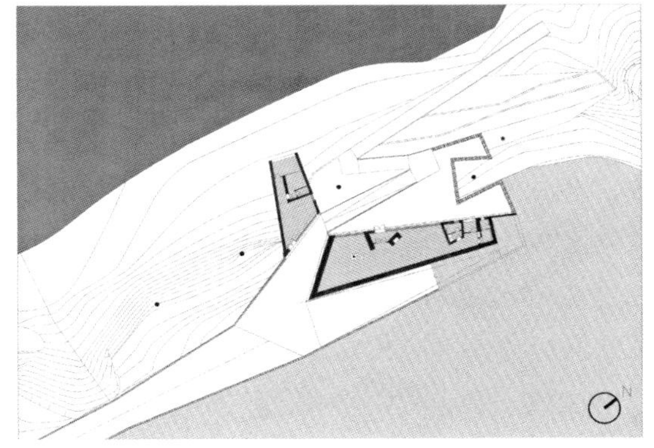

560　ZAO/标准营造，雅鲁藏布江小码头，西藏，2008
561　ZAO/标准营造，雅鲁藏布江小码头，西藏，2008。平面

带来的生态破坏，在带来最大化的利润的同时也带来了最严重的污染。在台州，俞孔坚拆除河床上原有的水泥硬河床，代之以部分本地品种的耐淹植物，结合缓坡河岸，使人们可以与水面亲近，就像一个延续的河滨公园。与此相类似的是他在沈阳建筑大学的稻田校园［**图559**］，校园内的稻田周围点缀着人行小道，学生能在春、秋天参与水稻的播种与收割。俞孔坚在他的《生存的艺术》一书中，试图唤起读者回忆1919年五四运动民主革命的理想，以及今日对中国人的身份认同。

日本

现代运动是通过1921—1931年日本分离派（Japanese Secession，即所谓的“Bunriha”）运动而传入日本的。

分离派运动中最重要的两员大将分别是堀口舍己（Sutemi Horiguchi）与山田守。他们毕业后成为建筑师，都设计了钢筋混凝土抗震结构的建筑：堀口舍己设计了佩雷茨克基坎住宅（Perretesque Kikkakan，1925—1930），山田守设计了鹤见屋（Tsurumi，1931）。此时在东京的捷克裔美国建筑师安东宁·雷蒙德，是另一位重要人物。他到东京工作是作为弗兰克·劳埃德·赖特设计的帝国饭店工程的工地负责人。1923年，雷蒙德设计建造了杰出的钢筋混凝土结构的建筑师之家（见图265，p.292），并持续进行了广泛而又富有创造力的现代工程实践，直到第二次世界大战迫使他回到美国。

战后日本涌现出一批出色的建筑师，例如前川国男，他们战前曾在雷蒙德事务所作为助理得到初步培训。另一位现代派先驱是坂仓准三（Junzo Sakakura），他在勒·柯布西耶事务所工作后设计了1937年巴黎世界博览会上的日本馆［**图562**］。除了它明显是一个处处使用坡道的现代作品，也可视它为激进的民族主义帝国皇冠风格的首次尝试，这种风格在昭和天皇（1926年即位）早期统治时期得到右翼帝国主义分子的赏识。

第二次世界大战结束后，协约国占领军在日本重建民主体制，日本政府在新项目的委托方面起了重要作用，直到20世纪末它一直是工程发包方，比如1988—1994年的大阪湾中部的国际机场填土工程。这项变幻莫测的工程，包括伦佐·皮亚诺设计的跑道与候机楼，部分由政府支付，其他由关西机场承担。人们难以想象有比在海洋中

562 坂仓准三，日本馆，巴黎世界博览会，1937

建造一个国际机场更为勇敢而大胆的事，日本的工程天才与他们在建筑工业方面的高超技能使得项目在较短时间内完成。这也是战后日本民主的一个例证：如此大胆的动作，源自民众的压力，他们因噪声问题反对在陆地修建国际机场。

另一个由政府委托的大型项目是在陆地上的。1989年位于千叶县由槇文彦设计的幕张展览中心（Makuhari Exhibition Center）。几乎同一时期还有另一个同样雄心勃勃的项目建成，即东京国际论坛（Tokyo International Forum）[**图563**]，这是在一个屋顶下容纳五个会堂的巨型结构。该项设计产生于一项国际竞赛，在纽约执业的阿根廷建筑师拉斐尔·维尼奥利（Rafael Viñoly）中标。以上两个开发项目中，东京地方政府是主要投资人。

可以认为，影响日本建筑质量的主要因素是这个国家建筑业把手工艺方法与合理的工业化生产结合起来的独特能力，加上公众或私人资金大力支持新材料的开发和应用研究。建筑工业企业的财阀结构中，大承包商都有自己的建筑与工程设计机构，又有一批有影响的能在理论上给予辅助的建筑刊物，如《新建筑》、《建筑文化》、*A+U*、《望远镜》、*GA*、*SD* 等。尽管后现代建筑时尚在日本也和其他先进的工业化国家一样流行，日本国内还是有能力造就一批精致的具有鲜明日本特色的高水平建筑作品。

那些大规模、公共投资的巨型项目完全不可与筱原一男的小型、独立作品相比。他对常规的做法始终持冷淡态度，不但与以丹下健三及前川国南为先锋人物的柯布西耶式建筑保持距离，也远离战后复兴的日本家居木材传统。他在20世纪60年代早期曾参与对这种传统的再诠释，但后来在他建造私宅时，微妙地暗示出，在表面大同小

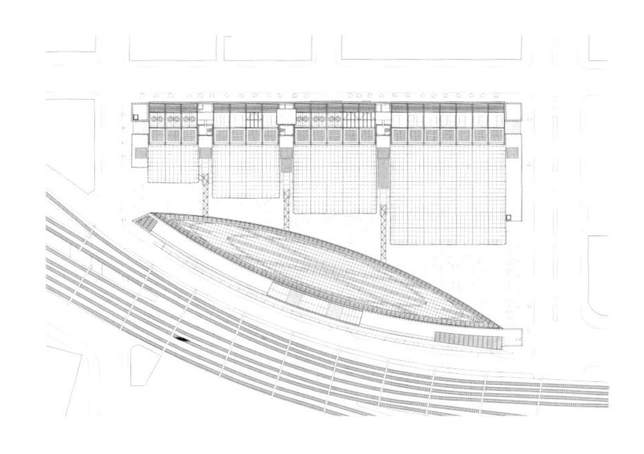

563　维尼奥利，东京国际论坛，东京，1996。平面

异、礼貌而平静的技术社会之下的混乱与暴力，一如日本作家安部公房的作品主旨。筱原一男迄今最知名的作品是1988年建在东京工业大学入口对面的金属包裹的百年厅，它集中体现了筱原一男典型的将先进技术与不和谐形式并置的手法。

在筱原一男的杰出的追随者那里也可以看到在高技审美的表象之下表现出的类似的批判冲动。他们是坂本一成（Kazunari Sakamto）、长谷川逸子和伊东丰雄。伊东的自用住宅在东京中野区，是用空间构架整体覆盖的庭园住宅，被称为银屋（Silver hut），于1984年建成，后拆除并易地重建。它将高技术与游牧民族的帐篷相结合。这种个性化的表述对槇文彦的作品来说是陌生的，槇文彦除了自己的美学考量，总是专注于被他定义为“组群形式”（group form）的城市潜力。正如他1964年的文集《对集合形式的若干思考》所述：

我们一直谴责建筑与规划分离。也许过去的静态组合方式由于对新技术和新的社会组织的快速需求而完全过时……人们对个别建筑作静态组合，于是它们就成为

城市的肌理。另一方面，组群的鲜活形象来自其具有传承要素的动态平衡，而不是那种已经格式化和终结的实体的组合。[1]

槇文彦的观念和日本新陈代谢派一样受到第十小组的影响。他独特的城市形式集合体的思路来自他在哈佛大学设计研究生院（GSD）时的重要经验。1954年到1968年间，他受到何塞·路易·塞特的影响，可见于他在东京的代官山集合住宅（Hillside Terrace apartments）中体现出来的渐进集合城镇形式。为了这个项目，他从1969年到1992年一直与开发商合作。比照丹下健三1964年的国家奥林匹克体育馆的设计，1986年槇文彦在东京的藤泽市体育馆（Fujisawa Municipal Gymnasium）［**图564**］规模较小，实际上是对同样的英雄主义工程传统的肯定，只是此时采用了轻钢结构并用不锈钢覆面，从而形成较为经济的壳体形式。正如舍奇·拉拉特（Serge Lalat）所说：

巨大的拱顶净跨度为80米，它由一个H型钢梁组成的网架结构支撑一个0.4mm厚的不锈钢屋面。大型室内运动场……墙面由建筑中心向后倾斜，造成室内空间扩大的感觉。四股光带，紧凑而具有动感，把主厅的薄膜分割为独立的曲面，虚幻的连续性扩大并延伸了空间。[2]

槇文彦高度精细的建构手段使他沿两个不同但互补的方面前进：一是结构严谨的正交体块，用很薄的金属外层包裹，达到极致的去物质化效果，可以做出像纸一样薄的百叶片和穿孔半透明屏，可见之于1990年东京的宇宙科学馆（Tepia Pavilion）；二是仿照欧洲哥特传统的轻质工程形式。另一位在大型建筑中有同样去物质化倾向的建筑师是谷口吉生（Yoshio Taniguchi），特别是他在东京的葛西临海公园游客中心［**图565**］，以及非常有纪念性的丰田市立美术馆（Toyota Municipal Museum of Art），这两个项目都建成于1995年。

实际上，同代中最著名的建筑师无疑是安藤忠雄。20世纪80年代他进入景观领域的作品，显然是这一时期的最佳公共作品，而北海道星野的水上教堂（Chapel-on-the-water）［**图567**］又是其中之佳作。小教堂面向一个人工湖，由于重力作用，水流越过一系列湖堰时湖面会不断变化，让

504

564　槇文彦，藤泽市体育馆，东京，1986，剖面

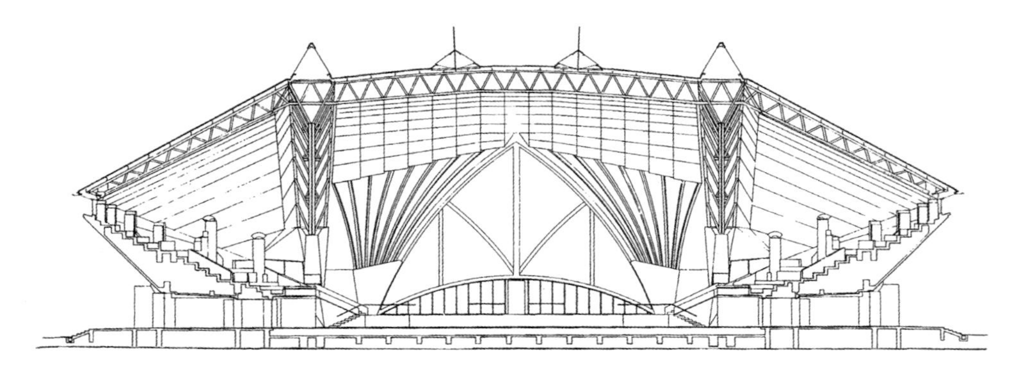

565 谷口吉生，葛西临海公园游客中心，东京，1995

566 槇文彦，共和综合理工学院，新加坡，2007

人联想到日本传统概念“奥”（Oku），它认为，吉祥的处所会在形而上层面上遥相呼应。这个作品最鲜明的特征——巨大的滑动墙及独立的十字架，使建筑融入了周围的自然环境。正如安藤忠雄在1989年所说：“我的目标不是与自在的自然对话，而是通过建筑改变自然的含义。我相信如果这一点发生了，人们就会发现与自然的一种新的关系。”

很难找到一位比隈研吾更关注把日本传统手艺融合入作品中的当代日本建筑师。从这一角度看，只比隈研吾大13岁的安藤忠雄似乎属于另一代人，这一代沟因隈研吾对钢筋混凝土的反感而强化，他的反感要追溯到1976年安藤忠雄在大阪市住吉区（Sumiyoshi）所做的长屋（Row House），安藤因这一项目被授予众所期待的日本建筑奖。

相反，隈研吾在1995年的一个被称为水/玻璃（Water/Glass）的项目，是俯视热海湾（Atami Bay）的一栋别墅的加建部分，用玻璃和水进行了具有迷幻性的组合。隈研吾的那珂川町马头广重美术馆（Nakagawa-machi Bato Hiroshige Museum of Art）于千禧年在栃木县那须郡建成。它通过不厌其烦地反复使用木百叶来诠释木材的传统建构特性。这种审美手法不仅表现在用平板玻璃做成防雨膜，还表现在整体使用钢框架结构支撑。其实，隈研吾意在借用外在的技术形式再现歌川广重的浮世绘意象，在那里，雨滴被化作一种“微粒”。

567　安藤忠雄，水上教堂，北海道，1985—1988

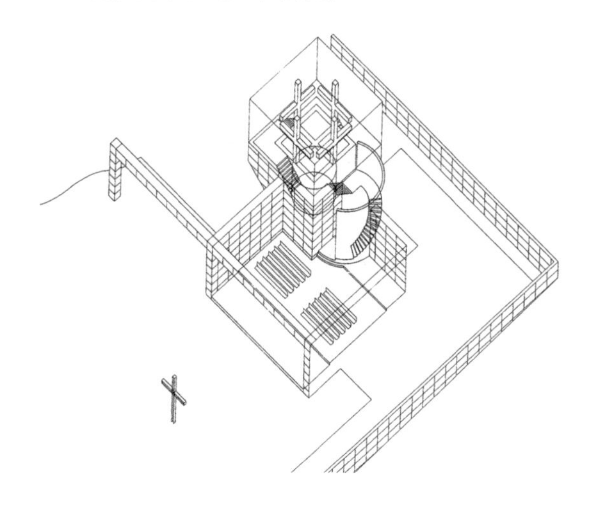

对日本接连几代建筑师而言，对传统的再诠释是现代化进程中不可或缺的组成部分，隈研吾也不例外。我们可以从他1995年建在宫城县知世的能剧舞台（Noh Stage），或1998年建在新潟县的高柳町社区中心（Takayanagi Community Centre）看到。后者建于一个尚未被破坏的传统村庄中部，它模仿一个传统农家（Minka），用重型木构架覆以和纸（Washi Rice Paper），一种传统的手工艺制品。到了春天，附近的稻田成为一个明亮、绿色的背景，与稻草屋顶的灰色与和纸透出的光形成了对比。

隈研吾对传统做一种“不同的重复”的努力，随着2006年他为高知县高冈市（Takaoka）修建的梼原市政厅（Yusuhara Town Hall）［**图568**］而被关注。这一结构用当地的雪松建造，建筑师有了一个难得的机会，将其做成跨度为18米的双层胶合木大梁，用胶合的四部分组合体木柱支撑。这个双层建筑使人们想起古代枡组（Juomon）的传统木结构，它可容纳一所银行、一家农民合作社以及一所地方商会。

隈研吾还从2010年起，用60毫米厚的木板覆面，为同一社区完成了另外两座公共建筑：木桥博物馆（Wooden Bridge Museum）以及云上酒店（Marche），后者包括一个商场大厅和一家小旅馆。木桥博物馆是一个十分精巧的结构，40米

505

568 隈研吾，梼原市政厅，高冈市，2006

跨度的木梁，两端由桥墩做支座，中间有一个独立木桩支撑，是由隈研吾与结构工程师中田捷夫（Katsuo Nakata）合作设计的，其特征是使用日本雪松制作的一连串悬挑木托架，以增加出挑深度，类似于日本传统的斗拱支托体系。隈研吾最近又为同一社区完成了第三件作品，云上图书馆。

韩国

506 韩国的现代建筑文化由于多种因素而延迟到来。这些因素包括20世纪前半期俄国、日本对朝鲜的争夺。1905年的日俄战争，结果是五年后日本并吞了朝鲜。1950—1953年苏联控制的朝鲜与美国支持的韩国之间的战争以一项不安定的条约结束，以汉城以北的38度线为界，将朝鲜半岛一分为二。由于战争，韩国建筑大师金寿根（Swoo-Geun Kim）于1951年去日本东京艺术大学学习，后进入东京大学，1960年毕业后成为建筑师。同年他赢得韩国国会议事堂（Korea National Assembly）的设计竞赛，但项目因故未能实现。1961年他回到首尔(时名汉城，2005年后改名为首尔)开设了自己的事务所，并建立了他的空间设计研究组（Space Design research group）。金寿根在韩国第一项有影响的作品是1963年用混凝土建造的自由中心（Freedom Centre），它明显受到勒·柯布西耶的昌迪加尔议会大厦的影响。1967年他在首尔的国立扶余博物馆（Buyeo National Museum）也是巴洛克式的。而最终确立他在建筑界领导地位的是他于1971年在首尔所建的混凝土框架、内外用清水砖饰面的空间事务所大楼（Space Group）[**图570、571**]。这栋建筑不仅是他的事务所所在地，还是《空间设计》（*Space Design*，简称*SD*）的编辑室。这份艺术和建筑类刊物是由金寿根于1966年创办的，它一方面通过学术研究，另一方面通过比照国际发展评估本土传统，试图培育一种现代韩国文化特色。空间事务所大楼还包括一个艺术画廊和一个实验剧场，在它的全盛时期更成为市内最重要的文化中心。

回顾过往可以清晰地看出，空间事务所大楼只是金寿根熟练掌握多层建筑形式的开始，即在混凝土框架上有韵律地布置和连接砖砌体，这种

569 金寿根，张长安住宅，首尔，1974。平面

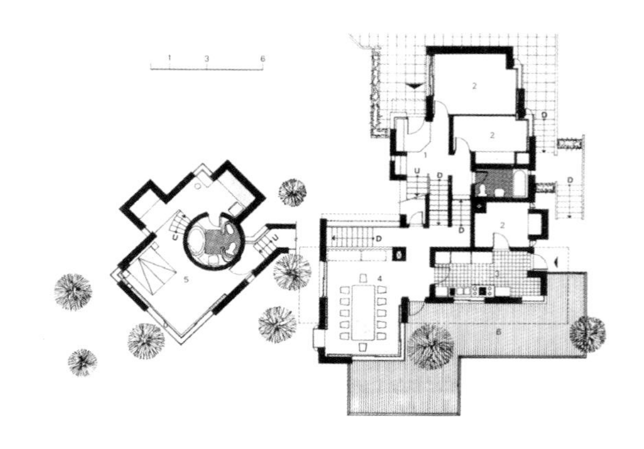

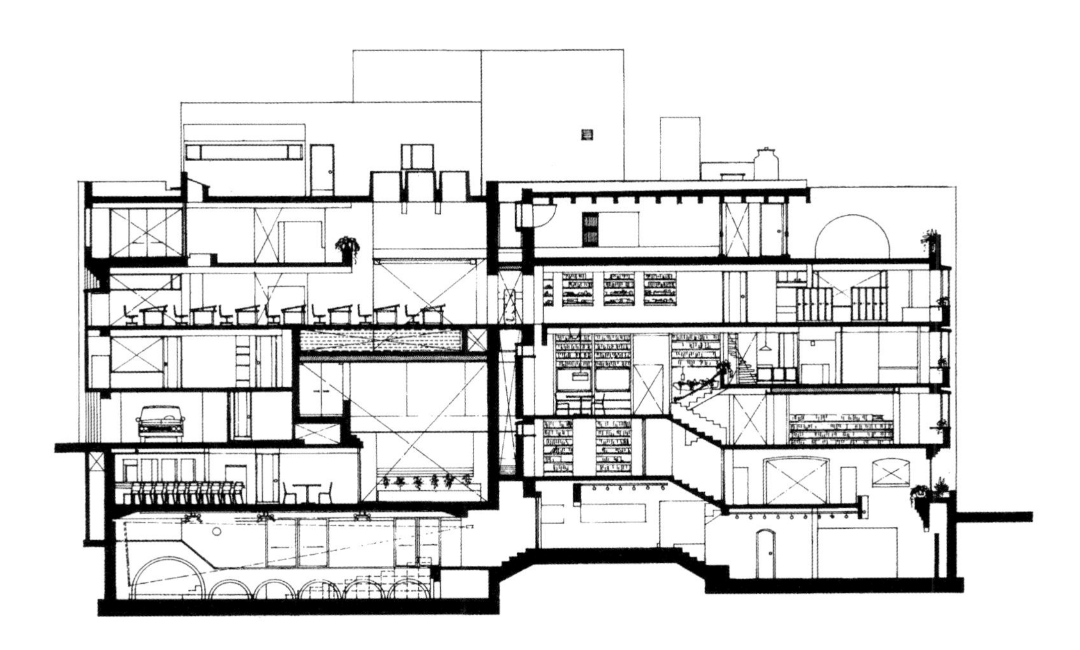

570 金寿根，空间事务所大楼，首尔，1971。剖面
571 金寿根，空间事务所大楼，首尔，1971
572 金寿根，张长安住宅，首尔，1974

573　赵秉秀，鱼跃村，坡州，1999

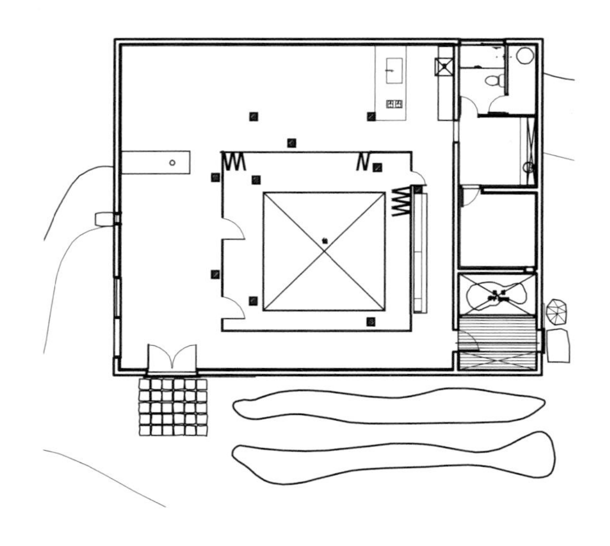

设计概念可见于1973年他为首尔国立大学（Seoul National University）建造的美术中心，以及用来容纳大型公共机构的建筑，例如1979年的韩国文化与艺术基金会大楼（Korean Culture and Arts Foundation Building）。这种富有韵律感的砖砌体也出现在他的住宅作品中，包括建在首尔以北一个森林环境中的封闭式社区里的大面积住宅。典型作品是1974年的张长安住宅（Chang Am Jang Residence）[**图569、572**]。它们虽然受荷兰新

574　赵秉秀，混凝土箱住宅，杨平郡，2004。场地平面（左下图）
575　赵秉秀，卡默拉塔音乐工作室，坡州，2003（右页上图）
576　赵秉秀，卡默拉塔音乐工作室，坡州，2003
577　赵秉秀，混凝土箱住宅，杨平郡，2004
578　赵秉秀，石墙住宅，杨平郡，2004。立视图

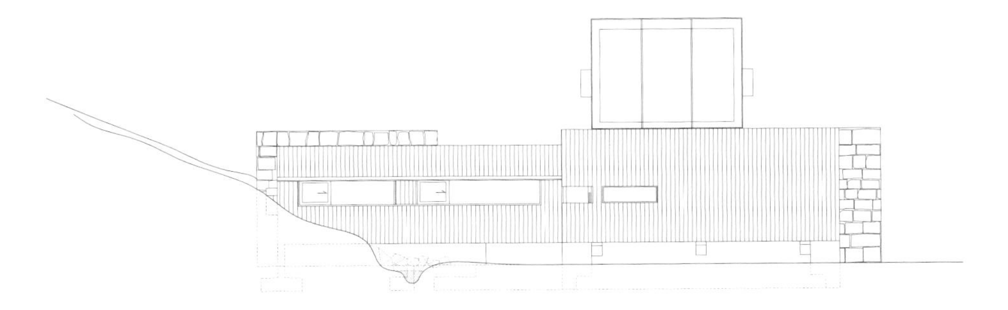

579　赵秉秀，哈尼尔访客中心与客房，丹阳郡，2009
580　赵秉秀，NHN 幼儿园，盆塘区，2017

造型主义影响，但通过使用当地的木板和灰砖而被赋予本土特色。在韩国金寿根最后的主要成就是1975年砖饰面的首尔师范学院（Seoul Teachers' College）及从1977年就开始的三个项目：首尔体育中心（Seoul Sports Complex）、大宇商业街（Dae Woo Arcade）以及韩国国家博物馆茶室（Korean National Museum Tea House）。很像1970年以后的丹下健三，他注定要以国外（主要在伊朗）大型建筑来结束自己的事业。

510

下一个在韩国横空出世的建筑大师是赵秉秀（Byoung Cho），他1991年毕业于哈佛大学设计研究生院，后在瑞士卢加诺与马里奥·卡姆匹（Mario Campi）短期合作，接着又在苏黎世的ETH事务所艾利亚·曾克利斯手下作为研究生学习，直到1993年回到韩国。然后他遇到承孝相（Seung Hyo-

Sang）和闵贤植（Min Hyon Sik），二人都是先锋建筑团体4.3组(4.3 Group）的成员。在金寿根于1986年英年早殁后，赵秉秀作为现代派建筑新的一代走到了前台。赵秉秀在韩国的第一项作品是鱼跃村（Village of the Dancing Fish）[**图573**]。这是1999年建在首尔以北的坡州（Paju）山顶石脊上的一组住宅，采用出挑的木屋顶。这个项目是为智障成人设计的，他们依靠务农得到治疗费用。

此后，赵秉秀的事业是设计实用的中产阶级住宅。从2002年在杨平郡（Yangpyeong）的一

581 Mass Studies, 大田大学住读学院，大田，2017。剖面

582 Mass Studies, 大田大学住读学院，大田，2017

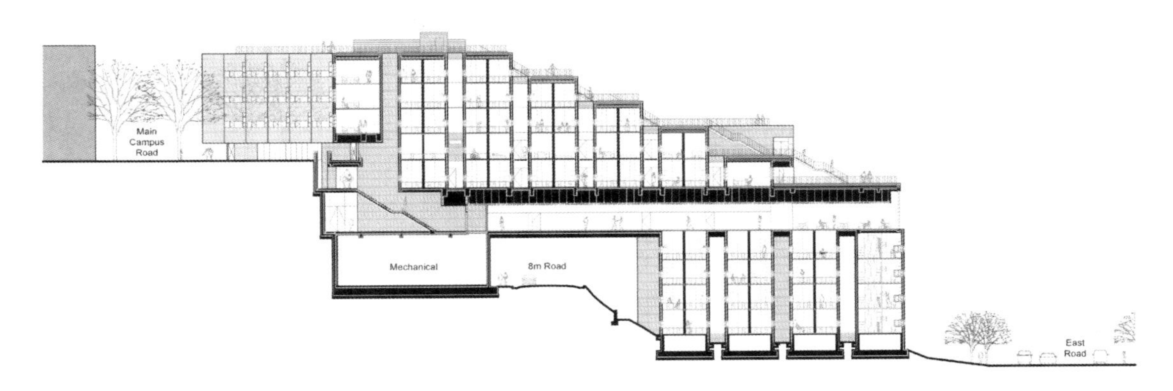

些U型住宅开始，它们是一些单层的四合院式住宅，院子两边用木栅栏封闭。后来他设计了事业早期最重要的项目，即2003年建在坡州黑利艺术谷（Heyri Art Valley）的卡默拉塔音乐工作室（Camerata Music Studio）[**图575、576**]。这个清水混凝土的杰作位于距离分割朝鲜和韩国的非军事区（DMZ）约4.8公里的地方。委托人是全国闻名的唱片节目退休主持人黄美阳。项目主要是一座大型的半公共性质的庭院建筑，包含一个小音乐咖啡厅，以及可作为画廊的两层悬吊夹层。随后，赵秉秀又设计了一系列中产阶级的带院子的住宅，包括2004年为他自己在杨平郡居住用的一所周末度假屋[**图574、577**]。这是一座14米×14米的钢筋混凝土四合院，围合的一个7.4米×7.4米的院子正好是本土传统院子"马当"（Madang）的大小。它用不同的方式诠释了韩国传统美学的微妙之处。这个作品连同他2004年在杨平郡修建的石墙住宅[**图578**]，显示了他有效地混用及对比地运用各种不同材料的能力——在这里用的是金属板、木扣板以及装饰石材。在另一场合用了类似的材料，但有不同的表现方式，例如2009年在丹阳郡（Danyang-gun）的哈尼尔访客中心与客房（Hanil Visitors'Centre and Guest House）[**图579**]。

在千禧年后不久，赵秉秀收到他第一项来自企业的委托，成果是2009年建成于东京的吉斯瓦尔（Kiswire）公司总部。随后是同一家公司的一系列工程，包括2012年建立在马来西亚新山市（Johor Bahru）的吉斯瓦尔研究机构，以及2013年位于韩国釜山的一个博物馆/培训中心。这是一个九层高的大楼，用钢缆包裹。它不仅表明这是一家生产钢缆的企业，而且用包裹钢缆这种方式暗喻去物质化的形象。后来赵秉秀放弃高技术材料而转向对木材的爱好，一种最少能源需求的传统建筑材料，这一点可见于他设计的NHN幼儿园[**图580**]，它坐落在首尔东南盆塘区（Bundang）附近的一个小山谷中，跨越了一条小河，河边是成排的棉白杨树和有灌溉的农田，它的总体教育目标是把大自然带进教室。

下一代建筑师事务所中领先的Mass Studies，由五位合伙人组成，领导人是曹敏硕（Minsuk Cho）。他们设计的大田大学住读学院（Daejeon University Residential College）[**图581、582**]，建造在现有校园内的一块斜坡地上，是一项具有影响力的作品。这个可容纳约600名学生的建筑群完成于2017年，它靠近由承孝相设计的同样布局紧凑的宿舍。曹敏硕的这个钢筋混凝土巨构项目，用传统的韩国黑砖贴面，对于将大型学生宿舍建在陡坡场地上这样一个难以应付的挑战而言，是机智的解决方案。最终的设计是一个在平面和剖面上都采取阶梯式的平行四边形，并采用5.4米×5.4米的模块，每个模块可住四名学生。这些模块之间用2.4米宽的"口袋"空间隔开，这个空间的主要功能是向走道提供采光及通风，偶尔也作为一个嵌入式阳台。整个综合体由两部分组成：从入口地面起，下四层分给男生，上五层留给女生。这两个部分用一个共用的前室分割，其周围有一些小会议室，并连接上一层的中央餐厅，有楼梯直达场地顶端的校园道路。

澳大利亚

513 1912年，美国建筑师沃特·伯利·格里芬与马里昂·马霍尼的新首都堪培拉规划方案获胜，拉开了澳大利亚现代建筑运动的序幕。尽管格里芬与马霍尼在弗兰克·劳埃德·赖特手下工作时正值赖特的草原风格（Prairie Style，1898—1910）的高峰期，但他们为堪培拉所做的规划几乎没有受赖特作品的影响。同样的情况也发生在1918年他们为墨尔本大学建造的纽曼学院（Newman College），这是一座吸收了哥特风格的建筑。钢筋混凝土、石材贴面的结构竟类似于安东尼·高迪的作品，他在新西兰和澳大利亚地区少有追随者。而美术学院风格（Ecole des Beaux-Arts）在这里的公共建筑中似占主导地位。正如澳大利亚评论家詹妮弗·泰勒（Jennifer Taylor）在她全面的研究著作《1960年来的澳大利亚建筑》（*Australian Architecture since 1960*）中所提示的：现代运动在澳大利亚进展缓慢，格里芬与马霍尼的作品又过于个性化，因而少有追随者。较为时新的现代性可在瑞士流亡建筑师弗雷德里克·罗姆伯格（Frederick Romberg）于1942—1950年在墨尔本建造的立山公寓（Standhill flats）中略见端倪，而推进现代运动的则是一位新移民哈里·赛德勒，1950年他在悉尼自然保护区旁为其父母设计了一幢住宅。这栋住宅与1947年他在美国马萨诸塞州福克斯巴勒（Foxborough）为罗兰德·汤普森（Roland Thompson）设计但未建成的住宅几乎一样。汤普森当时也在布劳耶手下工作。赛德勒出生于维也纳，受教于哈佛大学设计研究生院的格罗皮乌斯与布劳耶，他是1948年来到澳大利亚的，同时也带来了布劳耶的新乡土现代风格，从他为父母设计的住宅［**图583**］的开放式平面可以明显看到这点。平面图中，起居室与餐厅被一个无支撑的独立石砌烟囱隔开。赛德勒在经由里约热内

583 赛德勒，罗斯住宅，悉尼，新南威尔士，1950。平面

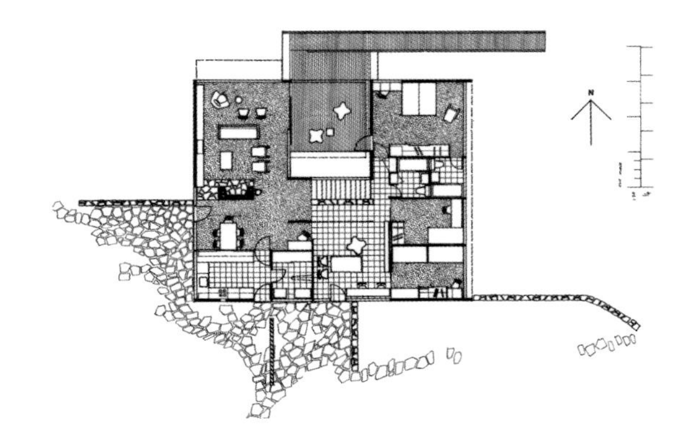

卢到澳大利亚途中，得到在奥斯卡·尼迈耶手下短暂工作的机会，赛德勒的悉尼住宅的露台壁画，可以看出尼迈耶的巴洛克柯布西耶式风格。此外，轻质钢管支柱和连接露台和花园的长长坡道分别来自勒·柯布西耶的纯粹主义建筑语言以及格罗皮乌斯1938年在马萨诸塞州林肯市的自用住宅。

澳大利亚出生的建筑师约翰·安德鲁斯和赛德勒差不多是同代人，20世纪60年代末回澳大利亚前，安德鲁斯在北美设计并建造了两项杰出作品，一项是1969年多伦多城外的斯卡布罗学院，另一项是建在马萨诸塞州剑桥的纪念厅对面的贡德厅（Gund Hall），这是为哈佛设计研究生院（GSD）设计的，于1972年建成。安德鲁斯在澳大利亚同样多产，其中最精彩的作品是他1981年在新南威尔士州沃登市（Woden）建造的技术与继续教育建筑群（Technical and Further Education Complex）[**图584**]，这个高技术的六边形模块组成的建筑群在建成后取得的效果远胜于建筑电讯派所设想的变幻形象。詹妮弗·泰勒描述它所基于的悬索（cable-suspension）原理时说：

> 这个建筑群布置成三个层次，一个层次在上，一个层次在下，中间是公共步道。主要的单元是通用办公空间。每个六边形体块由四根中心柱支撑，它们穿出于屋顶之上，成为桅杆以吊起楼板，为核心区提供最大承载力，也就是允许最大荷载在核心区域，而周边则可以自由地安排工作空间。[1]

1988年澳大利亚国会大厦（Australian Parliament Building）建成之前，安德鲁斯和赛德勒一起在堪培拉建造铰接结构、大跨度、后张拉的多层政府办公综合大楼。国会大厦是纪念碑式的工程，犹如长在国会山顶上的矩形屋顶。国会大厅像老鹰展翅似的伸向两翼的各部行政办公楼，该设计是由意大利出生的罗马尔多·裘戈拉（Romaldo Giurgola）与澳大利亚建筑师理查德·索

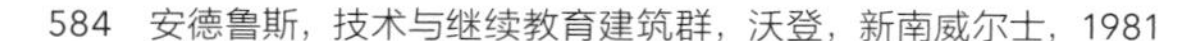

584 安德鲁斯，技术与继续教育建筑群，沃登，新南威尔士，1981

尔普（Richard Thorp）共同主持，二人合作赢得了1980年该项目设计竞赛（竞赛只限于澳大利亚建筑师）。该设计可以说是将国会大厦放在了格里芬、马霍尼1912年城市规划的地形中心点上。然而，从识别性角度看，1957年由约翰·伍重设计、1973年建成的悉尼歌剧院的一连串薄壳拱顶证明，对于一个有所追求的民族来说，这种屋顶形式比国会大厦的伏地式形象是更有力的象征，歌剧院除了配合悉尼港大桥引人注目的侧影之外，从长远看，它还回应了整个20世纪70年代澳大利亚民用建筑中人们对有表现力的屋顶的崇拜。

从这个角度来说，神秘的内陆剪羊毛棚作为一种自我意识的隐喻，就显得很重要了。它首次出现在格伦·穆尔克特（Glenn Murcutt）的玛丽·肖特住宅（Marie Short house）[**图585**]。这是1974

515

年建在悉尼以北约500公里新南威尔士州肯普赛（Kempsey）的一个700英亩（2.8平方公里）的农庄里。就像密斯·凡·德·罗1950年的法恩斯沃思住宅一样（肯定是受其影响的），住宅的上部木结构高出地面80厘米，不仅使建筑高出周围的洪泛平原，而且能防止毒蛇侵入。这是穆尔克特在单层住宅中首次采用在一个木框架上加瓦楞铁屋顶的做法，在后来的20年中，这种框架和屋顶模式不断重复变化使用。穆尔克特用来盖住玛丽·肖特住宅屋脊的弯成半径为61厘米的瓦楞铁是瓦楞铁能压成的最小弯角。由于住宅相对遥远，他不得不经常采用一种农村建造者熟悉的施工方法——上面提到的全部木框架和瓦楞铁屋顶，他还习惯添加多层保护屏，一种来自日本民居的传统做法。在这方面，可以很有趣地发现玛丽·肖特住宅有三层保护屏：一个可推拉滑动的可调百叶的遮阳外层；一个防虫的中间推拉滑动层；一个可调的

585　穆尔克特，玛丽·肖特 / 格伦·穆尔克特住宅，肯普赛，新南威尔士，1974

金属和玻璃百叶层，以保护在夜间或冬季住宅的安全。对穆尔克特的多层薄膜与金属板屋顶结合的做法，也许没有比菲利普·德鲁（Philip Drew）在他1987年研究穆尔克特的作品《铁树叶》（*Leaves of Iron*）一书中的描述更充满欣赏之情的了。据悉，标题来自约翰·拉斯金（John Ruskin）1851年的《威尼斯的石头》（*Stones of Venice*）一书。德鲁写道：

> 使用百叶屏的效果是增强了建筑表面的延续性，因为百叶可以解读为表面肌理的改变，而不是材料的中断。此外，百叶还提升了建筑形式的精致度。铁皮的薄以及建筑物的硬叶状特色，因凸显了铁皮的边缘和冲压檐沟而得以增强。[2]

德鲁解释了穆尔克特为提升他的屋顶的生态功能，如何用固定百叶覆盖天窗、增加玻璃中空

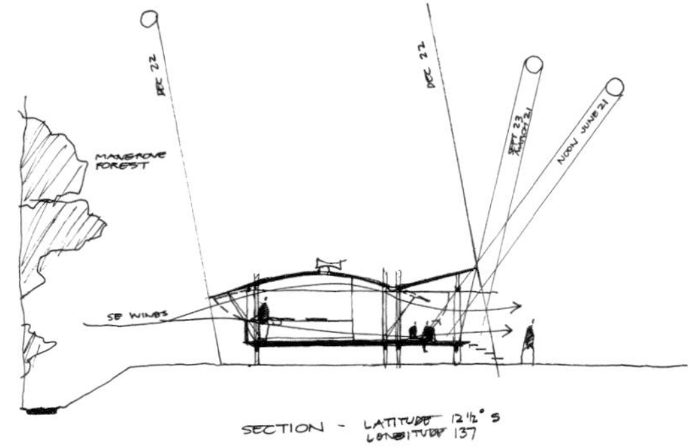

586　穆尔克特，玛里卡－阿尔德顿住宅，东阿纳姆，北部领地，1991—1994

587　穆尔克特，玛里卡－阿尔德顿住宅，东阿纳姆，北部领地，1991—1994。剖面草图展示了直接影响设计的气候因素和方向

厚度并置倾角32度以阻止夏季阳光而又允许冬季阳光进入。此外，任何情况下都把第二层冲压瓦楞铁加设在屋脊，以作为排除室内热气的手段。冲压是一种将金属板弯曲成一定形状的技术。

穆尔克特一生除了结构框架和金属屋顶外，始终用木材建造，就像1994年建于北部领地（Northern Territory）的伊尔卡拉（Yirrkala）海滩上的玛里卡－阿尔德顿住宅（Marika-Alderton House）[**图586、587**]，该项目的委托人是土著领袖班杜克·玛里卡。这座单层住宅也升离地面，不仅是为了防洪，也是为了提供清晰的视野——这种防御性特色在土著文化中依然是特别重要的。项目位于赤道以南12 ½度，相对湿度可达80%，要求住宅尽可能开敞，以利于通风。住宅中有全高的、采用重力平衡的、旋转的百叶窗雕饰，为了夜间或淡季的安全，也做成双层的。还有，住宅满铺条形木地板，以阻止沙子从河滩流入。这种透气性配合屋顶上的排风口，面对旋风时可以减弱屋面的气压升高。大的木饰嵌板在每个结构间隔都伸出屋外，为住户提供私密性。这使人想起勒·柯布西耶用于热带地区的百叶窗。这些悬挑的木制翅翼被穆尔克特用作正式的装置，出现在1999年博伊德教育中心建在新南威尔士的西坎贝瓦拉（West Cambewarra）带有田园风光的河畔的宿舍区中。这是穆尔克特与雷戈·拉尔克（Reg Lark）和其妻子、建筑师温迪·勒温（Wendy Lewin）合作设计的，宿舍区提供来访学生过夜。在这栋2—4层建筑的一端是一个跨越了餐厅和厨房的门式刚架。门架的大尺度和立面布置使它成为穆尔克特事业中第一座公共作品，从许多方面看都是他最好的作品之一。宿舍的内部装饰是精彩的细木工杰作。正如海格·贝克（Haig Berg）和杰基·库珀（Jackle Cooper）所做的评价：

> 卧室的地板、床架和窗都采用天然木料。红胶木地板是粉红色的，门、酒柜、天花板用黄色的南洋松木胶合板……，深凹的窗台做成斜面，好似镜框，精细的框边除了取景，还使木材得到更多阳光……，除了胶合板，整个建筑均使用旧木材，柱子用红胶木，梁和檩条用黑基木。大厅的大门用俄勒冈原始森林的20件回收木料做成170 mm × 75 mm的门窗边框。[3]

彼得·斯图齐贝里（Peter Stutchbury）与理查德·勒普拉斯特里尔（Richard Leplastrier）是穆尔

克特的最亲密的同事，在提倡澳大利亚现代住宅的内陆特色方面起到了关键作用。勒普拉斯特里尔1963年毕业后就到伍重事务所参与歌剧院的设计，然后去日本，在增田友也（Tomoya Masuda）的指导下学习日本传统建筑。在这些有益经验及穆尔克特的影响下，勒普拉斯特里尔设计的住宅奉行一贯的标准：木框架结构、架空于地面之上并用坡屋顶覆盖。类似这种特定的程式化路径显然也出现在斯图齐贝里的作品中，他参考日本经验最为明显的是1991年设计的西端住宅（West Head House），位于新南威尔士的可俯视克莱尔韦尔海滩的一个起伏的场地。然而，迄今他最引人关注的作品是农业方面的，即他的全金属的、新构成主义的、可拆卸的剪羊毛棚，被称作“深水羊毛场”（Deepwater Woolshed）［**图588**］，建成于2003年，位于新南威尔士的沃加沃加（Wagga Wagga）附近的奔牛场（Bulls Run）。

就像穆尔克特或斯图齐贝里遵循的澳大利亚丛林传统一样，林德赛·克莱尔（Lindsay Clare）和凯里·克莱尔（Kerry Clare）在1979年于阳光海岸（Sunshine Coast）建立他们自己的事务所之前，在昆士兰建筑师加布里埃尔·普尔（Gabriel Poole）那儿当过学徒。尽管普尔20世纪50年代在伦敦为鲍威尔（Powell）和莫亚（Moya）工作过，但回到澳大利亚后，他选择采用轻型的、澳大利亚内陆棚屋作为范式，可见于1970年建在阳光海岸布德林（Buderim）的悬崖上的多比住宅（Dobie House）。1991年，克莱尔夫妇在布德林采用类似弓形铁皮屋顶的做法建造了一套他们的自用住宅。次年，他们在彩虹海滩用同样的材料建了一座单层的冲浪屋［**图589**］，上面是交错的V字形瓦楞铁板单坡屋顶。同样的屋顶样式出现在他们最为人所知的公共建筑昆士兰现代艺术馆（Queensland Gallery of Modern Art）中，只是更大、更复杂。该建筑于2006年建成。

理查德·弗朗西斯－琼斯（Richard Francis-Jones）是以悉尼为基地的FJMT事务所（Francis-Jones Morehen Thorp）的创始合伙人以及总设计师，在他的早期作品中也受到澳大利亚内陆特色铁皮屋顶的影响，体现在千禧年建成于悉尼新南威尔士大学校园中的约翰·尼兰德科学大楼（John Niland Scientia Building）主入口［**图592**］的玻璃木材制成的柱廊上。他在2011年给新西兰奥克兰艺术馆（Auckland Art Museum）加上的门廊，也采用了同样的设计理念，只是这次重复使用了连续的四根伞形柱，并专门用了胶合木制作。

然而，也许弗朗西斯－琼斯的最佳作品是他的城市建筑，对独立单坡屋顶的应用不是只为取雕塑感而设计的先入之见，例如2003年他在悉尼

588 斯图齐贝里，深水羊毛场，沃加沃加，新南威尔士，2003

大学哥特复兴式校园中加建的法学系大楼。一个同样强调建筑整体形式而不单是屋顶的例子，是2009年位于悉尼郊区的苏里山（Surry Hills）的图书馆兼社区中心［**图590、591**］。两项作品均考虑环境可持续性，全高、可调的垂直百叶安装在全玻璃幕墙后面（法学系）或类似的中空墙的前面（苏里山图书馆）。以上两例中，遮阳百叶的角度是自动控制的，根据的是太阳的运动轨迹及室内外的温差。

与澳大利亚当今其他事务所相比，FJMT是一贯从事大型公共或商业建筑的设计和建造的事务所。在这些工程中，最杰出的是2003年新西兰奥克兰的欧文·G. 格伦商学院（Owen G.Glenn Business School）、2001年悉尼新南威尔士大学的信息技术学院，以及2012年同是新南威尔士大学的泰里能源技术大楼（Tyree Energy Technologies Building）。在这些工程中，许多造型特点源自独特的、颇具戏剧性的横向展开的概念，亦即将遮阳百叶和周围的环境生动地结合起来，强调建筑在地形上和它周围环境的亲和关系。所有这些作品中，可持续性是第一位的，可见于弗朗西斯－琼斯在1992年回到澳大利亚后立即与罗马尔多·裘戈拉合作设计的南威尔士大学的红色中心（Red Centre）。

589　克莱尔设计（林德赛＋凯里），冲浪屋，彩虹海滩，昆士兰，1992

590　FJMT，苏里山图书馆兼社区中心，悉尼，新南威尔士，2009。剖面

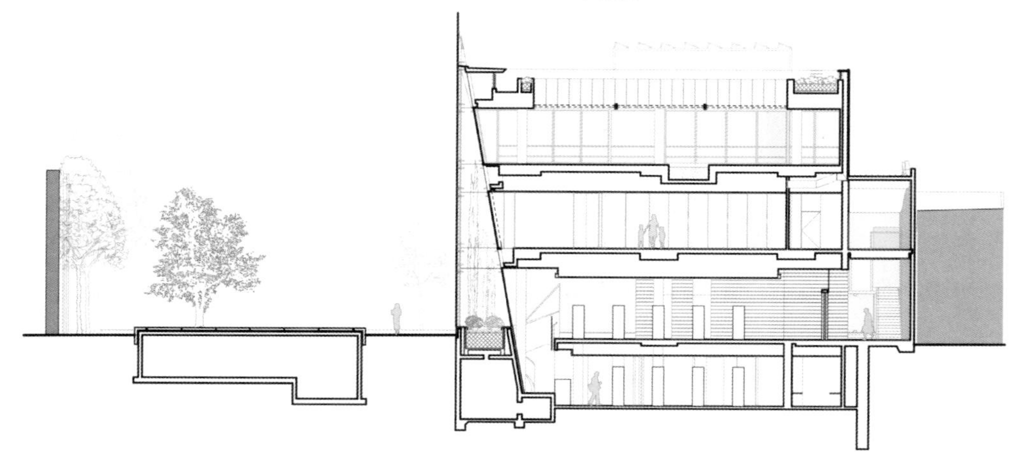

591　FJMT，苏里山图书馆兼社区中心，悉尼，新南威尔士，2009

592　FJMT，约翰·尼兰德科学大楼主入口，新南威尔士，2000

悉尼建筑领域中另一位重要人物是亚历克斯·珀珀夫（Alex Popov），他的操控建构（controlled tectonic）手法肯定形成于丹麦皇家学院。1971年他从那里毕业，为海宁·拉森与约翰·伍重工作后，于1984年移民澳大利亚，并开办了自己的事务所。珀珀夫一直以来擅长低、中层的高密度住宅项目，而他最好的私人住宅作品之一，是2005年在新南威尔士米塔贡（Mittagong）的马丁－韦伯住宅（Martin-Weber residence）。

在年轻一代中最独立的建筑师是肖恩·戈德赛尔（Sean Godsell）。1994年他在墨尔本开办了自己的事务所，并于2000年在维多利亚州的布莱姆里阿（Breamlea）完成了他第一项极具特色的木百叶度假屋卡塔·特克屋（Carter Tucker House）[**图593**]。他的住宅工程中最突出的特色之一，是他

593 戈德赛尔，卡塔·特克屋，布莱姆里阿，维多利亚，2000

的住宅能够随意升降百叶板，即通过悬吊的百叶板快速升起或落下，和其他外围的木百叶板齐平。同一思路运用得更为成熟的是2003年位于墨尔本以南96.5公里处的半岛住宅（Peninsula House）。在大型公共建筑中，他的生活美学则体现出更多的纪念性特色，例如2002年建于维多利亚州巴克斯特（Baxter）的伍德里学校（Woodleigh School）的科学馆。这个建筑被处理成容纳一系列实验室的拱廊街。它用一定厚度的垂直木百叶贴面，两条木百叶之间间隔一英尺(约0.3米)。建筑物的地面随地形起伏，但不论地形如何变化，屋顶始终保持一个水平基准面。

澳大利亚最杰出的建筑师之一是凯里·希尔（Kerry Hill），他的事务所在珀斯和新加坡。他的大量工程在澳大利亚境外，建成的一系列豪华酒店更是横跨亚洲大陆。希尔出生并成长在西澳大利亚的珀斯，他肯定是他这代中最高产和文化敏感性最强的建筑师之一。由于他住在新加坡，大部分作品在亚洲，人们很少把他看成一位澳大利亚建筑师。他深受乔弗里·巴瓦以及他的酒店业主阿德里安·泽哈的影响，从1994年他的名为达泰伊（Datai）［**图594**］的豪华酒店可以看出，他对亚洲的古代文化已有广泛涉猎。达泰伊酒店依稀有赖特的帝国饭店的影子，又受当地乡土文化的微妙影响，置于热带地区的特勒克·达泰伊的山脚，高出海平面大约300米。贵宾要步行穿过雨林才能进入海滩俱乐部。晚年的凯里·希尔在赢得2000年西澳大利亚州立剧院（State Theatre of Western Australia）的设计竞赛后，回到了他的出生地珀斯。这座建成于2010年的剧院似乎与肖恩·戈德赛尔的作品在审美上有相同之处。

594 希尔，达泰伊，马来西亚，1984

新西兰

521

19世纪末新西兰建筑认知成熟的早期标志之一，是1896年约翰·坎普贝尔(John Campbell)设计的杜奈丁警察局，它受到由理查德·诺曼·肖设计的苏格兰场(也即伦敦警察厅)的微妙影响。建筑师R.K.比内(R.K.Binney)同样是英国自由风格，但更接近于菲利普·韦布与C.F.A.沃依齐而不是诺曼·肖，他在伦敦为埃德温·鲁琴斯工作后，于1912年回到新西兰，1922年在奥克兰附近的勒穆埃拉(Remuera)设计和建造了一项出色的沃依齐式住宅。不过，英国的工艺美术运动不是此时的唯一灵感源泉，1921年由美国建筑师R.A.利平考特(R.A.Lippincott)设计的奥克兰大学学院即是例证。它的造型与节奏部分源于沃特·伯利·格里芬在墨尔本的纽曼学院，还可追溯到弗兰克·劳埃德·赖特的传统，1912年格里芬赢得堪培拉的设计竞赛并移民澳大利亚前曾为赖特工作过。其他美国建筑师也对新西兰建筑产生过影响，如1929年由威廉·格雷·杨(William Gray Young)设计的惠灵顿火车站，是美术学院派风格，很显然受益于麦金、米德与怀特1911年设计的纽约宾州车站。

欧洲大陆意义上的现代主义直到20世纪30年代后半期和40年代初期才开始在新西兰出现，它是在新西兰社会主义政府占主导地位时产生的，并成为社会文化转型的一部分。1929年世界范围的股市崩盘对新西兰的影响是使得新西兰社会主义政府掌权。政权更替迎来了和谐的环境，因而1939年奥地利建筑师恩斯特·普利希克移民到新西兰时受到了欢迎，他正好赶上并见证了为庆祝1840年新西兰建国而举办的1940年装饰艺术百年展(Art Deco Centennial Exhibition)。就像朱莉·伽特里(Julie Gatley)在她的《现代万岁》(2003)一书中告诉我们的，普利希克不是从第三帝国逃亡到新西兰的唯一讲德语的建筑师，他们中间还有他的同胞海因里希·库尔卡(Heinrich Kulka)。库尔卡与阿道夫·洛斯关系密切，曾为洛斯1933年在奥地利制造联盟展览会(Austrian Werkbund Exhibition)上建的双连式住宅做过工程监理。普利希克曾在维也纳接受彼得·贝伦斯的培训并为他工作，也为奥地利建筑师卡尔·埃恩和约瑟夫·弗兰克(Joseph Frank)短暂工作过。这个时期新西兰的许多现代创新归因于新成立的住宅建设部(Department of Housing Construction，DHC)。普利希克到达新西兰不久即为它工作，并于1939—1947年设计了多单元住宅项目、社区中心和为国

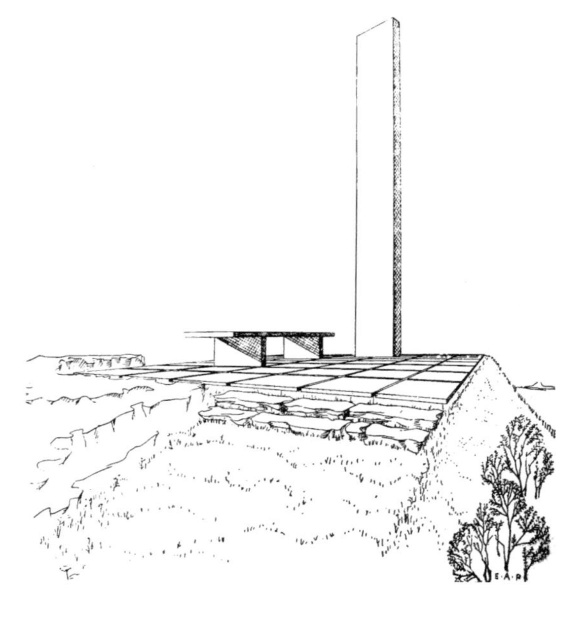

595 普利希克，卡恩住宅，尼格奥，惠灵顿，1942
596 普利希克，塔斯曼纪念碑，塔拉柯赫，1942
597 普利希克，迪克森街公寓，惠灵顿，1944

家水电站建设配套的工人住宅。普利希克参与的最引人注目的DHC住宅项目有：1941年的奥拉凯公寓（Orakei apartments），1942年的埃登山公寓（Mount Eden apartments）和1947年的格雷斯大街公寓（Greys Avenue flats），这几个项目全部建在奥克兰。另有1944年在惠灵顿建成的迪克森街公寓（Dixon Street flats）［**图597**］。在此期间，普利希克为惠灵顿尼格奥（Ngaio）的一位德国精英客户设计的比例优美、独立式卡恩住宅（Kahn House）［**图595**］也于1942年建成。同年还有他设计的塔斯曼纪念碑（Tasman Memorial）［**图596**］。这是一个瘦高的直角混凝土高塔，竖立在一片森林之中高高的峭壁之上，可以鸟瞰塔拉柯赫（Tarakohe）的金湾（Golden Bay）。

1948年普利希克离开DHC，与新西兰建筑师

598　普利希克与费尔什，梅西住宅，惠灵顿，1951—1957
599　沃伦，沃伦住宅与工作室，基督城，1962
600　阿灵顿，气象局办公楼，惠灵顿，1968

塞德里克·费尔什（Cedric Firth）合伙成立事务所，一直执业到1963年普利希克回到维也纳，至此他完全脱离了建筑实践，作为一名建筑学教授终其一生。普利希克与费尔什15年合作期间共设计了约40项精美的、木构架的亭阁式住宅。这些作品对现代新西兰住宅模式的演变做出了贡献。且可

与同一时期美国南加州由鲁道夫·辛德勒、理查德·纽特拉、R. 戴维森、格里高利·艾因和拉斐尔·索里亚诺设计的住宅相媲美。除了这些得体的现代住宅外，普利希克－费尔什事务所最亮眼

的成绩就是1951—1957年建于惠灵顿市区的8层高的梅西住宅（Massey House）［**图598**］。这项工程的突出之处，不仅在于它位于市区以及它的高度，还在于，这是新西兰首个采用幕墙的工程。这种类型的幕墙扣板在斯蒂芬森与透纳事务所（Stephenson and Turner）1959年设计的杜奈丁医院（Dunedin Hospital）的锅炉房和杰克·曼宁（Jack Manning）1962年建在奥克兰甚为雅致的AMP大厦中得到进一步改进。普利希克离开后，费尔什独自管理事务所，1966年他在纳尔逊（Nelson）建造的一座比例精准的三层箱形框架混凝土大楼，证明了自己作为一名民用建筑师的能力，大楼名为蒙罗州大厦（Monro State Building）。

下一代最高产的建筑师是迈克尔·沃伦（Michael Warren）。他是沃伦与马霍尼（Warren and Mahoney）事务所的合伙人，创建了所谓的新西兰棚（New Zealand shed）风格，1962年在基督城首次展示了这种单坡顶木结构，作为他本人的住宅与工作室［**图599**］。在后来的大学工程中，他很大程度上受到英国新粗野主义的影响，这源于20世纪50年代后期他在伦敦为鲍威尔与莫亚事务所工作时的经历。1964年沃伦为坎特伯雷大学（University of Canterbury）基督城学院所建的三层宿舍区就是他典型的野性主义风格的体现。1968年由威廉·阿灵顿（William Alington）设计、在惠灵顿建成的惠灵顿气象局办公楼（Wellington Meteorological Office）［**图600**］是一个更为精致的粗野主义建构样本，而那时，沃伦受雇于劳务部。

在新西兰居住建筑中可觉察到某种乡土现代主义，尤其是在1967年约翰·斯科特（John Scott）在霍克湾建造的帕特森住宅（Patterson House）以及在1965年由伊恩·阿什菲尔德（Ian Athfield）设计的自用住宅与工作室［**图601**］的首期工程，建筑位于惠灵顿的山丘上，呈阶梯式跌落。这种特定的建造手法亦可见于1974年罗杰·沃克（Roger Walker）建于惠灵顿的布里顿住宅（Britten House），以及昆士兰建筑师约翰·布莱尔（John Blaier）的最佳作品——在极其优美壮观的天然景区大量地采用木材建造。这种用蒙太奇手法拼接的极具个性的建筑形式，多半是受到虚构的新西兰乡土风格的启示，这种形式也被罗杰·沃克用于1971年瓦卡坦机场（Whakatane Airport）候机楼的设计。

601　阿什菲尔德，阿什菲尔德住宅与工作室，惠灵顿，1965

第4章　欧洲

导言

525

毫无疑问，热衷于扩大欧洲现代建筑的覆盖面，与详述这段历史以跨越前欧洲中心主义或大西洋两岸的偏见的目标是自相矛盾的。然而，在此版本之前，一些欧洲国家被排除在外，特别是除芬兰以外的其他北欧国家。这个总体上的忽略必然导致“二战”后为现代运动的进展做出了重大贡献的建筑师的缺席，如著名的丹麦建筑师阿尔内·雅各布森（Arne Jacobsen）及挪威建筑师斯维尔·费恩。早期版本也缺乏对1930年斯德哥尔摩博览会的重要性的认识，该展览不仅对瑞典建筑的认识有所改变，而且展示了瑞典式社会民主制度下的生动的物质文化。

本章还将介绍一些别具特色的成就，如P.V.詹森－克林特1926—1940年在哥本哈根的格伦德维格教堂（Grundtvig's Church），以及迪米特里斯·皮基奥尼斯1925年在雅典建造的、受考古灵感启发的卡拉马诺斯住宅（Karamanos House），以及1930年卡尔·埃恩在维也纳的卡尔·马克思大院。与现代运动的主导方向不同路径的，是乔伊·普列奇尼克（Jože Plečnik）对布拉格城堡的非凡改造，他为新成立的捷克政府将其改建成总统官邸。其他杰出但非典型的欧洲作品这次也予以列举，如埃里克·门德尔松（Erich Mendelsohn）和谢尔盖·切尔马耶夫（Serge Chermayeff）位于英国滨海贝克斯希尔（Bexhill-on-Sea）的德拉瓦尔馆（De La Warr Pavilion），以及亨利·凡·德·维尔德在奥特洛（Otterlo）的克罗勒－穆勒博物馆（Kröller-Müller Museum）。

本版力图弥补的另一个不足，是1945年后重建意大利所形成的第二个现代化时期。它见证了有所追求的知识分子的崛起，如布鲁诺·泽维和厄内斯托·罗杰斯，以及威尼斯的卡洛·斯卡帕和米兰的BBPR、弗朗哥·阿尔比尼（Franco Albini）、吉奥·庞蒂（Gio Ponti）、吉安卡洛·德·卡洛和皮埃尔·路易吉·内尔维。在这一代意大利人之后，还有同样重要的人物，包括历史学家、理论家曼弗雷多·塔富里，他与哲学家马西莫·卡里阿里（Massimo Carriari）一道，改变了20世纪60年代意大利建筑界的语境。他们和维托里奥·格雷戈蒂、阿尔多·罗西、乔治·格拉西等建筑师，在以前的版本中很少被提及。尽管第四版介绍了20世纪末的发展，尤其是芬兰、法国、西班牙和日本，但在20世纪中叶的欧洲建筑师名单中，遗漏了许多在50年代著名的联邦德国经济奇迹中崭露头角的杰出德国人，他们中有汉斯·夏隆、埃贡·艾尔曼（Egon Eiermann）、居特·贝尼什（Günter Behnisch）、弗雷·奥托和奥斯瓦尔德·马蒂亚斯·翁格尔斯。

因为本书第一版的许多内容是在20世纪的最后25年内写的，我觉得此版本有必要回到英国建筑特别丰硕的时刻，即20世纪30年代至50年代。这期间的顶峰对我来说仍然是1951年伦敦的皇家节日大厅（Royal Festival Hall），这是英国自1945年以来建成的最好的公共建筑之一。这次重访欧洲，英国之所以备受我的关注，是因为我想展示一下英国现代传统的延续方式，尽管这种方式是波动的：从20世纪30年代的先锋建筑，到60年代中期的粗野主义插曲，随后是20世纪70年代初由理查德·罗杰斯、诺曼·福斯特和伦佐·皮亚诺共同开创的英意高技运动（Anglo-Italian High-Tech movement）。

526

或许，欧洲这一章节中最觉偏颇的是将比利时包含在内，而将荷兰排除在外。我在这里提到比利时，有两个方面的缘由：第一，在两次世界大战之间，比利时在现代运动的发展中扮演了特别有创造力的角色；第二，在近期关于这个问题的报道中，比利时总是被忽视。荷兰被省略了的原因在于，之前的版本中包含了许多荷兰作品，而且荷兰开创性的建筑传统没有幸免于新自由主义对其长期存在的社会主义传统的破坏。欧洲章节中另一明显的省略是瑞士联邦，因为它已包含在以往的版本中。

英国

527 除了约翰·伯内特爵士设计事务所(Sir John Burnet & Partners)为英国钢窗制造商弗朗西斯·亨利·克里塔尔(Francis Henry Crittall)专门设计的1927年埃塞克斯郡银区(Silver End)的住宅外，英格兰现代建筑运动初期的成果是一些有才华的移民的作品。这些移民建筑师或以政治难民的身份，或因对英联邦的地方排外主义深感压抑，于20世纪20年代末和30年代初来到英国，例如1929年抵达英国的新西兰人阿米亚斯·康奈尔和巴兹尔·沃德(Basil Ward)，以及1927年来到伦敦的加拿大建筑师、工程师威尔斯·科茨。康奈尔为考古学家贝尔纳·阿什莫尔在白金汉郡的阿默舍姆设计了一座如鹰展翅的高地住宅(High and Over)[**图602**]，于1931年建成。康奈尔和沃德后来与科林·卢卡斯(Colin Lucas)联手，于1933年在肯特的普拉特建造了一座混凝土住宅[**图603**]。20世纪30年代的后半期，他们合作建成了一系列钢框架结构、水泥饰面的住宅，它们优雅的外观源于钢窗和栏杆有韵律的组织和细部处理。

俄罗斯犹太人贝特霍尔德·卢贝特金是对英国建筑领域产生影响的欧洲大陆移民之一。1931年他从巴黎来到这里后，成立了特克顿事务所。卢贝特金完成了1935年伦敦海格特区第一栋海波因特公寓楼(见图260，p.286)的设计和实施，其结构和安装模式由出生于英国的年轻工程师奥夫·阿勒普设计，他的父母是丹麦–挪威人。紧随这一成就而来的是卢贝特金为伦敦动物园设计了许多同样有创造性的钢筋混凝土结构，其中包括著名的企鹅池相互交叠的钢筋混凝土坡道，该设计由刚来英国的德国犹太裔工程师费利克斯·萨穆埃利进行计算。在英国建筑领域里，跟随卢贝特金和其同事之后的是埃里克·门德尔松与在俄罗斯出生、在英国受教育的谢尔盖·切尔马耶夫，1935年他们设计了建于东苏塞克斯郡的滨海贝克斯希尔的颇具动感的德拉瓦尔展馆[**图605**]。

1937年，萨穆埃利与德国犹太裔移民建筑师阿瑟·科恩合作，制定了极为激进的伦敦MARS计划。现代建筑研究组(MARS)通过了威尔斯·科茨的提议，实际上成为CIAM的英国分支。威尔斯代表英国参加了第三次国际现代建筑会议。该大会于1933年在SS帕特立斯号邮轮从马赛到雅典的航程中举行。从一开始，MARS计划就完全致力于公共住宅的社会主义事业，其宗旨在1934年的初次展览和1938年的最后一次展览均有明确

展示，随后因“二战”而逐渐退出历史舞台。一些同样有才华的英国本土建筑师也参与了MARS计划，其中包括1935年设计了位于伦敦弗罗格纳尔（Frognal）的异常优雅的太阳住宅（Sun House）［**图604**］的马克斯韦尔·弗莱，以及约瑟夫·恩伯顿（Joseph Emberton）——1936年他与萨穆埃利一起设计了位于伦敦皮卡迪利的大跨度、泛光照明的辛普森百货公司（Simpsons department store）。尽管整个20世纪30年代的英国建筑兼具创造性和严谨性，但唯一入选阿尔弗雷德·罗斯1940年编选的《新建筑》（*The New Architecture*）的英国建筑，是1932年根据工程师欧文·威廉姆斯的设计在比斯顿建造的一座有明显挑檐的钢筋混凝土结构的布茨制药厂（见图258，p.285）。

529

英国现代运动的勃勃生机没有在战争中保存下来，即使是经验丰富的卢贝特金也无法复原他在1938年离开的地方，明显的例子是由特克顿事务所在1945年后的头15年中在伦敦东区进行设计和建造的形式上的低成本、多层、砖饰面住宅方案。唯一没有失去信心的是1951年的皇家节日大厅［**图606、607**］，这归功于伦敦郡议会（LCC）的首席建筑师罗伯特·马修和莱斯利·马丁，但实际上大半是由彼得·莫罗设计的，有意思的是他在战前曾为特克顿事务所工作过。战前精神的另一痕迹体现在威尔士布林莫尔的橡胶厂，该工厂是由ACP建筑师事务所于1946年设计的，其明亮的顶部采光的薄壳混凝土屋顶系统由阿勒普设计。

602　康奈尔，Y形住宅，阿默舍姆，白金汉郡，1931
603　康奈尔、沃德与卢卡斯，位于肯特的住宅，1933
604　弗莱，太阳住宅，弗罗格纳尔，汉普斯特德，伦敦，1935
605　门德尔松和切尔马耶夫，德拉瓦尔展馆，滨海贝克斯希尔，东苏塞克斯郡，1935

606　马丁和莫罗，皇家节日大厅，伦敦，1951
607　马丁和莫罗，皇家节日大厅，伦敦，1951

同样使人想起现代运动的英雄时期的是拉尔夫·塔布斯于1951年为不列颠博览会设计的“发现圆穹”，加上鲍威尔和莫亚设计的“天空”，它们都是20世纪20年代苏联构成主义先锋派特色的并不协调的回响。

1947年《城乡规划法》颁布后，战前时期的白人理性主义建筑被新经验主义取代。新经验主义是瑞典社会民主主义者住房建筑师斯文·贝克斯特罗姆（Sven Backström）在1947年的《建筑评论》上发表的一篇文章中创造的词语。新经验主义在英国语境中的意思是低层、低密度、两层楼的砖砌住宅单元，低矮的双坡瓦屋顶和木框风景窗——简而言之，部分模式源自1933年在斯德哥尔摩郊外建造的斯文・马克利乌斯（Sven Markelius）设计的乡村住宅。但是，战后英国新城镇标准的民用建筑类型还必须包括10—12层砖饰面的公寓楼，以增加人口密度。这种模式甚至出现在伦敦郡议会于1958年在罗汉姆普敦（Roehampton）景色宜人的园林式场地上建造的东阿尔顿庄园（Alton East estate）［**图608**］，虽然不完全是一个新城，却展示了相似的类型。除了由展廊入口并按人字形布置的复式公寓街区明显带有勒・柯布西耶风格，这种模式在很大程度上受到了新经验主义的影响。这些建筑是由比尔・豪威尔（Bill Howell）和科林・圣约翰・威尔逊设计的，他们代表了LCC 建筑师部门不断出现的天才。这种混合开发结合了可让汽车进入的低层和高层住宅街区，它与传统街道空间格格不入，这是英国战后住房的典型特征。

在英国出现任何一种低层、高密度、沿街布置的土地利用方案都需要一代人的时间，而当它最终出现时，则很大程度上受到了1960年在瑞士伯尔尼郊外完工的典型的哈伦住宅区的影响。这种阶梯露台式横向排列的住宅模式，直接影响了尼弗・布朗（Neave Brown）为伦敦卡姆登市设计的密集型住宅方案，首先是他1966年的舰队路住宅［**图612**］，然后是始建于1967年的规模更大的亚历山德拉路住宅［**图611**］。后者是呈阶梯状的四层和七层住宅平行排列的街区，每个住宅都有宽敞的室外露台。英国几乎没有低层高密度住宅的实例，无论是设计还是已建成的，除了迈克尔・尼兰（Michael Neylan）于1960年在哈洛新城（Harlow New Town）建造的比肖普斯菲尔德低层庭院住宅［**图609**］之外。迈克尔・布朗（Michael Browne）、爱德华・琼斯（Edward Jones）、迈克尔・戈尔德（Michael Gold）和保罗・辛普森（Paul Simpson）的设计尽管很精彩，但很遗憾没有入围1966年的波特斯敦（Portsdown）住宅设计竞赛。尽管如此，阶梯式层层跌落的剖面成为带连续外廊的宿舍楼的设计手法，该手法被用于剑桥的冈维尔和凯斯学院（Gonville and Caius College）宿舍［**图610**］，由帕特里克・霍奇金森（Patrick Hodgkinson，在莱斯利・马丁和科林・圣约翰・威尔逊事务所工作）设计。霍奇金森在他的周边式住宅街区布伦斯维克中心（Brunswick Centre）项目中采用了同样的设计手法，最终于1970年在伦敦布卢姆斯伯里建成。

马丁在担任剑桥大学建筑学院院长期间，在支持新兴人才方面发挥了关键作用，他不仅在他自己的事务所，也在担任大学教育资助委员会顾问时举荐人才，其中一项是委托詹姆斯・斯特林和詹姆斯・高恩于1957年设计莱斯特大学工程系大楼［**图275，见p.303**］。大楼于1963年竣工。在此期间，马丁还推荐艾莉森（Alison）和彼得・史

608　伦敦郡议会，东阿尔顿庄园，罗汉姆普敦，1958

密森（Peter Smithson）参加伦敦《经济学家》大楼的设计竞标，并于1964年实现。回想起来，这成为他们最后一项重大工程。这幢大楼很像他们在诺福克的亨斯坦顿学校（见图270，p.298），是一项密斯式的习作——仿照密斯在1949年芝加哥的海角公寓（Promontory Apartments），随着建筑物的升高，结构立柱逐层后退。同样重要的是，这些混凝土立柱采用竖向纹理的波特兰石作为饰面。斯特林的圣安德鲁斯大学宿舍［**图613、614**］也采用了石材饰面来保护裸露的混凝土免受不稳定气候的影响，这项工程始于1964年，采用了斜纹的预制钢筋混凝土板，用焊接钢模板浇筑，用以模拟粗糙的石琢面。这项工程实际上是斯特林最后一次粗野主义的表达，之后他选择了后现代主义，例如1970年与莱昂·克里尔共同设计的德比市民中心项目。

回想起来，显然，英国粗野主义所表述的是努力达到社会可以接受而又严谨的建筑，这与新经验主义的公开呼吁相反，由此可以解释斯特林的言论："让我们面对现实吧，威廉·莫里斯是瑞典人！"这具有双重讽刺意味，事实是：莫里斯专注于北欧文化传统，而瑞典福利国家则关注建筑的社会可接受性。即便如此，一些早期粗野主义作品也试图关注社会的实用性，例如1952年史密森夫妇（Smithsons）的SoHo住宅项目，具有所谓的"仓库"美感，以及斯特林和高恩于1957年在兰开夏郡普雷斯顿（Preston）建造的社会住房［**图615**］。这些在砖块和清水混凝土楼板上进行的"脚踏实地"的练习是这个时期的典型做法，例如，

609　尼兰，低层庭院住宅，哈洛新城，埃塞克斯郡，1960。剖面透视图（左下）
610　霍奇金森，冈维尔和凯斯学院宿舍，剑桥，1964
611　布朗，亚历山德拉路住宅，伦敦，1967。剖面
612　布朗，舰队路住宅，伦敦，1966

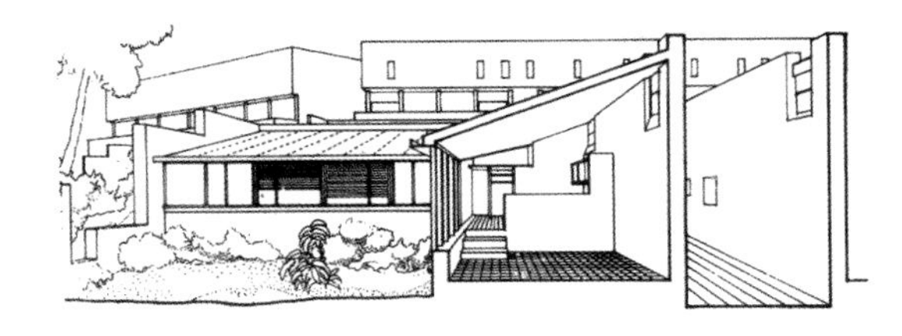

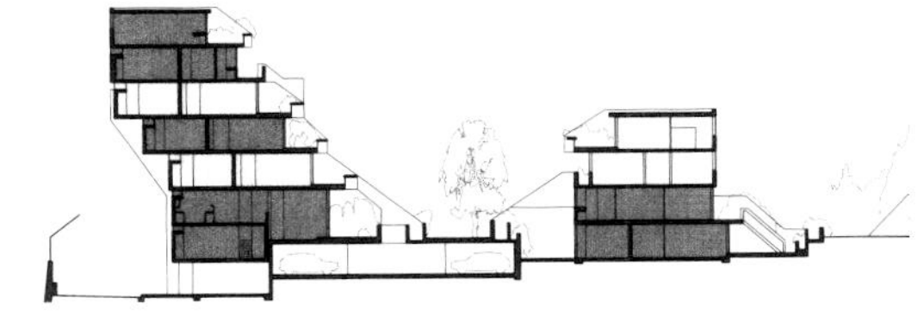

613　斯特林，圣安德鲁斯大学宿舍，苏格兰，1964。蒙太奇图像
614　斯特林，圣安德鲁斯大学宿舍，苏格兰，1964。窗和斜纹混凝土预制板的细部

1963年在伦敦东部建造的、艾伦·科尔克霍恩和约翰·米勒（John Miller）设计的卡尼安森林门学校［**图616**］。而位于剑桥的马丁办公室更是普遍采用有机阿尔托主义（Aaltoesque）路线，致力于发展出适合英国气候的标准现代砖墙样式。

似乎矛盾的是，这种大胆的文化姿态与英国政治中的民粹主义转向背道而驰。先是在1964年选举中哈罗德·威尔逊（Harold Wilson）的工党获胜，后是保守党在1970年获胜。保守党先是推举玛格丽特·撒切尔作为教育部长，她随即取消了对渴望进入伦敦建筑协会建筑学院的英国学生的政府资助。经济学家弗里德里希·哈耶克（Friedrich Hayek）的思想开始对英国政府产生影响：一种反社会主义的意识形态，与福利国家的凯恩斯主义经济学相对立。这种形势又因英裔美国人的新自由主义兴起而得以巩固。随之而来的是1981年罗纳德·里根当选美国总统，以及1979年撒切尔当选英国首相。撒切尔政府清理英国煤炭工业并在全国范围内削减地方政府权力，结果是大伦敦理事会（GLC）形同虚设，政府取消对经济适用房的补贴。

尽管不能认为政治与建筑之间存在直接关系，但始建于1972年的最后一个英国新城米尔顿·凯恩斯基于美国规划师梅尔文·韦伯的“无场所感的城市领域”概念，绝非偶然。韦伯在这个概念里想到的是分散的洛杉矶大都会，与LCC在1961年提出的未实现的胡克新城（Hook）的设想完全相反［**图617**］。与这个紧凑的新城设想不同，米尔顿·凯恩斯新镇（见图293，p.322）坐落在白金汉郡的乡村，呈一个1公里的正方形网格布置。

20世纪60年代，英意高技运动在建筑界开始显现。先是1966年，第4团队建筑设计事务所在威尔特郡史云顿市为信实控股公司建造的钢结构缆索（cable-braced）工厂，接着是理查德·罗杰斯和伦佐·皮亚诺赢得1972年巴黎蓬皮杜艺术中心竞赛的入围作品（见图291、292，p.321），紧随而来的是诺曼·福斯特于1975年在萨福克州伊普斯维奇市的威利斯－法布尔与杜马斯大楼（见图252、310，p.281、p.337）。

值得注意的是，作为英国最重要的高技派建筑师，罗杰斯和福斯特像意大利的皮亚诺一样，国外工程比国内的多。在此之后的英国著名建筑师大卫・齐珀菲尔德(David Chipperfield)也是如此。尽管他不属于高技派,但在不同时期分别为罗杰斯和福斯特工作过,然后开始自己的奢侈品店的室内设计和小型混凝土作品,如1990年在京都的丰田汽车展示厅和1991年在千叶的五岛博物馆(Gotoh Museum)。回到英国后,大卫・齐珀菲尔德于1997年在牛津郡泰晤士河畔亨利镇建起了日式比例的赛艇博物馆[**图618**]。由于齐珀菲尔德主要在除英国外的欧洲工作,德国人是他的主要客户[**图620**],因此有了2006年建在靠近斯图加特的内卡河畔马尔巴赫(Marbach)的德国文学博物馆(German Literature Museum)。

533 像齐珀菲尔德一样,托尼・弗雷顿(Tony Fretton)实际上更像是欧洲建筑师而不是英国建筑师,尤其是在1999年被聘为代尔夫特理工大学教授之后,他设计的一些项目都在荷兰和斯堪的纳维亚。弗雷顿在城市内最重要的工程是在阿姆斯特丹市,即两个著名的多层公寓楼:六层的索立德11(Solid 11)和七层的安德烈斯建筑群(Andreas Ensemble)。后者的饰面材料色板充分反映了弗雷顿的品位:丹麦灰砖,铝窗用浅青铜和蓝绿色进行阳极氧化表面处理,配上淡绿色预制混凝土的顶层阁楼。而他作为画廊空间设计师的熟练专长在2008年丹麦洛兰德建成的小型福格桑艺术博物馆(Fuglsang Art Museum)[**图619**]得到了最充分的展示,建筑师在该博物馆中将雕塑展示和用精致的取景框引入周围景观的关系处理得非常精彩。弗雷顿迄今为止最大和最具有纪念意义的综合工程是他在2003—2009年间分两阶段在华沙建造的英国大使馆和大使官邸。在这些作品中,办公室被视为代表国家精神,同时又作为公众接待和外交事务的空间。21世纪初期伦敦地区承接建筑设计业务最多、类型最多样的,可能要数埃里克・帕里建筑师事务所(Eric Parry Architects, EPA)。它成立于1986年,在过去的30年中一直努力提供多种严谨的专业服务,从吉隆坡的中产阶级多层住宅,到为学者和艺术家客户做的一系列改造,到零星的对英法两国乡间别墅的修复和保护工程。除这些范围甚广的工程,这个事务所的工作重点

615 斯特林和高恩,住宅,普雷斯顿,兰开夏郡,1957
616 科尔克霍恩和米勒,森林门学校,纽汉,伦敦,1963

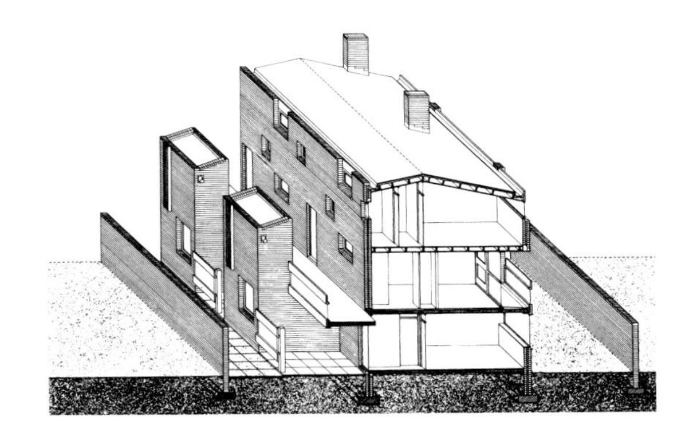

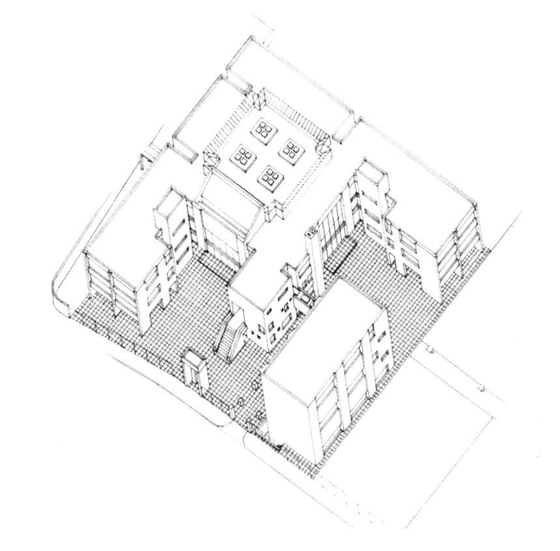

是伦敦的建筑物修复工程，从2003年完成的芬斯伯里广场30号具有节奏感的预制板外立面开始，大约同一时间在萨维尔街（Savile Row）23号建成

618 齐珀菲尔德，赛艇博物馆，泰晤士河畔亨利镇，牛津郡，1997

617 伦敦郡议会，胡克新城，1961。总规划图（左上）
619 弗雷顿，福格桑艺术博物馆，洛兰德，丹麦，2008

了建构更为经典的沿街立面。除吉隆坡外，埃里克·帕里建筑师事务所的全部工程都是互相关联的。事务所建造的独栋密斯式钢框架11层办公楼［**图623**］位于伦敦国王十字车站附近的潘克拉斯广场4号，它更能体现事务所在建构上的表现力。大楼从地面层开始退到一个巨大的、大跨度的空腹桁架（vierendeel truss）后面，使其成为整个建筑的主调，不仅从广场正立面看是如此，其他三个立面也有如此效果，壮观的大跨度钢立架支撑了整栋大楼。

以伦敦为基地的建筑师里，如果说有哪位的作品与一个崇尚壮观、辉煌的建筑风格时代格格不入、让人难以捉摸的话，那这个人就是爱尔兰建筑师尼尔·麦克劳林（Níall McLaughlin），他从20世纪90年代中期开始在英国工作，对木结构的建筑工艺传统情有独钟。这种偏好在他于2013年为牛津郡库德森一所神学院建造的主教爱德华·金教堂中有明确的表达。教堂用曲木构架支撑着船底形状的屋顶，用饰以面砖的混凝土壳体做围护结构。麦克劳林两年后在汉普郡又建造了一座捕鱼小木屋，以表示他对日本的木材传统和中世纪

620 齐珀菲尔德，詹姆斯·西蒙画廊（James Simon Gallery），柏林，2018
621 麦克劳林，苏丹纳兹林·沙阿中心，伍斯特学院，牛津，2017
622 麦克劳林，苏丹纳兹林·沙阿中心，伍斯特学院，牛津，2017
623 埃里克·帕里建筑师事务所，潘克拉斯广场4号，伦敦，2017

的橡木框架的欣赏之情。麦克劳林在2017年为牛津伍斯特学院建造的苏丹纳兹林·沙阿中心（Sultan Nazrin Shah Centre）［**图621、622**］则展现了他的综合视野。建筑物对称的正立面面向草坪，后部与原有的宿舍楼斜向连接，这两条轴线通过建筑物的轻木框架前厅，大约在中央礼堂的四分之一处会合。

爱尔兰

从1916年复活节起义到1921年宣布独立，随后两年内战，自由爱尔兰直到1937年才成为完全独立的宪政共和国。建筑上首次独立亮相的是1939年的纽约世界博览会爱尔兰馆，它由迈克尔·斯科特（Michael Scott）设计，平面是三叶草的轮廓。第二次世界大战后，斯科特事务所采用了更为成熟的路线，运用柯布西耶式，设计了都柏林市中心的巴士总站（1953），这项工程是与工程师奥夫·阿勒普合作设计的。20世纪60年代，斯科特的年轻合伙人罗纳德·塔隆（Ronald Tallon）和罗宾·沃克（Robin Walker）曾在芝加哥工作，从受勒·柯布西耶的影响转而趋向芝加哥的密斯·凡·德·罗，1967年两人开始设计RTÉ（爱尔兰国家电视和广播电台）都柏林总部。

此后十年的经济萧条使得建筑业的发展中断。不过诺埃尔·道利（Noel Dowley）于1970年在利默里克建造的路易·卡恩式的基尔弗鲁什住宅（Kilfrush House）打破了沉寂。道利曾和路易·卡恩一同在美国学习，毕业后，他在都柏林大学任教，其间还说服肖恩·德布拉卡姆（Shane de Blacam）在完成学位后师承路易·卡恩，并为其工作。与此同时，约翰·米格尔（John Meagher）从赫尔辛基工业大学毕业，成为一名建筑师，并前往费城在文图里、劳赫和斯科特·布朗事务所（Venturi, Rauch & Scott Brown）工作。80年代初，德布拉卡姆和米格尔返回爱尔兰，建立了自己的事务所，并接受委托重建了都柏林三一学院被大火烧毁的食堂。10年后，他们又为三一学院建造了路易·卡恩式复合木的塞缪尔·贝克特剧院（Samuel Beckett Theatre，1992），剧院采用爱尔兰本地谷仓屋顶形式，建在三一学院校园里的一个显著位置。后来，阿尔瓦·阿尔托影响了他们的建筑观，例如1999年植入都柏林城市肌理的城堡街1号（1 Castle Street）[**图625**]。在这里，两种影响以一种特别引人注目的方式进行了结合——路易·卡恩式的木墙板与阿尔托的悬挑式、城堡式砖砌建筑（参考1950年阿尔托的赛纳特萨洛市政厅）。类似的手法在2000年都柏林圣殿酒吧区的10层公寓楼中也很明显，这个所谓的木制大厦[**图624**]，垂直通道塔壁上的砖墙面有明显的砂浆勾缝，使砖木综合体得以丰富。

都柏林异常丰富的建筑文化的出现似乎不仅由于90年代受欧盟支持的爱尔兰经济繁荣，而且还因为都柏林大学建筑学院的构造学和拓扑学研

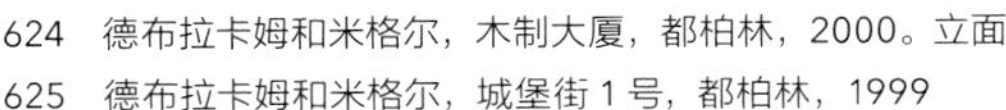

624　德布拉卡姆和米格尔，木制大厦，都柏林，2000。立面
625　德布拉卡姆和米格尔，城堡街 1 号，都柏林，1999

究。这里出现了被称作“91小组”（Group 91）的最有才华的成员，而其中最重要的是格拉夫顿建筑师事务所（Grafton Architects），这是雪莱·麦克纳马拉（Shelley McNamara）、伊冯·法雷尔（Yvonne Farrell）、约翰·图奥梅（John Tuomey）和希拉·奥唐纳（Sheila O'Donnell）在伦敦学习与工作后，于1981年在都柏林建立的合伙人事务所。

537

像50年代中期的英国粗野主义派一样，“91小组”抛弃了密斯对爱尔兰建筑的长期影响，转而采取一系列措施推介乡土主义。然而，依然到处弥漫着古典主义，例如位于都柏林的对称布置的拉内拉学校（Ranelagh school），它是1998年奥唐纳和图奥梅设计建造的。该学校的特点是对再生砖的精致使用，这种表现方式多少借鉴了斯特林的汉姆公地住宅的清水混凝土和承重砖墙做法，这是他后现代主义作品之前的风格(请参阅 p.301)。

下一个有望使奥唐纳和图奥梅成为“都柏林学派”的领先执业者的项目是他们2004年为爱尔兰科克大学学院（University College Cork）建造的、使用层压木的圆弧形的格卢克斯曼画廊（Glucksman Gallery）[**图626**]，画廊位于临近校园正门的河滩上。这个精心设计的混凝土框架结构让人想起1959年斯特林的莱斯特大学工程系大楼(见 pp.302—303)。然而，紧随他们这一成就之后的是两个与任何粗野派先例完全不同的作品。尽管这两座建筑都是在2000年以后完工的，但它们的背景和主题却大不相同：其中一座是单坡顶、木框架结构和木盖板的机械车间[**图627**]，建于康涅马拉（Connemara）山区的一所前管教所内；另外一个砖墙、混凝土框架的，类似

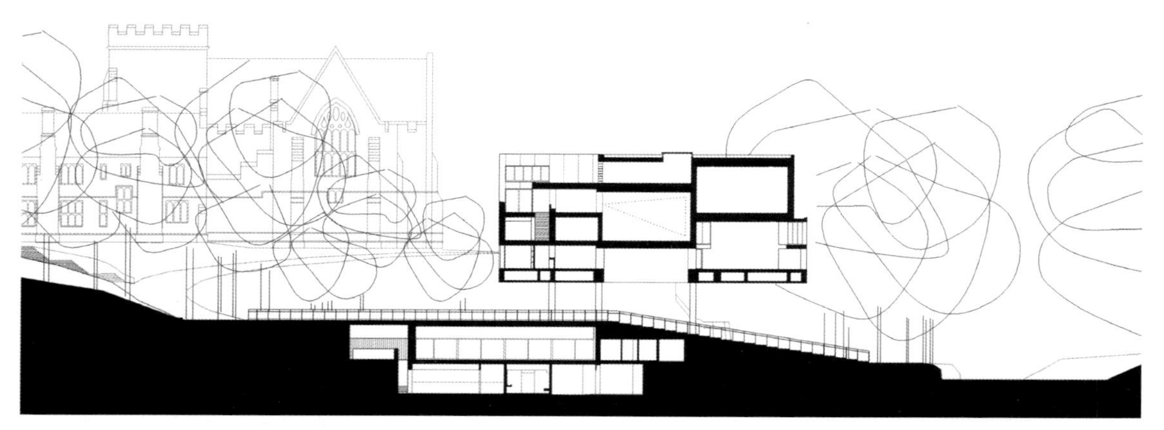

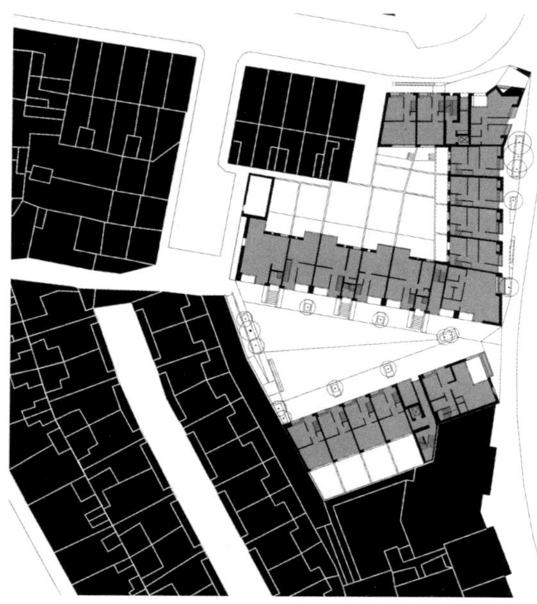

626　奥唐纳和图奥梅，格卢克斯曼画廊，科克大学学院，2004。剖面

627　奥唐纳和图奥梅，车间，高威，1997—2001

628　奥唐纳和图奥梅，林场住宅区，都柏林，2009。平面

629　奥唐纳和图奥梅，林场住宅区，都柏林，2009

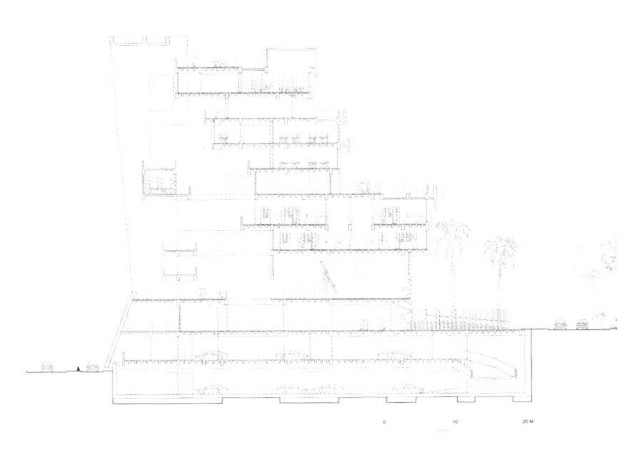

630 格拉夫顿建筑师事务所，工程技术大学校园，利马，秘鲁，2011—2015。横剖面

631 格拉夫顿建筑师事务所，工程技术大学校园，利马，秘鲁，2011—2015

632 格拉夫顿建筑师事务所，都柏林市图书馆，帕内尔广场，都柏林，从2015年开始建设

岩屋的建筑群，被称为林场住宅区（Timberyard Housing）[图628、629]，巧妙地置于都柏林稠密的城市建筑中。

格拉夫顿建筑师事务所也是“91小组”的一员，他们发展了自己的一些阿尔瓦·阿尔托风格，例如2002年的城市土地学院（Urban Land Institute）大楼和2008年在都柏林建造的三层滑铁卢巷缪斯住宅（Waterloo Lane Mews）。格拉夫顿建筑师事务所还赢得了另一同等规模的米兰博科尼大学（Bocconi University）扩建项目设计竞赛，并于2008年完工。他们是竞赛中唯一能够满足强制性要求——即礼堂可供大学和市民平等使用——的建筑师。除了满足这一条件外，建筑师还满足了提供100个教职员工办公室的要求。赢得这个项目后，格拉夫顿建筑师事务所受邀参加并赢得了一次又一次学校的设计竞赛，包括法国图卢兹一所经济学院（2009—2016）和秘鲁利马工程技术大学（UTEC，2011—2015）[图630、631]，对于后者，他们受巴西建筑师保罗·门德斯·达罗查的启发，采用了大胆的建构，即悬挑钢筋混凝土大型结构。他们将类似的建构方案应用在了林肯因菲尔德的伦敦经济学院的八层教学楼中，以及都柏林帕内尔广场（Parnell Square）上的新城市图书馆[图632]的设计建议中；这两个项目分别在2015年和2014年的设计竞赛中胜出。就像他们在利马的工程技术大学项目一样，这最后的两部作品在很大程度上被视为具有结构表现力的公共空间。

法国

法国建筑的复苏可以追溯至1968年5月的学生风暴和内乱，伴随而来的是巴黎美术学院全面分解，成为一系列小的教育单位（UP），不只是分布在巴黎，而是在全国各省。这种分裂改变了法国的建筑教育状况，并导致建筑师亨利·奇里亚尼和亨利·高丁（Henri Gaudin）分别在巴黎创建了UP 8和UP 3。1972年的巴黎蓬皮杜中心国际设计竞赛启动了一项由政府资助的建设计划，并使80年代弗朗索瓦·密特朗总统任期内在巴黎及法国其他地方的所谓的“宏大工程”（Grands Travaux）建筑计划达到顶点。当时法国首都的标志性建筑有两座，分别建在香榭丽舍大街的两端：一座建于1989年，由美国建筑师贝聿铭设计的巨大的玻璃金字塔似的卢浮宫新入口，一座是同年由丹麦建筑师约翰·奥托·冯·斯普雷克尔森（Johan Otto von Spreckelsen）设计、在拉德芳斯（La Défense）建成的巨型新凯旋门，与旧凯旋门和卢浮宫位于同一轴线上。80年代建成的其他重要设计竞赛作品还有：伯纳德·屈米的拉维莱特公园（见 p.350）；巴士底新歌剧院，由加拿大建筑师卡洛斯·奥特（Carlos Ott）设计；还有奥赛博物馆，它建在塞纳河畔奥赛火车站巴洛克风格的旧外壳之内，由意大利建筑师盖·奥伦蒂（Gae Aulenti）设计。巴黎市政府还将重要工程委托给年轻一代，其中包括让·努维尔（Jean Nouvel）的世界阿拉伯文化中心（Institut du Monde Arabe，1987）、克里斯蒂安·德·波特扎姆帕克（Christian de Portzamparc）的音乐博物馆（1991）和多米尼克·佩罗（Dominique Perrault）的新国家图书馆，即法国国家图书馆（1995）。

政府支持建筑教育和研究的复苏也对这一时期的主要刊物产生了影响，也即贝尔纳·于埃（Bernard Huet）编辑的《今日建筑》和雅克·卢坎（Jacques Lucan）主编的《建筑动态》（*AMC*）。这些编辑带头重新评估了法国现代传统，从奥古斯特·佩雷、托尼·加尼耶和尤金·弗雷西内特的先锋派钢筋混凝土作品，到米歇尔·鲁－斯皮茨和罗布·马雷－斯蒂文斯追随的准装饰艺术风格；还关注到尤金·博杜安和马塞尔·洛兹的玻璃铁质建筑，其中最重要的是他们与让·普鲁韦共同设计并于1936年在巴黎克利希建造的人民之家。

20世纪80年代，法国对勒·柯布西耶作品新的认识通过各种方式表现出来。首先，勒·柯布西耶工作室的最后一批成员完成了两项重要的工

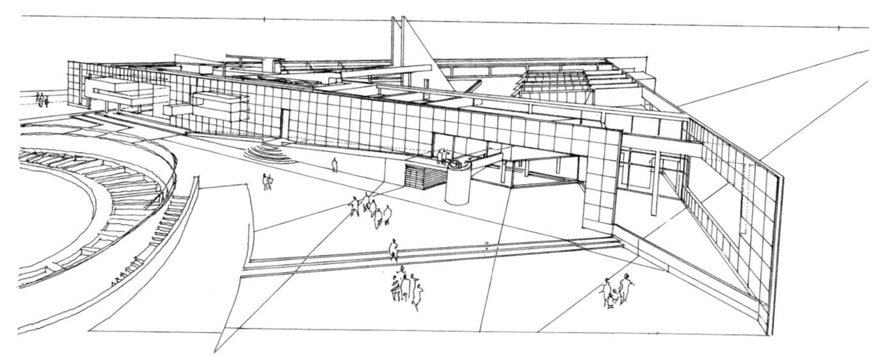

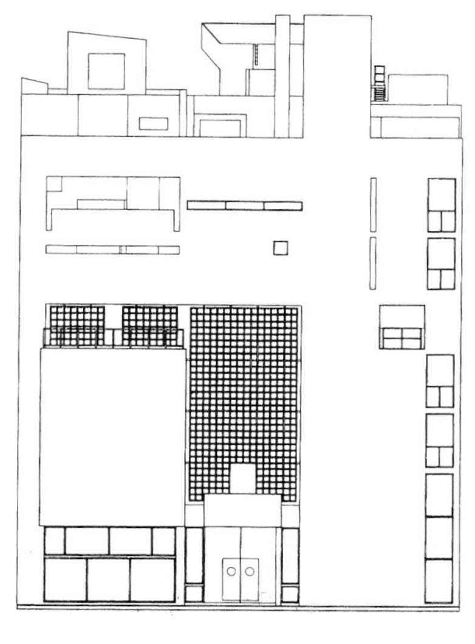

633 奇里亚尼，考古博物馆，阿尔勒，1991
634 乌布雷里，法国文化中心，大马士革，叙利亚，1986。立面
635 博杜安、罗塞洛和卢塞尔，法布里克路公寓，马奎斯街，南希，1983
636 德维勒斯，德肖米特斯市政停车楼，圣丹尼斯，巴黎，1983

程：吉列尔莫·朱利安·德·拉富恩特（Guillermo Jullian de la Fuente）1985年建于拉巴特（Rabat）的法国大使馆，何塞·乌布雷里（José Oubrerie）1986年位于大马士革的法国文化中心［**图634**］。其次，是柯布西耶手法被亨利·奇里亚尼这样的人物重新诠释，不仅用在他自己的作品中，而且还出现在他学生的作品中，例如1989年由米歇尔·卡甘在设计竞赛中获胜的巴黎市民艺术博物

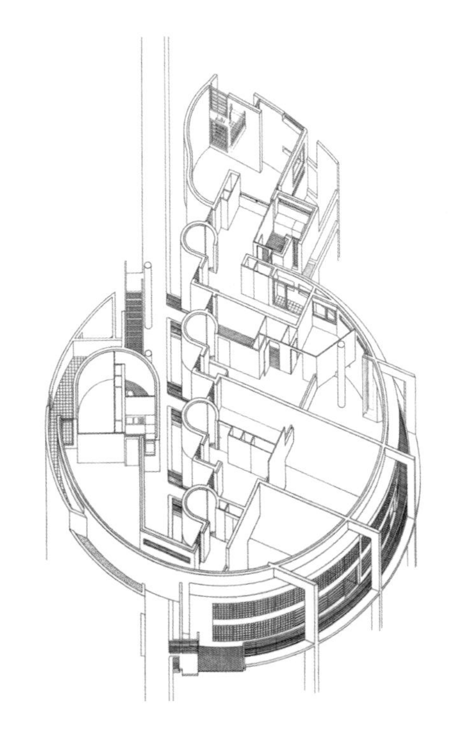

馆。意大利趋势派的类型学体系（见 p.332）也影响了奇里亚尼的市区概念：一种干预措施能够带来自给自足的微型城市生活环境，这个概念体现在他于1980年在马恩－拉－瓦莱（Marne-la-Vallée）建造的努瓦西2公寓（见图302，p.332）。类似的概念也体现在他于1991年在阿尔勒设计的考古博物馆［**图633**］。不过，勒·柯布西耶并不是唯一的影响因素。比如，克里斯蒂安·德维勒斯（Christian Devillers）于1983年在巴黎圣丹尼斯建造的玻璃停车楼［**图636**］，有一种构成主义的严谨风格；同年洛朗·博杜安、克里斯汀·罗塞洛（Christine Rousselot）和让－马丽·卢塞尔（Jean-Marie Roussel）在南希建造的法布里克路公寓［**图635**］，灵感来自阿尔瓦罗·西扎的建筑拓扑学。

从20世纪80年代开始，法国出现了四个很有特色的建筑师事务所，其中两个经历了其创始合伙人的过早去世，第一个是米歇尔·卡甘，第二个是弗朗索瓦－埃莲娜·乔达（Françoise-Hélène Jourda）。卡甘属于巴黎美术学院重组后于70年代末毕业的那一批人，他更多地受到法国现代传统的启迪，从而能够超越勒·柯布西耶纯粹主义的美学遗产。卡甘与博杜安，越来越意识到有许多才华横溢的巴黎建筑师的作品，可以与勒·柯布西耶在20世纪20年代和30年代的成就相媲美，这些建筑师包括罗布·马雷－斯蒂文斯、艾琳·格雷、保罗·纳尔逊、让·金斯伯格和米歇尔·鲁－斯皮茨，最后一位是卡甘十分敬重的设计师，在多层公寓的设计上相当出色。卡甘还受到安德烈·路尔卡特的影响，尤其是路尔卡特于1930年在犹太城建造的精湛的卡尔·马克思学校，这从卡甘于1999年为蓬图瓦兹市设计的大学建筑［**图639**］中就可

637　卡甘，巴黎市民艺术博物馆，雪铁龙塞温尼斯，巴黎，1993

638　卡甘，70 单元楼，阿米拉尔穆切斯街，巴黎，2000

639　卡甘，纽维尔大学，蓬图瓦兹市，法国，1999

以明显看出。卡甘的巴黎市民艺术博物馆（Citéd' Artistes）[图637]于1993年建成，它创建了相互穿插的三维动态组合形式，并在随后的20年中不断完善，体现在他2000—2007年间建造的一系列合理布局的柯布西耶式综合体中，其间第一个项目是9层高的居住区[图638]，于2000年在巴黎的阿米拉尔穆切斯街建成。

543 20世纪90年代初，弗朗索瓦–埃莲娜·乔达和吉勒斯·佩罗丁（Gilles Perraudin）的里昂设计事务所以他们设计的蒙特塞尼斯培训中心（Mont-Cenis Training Centre）在欧洲业界声名鹊起，该项目位于德国的赫恩·索丁根（Herne-Sodingen），于1999年竣工。这座巨大的温室有一个用钢缆加固的树形柱间支撑系统，上面有网格木梁，屋面是槽型玻璃，温室大到足以维持地中海全年的小气候。夏天可以打开以利于交叉通风，冬天则关闭，由阳光辐射加热，配合通过地下管道进入室内的热空气。这座大型木结构以现已停产的蒙特塞尼斯煤矿命名，是鲁赫格比埃地区的埃姆谢尔公园修复工程的一部分，该地区以前是德国的工业重镇。取得这一成就后，乔达开设了自己的工作室，专攻可持续木结构。在她去世之前，设计和建造了两项出色的民用工程：一座是于2001年在里昂建造的有顶棚的开敞市场大厅[图640]和一座于2003年建成的槽型玻璃覆盖的波尔多新植物园[图641]。尽管这两种结构均由粗面木柱支撑，但支撑里昂市场大厅的结构柱端部是锥形的，并插在金属外壳中固定在地面上，结构柱上部和支撑聚碳酸酯单坡屋顶的横木梁连接，自然光透过屋顶照到下面的摊位上。

第三个令人瞩目的设计事务所是安妮·拉卡顿（Anne Lacaton）和让·菲利普·瓦萨尔（Jean Philippe Vassal）的，他们由于1993年在弗洛伊拉克（Floirac）建造了自己的拉塔皮住宅（Latapie House）而广为人知。这是他们的第一个微型住宅，接着又加建了一个同等面积的暖房。以最低成本提供附加空间的缘由在于使用了现成的温室技术，这也是他们事务所的宗旨。这种技术增添了钢结构单层卡普费雷住宅（Cap Ferret house）[图642]

640 乔达，市场大厅，里昂，2001
641 乔达，新植物园，波尔多，2003

的诗意气质，该住宅于1998年建在列日（Lège）的一个松林密集的沙丘上，俯瞰波尔多西部的阿卡孔（Arcachon）海湾。他们保留了该处的六棵现存的大树，并将其组合进住宅之中：这是一种巧妙的设计，即创造一种柔性保护圈，使得从屋顶穿出的树木可以随风摇摆。厨房／浴室和睡眠空间都减到最小，以提供宽敞的起居空间。基于上述成就，从2006年到2017年，拉卡顿和瓦萨尔修复和改造了圣纳泽尔附近拉切斯奈（La Chesnaie）的一座11层公寓楼［**图643**］。这座建于20世纪70年代的建筑被重新布置，阳台被改成了阳光房，起居室延伸出一个用玻璃覆盖的空间，这样更适应法国北部多雨、刮风的气候。他们对这一成果的如下诠释，清楚地勾勒出他们采取的总体路径背后的职业操守和经济合理性。

544

40个改造公寓的综合成本大大低于其拆除和重建的成本。改造节省下来的资金使大多数新公寓都能得到融资。我们希望该项目能够充分证明可以无须拆除四座塔楼，对它们改建更为有利。[1]

除了设计和建成一个又一个幕墙式居住建筑之外，迄今为止，拉卡顿和瓦萨尔设计事务所最成功的公共工程是2009年在南特（Nantes）建造的新建筑学校（Ecole d’Architecture）［**图644**］。与他们大多数作品一样，这座建筑可被视为延续了法国让·普鲁韦和爱德华·阿尔伯特（Édouard Albert）这些先锋人物所处时代的轻质金属传统。

菲利普·马德克（Philippe Madec）长期致力于法国乡村的文化和经济复兴，从2006年开始他设计和实现的许多可持续性项目中就可以清楚展现，先是朗格多克省（Languedoc）的圣克里斯托尔的新乡村中心。这项工程包括七个木框架独立结构，一个接一个排列，构成了现有村庄的新社区中心。这个被称为维瓦尼诺（Vivanino）的建筑群致力于当地的葡萄栽培经济，由美食餐厅、葡萄酒精品店、公共大厅、互动展览空间和信息中心组成。2017年，马德克在图卢兹附近的科内巴

642　拉卡顿和瓦萨尔，卡普费雷住宅，列日，1998。这座单层住宅设计巧妙，以配合现有树木

643　拉卡顿和瓦萨尔，公寓楼改造，拉切斯奈，法国，2006—2017。灰色为原建筑，被加建所包围

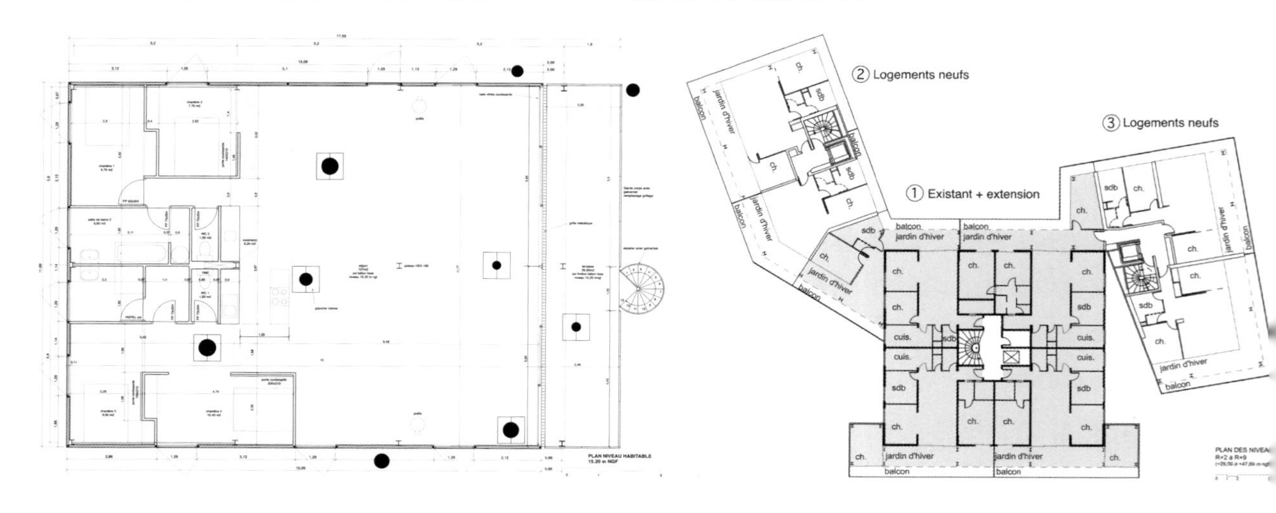

里（Cornebarrieu）建成了一个较大的文化中心［**图645**］，小型辅助空间采用土坯建筑，主要公共空间采用大型框架结构。该建筑群由328个座位的礼堂和150个座位的会议室以及办公室与其他功能房组成，置于高出洪泛区地面标高60厘米的水泥平台上。除土坯外，这项工程的一个重要的可持续方面是利用当地的落叶松和花旗松建造，这些木材来自可持续经营的森林。

644　拉卡顿和瓦萨尔，新建筑学校，南特，2009

645　马德克，文化中心，科内巴里，图卢兹，2017

比利时

546 现代国家意义上的比利时创立于1831年，讲法语和荷兰语居民的区域划分，影响到第一次世界大战后比利时现代建筑的发展。讲法语的建筑师更容易接受勒·柯布西耶的影响，而讲荷兰语的建筑师则倾向于建筑师提奥·凡·威奇德维尔德在杂志《转折》中倡导的赖特式路线，或者倾向于荷兰新造型主义的抽象概念。而身世尊贵的亨利·凡·德·维尔德则与前面几种圈子都保持距离，结束在瑞士的流亡后，他于1925年回国，然后在布鲁塞尔为自己建造了一座质朴的砖砌住宅。1927年，凡·德·维尔德成为新成立的布鲁塞尔高等装饰艺术学院的校董，这座学校后来被称作“拉坎布雷艺术学院”，因为学校里曾有一所古代修道院。1929年，凡·德·维尔德在德国汉诺威设计并建造了一所值得称道的老年人之家，其特点是采用有节奏排序的砖砌凸窗；1936年为根特大学建造的图书馆采用了清水混凝土。凡·德·维尔德最后的杰作是将混凝土与砖砌墙面结合起来的荷兰奥特洛的克罗勒－穆勒博物馆［**图646**］，从1937年建至1953年。

比利时在第一次世界大战中被德国占领和轰炸，重建时期受到盎格鲁－撒克逊花园城市运动的极大影响，它被详尽地收录在雷蒙德·昂温1909年的《城市规划实践》中，其中的主要原则在景观设计师路易斯·凡·德·斯瓦尔门（Louis van der Swaelmen）1916年的《艺术调查》中又得到重申，他在与布鲁日市建筑师惠布·赫斯特（Huib Hoste）合作设计的两个住宅区项目中先后将这些原则付诸实践：1921年的克莱恩·罗斯兰花园项目（Klein Rusland garden estate）和1923—1926年的卡佩尔韦尔德花园城市（Kapelleveld garden city）。与此相媲美的，是维克多·布儒瓦于1922—1925年在布鲁塞尔郊外建造的教科书式的现代城［**图**

646 凡·德·维尔德，克罗勒－穆勒博物馆，奥特洛，荷兰，1937—1953

647　布儒瓦，现代城，布鲁塞尔，1922—1925

648　布儒瓦，奥斯卡·杰斯伯斯住宅，沃吕韦－圣兰伯特，1928

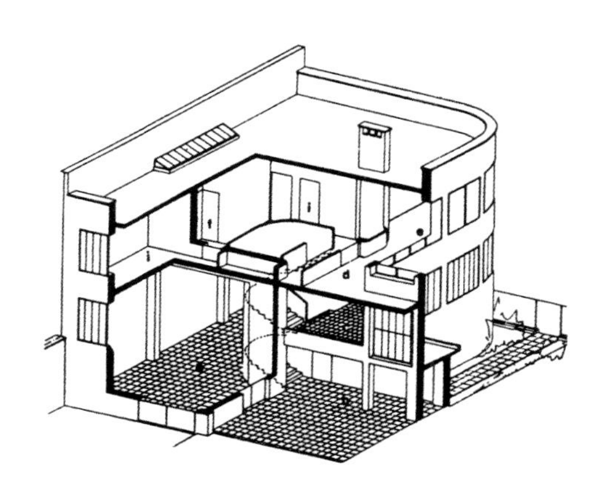

647]，该项目也因凡·德·斯瓦尔门的景观设计而增色。这个让人回想起托尼·加尼耶影响深远的作品发表在比利时城市规划杂志《城市》上。该杂志由城市规划专家拉斐尔·韦尔根（Raphaël Verwilghen）于1919年创立，是比利时城市规划师协会的官方刊物。然而，战后年代的社会乌托邦主义在20世纪20年代初被比利时中产阶级固有的保守主义所取代。1923年社会住房的国家资助被撤销，就是这种变化的一种反映。此后，维克多·布儒瓦的建筑变得越来越多样化，例如他1928年为雕塑家奥斯卡·杰斯伯斯（Oscar Jespers）在沃吕韦－圣兰伯特（Woluwe-Saint-Lambert）设计和建造的立体主义风格住宅与工作室[**图648**]，以及1932年在保罗·奥特莱特的赞助下为布鲁塞尔的特弗伦公园（Tervuren Park）做的乌托邦世界之城方案。

547

下一代的比利时现代主义者包括利昂·斯蒂宁（Léon Stynen）、路易斯·赫尔曼·德·科宁克（Louis Herman De Koninck）和加斯顿·艾瑟林克（Gaston Eysselinck），他们在不同时期都受到勒·柯布西耶的影响，不过这种启示并不意味着他们的整个职业生涯由此定型。其中，艾瑟林克于1928年从根特学院毕业后，首次赴荷兰做建筑朝圣，在那里他不仅遇到了风格运动，还有阿姆斯特丹学派和W.M.杜多克的作品，从他于1930年在根特竣工的砖砌的塞尔布鲁因斯住宅（Serbruyns House）可以看得较为明显。就在此时，艾瑟林克通过勒·柯布西耶的《作品集（1910—1929）第一卷》而首次全面接触勒·柯布西耶的作品。这也解释了艾瑟林克1926年突然采纳勒·柯布西耶的《新建筑五要点》，其明显表现于1931年艾瑟林克在根特的一个三角形空地上建造的自用住宅[**图649**]中。然而，在30年代下半叶，艾瑟林克又退回到使用精细的

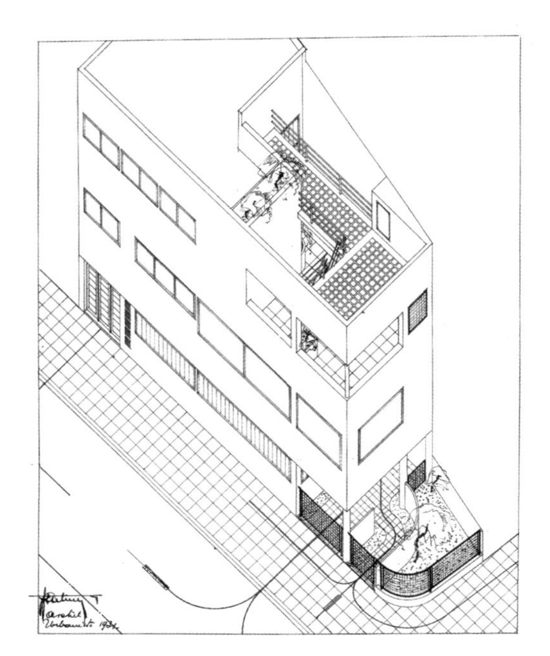

649　艾瑟林克，艾瑟林克住宅，根特，1931

砖结构和优雅的钢框窗——两次大战之间，许多比利时现代主义者都在倒退。“二战”后，1945年艾瑟林克在位于奥斯坦德（Ostend）的中央邮局（Central Post Office）项目中短暂地回归勒·柯布西耶风格，其最终完成的作品展现出勒·柯布西耶赢得1927年国际联盟竞赛时的纪念性特色。

1952年安特卫普建筑师利昂·斯蒂宁在参观了马赛的人居单元后，才完全接受勒·柯布西耶的作品。他受到人居单元的启发，提出了具有相同概念的小型版本：带中央走廊的两层高的居住空间，但缺少具有特色的穿插单元和公共设施。和爱德华·凡·斯蒂恩伯根（Eduard Van Steenbergen）、罗伯特·普特曼斯（Robert Puttemans）和让–朱尔斯·埃格里克斯（Jean-Jules Eggericx）等同代比利时建筑师一样，斯蒂宁最终选择了合乎比例的精致的砖砌住宅，可见于1932年位于安特卫普的自用住宅，以及1939年在安特卫普埃斯考特河左岸用两种色调的砖建造的六座两层高住宅群。除了住宅项目［**图651**］，斯蒂宁还专门从事赌场的设计，包括诺克、乔德方丹、布兰肯贝格和奥斯坦德的赌场［**图650**］，所有这些赌场都是新古典主义加上现代主义的手法。

比利时人追求保守的现代性，唯一例外的是路易斯·赫尔曼·德·科宁克。他设想利用专利混

650　斯蒂宁，奥斯坦德的赌场，1950
651　斯蒂宁，住宅综合楼，凯塞尔–洛，1956。剖面

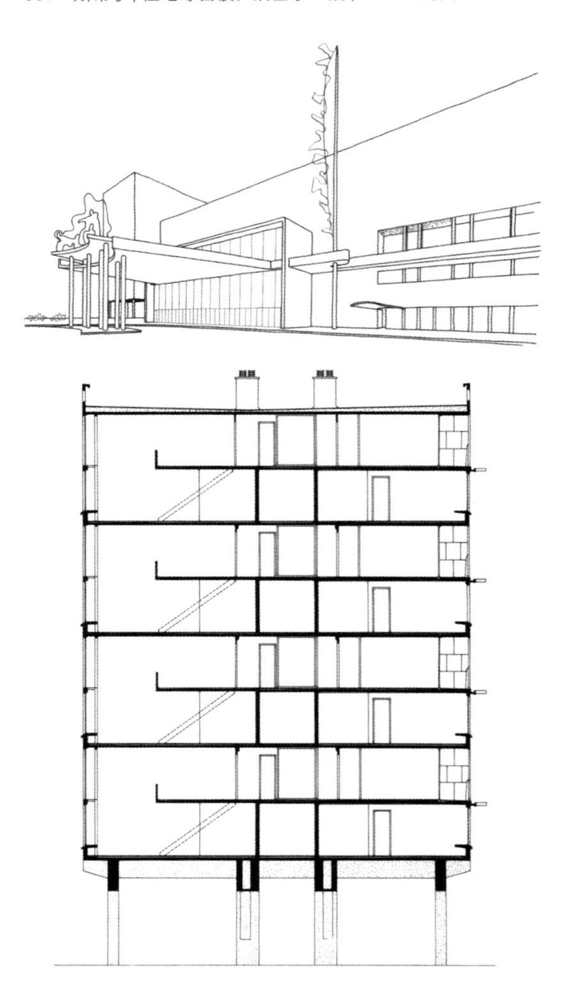

凝土砌块来建造他的工程，这些获得专利的混凝土砌块由建筑承包商菲尔明·德斯梅莱（Firmin De Smaele）公司生产，名为格巴砌块（Gebablocks），用于该国1914—1918年战争毁坏后的重建。这也是德·科宁克于1924年在布鲁塞尔附近的于克勒（Uccle）建造自己的两层住宅和工作室［**图652**］时所用的材料。这座住宅位于一个陡峭的山坡边缘的正方形场地内，入口的一层有建筑师的办公室和一间卧室，起居室、餐厅、厨房和花园均布置在下跃层。德·科宁克一直在寻找用最低成本达到最佳效果的实用途径，他同时也是国际现代建筑会议（CIAM）比利时分支的成员，在1930年布鲁塞尔国际现代建筑会议的功能组别大会上发挥了关键作用。为了这场活动，他仿效艾瑟林克设计了一套镀铬的钢管椅，这套椅子的原型是由路德维希·密斯·凡·德·罗和马塞尔·布劳耶设计的，尺寸经过了谨慎的修改，以避免侵犯专利权。

549

毫无疑问，德·科宁克一生的代表作是他于1929年为比利时景观设计师让·坎奈尔－克莱斯（Jean Canneel-Claes）设计的住宅［**图653、654**］。这项工程于1931年完工，在20世纪30年代的高度现代化时期，它被评为欧洲最经济的住宅之一。通过巧妙地使用推拉/折叠门，在起居区内为坎奈尔－克莱斯辟出一个单独的办公室。通过旋转楼梯可直接进入上层的卧室和浴室，再上一层通往屋顶露台。与最初接受设计委托的勒·柯布西耶不同，德·科宁克满足了坎奈尔－克莱斯的条件——可以直接进入他的立体花坛。作为一名景观建筑师，坎奈尔－克莱斯既反对法国的正统花园传统，也反对盎格鲁－撒克逊的绘画风格。德·科宁克一直在尝试最新的技术创新，在这个项目里，使用了浮石混凝土墙。混凝土地面满铺

652 德·科宁克，德·科宁克住宅，布鲁塞尔，1924

亚麻布油毡，由H.P.贝尔拉赫设计的维拉－勒克斯（Vera-Lux）专利射灯，被用来照亮转角楼梯。20世纪30年代，这座房子是比利时现代运动中刊出次数最多的作品，曾出现在1932年的《城市》和荷兰建筑杂志《奥普博夫八人》中，两年后，它被收录进约克的出版物《现代住宅》中。尽管比利时的现代运动在国际上取得了杰出成就，但在30年代后半期却逐渐停滞，正如皮埃尔·普特曼斯（Pierre Puttemans）在1976年所写：

尽管立体派建筑师理解基本功能，但资产阶级体系固有的奢侈，使得它并不期望建筑能确定工人的身体尺寸和生理需求与雇主相似，相反，它希望强调差异……因此，我们处于建筑伟大时代的尽头。现代主义……仅由一小部分追随者作为代表；它既没有被资产阶级接受，也没有被大众接受。假如资产阶级在首次受到来自现代主义的社会

主义浪潮的威胁时，只能依赖后者自身内部矛盾，因此(正如马塞尔·斯密茨所强调的)斗争乐于严格地站在形式层面。[1]

强硬的社会主义者、安特卫普建筑师雷纳特·布雷姆(Renaat Braem)与德·科宁克完全不同，他受到N.A. 米柳丁在1930年出版的《社会主义小镇》(*Sotsgorod*)中所阐述的线性城市范式的启发。

他在20世纪30年代中期提出的主要建议是：用他的百公里运河、公路和铁路等基础设施将安特卫普与列日连接起来。布雷姆对苏联先锋派的主要规划理念的认可促使他进入了勒·柯布西耶在巴黎的工作室，在那里他为巴塔设计了模块化的商店原型，并在勒·柯布西耶1935年为巴黎设计的美术馆项目中工作。至止，勒·柯布西耶已经凭借埃斯考特河(Escaut)左岸城市化项目[**图655**]成为安特卫普的著名人物，建筑师惠布·赫斯特和费利克斯·洛凯(Félix Loquet)一起参与了该项目的设计。

布雷姆的安特卫普基尔花园城市开发项目(Kiel Park City development，1950)启发了战后一代人，该项目提供了7500个单元，由一系列十三层的独立板楼组成，与梅蒙特和梅斯建筑师事务

653　德·科宁克，坎奈尔–克莱斯住宅，布鲁塞尔，1931

654　德·科宁克，坎奈尔–克莱斯住宅，布鲁塞尔，1931

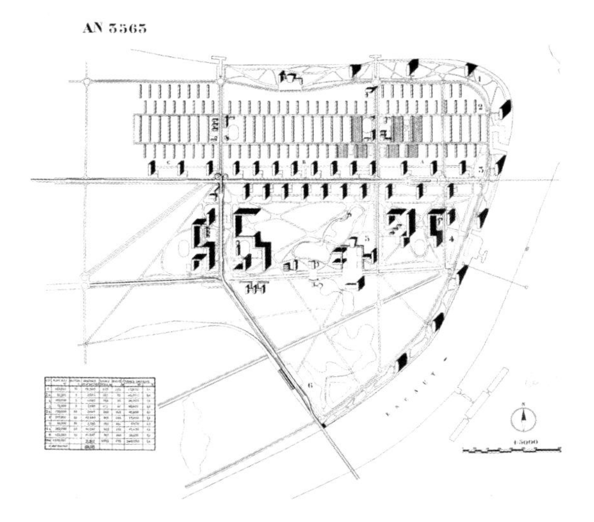

655　勒·柯布西耶，埃斯考特河左岸规划，安特卫普，1933

所（Maevement and Maes architects）合作设计。这个项目创建了一种门廊入口系统，即外部的门廊低于居住楼层，以确保私密性。尽管中央政府出台了支持大规模郊区化的政策，安特卫普市和布鲁塞尔市仍在执行大型住房计划，委托布雷姆和其他建筑师合作设计。

1958年在布鲁塞尔举办的世博会代表了人们对欧洲重新充满信心的时刻，这从国际著名建筑师设计的展馆中可见一斑，例如埃贡·艾尔曼设计的优雅的德国展馆和勒·柯布西耶设计的钢筋混凝土飞利浦展馆［**图656、657**］，一个双曲壳体结构，用来容纳精彩的媒体演示。这就是勒·柯布西耶著名的多媒体装置作品《电子观演》（*Poème électronique*）：动态的壮丽影像伴以由埃德加·瓦雷斯和伊安尼斯·谢纳基斯（Iannis Xenakis）谱写的音乐。谢纳基斯是一位作曲家兼建筑师，来自希腊内战的一名难民，他与勒·柯布西耶合作设计了这座展馆。

20世纪60年代末至70年代中期，随着卢旺－拉纽维新大学城的建成，一种砖和混凝土的粗野主义美学在比利时崭露头角，参与其中的建筑师是“二战”后培养的。野性主义美学特质的一个极端版本就是朱利安·兰彭斯（Juliaan Lampens）的作品。1940—1950年，兰彭斯在根特的圣卢卡斯学校完成建筑学业后，立即开设了自己的事务所。接下来的十年，他主要设计必定配上双坡屋顶的

656　勒·柯布西耶，飞利浦展馆，布鲁塞尔世博会，1958

657　勒·柯布西耶，飞利浦展馆，布鲁塞尔世博会，1958

奇特的另类住宅；在设计一系列单层钢筋混凝土住宅之前，1960年左右在埃克建造了自己的住宅。兰彭斯激进的反资产阶级立场于1974年在辛特－马腾斯－拉特姆(Sint-Martens-Latem)建造的范·瓦森霍夫住宅(Van Wassenhove house)里发展到了顶峰：在一个开敞的起居空间，用一个木屏风围合成的半圆形的睡眠区。在这里，空间的进一步细分是通过薄混凝土隔墙实现的，它划分出一个屋顶净跨下的基本功能。同时，混凝土坡屋顶通过一个巨大的混凝土漏斗将雨水排放到客厅露台内的圆形水箱中。这个清水混凝土储罐是兰彭斯极致的存在主义表述，完全超越了其大胆的粗野主义观念。

斯特凡·比尔(Stéphane Beel)是比利时下一代领先的建筑师之一，1993年以其所谓的M in Z别墅[**图658**]瞬间建立了极简主义的声誉。这座长50米的单层豪华住宅一边是大片草坪，住宅外墙用木板饰面，整体高出地面，从一端的地下车库进入，比尔在该系列的第二栋住宅P in R别墅[**图659**]中重复了同样的入口布置。从类型上讲，这是一栋看似矛盾的没有院落的单层庭园住宅，这是由于它位于树木茂密的峭壁，部分立于桩柱

658 比尔，M in Z别墅，泽德尔杰姆，1987—1992

659 比尔，P in R别墅，罗策拉尔，1991—1993

之上。比尔的早期住宅具有他与泽维尔·德盖特(Xaveer De Geyter)合作倡导的所谓“新简约”(New Simplicity)的特征，它明显不同于后来由雷姆·库哈斯领导的荷兰前卫艺术的壮观。此后，比尔一直坚持采用简洁手法，除了设计私人住宅外，还设计了大规模的民用工程，例如2010年在根特建造的新法院。2005年和莫里茨·金的一次访谈中，比尔这样阐述了他的方法。

> 我更喜欢和客户一起经历这个过程，因为我相信讨论……两种思维方式结合在一起，突然出现第三种，好像是偶然的……一个人的行动不能脱离环境。我指的不是被视为背景的东西，而是它背后的东西……社会，例如，社会表现自己的方式，社会运动的方式。作为一个建筑师，你也关心这一点，这也是背景……你不只是为那些人建房子，你在一个环境中工作，你不应该对改善或重建世界抱有太多幻想。但你必须意识到，你所从事的不仅仅是别人要求你从事的事情，如果你只关心这些，在我看来，这是一种失败。[2]

比尔的建筑最关键之点也许是其“反壮观”的特性，这使他能够将重要的文化机构插入传统城

660　罗布雷希特和达艾姆，礼堂和音乐厅，布鲁日，1998—2002

市建筑的剩余缝隙中。与比尔相比，根特的建筑师劳尔·罗布雷希特（Raul Robbrecht）和希尔德·达艾姆（Hilde Daem）更容易受到比利时艺术文化中超现实主义传统的影响，他们经常在建筑与艺术之间跨界工作，也许没有比他们的轻型可拆卸的展馆使用率更高的建筑了。这些是为艺术展览而设计，或者本身就是艺术展品，或者两者兼而有之，例如胶合板的奥伊展馆（Aue Pavilions）。这些展馆首先于1992年在卡塞尔的奥伊公园（Aue Park）为当代艺术展览“文档 IX”（Documenta IX）搭建，在那里他们临时举办了丹·格雷厄姆（Dan Graham）的展览，1994年移至荷兰的阿尔梅尔（Almere），2014年到了阿默斯福德（Amersfoort）展出。与此同时，他们于1986年在根特的圣彼得修道院为勒内·海瓦特（René Heyvaert）举行的“我所看到的东西”布展。罗布雷希特和达艾姆的作品同样具有典型性，他们将偏心比例系统（eccentric proportional system）用于建筑物的设计，用数字3、5和7作为基数，这是路易·卡恩所采用的系统。将这几个数字相乘后得出的总数为105，建筑师习惯于采用105作为标准米的替代物。到目前为止，两位建筑师最重要的作品是2002年建成的1700座的礼堂和音乐厅［**图660**］，它与布鲁日（Bruges）的传统建筑巧妙地融为一体。

西班牙

西班牙的现代运动是由进步的加泰罗尼亚建筑师群体发起的，他们组成了名为GATCPAC的组织，1930年改名为GATEPAC（即推动当代建筑进步的西班牙建筑师和工程技术人员组织），以便将运动扩展到加泰罗尼亚以外的全体西班牙现代建筑师中去，有代表性的是来自马德里的费尔南多·加西亚·梅尔卡达尔（Fernando García Mercadal）和来自圣塞巴斯蒂安的何塞·曼努埃尔·艾兹普鲁阿（José Manuel Aizpúrua）、华金·拉巴扬（Joaquín Labayen），他们共同设计了西班牙第一座明显的现代建筑：1931年在圣塞巴斯蒂安建立的皇家航海俱乐部。同年，GATEPAC出版了第一期《AC：当代文献》杂志，封面特别刊载了1929年莱恩特·凡·德·弗卢格特和马特·斯塔姆设计的位于鹿特丹的凡耐尔工厂（见p.144）。这期杂志由何塞·路易·塞特和约瑟普·托雷斯·克拉维编辑。杂志有一个国际事项，即转载1933年在SS帕特立斯号邮轮上召开的第三次国际现代建筑会议的资料。1937年6月25日出版的最后一期《AC：当代文献》，封面刊登了一张政治宣言的照片，声明该社将与西班牙内战（1936—1939）中的共和党站在一起。

西班牙现代建筑在弗朗哥赢得内战胜利后又经历了十年停滞，于50年代初期开始复兴。西班牙的建筑师开始接受进步文化思潮，先是弗朗西斯科·卡布雷罗（Francisco Cabrero）于1949年在马德里建成的具有纪念意义的工会大楼，又有约瑟普·安东尼·科德尔奇受伊格纳齐奥·加尔代拉战后风格的影响，于1951年在巴塞洛内塔（Barcelonetta）修建的一座公寓大楼。另一个受到来自意大利的影响的例子，是亚历杭德罗·德拉索塔（Alejandro de la Sota）1957年在塔拉戈纳修建的总督府［**图661**］，部分归功于朱塞佩·特拉尼1936年的法肖大厦。德拉索塔设计手法的整体吸

661　德拉索塔，总督府，塔拉戈纳，1957

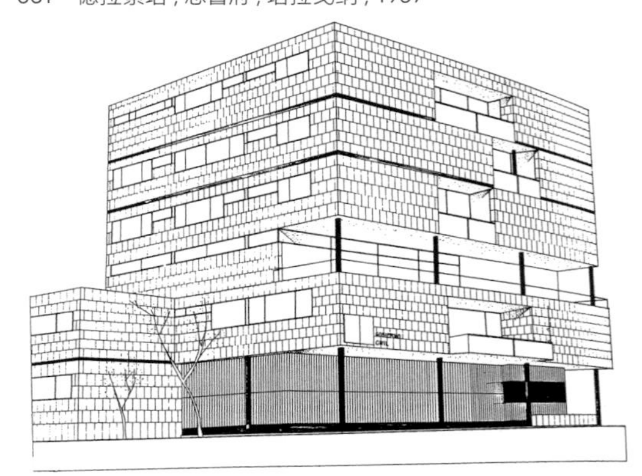

662　马丁内斯·拉佩尼亚和托雷斯·图尔，莫拉德埃布雷医院，塔拉戈纳，1982—1988

引力源于他对结构形式的精确表达的偏好，以及他在极简主义外表之内创造令人惊讶的空间结构的能力。德拉索塔的成熟之处是将总督府视为政治表达的转换点。总督府曾是与国家权力相伴的纪念碑性质的建筑，通常采用传统石材，而现在它呈现出一个动态的、抽象的外观，其效果与密斯1929年在巴塞罗那展馆中的看似轻巧的大理石用法相似。

无论是在马德里教书，还是在马德里为马拉维拉斯学院（Colegio Maravillas）修建的体育馆(1962)，德拉索塔简朴又动感的风格在西班牙一度成为一种常规的建筑手法。他的追随者中，维克多·洛佩斯·科特洛（Víctor López Cotelo）和卡洛斯·布恩特（Carlos Puente）很有才华，特别是他们设计的位于萨拉戈萨的图书馆(1984)。德拉索塔在加泰罗尼亚的影响表现最明显的，先是1990年约瑟普·伊纳斯（Josep Llinàs）在巴塞罗那建成的土木工程学院，而两年前于塔拉戈纳修建的莫拉德埃布雷医院（Mora d’Ebre Hospital）［**图662**］——由埃利亚斯·托雷斯·图尔（Elías Torres Tur）和何塞·安东尼奥·马丁内斯·拉佩尼亚（José Antonio Martínez Lapeña）设计——似乎也受到了德拉索塔的启发，特别是它能够超越现代医院过于技术性的特质，成为20世纪后半叶建造的最具人性尺度的工程之一。

德拉索塔的影响力还通过马德里知名建筑学院的教员们进行传播。我记得安东尼奥·费尔南德斯·阿尔巴（Antonio Fernández Alba）1962年建在萨拉曼卡的埃尔罗洛修道院（El Rollo monastery），明显的阿尔托式手法，还有弗朗西斯科·哈维尔·萨恩兹·德奥伊扎（Francisco Javier Sáenz de Oiza）1968年在马德里郊区建造的赖特风格的托雷斯·布兰卡斯公寓，以及1981年他在市中心建成的毕尔巴鄂银行办公楼［**图663**］，让人隐约联

663　萨恩兹·德奥伊扎，毕尔巴鄂银行，马德里，1971—1981。图片前景是德拉索塔为马拉维拉斯学院修建的体育馆，1962

664　莫尼奥，国家罗马艺术博物馆，梅里达，1980—1985。鸟瞰建设中的博物馆，展现出古罗马露天剧场和剧院与市中心的关系

想到赖特1946年的约翰逊制蜡公司办公楼。毕尔巴鄂银行办公楼外墙面大面积采用考尔登钢，带有圆角，是战后为数不多的打破1945年后密斯式幕墙、方方正正、极简主义、直角办公建筑模式的中高层大楼之一。

在20世纪70年代中期马德里的建筑师中，最富有经验的建筑师之一肯定是拉斐尔·莫尼奥（Rafael Moneo），他受教于萨恩兹·德奥伊扎，并和约翰·伍重一起当学徒，与之前的阿尔巴一样深受北欧建筑的影响。莫尼奥独特的风格是结合了居纳尔·阿斯普伦德和赖特作品的外形，首次呈现在镶砖的马德里国际银行上，该建筑是莫尼奥与拉蒙·贝斯科斯（Ramón Bescós）合作的成果，于1977年建成。莫尼奥能够将各种传统方式综合出新的形式，这种能力体现在他于1985年在梅里达建造的国家罗马艺术博物馆［**图664**］中。其中铺砖的罗马部分内部空间和镶砖的扶壁外墙，暗示了古罗马的历史，和阿拉伯人占领西班牙时期的科尔多瓦清真寺。该博物馆坐落于新近挖掘的罗马时期城市遗迹上的回填层，而柱础被立在古代的地基上：这种大胆的行为玷污了考古发掘的纯粹性。莫尼奥在它的地下室增加了一条地下隧道，以便步行直接进入附近的罗马剧院和露天剧场遗址，从而模拟了穿越这座古城的体验。

通过在巴塞罗那和马德里的教学，莫尼奥对下一代产生了决定性的影响，其中包括以塞维利亚为基地的安东尼奥·克鲁兹（Antonio Cruz）和安东尼奥·奥尔蒂斯（Antonio Ortiz）事务所。这在他们早期的作品即已显现，比如1976年他们巧妙地将一栋四层公寓楼置于塞维利亚稠密的建筑群中，以及1989年在马德里建成的更大规模的四层砖饰面卡拉班切尔住宅项目［**图665**］。随着宏伟的塞维利亚圣胡斯塔铁路总站［**图666**］的建成，他们在国内的声誉得到了巩固。接着，他们作为民用建筑师的威望通过一个又一个公共项目得到了提升，并在千禧年于塞维利亚建成的奥林匹克体育场项目——一座对称而具纪念性的大型建筑——而达到顶点。在此期间，他们设计了许多住宅方案，包括他们在加的斯（Cádiz）的名为“新桑克蒂·佩特里”（Novo Sancti Petri）项目，它是对约翰·伍重1958年的金戈住宅类型的重新诠释。克鲁兹和奥尔蒂斯将伍重的单层庭园住宅改造成多层形式，形成单元组团，以保护个人住宅和住宅区免受海风吹袭。

后佛朗哥时期马德里的评论文化产生于1975年后，开始于胡安·丹尼尔·富兰多（Juan Daniel Fullaondo）的刊物《新形式》，而巴塞罗那的批评文章则受到罗沙·雷戈斯（Rosa Regàs）在1974年创办的杂志《建筑丛》的激励。刊物在建筑师、历史学家奥里奥尔·博伊加斯（Oriol Bohigas）的领导下，展现了一个紧密团结的编委会的共同努力，编委会成员包括在巴塞罗那ETSAB建筑学院的教师，如建筑师费德里科·科雷亚（Federico Correa）、赫利奥·皮农（Helio Piñón）、伊格纳西·德索拉－莫拉莱斯（Ignasi de Solà-Morales）和拉斐尔·莫尼奥，还有美学家托马斯·洛伦斯（Tomás Llorens）。

1982年，博希加斯作为城市建筑师，发布了一份巴塞罗那的重组计划，标题是“巴塞罗那计划和项目”。有两个因素使这一方案具有独特性：第一，目标是逐项整修城市；第二，市政当局将计划变为现实的决心。这个计划包括十个公园、两条主要大道和许多不同规模的广场的建设，其中一个面向桑茨车站（Sants Station），1986年被设计成了一个极简主义的公共空间，由赫利奥·皮诺和阿尔伯特·维亚普莱纳（Albert Viaplana）设计，恩里克·米拉莱斯（Enric Miralles）和卡梅·皮诺斯（Carme Pinós）协助。通过仔细的分级和配置来增强场地的特色，这项工程是西班牙建筑重视地形的典型代表。

巴塞罗那被选为1992年奥运会的举办地，这就必须扩大博希加斯的城市规模，需要一个可容纳10000人的全新住宅区作为奥林匹克村，而后期将变成常规住房。同时，改造一条主要铁路，使其能从沿海地区通向内陆，建立城市与海洋之间新的联系。受邀为奥运会设计体育设施的加泰罗尼亚建筑师展示了一种法国建筑大师般的风度，其中包括埃斯特万·博内尔（Esteban Bonell）和弗朗切斯克·里乌斯（Francesc Rius）。他们于1984年在希布伦河谷建造的赛车场［**图667**］和1991年在巴达洛纳建造的篮球场［**图668**］，可以看成是加强周边城市肌理的城市纪念碑。

从1961年安东尼奥·巴斯克斯·德卡斯特罗（Antonio Vázquez de Castro）在马德里建的卡尼罗特（Caño Roto）低层工人住宅，到1974年约瑟普·安东尼·科德尔奇在巴塞罗那萨里亚区的中产阶级的多层住宅(建在室内停车场之上)，都是在为

665　克鲁兹和奥尔蒂斯，卡拉班切尔住宅项目，马德里，1986—1989

666　克鲁兹和奥尔蒂斯，圣胡斯塔铁路总站，塞维利亚，1987

667　博内尔和里乌斯，霍塔赛车场，希布伦河谷，巴塞罗那，1984

668　博内尔和里乌斯，奥林匹克篮球场，巴达洛纳，靠近巴塞罗那，1991

日益繁荣的社会建造住宅，鼓励西班牙建筑师创建城市发展新模式，并进一步完善他们在居住空间组织方面的传统技能。巴塞罗那杂志《2C 城市建设》所宣扬的意大利倾向派的类型学方法，对这段时期开发的新住宅类型具有决定性的影响，从弗朗西斯科·巴里奥涅沃（Francisco Barrionuevo）1980年的塞维利亚周边型街区，到埃斯坦尼斯劳·佩雷斯·皮塔（Estanislao Pérez Pita）和赫罗尼莫·洪克拉（Jerónimo Junquera）于1983年在马德里帕洛默拉斯区设计建造的高层板楼。对于学校建筑，也提出了同样具有创造性的解决方案，

558

例如由阿尔贝托·坎波·巴埃萨（Alberto Campo Baeza）1986年设计的抽象的白色马德里圣佛明学院（Colegio San Fermín），似乎与安藤忠雄的极简主义建筑相仿。

人们不应该低估西班牙学会制度在欧洲联盟撤销其管制之前曾经扮演过的重要文化角色，因为这些类似行会的机构为西班牙的职业发展提供了一个其他国家都几乎没有的保护。区域性学会对整个建筑业产生了强大的影响力，它不仅对建筑许可证具有管辖权，而且对专业收费也具有管辖权——他们从中扣除一小部分作为服务费用。该系统能够通过展览、演讲和补贴杂志的方式来赞助当地的建筑文化。西班牙传统在建筑报道和批评中能持续、有效地存在，很大程度上源于这种赞助形式，包括《素描》和《建筑生活》在内的西班牙的出色出版物至今仍得到这种赞助。以前，这种机构的支持不仅确保了西班牙建筑师的声望，而且还鼓励他们参照眼前现实进行设计，而不为难以预测的将来或遥远的过去而伤神。

尽管该系统被令人遗憾地放弃，但西班牙建筑师为社会做出实际贡献的能力仍然存在；尽管西班牙的建筑工程变得更加多样化，但建筑师仍然可以以异常丰富和有效的方式解决问题，在加

559 利西亚建筑师曼努埃尔·加列戈（Manuel Gallego）的作品中可以看出这一点。他于1963年毕业于马德里的高等建筑技术学院，随即在德拉索塔事务所担任助理，后成为加利西亚住房部的建筑师，与此同时仍然保持了自己的小事务所，这使他偶尔会得到加利西亚偏远地区的一些城市工程项目。迄今为止，他最重要的工程是他在1999—2002年为圣地亚哥·德孔波斯特拉市建造的加利西亚总统府（Galician Presidential Complex）[**图669**]。这座精心打造的地标工程建在高出城区的小型卫城上，既是省政府所在地，又是一个非常优美的景观。这个绿意盎然的草坪上竖起当地产的粗凿块石砌筑的矮挡土墙，围合的地面上是石材饰面的低层建筑，而细节生动、比例大方的木窗使建筑更具特色。

源于西班牙省会城市的文化活力，西班牙继续孕育着强大的城市传统，这在拉斐尔·莫尼奥广阔的职业生涯中得到了充分的反映，从位于圣塞瓦斯蒂安的库萨尔（Kursaal）建筑综合体，到他于1998年将多层市政厅巧妙地置入穆尔西亚（Murcia）的中世纪建筑环境中。许多其他西班牙建筑师的职业生涯也和莫尼奥的情况一样，他们在过去20年中创造出一系列独特的民用建筑，从阿巴洛斯和埃雷罗斯（Abalos and Herreros）在马德里的乌塞拉图书馆（Usera Library），到弗朗西斯科·曼加多（Francisco Mangado）在潘普洛纳市中心的一个梯形场地上建成的巴鲁尔特礼堂（Baluarte Auditorium），这两项工程都开始于2003年。位于马德里郊区的比亚努埃瓦·德拉卡纳达（Villanueva de la Cañada）的小型公共图书馆也是这一时期较为成熟的民用工程，由丘尔蒂查加和夸德拉－萨尔塞多（Churtichaga and Quadra-Salcedo）设计。在这个图书馆里，敞开的书架就像盘旋的街道空间，地面坡道和墙是用配筋的砖砌体建造的，以此表达对伊拉迪奥·迪斯特作品的敬意。类似的地域文化演进可以追溯到吉列尔莫·巴斯克斯·康苏格拉（Guillermo Vázquez Consuegra）的工程中，他于1972年毕业于塞维利亚高等建筑技术学院（ETSA）；1987年建成的一个狭长的四层低成本住宅楼街区[**图672**]成为独一无二的城市元素，使康苏格拉声名鹊起，建筑全部粉刷成白色，已成为西班牙南部现代化重振的象征。1993年，又一

669　加列戈，加利西亚总统府，圣地亚哥·德孔波斯特拉市，1999—2002

670　康苏格拉，电信塔，加的斯，1993。立面（左上）
671　帕雷德斯和佩德罗萨，休达公共图书馆，2007—2014（左下）
672　康苏格拉，拉蒙和卡哈尔社会住房，塞维利亚，1983—1987（右上）

座同样引人注目的电信塔［图670］，更加巩固了他的职业地位。

马德里学派产生了新一代的建筑师，他们都是萨恩兹·德奥伊扎和莫尼奥的学生，路易斯·曼西拉（Luis Mansilla）和埃米利奥·图尼翁（Emilio Tuñón）事务所也在其中。他们从20世纪90年代开始设计项目，先是1996年，他们将甚为理性的作品萨莫拉博物馆（Zamora Museum）［图673、674］嵌入传统城市肌理的中心位置，接着，是与博物馆密切相关的卡斯特利翁美术馆（Castellón Museum of Fine Arts）于千禧年前在马德里市中心落成。从同一所学校毕业的恩里克·索贝加诺（Enrique Sobejano）和福恩桑塔·涅托（Fuensanta Nieto）属于稍年轻的一代，他们现在以马德里和柏林为基地，职业生涯相当成功。他们第一个项目是1996年赢得了设计竞赛的维戈大学（Vigo University）的校长官邸，随后是2001年在塞维利亚一条高速公路旁建造的一座同样严谨的住宅综合楼［图676］。也许他们迄今为止最壮观的作品是马迪纳特·阿扎哈拉博物馆（Madinat Al-Zahara Museum）［图675］，博物馆于2008年建成，其所在地是可以追溯到公元936年的伊斯兰故城遗址，该遗迹于1911年被发现。这座建筑的静谧优雅源于其白色、

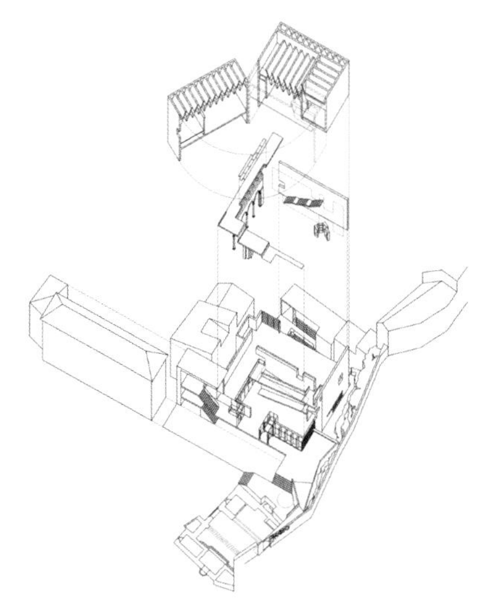

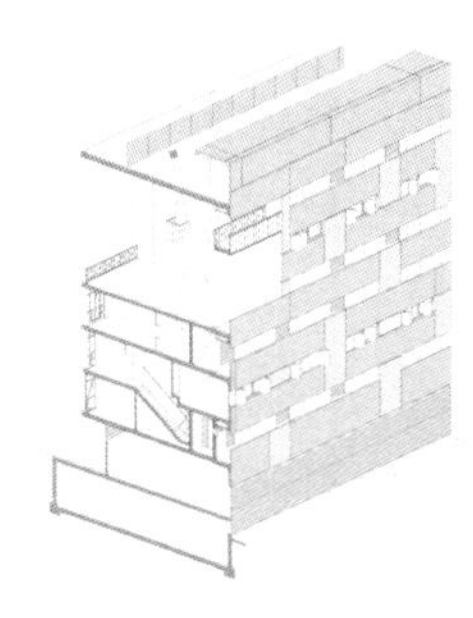

673　曼西拉 + 图尼翁，萨莫拉博物馆，1992—1996（左上）
674　曼西拉 + 图尼翁，萨莫拉博物馆，1992—1996（右上）
675　涅托和索贝加诺建筑师事务所，马迪纳特 · 阿扎哈拉博物馆，科尔多瓦，2008（左下）
676　涅托和索贝加诺建筑师事务所，SE-30 公路沿线住宅，塞维利亚，2001（右下）

迷宫般的“毯式建筑”（mat-building）形式，它与地形紧密结合，不仅可以被解读为博物馆，也可以被解读为原始定居点的隐喻。

另一家很快得到认可的马德里建筑师事务所，是属于安吉拉·加西亚·德帕雷德斯（Ángela García de Paredes）和伊格纳西奥·加西亚·佩德罗萨（Ignacio García Pedrosa）的，他们曾在国家剧院的建筑师何塞·马里亚·加西亚·德帕雷德斯（José María García de Paredes）那里当过见习生。1998年，他们完成了第一个独立项目：瓦尔德马奎达市政厅（Valdemaqueda Town Hall）。这是一个小型的、理性主义风格的工程，由置于历史建筑中间的两座低层建筑组成。这是他们在千禧年前后完成的一系列民用建筑中的第一座，同一时期完成的还有穆尔西亚的会议中心（2002）以及阿尔默里亚（Almería）的博物馆。也许到目前为止，他们最精巧、最有成就的作品是休达（Ceuta）公共图书馆［**图671**］，它于2014年建在阿尔吉希拉斯（Algeciras）的一座中世纪城市的遗址之上。

561

葡萄牙

对葡萄牙现代建筑发展所做的任何评价都必须承认费尔南多·塔沃拉（Fernando Távora）的教学和他的创造性贡献，他与卡洛斯·拉莫斯一起，都是20世纪50年代波尔图建筑学院改革的主要推动者。塔沃拉毕生的追求是将现代运动的功能性与同样合理的、不那么抽象的乡土文化进行理性的结合，这一雄心最接近实现的一次是他在1984年为吉马良斯（Guimarães）的18世纪桑塔·马琳哈·德科斯塔修道院（Santa Marinha da Costa Convent）内加建的酒店［**图677**］。

尽管波尔图学院在很大程度上构建了人们对过去40年来葡萄牙建筑的认知，但全国其他许多建筑师在同一时期也完成了一些重要工程。首先是以里斯本为基地的建筑师贡戈·伯尼（Gonçalo Byrne）和乔奥·路易斯·卡里略·达格拉萨（João Luís Carrilho da Graça）的事务所。在十年的时间里，他们在各自职业生涯的早期建立了自己的事务所，先以大学校园设计为主，其次侧重于博物馆类委托项目。伯尼的职业生涯始于1972—1974年，在里斯本相对低楼层区域的切拉斯（Chelas）地区建造了一幢连续的六到八层综合楼。之后，伯尼作为一名民用工程建筑师，在1988—1996年为奥伊拉斯（Oeiras）大学和科英布拉（Coimbra）大学设计了系教学楼；在此期间，他最出色的作品之一是1991年为科英布拉大学建造的电气和计算机工程系大楼。迄今为止，伯尼职业生涯中最具雕塑感的作品是他于2001年为里斯本港设计的

677　塔沃拉，桑塔·马琳哈·德科斯塔修道院酒店，吉马良斯，1975—1984

678 伯尼，海事指挥塔，里斯本，2001

海事指挥塔［**图678**］。

卡里略·达格拉萨的职业生涯始于1990年与卡洛斯·米格尔·迪亚斯（Carlos Miguel Dias）一起在坎普马约尔（Campo Maior）设计的山顶游泳池［**图679**］。此后，达格拉萨采用了一种比伯尼更为简约的方法，先是用于2008年在法国普瓦提埃（Poitiers）设计的剧院和音乐厅，同年又将其用于在里斯本建成的考古博物馆［**图680**］。后者是建筑师的典型偏好，将人流布置在考古遗址上，以便将参观者的注意力集中到残留的石头遗址上。这个设计中看似很厚的墙是由考尔登钢板制成的，上面覆盖有半透明的玻璃屋顶。

563

2005—2009年建造的保拉·雷戈博物馆（Paula Rego Museum）［**图681、682**］是一件非典型作品，位于距离波尔图和里斯本同样远的卡斯卡伊斯市（Cascais），其设计出自爱德华多·苏托·德穆拉（Eduardo Souto de Moura）之手。这座收藏雷戈作品的建筑，由两个薄壳混凝土屋顶的体块错开叠放成方形平面，形成独特的建筑形象，它们分别容纳一个图书馆和一个咖啡馆；四周没有遮挡的

679 卡里略·达格拉萨，山顶游泳池，坎普马约尔，1990

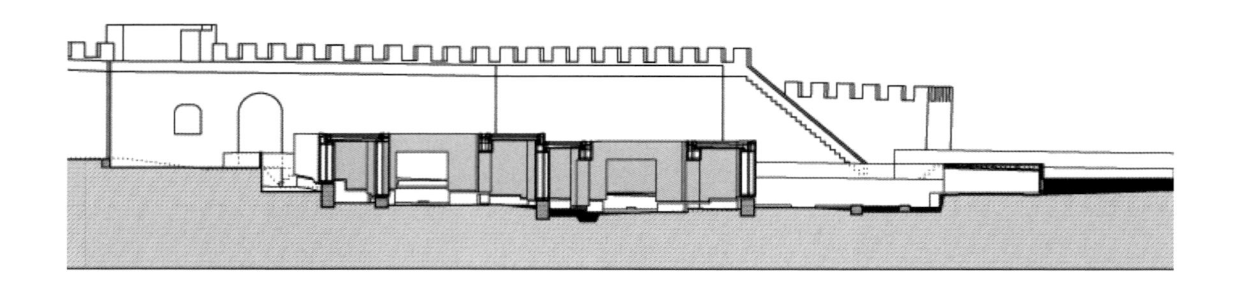

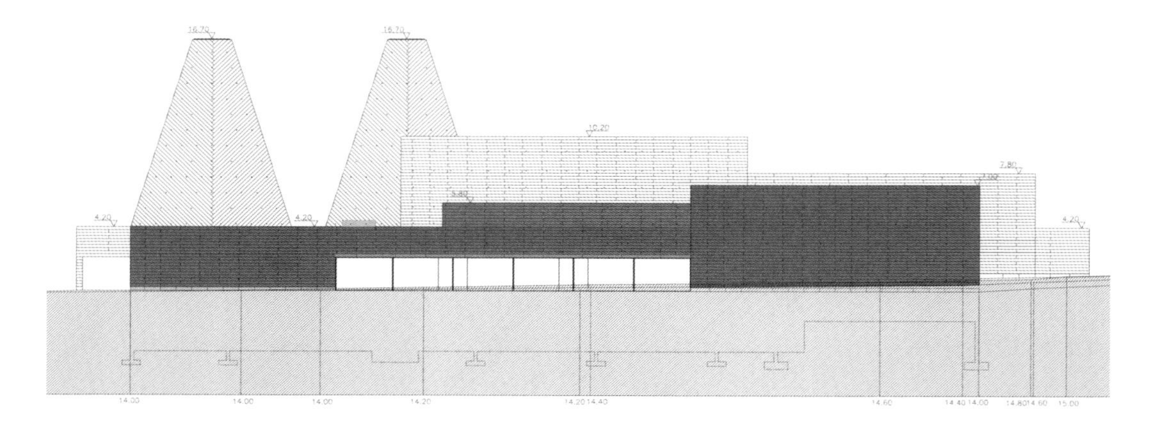
16.70
16.70
10.20
7.80
4.20
4.20
4.20
14.00
14.00
14.00
14.20
14.20
14.40
14.60
14.40
14.00
14.80
14.60
15.00

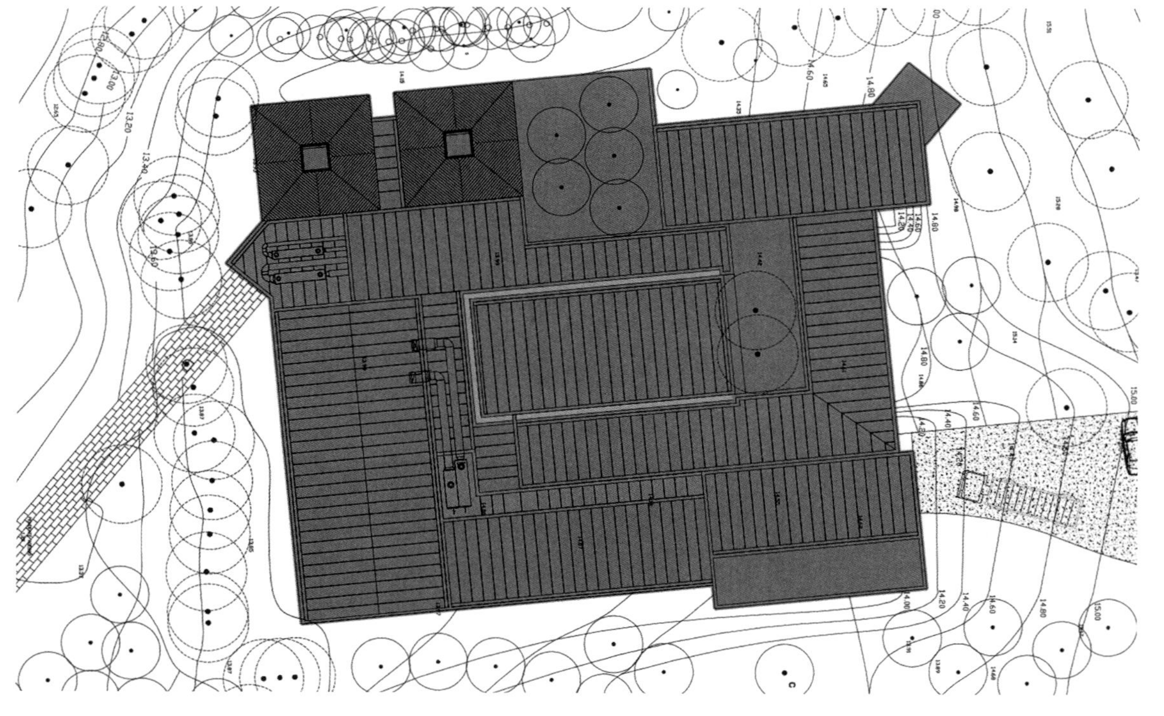

683　萨特，弗拉杜尔学校，奥比多斯，2010
684　萨特，弗拉杜尔学校，奥比多斯，2010。总平面图

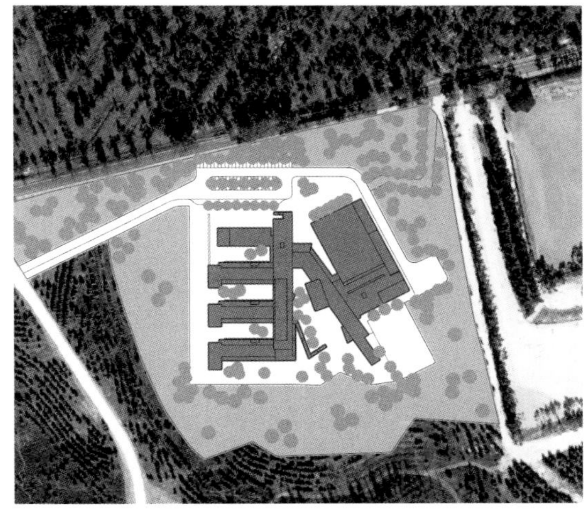

建筑的现浇混凝土被漆成红色，与周围的草坪和树木形成鲜明对比。

21世纪葡萄牙取得的鲜为人知的成就之一，是1989—2010年为奥比多斯市（Óbidos）设计并建成了一些新学校，首先是市中心体育场附近建造的一所学校。由于意识到传统学校在数字技术的冲击下正迅速演变，市政当局选择建造四所新学校，而不是升级或置换老旧设备不足的农村边远地区的学校。这些学校［**图683、684**］由移民建筑师克劳迪奥·萨特（Claudio Sat）设计，就像21世纪前十年在巴西圣保罗建造的学校一样，这些学校在晚上可作为社区中心使用。

在此，有必要介绍一下葡萄牙首席景观建筑师乔奥·戈麦斯·达席尔瓦（João Gomes da Silva）所做的重要贡献，他与阿尔瓦罗·西扎和卡里略·达格拉萨等建筑师合作开展了许多开创性项目。他的主要作品，是1997年为西扎在埃沃拉岛（Évora）的马拉盖拉（Malagueira）住宅项目做的景观设计。

565

680　卡里略·达格拉萨，考古博物馆，里斯本，2008。剖面（左页上）
681　苏托·德穆拉，保拉·雷戈博物馆，卡斯卡伊斯市，2005—2009。立面（左页中）
682　苏托·德穆拉，保拉·雷戈博物馆，卡斯卡伊斯市，2005—2009。屋顶平面（左页下）

意大利

正如工程师盖塔诺·齐奥卡(Gaetano Ciocca)和建筑师编辑厄内斯托·纳森·罗杰斯在其《为城市企业化》一文中所概述的那样，1922年墨索里尼独裁统治上台之后，意大利现代运动的兴起与法西斯主义国家现代化建筑和城市主义目标密不可分。该文1934年发表于彼得罗·马利亚·巴尔迪的杂志《象限》。1937年实业家阿德里亚诺·奥利韦蒂为推进这一目标，委托BBPR事务所——班菲、贝尔基奥索、皮里苏蒂和罗赫尔斯四位建筑师——以及建筑师卢伊奇·菲吉尼和吉诺·波利尼，共同为瓦莱·达·奥斯塔地区制定了一项管理规划。其思路随后由班菲和贝尔基奥索撰写的《企业城市化》一文中做了进一步阐述，同年发表在《象限》杂志上。瓦莱·达·奥斯塔规划的最早成果是菲吉尼和波利尼于1939—1942年为新的工业城镇伊夫雷亚设计的住宅和学校。值得注意的是，1943年奥利韦蒂与墨索里尼终于发生分歧，同年他和罗杰斯流亡瑞士。同样值得说明的是，战后奥利韦蒂在1948年首次印行的杂志《共同体》上发表了强调合作社区的理念，意在重拾理想工业化社会的圣西门模式(Saint-Simonian)。

从1945年开始的激烈而繁复的意大利建筑辩论，是由两个杰出人物发起的：建筑历史学家布鲁诺·泽维和厄内斯托·罗杰斯。由于二人都是犹太人，1936年墨索里尼与第三帝国结盟之后，他们被迫离开意大利。泽维于1939年前往伦敦，短暂地参加了建筑联盟学院的学习，之后前往美国，于1942年在哈佛大学设计研究生院与沃尔特·格罗皮乌斯一起学习，并于1942年获得学士学位。而罗杰斯一直待到意大利法西斯即将战败和灭亡，1943年被迫流亡去了苏黎世，并在西格弗雷德·吉迪昂、马克斯·比尔和阿尔弗雷德·罗斯的公司里度过了他的流亡期。

亨利－罗素·希区柯克在《材料的本质》(1941)一书中对弗兰克·劳埃德·赖特的开创性研究，使泽维确信：赖特的有机建筑具有内在的释放维度(liberating dimentions)。泽维直到1945年才遇到赖特，那一年他发表的论文《有机建筑》的封面上印有赖特的流水别墅的照片。1945年回到意大利后，泽维创立了他的有机建筑学校，更为重要的是，成立了有机建筑协会(APAO)。追随赖特，在“有机”这一术语的启发下，泽维构思了一种在功能和结构上都富有表现力的建筑，并能同时适应场地的地形和气候。

685　莫雷蒂，吉拉索勒公寓楼 II，罗马，1950

1948年，泽维被威尼斯建筑学院院长朱塞佩·萨莫纳（Giuseppe Samonà）任命，接管了历史和理论的教学。泽维在威尼斯停留了15年，直到1960年前往罗马大学接受因马塞洛·皮亚琴蒂尼于当年去世而空缺的教授职位。路易吉·莫雷蒂（Luigi Moretti）似乎是受到泽维有机主义影响而又看似矛盾的人物，他于1950年在罗马修建了一栋精巧的吉拉索勒公寓楼（Girasole）[**图685**]，尽管它具有有机的特征，但它似乎既有别于赖特，又与莫雷蒂战前职业生涯中的理性主义相去甚远。

比泽维大九岁的罗杰斯曾是BBPR事务所的创始合伙人之一，第一个建成的工程是1933年在第五届米兰三年展上展出的一个周末度假屋。很显然，BBPR事务所的合伙人与当时许多其他意大利建筑师一样，致力于法西斯主义下的意大利现代化，并在第二次世界大战爆发之前完成了墨索里尼政权的四个主要项目：一幢11层的米兰公寓楼；在莱尼亚诺（Legnano）建立了一个国家资助的儿童保健中心以及一个多层的低成本住宅区；在计划中的1942年世界博览会场地上设计了德拉宫邮局（Palazzo della Poste），这个命运不济的1942年世博会建于罗马附近。似乎是一种悲剧性的嘲讽，战后BBPR事务所接受委托的第一个项目是集中营受害者纪念碑[**图686**]。班菲和贝尔基奥索在战争期间因反对法西斯主义而被监禁，班菲于1943年死在了一个集中营。这座1945年竖立于米兰公墓内的小纪念碑，由一个焊接钢管框架和可以自由转动的平板构成，平板围绕着置于石材基座上的通透立方体内的一个骨灰盒进行不对称的旋转。这座纪念碑的准新造型主义（quasi-Neo-Plastic）特征，预示了1951年由阿姆斯特丹的斯特德里克（Stedelijk）博物馆通过一个展览发起对荷兰风格派运动的重新评估，该展览由卡洛·斯卡帕设计，于次年（1952）在罗马再次展出。1953年，泽维在《新造型主义建筑的诗意》一书中表明了他对风格运动的赞赏。

著名的米兰建筑师吉奥·蓬蒂是创立于1928

686　BBPR事务所，集中营受害者纪念碑，米兰，1945

568

年的 *Domusin* 杂志的创始人，他在罗杰斯的战后职业生涯中发挥了关键作用，两次任命罗杰斯为主要建筑杂志的编辑，先是1945年的 *Domusin*，然后是 1953年的 *Casabella*，后者是一本前卫的杂志，之前由朱塞佩·帕加诺编辑，这位英雄人物未能幸免于战争。罗杰斯在 *Casabella* 名称后添加了副题“continuità”（连续性），表明其批判性地继承20世纪前40年现代运动遗产的意图。对运动的重新评估涉及一系列特殊问题，例如亨利·凡·德·维尔德、亨德里克·彼得鲁斯·伯拉奇、汉斯·珀尔齐格和阿道夫·洛斯等早期现代主义者的作品，同时也有一些新兴的才华横溢的战后建筑师的作品，如丹下健三、马克斯·比尔和 O.M. 翁格尔斯。罗杰斯聘用了许多年轻的建筑界文人作为助理编辑和撰稿人，其中包括阿尔多·罗西、乔治·格拉西、维托里奥·格雷戈蒂和古伊多·卡内亚（Guido Canella）。这四位构成了罗杰斯的研讨中心组的核心，该小组定期举行研讨会以制定杂志的日程，其中一些人出版了一些著作以阐述自己的理论立场，如罗西的《城市建筑》和格雷戈蒂的作品《建筑领域》，都出版于1966年；格拉西的《建筑的逻辑建构》则出版于1967年。这些建筑师都将开始独立执业，第一个是罗西。他在卡洛·艾莫尼诺于米兰的构成主义风格的加拉拉特西区公寓群中融入抽象形式。紧随其后的是格雷戈蒂，他将科森扎（Cosenza）大学规划成一个连续的带状城市，这座建于1973—1980年的大学城在卡拉布里亚（Calabria）的原始开阔地沿一条直线展开，全长约3.2公里，这个项目证明了建筑必须与场地现状紧密结合的理念。三年后，格拉西与安东尼奥·蒙尼斯特里奥里合作，在基耶蒂（Chieti）建成了一座简朴而理性的学生宿舍［**图688**］，它有些让人联想起1834年申克尔的柏林老博物馆（见 p.20）。

与格雷戈蒂的建筑配合地形理念、格拉西的合理性组合梁柱正交构件的做法有所不同，卡洛·艾蒙尼诺建于米兰的住宅区［**图687、689**］，受20世纪20年代俄国先锋派艺术的启发，由二联住宅、公寓和露天剧院组成。它多处设置楼梯、坡道和天桥，以呼应苏维埃的“社会容器”概念。

厄内斯托·罗杰斯作为建筑师，战后最重要的贡献是26层的维拉斯卡塔楼（Torre Velasca），于1956年建在米兰市中心。受奥古斯特·佩雷的结构理性主义启发，作品设计了外露的钢框架结构。塔楼顶部是一个七层楼高的拱顶，四面挑出，轮廓有点像14世纪的城堡塔。尽管这不是新自由派风格中最奇特的例子，但英国评论家雷纳·班纳姆在《新自由主义：意大利现代建筑的倒退》一文中对此进行了激烈抨击，该文发表于1959年的《建筑评论》。不过，这个作品确实有传统风格的特质，这种风潮在当时的意大利非常突出（与1961年弗朗哥·阿尔比尼设计的位于罗马的文艺复兴百货公司类似）。班纳姆没有认识到，对于罗杰斯一代的建筑师来说，意大利现代运动的遗产已经因其与法西斯主义的合作而陷入危机。此种对战争期间的理性主义建筑的隐忧应可解释为什么泽维不愿意承认朱塞佩·特拉尼的重要性，直到1968年，他才在自己的杂志《建筑：编年史和历史》上用了整整一期的篇幅来介绍特拉尼的作品。

正如英国和荷兰人1959年在奥特洛召开的国际现代建筑会议上对维拉斯卡塔楼项目的批评所表明的那样，班纳姆并不是唯一一个批评新自由主义的人。在此两年前，罗杰斯已经在为 *Casabella* 撰写的社论《连续性或转折点》（第215

687　艾蒙尼诺，蒙特阿米塔住宅综合体，加拉泰斯 2 号，米兰，1967—1972

689　艾蒙尼诺，蒙特阿米塔住宅综合体，加拉泰斯 2 号，米兰，1967—1972。总平面图

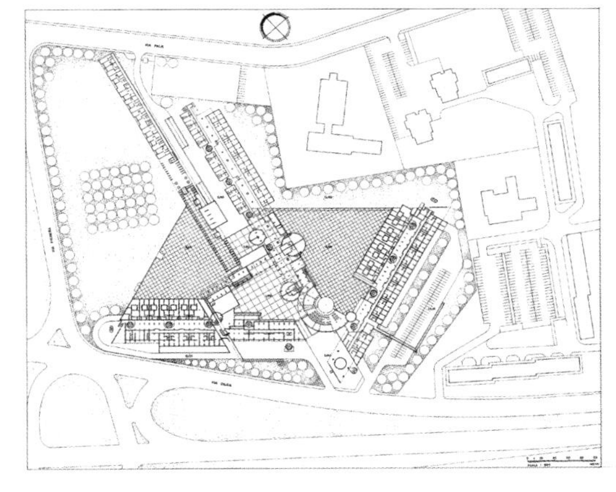

期）中概述了意大利困境的本质。在这篇文章中，受恩佐·帕西（Enzo Paci）现象学的影响，罗杰斯首先提出了一个问题，即如何在不遵从还原功能主义的唯物主义逻辑的情况下发展出一种人文主义的建造模式。罗杰斯和泽维所倡导的批判人文主义却遭到泽维在罗马大学的大弟子曼弗雷多·塔富里的批驳，他的批评意见在他的著作《理论与历史》(1968) 和《建筑与乌托邦：设计与资本主义的进展》(1973) 中均有充分阐述，并对泽维所持有的许多重要历史观念提出了挑战。相反，塔富里深受马克思主义的影响，主张一种激进的现代性，在这种现代性中，任何资产阶级人文主义的痕迹都将被清除——这是一种社会主义者“从零开始”的召唤，它阻止了建筑在过渡时期具有任何形式的改良实践的可能性。

这个结果的另一面是吉安卡洛·德·卡洛的独立立场，他既是一位批判的知识分子，也是一位

688　格拉西与蒙尼斯特里奥里，学生宿舍，基耶蒂，1976—1979

建筑师——首先是通过编辑他的《空间与社会》杂志(于1978—2001年出版)。其次，他毕生致力于乌尔比诺市(Urbino)的发展，其中最典型的是建在城市的历史建筑中间的新大学教室和一个讲堂。后来，德·卡洛接受委托，为乌尔比诺大学设计了一所新的寄宿学院，使它成为意大利山城的阶梯式演绎。[**图690**]随后又在靠近山顶的位置建了更多学院楼，周围顺着下坡的方向建有一些宿舍楼。

1969—1974年，德·卡洛参与了位于罗马西北约100公里的泰尔尼的马蒂奥蒂村的社会住房设计。项目由一家国有钢厂委托，项目最终获得成功的原因是，德·卡洛规定未来的居民应被允许参与设计过程，而且应该为此支付费用。

60年代意大利最富创造力的吉诺·瓦莱事务所，和德·卡洛有着同样的根基，事务所的作品大部分限于乌迪诺市及其附近地区，最引人注目的建筑之一是于1961年在波尔德诺内(Pordenone)建成的扎努西·雷克斯(Zanussi Rex)办公楼[**图691**]。战后在所有意大利的建筑师事务所中，最

690　德·卡洛，乌尔比诺大学，1956。总平面和剖面

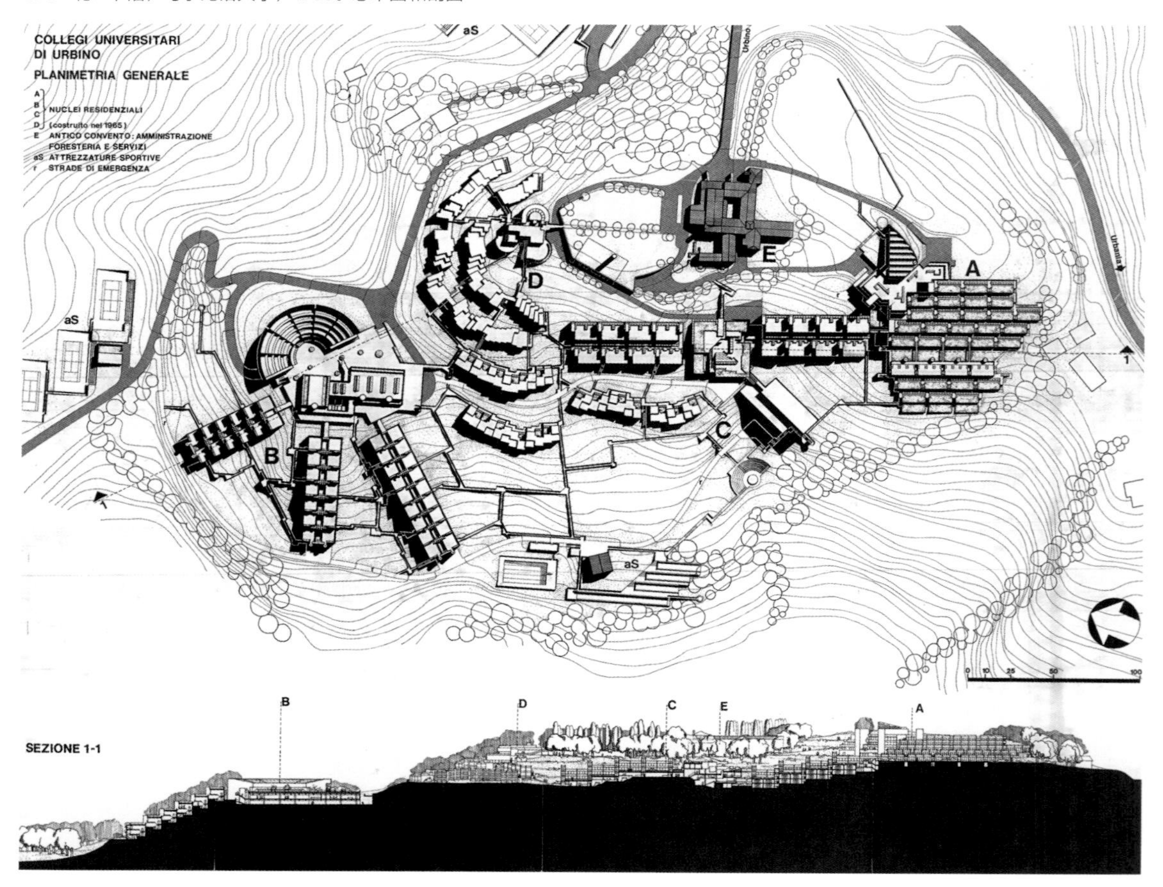

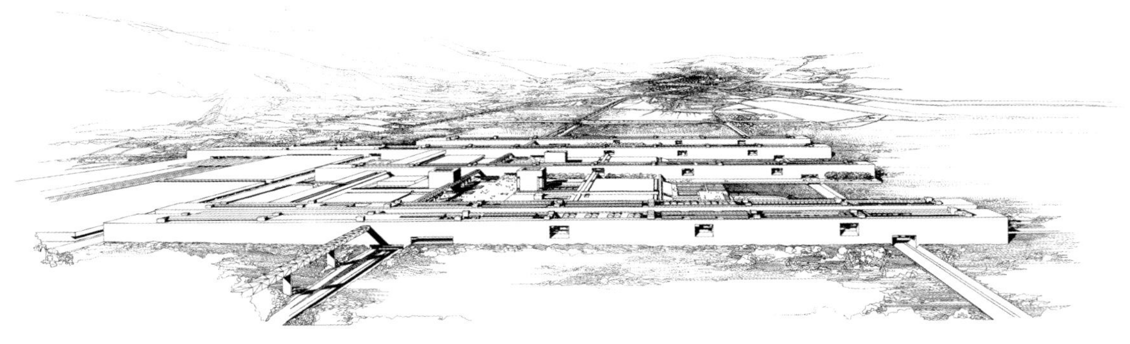

691　瓦莱事务所，扎努西·雷克斯办公楼，波尔德诺内，1959—1961
692　格雷戈蒂事务所，佛罗伦萨大学的设计方案，1971

接近美国公司风格的是格雷戈蒂事务所（Gregotti Associati）和位于热那亚的伦佐·皮亚诺建筑工作室。然而，与皮亚诺不同的是，格雷戈蒂总是致力于历史沉淀，并努力促使建筑形式与环境相结合，例如从1971年开始的佛罗伦萨大学项目［**图692**］，以及1973年巴勒莫郊外的禅住宅（Zen Housing）平行街区的设计。

希腊

572

虽然古希腊对德国启蒙运动的影响众所周知，但希腊于1829年从奥斯曼帝国统治下独立后，德国新古典主义对希腊建筑的回馈却鲜为人知。可以说，这种文化转移在一定程度上是由于巴伐利亚的奥托亲王被任命为1832年新成立的希腊国的君主。伴随这种新的民族主义文化而来的是现代希腊语成为该国的口头用语。本土风格的转化也许反而促使了希腊现代建筑的尝试。

这项尝试的先驱是迪米特里斯·皮基奥尼斯，他于1921年成为雅典国立技术大学建筑系的教职人员，带领学生前往埃伊纳岛旅行，以研究希腊诸岛的乡土建筑。在那里，他跨过乡土特色的罗达基斯住宅（Rhodakis House）残石遗址，这成为他至高无上的建筑理想的象征。然而，皮基奥尼斯用一种新的本土化现代风格进行的准遗址处理尝试，是1925年在雅典建造卡拉马诺斯住宅［**图693**］，最终住宅建在了古城普莱恩（Priene）发掘出的一所希腊住宅的遗迹上。这座住宅有一种明显的抽象特质，这点源于他与画家乔治·德·基里科的协作，他们的交往始于1904年就读于雅典理工学院时。

1922年对希腊来说是灾难性的一年。受到英国和法国的唆使，希腊入侵土耳其，但被凯末尔·阿塔图尔克的军队击溃在士麦那，结果是希腊人被赶出小亚细亚。这场灾难给希腊带来了沉重负担，希腊不得不在一夜之间吸收大量难民。而且，该国一直无法为难民提供足够的住所，直到20世纪30年代初建造了一些低层住房［**图694**］。此后，这类住房与学校扩建计划配套进行，该计划由埃列夫瑟里奥斯·韦尼泽洛斯政府发起，这是1927年新宪法颁布后希腊首次由民主选举产生的政府，由此导致希腊的现代理性主义建筑的出现，首先体现在许多新学校的建设中，参与的新一代建筑师包括尼科斯·米萨基斯（Nikos Mitsakis）、帕特罗克罗斯·卡兰蒂诺斯（Patroklos Karantinos）、基里亚科斯·帕纳约塔科斯（Kyriakos Panayotakos）和迪米特里斯·皮基奥尼斯。皮基奥尼斯建于1932年、位于雅典利卡贝特斯山较低山坡上的理性主义学校，是他唯一确定无疑的现代建筑。关于这所学校的建造细节，1938年在希腊出版的卡兰蒂诺斯的著作《学校建筑》中被如实记录并称颂。

这些学校引起了推崇瑞士现代建筑运动的阿尔贝托·萨尔托利斯的注意，他在其首次国际现

693 皮基奥尼斯，卡拉马诺斯住宅，雅典，1925

573 代建筑调查报告《功能建筑》(出版于1932年)中刊出了这些学校。这本书正好在1933年的第四次国际现代建筑会议前出版，由于斯大林拒绝在莫斯科主办那次大会，大会改在SS帕特立斯号邮轮从马赛到雅典的航程上进行，随后又落地雅典。正如建筑师和历史学家安德烈亚斯·贾库马卡托斯(Andreas Giacumacatos)告诉我们的那样，柏林建筑师弗雷德·福尔巴特凭借对希腊现代建筑的熟悉，已经为会址变化做好了准备。斯塔莫·帕帕达基于1932年在雅典组织成立了一个小规模的希腊国际现代建筑会议小组，他自己的现代住宅[**图695**]于1933年在格利法达(Glyfada)竣工，由钢筋混凝土框架结构和砖砌筑而成，全部粉刷成白色。如贾库马卡托斯所记载，第四次国际现代建筑会议取得了巨大的成功。

大会收到的是最好的希腊式热情款待，同时，这种热情来自希腊社会日趋成熟和紧迫的现代化愿景。20世纪30年代的希腊与60年代情况相似：两个十年的前半部分都是强有力的进步运动，前者到1936年(后者到1967年)，运动注定会被政治和陷入困境的极权政府所取消。[1]

1929年股市崩盘后的全球经济萧条最终损害了希腊的民主制度，致使韦尼泽洛斯政府垮台，接着是伊奥尼斯·梅塔克斯(Ioannis Metaxas)将军的军事独裁统治，该独裁统治从1936年一直维持到他1941年去世。这些事件是第二次世界大战的前奏，其间希腊在1940年和1941年分别被意大利人与德国人迅速占领。具有讽刺意味的是，1938年希腊－日耳曼联盟在雅典举办的第一次由德国授意的新古典主义希腊建筑展，似乎预见到了后来的耻辱。从1942年起，互为对手的君主制主义者和共产党人对德国占领者进行了持久的游击战，直到1944年雅典解放。在经历了一段不稳定的战后过渡期之后，这些对立派系之间爆发了希腊内战，从1946年5月持续到1949年10月，最终选择君主制的派系占了上风。上台的希腊君主制又延续了25年，直到1974年被最终废除。

在希腊理性主义者的作品中，有一项作品非常突出，也即克里特岛的赫拉克利昂(Heraklion)考古博物馆，不仅因其在建筑学和技术上的辉煌成就，还因为它的漫长建设期——经历了梅塔克斯政权、“二战”以及内战的动荡。该项目于1958

694 基里亚科斯与拉斯卡里斯，难民公寓区，雅典，1933—1935。平面图

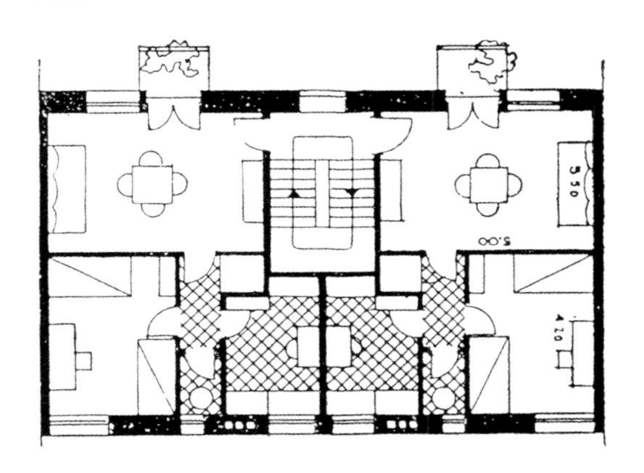

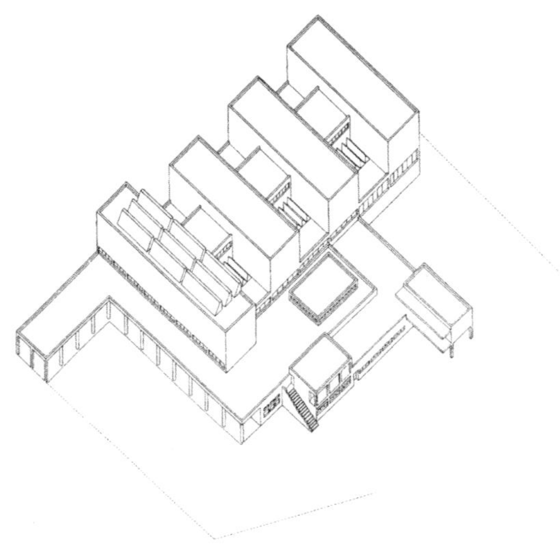

695　帕帕达基，K.F. 住宅，格利法达，雅典，1932—1933
696　卡兰蒂诺斯，考古博物馆，赫拉克利昂，克里特岛，1933

年完工，其最终造型与1933年卡兰蒂诺斯的设计［图696］相一致。这座建筑在建筑学上的精致和节奏韵律可与1936年朱塞佩·特拉尼在科莫湖的法肖大厦相媲美。和卡兰蒂诺斯1933年为赫拉克利昂设计的学校一样，赫拉克利昂博物馆因形式和功能逻辑上的一致而成为一件理性主义的典范作品。

574

现代运动的普世理性主义与注入了本土文脉的地方性功能主义之间的巅峰对峙，表现在1933—1937年在塞萨洛尼基（Thessaloniki）建设的两所学校上。首先是由尼科斯·米萨基斯在1935年设计的一所显著理性主义风格的女子学校，表现出混凝土框架有规律的空间组织，其次是两年后皮基奥尼斯设计的一所实验学校［**图699**］。尽管后者按照逻辑关系组织剖面和平面，但皮基奥尼斯还是利用了倾斜地形为学校设计出置于不同标高的庭院/室外活动场；同时，该建筑通过使用缓坡瓦屋顶和深出檐，加上优美精致的木材阳台和门窗，可以适应多雨、寒冷的气候，反映出希腊北部的气候和乡土建筑特点。1953年内战结束后不久，皮基奥尼斯在不考虑气候差异的情况下，在雅典采用了几乎相同的建筑方式，在菲洛提（Filothei）完成了他的波塔米亚诺斯（Potamianos）住宅［**图697**］。风格化的瓦屋面和木材阳台与基座不规则石材饰面的钢筋混凝土框架形成对比。在菲洛提还建有一座同样具有朴质美感的儿童花园［**图698**］。1957年皮基奥尼斯在雅典卫城毗邻的风景区菲洛帕普山上修建了一座木亭子［**图700**］。这些作品中具有质感的诗意可以追溯至皮基奥尼斯的文章《感性地貌学》，于1935年首次在希腊杂志《第三只眼》上发表。

艾瑞斯·康斯坦丁尼迪斯的20世纪50年代和60年代的度假屋项目［**图703**］充分说明，他和皮基奥尼斯一样致力于培育一种希腊现代建筑，这种建筑源于场地和气候的特点，以及对源自本土风格的原生态建筑技术（“零能耗建筑”）具争议性的采用，正如康斯坦丁尼迪斯1951年的赛基亚（Sykia）度假屋［**图701、702**］所展现的，它采用了钢筋混凝土的框架和屋顶，以及毛石填充墙。类似的建构的感性特征表现在他为希腊政府旅游组织泽尼雅（Xenia）设计的对地点敏感的酒店和

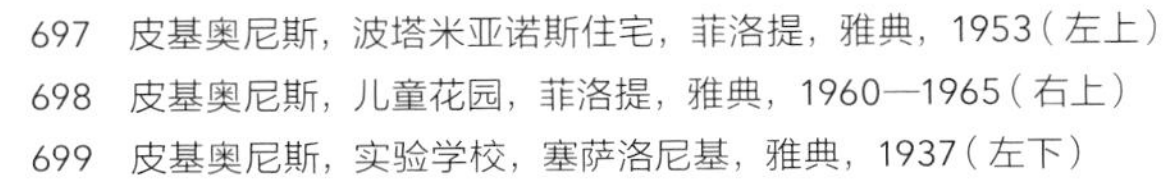

697　皮基奥尼斯，波塔米亚诺斯住宅，菲洛提，雅典，1953（左上）
698　皮基奥尼斯，儿童花园，菲洛提，雅典，1960—1965（右上）
699　皮基奥尼斯，实验学校，塞萨洛尼基，雅典，1937（左下）
700　皮基奥尼斯，毗邻卫城的菲洛帕普山公园，雅典，1957（右下）

汽车旅馆，其中一家著名的汽车旅馆［**图704**］建于20世纪60年代，位于卡拉姆巴卡（Kalambaka）的梅黛奥拉（Meteora）没有树林的山区。在此期间，康斯坦丁尼迪斯出版了小开本系列丛书中的第一册，该丛书专门记录雅典和米科诺斯的乡土风格，随后他在1975年出版了《自我认知的元素》，对国内的乡土风格进行了摄影调查。

塔基斯·泽内托斯（Takis Zenetos）和基里亚科斯·克罗科斯（Kyriakos Krokos）是20世纪下半叶两位截然不同的才华横溢的建筑师，第一位

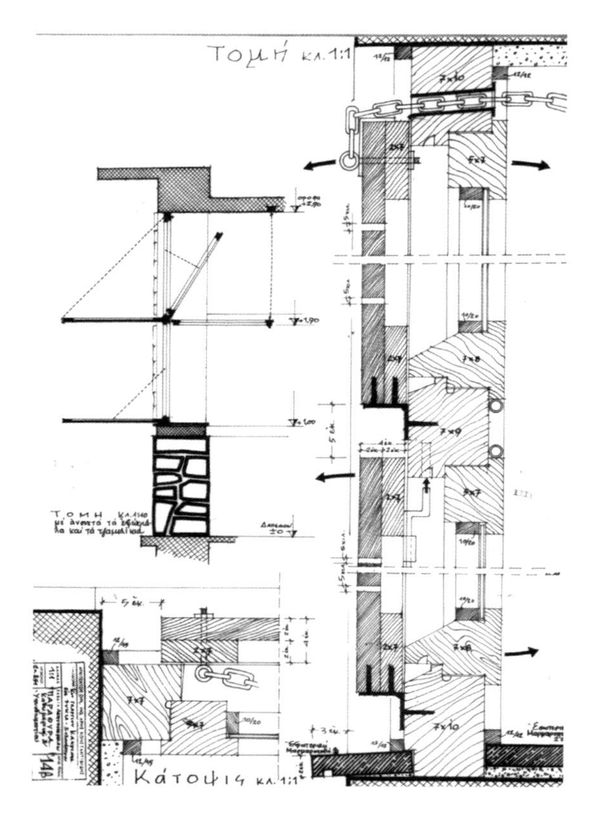

701　康斯坦丁尼迪斯，度假屋，赛基亚，科林西亚，1951。详图

以鲜明的先锋派、技术立场而闻名，第二位以1978—1993年在塞萨洛尼基设计和建造的拜占庭文化博物馆（Museum of Byzantine Culture）中参照拜占庭建筑构造的理性主义而著称。克罗科斯精妙地使用红砖，使建筑隐喻出已所代表的拜占庭文化。没有人能比萨瓦斯·康达拉托斯（Savas Condaratos）更好地描述这项工程的精髓：

建筑物的基本主题是垂直通道：一条螺旋向上的路线（一种内部街道）通向各个画廊楼层，尽管不必强制参观它们。像隧道一样平缓的前进步伐转为建筑之旅，使它具有象征意味……拜占庭文化博物馆是战后希腊建构中最重要的建筑物之一，因为它与历史进行了示范式的对话……它经过冷静的深思熟虑，使其具有超越整个希腊构造传统并重构其原型本体的能力。[2]

克罗科斯于1989年在雅典菲洛提设计的一所住宅［图705］中，重新运用了砖和清水混凝土这种表达清晰的建筑语言。

泽内托斯在巴黎接受教育，追求对现代技术的直接表达，这一特点从他于1965年在利卡贝特斯缓坡地带建造的外露轻钢框架结构的剧院中可以看出。泽内托斯在雅典的第一个建筑工程是1957年为雅典的菲克斯啤酒厂（Fix Brewery）设计的大型幕墙式工业厂房。这次技术性杰作之后，1959年他在位于雅典著名的阿玛利亚斯大街（Amalias Avenue）上建造了一座六层高的装有平板玻璃栏杆的公寓大楼。两年后，他在阿提卡（Attica）的卡沃里建成了一座令人印象深刻的悬挑钢框架住宅，可以俯瞰海边的松树林。到了70年代上半期，就是他具有超级实验性质的钢框架结构的阿吉奥斯·迪米特里奥斯学校（Agios Dimitrios）［图706］。该建筑物的多层环形平面形式，允许对使用空间进行看似无穷的重新布置，而檐口处的水平百叶窗的百叶，则可以根据太阳的运行轨迹在角度和密闭度上进行调节。

除了"二战"后密斯主义的影响，希腊现代建筑在20世纪最后的25年中，似乎是对20世纪30年代希腊理性主义建筑语法遗产的极为敏感的重申和精心实施，尤为明显的是尼科斯·瓦萨玛基斯（Nicos Valsamakis）的作品，即他于1963年在阿提卡的阿纳维索斯建造的优雅的拉纳拉斯住宅（Lanaras House）［图707］。整个50年代后期在雅典大量建造的六至八层高的填空式用地的公寓楼（polykatoikìa）也彰显了这种对"差异的重复"的

702　康斯坦丁尼迪斯，度假屋，赛基亚，科林西亚，1951

703　康斯坦丁尼迪斯，度假屋，阿纳维索斯，阿提卡，1961—1962

704　康斯坦丁尼迪斯，泽尼雅汽车旅馆，卡拉姆巴卡，1960

705　克罗科斯，维塔斯住宅，菲洛提，雅典，1989—1991

重申。这是一种当代的乡土风格建筑，由合格的承建商建造、专业的建筑师设计。公寓楼整体上符合所在用地上的标准高度和宽度，有一套标准阳台、雨篷和屋顶露台，并有嵌入式遮阳百叶帘的水平带形窗，这种现代建筑作品被置于垂直相交的城市道路构成的网格中，产生了一个现代的城市连续体，可与1924—1935年托尼·加尼耶在里昂建造的联邦广场所具有的统一性相媲美。也许没有哪座雅典建筑能像康斯坦丁诺斯·多西亚迪斯的城市和区域规划研究室办公楼［**图709**］那样简练地使用常规手法，这座办公楼于1961年在利卡贝特斯的缓坡地带建造。令人尴尬的是，这种公认的现代希腊建筑通用语已经成为常规，多限于投机性的开发和解决不断膨胀的旅游业需求，完全超出了康斯坦丁诺斯50年代为泽尼雅旅游机构工作时设想的适度原则。

578

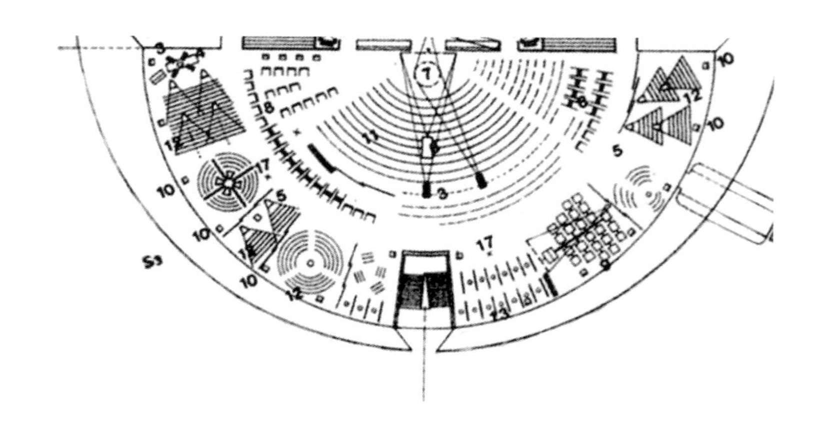

706　泽内托斯，阿吉奥斯·迪米特里奥斯学校，雅典，1975。平面

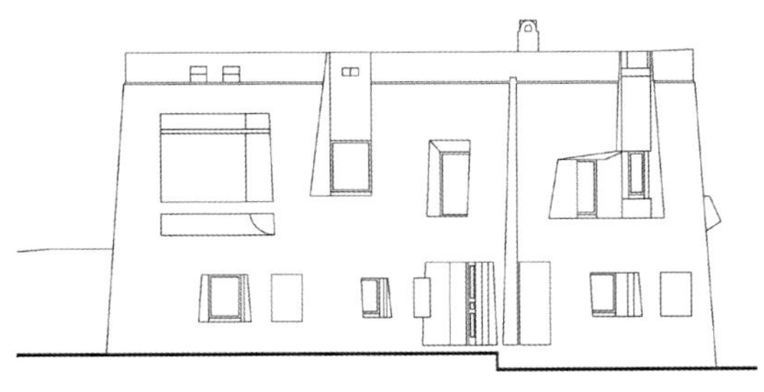

707　瓦萨玛基斯，拉纳拉斯住宅，阿提卡，1961—1963
708　库维拉斯，风之住宅，圣托里尼，1994。立面
709　多西亚迪斯、库拉维洛斯和谢佩斯，城市和区域规划研究室办公楼，雅典，1955—1961

阿格尼斯·库维拉斯（Agnes Couvelas）是一个例外。她会根据特定的气候条件和地形以及岛上尚存的手工文化来设定自己的建筑，1994年她在圣托里尼建成的自用住宅［**图708**］就是这样。卡林·斯库斯贝尔（Karin Skousbøll）是这样描写的：

> 纵观这所住宅，环境始终是一个参考点：海滩上巨型岩石、火山口中梅尔特米（meltemi）强风、安坡里奥（Emboreion）的特色村寨（goulas）……应对强风非常重要，因此房屋的外壳必须坚固且不能密闭……结果是，建筑物的外壳受到侵蚀，为捕捉风和阳光需要开孔，但它依然可以起到保护的作用……这些特性促进了本地住宅挖掘技术，即所谓的窑洞（hyposkapha）。[3]

在完成这项工作之后，库维拉斯在希腊各岛上的特别地点建造了一些大型的民用项目，包括建于1998—2000年在塞拉（Thera）的史前博物馆和1994年的纳克索斯考古博物馆（Archaeological Museum of Naxos），博物馆的扩建也包括重建中央公共广场。

前南斯拉夫

南斯拉夫是一个欧洲国家，曾被战前现代主义运动想象为自由社会主义社会。从第二次世界大战结束到其领导人约瑟普·布罗兹·铁托（Josip Broz Tito）元帅于1980年去世，这个欧洲国家忍受了将近40年的苦难。铁托成功的关键在于他在战争期间作为游击队领导者的声望，以及在1948年南斯拉夫被苏联驱逐后，他仍能维持一党制国家并联合六个不同的民族。

在组成铁托南斯拉夫的六个共和国中，斯洛文尼亚因与意大利和奥地利的西北部接壤而成为最国际化的一员。斯洛文尼亚似乎与1918年后建国的捷克斯洛伐克有一种亲密的关系，斯洛文尼亚的建筑大师乔伊·普列奇尼克接受了首任捷克总统托马斯·马萨里克的项目委托，深入参与了将布拉格城堡改造成总统住地的设计任务［**图710**］。为完成委托，普列奇尼克设计了许多不同大小的新巴洛克式摆件，对城堡进行改造和装饰，并用来抹去前奥匈帝国的所有痕迹。普列奇尼克第一件添加到城堡中的神秘象征性元素，是一个象征不朽的石盆，不稳定地置于两个石墩上。普列奇尼克为这座城堡又设计了一系列同样梦幻的作品后，于1921年返回斯洛文尼亚，并在卢布尔雅那创立和领导了一所建筑学校。铁托统治下的战后南斯拉夫无论在社会层面还是建筑层面，都成为现代主义的乌托邦。正如弗拉基米尔·库里奇（Vladimir Kulić）所写：

战后初期，在一个饱受战争蹂躏的国家中，由于缺乏受过教育的干部和现代技术，大量的志愿劳工是实际需要的……此时，人们热情高涨，年轻的军官们参与修建了新的道路、铁路线、水坝、灌溉渠、工厂和城市。在20世纪40年代后期，最早且最大的志愿者劳动场所之一是新贝尔格莱德，全国各地的青年徒手而来，在沼泽地里填满沙子，以巩固新联邦首都不稳定的地形。另一个例子是亚得里亚海高速路，该公路沿海岸线从斯洛文尼亚经过克罗地亚、波斯尼亚和黑塞哥维那到达黑山，使大规模旅游业得以兴起。随着该国的发展，对大规模志愿者工作的实际需求减少了，青年劳工运动转向了体力劳动较少的项目，例如绿化、建造青年度假村或进行考古发掘。同时，参加者的兴趣也转移到在该国旅行，因为志愿服务实际上已成为在兄弟情谊和团结的旗帜下一种积极度假的形式。[1]

显然，1945年至60年代中期，在重大的社会经济转型中，南斯拉夫的现代建筑取得了令人瞩

710　普列奇尼克，布拉格城堡，1931

581 目的成就，其中就包括由弗拉基米尔·波托恰克（Vladimir Potočnjak）领导的团队设计的联邦政府大楼［**图711**］这样的杰出作品。这栋六层高的大楼于1947—1962年在新贝尔格莱德建成，它部分仿效了勒·柯布西耶于1930年在莫斯科建的消费合作社中央联盟大厦，部分仿照了1956年在巴黎完工、由马塞尔·布劳耶、皮埃尔·路易吉·内尔维和伯纳德·泽弗斯设计的联合国教科文组织大楼。

在此期间，南斯拉夫出现了两种特别的建筑类型：第一种是特别精致的公寓楼，反映出国家为每位南斯拉夫公民提供高品质的公寓的承诺；第二种是旅游酒店，重申20世纪20年代后期的苏联公社住宅和工人俱乐部的“社会容器”概念。第一种的实例有新贝尔格莱德的多层公寓楼［**图712**］，以及弗拉基米尔·布拉科·谬西奇（Vladimir Braco Mušič）设计并于1968—1980年在工业城市斯普利特（Split）建造的很独特的23层板楼［**图717**］。第二种常见于精致的多层现代酒店，这类酒店分布在从斯洛文尼亚到杜布罗夫尼克以及亚得里亚海海岸的沿高速公路休息区，例如由鲍里斯·马加尔（Boris Magal）设计并于1968年在克罗地亚希贝尼克（Šibenik）建造的索拉利斯（Solaris）酒店。在这类酒店的建设热潮中，马罗杰·姆尔杜尔贾斯（Maroje Mrduljaš）写道：

> 南斯拉夫的现代化模式成功地促进了大众旅游业的发展和新的城市群的建立，这不仅在文化上具有吸引力，并且在国际市场上也具有竞争力。由于自由进入所有类型的内部和外部公共空间的政策，本地人平时即可使用常规的旅游基础设施。受合理的规划和保护的支持，南斯拉夫的建筑师可以将现代主义的概念与地中海国家的经验相结合，并利用酒店类型来研究文化以及某种程度上的社会现状。[2]

像普列奇尼克一样，爱德华·拉夫尼卡（Edvard Ravnikar）最初于1926—1930年在维也纳接受培训。他回到卢布尔雅那，与普列奇尼克又一起学习了五年。1936—1941年，他在普列奇尼克的国家图书馆项目建设期间担任项目助理，并建成1914—1918年战争失败纪念碑，其建筑手法让人联想起普列奇尼克的风格。1939年，拉夫尼卡来到巴黎，为勒·柯布西耶在阿尔及尔的沿海住宅（Quartier de la Marine）项目工作了一段时间。现代画廊是拉夫尼卡1939年为卢布尔雅那设计的典型的理性主义作品，它的古典石材立面让人回

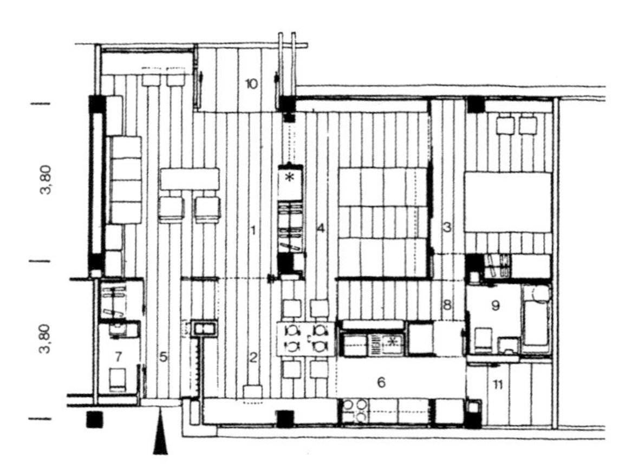

711 波托恰克，政府大楼，新贝尔格莱德，塞尔维亚，1947—1962
712 谬西奇等，公寓楼 23，新贝尔格莱德，塞尔维亚，1968—1974。平面

想起奥托·瓦格纳的石材作品。1945年南斯拉夫共和国成立后，拉夫尼卡参与了各种国家项目，包括位于意大利－斯洛文尼亚边境的戈里卡新城（Nova Gorica）。1952年，他设计了一系列战争纪念馆，其中最雄伟的一座位于拉布岛上（Rab）的坎普尔［**图713**］，项目现场原是臭名昭著的意大利集中营所在地。

582

拉夫尼卡除了偏好追求对位的形态外，他的建筑的一个关键是其建构表现力，明显地表现在基本结构形式和外立面处理两个方面。他在卢布尔雅那设计的革命广场综合大楼（1961—1974）［**图714**］是他出色的建筑表达最为生动的例证。拉夫尼卡通过两座17层高的办公大楼，使人联想起布鲁诺·陶特的神话般的“城市皇冠”形象（见p.127），双子楼在广场的中轴线两侧彼此相对而立，每座楼由一个幕墙式办公空间和位于办公区中心的三角形服务核心区组成，办公区楼板由核心区伸出的悬挑结构支撑。

作为这个庞大的双子楼的配套，是毗邻的文化会议中心［**图715、716**］。它由三个礼堂围绕一个较小的中央圆形礼堂组成，通过宽敞的公共接待前厅进入整个区域，前厅与展廊、百货商店和一个银行相连，相继排列在广场一边。除了阿尔瓦·阿尔托同一时间建造的宏伟的城市中心外，很难在欧洲大陆找到另一个城市项目，能与拉夫尼卡在铁托的不结盟的南斯拉夫鼎盛时期的卢布尔雅那所取得的成就相比。

713 拉夫尼卡，拉布战争纪念馆，坎普尔，拉布岛，1952

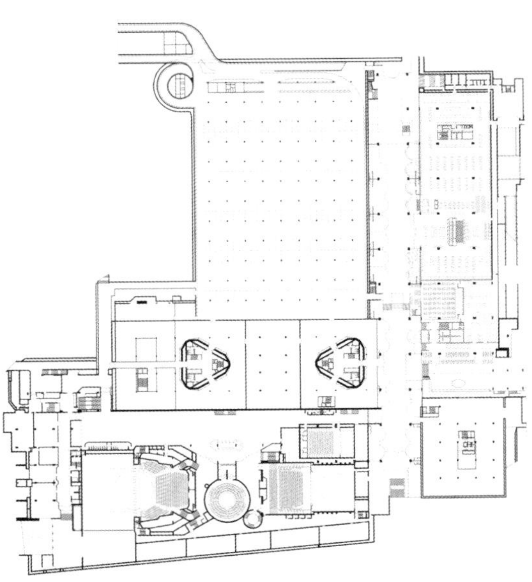

714　拉夫尼卡，革命广场综合大楼，卢布尔雅那，1961—1974（左上）
715　拉夫尼卡，文化会议中心，卢布尔雅那，1983（右上）
716　拉夫尼卡，文化会议中心，卢布尔雅那，1983（左下）。平面
717　谬西奇，斯普利特 3 号，克罗地亚，1968—1980（右下）

奥地利

正是奥托·瓦格纳1899年在他的《现代建筑》一书中首次创造了“现代运动”一词。然而，1914—1918年第一次工业化战争的前夕，晚年的他似乎感觉到了现代主义即将到来的结局，在1914年他的第四版《现代建筑》中提出了更为慎重的标题：“我们时代的建筑”。然而，他却无法预见到，就在他去世的那一年(1918)，奥地利经济将随着奥匈帝国的瓦解而遭受巨大的破坏。其结果是，维也纳遭遇住房和粮食短缺，以雅各布·鲁曼为市长的社会主义政府进而被推选出来。在鲁曼的领导下，当时被称作“红色维也纳”（Red Vienna）的这座城市开始实行一个范围广泛的工人住宅建造计划，即在城市边缘建造多层工人住宅，形成松散的环形街区。这中间最具有纪念意义的是卡尔·马克思大院(1926—1930)［**图718**］，该建筑是按瓦格纳学生的卡尔·埃恩的设计建造的。

卡尔·马克思大院完工后不久，就被炮兵包围，以显示政府镇压工人反抗的力量。尽管发生了这种暴力阻断，但在1930—1932年维也纳制造联盟住宅展上仍显示出对社会住房的强调。在建筑师约瑟夫·弗兰克的指导下，社会住宅按照1927年斯图加特举办的德国制造联盟住宅展做了模型展出。展出模型中的其他作品有杰里特·里特韦尔的一排五层阶梯式住宅、理查德·诺伊特拉的独立式住宅和阿道夫·洛斯的一对双拼式住宅——这是洛斯一生中的最后作品。彼得·贝伦斯是维也纳20世纪20年代后期和30年代初的重要人物，他被任命为维也纳美术学院教授后，以工业建筑师的身份设计了一些工厂和仓库，其建筑手法让人联想起埃里克·门德尔松的作品。同一时期与彼得·贝伦斯水准相当的建筑师是年轻得多的提洛尔人路易斯·韦尔森巴赫尔（Lois Welzenbacher），其1932年位于采尔湖畔附近的图默斯巴赫（Thumersbach）的赫罗夫斯基住宅（Heyrovsky House）［**图719、720**］是有机建筑的杰作，地位堪比汉斯·夏隆同时期设计的最好住宅。

经历了1938年第三帝国的吞并和第二次世界大战，奥地利的建筑直到20世纪50年代初才艰难地恢复过来，1952年罗兰·雷纳的维也纳体育馆和1953年的预制木结构的装配式住宅脱颖而出。此后，雷纳事务所主要致力于开发低层、高密度的住宅，作为适合汽车时代的新型通用而有效的土地利用形式，他所展示的最有说服力的，是

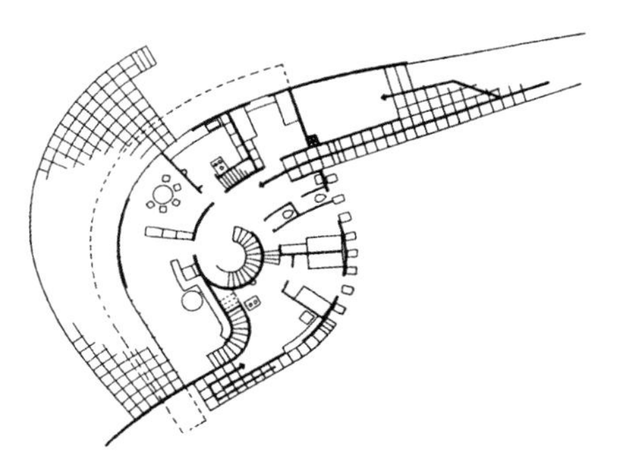

718　卡尔·埃恩，卡尔·马克思大院，维也纳，1930
719　韦尔森巴赫尔，赫罗夫斯基住宅，图默斯巴赫，1932
720　韦尔森巴赫尔，赫罗夫斯基住宅，图默斯巴赫，1932。平面

1963—1995年在多瑙河河岸地区进行持续开发的普切诺（Puchenau）住宅地产［**图723**］。这种路径的文化生态优势在他1972年的《宜居环境》一书中有充分阐述。

585

古斯塔夫·佩希（Gustav Peichl）于1955年从维也纳美术学院的克莱门斯·霍尔兹迈斯特的硕士班毕业，后于1964年与汉斯·霍莱因、沃尔特·皮克勒（Walter Pichler）和奥斯瓦尔德·奥伯胡伯（Oswald Oberhuber）共同创办了《建设》杂志，成为奥地利业内一位有影响力的人物。四年后，他赢得了一组省级广播电台的设计竞赛，这组广播电台建于1969—1984年，是位于艾森斯塔特、萨尔茨堡、因斯布鲁克、林茨和多恩比恩的五个统一中心化布局的电台，佩希给每个电台设计了一个精致的金属标识。［**图721**］

安东·施瓦格洛夫（Anton Schweighofer）和佩希同样致力于开发新建筑类型，1969年在维也纳提出了新构成主义的孤儿院分阶段方案［**图722**］。回想起来，这也许可以看作由雷纳的生态理性主义向新兴的无政府主义艺术家过渡的作品。格拉茨建筑学院（Graz School）的这类建筑师中，居特·多梅尼格（Günther Domenig）是最为极端的。1986年多梅尼格设计的自用住宅斯坦因豪斯（Steinhaus）就趋向雕塑而非建筑，尽管其内部空间尺度宜人，比例适当。库柏·西梅布芬事务所［Coop Himmelb（l）au，又名“蓝天组”］的钢结构建筑“燃烧的翅膀”（Blazing Wing）于1980年在格拉茨建成，同样具有艺术气息。但是，格拉茨学院总体上的新构成主义路线——以沃尔克·吉恩克（Volker Giencke）、赫尔穆特·里希特（Helmut Richter）和克劳斯·卡达（Klaus Kada）的作品为代

721　佩希，典型的 ORF 区域电台，1969—1981（上）
722　施瓦格洛夫，儿童城，维也纳，1969（左下）

表，与库柏·西梅布芬的解构主义路径不同，后者的作品首次出现于1986年的维也纳，即在一栋古典风格的大楼顶部加建的律师办公室阁楼，是一个钢和玻璃组成的防灾连接体［图725］。然而，没有比卡达于1988年设计的位于伯恩巴赫（Bärnbach）的玻璃博物馆或吉恩克于1992年设计的格拉茨植物园的温室更值得一提的了，温室所需的供暖系统与支撑玻璃的管状金属框架结合在一起。吉恩克的多种材料拼贴式建造方法与里希特最大限度地使用玻璃有所不同，后者的例子包括1990年维也纳的全玻璃立面的布伦纳大街（Brunnerstrasse）住宅，或1994年在维也纳金普拉茨（Kinkplatz）建造的大型中学。再有，与佩希的广播电台一样，英－意高技派建筑师有着明显的亲和力，但对类型的发明或功能技术却没有同样的关注。就此而言，库柏·西梅布芬最终达到一种既有构成主义又有解构主义的设计手法，例如1995年他们在下奥地利州塞伯斯多夫（Seibersdorf）建造的办公楼外表的平滑的连接。1982年在蒂罗尔州施塔姆斯（Stams）建造由奥瑟默·巴特（Othmer Barth）设计的冬季运动体育馆［图726］同样具有有机性，但更具可塑性特点，使人联想起韦尔森巴赫尔。

723　雷纳，低层高密度住宅区，普切诺，第一期，1965—1967。平面（左上）
724　亚伯拉罕，奥地利文化基金会，纽约，1992—2002。剖面（右上）
725　库柏·西梅布芬事务所，楼顶改建，福克斯特拉斯，维也纳，1986。剖面（中）
726　巴特，体育馆，蒂罗尔，1982。剖面（下）

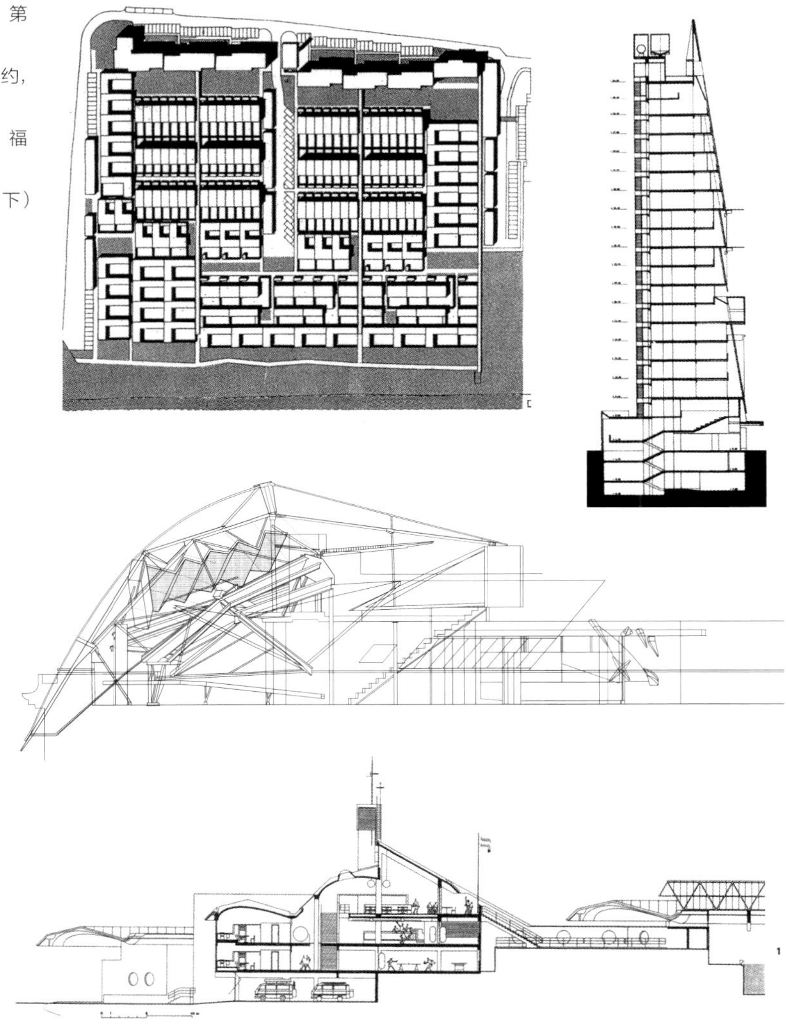

尽管雷蒙德·亚伯拉罕实际上大部分职业生涯都在美国度过，但他还是带有明显的格拉茨学院毕业生的印记，表现在他最终于2002年在纽约完成的23层高的奥地利文化基金会［**图724**］，该项目具有精细的新构成主义特点。亚伯拉罕通过赢得1992年州内设计竞赛而得到这个工程的委托，竞赛只向奥地利建筑师开放，共有226个参赛作品。该项目建在沿街面的狭窄场地上，难度极大。自1959年赖特的古根海姆博物馆建成以来，它仍是首批在曼哈顿建造的品质卓越的建筑之一。

德国

1951年在达姆施塔特举行的“人与空间”研讨会，是继1945年第三帝国战败和决定性覆灭之后德国建筑师与知识分子的第一次聚会。哲学家马丁·海德格尔用他具有重要影响的论文为此次会议做出了重要贡献，他的文章《筑·居·思》强调了场所形式作为有界区域而非抽象和功能性空间的重要性，后者是20世纪20年代后期以及30年代现代建筑所偏爱的特质。海德格尔对有界区域的强调与汉斯·夏隆提出的第一批有机布局的学校不谋而合，这暗示着可以说服达姆施塔特当局建造样板学校［**图727**］。这座建筑与具新客观性的还原功能主义在类型上完全不同，后者具有魏玛共和国时期的现代主义的主要特征。夏隆后来主要从事学校和住宅设计。前者最完美的例子是他在吕宁（Lünen，1959—1962）建的格施维斯特－肖尔学校（Geschwister-Scholl School），以汉斯和索菲·肖尔（“白玫瑰运动”中的反纳粹烈士）的名字命名；而后者最引人注目的例子是他1959年建于斯图加特的罗密欧与朱丽叶公寓［**图728**］。然而，他最好的作品是1963年在柏林蒂尔加滕建造的柏林爱乐音乐厅［**图729**］。这项工程基于将乐团放置在厅内中央的全新理念，四周由“葡萄园”式的逐层升起的座椅所围合。在座位下层悬置了一系列层层跌落的休息室，用于中场休息。音乐厅内出色的声学效果使其成为20世纪最成功的音乐厅之一。

战后涌现的另一位有才华的德国建筑师是埃贡·艾尔曼，他在30年代初期与汉斯·珀尔齐格一起学习，并度过了愉快而平淡的战前职业生涯。1947年，艾尔曼被任命为卡尔斯鲁厄大学建筑学教授，这极大地促进了他在战后的实践。从一开始，他的作品就具备一种比例优雅的理性主义特征，这在他于1951年在施瓦茨瓦尔德（Schwarzwald）建造的波形石棉水泥板饰面的单层回形车库中就已经显现。在这个简单而优雅的工程之后，又有一个接一个强节奏的工程，包括法兰克福的内克曼邮购仓库（1951）［**图730**］、布鲁塞尔世界博览会的德国馆（1958）、巴登－巴登（Baden-Baden）的自用住宅（1962）和法兰克福的奥利韦蒂培训中心（1968—1972）。艾尔曼对西柏林的重要贡献是他1962年的恺撒·威廉纪念教堂（Kaiser Wilhelm Memorial Church）［**图731**］，它建在一座几乎被炸毁的、只剩外立面的19世纪新罗马式同名教堂旁边。教堂正厅和钟楼都是八边

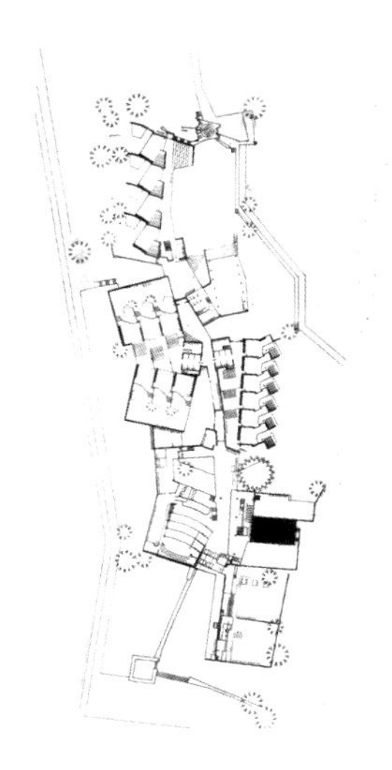

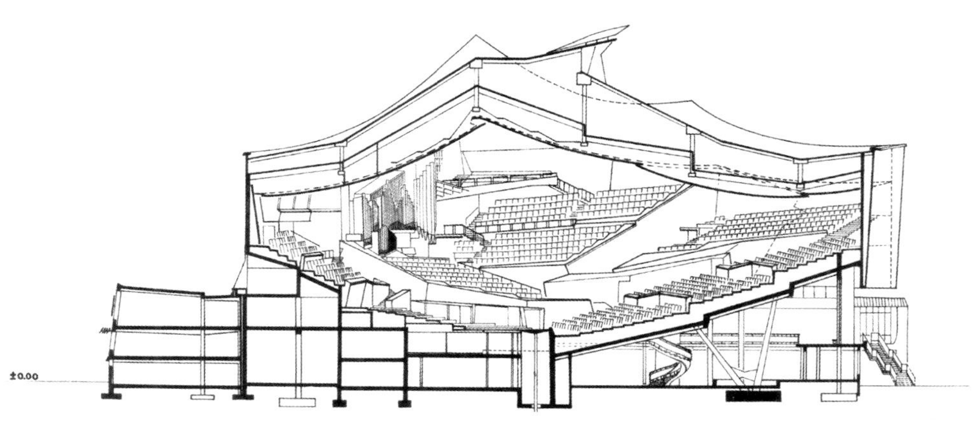

727　夏隆，为达姆施塔特建议的有机学校样板，1951。总平面（左上）
728　夏隆，罗密欧与朱丽叶公寓，斯图加特，1959（右上）
729　夏隆，柏林爱乐音乐厅，柏林，1963
730　艾尔曼，内克曼邮购仓库，法兰克福，1951
731　艾尔曼，恺撒·威廉纪念教堂，柏林，1962。剖面

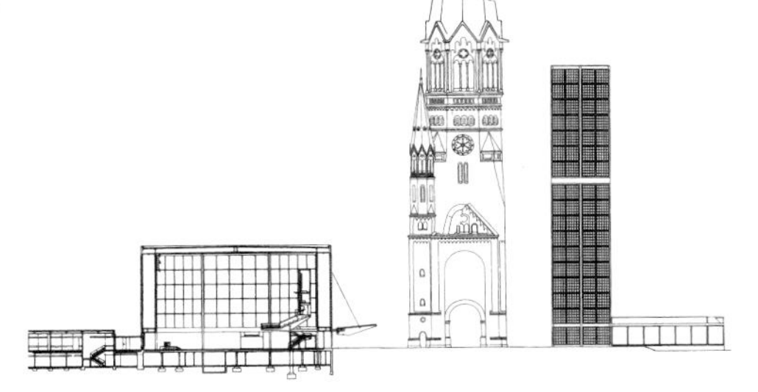

形的钢框架结构，八边形的每个面都贴上彩色玻璃镜面，夜晚作为背景照明。

590

奥斯瓦尔德·马蒂亚斯·翁格尔斯是艾尔曼在卡尔斯鲁厄大学执教时培育的最杰出的天才之一，他在20世纪60年代初期已经在科隆设计并建造了大量砖墙住宅，其中大部分为六层楼，包括1959年在汉斯林（Hansaring）的一个非常优雅的多功能建筑［**图733**］，带有凸出的阳台和外露的混凝土楼板。这种粗野主义的砖工技巧同样用于同年他自己的住宅［**图732**］中，住宅建于汉斯林的明格斯多夫区。这是翁格尔斯粗野主义的标志，他于1965年移居柏林，1968年到了美国的康奈尔大学，转向了一种更加理性主义的强硬路线，缘于他间接地受到苏联构成主义的影响。1975年返回柏林后，翁格尔斯放弃了这种还原功能主义，接受了一种后现代的古典主义，直到他职业生涯的结束，这一直是他的惯用手法。

732　翁格尔斯，翁格尔斯住宅，科隆，1959

733　翁格尔斯，汉斯林住宅大楼，科隆，1959

战后德国另一个重要人物是工程师－承建商弗雷·奥托，他的职业生涯始于设计半透明的帆布帐篷，这是一种临时可拉伸的设施，可供德国花卉展览使用。帐篷的起伏形状很大程度上取决于由帐篷立杆固定的拱形顶端，也取决于围绕在圆形混凝土集水池周围的一组拉索，它可以使水从屋顶流下。奥托后来为居特·贝尼什设计的1972年慕尼黑奥运会体育场制作了一个透明的丙烯酸波形屋顶［**图734**］，同样固定在钢管塔架的缆网上，并将缆索绑在体育场的周边。与维尔纳·马尔希为1936年纳粹奥林匹克运动会而设计的纪念性的柏林帝国体育场相比，这座遮盖式体育场的几乎去物质化的有机屋顶形式被视为新民主德国的象征。贝尼什的兼具有机、高科技的铁和玻璃技术在他于1987年为斯图加特大学建的太阳能研究院（Hysolar Research Institute）项目中达到了顶峰。

1972年，慕尼黑建成了一个独特的实验性住宅建筑群［**图735**］，由奥托·斯泰德尔与多丽思、拉尔夫·图特合作设计。这个三层结构主体是7.2米×8.8米柱网的预制混凝土框架，采用灵活的模数系统，所谓的“支撑”系统是荷兰建筑师尼古拉

734　贝尼什和奥托，奥运会体育场，慕尼黑，1967—1972

591

斯·约翰·哈布拉肯开发的。哈布拉肯的理念是：居民可以根据自己不断变化的需求自由地通过添加或减去组件，修改自己的居住单元，只需在尺寸上与基本结构的模数相一致。事实证明，无法实现这种技术设想，主要是因为这些组件从未工业化生产，而且慕尼黑的这种每个单元带后退式露台的阶梯式公寓楼，总是全部住满。

大约此时，约瑟夫·保罗·克莱休斯来到柏林建筑界，依靠两项非凡的作品站住了脚：即1978年位于威尼塔广场的五层砖砌外墙的周边式公寓街区（见图303，p.332），以及1978年为柏林街道清洁部门建造的细节完美的幕墙式汽车维修店。此后，1984—1987年克莱休斯致力于指导柏林国际建筑博览会（IBA），这是一个准政府部门的行为，其行政权力相当于主办1958年在柏林墙附近的汉斯区国际建筑展。

巴塞罗那和博洛尼亚的市政当局在致力于老旧的欧洲城市现代化方面的态度相似，在实际操作中部分响应了由莱昂·克里尔和莫里斯·库洛特（Maurice Culot）倡导的所谓的传统城市的重建。但是，与克里尔和库洛特甚至翁格尔斯不同，克莱休斯并不认为战前的现代运动是负面的。相反，正如建筑历史学家温弗里德·纳丁格（Winfried Nerdinger）所阐释的那样，克莱休斯认为城市的重建是渐进的现代性，与18世纪和19世纪城市结构中的街道和街区所形成的传统“场所形式”之间

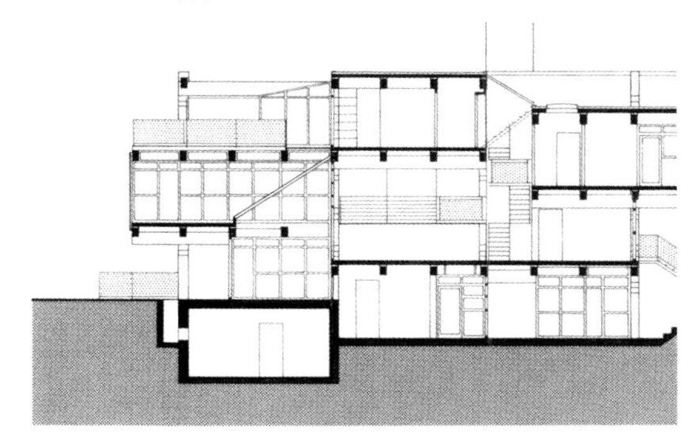

735　斯泰德尔、多丽思、拉尔夫·图特，甘特街住宅区，慕尼黑，1968—1972。剖面

形成辩证关系。

1989年柏林墙出乎意料的倒塌结束了克莱休斯对柏林的重建，令人遗憾的是，随之而来的建筑热潮使人们回到了一次性的独立式建筑。美国和英国实施的新自由主义自由放任的经济政策加剧了这一趋势，并导致郊区建筑的增加，随之而来是超市的出现，由此破坏了传统的购物环境及整个城市的活力。随着1989年德国重新统一，税基和社会的购买力从传统的城市转移到了郊区。

作为一种批判性的替代，这种转变导致了生态运动的兴起，它可分为技术方法和"更绿色"的社会文化姿态。前者的局限性可从沃纳·索贝克（Werner Sobek）千禧年于斯图加特建造的钢框架、全玻璃的零碳排放住宅［**图736**］中的冰冷特点看出。托马斯·赫尔佐格（Thomas Herzog）的可持续实践显然找到了一种更全面的方案，例如1999年他为汉诺威博览会建造的20层德意志银行［**图737、739**］。这种"可持续"办公楼类型的显著特点是，可以将24米×24米楼层平面的办公空间布置为完全开放的空间，仅通过办公家具来组合，也可以划分为单独的办公室空间，或者两者兼而有之。无论是哪种方式，所有用户都可以通过打开分隔室内和外层玻璃幕墙之间的滑动玻璃门来享受一点自然通风，外围护结构可在转角处打开，

736　索贝克，R128住宅，斯图加特，2000

737　托马斯·赫尔佐格，德意志银行行政办公大楼，汉诺威，1999

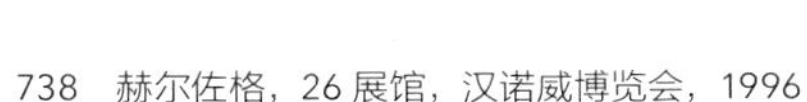
738　赫尔佐格，26展馆，汉诺威博览会，1996

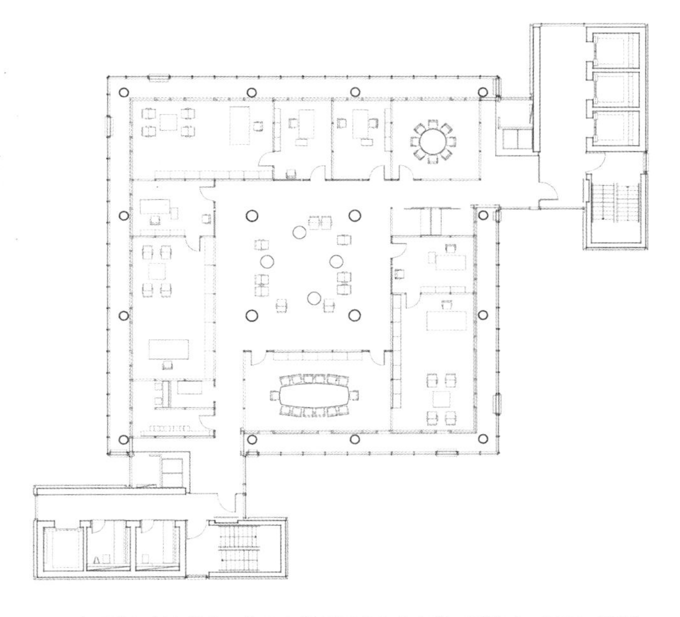
739　托马斯·赫尔佐格，德意志银行行政办公大楼，汉诺威，1999。平面

使空气自然流通，同时保护内层空间免受风引起的涡流。由于建筑物仍装有空调，因此可以将排出的空气中所含热能的85%用于预热位于内、外两道围护结构之间夹道中的新鲜空气。为了便于维护，在双层玻璃墙外层的背面安装了遮阳板，因此无须将悬挑楼板与主楼板之间做隔热处理。

593

赫尔佐格设计的26展馆［**图738**］是为1996年的汉诺威博览会建造的，由杰出的工程师豪尔赫·施莱奇（Jorge Schlaich）担任结构顾问。博览会的成就，既是建筑上的，也是环境上的。建筑采用悬索屋顶，这决定于快速搭建结构的需求而不是这个地区的环境特性。三个下沉式悬索屋顶，每个跨度为55米，由三个高30米的三角形门式刚架支撑，第四钢架的高度稍低一些，悬索屋顶的缆索铺上两层木板，中间填充沙砾，以增加悬索的稳定性。悬索升起端连接部的纵向檐下设有通风孔，用于导引热气流上升和排出污浊空气，而新鲜空气则通过横跨在钢架之间的三角形截面的玻璃管道吸入大厅。与此类似，屋顶的下沉曲线在晚上用作反光器，而白天为利用自然光则由反光玻璃板将光线导入屋顶的底部。

乌尔里希·施瓦茨（Ullrich Schwarz）提出了反思性的现代性的想法，在2002年汉堡举办的“新德国建筑”展览目录的导言中有所提及，但未详述。托马斯·赫尔佐格的作品中似乎可以在导言中找到关于它的潜在表述。施瓦茨写道：

> 意识到自身的基本原理、前提条件和结果，现代主义开始自我反省起来……哈贝马斯将现代主义称为未完成的项目。现代主义只有在承认和接受自身边界的情况下，才能变得完整（以完美的感受而言）。[1]

丹麦

有两个因素影响了丹麦现代运动的兴起：首先，哥本哈根皇家艺术学院建筑系保持了卓越的水准，即使在21世纪初，该学院仍然是欧洲最杰出的学院之一；其次，彼得·维尔赫姆·詹森－克林特这一具有叛逆精神的人物领导了“美的作品”（Skønvirke）运动，他受到德国建筑师保罗·梅伯斯、保罗·舒尔茨－瑙姆堡和海因里希·泰西诺的影响，寻求建立一种基于丹麦本土风格的新建筑传统。詹森－克林特与皇家艺术学院及斯堪的纳维亚民族浪漫主义运动的美学理念是对立的，他在哥本哈根市中心建造的一个引人注目的杰作，充分阐明了自己的立场。这就是大教堂规格的格伦德维格教堂［**图740**］，采用混凝土框架结构，并用精致的砖墙做内外饰面，从1920年开始动工，持续建造，直到1940年。詹森－克林特一生都反对欧洲古典传统，就这点而言，很重要的是：丹麦仍然是少数几个生产砖，并将其用于建筑、使它在建筑文化中发挥重要作用的欧洲国家之一，而不同于与古典主义相伴的石材。在一个似乎趋于淘汰手工艺的时代，丹麦是一个能够生产各种各样优质砖的国家，受过良好训练的皇家艺术学院毕业生仍可展示他们运用这种材料的建造能力，所有这些都证明了丹麦建筑教育和实践以手工为基本功的特点。

740　詹森－克林特，格伦德维格教堂，哥本哈根，1920—1940。照片拍摄于1926年，竣工前

尽管如此，在20世纪的头一个十年里，该学院还是培养了一代有北欧古典主义修养的建筑师，这种古典主义风格使欧洲城市建成现有建筑密集的特点得以延续。北欧古典主义在丹麦的主要推动者是卡尔·彼得森，他的法博格艺术博物馆通常被视为北欧古典主义的开端。1919年，彼得森与伊瓦尔·本特森（Ivar Bentsen）联手，为哥本哈根火车站旧址设计了一个多街区巨型综合建筑方案。赫克·坎普曼（Hack Kampmann）同样宏大而近似于简练的新古典主义风格的警察总部［**图742**］于1924年在哥本哈根竣工。所有这些理念综合体现在一个多层周边式的街区，用石材饰面——就像坎普曼的杰作一样，而更多的是用水泥粉刷，就像1921年波夫·鲍曼（Povl Baumann）在哥本哈根的五层公寓大楼一样。多产的凯·菲斯克（Kay Fisker）于1920年从皇家艺术学院毕业，成为周边街区式砖砌住宅的顶级大师，最显著的例子是1932年他在哥本哈根的一个大型三角形场地上建造的六层住宅区［**图741**］。然而，从历史的角度看，北欧古典主义巅峰之作是爱德华·汤姆森（Edvard Thomsen）1924年的雷格德学校（Øregård School）［**图743**］，它与朱塞佩·特拉尼于1936年创作的位于科莫的法肖大厦（见图203、204，p.235、236）具有相似的纯抽象形式。

作为爱德华·汤姆森的门生，维勒姆·劳里

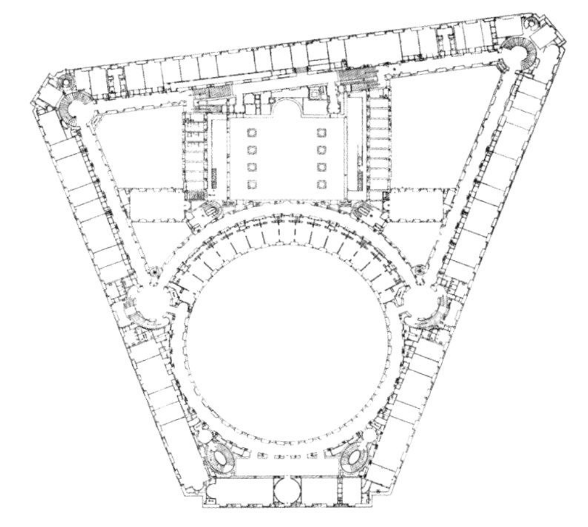

741　菲斯克，罗森诺斯·艾尔住宅区，哥本哈根，1932。立面和平面
742　坎普曼，警察总部，哥本哈根，1919—1924年。平面（右上）
743　汤姆森，雷格德学校，根措夫特，哥本哈根，1922—1924（右下）

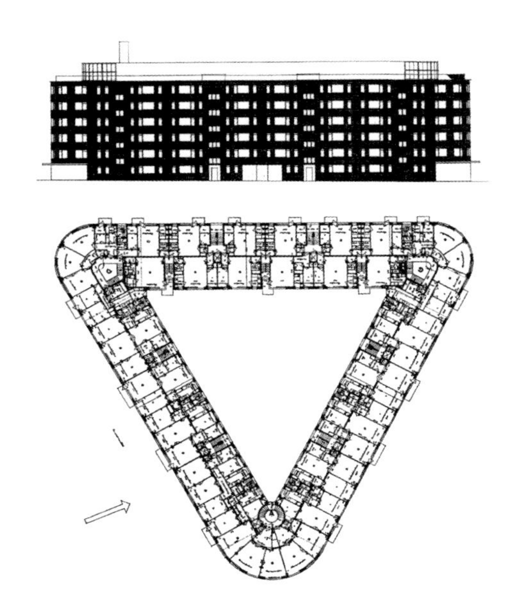

岑（Vilhelm Lauritzen）1922年以北欧古典风格赢得了一家百货公司的设计竞赛，从而开办了自己的事务所。然而，在1925年参观了沃尔特·格罗皮乌斯在德绍的包豪斯和1927年参观了斯图加特的魏森霍夫住宅展之后，他的风格转变为功能主义，1929年他与弗里茨·施莱格尔（Fritz Schlegel）共同设计的无眩光灯具就是这一风格转变的例证，这种灯具成为同年波尔·海宁森（Poul Henningsen）生产的著名的PH灯的替代产品。五年后，劳里岑迎来了他事业上的突破，即1934年设计的哥本哈根广播大楼，随后1936年他又设计了位于卡斯特鲁普（Kastrup）城外的新航站楼［**图744、746**］。劳里岑的广播大楼受到了欧洲其他早期广播电台建筑的影响，包括G. 瓦尔·迈尔斯（G.Val Myers）在伦敦的英国广播公司大楼（BBC）和汉斯·珀尔齐格的柏林广播大楼，两者都建于1931年。劳里岑意识到录音室中非平行墙面的声学优点，并将其用到他的大楼中，大楼的一翼是多层办公楼，另一翼是大型音乐厅。这个大厅的设计引入了管弦乐队空间照明的新概念，由照明工程师莫根斯·沃尔特伦（Mogens Voltelen）设计，其主要原则是避免吊灯，以便于安装麦克风，以及保持天花板的整体性。

卡斯特鲁普机场体现了这一时期的机器美学，它与其他当代欧洲机场不同，这肯定是受到居纳尔·阿斯普伦德在1930年斯德哥尔摩博览会中既实用又戏谑态度的影响。劳里岑追求一种近似大众化的功能主义，它解释候机楼设计的自然转折和候机大厅起伏的天花板代表了飞机在飞行中产生的湍流运动。与之相随的，是一个流线形的可俯瞰跑道的两层楼玻璃餐厅。

阿尔内·雅各布森1928年毕业于皇家艺术学院，为城市建筑师保罗·霍尔索（Paul Holsoe）短暂工作之后，凭借其1929年的“未来之家”和1930年在克拉姆彭堡建造的罗森堡住宅，于1930年开设了自己的事务所。与他同代的其他现代建筑师不同，雅各布森事务所在第一个十年中倾向于北欧古典主义，偶尔也会倾心于“美的作品”运动中的砖砌建筑，可见于1930年他在哥本哈根的蒙拉德–阿斯住宅（Monrad-Aas House）。

雅各布森首次将一种明确的现代风格用于30年代在克拉姆彭堡陆续建造的贝尔维尤海滨度假村，包括1936年精心设计的贝拉维斯塔（Bellavista）住宅［**图747**］，以及1937年建成的贝尔维尤（Bellevue）剧院和餐厅的拱顶构件。同年他和埃里克·穆勒（Erik Møller）一起赢得奥胡斯市政厅（Aarhus City Hall）［**图745**］的设计时，这种明确的现代性已有所调和。此项目既清晰地展示了市政厅的现代版本，作为一种能够表达民主的建筑语言，也将北欧古典主义风格注入其中。该建筑由三个基本单元组成，即主要入口、议会大厅和议员办公室，以及从次要入口进入的六层档案楼。正如克杰尔德·文杜姆（Kjeld Vindum）指出的那样，主入口上部优雅的漫射玻璃拱顶，其设计理念来自汤姆森的雷格德学校。

雅各布森1945年以后的职业生涯始于1950年在克拉姆彭堡用承重砖墙建造的索霍尔姆住宅（Søholm Housing）［**图748**］，他在此度过了余生。在这个作品中，雅各布森使人产生一种恰当的家庭舒适感和奢华感，通过一组排成人字形的大片无窗横墙，总体上形成了单坡顶和烟囱有节奏的轮廓。这种现代家庭生活的感觉在两层高的餐厅里最为明显，这间餐厅(就像在雅各布森自己的家里)总是配有一张圆桌，周围则是他著名的蚂蚁

744　劳里岑，卡斯特鲁普机场新航站楼，哥本哈根，1936—1939（右上）
745　雅各布森和穆勒，奥胡斯市政厅，奥胡斯，1937—1942（左中）
746　劳里岑，卡斯特鲁普机场新航站楼，哥本哈根，1936—1939（右中）
747　雅各布森，贝拉维斯塔住宅，克拉姆彭堡，哥本哈根，1931—1936（下）

748　雅各布森，索霍尔姆住宅，克拉姆彭堡，哥本哈根，1946—1950

椅——由弯曲的胶合板和三个钢腿制成。这款椅子于1952年首次生产，确立了雅各布森作为工业设计师的声誉。除了家具外，他还创作出一系列受欢迎的金属、玻璃和陶瓷家居用品。

除了索霍尔姆，雅各布森的战后职业生涯也受到以SOM公司的利华大厦（Lever House）为代表的密斯主义的影响，该项目由戈登·本沙夫特设计，于1952年完工。1955年雅各布森在哥本哈根的25层SAS皇家饭店同样被设计成一座高层板楼，置于低层裙房之上，两者均采用优雅的幕墙。尽管雅各布森后来热衷于高层、幕墙式的办公大楼，但他还是具备一种建筑类型的开发能力，就像他1958年在索博格（Soborg）建造的芒克加德小学（Munkegards Elementary School）［**图749**］。这所单层学校的砖砌亭阁式教室，围绕着一个公共庭院成对布置，代表了战后学校设计中最辉煌的创新之一。尽管雅各布森有社会责任感，了解建筑与其社会角色的恰当关系，但雅各布森的最佳状态是作为一名工业建筑师，设计代表作是从20世纪50年代早期开始建设的CAC发动机工厂。他的工业设计遗产得到克努德·霍尔谢尔（Knud Holscher）创建的KHRAS设计集团最好的发扬，这可以通过他们1993年在林格比（Lyngby）建造的皮尔斯总部大楼做出评价。

20世纪50年代末和60年代中期，约翰·伍重和海宁·拉森作为下一代的领军建筑师出现，1957年伍重的悉尼歌剧院设计尤显突出，同样重要但鲜有人知的是他对低层、高密度住宅的探索，这始于1950年他参加瑞典南部住宅类型设计竞赛［**图751**］，其间他提出了一个可扩展的庭院住宅的概念，即一个单层单坡屋顶住宅布置在正方形或矩形庭院的相邻的两边。当时的想法是，每个住户都可以在内部庭院的四周随时扩建住宅。伍重在1956年和1963年的金戈和弗雷登堡（Kingo and Fredensborg）住宅计划中分别采用了这种住宅类型［**图750**］。伍重显然是他那一代的建筑大师，作品包括悉尼歌剧院和巴格斯瓦德教堂，教堂是他于1976年从澳大利亚回来后不久在哥本哈根郊区修建的。从许多方面讲，这座教堂是跨文化的“屋顶工程/平台工程”范式的最终实现，是他的整个职业生涯一直关注的。一个薄壳混凝土屋顶置于一个平台之上，这种样式从他职业生涯开始就出现在其设计中，最终呈现出一种更精妙、更清晰的表现形式，并清楚地呈现在地下室的地面平台上，即教堂正厅，正厅上方是波浪形钢筋混凝土拱顶［**图323，见p.352**］。

海宁·拉森因在1966年特隆赫姆大学（Trondheim University）设计竞赛中获胜而首次

受到公众关注，其作品受沙德拉赫·伍兹和曼弗雷德·希德海姆建于1963年的柏林自由大学(见p.313)的影响。不过，在广泛参与公司项目之前，他的作品变得越来越后现代，例如2015年在奥胡斯建造的莫斯加德博物馆(Moesgaard Museum)［**图752**］。宽敞的新展廊收藏了当地已建博物馆的最新发现的考古藏品，展廊所在的屋顶由草皮覆盖，其目的是与斯科德未被破坏的自然景观相协调。

749　雅各布森，芒克加德小学，索博格，1958。俯瞰(右上)
750　伍重，弗雷登堡庭院住宅，弗雷登堡，哥本哈根，1963(左下)
751　伍重参加瑞典南部住宅比赛的入围作品，1950(右下)
752　海宁·拉森，莫斯加德博物馆，奥胡斯，2015(下)

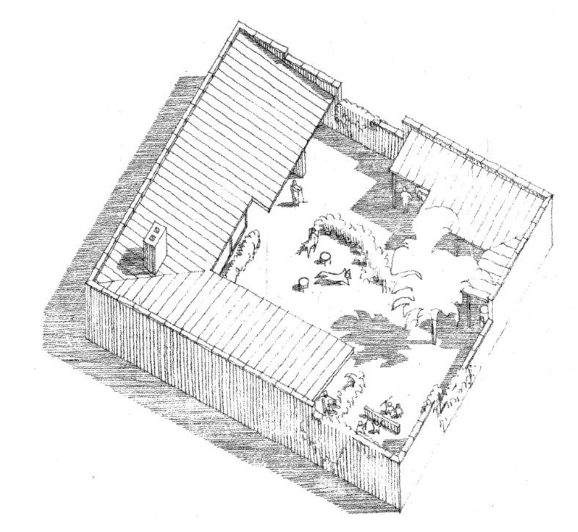

瑞典

20世纪20年代中期，民族浪漫主义和北欧古典主义在斯德哥尔摩得到了最完整的表达：首先是斯德哥尔摩市政厅，于1923年由拉格纳·奥斯伯格设计建成；其次是斯德哥尔摩公共图书馆，由居纳尔·阿斯普伦德设计，经六年建设，于1928年建成。然而，随着1930年斯德哥尔摩博览会［**图753—755**］，现代运动似乎一夜之间就到来了，展览由阿斯普伦德领导的一个年轻建筑师团队设计，并受到瑞典工艺与设计学会理事格雷戈·保尔森（Gregor Paulson）构思的综合文化项目的启发。保尔森在德意志联邦基金会成立的头几年曾在柏林，这一经历使他确信，有必要将工业产品的优雅与较为传统的工艺品价值相协调。斯德哥尔摩的1930年是一个更加温暖的、更容易被人接受的功能主义的开端，并有意识地反对简约、经济、标准的功能主义(即新客观主义)。阿尔瓦·阿尔托在描述这个展览时完美地总结了这两种功能主义在精神层面的差异："一个藐视功能主义的参观者可能会认为这不是玻璃、石头和钢的组合，而是房屋、旗帜、泛光灯、鲜花、焰火、快乐的人们和干净的桌布的组合。"

展览是一种流行的环境文化的先锋，随之而来的是社会民主党于1931年当选，从此确立了全方位的福利国家政策。在1986年首相奥洛夫·帕尔梅遇刺之前，该党一直在瑞典有效执政。保尔森在其1931年的文章《白色工业》中阐述了他转变社会价值观、提高大众品位和普遍改善工人阶

753 阿斯普伦德，餐厅，斯德哥尔摩博览会，1930

754　阿斯普伦德和莱韦伦茨，斯德哥尔摩博览会，1930。展馆现场和景观效果图
755　阿斯普伦德，餐厅，斯德哥尔摩博览会，1930。主要展览馆结构的轴测图

601

级生活条件的战略。这个渐进式改变社会的方法，在博览会手册中做了进一步阐述。手册名为《接受时代》，敦促社会“接受存在的现实”，认为：“只有这样，我们才有可能控制现实，掌握现实，改变现实，创造一种文化，为生活提供一种适合的工具。”

对于瑞典实施社会民主头二十年的建筑和规划成就，美国建筑师G. E. 基德·史密斯（G. E. Kidder Smith）的《瑞典建筑》（*Sweden Builds*, 1950）一书考察最为详尽。在书中，史密斯通过他的教学式图片展示了有内在组织架构的柔和的斯堪的纳维亚功能主义路线——芬奇（funkis），它能够将空间的合理组织和合乎逻辑的工程形式结合起来，包括更柔和的室内木饰面和家具，与之相对应的精致的有节奏布置的灯具，如由丹麦文化评论家波尔·海宁森设计的著名的PH系列吊灯。这种由1930年斯德哥尔摩博览会直接产生的

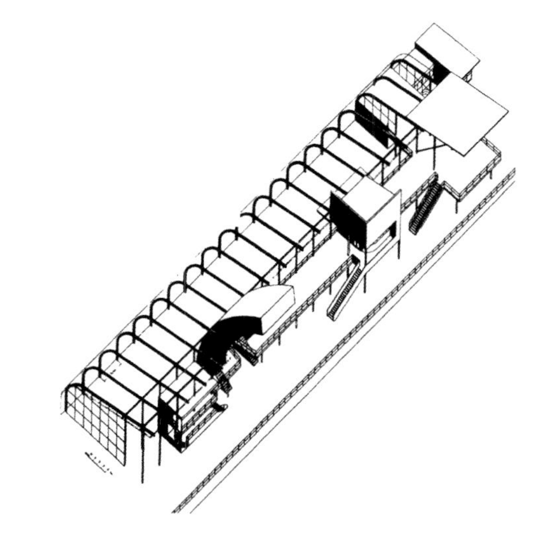

芬奇文化，在接下来的20年中进一步发展成为瑞典一代建筑师和工程师的通用语言，在政府支持的瑞典合作运动中的建筑师领导下，建成了一种社会民主的建筑文化。在这方面，很难看出一种独立的个人风格的痕迹，无论是保罗·赫德克维斯特（Paul Hedqvist）、汉斯·韦斯特曼（Hans

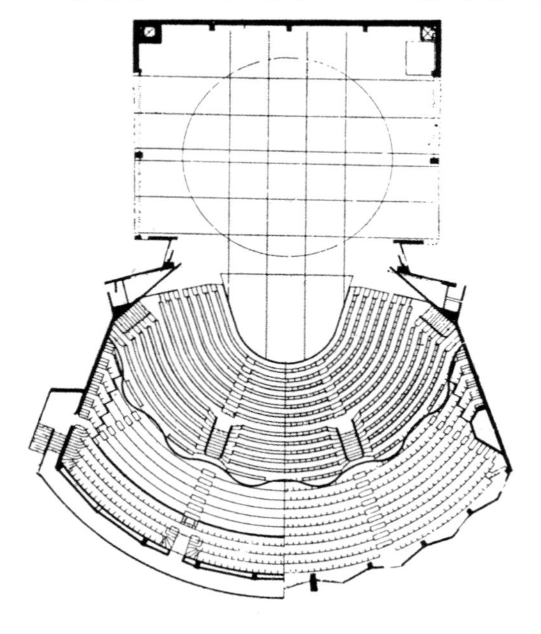

756　阿斯普伦德，主火葬场，林地公墓，1940

757　拉勒斯特德、莱韦伦茨和赫尔登事务所，城市剧场，马尔姆，1943

758　拉勒斯特德、莱韦伦茨和赫尔登事务所，城市剧场，马尔姆，1943。平面

Westman）、埃斯基尔·桑达尔（Eskil Sundahl）的作品，还是在拉勒斯特德、莱韦伦茨和赫尔登事务所（Lallerstedt, Lewerentz and Helldén）的作品中；后者负责了1943年马尔姆（Malmö）市剧院的设计［**图757、758**］，剧院通过一个波形折叠隔断墙，可将观众席的座位调整为100—110个。唯一从这种文化习俗中退出的建筑师是阿斯普伦德，在他职业生涯起步时就表现出这一点了——当时他设计了名为"林地公墓"的火葬场［**图756**］。主礼拜堂前厅的柱顶檐梁式的列柱回廊，标志着北欧古典主义的明显回归。这是一个悲剧性的讽刺——1940年森林火葬场建成时，阿斯普伦德成为第一个在那里被火葬的。

此时，杰出的建筑师和规划师斯文·马克利乌斯已经成为行业领军人物，我们可以从他在1939年纽约世界博览会上为瑞典馆所做的设计中得到这个结论。其次是他设计的瓦林比（Vallingby）新城。新城的特色是一种新类型的11层公寓楼，每个楼层四套公寓，围绕着一个中央楼梯和电梯成组对称布置。后来建的英国新镇没有像瓦林比新城那样规划清晰，无论是它的中高层住宅塔楼，还是它与斯德哥尔摩的公路和铁路的有效连接方面。1930年斯德哥尔摩的遗产正处于最佳时期，从那以后，它开始被官僚机构以经济效率为名所侵害，就像一个又一个住房计划中，标准的11层塔楼被包裹在民粹主义的多彩建筑中。这些建筑由斯文·贝克斯特罗姆和勒伊夫·雷尼乌斯事务所（Sven Backström and Leif Reinius）设计。

拉尔夫·厄斯金（Ralph Erskine）1914年出生于伦敦，学习建筑之前在贵格会学校接受教育，1937年，为了熟悉瑞典福利国家的新建筑，他去了瑞典。由于第二次世界大战爆发而无法返回英

759　厄斯金，北极城镇，拉普兰，1961
760　厄斯金，滑雪酒店，博尔加夫，1950
761　厄斯金，造纸工厂，福斯，1953

国，厄斯金在瑞典度过了余生。与其他当代英国或瑞典建筑师相比，厄斯金在其职业生涯早期就表现出了处理不同规模项目的非凡能力，无论是在孤立的小块地区建设一个能在恶劣自然环境中维持生存的社区，还是大型独立、配套齐全但没有具体地点的设想。他著名的北极城镇［图759］假想项目，就是建在一个孤立地块上，一堵厚厚的围墙包围的住宅面向中间的人工火山口。这个

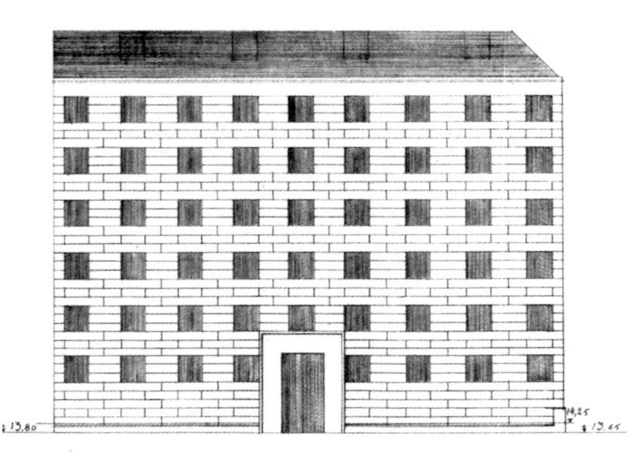

762　莱韦伦茨，国家保险研究院，斯德哥尔摩，1928—1932。立面
763　莱韦伦茨，圣彼得教堂，克里潘，瑞典，1962—1966

大胆创新的项目使他有机会参与由阿尔多·凡·艾克和史密森夫妇等主导的第十小组的讨论会。在他多产的职业生涯中，这种住房构想的主意像一种连续的景象不断出现：在拉普兰的基律纳（Kiruna，1961—1966）、剑桥克莱尔学院（1968—1969）、在加拿大西北地区的雷索卢特湾（Resolute Bay，1973—1977），最后是1981年在英国纽卡斯尔（Newcastle）的拜克沃尔住宅区（Byker Wall complex）。然而，对大型居住区的专注并没有阻止厄斯金设计相对小规模的城市建筑群(由多层住宅周边式街区组成)。厄斯金一生都是一位有着卓越创造力和务实精神的建筑师，他的有机建筑语法接近阿尔托，例如1953年建在阿维斯塔（Avesta）用砖饰面的造纸工厂，以及1954年建在瓦克索（Växjö）的细节精美的预制混凝土公寓。他还能够赋予自己的作品一种强有力的、几乎是构成主义的特点，正如1950年他职业生涯早期在博尔加夫（Borgafjäll）建造的滑雪酒店［**图760**］。1945年后，瑞典社会民主住房的建设变得越来越官僚化，厄斯金从未停止过表明必须优先考虑“因地制宜”的观点，以求解决战后世界的无地域倾向。

在斯德哥尔摩博览会期间，阿斯普伦德的前合伙人西古德·莱韦伦茨看似矛盾地参与了斯德哥尔摩国家保险研究院（Institute of National Insurance，1928—1932）［**图762**］的设计，这是一个部分北欧古典主义、部分功能主义的混合设计。紧接着于1937年，他在法尔斯特博（Falsterbo）建造了同样古怪的埃德斯特兰德别墅（Villa Edstrand），后来他放弃了建筑，转向他喜爱的设计和制造自己的专利钢窗。1962—1966年设计和建造的两座著名的砖砌教堂把他带回了建筑领域，那就是坐落在比约克哈根（Björkhagen）的圣马可教堂和在克里潘（Klippan）的圣彼得教堂［**图763**］。关于圣彼得教堂，科林·圣约翰·威尔逊写道：

莱韦伦茨，显然只关注用顽强的工作去解决有关建筑

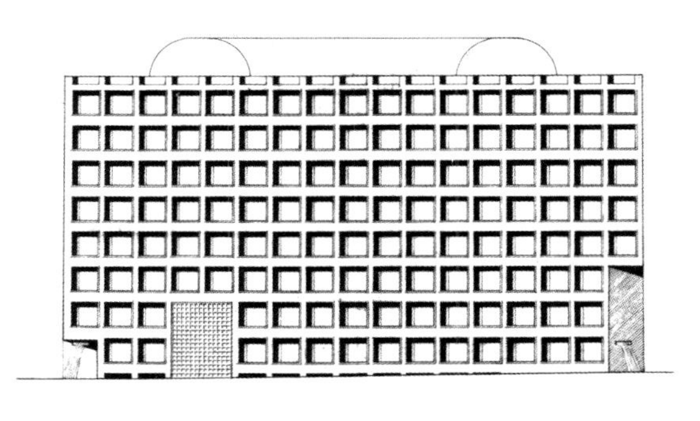

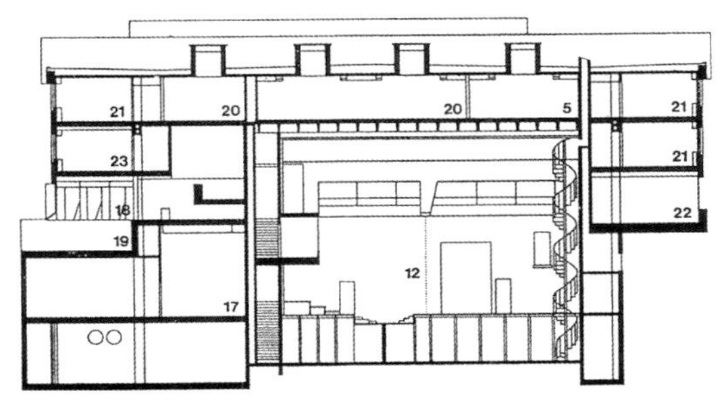

764　塞尔辛，瑞典电影之家，斯德哥尔摩，1964—1970
765　塞尔辛，瑞典银行，斯德哥尔摩，1975。立面
766　塞尔辛，瑞典电影之家，斯德哥尔摩，1964—1970。剖面

施工方面的问题，最终只是等来一个符号意义上的数字，这种形制不可避免地会导致我们尚未预料的粗糙结果……我知道，在我们这个时代的建筑中，没有能彻底影响建造方式并将它转换成象征性表达的任何先例。因此，仔细看看莱韦伦茨为自己制定的建造规则似乎是值得的。第一部分，我们可以看到砖块的使用受到三个方面的制约，要严格执行、毫不妥协。首先，莱韦伦茨建议将其用于所有用途：墙、地面、拱顶、屋顶采光、祭坛、讲坛、座椅。其次，他只用标准的整砖，不用定制异型砖。第三，不能砍砖。满足这些条件的唯一方法是在砂浆的比例上进行非常自由的调配，以满足接缝（通常非常大），使用非常干燥的砂浆混合料，包括用于地面的石板铺砌。

605　彼得·塞尔辛（Peter Celsing）的作品在许多方面似乎是阿斯普伦德和莱韦伦茨作品的不可思议的综合，尽管塞尔辛本人似乎从未为他们中的任何一位工作过。尽管如此，他在1952—1959年建造的砖砌教堂，仍然预示着莱韦伦茨后期教堂的氛围，甚至在瓦林比新城他所建的教堂中也有莱韦伦茨对厚砂浆接缝的嗜好的特色。同时，在瑞典福利国家的悠久传统中，他证明了自己是一位不畏艰难的公共建筑师，首先是他的斯德哥尔摩瑞典电影之家（1964—1970）［**图764、766**］，其次是1976年完工的瑞典首都中心区谢尔盖托格广场南侧的文化中心，在议会大楼翻修时，这座建筑曾一度作为瑞典议会所在地。这两件作品都经过了合理而巧妙的规划设计，没有任何多余的装饰。它们大方和大胆的形式使人回忆起20世纪20年代苏联设想的社会容器的范式。与此同时，塞尔辛突然放弃了他以前在文化中心广场同一侧的瑞典银行［**图765**］的时髦风格。尽管这件作品是一个网格状的八层棱柱体，但它的特点是用一种独特的凿毛黑色花岗岩墙裙，以创造一个富有质感的装饰面。这座建筑的内庭院墙面是多面的金属幕墙，升高并盖过大厦的阁楼，围住屋顶上的娱乐设施。在短暂但极富创造力的生命结束时，塞尔辛似乎开始摆脱1930年斯德哥尔摩的英雄理想，转而采用一种嬉戏的，甚至装饰性的建构形式。

挪威

606

挪威的现代建筑文化最早是由国际化的建筑师阿恩·科尔斯莫(Arne Korsmo)有意识地发展起来的，他作为阿恩斯坦·阿尼伯格(Arnstein Arneberg)和马格努斯·普利森(Magnus Poulisson)的助手开始他的职业生涯，阿尼伯格和普利森共同设计了民族浪漫主义风格的奥斯陆市政厅，于1931年完工。事实上，这些建筑师的工作室忽略了挪威第一座功能主义建筑，即1925年由拉尔斯·贝克尔(Lars Backer)设计的斯卡森餐厅(Skansen restaurant)。尽管科尔斯莫开始有了声望，但他早期职业生涯的经验大部分是由他在木材建筑方面的专业知识形成的，由此于1936年他被任命为奥斯陆国立实用艺术学院木材设计课程的讲师。在整个20世纪30年代，科尔斯莫设计并建造了许多著名的现代住宅，其中最好的是1932年奥斯陆的达曼住宅(Dammann House)[**图767**]，著名的挪威建筑师斯维尔·费恩后来购置了它并居住于此。

1944年，科尔斯莫在德国占领挪威期间(1940—1945)无法执业，他逃到斯德哥尔摩，在那里为保罗·赫德克维斯特工作。回到奥斯陆后，他很快就于1949年获得富布赖特奖学金，在妻子、珐琅艺术家格雷特·普里茨(Grete Prytz)的陪伴下前往美国。对他们两人来说，美国提供了一次令人振奋的经历。首先，芝加哥莫霍利－纳吉设计学院(Moholy Nagy's Institute of Design)的工业设计文化方兴未艾，当时该学院已并入伊利诺伊理工学院(IIT)密斯·凡·德·罗的建筑系。另一个对科尔斯莫的作品产生持久影响的美国城市是洛杉矶，他和格雷特对查尔斯和雷·艾姆斯位于洛杉矶帕利塞德区的住宅印象深刻。他们还同样被由约翰·恩滕扎赞助的住宅研究项目建造的其他住宅所吸引。尽管在美国的经历对科尔斯莫产

767　科尔斯莫，达曼住宅，奥斯陆，1932

768 科尔斯莫，双子住宅，普拉尼特维恩，1955

生了深远的影响，但他仍然与丹麦建筑师约翰·伍重保持着紧密联系，他们于1944年在斯德哥尔摩首次见面，随后在40年代末合作了一些项目。科尔斯莫的美国之行的最大成果是在奥斯陆郊外的普拉尼特维恩（Planetveien）建造了双子住宅（Twin Houses）［**图768**］，一栋是建筑师、历史学家克里斯蒂安·诺伯格－舒尔茨（Christian Norberg-Schultz）的，另一栋是他的自用住宅。科尔斯莫自用住宅的室内的木材饰面在轻巧和技术合理性方面超过了密斯和艾姆斯，而他自己曾经受到过他们的特别影响。尤为明显的是，他把壁炉作为住宅的精神核心，他写道：

607

例如，壁炉满足了人们在火焰窜动和“噼啪”响声的前面休息的需要。它以一种类似于茶道的仪式聚集了每一位家人，这是一个简单的“中间”时刻，升华了沉思的宁静——纵然是多人围坐一堂。

挪威战后现代运动的另一条理性主义路线是PAGON（挪威奥斯陆进步建筑师组织）。1948年由科尔斯莫的学生发起，包括斯维尔·费恩、盖尔·格朗（Geir Grung）和奥德·克杰尔德·奥斯特拜（Odd Kjeld Østbye），他们在科尔斯莫的指导下获得了建筑师资格。费恩在20世纪50年代崭露头角，成为一位建筑师，他能够将PAGON组织青睐的工业模数化理性主义发展为一种材料表现力：先是他为1958年布鲁塞尔世界博览会建造的挪威馆，采用了层叠的木框架；然后是1963年奥斯陆

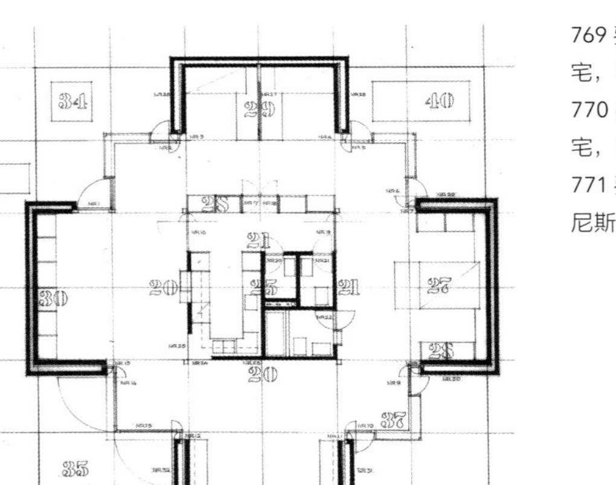

769 费恩，诺尔克平住宅，1964

770 费恩，诺尔克平住宅，1964。平面。

771 费恩，北欧馆，威尼斯，1962

的木框架施雷纳住宅（Schreiner House）；最重要的作品则是1968年威尼斯双年展的一座有纪念意义的钢筋混凝土北欧展馆。在具有明显日本风格的施雷纳住宅中，费恩使屋顶外露的木质框架（内置砖制的独立烟道竖井）与毗邻的浴室和厨房之间达成了令人惊讶的清晰互动。这种结构语言的表达在靠近奥斯陆的昂德兰（Underland）住宅和韦塞尔住宅（Wessel，1960—1965）中得到了进一步发展，并于1964年在瑞典诺尔克平（Norrköping）建造的一座帕拉迪奥式别墅［**图769、770**］中达到顶峰。这种承重砖墙和木框架的对称设计是基于"方中有方"的概念，嵌入房屋四角窗户的细木工就是这种概念的优美展示。这种精致的设计使这个单层住宅可与1953年密斯·凡·德·罗的法恩斯沃思住宅相媲美。同样地，在威尼斯建造的北欧馆［**图771**］虽然具有更为宏伟的公共建筑特征，但其结构方式也非常简单：第一个是2.5米双层后张预应力钢筋混凝土梁，支在两个混凝土柱墩上，然后分成两个悬臂式钢筋混凝土牛腿，牛腿绕过现有大树的两侧。这种周密考虑的结构支撑着一个由薄的、预制的、大跨度的混凝土板制成的屋顶。这些主要元件构建了展览空间的主体，屋顶采光是通过搭在混凝土板之间的塑料天沟完成的。这种处理方式的场所精神（*genius loci*）不仅源于

与现有大树的亲密关系，还源于为适应花园中该点标高变化的需求。

费恩职业生涯前半段的关键性工作成果是位于哈马尔（Hamar）的海德马克考古博物馆（Hedmark Archaeological Museum），于1979年竣工［**图772—774**］。这座博物馆建在一座18世纪农舍和一座中世纪修道院的遗迹之上。费恩设计了一个钢筋混凝土坡道进入这座建筑，作为引导

772　费恩，海德马克考古博物馆，哈马尔，1979
773　费恩，海德马克考古博物馆，哈马尔，1979。剖面
774　费恩，海德马克考古博物馆，哈马尔，1979。平面

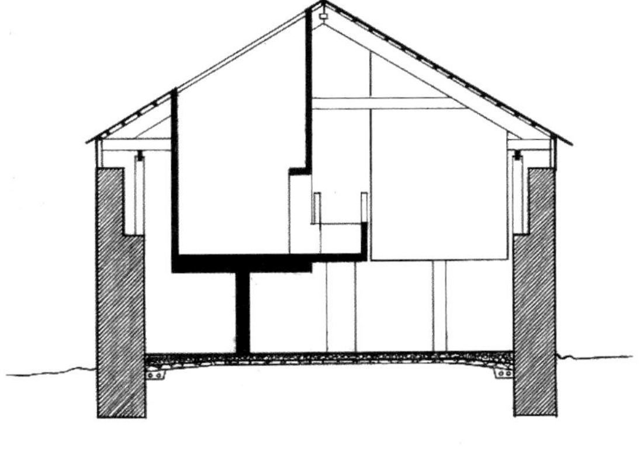

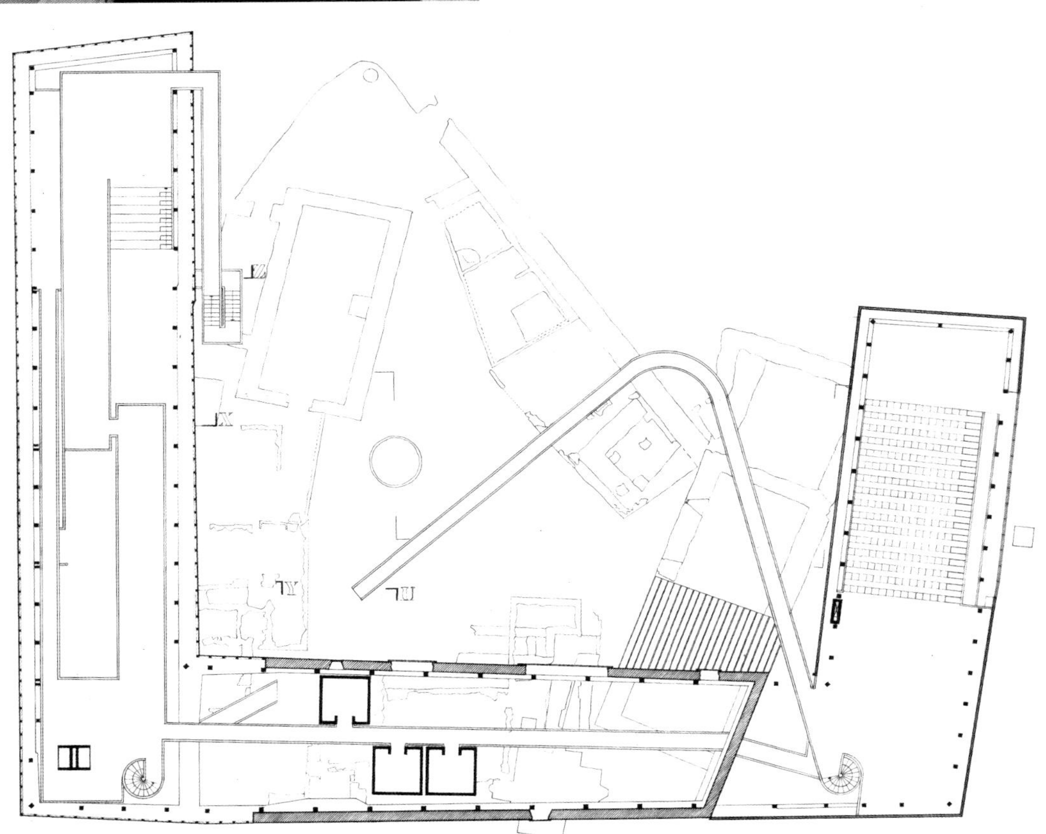

775　费恩，冰川博物馆，弗里兰，1991

776　费恩，伊瓦尔·阿森研究中心，奥斯塔，2000

游客穿越这段历史的一种方式，起点是从庭院废墟中升起的混凝土入口坡道。这种类似桥梁的形式建立起来的由清水混凝土坡道、三角形铰接木桁架和重建的木檩条三者组合的双坡顶棚，优雅地悬置于废墟原有的毛石基础上。

610

像卡洛·斯卡帕一样(费恩显然也受到了他的影响)，费恩从此成了一名博物馆建筑师，在挪威偏远地区设计和建造了一系列特别的建筑，包括1991年在弗里兰（Fjærland）建造的冰川博物馆（Glacier Museum）[**图775**]。这些作品中最具动感且严谨统一的，大概是纪念19世纪挪威学者伊瓦尔·阿森（Ivar Aasen，1813—1896)的博物馆和研究中心[**图776**]。在这里，具有活力和塑性的混凝土外部形态与高山遗址结合，与内部裸露的混凝土壁融为一体，馆内展示了阿森一生值得纪念的事迹。

芬兰

611 自“二战”以来，芬兰在建筑方面出现了两个主要趋势：一个是在阿尔瓦·阿尔托有机主义基础上的敏感变化，另一个是构成主义者摆脱了阿尔瓦·阿尔托无处不在的影响。前者主要的问题是如何追求本土的有机传统，并与大师的个人风格保持距离。这种窘境导致了一种几何学上的折返，形成了本源的有机主义，它可以从凯亚和海基·西伦（Kaija and Heikki Siren）的奥塔尼米教堂（Otaniemi Church，1957）以及之后卡皮和斯莫·帕维莱恩（Käpy and Simo Paavilainen）的奥拉里教堂（Olari Church，1976）中看到。同样的情况在朱哈·莱维斯卡（Juha Leiviskä）的作品中也很明显，其中最重要的作品是他精湛的孪生教堂——奥卢（Oulu）的圣托马斯教堂（1975）和万塔（Vantaa）的迈尔姆克教堂（1985）［**图780—782**］——这两座教堂都受到阿尔托和荷兰新造型主义的影响，程度不相上下。而莱维斯卡的建筑的主要创意在于光的调节，这无疑解释了他个人对埃里克·布吕格曼1941年的图尔库小教堂（Turku Chapel）的喜爱，在这个教堂中，光也扮演了中心角色。

阿诺·鲁苏沃里（Aarno Ruusuvuori）是第一个摆脱阿尔托影响的建筑师，他于1964年在塔皮奥拉（Tapiola）建造了大胆的极简主义悬挑钢结构印刷厂［**图778**］。这种明显的构成主义表达方式在古利克森、凯拉莫和沃马拉事务所（Gullichsen, Kairamo and Vormala）的埃尔基·凯拉莫（Erkki Kairamo）所设计的工业建筑中出现，尤为明显的是1974年在赫尔辛基的马里梅科纺织厂（Marimekko textile plant）［**图779**］。这种高技手法结合建筑师的才华，就能产生清晰的表现力，这在1982年古利克森、凯拉莫和沃马拉事务所在埃斯普（Espoo）的西端住宅（Westend）［**图777**］以及1987年在赫尔辛基郊区的伊塔凯斯库

777　古利克森、凯拉莫和沃马拉事务所，西端住宅，埃斯普，1982

778　鲁苏沃里，印刷厂，塔皮奥拉，1964

779　凯拉莫，马里梅科纺织厂，赫尔辛基，1974

780 莱维斯卡，迈尔姆克教堂和社区中心，万塔，1985
781 莱维斯卡，迈尔姆克教堂和社区中心，万塔，1985。剖面
782 莱维斯卡，迈尔姆克教堂和社区中心，万塔，1985

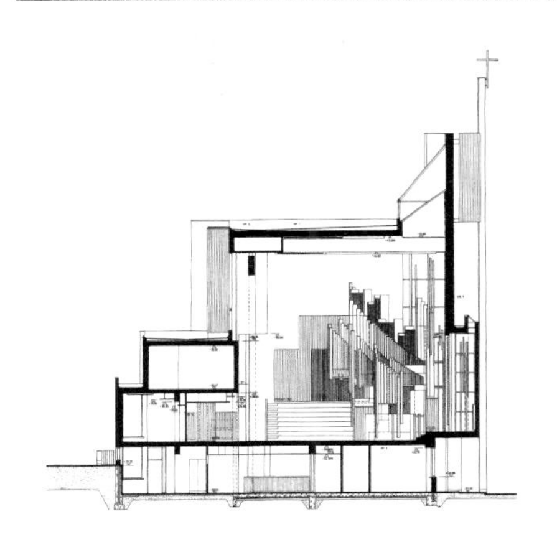

斯（Itäkeskus）购物中心的办公大楼等项目中表现得尤为明显。后来出现了一种更为温和的新构成主义倾向，与意－英高技派建筑师相比，它倾向于一种更酷、更抽象的表达，例如由佩卡·海林（Pekka Helin）和图莫·西拓宁（Tuomo Siitonen）设计的于韦斯屈莱机场(1988)，他们还设计了一种以阶梯式住宅街区的方式呈现的典型的集合住宅，1992年建于瑞典博拉斯附近的赫斯特拉（Hestra）庄园。米科·海克宁和马尔库·科莫宁的作品中的抽象倾向也同样明显，尤其是1986年在万塔建造的科学中心，这多少让人想起了雷姆·库哈斯的作品，但它的细部处理更加高级。

除了繁荣之外，还有许多原因可以解释这样一个小国能有如此多的人才。最重要的因素，赫

783　拉赫德尔马和马赫兰阿基，芬兰森林博物馆和信息中心，1996。总平面

尔辛基技术大学建筑学院是世界上最严谨的建筑学院之一，它的传统可以追溯到乌斯科·尼斯特罗姆的领导(见 p.224)。其他影响因素包括：(1) 阿尔托生前享有巨大的国家声望；(2) 长期以来建立的原则是，芬兰几乎所有公共建筑都实行公开竞标；(3) 由马里梅科和阿尔特克这样的家具公司制定的高设计标准。此外，还必须加上芬兰建筑博物馆的许多董事提供的教学和文化支持，即朱哈尼·帕拉斯马（Juhani Pallasmaa）、阿斯科·萨洛科皮、阿诺·鲁苏沃里、马尔库·科莫宁和玛雅－里塔·诺里（Marja-Riitta Norri），特别是由博物馆协助先后为 *Abacus* 和《建筑》（*Arkkitehti*）杂志提供的编辑支持。具有国际影响力的阿尔托奖和与之相关的阿尔托研讨会(每三年一次在于韦斯屈莱举行)，也应被视为重要的文化影响因素。该奖项获奖者的遴选证明了芬兰建筑思考的活力和洞察力，以及芬兰人在任何地方鉴别质量的能力。最后，正如在日本一样，国家起了根本性的作用，主要是通过对建筑的赞助，并将其作为国家战后对美国和苏联外交平衡行动的一部分。

1980年威尼斯双年展上对后现代主义的庆祝，随后苏联解体，1989年柏林墙倒塌，这一系列事件引发了芬兰建筑界对现状的批判性反思，表现在1992年于赫尔辛基举办了芬兰主要建筑师的实践回顾展。本次展览由芬兰建筑博物馆举办，名为“建筑现状：七个途径”，主要展示以下建筑师的成就：古利克森、凯拉莫和沃马拉；朱哈·莱维斯卡；海林和西拓宁；海基宁和科莫宁；卡皮和斯莫·帕维莱恩；最后，格奥尔格·格罗滕费尔特（Georg Grotenfelt）——一位风格独特、将阿尔托式的隐喻手法与直接取自芬兰农业传统的元素融为一体的建筑师。同在1992年，斯科特·普尔（Scott Poole）对阿尔托之后的芬兰建筑实践的评价以“新芬兰建筑”为题发表，科林·圣约翰·威尔逊对此有以下激烈的回应：

> 总而言之，芬兰当代建筑的状态构成了对保守的怀恋、犹豫不决和逃避责任、丧失共同目标，被谴责的还有占据主流的媚俗之举，它们是那些被哈贝马斯恰当地指责为“在其他地方培养出来的大撤退的先锋”。

与举办1992年回顾展的赫尔辛基相距甚远的奥卢，也有出色的建筑师，分别是米科·凯拉（Mikko Kaira）、伊尔马里·拉赫德尔马（Ilmari Lahdelma）和雷纳·马赫兰阿基（Rainer Mahlamäki），他们于1996年在芬兰东部边境附近的蓬卡哈里州（Punkaharju）建造了一座精湛的芬兰森林博物馆和信息中心［**图783**］，整个建筑由

784　海林，克罗纳别墅，基米托，2010

钢筋混凝土框架组成，并辅以铰接轻钢部件，通体用横向木板和百叶形式的木扣板覆盖。正如彼得·麦基思（Peter MacKeith）所写：

对结构和材料的考虑深化了全方位设计。合理的意图引导木材的使用。形状和功能决定了材料的使用，例如在混凝土结构、玻璃外壳的楼梯和坡道中，灰漆的钢材承担了节制的辅助性角色……博物馆的室内体验是通过穹顶进入的片片自然光而显得生动……曲面上的穹顶光像是为游客提供了一种日晷景象，游客在进入入口庭院的顶层时，会被"之"字形坡道导入展览楼层。空间的互叠与通过墙和桥之间的镂空的互连是具有创造性的；参观者为了定向总可回到穹顶的绝对中心点，也可来回跨过在地板上嵌着的一块巨大的水平树干，追踪和回溯他们的脚步，这也隐喻着总会回到木材自身的生命。

同样具有创造性品质的其他三项工程值得特别提及：坦佩雷理工大学的加建工程（1995），考斯丁（Kaustinen）的民间艺术中心（1997），华沙的波兰犹太人历史博物馆（Museum of the History of Polish Jews，2013）。每一项工程都体现了将动态的可塑形式与平面合理组织相结合的能力，最终回到了苏联构成主义先锋派一路。

佩卡·海林是芬兰最有成就的高技建筑师之一。他的作品以合理的模数化而著名，始终以清晰地使用材料令作品丰富，比如2003年的赛洛图书馆和音乐厅（Sello Library and Music Hall）的专利铜护墙，或2005年的使用木扣板的芬林木业总公司办公楼（Finnforest Modular Office），两者都是在埃斯普市建造的。怎么高估海林在实践中的技术和美学才能都不为过，特别是他在空间序列、细节的精致和丰富方面都堪称卓越，表现在1995年的赫尔辛基船员宿舍［**图785、786**］、2006年赫尔辛基市中心坎皮（Kamppi）总部的砖饰面办公楼。这类工程还包括私人别墅，例如基米托（Kimitoön）的克罗纳别墅（Villa Krona，2010）［**图784**］，建在格尔克罗纳群岛。在这里，别墅的几何形态与场地上的基岩紧密配合，这包括基岩斑驳的色彩和冰川地貌，别墅外墙全部用受风雨侵蚀而变为银灰色的落叶松木扣板。别墅的木材和屋顶上的蝎子草互补，因为草在夏季就会从绿色变成棕色。同时，覆盖空间的悬挑结构与松木镶板和桦木地板结合，巧妙地延续了阿尔托的传统，却并非直接照抄，在恶劣的自然条件里创造了一个舒适温暖的环境。

785　海林，船员宿舍，赫尔辛基，1995。单元平面
786　海林，船员宿舍，赫尔辛基，1995

结语

全球化时代的建筑学

617 资本的全球化当然是带着假象的。然而从意识形态来说，它毕竟是一种重要的创新。资本主义制度在其基本形态上出现了重大改变，其终极形态将是自然界的完全资本化（概念上的），以致不再存在任何资本之外的领域。这等于是假定外部的自然界已不再存在，这已完全不同于马克思（或古典经济学家）的关于人类在外部自然界活动以创造价值的观点。更确切地说，现在的情形是各种自然因素（包括人类）都被编为资本代码。自然界是资本，甚至，自然界被想象成资本的镜像，这种制度的逻辑在于把被视为资本的自然界的所有因素，都纳入资本的扩大再生产的终极目标。

马上就出现了理论上的难题。实际上这多半是这种假想中的功能整合的结果，在修辞上强调和谐和优化，而现实却是混乱与冲突。正如波德里亚所说："任何事物都潜在地是功能性的，但其实并非如此。"在自然界资本化的过程中，内在地存在着两种矛盾的源头，使我们有理由把马克思的生产观、他对资本主义将"最终"和"不可避免"瓦解从而为某种社会主义创造条件的论断，从工业性转向生态性。缘由之一，是我们的星球在物质上是有限的，这就为积累过程设置了一种生物物理学的限制。缘由之二与前者是共生的，即资本并没有，也不可能按照它调节工业化商品生产那样，去控制"自然"条件的再生产与变革。[1]

——马丁·奥康纳（Martin O'Connor）
《资本主义是可持续的吗?》，1994年

全球化所伴随的各种现象都与日益增速的远程通信的发展以及洲际航运的不断增加紧密相关。其结果是：今日的建筑实践，既是本土的，又是全球的，这可从国际明星建筑师随着资本投资的流向在全球范围愈加活跃而得到证明。当今我们如此热衷那些壮观的形象，以至今日建筑师的国际声誉与其说是由于其组织和技术能力，不如说来自其绘画天赋。这种全球范围的现象被称为"毕尔巴鄂效应"（Bilbao effect）——它源于整个20世纪90年代，各地城市都竞相争取有一座由知名的建筑师设计的品牌建筑。而这在很大程度上缘起 618 于媒体对弗兰克·盖里1996年在毕尔巴鄂建成的古根海姆博物馆的高度赞誉。在这个成就之后的几十年中，明星建筑师的业务范围扩大了，他们来往于世界各地，在相隔千里、完全不同的文化和政治背景的地方，建造他们的地标性建筑。这一点特别明显地发生在北京和阿拉伯国家的城市。

在这里，明星建筑师们竞相实施着一个又一个壮观的建筑项目。从保罗·安德鲁的中国国家大剧院(2006)之以单一的穹顶覆盖三个演出大厅，到雅格·赫尔佐格(Jacques Herzog)和皮埃尔·德姆隆(Pierre de Meuron)为2008年北京奥运会精心打造的北京国家体育场。

论起规模宏大、结构大胆和形状怪异，人们很难想到有比雷姆·库哈斯设计的位于北京的中央电视台(CCTV)总部大楼更令人印象深刻的项目了。它倾斜的梯形侧面顶上冠以一个挑出70米的悬臂，悬浮在234米的高空。这种技艺上的夸张使人想起埃菲尔铁塔，以及艾尔·利西茨基1924年的云彩大厦——看来CCTV总部大楼是由它所启发的。然而，与埃菲尔铁塔和利西茨基的"非传统摩天楼"的轴线性截然不同，库哈斯的巨型结构的失衡、不对称性以及它任意的选址，使它失去了任何城市的象征的意义，剩下的只是作为权威媒体权力的一个巨型代表。它可容纳1万名工作人员，每天向10亿公众输出250个频道的节目。

不断增高的摩天楼是我们这个奇观社会的另一个症候，在这里，各个城市争先恐后地争夺"拥有世界最高楼"这个值得怀疑的荣誉。迪拜正在以SOM设计的160层高的布里塔楼处于领先地位。这股奢侈风日益出现在世界发达国家的首都城市的同时，全球的，特别是不发达国家的巨型城市正在被穷人所关注。在这里，已经拥挤不堪的城市变得更加稠密：墨西哥城的人口现在已是2100万，北京、孟买各为2000万，圣保罗1200万，雅加达900万，德黑兰800万，波哥大700万，加拉加斯300万。在这些统计数字之外，我们还可以加上这样惊人的预计，即中国在未来15年内，将有3亿农村人口迁移到新的或现有的城市中去。这种规模的迁移将加剧亚洲城市的受污染程度。

石油消耗同样造成浪费的后果，美国的一些城市，例如休斯敦(700万)、亚特兰大(600万)、凤凰城(480万)，市中心的人口不断减少，而郊区偏僻地带却不断扩张，但是没有或很少有公共交通设施。这种人居模式造成的负面社会生态后果，我们并不陌生。在美国，每年都有120万公顷的土地损失在这种郊区化过程中。而美国政府的津贴模式却是以4:1的比例倾斜于小汽车交通，而不是铁路或公共汽车交通。

地形

诞生于20世纪60年代中期至70年代早期的两份具有深远影响的出版物，宣告了地形学及可持续性作为我们时代的两项环境元论题的出现，二者不仅对景观和城市设计，而且对整个建筑设计行业产生了普遍的影响。这两个文本正是维托里奥·格雷戈蒂1966年的《建筑的场域》以及伊恩·麦克哈格(Ian McHarg)1971年的《设计结合自然》(*Design with Nature*)，它们以不同的方式强调了人造形式与地表结合的重要性。格雷戈蒂把土地的标记视为一种原始的艺术，其作用是在自然界的混沌面前建立一个人工的秩序；他强调，面对城市化区域的出现而形成的新自然，要有一种像建立公共场所形式一样的创建策略。他在1973年设计的卡拉布里亚大学中首次展示了这种策略，在意大利南部科森扎一大片农田中，建造了一组带状巨型结构。麦克哈格则避开建构干预，集中于研究生物环境采取一种综合途经(手段)的必要，以便在一个广阔的范围内促进和维持生

787　沃克，IBM园区，索拉纳，西得克萨斯，1992

态系统的相互依赖。现在看来，这两种途径都旨在缓解全世界大城市不断扩大的影响。时至今日，它们仍然可被视为有效的策略，用以抵御人造世界无限扩张和蔓延成为互不相关的物体——它既远离了人类的需要，也不符合自然的进程。

把推进土地优化作为一种新的文明准则的基础，意味着不仅要对景观学的传统理解予以修改，赋予它一种更高的地位，而且要把建造的作品本身作为一种景观来对待，也就是把建造对象与它所在的土地进行整合，使它与周围的地形变得不可分离。正是这种对景观设计的再认识，促使了

620

一种景观城市学的新分支出现，它被视为与现在已经声名狼藉的总体规划战略完全不同的一种干预模式。美国景观建筑师彼特·沃克与建筑师罗马尔多·裘戈拉、里卡多·勒戈雷塔和巴顿·迈尔斯合作，在西得克萨斯州索拉纳设计的324公顷的IBM园区(1992)［**图787**］，就是此种模式的一种示范。沃克的下列做法是他对土地的补救措施：

> 当我们来到这块场地时，发现它不是一块富饶的田地。草几乎因放牧而被啃光，一半以上的地表土已经流失，只有几棵漂亮的树还活着……为了修补，我们把附近每条道路、每幢建筑、每块停车场上的地表土都收集起来，把它们堆放在一起，用来覆盖草地，从而使地表土的面积增加了一倍。[2]

在加州圣地亚哥，沃克在1988年与玛莎·施瓦茨(Martha Schwartz)合作设计的玛丽娜带状

公园，同样进行了大规模的地形改造，即将现有轻轨系统的用地改造为一座绚丽的亚热带公园。在法国，类似的基础设施景观化已成为标准政策，用于建设地区高速交通和当地轻轨系统的国家预算，有1/3被划拨用于将新建基础设施与现有地形相结合的景观设计上。米歇尔·德维涅（Michel Desvigne）与克里斯汀·达尔诺基（Christine Dalnoky）在阿维尼翁郊外建造的一座新 TGV（高速列车）车站，即是最典型的一例。在阿维尼翁，她们用悬铃木（法国梧桐）来加强车站的线性特征。附近的停车场用成排的菩提树来遮荫，选择这种树是为了与周围的果园相配，从而把车站与现有景观的特征结合起来。

尽管有20世纪30年代美国的林荫大道和德国的汽车大道的成功经验，但近半个世纪以来，全球性高速公路的扩张并没有伴随着相应品质的环境设计。在欧洲，一个例外是瑞士建筑师里诺·塔米设计的混凝土高架通道以及隧道入口。这段位于提契诺公路的通道，从阿尔卑斯山脉的圣戈特哈德隧道一直延伸至意大利边境的奇阿索（Chiasso）。这个大型基础设施改造工程从1963年一直延续到1983年，用了20年的时间才完成。较为近期的、规模较小的工程是法国西北部由贝尔纳·拉叙斯（Bernard Lassus）设计的甚为华丽的公路景观。

同样关注到机动车影响的例子，是圣地亚哥·卡拉特拉瓦（Santiago Calatrava）早期设计的桥梁。他在其中表达出对建筑物占用空间的关注，丝毫不亚于对其结构明确性的表达，这一点特别体现在他1987年建于巴塞罗那近郊的巴赫·德罗达桥（Bach de Roda）。在这里，四对钢筋混凝土的弓弦式拱承载了路床，在路床两翼设计了行人观景平台；在两端的路堑上建造了口袋公园，用以强化桥梁以及跨越桥梁的铁路的轴向效果；桥两端的混凝土楼梯提供了从桥梁到公园的直接通道。从文化及环境角度看，有意义的一点是，人行道高出于桥梁路面，这样，桥上行人的目光可以越过行驶的车辆，观看桥两边的景致。抬高人行道还使得行人处于高出汽车尾气的位置。

在德国，以生态政策打造的区域性景观，几乎已经成为第二自然。作为废弃工业区再使用的示范项目，彼得·拉茨（Peter Latz）的艾姆斯彻公

788 莫尼奥与德索拉－莫拉莱斯，里拉建筑群，巴塞罗那，1992。全景

园（Emscher Park）扩建项目，在五年的时间内打造出了绵延在鲁尔河谷艾姆斯彻河两岸的长达70公里的娱乐区。值得一提的是，艾姆斯彻河改造计划的主要建筑师之一卡尔·甘瑟（Karl Ganser）认为，全球的超大型城市是正在形成中的另一种“棕色地带”（brownfield），对于它们今后的除污和再利用改造将越来越艰难。

阿尔瓦·阿尔托的诸多建筑项目中，大型复杂的建筑均被处理为它们所处地形的自然延伸。这种范例肯定是亚瑟·埃里克森在1983年温哥华的罗布森广场开发的主要动因。在这里，一座包括法院和市政府办公楼的大型建筑与一个停车库，以台阶式坡道形式组合在一起。

一个庄重且比例恰当的巨构形式出现在巴塞罗那，这就是由何塞·拉斐尔·莫尼奥和曼努埃尔·德索拉–莫拉莱斯（Manuel de Sola-Morales）1992年建成的位于对角大道上的里拉（L' Illa）建筑群［**图788、789**］。这个街区长800米，有一座五层楼的购物中心，外加沿街的商业门面，还有一些写字楼与一家酒店。这个建筑综合体建造在一个多层地下车库之上，紧邻着塞尔达规划中的扩展区，它的设计既考虑了街区现存的19世纪城市方格网布局，也与随意的，特别是围绕城市历史中心的郊区开发相协调。这幢建筑的台阶式侧立面，使它成为一座显著的地标，尤其是当人们从近郊的高地俯瞰城市时。这一巨型开发项目有效地阐明了德索拉–莫拉莱斯的“城市针灸”（urban acupuncture）的观念——意味着一个战略上有限的城市干预。其策划与构思是试图以一种有限但开放的方式强化某种既存的城市条件。

622

城市针灸的做法也被巴西的建筑师–政治家贾米·勒纳（Jaime Lerner）在他1971年至1992年任库里提巴市市长期间采用，目的是引入一种高效的公交系统。在这一系统中，最有创见性的是采用双铰接式（doubly articulated）百人大巴和全玻璃覆盖的高架管道式候车站。这种大巴便于乘客在每站尽快地上下车。迄今为止，这种公交车道加上众多支线组成的网络已有72公里。同样在这20年内，勒纳政府还引入了许多其他社会福利的服务设施，包括公共医疗卫生、教育、食品分配以及垃圾处理等。尽管城市人口增至原来的三倍数量，地方政府仍旧能够把人均绿地面积增至原来的百倍，大约每人拥有52平方米的绿地，形成一个遍布全城的公园系统。此种升级公共设施、引入高速公交系统的做法，在哥伦比亚的波哥大，在恩里克·佩尼亚洛萨（Enrique Peñalosa）及安塔纳斯·莫库斯（Antanas Mockus）的相继领导下被效仿。

把巨型建筑构思为微型城市的做法，也被用

789　莫尼奥与德索拉–莫拉莱斯，里拉建筑群，巴塞罗那，1992。穿过画廊的横剖面

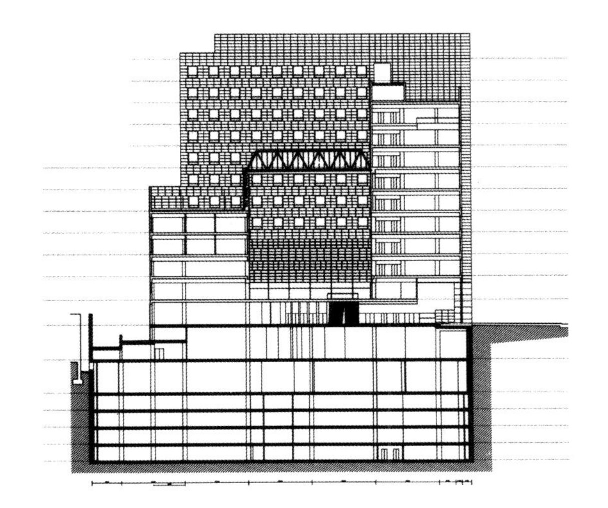

来强调现有地形结构，并建立可识别的地标。墨西哥建筑师里卡多·勒戈雷塔在很多地方都采用了这种做法——从俯视伊斯塔帕海滩的阶梯式卡米诺皇家酒店(1981)，到位于杜兰戈州的戈麦斯·帕拉西奥干燥景观中的赭色、几乎无窗的雷诺组装厂(1985)。在拉丁美洲的许多作品中，也可以见到此种巨型建筑与它所处的戏剧性的地形交相辉映。例如1968年利纳·博巴迪在圣保罗市中心设计的桥形现代艺术博物馆，以及2001年德国建筑师奥尔和韦伯（Auer and Weber）设计的更具戏剧性的、由108间房子组成的带状宿舍楼和天文研究中心，这个横跨智利塞罗·帕拉那尔（Cerro Paranal）的阿塔多玛沙漠的建筑群，成为格雷戈蒂关于建筑始于地标理论的最新证明。

在恩里克·米拉莱斯和卡梅·皮诺斯的建筑中，最为明显的是给景观赋予城市特征，在20世纪80年代后期的两项设计竞赛中可以看到他们独特的个性。一项是为1992年巴塞罗那奥运会建造的射箭馆；另一项是将伊瓜拉达附近的小城镇的一个废弃矿山改造成一个公墓的设计方案［**图790**］。前一设计受高迪和维奥莱－勒－杜克结构理性主义的影响，展示了用钢管柱支撑混凝土折板结构的新的承受力。其结果是，无论是作为起伏的屋顶，还是一种景观，都很有辨识度。在伊瓜拉达，建筑师同样机智地将矿山的现浇混凝土挡土墙作倾斜的预制式尸骨存放壁龛的支架。在矿山的下部，由石笼筑成的蛇形挡土墙构成堤坝，可容纳私人墓室。总之，将墓室固定在废弃铁轨轨枕上的考尔登钢推拉门，分散在用水泥和沙砾混合铺就的陵墓坡道上，使得公墓整体上具有一种特别的质感。

623

越来越多的建筑师在将建筑形式与景观结合方面展示出精微的敏锐感受。美国建筑师里克·乔伊就是其中之一。他于2000年设计的位于图巴克（Tubac）附近的泰勒住宅［**图791**］，坐落在南亚利桑那州沙漠中央的缓坡场地上。该建筑背靠山脉，旁边有一个小型的仙人掌花园，由两幢单层楼构成，都用考尔登钢贴面的屋顶，垂直相交于一个公共露台和游泳池之上。它外部粗钢的粗糙质地与室内的白色粉刷、不锈钢、枫木、半透明玻璃等组合的精致处理形成对比。这种材料并置的手法部分地受到威廉·布鲁德尔的凤凰城中央图书馆(1995)的影响：乔伊曾是这个项目的助理建筑师。

彼得·艾森曼2005年建在柏林中心神秘的欧洲被杀害犹太人纪念馆［**图792**］在本质上属于一种人造景观，它由2511个混凝土条块组成，彼此间隔95厘米，每次只能有一个人从容地从中间通过。条块的高度不同，墓碑随场所地形从一端向另一端倾斜，呈现出起伏的波浪状。除了一个地下的访客中心外，这里没有任何象征性的元素。

624

在地形学(涉及地球表面的等高线)与形态学(涉及对生物结构及植物形式的模仿)之间存在着密切关系，这是自巴洛克时期以来建筑设计推动的必然结果。事实是，这些形态首要参照的是自然而不是文化，这一点可见之于弗兰克·盖里设计的毕尔巴鄂古根海姆博物馆不规则、触角式外形。除了将这种扭曲的“船壳”暗示为这块场地上原有的船坞，很显然，它那特别流畅的外形以及引人注目的钛合金外壳与它的内部毫不相关。换句话说，尽管它设计了有机的形状，但它悖谬地脱离了任何建筑学和自然界中的生物形态组织。这种形制造成的分裂、不优美的情形非常明显，包括从河边到建筑物主入口的行走路线的反常及

790　米拉莱斯与皮诺斯，伊瓜拉达公墓，巴塞罗那附近，1994
791　乔伊，泰勒住宅，图巴克附近，南亚利桑那，2000。入口庭院

不便、建筑物对周围地形的全然漠视，加上比例不当的顶部采光廊，以及用来支撑奢侈外形的不经济且粗俗的钢框架。这样，一条不可逾越的鸿沟将盖里的毕尔巴鄂的空洞与室内外有机依存关系区分开来，而这种有机依存关系正是胡戈·黑林在1924年的伽尔考农庄中所展示的“有机物”与“造型物”之间的共生关系。

形态

人们不仅在盖里的建筑中，还在许多其他当代建筑师的作品中看到这种综合征。这些建筑师

792 艾森曼，欧洲被杀害犹太人纪念馆，柏林，2005

包括荷兰的本·凡·贝克尔（Ben van Berkel）与拉斯·斯派布洛克（Lars Spuybroek），美国的丹尼尔·里贝斯金、格莱戈·林恩（Greg Lynn）和哈尼·拉希德（Hanl Rashid）以及在伦敦执业的伊拉克设计师扎哈·哈迪德。哈迪德独特的设计潜质在1983年香港顶峰设计竞赛中崭露头角。10年后，在莱茵河畔魏尔小镇的罗夫·费尔鲍姆（Rolf Fehlbaum）的维特拉工业区中，她将富有动感的新至上主义设计理念付诸实践，建成一个塑性强但很不实用的钢筋混凝土消防站。这是又一个“明星”建筑师的愚行。

哈迪德与盖里一样醉心于雕塑形态，她的建筑在较小的尺度时或者是水平地形尺度优先于雕塑性的考虑时最为出色，就像她2001年在斯特拉斯堡郊外设计的交通转换站［**图793**］。这项特别精妙的作品是地方当局为减少市中心交通拥挤和污染而鼓励上下班者把车停在城市外围，然后改乘轻轨进入城市的一个措施。在这里，精心设计的入口道路，辅以一条轻轨的轨道以及开阔的停车场，缔造了一种既诗意又高效的大城市三维景观。

625

将形态学本身作为目标的主要理论家是建筑师格莱戈·林恩，他的论述先后结集出版，分别是1998年的《褶子、物体与泡泡》（*Folds, Bodies and Blobs*）以及1999年的《动态形式》（*Animate Form*）。就建筑学而言，类比推理法（analogical reasoning）不可避免地引发一些问题。把自然界的新陈代谢过程作为一种新建筑学的基础，这种策略本身就值得怀疑。同时，它也是对已有建筑文化含蓄的否定。建筑文化一直以来都采用实用主义的策略，毕竟它受制于气候、地形和可用材料等因素，更不用说大自然中无法改变的重力、气候等因素对人造物的耐久性侵蚀。

不同于林恩的生物形态法，在伦敦执业的由亚历杭德罗·塞拉·波洛（Alejandro Zaera Polo）与法希德·穆萨维（Farshid Moussavi）主持的外国建筑师事务所（FOA），在横滨国际码头客运站（2002）［**图794**］项目中发展了他们自己的以土工工程与屋顶工程表面构造的互相作用为基础的实用设计方法。他们在《系统发生学：FOA的方舟》（*Phylogenesis: FOA's Ark*，2003）中讲述了他们最初七年的实践，其中写道：

横滨国际码头客运站的方案起始于从一种流动模式生成一个组织的可能性，方案的思路是将一个尚未确定容量的客运大棚与场地有机融合……我们第一步是将流动路径草图确定为一个包含多条回转路径的交叉环圈的结构。

793 哈迪德，停车场及车站，霍恩海姆北，斯特拉斯堡，2001

设计程序的第二个决定是本建筑不应该出现在城市天际线上，也不考虑在语义学层面把它看作一个大门，也就是说，避免使建筑成为一个标记。这直接导致一个想法，即要建造一个十分平坦的建筑。从这个概念出发，我们又想把建筑嵌入地面。当我们决定建筑要有弯曲的外观时，我们就讨论单行线示意图与外观形式之间是否协调一致……为扩大建筑体量，并使其尽可能薄，我们最大限度地占用现场场地。这一点，加上将直线的登船甲板置于距建筑两侧墩子15米处以便接上移动浮桥的要求，就决定了建筑物的矩形占地范围……接下来就是决定如何处理建筑形式构架。显而易见，用柱子来支撑表面的解决方案，很难达到流线型草图中的空间及组织的要求，更有意思的解决方案是把曲面本身做成一个结构体系。[3]

就当代对形态建筑的追求来说，横滨客运站成为一个只属于自己的类别，因为它固定地使用一个几何上连续的钢架上层结构，从分叉的两翼生成一个由倾斜屋顶、坡道以及露天通道组成的、始终是曲面的综合体。与我们在前面介绍的几乎所有的形态作品不同，这里的上层结构不仅是对

627

794　塞拉·波洛与穆萨维（FOA），横滨国际码头客运站，2002

内部功能的精确表达，在本例中包含了由大跨度、用薄钢板做的折板屋顶覆盖的大型候船大厅，而且也表达了整个作品的现象学特征。

FOA 用以生成和实现这个综合体工程的方法，促使他们把系统发生学（phylogenesis）的概念挪用于一个可以转换的“演变”系统，应用于他们迄今承担的类型众多而其场地与气候条件又绝不相同的任务上。“系统发生学”预设的是对某一恰当几何图式的期望，而不是对任意形状的选择。于是，FOA 的作品因如下的事实得以脱颖而出，即每一个新的委托，连同其地形环境，不仅仅被用来产生一个不同的创意，而且用数学推想出一个独特的空间建构网络，以至委托项目总是通过不可预见的几何格式而转换，当然，这一格式——很多可能由类型学的先例转换而来——也同样地可能被这一场地的形态学所调整。在横滨客运站的例子中，土工工程与屋顶工程之间的建构关系处于如此紧密的共生状态，以生成一个沿码头长度方向起伏的多层地形。这种起伏似乎证实了这样一个事实，即是上层结构而不是土工工程，最易被处理成一种地形表面形式。

类似的拓扑学特质可见于由马西米利亚诺·福 628

克萨斯（Massimiliano Fuksas）2005年建于米兰市郊的米兰国际展览中心沿环形屋脊设置的起伏式玻璃雨篷［**图795**］。尼古拉斯·格林姆肖（Nicholas Grimshaw）1993年为伦敦滑铁卢车站加建所设计的大跨度玻璃屋顶，也覆盖了这座原欧洲之星总站［**图796**］，其剖面方向因现场地形平面变化而有些许的变化。与此相关的，人们还能想起由奥地利建筑师们在20世纪80年代至90年代追求的多种甲壳型玻璃屋顶，例如“蓝天组”1981—1989年在维也纳市中心一幢传统的新古典主义建筑上加建的水晶般的阁楼，以及1995年沃尔克·吉恩克在格拉茨植物园建造的具有动感轮廓的温室。

可持续性

在彼得·布坎南的研究报告《十种绿荫：建筑学与自然界》（*Ten Shades of Green: Architectureand the Natural World*，2000—2005）中，对十个模范绿色建筑实例进行了描述性分析并提出了十条戒规。这十个案例涵盖了可持续实践的广阔范围，从最佳利用自然阴影、光照与通风，到使用可再生的

795　福克萨斯，米兰博览会，米兰，2005。画廊连接展厅的鸟瞰图

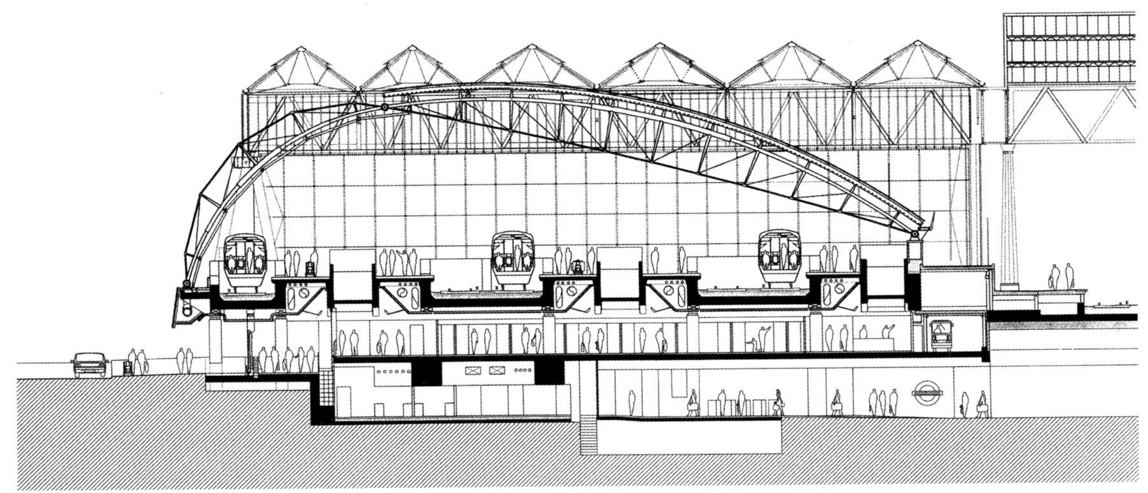

796　格林姆肖，欧洲之星总站，滑铁卢车站，伦敦，1993。横剖面

自然能源；从消除垃圾与污染，到减少建筑材料的嵌入能源。他写道：

> 建筑材料中，嵌入能源最低的是木，每吨有640千瓦时……最绿色的建筑材料是从按可持续性原则进行管理的森林中取得的木材。砖的嵌入能源量居最低的第二位，4倍于木，然后是混凝土(5倍)、塑料(6倍)、玻璃(14倍)、钢(24倍)、铝(126倍)。从全使用寿命周期成本考虑，一种用铝占比高的建筑很难被称为是绿色的，不管建筑本身如何节能。[4]

这样的统计数据肯定促使我们深思，包括建筑环境的能耗在发达国家的总能耗中占到40%（可与公路交通和喷气式飞机能耗比肩）的这一事实，大部分的挥霍使用是在人工照明上，它大约吞噬掉我们总电耗的65%，紧跟其后的是空调与数字设备。同样发人深省的是，当今填土中很大部分是建筑垃圾，平均约占美国城市垃圾的33%。

面对这些令人不快的统计数字，布坎南的建议具有一种突出的文化品格，例如他主张按照反人体工程学的原则（“长寿 / 宽松”）来进行建造。这种方案自然是适应于过去那种承重砖结构，它是留给我们的一笔具有突出适应性的建筑遗产，多数源自18世纪及19世纪，其中有许多这样的建筑今天已被我们投入了新的用途，但是，这种遗产的价值今天是难以实现了，因为我们制定了最小空间标准，并且自相矛盾地坚持采用现代轻质建造技术。

布坎南坚持每幢建筑都应该紧密地融合于其所处的环境，呼吁建筑师关注诸如微气候、地形、植被等因素，就像在标准的工程实践中所表现出的对那些更常见的功能与形式的关注。这方面典型的例子是伦佐·皮亚诺1998年建于新喀里多尼亚的努美阿的让–马里·吉巴乌文化中心（Jean-Marie Tjibaou Cultural Centre）[**图797**]。这些建筑为称为叠合木的“箱盒”，它们有20米—30米高，相当于巨型尺寸的传统卡纳克茅舍。这些箱盒在其半高处由倾斜的屋顶覆盖，根据室内的用途，屋顶或是实心的，或是安装玻璃的。室内空间可以是会议厅、展览空间及舞蹈工作室。那些倾斜屋顶加框并用钢环加固，采用玻璃屋顶的地方覆盖了一层室外百叶，建筑组合体的其余部分包括一个单层的正交结构（内设展览空间、行政办公室）以及一个400座的报告厅。木质箱盒的一侧是不规则的筏式建筑，它们高度不一的尖矛外形使人联想到一个传统的卡纳克村庄。这种联想也得到了卡纳克人的认可。人们难以忽视本项目的后殖民主义背景——吊诡的是，它是由法国政府投资的，作为对卡纳克自由战士吉巴乌的纪念。

629

630

布坎南的第八条戒规强调了公共交通在维持任何特定的人居模式的生态平衡中的关键角色，因为城市正在蔓延，不管它自身如何做到绿色，也无法避免每天汽车通勤所消耗的能量以及造成的污染。为了抵制这种情形，布坎南强调具有良好公共交通的高密度城市对公共健康的好处，从而从广义角度更具有可持续性。

福斯特事务所1997年在法兰克福实现的45层高的商业银行中，可以见到一种全新的可持续设计策略[**图798、799**]。它围绕一个升起到建筑物等高的中庭建造。有四层高的空中花园交替地设置在中庭的两边，让光线和空气能进入中间的通风井。整栋楼全部包围在双层玻璃中，外层用于缓冲风与气候的冲击，内层则可以人工启闭以利于办公室通风，只有当天气特别热或冷时建

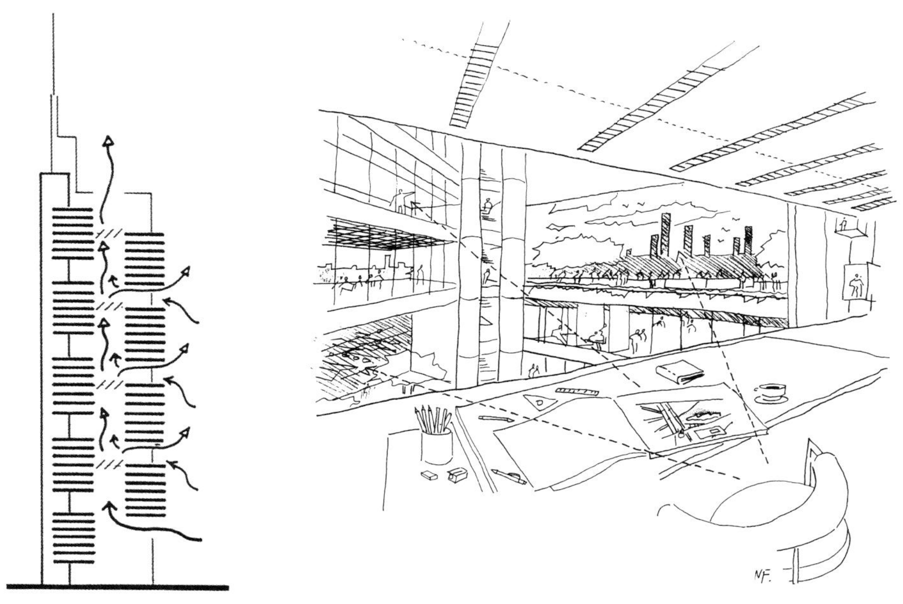

797　皮亚诺，让 – 马里 · 吉巴乌文化中心，努美阿，新喀里多尼亚，1998。叠合木的“箱盒”模仿的是传统卡纳克茅舍

798　福斯特事务所，商业银行，法兰克福，1997。剖面展示了建筑中庭的空气流动

799　福斯特事务所，商业银行，法兰克福，1997。插图展示的是透过办公室窗户看出去的“空中花园”景致

筑物才自动封闭，启用空调。设计中最激进的空间－社交意义上的创新是把服务区域移到三角平面的端部，使人的视线得以从高位的空中花园跨越中庭彼此相望。这些花园平台的作用不仅是向中庭提供通风，还可以提供短时的、半公开的休闲空间。在中庭的每十二层设有可调节的玻璃减震器，可以调节中间竖井中气流的文丘里效应。

631

在美国，世界人口的5%消费着世界24%的能源。有一种倾向要否定全球变暖的事实，并继续最大程度地消耗不可再生的能源。这种否定可见于美国政府不情愿实施强制推行进步的环境规则作为实施的标准准则。这种惰性还得到了一些建筑师的欢迎，其理由是可持续设计限制了他们的表达自由。这种态度有悖常理且极端保守。对气候与环境的协同反应自古以来一直是全球性建筑创作的主要动力。鉴于恣意破坏造成的建筑废料激增，正如布坎南提示的，对现有建筑的保护、改造、修缮以及再利用一样是可持续的。一个范例是，2012年英国建筑师韦瑟福德·瓦特森·曼恩（Witherford Watson Mann）对英国沃里克郡纳尼顿市的阿斯特利城堡（Astley Castle）进行了精彩的修复、扩大和重新装修，并由此荣获2013年斯特

800　赫尔佐格和德姆隆，多米诺斯酒庄，杨特维尔，加利福尼亚，1997。用铁丝网固定的花岗岩外墙

林奖（Stirling Prize）。

物质性

不同于早期现代运动无所不在的白色建筑——当时的建筑物毫无例外地用水泥粉刷在轻质框架结构之上，使它看来像是用一种接近于非物质状态的中性材料造成的（1945年之后，在到处出现的全玻璃的密斯式写字楼中得到完美实现），本节建筑所述具表现的物质性至少部分地起源于瑞典建筑大师西古德·莱韦伦茨在他生命最后20年中设计的承重砖结构的教堂：比约克哈根的圣马可教堂（1958—1960）以及克里潘的圣彼得教堂（1963—1966）。没有比理查德·韦斯顿（Richard Weston）对这些作品中砖的表现力所做的描述更深刻的了。

> 砖的包容能力是不可超越的，你走在砖的地坪上，在砖墙之间，在砖拱之下，它横跨钢梁，缓缓鼓起似海的波浪……，照片无法表达的是几乎超自然的黑暗，它将纹理结构织进一个全封闭的统一体中。[5]

在这种强调材料作用的实践者中最有造诣的，莫过于瑞士－德国极简主义者雅克·赫尔佐格和皮埃尔·德姆隆。1988年他们在意大利塔沃里建造的度假屋，取自现场的石料被松散地镶嵌进一个精细的钢筋混凝土框架中。1987年，他们在瑞士劳奋（Laufen）的一个悬崖壁前的废弃采石场上建造了里科拉仓库（Ricola Warehouse），饰面是厚

632

度不一的水泥纤维板，形成一种对比。这两例中，简单的空间要求使建筑师把材料作为主要的美学手段，与平淡的周边环境形成对比。此后，对材料质感的强调成为他们的实践要点，在小型、空间单一的项目中最为有效，可见于他们设计的位于瑞士巴塞尔的用铜包裹的六层信号塔（1995）以及1997年在加州杨特维尔建造的多米诺斯酒庄（Dominus Winery）［**图800**］，后者是一座简单的单层石砌外墙的建筑，用钢丝网固定不同大小的花岗石，这种强调外部表面甚于内部结构或空间处理的美学手法，成为他们建筑设计中日益强化的装饰手段。

彼得·朱穆索（Peter Zumthor）从格劳布恩顿的哈尔登斯坦因事务所（Haldenstein）实习后，成为另一位瑞士－德国极简主义的领先建筑师。他首先以1988年在苏姆维格建造的全木扣板包裹的

801　阿勒兹，马斯特里赫特的艺术研究院，1989—1993

圣本尼迪克特教堂（St Benedict Chapel）成名；继而以1996年在瓦尔斯的温泉浴场巩固了他以手工为基础的声名，他用精琢片石(本地开采的片麻岩)来包裹这所重建的洗浴设施的混凝土基底，由此产生一种深沉、具含蓄美感的室内空间，建筑隐蔽在一个边远的瑞士阿尔卑斯村庄里。

朱穆索最初接受过箱体家具制作训练，再有几年从事能源保护工作，然后开始以独立建筑师的身份进行实践。他与赫尔佐格与德姆隆的怀疑论唯美主义（skeptical aestheticism）的差距甚大，即使他也有比起空间和结构价值更重视表面效果的倾向。

尽管彼此之间存在微妙区别，赫尔佐格、德姆隆与朱穆索都对整整一代瑞士建筑师产生了普遍影响，包括迪纳和迪纳（Diener and Diener）、吉贡 / 古耶（Gigon/Guyer）、彼得·马克利（Peter Markli）、马塞尔·梅利（Marcel Meili），以及波克哈尔特和苏米事务所（Burckhalter and Sumi）等，影响程度不一。就吉贡 / 古耶而言，他们迄今最佳的作品是1992年瑞士达沃斯的基尔希纳博物馆（Kirchner Museum）；10年后，他们在德国奥斯纳布鲁克建造的考古公园为其成就再次加冕，该公园是为了纪念公元9年的瓦鲁斯（Varus）战役。两个项目的突出点都是应用令人惊奇的对比性材料：在达沃斯的博物馆用的是清水混凝土与带钢框的半透明玻璃板；在奥斯纳布鲁克则是船用胶合板与考尔登钢挡土墙。

瑞士－德国的极简主义在国外也有一定的影响，特别明显的是对荷兰建筑师威尔·阿勒兹（Wiel Arets），他位于马斯特里赫特的艺术研究院(1989—1993)［**图801**］被巧妙地插入城市的历史中心区。这是一个以玻璃砖填充的梁式钢筋混凝土框架结构的复杂的四层建筑物。

同样强调用单一的建筑材料全包裹的做法可见于日本建筑师隈研吾2000年在栃木县那须建造的石头博物馆（Stone Museum），这是用窄条石建造的。十分类似的做法可见于2016年在苏格兰敦提市建成的、用石材饰面的维多利亚与阿尔伯特博物馆（Victoria and Albert Museum）扩建工程。

虽然在砖、玻璃、混凝土乃至金属中都存在矿物质，但不可否认的是，石与木以现象学的强度显示了无可超越的原始自然性，这种强烈的原始自然性赋予它们以一种其他材料所缺少的原生敏感性。

在近期的桥梁建筑中，木材扮演了非凡的角色，尤其是在瑞士。例如杰出的工程师尤格·康采特（Jürg Conzett）和瓦特·比勒（Walter Bieler），前者于1996建造了跨越瑞士格劳宾登州的维亚马拉峡谷的特拉维尔西纳步行桥（Traversina footbridge），用的是交叉斜向吊索的木质结构。后者也于同年建造了跨越博纳杜茨的图尔河30米长的胶合木桥。

今天，另一个完全改变材料表现范围的因素是材料可以方便地跨越全球，从其起始点运到最终使用的终点，还可以在中途停顿进行专门的加工。这个实例可见于矶崎新1984年在美国洛杉矶建造的现代艺术博物馆。它用的包裹材料是在印度开采的红色砂岩，在意大利进行机械切割。一个类似但更有戏剧性的例子，是2006年由日本建筑师妹岛和世与西泽立卫(二人成立的SANAA事务所)设计的位于美国俄亥俄州托莱多的美术馆，它采用全玻璃材质，所用的整层高的无铁平板玻璃在德国生产，运送到中国进行叠合、钢化处理、切割和塑形，再运输到美国，用以包裹整个美术馆，成为一座玻璃博物馆。让人唏嘘的是，在美国工业“去技术化”（deskilling）之前，美术馆所在的城市恰恰曾是北美最早的玻璃生产中心。

人居

在过去半个世纪内，我们未能开发出一种可持续的、稳定的人居模式，这种可悲的结果源自我们未能遏制对所有可能的资源的消耗。千禧年由英国政府指定出版的报告《走向一个城市复兴》预估，到2025年，英国需要建造380万套住宅，其中2/3要建造在已经清除污染的“棕色地带”上，而不能让它们再占据原来的农业绿地。2005年出版的该报告的一个附件指出，英国当时70%的开发项目是建在“棕色地带”上的，而1997年这个数据是56%。

现在的趋势是中产阶级的生活方式日益成为人们期望的标准，它对建筑师的挑战是如何创造一种“家”的感觉，而不流于俗套，也不沉溺于怀旧的、与当代生活方式无关的意象中。低层高密度住宅长期以来是一种可取的方案，人们想到1960年第五工作室在伯尔尼设计建造的哈伦住宅区（见 p.360）以及由奥地利建筑师罗兰·雷纳设计、分期建设于林茨附近多瑙河畔的普切诺住宅地产（见 p. 585），其第一期在1964—1967年完成。这个毯式住宅模型值得称道之处，在于它可以满足不同阶级的需求：从发展中国家的城市贫民——他们继续建造低层“棚户”村落区，到发达国家那些有自己的小车、有时也用公共交通的城市中产阶级。这种居住方式在欧洲大陆较为常见，但是在英、美则遇到普遍抵制，这可能显示出某种文化差异。交通专家布赖恩·理查兹在1966年他的第一份研究成果《城市中的新运动》中指出，在居住用地开发模式取得比郊区地块的平均值更高的密度之前，用公共交通来补充私人小车在经济上是不现实的。

634

802　阿拉韦纳，住宅项目，伊奎科，塔拉帕卡，2004。立面图

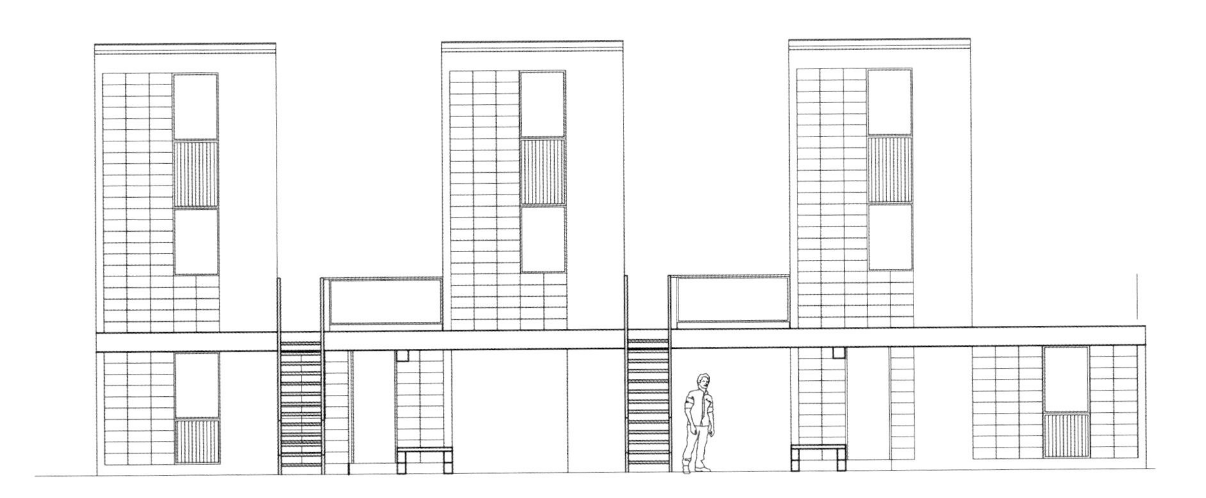

当我们研究为低收入城市人口设计低层高密度住宅时，要了解两个分别建设的实验住宅区的例子。它们位于拉美，相隔约30年。现在看来互成镜像。前一个是建造于秘鲁利马郊外的普莱维住宅区，它是1974年在费尔南多·贝朗德·特里执政时期，由英国建筑师彼得·兰德指导建造的；后者为2004年在智利住房部的赞助下、由智利建筑师亚历杭德罗·阿拉韦纳（Alejandro Aravena）设计建造于塔拉帕卡大区伊奎科（Iquique）的样板住宅区［**图802**］。普莱维住宅区建造了23种不同类型的低层建筑，由多位秘鲁及外国建筑师设计，而样板住宅区则是一个集体创作，旨在提供住户买得起的住房。伊奎科的第一期包括100套“启动者”，每套面积为30平方米，每套售价7500美元。这些三层高面宽小的混凝土砌块建造的类似古希腊梅咖拉小屋，内部有一间起居室、一间厨房、一间厕所、一间卧室以及一个楼梯。为了使住户能够自己扩建，单元之间留出与其宽度相等的间隙，以便建造扩建的房间。住宅区的布局中也提供一系列小广场，可以作为公共空间。

635

20世纪末21世纪初，最为关键的变化是有政府津贴的廉租房的衰落，而1945—1975年，这种模式却是福利国家的政策中心，现在它们几乎是全球性地被住房市场所替代，却并没有缓解一直存在的住房危机，也无法遏制郊区的蔓延性扩张。一个例外是，2003年由鲍姆施拉格尔和埃贝勒（Baumschlager and Eberle）以及瑞士建筑师阿纳托尔·杜·弗伦（Anatole du Fresne，他以前是第五工作室的成员）合作设计的、建成于柏林蔡伦多夫的麦克奈尔（Quartier McNair）多层住宅区［**图803**］。住宅区由263幢两至三层、有各种大小及户型的房子正交排列，这种交替变化的街区模式使人想起勒·柯布西耶1926年的皮萨克住宅区（见 p.168）。尽管有绿色屋顶和太阳能集热器的布置，但从可持续性的角度看，令人遗憾的是停车场没有采用渗透性的多孔混凝土路面，而是用了沥青。在瑞士，采用多孔混凝土路面有利于采集雨水，又可以在停车场上植草，这几乎成为一种标准化的技术，它的造价只比常规路面稍高一些，但可以抵消沥青路面所导致的“城市热岛效应”。从总体来看，麦克奈尔住宅区可以作为内城住房的一个潜在可替代的市场模式。它的优点中

636

803 鲍姆施拉加尔、埃贝勒、弗伦，麦克奈尔多层住宅区，蔡伦多夫，柏林，2003

至少有一条是，从这里到柏林市中心，乘坐公交只需20分钟。

在为中产阶级解决住房需要方面，鲍姆施拉格尔与埃贝勒事务所在近20年内设计了一些在欧洲同业中属于最为适用的多层住宅区，其中最为成功的莫过于2000年在奥地利因斯布鲁克的洛赫巴赫居住区（Lohbach Siedlung）［**图804**］。这个普通的四至六层的住宅区将不同大小的公寓布置在一个采光天井的四周。公寓阳台可以用全高的折叠式百叶来关闭，由此赋予了建筑一种文化生态学特性，也使得这一街区具有了变幻的私密形态。整个组合仔细地考虑了与后面阿尔卑斯山背景的关系，而地面的步行运动又因细心设计的花园景观而增色。除了折叠式百叶的添置之外，本项目

804 鲍姆施拉格尔、埃贝勒，洛赫巴赫居住区，因斯布鲁克，2000

805 霍尔，当代万国城，北京，2003—2009

的可持续性还源自光伏板的配置、雨水的收集以及在地下室安装的热回收器。同时，由于贴面材料的选择、包铜的条形风口、玻璃栏杆以及覆盖窗口的全高的推拉木百叶帘等的组合，整个项目透出一种豪华感。

所有以上住宅方案都只是把单一住所重新组入某种集合整体之中的尝试。正是这种恢复从前的整体性的驱动，促使像斯蒂芬·霍尔这样的后期现代建筑师去寻求新的居住集合形式，即他1992年在日本福冈完成的住宅小区以及他在北京的连体混合住宅区［**图805**］，后者由728套公寓组成，可住2500人，并配有与规模相应的服务设施。部分服务设施被设置在连接八幢公寓塔楼的玻璃廊桥之中。塔楼高度从12层到22层不等，环形地布置在一个地面层的中央庭园的周围，庭园的中心是一个影院系统，悬置在一个浅水池之上。这个收集雨水的装饰性水池只不过是此项目中可持续性战略的一部分，其他还包括绿色屋顶、自然通风、地下车库自然采光、外墙面的遮阳帘、可开启的窗户以及最主要的：地热采暖及制冷。

公共形式

在一个因媒体而日益去政治化的世界里，“公共空间”(引用汉娜·阿伦特这个令人难忘的措辞)始终作为建筑和社会的一种民主理想而存在，特别是当社会群体之自我平衡、和谐的生活方式被自然和人造世界中的商品化日益损害的时候。就这一措辞的含义，阿伦特在她1958年的《人的境况》(*The Human Condition*)一书中已有清晰的表述：

> 产生权力的唯一必不可少的物质条件是人们共同生活在一处。只有当人们如此紧密地共同生活以至于行动的潜能总是不断地展现出来时，权力才能同他们一起存在，同时，城市——作为城邦为西方所有的政治组织留下了一个范式——的建立，确实成了权力产生中最重要的物质先决条件。[6]

阿伦特用这些话既阐释了公共形式内在的政治与文化潜力，同时也阐释了在一般公共机构内始终可以发现的集会空间。在过去的几十年来，高品质的公民建筑在法国特别引人注目，尤其是在亨利·奇里亚尼和让·努维尔的作品中。前者隐约继承了勒·柯布西耶的计划性方法，后者则钟情于一种技术美学——有时候它也同样关注作为公众形象呈现空间的文化机构。

637

638

就奇里亚尼而言，他所强调的不仅在于把博物馆当作一个微型宇宙，而且是它作为一种具有社会凝聚力的宗教性建筑的潜力，后者特别有力地体现在奇里亚尼在他建筑生涯结束之前建成的两座博物馆：1991年完工、建于阿尔勒的考古博物馆，以及位于贝洛尼的第一次世界大战博物馆［**图806、807**］，它于1994年建成于一个17世纪堡垒的废墟之上。阿尔勒的考古博物馆完全被包裹在含钴蓝色玻璃的外墙中，因而具有无可争辩的吸引力，但它远离城市中心，不易通达，只能经由一条环城公路到达。博物馆内部空间采用了独立圆柱的做法，表达出一个新纯粹主义封闭体的印象，和它的展品一样远离人的日常生活。贝洛尼的博物馆则没有这种隐逸性，它紧靠城区，并与一个临河公园相邻。此外，这个混凝土建筑底层采用独立柱架空，当人们在一个精心规划的穿过1914—1918年战争遗迹的步行道上参观时，

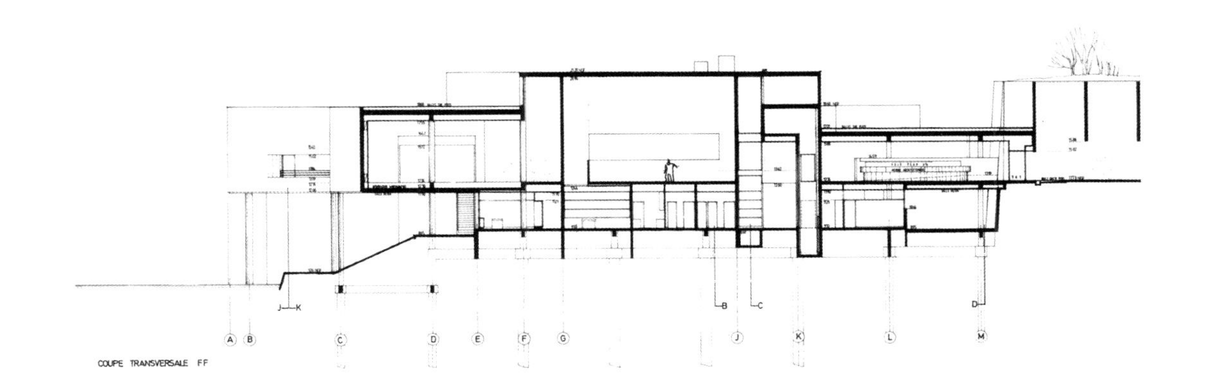

806　奇里亚尼，第一次世界大战博物馆，贝洛尼，1994。横截面

807　奇里亚尼，第一次世界大战博物馆，贝洛尼。1994。外观

现场的幽暗感因建筑物西南侧的公园景色而得以减轻。

如果博物馆要保持其公共机构的特点，并得到公众认可，那么它的规模终究是有限的。正如勒·柯布西耶1934年的“无限生长的博物馆”提议中所说：一座无限生长的博物馆在概念和城市性上是自相矛盾的。这种界限难以事先界定，它可以部分解释为何纽约的现代艺术博物馆(2004)达到一定的规模之后，就丧失了它作为城市中一个独立公共机构的能力；尽管它倒数第二次扩建中引入了精彩的设置——日本建筑师谷口吉生为弥补博物馆的特大规模和尺度，在它地处的曼哈顿中部棋盘形街道中引入了一条可以穿行建筑物的公共走廊——结果仍难以改变。

639

理查德·迈耶的盖蒂中心1997年作为一个微型城市建造在洛杉矶布伦特伍德地区的一座著名的山顶，正如迈耶1995年建成的海牙市政厅一样，具有无可争辩的公众性。后者作为一个巨型结构，容纳了写字间、商店、一个市图书馆以及一间议会大厅。对这个机构起决定作用的是在它的13层大楼中包含了一个183米长的顶部采光的展廊[**图809**]，由步行桥调节其长度，并设有独立的电梯，连接一侧的写字间走廊。这个公共建筑在长度与高度上可与19世纪最大的画廊——建

808　舒尔特斯与弗兰克，德国总理府，柏林，2001。荣誉庭院

于1891年的那不勒斯的翁贝托一世画廊——相媲美。近年来密集的、低层的、砖砌的街道组织被任意开发的高层项目所覆盖，在这样一座城市中，迈耶的市政厅可以视为一个公共绿洲，在它的周围巩固一种新的尺度，同时在整体上弥补城市个性的缺失。展廊本身的公共感召力并非源自其尺度，事实上，它是一个大型的顶部采光的公共空间，且不受荷兰严酷气候的影响。

在柏林建筑师阿克塞尔·舒尔特斯（Axel Schultes）与夏洛特·弗兰克（Charlotte Frank）的作品中，可以发现在一种史诗般的城市中的古罗马公民的感觉［**图810**］，最知名的是他们1993年在施普雷河湾竞赛中的获胜方案。这个方案采取一种temenos（一组被称为“联邦组带”的建筑群），最初的意图是在1989年柏林墙倒塌四年后作为重新统一的德国的行政中心使用。柏林墙到目前为止不仅分隔了东、西柏林，而且也在全球分隔了民主的西方和共产主义的东方。舒尔特斯－弗兰克方案是在这个国际竞赛中唯一捕捉到本场地在城市规划上及象征意义上的重要性的方案，它考虑到过去半个世纪的历史以及这个位于城市中心的空间，曾一再作为德国命运两极观念对比的悲剧性语境。

641

从这一方案中产生了由两位建筑师所设计的德国总理府（German Chancellery）［**图808**］，2001年原方案的一部分建成，其余部分已不会实现——考虑到这幢建筑所处的重要地位，这种情况是令人遗憾的。这个建筑的精彩不仅在于它的

809　迈耶，海牙市政厅，海牙，1995。展廊

810　舒尔特斯与弗兰克，包姆舒伦威格火葬场，特雷普托，柏林，1999。次厅

活力，也在于它新巴洛克手法的轻巧(用混凝土建造，外涂白漆)。建筑师们打破常规，用伊斯法罕的阿里·卡普宫(Ali Qapu)的规模与风格作为启示来体现德国国家形象。总理府南北两端连接五层高的部长级办公楼，中间的主楼大厅朝东，面向国会大厦，朝西则面向施普雷河。它显然受路易·卡恩的影响，但却完全没有采用他的手法。从总理府的顶部休息室可以看到国会大厦的全貌，后者在1894年由保罗·瓦洛特(Paul Wallot)设计，在1999年由福斯特事务所重建。

在全球性消费主义的商品化世界，要在建筑形式中表现公共社会是困难的。正如阿伦特于1958年所写："我们消费……自己的房屋、家具及汽车，就好像他们是自然界的'好东西'，如果不迅速地卷入人与自然永不停息的新陈代谢循环，就将成为无用的废物。"

科林·圣约翰·威尔逊的伦敦大英图书馆[**图811**]是一个例外。它因故拖延20多年后与法国国家图书馆几乎同一时间建成。受阿尔瓦·阿尔托作品的强力影响，这幢建筑因有机的构图以及用红砖贴面，而与周边的环境较为协调。红砖贴面使它与紧邻的哥特复兴风格的圣潘克拉斯车站(建于1874年)在材质与尺度上处于一种神似的境界。尽管缺少像巴黎建筑的轴向对称的纪念性，但大英图书馆在机制的有机性和文脉性方面有更明显的表现力。整个方案的巨大规模和复杂性由内到外被分解为巧妙连接而又各自独立的若干分馆。

像本章中所列举的多数作品，大英图书馆可被视为一个巨构(megaform)，也就是说，作为一个公共机构，它可以被社会视作一个代表，一个"公众活动空间"，同时具有地形特点和地标尺度。很明显的是，某些方案在形式上更具有表现力与阐释力，我指的是市政厅、剧院、博物馆、医院、大学以及机场等，其中理查德·罗杰斯的最佳大作，马德里的巴拉赫斯机场(Barajas Airport, 2006)[**图813**]就是一个杰出的例子。

在理查德·罗杰斯和伦佐·皮亚诺的事业之初，就共同获得了蓬皮杜中心的设计资格。另一个同样引人注目的巨型结构在伦佐·皮亚诺个人的名义下建成。这就是雅典郊外半公里长的斯塔夫罗斯·尼亚柯斯基金会文化中心(Stavros Niarchos Foundation Cultural Center)[**图812**]，2016年完成的一项庞大工程。建筑物处在葱郁的绿色中，容纳有两座地下剧场，这一大一小的两座剧场分别有2000个和400个座位。人们可以经由一个在地面上人们所说的集市步行进入剧场。在这个巨型结构中还有一个公共建筑，即希腊图书馆以及停车场。与这样的环境更加契合的，是最高点的观景台。它用一个典型的高技派轻质雨篷顶覆盖，面向一个波涛汹涌的、泛着金光的深蓝色海面。

642

811　圣约翰·威尔逊，大英图书馆，伦敦，1995

812　皮亚诺，斯塔夫罗斯·尼亚柯斯基金会文化中心，雅典，2016

813　理查德·罗杰斯事务所，第四航站楼，巴拉赫斯机场，马德里，2006

译后记

本书作者肯尼斯·弗兰姆普敦是当今在西方享有盛誉的建筑史家与评论家。他于1970年开始从事本书的写作。1980年本书首次出版，立即为作者赢来了国际声誉。此书1985年出第二版，被誉为现代建筑史的经典著作。1992年出版第三版，增加了三章，内容为评述产品主义和布景建筑、批判性地域主义和反思性实践等几种主要潮流，重点集中在20世纪后期芬兰、法国、西班牙和日本四个国家的建筑成就。2007年出版第四版，增加了以“全球化时代”为背景的新的章节，从地形、形态、可持续性、物质性、人居以及公共形式这六个方面，分析了世界建筑近三十余年的变化。本版(第五版)于2020年出版时，作者已年过九旬，他似乎是在做最后的冲刺，倾其所有，将内容大大扩充，在第四版第二部分中插入捷克和法国建筑，第三部分将原来的第六、七两章并入结语“全球化时期的建筑”，新增了第四部分，包含对来自美洲、非洲和中东、亚洲和太平洋地区、欧洲的建筑的介绍。第五版英文原版书已达735页。

此书从首版到第五版一直深受建筑业界欢迎，在美国已成为大学建筑专业学生的必读书籍。在我国，前几版也呈供不应求之势。第五版增加的内容中，有亚太地区诸国，其中，中国也有较多篇幅。作者对中国建筑的评价，特别是介绍了若干年轻建筑师和他们的设计事务所(包括港澳台同行)近些年颇具创意的作品，将会引起国内业界更大兴趣和关注。

值得一提的是，本书的副标题“一部批判的历史”也是以往建筑历史书籍中未见的。笔者以为，这是作者对建筑历史的一种学术态度。作者自称受到马克思主义历史观的影响，接受法兰克福学派的批判理论，这个学派受黑格尔、康德等德国古典哲学思潮的影响(正是康德首次使用了“批判”一词)，运用批判的眼光去审视建筑历史。本书除了丰富的史实外，最有价值的就是作者在叙述中以批判的态度努力发掘作品本身的批判精神，读者仔细品味定会得到更多启迪。正如美国一位建筑评论家阿达·路易斯·赫斯塔布尔(Ada Louise Hustable)所说：“本书自始至终显示了一贯的、成熟的、充满智慧的批判精神。”

本书内容丰富，几乎涵盖了世界各地知名建筑师及其作品，限于篇幅，有的项目描述十分概括。翻译过程中为求准确，曾搜索相关项目的图片资料，觉得可做阅读本书的延伸，但本书尚无注释体例，且篇幅不宜再做增加，只能作罢。读者亦可在书尾索引查找项目原文，自行在网上搜索查询。

现代建筑不可避免地关联到现代运动。作者认为："对建筑学领域的现代运动演变做出系统描述是一个充满矛盾及令人苦恼的尝试。"他又表示："应当承认，建筑的现代运动的起始存在，并将继续存在，它具有波浪形特性。"本版新增的第四部分中，作者把现代建筑做了全球性横向展示，又在后记中用了六个部分阐明全球化时期现代建筑面临的六大问题。读者可以从纵向、横向的描述中得到对现代运动的较为深入的认知。

本书作者曾到中国参加两项重要活动。一是1999年作者接受中国建筑业协会之邀请，在北京举行的第20届世界建筑师大会（主题为"21世纪的建筑学"）开幕式上，与吴良镛教授分别做了大会的主题演讲。作者的题目是《千年七题》，鲜明地提出了当今世界建筑所面临的七大问题，也可以看作本书的延伸。二是作者于1994年应中国建筑学会聘请，来北京商讨出版《20世纪世界建筑精品集锦（1900—1999）》，并担任总编辑，笔者作为副总编辑与他合作。此书为配合第20届世界建筑师大会而编辑出版，以记录和反映世界五大洲建筑师在20世纪走过的曲折道路和取得的光辉业绩。此项浩大工程有上百名各国专家协力参加，由本书作者撰写丛书总论（总导言），每卷由1—2名建筑评论家撰写综合评论，精选1000个代表作品，分五个时期和十个地理区域，配以图片及文字评介。丛书历时八年余，由中国建筑工业出版社与斯普林格出版社相继以中、英文出版。2002年在德国柏林举行的第21届世界建筑师大会上，本书获国际建筑师建筑理论与教育奖让·屈米奖（Jean Tschumi Prize）的荣誉奖。本书作者为丛书所写的三万多字的总导言，已由两家出版社以《20世纪建筑学的演变：一个概要陈述》为题，于2007年以中、英文出版了单行本，亦可作为本书的补充阅读。

笔者在24年前曾以"原山"之笔名与若干同人翻译过本书第二版，又为第三版重新校正，许多章节全部重新翻译。第三版和第四版的第一部分、第二部分第1章由陈谋莘、张国良译；第二部分第5—8章由郭恢杨译；第二部分第13—15章由刘亚芬译；第二部分第22—23章，笔者以吴国力的原译文为基础进行了校正及名词统一；其他14章均由笔者重新翻译。在翻译和校对过程中，得到刘开济、吴耀东先生等的指导和帮助。在近两版的翻译中得到三联书店编辑樊燕华女士的耐心帮助和细心校核。

本版于2021年年中开始翻译，由陈谋莘、施路远负责第四部分第1章、第4章及全书索引翻译，其余新添章节，即第二部分第16章、第19章及第四部分第2章、第3章、前言、结语，以及作者介绍等均由笔者翻译。在编审过程中，陈谋莘对本书四版保留全部章节做了校勘，施路远配合做了大量核查工作。本书责任编辑黄新萍女士工作认真仔细，精益求精，使本书品质得以保证。本书翻译过程中请教过多位学者，他们是王瑞珠、马国馨、黄星元、何玉如、何可人、张宝玮、张子卉、陈岚、姜明花，笔者在此一并致谢！

张钦楠

2023年10月 北京

参考书目

第五版说明

第五版参考书目有所更新，不仅涵盖了研究所涉书目，也包括了与本研究相关的延伸阅读书目。

名词缩写

AA Architectural Association, London

AAJ	**Architectural Association Journal**
AAQ	**Architectural Association Quarterly**
AB	**Art Bulletin**
AD	**Architectural Design**
AIAJ	**American Institute of Architects Journal**
AMC	**Architecture, mouvement et continuité**
AR	**Architectural Review**
A+U	**Architecture and Urbanism**
JAE	**Journal of Architectural Education**
JSAH	**Journal of the Society of Architectural Historians**
JW&CI	**Journal of the Warburg and Courtauld Institutes**
RIBAJ	**RIBA Journal**

前言

L. Benevolo, *Origins of Modern Town Planning* (1967)
— *History of Modern Architecture* (1971)
F.D.K. Ching, M. Jarzombek and V. Prakash *A Global History of Architecture* (2017)
F. Dal Co and M. Tafuri, *Architettura contemporanea* (1976)
K. Frampton and A. Simone, *A Genealogy of Modern Architecture: Comparative Critical Analysis of Built Form* (2016)
S. Giedion, *Space, Time and Architecture* (1941)
— *Mechanization Takes Command* (1948)
H.-R. Hitchcock, *Architecture: Nineteenth and Twentieth Centuries* (1958)
H.F. Mallgrave, *Modern Architectural Theory: A Historical Survey, 1673–1968* (2009)
M. Tafuri, *Architecture and Utopia: Design and Capitalist Development* (1976)
— *Theories and History of Architecture* (1980)
— *The Sphere and the Labyrinth: Avant-Gardes and Architecture from Piranesi to the 1970s* (1987)
— and F. Dal Co, *Modern Architecture* (1979)

第一部分　文化的发展与先导的技术1750—1939

第1章　文化的变革：新古典主义建筑　1750—1900

R. Banham, *Theory and Design in the First Machine Age* (1960), esp. chs 1–3
L. Benevolo, *History of Modern Architecture*, I (1971), esp. preface and ch. 1
R. Bentmann and M. Muller, 'The Villa as Domination', *9H*, no. 5, 1983, 104–14, and no. 7, 1985, 83–104
B. Bergdoll, *European Architecture, 1750–1890* (2000)
D. Brownlee, *Friedrich Weinbrenner, Architect of Karlsruhe* (1986)
T. Buddensieg, '"To build as one will … " Schinkel's Notions on the Freedom of Building', *Daidalos*, 7, 1983, 93–102
A. Choisy, *Histoire de l'architecture* (1899)
L. Dehio, *Friedrich Wilhelm IV von Preussen: Ein Baukünstler der Romantik* (1961)
P. de la Ruffinière du Prey, *John Soane* (1982)
B. de Montgolfier, ed., *Alexandre-Théodore Brongniart* (1986)
M. Dennis, *Court and Garden: From French Hôtel to the City of Modern Architecture* (1986)
A. Dickens, 'The Architect and the Workhouse', *AR*, December 1976, 345–52
A. Drexler, ed., *The Architecture of the Ecole des Beaux-Arts* (1977) [with essays by R. Chafee, N. Levine and D. van Zanten]
P. Duboy, *Lequeu: Architectural Enigma* (1986) [definitive study with foreword by Robin Middleton]
R.A. Etlin, *The Architecture of Death* (1984)
R. Evans, 'Bentham's Panopticon: An Incident in the Social History of Architecture', *AAQ*, III, no. 2, April–July 1971, 21–37
— 'Regulation and Production', *Lotus*, 12, September 1976,

6–14
B. Fortier, 'Logiques de l'équipement', *AMC*, 45, May 1978, 80–85
K.W. Forster, 'Monument/Memory and the Mortality of Architecture', *Oppositions*, Fall 1982, 2–19
M. Gallet, *Charles de Wailly 1730–1798* (1979)
F. Gilly, *Friedrich Gilly: Essays on Architecture, 1796–1799* (1994)
E. Gilmore-Holt, *From the Classicists to the Impressionists* (1966)
J. Guadet, *Eléments et théorie de l'architecture* (1902)
A. Hernandez, 'J.N.L. Durand's Architectural Theory', *Perspecta*, 12, 1969
W. Herrmann, *Laugier and Eighteenth-Century French Theory* (1962)
Q. Hughes, 'Neo-Classical Ideas and Practice: St George's Hall, Liverpool', *AAQ*, V, no. 2, 1973, 37–44
E. Kaufmann, *Three Revolutionary Architects, Boullée, Ledoux and Lequeu* (1953)
— *Architecture in the Age of Reason* (1968)
M. Lammert, *David Gilly: Ein Baumeister der deutschen Klassizismus* (1981)
K. Lankheit, *Der Tempel der Vernunft* (1968)
N. Leib and F. Hufnagl, *Leo von Klenze, Gemälde und Zeichnungen* (1979)
D.M. Lowe, *History of Bourgeois Perception* (1982)
T.J. McCormick, *Charles Louis Clérisseau and the Genesis of Neoclassicism* (1990)
H.F. Mallgrave, *Gottfried Semper: Architect of the 19th Century* (1996)
G. Mezzanotte, 'Edilizia e politica. Appunti sull'edilizia dell'ultimo neoclassicismo', *Casabella*, 338, July 1968, 42–53
R. Middleton, 'The Abbé de Cordemoy: The Graeco-Gothic Ideal', *JW&CI*, 1962, 1963
— 'Architects as Engineers: The Iron Reinforcement of Entablatures in 18th-century France', *AA Files*, no. 9, Summer 1985, 54–64
— ed., *The Beaux-Arts and Nineteenth Century French Architecture* (1984)
— and D. Watkin, *Neoclassical and Nineteenth Century Architecture*, 2 vols (1987)
W. Oechslin, 'Monotonie von Blondel bis Durand', *Werk-Archithese*, January 1977, 29–33
A. Oncken, *Friedrich Gilly 1772–1800* (repr. 1981)
A. Pérez-Gómez, *Architecture and the Crisis of Science* (1983)
J.M. Pérouse de Montclos, *Etienne-Louis Boullée 1728–1799* (1969)
N. Pevsner, *Academies of Art, Past and Present* (1940) [unique study of the evolution of architectural and design education]
— *Studies in Art, Architecture and Design*, I (1968)
A. Picon, *French Architects and Engineers in the Age of Enlightenment* (1992)
J. Posener, 'Schinkel's Eclecticism and the Architectural', *AD*, November–December 1983 (special issue on Berlin), 33–39
H.G. Pundt, *Schinkel's Berlin* (1972)
G. Riemann, ed., *Karl Friedrich Schinkel: Reisen nach Italien* (1979)
— *Karl Friedrich Schinkel: Reise nach England, Schottland und Paris* (1986)
A. Rietdorf, *Gilly: Wiedergeburt der Architektur* (1943)
R. Rosenblum, *Transformations in Late Eighteenth Century Art* (1967)
A. Rowan, 'Japelli and Cicogarno', *AR*, March 1968, 225–28 [on 19th-century Neo-Classical architecture in Padua, etc.]
J. Rykwert, *The First Moderns* (1983)
P. Saddy, 'Henri Labrouste: architecte-constructeur', *Les Monuments Historiques de la France*, no. 6, 1975, 10–17
G. Semper, H.F. Mallgrave and W. Hermann, *The Four Elements of Architecture and Other Writings* (1989)
J. Starobinski, *The Invention of Liberty* (1964)
— *The Emblems of Reason* (1990)
D. Stroud, *The Architecture of Sir John Soane* (1961)
— *George Dance, Architect 1741–1825* (1971)
W. Szambien, *J.N.L. Durand* (1984)
M. Tafuri, *Architecture and Utopia: Design and Capitalist Development* (1976)
J. Taylor, 'Charles Fowler: Master of Markets', *AR*, March 1964, 176–82
D. Ternois, *et al., Soufflot et l'architecture des lumières* (CNRS/Paris 1980) [proceedings of a conference on Soufflot held at the University of Lyons in June 1980]
G. Teyssot, *Città e utopia nell'illuminismo inglese: George Dance il giovane* (1974)
— 'John Soane and the Birth of Style', *Oppositions*, 14, 1978, 61–83
A. Valdenaire, *Friedrich Weinbrenner* (1919)
A. Vidler, 'The Idea of Type: The Transformation of the Academic Ideal 1750–1830', *Oppositions*, 8, Spring 1977 [the same issue contains Quatremère de Quincy's extremely important article on type that appeared in the *Encyclopédie Méthodique*, III, pt 2, 1825]
— *The Writing of the Walls: Architectural Theory in the Late Enlightenment* (1987)
— *Claude Nicolas Ledoux* (1990)
S. Villari, *J.N.L. Durand (1760–1834) Art and Science of Architecture* (1990)
D. Watkin, *Thomas Hope and the Neo-classical Idea* (1968)
— *C.R. Cockerell* (1984)
— and T. Mellinghoff, *German Architecture and the Classical Ideal* (1987)

第2章 领土的变革：城市的发展 1800—1909

H. Ballon, *The Paris of Henri IV* (1991)
H.P. Bartschi, *Industrialisierung Eisenbahnschlacten und Städtebau* (ETH/GTA 25, Stuttgart, 1983)
L. Benevolo, *The Origins of Modern Town Planning* (1967)
— *History of Modern Architecture*, I (1971), chs 2–5
— *The History of the City* (1980) [encyclopaedic treatment of the history of Western urbanism]
F. Borsi and E. Godoli, *Vienna 1900* (1986)
— *Paris 1900* (1989)
C. Boyer, *Dreaming of the Rational City: the Myth of American City Planning* (1983)
A. Brauman, *Le Familistère de Guise ou les équivalents de la*

richesse (1976) [Eng. text]
S. Buder, *Pullman: An Experiment in Industrial Order and Community Planning 1880–1930* (1967)
D. Burnham and E.H. Bennett, *Plan of Chicago* (1909)
Z. Celik, *Remaking of Istanbul: Portrait of an Ottoman City in the 19th Century* (1986)
I. Cerdá, 'A Parliamentary Speech', *AAO*, IX, no. 7, 1977, 23–26
F. Choay, *L'Urbanisme, utopies et réalités* (1965)
— *The Modern City: Planning in the 19th Century*, trans. M. Hugo and G.R. Collins (1969) [essential introductory text]
G. Ciucci, F. Dal Co, M. Manieri-Elia and M. Tafuri, *The American City from the Civil War to the New Deal* (1980)
C.C. and G.R. Collins, *Camillo Sitte and the Birth of Modern City Planning* (1965)
G. Collins, 'Linear Planning throughout the World', *JSAH*, XVIII, October 1959, 74–93
M.H. Contal, 'Vittel 1854–1936. Création d'une ville thermale', *Vittel 1854–1936* (1982)
W.L. Creese, *The Legacy of Raymond Unwin* (1967)
W. Cronon, *Nature's Metropolis: Chicago and the Great West* (1991)
G. Darley, *Villages of Vision* (1976)
M. de Solà-Morales, 'Towards a Definition: Analysis of Urban Growth in the Nineteenth Century', *Lotus*, 19, June 1978, 28–36
J. Fabos, G.T. Milde and V.M. Weinmayr, *Frederick Law Olmsted, Sr.* (1968)
R.M. Fogelson, *The Fragmented Metropolis: Los Angeles 1850–1930* (1967)
A. Fried and P. Sanders, *Socialist Thought* (1964) [useful for trans. of French utopian socialist texts, Fourier, Saint-Simon, etc.]
J.F. Geist and K. Kurvens, *Das Berliner Miethaus 1740–1862* (1982)
A. Grumbach, 'The Promenades of Paris', *Oppositions*, 8, Spring 1977
L. Hilberseimer, R. Anderson and P.V. Aureli, *Metropolisarchitecture and Selected Essays* (2012)
A.J. Jeffery, 'A Future for New Lanark', *AR*, January 1975, 19–28
S. Kern, *The Culture of Time and Space, 1880–1918* (1983)
J.H. Kunstler, *The Rise and Decline of America's Man-made Landscape* (1993)
D. Leatherbarrow, 'Friedrichstadt – A Symbol of Toleration', *AD*, November–December 1983, 23–31
A. López de Aberasturi, *Ildefonso Cerdá: la théorie générale de l'urbanisation* (1979)
F. Loyer, *Paris XIXe. siècle* (1981)
— *Architecture of the Industrial Age* (1982)
H. Meyer and R. Wade, *Chicago: Growth of a Metropolis* (1969)
B. Miller, 'Ildefonso Cerdá', *AAQ*, IX, no. 7, 1977, 12–22
N. Pevsner, 'Early Working Class Housing', repr. in *Studies in Art, Architecture and Design*, II (1968)
G. Pirrone, *Palermo, una capitale* (1989)
F. Rella, *Il Dispositivo Foucault* (1977) [with essays by M. Cacciari, M. Tafuri and G. Teyssot]
J.P. Reynolds, 'Thomas Coglan Horsfall and the Town Planning Movement in England', *Town Planning Review*, XXIII, April 1952, 52–60
W. Schivelbush, *The Railway Journey: The Industrialization of Time and Space in the 19th Century* (1977)
A. Service, *London 1900* (1979)
C. Sitte, *City Planning According to Artistic Principles* (1965) [trans. of Sitte's text of 1889]
— G.R. Collins and C.C. Collins, *Camillo Sitte: The Birth of Modern City Planning: with a Translation of the 1889 Austrian Edition of his City Planning According to Artistic Principles* (1986)
R. Stern, *New York 1900* (1984)
A. Sutcliffe, *Towards the Planned City: Germany, Britain, the United States and France 1780–1914* (1981)
— *Metropolis 1890–1940* (1984)
J.N. Tarn, 'Some Pioneer Suburban Housing Estates', *AR*, May 1968, 367–70
— *Working-Class Housing in 19th-Century Britain* (AA Paper no. 7, 1971)
G. Teyssot, 'The Disease of the Domicile', *Assemblage 6*, June 1988, 73–97
P. Wolf, 'City Structuring and Social Sense in 19th and 20th Century Urbanism', *Perspecta*, 13/14, 1971, 220–33

第3章　技术的变革：结构工程学　1775—1939

T.C. Bannister, 'The First Iron-Framed Buildings', *AR*, CVII, April 1950
— 'The Roussillon Vault: The Apotheosis of "Folk" Construction', *JSAH*, XXVII, no. 3, October 1968, 163–75
P. Beaver, *The Crystal Palace 1851–1936* (1970)
W. Benjamin, 'Paris: Capital of the 19th Century', *New Left Review*, no. 48, March–April 1968, 77–88
— H. Arendt and H. Zohn, *Illuminations* (1968)
B. Bergdoll, C. Belier and M. Le Cœur, *Henri Labrouste – Structure Brought to Light* (2013)
M. Bill, *Robert Maillart: Bridges and Constructions* (1969)
D. Billington, *Robert Maillart's Bridges* (1979)
— *Robert Maillart* (1989)
G. Boaga, *Riccardo Morandi* (1984)
B. Bradford, 'The Brick Palace of 1862', *AR*, July 1962, 15–21 [documentation of the British successor to the Crystal Palace]
P. Chemetov, *Architectures, Paris 1848–1914* (1972) [exh. cat. and research carried out with M.-C. Gagneux, B. Paurd and E. Girard]
P. Collins, *Concrete: The Vision of a New Architecture* (1959)
C.W. Condit, *American Building Art: The Nineteenth Century* (1960)
A. Corboz, 'Un pont de Robert Maillart à Leningrad?', *Archithese*, 2, 1971, 42–44
E. de Maré, 'Telford and the Gotha Canal', *AR*, August 1956, 93–99
E. Diestelkamp, *The Iron and Glass Architecture of Richard Turner* (PhD thesis, Univ. of London, 1982)
A. Forty, *Concrete and Culture: A Material History* (2012)
E. Fratelli, *Architektur und Konfort* (1967)
E. Freyssinet, *L'Architecture Vivante*, Spring/Summer 1931

[survey of Freyssinet's work up to that date, ed. by J. Badovici]
R. Gargiani, *L'architrave, le plancher, la plate-forme – Nouvelle histoire de la construction* (2012)
M. Gayle and E.V. Gillon, *Cast-Iron Architecture in New York* (1974)
J.F. Geist, *Arcades: The History of a Building Type* (1983)
S. Giedion, *Space, Time and Architecture* (3rd edn, 1954)
— *Building in France, Building in Iron, Building in Ferroconcrete* (1995)
J. Gloag and D. Bridgwater, *History of Cast Iron Architecture* (1948)
— *Mr Loudon's England* (1970)
R. Graefe, M. Gappoer and O. Pertshchi, *V.G. Suchov 1953–1939: Kunst der Konstruktion* (1990)
A. Grumbach, 'The Promenades of Paris', *Oppositions*, 8, Spring 1977, 51–67
G. Günschel, *Grosse Konstrukteure 1: Freyssinet, Maillart, Dischinger, Finsterwalder* (1966)
R. Günter, 'Der Fabrikbau in Zwei Jahrhunderten', *Archithese*, 3/4, 1971, 34–51
H.-R. Hitchcock, 'Brunel and Paddington', *AR*, CIX, 1951, 240–46
J. Hix, 'Richard Turner: Glass Master', *AR*, November 1972, 287–93
— *The Glass House* (1974)
D. Hoffmann, 'Clear Span Rivalry: The World's Fairs of 1889–1893', *JSAH*, XXIX, 1, March 1970, 48
H.J. Hopkins, *A Span of Bridges* (1970)
V. Hütsch, *Der Münchner Glaspalast 1854–1931* (1980)
A.L. Huxtable, 'Reinforced Concrete Construction. The Work of Ernest L. Ransome', *Progressive Architecture*, XXXVIII, September 1957, 139–42
R.A. Jewett, 'Structural Antecedents of the I-beam 1800–1850', *Technology and Culture*, VIII, 1967, 346–62
G. Kohlmaier, *Eisen Architektur, The Role of Iron in the Historic Architecture in the Second Half of the 19th Century* (1982)
— and B. von Sartory, *Houses of Glass: A Nineteenth Century Building Type* (1986)
S. Koppelkamm, *Glasshouses and Winter Gardens of the 19th Century* (1981)
F. Leonardt, *Brücken/Bridges* (1985) [bilingual survey of 20th-century bridges by a distinguished engineer]
J.C. Loudon, *Remarks on Hot Houses* (1817)
F. Loyer, *Architecture of the Industrial Age, 1789–1914* (1982)
H. Maier, *Berlin Anhalter Bahnhof* (1984)
C. Meeks, *The Railroad Station* (1956)
T.F. Peters, *Time is Money: Die Entwicklung des Modernen Bauwesens* (1981)
L. Reynaud, *Traité d'architecture. Deuxième partie. Composition des edifices* (1878)
J.M. Richards, *The Functional Tradition* (1958)
G. Roisecco, *L'architettura del ferro: l'Inghilterra 1688–1914* (1972)
— R. Jodice and V. Vannelli, *L'architettura del ferro: la Francia 1715–1914* (1973)
T.C. Rolt, *Isambard Kingdom Brunel* (1957)
— *Thomas Telford* (1958)
C. Rowe, 'Chicago Frame. Chicago's Place in the Modern Movement', *AR*, 120, November 1956, 285–89
A. Saint, *Architect and Engineer: A Study in Sibling Rivalry* (2008)
H. Schaefer, *Nineteenth Century Modern* (1970)
A. Scharf, *Art and Industry* (1971)
E. Schild, *Zwischen Glaspalast und Palais des Illusions: Form und Konstruktion im 19. Jahrhunderts* (1967)
P.M. Shand, 'Architecture and Engineering', 'Iron and Steel', 'Concrete', *AR*, November 1932 [pioneering articles, repr. in *AAJ*, no. 827, January 1959, ed. B. Housden]
A.W. Skempton, 'Evolution of the Steel Frame Building', *Guild Engineer*, X, 1959, 37–51
— 'The Boatstore at Sheerness (1858–60) and its Place in Structural History', *Transactions of the Newcomen Society*, XXXII, 1960, 57–78
— and H.R. Johnson, 'William Strutt's Cotton Mills 1793–1812', *Transactions of the Newcomen Society*, XXX, 1955–57, 179–203
T. Turak, 'The Ecole Centrale and Modern Architecture: The Education of William Le Baron Jenney', *JSAH*, XXIX, 1970, 40–47
K. Wachsmann, *The Turning Point in Building* (1961)

第二部分　一部批判的历史1836—1967

第1章　来自乌有乡的新闻：英国　1836—1924

C. Amery, M. Lutyens, *et al.*, *Lutyens* (1981)
C.R. Ashbee, *Where the Great City Stands: A Study in the New Civics* (1917) [a comprehensive ideological statement by a late Arts and Crafts designer]
E. Aslin, *The Aesthetic Movement* (1969)
A. Bøe, *From Gothic Revival To Functional Form* (1957)
I. Bradley, *William Morris and his World* (1978)
J. Brandon-Jones, 'The Work of Philip Webb and Norman Shaw', *AAJ*, LXXI, 1955, 9–21
— 'C.F.A. Voysey', *AAJ*, LXXII, 1957, 238–62
— *et al.*, *C.F.A. Voysey: Architect and Designer* (1978)
K. Clark, *Ruskin Today* (1967) [certainly the most convenient introduction to Ruskin's writings]
J.M. Crook, *William Burges and the High Victorian Dream* (1981)
D.J. DeWitt, 'Neo-Vernacular/Eine Moderne Tradition', *Archithese*, 9, 1974, 15–20
S. Durant, *The Decorative Designs of C.F.A. Voysey* (1991)
T. Garnham, 'William Lethaby and the Two Ways of Building', *AA Files*, no. 10, Autumn 1985, 27–43
M. Girouard, *Sweetness and Light: The Queen Anne Movement 1860–1900* (1977)
C. Grillet, 'Edward Prior', *AR*, November 1952, 303–08
N. Halbritter, 'Norman Shaw's London Houses', *AAQ*, VII, no. 1, 1975, 3–19
L. Hollanby, *The Red House by Philip Webb* (1990)
E. Howard, *Tomorrow: a Peaceful Path to Real Reform* (1898)
C. Hussey, *The Life of Sir Edwin Lutyens* (1950, repr. 1989)
P. Inskip, *Edwin Lutyens* (1980)
A. Johnson, 'C.F.A. Voysey', *AAQ*, IX, no. 4, 1977, 26–35

W.R. Lethaby, *Architecture, Mysticism and Myth* (1892, repr. 1975)
— *Form and Civilization* (1922)
— *Architecture, Nature and Magic* (1935)
— *Philip Webb and His Work* (1935)
R. Macleod, *Style and Society: Architectural Ideology in Britain 1835–1914* (1971) [essential for this period]
William Morris, 'The Revival of Architecture', *The Eclectic Magazine of Foreign Literature, Science and Art*, vol. 48, no. 2, August 1888
A.L. Morton, ed., *Political Writings of William Morris* (1973)
H. Muthesius, *The English House* (1979) [trans. of 1904 German text]
— and S. Anderson, *Style-Architecture and Building-Art* (1994)
G. Naylor, *The Arts and Crafts Movement* (1990)
N. Pevsner, 'Arthur H. Mackmurdo' (*AR* 1938) and 'C.F.A. Voysey 1858–1941' (*AR* 1941), in *Studies in Art, Architecture and Design*, II (1968, repr. 1982)
— *Pioneers of Modern Design* (1949 and later edns)
— 'William Morris and Architecture', *RIBAJ*, 3rd ser., LXIV, 1957
— *Some Architectural Writers of the Nineteenth Century* (1962) [esp. for the repr. of Morris's 'The Revival of Architecture']
— *The Sources of Modern Architecture and Design* (1968)
G. Ruben, *William Richard Lethaby: His Life and Work 1857–1931* (1986)
A. Saint, *Richard Norman Shaw* (1978)
A. Service, *Edwardian Architecture* (1977)
— *London 1900* (1979)
G. Stamp and M. Richardson, 'Lutyens and Spain', *AA Files*, no. 3, January 1983, 51–59
P. Stanton, *Pugin* (1971)
M. Tasapor, 'John Lockwood Kipling and the Arts and Crafts Movement in India', *AA Files*, no. 3, Spring 1983
R. Watkinson, *William Morris as Designer* (1967)

第2章　阿德勒与沙利文：大礼堂与高层建筑　1886—1895

D. Adler, 'Great Modern Edifices – The Chicago Auditorium', *Architectural Record*, vol. 1, no. 4, April–June 1892, 429
A. Bush-Brown, *Louis Sullivan* (1960)
D. Crook, 'Louis Sullivan and the Golden Doorway', *JSAH*, XXVI, December 1967, 250
H. Dalziel Duncan, *Culture and Democracy* (1965)
W. de Wit, ed., *Louis Sullivan: The Function of Ornament* (1986)
D.D. Egbert and P.E. Sprague, 'In Search of John Edelman, Architect and Anarchist', *AIAJ*, February 1966, 35–41
R. Geraniotis, 'The University of Illinois and German Architecture Education', *JAE*, vol. 38, no. 34, Summer 1985, 15–21
C. Gregersen and J. Saltzstein, *Dankmar Adler: His Theaters* (1990)
H.-R. Hitchcock, *The Architecture of H.H. Richardson* (1936, rev. edn 1961)
D. Hoffmann, 'The Setback Skyscraper of 1891: An Unknown Essay by Louis Sullivan', *JSAH*, XXIX, no. 2, May 1970, 181
G.C. Manson, 'Sullivan and Wright, an Uneasy Union of Celts', *AR*, November 1955, 297–300
H. Morrison, *Louis Sullivan, Prophet of Modern Architecture* (1935, repr. 1952)
J.K. Ochsner, *H.H. Richardson, Complete Architectural Works* (1982)
J.F. O'Gorman, *The Architecture of Frank Furness* (1973)
— *Henry Hobson Richardson and his Office: Selected Drawings* (1974)
J. Siry, *Carson Pirie Scott: Louis Sullivan and the Chicago Department Store* (1988)
L. Sullivan, *A System of Architectural Ornament According with a Philosophy of Man's Powers* (1924)
— 'Reflections on the Tokyo Disaster', *Architectural Record*, February 1924 [a late text praising Wright's Imperial Hotel]
— *The Autobiography of an Idea* (1926, 1956) [originally pub. as a series in the *AIAJ*, 1922–23]
— *Kindergarten Chats and Other Writings* (1947)
— *The Public Papers* (1988)
D. Tselos, 'The Chicago Fair and the Myth of the Lost Cause', *JSAH*, XXVI, no. 4, December 1967, 259
R. Twombly, *Louis Sullivan: Life and Work* (1986)
— ed., *Louis Sullivan: The Public Papers* (1988)
L.S. Weingarten, *Louis H. Sullivan: The Banks* (1987)
F.L. Wright, *Genius and the Mobocracy* (1949)[Wright's appreciation of Sullivan's ornamental genius]

第3章　弗兰克·劳埃德·赖特与草原的神话　1890—1916

H. Allen Brooks, *The Prairie School* (1972)
— ed., *Writings on Wright* (1983)
J. Connors, *The Robie House of Frank Lloyd Wright* (1984)
H. de Fries, *Frank Lloyd Wright* (1926)
A.M. Fern, 'The Midway Gardens of Frank Lloyd Wright', *AR*, August 1963, 113–16
K. Frampton and J. Cava, *Studies in Tectonic Culture: The Poetics of Construction in Nineteenth and Twentieth Century Architecture* (1995)
Y. Futagawa, ed., *Frank Lloyd Wright* (1986–87) [drawings from the Taliesin Fellowship archive with text by Bruce Pfeiffer, publ. in 12 vols as follows: 1 (1887–1901), 2 (1902–06), 3 (1907–13), 4 (1914–23), 5 (1924–36), 6 (1937–41), 7 (1942–50), 8 (1951–59), 9 (Preliminary Studies 1889–1916), 10 (Preliminary Studies 1917–32), 11 (Preliminary Studies 1933–59), 12 (Renderings 1887–1959)]
J. Griggs, 'The Prairie Spirit in Sculpture', *The Prairie School Review*, II, no. 4, Winter 1965, 5–23
F. Gutheim, *In the Cause of Architecture: Essays by Frank Lloyd Wright for Architectural Record* 1908–1952 (1975)
S.P. Handlin, *The American Home: Architecture and Society 1815–1915* (1979)
D.A. Hanks, *The Decorative Designs of Frank Lloyd Wright* (1979)
H.-R. Hitchcock, *In the Nature of Materials 1887–1941. The Buildings of Frank Lloyd Wright* (1942)
— 'Frank Lloyd Wright and the Academic Tradition', *JW&CI*, no. 7, 1944, 51
D. Hoffmann, 'Frank Lloyd Wright and Viollet-le-Duc', *JSAH*, XXVIII, no. 3, October 1969, 173

A. Izzo and C. Gubitosi, *Frank Lloyd Wright Dessins 1887–1959* (1977)
C. James, *The Imperial Hotel* (1968) [a complete documentation of the hotel prior to its demolition]
D.L. Johnson, *On Frank Lloyd Wright's Concrete Adobe, Irving Gill, Rudolph Schindler and the American Southwest* (2013)
E. Kaufmann, *Nine Commentaries on Frank Lloyd Wright* (1989)
— and B. Raeburn, *Frank Lloyd Wright: Writings and Buildings* (1960) [an important collection of Wright's writings, including his seminal *The Art and Craft of the Machine*]
N. Kelly-Smith, *Frank Lloyd Wright: A Study in Architectural Content* (1966)
R. Kosta, 'Frank Lloyd Wright in Japan', *The Prairie School Review*, III, no. 3, Autumn 1966, 5–23
R. McCarter, ed., *Frank Lloyd Wright: A Primer on Architectural Principles* (1991) [an anthology of interpretative essays]
G.C. Manson, 'Wright in the Nursery: The Influence of Froebel Education on the Work of Frank Lloyd Wright', *AR*, June 1953, 349–51
— 'Sullivan and Wright, an Uneasy Union of Celts', *AR*, November 1955
— *Frank Lloyd Wright to 1910: The First Golden Age* (1958)
K. Nute, *Frank Lloyd Wright and Japan* (1993)
L.M. Peisch, *The Chicago School of Architecture* (1964)
B.B. Pfeiffer, ed., *The Wright Letters*, 3 vols (1984)
J. Quinnan, *Frank Lloyd Wright's Larkin Building. Myth and Fact* (1987)
V. Scully, *The Shingle Style* (1955)
— *Frank Lloyd Wright* (1960)
D. Tselos, 'Frank Lloyd Wright and World Architecture', *JSAH*, XXVIII, no. 1, March 1969, 58ff.
F.L. Wright, *Ausgeführte Bauten und Entwürfe von Frank Lloyd Wright* (1910, reissued 1965)
— 'In The Cause of Architecture. III. The Meaning of Materials. Stone', *Architectural Record*, vol. 63, no. 4, April 1928, 350
— *An Autobiography* (1932, reissued 1946)
— *On Architecture*, ed. F. Gutheim (1941) [selection of writings, 1894–1940]
G. Wright, *Moralism and the Modern Home: 1870–1913* (1980)

第4章 结构理性主义与维奥莱-勒-杜克的影响：高迪、霍尔塔、吉马尔与贝尔拉赫 1880—1910

J.F. Aillagon and G. Viollet-le-Duc, *Le Voyage d'Italie d'Eugène Viollet-le-Duc 1836–1837* (1980)
T.G. Beddall, 'Gaudi and the Catalan Gothic', *JSAH*, XXXIV, no. 1, March 1975, 48
B. Bergdoll, *E.E. Viollet-le-Duc: The Foundations of Architecture. Selections from the Dictionnaire Raisonné* (1990)
M. Bock, *Anfänge einer Neuen Architektur: Berlages Beitrag zur Architektonischen Kultur in der Niederlände im ausgehenden 19. Jahrhundert* (1983)
O. Bohigas, 'Luis Domenech y Montaner 1850–1923', *AR*, December 1967, 426–36
F. Borsi and E. Godoli, *Paris 1900* (1978)
— and P. Portoghesi, *Victor Horta* (1977)
— and H. Weiser, *Bruxelles Capitale de l'Art Nouveau* (1971)
Y. Brunhammer and G. Naylor, *Hector Guimard* (1978)
E. Casanelles, *Antonio Gaudí, A Reappraisal* (1967)
J. Castex and P. Panerai, 'L'Ecole d'Amsterdam: architecture urbaine et urbanisme social-démocrate', *AMC*, 40, September 1976, 39–54
G. Collins, *Antonio Gaudí* (1960)
M. Culot and L. Grenier, 'Henri Sauvage, 1873–1932', *AAQ*, X, no. 2, 1972, 16–27
— *et al.*, *Henri Sauvage 1893–1932* (1976)[collected works with essays by L. Grenier, F. Loyer and L. Miotto-Muret]
R. Dalisi, *Gaudí Furniture* (1979)
R. Delevoy, *Victor Horta* (1958)
— *et al.*, *Henri Sauvage 1873–1932* (1977)
R. Descharnes and C. Prévost, *Gaudí, The Visionary* (1971) [contains much remarkable material not available elsewhere]
I. de Solá-Morales, *Jujol* (1990)
B. Foucart, *et al.*, *Viollet-le-Duc* (1980)
D. Gifford, *The Literature of Architecture* (1966)[contains trans. of Berlage's article, 'Neuere amerikanische Architektur']
L.F. Graham, *Hector Guimard* (1970)
G. Grassi, 'Un architetto e una città: Berlage ad Amsterdam', *Casabella-Continuità*, 1961, 39–44
J. Gratama, *Dr H.P. Berlage Bouwmeester* (1925)
H. Guimard, 'An "Art Nouveau" Edifice in Paris. The Humbert De Romans Building', *Architectural Record*, vol. XII, no. 1, May 1902, 58
— 'An Architect's Opinion of "L'Art Nouveau"', *Architectural Record*, vol. XII, no. 2, June 1902, 130–33
M.F. Hearn, ed., *The Architectural Theory of Viollet-le-Duc. Readings and Commentary* (1989)
M.-A. Leblond, 'Gaudí et l'architecture méditerranéenne', *L'Art et les artistes*, II, 1910
D. Mackay, 'Berenguer', *AR*, December 1964, 410–16
— *Modern Architecture in Barcelona 1854–1939* (1987)
S.T. Madsen, 'Horta: Works and Style of Victor Horta Before 1900', *AR*, December 1955, 388–92
C. Martinell, *Gaudí: His Life, His Themes, His Work* (1975)
F. Mazade, 'An "Art Nouveau" Edifice in Paris', *Architectural Record*, May 1902 [a contemporary account of the Humbert de Romans theatre]
J.-P. Midant, *Viollet-Le-Duc: The French Gothic Revival* (2002)
M.A. Miserachs, *J. Puig i Cadafalch* (1989)
J. Molema, *et al.*, *Antonio Gaudí een weg tot oorspron-kelijkheid* (1987)
— *Gaudí: Rationalist met perfekte Materiaalbe-heersing* (1979) [research into structural form and process in Gaudi's architecture]
N. Pevsner and J.M. Richards, eds, *The Anti-Rationalists* (1973)
S. Polano and G. Fanelli, *Hendrik Petrus Berlage: Complete Works* (1987) [with Singelenberg, the best account in Eng. to date]
J. Rovira, 'Architecture and Ideology in Catalonia 1901–1951', *AA Files*, no. 14, 1987, 62–68
F. Russell, ed., *Art Nouveau Architecture* (1979)
R. Schmutzler, 'The English Origins of the Art Nouveau', *AR*, February 1955, 109–16

— 'Blake and the Art Nouveau', *AR*, August 1955, 91–97
— *Art Nouveau* (1962, paperback 1979) [still the most comprehensive Eng. study of the whole development]
H. Searing, 'Betondorp: Amsterdam's Concrete Suburb', *Assemblage 3*, 1987, 109–43
J.L. Sert and J.J. Sweeny, *Antonio Gaudí* (1960)
P. Singelenberg, *H.P. Berlage: Idea and Style* (1972)
J. Summerson, 'Viollet-le-Duc and the Rational Point of View', in *Heavenly Mansions* (1948)
— N. Pevsner, H. Damish and S. Durant, *Viollet-le-Duc* (*AD* Profile, 1980)
F. Vamos, 'Lechner Ödön', *AR*, July 1967, 59–62
E.E. Viollet-le-Duc, *The Foundations of Architecture: Selections from the Dictionnaire Raisonné* (1990) [1858–68]

第5章　查尔斯·伦尼·麦金托什与格拉斯哥学派　1896—1916

F. Alison, *Le sedie di Charles Rennie Mackintosh* (1973) [a catalogue raisonné with drawings of Mackintosh's furniture]
R. Billcliffe, *Architectural Sketches and Flower Drawings by Charles Rennie Mackintosh* (1977)
— *Mackintosh. Water Colours* (1978)
— *Mackintosh. Textile Designs* (1982)
T. Howarth, *Charles Rennie Mackintosh and the Modern Movement* (1952, rev. edn 1977) [still the seminal Eng. text]
E.B. Kalas, 'L'art de Glasgow', in *De la Tamise à la Sprée* (1905) [an Eng. version was publ. for the Mackintosh Memorial Exhibition, 1933]
R. Macleod, *Charles Rennie Mackintosh* (1968)
P. Robertson, ed., *Charles Rennie Mackintosh: The Architectural Papers* (1990)
A. Service, 'James Maclaren and the Godwin Legacy', *AR*, August 1973, 111–18
D. Walker, 'Charles Rennie Mackintosh', *AR*, November 1968, 355–63
G. White, 'Some Glasgow Designers and their Work', *Studio*, XI, 1897, 86ff.

第6章　神圣之泉：瓦格纳、奥尔布里希与霍夫曼　1886—1912

S. Anderson, *Peter Behrens and a New Architecture for the Twentieth Century* (2000)
P. Behrens, 'The Work of Josef Hoffmann', *Architecture* (Journal of the Society of Architects, London), II, 1923, 589–99
I. Boyd-Whyte, *Emil Hoppe, Marcel Kammerer, Otto Schönthal: Three Architects from the Master Class of Otto Wagner* (1989)
F. Burkhardt, C. Eveno and B. Podrecca, *Jože Plečnik, Architect (1872–1957)* (1990)
F. Cellini, 'La villa Asti di Josef Hoffmann', *Contraspazio*, IX, no. 1, June 1977, 48–51
J.R. Clark, 'J.M. Olbrich 1867–1908', *AD*, XXXVII, December 1967
H. Czech, 'Otto Wagner's Vienna Metropolitan Railway', *A+U*, 76.07, July 1976, 11–20
Darmstadt: Ein Dokument deutscher Kunst 1901–1976 (1976) [5-vol. exh. cat.; vol. V records the 3 main phases of the building of the colony, 1901–14]
H. Geretsegger, M. Peintner and W. Pichler, *Otto Wagner 1841–1918* (1970)
O.A. Graf, *Die Vergessene Wagnerschule* (1969)
— *Otto Wagner: Das Werk der Architekten*, I & II (1985)
G. Gresleri, *Josef Hoffmann* (1984)
F.L. Kroll, 'Ornamental Theory and Practice in the Jugendstil', *Rassegna*, March 1990, 58–65
I. Latham, *Josef Maria Olbrich* (1980)
A.J. Lux, *Otto Wagner* (1914)
H.F. Mallgrave, *Otto Wagner: Reflections on the Raiment of Modernity* (1993)
— ed., *Otto Wagner: Modern Architecture* (1988) [trans. of 1902 edn]
W. Mrazek, *Die Wiener Werkstätte* (1967)
C.M. Nebehay, *Ver Sacrum 1898–1903* (1978)
O. Niedermoser, *Oskar Strnad 1879–1935* (1965) [a short account of this versatile but relatively unknown architect]
N. Pevsner, 'Secession', *AR*, January 1971, 73–74
V.H. Pintarić, *Vienna 1900: The Architecture of Otto Wagner* (1989)
N. Powell, *The Sacred Spring: The Arts in Vienna 1898–1918* (1974)
M. Pozzetto, *Max Fabiani, Nuove frontiere dell' architettura* (1988) [an important late Secessionist architect]
D. Prelovšek, *Josef Plečnik: Wiener Arbeiten von 1896 bis 1914* (1979)
C. Schorske, 'The Transformation of the Garden: Ideal and Society in Austrian Literature', *The American Historical Review*, vol. 72, no. 4, July 1967, 1298
— *Fin de Siècle Vienna* (1979)
K.H. Schreyl and D. Neumeister, *Josef Maria Olbrich: Die Zeichnungen in der Kunstbibliothek Berlin* (1972)
W.J. Schweiger, *Wiener Werkstätte: Kunst und Handwerke 1903–1932* (1982) [Eng. trans. *Wiener Werkstätte: Design in Vienna 1903–1932* (1984)]
E. Sekler, 'Eduard F.Sekler: The Stoclet House by Josef Hoffmann', in *Essays in the History of Architecture Presented to Rudolph Wittkower*, vol. 1 (1967), 230
— 'Art Nouveau Bergerhöhe', *AR*, January 1971, 75–76
— *Josef Hoffmann: the Architectural Work, Monograph and Catalogue of Works* (1985)
M. Tafuri, 'Am Steinhof, Centrality and Surface in Otto Wagner's Architecture', *Lotus*, 29, 1981, 73–91
P. Vergo, *Art in Vienna 1898–1918* (1975)
O. Wagner, *Moderne Architektur* (I, 1896, II & III, 1898–1902) [for abridged trans. see 'Modern Architecture', in *Brick Builder*, June–August 1901]
— *Die Baukunst unserer Zeit* (1914)
— *Einige Skizzen, Projekte und Ausgeführte Bauwerke von Otto Wagner* (1987) [repr. of the 4 vols of Wagner's complete works, with introduction by P. Haiko]
— *Modern Architecture: A Guidebook for his Students to this Field of Art* (1988) [1902]
R. Waissenberger, *Vienna 1890–1920* (1984)

第7章　安东尼奥·圣伊利亚与未来主义建筑　1909—1914

U. Apollonio, *Futurist Manifestos* (1973) [contains all the basic manifestos]
R. Banham, *Theory and Design in the First Machine Age* (1960), esp. chs 8–10
G. Brizzi and C. Guenzi, 'Liberty occulto e G.B. Bossi', *Casabella*, 338, July 1968, 22–23
L. Caramel and A. Longatti, *Antonia Sant'Elia: The Complete Works* (1989)
R. Clough, *Futurism* (1961)
P.G. Gerosa, *Mario Chiattone* (1985)
E. Godoli, *Il Futurismo* (1983)
P. Hultén, *Futurismo e Futurismi* (exh. cat., Palazzo Grassi, Venice, 1986)
J. Joll, *Three Intellectuals in Politics* (1960) [studies of Blum, Rathenau and Marinetti]
G. Kahn, *L'Esthétique de la rue* (1901)
M. Kirby, *Futurist Performance* (1971)
F.T. Marinetti, *Marinetti: Selected Writings* (1971)
C. Meeks, *Italian Architecture 1750–1914* (1966) [the last chapter is esp. relevant on the Stile Floreale]
J.-A. Moilin, *Paris en l'an 2000* (1869)
J.P. Schmidt-Thomsen, 'Sant'Elia futurista or the Achilles Heel of Futurism', *Daidalos*, 2, 1981, 36–44
J. Taylor, *Futurism* (1961)
P. Thea, *Nuove Tendenze a Milano e l'altro Futurismo* (1980)
C. Tisdall and A. Bozzolla, *Futurism* (1977)

第8章　阿道夫·洛斯与文化的危机　1896—1931

F. Amendolagine, 'The House of Wittgenstein', *9H*, no. 4, 1982, 23–38
— and M. Cacciari, *Oikos: da Loos a Wittgenstein* (1975)
S. Anderson, 'Critical Conventionalism in Architecture', *Assemblage 1*, 1986, 7–23 [a comparison of Alois Riegl and Adolf Loos]
C.A. and T.J. Benton, *Form and Function*, ed. with D. Sharp (1975) [anthology containing trans. of *Architektur* (1910) and *Potemkinstadt* (1898)]
B. Colomina, 'Intimacy and Spectacle: The Interiors of Adolf Loos' *AA Files*, no. 20, Autumn 1990, 5–15
H. Czech, 'The Loos Idea', *A+U*, 78.05, 1978, 47–54
— and W. Mistelbauer, *Das Looshaus* (1976) [study of the Goldman & Salatsch building]
P. Engelmann, *Letters from Ludwig Wittgenstein* (1967), esp. ch. 7
J.P. Fotrin and M. Pietu, 'Adolf Loos. Maison Pour Tristan Tzara', *AMC*, 38, March 1976, 43–50
B. Gravagnuolo, *Adolf Loos: Theory and Works* (1982)
J. Gubler, 'Loos, Ehrlich und die Villa Karma', *Archithese*, 1, 1971, 46–49
— and G. Barbey, 'Loos's Villa Karma', *AR*, March 1969, 215–16
A. Janik and S. Toulmin, *Wittgenstein's Vienna* (1974)
H. Kulka, *Adolf Loos, Das Werk des Architekten* (1931)
A. Loos, *Das Andere* (1903)
— *Ins Leere gesprochen* (1921) [articles written 1897–1900]
— *Trotzdem* (1931) [articles written 1903–30]
— *Sämtliche Schriften* (1962)
— *Spoken into the Void: Collected Essays, 1897–1900* (1982)
— and B. Colomina, *Das Andere* (*The Other*) (2015)
— and A. Opel, *Ornament and Crime: Selected Essays* (1998)
— *et al.*, *On Architecture* (2014)
E.A. Loos, *Adolf Loos, der Mensch* (1968)
L. Münz and G. Künstler, *Adolf Loos: Pioneer of Modern Architecture* (1966) [a study, plus trans. of *The Plumbers*, *The Story of the Poor Rich Man* and *Ornament and Crime*]
M. Risselada and B. Colomina, *Raumplan Versus Plan Libre: Adolf Loos and Le Corbusier 1919–1930* (1988)
B. Rukschcio and R. Schachel, *Adolf Loos* (1982) [definitive study in German]
Y. Safran, 'The Curvature of the Spine: Kraus, Loos and Wittgenstein', *9H*, no. 5, 1982, 17–22
R. Schachel and V. Slapeta, *Adolf Loos* (1989) [cat. of centennial exh. in Vienna]
W. Wang, ed., 'Britain and Vienna 1900–1938', *9H*, no. 6, 1983
— Y. Safran, K. Frampton and D. Steiner, *The Architecture of Adolf Loos* (1985)
D. Worbs, *et al., Adolf Loos 1870–1933* (1984) [cat. of an exh. at the Akademie der Künste, Berlin]

第9章　亨利·凡·德·维尔德与移情的抽象　1895—1914

M. Culot, *Henry van de Velde Theatres 1904–14* (1974)
— 'Réflexion sur la "voie sacrée", un texte de Henry van de Velde', *AMC*, 45, May 1978, 20–21
R. Delevoy, *et al.*, *Henry van de Velde 1863–1957* (1963)
— M. Culot and A. Van Loo, *La Cambre 1928–1978* (1979)
D.D. Egbert, *Social Radicalism in the Arts* (1970)
A.M. Hammacher, *Le Monde de Henry van de Velde* (1967)
H. Hesse-Frielinghaus, A. Hoff and W. Erben, *Karl Ernst Osthaus: Leben und Werk* (1971)
K.-H. Hüter, *Henry van de Velde* (1967)
Kroller-Müller Museum, Otterlo, *Henry van de Velde 1863–1957: Paintings and Drawings* (1988)
L. Münz and G. Künstler, *Adolf Loos, Pioneer of Modern Architecture* (1966)
L. Ploegaerts and P. Puttermans, *L'Oeuvre architecturale de Henry van de Velde* (1987)
C.L. Ressequier, 'The Function of Ornament as seen by Henry van de Velde', *The Royal Architectural Institute of Canada*, no. 31, February 1954, 33–37
K.L. Sembach, *Henry van de Velde* (1989)
L. Tannenbaum, 'Henry van de Velde: A Re-evaluation', *Art News Annual*, XXXIV (1968)
H. van de Velde, 'Déblaiement d'art', in *La Société nouvelle* (1894)
— *Les Formules de la beauté architectonique* (1916–17)
— 'Vernunftsgemässer Stil. Vernunft und Schönheit', *Frankfurter Zeitung*, LXXIII, no. 21, January 1929
— *Geschichte meines Lebens* (1962) [for Eng. extracts see P.M. Shand, 'Van de Velde, Extracts from Memoirs 1891–1901', *AR*, September 1952, 143–45]
— T. Föhl and A. Neumann, *Henry van de Velde: Raumkunst*

und Kunsthandwerk: ein Werkverzeichnis in sechs Bänden [Interior Design and Decorative Arts: A Catalogue Raisonné in Six Volumes] (2012)
W. Worringer, *Abstraction and Empathy* (1963)[trans. of 1908 text]

第10章　托尼·加尼耶与工业城市　1899—1918

J. Badovici, 'L'Oeuvre de Tony Garnier', *L'Architecture Vivante,* Autumn/Winter 1924
— and A. Morancé, *L'Oeuvre de Tony Gamier* (1938)
F. Burkhardt, *et al., Tony Garnier: L'Oeuvre complète* (exh. cat., Centre Pompidou, Paris, 1990)
R. de Souza, *L' Avenir de nos villes, études pratiques d'esthétique urbaine, Nice: capitale d'hiver* (1913)
T. Garnier, *Une Cité industrielle. Etude pour la construction des villes* (1917; 2nd edn 1932)
— *Les Grands Travaux de la ville de Lyons* (1920)
C. Pawlowski, *Tony Garnier et les débuts de l'urbanisme fonctionnel en France* (1967)
D. Wiebenson, *Tony Garnier: The Cité Industrielle* (1969) [best available Eng. text on Garnier]
P.M. Wolf, *Eugène Hénard and the Beginning of Urbanism in Paris 1900–1914* (1968)

第11章　奥古斯特·佩雷：古典理性主义的演变　1899—1925

J. Badovici, articles in *L'Architecture Vivante*, Autumn/Winter 1923, Spring/Summer 1924, Spring/Summer 1925 and Autumn/Winter 1926
A. Bloc, *L'Architecture d'Aujourd-hui*, VII, October 1932 (Perret issue)
K. Britton and A. Perret, *Auguste Perret* (2001)
B. Champigneulle, *Auguste Perret* (1959)
P. Collins, *Concrete: The Vision of a New Architecture* (1959)
R. Gargiani, *Auguste Perret, 1874–1954* (1993)
V. Gregotti, 'Classicisme et rationalisme d'A. Perret', *AMC*, 37, November 1975, 19–20
B. Jamot, *Auguste Perret et l'architecture du béton armé* (1927)
P. Panerai, 'Maison Cassandre', *9H*, no. 4, 1982, 33–36
A. Perret, 'Architecture: Science et poésie', *La Construction moderne*, 48, October 1932, 2–3
— 'L'Architecture', *Revue d'art et d'esthétique*, June 1935
— *Contribution à une théorie de l'architecture* (1952)
— C. Laurent, G. Lambert and J. Abram, *Auguste Perret: Anthologie des écrits, conférences et entretiens* (2006)
G.E. Pettengill, 'Auguste Perret: A Partial Bibliography' (unpub. MS, AIA Library, Washington, 1952)
P. Saddy, 'Perret et les idées reçues', *AMC*, 37, 1977, 21–30
P. Vago, 'Auguste Perret', *L'Architecture d'Aujourd'hui*, October 1932
P. Valéry, *Eupalinos ou l'architecte* (1923; trans. 1932) [a key to the French classical attitude to architecture after the First World War]

第12章　德意志制造联盟　1898—1927

S. Anderson, 'Peter Behrens's Changing Concept of Life as Art', *AD*, XXXIX, February 1969, 72–78
— 'Modern Architecture and Industry: Peter Behrens and the Cultural Policy of Historical Determinism', *Oppositions*, 11, Winter 1977
— 'Modern Architecture and Industry: Peter Behrens and the AEG Factories', *Oppositions*, 23, 1981, 53–83
— *Peter Behrens and a New Architecture for the 20th Century* (2000)
P. Behrens, 'The Turbine Hall of the AEG 1910', *Documents* (1975), 56–57
T. Benton, S. Muthesius and B. Wilkins, *Europe 1900–14* (1975)
K. Bernhardt, 'The New Turbine Hall for AEG 1910', *Documents* (1975), 54–56
R. Bletter, 'On Martin Fröhlich's Gottfried Semper', *Oppositions*, 4, October 1974, 146–53
T. Buddensieg, *Industrielkultur. Peter Behrens and the AEG, 1907–1914* (1984)
J. Campbell, *The German Werkbund – The Politics of Reform in the Applied Arts* (1978)
C. Chassé, 'Didier Lenz and the Beuron School of Religious Art', *Oppositions*, 21, 1980, 100–103
C.M. Chipkin, 'Lutyens and Imperialism', *RIBAJ,* July 1969, 263
U. Conrads, *Programs and Manifestoes on 20th-Century Architecture* (1970) [an important anthology of manifestos 1903–63, notably *Aims of the Werkbund* (1911) and *Werkbund Theses and Anti-Theses* (1914)]
S. Custoza, M. Vogliazzo and J. Posener, *Muthesius* (1981)
F. Dal Co, *Figures of Architecture and Thought: German Architectural Culture 1880–1920* (1990)
H. Eckstein, ed., *50 Jahre Deutscher Werkbund* (1958)
L.D. Ettlinger, 'On Science, Industry and Art, Some Theories of Gottfried Semper', *AR*, July 1964, 57–60
J. Frank, *et al., Josef Frank: Schriften* (*Josef Frank: Writings*) (2012)
A.C. Funk-Jones, J.R. Molen and G. Storck, eds, *J.L.M. Lauweriks* (1987)
G. Grassi, 'Architecture as Craft', *9H*, no. 8, 1989, 34–53 [an essay on Tessenow]
W. Gropius, 'Die Entwicklung Moderner Industriebaukunst', *Jahrbuch des Deutschen Werkbundes*, 1913
— 'Der Stilbildende Wert Industrieller Bauformen', *Jahrbuch des Deutschen Werkbundes*, 1914
W. Herrmann, *Gottfried Semper und die Mitte der 19. Jahrhunderts* (ETH/GTA 18, Stuttgart, 1976) [proceedings of an important international Semper symposium]
— *Gottfried Semper. Theoretischer Nachlass an der ETH Zürich* (ETH/GTA 15, Stuttgart, 1981)
— *Gottfried Semper: In Search of Architecture* (1984)
F. Hoeber, *Peter Behrens* (1913)
W. Hoepfner and F. Neumeyer, *Das Haus Weigand von Peter Behrens in Berlin Dahlem* (1979)
M. Hvattum, *Gottfried Semper and the Problem of Historicism* (2004)
W. Jessen, 'Introduction to Heinrich Tessenow's House Building and Such Things', *9H*, no. 8, 1989, 6–33
H.J. Kadatz, *Peter Behrens: Architekt, Maler, Grafiker* (1977) [important for showing the scope of Behrens's work 1914–29]

J. Kreitmaier, *Beuroner Kunst* (1923) [study of the school of symbolic proportion developed by the Beuronic order]
H.F. Mallgrave and W. Herrmann, *The Four Elements of Architecture and Other Writings* (1989) [an anthology of Semper's writings]
F. Meinecke, *The German Catastrophe* (1950, republ. 1963)
S. Müller, *Kunst und Industrie – Ideologie und Organisation des Funktionalismus in der Architektur* (1974)
H. Muthesius, 'The Task of the Werkbund in the Future', *Documents* (1978), 7–8 [followed by extracts from the Werkbund debate in Cologne, 1914]
— *The English House* (1979) [trans. of German original]
— F. Naumann and others, *Der Werkbund-Gedanke in den germanischen Ländern* (1914) [proceedings of the Werkbund debate in Cologne, 1914]
F. Naumann, 'Werkbund und Handel', *Jahrbuch des Deutschen Werkbundes*, 1913
— 'Culture is, however, a General Term, Paris 1900 – a Letter', *Daidalos*, 2, 1981, 25, 33
W. Nerdinger, *Hans Dollgast 1891–1974* (1987)
— *Theodor Fischer: Architetto e urbanista, 1862–1938* (1988)
N. Pevsner, 'Gropius at Twenty-Six', *AR*, July 1961, 49–51
J. Posener, 'Muthesius as Architect', *Lotus*, 9, February 1975, 104–15 [trans. 221–25]
F. Schumacher, *Der Geist der Baukunst* (1983) [republ. of a thesis first issued in 1938]
G. Semper, 'Science, Industry and Art. Proposals for the Development of a National Taste in Art at the Closing of the London Industrial Exhibition', in *The Four Elements of Architecture and Other Writings*, trans. H.F. Mallgrave and W. Herrmann (1989)
— H.F. Mallgrave and M. Robinson, *Style in the Technical and Tectonic Arts, or, Practical Aesthetics* (2004)
F. Very, 'J.M.L. Lauweriks: architecte et théosophe', *AMC*, 40, September 1976, 55–58
G. Wangerin and G. Weiss, *Heinrich Tessenow 1876–1950* (1976)
H. Weber, *Walter Gropius und das Faguswerk* (1961)
A. Windsor, *Peter Behrens Architect 1868–1940* (1981)

第13章　玻璃链：欧洲的建筑表现主义　1910—1925

J. Badovici, 'Erich Mendelsohn', *L'Architecture Vivante*, Autumn/Winter 1932 (special issue)
R. Banham, 'Mendelsohn', *AR*, 1954, 85–93
O. Beyer, ed., *Erich Mendelsohn: Letters of an Architect* (1967)
R. Bletter, 'Bruno Taut and Paul Scheerbart' (unpub. PhD thesis, Avery Library, Columbia, New York, 1973)
I. Boyd-Whyte, *The Crystal Chain Letters. Architectural Fantasies by Bruno Taut and his Circle* (1985)
N. Bullock, 'First the Kitchen, Then the Façade', *AA Files*, no. 6, May 1984, 59–67
U. Conrads, '1919 Gropius/Taut/Behne: New Ideas on Architecture', in *Programs and Manifestoes on 20th-century Architecture*, trans. M. Bullock (1971)
— and H.G. Sperlich, *Fantastic Architecture* (1963)
K. Frampton, 'Genesis of the Philharmonie', *AD*, March 1965, 111–12
Hugo Häring, Fragmente (Akademie der Künste, Berlin, 1968)
H. Häring, 'Approaches to Form' (1925), *AAQ*, X, no. 7, 1978 [trans. of Häring text]
— *Das andere Bauen*, ed. J. Joedicke (1982) [an anthology of theoretical writings]
— 'Problems of Art and Structure in Building' (with intro. by P. Blundell Jones), *9H*, no. 7, 1985, 75–82
T. Huess, *Hans Poelzig, das Lebensbild eines deutschen Baumeister* (1985) [repr. of 1939 classic]
J. Joedicke, 'Häring at Garkau', *AR*, May 1960, 313–18
— *Hugo Häring, Schriften, Entwürfe, Bauten* (1965)
P. Blundell Jones, 'Late Works of Scharoun', *AR*, March 1975, 141–54
— 'Organic versus Classic', *AAQ*, X, 1978, 10–20
— *Hans Scharoun* (1978)
— 'Hugo Häring and the Search for a Responsive Architecture', *AA Files*, no. 13, Autumn 1986, 30–43
— 'Häring's Functionalist Theory, 1924–1934. "Wege zur Form", 1925', in *Hugo Häring: the Organic Versus the Geometric* (1999), 77
K. Junghans, 'Bruno Taut', *Lotus*, 9, February 1975, 94–103 [trans. 219–21]
— *Bruno Taut* (Akademie der Künste, Berlin, 1980)
— *Bruno Taut 1880–1938* (2nd edn, 1983)
H. Lauterbach, *Hans Scharoun* (Akademie der Künste, Berlin, 1969)
Erich Mendelsohn 1887–1953: Ideen, Bauten, Projekte (Staatliche Museen Preussischer Kulturbesitz, Berlin, 1987)
W. Pehnt, *Expressionist Architecture* (1973)
J. Posener, 'Poelzig', *AR*, June 1963, 401–05
— ed., *Hans Poelzig: Gesammelte Schriften und Werke* (1970)
G. Rumé, 'Rudolf Steiner', *AMC*, 39, June 1976, 23–29
P. Scheerbart and B. Taut, *Glass Architecture and Alpine Architecture*, ed D. Sharp (1972) [trans. of 2 seminal texts]
M. Schirren, *Hans Poelzig: Die Pläne und Zeichnungen aus dem ehemaligen Verkehrs und Baumuseum in Berlin* (1989)
W. Segal, 'About Taut', *AR*, January 1972, 25–26
D. Sharp, *Modern Architecture and Expressionism* (1966)
— 'Park Meerwijk – an Expressionist Experiment in Holland', *Perspecta*, 13/14, 1971
M. Speidel, *Bruno Taut* (2007)
M. Staber, 'Hans Scharoun, Ein Beitrag zum organischen Bauen', *Zodiac*, 10, 1952, 52–93 [Scharoun's contribution to organic building, with trans.]
B. Taut, 'The Nature and the Aims of Architecture', *Studio*, March 1929, 170–74
— and M. Schirren, *Bruno Taut: Alpine Architecture: A Utopia* (2004)
— and M. Speidel, *Ex Oriente Lux: die Wirklichkeit einer Idee: eine Sammlung von Schriften 1904–1938* (2007)
— *et al.*, *The City Crown by Bruno Taut* (2015)
M. Taut and O.M. Lingers, *Die Gläserne Kette. Visionäre Architektur aus dem Kreis um Bruno Taut 1919–1920* (1963)
A. Tischhauser, 'Creative Forces and Crystalline Architecture: In Remembrance of Wenzel Hablik', *Daidalos*, 2, 1981, 45–52
A. Whittick, *Erich Mendelsohn* (1970)
B. Zevi, *Erich Mendelsohn Opera Completa* (1970)
— *Erich Mendelsohn* (1984)

第14章 包豪斯：一种思想的沿革 1919—1932

G. Adams, 'Memories of a Bauhaus Student', *AR*, September 1968, 192–94

R. Banham, 'The Bauhaus', in *Theory and Design in the First Machine Age* (2nd edn, 1967)

H. Bayer, W. Gropius and I. Gropius, *Bauhaus 1919–1928* (1952)

A. Cohen, *Herbert Bayer* (1984)

U. Conrads, '1919 Walter Gropius: Programme of the Staatliches Bauhaus in Weimar', in *Programs and Manifestoes on 20th-century Architecture*, trans. M. Bullock (1971), 49

J. Fisher, *Photography and the Bauhaus* (1990)

M. Franciscono, *Walter Gropius and the Creation of the Bauhaus in Weimar* (1971)

S. Giedion, *Walter Gropius: Work and Teamwork* (1954)

P. Green, 'August Endell, *AAQ*, IX, no. 4, 1977, 36–44

W. Gropius, *The New Architecture and the Bauhaus* (1935)

— *The Scope of Total Architecture* (1956)

P. Hahn, *Experiment Bauhaus* (1988)

R. Isaacs, *Walter Gropius* (1991)

J. Itten, *Design and Form* (1963)

R. Kostelanetz, *Moholy-Nagy* (1970) [trans. of his basic texts]

L. Lang, *Das Bauhaus 1919–1923. Idee und Wirklichkeit* (1965)

S.A. Mansbach, *Visions of Totality: László Moholy-Nagy, Theo van Doesburg and El Lissitzky* (1980)

L. Moholy-Nagy, *The New Vision* (4th edn, 1947)[trans. of *Von Material zu Architektur* (1928)]

— *Vision in Motion* (1947)

S. Moholy-Nagy, *Moholy-Nagy. An Experiment in Totality* (1950)

G. Naylor, *Bauhaus* (1980) [an extremely penetrating analysis of the Bauhaus in Eng.]

E. Neumann, *Bauhaus and Bauhaus People* (1970)

W. Nerdinger, *Walter Gropius* (1985/86)

K. Passuth, *Moholy-Nagy* (1991)

W. Schedig, *Crafts of the Weimar Bauhaus 1919–1924* (1967)

O. Schlemmer, L. Moholy-Nagy and F. Molnar, *The Theater of the Bauhaus* (1961) [trans. of *Bauhaus-bücher 4*]

C. Schnaidt, 'My Dismissal from the Bauhaus', in *Hannes Meyer: Buildings, Projects and Writings* (1965), 105

J. Willett, *The New Sobriety 1917–1933: Art and Politics in the Weimar Period* (1978)

H. Wingler, *The Bauhaus: Weimar, Dessau, Berlin and Chicago* (1969) [the basic documentary text on the Bauhaus to date]

第15章 新客观性：德国、荷兰与瑞士 1923—1933

S. Bann, *The Tradition of Constructivism* (1974)

Bauhaus Archiv, *Architekt, Urbanist, Lehrer, Hannes Meyer 1889–1954* (1989)

A. Behne, *The Modern Functional Building* (1996) [1923]

E. Bertonati, *Aspetti della 'Nuova Oggettività'* (1968) [cat. of exh. of the New Objective painters, Rome and Munich, 1968]

O. Birkner, J. Herzog and P. de Meuron, 'Die Petersschule in Basel (1926–1929)', *Werk-Archithese*, 13/14, January–February 1978, 6–8

J. Buckschmitt, *Ernst May: Bauten und Planungen*, vol. 1 (1963)

M. Casciato, F. Panzini and S. Polano, *Olanda 1870–1940: Città, Casa, Architettura* (1980)

G. Fanelli, *Architettura moderna in Olanda* (1968)

V. Fischer, *et al.*, *Ernst May und das Neue Frankfurt 1925–1930* (1986)

S. Giedion, 'The Modern Theatre: Interplay between Actors and Spectators', in *Walter Gropius, Work and Teamwork* (1954), 64

G. Grassi, ed., *Das Neue Frankfurt 1926–1931 e l'architettura della nuova Francoforte* (1975)

W. Gropius, 'Sociological Premises for the Minimum Dwelling of Urban Industrial Populations', in *Scope of Total Architecture* (1978), 101

J. Gubler, *Nationalisme et internationalisme dans l'architecture moderne de la Suisse* (1975)

G.F. Hartlaub, 'Letter to Alfred H. Barr', *AB*, XXII, no. 3, September 1940, 164

O. Haesler, *Mein Lebenswerk als Architekt* (1957)

H. Hirolina, ed., *Neues Bauen Neue Gesellschaft: Das neue Frankfurt die neue Stadt. Eine Zeitschrift Zwischen 1926–1933* (1984)

K. Homann and L. Scarpa, 'Martin Wagner, The Trades Union Movement and Housing Construction in Berlin in the First Half of the 1920s', *AD*, November–December 1983, 58–61

B. Housden, 'Arthur Korn', *AAJ* (special issue), LXXIII, no. 817, December 1957, 114–35

— 'M. Brinckman, J.A. Brinckman, L.C. van der Vlugt, J.H. van der Broek, J.B. Bakema', *AAJ*, December 1960 [a documentation of the evolution of this important firm over 4 generations]

E.J. Jelles and C.A. Alberts, 'Duiker 1890–1935', *Forum voor architectuur en daarmee verbonden kunsten*, nos 5 & 6, 1972

B. Miller Lane, *Architecture and Politics in Germany 1918–1945* (1968)

Le Corbusier, 'The Spectacle of Modern Life', in *The Radiant City* (1967)

S. Lissitzky-Küppers, *El Lissitzky* (1968)

D. Mackintosh, *The Modern Courtyard*, AA Paper no. 9 (1973)

J. Molema, *et al.*, *J. Duiker Bouwkundig Ingenieur* (1982) [structural form in the work of Duiker]

L. Murad and P. Zylberman, 'Esthétique du taylorisme', in *Paris/Berlin rapports et contrastes/France-Allemagne* (1978), 384–90

G. Oorthuys, *Mart Stam: Documentation of his Work 1920–1965* (1970)

R. Pommer and C.F. Otto, *Weissenhof 1927 and the Modern Movement in Architecture* (1991)

M.B. Rivolta and A. Rossari, *Alexander Klein* (1975)

F. Schmalenbach, 'The Term Neue Sachlichkeit', *AB*, XXII, September 1940

H. Schmidt, 'The Swiss Modern Movement 1920–1930', *AAQ*, Spring 1972, 32–41

C. Schnaidt, *Hannes Meyer: Buildings, Projects and Writings* (1965)

M. Stam, 'Kollektive Gestaltung', *ABC* (1924), 1

G. Uhlig, 'Town Planning in the Weimar Republic', *AAQ*, XI, no. 1, 1979, 24–38

J.B. van Loghem, *Bouwen, Bauen, Bâtir, Building* (1932) [standard contemporary survey of the achievement of the Nieuwe Zakelijkheid in Holland]
K.-J. Winkler, *Der Architekt Hannes Meyer: Anschauungen und Werk* (1982)
K.P. Zygas. '"Veshch/Gegendstand/Objet": Commentary, Bibliography, Translations', *Oppositions*, 5, Summer 1976, 113–28

第16章　捷克斯洛伐克的现代建筑　1918—1938

J. Anděl, *Introduction to the Art of the Avant-Garde in Czechoslovakia 1918–1938* (1993)
— *The Art of the Avant-Garde in Czechoslovakia 1918–1938* (1993)
E. Dluhosch and R. Švácha, *Karel Teige, 1900–1951* (1999)
R. Nikula, *Erik Bryggman 1891–1955: Architect* (1992)
V. Slapeta and G. Peichl, *Czech Functionalism 1918–1938* (1987)
R. Švácha, *The Architecture of New Prague 1895–1945* (1995)
K. Teige, *Moderní architektura v Československu* (1930)

第17章　风格派：新造型主义的形成与解体　1917—1931

J. Baljeu, *Theo van Doesburg* (1974)
D. Baroni, *Rietveld Furniture* (1978)
A.H. Barr and P.C. Johnson, *De Stijl, 1917–1928* (1961)
Y.A. Blois, 'Mondrian and the Theory of Architecture', *Assemblage 4*, October 1987, 103–30
— and B. Reichlin, *De Stijl et l'architecture en France* (1985)
C. Blotkamp, *et al.*, *De Stijl: The Formative Years* (1982)
T.M. Brown, *The Work of G. Rietveld, Architect* (1958)
U. Conrads, 'Van Doesburg and van Eesteren: Towards Collective Building', in *Programs and Manifestoes on 20th-century Architecture*, trans. M. Bullock (1971)
De Stijl, Catalogue 81 (exh. cat. Amsterdam, Stedelijk Museum, 1951)
A. Doig, *Theo Van Doesburg: Painting into Architecture, Theory into Practice* (1986)
M. Friedman, ed., *De Stijl: 1917–1931. Visions of Utopia* (1982)
H.L.C. Jaffé, *De Stijl 1917–1931. The Dutch Contribution to Modern Art* (1956)
— *De Stijl* (1970) [trans. of seminal texts]
J. Leering, L.J.F. Wijsenbeck and P.F. Althaus, *Theo van Doesburg 1883–1931* (1969)
P. Mondrian, 'Plastic Art and Pure Plastic Art', *Circle*, ed. J.L. Martin, B. Nicholson and N. Gabo (1937)
P. Overy, L. Buller, F. Den Oudsten and B. Mulder, *The Rietveld Schröder House* (1988) [an important analytical study]
S. Polano, 'Notes on Oud', *Lotus*, 16, September 1977, 42–49
M. Seuphor, *Piet Mondrian* (1958)
G. Stamm, *J.J.P. Oud Bauten und Projekte 1906–1963* (1984)
N.J. Troy, *The De Stijl Environment* (1983)
J.H. van der Broek, C. van Eesteren, *et al., De Stijl* (1951) [this initiated the post-war interest in the movement and carries trans. of a number of the manifestos]
T. van Doesburg, 'L'Evolution de l'architecture moderne en Hollande', *L'Architecture Vivante*, Autumn/Winter 1925 (special issue on De Stijl)
E. van Staaten, *Theo van Doesburg: Painter and Architect* (1988)
C.-P. Warncke, *De Stijl 1917–1931* (1991) [a survey carrying a great deal of new material]
B. Zevi, *Poetica dell'architettura neoplastica* (1953)

第18章　勒·柯布西耶与新精神　1907—1931

G. Baird, 'A Critical Introduction to Karel Teige's "Mundaneum" and Le Corbusier's "In the Defence of Architecture"', *Oppositions*, 4, October 1974, 80–81
R. Banham, *Theory and Design in the First Machine Age* (1960), esp. section 4
T. Benton, *The Villas of Le Corbusier 1920–1930* (1990)
M. Besset, *Who Was Le Corbusier?* (1968) [trans.]
P. Boudon, *Pessac de Le Corbusier* (1969)
H.A. Brooks, ed., *The Le Corbusier Archive*, 25 vols (1983) [a compilation of the complete archive in the Fondation Le Corbusier, Paris]
J. Caron, 'Une Villa de Le Corbusier, 1916', in *L'Esprit Nouveau*, nos 4–6 (1968)
B. Colomina, 'Le Corbusier and Photography', *Assemblage 4*, October 1987, 7–23
P.A. Croset, *et al.*, 'I clienti di Le Corbusier', *Rassegna*, 3, July 1980 [a special number devoted to the clients of Le Corbusier, from the industrialist Bata to the Soviet State]
W. Curtis, *Le Corbusier: Ideas and Forms* (1988)
P. Dermée, ed. (with A. Ozenfant and Le Corbusier), *L'Esprit Nouveau*, 1, 1920–25 (facsimile repr. 1969)
C. de Smet, *Le Corbusier, Architect of Books* (2005)
J.P. Duport and S. Nemec-Piguet, *Le Corbusier & Pierre Jeanneret: Restoration of the Clarté Building, Geneva* (2016)
G. Fabre, ed., *Léger and the Modern Spirit, 1918–1931* (1982)
K. Frampton, 'The Humanist vs. Utilitarian Ideal', *AD*, XXXVIII, 1968, 134–36
— *Le Corbusier* (2001)
— R. Schezen and Le Corbusier, *Le Corbusier: Architect of the Twentieth Century* (2002)
R. Gabetti and C. Olmo, *Le Corbusier et l'Esprit nouveau* (1977)
P. Goulet and C. Parent, 'Le Corbusier', *Aujourd'hui*, 51 (special issue), November 1965 [for early correspondence, documentation, etc.]
C. Green, 'Léger and l'esprit nouveau 1912–1928', *Léger and Purist Paris* (exh. cat. ed. with J. Golding, London, 1970), 25–82
E. Gregh, 'Le Corbusier and the Dom-Ino System', *Oppositions*, 15/16, January 1980
G. Gresleri, *80 Disegni di Le Corbusier* (1977)
— *L'Esprit Nouveau. Le Corbusier: costruzione e ricostruzione di un prototipo dell'architettura moderna* (1979)
— ed., *Le Corbusier Voyage d'Orient*, 6 vols (1988)[facsimile of 1912 travel sketchbooks]
J. Guiton, *The Ideas of Le Corbusier* (1981)
D. Honisch, *et al.*, *Tendenzen der Zwanziger Jahre* (1977)
A. Izzo and C. Gubitosi, *Le Corbusier* (Rome 1978) [cat. of hitherto unpubl. Le Corbusier drawings]
Le Corbusier, *Etude sur le mouvement d'art décoratif en*

Allemagne (1912)
— 'Purism' (1920), in *Modern Artists on Art*, ed. R.C. Herbert (1964), 58–73 [timely trans. of the essay from the 4th issue of *L'Esprit Nouveau*]
— *L'Art décoratif d'aujourd'hui* (1925; Eng. trans. by J. Dunnet, *The Decorative Art of Today*, 1987)
— *La Peinture moderne* (1925)
— *Une Maison – un palais* (1928)
— 'In the Defence of Architecture', *Oppositions*, 4, October 1974, 93–108 [1st publ. in Czech in *Stavba*, 7 (1929), and in French in *L'Architecture d'Aujourd'hui*, 1933]
— *Précisions sur un état présent de l'architecture et de l'urbanisme* (1930; Eng. trans. by E. Schrieber Aujame, *Precisions on the Present State of Architecture and City Planning*, 1991)
— *Le Corbusier et Pierre Jeanneret: Oeuvre complète, I, 1918–1929* (1935, repr. 1966)
— *Towards a New Architecture*, trans. F. Etchells (1946)
— *Le Voyage d'Orient* (1966; Eng. trans. by I. Zaknic and N. Pertuiset, *Journey to the East*, 1987) [record of a journey to Bohemia, Serbia, Bulgaria, Greece and Turkey (1st prepared for publ. 1914)]
— *Le Corbusier Sketchbooks*, vol. 7 (1982)
— *Le Corbusier et le livre: les livres de Le Corbusier dans leurs éditions originales* (2005)
— and J.-L. Cohen, *Toward an Architecture* (2009)
— and A. Ozenfant, *Après le Cubisme* (1918)
J. Lowman, 'Corb as Structural Rationalist: The Formative Influence of the Engineer Max du Bois', *AR*, October 1976, 229–33
J. Lucan, ed., *Le Corbusier, Une Encyclopédie* (cat. of centennial Centre Pompidou exh., Paris, 1987)
M. McLeod, 'Charlotte Perriand: Her First Decade as a Designer', *AA Files*, no. 15, Summer 1987, 4–13
W. Oechslin, ed., *Le Corbusier und Pierre Jeanneret. Das Wettbewerbsprojekt für den Völkerbundspalast in Genf 1927* (1988)
C. Perriand, *A Life of Creation: An Autobiography* (2003)
J. Petit, *Le Corbusier lui-même* (1969) [important cat. of Le Corbusier's painting, 1918–54]
N. Pevsner, 'Time and Le Corbusier', *AR*, March 1951 [an early appraisal of Le Corbusier's work in La Chaux-de-Fonds]
J.F. Pinchon, *Rob Mallet Stevens, Architecture, Furniture, Interior Design* (1990)
H. Plummer, *The Sacred Architecture of Le Corbusier* (2013)
B. Reichlin, 'Le Pavilion de la Villa Church Le Corbusier', *AMC*, May 1983, 100–111
M. Risselada, ed., *Raumplan versus Plan Libre* (1987) [a typological comparison between Loos and Le Corbusier]
J. Ritter, 'World Parliament – The League of Nations Competition', *AR*, CXXXVI, 1964, 17–23
C. Rowe, *The Mathematics of the Ideal Villa and Other Essays* (1977)
— and R. Slutzky, 'Transparency: Literal and Phenomenal', *Perspecta*, 8, 1963, 45–54
A. Rüegg and K. Spechtenhauser, *Le Corbusier: Furniture and Interiors 1905–1965* (2012)
C. Schnaidt, 'Building, 1928', in *Hannes Meyer: Buildings, Projects and Writings* (1965)
M.P. Sekler, 'The Early Drawings of Charles-Edouard Jeanneret (Le Corbusier) 1902–1908', (PhD thesis, Harvard, 1973 [1977])
P. Serenyi, 'Le Corbusier, Fourier and the Monastery of Ema', *AB*, XLIX, 1967, 227–86
— *Le Corbusier in Perspective* (1975) [critical commentary by various writers spanning over half a century, starting with Piacentini's essay on mass production houses of 1922]
K. Silver, 'Purism, Straightening Up After the Great War', *Artform*, 15, March 1977
C. Sumi, *Immeuble Clarté Genf 1932* (1989)
B.B. Taylor, *Le Corbusier et Pessac*, I & II (1972)
K. Teige, 'Mundaneum', *Oppositions*, 4, October 1974, 83–91 [1st publ. in *Stavba*, 7 (1929)]
P. Turner, 'The Beginnings of Le Corbusier's Education 1902–1907'. *AB*, LIII, June 1971, 214–24
— *The Education of Le Corbusier* (1977)
S. von Moos, T. Hughes and B. Colomina, *L'Esprit Nouveau: Le Corbusier und die Industrie 1920–1925* (1987)
R. Walden, ed., *The Open Hand: Essays on Le Corbusier* (1977) [seminal essays by M.P. Sekler, M. Favre, R. Fishman, S. von Moos and P. Turner]
I. Žaknić, *Le Corbusier, Pavillon Suisse* (2004)

第19章　从装饰艺术到人民阵线：两次世界大战之间的法国建筑 1925—1945

L. Benevolo, *Storia dell'architettura moderna* (1960)
R.L. Delevoy, M. Culot and L. Grenier, *Henri Sauvage, 1873–1932* (1978)
C. Devillers, 'Une Maison de Verre … pour automobiles', *AMC*, March 1984, 42–49
L. Fernández-Galiano, ed., *AV Monografías 149: Jean Prouvé 1901–1984* (2011)
R. Herbst, *Un Inventeur ... l'architecte Pierre Chareau* (1954)
B. Lemoine, *et al.*, *Paris 1937: Cinquantenaire de l'Exposition Internationale des Arts et des Techniques dans la Vie Moderne* (1987)
M. Vellay and K. Frampton, *Pierre Chareau: Architect and Craftsman, 1883–1950* (1984)

第20章　密斯·凡·德·罗与事实的意义　1921—1933

J. Bier, 'Mies van der Rohe's Reichspavillon in Barcelona', *Die Form*, August 1929, 23–30
J.P. Bonta, *An Anatomy of Architectural Interpretation* (1975) [a semiotic review of the criticisms of Mies van der Rohe's Barcelona Pavilion]
H.T. Cadbury-Brown, 'Ludwig Mies der Rohe', *AAJ*, July–August 1959 [this interview affords a useful insight into Mies's relation to his clients for both the Tugendhat House and the Weissenhofsiedlung]
P. Carter, *Mies Van Der Rohe at Work* (1972, 3rd edn, 1999)
C. Constant, 'The Barcelona Pavilion as Landscape Garden: Modernity and the Picturesque', *AA Files*, no. 20, Autumn 1990, 47–54

A. Drexler, ed., *Mies van der Rohe Archive*, 6 vols (1982) [a compilation of the complete archive in the Museum of Modern Art, New York]
S. Ebeling and S. Papapetros, *Space As Membrane* (2010) [1926]
R. Evans, 'Mies van der Rohe's Paradoxical Symmetries', *AA Files*, no. 19, Spring 1990, 56–68
L. Glaeser, *Ludwig Mies van der Rohe: Drawings in the Collection of the Museum of Modern Art,New York* (1969)
— *The Furniture of Mies van der Rohe* (1977)
G. Hartoonian, 'Mies van der Rohe: The Genealogy of the Wall', *JAE*, 42, no. 2, Winter 1989, 43–50
L. Hilberseimer, *Mies van der Rohe* (1956)
H.-R. Hitchcock, 'Berlin Architectural Show 1931', *Horn and Hound*, V, no. 1, October–December 1931, 94–97
P. Johnson, 'The Berlin Building Exposition of 1931', *T square*, 1932 (repr. in *Oppositions*, 2, 1974, 87–91)
— 'Architecture in the Third Reich', *Horn and Hound*, 1933 (repr. in *Oppositions*, 2, 1974, 92–93)
— *Mies van der Rohe* (1947, 3rd edn, 1978) [still the best monograph on Mies, with comprehensive bibliography and trans. of Mies's basic writings, 1922–43]
D. Mertins, *Mies* (2014)
— *et al.*, *G: an Avant-Garde Journal of Art, Architecture, Design, and Film, 1923–1926* (2010)
L. Mies van der Rohe, 'Two Glass Skyscrapers 1922', in P. Johnson, *Mies van der Rohe* (1947, 3rd edn, 1978), 182 [1st publ. as 'Hochhaus-projekt für Bahnhof Friedrichstrasse im Berlin', in *Frühlicht*, 1922]
— 'Working Theses 1923', *Programs and Manifestos on 20th Century Architecture*, ed. U. Conrads (1970), 74 [publ. in *G*, 1st issue, 1923, in conjunction with his concrete office building]
— 'Industrialized Building 1924', *Programs and Manifestos on 20th Century Architecture*, ed. U. Conrads (1970), 81 [from *G*, 3rd issue, 1924]
— 'On Form in Architecture 1927', *Programs and Manifestos on 20th Century Architecture*, ed. U. Conrads (1970), 102 [1st pub. in *Die Form*, 1927, as 'Zum Neuer Jahrgang'; another trans. appears in P. Johnson, *Mies van der Rohe* (1947, 3rd edn, 1978)]
— 'A Tribute to Frank Lloyd Wright', *College Art Journal*, VI, no. 1, Autumn 1946, 41–42
R. Moneo, 'Un Mies menos conocido', *Arquitecturas Bis 44*, July 1983, 2–5
F. Neumeyer, *The Artless Word: Mies van der Rohe on the Building Art* (1991) [1986]
D. Pauly, *et al.*, *Le Corbusier et la Méditerranée* (1987)
T. Riley and B. Bergdoll, eds, *Mies in Berlin* (2001)
N.M. Rubio Tuduri, 'Le Pavillon de l'Allemagne à l'exposition de Barcelone par Mies van der Rohe', *Cahiers d'Art*, 4, 1929, 408–12
Y. Safran, 'Mies Van Der Rohe and Truth in Architecture', in Y. Safran, *et al.*, *Mies Van Der Rohe* (2000)
F. Schulze, *Mies van der Rohe* (1985) [critical biography]
A. and P. Smithson, *Mies van der Rohe, Veröffentli-chungen zur Architektur* (1968) [a short but sensitive appraisal which introduced for the 1st time the suppressed Krefeld factory (text in German and Eng.)]
— *Without Rhetoric* (1973) [important for critical appraisal and photographs of the Krefeld factory]
W. Tegethoff, *Mies van der Rohe: Villas and Country Houses* (1986)
D. von Beulwitz, 'The Perls House by Mies van der Rohe', *AD*, November–December 1983, 63–71
W. Wang, 'The Influence of the Wiegand House on Mies van der Rohe', *9H*, no. 2, 1980, 44–46
P. Westheim, 'Mies van der Rohe: Entwicklung eines Architekten', *Das Kunstblatt*, II, February 1927, 55–62
— 'Umgestaltung des Alexanderplatzes', *Die Bauwelt*, 1929
— 'Das Wettbewerb der Reichsbank', *Deutsche Bauzeitung*, 1933
F.R.S. Yorke, *The Modern House* (1934, 4th edn 1943) [contains details of the panoramic window in the Tugendhat House]
C. Zervos, 'Mies van der Rohe', *Cahiers d'Art*, 3, 1928, 35–38
— 'Projet d'un petit musée d'art moderne par Mies van der Rohe', *Cahiers d'Art*, 20/21, 1946, 424–27

第21章　新集合性：苏联的艺术与建筑　1918—1932

C. Abramsky, 'El Lissitzky as Jewish Illustrator and Typographer', *Studio International*, October 1966, 182–85
P.A. Aleksandrov and S.O. Chan-Magomedov, *Ivan Leonidov* (1975) [Italian trans. of unpubl. Russian text]
T. Anderson, *Vladimir Tatlin* (1968)
— *Malevich* (1970) [cat. raisonné of the Berlin Exhibition of 1927]
R. Andrews and M. Kalinovska, *Art Into Life: Russian Constructivism 1914–1932* (1990)[important cat. of an exh. at the Henry Art Gallery, Seattle, and Walker Art Gallery, Minneapolis]
J. Billington, *The Icon and the Axe* (1968)
M. Bliznakov, 'The Rationalist Movement in Soviet Architecture of the 1920s', *20th-Century Studies*, 7/8, December 1972, 147–61
E. Borisova and G. Sternin, *Russian Art Nouveau* (1987)
C. Borngräber, 'Foreign Architects in the USSR', *AAQ*, 11, no. 1, 1979, 50–62
J. Bowlt, ed., *Russian Art of the Avant Garde: Theory and Criticism* (1976, 1988)
S.O. Chan-Magomedov, *Moisej Ginzburg* (1975)[Italian trans. of Russian text publ. 1972]
— 'Nikolaj Ladavskij: An Ideology of Rationalism', *Lotus*, 20, September 1978, 104–26
— *see also* Khan-Magomedov
J. Chernikov, *Arkhitekturnye Fantasii* (1933)
J.L. Cohen, M. de Michelis and M. Tafuri, *URSS 1917–1978. La ville l'architecture* (1978)
C. Cooke, 'F.O. Shektel: An Architect and his Clients in Turn-of-the-century Moscow', *AA Files*, no. 5, Spring 1984, 5–29
F. Dal Co, 'La poétique "a-historique" de l'art de l'avant-garde en Union Soviétique', *Archithese*, 7, 1973, 19–24, 48
V. de Feo, *URSS Architettura 1917–36* (1962)
E. Dluhosch, 'The Failure of the Soviet Avant Garde', *Oppositions*, 10, Autumn 1977, 30–55
C. Douglas, *Swans of Other Worlds: Kazimir Malevich and the Origins of Abstraction in Russia* (1980)

D. Elliott, ed., *Alexander Rodchenko: 1891–1956* (Museum of Modern Art, Oxford, 1979)
— *Mayakovsky: Twenty Years of Work* (Museum of Modern Art, Oxford, 1982)
K. Frampton, 'Notes on Soviet Urbanism 1917–32', *Architects' Year Book*, XII, 1968, 238–52
— 'The Work and Influence of El Lissitzky', *Architects' Year Book*, XII, 1968, 253–68
R. Fülöp-Muller, *The Mind and Face of Bolshevism* (1927, republ. 1962)
N. Gabo, *Gabo* (1957)
M. Ginzburg, *Style and Epoch* (1982) [trans. of the Russian original of 1924]
A. Gozak and A. Leonidov, *Ivan Leonidov* (1988)
C. Gray, *The Great Experiment: Russian Art 1863–1922* (1962)
G. Karginov, *Rodchenko* (1979)
S. Khan-Magomedov, *Ivan Leonidov* (IAUS Cat. no. 8, New York, 1981) [a great deal of the material in this cat. was compiled by R. Koolhaas and B. Oorthuys]
— *Alexander Vesnin and Russian Constructivism* (1986)
— *Pioneers of Soviet Architecture* (1987)
— *see also* Chan-Magomedov
E. Kirichenko, *Moscow Architectural Monuments of the 1830s–1910s* (1977)
A. Kopp, *Town and Revolution, Soviet Architecture and City Planning 1917–1935*, trans. T.E. Burton (1970)
— *L'Architecture de la période stalinienne* (1978)
— *Architecture et mode de vie* (1979)
J. Kroha and J. Hruza, *Sovetská architektonicá avantgarda* (1973)
El Lissitzky, *Russia: An Architecture for World Revolution* (1970; trans. by E. Dluhosch; 1st publ. in German, 1930)
C. Lodder, *Russian Constructivism* (1983)
B. Lubetkin, 'Soviet Architecture: Notes on Developments from 1917–32', *AAJ*, May 1956, 252
K. Malevich, 'Recent Developments in Town Planning', in *The Non-Objective World* (1959)
— *Essays on Art*, I, 1915–28, II, 1928–33 (1968)
V. Markov, *Russian Futurism* (1969)
J. Milner, *Tatlin and the Russian Avant-Garde* (1983)
N.A. Milyutin, *Sotsgorod. The Problem of Building Socialist Cities*, trans. A. Sprague (1974)
P. Noever and K. Neray, *Kunst und Revolution 1910–1932* (1988) [Vienna exh. cat. containing unusual material]
M.F. Parkins, *City Planning in Soviet Russia* (1953)
V. Quilici, *L'architettura del costruttivismo* (1969)
— 'The Residential Commune, from a Model of the Communitary Myth to Productive Module', *Lotus*, 8, September 1974, 64–91, 193–96
— *Città russa e città sovietica* (1976)
B. Schwan, *Städtebau und Wohnungswesen der Welt* (1935)
F. Starr, *Konstantin Melnikov. Solo Architect in a Mass Society* (1978)
M. Tafuri, ed., *Socialismo città architettura URSS 1917–1937* (1972) [collected essays]
— 'Les premières hypothèses de planification urbaine dans la Russie soviétique 1918–1925', *Archithese*, 7, 1973, 34–91
— 'Towards the "Socialist City": Research and Realization in the Soviet Union between NEP and the First Five-Year Plan', *Lotus*, 9, February 1975, 76–93, 216–19
L.A. Zhadova, ed., *Tatlin* (1988) [definitive study of this important avant-garde artist]
K.P. Zygas, 'Tatlin's Tower Reconsidered', *AAQ*, VIII, no. 2, 1976, 15–27
— *Form Follows Form: Source Imagery of Constructivist Architecture 1917–1925* (1980)

第22章　勒·柯布西耶与光辉城市　1928—1946

M. Bacon, *Le Corbusier in America: Travels in the Land of the Timid* (2001)
P.M. Bardi, *A Critical Review of Le Corbusier* (1950)
F. Choay, *Le Corbusier* (1960)
J.L. Cohen, 'Le Corbusier and the Mystique of the USSR', *Oppositions*, 23, 1981, 85–121
— *Le Corbusier et la mystique de l'URSS: théories et projets pour Moscou 1928–1936* (1987)
— Le Corbusier and R. Pare, *Le Corbusier: An Atlas of Modern Landscapes* (2013)
R. de Fusco, *Le Corbusier designer immobili del 1929* (1976)
M. di Puolo, *Le Corbusier/Charlotte Perriand/Pierre Jeanneret. 'La machine à s'asseoir'* (1976)
A. Eardley, *Le Corbusier and the Athens Charter* (1973) [trans. of *La Charte d'Athènes* (1943)]
N. Evenson, *Le Corbusier: The Machine and the Grand Design* (1969)
R. Fishman, *Urban Utopias in the Twentieth Century* (1977)
K. Frampton, 'The City of Dialectic', *AD*, XXXIX, October 1969, 515–43, 545–46
E. Girard, 'Projeter', *AMC*, 41, March 1977, 82–87
G. Gresleri and D. Matteoni, *La Città Mondiale: Anderson, Hebrard, Otlet and Le Corbusier* (1982)
Le Corbusier, *The City of Tomorrow* (1929) [1st Eng. trans. of *Urbanisme* (1925)]
— *The Radiant City* (1967) [1st Eng. trans. of *La Ville radieuse* (1933)]
— *When the Cathedrals Were White* (1947) [trans. of *Quand les cathédrales étaient blanches* (1937)]
— *Des canons, des munitions? Merci! Des logis ... S.V.P.* (1938)
— *The Four Routes* (1947) [trans. of *Sur les 4 Routes* (1941)]
— (with F. de Pierrefeu) *The Home of Man* (1948) [trans. of *La Maison des hommes* (1942)]
— *Les Trois Etablissements humains* (1944)
— *Towards a New Architecture*, trans. F. Etchells (1946)
M. McLeod, 'Le Corbusier's Plans for Algiers 1930–1936', *Oppositions*, 16/17, 1980
— 'Le Corbusier and Algiers' and 'Plans: Bibliography', *Oppositions*, 19/20, 1980, 54–85 and 184–261
— 'Urbanism and Utopia: Le Corbusier from Regional Syndicalism to Vichy' (unpub. PhD dissertation, 1985)
C.S. Maier, 'Between Taylorism and Technocracy: European Ideologies and the Vision of Industrial Productivity in the 1920s', *Journal of Contemporary History*, 5, 1970, 27–61
J. Pokorny and E. Hud, 'City Plan for Zlín', *Architectural Record*, CII, August 1947, 70–71

C. Sumi, *Immeuble Clarté Genf 1932 von Le Corbusier und Pierre Jeanneret* (GTA, Zürich, 1989)
A. Vidler, 'The Idea of Unity and Le Corbusier's Urban Form', *Architects' Year Book*, XII, 1968, 225–37
S. von Moos, 'Von den Femmes d'Alger zum Plan Obus', *Archithese*, 1, 1971, 25–37
— *Le Corbusier – Elements of a Synthesis* (1979)[trans. of *Le Corbusier, Elemente einer Synthese* (1968)]

第23章 弗兰克·劳埃德·赖特与消失中的城市 1929—1963

B. Bergdoll, F.L. Wright and J. Gray, *Frank Lloyd Wright: Unpacking the Archive* (2017)
B. Brownell and F.L. Wright, *Architecture and Modern Life* (1937) [a revealing ideological discussion of the period]
W. Chaitkin, 'Frank Lloyd Wright in Russia', *AAQ*, V, no. 2, 1973, 45–55
C.W. Condit, *American Building Art: the 20th Century* (1961) [for Wright's structural innovations see 172–76, 185–87]
R. Cranshawe, 'Frank Lloyd Wright's Progressive Utopia', *AAQ*, X, no. 1, 1978, 3–9
A. Drexler, *The Drawings of Frank Lloyd Wright* (1962)
K. Frampton, *Wright's Writings: Reflections on Culture and Politics 1894–1959* (2017)
F. Gutheim, ed., *In the Cause of Architecture – Wright's Historic Essays for Architectural Record 1908–1952* (1975)
H.-R. Hitchcock, *In the Nature of Materials 1887–1941. The Buildings of Frank Lloyd Wright* (1942)
D. Hoffmann, *Frank Lloyd Wright's Falling Water* (1978)
A. Izzo and C. Gubitosi, *Frank Lloyd Wright Dessins 1887–1959* (1977)
H. Jacobs, *Building with Frank Lloyd Wright. An Illustrated Memoir* (1978)
E. Kaufmann, 'Twenty-Five Years of the House on the Waterfall', *L'Architettura*, 82, VIII, no. 4, August 1962, 222–58
— ed., *An American Architecture: Frank Lloyd Wright* (1955)
J. Lipman, *Frank Lloyd Wright and the Johnson Wax Buildings* (1986)
B.B. Pfeiffer, ed., *Letters to Apprentices. Frank Lloyd Wright* (1982)
— *Frank Lloyd Wright. Letters to Architects* (1984)
— *Master Drawings from the Frank Lloyd Wright Archives* (1990)
M. Schapiro, 'Architects' Utopia', *Partisan Review*, 4, no. 4, March 1938, 42–47
J. Sergeant, *Frank Lloyd Wright's Usonian Houses* (1976)
N.K. Smith, *Frank Lloyd Wright. A Study in Architectural Contrast* (1966)
S. Stillman, 'Comparing Wright and Le Corbusier', *AIAJ*, IX, April–May 1948, 171–78, 226–33 [Broadacre City compared with Le Corbusier's urban ideas]
W.A. Storrer, *The Architecture of Frank Lloyd Wright: A Complete Catalogue* (1978, 2nd edn, 1989)
E. Tafel, *Apprenticed to Genius* (1979)
F.L. Wright, *Modern Architecture* (1931) [the Kahn lectures for 1930]
— *The Disappearing City* (1932)
— *An Autobiography* (1945)
— *When Democracy Builds* (1945)
— *The Future of Architecture* (1953)
— *The Natural House* (1954)
— *The Story of the Tower. The Tree that Escaped the Crowded Forest* (1956)
— *A Testament* (1957)
— *The Living City* (1958)
— *The Solomon R. Guggenheim Museum* (1960)
— *The Industrial Revolution Runs Away* (1969)[facsimile of Wright's copy of the original 1932 edn of *The Disappearing City*]
B. Zevi, 'Alois Riegl's Prophecy and Frank Lloyd Wright's Falling Water', *L'Architettura*, 82, VIII, no. 4, August 1962, 220–21

第24章 阿尔瓦·阿尔托与北欧传统：民族浪漫主义与多立克理性 1895—195

A. Aalto, *Postwar Reconstruction: Rehousing Research in Finland* (1940)
— *Synopsis* (1970)
— *Sketches*, ed. G. Schildt and trans. S. Wrede (1978)
— *Alvar Aalto in his Own Words*, ed. and annotated G. Schildt (1997)
H. Ahlberg, *Swedish Architecture in the Twentieth Century* (1925)
J. Ahlin, *Sigurd Lewerentz* (1985)
F. Alison, ed., *Erik Gunnar Asplund, mobili e oggetti* (1985)
G. Baird, *Alvar Aalto* (1970)
R. Banham, 'The One and the Few', *AR*, April 1957, 243–59
L. Benevolo, 'Progress in European Architecture between 1930 and 1940', in *History of Modern Architecture. The Modern Movement*, vol. 2 (1971)
W.R. Bunning, 'Paimio Sanatorium, an Analysis', *Architecture*, XXIX, 1940, 20–25
C. Caldenby and O. Hultin, *Asplund* (1985)
A. Chris-Janer, *Eliel Saarinen* (1948)
Classical Tradition and the Modern Movement: the 2nd International Alvar Aalto Symposium, Helsinki (1985)
E. Cornell, *Ragnar Östberg-Svensk Arkitekt* (1965) [a definitive study of this seminal Swedish architect]
D. Cruickshank, ed., *Erik Gunnar Asplund* (1990)
L.K. Eaton, *American Architecture Comes of Age: European Reaction to H.H. Richardson and Louis Sullivan* (1972)
P.O. Fjeld, *Sverre Fehn: The Thought of Construction* (1983)
K. Fleig, *Alvar Aalto 1963–1970* (1971) [contains Aalto's article, 'The Architect's Conscience']
S. Giedion, 'Alvar Aalto', *AR*, CVII, no. 38, February 1950, 77–84
H. Girsberger, *Alvar Aalto* (1963)
R. Glanville, 'Finnish Vernacular Farm Houses', *AAQ*, IX, no. 1, 36–52 [a remarkable article recording the form of the Karelian farmhouse and suggesting the structural significance of the building pattern]
K. Gullichsen and U. Kinnunen, *Inside the Villa Mairea* (2010)
F. Gutheim, *Alvar Aalto* (1960)
M. Hausen, 'Gesellius-Lindgren-Saarinen vid sekels-kiftet', *Arkkitehti-Arkitehten*, 9, 1967, 6–12 [with trans.]

— and K. Mikkola, *Eliel Saarinen Projects 1896–1923* (1990)
Y. Hirn, *The Origins of Art* (1962)
H.-R. Hitchcock, 'Aalto versus Aalto: The Other Finland', *Perspecta*, 9/10, 1965, 132–66
P. Hodgkinson, 'Finlandia Hall, Helsinki', *AR*, June 1972, 341–43
Hvitträsk: The Home as a Work of Art (Helsinki, 1987)
J. Jetsonen and S.T. Isohauta, *Alvar Aalto Libraries* (2018)
M. Kries, *et al.*, *Alvar Aalto: Second Nature* (2014)
G. Labò, *Alvar Aalto* (1948)
L.O. Larson, *Peter Celsing: Ein bok om en arkitekt och hans werk* (Arkitekturmuseet, Stockholm, 1988)
K. Mikkola, ed., *Alvar Aalto vs. the Modern Movement* (1981)
J. Moorhouse, M. Carapetian and L. Ahtola-Moorhouse, *Helsinki Jugendstil Architecture 1895–1915* (1987)
L. Mosso, *L'Opera di Alvar Aalto* (Milan, 1965)[important exh. cat.]
— *Alvar Aalto* (1967)
— ed., 'Alvar Aalto', *L'Architecture d'Aujourd'hui* (special issue), June 1977 [articles from the Centre of Alvar Aalto Studies, Turin]
E. Neuenschwander, *Finnish Buildings* (1954)
R. Nikula, *Armas Lindgren 1874–1929* (1988)
G. Pagano, 'Due ville de Aalto', *Casabella*, 12, 1940, 26–29
J. Pallasmaa, ed., *Alvar Aalto Furniture* (1985)
— H.O. Andersson, *et al.*, *Nordic Classicism 1910–1930* (1982)
P.D. Pearson, *Alvar Aalto and the International Style* (1978)
E.L. Pelkonen, *Alvar Aalto: Architecture, Modernity, and Geopolitics* (2009)
D. Porphyrios, 'Reversible Faces: Danish and Swedish Architecture 1905–1930', *Lotus*, 16, 1977, 35–41
— *Sources of Modern Eclecticism: Studies on Alvar Aalto* (1982)
M. Quantrill, *Alvar Aalto* (1983)
— *Reima Pietilä Architecture, Context, Modernism* (1985)
E. Rudberg, *Sven Markelius, Arkitekt* (1989)
A. Salokörpi, *Modern Architecture in Finland* (1970)
G. Schildt, *Alvar Aalto: The Early Years* (1984); *The Decisive Years* (1991); *The Mature Years* (1991) [definitive 3-vol. biography]
P. Morton Shand, 'Tuberculosis Sanatorium, Paimio, Finland', *AR*, September 1933, 85–90
— 'Viipuri Library, Finland', *AR*, LXXIX, 1936, 107–14
J.B. Smith, *The Golden Age of Finnish Art* (1975)
A.P. Smithson, C. St. John Wilson, *et al.*, *Sigurd Lewerentz 1885–1976: The Dilemma of Classicism* (AA Mega publication, 1989)
M. Trieb, 'Lars Sonck', *JSAH*, XXX, no. 3, October 1971, 228–37
— 'Gallén-Kallela: A Portrait of the Artist as an Architect', *AAQ*, VII, no. 3, September 1975, 3–13
O. Warner, *Marshall Mannerheim and the Finns* (1967)
R. Weston and A. Aalto, *Alvar Aalto* (1997)
K. Wickman, L.O. Larson and J. Henrikson, *Sveriges Riksbank 1668–1976* (1976)
C. St John Wilson, *The Other Tradition of Modern Architecture: The Uncompleted Project* (1995)
— *et al.*, *Gunnar Asplund 1885–1940: The Dilemma of Classicism* (AA Mega publication, 1988)
J. Wood, ed., 'Alvar Aalto 1957', *Architects' Year Book*, VIII, 1957, 137–88
S. Wrede, *The Architecture of Erik Gunnar Asplund* (1979)

第25章　朱塞佩·特拉尼与意大利理性主义　1926—1943

G. Accasto, V. Fraticelli and R. Nicolini, *L'architettura di Roma Capitale 1870–1970* (1971)
D. Alfieri and L. Freddi, *Mostra delta rivoluzione fascista* (1933)
R. Banham, 'Sant' Elia and Futurist Architecture', in *Theory and Design in the First Machine Age* (2nd edn, 1967)
L. Belgiojoso and D. Pandakovic, *Marco Albini/Franca Helg/ Antonio Piva, Architettura e design 1970–1986* (1986)
L. Benevolo, *History of Modern Architecture*, II (1971), 540–85
M. Carrà, E. Rathke, C. Tisdall and P. Waldberg, *Metaphysical Art* (1971)
C. Cattaneo, 'The Como Group: Neoplatonism and Rational Architecture', *Lotus International*, no. 16, September 1977, 90
G. Cavella and V. Gregotti, *Il Novecento e l'Architettura Edilizia Moderna*, 81 (special issue dedicated to the Novecento), 1962
A. Coppa, A. Terragni and P. Rosselli, *Giuseppe Terragni* (2013)
S. Danesi, 'Cesare Cattaneo', *Lotus*, 16, 1977, 89–121
— and L. Patetta, *Rationalisme et architecture en Italie 1919–1943* (1976)
S. de Martino and A. Wall, *Cities of Childhood. Italian Colonies in the 1930's* (1988)
D. Dordan, *Building in Modern Italy, Italian Architecture 1914–1936* (1988)
P. Eisenman, 'From Object to Relationship: Giuseppe Terragni/ Casa Giuliani Frigerio', *Perspecta*, 13/14, 1971, 36–65
— G. Terragni and M. Tafuri, *Giuseppe Terragni: Transformations, Decompositions, Critiques* (2003)
R. Etlin, *Modernism in Italian Architecture 1890–1940* (1991)
L. Finelli, *La promessa e il debito: architettura 1926–1973* (1989)
R. Gabetti, *et al.*, *Carlo Mollino 1905–1973* (1989)
V. Gregotti, *New Directions in Italian Architecture* (1968)
Il Gruppo 7, 'Architecture', trans. E.R. Shapiro, *Oppositions*, no. 6, Fall 1976, 90
B. Huet and G. Teyssot, 'Politique industrielle et architecture: le cas Olivetti', *L'Architecture d'Aujourd'hui*, no. 188, December 1976 (special issue) [documents the Olivetti patronage and carries articles on the Olivetti family and the history of the company by A. Restucci and G. Ciucci]
S. Kostof, *The Third Rome* (1977)
P. Koulermos, 'The work of Terragni, Lingeri and Italian Rationalism', *AD*, March 1963 (special issue)
N. Labò, *Giuseppe Terragni* (1947)
T.G. Longo, 'The Italian Contribution to the Residential Neighbourhood Design Concept', *Lotus*, 9, 1975, 213–15
E. Mantero, *Giuseppe Terragni e la città del razionalismo italiano* (1969)
— 'For the "Archives" of What City?', *Lotus*, 20, September 1978, 36–43
A.F. Marciano, *Giuseppe Terragni Opera Completa 1925–1943* (1987)
C. Melograni, *Giuseppe Pagano* (1955)
L. Moretti, 'The Value of Profiles, etc.', 1951/52, *Oppositions*, 4,

October 1974, 109–39
R. Nelson and I. Friend, *Terragni* (2008)
A. Passeri, 'Fencing Hall by Luigi Moretti, Rome 1933–36', *9H*, no. 5, 1983, 3–7
L. Patetta, 'The Five Milan Houses', *Lotus*, 20, September 1978, 32–35
E. Persico, *Tutte le opere 1923–1935*, I & II, ed. G. Veronesi (1964)
— *Scritti di architettura 1927–1935*, ed. G. Veronesi (1968)
A. Pica, *Nuova architettura italiana* (1936)
L.L. Ponti, *Gio Ponti: The Complete Works 1923–1978* (1990)
V. Quilici, 'Adalberto Libera', *Lotus*, 16, 1977, 55–88
B. Rudofsky, 'The Third Rome', *AR*, July 1951, 31–37
Y. Safran, 'On the Island of Capri', *AA Files*, no. 8, Autumn 1989, 14–15
A. Sartoris, *Gli elementi dell'architettura funzionale* (1941)
— *Encyclopédie de l'architecture nouvelle – ordre et climat méditerranéens* (1957)
T.L. Schumacher, 'From Gruppo 7 to the Danteum: A Critical Introduction to Terragni's Relazione sul Danteum', *Oppositions*, 9, 1977, 90–93
— *Danteum: A Study in the Architecture of Literature* (1985)
— *Surface and Symbol: Giuseppe Terragni and the Architecture of Italian Rationalism* (1991)
G.R. Shapiro, 'Il Gruppo 7', *Oppositions*, 6 and 12, Autumn 1976 and Spring 1978
M. Tafuri, 'The Subject and the Mask: An Introduction to Terragni', *Lotus*, 20, September 1978, 5–29
— *History of Italian Architecture 1944–1985* (1989)
M. Talamona, 'Adalberto Libera and the Villa Malaparte', *AA Files*, no. 18, Autumn 1989, 4–14
E.G. Tedeschi, *Figini e Pollini* (1959)
G. Terragni, 'Relazione sul Danteum 1938', *Oppositions*, 9, 1977, 94–105
— and B. Zevi, *Giuseppe Terragni* (1989)
L. Thermes, 'La casa di Luigi Figini al Villaggio dei giornalisti', *Contraspazio*, IX, no. 1, June 1977, 35–39
G. Veronesi, *Difficoltà politiche dell'architettura in Italia 1920–1940* (1953)
D. Vitale, 'An Analytic Excavation: Ancient and Modern, Abstraction and Formalism in the Architecture of Giuseppe Terragni', *9H*, no. 7, 1985, 5–24
B. Zevi, ed., *Omaggio a Terragni* (1968) [special issue of *L'Architettura*]

第26章 建筑与国家：意识形态及其表现 1914—1943

A. Balfour, *Berlin: The Politics of Order 1937–1989* (1990)
R.H. Bletter, 'King-Kong en Arcadie', *Archithese*, 20, 1977, 25–34
— and C. Robinson, *Skyscraper Style – Art Deco New York* (1975)
F. Borsi, *The Monumental Era: European Architecture and Design 1929–1939* (1986)
D. Brownlee, 'Wolkenkratzer: Architektur für das amerikanische Maschinenzeitalter', *Archithese*, 20, 1977, 35–41
G. Ciucci, 'The Classicism of the E42: Between Modernity and Tradition', *Assemblage 8*, 1989, 79–87
E. Clute, 'The Chrysler Building, New York', *Architectural Forum*, 53, October 1930
J.-L. Cohen, *Architecture in Uniform: Designing and Building for the Second World War* (2011)
C.W. Condit, *American Building Art: The 20th Century* (1961) [see ch. 1 for the Woolworth Tower and the Empire State Building]
F. Dal Co and S. Polano, 'Interview with Albert Speer', *Oppositions*, 12, Spring 1978
R. Delevoy and M. Culot, *Antoine Pompe* (1974)
Finlands Arkitekförbund, *Architecture in Finland* (1932) [this survey by the Finnish Architects' Association affords an extensive record of the New Tradition]
S. Fitzpatrick, *The Commissariat of Enlightenment* (1970)
P.T. Frankl, *New Dimensions: The Decorative Arts of Today in Words and Pictures* (1928)
V. Fraticelli, *Roma 1914–1929* (1982)
D. Gebhard, 'The Moderne in the U.S. 1910–1914', *AAQ*, II, no. 3, July 1970, 4–20
— *The Richfield Building 1926–1928* (1970)
S. Giedion, *Architecture You and Me* (1958) [esp. 25–61]
R. Grumberger, *The 12-Year Reich* (1971)
K.M. Hays, 'Tessenow's Architecture as Nation Allegory: Critique of Capitalism or Proto-fascism?', *Assemblage 8*, 1989, 105–23
H.-R. Hitchcock, 'Some American Interiors in the Modern Style', *Architectural Record*, 64, September 1928, 235
— *Modern Architecture: Romanticism and Reintegration* (1929)
R. Hood, 'Exterior Architecture of Office Buildings', *Architectural Forum*, 41, September 1924
— 'The American Radiator Company Building, New York', *American Architect*, 126, November 1924
C. Hussey and A.S.G. Butler, *Lutyens Memorial Volumes* (1951)
W.H. Kilham, *Raymond Hood, Architect* (1973)
R. Koolhaas, *Delirious New York* (1978)
A. Kopp, *L'Architecture de la période Stalinienne* (1978)
S. Kostof, *The Third Rome 1870–1950: Traffic and Glory* (1973)
L. Krier, *et al.*, *Albert Speer: Architecture 1932–1942* (2013)
C. Krinsky, *The International Competition for a New Administration Building for the Chicago Tribune MCMXXII* (1923)
— *Rockefeller Center* (1978)
B. Miller Lane, *Architecture and Politics in Germany 1918–1945* (1968)
L.O. Larsson, *Die Neugestaltung der Reichshauptstadt/Albert Speer's General-bebauungsplan für Berlin* (1978)
— and L. Krier, eds, *Albert Speer* (1985)
F.F. Lisle, 'Chicago's Century of Progress Exposition: The Moderne or Democratic, Popular Culture', *JSAH*, October 1972
J.C. Loeffler, *The Architecture of Diplomacy: Building America's Embassies* (1998)
B. Lubetkin, 'Soviet Architecture, Notes on Development from 1932–1955', *AAJ*, September–October 1956, 89
A. Lunacharsky, *On Literature and Art* (1973)

W. March, *Bauwerk Reichssportfeld* (1936)
T. Metcalf, *An Imperial Vision: Indian Architecture and Britain's Raj* (1989)
D. Neumann and K. Swiler Champa, *Architecture of the Night: The Illuminated Building* (2002)
W. Oechslin, 'Mythos zwischen Europa und Amerika', *Archithese*, 20, 1977, 4–11
E.A. Park, *New Background for a New Age* (1927)
A.G. Rabinach, 'The Aesthetics of Production in the Third Reich', *Journal of Contemporary History*, 11, 1976, 43–74
H. Hope Reed, 'The Need for Monumentality?', *Perspecta*, 1, 1950
H. Rimpl, *Ein deutsches Flugzeugwerk. Die Heinkel-Werke Oranienburg*, text by H. Mackler (1939)
D. Rivera, *Portrait of America* (1963) [ills. of Rivera's RCA mural, 40–47]
C. Sambricio, 'Spanish Architecture 1930–1940', *9H*, no. 4, 1982, 39–43
W. Schäche, 'Nazi Architecture and its Approach to Antiquity', *AD*, November–December 1983, 81–88
P. Schultze-Naumburg, *Kunst und Rasse* (1928)
A. Speer, *Inside the Third Reich, Memoirs* (1970)
— *Spandau: The Secret Diaries* (1976)
— *Architektur 1933–1942* (1978) [documentation of Speer's work, with essays by K. Arndt, G.F. Koch and L.O. Larsson]
— and R. Wolters, *Neue deutsche Baukunst* (1941)
R. Stern, *Raymond M. Hood* (IAUS Cat. no. 15, New York, 1982)
M. Tafuri, 'La dialectique de l'absurde Europe-USA: les avatars de l'idéologie du gratte-ciel 1918–1974'. *L'Architecture d'Aujourd'hui*, no. 178, March/April 1975, 1–16
— 'Neu Babylon', *Archithese*, 20, 1977, 12–24
R.R. Taylor, *The Word in Stone. The Role of Architecture in National Socialist Ideology* (1974)
A. Teut, ed., *Architektur im Dritten Reich 1933–1945* (1967) [the largest documentation assembled to date]
G. Troost, *Das Bauen im neuen Reich* (1943)
J. Tyrwhitt, J.L. Sert and E.N. Rogers, *The Heart of the City* (1952)
G. Veronesi, *Style and Design 1909–29* (1968)
A. von Senger, *Krisis der Architektur* (1928)
— *Die Brandfackel Moskaus* (1931)
— *Mord an Apollo* (1935)
A. Voyce, *Russian Architecture* (1948)
G. Wangerin and G. Weiss, *Heinrich Tessenow, Leben, Lehre, Werk 1876–1950* (1976)
B. Warner, 'Berlin – The Nordic Homeland and Corruption of Urban Spectacle', *AD*, November–December 1983, 73–80
W. Weisman, 'A New View of Skyscraper History', *The Rise of an American Architecture*, ed. E. Kaufmann Jr (1970)
B. Wolfe, *The Fabulous Life of Diego Rivera* (1963)[details of Rivera's work on the RCA Building, 317–34]

第27章 勒·柯布西耶与乡土风格的纪念性化 1930—1960

S. Adshead, 'Camillio Sitte and Le Corbusier', *Town Planning Review*, XIV, November 1930, 35–94
E. Billeter, *Le Corbusier – Secret* (Musée Cantonal des Beaux Arts, Lausanne, 1987)
C. Correa, 'The Assembly, Chandigarh', *AR*, June 1964, 404–12
M.A. Couturier, letter to Le Corbusier, 28 July 1953, repro. in J. Petit, *Un couvent de Le Corbusier* (1961), 23 [trans. in separate booklet obtainable from La Tourette]
A. Eardley and J. Ouberie, *Le Corbusier's Firminy Church* (IAUS Cat. no. 14, New York, 1981)
N. Evenson, *Chandigarh* (1966)
— *Le Corbusier: The Machine and the Grand Design* (1969)
R. Gargiani, Le Corbusier, A. Rosellini and S. Piccolo, *Le Corbusier: Béton Brut and Ineffable Space, 1940–1965* (2011)
M. Ghyka, 'Le Corbusier's Modulor and the Conception of the Golden Mean', *AR*, CIII, February 1948, 39–42
A. Gorlin, 'Analysis of the Governor's Palace at Chandigarh', *Oppositions*, 16/17, 1980
A. Greenberg, 'Lutyens' Architecture Restudied', *Perspecta*, 12, 1969, 148
S.K. Gupta, 'Chandigarh. A Study of Sociological Issues and Urban Development in India', *Occasional Papers*, no. 9, Univ. of Waterloo, Canada, 1973
F.G. Hutchins, *The Illusion of Permanence. British Imperialism in India* (1967)
R. Furneaux Jordan, *Le Corbusier* (1972) [esp. 146–47, 'Building for Christ']
Le Corbusier, *Des canons, des munitions? Merci! Des logis ... S.V.P.* (1938)
— *L'Unité d'habitation de Marseilles* (1950) [trans. as *The Marseilles Block* (1953)]
— *Le Corbusier Sketchbooks*, vol. 2, 1950–54, vol. 3, 1954–57, vol. 4, 1957–64 (1982)
— and P. Jeanneret, 'Villa de Mme. H. de Mandrot', in *Oeuvre complète (1929–34)*, vol. 2 (1935), 59
— and P. Jeanneret, 'Petites Maisons: 1935. Maison aux Mathes (Océan)', in *Oeuvre complète (1934–38)*, vol. 3 (1939), 135
— and P. Jeanneret, 'Petites Maisons: 1935. Une maison de week-end en banlieue de Paris', *Oeuvre complète (1934–38)*, vol. 3 (1939), 125
N. Matossian, *Xenakis* (1986) [an account of the life of the Greek composer–architect who worked with Le Corbusier]
R. Moore, *Le Corbusier, Myth and Meta-Architecture* (1977)
S. Nilsson, *The New Capitals of India, Pakistan and Bangladesh* (1973)
C. Palazzolo and R. Via, *In the Footsteps of Le Corbusier* (1991)
A. Roth, *La Nouvelle Architecture* (1940)
C. Rowe, 'Dominican Monastery of La Tourette, Eveux-sur-Arbresle, Lyons', *AR*, June 1961, 400–10
— 'Neo-"Classicism" and Modern Architecture II', in *The Mathematics of the Ideal Villa and Other Essays* (1976), 94
J. Stirling, 'From Garches to Jaoul. Le Corbusier as Domestic Architect in 1927 and in 1953', *AR*, September 1955
— 'Le Corbusier's Chapel and the Crisis of Rationalism', *AR*, March 1956, 161
A.M. Vogt, *Le Corbusier, The Noble Savage: Toward an Archaeology of Modernism* (2000)
R. Walden, ed., *The Open Hand: Essays on Le Corbusier* (1977)
I. Žaknić, *Le Corbusier – Pavillon Suisse: The Biography of a*

Building (2004)

第28章　密斯·凡·德·罗与技术的纪念性化　1933—1967

R. Banham, 'Almost Nothing is Too Much', *AR*, August 1962, 125–28
J.F.F. Blackwell, 'Mies van der Rohe – Bibliography' (Univ. of London Librarianship Diploma thesis, 1964, deposited in British Architectural Library, London)
P. Blake, *Mies van der Rohe: Architecture and Structure* (1960)
W. Blaser, *Mies van der Rohe – The Art of Structure* (1965)
P. Carter, 'Mies van der Rohe: An Appreciation on the Occasion, This Month, of His 75th Birthday', *AD*, 31, no. 3, March 1961, 108
— *Mies van der Rohe at Work* (1974)
A. Drexler, *Ludwig Mies van der Rohe* (1960)
L.W. Elliot, 'Structural News: USA, The Influence of New Techniques on Design', *AR*, April 1953, 251–60
D. Erdman and P.C. Papademetriou, 'The Museum of Fine Arts, Houston, 1922–1972', *Architecture at Rice*, 28 (1976)
L. Hilberseimer, *Contemporary Architecture. Its Roots and Trends* (1964)
S. Honey, 'Mies at the Bauhaus', *AAQ*, X, no. 1, 1978, 51–69
P. Johnson, '1950: Address to Illinois Institute of Technology', in *Mies van der Rohe* (3rd edn, 1978), 203
P. Lambert, *Mies in America* (2001)
— and B. Bergdoll, *Building Seagram* (2013)
D. Lohan, 'Mies van der Rohe: Farnsworth House, Plano, Illinois 1945–50', *Global Architecture Detail*, no. 1, 1976 [critical essay and complete working details of the house]
D. Mertins, *Mies* (2014)
L. Mies van der Rohe, 'Mies Speaks', *AR*, December 1968, 451–52
— 'Technology and Architecture', *Programs and Manifestoes on 20th-century Architecture*, ed. U. Conrads (1970), 154 [extract from an address given at the IIT, 1950]
R. Miller, ed., *Four Great Makers of Modern Architecture: Gropius, Le Corbusier, Mies van der Rohe, Wright* (1963) [mimeographed record of a seminar at Columbia Univ., important for reference to Mies's idea of his debt to the Russian avant garde]
C. Norberg-Schulz, 'Interview with Mies van der Rohe', *L'Architecture d'Aujourd'hui*, September 1958
M. Pawley, *Mies van der Rohe* (1970)
C. Rowe, 'Neoclassicism and Modern Architecture', *Oppositions*, 1, 1973, 1–26
— 'Neo-"Classicism" and Modern Architecture II', in *The Mathematics of the Ideal Villa and Other Essays* (1976), 149
J. Winter, 'The Measure of Mies', *AR*, February 1972, 95–105

第29章　新政的晦蚀：巴克敏斯特·富勒、菲利普·约翰逊与路易·卡恩　1934—1964

R. Banham, 'On Trial 2, Louis Kahn, the Buttery Hatch Aesthetic', *AR*, March 1962, 203–06
C. Bonnefoi, 'Louis Kahn and Minimalism', *Oppositions*, 24, 1981, 3–25
J. Burton, 'Notes from Volume Zero: Louis Kahn and the Language of God', *Perspecta*, 20, 1983, 69–90
I. de Solà-Morales, 'Louis Kahn: An Assessment', *9H*, no. 5, 1983, 8–12
M. Emery, ed., 'Louis I. Kahn', *L'Architecture d'Aujourd'hui*, no. 142, February–March 1969 (special issue)
E. Fratelli, 'Louis Kahn', *Zodiac America*, no. 8, April–June 1982, 17
R.B. Fuller, 'Dymaxion House', *Architectural Forum*, March 1932, 285–86
R. Gargiani and S. Piccolo, *Louis I. Kahn: Exposed Concrete and Hollow Stones, 1949–1959* (2014)
R. Giurgola and J. Mehta, *Louis I. Kahn* (1975)
H.-R. Hitchcock, 'Current Work of Philip Johnson', *Zodiac*, 8, 1961, 64–81
J. Hochstim, *The Paintings and Sketches of Louis I. Kahn* (1991)
W. Huff, 'Louis Kahn: Assorted Recollections and Lapses into Familiarities', *Little Journal* (Buffalo), September 1981
J. Huxley, *TVA, Adventure in Planning* (1943)
J. Jacobus, *Philip Johnson* (1962)
P. Johnson, *Machine Art* (1934)
— 'House at New Canaan, Connecticut', *AR*, September 1950, 152–59
R. Furneaux Jordan, 'US Embassy, Dublin', *AR*, December 1964, 420–25
W.H. Jordy, 'The Formal Image: USA', *AR*, March 1960, 157–64
— 'Medical Research Building for Pennsylvania University', *AR*, February 1961, 99–106
— 'Kimbell Art Museum, Fort Worth, Texas/Library, Philips Exeter Academy, Andover, New Hampshire', *AR*, June 1974, 318–42
— 'Art Centre, Yale University', *AR*, July 1977, 37–44
L. Kahn, 'On the Responsibility of the Architect', *Perspecta, The Yale Architectural Journal*, no. 2, 1953, 47
— 'Toward a Plan for Midtown Philadelphia', *Perspecta, The Yale Architectural Journal*, no. 2, 1953, 23
— 'Form and Design', *AD*, no. 4, 1961, 145–54
— S. Von Moos, M. Kries and J. Eisenbrand, *Louis Kahn: The Power of Architecture* (2012)
A. Komendant, *18 Years with Architect Louis Kahn* (1975)
A. Latour, ed., *Louis I. Kahn Writings, Lectures, Interviews* (1991) [a further compilation of Kahn's written legacy]
J. Lobell, *Between Silence and Light: Spirit in the Architecture of Louis I. Kahn* (1985)
G.H. Marcus and W. Whitaker, *The Houses of Louis Kahn* (2013)
R.W. Marks, *The Dymaxion World of Buckminster Fuller* (1960) [still the most comprehensive documentation of Fuller's work]
R. McCarter, *Louis I. Kahn* (2005)
J. McHale, ed., 'Richard Buckminster Fuller', *AD*, July 1967 (special issue)
J. Mellor, ed., *The Buckminster Fuller Reader* (1970)
E. Mock, *Built in USA: 1932–1944* (1945)
D. Myhra, 'Rexford Guy Tugwell: Initiator of America's Greenbelt New Towns 1935–1936', *Journal of the American Institute of Planners*, XL, no. 3, May 1974, 176–88
T. Nakamura, ed., *Louis I. Kahn 'Silence & Light'* (1977) [a complete documentation of Kahn's work with articles by Kahn, Scully, Doshi, Maki, etc.]

H. Hope Reed, 'The Need for Monumentality?', *Perspecta*, 1, 1950
— 'Monumental Architecture or the Art of Pleasing in Civic Design', *Perspecta, The Yale Architectural Journal*, no. 1, 1952, 51
H. Ronner, S. Jhaveri and A. Vasella, *Louis I. Kahn, Complete Works 1935–74* (1977) [awkward format, but the most comprehensive documentation of Kahn's work to date]
A. Rosellini and S. Piccolo, *Louis I. Kahn: Towards the Zero Degree of Concrete, 1960–1974* (2014)
P. Santostefano, *Le Mackley Houses di Kastner e Stonorov a Philadelphia* (1982)
V. Scully, ed., *Louis Kahn Archive*, 7 vols (1987/88) [a compilation of the complete archive held in Pennsylvania Univ.]
A. Tyng, *Beginnings, Louis I. Kahn's Philosophy of Architecture* (1983)
R.S. Wurman, *What Will Be Has Always Been: The Wonder of Louis I. Kahn* (1986) [collection of Kahn's writings, lectures, etc.]
P. Zucker, ed., *New Architecture and City Planning* (1945), esp. 577–88

第三部分　关键的转型1925—1990

第1章　国际风格、主题及各种变体　1925—1965

P. Adam, *Eileen Gray: Architect/Designer* (1987)
R. Banham, *The New Brutalism* (1966)
M. Bill, 'Report on Brazil', *AR*, October 1954, 238, 239
W. Boesiger, *Richard Neutra, Buildings and Projects*, I, 1923–50 (1964)
O. Bohigas, 'Spanish Architecture of the Second Republic', *AAQ*, III, no. 4, October–December 1971, 28–45
K. Bone, *et al.*, *Lessons from Modernism: Environmental Design Strategies in Architecture, 1925–1970* (2014)
A.H. Brooks, 'PSFS: A Source for its Designs', *JSAH*, XXVII, no. 4, December 1968, 299
L. Campbell, 'The Good News Days', *AR*, September 1977, 177–83
F. Chaslin, J. Drew, I. Smith, J.C. Garcias and M.K. Meade, *Berthold Lubetkin* (1981)
P. Coe and M. Reading, *Lubetkin and Tecton: Architecture and Social Commitment* (1981)
J.L. Cohen, 'Mallet Stevens et I'U.A.M. comment frapper les masses?' *AMC*, 41, March 1977, 19
D. Cottam, *et al.*, *Sir Owen Williams 1890–1969* (1986)
A. Cox, 'Highpoint Two, North Hill, Highgate', *Focus*, 11, 1938, 79
W. Curtis, 'Berthold Lubetkin', *AAQ*, VII, no. 3, 1976, 33–39
E.M. Czaja, 'Antonin Raymond: Artist and Dreamer', *AAJ*, LXXVIII, no. 864, August 1962 (special issue)
O. Dostál, J. Pechar and V. Procházka, *Modern Architecture in Czechoslovakia* (1970)
S. Eliovson, *The Gardens of Roberto Burle Marx* (1991)
D. Gebhard, *An Exhibition of the Architecture of R.M. Schindler 1887–1953* (Santa Barbara, 1967)
— *Schindler* (1971)
S. Giedion, *A Decade of New Architecture* (1951)
C. Grohn, *Gustav Hassenpflug 1907–1977* (1985)
K.G.F. Helfrich and W. Whitaker, eds, *Crafting a Modern World: the Architecture and Design of Antonin and Noémi Raymond* (2006)
G. Herbert, 'Le Corbusier and the South African Movement', *AAQ*, IV, no. 1, Winter 1972, 16–30
G. Hildebrand, *Designing for Industry: The Architecture of Albert Kahn* (1974)
H.-R. Hitchcock and C.K. Bauer, *Modern Architecture in England* (1937)
— 'England and the Outside World', *AAJ*, LXXII, no. 806, November 1956, 96–97
— and P. Johnson, *The International Style: Architecture Since 1922* (1932)
B. Housden and A. Korn, 'Arthur Korn. 1891 to the present day', *AAJ*, LXXIII, no. 817, December 1957, 114–35 (special issue) [includes details of the MARS plan for London]
C. Hubert and L. Stamm Shapiro, *William Lescaze* (IAUS Cat. no. 16, New York, 1982)
R. Ind, 'The Architecture of Pleasure', *AAQ*, VIII, no. 3, 1976, 51–59
— *Emberton* (1983)
A. Jackson, *The Politics of Architecture* (1967)
S. Johnson, *Eileen Gray: Designer 1879–1976* (1979)
R. Furneaux Jordan, 'Lubetkin', *AR*, July 1955, 36–44
L.W. Lanmon, *William Lescaze, Architect* (1987)
Le Corbusier and P. Jeanneret, *Oeuvre complète*, vol. 1 (9th edn, 1967)
E. Liskar, *E.A. Plischke* (1983) [with introduction by F. Kurrent]
B. Lore, *Eileen Gray 1879–1976. Architecture, Design* (1984)
J.C. Martin, B. Nicholson and N. Gabo, *Circle* (1971)
K. Mayekawa, 'Thoughts on Civilization in Architecture', *AD*, May 1965, 229–30
E. McCoy, 'Letters between R.M. Schindler and Richard Neutra 1914–1924', *JSAH*, XXXIII, 3, 1974, 219
— *Second Generation* (1984)
C. Mierop, ed., *Louis Herman de Koninck: Architect of Modern Times* (1989)
K. Mihály, *Bohuslav Fuchs* (1987)
A. Morance, *Encyclopédie de l'architecture de constructions moderne*, XI (1938) [includes major pavilions from the Paris Exhibition of 1937, notably those by the Catalan architects Sert and Lacasa and the Czech architect Kreskar]
R. Neutra, *Wie Baut Amerika?* (1927)
— *Amerika – Neues Bauen in der Welt*, no. 2 (1930)
— *Mystery and Realities of the Site* (1951)
— *Survival Through Design* (1954)
— 'Human Setting in an Industrial Civilization', *Zodiac*, 2, 1957, 68–75
— *Life and Shape* (1962)
V. Newhouse, *Wallace K. Harrison* (1989)
A. Olgyay and V. Olgyay, *Solar Control and Shading Devices* (1957)
D. O'Neil, 'The High and Low Art of Rudolf Schindler', *AR*, April 1973, 241–46
M. Ottó, *Farkas Molnar* (1987)

S. Papadaki, *The Work of Oscar Niemeyer*, I (1950)
— *Oscar Niemeyer: Works in Progress* (1956)
G. Peichl and V. Slapeta, *Czech Functionalism 1918–1938* (1987)
S. Polyzoides and P. Koulermos, 'Schindler: 5 Houses', *A+U*, November 1975
J. Pritchard, *View from a Long Chair* (1984)[memoirs of the MARS group in the 1930s]
A. Raymond, *Antonin Raymond. Architectural Details* (1947)
— *Antonin Raymond. An Autobiography* (1973)
J.M. Richards,'Criticism/Royal Festival Hall' *AR*, June 1951, 355–58 (special issue)
T. Riley and J. Abram, *The Filter of Reason: The Work of Paul Nelson* (1990)
J. Rosa, *Albert Frey* (1989) [the first study of this Swiss émigré architect]
A. Roth, *La Nouvelle Architecture* (1940)
— *Architect of Continuity* (1985)
Y. Safran, 'La Pelle', *9H*, no. 8, 1989, 155–56
A. Sarnitz, *R.M. Schindler, Architect 1887–1953* (1989)
J.L. Sert, *Can Our Cities Survive?* (1947)
M. Steinmann, 'Neuer Blick auf die "Charte d'Athènes"', *Archithese*, 1, 1972, 37–46
— 'Political Standpoints in CIAM 1928–1933', *AAQ*, IV, no. 4, October–December 1972, 49–55
T. Stevens, 'Connell, Ward and Lucas, 1927–1939', *AAJ*, LXXII, no. 806, November 1956, 112–13 [special number devoted to the firm, including a catalogue raisonné of their entire work]
D.B. Stewart, *The Making of a Modern Japanese Architecture 1868 to the Present* (1987) [the best comprehensive account of the early Japanese Modern Movement]
K. Tange, 'An Approach to Tradition', *The Japan Architect* (January–February 1959), 55
D. Van Postel, 'The Poetics of Comfort – George and William Keck', *Archis*, 12 December 1988, 18–32
M. Vellay and K. Frampton, *Pierre Chareau* (1984; trans. 1986)
E. Vivoni Farage, *Klumb: Una Arquitectura De Impronta Social = An Architecture of Social Concern* (2006)
L. Wodehouse, 'Lescaze and Dartington Hall', *AAQ*, VII, no. 2, 1976, 3–14
F.R.S. Yorke, *The Modern House* (1934)
— *The Modern Flat* (1937) [general coverage of International Style apartments, including GATEPAC block, Barcelona]

第2章 新粗野主义与福利国家的建筑：英国 1949—1959

L. Alloway, *This is Tomorrow* (exh. cat., Whitechapel Gallery, London, 1956)
R. Banham, 'The New Brutalism', *AR*, December 1955, 355–62 [important for the Neo-Palladian analysis of the Smithsons' Coventry project]
— 'Polemic before Kruschev', in *The New Brutalism* (1966), 11
F. Bollerey and J. Sabaté, 'Cornelis van Eesteren', *UR 8*, Barcelona, 1989
J. Bosman, S. Georgiadis, D. Huber, W. Oechslin, *et al.*, *Sigfried Giedion 1888–1968: der Entwurf einer modernen Tradition* (GTA, Zürich, 1989)
F. Burkhardt, ed., *Jean Prouvé, 'constructeur'* (exh. cat., Centre Pompidou, Paris, 1990)
P. Collymore, *The Architecture of Ralph Erskine* (1982)
T. Crosby, ed., *Uppercase*, 3 (1954) [important document of the period featuring the Smithsons' presentation at the CIAM Congress in Aix-en-Provence; also contains a short text and collection of photos by N. Henderson]
E. de Maré, 'Et Tu, Brute', *AR*, August 1956, 72
P. Eisenman, 'Real and English: The Destruction of the Box. 1', *Oppositions*, 4, October 1974, 5–34
K. Frampton, 'Leicester University Engineering Laboratory', *AD*, XXXIV, no. 2, 1964, 61
— 'The Economist and the Hauptstadt', *AD*, February 1965, 61–62
— 'Stirling's Building', *Architectural Forum*, November 1968
— 'Andrew Melville Hall, St Andrews University, Scotland', *AD*, XL, no. 9, 1970, 460–62
S. Georgiadis, *Sigfried Giedion. Eine Intellektuelle Biographie* (GTA, Zürich, 1989)
M. Girouard, 'Florey Building, Oxford', *AR*, CLII, no. 909, 1972, 260–77
W. Howell and J. Killick, 'Obituary: The Work of Edward Reynolds', *AAJ*, LXXIV, no. 289, February 1959, 218–23
P. Johnson, 'Comment on School at Hunstanton, Norfolk', *AR*, September 1954, 148–62 [gives an extensive documentation]
L. Martin, *Buildings and Ideas 1933–1983: The Studio of Leslie Martin & Associates* (1983)
A. and P. Smithson, 'The New Brutalism', *AR*, April 1954, 274–75 [1st pub. of Soho house]
M. Tafuri, 'L'Architecture dans le boudoir', *Oppositions*, 3, May 1974, 37–62

第3章 意识形态的变迁：CIAM、第十小组、批判与反批判 1928—1968

G. Candilis, *Planning and Design for Leisure* (1972)
U. Conrads, 'CIAM: La Sarraz Declaration', in *Programs and Manifestoes on 20th-century Architecture*, trans. M. Bullock (1971), 109, 110
G. de Carlo, 'Legitimizing Architecture. The Revolt and The Frustration of the School of Architecture', *Forum*, vol. 23, April 1972, 12
G. Eszter, *A CIAM Magyar Csoportja, 1928–1938* (Akadémiai Kiadó, Budapest, 1972)
K. Frampton, 'Des Vicissitudes de I'idéologie', *L'Architecture d'Aujourd'hui*, no. 177, January–February 1975, 62–65 [in Eng. and French]
O. Newman, 'Aldo van Eyck: Is Architecture Going to Reconcile Basic Values?', in *CIAM '59 in Otterlo* (1961), 27
— 'Oscar Newman: A Short Revire of CIAM Activity', in *CIAM '59 in Otterlo* (1961), 16
A. Smithson, *Team 10 Primer* (1968)
— *Ordinariness and Light: Urban Theories 1952–60* (1970)
— *Urban Structuring* (1970)
— ed., *Team 10 Meetings* (1991)
— and P. Smithson, 'Louis Kahn', *Architects' Year Book*, IX (1960), 102–18

M. Steinmann, 'Political Standpoints in CIAM 1928–1933', *AAQ*, Autumn 1972, 49–55
— *CIAM Dokumente 1928–1939* (ETH/GTA 15, Basel and Stuttgart 1979)
Team 10, M. Risselada and D. van den Heuvel, *Team 10: 1953–81, In Search of a Utopia of the Present* (2005)
S. Woods, 'Urban Environment: The Search for a System', in *World Architecture/One* (1964), 150–54
— 'Frankfurt: The Problems of A City in the Twentieth Century', in *World Architecture/ One* (1964), 156
— *Candilis Josic and Woods* (1968)

第4章　场所、生产与布景术：1962年以来的国际理论及实践

F. Achleitner, 'Viennese Positions', *Lotus*, 29, 1981, 5–27
Y. Alain-Bois, 'On Manfredo Tafuri's "Théorie et histoire de l'architecture"', *Oppositions*, 11, Winter 1977, 118–23
Arata Isozaki Atelier, 'Fukuoka Sogo Bank Nagasumi Branch', *The Japan Architect*, vol. 47, no. 8–188, August 1972, 59
H. Arendt, *The Human Condition* (1958)
G.C. Argan, 'On the Typology of Architecture', *AD*, December 1963, 564, 565
P. Arnell, ed., *Frank Gehry Buildings and Projects* (1985)
— T. Bickford and C. Rowe, *James Stirling, Buildings and Projects* (1984)
— T. Bickford, K. Wheeler and V. Scully, *Michael Graves, Buildings and Projects 1966–1981* (1983)
O.N. Arup and N. Tonks, *Ove Arup: Philosophy of Design: Essays 1942–1981* (2012)
C. Aymonino, *Origine e sviluppo della urbanistica moderna* (1965)
R. Banham, *Theory and Design in the First Machine Age* (1960)
— N. Foster and L. Butt, *Foster Associates* (1979)
J. Baudrillard, *The Mirror of Production* (1975)[trans. of *Le Miroir de la Production* (1972)]
— *L'Effet Beaubourg: implosion et dissuasion* (1977)
B. Bergdoll, P. Christensen and R. Broadhurst, *Home Delivery: Fabricating the Modern Dwelling* (2008)
M. Bill, 'The Bauhaus Idea From Weimar to Ulm', *Architects' Yearbook*, 5, 1953
— *Form, Function, Beauty = Gestalt* (2010)
W. Blaser, *After Mies: Mies van der Rohe – Teaching and Principles* (1977)
I. Bohning, 'Like Fishes in the Sea; Autonomous Architecture/ Replications', *Daidalos*, 2, 1981, 13–24
A. Bonito Oliva, ed., *Transavantgarde* (1983)
G. Bonsiepe, 'Communication and Power', *Ulm*, 21, April 1968, 16
G. Broadbent, 'The Taller of Bofill', *AR*, November 1973, 289–97
N.S. Brown, 'Siedlung Halen and the Eclectic Predicament', in *World Architecture/One* (1964), 165–67
G. Brown-Manrique, *O.M. Ungers: Works in Progress 1976–1980* (IAUS Cat. no. 17, New York, 1981)
J. Buch, 'A Rich Spatial Experience', in *1989–1990 Yearbook. Architecture in The Netherlands* (1990), 62
P.L. Cervellati and R. Scannarini, *Bologna: politica e metodologia del restauro nei centri storici* (1973)
S. Chermayeff and C. Alexander, *Community and Privacy: Towards a New Architecture of Humanism* (1963)
A. Colquhoun, 'The Modern Movement in Architecture', *The British Journal of Aesthetics*, 1962
— 'Literal and Symbolic Aspects of Technology', *AD*, November 1962
— 'Typology and Design Method', in *Meaning in Architecture*, ed. C. Jencks and G. Baird (1969), 279
— 'Centraal Beheer', *Architecture Plus*, September/October 1974, 49–54
— *Essays in Architectural Criticism: Modern Architecture and Historical Change* (1981)
U. Conrads, 'Wall-buildings – as a Concept of Urban Order. On the Projects of Ralph Erskine', *Daidalos*, 7, 1983, 103–06
P. Cook, *Architecture: Action and Plan* (1967)
C. Davis, *High Tech Architecture* (1988)
G. de Carlo, *An Architecture of Participation* (1972)
— 'Reflections on the Present State of Architecture', *AAQ*, X, no. 2, 1978, 29–40
R. Delevoy, *Rational Architecture/Rationelle 1978: The Reconstruction of the European City 1978* (1978)
G. della Volpe, 'The Crucial Question of Architecture Today', in *Critique of Taste* (1978) [trans. of *Critica del gusto* (1960)]
I. de Solà-Morales, 'Critical Discipline', *Oppositions*, 23, 1981
M. Dini, *Renzo Piano: Projets et architectures 1964–1983* (1983)
P. Drew, *The Third Generation: The Changing Meaning In Architecture* (1972)
— *Frei Otto: Form and Structure* (1976)
A. Drexler, *Transformations in Modern Architecture* (1979)
P. Eisenman, 'Biology Centre for the Goethe University of Frankfurt', *Assemblage 5*, February 1988, 29–50
R. Evans, 'Regulation and Production', *Lotus*, 12, September 1976, 6–15
— 'Figures, Doors and Passages', *AD*, April 1978, 267–78
N. Foster, 'Hong Kong and Shanghai Headquarters', in *Norman Foster*, vol. 2 (2002), 110
M. Foucault, *Discipline and Punish: The Birth of the Prison* (1977) [trans. of *Surveiller et punir, naissance de la prison* (1975)]
K. Frampton, 'America 1960–1970. Notes on Urban Images and Theory', *Casabella*, 359–360, XXV, 1971, 24–38
— 'Criticism', *Five Architects* (1972) [critical analysis of the New York Neo-Rationalist school at the time of its formation, the 'five' being: P. Eisenman, M. Graves, C. Gwathmey, J. Hejduk and R. Meier]
— 'Apropos Ulm: Curriculum and Critical Theory', *Oppositions*, 3, May 1974, 17–36
— 'John Hejduk and the Cult of Humanism', *A+U*, 75:05, May 1975, 141, 142
— *Modern Architecture and the Critical Present*, *AD*, 1982 (special issue)
— and D. Burke, *Rob Krier: Urban Projects 1968–1982* (IAUS Cat. no. 5, New York, 1982)
Y. Friedman, 'Towards a Mobile Architecture', *AD*, November 1963, 509, 510
Y. Futagawa, ed., 'Zaha M. Hadid', *Global Architecture*, no. 5,

1986
M. Gandelsonas, 'Neo-Functionalism', *Oppositions*, 5, Summer 1976
S. Giedion, 'Jørn Utzon and the Third Generation', *Zodiac*, 14, 1965, 34–47, 68–93
G. Grassi, *La Costruzione logica dell'architettura* (1967)
— 'Avantgarde and Continuity', *Oppositions*, 21, 1980
— 'The Limits of Architecture', in *Classicism is not a Style*, *AD*, 1982 (special issue)
— 'Form Liberated, Never Sought. On the Problem of Architectural Design', *Daidalos*, 7, 1983, 24–36
— *L'Architecture comme un métier* (1984)
V. Gregotti and O. Bohigas, 'La passion d'Alvaro Siza', *L'Architecture d'Aujourd'hui*, no. 185, May/June 1976, 42–57
R. Guess, *The Idea of a Critical Theory: Habermas and the Frankfurt School* (1981)
J. Guillerme, 'The Idea of Architectural Language: A Critical Inquiry', *Oppositions*, 10, Autumn 1977, 21–26
J. Habermas, 'Technology and Science as Ideology', in *Toward a Rational Society* (1970) [trans. of *Technik und Wissenschaft als Ideologie* (1968)]
— 'Modern and Post-Modern Architecture', *9H*, no. 4, 1982, 9–14
— 'Modernity – an Incomplete Project', in *The Anti-Aesthetic: Essays on Postmodern Culture*, ed. H. Foster (1983)
N.J. Habraken, *Supports: An Alternative to Mass Housing* (1972)
M. Heidegger, 'Building, Dwelling and Thinking', in *Poetry, Language and Thought* (1971)
H. Hertzberger, 'Form and Programme are Reciprocally Evocative', *Forum*, July 1967, 5
— 'Place, Choice and Identity', in *World Architecture/Four* (1967), 73–74
— 'Architecture for People', *A+U*, 77:03, March 1977, 124–46
— *Lessons for Students in Architecture* (1991)
— *Herman Hertzberger – Architecture and Structuralism* (2014)
T. Herzog, *Pneumatische Konstruktion* (1976)
B. Huet and M. Gangneux, 'Formalisme, Realisme', *L'Architecture d'Aujourd'Hui*, no. 190, 1970
T. Ito, 'Collage and Superficiality in Architecture', in *A New Wave of Japanese Architecture*, ed. K. Frampton (1978)
M. Jay, *The Dialectical Imagination* (1973)
C. Jencks, *The Language of Post-Modern Architecture* (1977, 4th edn, 1984)
P. Johnson and M. Wigley, 'Mark Wigley: Deconstructivist Architecture', in *Deconstructivist Architecture* (1988), 17
N. Kawazoe, 'Dream Vision', *AD*, October 1964
— *Contemporary Japanese Architecture* (1965)
L. Krier, 'The Reconstruction of the City', *Rational Architecture 1978* (1978), 28–44
R. Krier, *Stadtraum in Theorie und Praxis* (1975)
— *Urban Space* (1979)
N. Kurokawa, *Metabolism in Architecture* (1977)
V. Lampugnani, *Josef Paul Kleihues* (1983)
H. Lindinger, ed., *Ulm Design: The Morality of Objects: Hochschule für Gestaltung, Ulm, 1953–1968* (1990)
T. Llorens, 'Manfredo Tafuri: Neo Avantgarde and History', *AD*, 6/7, 1981
D.S. Lopes, *Melancholy and Architecture: on Aldo Rossi* (2015)
A. Luchinger, 'Dutch Structuralism', *A+U*, 77:03, March 1977, 47–65
— *Herman Hertzberger 1959–1985, Buildings and Projects* (1987) [the complete work up to 1986]
A. Lumsden and T. Nakamura, 'Nineteen Questions to Anthony Lumsden', *A+U*, no. 51, 75:03, March 1975
J.F. Lyotard, *The Post-Modern Condition: A Report on Knowledge* (1984)
A. Mahaddie, 'Why the Grid Roads Wiggle', *AD*, September 1976, 539–42
F. Maki, *Investigations in Collective Form* (1964)
— and M. Ohtaka, 'Some Thoughts on Collective Form', in *Structure in Art and Science*, ed. G. Kepes (1965)
T. Maldonado, *Max Bill* (1955)
— *Design, Nature and Revolution: Towards a Critical Ecology* (1972) [trans. of *La Speranza Progettuale* (1970)]
— *Avanguardia e razionalità* (1974)
— and G. Bonsiepe, 'Science and Design', *Ulm*, 10/11, May 1964, 8–9
W. Mangin, 'Urbanisation Case History in Peru', *AD*, August 1963, 366–70
H. Marcuse, *Eros and Civilization: A Philosophical Enquiry into Freud* (1962)
G. Marinelli, *Il Centro Beaubourg a Parigi: 'Macchina' e segno architettonico* (1978)
L. Martin, 'Transpositions: On the Intellectual Origins of Tschumi's Architectural Theory', *Assemblage 11*, 1990, 23–35
T. Matsunaga, *Kazuo Shinohara* (IAUS Cat. no. 17, New York, 1982)
R. McCarter, *Herman Hertzberger* (2015)
M. McLeod, 'Architecture and Politics in the Reagan Era: From Post-modernism to Deconstructivism', *Assemblage 8*, 1989, 23–59
J. Meller, *The Buckminster Fuller Reader* (1970)
N. Miller and M. Sorkin, *California Counterpoint: New West Coast Architecture 1982* (IAUX Cat. no. 18, New York, 1982)
A. Moles, *Information Theory and Aesthetic Perception* (1966)
— 'Functionalism in Crisis', *Ulm*, 19/20, August 1967, 24
R. Moneo, 'Aldo Rossi: The Idea of Architecture and the Modena Cemetery', *Oppositions*, 5 Summer 1976, 1–30
J. Mukarovsky, 'On the Problem of Functions in Architecture', in *Structure, Sign and Function* (1978)
T. Nakamura, 'Foster & Associates', *A+U*, 75:09, Sept 1975 (special issue with essays by R. Banham, C. Jencks, R. Maxwell, etc.)
A. Natalini, *Figures of Stone, Quaderni di Lotus No. 3* (1984)
— and Superstudio, 'Description of the Micro-Event and Micro-Environment', in *Italy: The New Domestic Landscape. Achievements and Problems of Italian Design*, ed. E. Ambasz (1972), 242–51
C. Nieuwenhuys, 'New Babylon: An Urbanism of the Future',

AD, June 1964, 304, 305
G. Nitschke, 'The Metabolists of Japan', *AD*, October 1964
— 'Akira Shibuya', *AD*, 1966
— 'MA – The Japanese Sense of Place', *AD*, March 1966
— 'Whatever Happened to the Metabolists?: Akira Sibuya', *AD*, May 1967, 216
C. Norberg-Schulz, 'Place', *AAQ*, VII, no. 4, 1976, 3–9
H. Ohl, 'Industrialized Building', *AD*, April 1962, 176–85
A. Papadakis, C. Cooke and A. Benjamin, *Deconstruction: Omnibus Volume* (1989)
A. Peckham, 'This is the Modern World', *AD*, XLIX, no. 2, 1979, 2–26 [an extended critique of Foster's Sainsbury Centre]
R. Piano, 'Architecture and Technology', *AAQ*, II, no. 3, July 1970, 32–43
A. Pike, 'Failure of Industrialised Building/Housing Program', *AD*, November 1967, 507
J. Prouvé, B. Huber and J.-C. Steinegger, *Prefabrication: Structures and Elements* (1971)
B. Reichlin and A.V. Navone, *Dalla 'soluzione elegante' all' 'edificio aperto': scritti attorno ad alcune opere di Le Corbusier* (2013)
R. Rogers, *Architecture: A Modern View* (1990)
A. Rossi, *L'architettura della città* (1966), trans. as *The Architecture of the City* (1982)
— 'An Analogical Architecture', *A+U*, 76:05, May 1976, 74–76
— 'Thoughts About My Recent Work', *A+U*, 76:05, May 1976, 83
— *A Scientific Autobiography* (1982)
C. Rowe and F. Koetter, *Collage City* (1979)
J. Rykwert, *Richard Meier, Architect* (I, 1984, II, 1991)
M. Safdie, *Beyond Habitat* (1970)
V. Savi, 'The Luck of Aldo Rossi', *A+U*, 76:05, May 1976, 105–06
— *L'architettura di Aldo Rossi* (1978)
C. Schnaidt, 'Prefabricated Hope', *Ulm*, 10/11, May 1964, 8–9
— 'Architecture and Political Commitment', *Ulm*, 19/20, August 1967, 26–34
M. Scogin and M. Elam, 'Projects for Two Libraries', *Assemblage 7*, October 1988, 57–89
H. Skolimowski, 'Technology: The Myth Behind the Reality', *AAQ*, II, no. 3, July 1970, 21–31
— 'Polis and Politics', *AAQ*, Autumn 1972, 3–5
A. Smithson, 'Mat-Building', *AD*, September 1974, 573–90
M. Steinmann, 'Reality as History – Notes for a Discussion of Realism in Architecture', *A+U*, 76:09, September 1976, 31–34
F. Strauven, *Aldo Van Eyck: The Shape of Relativity* (1998)
Superstudio, 'Counterdesign as Postulation: Superstudio', in *Italy: The New Domestic Landscape. Achievements and Problems of Italian Design*, ed. E. Ambasz (1972), 246, 251
M. Tafuri, 'Design and Technological Utopia', in *Italy: The New Domestic Landscape. Achievements and Problems of Italian Design*, ed. E. Ambasz (1972), 388–404
— 'L'architecture dans le boudoir: The Language of Criticism and the Criticism of Language', *Oppositions*, 3, May 1974, 37–62
— *Architecture and Utopia: Design and Capitalist Development* (1976)
— 'Main Lines of the Great Theoretical Debate over Architecture and Urban Planning 1960–1977', *A+U*, 79:01, January 1979, 133–54
— *The Sphere and the Labyrinth* (1987)
K. Taki, 'Oppositions: The Intrinsic Structure of Kazuo Shinohara's Work', *Perspecta*, 20, 1983, 43–60
J. Tanizaki, *In Praise of Shadows* (1977)
A. Tzonis and L. Lefaivre, 'The Narcissist Phase in Architecture', *Harvard Architectural Review*, IX, Spring 1980, 53–61
O.M. Ungers, 'Cities within the City', *Lotus*, 19, 1978, 83
— 'Five Lessons from Schinkel', in *Free-Style Classicism*, *AD*, LII, 1/2, 1982
— 'The Theme of Transformation or the Morphology of the Gestalt', in *Architecture as Theme. Lotus Documents* (1982), 15
A. van Eyck, 'Labyrinthine Clarity', in *World Architecture/Three* (1966), 121–22
— 'Aldo van Eyck: "Même dans notre coeur. Anna was, Livia is, Plurabelle's to be"', *Forum*, July 1967, 28
— (with P. Parin and F. Morganthaler), 'Interior Time/A Miracle in Moderation', in *Meaning in Architecture* (1969), 171–73
R. Venturi, *Complexity and Contradiction in Architecture* (1966)
— D. Scott-Brown and S. Izenour, *Learning From Las Vegas* (1972)
D. Vesely, 'Surrealism and Architecture', *AD*, no. 2/3, 1978, 87–95
K. Wachsmann, *The Turning Point of Building* (1961)
M. Webber, 'Order in Diversity: Community Without Propinquity' in *Cities in Space*, ed. L. Wingo (1963)
S. Woods, *The Man in the Street: A Polemic on Urbanism* (1975)

第5章　批判性地域主义：现代建筑与文化认同

A. Alves Costa, 'Oporto and the Young Architects: Some Clues for a Reading of the Works', *9H*, no. 5, 1983, 43–60
E. Ambasz, *The Architecture of Luis Barragán* (1976)
T. Ando, 'From Self-Enclosed Modern Architecture toward Universality', *Japan Architect*, 301, May 1962, 8–12
— 'A Wedge in Circumstances', *Japan Architect*, June 1977
— 'New Relations between the Space and the Person', *Japan Architect*, October–November 1977 (special issue on the Japanese New Wave)
— 'The Wall as Territorial Delineation', *Japan Architect*, June 1978
— 'The Emotionally Made Architectural Spaces of Tadao Ando', *Japan Architect*, April 1980 [contains a number of short seminal texts on Ando]
— 'Description of my Works', *Space Design*, June 1981 (special issue on the work of Ando)
E. Antoniadis, *Greek Contemporary Architecture* (1979)
— 'Pikionis' Work Lies Underfoot on Athens Hill', *Landscape Architecture*, March 1979
S. Arango, ed., *La Arquitectura en Colombia* (1985)
T. Avermaete, ed., *OASE #103: Critical Regionalism Revisited*

(2019)
K. Axelos, *Alienation, Praxis and Techné in the Thought of Karl Marx* (1976)
C. Banford-Smith, *Builders in the Sun: Five Mexican Architects* (1967)
E. Battisti and K. Frampton, *Mario Botta: Architecture and Projects in the 70s* (1979)
S. Bettini, 'L'architettura di Carlo Scarpa', *Zodiac*, 6, 1960, 140–87
T. Boga, *Tessiner Architekten, Bauten und Entwürfe 1960–1985* (1986)
B. Bognar, 'Tadao Ando – A Redefinition of Space, Time and Existence', *AD*, May 1981
O. Bohigas, 'Diseñar para un público o contra un público', in *Contra una arquitectura adjetivida*, ed. Seix Barral (1969)
M. Botero, 'Italy: Carlo Scarpa the Venetian, Angelo Mangiarotti the Milanese', *World Architecture*, 2 (1965)
M. Botta, 'Architecture and Environment', *A+U*, June 1979, 52
— 'Architecture and Morality: An Interview with Mario Botta', *Perspecta*, 20, 1983, 199–38
— and M. Zardini, *Aurelio Galfetti* (1989)
E. Bru and J.L. Mateo, *Spanish Contemporary Architecture* (1984)
M. Brusatin, 'Carlo Scarpa, architetto veneziano', *Contraspazio*, 3–4, March–April 1972
T. Carloni, 'Notizen zu einer Berufschronik. Entwurfs Kollektive 2', in *Tendenzen: Neuere Architektur im Tessin* (1975), 16–21
M.A. Crippa, *Carlo Scarpa Theory, Design, Projects* (1986)
P.A. Croset, *Gino Valle* (1982)
F. Dal Co, *Mario Botta Architecture 1960–1985* (1987)
— and G. Mazzariol, *Carlo Scarpa: The Complete Works* (1986)
A. Dimitracopoulou, 'Dimitris Pikionis', *AAQ*, 2/3, 1982, 62
L. Dimitriu, 'Interview', *Skyline*, March 1980
S. Fehn and O. Feld, *The Thought of Construction* (1983)
L. Ferrario and D. Pastore, *Alberto Sartoris/La Casa Morand-Pasteur* (1983)
F. Fonatti, *Elemente des Bauens bei Carlo Scarpa* (1984)
K. Frampton, 'Prospects for a Critical Regionalism', *Perspecta*, 20, 1983, 147–62
— 'Towards A Critical Regionalism: Six Points for an Architecture of Resistance', in *The Anti-Aesthetic. Essays on Post-Modern Culture*, ed. H. Foster (1983), 16–30
— 'Homage a Coderch', in R. Diez, *Jose Antonio Coderch: Houses* (GG #33) (2005)
— ed., *Tadao Ando: Projects, Buildings, Writings* (1984)
— ed., *Atelier 66* (1985) [on the work of Dimitris and Susana Antonakakis]
— *et al.*, *Manteola, Sánchez, Gómez, Santos, Solsona, Vinoly* (1978)
— *et al.*, *Alvaro Siza Esquissos de Vagem: Documentos de Arquitectura* (1988)
M. Frascari, 'The True and Appearance. The Italian Facadism and Carlo Scarpa', *Daidalos*, 6, December 1982, 37–46
— 'The Tell-the-Tale Detail', *Via* (Cambridge), 7, 1984
M. Fry and J. Drew, *Tropical Architecture in the Dry and Humid Zones* (1982) [1964]
G. Grassi, 'Avantgarde and Continuity', *Oppositions*, 21, 1980
— 'The Limits of Architecture', in *Classicism is not a Style*, *AD*, LII, 5/6, 1982
V. Gregotti, 'Oswald Mathias Ungers', *Lotus*, 11, 1976
H.H. Harris, 'Regionalism and Nationalism' (Raleigh, N.C., Student Publication, XIV, no. 5)
H. Huyssens, 'The Search for Tradition: Avantgarde and Post-modernism in the 1970s', *New German Critique*, 22, 1981, 34
D.I. Ivakhoff, ed., *Eladio Dieste* (1987) [an account of the work of an important architect/engineer]
E. Jones, 'Nationalism and Eclectic Dilemma: Notes on Contemporary Irish Architecture', *9H*, no. 5, 1983, 81–86
C. Jourdain and D. Lesbet, 'Algeria: Village Project and Critique', *9H*, no. 1, 1980, 2–5
L. Knobel, 'Interview with Mario Botta', *AR*, July 1981, 23
A. Konstantinidis, *Elements for Self Knowledge: Towards a True Architecture* (1975)
— *Aris Konstantinidis: Projects and Buildings* (1981)
P. Koulermos, 'The Work of Konstantinidis', *AD*, May 1964
D. Leatherbarrow, *Uncommon Ground: Architecture, Technology, and Topography* (2002)
L. Lefaivre and A Tzonis, *Critical Regionalism Architecture and Identity in a Globalised World* (2003)
— *Architecture of Regionalism in the Age of Globalization: Peaks and Valleys in the Flat World* (2012)
L. Lefaivre, B. Stagno and A. Tzonis, *Tropical Architecture: Critical Regionalism in the Age of Globalization* (2001)
K. Liaska, *et al., Dimitri Pikionis 1887–1968* (AA Mega publication, 1989) [definitive study]
L. Magagnato, *Carlo Scarpa a Castelvecchio* (1982)
— 'Scarpa's Museum', *Lotus*, 35, 1982, 75–85
R. Malcolmson, *et al., Amancio Williams* (1990)[Spanish edn of the complete works]
R. Murphy, *Carlo Scarpa and the Castelvecchio* (1990)
P. Nicholin, *Mario Botta 1961–1982* (1983)
C. Norberg-Schulz, 'Heidegger's Thinking on Architecture', *Perspecta*, 20, 1983, 61–68
— and J.C. Vigalto, *Livio Vacchini* (1987)
T. Okumura, 'Interview with Tadao Ando', *Ritual, The Princeton Journal, Thematic Studies in Architecture*, 1, 1983, 126–34
Opus Incertum, *Architectures à Porto* (1990) [a unique survey of contemporary architecture in the Porto region, by the Ecole d'Architecture of Clermont-Ferrand]
S. Özkun, *Regionalism in Architecture* (1985)
D. Pikionis, 'Memoirs', *Zygos*, January–February 1958, 4–7
D. Porphyrios, 'Modern Architecture in Greece: 1950–1975', *Design in Greece*, X, 1979
P. Portoghesi, 'Carlo Scarpa', *Global Architecture* (Tokyo), L, 1972
J.M. Richards, *et al., Hassan Fathy* (1985)
P. Ricoeur, 'Universal Civilization and National Cultures', in *History and Truth* (1965), 271–84
J. Salgado, *Alvaro Siza em Matosinhos* (1986) [an intimate account of Siza's origins in the city that was the occasion of his earliest works]

A. Samona, F. Tentori and J. Gubler, *Progetti e assonometrie di Alberto Sartoris* (1982)
E. Sanquineti, *et al.*, *Mario Botta: La casa rotonda* (1982)
P.C. Santini, 'Banco Popolare di Verona by Carlo Scarpa', *GA Document* 4 (Tokyo, 1981)
C. Scarpa, 'I Wish I Could Frame the Blue of the Sky', *Rassegna*, 7, 1981
J. Silvetti, *Amancio Williams* (1987)
— and W. Seligman, *Mario Campi and Franco Pessina, Architects* (1987)
Y. Simeoforidis, 'The Landscape of an Architectural Competition', *Tefchos*, no. 5, March 1991, 19–27 [a post-mortem on the Acropolis Museum competition]
A. Siza, 'To Catch a Precise Moment of the Flittering Image in all its Shades', *A+U*, 123, December 1980
E. Soria Badia, *Coderch de Sentmenat* (1979)
J. Steele, *Hassan Fathy* (1988)
M. Steinmann, 'Wirklichkeit als Geschichte. Stichworte zu einem Gespräch über Realismus in der Architektur', in *Tendenzen: Neuere Architektur im Tessin* (1975), 9–14 [trans. as 'Reality as History – Notes for a Discussion of Realism in Architecture', *A+U*, September 1979, 74]
K. Takeyama, 'Tadao Ando: Heir to a Tradition', *Perspecta*, 20, 1983, 163–80
F. Tentori, 'Progetti di Carlo Scarpa', *Casabella*, 222, 1958, 15–16
P. Testa, 'Tradition and Actuality in the Antonio Carlos Siza House', *JAE*, vol. 40, no. 4, Summer 1987, 27–30
— 'Unity of the Discontinuous: Alvaro Siza's Berlin works', *Assemblage 2*, 1987, 47–61
R. Trevisiol, *La casa rotonda* (Milan 1982)[documents the development of the house by Botta]
A. Tzonis and L. Lefaivre, 'The Grid and the Pathway: An Introduction to the Work of Dimitris and Susana Antonakakis', *Architecture in Greece*, 15, 1981, 164–78
J. Utzon, 'Platforms and Plateaus: Ideas of a Danish Architect', *Zodiac*, 10, 1962, 112–14
F. Vanlaethem, 'Pour une architecture épurée et rigoureuse', *ARQ*, 14, *Modernité et Régionalisme*, August 1983, 16–19
D. Vesely, 'Introduction', in *Architecture and Continuity* (AA Themes no. 7, London, 1982)
W. Wang, ed., *Emerging European Architects* (1988)
— and A. Siza, *Souto de Moura* (1990)
H. Yatsuka, 'Rationalism', *Space Design*, October 1977, 14–15
— 'Architecture in the Urban Desert: A Critical Introduction to Japanese Architecture after Modernism', *Oppositions*, 23, 1981
I. Zaknic, 'Split at the Critical Point: Diocletian's Palace, Excavation vs. Conservation', *JAE*, XXXVI, no. 3, Spring 1983, 20–26
G. Zambonini, 'Process and Theme in the Work of Carlo Scarpa', *Perspecta*, 20, 1983, 21–42

第四部分　世界建筑与现代运动

K. Frampton, *Technology, Place and Architecture: The Jerusalem Seminar in Architecture* (1996)
M. Mostafavi, ed., *Aga Khan Award for Architecture 2010 – Implicate & Explicate* (2011)
— *Aga Khan Award for Architecture 2013 – Architecture is Life* (2013)
— *Aga Khan Award for Architecture 2016 – Architecture and Plurality* (2016)
A. Nanji, ed., *Building for Tomorrow: The Aga Khan Award for Architecture* (1994)
J. Steele, ed., *Architecture for Islamic Societies Today* (1994)
S. Wichmann, ed., *World Cultures and Modern Art* (1972)

第1章　美洲：导言

B. Bergdoll, ed., *Latin America in Construction: Architecture 1955–1980* (2015)
Documentos de Arquitectura Moderna en América Latina 1950–1965 (2004)
L.E. Carranza and F.L. Lara, *Modern Architecture in Latin America: Art, Technology, and Utopia* (2014)
L. Fernández-Galiano, ed., *Atlas: Architectures of the 21st Century / Vol. 2, America* (2010)
K. Frampton, *Five North American Architects* (2012)
— and R. Ingersoll, eds, *World Architecture 1900–2000: a Critical Mosaic / Vol. 1, Canada and the United States* (2002)
— and G. Glusberg, eds, *World Architecture 1900–2000: a Critical Mosaic / Vol. 2, Latin America* (2002)
J. Plaut, *Pulso 2: New Architecture in Latin America* (2014)
O. Tenreiro, *et al.*, *Sobre arquitectura: conversaciones con Kenneth Frampton, Oriol Bohigas, Rafael Moneo, Jaume Bach, Gabriel Mora, Cesar Portela* (1990)

美国

H. Arnold, ed., *Work/Life: Tod Williams Billie Tsien* (2000)
W. Blaser, *Architecture and Nature: The Work of Alfred Caldwell* (1984)
S. Chermayeff, *Community and Privacy* (1963)
B. Collins and J. Robbins, *Antoine Predock, Architect* (1994)
L. Fernández-Galiano, ed., *AV Monografías 196: Carlos Jiménez: 30 Years, 30 Works* (2017)
J. Ford, *The Modern House in America* (1940)
K. Frampton, ed., *Another Chance for Housing: Low-rise Alternatives; Brownsville, Brooklyn, Fox Hills, Staten Island* (1973)
— *Steven Holl Architect* (2007)
— and G. Nordenson, *Harry Wolf* (1993)
L. Hilberseimer, *The New Regional Pattern* (1949)
H.R. Hitchcock, *Marcel Breuer and the American Tradition in Architecture* (1938) [exh. cat.]
S. Holl, *Anchoring* (1989)
— *Intertwining* (1994)

— *Parallax* (2000)
— and J. Pallasmaa, *Rick Joy: Desert Works* (2002)
R. McCarter, *Louis Kahn* (2005)
— *Breuer* (2016)
MOMA, *Five Architects: Eisenman, Graves, Gwathmey, Hejduk and Meier* (1972)
J.L. Sert, *Can Our Cities Survive?* (1941)
L.S. Shapiro and C. Hubert, *William Lescaze, Architekt* (1993)
C. Sumi, *et al.*, *Konrad Wachsmann and the Grapevine Structure* (2018)
K. Wachsmann, *The Turning Point of Building* (1961)
T. Williams and B. Tsien, *The 1998 Charles & Ray Eames Lecture* (1998)
— *Matter* (2003)

加拿大

E. Baniassad, *Shim-Sutcliffe: The Passage of Time* (2014)
— and D.S. Hanganu, *Dan Hanganu: Works, 1981–2015* (2017)
A. Erickson, *The Architecture of Arthur Erickson* (1988)
K. Frampton, ed., *Patkau Architects* (2006)
E. Lam and G. Livesey, *Canadian Modern: Fifty Years of Responsive Architecture* (2019)
R. McCarter, *The Work of MacKay-Lyons Sweetapple Architects: Economy as Ethic* (2017)
J. McMinn and M. Polo, *41° to 66°: Regional Responses to Sustainable Architecture in Canada* (2005)
M. Quantrill, *Plain Modern: The Architecture of Brian MacKay Lyons* (2005)
J. Taylor and J. Andrews, *John Andrews: Architecture a Performing Art* (1982)
N. Valentin, *Moshie Safdie* (2010)

墨西哥

M. Adrià and I. Garcés, *Biblioteca Vasconcelos Vasconcelos Library* (2007)
W. Attoe, *The Architecture of Ricardo Legorreta* (1990)
F. Canales, *Architecture in Mexico, 1900–2010: the Construction of Modernity* (2013)
L.E. Carranza, *Architecture as Revolution: Episodes in the History of Modern Mexico* (2010)
M. Cetto, *Modern Architecture in Mexico* (1961, repr. 2011)
L.C.G. Franco, *Augusto H. Álvarez* (2008)
R. Franklin Unkind, *Hannes Meyer in Mexico: 1939–1949* (1997)
M. Goeritz, *Manifiesto de la arquitectura emocional* (1953)
V. Jimenez, *Juan O'Gorman* (2004)
R. Legorreta, V. Legorreta and N. Castro, *Ricardo Legorreta Architects* (1997)
S.D. Peters, *Max Cetto, 1903–1980* (1995)
S. Richardson, *Felix Candela, Shell-Builder* (1989)

巴西

E. Andreoli and A. Forty, *Brazil's Modern Architecture* (2004)
J.B.V. Artigas, *Vilanova Artigas* (1997)
R.C. Artigas, *Vilanova Artigas* (2015)
C. Baglione, 'MMBB & H+F: Social Housing in San Paolo', *Casabella*, 835, March 2014
L. Bo Bardi, *Stones Against Diamonds* (2013)
— and C. Veikos, *Lina Bo Bardi: The Theory of Architectural Practice* (2014)
A. Bucci, *The Dissolution of Buildings* (2015)
L. Fernández-Galiano, ed., *AV Monografías 125: Oscar Niemeyer* (2007)
— *AV Monografías 161: Mendes da Rocha 1958–2013* (2013)
— *AV Monografías 180: Lina Bo Bardi: 1914–1992* (2015)
G. Ferraz, *Warchavchik: 1925 to 1940* (1965)
M.C. Ferraz, ed., *Lina Bo Bardi* (1994)
P.L. Goodwin, *Brazil Builds* (1943)
J.F. Lima, *A arquitetura de Lelé: fábrica e invenção* (2010)
J. Lira, *O visível e o invisível na arquitetura brasileira* (2017)
S. Papadaki, *Oscar Niemeyer* (1950)
— *Oscar Niemeyer: Works in Progress* (1956)
'Severiano Mário Porto, Brasil', *Zodiac*, 8, September 1992, 236–41
A. Spiro, *Paulo Mendes Da Rocha: Works and Projects* (2006)
G. Wisnik, *Lucio Costa* (2007)

哥伦比亚

R.L. Castro, *et al.*, *Salmona* (1999)
O.J. Mesa, *Oscar Mesa: Arquitectura y Ciudad* (1997)
G. Téllez, *Rogelio Salmona: Obra Completa 1959–2005* (2006)

委内瑞拉

H. Gómez, *Alcock: Works and Projects: 1959–1992* (1992)
S. Moholy-Nagy, *Carlos Raul Villanueva and the Architecture of Venezuela* (1964)
O. Tenreiro, *et al.*, *Sobre arquitectura: conversaciones con Kenneth Frampton, Oriol Bohigas, Rafael Moneo, Jaume Bach, Gabriel Mora, Cesar Portela* (1990)
P. Villanueva, *et al.*, *Carlos Raúl Villanueva* (2000)
G. Wallis Legórburu, C. Guinand Sandoz and C.J. Domínguez, *Wallis, Domínguez y Guinand* (1998)

阿根廷

F. Alvarez and J. Roig, eds, *Antoni Bonet Castellana 1913–1989* (1996)
M. Cuadra and W. Wang, eds, *Banco de Londres y América del Sud: SEPRA and Clorindo Testa* (2012)
R. Malcolmson, *et al.*, *Amancio Williams* (1990)
Nueva Visión, ed., *Manteola, Sánchez Gómez, Santos, Solsona, Viñoly* (1978)
J. Silvetti, *Amancio Williams* (1987)
A. Williams, *Amancio Williams* (1990)

乌拉圭

S. Anderson, ed., *Eladio Dieste: Innovation in Structural Art* (2004)
M. Daguerre, A.A. Chiorino and G. Silvestri, *Eladio Dieste, 1917–2000* (2003)

E. Dieste, *Eladio Dieste: La Estructura Cerámica* (1987)
D.I. Ivakhoff, ed., *Eladio Dieste* (1987)
M. Payssé Reyes, *Mario Payssé Reyes: 1913–1988* (1998)

秘鲁

M. Adrià and P. Dam, *OB+RA: Óscar Borasino, Ruth Alvarado: From the Peruvian Landscape* (2017)
F. Foti, *Learning Landscapes: a Lecture Building for Piura University by Barclay & Crousse* (2018)
— and F. Cacciatore, *Barclay & Crousse* (2012)
P. Land, ed., *The Experimental Housing Project (PREVI), Lima: Design and Technology in a New Neighborhood* (2015)

智利

M. Adrià and A. Piovano, *Mathias Klotz* (2006)
T. Fernández Larrañaga, *Teodoro Fernández* (2008)
F. Márquez Cecilia and R.C. Levene, eds, *El Croquis 167: Smiljan Radic: 2003–2013* (2013)
F.P. Oyarzún, *Christian De Groote* (1993)
R. Pérez de Arce, F. Pérez Oyarzún and R. Rispa, *The Valparaíso School: Open City Group* (2014)
S. Radic, *Rough Work: Illustrated Architecture* (2017)
L. Rodríguez Valdés, *Mario Pérez de Arce Lavín* (1996)
E. Walker, *et al.*, *Enrique Browne: 1974–1994* (1995)

第2章　非洲和中东：导言

A. Andraos, N. Akawi and C. Blanchfield, eds, *The Arab City* (2014)
R. Chadirji, *Concepts and Influences: Towards a Regionalized International Architecture* (1986)
L. Fernández-Galiano, ed., *Atlas: Architectures of the 21st Century / Vol. 3, Africa and Middle East* (2010)
A. Folkers, *Modern Architecture in Africa* (2010)
K. Frampton and H. Khan, eds, *World Architecture 1900–2000: a Critical Mosaic / Vol. 5, The Middle East* (2002)
K. Frampton and U. Kultermann, eds, *World Architecture 1900–2000: a Critical Mosaic / Vol. 6, Central and Southern Africa* (2002)
M. Herz, ed., *African Modernism: The Architecture of Independence* (2015)
R. Holod and D. Rastorfer, eds, *Architecture and Community: Building the Islamic World Today* (1983)
H.U. Khan, *Contemporary Asian Architects* (1995)
U. Kultermann, *New Directions in African Architecture* (1969)
— *Contemporary Architecture in the Arab States: Renaissance of a Region* (1999)
A. Tostões, *Modern Architecture in Africa: Angola and Mozambique* (2013)

南非

G. Herbert, *Martienssen and the International Style: the Modern Movement in South African Architecture* (1975)
'Peter Rich Architects: Alexandra Interpretation Centre, Alexandra, Johannesburg, 2007–10', *Lotus International,* no. 143, August 2010, 44–46
J. Sorrell, ed., *Jo Noero Architects 1982–1998 and Noero Wolff Architects 1998–2009* (2009)
H. Wolff, *Heinrich Wolff: Monograph* (2007)
— *Architecture at a Time of Social Change* (2012)
I. Wolff, *Adele Naude Santos & Antonio De Souza Santos Monograph: Cape Town Work* (2011)

西非

L. Fernández-Galiano, ed., 'Heikkinen & Komonen: Villa in Mali', *AV Monografías 72: Signature Houses* (1998), 90
— *AV Monografías 201: Francis Kéré* (2018)
D.F. Kéré, A. Lepik and A. Beygo, *Francis Kéré: Radically Simple* (2016)
R.W. Liscombe, 'Modernism in Late Imperial British West Africa: The Work of Maxwell Fry and Jane Drew, 1946–56', *JSAH*, vol. 65, no. 2, June 2006
P. Nicolin, ed., 'Heikkinen-Komonen: Poultry Farming School' and 'The Women's House: Hollmén-Reuter-Sandman', *Lotus International*, no. 116, January 2003, 60–63 and 80–81

北非

T. Avermaete and M. Casciato, *Casablanca Chandigarh: a Report on Modernization* (2014)
A. Smithson and P. Smithson, 'Collective housing in Morocco: The work of Atbat-Afrique, described', *AD*, January 1955
J. Steele, *Hassan Fathy* (1988)

东非

L. Fernández-Galiano, ed., 'Netherlands Embassy, Addis Ababa (Ethiopia) De Architectengroep', *AV Monografías 115: Building Materials* (2005)
A. Guedes and F. Vanin, *Vitruvius Mozambicanus* (2013)
E. Herrel, *Ernst May: Architekt und Stadtplaner in Afrika 1934–1953* (2001)

土耳其

D. Barillari and E. Godoli, *Istanbul 1900: Art Nouveau Architecture and Interiors* (1996)
S. Bozdogan, *Sedad Eldem. Architect in Turkey* (1987)
P. Davey, 'Demir Holiday Village, Bodrum, Turkey', *AR*, 191, October 1992, 50–65
'Hilton Hotel, Istanbul', *Baumeister*, August 1956, 535–41
R. Holod and A. Evin, *Modern Turkish Architecture* (1984)
'Istaban Hotel', *L'Architecture d'Aujord'hui,* September 1955, 103–15
P. Jodidio, *Emre Arolat Architects* (2013)
H.U. Khan and S. Özkan, 'The Bektas Participatory Architectural Workshop, Turkey', *MIMAR*, no. 13, July–September 1984, 47–65
'Lassa Tyre Factory, Izmit', *MIMAR*, no. 18, October–December 1985, 28–33

L. Piccinato, 'L'Università del Medio Oriente presso Ankara', *L'Architettura 10*, no. 114, April 1965, 804–14
H. Sarkis, ed., *Han Tümertekin* (2007)
— *A Turkish Triangle: Ankara, Istanbul, and Izmir at the Gates of Europe* (2010)
U. Tanyeli, *Sedad Hakkı Eldem* (2001)

黎巴嫩

A. Abu Hamdan, 'Jafar Tukan of Jordan', *MIMAR*, no. 12, April–June 1984, 54–65
'Architecture in Lebanon', *AD*, 27, March 1957, 105
'Beyrouth – Collège Protestant', *L'Architecture d'Aujourd'hui*, no. 71, June 1957, 22–23
'Lebanon', *Techniques et Architecture* (Paris), no. 1–2, January–February 1944
'Ministère de la Défense nationale, Beyrouth', *Architecture Plus*, April 1973
P.G. Rowe and H. Sarkis, eds, *Projecting Beirut: Episodes in the Construction and Reconstruction of a Modern City* (1998)
W. Singh-Bartlett, *eastwest: Nabil Gholam Architects* (2015)
E. Verdeil, 'Michel Ecochard in Lebanon and Syria (1956–1968)', *Planning Perspectives*, vol. 27, no. 2, April 2012

以色列/巴勒斯坦

Z. Efrat, *The Object of Zionism: The Architecture of Israel* (2018)
T. Goryczka and J. Neměc, eds, *Zvi Hecker* (2014)
I. Heinze Greenberg, 'Paths in Utopia: On the Development of the Early Kibbutzim', in *Social Utopias of the Twenties*, ed. J. Fiedler (1995)
— and G. Herbert, 'The Anatomy of a Profession: Architects in Palestine During the British Mandate', *Architectura*, January 1992, 149–62
— and G. Herbert, *Erich Mendelsohn in Palestine: Catalog of the Exhibition* (1994)
'Hotel de Ville de Bat-Yam', *L'Architecture d'Aujourd'hui*, 34, 106, February/March 1963, 66–69
'The Israel Museum in Jerusalem', *Domus*, 451, June 1967, 190–200
I. Kamp-Bandau, *et al.*, *Tel Aviv Modern Architecture 1930–1939* (1994)
A. Karmi-Melamed and D. Price, *Architecture in Palestine during the British Mandate, 1917–1948* (2014)
M.D. Levin and J. Turner, *White City: International Style Architecture in Israel* (1984)
C. Melhuish, 'Ada Karmi-Melamede and Ram Karmi: Supreme Court of Jerusalem. House in Tel Aviv', *AD*, 66, no. 11–12, November/December 1966, 34–39
E. Mendelsohn and B. Zevi, *Erich Mendelsohn: The Complete Works* (1999)
N. Metzger-Szmuk, *Dwelling on the Dunes, Tel Aviv: Modern Movement and Bauhaus Ideals* (2004)
S. Rotbard, *White City, Black City: Architecture and War in Tel Aviv and Jaffa* (2015)
A.C. Schultz, *Ada Karmi-Melamede & Ram Karmi, Supreme Court of Israel* (2010)
R. Segal, *Space Packed: the Architecture of Alfred Neumann* (2017)
A. Sharon, *Kibbutz + Bauhaus: An Architect's Way in a New Land* (1976)
— *Kibbutz + Bauhaus: Arieh Sharon, the Way of an Architect* (1987)
— and E. Neuman, *Aryeh Sharon: adrikhal ha-medinah = Arieh Sharon: The Nation's Architect* (2018)
R. Shehori, *Ze'ev Rekhter* (1987)
A. Teut, ed., *Al Mansfeld, an Architect in Israel* (1999)
M. Warhaftig, *They Laid the Foundation: Lives and Works of German-speaking Jewish Architects in Palestine 1918–1948* (2007)
A. Whittick, *Eric Mendelsohn* (1964) [1939]

伊拉克

The Architecture of Rifat Chadirji (1984) [a collection of 12 etchings]
U. Kultermann, 'Contemporary Arab Architecture; the Architects of Iraq', *MIMAR*, no. 5, September 1982, 54–61
M. Wasiuta, *Rifat Chadirji: Building Index* (2018)

沙特阿拉伯

M. Al-Asad, 'The Mosques of Abdel Wahid El-Wakil', *MIMAR*, no. 42, March 1992, 34–39
A.W. El-Hakil, 'Buildings in the Middle East', *MIMAR*, August 1981, 48–61
H.U. Khan, 'National Commercial Bank Jeddah', *MIMAR*, April–June 1985, 36–41
U. Kultermann, 'The Architects in Saudi Arabia', *MIMAR*, no. 16, April–June 1985, 42–53
'Ministry of Foreign Affairs, Riyadh', *AR*, November 1989, 96–98
A. Nyborg, *Henning Larsen: Ud Af Det Bid* (1986)
'Wadi Hanifa Wetlands', *A+U*, no. 485, July 2013

伊朗

N. Ardalan and L. Bakhtiar, *The Sense of Unity* (1973)
F. Daftari and L.S. Diba, eds, *Iran Modern* (2013)
K. Diba, *Buildings and Projects* (1981)
— 'Iran and Contemporary Architecture', *MIMAR*, no. 38, March 1991, 22–24
J.M. Dixon, 'Traditional Weave. Housing, Shushtar New Town, Iran', *Progressive Architecture*, 60, no. 10, October 1979, 68–71
M. Marefat, 'Building to Power: Architecture of Tehran, 1921–1941' (unpub. PhD dissertation, 1988)
— 'The Protagonists who Shaped Modern Tehran', in *Tehran capitale bicentenaire*, ed. C. Adle and B. Hourcade (1992)
M.R. Shirazi, *Contemporary Architecture and Urbanism in Iran* (2018)

海湾国家

A. Abu Hamden, 'Shopping Center, Kindergarten School, Dubai', *MIMAR*, no. 12, May 1984, 62–64
K. Holscher, 'The National Museum of Bahrain', *MIMAR*, no. 35, June 1990, 24–29
U. Kultermann, 'Architects of the Gulf States', *MIMAR*, no. 14, November 1984, 50–57
— 'Education and Arab Identity: Kamal El Kafrawi; University of Qatar, Doha', *Architectura*, no. 26, 1996, 84–88
J.F. Pousse, 'Un patio dans le désert: Ambassade de France, Marcate, Oman', *Techniques et Architecture*, no. 388, March 1990, 74–79
J. Randall, 'Sief Palace Area Building, Kuwait', *MIMAR*, no. 16, May 1985, 28–35
P.E. Skiver, 'Kuwait National Assembly Complex', *Living Architecture*, no. 5, 1986, 124–27
'Solar Control', *Middle East Construction*, April 1981, 49–54
B.B. Taylor, 'University, Qatar', *MIMAR*, no. 16, May 1985, 20–27
B. Thompson, 'Abu Dhabi Inter-Continental Hotel', *MIMAR*, no. 25, September 1987, 40–45
'Three Intercontinental Hotels: Abu Dhabi; Al Ain, UAE; Cairo, Egypt', *Process Architecture*, no. 89, 1987, 120–24
J. Utzon, *Logbook: Kuwait National Assembly* (2008)
'Water Towers, Kuwait City, Kuwait', in *Architecture and Community*, ed. R. Holod and D. Rastorfer (1983)
G.R.H. Wright, *The Qatar National Museum* (1975)

第3章 亚洲与太平洋：导言

K.K. Ashraf and J. Belluardo, eds, *An Architecture of Independence: the Making of Modern South Asia: Charles Correa, Balkrishna Doshi, Muzharul Islam, Achyut Kanvinde* (1998)
L. Fernández-Galiano, ed., *Atlas: Architectures of the 21st Century / Vol. 1, Asia and Pacific* (2010)
K. Frampton, R. Mehrotra and P.G. Sanghi, eds, *World Architecture 1900–2000: a Critical Mosaic / Vol. 8, South Asia* (2002)
K. Frampton and Z. Guan, eds, *World Architecture 1900–2000: a Critical Mosaic / Vol. 9, East Asia* (2002)
K. Frampton, W.S.W. Lim and J. Taylor, eds, *World Architecture 1900–2000: a Critical Mosaic / Vol. 10, Southeast Asia and Oceania* (2002)
J. Taylor, *Architecture in the South Pacific* (2014)

印度

C. Correa, *The New Landscape* (1985) [Correa's New Bombay plan]
— and K. Frampton, *Charles Correa* (1996)
W.J.R. Curtis, *Balkrishna Doshi: an Architecture for India* (1988)
N. Dengle, ed., *Dialogues with Indian Master Architects* (2015)
B. Doshi, *Paths Uncharted* (2011)
B. Jain and J. van der Steen, *Studio Mumbai: Praxis* (2012)
H.U. Khan, *Charles Correa* (1987)
J. Kugler, K.P. Hoof and M. Wolfschlag, eds, *Balkrishna Doshi: Architecture for the People* (2019)
F. Márquez Cecilia and R.C. Levene, eds, *El Croquis 157: Studio Mumbai, 2003–2011* (2011)
R. Mehrotra, *Architecture in India since 1990* (2011)
— and A. Berger, eds, *Landscape + Urbanism around the Bay of Mumbai* (2010)
— and S. Dwivedi, *Bombay: the Cities Within* (1995)
— and G. Nest, eds, *Public Places Bombay* (1996)
— and F. Vera, *Ephemeral Urbanism: Cities in Constant Flux* (2016)
S. Rajguru, *et al.*, *Raj Rewal: Innovative Architecture and Tradition* (2013)

巴基斯坦

H.U. Khan, *The Architecture of Habib Fida Ali: Buildings and Projects, 1965–2009* (2010)
K.K. Mumtaz, *Architecture in Pakistan* (1985)

孟加拉国

K. Chowdhury, K. Frampton and H. Binet, *The Friendship Centre: Gaibandha, Bangladesh* (2016)
'Clima confesional: Bait Ur Rouf Mosque, Dhaka: Marina Tabassum', *Arquitectura Viva*, no. 192, January 2017
R.M. Falvo, ed., *Rafiq Azam: Architecture for Green Living* (2013)
M. Gusheh, *Sher-e-Bangla Nagar: an American Architect in Dhaka* (1995)
N.R. Khāna, *Muzharul Islam: Selected Drawings* (2010)
A. Ruby and N. Graber, *Bengal Stream: The Vibrant Architecture Scene of Bangladesh* (2017)

斯里兰卡

B.B. Taylor, *Geoffrey Bawa* (1995)
'Richard Murphy Architects: British High Commission, Colombo, Sri Lanka, 2001–08', *Lotus International*, no. 140, December 2009

中国

E. Baniassad, L. Gutierrez and V. Portefaix, *Being Chinese in Architecture: Recent Works by Rocco Lim* (2004)
B. Chan, *New Architecture in China* (2005)
G. Ding, *Constructing a Place of Critical Architecture in China: Intermediate Criticality in the Journal Time + Architecture* (2015)
L. Fernández-Galiano, ed., *AV Monografías 109/110: China Boom: Growth Unlimited* (2004)
— *AV Monografías 150: Made in China* (2011)
M.J. Holm, K. Kjeldsen and M.M. Kallehauge, eds, *Wang Shu Amateur Architecture Studio* (2017)
L. Hu and H. Wenjing, *Toward Openness* (2018)
J. Liu, *Now and Here – Chengdu: Liu Jiakun, Selected Works*

(2017)
C. Pearson, *Good Design in China* (2011)
W.S. Saunders, ed., *Designed Ecologies: the Landscape Architecture of Kongjian Yu* (2012)
P. Valle, *Rural Urban Framework* (2016)
A. Williams, *New Chinese Architecture: Twenty Women Building the Future* (2019)
J. Zhu, *Architecture of Modern China: a Historical Critique* (2009)

日本

T. Ando and F. Dal Co, *Tadao Ando Complete Works* (2000)
— *Tadao Ando 1995–2010* (2010)
J. Baek, *Nothingness: Tadao Ando's Christian Sacred Space* (2009)
B. Bognar, *The New Japanese Architecture* (1990)
L. Fernández-Galiano, ed., *AV Monografías 28: Generaciones Japonesas* (1991)
K. Frampton, *A New Wave of Japanese Architecture* (1978)
— *The Architecture of Hiromi Fujii* (1987)
— and K. Kuma, *Kengo Kuma: Complete Works* (2nd edn, 2018)
— D. Stewart and M. Mulligan, *Fumihiko Maki* (2009)
K.G.F. Helfrich and W. Whitaker, eds, *Crafting a Modern World: Architecture and Design of Antonin and Noémi Raymond* (2006)
M. Inoue, *Space in Japanese Architecture* (1985)
A. Isozaki and K.T. Ōshima, *Arata Isozaki* (2009)
— and D.B. Stewart, *Japan-ness in Architecture* (2006)
M. Kawamukai and M. Zardini, *Tadao Ando* (1990)
N. Kawazoe, *Contemporary Japanese Architecture* (1965)
K. Kikutake and K.T. Oshima, *Between Land and Sea: Kiyonori Kikutake* (2016)
R. Koolhaas, H.U. Obrist, K. Ota and J. Westcott, *Project Japan: Metabolism Talks* (2011)
S. Kuan and Y. Lippit, *Kenzo Tange: Architecture for the World* (2012)
K. Kuma, *Anti-Object: The Dissolution and Disintegration of Architectures* (2008) [2000]
K. Kurokawa, *Metabolism in Architecture* (1977)
A. Kurosaka, *et al.*, *Space Design*, no. 172, January 1979 [special issue on Shinohara's work, 1955–79]
S.M. Levy, *Japanese Construction: An American Perspective* (1990)
K. Maekawa, *Kunio Maekawa: Sources of Modern Japanese Architecture* (1984)
F. Maki, *Investigations in Collective Form* (1964)
— and M. Mulligan, *Nurturing Dreams: Collected Essays on Architecture and the City* (2008)
— *et al.*, *Fumihiko Maki* (2009)
T. Matsunaga, *Kazuo Shinohara* (1982) [IUAS cat.]
M. McQuaid, *Shigeru Ban* (2005)
K.T. Ōshima, *International Architecture in Interwar Japan: Constructing Kokusai Kenchiku* (2009)
A. Raymond, *An Autobiography* (1973)
J.M. Reynolds, *Maekawa Kunio and the Emergence of Japanese Modernist Architecture* (2001)
S. Roulet and S. Soulié, *Toyo Ito: Complete Works 1971–90* (1991)
S. Salat and F. Labbé, *Fumihiko Maki* (1988)
K. Shinohara, 'Towards Architecture', *L'Architettura*, no. X, April 1983
D. Stewart and H. Yatsuka, *Arata Isozaki 1960–1990* (1991)
K. Tange, U. Kultermann and H.R. von der Mühll, *Kenzo Tange* (1989)
Y. Taniguchi, *The Architecture of Yoshio Taniguchi* (1999)
J. Taylor, *The Architecture of Fumihiko Maki* (2003)

韩国

M. Cho and K. Park, *Architectural Heterogeneity in Korean Society* (2007)
S.C. Cho, *Byoung Cho* (2014)

澳大利亚

H. Beck and J. Cooper, eds, *Glenn Murcutt: A Singular Architectural Practice* (2002)
— *Clare Design: Works 1980–2015* (2015)
P. Drew, *Leaves of Iron. Glenn Murcutt: Pioneer of an Australian Architectural Form* (1985)
K. Frampton and P. Drew, *Harry Seidler Complete Works 1955–1990* (1991)
— *Architecture as Material Culture: the Work of Francis-Jones Morehen Thorp* (2014)
F. Fromont, *Glenn Murcutt* (2003)
S. Godsell and L.V. Schiak, *Sean Godsell: Works and Projects* (2005)
G. London, *Kerry Hill* (2013)
F. Márquez Cecilia and R.C. Levene, eds, *El Croquis 163/164: Glenn Murcutt, 1980–2012* (2012)
E. McEoin, ed., *Under the Edge: the Architecture of Peter Stutchbury* (2016)
P. McGillick, *Alex Popov: Buildings and Projects* (2002)
Y. Mikami, *Utzon's Sphere: Sydney Opera House* (2001)
G. Murcutt and P. Drew, *Touch This Earth Lightly: Glenn Murcutt in His Own Words* (1999)
P. Neuvonen and K. Lehtimäki, *Richard Leplastrier: Spirit of Nature Wood Architecture Award* (2004)
H. Seidler, *Houses and Interiors* (2003)
J. Taylor, *An Australian Identity: Houses for Sydney, 1953–63* (1972)
— *John Andrews: Architecture, a Performing Art* (1982)
— *Australian Architecture Since 1960* (1990)

新西兰

J. Gatley, *Long Live the Modern: New Zealand's New Architecture, 1904–1984* (2009)
D. Mitchell and G. Chaplin, *The Elegant Shed: New Zealand Architecture since 1945* (1984)
E.B. Ottilinger and A. Sarnitz, *Ernst Plischke* (2003)
J. Stacpoole and P. Beaven, *New Zealand Art: Architecture 1820–1970* (1972)

第4章 欧洲：导言

L. Fernández-Galiano, ed., *Atlas: Architectures of the 21st Century / Vol. 4, Europe* (2010)
K. Frampton, W. Wang and H. Kusolitsch, eds, *World Architecture 1900–2000: a Critical Mosaic / Vol. 3, Northern Europe, Central Europe, Western Europe* (2002)
K. Frampton and V.M. Lampugnani, eds, *World Architecture 1900–2000: a Critical Mosaic / Vol. 4, Mediterranean Basin* (2002)
P. Koulermos and J. Steele, *20th Century European Rationalism* (1995)

英国

J. Allen, *Berthold Lubetkin: Architecture and the Tradition of Progress* (1992)
P. Allison, 'The Presence of Construction: Walsall Art Gallery by Caruso St John', *AA Files*, 35, 1998, 70–79
S. Backström, 'A Swede Looks At Sweden', *AR*, vol. 94, no. 561, September 1942, 80 [his first use of the term 'New Empiricism']
— 'The New Empiricism: Sweden's Latest Style', *AR*, vol. 101, no. 606, June 1947, 199–204
A. Berman, ed., *Jim Stirling and the Red Trilogy: Three Radical Buildings* (2010)
S. Cantacuzino, *Wells Coates: a Monograph* (1978)
T. Fretton, *Tony Fretton Architects* (2014)
— *Articles, Essays, Interviews and Out-Takes* (2018)
A. Jackson, *The Politics of Architecture: A History of Modern Architecture in Britain* (1970)
D. Jenkins, ed., *On Foster ... Foster On* (2000)
— *Norman Foster: Works*, 6 vols (2002–11)
I. Latham and M. Swenarton, eds, *Jeremy Dixon and Edward Jones: Buildings and Projects 1959–2002* (2002)
London County Council, *The Planning of a New Town; Data and Design Based on a Study for a New Town of 100,000 at Hook, Hampshire* (1961)
J. Manser, *The Joseph Shops, London 1983–1989* (1991)
F. Márquez Cecilia and R.C. Levene, eds, *David Chipperfield: 1991–2006* (2006)
— *David Chipperfield: 2006–2014* (2016)
J. McKean, *Royal Festival Hall: London City Council, Leslie Martin and Peter Moro* (1992)
N. McLaughlin and E. Doll, eds, *Twelve Halls* (2018)
E. Parry, *et al.*, *Eric Parry Architects*, 4 vols (2002–18)
M. Pawley, *Eva Jiřičná: Design in Exile* (1990)
K. Powell, *Richard Rogers: Complete Works*, 3 vols (1999–2006)
M. Quantrill, *The Norman Foster Studio: Consistency Through Diversity* (1999)
A. Smithson and P. Smithson, *The Charged Void: Architecture* (2001)
— *The Charged Void: Urbanism* (2005)
— *The Space Between* (2017): ed. and publ. posthumously by M. Risselada
C. St John Wilson, *The Other Tradition of Modern Architecture* (1995)
— *Architectural Reflections: Studies in the Philosophy and Practice of Architecture* (1999)
D. Stephen, K. Frampton and M. Carapetian, *British Buildings, 1960–1964* (1965)
J. Stirling, M. Wilford and L. Krier, *James Stirling, Buildings and Projects* (1984)
M. Swenarton, *Cook's Camden. The Making of Modern Housing* (2017)
R. Unwin, *Town Planning in Practice: an Introduction to the Art of Designing Cities and Suburbs* (1909)
A. Whittick, *Eric Mendelsohn* (1940)
F.R.S. Yorke, *The Modern House in England* (1937)

爱尔兰

A. Becker, *et al.*, *20th-Century Architecture, Ireland* (1997)
L. Fernández-Galiano, ed., *AV Monografías 182: O'Donnell + Tuomey* (2016)
R. McCarter, *Grafton Architects* (2018)
J. McCarthy, 'Dublin's Temple Bar – a Case Study of Culture-Led Regeneration', *European Planning Studies*, 6, no. 3, 1998, 271–81
S. O'Toole, 'Group 91: Renovation of the Temple Bar Urban District in Dublin', *Domus*, 809, 1998, 40–49
P. Quinn, *Temple Bar* (1996)
T. Swannell, 'De Blacam and Meagher: Three Housing Projects', *AA Files*, 44, 2001, 37–43
J. Tuomey, *Architecture, Craft and Culture* (2008)
— and S. O'Donnell, *O'Donnell + Tuomey: Selected Works* (2007)
D. Walker, *Michael Scott, Architect* (1995)

法国

J. Abram, *Opere e progetti: Emmanuelle e Laurent Beaudouin* (2004)
M. Biagi and J. Abram, *Pierre-Louis Faloci. Architettura, Educazione Allo Sguaro* (2018)
L.B. Bielza and O.R. Ojeda, *Architecture With and Without Le Corbusier: José Oubrerie Architecte* (2010)
H. Ciriani, *Henri Ciriani* (1997)
M.H. Contal and J. Revedin, *Sustainable Design: Towards a New Ethic in Architecture and Town Planning* (2013)
C. Devillers, 'Entretiens avec Henri Gaudin', *AMC*, May 1983, 78–101
— 'Entretiens avec Roland Simounet', *AMC*, May 1983, 52–73
— 'Le Sublime et le quotidien', *AMC*, May 1983, 102–09
L. Fernández-Galiano, ed., *AV Monografías 134: Dominique Perrault: 1990–2009* (2009)
— *AV Monografías 206: LAN 2002–2018* (2018)
K. Frampton, 'José Oubrerie a Damasco', *Parametro*, 134, 1985, 22–43 [pub. in Eng. in abridged form as 'French Cultural Centre, Damascus' in *MIMAR*, 27, 1988, 12–20]
F. Jourda, *Jourda & Perraudin* (1993)
— *An Architecture of Difference* (2001) [John Dinkaloo Memorial Lecture transcript]
M.W. Kagan, *Kagan: Architectures, 1986–2016* (2016)
W. Lesnikowski, *The New French Architecture* (1990)
Y. Lion, 'La Cité judiciaire de Draguignan', *AMC*, March 1984,

6–19
J. Lucan, 'Une morale de la construction. Le musee d'art moderne du Nord de Roland Simounet', *AMC*, May 1983, 40–49
F. Márquez Cecilia and R.C. Levene, eds, *El Croquis 177/178: Lacaton & Vassal, 1993–2015* (2015)
I. Ruby, A. Ruby and P.C. Schmal, eds, *Druot, Lacaton & Vassal, Tour Bois le Prêtre* (2012)
S. Salat and F. Labbé, *Paul Andreu* (1990)[important French designer of airports]
M. Vigier, ed., 'Edouard Albert 1910–1968', *AMC*, October 1986, 78–89

比利时

G. Bekaert and L. Stynen, *Léon Stynen, een architect, Antwerpen, 1899–1990* (1990)
M. Culot, ed., *J.-J. Eggericx: gentleman architecte, créateur de cités-jardins* (2013)
M. Dubois, *Gaston Eysselinck: 1930–1931: Woning Gent* (2003)
J. Lampens and A. Campens. *Juliaan Lampens* (2011)
Le Corbusier, *Le Corbusier & la Belgique* (1997)
F. Márquez Cecilia and R.C. Levene, eds, *El Croquis 125: Stephane Beel* (2005)
J. Quetglas, *M.Lapeña/Torres* (1990)
P. Puttemans and L. Herve, *Modern Architecture in Belgium* (1976)
L. van der Swaelmen, *Préliminaires d'art civique* (1916, repr. 1980)
A. Vázquez de Castro and A.F. Alba, *Trente oeuvres d'architecture espagnole années 50 – années 80* (1985) [cat. of an important exh. in Hasselt, Belgium]

西班牙

AC-GATEPAC: 1931–1937 (1975)
M. Alonso del Val, 'Spanish Architecture 1939–1958: Continuity and Diversity', *AA Files*, 17, Spring 1989, 59–63
O. Bohigas, *Garcés/Sòria* (1987)
E. Bonell, 'Velodromo a Barcelona', *Casabella*, 519, December 1985, 54–64
— 'Civic Monuments', *AR*, 188, July 1990, 69–74
— and F. Rius, 'Velodrome, Barcelona', *AR*, 179, May 1986, 88–91
E. Bru and J.L. Mateo, *Spanish Contemporary Architecture* (1984)
A. Capitel and I. de Solà-Morales, *Contemporary Spanish Architecture* (1986)
G.V. Consuegra and V.P. Escolano, *Guillermo Vázquez Consuegra* (2009)
W. Curtis, *Carlos Ferrater* (1989)
L. Fernández-Galiano, ed., *AV Monografías 35: Rafael Moneo 1986–1992* (1992)
— *AV Monografías 45–46: España* (1994) [this series publ. an issue dedicated to recent Spanish work every year from this point on]
— *AV Monografías 68: Alejandro de la Sota* (1997)
— *AV Monografías 85: Cruz & Ortiz: 1975–2000* (2000)
— *AV Monografías 145: Mansilla+Tuñón 1992–2011* (2010)
— *AV Monografías 188: Paredes Pedrosa: 1990–2016* (2016)
Fundación ICO, ed., *Cruz y Ortiz: 12 edificios, 12 textos* (2016)
F. Higueras, *Fernando Higueras 1959–1986* (1985)
R.C. Levene, F.M. Cecilia and A.R. Barbarin, *Arquitectura Española Contemporánea 1975–1990*, 2 vols (1989) [definitive survey of Spanish architecture during this period]
J. Llinas and A. de la Sota, *Alejandro de la Sota* (1989)
Manuel Gallego: arquitectura 1969–2015 (2015)
S. Marchán Fiz, *José Ignacio Linazasoro* (1990)
F. Márquez Cecilia and R.C. Levene, eds, *Francisco Javier Sáenz de Oíza, 1947–1988* (2002)
P. Molins, *Mansilla + Tuñón arquitectos dal 1992* (2007)
R. Moneo, 'Museum for Roman Artifacts, Mérida, Spain', *Assemblage*, 1, 1986, 73–83
— *Cruz/Ortiz* (1988)
F. Nieto and E. Sobejano, *Nieto-Sobejano, 1996–2001: desplazamientos* (2002)
O.R. Ojeda, ed., *Campo Baeza: Complete Works* (2015)
G. Ruiz Cabrero, *The Modern in Spain: Architecture after 1948* (2001)
V. Sari, *Bach/Mora* (1987)
A. Zabalbeascoa, *The New Spanish Architecture* (1992)

葡萄牙

G. Byrne, A. Angelillo and I. de Solà-Morales, *Gonçalo Byrne: opere e progetti* (2006)
G. Byrne and L. Tena, *Gonçalo Byrne: Works* (2002)
A. Esposito and G. Leoni, *Eduardo Souto de Moura* (2003)
L. Fernández-Galiano, ed., *AV Monografías 40: Álvaro Siza 1988–1993* (1993)
— *AV Monografías 47: Portugueses* (1994)
— *AV Monografías 151: Souto de Moura 1980–2012* (2011)
— *AV Monografías 208: Souto de Moura 2012–2018* (2018)
J. Figueira, ed., *Álvaro Siza: Modern Redux* (2008)
P. Mardaga, *Architectures à Porto* (1990)
F. Márquez Cecilia and R.C. Levene, eds, *El Croquis 170: João Luis Carrilho da Graça* (2014)
C. Sat, *Schools of Óbidos* (2010)
A. Siza, *Álvaro Siza 1986–1995* (1995)
— *Álvaro Siza 1954–1976* (1997)
— *Fundação Iberê Camargo* (2008)
— and A. Angelillo, *Álvaro Siza: Writings on Architecture* (1997)
— and W. Wang, *Souto de Moura* (1990)
E. Souto de Moura, *Competitions 1979–2010* (2011)
F. Távora, *Fernando Távora* (1993)

意大利

C. Aymonino, *Carlo Aymonino* (1996)
C. Baglione, ed., *Ernesto Nathan Rogers, 1909–1969* (2012)
G. Banfi and L. Belgiojoso, 'Urbanistica corporativa', *Quadrante*, 16–17, August–September 1934, 16–17
R. Banham, 'Neoliberty: The Italian Retreat from Modern

Architecture', *AR*, 125, April 1959, 230–35
BBPR, L. Fiori and M. Prizzon, *La Torre Velasca: disegni e progetto della Torre Velasca* (1982)
M. Botta, *Louis Kahn and Venezia* (2018)
P. Buchanan, *Renzo Piano Building Workshop: Complete Works*, 5 vols (1993–2008)
G. Ciocca and E. Rogers, 'Per la Città Corporativa', *Quadrante*, 10, February 1934, 25
P.A. Croset and L. Skansi, *Modern and Site Specific: the Architecture of Gino Valle, 1923–2003* (2018) [originally publ. in a larger format in Italian as *Gino Valle* (2010)]
G. de Carlo, *Giancarlo De Carlo: immagini e frammenti* (1995)
— and B. Zucchi, *The Architecture of Giancarlo De Carlo* (1992)
L. Fernández-Galiano, ed., *AV Monografías 23: Renzo Piano: Building Workshop 1980–1990* (1990)
— *AV Monografías 119: Renzo Piano: Building Workshop 1990–2006* (2006)
R. Gargiani and A. Bologna, *The Rhetoric of Pier Luigi Nervi: Concrete and Ferrocement Forms* (2016)
G. Grassi, *La costruzione logica dell'architettura* (1967, repr. 2018)
— *Giorgio Grassi: opere e progetti* (2004)
V. Gregotti, *Il territorio dell' architettura* (1966)
R. Hoekstra, *Building versus Bildung: Manfredo Tafuri and the Construction of a Historical Discipline* (2005)
D.S. Lopes, *Melancholy and Architecture: on Aldo Rossi* (2015)
A. Natalini, 'Deux variations sur un thème', *AMC*, March 1984, 28–41
— *Figures of Stone: Quaderni di Lotus* (1984) [a survey of the work of this architect]
P.-L. Nervi, *Nervi: Space and Structural Integrity* (1961)
— *Aesthetics and Technology in Building* (1965)
— *et al., Pier Luigi Nervi: Architecture as Challenge* (2010)
R. Piano and K. Frampton, *Renzo Piano: The Complete Logbook: 1966–2016* (2017)
E. Rogers, 'Continuity or Crisis?' *Casabella Continuità*, 215, April–May 1957, ix–x
A. Rossi, *L'architettura della città* (1966) [Eng. trans. by D. Ghirardo and J. Ockman, *The Architecture of the City* (1982)]
C. Rostagni, *Luigi Moretti, 1907–1973* (2008)
M. Tafuri, *Vittorio Gregotti, Buildings and Projects* (1982)
— *History of Italian Architecture 1944–1985* (1989)
G. Vragnaz, *Gregotti Associati: 1973–1988* (1990)
B. Zevi, *Towards an Organic Architecture* (1945, trans. 1950)

希腊

E. Antoniadis, *Greek Contemporary Architecture* (1979)
S. Condaratos, B. Manos and W. Wang, *Twentieth Century Architecture – Greece* (1999)
A. Couvelas, *House of the Winds in Santorini* (2016)
A. Ferlenga, *Pikionis, 1887–1968* (1999)
P. Karantinos, *Ta nea scholika ktiria, epimeleia tou architektonos Patroklou Karantinou* (1938)
A. Konstantinidis, *Elements for Self-Knowledge* (1975)
— with D. Konstantinidis and P. Cofano, *Aris Konstantinidis, 1913–1993* (2010)
P. Koulermos, 'The Work of Konstantinidis', *AD*, May 1964
L. Liaska, *et al., Dimitris Pikionis, Architect 1887–1968* (AA Mega publication, 1989) [definitive study]
K. Skousbøll, *Greek Architecture Now* (2006)
T.C. Zenetos, *Takis Ch. Zenetos: 1926–1977* (1978)

前南斯拉夫

F. Achleitner, *et al., Edvard Ravnikar: Architect and Teacher* (2010)
C. Eveno, *et al., Jože Plečnik, Architect, 1872–1957* (1989)
Z. Lukeš, D. Prelovšek and T. Valena, *Josip Plečnik: An Architect of Prague Castle* (1997)
M. Stierli and V. Kulić, *Toward a Concrete Utopia: Architecture in Yugoslavia: 1948–1980* (2018)

奥地利

R. Abraham, *Raimund Abraham: Works 1960–1973* (1973)
W.M. Chramosta, P. Cook, and L. Waechter-Böhm, *Helmut Richter: Buildings and Projects* (1999)
Coop Himmelblau: Architecture is Now (1983)
B. Groihofer, *Raimund Abraham [UN]BUILT* (2nd edn, 2016)
O. Kapfinger, D. Steiner and S. Pirker, *Architecture in Austria: Survey of the 20th Century* (1999)
G. Peichl, *Gustav Peichl: Buildings and Projects* (1992)
R. Rainer, *Livable Environments* (1972)
— *Vitale Urbanität: Wohnkultur und Stadtentwicklung* (1995)
A. Sarnitz, *Three Viennese Architects* (1984)[coverage of the work of Holzbauer, Peichl and Rainer]
O. Wagner, *Moderne Architektur* (1896) [Eng. trans. by H. Mallgrave, *Modern Architecture* (1988)]
L. Welzenbacher, *Lois Welzenbacher* (1968)

德国

O. Bartning, ed., *Mensch und Raum: Das Darmstädter Gespräch 1951* (1991)
P. Blundell Jones, *Hans Scharoun, a Monograph* (1978, repr. 1995)
P. Drew, *Frei Otto: Form and Structure* (1976)
E. Eiermann and I. Boyken, *Egon Eiermann 1904–1970: Bauten und Projekte* (1984)
L. Fernández-Galiano, ed., *AV Monografías 1–2: Berlin IBA '87* (1985)
I. Flagge, V. Herzog-Loibl and A. Meseure, eds, *Thomas Herzog: Architecture + Technology* (2002)
V. Gregotti, 'Oswald Mathias Ungers', *Lotus*, 11, 1976
M. Heidegger, *Building, Dwelling, Thinking* (1954)
J.P. Kleihues, *Josef Paul Kleihues* (2008)
W. Nerdinger and C. Tafel, *Architectural Guide. Germany: 20th Century* (1996)
U. Schwarz, ed., *New German Architecture: a Reflexive Modernism* (2002)
O. Steidle, *Reissbrett 3: Otto Steidle: Werkmonographie* (1984)
O.M. Ungers, *Oswald Mathias Ungers* (1991)
W. Wang and D.E. Sylvester, eds, *Hans Scharoun: Philharmonie,*

Berlin 1956–1963 (2013)

丹麦

M.A. Andersen, *Jørn Utzon: Drawings and Buildings* (2014)
L. Fernández-Galiano, ed., *AV Monografías 205: Jørn Utzon 1918–2008* (2018)
K. Fisker, *Modern Danish Architecture* (1927)
'Henning Larsen's Tegnestue A/S, University of Trondheim, Trondheim, Norway', *GA Document*, 4, 1981
T.B. Jensen, *P.V. Jensen-Klint* (2006)
L.B. Jørgensen, *Vilhelm Lauritzen: en Moderne Arkitekt* (1994)
H.E. Langkilde, *Arkitekten Kay Fisker* (1960)
C. Norberg-Schulz and T. Faber, *Utzon Mallorca* (1996)
C. Thau and K. Vindum, *Arne Jacobsen* (2001)
J. Utzon, *Logbook*, 5 vols: *The Courtyard Houses* (2004); *Bagsværd Church* (2005); *Two Houses on Majorca* (2004); *Kuwait National Assembly* (2008); *Additive Architecture* (2009)
R. Weston, *Utzon* (2002)
— *Jørn Utzon: the Architect's Universe* (2008)

瑞典

G. Asplund, *et al.*, *Acceptera* (1931)
P. Blundell Jones, *Gunnar Asplund* (2012)
L. Capobianco, *Sven Markelius: Architettura e città* (2006)
P. Collymore, *The Architecture of Ralph Erskine: Contributing to Humanity* (1994)
G. Holmdahl, ed., *Gunnar Asplund, Architect, 1885–1940. Plans, Sketches and Photographs* (1950)
O. Hultin and W. Wang, *The Architecture of Peter Celsing* (1996)
G.E. Kidder Smith, *Sweden Buildings* (1957)
P.G. Rowe, *The Byker Redevelopment Project: Newcastle upon Tyne, United Kingdom, 1969–82: Ralph Erskine* (1988)
C. St John Wilson, *Gunnar Asplund, 1885–1940: the Dilemma of Classicism* (1988)
— *Sigurd Lewerentz, 1885–1975: the Dilemma of Classicism* (1989)

挪威

J. Brænne, *Arne Korsmo: Arkitektur og Design* (2004)
P.O. Fjeld, *Sverre Fehn: the Thought of Construction* (1983)
— *Sverre Fehn: the Pattern of Thought* (2009)
C. Norberg-Schulz and G. Postiglione, *Sverre Fehn: Works, Projects, Writings, 1949–1996* (1998)

芬兰

J. Ahlin, *Sigurd Lewerentz, Architect, 1885–1975* (1987)
P. Davey, *Architecture in Context: Helin Workshop* (2011)
S. Micheli, *Erik Bryggman: 1891–1955: Architettura Moderna in Finlandia* (2009)
M.R. Norri, *An Architectural Present: 7 Approaches* (1990) [definitive exh. cat. of contemporary Finnish architects]
J. Pallasmaa, *Architecture in Miniature* (1991) [a survey of the architect's work]
S. Poole, *The New Finnish Architecture* (1991) [a comprehensive survey of contemporary practice]
M. Quantill, *Juha Leiviskä: and the Continuity of Finnish Modern Architecture* (2001)
C. St John Wilson, *Gullichsen, Kairamo, Vormala* (1990)

结语：全球化时代的建筑学

W. Blaser, ed., *Santiago Calatrava: Engineering and Architecture* (1989)
C. Davidson, 'On the Record with Kenneth Frampton', *Log*, Fall 2018, 27–34
P.B. Jones and M. Meagher, *Architecture and Movement* (2015)
B. Lootsma, *Cees Dam* (1989)
U.J. Schulte Strathaus, 'Modernism of a Most Intelligent Kind: A Commentary of the Work of Diener & Diener', *Assemblage*, 3, 1987, 72–107
M. Umbach and B. Hüppauf, *Vernacular Modernism: Heimat, Globalization, and the Built Environment* (2005)
W. Wang, *Jacques Herzog and Pierre de Meuron* (1990)

尾注

前言

1 G. Debord, 'XIII', in *Comments on the Society of the Spectacle*, trans. M. Imrie (1998), 38.

第一部分

第1章

1 J. Starobinski, *The Invention of Liberty, 1700–1789*, trans. B.C. Swift (1964), 205.

第2章

1 F. Choay, *The Modern City: Planning in the 19th Century*, trans. M. Hugo and G.R. Collins (1969), 9.
2 C. Sitte, *Der Städtebau nach seinen künsterlerischen Grundsätzen* [City Planning According to Artistic Principles] (1988), 16.

第3章

1 W. Benjamin, 'Paris: Capital of the 19th Century', *Perspecta*, vol. 12, 1969, 165.
2 L. Reynaud, *Traité d'architecture. Deuxième partie. Composition des edifices* (1878), 428.

第二部分

第1章

1 W. Morris, 'The Revival of Architecture', *The Eclectic Magazine of Foreign Literature, Science and Art*, vol. 48, no. 2, August 1888, 277.
2 A. Carruthers, *Ashbee to Wilson: Aesthetic Movement, Arts and Crafts, and Twentieth Century* (1986).

第2章

1 L. Sullivan, *The Public Papers* (1988), 80.
2 L. Sullivan, 'The Autobiography of an Idea', *Journal of the American Institute of Architects*, vol. XI, no. 9, 1923, 337.
3 D. Adler, 'Great Modern Edifices – The Chicago Auditorium', *Architectural Record*, vol. 1, no. 4, April–June 1892, 429.
4 *Ibid.*, 417.

第3章

1 F.L. Wright, 'In The Cause of Architecture. III. The Meaning of Materials. Stone', *Architectural Record*, vol. 63, no. 4, April 1928, 350.
2 G.C. Manson, *Frank Lloyd Wright to 1910: The First Golden Age* (1958), 39.

第4章

1 E. Viollet-le-Duc, *Entretiens sur l'architecture* (1863–1872).
2 H. Guimard, 'An Architect's Opinion of "L'Art Nouveau"', *The Architectural Record*, vol. XII, no. 2, June 1902, 58.
3 H. Guimard, 'An "Art Nouveau" Edifice in Paris. The Humbert De Romans Building', *The Architectural Record*, vol. XII, no. 1, May 1902, 58.
4 G. Grassi, 'An Architect and a City: Berlage in Amsterdam', *Casabella Continuità*, no. 249, March 1961, 42 [Italian], VII [English].

第5章

1 T. Howarth, *Charles Rennie Mackintosh and the Modern Movement* (1952), 46.

第6章

1 C. Schorske, 'The Transformation of the Garden: Ideal and Society in Austrian Literature', *The American Historical Review*, vol. 72, no. 4, July 1967, 1298.
2 E. Sekler, 'Eduard F. Sekler: The Stoclet House by Josef Hoffmann', in *Essays in the History of Architecture Presented to Rudolph Wittkower*, vol. 1 (1967), 230.
3 S. Anderson, *Peter Behrens and a New Architecture for the Twentieth Century* (2000), 22.

第7章

1 F.T. Marinetti, *Marinetti, Selected Writings*, trans. R.W. Flint and A.A. Coppotelli (1972), 39.
2 *Ibid.*, 40.
3 R. Banham, 'Futurism: The Foundation Manifesto', in *Theory and Design in the First Machine Age*, 2nd edn (1967), 104.
4 U. Apollonio, 'Umberto Boccioni: Plastic Dynamism 1913', in *Futurist Manifestos*, trans. R. Brain, R.W. Flint, J.C. Higgitt and C.

Tisdal (2001), 93.
5 R. Banham, 'Sant' Elia and Futurist Architecture', in *Theory and Design in the First Machine Age*, 2nd edn (1967), 128.
6 R. Banham, 'Futurism: Theory and Development', in *Theory and Design in the First Machine Age*, 2nd edn (1967), 124.
7 R. Banham, 'Sant' Elia and Futurist Architecture', in *Theory and Design in the First Machine Age*, 2nd edn (1967), 129.

第8章

1 T.J. Benton, 'Arts and Crafts Values: Adolf Loos, Architecture, 1910', in *Form and Function* (1975), 41.
2 L. Münz and G. Künstler, *Adolf Loos, Pioneer of Modern Architecture* (1966), 225.
3 T.J. Benton, 'Arts and Crafts Values: Adolf Loos, Potemkin's Town, 1898', in *Form and Function* (1975), 26.

第9章

1 L. Münz and G. Künstler, *Adolf Loos, Pioneer of Modern Architecture* (1966), 17.
2 H. van de Velde, *Formules de la beauté architectonique moderne* (1917), 88.

第10章

1 D. Wiebenson, 'Appendix I: Tony Garnier's Preface to Une Cité Industrielle', in *Tony Garnier: The Cité Industrielle* (1969), 107.
2 E. Zola, *Travail* (1901), 485.

第11章

1 A. Perret, *Contribution à une théorie de l'architecture* (1952), unpaginated [first pub. in *Das Werk*, 34–35, February 1947].

第12章

1 C.M. Chipkin, 'Lutyens and Imperialism', *RIBA Journal*, July 1969, 263.
2 G. Semper, 'Science, Industry and Art. Proposals for the Development of a National Taste in Art at the Closing of the London Industrial Exhibition', in *The Four Elements of Architecture and Other Writings*, trans. H.F. Mallgrave and W. Herrmann (1989), 133.
3 *Ibid.*, 134.
4 *Ibid.*, 138.

第13章

1 P. Scheerbart, *Glass Architecture, by Paul Scheerbart; and Alpine Architecture, by Bruno Taut*, ed. with an introduction by D. Sharp, trans. J. Palmes and S. Palmer (1972), 41.
2 U. Conrads and H.G. Sperlich, 'Adolf Behne', in *The Architecture of Fantasy. Utopian Building and Planning in Modern Times*, trans., ed. and expanded by C.C. Collins and G.R. Collins (1962), 133.
3 U. Conrads, '1919 Gropius/Taut/Behne: New Ideas on Architecture', in *Programs and Manifestoes on 20th-Century Architecture*, trans. M. Bullock (1971), 46.
4 U. Conrads and H.G. Sperlich, 'Arbeitsrat für Kunst: YES! Opinions of the Arbeitsrat für Kunst in Berlin, Adolf Behne (page 16)', in *The Architecture of Fantasy. Utopian Building and Planning in Modern Times*, trans., ed. and expanded by C.C. Collins and G.R. Collins (1962), 140.
5 U. Conrads and H.G. Sperlich, 'Selections from the Utopian Correspondence: Hans Scharoun (Hannes), Circular Letter of the Year 1919', in *The Architecture of Fantasy. Utopian Building and Planning in Modern Times*, trans., ed. and expanded by C.C. Collins and G.R. Collins (1962), 142.
6 U. Conrads and H.G. Sperlich, 'Selections from the Utopian Correspondence: Hans Luckhardt (Angkor), Circular Letter of July 15, 1920', in *The Architecture of Fantasy. Utopian Building and Planning in Modern Times*, trans., ed. and expanded by C.C. Collins and G.R. Collins (1962), 146.
7 U. Conrads and H.G. Sperlich, 'Selections from the Utopian Correspondence: Wassili Luckhardt (Zacken), Undated Circular Letter', in *The Architecture of Fantasy. Utopian Building and Planning in Modern Times*, trans., ed. and expanded by C.C. Collins and G.R. Collins (1962), 144.
8 A. Whittick, 'Early Years of Practice: Germany 1919–1923', in *Erich Mendelsohn*, 2nd edn (1956), 65.
9 P. Blundell Jones, 'Häring's Functionalist Theory, 1924–1934. "Wege zur Form", 1925', in *Hugo Häring: the Organic versus the Geometric* (1999), 77.

第14章

1 U. Conrads, '1919 Walter Gropius: Programme of the Staatliches Bauhaus in Weimar', in *Programs and Manifestoes on 20th-Century Architecture*, trans. M. Bullock (1971), 49.
2 H.M. Wingler, 'Oskar Schlemmer: On the Situation of the Workshops for Wood and Stone Sculpture', in *The Bauhaus: Weimar, Dessau, Berlin, Chicago*, trans. W. Jabs and B. Gilbert (1979), 60.
3 H.M. Wingler, 'Johannes Itten and Lyonel Feininger: On the Problem of State Care for Intellectuals in the Professions', in *The Bauhaus: Weimar, Dessau, Berlin, Chicago*, trans. W. Jabs and B. Gilbert (1979), 35.
4 R. Banham, 'The Bauhaus', in *Theory and Design in the First Machine Age*, 2nd edn (1967), 281.
5 R. Banham, 'Germany: the Encyclopaedics', in *Theory and Design in the First Machine Age*, 2nd edn (1967), 313.
6 C. Schnaidt, 'My Dismissal from the Bauhaus', in *Hannes Meyer: Buildings, Projects and Writings* (1965), 105.

第15章

1 G.F. Hartlaub, 'Letter to Alfred H. Barr', *The Art Bulletin*, XXII, no. 3, September 1940, 164.
2 *Ibid.*, 163.
3 S. Lissitzky-Küppers, 'Proun Room, Great Berlin Art Exhibition 1923', in *El Lissitzky. Life, Letters, Texts* (1968), 365.
4 C. Schnaidt, 'Project for the Peter's School, Basle, 1926', in *Hannes Meyer: Buildings, Projects and Writings* (1965), 17.
5 C. Schnaidt, 'Project for the Palace of the League of Nations, Geneva, 1926–27', in *Hannes Meyer: Buildings, Projects and Writings* (1965), 25.
6 M. Stam, 'Kollektive Gestaltung', *ABC* (1924), 1.
7 C. Schnaidt, 'The New World, 1926', in *Hannes Myer: Buildings, Projects and Writings* (1965), 91.
8 Le Corbusier, 'The Spectacle of Modern Life', in *The Radiant City* (1967), 177.
9 S. Giedion, 'The Modern Theatre: Interplay between Actors and Spectators', in *Walter Gropius, Work and Teamwork* (1954), 64.

10 W. Gropius, 'Sociological Premises for the Minimum Dwelling of Urban Industrial Populations', in *Scope of Total Architecture* (1978), 101.

第16章

1 J. Anděl, *Introduction to the Art of the Avant-Garde in Czechoslovakia 1918–1938* (1993).

第17章

1 *De Stijl, Catalogue 81* (Amsterdam, Stedelijk Museum, 1951), 10.
2 J. Baljeu, 'Towards Plastic Architecture', in *Theo van Doesburg* (1974), 144.
3 J. Baljeu, 'Towards Collective Construction', in *Theo van Doesburg* (1974), 147.
4 J. Baljeu, '-□+=R4', in *Theo van Doesburg* (1974), 149.

第18章

1 Le Corbusier, 'The Lesson of Rome', in *Towards a New Architecture*, trans. F. Etchells (1946), 141.
2 'Une Villa de Le Corbusier, 1916', in *L'Esprit Nouveau*, nos 4–6, 1968, 692.
3 Le Corbusier, 'Argument', in *Towards a New Architecture*, trans. F. Etchells (1946), 12.
4 Le Corbusier, *Oeuvre complète (1910–1929)*, vol. 1 (1956), 86 [6th edn].
5 C. Rowe, 'The Mathematics of the Ideal Villa', in *The Mathematics of the Ideal Villa and Other Essays* (1976), 3.
6 *Ibid.*, 12.
7 Le Corbusier, *Precisions* (1988), 139.
8 C. Schnaidt, 'Building, 1928', in *Hannes Meyer: Buildings, Projects and Writings* (1965), 95.
9 Le Corbusier, 'In Defense of Architecture', trans. N. Bray, A. Lessard, A. Levitt and G. Baird, *Oppositions*, no. 4, October 1974, 93.
10 Le Corbusier, *Precisions* (1988), 219.

第19章

1 Le Corbusier, *L'Art décoratif d'aujourd'hui* (1925).
2 L. Benevolo, *Storia dell'architettura moderna* (1960), 327–31.

第20章

1 P. Carter, 'Biographical Notes', in *Mies van der Rohe at Work*, 3rd edn (1999), 174.
2 P. Johnson, '1922: Two Glass Skyscrapers', in *Mies van der Rohe*, 3rd edn (1978), 187.
3 P. Johnson, '1927: The Design of Apartment Houses', in *Mies van der Rohe*, 3rd edn (1978), 194.
4 P. Johnson, '1930: The New Era', in *Mies van der Rohe*, 3rd edn (1978), 195.

第21章

1 B. Lubetkin, 'Soviet Architecture: Notes on Development from 1917 to 1932', *Architectural Association Journal*, May 1956, 262.
2 J. Billington, *The Icon and the Axe: an Interpretive History of Russian Culture* (1967), 489.
3 R. Fullop, *The Mind and Face of Bolshevism* (1988), 102.
4 A. Kopp, '1925–1932: New Social Condensers. The Stroikom Units', in *Town and Revolution; Soviet Architecture and City Planning, 1917–1935*, trans. T.E. Burton (1970), 141.
5 A. Kopp, '1925–1932: New Social Condensers. The Workers' Club', in *Town and Revolution; Soviet Architecture and City Planning, 1917–1935*, trans. T.E. Burton (1970), 123.
6 A. Kopp, 'Editorial Favoring Deurbanization (1930)', in *Town and Revolution; Soviet Architecture and City Planning, 1917–1935*, trans. T.E. Burton (1970), 248.
7 N.A. Miliutin, 'Sotsgorod. The Principles of Planning', in *Sotsgorod. The Problem of Building Socialist Cities*, trans. A. Sprague (1974), 66.

第22章

1 Le Corbusier, 'Argument', in *Towards a New Architecture*, trans. F. Etchells (1946), 14.
2 R. Fishman, *Urban Utopias in the Twentieth Century. Ebenezer Howard, Frank Lloyd Wright and Le Corbusier* (1977), 14.

第23章

1 *Die Heimstätte*, no. 10, 1931.
2 F.L. Wright, 'Style in Industry', in *Modern Architecture: Being the Kahn Lectures for 1930* (1987), 38.
3 F.L. Wright, *An Autobiography* (1945), 472.
4 M. Schapiro, 'Architect's Utopia', *Partisan Review*, vol. 4, no. 4, March 1938, 43.

第24章

1 A. Aalto, 'Architecture in Karelia', in *Sketches*, trans. S. Wrede (1978), 82.
2 A. Aalto, 'Finnish Pavilion at the Paris World's Fair 1937', in *Alvar Aalto*, ed. K. Fleig (1963), 81.
3 A. Aalto, 'Furniture and Lamps', in *Alvar Aalto*, ed. K. Fleig (1975), 199.
4 'The Rationalist Utopia: The Humanizing of Architecture', in *Alvar Aalto in his Own Words*, ed. and annotated by G. Schildt (1997), 103.
5 'The Rationalist Utopia: The Trout and the Stream', in *Alvar Aalto in his Own Words*, ed. and annotated by G. Schildt (1997), 108.
6 L. Benevolo, 'Progress in European Architecture between 1930 and 1940', in *History of Modern Architecture. The Modern Movement*, vol. 2 (1971), 616.

第25章

1 R. Banham, 'Sant' Elia and Futurist Architecture', in *Theory and Design in the First Machine Age*, 2nd edn (1967), 129.
2 Il Gruppo 7, 'Architecture', trans. E.R. Shapiro, *Oppositions*, no. 6, Fall 1976, 90.
3 *Ibid.*
4 L. Benevolo, 'Political Compromise and the Struggle with the Authoritarian Régimes', in *History of Modern Architecture. The Modern Movement*, vol. 2 (1971), 574.
5 C. Cattaneo, 'The Como Group: Neoplatonism and Rational Architecture', *Lotus International*, no. 16, September 1977, 90.

第26章

1 R. Byron, 'New Delhi', *The Architectural Review*, January 1931.
2 B. Lubetkin, 'Soviet Architecture, Notes on Development

from 1932–1955', *Architectural Association Journal*, September October 1956, 89.
3 B. Miller, 'The Debate over the New Architecture', in *Architecture and Politics in Germany 1918–1945* (1968), 139.
4 F.F. Lisle, Jr, 'Chicago's "Century of Progress" Exposition: The Moderne as Democratic, Popular Culture', *Journal of the Society of Architectural Historians*, vol. 31, no. 3, October 1972, 230.
5 S. Giedion, *Architecture You and Me* (1958), 48.

第27章

1 Le Corbusier and P. Jeanneret, 'Villa de Mme. H. de Mandrot', in *Oeuvre complète (1929–34)*, vol. 2 (1935), 59.
2 Le Corbusier and P. Jeanneret, 'Petites Maisons: 1935. Maison aux Mathes (Océan)', in *Oeuvre complète (1934–38)*, vol. 3 (1939), 135.
3 Le Corbusier and P. Jeanneret, 'Petites Maisons: 1935. Une maison de week-end en banlieue de Paris', *Oeuvre complète (1934–38)*, vol. 3 (1939), 125.
4 C. Rowe, 'Neo-"Classicism" and Modern Architecture II', in *The Mathematics of the Ideal Villa and Other Essays* (1976), 94.

第28章

1 P. Johnson, 'Architecture in the Third Reich', *Horn and Hound*, 1933.
2 P. Johnson, '1950: Address to Illinois Institute of Technology', in *Mies van der Rohe*, 3rd edn (1978), 203.
3 P. Carter, 'Mies van der Rohe: An Appreciation on the Occasion, This Month, of His 75th Birthday', *Architectural Design*, 31, no. 3, March 1961, 108.
4 C. Rowe, 'Neo-"Classicism" and Modern Architecture II', in *The Mathematics of the Ideal Villa and Other Essays* (1976), 149.

第29章

1 E. Fratelli, 'Louis Kahn', *Zodiac America*, no. 8, April–June 1892, 17.
2 'The Problem of a New Monumentality. Monumentality, by Louis I. Kahn', in *New Architecture and City Planning*, ed. P. Zucker (1944), 578.
3 H.H. Reed, Jr, 'Monumental Architecture or the Art of Pleasing in Civic Design', *Perspecta, The Yale Architectural Journal*, no. 1, 1952, 51.
4 P. Johnson, 'House at New Canaan, Connecticut', *The Architectural Review*, vol. CVIII, no. 645, September 1950, 155.
5 L.I. Kahn, 'Toward a Plan for Midtown Philadelphia', *Perspecta, The Yale Architectural Journal*, no. 2, 1953, 23.
6 'On the Responsibility of the Architect', *Perspecta, The Yale Architectural Journal*, no. 2, 1953, 47.
7 *Ibid.*

第三部分

第1章

1 H.-R. Hitchcock and P. Johnson, 'IV. A First Principle. Architecture as Volume', in *The International Style* (1995), 56.
2 D. Gebhard, 'The Making of a Personal Style', in *Schindler* (1971), 82.
3 R.J. Neutra, *Survival Through Design* (1954), 86.
4 A. Cox, 'Highpoint II, North Hill, Highgate', *Focus*, vol. 1, issue 2, Winter 1938, 76.
5 Le Corbusier and P. Jeanneret, *Oeuvre complète*, vol. 1, 9th edn (1967), 6.
6 S. Papadaki, *The Work of Oscar Niemeyer* (1950), 5.
7 M. Bill, 'Report on Brazil', *The Architectural Review*, vol. 116, no. 694, October 1954, 238.
8 K. Tange, 'An Approach to Tradition', *The Japan Architect*, January–February 1959, 55.
9 K. Mayekawa, 'Thoughts on Civilization and Architecture', *Architectural Design*, vol. XXXV, May 1965, 230.

第2章

1 E. de Maré, 'Et Tu, Brute', *The Architectural Review*, vol. 120, no. 715, August 1956, 72.
2 R. Banham, 'Polemic before Kruschev', in *The New Brutalism* (1966), 11.
3 *Ibid.*
4 M. Tafuri, 'L'Architecture dans le Boudoir: The Language of Criticism and the Criticism of Language', trans. V. Caliandro, *Oppositions*, no. 3, May 1974, 37.

第3章

1 U. Conrads, 'CIAM: La Sarraz Declaration', in *Programs and Manifestoes on 20th-Century Architecture*, trans. M. Bullock (1971), 109.
2 *Ibid.*, 110.
3 O. Newman, 'Oscar Newman: A Short Review of CIAM Activity', in *CIAM '59 in Otterlo* (1961), 16.
4 O. Newman, 'Aldo van Eyck: Is Architecture Going to Reconcile Basic Values?', in *CIAM '59 in Otterlo* (1961), 27.
5 *Team 10 Primer*, ed. A. Smithson (1968), 18.
6 G. de Carlo, 'Legitimizing Architecture. The Revolt and The Frustration of the School of Architecture', *Forum*, vol. 23, April 1972, 12.

第4章

1 M. Heidegger, 'Building, Dwelling and Thinking', in *Poetry, Language, Thought* (1971), 154.
2 P. Cook, 'Chapter 5: The Building as an Operation', in *Architecture: Action and Plan* (1967), 90.
3 G. Nitschke, 'Whatever Happened to the Metabolists?: Akira Sibuya', *Architectural Design*, vol. XXXVII, May 1967, 216.
4 Arata Isozaki Atelier, 'Fukuoka Sogo Bank Nagasumi Branch', *The Japan Architect*, vol. 47, no. 8–188, August 1972, 59.
5 T. Ito, 'Collage and Superficiality in Architecture', in *A New Wave of Japanese Architecture*, ed. K. Frampton (1978), 68.
6 C. Schnaidt, 'Architecture and Political Commitment', *Ulm. Journal of the Ulm School for Design*, vol. 19/20, August 1967, 26.
7 *Ibid.*, 29.
8 'Counterdesign as Postulation: Superstudio', in *Italy: The New Domestic Landscape. Achievements and Problems of Italian Design*, ed. E. Ambasz (1972), 251.
9 *Ibid.*, 246.
10 H.Marcuse, *Eros and Civilization: a Philosophical Inquiry into Freud* (1974), 139.
11 W. Mangin, 'Urbanisation Case History in Peru', *Architectural Design*, vol. XXXIII, August 1963, 366.

12 R. Venturi, 'Accommodation and the Limitations of Order: The Conventional Element', in *Complexity and Contradiction* (1977), 42.
13 R. Venturi, D. Scott Brown and S. Izenour, 'The Architecture of the Strip', in *Learning from Las Vegas*, rev. edn (1977), 35.
14 R. Venturi, D. Scott Brown and S. Izenour, 'Architectural Monumentality and the Big, Low Space', in *Learning from Las Vegas*, rev. edn (1977), 50.
15 A. Rossi, 'An Analogical Architecture', *A+U*, no. 65, 76:05, May 1976, 74.
16 O.M. Ungers, 'The Theme of Transformation or the Morphology of the Gestalt', in *Architecture as Theme. Lotus Documents* (1982), 15.
17 'Aldo van Eyck: The Interior of Time', in *Meaning in Architecture*, ed. C. Jencks and G. Baird (1970), 171.
18 'Aldo van Eyck: "Même dans notre coeur.
Anna was, Livia is, Plurabelle's to be"', *Forum*, July 1967, 28.
19 H. Hertzberger, 'Form and Programme are Reciprocally Evocative', *Forum*, July 1967, 5.
20 J. Buch, 'A Rich Spatial Experience', in *1989–1990 Yearbook. Architecture in The Netherlands* (1990), 62.
21 N. Foster, 'Hong Kong and Shanghai Headquarters', in *Norman Foster*, vol. 2 (2002), 110.
22 F. Achleitner, 'Viennese Positions. Hans Hollein: Travel Office, Vienna, 1977', *Lotus International*, no. 29, October–December 1980, 9.
23 P. Johnson and M. Wigley, 'Mark Wigley: Deconstructivist Architecture', in *Deconstructivist Architecture* (1988), 17.

第5章
1 P. Ricoeur, 'The Question of Power: Universal Civilization and National Cultures', in *History and Truth*, trans. C.A. Kelbley (1965), 276.
2 A. Siza, 'To catch a precise moment of flittering image in all its shades', *A+U*, no. 123, December 1980, 9.
3 E.Ambasz, 'Luis Barragán, Extracted from Conversations with Emilio Ambasz', in *The Architecture of Luis Barragán* (1976), 9.
4 C. Bamford Smith, *Builders in the Sun* (1967), 60.
5 'Critical Positions in Architectural Regionalism. Harwell Hamilton Harris: Regionalism and Nationalism in Architecture', in *Architectural Regionalism. Collected Writings on Place, Identity, Modernity, and Tradition*, ed. V.B. Canizaro (2007), 58.
6 'Civic Riverfront Plaza Competition Fort Lauderdale, Florida', in *Harry Wolf* (1993), 54.
7 T. Carloni, in *Tendenzen: Neuere Architektur im Tessin* [Tendencies: Recent Architecture in Ticino] (2010), 20 [German], 159 [English].
8 T. Ando, 'From Self-enclosed Modern Architecture toward Universality', *The Japan Architect: International Edition of Shinkenchiku*, no. 301, May 1982, 8.
9 *Ibid.*, 9.
10 *Ibid.*, 12.
11 A. Tzonis and L. Lefaivre, 'The Grid and the Pathway. An Introduction to the Work of Dimitris and Susana Antonakakis', *Architecture in Greece*, no. 15, 1981, 178.
12 L. Lefaivre and A. Tzonis, 'Dimitri Pikionis. Pathway up the Acropolis and the Philopappos Hill, Athens, Greece 1953–57', in *Critical Regionalism. Architecture and Identity in a Globalized World* (2003), 70.

第四部分

第1章

加拿大
1 'Gleneagles Community Centre. West Vancouver, British Columbia. 2000–2003', in *Patkau Architects* (2006), 165.
2 B. Shim and H. Sutcliffe, 'The Craft of Place', in *Five North American Architects: an Anthology by Kenneth Frampton* (2011), 41–42.

巴西
1 L. Carranza and F. Luiz Lara. *Modern Architecture in Latin America: Art, Technology, and Utopia* (2014), 237–39.

委内瑞拉
1 J. Tenreiro Degwitz, 'Jesus Tenreiro-Degwitz Talks with Carlos Brillembourg', *Bomb 86*, Winter 2004.

智利
1 B. Bergdoll, *et al.*, *Latin America in Construction: Architecture, 1955–1980* (2015), 164.

第2章

沙特阿拉伯
1 H.-U. Khan, 'Expressing Identities through Architecture', in *World Architecture 1900–2000: A Critical Mosaic, vol. 5: The Middle East*, ed.
K. Frampton (1999), xxxiv.

伊朗
1 F. Derakhshani, 'Longing and Contemporary: Iran, New Forms of Self-Expression', in *Atlas: Architectures of the 21st Century: Africa and Middle East*, ed. L. Fernández-Galiano (2004), 230–31.

第3章

导言
1 K. Frampton, *et al.*, *World Architecture 1900–2000: A Critical Mosaic, vol. 10: South East Asia* (2002), xvii.

印度
1 R. Mehrotra, *Architecture in India since 1900* (2011).
2 P. Wilson, *El Croquis*, 157, 2011, 31–33.

中国
1 R. Koolhaas, *Project on the City I: Great Leap Forward* (2001).

日本
1 F. Maki and M. Ohtaka, 'Some Thoughts on Collective Form', in *Structure in Art and in Science*, ed. G. Kepes (1965), 120.
2 S. Lalat, 'Fujisawa Gymnasium', in *Fumihiko Maki. An Aesthetic of Fragmentation* (1988), 82.

澳大利亚

1 J. Taylor, *Australian Architecture since 1960* (1986), 109.
2 P. Drew, *Leaves of Iron* (1987).
3 H. Berg and J. Cooper, 'Glenn Murcutt: Arthur and Yvonne Boyd Education Centre, Riversdale, New South Wales, Australia', *UME*, no. 10, 1999, 48.

第4章

法国

1 *El Croquis*, 177–178, January 2015, 314.

比利时

1 P. Puttemans and L. Herve, *Modern Architecture in Belgium* (1976), 152–54.
2 *Stephane Beel: 1992 2005: Estranged Familiarity* (2005), 7–9.

希腊

1 S. Condaratos and W. Wang, eds, *20th-Century Architecture, Greece* (1999), 34.
2 *Ibid.*, 228.
3 K. Skousbøll, *Greek Architecture Now* (2006), 300.

前南斯拉夫

1 V. Kulić, 'Building Brotherhood and Unity', in *Towards a Concrete Utopia: Architecture in Yugoslavia 1948–1980* (2018), 33.
2 M. Mrduljaš, 'Toward an Affordable Arcadia', in *Towards a Concrete Utopia: Architecture in Yugoslavia 1948–1980* (2018), 83.

德国

1 U. Schwarz, *New German Architecture: a Reflexive Modernism* (2002), 28.

结语

1 M. O'Connor, ed., *Is Capitalism Sustainable?: Political Economy and the Politics of Ecology* (1994), 55.
2 The Jerusalem Seminar in Architecture, 'Lecture: Peter Walker', in *Technology, Place and Architecture*, ed. K. Frampton with A. Spector and L. Reed Rosman (1998), 175.
3 Foreign Office Architects, 'International Port Terminal Yokohama', in *Phylogenesis: FOA's Ark* (2003), 228.
4 P. Buchanan, 'Embodied Energy', in *Ten Shades of Green* (2000), 9.
5 R. Weston, 'Chapter 3: In the Nature of Materials', in *Materials, Form and Architecture* (2003), 96.
6 H. Arendt, 'Specifically Republican Enthusiasm', in *The Human Condition* (1958), 201.

致谢

作者感谢半个多世纪来一直予以支持的纽约哥伦比亚大学的建筑、规划与保护研究生院，包括作者所任职的学院的历任院长 Jamespolshek，Bernard Tschumi，Marls wigley 和 Amale Andraos 以及学院一些学者的支持。在此，还要特别感谢 Steven Holl 教授、Mary Mcleod 教授、Robin Middleton 教授、Jorge Otero-Pailos 教授、Richard Plunz 教授和 Gwendolen wright 教授。

在秘书助理、学生助理和行政人员中，作者要感谢多年来给予巨大帮助的 Stefanie Cha Ramos, Melissa Cherwin, Matthew Kennedy, Karen Kuby, Justine Shapiro Klein, Karen Melk, Nabila Gloria Morales Perez, Michelle Gerard Ramahlo, Ashley Schafer, Ashley Simone 以及 Danielle Smoller。同样要感谢恢复了注释的 Fernando Cena、重新绘制了部分剖面和详图的 Maxim Kolbouski-Frampton，以及在第五版第四部分中为寻找和编辑众多图片提供必不可少的帮助的 Taylor Zhai Williams。最后，作者要特别感谢泰晤士 & 哈德逊出版社的 Julian Honer、Hona de Nemethy Sanigar 以及 SarahYates 对如此令人生畏的文本进行了编辑，以及 Maria Ranaurs 对图片的不懈研究。

图片版权说明

1 Chronicle/Alamy Stock Photo
2 Photo A. F. Kersting
3 Bibliothèque Nationale, Paris
6 Plate 43 of 'Altes Museum' from Karl Friedrich Schinkel, *Sammlung Architektonischer Entwürfe*, Ernst & Korn (Gropius'sche Buch- und Kunsthandlung), 1858
7 Bibliothèque Sainte-Geneviève, by Henri Labrouste. Paris, France, 1843
9 Bibliothèque Nationale, Paris
11 Photo Mas
15 Museum of the City of New York
21 Courtesy Fiat
25 Photo A. F. Kersting
27, 29 Royal Institute of British Architects, London
30 Country Life
34 Chicago Architectural Photographing Company
35 Historic American Buildings Survey, photo Jack E. Boucher, 1965
36, 38 © The Frank Lloyd Wright Foundation
39 Henry Fuermann
40, 41 © The Frank Lloyd Wright Foundation
43 Chicago Historical Society
46 FISA Industrias Gráficas
47 Kunstgewerbemuseum, Zürich
56 © Hamlyn Group, photo Keith Gibson
57 Glasgow School of Art
58 Heins L. Handsur, Vienna
59 Photo ullstein bild/ullstein bild via Getty Images
60 Hessisches Landesmuseum, Darmstadt
64 Bildarchiv der Österreichisch Nationalbank, Vienna
65 Courtesy Atelier
67 Museo Civico, Como
70, 71, 72, 74 Albertina, Vienna
75 Museum Bellerive, Zürich
76 Archives Henry van de Velde, Bibliothèque Royal, Brussels
77 Kunstgewerbemuseum, Zürich
78 Bildarchiv Foto Marburg
84 Roger Sherwood, *Modern Housing Prototypes*, Harvard University Press, Cambridge, Mass. and London, 1978
87 Kaiser Wilhelm Museum, Krefeld
89 Firmenarchiv AEG-Telefunken
90 Reproduced by permission of The Architects Collaborative Inc.
100, 105, 106, 108 Bauhaus-Archiv
111 Courtesy Royal Netherlands Embassy
113 KLM Aerocarto
114 Burkhard-Verlag Ernst Heyer, Essen
117 Bauhaus-Archiv
120 Stadt-und Universitätsbibliothek, Frankfurt
121 Design by Karel Teige. Art Institute of Chicago. Wentworth Greene Field Memorial Fund (2011.854)
122 H. Herdeg, Fotostiftung Schweiz, Museum of Architecture and Civil Engineering, Prague
125, 126 National Museum of Technology, Prague
127 Stedelijk Museum, Amsterdam
131 Stedelijk van Abbemuseum, Eindhoven
132, 133, 134 Architectural Publishers Artemis
137 Roger Sherwood, *Modern Housing Prototypes,* Harvard University Press, Cambridge, Mass. and London, 1978
138, 139 Architectural Publishers Artemis
141 Colin Rowe, *The Mathematics of the Ideal Villa*, MIT Press, Cambridge, Mass. 1977
142, 143, 144, 145 Architectural Publishers Artemis
147 © Centre Georges Pompidou, Bibliothèque Kandinsky, fonds Mallet Stevens
148 Courtesy CNAM/Cité de l'architecture et du patrimoine/ Archives d'architecture du Xxe siècle, © André Lurçat
153, 154 © Centre Georges Pompidou, Bibliothèque Kandinsky, fonds Prouvé
156 © Auguste Perret, UFSE, SAIF, 2005. Courtesy CNAM/ Cité de l'architecture et du patrimoine/Archives d'architecture du Xxe siècle
157 Museum of Modern Art, New York, The Mies van der Rohe Archives
158 Architectural Publishers Artemis
160 Photo Timo Christ/Alamy Stock Photo
172, 173, 174, 175, 176, 177, 178 Architectural Publishers Artemis
181 © The Frank Lloyd Wright Foundation
182 Courtesy Roger Cranshawe
183 © The Frank Lloyd Wright Foundation

185 Photo Hedrich Blessing
186, 187 © The Frank Lloyd Wright Foundation
191 Swedish Institute, Stockholm
192 Arkkitehti, Helsinki
194 Gustav Velin, Turku
197 Museum of Finnish Architecture, Helsinki
198 Museum of Finnish Architecture, Helsinki. Photo Welin
199 Museum of Finnish Architecture, Helsinki. Photo E. Mäkinen
200 Heikki Havas, Helsinki
208 Country Life
210 Photo Fine Art Images/Heritage Images/Getty Images
213 Bernard Rudofsky
214 Bundesarchiv Koblenz
217 Photo Roger-Viollet
218 Photo Cervin Robinson
219 Courtesy Rockefeller Center, Inc.
221, 222, 223, 226, 227, 228, 229, 230, 231, 232 Architectural Publishers Artemis
233, 234 Museum of Modern Art, New York, The Mies van der Rohe Archives
236 Architectural Publishers Artemis
239 Photo Hedrich Blessing
241 United States Information Office
242 Tennessee Valley Authority
243 Buckminster Fuller Archives
244, 245 Courtesy Philip Johnson
246 By permission of the Trustees of the University of Pennsylvania (all rights reserved)
247 Photo Cervin Robinson
248, 250, 251 By permission of the Trustees of the University of Pennsylvania (all rights reserved)
252 Photo Tim Street-Porter
253 Architectural Publishers Artemis
254 Redrawn by Stefanos Polyzoides
255 Courtesy Mrs Dione Neutra
256 Architectural Publishers Artemis
260, 262 *The Architectural Review*
264 © Architectural Design
265 Antonin Raymond, *An Autobiography*, Charles E. Tuttle Co., Inc., Tokyo, 1973
267, 269 Retoria, Tokyo
271 Alison and Peter Smithson
272 *The Architectural Review*
275 Brecht-Einzig Limited
277 Alison and Peter Smithson
278 Dept of Planning and Design, City of Sheffield
279 © Architectural Design
280, 281 Alison and Peter Smithson
282 Courtesy G. Candilis
285 © Architectural Design
286 Archigram
287 Buckminster Fuller Archives
289 Tomio Ohashi
290 Retoria, Tokyo
291 Courtesy Richard Rogers. Photo Martin Charles
293 Milton Keynes Development Corporation
294 HfG-Ulm Archives
297 Courtesy Jahn & Murphy
298 Photo Tim Street-Porter/OTTO
301 E. Stoecklein
302 Olivier Chaslin
306, 307, 308, 309 Architectenburo Herman Hertzberger
310 John Donat
311 Hedrich Blessing
312 Malcolm Lewis
313 Courtesy Foster + Partners, London. Photo Richard Davies
314 Courtesy Foster + Partners, London
315 Retoria, Tokyo, Photo W. Fujii
316 Courtesy Michael Graves. Proto Acme Photo
318 Studio Hollein
320 Courtesy Rem Koolhaas
321 Courtesy Peter Eisenman
322 Photo Jean Marie Monthiers, courtesy Bernard Tschumi Architects
330 IBA, Berlin
339, 340 Courtesy Tadao Ando
342, 343 Courtesy Atelier
344 Photo Alinari/Topfoto
345 Howe & Lescaze
346 Walter Gropius © DACS 2020
347 Marcel Breuer, Alfred Roth, Emil Roth
348 Photo ullstein bild via Getty Images
349 Walter Gropius © DACS 2020
350 © Ezra Stoller/Esto
351 Marcel Breuer, Bernard Zehrfuss, Pier Luigi Nervi
352 © Ezra Stoller/Esto
353 Walter Gropius © DACS 2020
354 Julius Shulman photography archive, 1936-1997. © J. Paul Getty Trust. Getty Research Institute, Los Angeles (2004.R.10)
355 Photo © Paul Warchol
356 courtesy Tod Williams Billie Tsien Architects & Partners
357 Photo © Michael Moran/OTTO
358 Photo © Andy Ryan
359 Courtesy Aman Resorts aman.com
360 Courtesy Harry C. Wolf
361, 362 Photo courtesy Stanley Saitowitz/Natoma Architects Inc.
363 Courtesy Safdie Architects
364 Photo DeAgostini/Getty Images
365 Photo John Fulker, courtesy of the Erickson Estate Collection
366 University of Toronto Scarborough Library, Archives & Special Collections: UTSC Archives Legacy Collection, Series F. Photographs - Box 1 (File 5)
367 Architects: A.J. Diamond and Barton Myers, Architects and Planners. In association with
R.L. Wilkin, Architect. Partner in Charge: Barton Myers
368, 369 Photo © James Dow/Patkau Architects
370 Photo © Bernard Fougères/Patkau Architects
371 Courtesy Shim-Sutcliffe Architects
372 Photo Ed Burtynsky, courtesy Shim-Sutcliffe Architects
373 Photo James Steeves
374 Photo Frédéric Soltan/Corbis via Getty Images
375 Colección O'Gorman. Coordinación Servicios de Información Universidad Autónoma Metropolitana, Unidad

Azcapotzalco México DF. Photo Maricela González Cruz Manjarrez, Archivo Fotográfico "Manuel Toussaint" del Instituto de Investigaciones Estéticas, UNAM. © Estate of Juan O'Gorman/ARS, NY and DACS, London 2020
376, 377 © Estate of Juan O'Gorman/ARS, NY and DACS, London 2020
378 Photo E. Timberman, from Max L. Cetto, *Moderne Architektur in Mexiko* (Verlag Gerd Hatje, Stuttgart, 1961). By permission of Bettina Cetto
379 © Felipe Cliamo, LEGORRETA®
380 Photo © Fundación Armando Salas Portugal
381 Fundación ICA, A.C.
382 Courtesy TEN Arquitectos
383 Archivo de Arquitectos Mexicanos, Facultad de Arquitectura, Universidad Nacional Autónoma de México
384 Photo Yoshi Koitani
385 Geraldo Ferraz, *Warchavchik e a introdução da nova arquitetura no Brasil: 1925 a 1940*, Museu de Arte de Sao Paulo, 1965, p. 22
386 Photo © Nelson Kon
387 Paulo Mendes da Rocha
388 Affonso Eduardo Reidy
389 Photo Raul Garcez Pereira, Archive of Biblioteca da Faculdade de Arquitectura e Urbanismo da Universidad de São Paulo
390 Photo © Leonardo Finotti
391, 392, 393, 394 Paulo Mendes da Rocha
395 Photo © Nelson Kon
396 Angelo Bucci/spbr arquitetos
397 Photo © Nelson Kon
398 Photo © Leonardo Finotti
399 Photo © Nelson Kon
400 Courtesy Sarah Hospital, Macapá, Brazil
401 Curitiba BRT
402 Photo © Germán Téllez
403 Courtesy Fundación Rogelio Salmona, Bogotá
404 Photo Gabriel Ossa. Courtesy Fundación Rogelio Salmona, Bogotá
405 Courtesy Ricardo L. Castro
406 Metropolitan Theatre, Medellín, Colombia
407 Laureano Forero Ochoa
408 Photo Iwan Baan
409 Cipriano Dominguez
410 Fundación Villanueva, photo Paolo Gasparini
411 Photo Mario De Biasi/Mondadori via Getty Images. Alexander Calder © 2020 Calder Foundation, New York/DACS, London
412 Fundación Villanueva, photo Paolo Gasparini
413, 414 Courtesy The Estate of Jesús Tenreiro-Degwitz
415 Drawing taken from the book "Todo llega al Mar" published by the Polythecnic University of Valencia in 2019. Reproduced courtesy Oscar Tenreiro
416 Walter James Alcock
417, 418 Antoni Bonet i Castellana
419, 420 © SEPRA and Clorindo Testa, O'Neil Ford Monograph 4: Banco de Londres y América del Sud, 2011
421 Photo Alejandro Goldemberg, courtesy MSGSSS Arquitectos
422, 423 Courtesy MSGSSS Arquitectos
424 Courtesy Archivo Williams Director Claudio Williams
425 Fundación Joaquín Torres-García, Montevideo
426 Julius Shulman Photography Archive, Research Library at the Getty Research Institute, Los Angeles
427 Instituto de Historia de la Arquitectura, Facultad de Arquitectura, Universidad de la República, Montevideo
428 Mario Payssé Reyes
429 Photo © Leonardo Finotti
430 Luis García Pardo
431 Photo © Leonardo Finotti
432, 433 Eladio Dieste
434, 435 Peter Land, *The Experimental Housing Project (PREVI), Lima: Design and Technology in a New Neighborhood = El Proyecto Experimental De Vivienda (PREVI), Lima: diseño y tecnología En Un Nuevo Barrio*. Universidad De Los Andes, 2015
436 *El arquitecto peruano* (January-February 1967)
437 Mazuré, Nash and Miguel Cruchaga Belaúnde
438, 439 Courtesy Barclay & Crousse, Estudio Lima
440 © Cristobal Palma/Estudio Palma
441, 442, 443 Photo Renzo Rebagliati. Courtesy Borasino Arquitectos
444 Roberto Dávila Carson
445, 446 Archivo Histórico José Vial Armstrong. Escuela de Arquitectura y Diseño. Pontificia Universidad Católica de Valparaíso
447 Fondo Mario Pérez de Arce. Archivo de Originales. FADEU. Pontificia Universidad Católica de Chile
448 Archivo Histórico José Vial Armstrong. Escuela de Arquitectura y Diseño. Pontificia Universidad Católica de Valparaíso
449, 450 Christian De Groote
451 Photo © Leonardo Finotti
452 Enrique Browne
453 José Medina
454 Photo Alberto Piovano, courtesy Mathias Klotz Studio
455 Photo © Leonardo Finotti
456 Photo Felipe Cammus. Courtesy Geman de Sol
457 *Arq: Architectural Research Quarterly*, Chile Issue 36. Cambridge University Press, p. 51. Courtesy Archivo de Originales. FADEU. Pontificia Universidad Católica de Chile
458 © Roland Halbe
459 © Cristobal Palma/Estudio Palma
460 Courtesy Smiljan Radic Studio
461 *South African Architectural Record*, February 1937
462, 463 Adèle and Antonio de Souza Santos, Architects
464, 465 Photo Dave Southwood
466 Photo Simeon Duchoud. Courtesy Kéré Architecture
467 Photo Onerva Utriainen. Courtesy Heikkinen + Komonen
468 Courtesy Heikkinen + Komonen
469, 470 Photo Onerva Utriainen. Courtesy Heikkinen + Komonen
471 Courtesy Heikkinen + Komonen
472 Courtesy Hollmén Reuter Sandman Architects
473 Photo Juha Ilonen
474 Photo Helena Sandman

475 Shadrach Woods architectural records and papers, 1923-2008, Avery Architectural & Fine Arts Library, Columbia University
476 Courtesy gta Archives/ETH Zurich, André Studer Archives. Photo Marc Lacroix © DACS 2020
477, 478 © Fernando Guerra/FG+SG
479 © Gerald Zugmann/Vienna, www.zugmann.at
480 © Aga Khan Trust for Culture
481 Courtesy Pedro Guedes
482 Ernst May
483 Photo Filipe Branquinho. Courtesy José Forjaz Architectos
484 Photo Christian Richters
485, 486 Middle East Technical University Archives
487 Courtesy H.U. Khan
488 © Cemal Emden and EAA-Emre Arolat Architecture
489 Courtesy Hashim Sarkis Studios. Photo Jean Yasmine
490 Photo Richard Saad
491 Photo Joe Kesrouani. Courtesy L.E.FT Architects
492 © Zaha Hadid Architects
493 Courtesy Mendelsohn Archives, Kunstbibliothek, Berlin
494 Courtesy Yacov Rechter
495 Photo © Zeev Herz
496 Courtesy Zvi Hecker
497 Sketch by Zvi Hecker
498 Al Mansfeld
499 Photo © Yael Pincus
500 Courtesy Harvard University, Graduate School of Design, Cambridge, Mass.
501 Iraq Consult (Baghdad) and Rifat Chadirji
502 Shubeilat Badran Assciates (sba), Amman, Jordan
503 Photo © Jay Langlois/Owen Corning
504 Aga Khan Visual Archive (AKVA), Aga Khan Documentation Center, MIT Libraries/courtesy Arriyadh Development Authority
505 Utzon Archives/Aalborg University & Utzon Center
506 Kamran Diba
507 Photo Kamran Adle. The Aga Khan Trust for Culture
508 Courtesy AbCT Inc.
509 © Aga Khan Trust for Culture/Photo Al-Hariri Mokhless
510, 511 Utzon Archives/Aalborg University & Utzon Center
512 Kamel El Kafrawi, Paris
513 Drawing by Rahul Mehrota Associates
514 Courtesy Architectural Research Cell
515 Courtesy Madan Mahatta
516 © Charles Correa Associates, courtesy Charles Correa Foundation
517 Photo Pranlal Mehta
518 © Aga Khan Trust for Culture/Yatin Pandya
519 Photo Rahul Mehrotra
520 Blakrishna Doshi (Vastu Shilpa Foundation)
521 Courtesy Mindspace Architects
522 Photo Rajesh Vora. Courtesy RMA Architects
523 Courtesy RMA Architects
524 Photo Carlos Chen. Courtesy RMA Architects
525 Photo Tina Nandi. Courtesy RMA Architects
526 Photo Carlos Chen. Courtesy RMA Architects
527 Courtesy Sameep Padora
528 Photo Rajesh Vora. Courtesy RMA Architects
529 Photo Tina Nandi. Courtesy RMA Architects
530 Courtesy Studio Mumbai Architects
531 © Aga Khan Trust for Culture/Rajesh Vora
532 Photo Muhammed Semih Ugurlu/Anadolu Agency/Getty Images
533 Habib Fida Ali
534 The Architectural League of New York
535 Louis I. Kahn
536 Photo Hélène Binet. Courtesy Kashef Chowdhury
537 Courtesy Kashef Chowdhury/URBANA
538 Marina Tabassum Architects
539 © Aga Khan Trust for Culture/Rajesh Vora
540 © SHATOTTO
541 Photo Sri Lanka Urban Development Authority
542 Courtesy Richard Murphy Architects
543 Courtesy Atelier Feichang Jianzhu
544 © Satoshi Asakawa
545 Photo Jin Zhan. Courtesy MADA s.p.a.m.
546 Wang Weijen Architecture
547 Photo Iwan Baan
548 Courtesy Jiakun Architects
549 Photo Iwan Baan
550 Courtesy Amateur Architecture Studio
551 © OPEN Architecture
552 Photo Su Shengliang. Courtesy OPEN Architecture
553 Courtesy Studio Shanghai Architects
554 Courtesy Scenic Architecture Office
555 Vector Architects
556 Chen Hao/Vector Architects
557 He Bin/Vector Architects
558 Photo Ziling Wang. Courtesy DnA_Design and Architecture
559 Kongjian Yu, Turenscape
560 Photo Chen Su. Courtesy ZAO/standardarchitecture
561 Courtesy ZAO/standardarchitecture
562 Junzo Sakakura
563 Rafael Viñoly Architects
564 Courtesy Maki and Associates
565 Photo World Discovery/Alamy Stock Photo
566 Courtesy Maki and Associates
567 Courtesy Tadao Ando. Photo Mitsuo Matsuoka
568 Photo Mitsumasa Fujitsuka
569, 570 Courtesy the archive of Swoo-Geun Kim
571, 572 Photo © Osamu Murai
573, 574, 575, 576, 577 Photo Jong-oh Kim. Courtesy BCHO Architects
578 Courtesy BCHO Architects
579 Photo Yongkwan Kim. Courtesy BCHO Architects
580 Photo Wooseop Hwang. Courtesy BCHO Architects
581 Courtesy Mass Studies
582 Photo © Kyungsub Shin
583 Harry Seidler 1950. © Penelope Seidler
584 Photo David Moore
585 Photo Anthony Browell, courtesy Architecture Foundation Australia
586 Photo Glenn Murcutt, courtesy Architecture Foundation Australia
587 Drawing Glenn Murcutt
588 Courtesy Peter Stutchbury Architecture

589 Photo Richard Stringer. Courtesy Clare Design (Lindsay + Kerry Clare)
590 Courtesy fjmt studio
591, 592 Photo John Gollings. Courtesy fjmt studio
593 Photo Earl Carter
594 Photo © Albert Lim KS. Courtesy Kerry Hill Architects
595 Photo Irene Koppel. Courtesy Ernst A. Plischke Estate
596 Akademie der bildenden Künste, Vienna (HZ31012). Courtesy Ernst A. Plischke Estate
© DACS 2020
597 Courtesy Ernst A. Plischke Estate, from State Housing in New Zealand, which is written by Cedric Firth (1949, S. 50)
598 Courtesy Ernst A. Plischke Estate © DACS 2020
599 Courtesy Warren and Mahoney
600 Photo Duncan Winder. Alexander Turnbull Library, Wellington (DW-3203-F)
601 AAL Library
602, 603 *The Architectural Review*
604 Dell & Wainwright/RIBA Collections
605 Photo Herbert Felton/Hulton Archive/Getty Images
606 Photo Heritage Images/Getty Images
607 *The Architectural Review*
608 Greater London Council
609 Michael Neylan
610 Photo Michael Carapetian
611 Michael Brown
612 Photo © Tim Crocker
613, 614 James Stirling
615 James Stirling and James Gowan
616 Alan Colquhoun and John Miller
617 Greater London Council
618 Photo Richard Bryant. Arcaid Images/Alamy Stock Photo
619 Tony Fretton Architects
620 Ute Zscharnt for David Chipperfield Architects
621, 622 Photo © Nick Kane
623 Photo Dirk Lindner. Courtesy Eric Parry Architects
624 Courtesy de Blacam and Meagher Architects
625 Photo Peter Cook. Courtesy de Blacam and Meagher Architects
626 Courtesy O'Donnell + Tuomey
627 Photo © Dennis Gilbert/VIEW
628 Courtesy O'Donnell + Tuomey
629 Photo © Dennis Gilbert/VIEW
630 Courtesy Grafton Architects
631 Photo Iwan Baan
632 Courtesy Grafton Architects
633 Courtesy Henri Ciriani
634 José R. Oubrerie
635 Courtesy Laurent Beaudouin
636 Courtesy Christian Devillers
637, 638, 639 Courtesy Kagan architectures
640, 641 Jourda Architectes Paris
642, 643 © Lacaton & Vassal
644 © Philippe Ruault
645 Photo © Pierre-Yves Brunaud
646 Photo Luis Davilla/agefotostock
647 © Archives d'Architecture Moderne, Bruxelles
648 Victor Bourgeois
649 Gaston Eysselinck Archives, collection Design Museum Gent
650, 651 © Collection Flanders Architecture Institute, Collection Flemish Community, Archive of Léon Stynen-Paul de Meyer
652 © Archives d'Architecture Moderne, Bruxelles
653, 654 Architectural Press
655, 656, 657 Le Corbusier © F.L.C./ADAGP, Paris and DACS, London 2020
658 Courtesy Stéphane Beel Architects. Photo © Lieve Blancquaert
659 Courtesy Stéphane Beel Architects. Photo © Jan Kempenaers
660 Photo © Patrick Henderyckx
661 Alejandro de la Sota
662 Courtesy El Croquís. Photo Lluís Casals
663 Courtesy El Croquís. Photo Hisao Suzuki
664 Courtesy Rafael Moneo
665, 666 Photo Duccio Malagamba, courtesy Cruz y Ortiz Arquitectos
667 Photo Lluís Casals, courtesy El Croquís
668 Photo Lluís Casals, courtesy Bonell i Gil, Arquitectes
669 Photo © Pablo Gallego-Picard
670 Courtesy Guillermo Vazquez Consuegra Arquitecto
671 © Roland Halbe
672 Photo Hisao Suzuki. Courtesy Guillermo Vazquez Consuegra Arquitecto
673, 674 Courtesy Emilio Tuñon
675 Courtesy Nieto Sobejano Arquitectos. Photo © FernandoAlda
676 Courtesy Borasino Arquitectos
677 Photo Sèrgio Jacques
678 Photo Carl Lang. Courtesy Gonçalo Byrne Arquitectos
679 Photo Rui Morais de Sousa
680 Carrilho da Graça Architects
681, 682 Courtesy Souto Moura Arquitectos
683 Photo FG+SG (www.fernandoguerra.com)
684 Courtesy Claudio Sat Arquitectura Lda
685 Photo Alinari/Topfoto
686 Photo © Wolfram Mikuteit
687 Courtesy FFMAAM/Fondo Carlo Aymonino. Collezione Francesco Moschini e Gabriel
Vaduva. A.A.M. Architettura Arte Moderna.
© Gabriel Vaduva/FFMAAM/Fondo Carlo Aymonino
688 Giorgio Grassi and Antonio Monestiroli
689 Courtesy FFMAAM/Fondo Carlo Aymonino. Collezione Francesco Moschini e Gabriel Vaduva. A.A.M. Architettura Arte Moderna. © Gabriel Vaduva/FFMAAM/Fondo Carlo Aymonino
690 Università Iuav di Venezia, Archivio Progetti, fondo Giancarlo De Carlo
691 Photo Alinari/Topfoto
692 Courtesy Franco Purini
693 Dimitris Pikionis Archive © 2019 Modern Architecture Archives Benaki Museum
694 *Technikia Chronika* 1/7/1936
695 Stamos Papadaki Papers (C0845); Manuscripts Division, Special Collections, Princeton University Library
696 Archives Patroklos Karantinos

697, 698, 699, 700 Dimitris Pikionis Archive © 2019 Modern Architecture Archives Benaki Museum
701, 702, 703, 704 Aris Konstantinidis Archive
705 Kyriakos Krokos Archive © 2019 Modern Architecture Archives Benaki Museum
706 Takis Zenetos
707 Architectural Press Archive/RIBA Collections
708 Courtesy Agnes Couvelas Architects
709 Constantinos A. Doxiadis Archives © Constantinos and Emma Doxiadis Foundation
710 Ljubljana Museum of Architecture
711 Mihailo Janković
712 SSNO Military Construction Directorate, JNA Housing Maintenance Directorate, Croatia
713 Photo © Miran Kambič
714, 715 Photo Damjan Gale
716 Edvard Ravnikar
717 Photo Wolfgang Thaler
718 Austrian National Library, Vienna
719 Archives Dietmar Steiner
720 Alois Johann Welzenbacher
721 Photo Studio Alfons Coreth, Salzburg
722 Architekturzentrum Wien, Collection, photo Margherita Spiluttini
723 The Estate of Roland Rainer. Courtesy Architekturzentrum Wien
724 The Estate of Raimund Abraham. Courtesy Architekturzentrum Wien
725 © COOP HIMMELB(L)AU
726 Othmar Barth
727 Akademie der Künste, Berlin, Hans-Scharoun-Archiv, Nr. 3793 Plan 175/006
728 Akademie der Künste, Berlin, Hans-Scharoun-Archiv, Nr. 3804 F.187/165. Photo Zeiss Ikon AG
729 Akademie der Künste, Berlin, Hans-Scharoun-Archiv, Nr. 3834 Plan 222/011
730 saai/Südwestdeutsches Archiv für Architektur und Ingenieurbau am Karlsruher Institut für Technologie (KIT), Werkarchiv Egon Eiermann, Photo Georg Pollich
731 saai/Südwestdeutsches Archiv für Architektur und Ingenieurbau am Karlsruher Institut für Technologie (KIT), Werkarchiv Egon Eiermann
732, 733 Courtesy Ungers Archiv für Architekturwissenschaft, Cologne
734 Photo saai/Südwestdeutsches Archiv für Architektur und Ingenieurbau am Karlsruher Institut für Technologie (KIT), Werkarchiv Günter Behnisch und Partner, photo Christian Kandzia
735 Courtesy Steidle Architekten, Munich
736 © Roland Halbe
737 Photo Moritz Korn
738 Herzog & Partners Archive
739 Photo Heike Seewald
740 Photo F.R. Yerbury
741 Kay Fisker
742, 743 Photo F.R. Yerbury
744 Royal Danish Academy of Fine Arts, Architectural Drawings Collection
745, 746 Photo Jens Lindhe
747 KAB, Royal Academy of Fine Arts Library, Collection of Architectural Drawings
748, 749 © The Aage Strüwing Collection
750, 751 © Utzon Archives/Aalborg University & Utzon Center
752 Photo © Hufton+Crow
753 Photo C. G. Rosenberg. ArkDes collections
754 Drawing by Max Söderholm. Gunnar Asplunds collection. ArkDes collections
755 Erik Gunnar Asplund
756 Photo C. G. Rosenberg. ArkDes collections
757 Photo C. G. Rosenberg
758 Royal Society of Swedish Architects (SAR)
759 ArkDes collections
760 Photo Okänd/ArkDes collections
761 Photo Okänd/ArkDes collections
762 ArkDes collections
763 Photo Karl-Erik Olsson-Snogeröd/ArkDes collections
764, 765, 766 Courtesy Celsing Archives
767 Norwegian Museum of Architecture, Oslo/Byggekunst and Bengtson Jim
768 Nasjonalmuseet, Oslo. Photo Teigens Fotoatelier/DEXTRA Photo
769 Tekniskmuseum, Oslo. Photo Teigens Fotoatelier/DEXTRA Photo
770 Tekniskmuseum, Oslo. Photo Teigens Fotoatelier/DEXTRA Photo. © Sverre Fehn
771 Riccardo Bianchini/Alamy Stock Photo
772 Nasjonalmuseet, Oslo/Ivarsøy, Dag Andre
773 Nasjonalmuseet,Oslo. The Architecture Collections (NMK.2008.0734.052.004). © Sverre Fehn. Photo Nasjonalmuseet/Ivarsøy, Dag Andre
774 Nasjonalmuseet, Oslo. The Architecture Collections (NMK.2008.0734.052.003). © Sverre Fehn. Photo Nasjonalmuseet/Ivarsøy, Dag Andre
775 Nasjonalmuseet, Oslo
776 Nasjonalmuseet, Oslo/Ivarsøy, Dag Andre **777** Museum of Finnish Architecture, Helsinki
778 Photo Otso Pietinen
779 Marimekko Textile Works, Helsinki, 1974
780 Photo Arno de la Chapelle
781 Juha Leiviskä
782 Photo Arno de la Chapelle
783 Lahdelma & Mahlamäki architects
784 Photo Pekka Helin
785 Courtesy Helin & Co
786 Photo Tuukka Norri
787 Courtesy PWP Landscape Architecture
788 Photo © Lluis Casals
789 Courtesy Rafael Moneo
790 © Hisao Suzuki
791 Courtesy Rick Joy Architects. Photo Bill Timmerman
792 © Roland Halbe/artur
793 Courtesy of Zaha Hadid Architects. Photo Richard Rothan
794 Courtesy FOA. Photo Satoru Mishima
795 © Archive Massimiliano Fuksas
796 Courtesy Grimshaw
797 © Centre Culturel Tjibaou - ADCK/

Renzo Piano Building Workshop/John Gollings
798, 799 Courtesy Foster + Partners, London (concept sketches Norman Foster)
800 Architekturzentrum Wien, Collection, photo Margherita Spiluttini
801 © Jan Bitter
802 Courtesy Alejandro Aravena
803 Courtesy d-company. Photo Terence du Fresne
804 © Eduard Hueber/archphoto.com
805 Courtesy Steven Holl Architects
806 Courtesy Henri Ciriani
807 Courtesy Henri Ciriani. Photo Jean-Marie Monthiers
808 Photo © Werner Huthmacher/artur
809 Photo Richard Bryant/arcaid.co.uk
810 Photo © Werner Huthmacher
811 © Lord Foster
812 Yiorgis Yerolymbos/SNFCC
813 Martin Lehmann/Alamy Stock Photo

索引 Index

索引中的所有页码均指第五版英文版（2020年首版）的页面，即本书边码。斜体部分指图片号。

K

M

N

O

P

X

Y